ISBN 978-0-282-32091-1
PIBN 10560937

1 MONTH OF
FREE
READING

at
www.ForgottenBooks.com

By purchasing this book you are
eligible for one month membership to
ForgottenBooks.com, giving you
unlimited access to our entire
collection of over 1,000,000 titles via
our web site and mobile apps.

To claim your free month visit:

www.forgottenbooks.com/free560937

English
Français
Deutsche
Italiano
Español
Português

www.forgottenbooks.com

Mythology Photography **Fiction**
Fishing Christianity **Art** Cooking
Essays Buddhism Freemasonry
Medicine **Biology** Music **Ancient
Egypt** Evolution Carpentry Physics
Dance Geology **Mathematics** Fitness
Shakespeare **Folklore** Yoga Marketing
Confidence Immortality Biographies
Poetry **Psychology** Witchcraft
Electronics Chemistry History **Law**
Accounting **Philosophy** Anthropology
Alchemy Drama Quantum Mechanics
Atheism Sexual Health **Ancient History**
Entrepreneurship Languages Sport
Paleontology Needlework Islam
Metaphysics Investment Archaeology
Parenting Statistics Criminology
Motivational

JAHRBUCH

DER

KAISERLICH-KÖNIGLICHEN

GEOLOGISCHEN REICHSANSTALT

LXII. BAND 1912.

Mit 28 Tafeln.

Wien, 1912.

Verlag der k. k. Geologischen Reichsanstalt.

In Kommission bei **R. Lechner (Wilh. Müller)**, k. u. k. Hofbuchhandlung,
I. Graben 31.

Die Autoren allein sind für den Inhalt ihrer Mitteilungen verantwortlich.

Inhalt.

Heft 3.

Heft 4.

Verzeichnis der Tafeln.

Personalstand

der

k. k. geologischen Reichsanstalt.

Direktor:

T i e t z e Emil, Ritter des österr. kaiserl. Ordens der Eisernen Krone
III. Kl., Besitzer des kaiserl. russischen Skt. Stanislaus-Ordens
II. Kl., des Komturkreuzes II. Kl. des königl. schwedischen
Nordsternordens und des Kommandeurkreuzes des Sternes von
Rumänien, Ritter des portugiesischen Skt. Jakobsordens und
des montenegrinischen Danilo-Ordens, Phil. Dr., k. k. Hofrat,
Mitglied der kaiserl. Leop. Carol. deutschen Akademie der
Naturforscher in Halle, Ehrenpräsident der k. k. Geographischen Gesellschaft in Wien, Ehrenmitglied der Société géologique de Belgique in Lüttich, der Société Belge de Géologie,
de Paléontologie et d'Hydrologie in Brüssel, der Geological Society
of London, der königl. serbischen Akademie der Wissenschaften
in Belgrad, der uralischen Gesellschaft von Freunden der Naturwissenschaften in Jekaterinenburg, der Gesellschaft für Erdkunde
in Berlin, der rumänischen Geographischen Gesellschaft in Buka-
rest, der schlesischen Gesellschaft für vaterländische Kultur in
Breslau und des Naturh. und Kulturh. Vereines in Asch, korre-
spondierendes Mitglied der Geographischen Gesellschaft in Leipzig,
der kgl. Gesellschaft der Wissenschaften zu Göttingen, der
Geological Society of America, der Gesellschaft Antonio Alzate
in Mexiko etc., III. Hauptstraße Nr. 6.

Vizedirektor:

V a c e k Michael, III. Erdbergerlände Nr. 4.

Chefgeologen:

T e l l e r Friedrich, Offizier des kais. österr. Franz Josef-Ordens, Phil.
Dr. hon. causa, k. k. Bergrat, wirkl. Mitglied der kais. Akademie
der Wissenschaften, Mathem.-naturw. Klasse, II. Schüttelstraße
Nr. 15.

Geyer Georg, Ritter des kais. österr. Franz Josef-Ordens, k. k. Regierungsrat, III. Hörnesgasse Nr. 9.

Bukowski Gejza v. Stolzenburg, III. Hansalgasse Nr. 3.

Rosiwal August, a. o. Professor an der k. k. Technischen Hochschule, III. Kolonitzplatz Nr. 8.

Dreger Julius, Phil. Dr., k. k. Bergrat, Mitglied der Kommission für die Abhaltung der ersten Staatsprüfung für das landwirtschaftliche, forstwirtschaftliche und kulturtechnische Studium an der k. k. Hochschule für Bodenkultur, Ehrenbürger der Stadt Leipnik und der Gemeinde Mösel, III. Ungargasse Nr. 71.

Ober-Bibliothekar:

Matosch Anton, Phil. Dr., kais. Rat, Besitzer der kais. ottomanischen Medaille für Kunst und Gewerbe, III. Hauptstraße Nr. 33.

Vorstand des chemischen Laboratoriums:

Eichleiter Friedrich, kais. Rat, III. Kollergasse Nr. 18.

Geologen:

Kerner von Marilaun Fritz, Med. U. Dr., III. Keilgasse Nr. 15.
Hinterlechner Karl, Phil. Dr., XVIII. Klostergasse Nr. 37.

Adjunkten:

Hammer Wilhelm, Phil. Dr., XIII. Waidhausenstraße Nr. 16.
Schubert Richard Johann, Phil. Dr., II. Schüttelstraße Nr. 77.
Waagen Lukas, Phil. Dr., III. Sophienbrückengasse Nr. 10.
Ampferer Otto, Phil. Dr., II. Schüttelstraße Nr. 77.
Petrascheck Wilhelm, Phil. Dr., III. Geusaugasse Nr. 31.
Trener Giovanni Battista, Phil. Dr., II. Kurzbauergasse Nr. 1.

Assistenten:

Ohnesorge Theodor, Phil. Dr., III. Hörnesgasse Nr. 24.
Beck Heinrich, Phil. Dr., III. Erdbergstraße Nr. 35.
Vetters Hermann, Phil. Dr., Privatdozent an der k. k. montanistischen Hochschule in Leoben, XVII. Hernalsergürtel Nr. 11.

Praktikanten:

Hackl Oskar, Techn. Dr., IV. Schelleingasse 8.
Götzinger Gustav, Phil. Dr., Ritter des ital. Mauritius- und Lazarus-Ordens, Preßbaum bei Wien.

Für das Museum:

Želízko Johann, Amtsassistent, III. Löwengasse Nr. 37.

Für die Kartensammlung:

Zeichner:

Lauf Oskar, I. Johannesgasse 8.

Skala Guido, III. Hauptstraße Nr. 81.

Eine Stelle unbesetzt.

Für die Kanzlei:

Girardi Ernst, Ritter des kais. österr. Franz Josef-Ordens, k. k.
Oberrechnungsrat, III. Geologengasse Nr. 1.

In zeitlicher Verwendung:

Girardi Margarete, III. Geologengasse Nr. 1.

Diener:

Amtsdiener:

Palme Franz, III. Rasumofskygasse Nr. 23,

Ulbing Johann, Besitzer des silbernen Verdienstkreuzes, III.
Rasumofskygasse Nr. 23,

Wallner Mathias, III. Schüttelstraße Nr. 55.

Präparator: Špatný Franz, III. Rasumofskygasse Nr. 25.

Laborant: Felix Anton, III. Lechnerstraße 13.

Amtsdienergehilfe für das Museum: Kreyća Alois, III. Erdbergstraße 33.

Amtsdienergehilfe für das Laboratorium: Unbesetzt.

Korrespondenten

der

k. k. geologischen Reichsanstalt.

1912.

B. N. Peach in Edinburgh, Emer. Direktor Geolog. Survey,
Scotland.

John Horne in Edinburgh, Emer. Direktor Geolog. Survey,
Scotland.

Ausgegeben Ende April 1912.

JAHRBUCH

DER

KAISERLICH-KÖNIGLICHEN

GEOLOGISCHEN REICHSANSTALT

JAHRGANG 1912. LXII. BAND.

1. Heft.

Wien, 1912.

Verlag der k. k. Geologischen Reichsanstalt.

In Kommission bei R. Lechner (Wilh. Müller), k. u. k. Hofbuchhandlung
I. Graben 31.

Die Umgebung von Buchau bei Karlsbad i. B.

Eine geologisch-petrographische Studie.

(Ausgeführt mit Unterstützung der Gesellschaft zur Förderung deutscher Wissenschaft, Kunst und Literatur in Böhmen.)

Von **August Krehan.**

Mit einer geologischen Karte (Tafel Nr. I) und einer Zinkotypie im Text.

Einleitung.

Im westlichen Böhmen, ungefähr 18 *km* östlich von Karlsbad, liegt an der Reichsstraße die Bezirksstadt Buchau. Ihre Umgebung, die in vorliegender Arbeit petrographisch und geologisch behandelt werden soll, bildet den östlichen Rand des Tepler Hochlandes (Kaiserwaldes) und ist als östliches Grenzgebiet des Urgebirges gegenüber den Sedimentschichten des inneren Böhmens aufzufassen, denn bereits in der Gegend von Chiesch und Lubenz findet man das bis Rakonitz sich ausbreitende Rotliegende und in der Gegend von Radonitz—Willomitz—Kaschitz die nach Saaz sich erstreckenden tertiären Schichten. Aus diesem Grenzgebiete wurde eine Partie von ungefähr Rechteckform in der Weise herausgeschnitten (siehe die beigegebene Karte Tafel I), daß gewissermaßen alle hier waltenden geologischen Verhältnisse anzutreffen sind. Durchwandern wir diesen Landstrich von Süden nach Norden, so bewegen wir uns zuerst auf Urgestein (Gneis, Amphibolschiefer) und finden allenthalben aufgelagerte Eruptivmassen anfangs vereinzelt, später sich häufend, bis wir in der Linie Langgrün—Bergles—Ohorn auf die südwestliche Masse des Duppauer Gebirges stoßen.

Allerdings ist es schwer, eine Scheidung zwischen Duppauer Gebirge und Tepler Hochland zu treffen. Im allgemeinen kann man sagen, die mit dem Duppauer Vulkane in unmittelbarem Zusammenhange stehenden Eruptivmassen (bei Langgrün—Ohorn) sind Duppauer Gebirge, die Gegend unmittelbar um Buchau und südwärts gegen Theusing, wo also nur isolierte Eruptivkuppen auftreten, sind als zum Tepler Hochlande gehörig zu betrachten. Durch die aufgelagerten Eruptivmassen einerseits und durch die besonders in der Richtung des Schnellabaches tief einschneidenden Täler anderseits erhält die Gegend gebirgigen Charakter.

Es dürfte interessant sein zu erwähnen, daß bei der Talbildung zweierlei geologische Ursachen wirksam waren, nämlich im Unterlaufe die Erosionstätigkeit des Wassers, während im Oberlaufe das Wasser die von den radial ausstrahlenden Eruptivdecken gebildete Furche benützt. Dazwischen findet sich eine Zone, die das Wasser in flachen Mulden durchläuft. Dadurch gewinnt die Gegend terrassenförmigen Bau, wie er sich besonders gut von höheren Bergen überblicken läßt. Wären nun diese Eruptivmassen nicht zutage gefördert worden, so hätte die Gegend Hochlandscharakter, wie das Tepler Hochland in der Umgebung von Theusing (südlich vom Schnellabache). Und dies dürfte vor der Eruption der Fall gewesen sein. Die mittlere Höhe kann damals etwa 680—700 m betragen haben. Denn allenthalben läßt sich das Grundgebirge dort, wo es von Eruptivmassen überlagert wird, bis zu dieser Höhe verfolgen. Läßt man von einem höher gelegenen Punkte, zum Beispiel von der Südostspitze des Mirotitzer Berges den Blick über die Gegend schweifen, so sieht man, daß die Eruptivmassen erst in dieser Höhe beginnen. Grundgebirge und Eruptivgestein verraten sich nämlich im Landschaftsbilde deutlich durch den Verlauf der Konturlinien der Berge. Der Grundgebirgssockel hat einen kleineren Böschungswinkel, er steigt sanfter an, die aufgesetzte Eruptivmasse fällt dagegen weit steiler ab. Der dadurch entstehende Knick in der Flanke der Berge ist eine nicht zu übersehende Eigentümlichkeit der Landschaft. Man kommt daher ·beim Anblick der Gegend von höher gelegenen Punkten aus unwillkürlich zu dem Satze: Alles, was über 680—700 m liegt, ist Eruptivgestein.

Das Grundgebirge füllt einen großen Teil des zu behandelnden Gebietes aus. Seine Schichten streichen von Südwest nach Nordost, somit parallel dem Erzgebirge und fallen unter einem Winkel von ungefähr 30⁰ nach Südost ein. Das Grundgebirge ist deshalb als Südostabhang der Erzgebirgsfalte[1]) aufzufassen. Nach Bildung der Egertalsenke haben die Abflußwässer jedenfalls ihren Weg nach Nordwest genommen und durch ihre Erosiontätigkeit das Grundgebirge so umgewandelt, daß letzteres sich nach dieser Richtung hin neigte. Eine solche Neigung läßt sich noch heute feststellen, besonders deutlich an dem westwärts von Buchau liegenden Amphibolschiefer. Man kann diese Neigung weiter bis in die Umgebung von Hartmannsgrün verfolgen, wo Ergußmassen bis in eine Höhenlage von 550 m herabreichen. Auch am Südostabhange des Duppauer Gebirges liegen Ergußgesteine ebenfalls weit unter 700 m. So findet man letztere in der Umgebung von Pladen, Lubenz bereits in einer Höhe von 450 m. Hier neigte sich das Land jedenfalls gegen Osten. Man ist daher gezwungen, eine Wasserscheide anzunehmen, deren Lage in dem Landstriche zwischen Luditz und Buchau zu suchen wäre. Als dann die Duppauer Eruptivmassen den Weg dieser nach Norden abfließenden Wässer verlegten, wurden letztere gestaut, bis sie sich einen Durchbruch nach Süden verschafften. Ein solches Stauungsgebiet scheint die Mulde zwischen Langgrün und Bergles gewesen zu sein, dessen Durchbruch bei der „Kralen-Mühle" erfolgte und zu dem heutigen Lohbachtale wurde. Als eine Wirkung dieser gestauten Wassermassen ist es vielleicht anzusehen, daß der Granit in der Umgebung von Langgrün besonders stark

---

[1]) Gust. Laube, Erzgebirge, Einleitung zum I. Teil, pag. 4.

zersetzt ist. Es ist dies gut zu sehen an einem Aufschluß ungefähr
in der Mitte des durch das ganze Tal sich erstreckenden Dorfes.
Hier hat man Gruben angelegt, sogenannte „Sandgruben“, deren Tiefe
etwa 4—5 *m* beträgt. Bis zu dieser Tiefe und wahrscheinlich noch
darüber hinaus bildet der Granit eine sandig-bröcklige Masse mit
mehr oder weniger frischen Gesteinsresten. Dieser Granit läßt sich
talabwärts bis in das Gebiet des Eckertwaldes verfolgen, wobei jedoch
die Mächtigkeit der Zersetzungszone langsam abnimmt (Sandgruben
Eckert). Solche zersetzte Partien sind auf geologischen Karten (Katzer,
Hauer) als braunkohlenführende tertiäre Schichten eingetragen. Es
kommen hier allerdings Braunkohlen vor in Langgrün, Bergles, zwischen Gießhübel und Langgrün, aber immer dort, wo das Grundgebirge
von Eruptivmassen überlagert wird. Außerhalb dieses Gebietes ist
man nie auf Kohlen gestoßen, wiewohl man in jüngster Zeit vielerorts
Bohrungen unternommen hat. So hat man vor einigen Jahren auf dem
Höhenrücken zwischen Langgrün und Gießhübel auf Kohle geschürft.
In dem damals herausgeworfenen Material finden sich heute noch
Kohlenstücke, die aber als Lignit, durch Eisenhydroxydeinlagerung
verhärtet, zu bezeichnen sind. Daneben finden sich in ziemlicher
Menge derartige Lignitstücke in Verbindung mit Ergußmasse, von dieser
gewissermaßen umschlossen, wobei das Holz zuweilen auffallend geringe
Veränderungen erkennen läßt. Man dürfte demnach kaum irre gehen,
wenn man solche Funde als durch Eruptivmassen verkohlte Baum-
stämme ansieht[1]).

Dieses angenommene Becken wurde durch die in der Gegend
des Eckertwaldes vorgelagerten Eruptivmassen in zwei Teile gesondert. Infolgedessen bildeten sich zwei Abflußrichtungen ostwärts des
Lohbachtales, im westlichen Teile die Wasserfurche des Lomnitzbaches.
Während es letzterem noch gelang, nach kurzem südlichen Laufe sich
einen Durchbruch gegen Westen zu verschaffen, mußte sich der Lohbach südwärts wenden. Es fand somit eine Verlegung der Wasserscheide statt. Gewässer, die ostwärts von dieser Wasserscheide
flossen, kamen zum Beraungebiete, die nach Westen gewendeten zum
Egergebiete.

Am Aufbau des Grundgebirges sind beteiligt: Granit, Amphibolgesteine und Gneis. Dabei fassen wir den Begriff Grundgebirge nur als Unterlage für Ergußmassen auf. Der dem Karlsbader
Granitgebiete angehörige Granit findet sich zu beiden Seiten des
Lomnitzbaches und füllt in dem zu behandelnden Gebiete nur eine kleine
Fläche, die nordwestliche Ecke, aus. Ihm schließen sich östlich das
Amphibolgestein und der Gneis an. Beide stellen eine Brücke
zwischen den sowohl im Erzgebirge als auch im Tepler Hochlande
auftretenden Amphibolschiefern und Gneisen dar, die allerdings durch die Bildung der Egertalsenke zerrissen wurde[2]).

---

[1]) Laube, Geologie von Böhmen, I. Teil, pag. 168.
[2]) G. Laube, Erzgebirge. Einleitung zum I. Teil, pag. 5. — Laube erwähnt
eine Amphibolscholle bei Duppau und eine Glimmerschieferscholle bei Meritschau.

A. Das Grundgebirge.

I. Granite.

Die in unserem Gebiete auftretenden Granite sind ein G r a n i t i t und ein T u r m a l i n g r a n i t. Der erstere gehört zum Karlsbader Granitgebirge und bildet den südöstlichen Rand desselben. Er ist durch die Erosionstätigkeit des Lomnitzbaches aufgeschlossen worden und läßt sich als ein schmaler Streifen durch die Ortschaften Lang-Lamnitz, Taschwitz bis zu den tiefer gelegenen Häusern des Dorfes Langgrün verfolgen. Überall wird dieser Granitit von Eruptivmassen überlagert, welche ihn in den nördlichen Partien völlig bedecken. Erst in der Gegend von Hartmannsgrün und Altdorf tritt er wieder zutage. Ostwärts grenzt er an Amphibol-Gestein und an den unter letzterem liegenden Gneis. Im Eckert-Gebiete und bei Langgrün ist der Granitit stark sersetzt und liefert hier teils lehmige, teils sandige Verwitterungsprodukte. Die tiefer liegenden Partien enthalten porphyrisch ausgeschiedene, gewöhnlich tafelig nach a und c entwickelte Feldspate, welche gegen den Rand des ganzen Stockes hin zurücktreten. Hier (am Rande) erscheint ein Turmalingranit, der vom Kosla angefangen sich in einem schmalen Streifen bis in die Gegend von Langgrün erstreckt. Er zieht unter den Eruptivmassen bis Hartmannsgrün, verbreitert sich dabei stark zwischen Langgrün und Gießhübl. Der Turmalingranit breitet sich auch zwischen dem Krippmersberg und dem Mistberg aus. Beide Teile zu seiten des Lohbachtales gehörten wahrscheinlich früher zusammen, wurden aber dann bei der Bildung des Lomnitzbaches getrennt. In der Gegend von Langgrün hat das Wasser das Tal noch nicht sehr tief eingeschnitten, es ist deshalb noch keine Trennung des hier liegenden Turmalingranits erfolgt. Es handelt sich offenbar um eine Randfazies des Granitits, welche nur eine geringe Ausdehnung besitzt, da in der Gegend des unteren Teiles vom Dorfe Taschwitz an den hier steilen Abhängen nur ein kleiner Streifen erscheint. In dem oberen Teile von Taschwitz ist der hier tiefer liegende Granitit durch Steinbrüche aufgeschlossen. Man kann hier deutlich eine „Bankung" des Gesteines sehen. Handstücke zeigen ein grobkörniges Gemenge von rauchgrauem Quarz, weißlichem oder gelblichem Feldspat und schwarzen Biotit. Die Feldspateinsprenglinge sind nach der a-Achse gestreckt. Sie enthalten viel Biotit als Einschlüsse. Auf Spaltplättchen nach 010 (M) beträgt die Auslöschungsschiefe zur Kante $P M$ 5°. Der Feldspat ist also ein O r t h o k l a s. Vielfach findet man auch basische oder saure Konkretionen, die grob- oder auch feinkörnig entwickelt sind, denen aber immer die Einsprenglinge fehlen. Unter dem Mikroskop zeigt sich ein hypidiomorph-körniges Aggregat von Quarz, Feldspat und Biotit. Der Orthoklas (häufig von Plagioklas umrandet) bildet Zwillinge nach dem Karlsbader Gesetze. Er ist meist stark umgewandelt. Die Zersetzung beginnt auf den Spaltrissen, wodurch die Feldspate, weil ja das Zersetzungsprodukt eine weißgelbliche Färbung aufweist, eine Art Streifung erhalten. Hand in Hand damit geht ein randlicher Zerfall des Feldspates. Das n e u gebildete Mineral zeigt Blättchenform und besitzt lebhafte Polarisationsfarben; es dürfte wohl Muskovit sein. Der Plagioklas ist verzwillingt nach dem Albitgesetze, häufig zugleich auch nach dem Periklingesetze. Die Zwillingslamellen zeigen verschiedene Breite und setzen häufig ab, indem sie dabei auskeilen. Zonenbau ist nicht deutlich ausgeprägt, so daß Auslöschungsunterschiede kaum merklich sind. Der Kern ist gewöhnlich abgerundet, während die Zonen zuweilen kristallographischen Umriß zeigen. Die Becke'sche Methode ergab in Kreuzstellung $\omega > \alpha'$, $\varepsilon < \gamma'$, in Parallelstellung $\omega < \gamma'$, $\varepsilon < \alpha'$. Es liegt somit ein Oligoklas vor. Alle Feldspate zeigen schwach undulöse Auslöschung, was mit der durch Gebirgsdruck hervorgebrachten schichtenartigen Bankung des Gesteines in Einklang gebracht werden kann.

Der Quarz ist farblos, wasserklar und enthält sehr kleine Flüssigkeitseinschlüsse mit Libellen, in regellosen Zügen angeordnet.

Als weiterer Gemengteil erscheint Biotit in den in Dünnschliffen bekannten lappigen Formen. In Schnitten, senkrecht auf die Flächen 001, findet man, daß die Schüppchen häufig gebogen und selbst geknickt sind. Der Biotit zeigt den bekannten Pleochroismus: $a =$ hellbraun, b und c dunkelbraun. Die Achsenebene fällt mit der Richtung eines Strahles der Schlagfigur zusammen. Der scheinbare Achsenwinkel ist klein. Als Einschlüsse führt der Biotit Apatitsäulchen und Zirkone; die letzteren sind von pleochroitischen Höfen umgeben. Allenthalben kann man Umwandlung in Chlorit beobachten. Letzterer zeigt bei niedrigem Brechungsquotienten schwache Doppelbrechung, einen Pleochroismus a und b grün, c gelbgrün und indigoblaue Interferenzfarbe. An einigen Stellen sind die Blättchen rosettenförmig gruppiert. Neben Chlorit bilden sich bei dieser Zersetzung noch durch Eisenerze dunkle Karbonate, die dann innerhalb des Chlorits liegen. Interessant ist, daß der Biotit um pleochroitische Höfe herum bei diesem Umwandlungsprozeß sich am längsten hält. Als Übergemengteil erscheint Apatit in Form von Nadeln und auch in dickeren Prismen. Sie besitzen eine charakteristische Absonderung nach der Basis und längs der c-Achse. Auch zeigen sich Glaseinschlüsse, die im Querschnitt als dunkle Kreise erscheinen.

Der Turmalingranit ist feinkörniger; größere Kristalle fehlen vollständig. In größerer Menge tritt ein weiches, schuppig ausgebildetes Mineral auf, das nach seinen weiteren Eigenschaften als Steinmark bestimmt wurde.

Im Dünnschliff zeigt das Gestein ein hypidiomorphkörniges Gemenge von Quarz, Feldspat, Biotit und Turmalin, bei starkem Zurücktreten der farbigen Komponenten. Zwischen dem größtenteils zersetzten Orthoklas und dem an Menge weit geringeren Plagioklas findet auch mikroperthitische Verwachsung statt. An der Verwachsungszone beider Feldspate treten trübe, schwach licht- und doppelbrechende Substanzen auf. Der Plagioklas wurde nach der Becke'schen Methode als Oligoklas bestimmt. Es ergab sich in Kreuzstellung $\alpha' < \omega$, $\varepsilon < \gamma'$. Quarz zeigt neben der undulösen Auslöschung typische Mörtelstruktur. Steinmark bildet schwach doppelbrechende bräunlich gefärbte Aggregate. Dem Turmalin fehlt jede kristallographische Begrenzung. Auf Querschnitten senkrecht zur Prismenzone findet man ziemlich viele sprungartige

Risse. Pleochroismus (ω = dunkelbraun, ε = gelbbraun) ist kräftig.
Mit dem an einigen Stellen beobachteten Auftreten rötlichbraunen Feldspates nimmt der Turmalingehalt des Gesteines zu. Die Säulchen
werden dann auch größer und fügen sich oft zu divergentstrahligen
Gruppen (Sonnen) zusammen. Das Auftreten des Turmalins in den
Randpartien des Granits als Stellvertreter des Biotits charakterisiert
das ganze Vorkommen als eine endogene Kontakterscheinung.
     Der Biotitgehalt ist gering, die Blättchen sind regelmäßig aus-
gebleicht. U. d. M. findet man im Feldspat auf den Spaltrissen
Hämatit in unregelmäßigen, rosenkranzartig aneinandergereihten Körnchen eingelagert, der im Verein mit Eisenhydroxyd die rotbraune
Färbung des Gesteines hervorbringt. Wahrscheinlich ist Eisenoxyd
im Feldspat primär, Eisenhydroxyd sekundär.

II. Die Amphibolgesteine.

     Im Westen der Stadt Buchau liegt ein reichlich Amphibol führen-
des Gestein von geringerer Mächtigkeit. Es bedeckt einen größeren
Komplex von Gneis, der an einigen tieferen Stellen (wie im Wasser-
laufe der Wolfslohe) zutage tritt. Die Verbreitung dieses Gesteines
muß aber früher eine weit größere gewesen sein, da man Findlinge
davon an vielen weit voneinander entfernten Punkten im Gneisgebiete
antrifft (z. B. auf dem Wege gegen Pohlem beim Austritt aus dem
Stocker Walde). Das Gestein hängt mit dem Amphibolschiefer des
Tepler Hochlandes zusammen und ist als ein Ausläufer dieser Schiefer
zu betrachten. Parallel zu diesem erstreckt sich ein schmales Amphi-
bolschiefergebiet, das von Theusing bis gegen Zobeles in der Richtung
Nordost verläuft. Häufig findet man in waldigen Gegenden größere
Blöcke, welche sich oft übereinander türmen (wie in Granitgebieten)
und auf diese Weise kleinere Hügel bilden. Das Gestein besteht aus
einem gleichartigen Gemenge von Quarz und Feldspat einerseits und
Hornblende anderseits. Durch die in Lagen (Paralleltextur) auftretende
Hornblende erhält es schiefrigen Charakter. Diese Schiefrigkeit ändert
sich von Stelle zu Stelle, sie nimmt aber im allgemeinen nach Süden
hin zu. Z. B. am Buckelberge, südwestlich von Buchau, findet man
Lagen von Quarz und Feldspat abwechselnd mit Amphibolschiefer von
verschiedener Breite. Zuweilen sieht man weniger schiefrige Gesteinsstücke, die porphyrische Feldspate enthalten, an denen sogar ein
kristallographischer Umriß zu bemerken ist. Im Dünnschliff sieht man
zwischen farblosen Quarz- und Feldspatkörnern dunkelgrüne Hornblende,
außerdem Zoisit, Titaneisen, Titanit und einige Biotitschüppchen. Der
säulig entwickelten Hornblende geht jede terminale Begrenzung
ab. In einigen Fällen sind die Spaltrisse, denen Blättchen und
Körner von Titaneisen, ferner Nädelchen von Rutil eingelagert sind,
gebogen, sogar geknickt. Die Auslöschungsschiefe beträgt auf einem
Schnitt parallel 010, $c : c = 16^0$. Bemerkenswert ist der deutliche Pleochroismus (a = hellgrünlichgelb, b = grün, c = dunkelgrün). Auffällig
ist eine fleckige Färbung derart, daß hell- und dunkelgrün gefärbte
Flecke in demselben Individuum nebeneinander liegen. Der vorkommende Feldspat ist Plagioklas, bei welchem Zwillingsbildung nach

dem Albitgesetz auftritt. Die verschieden breit erscheinenden Zwillings-
lamellen durchsetzen den ganzen Kristall. Es fanden sich aber auch
Individuen, bei welchen die Lamellen gebogen und undeutlich auftraten.
Die Auslöschung ist schwach undulös. Die Bestimmung der Auslö-
schungsschiefe in der Zone senkrecht zu 010 gab einen größten Wert
von 10^0. Nach der Beckeschen Methode in Parallelstellung war $\omega < \gamma'$,
$\varepsilon < \alpha'$. Der Feldspat ist daher ein Oligoklas-Andesin. Im Innern des
Feldspates sieht man eine beginnende Umwandlung in ein blättriges
Aggregat von stärkerer Doppelbrechung (Muskovit).

Der Quarzgehalt im Gestein ist ein geringer. Er erscheint in
frischen, wasserklaren Körnern ohne Spaltrisse, wodurch er u. d. M.
sogleich vom Feldspat unterschieden werden kann, — Der Titanit zeigt
die bekannten spitzrhombischen Schnitte und Zwillingsbildung nach 001.
Sie sind farblos bis schwach rötlich und weisen neben sehr hohem
Brechungsquotienten eine starke Doppelbrechung auf. — Zoisit bildet
farblose Körner mit einer Spaltbarkeit nach 100 und 010. Die Lichtbrechung ist stark, Doppelbrechung dagegen sehr schwach. Die Schwingungsrichtung von b fällt in Schnitten senkrecht zur Prismenzone mit
den Spaltrissen nach 100 zusammen, während c und a in 010 einen
Winkel von ungefähr 2^0 einschließen. Der Zoisit ist also als ein
eisenarmer Epidot (Klinozoisit Weinschenks) aufzufassen. Am Titaneisen bemerkt man Leukoxenbildung. Xenoblastischer Biotit ist nur
wenig vorhanden, er besitzt den charakteristischen Pleochroismus
$c = b =$ dunkelbraun, $a =$ hellbraun.

In den dünnschiefrigen Gesteinen vom Buckelberge (bei dem
Jakobikirchlein) sind die einzelnen Gemengteile viel kleiner ausgebildet. Außerdem ist hier auch Titaneisen reichlicher vorhanden.

Im Gebiete des Eckertwaldes wurden in unmittelbarer Nähe eines
Tephrits zwei Gesteinsblöcke von dioritischem Aussehen mit körniger
Struktur gefunden. Sie führen eine dunkelgrüne Hornblende, Quarz und
Feldspat und außerdem noch Anhäufungen von Biotitschüppchen. Das
Mikroskop enthüllt ein xenomorph entwickeltes Gemenge von Hornblende,
Plagioklas, Quarz, Titanit, Zoisit, Titaneisen und einige Glimmerblättchen.
In einer Schliffpartie findet man außerdem noch unregelmäßig begrenzte
Augitindividuen. Die Hornblende ist in der Prismenzone gut kristallo-
graphisch begrenzt und zeigt eine vollkommene Spaltbarkeit nach dem
Prisma. Auf den Spaltrissen finden sich Einlagerungen von Rutilnä-
delchen und Titaneisen. Der Pleochroismus zeigt für c ein Dunkel-
grün, für b ein etwas helleres Grün, für a ein Bräunlichgelb. Die
Auslöschungsschiefe beträgt auf der 010-Fläche $c : c = 15^0$. — Dem
farblosen Augit fehlt eine kristallographische Begrenzung vollständig;
die Spaltrisse nach 110 sind deutlich.

An einer Stelle ist auch eine parallele Verwachsung von Pyroxen
mit Augit zu bemerken. Man sieht eine Partie mit grüner Färbung
und dem Pleochroismus der Hornblende, während der unmittelbar
anstoßende Teil farblos erscheint. Die durch Grünfärbung gekennzeichnete Stelle hat eine Auslöschungsschiefe von $c : c = 15^0$, während
deren farblose Umrandung eine solche von $c : c = 39^0$ aufweist (Diopsid).

Plagioklas ist in größerer Menge in körnigen Individuen vorhanden
mit wenigen nach 010 und 001 verlaufenden Spaltrissen. Zwillings-

bildung findet statt nach dem Albitgesetz, seltener tritt zu diesem noch die Verzwilligung nach dem Periklingesetz hinzu. Knickungen und Verbiegungen sind anzutreffen. Einmal wurde bemerkt, daß ein Lamellierung zeigendes Individuum von einer lamellenfreien Schicht umrandet wird, die in der Auslöschungsschiefe mit dem einen Lamellensystem übereinstimmt. Als Maximum der symmetrischen Auslöschungsschiefe wurde 10⁰ gemessen, so daß der Feldspat zum Oligoklas-Andesin zu stellen ist. Sein Zersetzungsprodukt ist Muskovit, und zwar bildet letzterer im Innern der Plagioklase ein wirres Gemenge stärker doppelbrechender Blättchen. Der in geringer Menge vorhandene Quarz ist ausgezeichnet durch sein farbloses und frisches Aussehen, wird jedoch hie und da von Sprüngen durchsetzt.

Der farblose Titanit hat im Querschnitt spitzrhombische Gestalt und eine Spaltbarkeit nach 110, die häufig von Sprüngen durchkreuzt wird. Die Titanitkörnchen sind teilweise in Umwandlung zu Leukoxen begriffen. — Es findet sich ferner auch eisenarmer Epidot. Von Biotitschüppchen ist sehr wenig zu sehen.

Ein Vergleich dieses Gesteines, das als ein Diorit zu bezeichnen ist, mit dem vorher beschriebenen Amphibolschiefer läßt viel Gemeinsames erkennen. Der Unterschied ist eigentlich nur in der Struktur, in der Größe der einzelnen Gemengteile, in einigen Eigenschaften der Hornblende und in dem Auftreten des Augits im zweiten Gestein zu suchen. Man ist daher gezwungen, anzunehmen, daß der in diesem Gebiete auftretende Amphibolschiefer ein schichtig gewordener Diorit ist, wie ja die Amphibolschiefer des Tepler Hochlandes immer im Zusammenhange mit Dioriten und Gabbros stehen.

III. Der Gneis.

Ähnlich wie der Granit im Gebiete des Lomnitzbaches kommt auch der Gneis nur in den tieferen Partien der dortigen Gegend zum Vorschein, vor allem im Tale des Schnellabaches, des Sammellaufes der Wässer in diesem Teile des Tepler Hochlandes und dessen Neben- und Quertälern zum Vorschein. Granit und Gneis sind daher als die eigentliche Unterlage der übrigen Gesteine zu bezeichnen, nachdem ja auch der Amphibolschiefer ihre gemeinsame Grenze überdeckt. Zu beiden Seiten der Täler bilden die Schichten des Gneises größere zusammenhängende Gebiete, dagegen nie Berge, sondern nur sanft anschwellende Höhenrücken. In den Tälern bemerkt man steile Abhänge, die von zahlreichen kurzen Quertälern, eigentlich tief einschneidenden Wassergräben durchrissen werden, an welchen sich vor allem Aufschlüsse finden.

Im eigentlichen Gebiete von Buchau lagert Gneis, ebenso ostwärts und nach Süden hin bis in die Gegend der Ortschaften Herscheditz und Udritsch. In letzterer Richtung nimmt ähnlich wie beim Amphibolschiefer die Schiefrigkeit zu, da hier das Gestein reich an Glimmer ist, während sich nach Norden hin die Anzahl der basischen Ausscheidungen mehrt und letztere größere Dimensionen erreichen.

Das Gestein zeigt in Lagentextur ein fein- bis grobkörniges Gemenge von Quarz, Feldspat, Biotit. Akzessorisch finden sich Granatkörner, häufig umgewandelt in ein rotbraunes Produkt, Eisenhydroxyd.

. Das Mikroskop enthüllt ein hypidiomorphes Gemenge von Quarz, Feldspat und Biotit mit einigen größeren Kristallen von Apatit. Der Feldspat ist teils monoklin, teils triklin. Der etwas getrübte Orthoklas besitzt scharfe Spaltrisse nach 001 und 010, mit denen auf Schnitten parallel der 100-Fläche die Schwingungsrichtungen zusammenfallen. Das Zersetzungsproduckt nach Orthoklas zeigt niedrige Interferenzfarben, ist also Kaolin.

Der Plagioklas besitzt im frischen Zustande reichliche Zwillingslamellierung mit zuweilen undulöser Auslöschung. Die Spaltbarkeit nach P und M ist hier weniger deutlich als beim Orthoklas. In einigen Fällen tritt das Albitgesetz mit dem Periklingesetz in Kombination. Die symmetrische Auslöschung ergibt einen Maximalwert von 5^0, die Beckesche Methode bei Parallelstellung $\omega > \gamma'$, $\varepsilon < \alpha'$; daher ist der Feldspat ein Oligoklas. — Am Biotit ist häufig eine Biegung, Knickung, auch Verschiebung und Aufblätterung zu beobachten. Charakterisiert ist der Biotit durch einen Pleochroismus $a =$ hellgelb, $b = c =$ rotbraun. Pleochroitische Höfe sind häufig anzutreffen, dagegen fehlen Einschlüsse. In seiner Nähe treten kleine, gelbgrüne Körnchen und Säulchen von Epidot auf, deren Hauptzonencharakter, wie an einigen Leistchen festgestellt wurde, negativ ist. — Der farblose, wasserklare Quarz bleibt an Menge hinter Orthoklas und Plagioklas zurück, zeigt vielfach undulöse Auslöschung und birgt gewöhnlich in regellosen Zügen Flüssigkeitseinschlüsse. Apatit ist manchmal zu beträchtlicher Größe entwickelt. Er bildet breitere und schmälere Prismen, die sich durch ihre starke Lichtbrechung im Dünnschliffe von den übrigen Gemengteilen deutlich abheben. Seine Doppelbrechung ist schwach, der optische Charakter negativ. Auf einem größeren Querschnitte wurde sogar ein deutliches einachsiges Achsenbild erhalten. Granat kommt in unregelmäßigen Körnern von rötlichweißer Färbung vor. Er ist von zahlreichen unregelmäßigen Sprüngen durchsetzt und umschließt zahlreiche Körnchen von Quarz. — Außerdem trifft man kurze Säulchen von Rutil. Dieser Gneis ist somit ein Biotitgneis, der nach Katzer[1] im Karlsbader Gebirge herrschend ist neben Zweiglimmergneis. Berücksichtigt man jedoch die an demselben Gesteine vorkommenden Ausscheidungen mit Muskowit, so ist es doch als Zweiglimmergneis zu bezeichnen.

Die Biotitgneise am Nordabhange des Erzgebirges (Gegend von Chemnitz südwärts) werden, wie aus der Schrift C. Gäberts[2] zu ersehen ist, als Orthogneise aufgefaßt. Es liegt daher der Gedanke nahe, daß auch unser Gneis ein Orthogneis, zumal ja beide Gebiete, in denen sie auftreten, gewissermaßen in der Erzgebirgsfalte einander gegenüberliegen. Granit und Amphibolschiefer sind Tiefengesteine. Wir kommen daher zum Schlusse, daß das vorliegende Grundgebirge plutonischen Ursprungs ist.

---

[1] Katzer, Geologie von Böhmen, pag. 265.
[2] C. Gäberts, Die Gneise des Erzgebirges und deren Kontaktwirkungen, pag. 345. (Sonderabdruck a. d. Zeitschrift d. deutsch. geolog. Gesellschaft, Jhrg. 1907, Heft 3.)

B. Sedimentgesteine.

Auf der geologischen Karte von H a u e r finden sich an einigen
Stellen in unserem Gebiete Sedimente eingetragen, welche als Ablagerung der Braunkohlenformation aufgefaßt werden. Solche sind
bei den Ortschaften Langgrün, Bergles, Ohorn, Teschetitz und am
Mirotitzer Berge zu finden. Ähnliche Massen lagern auf einer ziemlich
ausgedehnten Fläche in nächster Nähe von Buchau beim Ziegelteiche.
Meist sind es braune Lehmmassen, in der Gegend von Langgrün auch
sandige Ablagerungen, in denen eckige (niemals abgerundete) Quarzkörner, gebleichte Glimmerschüppchen und auch größere Feldspat-
stücke vorkommen. Bei Langgrün findet man sogar Gesteinsstücke des
dortigen Granits, deren Feldspat fast vollständig kaolinisiert ist.
Gewöhnlich findet man diese Gesteintrümmer an ebenen sumpfigen
Stellen. Offenbar hat man zersetztes Grundgebirge vor sich, in welchem
das hier ziemlich eisen-(hydroxyd-)hältige Wasser wegen der ebenen
Bodenbeschaffenheit stagniert. Dadurch kann die lose Masse nicht
weggeschafft werden. Es fragt sich nun, aus welcher Zeit stammen
diese Massen. Man findet sie zum Beispiel am Südostabhang des
Grünwaldes, ebenso auf dem etwas steileren westlichen Teile des Mirotitzer Berges, die, im letzeren Falle 70—80 *m* über der Talsohle liegend, an Eruptivmassen anstoßen und ohne Zweifel unter diesen
auch weiterreichen, bei einer Höhe von ungefähr 700 *m*. Dies
ist aber die Höhe, welche die Gegend vor der Eruption besaß. Es
müssen also solche Lehmschichten schon vor dieser Zeit entstanden
sein. Durch den Nephelinbasanit des Mirotitzer Berges wurden sie
vor Abtragung geschützt, während die übrige Partie der sich vielleicht
einst weiter erstreckenden Lehmschichten bei der Bildung des vorderen
und hinteren Lohbachtales weggeschafft wurde. Ähnlich liegen die
Verhältnisse im Grünwaldgebiete. Auch die Ursache der Lehm- und
Sandbildung im Granitgebiete von Langgrün kennen wir bereits aus der
Einleitung (pag. 5). Es stammen daher solche Lehmbildungen teils
aus der Zeit vor, teils aus der Zeit unmittelbar nach der Eruption.
Nur im Gebiete des Ziegelteiches (südöstlich von Buchau) geht diese
Lehmbildung auch jetzt noch vor sich, da die günstigen Bodenverhält-
nisse, ebenes Terrain ohne richtigen Abfluß hier noch gegeben sind.
Solche Partien können deshalb auf keinen Fall als Sedimente, sondern
nur als zersetztes Grundgebirge aufgefaßt werden.

Die Sedimente haben hier nur einen einzigen Vertreter, einen Sandstein am hinteren Bühle bei Buchau. Hier findet man einen alten,
jetzt aufgelassenen Steinbruch — die naheliegende Ruine Hartenstein
ist aus diesem Material aufgebaut — unmittelbar anstoßend an den
Tephrit des hinteren Bühl. Dieses Gestein besteht aus abgerundeten
Quarzkörnern von verschiedener Größe und auch im wechselnden
Mengenverhältnisse, verkittet durch ein kalkiges Zement, das durch
Eisenhydroxyd teils hellgelb, teils braungelb gefärbt ist. Hie und da
findet man auch Stücke, in denen das Quarzkorn fast vollständig fehlt.
Im Dünnschliff bemerkt man frischen Quarz und Kalzitkörner mit
deutlichen Spaltrissen nach dem Rhomboeder und reichlichen Zwil-
lingslamellen.

Ein ähnlicher Sandstein findet sich am Tscheboner Berge. Er unterscheidet sich aber von dem Sandstein des hinteren Bühles bei Buchau durch das Auftreten von Blattabdrücken. Bezüglich seiner Stellung ist der Sandstein vom Bühle ein Sediment aus der Zeit vor der Eruption der Ergußmassen.

C. Eruptivgesteine.

I. Die Tephrite.

Unter den Ergußgesteinen unseres Gebietes sind die Tephrite weitaus die häufigsten. Neben basischem Kalk-Natron-Feldspat, Nephelin und Augit erscheinen als weitere Gemengteile Magnetit und Hornblende, ferner in einigen Fällen Leucit (vergesellschaftet mit Biotit). Durch den vereinzelt auftretenden Olivin wird der Übergang zu den in diesem Gebiete ebenfalls auftretenden Nephelin-Basaniten hergestellt. Besonders erwähnenswert ist das Auftreten des Rhönits in den Hornblendedurchschnitten. Neben ihm findet man daselbst noch Augit, Magnetit und eine nicht bestimmbare Füllmasse. Die Struktur der Tephrite ist teils holokristallin, teils hypokristallin-porphyrisch, wobei Augit die Rolle des Einsprenglings übernimmt. Bei den holokristallin-porphyrisch ausgebildeten Tephriten kommt nur in wenigen Fällen Plagioklas in Leistenform (verzwillingt), sonst in Form von Flecken (als Füllmasse) vor, jedoch hie und da verzwillingt nach dem Albitgesetze. Das Vorhandensein des Nephelin ist nur auf chemischem Wege nachzuweisen. Bei hypokristalliner Ausbildung wird Plagioklas und Nephelin durch eine gewöhnlich farblose oder braune Glasmasse ersetzt, obwohl man auch ab und zu auf einige verzwillingte Plagioklasleistchen stößt. Durch das Auftreten des Leucits, der dann auch in wechselnden Mengenverhältnissen erscheint, muß man zwischen Nephelin-Tephriten und Leucit führenden Nephelin-Tephriten unterscheiden.

Der Plesselberg: Dieser bis 838 *m* ansteigende, in der Richtung Südwest—Nordost etwas in die Länge gezogene Hügel liegt über dem Dorfe Langgrün. Das schwarzgrau gefärbte Gestein, in dessen dichter Grundmasse sich nur wenige kleinere A u g i t e i n s p r e n g l i n g e finden, besitzt schalig-plattige Absonderung manchmal nur von Zentimeterdicke, wie an einem Aufschlusse am Südostabhange zu ersehen ist, während an der Spitze des Berges unregelmäßige, jedoch scharfkantige Säulen von 1 bis 2 *dm* Durchmesser die hier dünne Humusdecke durchdringen.

Im Mikroskop zeigt das Gestein holokristallin-porphyrische Ausbildung. Der A u g i t erscheint in nach der *a*-Achse gestreckten Formen, wobei die 100-Fläche schmal ausgefallen ist, mit etwas gestreckter *c*-Achse. Die meist korrodierten Kristalle sind verzwillingt nach 100. An den Individuen mit Zonenbau und Sanduhrformen, welch letztere seltener anzutreffen sind, werden die späteren Anwachszonen gekennzeichnet durch eine dunklere Färbung, durch eine violette Umrandung um einen hellgelb-hellbraun gefärbten Kern. Für erstere wurde eine

2*

Auslöschungsschiefe von $c:c = 53^0$ bestimmt, während für den Kern
dieser Winkel $c:c = 50^0$ betrug. Da auch die Achsendispersion bedeutend ist ($\rho < \upsilon$ um c) — bei gekreuzten Nikols zeigen sämtliche
Durchschnitte unvollkommene Auslöschung — so ist dieser Augit als
ein Titanaugit anzusehen.

Die Augite der Grundmasse erscheinen in scharf begrenzten Leisten und besitzen die gleiche Färbung wie die Umrandung
der Einsprenglinge. Ihre Entwicklung fällt daher mit der Bildung
der Umrandung zusammen. Plagioklasleistchen, verzwillingt nach
dem Albitgesetze, findet man wenige, während die übrige Feldspatsubstanz in Zwikeln in allotriomorpher Ausbildung vorkommt. Der
größte gemessene Wert der symmetrischen Auslöschung beträgt 33⁰,
weshalb der Plagioklas zum Labrador zu rechnen ist. Nephelin ist
in und neben dieser Plagioklasfüllmasse zu erkennen. Es gibt auch
das Gesteinspulver mit verdünnter Salzsäure eine Kieselgallerte und
aus der abfiltrierten Lösung scheiden sich Kochsalzwürfel aus. Die
Hornblende tritt in resorbiertem Zustande auf, wobei ihr einstiger
Umriß durch eine Reihe dichtgedrängter Magnetitkörner angedeutet
wird. Sie wird durch Magnetit, Augit, Rhönit oder durch eine
unbestimmbare Füllmasse ersetzt. Der Rhönit bildet Säulchen von
höckeriger Oberfläche, welche sich nach zwei Richtungen parallel
lagern, so zwar, daß sie sich unter einem Winkel von 120⁰, also
ungefähr unter dem charakteristischen Winkel der Hornblende schneiden.
Diese Säulchen absorbieren fast alles Licht und zeigen einen Pleochroismus dunkelbraun, schwarzbraun. Magnetit bildet häufig
größere Individuen, einzelne sind skelettartig ausgebildet. Apatit
erscheint in Nädelchen.

Thomaschlag (725 m hoch, nordwärts von Buchau). Von
dieser Eruptivmasse wurde, wie bei einigen anderen an diesem
Talabhange liegenden Ergußgesteinen, durch den Lohbach die
Westseite freigelegt, so daß tiefere Partien der Ergußmasse fast
unmittelbar über der Talsohle zum Vorschein kommen. Die Grundlage (Basis) dieses Gesteins ist somit ein Talabhang, eine geneigte
Fläche. Wären nun die Hügel dieser Gegend Reste der vom Duppauer
Vulkan geförderten Lavaströme, so dürfte es kaum erklärlich sein,
daß eine flüssige Ergußmasse auf einem Talabhange liegen geblieben
wäre, ohne das Tal auszufüllen, falls letzteres damals schon vorhanden
war. Gab es ein Lohbachtal damals noch nicht, so dürfte man
wiederum schwerlich eine Erklärung dafür finden, wie Eruptivmassen
so tief auftreten können, nachdem es ja hier gewissermaßen Gesetz
ist, daß Ergußgesteine erst bei 700 m absoluter Höhe beginnen. Man
müßte sich höchstens eine Vertiefung des Bodens denken, die von
dem Lavastrom ausgefüllt wurde. Indessen muß man dann berücksichtigen, daß die gleiche Erscheinung sich an vier weiteren Hügeln
am Talabhange desselben Baches wiederholt, weshalb man auch vier
Bodenvertiefungen annehmen müßte, ein Fall, der kaum wahrscheinlich
wäre. Es bleibt daher nur die Annahme übrig, daß man es mit selbständigen Durchbrüchen zu tun hat.

Am Südostabhang, ebenso auf der Kuppe des Hügels, findet man
schalig-plattige Absonderung, während an der Westseite massive Blöcke

vorherrschen. Das schwarzgraue Gestein läßt auf den feinsplittrigen Bruchflächen nur wenige A u g i t e i n s p r e n g l i n g e erkennen. Unter dem Mikroskop erweist sich die Struktur holokristallin porphyrisch (mit reichem Feldspatgehalt). In einer aus Augit, Nephelin und Magnetit bestehenden Grundmasse liegen einige Augiteinsprenglinge. Ferner finden sich Apatit und Hornblende. Die A u g i t e e r s t e r G e - n e r a t i o n sind, wie an den Querschnitten zu ersehen ist, nach der a- und c-Achse etwas verbreitert mit schmaler 100 - Fläche. Zwillingsbildung findet statt nach 100. Die Augite haben graugrüne Farbe, sind durchsichtig und weisen zonaren Bau auf. Die für den Kern gemessene Auslöschungsschiefe beträgt $c : c = 46^0$, für die Außenzone $c : c = 53^0$. Die leistenförmigen G r u n d m a s s e a u g i t e besitzen eine scharfe Begrenzung, zuweilen auch an den Enden. Der P l a g i o k l a s bildet Zwillinge nach dem Albitgesetze, wobei man in der Regel 2—4 Lamellen in einem solchen leistenförmigen Individuum zählt. Der symmetrischen Auslöschung nach (gefundener Maximalwert 37^0) gehört er zur Labradorgruppe. N e p h e l i n, der die Zwickel zwischen den Augit- und Plagioklasleistchen ausfüllt, unterscheidet sich vom letzteren durch die etwas schwächere Licht- und Doppelbrechung. Nach Behandlung des Gesteinspulvers mit Salzsäure erhält man auch hier eine Kieselgallerte, während die abfiltrierte Lösung Kochsalzwürfelchen ausscheidet. Der Apatit tritt in kurzsäuligen Individuen auf, die an Größe einzelne kleine Augiteinsprenglinge erreichen. Die Enden der Kristalle sind von Pyramidenflächen begrenzt. Parallel der c-Achse lagern feine dunkle, stäbchenförmige Einschlüsse, die den Apatit bei schwächerer Vergrößerung trüb erscheinen lassen. Kleinere Individuen, welche nebenbei auch die charakteristische Querabsonderung nach 001 zeigen, bergen im Innern glasige Einschlüsse. Der M a g n e t i t ist in Umwandlung zu Brauneisen begriffen, doch beschränkt sich diese Zersetzung auf kleinere Bezirke, die über den Dünnschliff zerstreut liegen.

Die Horka (H. III). Beim Dorfe Teschetitz südlich von der Bezirksstraße breitet sich eine von Norden nach Süden streichende Eruptivmasse aus, an der sich mehrere Aufschlüsse finden, da das Gestein als Schottermaterial verwendet wird. In der von der Bahnstrecke durchquerten südlichen Partie bemerkt man unregelmäßige, vier- bis fünfeckige Säulen, die nach oben hin konvergieren. In einem Bruch am Ostabhange bilden die Säulen regelmäßige Fünfeckformen mit einer scharfen, plattigen Querabsonderung. Auch hier neigen sie sich der Mitte des Berges zu.

Das dunkle, splitterigen Bruch aufweisende Gestein zeigt nur wenige Augiteinsprenglinge. Die Struktur ist holokristallinporphyrisch. Die Grundmasse wird zusammengesetzt aus schlank säulenförmigen Augiten, Feldspatleisten, Nephelin und Magnetit. Als Einsprengling fungiert der A u g i t. Dieser ist plattig nach 010 entwickelt mit schmaler 100-Fläche und weniger korrodiert. Spaltrisse fehlen fast vollständig, dagegen finden sich unregelmäßig verlaufende Sprünge. Verzwillingt ist er nach 100; wobei es auch zur Bildung von polysynthetischen Zwillingen (Lamellierung nach Art der Plagioklase) kommt. Sanduhr- und Zonenbau ist nicht gar so häufig. Für den Kern

betrug die Auslöschungsschiefe 50° (c:c) für die Zone 52° (c:c). Die
Färbung ist eine hellbraune mit einer etwas violetten Umrandung.
Auch hier macht sich eine starke Dispersion ($\rho < \upsilon$ um c) bemerkbar.
Die nach dem Albitgesetze verzwillingten Plagioklasleistchen,
die im allgemeinen die gleiche Größe wie die Augite der Grundmasse
haben, von diesen aber an Zahl weit übertroffen werden, weisen eine
symmetrische Auslöschungsschiefe von 35° auf. Sie gehören also zur
Labradorgruppe. Die Augite der Grundmasse, die eine idiomorphe Begrenzung besitzen, sind Säulchen, an denen eine Quer-
gliederung zu bemerken ist. Nephelin ist neben demPlagioklas an
seiner schwächeren Licht- und Doppelbrechung erkennbar. Außerdem
wurde seine Anwesenheit auf chemischem Wege durch Behandlung
mit verdünnter Salzsäure nachgewiesen. Apatit bildet feine Nädelchen.
Die Durchschnitte durch den idiomorph ausgebildeten Magnetit sind
reichlich über die Präparate verteilt; bisweilen hat ihre Umwandlung
in Eisenhydroxyd begonnen.

Der Mistberg (777 m) bei dem Orte Taschwitz-Buchau lagert
dem Karlsbader Granit auf. Das Gestein ist schwarzgrau gefärbt
und läßt mit freiem Auge Augiteinsprenglinge und einige Glimmerschüppchen erkennen. In Verwitterung begriffene Stücke zeigen
eine weißgraue Rinde. An der Zusammensetzung der Grundmasse
dieses holokristallin-porphyrisch ausgebildeten Ergußgesteines beteiligen sich Plagioklas, Nephelin und Magnetit. Die Augiteinsprenglinge sind plattig nach 010 entwickelt und häufen
sich öfters in knäuelartigen Bildungen an. Derartig aggregierte Kristalle
sind gewöhnlich kristallographisch besser begrenzt als einzelne Individuen, die von der Korrosion hart mitgenommen wurden und durch
spätere Anwachszonen die Kristallform wieder erlangt haben. Die
Auslöschungsschiefe des Kernes betrug bei Sanduhr- und Zonenbau
c:c = 47° für die Umrandung c:c = 53°. Der Kern zeigt hellbraune
Farbentöne, während die Zone violett gefärbt ist. Dispersion ist stark
($\rho < \upsilon$ um c). Neben der prismatischen Spaltbarkeit, die nicht besonders
vollkommen ist, finden sich auch unregelmäßige Sprünge, die in einigen
Fällen mit Kalzit ausgefüllt sind. Verzwillung findet statt nach 100,
wobei dann im Verhältnis zu den anderen Seiten die 100-Fläche
besonders entwickelt ist. Mit Flüssigkeit ausgefüllte Hohlräume von
kleiner Dimension durchziehen den Kristall in regellosen Zügen.
Magneteinschlüsse sind mehr auf die Umrandung beschränkt. Die
Biotitschüppchen (vom Magma stark abgeschmolzen) zeigen eine
merkliche Auslöschungsschiefe c:a = 2 ½°, und deutlichen Pleochroismus
c und b = rotbraun, a = hellbraun. Die Augite der Grundmasse sind
säulenförmig und bilden den vorwiegenden Bestandteil derselben. In
der Färbung stimmen sie mit der Umrandung der Augite erster Generation überein. Der Plagioklas tritt als Füllmasse auf. In größeren
Zwickeln findet man Zwillingslamellierung. Auf einem Durchschnitte
normal zu c wurde gegenüber der Zwillingsnaht eine Auslöschungsschiefe von 32° gefunden, die auf ein Glied der Labrador-Bytownitreihe
hinweist. Die Anwesenheit von Nephelin wurde auf chemischem Wege
durch Behandlung mit verdünnter Salzsäure nachgewiesen. Auch im
Dünnschliff sind einige schwächer licht- und doppelbrechende Partien

nachweisbar. Auf Sprüngen und in Hohlräumen lagert K a l z i t häufig in radialstrahliger Anordnung. M a g n e t i t erscheint in verschiedener Größe mit deutlich kristallographischer Begrenzung oder auch in Skelettform; dann zersetzt in E i s e n h y d r o x y d.

Der Eckertberg (E. IV). In der Eckertgruppe, die westlich von Buchau an der Kaiserstraße gelegen ist, finden sich neben einigen Nephelinbasaniten auch zwei Nephelin-Tephrite, nämlich der höchste unter diesen Hügeln, der Eckertberg und eine dem Dorfe Taschwitz genäherte namenlose Ergußmasse (E. V). Das schwarzgrau gefärbte Gestein, mit deutlicher Kokkolithenstruktur zeigt makroskopisch neben vereinzelten Augiteinsprenglingen einige Magnetitkörner.

Die Ausbildung ist holokristallin-porphyrisch. Die Grundmasse wird aus Augitleisten, Plagioklas, Nephelin, Magnetit und Biotit gebildet. Die nicht besonders gut kristallographisch begrenzten A u g i t e e r s t e r G e n e r a t i o n sind plattig nach 010 und haben die 100-Fläche sehr wenig entwickelt. Einfache und auch wiederholte Verzwilligung nach Art der Plagioklase findet nach 100 statt. Die Umrandung ist dunkler (violetter Farbenton), der Kern hellbraun, die für letzeren gemessene Auslöschungsschiefe betrug $c:c$ 46⁰, für die Zone 53⁰. An der Grenze zwischen Kern und Anwachszone lagern Magnetitkörnchen. Aber auch im Kern findet man stellenweise reichliche Magnetiteinschlüsse. Die A u g i t e z w e i t e r G e n e r a t i o n erscheinen als idiomorph ausgebildete Säulchen von dunkler Färbung. Sie lagern sich um resorbierte Hornblende in einem dichtgedrängten Kranze. Die H o r n b l e n d e wird hier ersetzt durch Magnetit, Augit und Füllmasse. Der P l a g i o k l a s (allotriomorph ausgebildet), tritt in diesem Gesteine gegen N e p h e l i n stark zurück. Polysynthetische Verzwilligung macht den Feldspat seltener vom Nephelin unterscheidbar als seine stärkere Licht- und Doppelbrechung. B i o t i t schüppchen zeigen zuweilen kristallographische Begrenzung. Schnitte parallel zur 010-Fläche lassen zu den Spaltrissen nach 001 eine merkliche Auslöschungsschiefe von $c:a = 3^0$ erkennen. Die größeren Individuen des zahlreich auftretenden M a g n e t i t s sind in Skelettform entwickelt. Es beginnt bereits eine Zersetzung in E i s e nh y d r o x y d, das sich auf Sprüngen, die selbst die Augiteinsprenglinge durchsetzen, ablagert. A p a t i t n ä d e l c h e n sind allenthalben vorfindig.

In einer Entfernung von 150—200 m lagert der zweite oben erwähnte Tephrit. Von dieser Ergußmasse ist nur noch der Zufuhrskanal vorhanden, während das Material der einstigen Kuppen beim Bau der vorbeiführenden Straße verwendet wurde. Das Gestein zeigt holokrystallin-porphyrische Ausbildung. Die wenigen vorhandenen, stark korrodierten A u g i t einsprenglinge sind ebenfalls in der Richtung der α-Achse verlängert. Sanduhr- und Zonenbau wird schon durch die dunklere Färbung angedeutet. Für den Kern betrug die Aulöschungsschiefe 47⁰, für die Zone 53⁰. An der Grenze zwischen Kern und Zone finden sich Magnetitkörner. Verzwilligung nach 100 ist verbreitet, wobei in zwei Fällen eine Biegung der Zwillingsnaht gefunden wurde. Die G r u n d m a s s e ist aus idiomorph ausgebildetem A u g i t, M a g n e t i t und N e p h e l i n zusammengesetzt.

Ebenfalls in der Nähe von Buchau an der Kaiserstraße bei km 112 liegt der Galgenberg, ein Hügel, dessen Gestein sich als

ein Tephrit erweist. Seine Beschreibung findet sich bei P o h l[1]). Die
Angabe dieses Autors, daß·in einzelnen Handstücken auch Olivin zu
finden wäre, konnte nicht konstatiert werden, obwohl in den hier
angelegten Steinbrüchen reichlich Material zur Verfügung stand. Am
Südostabhange wurde allerdings ein stark verwitterter, olivinführender
Gesteinsbrocken gefunden. Doch hat man es hier ohne Zweifel mit
einem Findling zu tun. Südwestwärts ist diesem Hügel eine kleine
unscheinbare Decke angelagert, dessen Gestein reichlich Leucit führend
ist und dessen Beschreibung auch bei den Leucit führenden Tephriten
eingereiht werden soll.

Auf dem Wege gegen Langendorf liegt zur rechten Hand der
Straße eine nur mäßig über die Umgebung aufragende Hügelgruppe,
die in der dortigen Gegend unter dem Namen „die Bühle" bekannt ist.
Die einzelnen Hügel besitzen die auch bei vielen anderen Tephrit-
vorkommnissen wiederzufindende Brotlaibgestalt, nämlicheine steil
ansteigende Flanke mit oben sich verflachender Decke.

P o h l hat von dieser Hügelgruppe einige Gesteinsbeschreibungen
geliefert, doch sind die Fundangaben zu ungenau, da er immer nur
von einem „Hügel südlich von Buchau" oder „Hügel gegen Hartenstein" spricht. Es wurden daher sämtliche Gesteine nochmals untersucht mit Ausnahme des nördlichsten dieser Hügel, des „Kleinen Bühles",
auf der rechten Seite des Fußweges gegen Langendorf, dessen
Gestein durch die makroskopisch sichtbaren Olivinkörner genügend
von den übrigen Hügeln unterschieden ist. Dieses Gestein wurde
von P o h l als Nephelinbasanit bestimmt.

Das schwarzgrau gefärbte Gestein des südlichsten Hügels des
„Großen Bühles (B. III) läßt auf den unfrischen splittrigen Bruchflächen
mit freiem Auge nur Augiteinsprenglinge erkennen. Unter dem
Mikroskop erweist sich die Struktur als hypokristallin-porphyrisch.
An der Zusammensetzung der Grundmasse sind Augit, Magnetit,
Apatit, Glassubstanz und Karbonate beteiligt. Die A u g i t e   e r s t e r
G e n e r a t i o n, die in einigen Fällen eine Größe von 2—3 mm
erreichen, sind meistens tafelig nach 010 entwickelt. Bei einem
säulig entwickelten Augit zeigten einige Partien reichlichere und
breitere Spaltrisse, abwechselnd mit engeren Spaltrissen. Hie und
da gibt es auch Augite (ebenfalls säulig ausgebildet), deren
Spaltrisse Biegungen zeigen. Häufig sieht man Zwillingsbildung
nach 100. Ziemlich verbreitet findet man auch Zonarausbildung und
Sanduhrformen. Beide sind leicht erkennbar an der etwas dunkleren
Randfärbung, im Gegensatz zu dem hellgefärbten Kern. Die Grenzen
zwischen Kern und Zone sind nie regelmäßig. Offenbar ist dies ein
Zeichen, daß die kristallographische Begrenzung der Augite erster
Generation der magmatischen Abschmelzung zum Opfer gefallen ist,
jedoch später durch Anwachszonen wieder hergestellt wurde. Die
Auslöschungsschiefe nimmt von innen nach außen zu. Es wurde
nämlich für den Kern eine Auslöschungsschiefe $c:c = 45^0$, für die
Zone $c:c = 53^0$ gefunden. Eine Eigentümlichkeit der Augite ist die

---

[1]) P o h l, Basaltische Ergußsteine vom Tepler Hochland. Archiv f. d. n. L.
v. Böhmen. Abschnitt 2, Beschreibung 6, pag. 34 (XIII. Bd., Nr. 3).

(fleckige) partienweise unregelmäßige Auslöschung. Diese Erscheinung beschränkt sich aber nur auf den Kern. Dispersion $\rho < \upsilon$ ist bedeutend. Fast in jedem Kristalle findet man Flüssigkeitseinschlüsse.·

Die gleiche Färbung wie die Anwandungszonen der Einspreng. linge zeigen auch die idiomorph ausgebildeten G r u n d m a s s e. a u g i t e. Sie bilden vorzugsweise Säulchen, an denen Prismen, Pyramiden und Endflächen zu erkennen sind. Als Füllmasse tritt ein farbloses Glas auf, das stellenweise äußerst schwach aufhellt. Dort, wo sich größere Zwickel finden, erscheint radialstrahlig· oder in Körnerform ein schwach gelbbraun gefärbtes K a r b o n a t. Von dem reichlich vorhandenen M a g n e t i t zeigen die kleineren Indivi. duen kristallographische Begrenzung, während die größeren meistens skelettartig entwickelt sind. Letztere sind gewöhnlich in Zersetzung begriffen. Das Umwandlungsprodukt ist eine farblose bis gelbliche Sub. stanz, L e u k o x e n, woraus sich daher schließen läßt, daß der Magnetit titanhältig ist. An einer Stelle findet man einen Kranz dichtgedrängter Magnetitkörner, die ein Gemenge von Karbonat, Augit, gut auskristalli. sierten Magnetit, sehr kleine Biotitschüppchen und kleine Apatit. säulchen umschlossen halten.

Das Gestein von dem Hügelrücken (B. IV) zwischen dem Großen Bühl und dem Kreuzbühl ist holokristallin-porphyrisch entwickelt. In einer Grundmasse von Augitleisten, Plagioklas, Magnetit, Nephelin und Apatit liegen wenige A u g i t e e r s t e r G e n e r·a t i o n. Sie sind plattig nach 010 entwickelt und besitzen nur undeutliche Spaltrisse. Dafür erscheinen die Sprünge nach 001 fest orientiert. Bei Sanduhr- und Zonenbau betrug die Auslöschungschiefe für die Anwachspartie $c:c = 52^0$ für den Kern $c:c = 46^0$. Charakteristisch für diese Augite ist wiederum die fleckige Auslöschung, ebenso ɔine deutliche Dispersion $(\rho < \upsilon$ um $c)$. Die A u g i t e z w e i t e r G e n e r a t i o n bilden Leistchen und Säulchen, in denen die Erstreckung nach der a-Achse zur b-Achse sich verhält wie $5:1$. P l a g i o k l a s erscheint als Füllmasse ebenso wie Nephelin, dessen Vorhandensein auf chemischem Wege nachgewiesen wurde. Magnetit ist teils in Skelettform (besonders die größeren Individuen), teils in Kristallform entwickelt. Auch hier findet Um. wandlung in L e u k o x e n statt.

Das schwarzgrau gefärbte Gestein des „vorderen Bühls", des Kreuzbühls (B. II), ist hypokristallin-porphyrisch entwickelt. Die Grund. masse ist zusammengesetzt aus Augitleisten, Magnetit, Glassubstanz, Apatit und Karbonat. Als E i n s p r e n g l i n g tritt nur A u g i t auf. Dieser ist teils kurzsäulig, teils plattig nach der a-Achse entwickelt. Einige Individuen weisen Biegungen auf, die natürlich auch an den Spaltrissen vorkommen. Auf Sprüngen hat sich oft neugebildeter K a l z i t angesiedelt. Die hellbraungefärbten Individuen, die im Zentrum Flüssigkeit führende Hohlräume besitzen, sind von einer schmalen dunkleren Zone umrandet, deren Auslöschungsschiefe gegenüber der des Kernes um 6^0 mehr betrug, und zwar wurde für den Kern eine Auslöschungsschiefe von $c:c = 47^0$, für die Zone $c:c = 53^0$ .gemessen. Häufig wird die Bestimmung erschwert durch das wiederholt auf. tretende fleckige Auslöschen. Zwillingsbildung nach 100 ist reichlich vertreten. Die starke Dispersion $(\rho < \upsilon$ um $c)$ läßt wiederum auf Titanaugit schließen. Die idiomorph entwickelten Augite der Grundmasse besitzen eine dunkelbraune mit einem Stich ins Violette versehene Färbung. Die Füllmasse ist eine teils farblose, teis schwach gelblich gefärbte Glassubstanz, die vielfach Magnetitmikrolithe birgt. Sie ist unregelmäßig im Schliffe verteilt und gewöhnlich vergesellschaftet mit Karbonat, das teils in Körnerform, teils in radialstrahligen, auch konzentrisch schaligen Bildungen auftritt. An Magnetit sieht man oft die beginnende Umwandlung in Leukoxen. Das frühere Vorhandensein der Hornblende wird durch ein Gemenge angedeutet, das vorzugsweise aus fast staubartigen Magnetitkörnchen, wenig Rhönit und Augit besteht.

Der kleine Schloßberg westlich von der Bühle gehört zur Gruppe derjenigen Hügel, die bei der Bildung des Lohbachtales auf einer Seite freigelegt wurden. Diese unauffällige Ergußmasse bedeckt das obere Drittel des Talabhanges in Form eines Vorsprunges, der eben dadurch zustande kam und kommt, weil das Eruptivgestein gegenüber den umliegenden Gneismassen der Abtragung durch Wasser größeren Widerstand entgegensetzt.

Das dunkelgrau gefärbte Gestein ist hypokristallin-porphyrisch entwickelt. Porphyrisch ausgeschieden ist nur Augit, während die Grundmasse aus Augitleisten, Magnetit, Apatit und einem farblosen Glase zusammengesetzt ist. Die Augite erster Generation sind plattig nach 010 und ein wenig nach der c-Achse gestreckt. Einzelne Individuen erreichen eine Größe von 1 mm, sind dann aber häufig korrodiert. Glomerophyrische Bildung, Auftreten in Knäuel wird an wenigen Stellen bemerkt; trotzdem sind aber auch dann die Kristallformen erhalten. Spaltrisse sind nur wenige vorhanden; sie stehen ziemlich weit auseinander. Die Auslöschungsschiefe beträgt bei Sanduhr- und Zonenbau für den Kern $c:c = 47^0$, für die Zone $c:c = 53^0$. Flüssigkeitseinschlüsse sind besonders in größeren Kristallen häufig. Zwillingsbildung nach 100 ist öfter anzutreffen. Die starke Dispersion ($\rho < \upsilon$) und die dunkle, etwas violette Färbung sprechen für Titanaugit.

Die Grundmasseaugite, die als kleine Leistchen erscheinen, lassen nur wenig Raum für die Füllmasse. Als letztere erscheint ein farbloses Glas, das aber in einigen Zwickeln bei eingeschobenen Gipsplättchen eine schwache Doppelbrechung verrät. Dort wo Glas auftritt, findet sich immer Kalzit, der aus dem Glase hervorgegangen ist, ein Zeichen, daß letzteres Ca-haltig ist. Magnetit ist, wie es ja in glasig ausgebildeten Gesteinen meistens der Fall ist, skelettartig entwickelt. Nur die kleineren Individuen besitzen deutliche Kristallform. Apatit hat die Form von kleinen Säulchen.

Südwärts von dem eben beschriebenen Hügel liegt der große Schloßberg, der, weil er die Ruine Hartenstein trägt, auch Hartenstein genannt wird. Auch hier reicht die Eruptivmasse dem Lohbachtale zu etwas tiefer in das Tal hinab. Die Struktur dieses Gesteins, an dem makroskopisch nur einige Augitindividuen ins Auge fallen, ist holokristallin - porphyrisch. Die Augiteinsprenglinge, die manchmal glomerophyrisch auftreten, sind plattig nach der a-Achse, reichlich verzwillingt, in einigen Fällen erscheinen schöne Wiederholungszwillinge. Die Spaltbarkeit ist unvollkommen, dafür sind Sanduhr- und Zonenbau sehr gut entwickelt. . Die gemessene Auslöschungsschiefe für den Kern betrug $c : c = 45^0$ für die Zone 52^0 $(c : c)$. Die Dispersion ist die gleiche wie in den übrigen Gesteinen. Die Farbe der Augite ist ein Gelbgrün für den Kern und ein Braun für die Umrandung.

Die Grundmasse besteht aus Augit, Magnetit, Plagioklas, Nephelin, Kalzit und Apatit. Die G r u n d m a s s e a u g i t e sind leistenförmig. Der P l a g i o k l a s tritt als Füllmasse auf. Der N e p h e l i n ist nur mittels verdünnter Salzsäure nachweisbar. K a l z i t zeigt sich in einer den Schliff durchsetzenden Ader in Form von Körnern. M a g n e t i t kommt teils in scharf begrenzten Formen, teils in Skeletten vor. Sein Zersetzungsprodukt, Eisenhydroxyd, füllt die Sprünge des Gesteins aus.

Der Hungerberg bildet eine Kuppe etwas über $700\,m$ westlich von Buchau. Nähert man sich ihm von letzterem Orte, so findet man dort von Ergußmassen überlagerten Gneis noch in einer Höhe von $680\,m$. Am Süd- und Westabhange, wo das an die Oberfläche kommende Gestein Säulen von unregelmäßiger Gestalt bildet, reicht der Gneis fast bis an die Talsohle. Wir haben wiederum einen, vom Lohbachtale hier sogar auf drei Seiten freigelegten Durchbruch von Ergußmassen vor uns.

Die Ausbildung dieses Gesteins ist holokristallin-porphyrisch, obwohl sich auch hier einige isotrope Stellen finden. Die kristallographisch schlecht begrenzten A u g i t e e r s t e r G e n e r a t i o n, die keine besondere Größe erreichen, zeigen glomerophyrische Bildungen. Die prismatischen Spaltrisse stehen ziemlich nahe und sind durch Quersprünge untereinander verbunden. Verzwillligung nach 100 ist ziemlich häufig bemerkbar. Sanduhr- und Zonenbau werden durch eine blaßviolette Umrandung angedeutet. Die Auslöschungsschiefe der später angelagerten Schicht betrug um 8^0 $(c : c)$ mehr. Es wurde nämlich für den Kern eine Auslöschungsschiefe von $c : c = 45^0$, für die Zone $c : c = 53^0$ bestimmt. An der Grenze zwischen Kern und Zone lagern Magnetite. Die Dispersion ist stark. Jn der G r u n d m a s s e finden sich vorwiegend A u g i t e in Form kleiner Leistchen. Die Hornblendeeinsprenglinge sind in der schon oft angegebenen Weise gänzlich resorbiert. Der P l a g i o k l a s ist an seiner deutlichen Doppelbrechung erkennbar. Der N e p h e l i n ist nur auf chemischem Wege nachweisbar. Einige Zwickel bleiben bei gekreuzten Nikols dunkel. Solche Stellen sind durch kleine .staubförmige Einlagerung braun gefärbt. Den Magnetit, welcher sowohl in Kristallform als auch in Skeletten entwickelt ist, zeigt Leukoxenbildung. A p a t i t erscheint in schlanken Nädelchen.

Der zwischen Hungerberg und Schloßberg nur etwa $10\,m$ über der Talsohle liegende Ohrbühl ist der fünfte Hügel, der durch den vorbeifließenden Lohbach freigelegt wurde. Von dem Gestein dieses Hügels ist ein großer Teil der Zersetzung anheimgefallen. Nur im Zentrum finden sich, wie man in dem Steinbruch sehen kann, frische unregelmäßige Säulen.

Die Struktur ist hypokristallin-porphyrisch. In einer von Augitleisten, Glassubstanz und Magnetit gebildeten Grundmasse liegen einige wenige Augiteinsprenglinge. Sie sind isometrisch oder plattig

nach 010, ausgezeichnet durch deutliche Spaltrisse und scharfe Kristall-
begrenzung, in einigen Fällen zu Knäuel vereinigt, Sanduhr- und
Zonenbau sind vertreten und werden schon durch die dunkle Färbung
der späteren Anwachszone verraten. Für den Kern betrug die Auslöschungsschiefe $c : c = 49^0$, für die Zone $c : c = 53^0$, wobei der Kern
häufig eine fleckige Auslöschung zeigt. Die Dispersion der Achsen
ist stark. An einer Stelle findet man in einem rundlichen Einschluß
langsäulige, gelbbraun gefärbte Augite mit schwach verlängerter
a-Achse, deren Lage bestimmt orientiert sein muß, da einzelne Partien
nur Querschnitte, andere nur Längsschnitte aufweisen. Eingebettet
sind sie in einem gelbbraunen Glase, das von blauschwarzen Magnetitmikrolithen durchspickt ist. Es ist dies allem Anscheine nach eine
intratellurische Ausscheidung. Die Füllmasse, die G l a s s u b s t a n z,
nimmt in der Grundmasse einen bedeutenden Raum ein. Sie ist teils
hellbraun, teils farblos; Magnetit ist nicht gar so reichlich vorhanden
und bildet zierliche Skelette und auch Mikrolithe. Ein Teil der
Magnetitsubstanz scheint sich aus dem Schmelzflusse nicht abgeschieden
zu haben und die Braunfärbung des Glases zu bedingen.

Ostwärts von Buchau, am Feldwege gegen Teschetitz, liegt eine
unscheinbare Kuppe, der Marschenbühl, dessen Gestein gleichfalls
hypokristallin-porphyrisch entwickelt ist. In einer von Augit, einem
farblosen Glas und Magnetit gebildeten Grundmasse liegen einige
A u g i t e i n s p r e n g l i n g e von verschiedener Größe. Sie sind kristallographisch gut begrenzt, plattig nach 010 mit schmaler 100-Fläche
und besitzen deutliche Spaltrisse nach dem Prisma. Auch Sanduhrform und Zonenbau ist anzutreffen. Die Auslöschungsschiefe des
Kernes beträgt $c : c = 47^0$, für die Zone 52^0 $(c : c)$. Die Färbung ist
ein Hellbraun, randlich dagegen etwas violett, was in Zusammenhang
mit der stàrken Dispersion ($\rho < \upsilon$ um c) steht. Um ein großes Individuum (in der Richtung der a-Achse 2 mm Länge), dem ein noch
größeres Magnetitkorn angelagert ist, sind die leistenförmigen
G r u n d m a s s e a u g i t e · fluidal angeordnet. Die Füllmasse ist ein
farbloses G l a s, in dessen unmittelbarer Nähe, an der starken negativen Doppelbrechung erkennbarer, K a l z i t lagert, der durch Eisenhydroxyd einen etwas bräunlichen Farbenton erhält. Bemerkenswert
dürfte die Erscheinung sein, daß in von Glas ausgefüllten Zwickeln
das Karbonat gegen die Füllmasse vorwächst. Man findet nämlich
Zwickel, die fast vollständig von Kalzit erfüllt sind, während in anderen das Karbonat nur die Hälfte des Zwickels ausfüllt. Letzteres
erscheint also hier sekundär nach einem Glase, daß ohne Zweifel
kalziumhaltig ist. Magnetit bildet die bekannten Skelette.

In dem schwarzgrau gefärbten Gesteine des Hügels bei Neuhof
(unmittelbar am Weg von Neuhof nach Teschetitz), das einige makroskopisch sichtbare Augite enthält, findet sich auf Sprüngen und in
Hohlräumen reichlich Kalzit.

Die Mineralkombination dieses hypokristallin-porphyrisch ausgebildeten Gesteins ist folgende: In einer Grundmasse von Glassubstanz, Augit und Magnetit liegen E i n s p r e n g l i n g e von A u g i t.
Letztere häufig glomerophyrisch auftretend, sind plattig nach 010 oder
kurzsäulig entwickelt mit wenigen undeutlichen Spaltrissen, die in einem

Falle Verbiegung zeigten. Sanduhr- und Zonenbau sind verbreitet, der Kern ist gewöhnlich hellbraun mit grünlichem Stiche, die Umrandung ist dunkler. Die Auslöschungsschiefe des Kernes beträgt $c : c = 48^0$, die der Zone $c : c = 53^0$. Dispersion ($\rho < \upsilon$ um c) bedeutend. An einer Stelle findet sich ein Einschluß, bestehend aus fast hellgelben hypidiomorph entwickelten säuligen, etwas fluidal angeordneten Augiten in einer von blauschwarzen Magnetitmikrolithen durchsetzten Glasmasse liegend. Außerdem erscheinen verzwillingte P l a g i o k l a s l e i s t c h e n in geringerer Anzahl und. einzelne farblose Zwickel von schwächerer Licht- und Doppelbrechung, N e p h e l i n.

Die A u g i t e d e r G r u n d m a s s e sind idiomorphe Leistchen. Die G l a s s u b s t a n z erscheint in größeren und kleineren Zwickeln unregelmäßig verteilt. Beim Magnetit sind die größeren Individuen in Skelettform ausgebildet, die kleineren jedoch vollständige Kristalle.

Nordwärts von den Ortschaften Bergles und Ohorn liegt über Tuffen der gewaltige, von Nordosten nach Südwesten streichende Höhenrücken des Stein- und Kirchberges. Die Ausbildung dieses die genanten Berge bildenden Gesteines ist holokristallin-porphyrisch. Es unterscheidet sich makroskopisch nicht von den anderen Tephriten. In einer Grundmasse von Augit, Plagioklas, Nephelin, Apatit und etwas Biotit erscheinen Augiteinsprenglinge. Die A u g i t e e r s t e r G e n e r a t i o n, die auch glomerophyrisch auftreten, sind häufig korrodiert. Sie sind plattig nach der Fläche 010 entwickelt und zeigen deutliche Spaltbarkeit nach dem Prisma. Zwillingsbildung nach 100 ist häufig; auch Sanduhrformen und Zonenbau sind reichlich vertreten. Bei einem Schnitte normal zu b wurde folgende Auslöschungsschiefe gefunden: Für den Kern $c : c = 46^0$, für die Zone $c : c = 52^0$. Bei den nach der Längsfläche plattigen Individuen zeigt sich eine wiederholte Schichtung, wobei die in der Richtung der a-Achse angelagerten Zonen sehr breit sind, während in der Richtung der b-Achse zwischen den Zonen ein Unterschied bemerkbar ist. Diese Schichten löschen aber nicht der Reihe nach aus (von innen nach außen), sondern in der Weise, daß zwei nicht unmittelbar nebeneinander liegende Schichten gleichzeitig dunkel werden. Es werden zum Beispiel bei einem Individuum parallel zur Fläche 010 folgende Auslöschungsschiefen $c : c$ gemessen: Für den Kern und die dritte Zone: 46^0, für die erste und vierte Zone 50^0, für die zweite 48^0 und für die Umrandung 52^0. Offenbar war die Zusammensetzung des Schmelzflusses Schwankungen unterworfen. Einige Kristalle zeigen bei gekreuzten Nikols fleckige Auslöschung. Als Einlagerung treten Magnetitkörner auf, besonders in den Zonen. Die H o r n b l e n d e wurde durch Augit, Magnetit, Plagioklas und Nephelin ersetzt.

In der G r u n d m a s s e sind der Hauptbestandteil die idiomorph ausgebildeten A u g i t l e i s t c h e n. An der Ausfüllung der Zwickel sind P l a g i o k l a s und N e p h e l i n, letzterer allerdings auf optischem Wege nicht zu unterscheiden, beteiligt. Doch gibt das Gesteinspulver, mit verdünnter Salzsäure behandelt, eine flockige Gallerte und die abfiltrierte Lösung scheidet beim Verdunsten Kochsalzwürfel aus. Die B i o t i t s c h ü p p c h e n haben eine merkliche Auslöschungsschiefe gegen die Spaltrisse nach der Basis ($c : a = 3^0$), M a g n e t i t erscheint vor-

zugsweise in gut begrenzten Kristallformen; Apatit teils in kleinen
Säulchen, teils in Nadeln.

Nordwärts von dem Steinberg liegt die Hohe Ecke (auch Egge),
deren Gestein am Südabhang einen bereits von Klemens Morgan
beschriebenen Phonolith [1]) bedeckt, der ungefähr die gleiche Höhe besitzt wie der Phonolithstock des benachbarten Schloßberges von Engel-
haus. Die Ausbildung dieses schwarzgrauen Gesteines ist hypokristallin-
porphyrisch. Die Augite erster Generation sind nicht so
häufig und erreichen keine besondere Größe. Sie sind kurzsäulig
oder plattig nach 010 entwickelt mit deutlichen Spaltrissen nach
dem Prisma und von hellbrauner Färbung. Beobachtet wurde Sand-
uhr- und Zonenbau, ebenso Verzwilligung nach 100. Die Auslöschungsschiefe des Kernes betrug 47⁰, für die Zone 53⁰. Die Augite der
Grundmasse sind Leistchen, gestreckt nach c. Die reichlich vorhandene Zwickelmasse ist farblos, wasserklar und isotrop mit einer
Lichtbrechung, die der des Kanadabalsams gleichkommt. Ziemlich
regelmäßig verteilt findet man in dem Glase Apatitnädelchen. Magnetit
erscheint in größeren Kristallskeletten, die kleineren Individuen sind
vollständig ausgebildete Kristalle.

Das blauschwarz gefärbte Gestein der südwestlichen Decke des
Galgenberges besitzt einen flachmuscheligen Bruch und läßt mit
freiem Auge einige Augite erkennen. Die Struktur ist hypokristallin-
porphyrisch. In der Grundmasse findet man Augit, Leucit, Magnetit
und ein farbloses Glas. Die Augiteinsprenglinge sind kurzsäulig
oder plattig nach der 010-Fläche, zeigen eine deutliche prismatische
Spaltbarkeit, jedoch wenige Spaltrisse und eine Verzwilligung nach 100.
Die Farbe ist ein helles Braun mit schmaler, dunklerer, etwas violetter
Umrandung. Der Auslöschungsunterschied für Sanduhr- und Zonenbau
betrug 8⁰. Man fand nämlich für den Kern $c : c = 45^0$, für die Umrandung
$c : c = 53^0$. Die Dispersion dieser Augite ist bedeutend $\rho < \upsilon$ um c.
Der Leucit erscheint in größeren und kleineren rundlichen Quer-
schnitten mit regelmäßig eingelagerten Einschlüssen von Augitleistchen,
Apatitnädelchen und Magnettitkörnchen. Eine Probe mit Platinchlorid
ergab reichliches Vorhandensein von Kalium, so daß die Annahme,
es seien diese rundlichen Durchschnitte Leucit, gerechtfertigt erscheint.
Die Augite zweiter Generation gleichen in ihrer Ausbildung
denen der übrigen Tephrite. In den von den Augiten und Leuciten
gebildeten Zwickeln findet sich ein farbloses Glas, welches feine
Apatitnädelchen enthält. Die Hornblende wird vorzugsweise durch
Magnetit und Füllmasse ersetzt.

Seitwärts von der Bezirksstraße von Buchau nach Teschetitz liegen
auf der Südwestseite des Dorfes Teschetitz zwei Hügel, die unter
dem Namen „Die Horka" (Hurka) zusammengefaßt sind. Das Gestein
des ersten Hügels (mit Horka I bezeichnet) zeigt Einsprenglinge von
Hornblende an den durch Eisenhydroxyd rotbraun gefärbten Bruchflächen. Die Struktur ist hypokristallin-porphyrisch. Die Grundmasse
besteht aus Augitleisten, Leucit, Magnetit und einem braunen Glase.

---

[1]) Clemens Morgan, Die Gesteine des Duppauer Gebirges im nördlichen
Böhmen, pag. 347.

Die A u g i t e e r s t e r G e n e r a t i o n, bei denen häufig Knäuelbildungen
bemerkt werden, sind bei guter Begrenzung plattig nach 010 ausgebildet. Spaltbarkeit ist deutlich; Verzwilligung findet statt nach 100,
wobei durch wiederholte Zwillingsbildung einige Individuen eine bedeutende Breite erreichen. Zonenbau- und Sanduhrform verrät sich
schon durch die verschiedene Färbung. Die Auslöschungsschiefe des
Kernes erreichte einen Wert von 46^0 ($c:\mathfrak{c}$), die der Umrandung
betrug um 7^0 mehr. ($c:\mathfrak{c} = 53^0$). Die Dispersion ist bedeutend ($\rho < \mathfrak{v}$
um $\mathfrak{c}$), Einschlüsse mit Ausnahme einiger Magnetitkörnchen fehlen.
H o r n b l e n d e findet sich immer resorbiert und wird ersetzt durch
Augit, Füllmasse, Magnetit, oder es erscheint an Stelle des Magnetits
Rhönit. Letzterer bildet sich schmale Säulchen, die häufig eine regelmäßige Orientierung nach den Prismenflächen der einstigen Hornblende
erkennen lassen, so daß sie im Querschnitte sich in Winkeln kreuzen,
die dem charakteristischen Winkel der Hornblende ziemlich nahe
kommen (es wurden Werte von 118^0—120^0 gefunden). Sie zeigen einen
kräftigen Pleochroismus (braungelb, kastanienbraun, dunkelrotbraun);
jedoch ist wegen der Kleinheit der Individuen eine optische Orientierung unmöglich. L e u c i t querschnitte, die im Schliffe reichlich vorhanden sind, führen regelmäßig gelagerte Einschlüsse von Magnetitkörnchen, in einigen Fällen sogar bis zu drei Lagen. Als Zwickelmasse fungiert ein stark mit Magnetitmikrolithen durchsetztes braunes
G l a s. M a g n e t i t kommt außerdem noch in Skeletten vor. Größere
Individuen haben sich in Eisenhydroxyd zersetzt.

Das ebenfalls hypokristallin-porphyrisch ausgebildete Gestein
von dem ungefähr 50 *m* entfernten zweiten Horkahügel (H. II) unterscheidet sich nur durch den etwas geringeren L e u c i t gehalt und durch
das etwas stärkere Auftreten eines farblosen G l a s e s. Einige längliche
Zwickel werden außer von Glas durch K a l z i t ausgefüllt.

Nordöstlich von Buchau liegt dem Steinberge und Kirchberge
vorgelagert eine Hügelgruppe, deren südlicher Teil als Buchauer
Grünwald, deren nordwestlicher Teil als Bergleser Grünwald bezeichnet
wird. Das Gestein des letzteren gehört zur Gruppe der Nephelin-
basalte, während das des Buchauer Grünwaldes zu den Tephriten zu
stellen ist. Dieses Gestein (G. I) besitzt eine hypokristallin-porphyrische Struktur. Es liegen in einer von Augit, Magnetit, Leucit,
Biotit und einem farblosen Glase gebildeten Grundmasse einige wenige
größere, auch glomerophyrisch auftretende A u g i t e. Sie sind etwas
plattig nach 010, kristallographisch unvollkommen begrenzt, mit wenigen
weit abstehenden Spaltrissen und sind nach 100 verzwillingt, Sanduhr-
und Zonenbau ist anzutreffen. Die Auslöschungsschiefe beträgt für
den Kern $c:\mathfrak{c} = 45^0$, für die Zone $c:\mathfrak{c} = 52^0$. Charakteristisch ist die
deutliche Achsendispersion ($\rho < \mathfrak{v}$ um $\mathfrak{c}$). Einige wenige L e u c i t querschnitte, welche man in den Dünnschliffen antrifft, haben regelmäßig
orientierte Einlagerungen von Augitleistchen. Die im Schliffe lappigen
B i o t i t schüppchen löschen nicht gerade aus. Die Richtung größter
Elastizität schließt mit der kristallographischen *c*-Achse einen Winkel
von 2^0 ein. Einzelne dieser Läppchen sind gebleicht und ihr frei-
gewordenes Eisen setzt sich als Brauneisen mit dem aus der Umwandlung des Magnetits entstandenen, auf den Spaltrissen und Sprüngen

des Gesteins ab. Die Augite zweiter Generation sind idiomorph ausgebildete Leisten, in deren Zwickeln die Glasmasse lagert. Letztere zeigt an einigen Stellen bei eingeschobenem Gipsplättchen schwachen Doppelbrechung.

Diesem Hügel (dem Buchauer Grünwald) nordwärts vorgelagert findet sich eine unscheinbare von Wald bestandene Decke (G. II), deren Gestein holokristallin-porphyrische Ausbildung zeigt. Als Einsprengling tritt Augit in einer von Augitleisten, Magnetit, Plagioklas und Nephelin gebildeten Grundmasse auf. Die Augite erster Generation, vom Magma bedeutend abgeschmolzen, sind plattig nach der a-Achse, auch kurzsäulig und weisen weit abstehende, jedoch scharfe Spaltrisse auf. An ihnen ist wieder Zonenbau und Sanduhrform zu finden. Der hellbraune Kern hat eine Auslöschungsschiefe von $c:\mathfrak{c} = 48^0$, die braunviolette Zone $c:\mathfrak{c} = 53^0$. Die Dispersion ist bedeutend ($\rho < \upsilon$ um $\mathfrak{c}$). Die Hornblende ist resorbiert und durch ein Gemenge von Füllmasse, Augitleisten und Rhönit ersetzt. Außerdem finden sich in einer resorbierten Hornblende zwei kurzsäulige kristallographisch gut begrenzte Augite von Einsprenglingsgröße und braungelber Färbung. Die Grundmasseaugite sind idiomorph ausgebildete Leisten. Sie lassen wenig Platz frei für Plagioklas und Nephelin, dessen Anwesenheit auf chemischem Wege nachgewiesen wurde. Magnetit bildet große Individuen.

. Etwa 100 m nordwärts von dieser eben beschriebenen Decke erhebt sich ein mit letzterer in Zusammenhang stehender Hügel (G. III), dessen Gestein eine holokristallin-porphyrische Struktur aufweist. In einer von Augitleisten, Füllmasse und Magnetit, gebildeten Grundmasse liegen Leucite und Augiteinsprenglinge. Letztere sind stark korrodiert, plattig nach 010 entwickelt und besitzen scharfe, engstehende Spaltrisse. Sämtliche Kristalle sind von einer breiteren violetten Zone umrandet, die ziemlich viel Magnetit eingeschlossen hält. Bei gekreuzten Nicols zeigen sich meistens mehrere Zonen, die besonders in der Richtung der a-Achse an Breite gewinnen und dadurch die plattige Ausbildung des Kristalls bedingen. Auch hier löschen nicht die Zonen der Reihe nach von innen nach außen aus. Bei Sanduhr- und Zonenbau (bei letzterem wurde die als späteste auslöschende Zone zur Vergleichung gewählt) wurde folgende Auslöschungsschiefe gefunden: für den Kern $c:\mathfrak{c} = 48^0$, für die Zone $c:\mathfrak{c}$ 53^0. Die Dispersion ist hier ebenfalls bedeutend. Verzwillingung nach 100 ist nicht gar so häufig zu beobachten. Als Einschlüsse finden sich Magnetitkörner und in Hohlräumen Flüssigkeitströpfchen, ferner wurden in einem größeren Individuum parallel der Endfläche feine dunkle Stäbchen bemerkt, die bei schwächerer Vergrößerung den Kristall getrübt erscheinen ließen. Leucit ist nicht so reichlich vorhanden und birgt zentral gelagerte Einschlüsse von Augit und Magnetit. Die Grundmasseaugite sind idiomorph ausgebildete Leistchen. Die deutlich doppelbrechende Füllmasse besteht aus Plagioklas und Nephelin. Das Gesteinspulver mit Salzsäure behandelt, gibt eine flockige Kieselgallerte und enthält reichlich Natron. Der Magnetit, teils kristallographisch, teils in Skelettform, erreicht oft bedeutende Größe.

Auf dem Wege vom Dorfe Oberwohlau nach Buchau südwestlich

vom erstgenannten Orte liegt eine an diesen Hügel sich anlehnende Decke (G. IV), deren grauschwarzes Gestein ebenfalls holokristallin-porphyrisch entwickelt ist. Augite fungieren als Einsprenglinge. In der Grundmasse erscheinen| vorzugsweise Augite, Füllmasse, Magnetit und Biotit-schüppchen. Die Augite erster Generation sind in gleicher Weise wie in vorhergehender Beschreibung entwickelt. Durch die häufig sehr breite, violette Umrandungszone um den korrodierten Kern wird die Kristallform in einigen Fällen. wieder hergestellt. Zwillingslamel-lierung der Augite, wobei die Lamellen ebenfalls sehr breit sind, findet sich häufiger. Auch die schon bekannte fleckige Auslöschung zeigt sich wieder. Bei einem Individuum, das mehrmals nach 100 verzwillingt war, wurde eine Verschiebung längs eines Sprunges gesehen. · Die Biotit schüppchen sind ziemlich klein und zeigen den charakteristischen Pleochroismus c und b rotbraun, a hellgelb. Die idiomorph ausge-bildeten Grundmasseaugite besitzen denselben violetten Farben-ton wie die Umrandung der größeren Individuen. Als Füllmasse tritt Plagioklas und Nephelin auf, beide sind durch die Doppel-brechung und Lichtbrechung unterschieden.

Über dem Dorfe Langgrün, vor der hohen Ecke, lagert in einer Höhe von 780 m ein felsiger Vorsprung, dessen schwarzes Gestein hypokristallin-porphyrische Ausbildung zeigt. Die Grundmasse besteht aus Augit, Leucit, Magnetit und einem braunen Glase. In ihr liegen Augit-einsprenglinge, die meistens glomerophyrisch angeordnet sind. Die Augite sind kristallographisch gut begrenzt und plattig nach 010 ent-wickelt. Die Farbe ist hellbraun mit schwacher dunkler Umrandung. Zonenbau und Sanduhrform sind deutlich ausgebildet. Die Auslöschungs-schiefe betrug für den Kern $c : c = 45^0$, für die Zone $c : c = 53^0$. Bemerkens-wert ist die fleckige Auslöschung. Als Einschlüsse finden sich Magnetit und Flüssigkeitströpfchen. Die säulenförmigen, idiomorph ausgebildeten Grundmasseaugite bilden im Vereine mit Magnetitmikrolithen einen dichten von einem braunen Glas durchtränkten Filz. In der Glas-substanz finden sich kreisförmige Anhäufungen von feinen dunkel-braunen Punkten, wodurch die Glasmasse ein fleckiges Aussehen erhält. Leucit erscheint in sechseckigen Querschnitten mit unregel-mäßigen, gewöhnlich im Zentrum orientierten Einschlüssen von Augit und Magnetit. Die größeren Individuen des letzteren bilden zierliche Kristallskelette.

An der Kaiserstraße, in der Richtung gegen Lubenz bei km 111, unmittelbar beim Dorfe Neuhof, liegt eine nach Süden sich erstreckende Eruptivmassedecke, welche durch ein nach Norden sich öffnendes kleines Seitental in zwei Teile gesondert wird.

In einem auf der Nordseite gelegenen Aufschlusse findet man dunkle, eckige Gesteinseinschlüsse mit reichlichem Phillipsitgehalt. Ein solcher Einschluß zeigt im Dünnschliffe hypokristallin-porphyrische Ausbildung. In einer Grundmasse, die von Augit, Leucit, Magnetit und Glas gebildet wird, treten Augiteinsprenglinge auf. Die Hohl-räume sind von Kalzit und Phillipsit ausgekleidet. Die korro-dierten Augite erster Generation sind schwach plattig nach 010, auf c etwas verlängert und treten öfter in Knäueln auf, in denen Zwillingsbildung nach 101 und 12$\bar{2}$ nachzuweisen sind. Nebenbei findet sich auch Verzwillingung nach 100. Zonenbau und die Zunahme der Auslöschungsschiefe $c:c$ vom Kern zur Umrandung kehrt wieder, wie in den anderen Vorkommnissen. Flüssigkeitseinschlüsse mit Libellen, ebenso Einschlüsse von Magnetit sind reichlicher vertreten. Die Augite der Grundmasse, die in idiomorphen Leistchen erscheinen, weisen die gleiche Färbung wie die Umrandungen auf. Leucit führt Einschlüsse von Augitleisten und Magnetitkörnern, die regelmäßig um das Zentrum orientiert sind. Die Füllmasse ist isotrop, ein farbloses Glas. In Hohlräumen lagert Kalzit in körniger Form, doch auch konzentrisch schalig entwickelt. Er tritt sekundär nach Phillipsit auf, da beide häufig in demselben Zwickel vorkommen, und zwar so, daß der Kalzit vom Rande her gegen das Zentrum vordringt. Dieser Zeolith bildet radialstrahlige Aggregate, deren Lichtbrechung niedriger ist als die des Kanadabalsams und deren Doppelbrechung ebenfalls schwach ist. Der Charakter der Hauptzone ist positiv; die größte gemessene Auslöschungsschiefe $c:c$ betrug 15°. V. d. L. schmilzt er unter Aufkochen; er gibt im Kölbchen ziemlich viel Wasser ab und sein Pulver liefert mit verdünnter Salzsäure eine steife Gallerte. Das Gestein, das diese dunklen, eckigen Einschlüsse birgt, besitzt in holokristalliner Grundmasse wenige Augiteinsprenglinge von geringer Größe. Der Phillipsitgehalt tritt zurück. Die Grundmasse besteht aus Augitleisten, Magnetit, Nephelin und Plagioklas. (Letzterer ist Füllmasse.) Das Gesteinspulver gelatiniert mit Salzsäure und scheidet aus der eingetrockneten Gallerte Salzwürfelchen aus.

Nordwärts vom Dorfe Oberwohlau gegen Unterwohlau hin liegt ein weiterer Tephrit (W. III), dessen schwarzgraues Gestein eine hypokristallin-porphyrische Ausbildung besitzt. Als Einsprengling tritt Augit in einer aus Augitleistchen, Leucit, hellbraunem Glas und Magnetit gebildeten Grundmasse auf.

Die Augite erster Generation haben Neigung zu glomerophyrischer Ausbildung, sind bei guter Begrenzung plattig nach a und c. Zwillingsbildung findet statt nach 100, bei Knäuelbildung konnten auch die Zwillingsgesetze nach $12\bar{2}$ und 101 nachgewiesen werden. Sie zeigen eine hellbraune Färbung mit etwas dunklerer Umrandung. Für den Kern eine Auslöschungsschiefe von $c:c=48°$, für die Umrandung von $c:c=53°$ gemessen. Die Dispersion der Achsen ist bedeutend, $\rho < \upsilon$ um c. Diese Augite sind ziemlich frei von Einschlüssen, so daß sie dadurch, da auch nur wenige Spaltrisse auftreten, ein reines Aussehen gewinnen.

Die dunkelgefärbten Augite zweiter Generation sind vorzugsweise in Leisten ausgebildet. Leucit weist im Schliffe die bekannten rundlichen Durchschnitte auf und birgt im zentralen Teile Einlagerungen von Augitleistchen und Magnetit, während außerdem noch Lagen der nämlichen Bestandteile diesen Kern umgeben. Von Magnetit sind die meisten Individuen sehr klein entwickelt, während die größeren Individuen sehr schönen Skelettbau besitzen.

II. Die Nephelinbasanite.

Vertreter dieser Gesteinsgruppe finden sich in einigen verstreut liegenden kleineren Hügeln, vorzugsweise im südwestlichen und westlichen Gebiete von Buchau. Viele von ihnen sind von der dortigen Bevölkerung nicht einmal mit Namen bedacht worden, weil sie unter den übrigen gewaltigeren Eruptivmassen leicht übersehen wurden. Es sind schwarzgraue Gesteine, die in einer dichten Grundmasse kleinere Einsprenglinge von Olivin, seltener Augit führen. Mikroskopisch erweist sich die Grundmasse bald holokristallin, bald tritt eine Glasbasis in wechselnder Menge auf. An der Zusammensetzung der Grundmasse sind Plagioklas, Nephelin, Augit, Magnetit und Apatit beteiligt, weshalb diese Gesteine den Nephelinbasaniten zuzuzählen sind.

Die Eckertgruppe. An der Straße von Buchau nach Karlsbad bei km 115 liegen zu beiden Seiten des Weges fünf Hügel, die unter dem Namen „im Eckert" zusammengefaßt werden. Drei von diesen Hügeln besitzen nur eine geringe relative Höhe (15—20 m) und unterscheiden sich durch ihre sanft ansteigenden Lehnen, die gewöhnlich in einer steileren Spitze endigen, von dem nördlichst gelegenen, dem sogenannten Eckertberg, dessen Flanke steil ansteigt und sich nach oben hin verflacht (Brotlaibgestalt). Mit der abweichenden äußeren Form geht ein Unterschied des Gesteins dieser Hügel Hand in Hand. Sie sind allem Anscheine nach die Reste einer einst mächtigere Decke, da sich in einem Umkreise von einer halben Stunde allenthalben Gesteinsstücke von diesen Hügeln finden, die, wie an den im Walde gezogenen Gräben zu ersehen ist, in den hier etwas lehmigen Boden eingesunken sind.

Das Gestein des Hügels südlich von der Straße (E. I) besitzt eine schwarzgraue Färbung und splittrigen Bruch. Als Einsprenglinge treten Augit und Olivin auf, welch letzterer sich zuweilen zu förmlichen Nestern gruppiert. In der holokristallinen Grundmasse finden sich Augit, Plagioklasleisten, Nephelin, Magnetit und Apatit. An den noch ziemlich frischen, tafelig nach a entwickelten Olivinen bemerkt man überall Abschmelzungen. Sie sind farblos, wasserklar, mit wenig Glaseinschlüssen, und besitzen eine starke Licht- und Doppelbrechung. Der Charakter des Minerals erweist sich als positiv. Die Kristalle werden von unregelmäßigen Sprüngen durchquert, auf denen die Serpentinbildung einsetzt. Die ebenfalls vom Magma korrodierten Augiteinsprenglinge sind plattig nach 010 entwickelt. Dieses Mineral tritt gern glomerophyrisch auf, wobei es dann oft ein oder mehrere Olivinkörner in der Weise umschlossen hält, daß sich die Prismenzone der Augite an die vorhandenen Flächen des Olivins anlagert. Bei solchen Bildungen konnte Verzwillingung nach $12\bar{2}$ und 101 nachgewiesen werden (Winkel 81° oder 63°), während Zwillinge nach 100 seltener sind. Die Spaltbarkeit nach dem Prisma ist infolge der im zentralen Teil auftreten den Flüssigkeitseinschlüsse, die zumeist Libellen führen, nur randlich zu bemerken. Allgemein verbreitet sind Zonenbau und Sanduhrform. Die Auslöschungsschiefe nimmt von innen nach außen zu. Für den Kern wurde ein Wert $c : \mathfrak{c} = 47°$, für die Zone 53° $(c : \mathfrak{c})$ gefunden. Der Zonenbau wird in einigen Fällen schon im gewöhn-

lichen Lichte durch eingelagerte Magnetitkörner, sonst auch durch
die etwas dunklere Randfärbung um einen hellbraunen Kern angedeutet. Charakteristisch ist die starke Dispersion der Achsen ($\rho <$ ʋ
um $\mathfrak{c}$), so daß die Kristalle bei gekreuzten Nicols im Tageslichte nie
völlige Auslöschung geben.

Die gleiche Färbung wie die Ränder der Augite erster Generation
besitzen die idiomorphen säuligen G r u n d m a s s e a u g i t e. P l a g i o-
k l a s , der in der Größe an die Augite zweiter Generation nicht heran-
reicht und auch an Zahl hinter letzteren zurückbleibt, besitzt die
bekannte nach dem Albitgesetze verzwillingte Leistenform. Da der
gefundene Maximalwert der symmetrischen Auslöschungsschiefe 34⁰
beträgt, so ist er der Labradorgruppe zuzurechnen. Als zuletzt aus-
geschiedenes Mineral füllt N e p h e l i n die Zwickel zwischen den älteren
Gesteinsbestandteilen aus. Die Bestimmung dieses Minerals wurde
auf chemischem Wege erhärtet. Von dem in bedeutender Menge
auftretenden Magnetit erreichen einige Individuen eine beträchtliche
Größe. Außerdem finden sich über das ganze Gesichtsfeld zerstreut
M a g n e t i t mikrolithe, die sich stellenweise zu Häufchen gruppieren.
A p a t i t ist reichlich vorhanden und zeigt lange Nädelchen.

Das Gestein der östlich vom Eckertsberg liegenden kleinen
namenlosen Kuppe (E. III) ist durch ein häufigeres Auftreten kleinerer
Olivine gekennzeichnet. Die Struktur erweist sich unter dem Mikroskop als hypokristallin-porphyrisch. Als Einsprenglinge erscheinen
Olivin und Augit in einer Basis von Augitleisten, Magnetit und einem
braunen Glase. Von den zuweilen idiomorph, meistens aber randlich korrodierten O l i v i n e n , in denen ebenfalls auf Sprüngen die Serpentinbildung beginnt, sind einzelne nach der Vertikalachse stark
gestreckt, wodurch leistenartige Formen entstehen. Solche Olivine
zeigen nur in der Prismenzone kristallographische Begrenzung und
führen im Innern einen schmalen mit Glassubstanz erfüllten Kanal
von unregelmäßigem Querschnitte. Ähnliche Glaseinschlüsse kommen
auch bei anderen Kristallen vor, doch besitzen sie dann nie solche
Röhrengestalt. Spaltrisse nach 010 finden sich nur bei kurzsäulig
ausgebildeten, während die gestreckten Individuen durch Sprünge ungefähr nach 001 gegliedert werden. Bei letzteren zeigen sich auch
Verbiegungen, die natürlich auch an den Glaseinschlüssen und den
Spaltrissen wiederzufinden sind. In der Grundmasse erscheinen gabelige,
Wachstumsformen des Olivins. Die Ausbildung der A u g i t e e r s t e r
G e n e r a t i o n , die Gruppierung um Olivinkörner, die Anordnung der
Flüssigkeitseinschlüsse ist die gleiche wie im vorhergehenden Gestein,
wie auch die G r u n d m a s s e a u g i t e in der Farbe mit der Umrandung
übereinstimmen. P l a g i o k l a s leistchen sind etwas reichlicher, aber
nicht in der Größe vorhanden. Nach der symmetrischen Auslöschungsschiefe (das Maximum beträgt 35⁰) gehört er zur Labradorgruppe. Als
Füllmasse tritt ein farbloses braunes G l a s auf. M a g n e t i t ist in
geringerer Menge vertreten. Der fehlende Teil scheint im Glase zu
stecken und dessen Braunfärbung zu bedingen.

Das schwarzgrau gefärbte Gestein des dritten Nephelinbasanits
(E. II) der Eckertgruppe, der dem erstbeschriebenen jenseits der
Straße gegenüberliegt, führt makroskopisch sichtbare Olivine und hie und

da Augitknäuel. Die Struktur ist hypokristallin-porphyrisch, und zwar ist hier Glassubstanz noch reichlicher zu finden. Die Ausbildung des Augits und Olivins ist die gleiche wie im vorhergehenden Schliffe und auch der Plagioklas ist wieder ein Labrador. Die Glasmasse ist teils farblos, teils hellbraun und ist durchspickt von Magnetitmikrolithen.

Weicht man von dem Wege, der von Buchau in südwestlicher Richtung nach dem Dorfe Tschies führt, sobald man die Höhe des Brandlings erreicht hat, gegen Westen ab, so wird man bei einigem Glück in dieser waldbedeckten Gegend auf einen kleinen, kaum auffallenden Hügel stoßen, dessen Oberfläche von ziemlich regelmäßigen, 1—2 m langen und 30—40 cm breiten Säulen vollständig übersät ist. Dieser Hügel, der ebenfalls keine Bezeichnung hat, stellt eine Brücke zwischen den von Pohl[1]) ebenfalls zu den Nephelinbasaniten gestellten Gesteinen des Mirotitzer Berges und der Hahnenkluppe dar. Im Dünnschliff gleichen sich diese schwarzgrau gefärbten und Olivine als makroskopisch sichtbare Einsprenglinge führenden Gesteine der Hahnenkluppe und des hier zu beschreibenden Hügels vollständig. Die Struktur ist holokristallin-porphyrisch. In einer Grundmasse von Plagioklas, Augit, welche beide vorherrschen, von Magnetit und Nephelin liegen Olivine und wenige Augite. Der Olivin weist eine kristallographische Begrenzung auf und ist in Umwandlung in Serpentin begriffen, der durch Eisenhydroxydeinlagerung zuweilen gelbbraun bis rotbraun gefärbt ist. Augithüllen sind nirgends anzutreffen. Auch die bekannten Knäuelbildungen sind äußerst selten. Die ziemlich gut kristallographisch begrenzten kleinen Augite sind plattig nach 010 und nach 100 verzwillingt. Eine größere Rolle spielt der Augit in der Grundmasse. Hier bildet er idiomorphe, leistenförmig ausgebildete, dunkelbraun gefärbte Individuen aus. Plagioklas erscheint in Leisten und auch in allotriomorphen Formen, mit breiten Zwillingslamellen nach dem Albitgesetze. Der Maximalwert der symmetrischen Auslöschungsschiefe betrug 35⁰, weshalb dieser Feldspat ein Labrador ist. Nephelin ist nur chemisch durch Behandlung des Gesteinspulvers mit Salzsäure nachzuweisen. Magnetit hat im allgemeinen größere Individuen entwickelt und es finden sich nur wenig kleinere, weshalb diese Dünnschliffe durch eine bedeutende Durchsichtigkeit ausgezeichnet sind.

Auf dem Höhenrücken zwischen Taschwitz und Giesshübel liegt eine bis 725 m ansteigende in der Richtung Südwest—Nordost gestreckte Eruptivmasse, der Krippmersberg, dessen schwarzgraues Gestein auf den grobsplittrigen Bruchflächen einige meistens stark umgewandelte Olivinkörner und außerdem Augite aufweist. Unter dem Mikroskop erkennt man eine hypokristallin-porphyische Struktur, wobei die Grundmasse aus Augit, einem fast dunkelbraunem Glase, Magnetit-Körnern und -mikrolithen aufgebaut ist.

Die Augite, die einigemal eine Größe bis zu 2 mm erreichen, sind teils plattig nach 010, teils kurzsäulig und zeigen neben einer vollkommenen Begrenzung scharfe Spaltrisse nach dem Längsprisma,

¹) B. Pohl, Ergußgesteine vom Tepler Hochland, pag. 28 u. 35.

Verzwillingung nach 100 und einen schon durch dunklere Umrandung angedeuteten schmalen Zonenbau; in diesen Fällen betrug die Auslöschungsschiefe des Kernes $c : c = 46^0$, die der Umrandung 52^0 ($c : c$). Die bedeutende Achsendispersion ($\rho < \upsilon$ um c) wird schon dadurch angedeutet, daß die Durchschnitte bei gekreuzten Nicols nie vollständig auslöschen, sondern graublaue Interferenzfarben zeigen. Frische Olivinkörner sind im Schliffe nicht zu finden. Sie sind vollständig umgewandelt in Serpentin, wobei sich in der Nähe immer ein K a r - b o n a t, nach seiner Paragenese wahrscheinlich Magnesit, ausscheidet. Die idiomorph ausgebildeten G r u n d m a s s e a u g i t e sind so zahlreich, daß sie nur wenig Raum für die dunkelbraune, von M a g n e t i t - mikrolithen durchsetzte G l a s substanz übrig lassen. Der reichlich vorhandene Magnetit zeigt kristallographisch gut begrenzte Individuen.

Bei der oberen Langgrünermühle liegt dem vorderen Kirchberge vorgelagert eine poröse Gesteinsmasse von schwarzgrauer Färbung und unfrischem Bruche, die in Hohlräumen und auf Sprüngen als Wandbeschlag Eisenhydroxyd führt. Unter dem Mikroskop erweist sich die Struktur als hypokristallin-porphyrisch. Als Einsprenglinge treten kleine A u g i t e und O l i v i n e in einer G r u n d m a s s e auf, die aus Augit, Plagioklas, Magnetit und G l a s substanz besteht. Den O l i v i n e n fehlt eine kristallographische Flächenbegrenzung vollständig. Sie sind bereits der Serpentinisierung zum Opfer gefallen, wobei alle Phasen dieses Vorganges aufgefunden werden können. A u g i t e sind als Einsprenglinge spärlicher verreten. Sie besitzen keine Sanduhrformen, doch zeigt sich eine schmale dunklere Umrandung, deren Auslöschungsschiefe $c : c = 52^0$ betrug, während für den Kern ein Wert von 48^0 gemessen wurde.

Die G r u n d m a s s e a u g i t e sind säulenförmig entwickelt. Bei dem nach dem Albitgesetze verzwillingten F e l d s p a t e betrug der Maximalwert der symmetrischen Auslöschungsschiefe 37^0. Somit ist der Feldspat ein Labrador. Die Füllmasse ist ein farbloses bis schwach gelblich gefärbtes G l a s. Als Eigentümlichkeit findet man hier Augitknäuel in einem braunen Glase liegen, umrandet von Eisenhydroxyd. Diese Knäuel lassen im Innern einen Raum frei, der von einer schwach doppelbrechenden, optisch einachsigen Substanz von N e p h e l i n erfüllt ist. Der Magnetit erscheint in Skeletten und ist vielfach in Brauneisen zersetzt.

Zwischen Krippmersberg und Plesselberg liegt ein dem ersteren in der Höhe ungefähr gleicher Hügelrücken, dessen Gestein durch porphyrisch ausgeschiedene Feldspate, Augite und Olivin gekennzeichnet ist. Es ist dies für diese Gegend der einzige Fall, daß in einem Erguß- gestein F e l d s p a t e i n s p r e n g l i n g e auftreten. Sie sind gestreckt nach b (4—6 cm) und zeigen eine deutliche Spaltbarkeit nach der 001- und 010-Fläche. Auf Spaltblättchen nach der Basis wurde eine Auslöschungsschiefe von 7^0 gemessen, weshalb dieser Feldspath als zur Labradorgruppe gehörig zu betrachten ist. Unter dem Mikroskop erweist sich die Struktur als holokristallin-porphyrisch. Man findet in einer Grundmasse von Augitleistchen, Leucit und Nephelineinsprenglinge von Augit und Olivin. Der plattig nach 010 und auch kurzsäulig entwickelte Augit ist kristallographisch gut begrenzt und hat Neigung zu glomerophyrischen Anhäufungen. Zwillingsbildung nach 100 ist verbreitet, Spaltrisse nach dem Prisma sind scharf. Zonenbau ist hier sehr deutlich ausgebildet, und zwar sind gewöhnlich mehrere Zonen (6—8) zu unterscheiden. Bei einigen Individuen waren mehrere innere Schichten violett, während die äußere Partie mit dem Kerne sowohl in der Farbe als auch in der Auslöschungsschiefe übereinstimmt. So wurde für die Randzone und den Kern eine Auslöschungsschiefe $c:\mathfrak{c} = 45^0$, für die vieolette Zone $c:\mathfrak{c} = 52^0$ gefunden. Einzelne dieser Zonen treten durch Einschlüsse von Magnetit und Flüssigkeitsschlüsse stärker hervor. Die Dispersion ist stark: $\rho \leq \upsilon$ um $\mathfrak{c}$. Der O l i v i n, welcher wahrscheinlich früher eine gute kristallographische Begrenzung hatte, ist fast vollständig iu Serpentin umgewandelt. Die Licht- und Doppelbrechung ist schwach, der Charakter der Hauptzone positiv. Es finden sich in dem Gestein auch vereinzelt Karbonate. Die A u g i t e z w e i t e r G e n e r a t i o n bilden idiomorphe kurze Leistchen. Leucit erscheint im Schliffe in rundlichen Querschnitten mit zentral orientierten Einschlüssen von Magnetit und Augit. In Zwickeln tritt der an seiner schwachen Licht- und Doppelbrechung erkennbare N e p h e l i n auf. M a g n e t i t findet sich in größerer Menge.

In unmittelbarer Nähe von Buchau, in der Richtung nach Langendorf, erhebt sich eine unauffällige Kuppe (B. I), deren Gestein von P o h l[1] als Nephelinbasanit beschrieben wurde. Das Gestein zeigt makroskopisch sichtbare Olivinkörner.

III. Die Nephelinbasalte.

Das Vorkommen dieser Gruppe beschränkt sich auf eine geringe Anzahl von Decken in dem Gebiete der Ortschaften Langgrün, Bergles, Ober-Wohlau. Bei diesen Ergußmassen findet sich keine Fortsetzung gegen das Zentrum des Duppauer Gebirges hin, obwohl eine Decke, der vordere Bergleser Kirchberg, über Tuffmassen lagert. Diese Decken sind daher als selbständige Durchbrüche aufzufassen. Es sind dies grauschwarz gefärbte Gesteine, die von den übrigen sofort durch die porphyrisch ausgeschiedenen Augite und Olivine von 1—1$\frac{1}{2}$ cm Größe unterschieden werden können, Die Zwickelmasse ist Nephelin. Als akzessorische Gemengteile findet man Apatit, etwas Biotit, in einigen Stücken Zeolith (Phillipsit).

Südöstlich vom Dorfe Bergles liegen mehrere zusammenhängende unmittelbar an die Nephelintephrite des Buchauer Grünwaldes anstoßende Hügel, die, weil sie sich in nächster Nähe von Bergles finden, aber auch anderseits zur Grünwaldgruppe gehören als Grünwald-Bergles bezeichnet werden. Die Ausbildung dieses Gesteins ist holokristallinporphyrisch. Die A u g i t e e r s t e r G e n e r a t i o n vom Magma stark abgeschmolzen, sind etwas plattig nach 010 entwickelt, außerdem nach der c-Achse ein wenig gestreckt. Die Augite sind hellbraun gefärbt und besitzen eine violette Zone, die überall gleich breit entwickelt ist. Dieser violette Streifen besitzt den Pleochroismus der Titanaugite ($\mathfrak{c} =$ rötlich-violett, $\mathfrak{b} =$ lichter, $\mathfrak{a} =$ dunkelbraun). Für den Kern

---

[1] B. P o h l, Ergußgesteine vom Tepler-Hochlande, pag. 32.

wurde eine Auslöschungsschiefe von 45⁰ (c:c), für die Zone $c:c = 53^0$ gefunden. Dispersion ist bedeutend ($\rho <$ ʋ um c). Flüssigkeits- und Magnetiteinschlüsse sind, besonders im violetten Teil des Augits, eine häufige Erscheinung. Der Olivin hat durch die magmatische Korrosion ebenfalls seine kristallographischen Grenzen verloren. Er zeigt viele feine, unscharfe Spaltrisse nach 010, ist optisch positiv und hat eine Dispersion $\rho <$ ʋ um. Auf den Sprüngen beginnt S e r p e n t i n - bildung; kleinere Olivine sind schon vollständig in Serpentin über- gegangen. Die Fasern des Serpentins lagern sich senkrecht zu den Sprüngen, wodurch dann, da letztere den Kristall regellos durchsetzen, nach vollständiger Serpentinisierung bei gekreuzten Nicols eigentüm- liche Zeichnungen erscheinen. Die G r u n d m a s s e a u g i t e bilden idio- morphe dunkelbraune Säulchen. Als Füllmasse erscheint N e p h e l i n , an seiner schwachen Licht- und Doppelbrechung zu erkennen. Zudem gibt das Gesteinspulver bei Behandlung mit Salzsäure eine flockige Gallerte und die abfiltrierte Lösung enthält reichlich Natrium. Ein- zelne B i o t i t schüppchen von unregelmäßiger Begrenzung, die gerade auslöschen, sind häufig vergesellschaftet mit C h l o r i t , erkennbar an seiner schwachen Licht- und Doppelbrechung und an einem deutlichen Pleochroismus $\mathfrak{a} = \mathfrak{b} =$ dunkelgrün, $\mathfrak{c} =$ grünlichgelb. In einigen Mandelräumen stößt man auf radialstachlig angeordneten Philipsit. Magnetit ist ziemlich reichlich in verschiedenen Größen vertreten. Im Nephelin sind zahlreiche Apatinädelchen eingeschlossen.

In südöstlicher Richtung von Ober-Wohlau liegt ein, viele Mandel- räume führendes Gestein (W. I). In den Mandelräumen findet sich hauptsächlich Phillipsit. Dieses Gestein unterscheidet sich von dem oben beschriebenen durch das Auftreten des Phillipsit und durch das merkbare Verschwinden des Olivins. Einzelne größere Magnetitkristalle zeigen Leukoxenbildung.

Das Gestein der Nephelinbasaltdecke südwestlich von Langgrün auf dem Wege gegen Gießhübel ist ebenfalls holokristallin-porphyrisch entwickelt. A u g i t e und O l i v i n sind stärker korrodiert, die S e r - p e n t i n i s i e r u n g beim Olivin außerdem noch weiter vorgeschritten. B i o t i t schüppchen sind größer und zeigen ebenfalls normale Aus- löschung, während Phillipsit nicht vorhanden ist.

Ein weiterer Nephelinbasalt ist die Platte des vorderen Kirch- berges, dessen Beschreibung sich bei Clemens M o r g a n [1] findet. Das Gestein gleicht dem vorher beschriebenen, ihm benachbart liegenden.

Im Lomnitzbachtal, ungefähr in der Mitte des Dorfes Langgrün liegt eine kleine kegelförmige, namenlose Kuppe, die unter den bis 900 m aufsteigenden Eruptivmassen der Umgebung fast gänzlich ver- schwindet. Das schwarzgraue Gestein besitzt einen· etwas weniger feinsplitterigen Bruch und führt makroskopisch sichtbar kleine Olivine und Augite. Die Struktur ist holokristallin-porphyrisch mit einer Grundmasse von Augit, Nephelin und Magnetit. Die gut begrenzten sowohl plattig nach 010 als auch säulig entwickelten A u g i t e sind glomerophorisch gelagert mit wenigen Spaltrissen und fast frei von Einschlüssen. Sie zeigen Verzwillingung nach 100. Bei Knäuel-

---

[1] Clemens M o r g a n , Die Gesteine des Duppauer Gebirges, pag. 20.

bildungen auch nach 101 und $12\bar{2}$ und sehr schöne Sanduhrformen, weniger dagegen Zonenbau. Die Auslöschungsschiefe für den Kern betrug 46° (c : c), für die spätere Anwachszone 52° (c : c). Dispersion ist bedeutend (ρ < υ um c).

Dem Olivin fehlt die Kristallform. Die Serpentinisierung schreitet von außen nach innen vor und hat kleinere Individuen schon vollständig umgewandelt.

Die Grundmasseaugite bilden kurz gedrungene Säulchen, die nicht immer idiomorph entwickelt sind. Nephelin erscheint als Füllmasse in reichlicher Menge. Magnetit findet sich nur in wenigen größeren Individuen, wodurch der Dünnschliff eine ziemliche Durchsichtigkeit erhält. Dem eben beschriebenen Nephelinbasalte gleicht das Gestein eines in der Nähe vom Dorfe Unterwohlau lagernden Hügels (W. II). Nur sind bei letzterem Vorkommen die Augiteinsprenglinge größer und öfter zu Knäuel gehäuft, während in der Grundmasse der Nephelingehalt ein wenig zurückgeht.

IV. Tuffe.

Während in nächster Nähe von Buchau die Ergußmassen das Grundgebirge unmittelbar überdecken, besitzen sie im eigentlichen Gebiete des Duppauer Vulkans eine ungefähr 60—80 *m* mächtige Unterlage von Tuffschichten. Diese liegen in einer zusammenhängenden Decke zwischen den Ortschaften Bergles, Ohorn, Höfen und Langgrün und streichen, indem sie gegen Duppau hin an Höhe zunehmen, nordwärts bis in die Gegend von Altdorf und Mühldorf. Aus der Neigung dieser Schichten nach Südwesten und Süden kann man schließen, daß sie von einem in nordöstlicher Richtung, also in der Gegend von Duppau zu suchenden Zentrum stammen. Sie werden größtenteils von Nephelintephriten überlagert und treten nur dort, wo Bachläufe sich tiefer eingesägt haben, und an den Flanken der Höhenrücken zutage. Den prachtvollsten Aufschluß, an dem die Schichtung deutlich zu bemerken ist, liefert die Tuffwand bei Höfen. Man kann hier sehr gut drei Schichten unterscheiden, zwei dunkle, mächtigere Lagen, getrennt durch eine nur daumenbreite hellbraune, die gegenüber den beiden erstgenannten etwas zurücktritt, so daß es zur Bildung einer Furche kommt; die erste und dritte Schicht führen nämlich Gesteinseinschlüsse und dürften deswegen den Atmosphärilien besser Widerstand gehalten haben. Auf Grund dieser Tatsachen kommt man somit zum Schlusse, daß die Ablagerung der Tuffe in mehreren Phasen vor sich ging, vielleicht auch nur in den drei hier sichtbaren. In dem ersten und dritten Zeitraume wurden also vornehmlich Gesteinsbruchstücke und -blöcke mit wenig Asche geliefert, während letztere in der zweiten Phase als einziges Produkt ausgeworfen wurde. Es sind daher diese Schichten teils als Brockentuff, teils als Aschentuff zu bezeichnen [1]).

---

[1]) Schneider, Das Duppauer Mittelgebirge in Böhmen. Mitteil. d. k. k. Geogr. Gesellsch. in Wien 1906, Heft 2, pag 65.

In allen drei Schichten lagert lose ein grauweißer Phillipsit. Augite, wie sie am Nordabhange des Plodersberges[1]) vorkommen, fehlen gänzlich. An anderen Stellen ist infolge des Mangels an Aufschlüssen vom Schichtenbau des Tuffes nichts zu erkennen. Einzelne Partien des Gesteines führen in kugeligen Hohlräumen Kalzit, der häufig schon verschwunden ist, wodurch das Gestein ein poröses Aussehen erhält. Derartige Vorkommnisse beschränken sich aber mehr auf die westlichen Partien des Tuffes.

Die Mineralkombination der Gesteinsbrocken aus der oberen Tufflage bei Höfen ist folgende: In einer hypokristallinen Grundmasse von Augit, Magnetit, Leucit und einem Glase liegen einige Augiteinsprenglinge. In den Hohlräumen tritt Phillipsit auf. Die etwas korrodierten, hellbraunen und etwas dunkler umrandeten Augite erster Generation sind plattig nach 010, mitunter auch kurz- und langsäulig entwickelt. Zwillingsbildung nach 100 ist öfter anzutreffen. Der rötlich-violette Saum hat deutlichen Pleocbroismus c = rötlichviolett, b = lichter als c, a = hellbraun. Der Saum zerfällt in drei Zonen, die nicht gleichzeitig auslöschen; nämlich der Kern $c : c = 46^0$, die erste Zone bei $c : c = 49^0$, die zweite Zone $c : c = 47^0$ und die Umrandung erst bei $c : c = 52^0$. Leucit ist in größerer Menge vorhanden; er enthält regelmäßig orientierte Einschlüsse von Magnetit. Der Phillipsit bildet radialstrahlige Aggregate von mäßiger Licht- und Doppelbrechung, bei positivem Charakter der Hauptzone.

Die Grundmasseaugite sind kurzsäulige Individuen von idiomorpher Ausbildung. Die Füllmasse ist ein farbloses bis schwachgelbliches Glas. Der Magnetit tritt in verschiedener Größe auf und ist nur skelettartig ausgebildet. Die Nädelchen des Apatits zeigen oft Absonderung nach der Basisfläche und sind ziemlich regelmäßig im Gestein verteilt. Der Kalzit füllt einige Zwickel aus und ist durch die starke Doppelbrechung und die Spaltbarkeit nach dem Rhomboeder charakterisiert.

Die Gesteinsbrocken der unteren Tuffschichte zeigen ebenfalls hypokristallin-porphyrische Struktur. In der Grundmasse finden sich Augitleisten, Magnetit, Leucit und ein hellgelbes Glas. Als Einsprengling tritt Augit auf. Letzterer hat fast die gleiche Ausbildung wie der Augit der oberen Schichte, tritt aber viel häufiger und gern glomerophyrisch auf. Bei solchen Bildungen findet sich oft Zwillingsbildung nach 101 und 12$\bar{2}$. Zonenbau fehlt hier vollständig. Der Leucit erscheint unter dem Mikroskop in rundlichen Durchschnitten mit Augit- und Magnetiteinlagerungen. Die Augitleisten der Grundmasse sind bedeutend kleiner als jene der oberen Tufflage. Die farblose bis hellgelbe Glassubstanz enthält sehr viele Apatitnädelchen und Magnetitmikrolithe. Der Magnetit tritt aber auch in Skeletten und in vollständig ausgebildeten Kristallen auf.

Die Gesteine aus den Tuffschichten über Bergles sind ebenfalls hypokristallin-porphyrisch entwickelt und haben die gleiche Zusammensetzung. Die nach 010 tafeligen Augite aus Gesteinsbrocken tieferer

---

[1]) Der Plodersberg liegt außerhalb des hier besprochenen Gebietes.

Partien haben eine schmale, dunkler gefärbte Umrandung und gute kristallographische Begrenzung. Der Auslöschungsunterschied beträgt 5^0, da für den Kern eine Auslöschungsschiefe $c : c = 47^0$, für die Zone $c : c = 52^0$ gefunden wurde. Die Leucitquerschuitte führen dunkle, stäbchenförmige, radial angeodnete Einschlüsse. Die Grundmasse-augite sind kleine idiomorphe Leisten von hellbrauner Farbe. In den Zwickeln findet sich ein gelbliches Glas mit viel Magnetitmikrolithen. Von Phillipsit ist hier wie in den beiden folgenden Gesteinen nichts zu finden.

Das starke Vorherrschen einer weißgelblichen Glasmasse, das Fehlen der Augite erster Generation und die größeren Dimensionen der Grundmasseaugite charakterisieren das Gestein aus der oberen Lage. Die Augite besitzen eine braun violette Färbung mit einem Pleochroismus c = rötlich-violett, b = lichter, a = hellbraun, der dem Titanaugit eigen ist. Sie sind vollkommen kristallographisch begrenzt mit etwas plattiger Entwicklung nach der 010-Fläche. Leucit und Magnetit treten unter gleichen Umständen wie in den vorher beschriebenen Gesteinen auf.

Den Gesteinsbrocken aus den Tuffen über Langgrün fehlen die Augiteinsprenglinge. Die Struktur ist aber in diesem Falle holokristallin, indem sich kleine idiomorphe Augitleisten, Magnetit in ausgebildeten Kristallen, in einer Zwischenmasse von Nephelin und Plagioklas finden. Letzteres Mineral zeigt in einigen Fällen Zwillingslamellen.

Auf Grund der makroskopischen Befunde der Gesteinsbrocken, die in diesen Tuffen vorkommen, muß man annehmen, daß sie zu den Tephriten gehören.

V. Phonolithe und Trachyandesite.

Gegenüber den in so reichlichem Maße auftretenden Nephelin-Tephriten, Nephelin-Basaniten und Nephelin-Basalten ist das Vorkommen von Phonolith[1]) und trachyandesitischen Gesteinen[2]) nur gering. Es sind nur zwei Vertreter anzuführen, nämlich der Phonolith von Langgrün und der Trachyandesit von Oberwohlau. Letzteres Gestein kann nach den Resultaten der Analyse nicht mit Bestimmtheit als Trachyandesit bezeichnet werden, es bildet vielmehr ein Zwischenglied, welches zwischen den Trachyandesiten und Trachydoleriten eingereiht werden müßte. Das dunkelgraue Gestein enthält in holokristalliner Grundmasse Hornblendeeinsprenglinge von ziemlicher Größe und in beträchtlicher Menge. Die Feldspat- und Augiteinsprenglinge sind kleiner und spärlicher. Die Hornblende zeigt kräftigen Pleochroismus; a = braungelb, c = schwarzbraun. Die grüngefärbten Augite sind zumeist nach 100 verzwillingt. An den größeren Feldspaten wurde an den Zwillingslamellen nach 010 eine dem Andesin entsprechende symmetrische Maximalauslöschungsschiefe von 20^0 gemessen. Derart orientierte Durchschnitte haben immer eine gerade auslöschende frische

---

[1]) Clements, Julius Morgan, Die Gesteine des Dupp. Gebirges in Nordb., pag. 347.

[2]) Ebenda, pag. 845.

Randzone von Orthoklas. Die Grundmasse ist aus Feldspat, Augit und Magnetit zusammengesetzt. Die um die Einsprenglinge fluidal angeordneten F e l d s p a t l e i s t c h e n besitzen immer einen frischeren Rand als die großen Individuen. Nach dem Analysenresultat dürfte dieser Feldspat sauren Charakters sein, da sicherlich ein Teil des CaO in den farbigen Komponenten enthalten sein wird. Dieser Trachyandesit zeigt viel Ähnlichkeit mit dem von W o h n i g [1]) beschriebenen Augit-Hornblende-Andesiten vom Tscheboner Berge und vom Praßleser Spitzberge, welche Eruptionsmassen ungefähr drei Wegstunden südlich liegen. R o s e n b u s c h bezeichnet die von W o h n i g beschriebenen „Andesite‘ vom Tepler Hochlande als „T r a c h y a n d e s i t e, die nahe mit den siebengebirgischen verwandt zu sein scheinen". (R o s e n b u s c h, Mikroskop. Physiographie der Massengesteine. II. 1908, pag. 1108.)

Die chemische Untersuchung gab folgende Resultate:

1. Trachyandesit von Oberwohlau.

	I	II	III	IV
		P r o z e n t e		
$Si O_2$	52·76	52·76	873·0	64·00
$Ti O_2$	1·79	1·79	22·0	1·62
$Al_2 O_3$	18·22	18·22	178·0	13·05
$Fe_2 O_3$	3·13	—	—	—
FeO	2·64	5·46	76·0	5·57
CaO	5·97	3·82	68·0	4·99
MgO	1·95	1·95	48·0	3·52
K_2O	3·84	3·84	41·0	3·01
Na_2O	3·60	3·60	58·0	4·24
P_2O_5	1·64	—	—	—
Glühverlust . . .	5·54	—	—	—
Summe . .	100·08	—	—	100·00

I gibt das Analysenresultat, in II ist alles Eisen in Oxydul umgerechnet, ferner das $P_2 O_5$ mit der entsprechenden Menge $Ca O$ als Apatit und der Glühverlust weggelassen, III sind die Molekularverhältnisse und IV die Molekularprozente.

Analysenbelege:

0·9008 g verloren beim Glühen 0·0409 $g = 4·54 \%$. 1·0000 g mit Natriumkarbonat aufgeschlossen gaben 0·5276 $g = 52·76\%$ $Si O_2$, 0·0179 $g = 1·79\%$ $Ti O_2$, 0·0606 $g = 6·06\%$ $Fe_2 O_3$, 0·1986 $g = 19·86\%$ $Al_2 O_3 + Al (PO_4)$, 0·0597 $g = 5·97\%$ $Ca O$ und 0·0539 g $Mg_2 P_2 O_7 = 1·95\%$ $Mg O$.

1·5046 g gaben mit HNO_3 und HF aufgeschlossen 0·0387 g $Mg_2 P_2 O_7 = 1·64\%$ $P_2 O_5$, welche von den obigen 19·86% $Al_2 O_3 + Al (PO_4)$ abzuziehen sind, so daß für $Al_2 O_3$ 18·22% bleiben.

---

[1]) W o h n i g, Trachytische und andesitische Ergußgesteine vom Tepler Hochland. Archiv. f. naturw. Landesdurchf. v. Böhmen, XIII. Bd.

1·0439 g nach Pebal-Dölter aufgeschlossen verbrauchten 18·7 cm^3 einer Permanganatlösung, von welcher 1 $cm^3 = 1·142$ mg Fe war = 2·64% FeO entsprechend 2·93% Fe_2O_3, welche von obigen 6·06% abzuziehen sind, so daß für Fe_2O_3 3·13% bleiben.

0·5002 g nach Lawrence Smith aufgeschlossen gaben 0·0643 g Alkali-Chloride, worin 0·0995 g $K_2PtCl_6 = 3·84\%$ K_2O und 0·0339 g $NaCl = 3·60\%$ Na_2O bestimmt wurden.

Aus den oben angeführten Zahlen ergeben sich die Osannschen Zahlen wie folgt:

$A = 7·25,$ $C = 4·99,$ $F = 9·09,$ $n = 5·8.$ $s = 65·62$
$a = 3·39,$ $c = 2·34,$ $f = 4·26,$ $k = 1·04.$

2. Trachyandesit vom Tscheboner Berge.

	I	II	III	IV
		Prozente		
SiO_2	56·37	56·37	933·0	66·54
TiO_2	1·56	1·56	19·0	1·45
Al_2O_3	16·65	16·65	162·0	11·65
Fe_2O_3	5·67	—	—	—
FeO	0·43	5·53	76·0	5·42
CaO	4·32	2·92	52·0	3·72
MgO	1·54	1·54	38·0	2·42
K_2O	4·54	4·54	48·0	3·43
Na_2O	4·65	4·65	74·0	5·37
P_2O_5	1·07	—	—	—
Glühverlust . . .	3·39	—	—	—
Summe . .	100·19	—	—	100·00

Analysenbelege:

0·9930 g verloren beim Glühen 0·0337 $g = 3·39\%$. 1·0030 g Substanz mit Natriumkarbonat aufgeschlossen gaben 0·5654 $g = 56·37\%$ SiO_2, 0·0156 $g = 1·56\%$ TiO_2, 0·0616 $g = 6·14\%$ Fe_2O_3, 0·1787 $g = 17·82\%$ $Al_2O_3 + Al(PO_4)$, 0·0433 $g = 4·32\%$ CaO und 0·0426 g $Mg_2P_2O_7 = 1·54\%$ MgO.

1·4973 g gaben mit $HNO_3 + HF$ aufgeschlossen 0·0251 g $Mg_2P_2O_7 = 1·07\%$ P_2O_5, welche von den obigen 17·82% $Al_2O_3 + Al(PO_4)$ abzuziehen sind, so daß für $Al_2O_3 = 16·65\%$ bleiben.

0·9273 g nach Pebal-Dölter aufgeschlossen verbrauchten 2·95 cm^3 einer Permanganatlösung, von welcher 1 $cm^3 = 1·046$ mg Fe war = 0·43% FeO entsprechend 0·47% Fe_2O_3, welche von obigen 6·14% abzuziehen sind, so daß für Fe_2O_3 5·67% verbleiben.

0·4996 g nach Lawrence Smith aufgeschlossen gaben 0·0797 g Alkali-Chloride, worin 0·1174 g $K_2PtCl_6 = 4·54\%$ K_2O und 0·0438 g $NaCl = 4·65\%$ Na_2O bestimmt wurden.

Für diese Analyse ergeben sich folgende Osannsche Zahlen:

$A = 8·80,$ $C = 2·85,$ $F = 8·71,$ $n = 6·1.$ $s = 67·99$
$a = 4·32,$ $c = 1·39,$ $f = 4·28,$ $k = 1·01.$

In folgendem sollen nun die Osannschen Zahlen von verwandten Gesteinen angeführt werden:

	s	A	C	F	a	c	f	n
I. Trachyandesit von								
Oberwohlau	65·62	7·25	4·99	9·09	3·39	2·34	4·26	5·8
8. Bronzitporphyrit (Freisen) .	69·01	6·63	5·94	8·66	2·75	3·00	4·25	8·2
1. Trachydolerit (Porto Santo) .	62·07	7·58	6·69	9·85	3·25	2·75	4·00	8·1
5. Hauyntephrit (Trachydolerit)	60·32	8·27	5·19	12·72	3·25	2·00	4·5	7·6
X. Trachyandesit (Elkhom Mtn.)	68·02	6·60	4·41	9·95	3·25	2·00	4·5	5·5
14. Porphyrit (Andes.) Bockenau	67·62	6·29	5·00	9·80	3·00	2·25	4·5	6·8
16. Augitandesit (Tunguragna) .	70·89	5·77	4·10	9·37	3·00	2·25	4·5	7·2
VII. Latitphonolith (Trachydolerit)								
(Cripple Creck)	64·44	8·43	3·50	11·69	3·50	1·50	5·00	6·4
6. Trachydolerit (W. Kibo) . .	61·38	9·24	3·89	12·34	3·75	1·50	4·5	6·8
II. Trachyandesit vom								
Tscheboner Berg . .	67·99	8·80	2·85	8·71	4·32	1·39	4·28	6·1
7. Trachyandesit (Sololosta) . .	69·07	8·11	3·03	8·65	4·25	1·5	4·25	3·5
10. Porphyrit (Eldorado Co.) . .	76·05	6·61	1·84	7·06	4·25	1·25	4·5	8·0

Fig. 1.

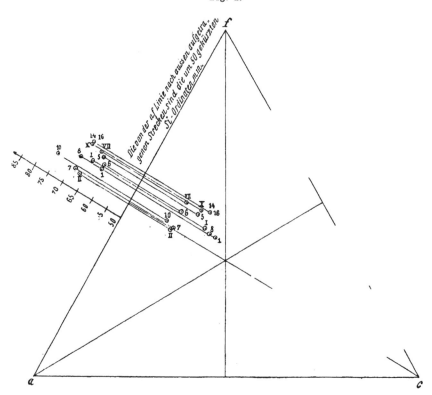

In Fig. 1 geben die Projektionen II, 7, 10 die Analysenorte für die entsprechenden Gesteine II, 7, 10. Es ist aus der Projektion zu ersehen, daß die Analysenorte des Trachyandesits und Porphyrits (7 und 10) beinahe mit dem Gesteine vom Tscheboner Berge zusammenfallen, was auf die nahe Verwandtschaft dieses Gesteins mit den Trachyandesiten hinweist. Die in das Osannsche Dreieck eingetragenen Analysenorte (8, 1, 5, X, 14, 16, VII, 6) für die entsprechenden Gesteine lassen schließen, daß das Vorkommen von Oberwohlau als ein Trachyandesit aufzufassen ist, der aber zu den Trachydoleriten hinneigt.

Ergebnisse.

Das in der Umgebung von Buchau auftretende Grundgebirge stellt ein Verbindungsglied zwischen dem Erzgebirge und dem Tepler Hochland' dar. Es ist eine Partie des südöstlichen Abhanges der Erzgebirgsfalte, die durch die Bruchzone des Egertales abgetrennt wurde. Ein Blick auf die geologische Karte zeigt uns eine Eigentümlichkeit im Verlaufe der Begrenzungslinien der einzelnen Gesteinsarten des Grundgebirges. Man findet hier nämlich eine ausgesprochene SW—NO-Richtung, die auch bei dem Amphibolschiefer in der Gegend von Zobeles erscheint, ungefähr eine Wegstunde südöstlich von Buchau gelegen, und ferner in der Lagerung der jüngeren Eruptivmassen abermals nachzuweisen ist. Diese Richtung war somit für die geologischen Verhältnisse und Vorgänge der dortigen Gegend von tiefgehender Bedeutung. Die Resultate der Untersuchung der einzelnen Gesteinsarten läßt sich folgendermaßen zusammenfassen: Der Gneis ist ein plagioklasarmer, granatführender Biotitgneis mit ausgesprochener Schieferung, der sich im Tepler Hochlande und auch im Erzgebirge (sächsische Seite) findet und demnach wie diese Vorkommnisse seine Herkunft von einem Eruptivgestein ableitet. In gleicher Weise sind die Amphibolgesteine, die in schmaler Zunge vom Tepler Hochlande hereinreichen, umgewandelte Diorite. Das granitische Gestein gehört dem südöstlichen Rande des Karlsbader Granitgebietes an und ist ein Granitit mit einem Turmalingranit als Randfazies, die eine endogene Kontaktbildung des Granits vorstellt.

Bei der Untersuchung der Eruptivgesteine wurden vor allem zwei Fragen im Auge behalten: nämlich welche Stellung diese Erguß-massen zum Duppauer Vulkan einnehmen und welcher Gesteinscharakter vorherrscht, wobei man bei Beantwortung der zweiten Frage auch einige Auskunft über die Ausscheidungsverhältnisse im Magma erhält.

Pohl, der die Eruptivgesteine des Tepler Hochlandes bearbeitet hat, versucht Teilgebiete zu konstruieren, auf die gewisse Gesteinsarten beschränkt sind. Für diese Gegend scheint das nicht angezeigt zu sein, da ja nebeneinander die verschiedenartigsten Gesteine auftreten. Was die Stellung der in unserem Gebiete auftretenden Ergußmassen zu dem Duppauer Zentrum anbelangt, wurde gefunden, daß sämtliche am Ostabhang des Lohbachtals liegenden

Eruptivkegel, der Thomaschlag, der Hungerberg, der Ohrbühl, der kleine und der große Schloßberg, selbständige Durch- brüche sind. Man kann daher mit großer Wahrscheinlichkeit be- haupten, daß auch die meisten und wahrscheinlich alle hier auf- tretenden Ergußmassen mit Ausnahme des Kirchberges und der Hohen Ecke Durchbrüche sind, da sich ja kaum annehmen läßt, daß das gerade nur bei den fünf hintereinander liegenden Hügeln der Fall sei. Wären diese Gesteine wirklich Reste eines Stromes, so müßte wenigstens an einigen Stellen ein Zusammenhang mit dem Zentrum zu finden sein. Allein nirgends ist dies zu bemerken. So liegt der durch seine großen Augit- und Olivineinsprenglinge gekennzeichnete Nephelin-Basalt vom Kirchberg (zwischen Bergles und Langgrün) über vom Duppauer Vulkan stammenden Tuffmassen und bildet eine mächtige isolierte Decke. Hier müßte sich auf jeden Fall, da einer- seits das Gestein Tuffe überlagert, anderseits unmittelbar an die Nephelin-Tephrite des Kirch- und Steinberges stößt, eine Fort- setzung nach dem Duppauer Kessel hin zeigen. Diese Decke reicht aber nur bis zum Wegübergang von Bergles nach Langgrün. Es ist dieser Nephelin-Basalt gestreckt in der Richtung SW—NO, also parallel dem Egertal und der Erzgebirgsfalte, weshalb die Annahme berechtigt erscheint, daß diese Ergußmasse auf Sprüngen, welche sich während des Einbruches des Egertales gebildet haben und bis zum Magma reichten, heraufgedrungen sei. Diese SW—NO-Richtung bemerkt man auch an den übrigen Nephelin-Basalten, auch an Nephelin- Basaniten und Nephelin-Tephriten, ja es ordnen sich sogar die Nephelin-Tephrite des kleinen und großen Schloßberges, des Ohr- bühles, des Hungerberges und des Thomaschlages in einer Reihe an, welche in gleicher Weise verlauft [1]), eine Gesetzmäßigkeit, welche schon Bořicky im Duppauer Gebirge erkannt hat und die ja auch schon in früheren Erdperioden für das Grundgebirge von maßgebender Be- deutung war. Da ferner die Annahme berechtigt ist, daß gleiche Gesteine derselben Eruptionszeit entstammen, so kommen wir hier auf Bildungen von verschiedenen geologischen Perioden entstammenden Sprungsystemen, wobei die Sprünge hintereinander zu liegen kommen in einer zum Egertal Senkrechten, eine Erscheinung, wie sie besonders schön an den Nephelin-Basalten zu beobachten ist. Dabei scheint die Spaltbildung durch die Schichtung des Grundgebirges begünstig worden zu sein. Denn überblickt man zum Beispiel die fünf am Lohbach- tale liegenden Hügel, so kommt man zur Annahme, daß diese Ergußmassen von Südosten her aus der Tiefe herauskamen. Es können somit alle Hügel, die südwärts von einer durch den Plessel- berg über den vorderen Kirchberg nach den Wohlauer Hügeln ge- zogenen Linien liegen, als selbständige Durchbrüche aufgefaßt werden. Erzeugnisse des Vulkans sind eigentlich nur die Tuffmassen und die sie überlagernden Nephelin-Tephrite des Steinberges und der Hohen Ecke, die durch das Plateau der Kreuzwiese verbunden kaum merklich

---

[1]) Bořicky, Die Arbeiten der geologischen Abteilung der Landesdurch- forschung von Böhmen: Archiv d. naturw. Landesdurchforschung für Böhmen. II. Bd., I. Abt., pag. 219.

gegen das Zentrum hin ansteigen. Unter den Eruptivgesteinen finden Altersunterschiede statt. Als die ersten Ergußmassen treten Phonolith und der Trachyandesit auf, die beide von Nephelin-Tephriten, ersterer fast vollständig, überdeckt werden. Auch die Eruption der Nephelin-Basanite scheint ziemlich früh vor sich gegangen zu sein, denn die Nephelin-Basanite der Eckertgruppe zeigen sanft ansteigende Lehnen mit einer aufgesetzten steileren Spitze, das allem Anscheine nach ein Zeichen einer schon weit vorgeschrittenen Abtragung ist, zumal sich hier in einem Umkreise von einer halben Stunde Gesteinsbrocken von diesen Hügeln finden. Auch wird der Hügel bei der oberen Langgrüner Mühle an seiner Nordseit von Tuff überlagert. Darauf folgte der Auswurf der Tuffmassen, der in mehreren Phasen vor sich ging. Diese Tuffschichten lassen durch ihre Gesteinseinschlüsse die Zugehörigkeit zu einem tephritischen Magma erkennen. Als letzte Ergüsse treten Nephelin-Tephrite und Nephelin-Basalte auf [1]).

Die an der Südseite auftretenden Eruptivgesteine finden sich auch an der Nordseite, hier aber an höchster Stelle, ein Zeichen, daß diese Massen späteren Eruptionen entstammen [2]). Beim Vergleich mit dem böhmischen Mittelgebirge [3]) fanden wir, daß unsere Gesteinsarten dort ebenfalls in späteren Eruptionsphasen herausgepreßt wurden und H i b s c h [3]) führt sogar an, daß nach Tephriten noch einmal Basalte erschienen, ein Fall, der sich ja auch bei uns zeigt (Bergles, Kirchberg).

Wie aus der obigen Aufzählung der Gesteinstypen: Phonolith, Trachyandesite, Tephrite und Basanite zu ersehen ist, gehören diese Typen zur Alkaligesteinsreihe. Durch das Auftreten des Olivins werden sie in die Klassen Tephrite, Basanite und Basalte gesondert. Doch finden sich auch in Tephriten vereinzelte Olivinkörner, wie ja auch Leucit in wechselnden Mengen erscheint. Der Augiteinsprengling ist gekennzeichnet durch eine starke Achsendispersion ($\rho < \upsilon$ um c) und durch eine in Zonen aufgebaute violette Umrandung. Die Zonen, die nach außen hin alkalireicher werden, löschen nicht der Reihe nach aus, wodurch angedeutet wird, daß in der Zusammensetzung des Magmas Schwankungen stattgefunden haben. Die Bildung der Augite zweiter Generation beginnt in der Phase, als die Zonen sich anlagerten. (Gleichfärbung.) Nephelinsubstanz ist nicht so reichlich vorhanden, während die Menge des Feldspates wechselt. Dieser hat die Eigentümlichkeit, außer in Leisten verzwillingt, auch nicht verzwillingt in allotriomorpher Form vorzukommen. An Stelle des Nephelins und des Feldspates zeigt sich häufig eine Glassubstanz, wobei jedoch auch manchmal einige allerdings kleine Plagioklasleistchen auftreten. In glasführenden Gesteinen erscheinen nach der Vertikalachse gestreckte Olivine mit Glasseelen, häufig auch kleine gabelige Wachstumsformen

---

[1]) Vgl. H i b s c h, Über die geologischen Spezialaufnahmen des Duppauer Gebirges im nordwestlichen Böhmen. Separatabdruck a. d. Verh. d. k. k. geol. R.-A. Wien 1901.

[2]) K. S c h n e i d e r, Das Duppauer Mittelgebirge in Böhmen. Separatabdruck von der k. k. Geogr. Gesell. Wien. Heft 12, pag. 65.

[3]) H i b s c h, Sonderabdruck aus den Monatsheften d. Deutschen geologischen Gesellschaft. Bd. 60, Jahrgang 1908, Nr. 8/10, pag. 199.

desselben Minerals und nebenbei Magnetit in Mikrolithen und Skeletten. Geht der Gehalt dieses Minerals zurück, so ist das Glas braun gefärbt. Die Substanz des Magnetits kam also nicht vollständig zur Auskristallisierung. Die Glasmasse ist immer vergesellschaftet mit Kalzit, der sekundär nach ihr entsteht, somit ein Zeichen, daß das Glas *Ca*-haltig ist. Aus diesen Angaben läßt sich ferner ein Schluß auf die Ausscheidungsfolge ziehen. Als die ersten Kristalle erscheinen Apatit, Magnetit, Augit, Olivin und Biotit, ihnen folgt Plagioklas und an letzter Stelle Nephelin; in Hohlräumen auch ein Zeolith (Phillipsit).

Zum Schlusse sei es gestattet, an dieser Stelle dem Vorstande des mineralogisch-petrographischen Instituts Herrn Prof. Dr. P e l i k a n und dem Assistenten Herrn Dr. G a r e i ß für ihre Anleitungen und Ratschläge, ferner der Gesellschaft zur Förderung deutscher Wissenschaft, Kunst und Literatur in Böhmen für die materielle Unterstützung den innigsten Dank auszusprechen.

Inhaltsverzeichnis.

Zur Kenntnis der Kalksilikatfelse von Reigersdorf bei Mähr.-Schönberg.

Von Bergingenieur **Franz Kretschmer** in Sternberg.

(Mit 6 Textfiguren.)

In der Abhandlung „Die Petrographie und Geologie der Kalksilikatfelse in der Umgebung von Mähr.-Schönberg" [1] hat Verf. Bericht darüber erstattet, daß die Reigersdorfer Kalksilikatfelse, und zwar sowohl der A u g i t h o r n f e l s als auch der A m p h i b o l h o r n - f e l s, erscheinen in dem dortigen großen Straßenschotterbruch dicht unter dem Rasen und der Ackererde, v o n d e n S c h i c h t e n k ö p f e n a b w ä r t s i n d a s F e l s i n n e r e v o r d r i n g e n d, i n e r d - b i s a s c h - g r a u e, g l a n z l o s e, z u m T e i l m a t t e u n d p o r ö s e s o w i e d r u - s i g e G e s t e i n e u m g e w a n d e l t, worin die farbigen Silikate Augit, Hornblende und Granat bloß nur noch akzessorisch vertreten sind. Diese Gesteinsumwandlung reicht in eine Tiefe von 1 bis 3 *m* und verliert sich weiter abwärts gänzlich und macht dort dem herrschenden, frischen, sowie unversehrten glasglänzenden Augitplagioklasfels und Amphibolhornfels Platz. Die metamorphe Gesteinszone besteht zum größten Teil aus feinkörnigem Z o i s i t f e l s, spatigem S k a p o l i t h f e l s nebst untergeordnetem P r e h n i t f e l s, welche Gesteine fast überall an den Ausbissen der Kalsilikatlager zu beobachten sind als eine daselbst allgemein verbreitete, fast nirgends fehlende atmosphärische, beziehungsweise hydrothermale Zersetzungserscheinung. Neuerdings ist es dem Verf. gelungen, daselbst ein noch nicht beschriebenes Umwandlungsprodukt der Reigersdorfer Kalksilikatfelse aufzufinden, dessen mikroskopisch-optische Gesteinsanalyse zunächst folgen möge.

Granatepidotfels.

Neben dem Skapolithfels, dem Zoisitprehnitfels der gedachten Umwandlungszone unter dem Rasen abwärts fällt uns ein ziegelrotes, hellgrün und weiß geflecktes Gestein auf, das jedoch im Gegensatz zu dem Granathornfels oder dem Granataugitfels keine solide Felsmasse, wie diese letzteren vorstellt, sondern ein durchweg p o r ö s e s u n d d r u s i g e s S i n t e r u n g s p r o d u k t jüngerer Bildung ist, bestehend aus einem innigen Gemenge von vorwaltenden hessonitähnlichen,

---

[1] Jahrb. d. k. k. geol. R.-A. 1908, 58. Bd., pag. 527—571.

Jahrbuch d. k. k. geol. Reichsanstalt, 1912, 62. Band, 1. Heft. (Fr. Kretschmer.) 6*

kupferroten Granat mit meist grünlichem Epidot als Hauptgemengteilen, Feldspatresten nebst Quarz und Kalzit als Nebengemengteilen, akzessorisch sind opake Ilmenitkörner, gelbbraune
Titanitkriställchen reichlich eingestreut. Makroskopisch ist der Granat
nur als tropfenähnliche und stecknadelkopfgroße Körner und unbe-
timmte Kristalloide ausgebildet, die als drusiges Sintergebilde erscheinen. Solcher sekundärer Granat ist wohl als jüngste Bildung neben
den Granaten älterer Entstehung auf dem Reigersdorfer Kalksilikatlagern anzusehen.

Das mikroskopische Bild der Dünnschliffe bestätigt,
daß das Gestein von zahlreichen kleinen und großen Drusenräumen
durchsetzt ist und wesentlich aus Granat und Epidot besteht; hierzu
gesellen sich Klinozoisit, Zoisit und unbestimmbare Verwitterungsprodukte als Nebengemengteile. Der Granat ist im auffallenden Licht blaßrosa, im durchfallenden farblos, als Folge hoher
Lichtbrechung treten dunkle Ränder, rauhe Oberfläche und hohes
Relief hervor, zahlreiche vereinzelte Körner sind idiomorph nach
αO (110), während die zusammengehäuften Körner nach Art von
Pflastersteinen stumpf aneinanderstoßen und von annähernd parallelen
Sprüngen durchsetzt werden, von Druckwirkungen herrührend. Dieser
Granat ist meistens völlig isotrop oder aber er zeigt nach Art der
Kalkgranaten oft wiederkehrende optiscne Anomalien, und zwar Doppelbrechung, welche die des Quarzes übersteigt, ferner Zweiachsigkeit,
sein optischer Charakter ist positiv, er läßt im polarisierten Licht
einen Zerfall seiner Körner und Kristalle, in optisch verschieden orientierte Teile oder Felder wahrnehmen. Unter solchen anomalen Granaten, welche dem rhombendodekaedrischen Typus angehören, hat man
Schnitte nach O (111) nahe der Oberfläche geführt, dreiteilig gefunden,
dabei die Auslöschungsrichtungen parallel und senkrecht zur Basis
des gleichschenkligen Dreieckes liegen. Sehr beachtenswert ist, daß
zahlreiche Schnitte dieser doppeltbrechenden Granate entweder eine
undeutliche oder gar keine Auslöschung zeigen, was wohl mit starker
Dispersion im Zusammenhange stehen dürfte.

Der im Dünnschliff durchweg farblose Epidot bildet zum Teil
größere Kristalle und Körner, deren Durchschnitte $\parallel$ b längsgestreckt
$\perp$ darauf sechsseitig und rhombisch erscheinen; meistens kommt er
jedoch in kleinkörnigen Aggregaten oder in unbestimmter kristallographischer Umgrenzung und mit dem Granat innig gemengt vor. Schnitte
der orthodiagonalen Zone sind durch kräftige Spaltrisse parallel (100),
schiefe Schnitte auch durch solche nach (001) ausgezeichnet, ihre
Auslöschung erfolgt parallel und senkrecht zu den ersteren, dagegen
zeigen Schnitte $\perp$ auf b scharf markierte Spaltbarkeit nach (100)
und (001), deren Spaltrisse sich unter $\measuredangle$ 115° schneiden und die
Auslöschungsschiefe gegen die basischen Spaltrisse (001) $= 28°$ beträgt.
Die Lichtbrechung ist hoch, da erhabenes und rauhes Relief erst bei
starker Senkung des Kondensors deutlich wird, die Doppelbrechung,
nach der Methode von Michel-Levy und Lacroix bestimmt, ergab
Schwankungen von $\gamma - \alpha = 0.025$ bis 0.037, demzufolge die mannigfaltigen leuchtenden Polarisationsfarben.

In der Gesellschaft des Epidots bemerkt man auch den Klino-

z o i s i t an seinen hochgradig anomalen himmelblauen Interferenzfarben
und seinen dem Epidot gleichen morphologischen Verhalten kenntlich,
seine Menge ist mitunter nicht unbeträchtlich, er zählt jedoch nur zu den
Nebengemengteilen. Als drittes Mineral der Epidotgruppe kommt noch
der Z o i s i t in Betracht, der durch seine hohe Lichtbrechung und
sehr schwache Doppelbrechung, durch seine längsgestreckten Säulchen
mit scharfen und geradlinigen Spaltrissen nach (010) sowie der dazu
parallelen Auslöschung sicher zu unterscheiden; er ist nur in vereinzelten Individuen vertreten.

Außerdem kann man in dem Mineralgemenge R e s t e   z a h l -
r e i c h e r   F e l d s p a t k ö r n e r beobachten, und zwar mehr oder
weniger stark verwitterten M i k r o k l i n und P l a g i o k l a s als Nebengemengteile in unregelmäßiger Verteilung feststellen. Zuweilen macht
die Sache den Eindruck, a l s   l ä g e   d a s   G r a n a t e p i d o t a g g r e -
g a t   i n   e i n e m   G r u n d g e w e b e   m e h r   o d e r   w e n i g e r   s t a r k   b e -
s t ä u b t e r   u n d   z e r s e t z t e r   P l a g i o k l a s -   u n d   M i k r o k l i n -
k ö r n e r , worin wir wohl einen Hinweis auf das Ursprungsgestein,
einen Augitplagioklashornfels, zu erblicken haben, aus welchem der
Granatepidotfels durch sekundäre Umkristallisation hervorgegangen ist.
In den Feldspaten begegnet man demzufolge häufig zahlreichen E i n -
s c h l ü s s e n von G r a n a t der Form ∞ O, sowie Epidot in Körnern.
Akzessorisch vertreten ist; Oktaëdrischer S p i n e l l mit hellgrüner
Farbe, durchsichtig und wegen Mangels an Einschlüssen und Fehlen
der Spaltbarkeit vollständig glasklar.

Beachtenswert ist das Verhalten des k l e i n k ö r n i g e n   E p i d o t s,
in dem charakteristisch granoblastischen Granatepidotaggregat, das da
und dort im Schliff anzutreffen ist; dasselbe zeigt den erwähnten Aufbau
aus verschieden orientierten Kristallteilen und Feldern, demzufolge die
fleckigen Polarisationsfarben, was auf ursprünglichen Granat hinweist.
Nachdem ferner die nicht auf der Achsenebene normalen Schnitte im
parallelen Licht keine präzise oder gar keine Auslöschung geben, so
ist darin ein Hinweis auf die starke Dispersion der Bisektrizen im
Epidot enthalten.   Aus der auffallenden Höhe der Interferenzfarben
zahlreicher doppeltbrechender Granatoëder, die im polarisierten Licht
den geschilderten Zerfall in verschieden orientierte Kristallteile und
Felder darbieten, glaube ich mit Sicherheit schließen zu dürfen, d a ß
e i n   T e i l   d e r   E p i d o t e   a u s   d e m   G r a n a t   h e r v o r g e g a n g e n
i s t   u n t e r   E r h a l t u n g   d e r   G r a n a t f o r m e n   u n d   s e i n e s   i n n e r e n
A u f b a u e s , so daß es sich tatsächlich um interessante Pseudomor-
phosen der ersteren nach letzteren handelt. Umwandlung .des Granats
in Epidot ist eine in zahlreichen Fällen beobachtete, schon lange
bekannte Erscheinung.

Übrigens bewahrt das Gestein im Dünnschliff am vollkommensten
die t y p i s c h e   H o r n f e l s s t r u k t u r der Kontaktgesteine, insbesondere die sekundär neugebildeten Gemengteile fügen sich mit geradlinigen, stumpfen, beziehungsweise unverzahnten Konturen zusammen,
dagegen sind hier Einschlüsse nicht so angehäuft, wie in den unversehrten Kalksilikatfelsen.

Schließlich muß darauf hingewiesen werden, daß alle diese obertägigen, verwitterten Gesteinstypen, S k a p o l i t h f e l s   Z o i s i t f e l s

sowie der Prehnitfels und der Granatepidotfels, zu einem und demselben mächtigen Felskörper gehören, innerhalb desselben auf Schritt und Tritt miteinander in unbestimmten Zonen ohne scharfe Grenzen abwechseln und außerdem noch durch allmähliche Übergänge untereinander innig verknüpft erscheinen.

In der eingangs zitierten Abhandlung wird jedoch der Skapolithfels sowie der Zoisitfels lediglich nach Maßgabe der mikroskopischen Untersuchung kurz geschildert. Auch Herr Dr. A. Scheit (Tetschen-Liebwerd[1]) hat die gedachten Gesteine an dem von mir gesammelten Material als Zoisitfels, Prehnitfels und Skapolithfels ebenfalls bloß mikroskopisch-optisch, jedoch in etwas ausführlicherer Weise beschrieben. Um bezüglich dieser modifizierten Kontaktgebilde zu diesen Untersuchungen unter dem Mikroskop noch die chemische Analyse hinzuzufügen und solcherart einen tieferen Einblick in deren Konstitution zu erlangen habe ich eine ausgewählte Kollektion dieser Gesteine, dem bergmännisch-chemischen Laboratorium der Witkowitzer Steinkohlengruben zu Mähr.-Ostrau vorgelegt, wo dieselbe durch den Chefchemiker Herrn Romuald Nowicky der chemischen Analyse unterworfen wurden, über deren Ergebnis im folgenden referiert werden soll. Wir beginnen zunächst mit dem

Skapolithfels.

Das Handstück zur chemischen Analyse stammte von demselben Felskörper, von welchem jene Handstücke herrührten, die sowohl Herrn A. Scheit als auch mir zur mikroskopischen Untersuchung vorgelegen haben. Dasselbe ist von weißer Farbe und ließ grobe sowie lange Stengel von Skapolith erglänzen, letztere bildeten den Hauptgemengteil, wogegen der Bytownit lediglich als Nebengemengteil vertreten und sekundärer Kalzit gänzlich zu fehlen schien, in vereinzelten untergeordneten Konkretionen war dunkelgrüner Augit zu sehen. Die chemische Analyse ergab folgende prozentische Zusammensetzung:

	I.	II.
	\multicolumn{2}{c}{Prozent}	
Kieselsäure SiO_2	47·18	47·61
Tonerde Al_2O_3	28·44	28·70
Eisenoxyd Fe_2O_3	1·19	1·20
Eisenoxydul FeO	0·51	0·52
Kalkerde CaO	14·84	14·50
Magnesia MgO	0·32	0·32
Kali K_2O	2·94	2·97
Natron Na_2O	3·04	3·07
Kohlensäure CO_2	0·37	—
Chlor Cl		
Konstitutionswasser H_2O	0·93	0·94
Kristallwasser H_2O	0·17	0·17
Zusammen . .	99·93	100·00

[1]) Jahrb. d. k. k. geol. R.-A. 1910, 60. Bd., pag. 115—132.

Nachdem das Analysenmaterial hinreichend rein war, die Nebengemengteile das chemische Bild nicht wesentlich alterieren können,
so sind wir in die Lage gesetzt, auf den Hauptgemengteil Rückschlüsse
zu ziehen, ohne Fehler zu begehen. Zieht man die geringe nur
0·84 Prozent betragende Menge des epigenetischen auf Spalten ausgeschiedenen Kalzits ab und rechnen auf 100 Prozent um, so erhalten
wir das unter II oben angeführte Analysenergebnis. Letztere Zusammensetzung führt auf ein Mischungsglied der Skapolithgruppe, in welchem
die Beteiligung von 70 Prozent *Me* (Kalkskapolith) und 30 Prozent
Ma (Natronskapolith) vorliegt. Unser Skapolith steht somit a n d e r
G r e n z e v o n M e i o n i t g e g e n d e n S k a p o l i t h (im engeren Sinne);
man könnte ihn etwa als s a u r e n M e i o n i t bezeichnen. Der Mangel
an Chlor scheint für den Skapolith der Kalksilikatfelse charakteristisch;
ein Teil des Natrons ist durch Kali vertreten, was bei Skapolithen
häufig vorzukommen pflegt, überhaupt ist unser Skapolith alkalireich.
Daß ein etwaiger Gehalt an Bytownit in keiner Weise auf das
obige Analysenergebnis störend einwirkt, ergibt sich zweifellos aus
der geringen Menge an SiO_2 und Al_2O_3. Skapolithe genau von
derselben Zusammensetzung wie oben mitgeteilt, wurden bei Malsjö
in Wermland im Marmor kristallisiert und derb gefunden, die ·G.
vom R a t h analysierte (Pogg. Ann. 1853, Bd. 90, pag. 88); ferner bei
F r a n k l i n und N e w t o n im Staate New Jersey kristallisiert im Kalk
nach B r e w e r (D a n a, Min. 1868, 322); auch in L e w i s C o. im
Staate New York zu Diana, Kristalle im Kalkspat nach H e r r m a n n
(Journ. pr. Chemie 1851, Bd. 54, pag. 177).
    In der eben zitierten Publikation hat S c h e i t den Reigersdorfer
Skapolith auf Grund seiner mit dem Babinetschen Kompensator ausgeführten Bestimmung der Doppelbrechung in die Skapolithgruppe eingereiht und dabei den Mittelwert $\omega - \varepsilon = 0·0303$ gefunden sowie danach das Mischungsverhältnis $Me_1 \, Ma_1$ ermittelt; demzufolge gedachter
Skapolith die nächste Verwandtschaft mit dem Glaukolith vom Baikal-
see hätte und zu dem eigentlichen Skapolith gehören würde. Daß
diese Schlußfolgerung nicht zutrifft, ergibt sich aus der obigen chemischen Analyse, nach welcher der Reigersdorfer Skapolith tatsächlich
eine b a s i s c h e r e Zusammensetzung besitzt, und dem oben ermittelten
Mischungsverhältnis $Me_7 \, Ma_3$ entspricht, daher bereits zum Meionit
gestellt werden muß und den fast ausschließlichen Gemengteil des
Reigersdorfer Skapolithfelses bildet.

Zoisitprehnitfels.

Neuerdings hat Verf. unter den Kalksilikatfelsen die Verwitterungszone an den Schichtenköpfen auch ein graugrünliches Gestein gefunden, das Dr. A. S c h e i t näher untersuchte und als P r e h n i t f e l s
beschrieben hat [1]. Es muß jedoch sofort hervorgehoben werden, daß
der Prehnitfels bei Reigersdorf kein s e l b s t ä n d i g e s Gestein darstellt, wie man nach den Ausführungen S c h e i t s erwarten sollte,
sondern mit dem Zoisitfels innig verwachsen und mit dem letzteren

---

[1] L. c. pag. 124.

durch allmähliche Übergänge verknüpft erscheint. Wie sich aus den früheren Mitteilungen des Verf. ergibt[1]), enthält der Reigersdorfer Zoisitfels als fast ausschließlichen Gemengteil einen eisenarmen Klinozoisit; dazu gesellt sich Prehnit, der vorerst nur akzessorisch auftritt, sich sukzessiv bis zur Hälfte der Gesteinsmasse anreichert und bei weiterer Anhäufung des Prehnits schließlich in Prehnitfels übergeht; akzessorisch sind nestförmige Ausscheidungen von derbem Quarz und polysynthetisch verzwillingtem spatigen Kalzit, ganz untergeordnet ist Titanit. Der Zoisitfels an dem einen und der Prehnitfels an dem anderen Ende der Reihe sind durch alle möglichen Zwischenglieder zu einem Felskörper vereinigt, so daß ich für dieses Gestein an Stelle der alten Bezeichnung „Prehnitfels" schlechtweg den richtigen Namen „Zoisitprehnitfels" in Vorschlag bringe.

Dieses Verhalten wird am besten durch die folgende chemische Analyse veranschaulicht, wozu die Probe demselben Felskörper entnommen wurde, von wo auch die Handstücke zur mikroskopisch-optischen Untersuchung geschlagen wurden. Gedachte Probe bestand aus einem Gemenge von Klinozoisit mit Prehnit, auf Spalten und Hohlräumen des Gesteins war eine größere Menge von sekundärem Kalzit ausgeschieden; übrigens war jedoch das Material genügend rein. Die durch Herrn R. Nowicki ausgeführte chemische Analyse ergab die folgende prozentische Zusammensetzung:

	III.	IV.
	Prozent	
Kieselsäure $Si\,O_2$	35·46	41·70
Tonerde $Al_2\,O_3$	19·86	23·35
Eisenoxyd $Fe_2\,O_3$	4·49	5·28
Eisenoxydul $Fe\,O$	1·16	1·36
Kalkerde $Ca\,O$	28·58	23·12
Magnesia $Mg\,O$	1·85	2·17
Kali $K_2\,O$	0·62	0·73
Natron $Na_2\,O$	1·18	1·39
Kohlensäure $C\,O_2$	7·01	—
Konstitutionswasser $H_2\,O$	0·68	0·80
Kristallwasser $H_2\,O$	0·08	0·10
Zusammen	100·97	100·00

Die Menge des im Gestein ausgeschiedenen Kalzits ist ansehnlich und beträgt $Ca\,CO_3 = 15·93$ Prozent; ziehen wir diesen von der Bauschanalyse III ab, so erhalten wir für das kalzitfreie Gestein pro 84·07 Prozent das Resultat unter IV. Übrigens ist der Wassergehalt auffällig niedrig, was wohl mit der kontaktmetamorphen Bildung zusammenhängt. Demzufolge erscheint der Reigersdorfer Zoisitprehnitfels als ein Mineralgemenge von 50 Prozent Zoisit oder präziser gesagt des Zoisitsilikats ($H_2\,Ca_4\,Al_6\,Si_6\,O_{26}$) mit 50 Prozent

---

[1]) L. c. pag. 537.

P r e h n i t, beziehungsweise des Prehnitsilikats ($H_2\, Ca_2\, Al_2\, Si_3\, O_{12}$), wobei ein Teil von $Al_2\, O_3$ durch 5·28 Prozent $Fe_2\, O_3$ vertreten wird. Es liegt somit ein Z o i s i t p r e h n i t f e l s vor, so daß obiger Vorschlag bezüglich der Bezeichnung hinreichend begründet wäre.

Unter den Mineralien, welche den gedachten Zoisitprehnitfels zusammensetzen, hat Verf. neuerdings sehr kleine, jedoch wohl ausgebildete Kristalle in Drusen, auf Klüften und Hohlräumen des Gesteins gefunden, welche für den Klinozoisit und Prehnit charakteristisch und geeignet sind, die mikroskopisch-optischen Feststellungen zu stützen. Die Auflösung dieser Kombinationen unter dem Mikroskop ist in der Weise gelungen, daß vorerst zahlreiche Stufen mittels des binokularen Mikroskops abgesucht, sodann diese kleinsten Kriställchen aus den Drusenräumen mit einem Meißel ausgebrochen, auf einen Objektträger abgesiebt und in Kanadabalsam eingebettet wurden, worauf die nähere Bestimmung unter dem P. M. erfolgte.

Klinozoisit.

Seine Kristalle sind durch einen auffallenden epidotähnlichen Habitus bemerkenswert, sie sind häufig zu Drusen und Gruppen verbunden und kommen überall dort vor, wo Spalten und Klüfte im Gestein klaffen, auch auf unregelmäßigen Nestern, kurz überall dort, wo genügend freier Raum zur Entwicklung dargeboten war. Es wurden folgende Kombinationen beobachtet:

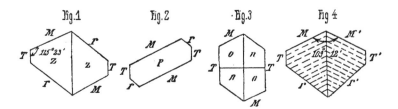

Vorstehende Fig. 1 zeigt die meist auftretende Kombinationsform an den größeren Kristallen, und zwar:

$$o\,P\,(001)\,.\,P\infty\,(\overline{1}01)\,.\,\infty\,P\,\overline{\infty}\,(100)\,.\,\infty\,P\,(110)$$
$$(M)\qquad\quad (r)\qquad\quad (T)\qquad\quad (z)$$

Fig. 2 stellt dieselbe Kombination dar, jedoch mit vorherrschenden $o\,P\,(001)$, wodurch ein flachgedrückter Habitus hervorgerufen wird, an den Enden herrschen anstatt (z) bloß $\infty\,P\infty\,(010)$.

Fig. 3 besteht aus folgenden Flächen:

$$o\,P\,(001)\,.\,\infty\,P\,\overline{\infty}\,(100)\,.\,P\infty\,(\overline{1}01)\,.\,P\,(111)\,.\,P\infty\,(011) \qquad \text{✎}$$
$$(M)\qquad\qquad T\qquad\qquad\quad r\qquad\qquad n\qquad\qquad o$$

Die Flächen $M\,T\,r$ sind zuweilen derart im Gleichgewicht ausgebildet, daß scheinbar hexagonale Prismen entstehen.

Fig. 4. Zwillinge nach $\infty\,P\,\overline{\infty}$ (100), der Kombinationsform Fig. 1, jedoch mit Endfläche $\infty\,P\,\infty$ (010). Öfter zeigt sich eine hemimorphe Ausbildung, indem (z) oder (n) und (o) an dem einen, (p) an dem andern Ende auftritt.

Die Kristalle des Kleinozoisits sind durchweg nach der Ortho-diagonale langgestreckt, die größeren sind 3—5 mm lang, zumeist jedoch viel kleiner und mikroskopisch klein, häufiger noch sind lediglich rundliche oder scharfkantige Kristalloide ohne kristallographische Begrenzung. Gedachte Kristalle sind vorwiegend farblos, die größeren auch weingelb, grünlichweiß und auch grau, ohne Pleochroismus; Gasglanz, auf oP Fettglanz, durchsichtig bis durchscheinend; die Kristallflächen öfter rauh und korrodiert, mit Grübchen bedeckt, die Kanten sehr oft gerundet, Streifung in der orthodiagonalen Zone nicht vorhanden oder nur schwach angedeutet; Spaltbarkeit nach oP (001) vollkommen, nach $\infty\,P\,\overline{\infty}$ (100) nicht beobachtet, auffällig sind scharfe, mehrfach wiederholte Sprünge, ungefähr parallel $\infty\,P\,\infty$ (010), Bruch muschlig, uneben und splittrig.

In den Drusenräumen, worin der Klinozoisit sitzt, findet man daneben sehr viele kleinste hellgelbliche und hellrötliche Kriställchen und Kristalloide von Granat, ferner in bald geringerer, bald größerer Menge braunschwarzen Ilmenit in Körnern und zackigen Aggregaten, selten ist Titanit. In denselben Drusen und anderen Klüften des Zoisit-prehnitfelses sind in das Auge springend, polysynthetisch nach $\frac{1}{2}R$ verzwillingte Kalzitaggregate der Form $\infty\,R$ und $\frac{1}{2}R\,.\,\infty\,R$; ferner farbloser bis rauchgrauer Quarz, welcher da und dort auch himmelblau und violett gefärbt ist (Amethyst). In anderen Hohlräumen wurden Reste von Augit und Hornblende, zuweilen derber pistaziengrüner Epidot, noch seltener Chlorit konstatiert.

Prehnit.

Rings um die vorgenannten, auf Klüften und Hohlräumen vorkommenden polysynthetisch verzwillingten Kalzitaggregate des Zoisitprehnitfelses zu Reigersdorf hat Verf. neuerdings Prehnit in wohl sehr kleinen, jedoch schönen tafelförmigen Kristallen beobachtet und daran u. d. M. folgende Kombinationsformen festgestellt:

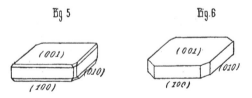

Fig. 5.　　　　　　　　　Fig. 6.

Fig. 5. oP (001) . $\infty\,P\,\overline{\infty}$ (100) . $\infty\,P\,\breve{\infty}$ (010), rektanguläre nach der Makrodiagonale verlängerte Tafeln, deren Ecken und Kanten verbrochen werden durch die Vicinalflächen: .

$$^3/_4\ P\,\overline{\infty}\ (304)\ .\ 3\ P\,\overline{\infty}\ (031)\ .\ \infty\ P\ (110)\ .\ P\ (111)$$

Fig. 6. $o\ P\ (001)\ .\ \infty\ \overline{P}\,\overline{\infty}\ (010)\ .\ \infty\ P\,\overline{\infty}\ (100)\ .\ \infty\ P\ (110)$, bildet achtseitige Tafeln.

Die Kristalle der Fig. 6 besitzen einen ähnlichen Habitus wie die aufgewachsenen Prehnite aus dem Schwarzgraben bei Wermsdorf, welche G. v. Rath und der Verf. beschrieben haben [1]). Die gedachten Prehnitkristalle sind vorwiegend tafelig, selten kurzsäulig; häufig sind gerundete, eckige und spitze Kristalloide ohne kristallographische Formen, auch derbe, körnige sowie faserige und strahlige Partien. Unser Prehnit ist farblos, weingelb und grünlichweiß, besitzt Glasglanz auf (001) Fettglanz, er ist in hohem Grade pellucid; derselbe zeigt sich gewöhnlich bei dem Kalzit, beziehungsweise a n d e r P e r i p h e r i e d e r K a l z i t a g g r e g a t e gegen d i e ü b r i g e G e s t e i n s m a s s e.

Neben den Prehnitkristallen finden sich des öfteren auch K l i n o z o i s i t kristalle in den Drusen, ferner zwillingsstreifiger K a l z i t nebst Q u a r z, welche alsdann mit akzessorischem Granat und Ilmenit eine zusammengehörige Mineralassoziation bilden. Solche Kalzit-Prehnitdrusen wiederholen sich häufig in dem Zoisitprehnitfels.

In der eingangs zitierten Abhandlung hat der Verf. ausgeführt, daß die Entstehung der Kalksilikatfelse zu Reigersdorf, teils auf einer mehr oder weniger vollständigen A u s t r e i b u n g d e r K o h l e n s ä u r e im ursprünglichen Kalkstein und Ersatz derselben durch Kieselsäure, teils auf einer d i f f u s e n D u r c h t r ä n k u n g d e s k a l k r e i c h e n Kontaktgesteins d u r c h e i n k a l i f e l d s p a t r e i c h e s M a g m a beruht, welchen Prozessen wir die mannigfaltigen und hochkontaktmetamorphen Kalksilikatfelse zu verdanken haben.

Im Gegensatze dazu stellen sich die oben näher untersuchten u n d l e d i g l i c h a u f d e n T a g a u s b i ß beschränkten, m o d i f i z i e r t e n Kontaktgesteine, und zwar der S k a p o l i t h f e l s, Z o i s i t f e l s und Z o i s i t p r e h n i t f e l s sowie der G r a n a t e p i d o t f e l s als U m w a n d l u n g s p r o d u k t e d e r b a s i s c h e n P l a g i o k l a s e d a r, welche unter den Komponenten der Kalksilikatfelse zu Reigersdorf eine hervorragende Rolle spielen, und zwar dürfte der Skapolith, welcher nach Maßgabe der chemischen Analyse der Mischung ($Me_7\ Ma_3$) entspricht, daher zum basischen Meionit gehört seine Entstehungsbedingungen im ursprünglichen Labradorit gefunden haben, während Prehnit und speziell der Zoisit sowie auch der Epidot auf noch basischere Glieder der Plagioklasgruppe, und zwar die beiden letzteren auf die Bytownitreihe hinweisen. Lokal ist auch die untergeordnete Varietät des melanokraten Augithornfelses in Serpentin umgewandelt. Wie man sieht, sind es durchweg wasserhaltige Silikate, welche sich an der Zusammensetzung dieser epigenetischen Umwandlungszone beteiligen. In dieser ist neben der Hydratisierung lediglich eine Umkristallisierung des früheren Mineralbestandes zu konstatieren, während die Zufuhr anderer Stoffe als Hydratwasser wahrscheinlich nicht stattgefunden hat und darin ist der grundlegende Unterschied

---

[1]) Tschermak, Min.-petrograph. Mitt. 1894, XIV. Bd., pag 172.

zwischen den Mineralneubildungen am Schichtenkopfe und den unversehrten Kontaktbildungen der Tiefe zu suchen. Bei jenem Prozeß
wurde gleichzeitig eine größere Menge von Kalzit ausgeschieden.
Wenn Herr Dr. A. S c h e i t gemäß obbezogener Abhandlung den
Skapolith u. d. M. frisch gefunden und daran wohl zu weitgehende
Schlüsse knüpft, so schließt dies dessenungeachtet die Tatsache nicht
aus, daß das Aussehen der Gesteine der gedachten obertägigen Umwandlungszone d u r c h w e g g l a n z l o s b i s m a t t, p o r ö s u n d
d r u s i g, w e n i g f e s t u n d s o g a r b r ü c h i g i s t, d i e F a r b e n s i n d
s t u m p f, während in der integren Kontaktzone der Tiefe die Gesteinsmasse stark glänzend, frisch und sehr fest und kompakt erscheint
sowie durch ihre lebhaften und kräftigen Farben auffällt. Letztere
Gesteine verlaufen gegen den Tag hin ganz allmählich in erstere, so
daß alle möglichen Übergänge vorliegen. Zur mikroskopisch-optischen
Untersuchung sind jedoch für Herrn Dr. S c h e i t aus triftigen Gründen
nur charakteristische Stufen, keineswegs Übergangsglieder ausgewählt
worden.

Der Skapolithfels ist im vorliegenden Falle sicher kein Kontakt-
produkt, wie Dr. S c h e i t in Anlehnung an die Autorität des Professor
Salomon gegenteilig meint, sondern ebenso ein an die Tagesoberfläche
gebundenes Umwandlungsprodukt aus der Hydrationszone, genau so wie
die mit demselben zu einem Felskörper verknüpften Gesteine: Zoisitfels, Zoisitprehnitfels und der Granatepidotfels als auch der (wohl an
anderem Orte jedoch in demselben Felskörper) mitvorkommende
Serpentin. Daß die gedachte Modifikation der Kontaktgebilde nicht
durch die atmosphärischen Einflüsse der Verwitterung allein zustande
kam, ist wahrscheinlich, möglicherweise gelangten hierbei profunde
Thermalquellen zur Mitwirkung, die wir als einen Nachklang eruptiver
Tätigkeit ansehen und auf diese Weise in der metasomatischen Periode
den Neubildungsprozeß beschleunigten. Es ist jedoch selbstverständlich, daß in unserem Falle die Thermalquellen nicht etwa aszendierend,
sondern vielmehr von den Schichtenköpfen abwärts, also deszendierend
ihren Weg nahmen.

Wir sehen nur zu häufig mineral- und petrogenetische Theorien
in die Halme schießen, obwohl man sich gerade nach dieser Richtung
nicht genug Vorsicht und Zurückhaltung auferlegen kann, besonders
dann, wenn man nicht in der Lage ist, alle einschlägigen Momente zu
überblicken, deren Berücksichtigung notwendig ist, denn neben der
mikroskopisch-optischen Untersuchung, ist es die chemische Analyse,
insbesondere aber die richtige Erkennung und Beurteilung der geologischen Erscheinungsformen fraglicher Gesteinskörper, für die
plausible Anschauung über deren Entstehungsweise von der größten
Wichtigkeit.

Über die Kongerien-Melanopsis-Schichten am Ostfuße des Eichkogels bei Mödling.

(Eine Studie über Diagonalschichtung.)

Von **Franz Toula**.

Mit zwei Tafeln (Nr. II und III).

1.

Ein junger Mödlinger Freund, der Sohn Peter des Primarius des Mödlinger Krankenhauses (Dr. Theodor Babiy), brachte mir jüngst eine Anzahl von Fossilien der pontischen Stufe, die mir durch ihren guten Erhaltungszustand auffielen. Da mir die Fundstelle nicht bekannt war, entschloß ich mich, an einem der so schönen Novembersonntage vorigen Jahres (12./XI.) sie aufzusuchen. Dort, wo die Straße von Mödling am Fuße des Eichkogels hin zur Reichsstraße führt und in diese einmündet, liegen zwischen den beiden Straßen große Sandgruben[1]); einige außer Betrieb stehende sind gegen die Reichsstraße hin geöffnet. Dahinter aber, gegen den Eisenbahneinschnitt zu, liegt eine viel größere in Betrieb stehende Grube mit Steilwänden bis zu 11 m Höhe, die zuerst annähernd von O nach W und dann umbiegend wieder annähernd von N nach S hinziehen. Die westöstliche Wand hat etwa 45 m Länge, die nordsüdliche eine solche von 60 m; sie sind durch eine im Bogen verlaufende Rundung miteinander verbunden. Im Süden wird die Wand von den in die älteren Grubenteile hineingestürzten Abraummassen verhüllt.

Das hier abgebaute Material ist der längst bekannte feine und feinglimmerige Sand der Kongerienschichten, der auch als das Liegende des Süßwasserkalkes auf der Höhe des Eichkogels längst bekannt ist. Es ist ein sehr gleichförmiges und leicht gewinnbares Material, das für Feinverputzmörtel sehr wohl geeignet ist, vor allem aber wird es in vielen Wagenladungen nach Inzersdorf geführt und in der dortigen Glasfabrik zur Herstellung von gewöhnlichen Glasflaschen verwendet. Auch in den Ziegeleien wird viel davon auf den Ziegeltrockenflächen verbraucht.

---

[1]) Fr. Schaffer hat diese Sandgruben in seinem Geol. Führer (I., 1907, pag. 103) erwähnt und auch die daselbst wahrnehmbare Diagonalschichtung und das Vorkommen verkieselten Holzes in den Sanden angeführt.

Jahrbuch d. k. k. geol. Reichsanstalt, 1912, 62. Band, 1. Heft. (F. Toula.)

Die Gewinnung ist eine ungemein einfache. Die Leute arbeiten von der Höhe in die Tiefe, indem sie, nach Entfernung der Krume und der Gehängeschuttdecke, die immerhin bis über 2 *m* mächtig werden und viel Süßwasserkalkrollbrocken enthalten, mit sehr langstieligen Stichschaufeln den Sand einfach losschälen, Stich neben Stich setzend; dabei lassen sie schmale Vorsprünge stehen, um auch die tieferen Schichten in gleicher Weise abstechen zu können. Die Gleichförmigkeit wird nur durch hie und da auftretende Konkretionen, meist wenig gebundene dünne Sandlagen, unterbrochen. Dabei ist das so gleichmäßige Material von einer Standfestigkeit, daß es in fast vertikalen Wänden stehen bleibt. — In der unteren ganz reinen Sandmasse an der NS-Wand fand ich keine Spur von Fossilien. Die Sande erscheinen hier schwebend geschichtet mit ganz leichter Neigung gegen NO und ONO. Diese Partie der Sande ist im südlichen Teile bis 4 *m* mächtig, dann folgt aber gleich ober dem Arbeitsvorsprung, auf dem im Bilde Tafel II links die Personen stehen, eine bis gegen 1 *m* mächtige Lage mit ausgezeichneter „Diagonalschichtung“, die gegen N auf $^1/_2$ *m* abnimmt, um weiterhin wieder beträchtlich anzuschwellen. Die transversale Schichtung ist auf weite Strecke durchweg gleichmäßig, leicht gegen S geneigt. Sie wird oben durch eine Ebene begrenzt, welche ganz leicht nordwärts abfällt. Peter Babiy zeigt sie mit dem Stiele seines Hammers an; sie liegt nur wenig unter dem Stielende im Bilde. Es ist eine etwa bis handhohe sandige Schichte mit ziemlich reichlichen tonigen Beimengungen. Aus ihr stammen fast alle die Fossilien. Einige wurden aber auch auf einer zweiten ähnlichen Fläche, die etwa 1 *m* von der ersten absteht, gleich oberhalb der beiden Gestalten rechts im Bilde, gefunden. Unter den Fossilien walten die Melanopsiden der Zahl nach weit vor, doch sind auch die Kongerien nicht eben selten. Diese sind etwas verwittert und nur schwer ganz zu erhalten. Auch Unionen sind nicht selten, welche noch schwieriger ganz herauszubringen sind, weil sie leicht abblättern. Alle Fossilien sind übrigens wohlerhalten, das heißt nicht im geringsten abgerollt; die Tiere haben meiner Meinung nach auf diesen Flächen gelebt. Durch diese Flächen wird die transversal geschichtete Lage scharf abgeschnitten, wie abradiert. Ich glaube nicht zu irren, wenn ich annehme, daß wir es dabei in der Tat mit wahren Abrasionsflächen zu tun haben. Nach dieser Unterbrechung haben sich dann wieder die feinen, reinen Sande schichtenweise abgelagert[1]).

Außer der einen Lage mit transversaler Schichtung ist auf der südlichsten Aufnahmsfläche der Wand keine zweite zu erkennen. Die annähernd vertikalen Furchen sind durch die Stichschaufeln hervorgerufen.

Ganz anders weiter nach Nord und auf der W—O verlaufenden Wandfläche. Hier gestaltet sich die Struktur der Wand so schön, daß

---

[1]) Man erzählte mir von dem Auffinden größerer Stücke von versteinertem Holze, doch konnte ich die Stelle, wo es gefunden worden ist, nicht in Erfahrung bringen. Stücke davon habe ich im Mödlinger Stadtmuseum gesehen. Sie mögen gestrandete Treibholzbrocken sein.

ich mich entschloß, als der nächste Sonntag wieder ein klarer, sonniger Tag war, eine photographische Aufnahme vorzunehmen. Meine Enkelin Gertrud Giannoni hing ihre kleine Kodak-Kamera um und fuhr auf ihrem Rade in Begleitung ihres Vaters und des glücklichen Auffinders des *Melanopsis*-Lagers in die Grube. Es war, als wir dort zusammentrafen, prächtiger Sonnenschein und während der Aufnahme waren die Wände durchweg auf das beste beleuchtet. Besonders die untere der beiden fossilführenden Lagen wurde fleißig ausgebeutet und ein paar tüchtige Papiersäcke voll von den Fossilien zustande gebracht.

Vier der Aufnahmen ließen sich gut aneinanderfügen, nur die beiden Endglieder sind außer direkter Verbindung, die Zwischenräume sind jedoch nicht sehr groß.

Auf der W—O-Erstreckung der Wände tritt die „Diagonal-schichtung" in einer Schönheit hervor, daß ich mich nicht erinnere, diese Erscheinung jemals schöner gesehen zu haben, auch in Bildern nicht. Ein Teil der Wände war jüngst bearbeitet worden. Man sieht das Resultat der Arbeit am Fuße der großen Haufen abgelagert; man erkennt jedoch gerade an diesen Stellen, wie die Schichtung sich in das Innere fortsetzt und daß ihr deutliches Hervortreten vor allem durch die Oxydationsfärbung bedingt wird. Der Sand ist eigentlich graugelblich, der geringe Eisengehalt ist jedoch in verschiedenen Lagen verschieden groß und erzeugt die Bänderung, durch welche die Erscheinung so scharf hervortritt; eine Verschiedenheit der Korngröße des Sandes ist mir nicht aufgefallen. An längere Zeit unberührt gebliebenen Stellen, wie nahe dem östlichen Ende des Aufschlusses, tritt noch eine Neigung zur Herausbildung etwas fester gebundener Lagen hinzu, doch sind diese meistens so mürbe, daß sie sich leicht zwischen den Fingern zerreiben lassen. Im Westen, nahe der Stelle, wo N—S- und W—O-Wand im Winkel zusammentreffen, sind die Sande in breiten, sehr flachen Mulden übereinandergelagert, die nach beiden Seiten scharf auskeilen. An einer Stelle ist eine größere Störung angedeutet. Hier ist von oben her, und ziemlich weit gegen SW in die Tiefe reichend, eine tonige Einlagerung mit vielen Konkretionen wahrnehmbar, als wäre ein Schlammstrom hinabgeflossen. Eine ähnliche Einlagerung findet sich links davon, oben, in fast horizontaler Lage.

Nach Osten hin ändert sich das Bild etwas. Während etwa in der Mitte der Wandhöhe die Süd-, beziehungsweise Südwestneigung der Schichten herrscht, wie im Süden sich erkennen läßt, bemerkt man in den höhergelegenen Partien der Wände eine Neigung der Sandschichten vorwaltend gegen Ost, beziehungsweise gegen Südost, während im Osten der einzelnen Muldenräume die entgegengesetzte Neigung sich hie und da sehr deutlich erkennen läßt. Das Maß der Ablagerung war jedoch an den westlichen Seiten der Mulden größer, so daß jede Sandlage gegen Osten sich verjüngt und auskeilt. Diese angefüllten Muldenräume sind oben durch annähernd horizontal verlaufende Ebenen wie abgeschnitten, in vielen Fällen erfolgt jedoch die obere Begrenzung durch die darüber folgende Muldenunterseite, also schräg auf die Sandlagen.

Infolge des Standes der Sonne zur Zeit der Aufnahme wurden beide im Winkel zusammenstoßenden Wandflächen gleichmäßig be- lichtet, so daß beide wie in einer Ebene liegend erscheinen. Die Stelle des Zusammenstoßes beider Wandrichtungen habe ich daher im Bilde mit ⌒⌒ bezeichnet. Man vergleiche die gegebene Abbildung nach der photographischen Aufnahme. So verwickelt die Ablagerungs- struktur der Wände gegen Osten hin ist, tektonische Störungen fehlen weithin gänzlich. Die eine durch die tonige Eindrängung be- zeichnete ist bereits erwähnt worden, sonst sucht man die Wand- massen durchsetzende Verwürfe weithin lange vergebens, mir sind nur zwei ganz unscheinbare Absätze in den obersten Lagen aufge- fallen und verharschte Sprünge scheinen auch im östlichsten Teile angedeutet, ohne daß es zu Schichtverschiebungen gekommen wäre. Gerade die schuppenartige Ablagerung scheint die hochgradige Stand- festigkeit mit zu verursachen. Diese Art der Ablagerung aber zu er- klären, wird nicht leicht sein.

Bei Erklärungsversuchen wird man von den untersten wohl- geschichteten Massen auszugehen haben. Sie treten, wie gesagt, im Süden in fast horizontaler Lage normalgeschichtet auf, als wären sie in ruhigem Wasser zur Ablagerung gekommen.

Dann folgt die weithin reichende, gleichmäßig gegen Süd geneigte, Transversalschichtung zeigende, verschieden mächtige Lage, unterhalb der ersten „Abrasionsfläche", mit den vielen unverletzten Fossilien.

Die Entstehungsfrage der Transversalschichtung bleibe offen, möge sie durch Wind oder Wellen entstanden sein, sicher ist, daß sie eine Unterbrechung durch und unter Wasserbedeckung erfahren hat, denn die Fossilien lebten und starben, wie ich meine, im Wasser an Ort und Stelle, das beweist mir ihr Erhaltungszustand. Wie schräg diese Abrasionsfläche die schön geschichteten Sandbänke abtrug, läßt sich dort, wo Dr. G i a n n o n i allein steht, gut erkennen.

Darüber folgte bergeinwärts, wie erwähnt, wieder ruhige Sedimentation mit einer zweiten Phase, in der Tierleben bestehen konnte, alles darüberfolgende ist wieder schön und normal geschichtet.

Weiter nordwärts beginnt die Herausbildung zuerst sehr breiter und flacher, weniger gedrängt stehender, mit Sand gefüllter Mulden, die an der Westostwand weniger breit und verschieden tief, einander deckend, nach- und übereinander folgen. Jede Mulde läßt erkennen, daß sie ziemlich gleichmäßig mit feinem Sand in dünnen Schichten zugefüllt wurde, um oben, vielleicht nach ausebnender Abblasung oder Abwaschung, von einer darüberfolgenden Mulde begrenzt zu werden, wo- bei die Mulden sich in der verschiedensten Anordnung überdecken und die Ausfüllungslagen sich immer der Form der Mulde anpassen. Nir- gends bemerkt man das Abfallen der Sandlagen nach der Art, wie man es bei Sandhügeln (etwa bei Barchanen) zu zeichnen pflegt. Immer ist die Muldenfüllung wirklich muldenförmig angeordnet, so mannigfaltig auch die nachher gebildeten oberen Abgrenzungen durch eine spätere Mulde sein mögen. Die Muldenschuppen bilden das Charakteristische bei diesen Sandablagerungen.

Man kann diesen Bau auch in den Gruben au der Reichsstraße und links am Beginn der Guntramsdorf-Mödlinger Straße beobachten.

So schön aber, wie in der geschilderten Lokalität, ist die Erscheinung nicht erhalten geblieben. Als ich die Grube am 3. Dezember wieder besuchte, hatte das Bild viel von seiner Schönheit verloren. Der Abbau wurde gerade zuvor sehr intensiv betrieben und der größte Teil der westöstlichen Wand war in der Zwischenzeit glatt abgearbeitet worden. Nun wird die Arbeit auch auf die Nordsüdwand hinübergreifen. Schon hat man die Decke oben auf der Nordsüdwand bis auf den reinen Sand 3 bis 4 *m* breit fortgeschafft, um auch hier mit dem Sandabstechen beginnen zu können.

Wieder acht Tage später waren nur mehr auf zwei Strecken die Verhältnisse klar zu verfolgen und auch diese werden bald hinweggeschafft worden sein. Auch die „Abrasionsfläche" war durch den Arbeitsfortschritt nicht mehr zugänglich. Ich war mit der Aufnahme gerade noch zur rechten Zeit gekommen, um das Bild, wie es war, festzuhalten.

Man hat auch im Planum der Grube einen Aufschluß in die Tiefe hergestellt, der erkennen läßt, daß der Sand noch in der Tiefe anhält.

Die feinsten grauen Sande erkennt man im Bilde an der hellen Farbe recht gut. Eine solche Partie sieht man ganz rechts, vor Beginn der Abdachung im äußersten Osten, hinter der ein Hohlweg zur Höhe hinaufzieht.

2.

Das geschilderte Sandvorkommen liegt am Fuße des Eichkogels, dessen Erhaltung am Anningerrande immer wieder die Aufmerksamkeit der Wiener Geologen hervorgerufen hat, bis in die neueste Zeit.

Felix K a r r e r' hat im Jahrbuche der k. k. geol. Reichsanstalt X., 1859, pag. 26, ein Profil des Eichkogels gezeichnet, in welchem er unter dem Süßwasserkalk glimmerreiche Sande, als oberste Lage und bis über den Eisenbahneinschnitt nach Osten reichend, angibt; freilich läßt er ihn auch über den Süßwasserkalk hinübergreifen, was dem tatsächlichen Verhalten sicher nicht entspricht, da er auch am Westhange des Kogels unter dem Süßwasserkalk hervortritt. Dies hat Theodor F u c h s (Jahrb. d. k. k. geol. R.-A. 1870, pag. 128) in einem Profil richtiggestellt, nur läßt er diesmal den „Sand der Kongerienschichten" nicht bis an den Fuß des Eichkogels reichen.

In seinem großen Wasserleitungswerke erwähnt K a r r e r (1877, pag. 251), daß sich am Hange des Eichkogels „Schnüre und längere Leisten von Sand einstellen, die erfüllt sind mit *Melanopsis vindobonensis*, *Bythium tentaculatum* (beide sehr häufig), *Cardium conjungens*" etc., während der unterlagernde Tegel keine Molluskenreste führt. Sande und Tegel wechseln im Verlaufe des dort besprochenen Wasserleitungsstollens. Die Tegel enthalten ab und zu Nester von Sand mit *Melanopsis*. Ton und Sand sind mit weißen Kalkausscheidungen förmlich „ineinander gewunden; Süßwasserkalkblöcke liegen dazwischen". An einer anderen Stelle (im weiteren Verlaufe des Stollens) tritt ganz feinkörniger, glimmeriger Sand mit vielen Trümmern von *Unio atavus* auf. (Vor dem jetzt nicht mehr bestehenden Heinrichshofe.) Dies

dürften dieselben Sande sein, wie an meiner Fundstelle. Bei der ehemaligen Ziegelei gibt er Kongerienschichten im Kanal an: glimmerreiche Sande, gegen die Tiefe toniger, von bräunlicher Farbe, „dasselbe Material, welches in den großen Ziegeleien von Guntramsdorf
gestochen wird".

Auch Rudolf Hoernes hat ein Profil durch den Eichkogel
gezeichnet (Jahrb. d. k. k. geol. R.-A. 1875, pag. 13), welches er
Herrn F. Karrer verdankte. In demselben wird am Ostfuße des
Eichkogels sarmatischer Tegel über sarmatischem Sandstein eingezeichnet, während der Kongeriensand und Kongerientegel weiter im
Osten (gegen Möllersdorf) hin als an Sarmat und Marin abstoßend
angegeben wurden. (Die Bezeichnungen des Profils an dieser Stelle
sind etwas unsicher.) Dieses Profil unterscheidet sich übrigens nicht
unwesentlich von jenem, welches Karrer später im Wasserleitungswerk gegeben hat (l. c. auf Tafel VII).

Trotz der ganz bestimmten und verläßlichen Darstellung Felix
Karrers über die Abhänge des Eichkogels (1877) hat D. Stur auf
seiner 1889/90 aufgenommenen und 1894 nach seinem Tode heraus-
gegebenen „geologischen Spezialkarte der Umgebung von Wien" den
ganzen Osthang des Kogels als Paludinensand koloriert. In der erwähnten ehemaligen Ziegelgrube am N-Hange des Eichkogels[1]) hatte
Čžjžek übrigens schon im Jahre 1849 (Haidingers Berichte V.,
pag. 186) das Vorkommen von fünf Fuß glimmerigem Sand mit *Congeria
subglobosa* und *Cardium apertum* angegeben.

Hugo Hassinger in seinen geomorphologischen Studien aus dem
inneralpinen Wiener Becken (Pencks Geogr. Mitteil. VIII., 1905, III.,
pag. 134) nimmt nach Karrer an, daß der glimmerige Sand nicht
nur das Liegende des Süßwasserkalkes bilde, sondern auch demselben
angelagert sei (m. vergl. Fig. 10, pag. 132), was ja ein großer Widerspruch wäre. Vielleicht war übrigens dieses Karrersche Profil mit eine
Ursache, warum D. Stur die glimmerigen Sande als jüngere Bildungen
(Paludinensand) betrachtet hat. In dem von Hassinger gegebenen Profil
werden die am Ostfuße des Eichkogels eingezeichneten pontischen
Schichten als durch eine Verwerfung betroffen angenommen, woraus
hervorgehen dürfte, daß dem Verfasser die Lagerung der Sande in
den Sandgruben bekannt war. Ich glaube, daß solcher Verwürfe
mehrere vorhanden sein dürften. Mir scheint z. B. das Vorkommen
des Süßwasserkalkes in NNO der 366 *m* hohen Eichkogelkuppe, in
324 *m* Höhe mit dem nach Hassinger 30 *m* mächtigen Süßwasserkalk jener Kuppe nicht in Übereinstimmung zu stehen und muß man
hier wohl eine Verwerfung im Saigerbetrage von mindestens 20—25 *m*
annehmen, von der dann gewiß auch die liegenden Sande und Tegel
betroffen worden sein müßten.

Dieser Teil der „Terrasse III" nach Hassinger, würde in
diesem Falle durch eine tektonische Störung, ein Absitzen gegen NO
vorgebildet worden sein. Auch die Verhältnisse im Wasserleitungs-
stollen (Wasserleitungswerk pag. 252), wo der glimmerige Sand über
dem Tegel auftritt, demselben Material, wie es „in den großen Ziegeleien

---

[1]) Jetzt steht dort eine ansehnliche Villa mit großem Garten, der Amalienhof.

von Guntramsdorf gestochen wird", lassen auf eine weiter unterhalb eingetretene Verwerfung schließen, außer der von H a s s i n g e r eingezeichneten. Diese Störungen erklären wohl auch die von K a r r e r wiederholt betonten, oft sehr weitgehenden Schichtverschiebungen.

H a s s i n g e r war die von Theodor F u c h s gegebene Richtigstellung (1870) offenbar entgangen. Die Schlußfolgerungen (l. c. pag. 135), die er aus der vermeintlichen Überlagerung des Süßwasserkalkes durch den glimmerigen Sand gezogen hat, sind daher nicht zutreffend. In bezug auf die Annahme von Verwerfungen an den Eichkogelhängen (l. c. 138) stimme ich jedoch mit H a s s i n g e r vollkommen überein.

Außer jener zwischen dem Kogel selbst und dem nordwärts gelegenen tieferen Süßwasserkalkvorkommen, welche ich annehmen möchte und jener nahe am Fuße, welche H a s s i n g e r in sein Profil aufgenommen hat, sind wohl noch mehrere andere anzunehmen. Die eine und andere Verwerfung mag sich auch an die Profillinien des Eichkogels, wie man sie von verschiedenen Stellen aus beobachten kann, ausdrücken. Eine solche dürfte oberhalb der Wasserleitung, nahe dem alten „Ziegelofen", annähernd parallel mit der zwischen dem Kogel und der nördlichen Vorhöhe anzunehmen sein, eine andere dürfte gleich oberhalb des Mödlinger Friedhofes markiert sein. Am Südhange findet man zwei Gefällsbrüche mit Steilen, eine unterhalb des Kogels, vielleicht W—O verlaufend und eine darunter aus SW—NO.

Daß solche Absitzungen notwendigerweise angenommen werden müssen, geht schon aus der Hochlage des schon erwähnten, in früherer Zeit (noch 1876) betriebenen Abbaues des Tegels am Nordhange hervor, von dem K a r r e r hervorhebt, daß er mit dem in den Guntramsdorfer Ziegelgruben in Abbau befindlichen übereinstimme und das von mir selbst vor vielen Jahren (Jahrb. 1870) besprochene, noch viel höher gelegene Tegelvorkommen am NW-Hange des Kogels, in der Senke zwischen dem Kogel und dem altbekannten herrlichen Terrassenplateau der Anninger Vorhöhe, über welche die Straße Mödling—Gumpoldskirchen hinüberführt. Die in den oben erwähnten Profilen gezeichnete Schräglagerung der Schichten ist nur eine angenommene, keine natürliche. Ja, die Tiefenlage des horizontal gelagerten Tegels der Mödling—Guntramsdorfer Ziegeleien dürfte durch Absenkungsvorgänge in viel größerem Ausmaße zu erklären sein, denn wie viel tiefer muß hier der Badener Tegel liegen, dessen Aufschlüsse bei Baden höher auftreten als die Kongerientegel bei Mödling—Guntramsdorf, ein Höhenunterschied, der immerhin allein schon bei 40 *m* betragen mag. Die Höhe im Planum der Ziegelei bei Guntramsdorf (Kongerienschichten) wird auf der Umgebungskarte von Wien (1:25.000) mit 195 *m*, jene in der Ziegelei nächst Baden (Badener Tegel) mit 237 *m* angegeben.

Solche Verwerfungen sind am Rande des Beckens ganz gewöhnliche Erscheinungen. F. K a r r e r (l. c. pag. 149) führt Th. F u c h s als Gewährsmann an, daß Reihen von Verwerfungen z. B. auch bei Vöslau die tertiären Schichten betroffen hätten und daß diese als stufenweise in die Tiefe gerückt anzunehmen seien. Das wird auch für die Hänge des Eichkogels gelten, der demnach eine Art „Horst" vorstellen dürfte.

Das Ausmaß der notwendigerweise anzunehmenden tektonischen
Störungen ist ein sehr beträchtliches, liegen doch die Kongerienstrand-
bildungen in dem Aufschlusse auf der Hauptterrasse [1]), hinter dem
Richardshofe (369 m), in 377—380 m Meereshöhe, die Sande am Fuße
des Eichkogels (366 m hoch) aber in zirka 200 m Höhe, was einen
Höhenunterschied von nicht weniger als 170 m ergeben würde.

Trägt man die Höhen in gleichem Verhältnisse zu den Längenmaßen in einem Profil auf — alle vorliegenden Profile sind stark
überhöht gezeichnet — und versinnlicht man sich nach der Strandhöhe
den Spiegel des pontischen Meeres, so ergäbe sich für das Vorkommen
von Guntramsdorf eine Meerestiefe von mehr als 170 m, eine Tiefe in
welcher Sandablagerungen von so großer Mächtigkeit hier kaum
mehr angenommen werden und schon gar nicht an eine Auskolkung
der Sande in der geschilderten Weise gedacht werden könnte. Dabei
muß freilich erwähnt werden, daß das Vorkommen hinter dem Richardshofe etwa 1500 m südlicher liegt als das Eichkogelprofil (von W—O).

Verbindet man es mit der Höhenlage der Kongeriensande am
Westhange des Eichkogels und verlängert man es gegen O bis zur
Sandgrube, so liegt diese noch immer zirka 100 m unter dieser Linie.
Die Zahlen 170 und 100 (m) geben das Maß der, wie mir scheinen
will, anzunehmenden Verwerfungen an, denn auch in 100 m Meerestiefe kann an die Herausmodellierung von Muldenräumen, wie sie in
den Ablagerungen in der Sandgrube angedeutet sind, unter Wasserbedeckung nicht leicht gedacht werden.

Wenn man aber meine Anschauung, für die Sande mit „Diagonal"- oder Muldenstruktur annehmbar finden sollte, so müßte
man auf Unterbrechungen der Dünenbildung schließen, aus dem Vorkommen der tonigen Sandschichten mit den vielen Fossilien, wobei
die schräge Stellung der einen dieser Schichten sogar auf eine Veränderung der Niveauverhältnisse des Untergrundes schließen lassen
könnte, außer der Veränderung des Wasserspiegels. Vielleicht ist auch
das Vorkommen nachher verkieselten Holzes auf eine solche Über-
flutungsphase zurückzuführen.

3.

Der einheitlich feinkörnige, tonfreie Sand mit feinen Glimmerschüppchen würde sicherlich am besten für die Annahme sprechen,
daß man es mit äolischen Sandablagerungen zu tun habe, die jedoch
nicht zu Barchanen oder bogendünenartigen Bildungen Veranlassung

---

[1]) Den Verlauf der großen Hauptterrasse am Hange des Anninger, an deren
Herausbildung auch das Kongerienmeer wenigstens mitgearbeitet hat, kann man
aus Südosten, etwa aus der Gegend von Sollenau ganz herrlich verfolgen, aus der
Gegend von Baden bis über Mödling hinaus, ein Bild, an dem ich mich vor Jahrzehnten
ergötzte. Vergleicht man die Höhenangaben der Karte (1:25.000), so erkennt man
schon daraus, daß sie sich im nördlichsten Teil wesentlich erniedrigt, im Mittel
um etwa 30 m. An der Einöd, am Pfaffstättner Kogel, muß sie um 380 m herum
liegen, welche Höhe sie auch noch unweit der Breiten Föhre besitzen dürfte, während
der höchste Rand des Kalender- oder Kirchberges nur mehr 350 m hoch liegt. Das
Frauensteingebiet erscheint wie eingesunken oder durch Abtrag erniedrigt. Nördlich
vom Kirchberg aber ist nichts mehr davon erhalten.

gegeben haben, sondern als das Resultat etwas schwächerer Wind-
strömungen aufgefaßt werden dürften, die sich wohl so weit gesteigert
haben könnten, daß zeitweilig Abblasungen eintreten und muldige Hohl-
kehlen, und zwar in großer Zahl ausgefegt werden konnten, die dann wieder
mit den Absätzen aus weniger stark bewegter Luft angefüllt wurden,
um dann abermals ab- und ausgeblasen zu werden, ein sich wieder-
holendes Spiel des Windes. Große Ähnlichkeit zeigen ab und zu
Schneewehen auf ebenem Sande, wie ich sie öfter z. B. auf den
Terrassenflächen oberhalb Mödling beobachten konnte. Aus N oder O
wehende Winde müßten wohl dabei angenommen werden.

Der Assistent meiner Lehrkanzel, Herr Roman G r e n g g, hat
auf meinen Wunsch hin den Sand einer mikroskopischen Untersuchung
unterzogen, indem er ihn in Kanadabalsam einbettete. Es ergab sich
dabei, daß die Körnchen durchweg, wie schon die Betrachtung unter
der Lupe ergeben hatte, scharfkantig sind. Neben ungezählten Quarzkörnchen fand sich auch ein winziges, schön aus Zwillingslamellen
zusammengesetztes Plagioklaskörnchen. Die Quarzkörnchen zeigten
nicht selten Flüssigkeitseinschlüsse. Ich glaube auch solche mit Libellen
gesehen zu haben. Die Durchmesser der Körnchen betragen im Mittel
0·25 mm, im Maximum aber 0·5 mm.

Die Scharfkantigkeit der Körner führt mich zu der Annahme, daß
sie nicht in größerem Maße dem Spiel der Wellen ausgesetzt waren,
sie hätten sonst einander abgescheuert.

Viel mehr Schwierigkeiten würde der Versuch zu überwinden
haben, die Strukturerscheinungen durch Ablagerungen im Wasser zu
erklären, schon darum, weil ausreichende Beobachtungen über die
Art der Sedimentation unter einer mäßig tiefen Wasserdecke, mir
wenigstens nicht bekannt geworden sind.

Welche Zweifel über die Tragfähigkeit des bewegten Wassers noch
im Jahre 1882 bestanden, läßt beispielsweise die interessante Abhandlung von M. K o v a t s c h über die Versandung von Venedig und ihre
Ursachen erkennen. Die Sandbank- und Lidobildung vor Venedig
würde ja ein gutes Vergleichsobjekt für die hier behandelte Sandbildung abgeben können, denn auch in unserem Falle müßten wir
wohl annehmen, daß die in die Wiener Bucht zur Zeit des Bestandes
des Kongerienmeeres einmündenden Bäche das Sandmaterial hinein-
getragen haben.

Die Sande von Guntramsdorf bestehen, wie gesagt, durchweg
aus feinen Quarzkörnchen und winzigen Glimmerschüppchen. Solches
Material könnten die damaligen Bäche nur aus der Wiener Sandsteinzone herausgebracht haben, dessen Quarz- und Glimmergehalt von
kristallinischen Gesteinen herstammend angesehen werden dürfen.

Man könnte auch an eine Sandbankbildung denken, nach Art
etwa der Bank von Cortellazzo vor den Lagunen von Venedig, bei
der man an die Bildung durch Küstenströme gedacht hat, oder an
Sandanhäufung durch die gegen die Ufer gerichteten Sturzwellen. —
Die Herkunft der Sandmaterialien, vor allem der Granitquarzkörner
ohne jede tonige Beimengung zu erklären, wird aber dieselben
Schwierigkeiten bieten, wie bei der Annahme, sie seien von Winden
herbeigetragen worden. Freilich könnte man dabei an ein Ausge-

waschenwerden der Sande, ein Weiterhinausgetragenwerden der schlammigen Teilchen denken.

Eine dritte Vorstellung ließe sich vielleicht an die von Felix Karrer für das erwähnte Vorkommen bei Stat. 115 und 116 (des Wasserleitungsbaues, l. c. pag. 252) anschließen, wo freilich Tegel- und Sandschichten durch Terrainbewegung so merkwürdig durcheinandergeschoben auftreten, daß man auch hier von einer schuppigen Verbindung sprechen könnte.

Meine Meinung bei der ersten Besichtigung der geschilderten Aufschlüsse war, man habe es dabei mit echten, nach Art der Dünenbildung abgelagerten Sandmassen zu tun. Diese Meinung wurde durch die Erwägung erschüttert, daß diese Sande in so tiefer Lage auftreten, unmittelbar über dem Tegel der nahen Ziegeleien, während doch der Strand in so viel größerer Höhe, hinter dem Richardshofe, auf der großen Terrasse, in wahrscheinlich unverrückter Höhenlage auf das schönste markiert erscheint. Erst als sich in mir die Überzeugung herausbildete, daß wir die Verhältnisse nur unter der Annahme begreiflich finden können, wenn wir uns die Vorstellung bilden, es seien beträchtliche Absenkungen von dem „Horst" des Eichkogels eingetreten und daß auch der Kongerientegel selbst als in die Tiefe gesunken angenommen werden müsse, rückte die erstgefaßte Meinung wieder in den Vordergrund, ganz besonders, als ich nach längerem Suchen die Briartsche Darstellung der Dünen in Flandern (1880) aufgefunden hatte.

Alph. Briart hat sich über die Diagonalschichtung (stratification entrecroisée) geäußert (Bull. Soc. géol. de Fr. VIII, 1880, pag. 586) und ein Bild aus der Gegend von Heys in den Dünen von Flandern gebracht, das einen sehr ähnlichen Charakter erkennen läßt, nur daß die Mulden weniger in die Länge gestreckt sind. Diese seien bezeichnend für die Dünensande, beziehungsweise für Absätze aus der Luft. Bei der sich entspinnenden Diskussion blieb die Ansicht Briarts nicht ohne Einwendungen. Besonders Gosselet und Douvillé sprachen sich dagegen aus, daß alle derartigen Schichtungen nur durch Windablagerungen entstanden sein müßten, oft könnten sich solche auch durch Sedimente aus dem Wasser erklären lassen, welche durch Strömungen beeinflußt werden. Douvillé hat in den Sanden von Orléans die stratification entrecroisée sehr schön beobachtet, deren fluviolakustrine Entstehung unbezweifelbar feststehe. (Es sind dies Zweifel, die auch bei dem vorliegenden Falle in mir auftauchten.) Das Vorkommen von Wirbeltierknochen allein würde in den Sanden von Orléans nicht ganz und gar unerklärlich sein, auch wenn sie in den diagonal geschichteten Bänken sich finden sollten. Vielleicht sind übrigens gerade diese Bänke frei von solchen Einschlüssen, dann könnten ja gerade diese auf äolische Dünensande zurückzuführen sein.

Wie bei so vielen großen und kleinen geologischen Fragen, die uns heute bewegen, stehen sich auch in dieser Ansichten ziemlich scharf gegenüber, die Einen verteidigen die äolische, Andere die „fluviolakustrine" oder fluviomarine Entstehungsursache. Erst vor kurzem erhielt ich von meinem verehrten Freunde, Geh. Bergrat Prof. Dr. Alfred Jentzsch, der, wie wenige, Gelegenheit hatte, Dünenbildungen zu beobachten, ein Schreiben als Antwort auf meine Anfrage: „In den Dünen habe ich sie" (die Diagonalschichtung) „vor zirka 18 Jahren nachgewiesen, als der Weichsel eine neue Mündung gegraben und zu diesem Zwecke die Wurzel der Frischen Nehrung durchstochen wurde ... Sie deutet — wo sie nicht in Dünenbildungen auftritt — durchweg auf flaches Wasser und wohl in den meisten Fällen auf Küstenströmungen im Meere oder $_{Binn}e_nse e_n$, könnte aber auch durch Hochfluten von Flüssen in ihren Überschwemmungsgebieten, sowie in den Sandbänken der Stromrinnen, erzeugt werden."

Schon die Erklärung der Herkunft des feinen Quarz- und Glimmermaterials bereitet im vorliegenden Falle Schwierigkeiten, trotz des Vorhandenseins der Wiener Sandsteine im Quellgebiet und der auch während der Kongerienzeit anzunehmenden Fluß- oder Bacheinmündungen. Die Reinheit des Materials, der Abgang von kalkigen und tonigen Beimengungen erweckt Zweifel, wenn auch anzunehmen wäre, daß gerade diese Bestandteile am meisten zerrieben in die Bucht von damals weiter hinausgetrieben, dort die Schlammabsätze des Tegels hätten entstehen lassen.

Wäre das Hinterland der Bucht ein granitisch-gneisiges, dann wäre die Sonderung in Quarz und Glimmer und Ton leicht begreiflich. So aber wird man auf ferner abgelegene kristallinische Gebiete gewiesen werden müssen. Das zunächst gelegene große kristalline Festland zur pontischen Zeit war das herzynische; angenommen, daß auch damals Nord- und Nordwestwinde herrschten, so war ein Hereingewehtwerden von kristallinischem Staub in die Bucht ganz wohl zu begreifen. Dieser mag dann auch durch Wellenschlag gegen die Ufersäume gedrängt worden sein, sich aber auch dem Tonschlamm beigemengt und die sandigen Tegel gebildet haben. — Und so drängt sich Frage an Frage. — Nordostwinde hätten solches Material aus den Preßburger und Hainburger Graniten, Südwinde aus den kristallinischen Bergen des Wechselgebietes herbeitragen können.

4.

Vielleicht ist es nicht unerwünscht, wenn ich die Vorstellungen über „Diagonalschichtung", soweit sie mir bekannt geworden sind, in Kürze aneinanderreihe.

Schon im Jahre 1841 hat Georg Forchhammer (Neues Jahrb. 1841, pag. 1—20) die Struktur der Dünen besprochen und seine Angaben finden sich in späteren Publikationen immer wieder. Mir ist besonders eine Stelle (pag. 7) von Interesse gewesen, welche von der Wirkung schwacher Winde handelt. Da „wird die Düne gefurcht und zeigt eine durchaus flachwellenförmige Oberfläche". Wird Flugsand in Seen oder überhaupt in Wasser geweht (wie er in Vensyssel beobachtete), so entstehen horizontale Sandoberflächen.

Der Altmeister K. F. Naumann hat in seinem großen, leider ein Torso gebliebenen Lehrbuche (1858 I, pag. 448 und 474) über die „diskordante Parallelstruktur" der Sandsteine abgehandelt, sie für eine Wasserwirkung erklärt und von der transversalen Schieferung wohl unterschieden.

Die gewählte Bezeichnung ist übrigens mißverständlich. Aber auch die von B r i a r t gewählte Bezeichnung „Stratification entre-croisée" ist nicht einwandfrei, ebensowenig als die jetzt gewöhnlich gebrauchte „Diagonalschichtung [1])". Vielleicht könnte man in unserem Falle von einer M u l d e n s c h i c h t u n g sprechen. Auch von „falscher Schichtung" wurde in solchen Fällen gesprochen, was sich vielleicht von J. P h i l l i p s „true and false cleavage" herschreibt. Das zutreffende Wort ist noch nicht gefunden.

In D a n a s Manual (II. Aufl., 1875, pag. 82, Fig. 61 f.) findet sich als Ebbe- und Flutstruktur eine recht ähnliche muldige Schichtung, welche er als „compound structur" bezeichnete. Auch die Bezeichnung „beach"-struktur hat er für ähnliche Bildungen angewendet. Also zusammengesetzte und Gestadestruktur. Der letztere Name wäre für unseren Fall gar nicht so übel anzuwenden, sei sie nun durch Wind allein oder durch Wellen hervorgerufen.

Der B r i a r t schen Arbeit (1880) wurde schon gedacht.

Johannes W a l t h e r hat (Verb. Berl. Ges. f. Erdk. XV., 1888, pag. 252) die Struktur der Wüstensande auf der Halbinsel Sinai recht genau geschildert und an einem Profil von 10 _m_ Höhe und 6 _m_ Länge beobachtet. „Diese Bänke keilen fast regelmäßig aus, . . alle Bänke sind durch die typischeste diskordante Parallelstruktur ausgezeichnet." Er kommt dabei zu dem Schlusse, daß zweifellos eine Flugsandablagerung vorliege und daß eine Entstehung am oder im Wasser ausgeschlossen sei. — Das „am Wasser" fällt bei unserem Falle freilich weg, denn das Wasser der Bucht des Kongerienmeeres war nahe genug, die beobachtete und zur Darstellung gebrachte Struktur der Sande entspricht aber auf das beste der W a l t h e r schen Beschreibung. Es ist recht schade, daß J. W a l t h e r diese Verhältnisse nicht bildlich hat festhalten können.

Vor einiger Zeit wurde die „Diagonalschichtung" von zwei deutschen Fachgenossen lebhafter erörtert. J. G. B o r n e m a n n hat in seiner Abhandlung „Über den Buntsandstein in Deutschland nebst Untersuchungen über Sand- und Sandsteinbildung im allgemeinen" (Jena, G. Fischer 1889) die Meinung vertreten, der Hauptbuntsandstein sei als eine äolische Bildung aufzufassen, entstanden in der Art der Dünenbildung. Die im Buntsandstein so häufig zu beobachtende „Diagonalstruktur" war für seine Auffassung eine Hauptstütze.

In B o r n e m a n n s Schrift wird die „Diagonalschichtung" wohl am ausführlichsten besprochen und werden alle die verschiedenen Deutungen getreulich berücksichtigt (l. c. pag. 10—15). Leider sind die Abbildungen recht spärlich.

---

[1]) Die Bezeichnung „Diagonalschichtung" ist auf L y e l l zurückzuführen, der von „Diagonal or cross stratification" spricht und diese Verhältnisse auch bildlich darstellt (nach B o r n e m a n n zum Beispiel im Manual, 5. Aufl., 1855, pag. 16). Er denkt dabei an die Wirkung von Strömungen und der Gezeiten („Tides and currents", in d. Elements 1871, pag. 17—22, Fig. 3, 6 u. 7). Schon in der I. Aufl. (1830—33, Deutsch von K. H a r t m a n n 1834, III. I. 131) finden sich auf Taf. IX, Fig. 4 bildliche Darstellungen von diagonal geschichteten Sanden an der Küste von Suffolk, die Lagen mit entgegengesetztem Verflächen zeigen. — Auf derselben Tafel findet sich (Fig. 7) schon eine erste Darstellung von Dünenprofilen mit steileren Leeabhängen.

Schon sein Referent (L e p p l a im Neuen Jb. 1891, I, pag. 292) sprach sich ablehnend dagegen aus, noch energischer aber W. F r a n t z e n in einer Abhandlung: „Untersuchungen über Diagonalstruktur" etc. (Jb. d. pr. geol. L.-A. f. 1892, XIII, pag. 138—176). Er wies darauf hin, daß der diluviale Werrasand an der Nordwestseite des Drachenberges bei Meiningen Diagonalstruktur in ausgezeichneter Weise zeige pag. 142 ff.) und erklärt die Erscheinungen an einem schönen Bilde (l. c. Taf. XI und XII). Es sind etwa 7 m mächtige Sande, die über groben Fluß-geröllen lagern, im Hangenden tritt zäher Ton auf, der zuoberst zu einem kompakten Sandstein verkittet ist. Einzelne Lagen sind stark tonig, hie und da kommen auch Tonnester vor. Die Streifung wird durch die verschiedene Korngröße hervorgerufen und ist regelmäßig flußabwärts gerichtet. Die Entstehung durch die Stoßkraft des Wassers wird ausführlich dargetan.

Daß auch marine Gesteine Diagonalstruktur aufweisen, wird in zwei wohlgelungenen Bildern am Wellenkalk gezeigt, bei welchen in einigen Schaumkalkbänken die Erscheinung sehr schön hervortritt (l. c. Taf. XIII und XVI), wenn auch, wie mir scheint, etwas anders, indem förmliche Knickungen, ja an einer Stelle (Taf. XIV) ein förmlicher Zickzackverlauf hervortritt, so daß man an Transversalschieferung in sehr komplizierter Ausbildung erinnert werden könnte.

In seinem Buche „Die Denudation in der Wüste" (Leipzig 1891, Abh. d. phys. Kl. d. Sächs. Ges. d. Wiss. XVI) hat J. W a l t h e r Ent-stehung, Form, und Bau der Dünen erörtert; die bildlichen Darstellungen über die Schichtung (pag. 173) gehen jedoch immer von Bogen- und Wander-Dünen aus und nur in Fig. 92 findet man einige Analogie mit der Struktur in der Sandgrube heraus, durchaus aber nicht den ein-heitlich schuppenartigen Bau.

Zwei hübsche Bilder nach photographischen Aufnahmen finden sich in Alex. A g a s s i z' Arbeit über die Bahamainseln (Bull. Mus. Comp. Zool. XXVI, 1., 1894, Taf. XV), wo er „Aeolian Rocks" von der Insel Nassau zur Anschauung bringt, und in seiner Mitteilung über die Bermudas (ebend. XXVI, 2, 1895, Taf. XVI), wo er Diagonalschichtung in älterem Dünenmaterial antraf, das dort sehr verbreitet ist, vielfach aus feinem Korallensand bestehend.

N. A. S o k o l ó w (Die Dünen, Berlin 1894, pag. 127) führt die charakteristische Schichtung „auf eine Wechsellagerung des Sandes ver-schiedener Korngröße" zurück, was im vorliegenden Falle nicht zutrifft. Der Wechsel der Windstärke spielt nach S o k o l ó w dabei eine große Rolle (pag. 130). Schwächere Winde schütten Furchen, die ein stärkerer ausgeblasen hat, mit feinem Sande wieder zu. Leider bringt S o k o l ó w keine vergleichbaren Abbildungen.

In N e u m a y r - U h l i g s Erdgeschichte (1895, I, pag. 594—595) heißt es von der „Diagonalschichtung", sie könne „wohl nur erklärt werden, wenn man Sandstein mit solcher Schichtung aus Sanddünen an der Küste entstanden denkt".

In dem großen, inhaltreichen Handbuche des deutschen Dünen-baues (Paul G e r h a r d t, Berlin 1900) finden sich keine Strukturbilder, welche Vergleichungen erlauben ließen. Dasselbe gilt von dem schönen Buche Johannes W a l t h e r s (Das Gesetz der Wüstenbildung, Berlin 1900).

Stanislaus M e u n i e r gibt in seiner Géologie générale (Paris 1903) auf pag. 264 (Fig. 7—12) verschiedene Fälle von „Diagonalschichtung" an als „Diluvium amygdaloïde", die jedoch ganz andere Verhältnisse zur Darstellung bringen, und erklären sollen, wie durch Erosion neue Oberflächen für spätere Ablagerungen geschaffen werden.

F. R i n n e zeigt „Schrägschichtung" in diluvialen Ablagerungen von Oker am Harz (Praktische Gesteinskunde. Hannover 1905, pag. 13, 14 mit Fig. 15). Diagonalschichtung komme zustande, „wenn Schuttkegel, Sandbänke oder Dünen von flach geneigten oder horizontalen Schichten überlagert werden".

Das schöne Bild des Sandmeeres von Beni-Abbés in der Sahara von Oran, welches E. H a u g in seinem Lehrbuche der Geologie, Paris 1907, Taf. XLIX, gegeben hat und jenes in dem Probehefte des Atlas photographique (Genf 1911, Taf. 7, Kap. VII B Sahara algérien), welches die große Düne von Taghit darstellt, geben treffliche Vorstellungen von der Oberflächenform. Wahrlich der Vergleich mit erstarrten Meereswellen liegt nahe, und auch die Bildung von Mulden zwischen den Kämmen der Sandwellen, eine Häufung von kleinen Bogendünen (Barchanen), läßt von der Entstehung der mit Sandlagen erfüllten Mulden im vorliegenden Falle eine ganz gute Vorstellung gewinnen.

E. K a y s e r hat in seinem Lehrbuche „der allgemeinen Geologie" (Stuttgart 1909, 3. Aufl. pag. 248) drei Bilder der Dünenstruktur aus der „Gegend von Ostende" gebracht, von welchen das erste und dritte recht sehr an die Strukturverhältnisse, wie sie in der Sandgrube herrschen, erinnern. E. K a y s e r sagt: „Die innere Struktur der Dünen wird ganz von der Diagonal- und Kreuzschichtung beherrscht."

R. S o k o l hat in den Schriften der K. tschech. Akad. (Prag 1909, XVIII, Nr. 15) Mitteilungen gemacht über Sandablagerungen bei Nimburg in Böhmen, welche er als Dünen bezeichnet. Die gegebenen Abbildungen lassen von Strukturerscheinungen jedoch nichts erkennen. (Tschechisch.)

W. C. M e n d e n h a l l hat in seiner Schrift über die Indio-Region in Kalifornien (Water-Supply Paper 225. Washington 1909, Taf. VIII) ein sehr interessantes Bild nach photographischen Aufnahmen gebracht. Die betreffenden Sandwehen zeigen an ihrer Oberfläche eine Ripple maches-Runzelung ganz so, wie man dies öfters bei Schneewehen beobachten kann.

In dem S o l g e r schen Dünenbuche (Stuttgart 1910) suchte ich vergebens nach Vergleichungsbildern.

Herr Kollege Dr. Johannes W a l t h e r war so freundlich, mich auf die Abhandlung von H. J. L l e w e l l y n B e a d n e l l (the Geographical Journal XXXV. 1910, S. 379—391) über die Sand-Dünen der Libyschen Wüste aufmerksam zu machen, wo auf einer der hübschen photographischen Aufnahmen (Fig. 17) Schichtung des Sandes deutlich erkennbar wird, ähnlich jener im südlichen Teiles des von mir gegebenen Bildes.

N. T u t k o w s k i hat soeben eine Schrift über die Gegend von Shitomir in Wolhynien herausgegeben (Shitomir 1911 [russ.]), welcher viele Tafeln beigegeben sind. Leider sind die photographischen Auf-

nahmen zum größten Teil unscharf. Herr T u t k o w s k i̇ war so freundlich, mir brieflich mitzuteilen, daß sich Diagonalstruktur im Owrutscher
Sandstein sehr oft finde, welche er „als Merkmale von Dünenschichtung
dieses alten Wüstensandsteines betrachte".

5.

Der Umstand, daß auf der „Abrasionsfläche" der großen Sandgrube alle Fossilien auf einer und derselben Lage unter Umständen
gefunden wurden, die an ein gleichzeitiges Leben der betreffenden
Tiere denken lassen, veranlaßt mich, etwas näher auf die Melanopsiden
dieser einheitlichen Lagerstätte einzugehen. Vorherrschend sind die
stumpfen Formen, welche wir nach Th. F u c h s (Jahrb. d. k. k. geol.
R.-A. 1870, pag. 139) als *Melanopsis vindobonensis* zu bezeichnen
pflegen. Es wurden von dieser Formengruppe 132 Stücke gesammelt.
Weniger häufig, aber zahlreich genug, finden sich Stücke die als
Melanopsis Martiniana zu bezeichnen wären. Mir liegen aus derselben
Schichte 35 Stücke vor, die wie die ersteren als polymorph zu be-
zeichnen sind. Von *Congeria subglobosa* wurden fünf gut erhaltene
Klappen in typischer Erhaltung gesammelt, neben zehn Stücken, von
denen beim Herausnehmen nur der Wirbel und die daranstoßenden
Seitenpartien erhalten blieben.

Von *Congeria spathulata* liegen 13 Einzelklappen in sehr verschiedenen Größen vor. Ein vollständiges Exemplar von nur 23 *mm*
Länge, eine Klappe von 32 *mm* und andere größere, bis zu 80 *mm* Länge
und 41 *mm* Breite. Auch 13 Klappen (rechte und linke) von *Unio cf.
atavus Partsch* liegen mir vor. Von *Melanopsis Bouéi* aber nur drei,
von *Melanopsis pygmaea* ein Stück, neben einem vollkommen glatten
dünnschaligen Individuum derselben Gattung.

In der Zusammenstellung der Formen von *Melanopsis* auf meiner
zweiten Tafel, die auf der „Abrasionsfläche" gesammelt worden sind,
befinden sich solche, welche nach den verkürzten, in den ersten spitz-
zapfenartig aufragenden Umgängen als zu *Melanopsis vindobonensis
Th. Fuchs* gehörig aufzufassen sind, wenngleich kein einziges der
vorkommenden Stücke mit dem von Th. F u c h s (Jahrb. 1870, Fig. 5,
pag. 139) als Typus hingestellten Individuum von Brunn a. Geb. übereinstimmt (Taf. XLIX, Fig. 7 *a, b* bei Moriz H ö r n e s). Alle meine Stücke
sind etwas schmäler gebaut und besonders die drei ersten Stücke
(Fig. 1, 2, 3) sind gegen den Ausguß verjüngt, was übrigens auch bei
den meisten erwachsenen Exemplaren der Fall ist. Die übrigen Stücke
zeigen immerhin merkliche Verschiedenheiten in bezug auf die Oberflächenbeschaffenheit, die wulstartige Aufblähung und Furchenbildung
oberhalb des wieder sehr verschieden starken Kieles, der teils glatt
(Fig 7, 8), teils knotig entwickelt ist (Fig. 4, 6, 9).

In Fig. 11 ist ein ganz extrem ausgebildetes Stück dargestellt,
das vereinzelt vorliegt und leider am Mundrande beschädigt ist.

Die in den Figuren 13—16 dargestellten Stücke sind auffallend
in die Länge gezogen, so daß sie etwas an die Form der *Melanopsis
impressa Partsch* erinnern könnten, wenn nicht die wie aufgeblasen
erscheinende Ausbildung des vorletzten Umganges (bei Fig. 15, 16)

an das Verhalten bei *Melanopsis Martiniana* erinnern würde, ein Verhalten, welches ganz von jenem der *Melanopsis impressa* abweicht. Die walzlichen Formen (Fig. 17 und 18) sind wieder recht absonderlich, durch die weit vorgezogenen ersten Umgänge und die sehr flache Spiralfurche. Die Hinaufrückung derselben und des wenig entwickelten Kieles lassen sie als an die *Melanopsis Martiniana*-Formen anschließend betrachten. An meiner Fundstelle walten die Formen mit tief eingeschnürten Furchen weitaus vor (Fig. 19—21; 24 u. 25), während flachfurchige Stücke (Fig. 22 u. 23) viel seltener auftreten. Der Normaltypus von *Melanopsis Martiniana* (M. Hörnes, Taf. XLIX, Fig. 2 und Th. Fuchs l. c. 1870) hat sich in meiner Aufsammlung nicht vorgefunden.

Ob wir es bei den Formen Fig. 13—16, 17 und 18 und 22, 23 mit Gliedern von Reihen zu tun haben, bleibe dahingestellt, ein Anhänger der Reihenentwicklung könnte dieser Meinung sein.

Die auffallend kräftigen Knoten des Gehäuses (z. B. bei Fig. 11) sind wohl etwas rätselhaft, wenn nicht doch Melchior Neumayrs erste Meinung richtig sein sollte, daß die Verdickung der Schale einen für das Tier ganz gleichgiltigen Charakter darstelle (Abhandl. d. k. k. geol. R.-A. VII, 1875, pag. 102). Der Wellenschlag hat dabei sicherlich keine sonderliche Rolle gespielt, sonst wären nicht so zahlreiche dünnschalige Individuen, zum Beispiel die Schalen der jungen Exemplare von *Congeria spathulata*, so unbeschädigt erhalten geblieben. (Man vergl. Neumayr 1889, Die Stämme des Tierreiches, pag. 129).

Theodor Fuchs hat (Jahrb. d. k. k. geol. R.-A. XX, 1870, pag. 139) die Melanopsiden der pontischen Stufe, welche M. Hörnes als *Melanopsis Martiniana Fér.* zusammengefaßt hatte, in Arten geschieden, indem er die gedrungenen als *Melanopsis vindobonensis* abtrennte. Die *Melanopsis Martiniana* komme hauptsächlich mit *Congeria Partschi var. triangularis*, *Melanopsis vindobonensis* aber mit *Congeria subglobosa* und *spathulata* vor. Von den kurzen kugeligen *Vindobonensis*-Formen wird angeführt, daß sie ungemein gleichartig seien, so daß sich unter den vielen hundert Stücken von Brunn und Rothneusiedel „auch nicht ein einziges Stück befindet, durch welches ein Übergang zu der langen Form angebahnt werden würde". Zwischen der *Melanopsis Martiniana* und *Melanopsis impressa* aber seien Übergänge außerordentlich häufig.

Theodor Fuchs hat bald darauf (Verhandl. d. k. k. zool.-botan. Ges., Wien 1872, man vergl. Verbandl. d. k. k. geol. R.-A. 1872, pag. 175) die vielgestaltige *Melanopsis Martiniana (Fér.) M. Hoernes* als Bastardform zwischen seiner *Melanopsis vindobonensis* und *Melanopsis impressa Krauss* erklärt als ein Beispiel von chaotischem Polymorphismus. *Melanopsis Martiniana* halte im allgemeinen die Mitte zwischen diesen beiden Formen, die eine Form gehe in die andere über, zeigt niemals feste Charaktere und neige außerordentlich zur Bildung von Monstrositäten. Auch der Umstand, daß die *Melanopsis Martiniana* eine größere und kräftigere Form sei als die angenommenen Stammformen, könne als eine Bastardbildungen nicht selten zukommende Eigenschaft angeführt werden.

Diese Auseinandersetzungen zeigen übrigens, wie wenig geeignet eigentlich gerade die Melanopsiden sind, um darauf Altersstufen zu gründen. Ein Zweifel, den ich übrigens schon bei einer anderen Gelegenheit angedeutet habe, damals, als ich (Verhandl. d. k. k. geol. R.-A. 1885, pag. 246 ff.) den schönen Aufschluß in den Kongerienschichten bei Entwässerung der Sulzlacke bei Margarethen in Ungarn zufällig und glücklicherweise zur rechten Zeit zu beobachten Gelegenheit hatte, wo die *Melanopsis vindobonensis* in den feinen wasserführenden Sanden in dem bis 10 *m* tiefen Abzugskanal auftritt, aber auch in der Mitte und ganz oben, während *Melanopsis Martiniana* nur in einer Schicht gröberen Sandes in großer Häufigkeit vorkommt. Die feinen Sande sind meist tonig-lehmig, werden aber lagenweise bis zu 2 *m* mächtig. Der Wechsel der Ablagerung und ihre Schichtung kennzeichnet das Ganze als sicher unter Wasser zur Ablagerung gekommen. — In einer späteren Abhandlung (Jahrb. 1875, XXV. Bd., pag. 21) hat F u c h s eine Gliederung der Kongerienschichten des Wiener Beckens auf Grund der Vergesellschaftung von Kongerien und Melanopsiden in drei Abteilungen vorgenommen, deren mittlere neben *Congeria Partschi* durch die *Melanopsis Martiniana* charakterisiert wird, die „in allen Formabänderungen" vorkommt als ein „polymorphes Conchyl". Untergeordnet komme freilich auch die *Melanopsis vindobonensis* und die *Congeria subglobosa* der oberen Abteilung vor. Die *Melanopsis impressa* dagegen kennzeichne neben *Congeria triangularis* die tiefsten Schichten. Sie kommen aber auch in der „Grenzschichte" gegen die sarmatische Stufe neben sarmatischen Bivalven vor. R. H ö r n e s hat die Th. F u c h s sche Einteilung nach den Melanopsiden und Kongerien 1903 (Bau und Bild pag. 981) festgehalten.

Was *Unio atavus* anbelangt, so hat D. S t u r angeführt, daß er auch an der Basis der „Moosbrunner Schichten" über dem Inzersdorfer Tegel vorkomme.

M. N e u m a y r und K. M. P a u l haben in ihrer Arbeit über die Kongerien- und Paludinenschichten Slawoniens (Abhandl. d. k. k. geol. R.-A., VII. Bd., 1875 [1874]) bezweifelt, daß die drei genannten Formen durch Bastardierung hervorgegangen seien und nehmen an, daß sie wirklich Reihen bilden. — F u c h s hat seine Auffassung verteidigt (Verhandl. d. k. k. geol. R.-A. 1876, pag 29) und zur Stütze angeführt, daß die *Melanopsis vindobonensis* bereits unmittelbar beim Beginn der Kongerien-Epoche, neben der damals herrschenden *Melanopsis impressa* vorhanden war und daher gewiß nicht erst nach und nach durch Vermittlung der *Melanopsis Martiniana* aus derselben gezüchtet worden sei.

Wenn man bei A. B r o t (Melaniaceen 1874, pag. 433, Taf. XLVII, Fig. 1—9) die Abbildungen der *Melanopsis Dufourii Fér.* (lebend in Spanien, Algier, Marokko, Toskana) durchsieht, so muß man überrascht sein über die hochgradige Variabilität dieser Form. Fig. 4 erinnert lebhaft an die *Melanopsis impressa*, Fig. 6 nicht weniger auffallend an die typische *Melanopsis Martiniana*, nur daß es kleinere Individuen sind.

Das Zusammenvorkommen von so verschiedenen Formen von *Melanopsis* auf einer und derselben Fläche schien mir eine Erinnerung an die auf *Melanopsis* bezüglichen Anschauungen anzuregen. Wenn dadurch auch keine Erledigung der über diesen „Polymorphismus" bestehenden Zweifel gefunden werden kann, so könnte dieses Beispiel vielleicht wohl geeignet sein, weitere Erklärungsversuche anzuregen.

Das Nebeneinander so verschiedener Formen läßt sich auf Verschiedenartigkeit der Lebensbedingungen nicht zurückführen, denn alle lebten unter denselben Verhältnissen. Bei den an *Melanopsis impressa* erinnernden, auffallend schlanken Formen könnte man etwa an Rückschlag (Atavismus) denken, doch sind gerade diese schlankest entwickelten Gehäuse in den Einzelheiten wieder von nicht unbeträchtlicher Variabilität.

Trotz des Vorkommens von so vielen Exemplaren, die sicher zu *Melanopsis Martiniana* gehören und anderseits einiger Formen, die an die *Melanopsis impressa* erinnern, sowie von Formen, welche sich neben den anderen recht absonderlich ausnehmen (Fig. 11, 17 u. 18), im Zusammenhange mit dem häufigen Vorkommen von *Congeria subglobosa* und *spathulata* und mit *Unio cf. atavus* wird doch kaum ein Zweifel darüber aufkommen können, daß wir es in den Sanden der Guntramsdorfer Sandgrube mit sehr jungen Ablagerungen der Kongerienstufe des Wiener Beckens zu tun haben.

Beiträge zur Oberflächengeologie des Krakauer Gebietes.

Von W. Ritter v. Łoziński.

Mit 2 Tafeln (Nr. IV—V) und 2 Abbildungen im Text.

Nachdem ich die Verbreitung der nordischen Glazialspuren in den westgalizischen Randkarpathen zwischen dem San und der Raba untersucht habe, wo das diluviale Inlandeis bis an den Gebirgsrand ungehinderten Zutritt fand, tauchte das Problem auf, wie gegenüber der nordischen Eisinvasion das Plateau des Krakauer Gebietes sich verhielt, das dem Karpathenrande vorgelagert ist und bis zur Höhe von über 400 *m* sich erhebt. Den Karpathenrand, welcher im Schatten des Krakauer Gebietes sich erstreckt und von demselben durch die Weichselfurche getrennt ist, hat das Inlandeis noch erreicht und drang mit Zungen in die Talausgänge hinein. Erratische Blöcke hat Tietze weit im Tal der Skawinka verzeichnet[1]) und neuerdings konnte ich im Talausgange der Skawa oberhalb von Zator nordisches Material feststellen. Es fragt sich aber, in welcher Weise das nordische Inlandeis das Krakauer Gebiet überschritt. Angesichts der geringen Eismächtigkeit am westgalizischen Karpathenrande war im vornherein zu erwarten, daß das Krakauer Gebiet vom Inlandeis nicht vollständig bedeckt wurde und es soll im weiteren eine annähernde Abgrenzung des eisfrei gebliebenen Bodens versucht werden. Die Untersuchung des nordischen Diluviums in einem Randgebiet ist ihrerseits auf das innigste mit der Morphologie verknüpft, da sowohl die Wege der Eismassen wie die eisfreien Erhebungen vom präglazialen Relief vorgezeichnet wurden. So möchte ich zunächst einige Bemerkungen über die Oberflächengestaltung des Gebietes vorausschicken, insbesondere über die alte Talmulde, die bei der Ausbreitung des nordischen Inlandeises auch in Betracht kommt.

1. Die „alte Talmulde".

Als die alte Talmulde bezeichne ich die geräumige Terrainfurche, die von Chrzanow in östlicher Richtung über Krzeszowice und weiter dem Rudawalauf entlang bis zur Weichsel sich erstreckt. Diese

---

[1]) Tietze, Geolog. Karte der Gegend von Krakau (Blatt III). Jahrb. d. k. k. geol. R.-A. Bd. 37, 1887.

Jahrbuch d. k. k. geol. Reichsanstalt, 1912, 62. Band, 1. Heft. (R. v. Łoziński)

Talmulde bildet den hervortretendsten Zug im plateauartig eingeeb-
neten Relief des Krakauer Gebietes und hat eine lange Entwicklungsgeschichte hinter sich. Zuletzt durch die Erosion ausgestaltet, ging
die alte Talmulde ursprünglich aus einer grabenartigen Senkung hervor, deren Ränder teils durch Brüche, teils durch Flexuren begrenzt
werden. Während aber die tektonische Anlage der alten Talmulde
von Tietze[1]) und Zareczny[2]) hinlänglich dargetan wurde, ist die
chronologische Fixierung ihrer Entwicklungsgeschichte noch offen.

Der Einbruch der alten Talmulde und ihre darauffolgende
Ausgestaltung durch die Erosion, welch Vorgänge höchstwahrscheinlich
etappenweise sich abspielten, fallen in die Zeit nach der Entstehung
der Verebnungsfläche des Krakauer Gebietes. In dieser Beziehung
zeigt unsere alte Talmulde eine auffallende Ähnlichkeit mit der
„Goldenen Aue" am Südrande des Harzes. Wie die letztere den
Kyffhäuser vom Rumpfe des Harzes trennt, so wird in derselben
Weise durch die alte Talmulde das südlichste, an das breite Weich-
seltal angrenzende Stück des Krakauer Gebietes von der sudetischen
Masse abgeschnitten. Wie es Tietze (a. a. O. pag. 177) aus den
Lagerungsverhältnissen des Miocäns erkannt hat, war das heutige
Relief des Krakauer Gebietes zur Miocänzeit im allgemeinen schon
vorhanden. Wenn aber die Oberkreide westlich von Krakau buchten-
weise längs der Rudawa in die alte Talmulde eindringt, so weckt
dieses den Gedanken, es könnte die Senkung der alten Talmulde
bereits vor der oberkretazischen Transgression angedeutet gewesen
sein. Es ist kaum möglich anzunehmen, daß die Ablagerungen der
Oberkreide ehedem auch über die ganze Plateaufläche des Krakauer
Gebietes sich erstreckten und nachher von der letzteren restlos abgetragen wurden, insbesondere im Bereiche des klüftigen und zu
Hohlformen neigenden Jurakalkes, auf dessen Oberfläche immerhin
spärliche Reste von Kreideablagerungen sich erhalten würden. Vielmehr möchte ich mit Tietze (a. a. O. pag. 400) glauben, daß die
Transgression der Oberkreide nur die tieferen Teile des Krakauer
Gebietes, darunter die schon damals vorgezeichnete alte Talmulde
ausfüllte, während die Plateaufläche zum guten Teil vom Meere nicht
bedeckt war. So haben wir in dem schmalen Graben unserer alten
Talmulde ein stark verkleinertes Gegenstück zu der ausgedehnten
Kreidebucht, die von Osten längs der Nida in das sudetische Gebiet
von Russisch-Polen hinein sich erstreckt und ihrerseits vom Polnischen
Mittelgebirge begrenzt wird, das zur Zeit der oberkretazischen Transgression ebenfalls als eine große Insel aus der Meeresbedeckung em-
porragte. Wenn wir von der alten Talmulde im Krakauer Gebiete
annehmen, daß die Senkung nicht allein nach der Kreidezeit erfolgte,
sondern bereits vor der Transgression angelegt wurde, so scheint ein
solches im ganzen sudetischen Gebiete die Regel zu sein. Die Untersuchungen von Petrascheck haben ergeben, daß die von der Kreide
ausgefüllten Senkungen in den Mittelsudeten schon längst vor der

---

[1]) Tietze, Die geognost. Verhältn. der Gegend von Krakau. Sonderabruck
a. d. Jahrb. d. k. k. geol. R.-A. Bd. 37, 1887, pag. 128—129, 133.

[2]) Atlas geolog. Galicyi. Lief. 3. Erläut. pag. 254.

Ablagerung der Kreide vorgebildet wurden [1]). Eine präcenomane Anlage ist von Scupin für die Krustenbewegungen nachgewiesen worden, die das Eindringen des sudetischen Kreidemeeres bestimmten [2]). Wie ferner das morphologische Studium der jungen Hebungen in den die böhmische Masse umrandenden Kreidegebieten zeigt, „haben sich stets die alten lokalen Senkungstendenzen mehr oder weniger immer wieder zur Geltung gebracht" [3]).

War die alte Talmulde höchstwahrscheinlich schon vor der Ablagerung der Oberkreide angedeutet, so erfolgte ihre Einsenkung hauptsächlich zur älteren Tertiärzeit. Ein Arm oder besser gesagt ein Kanal des Miocänmeeres fand einen schmalen, tiefen Graben vor und füllte ihn mit seinen Absätzen soweit aus, daß eine Bohrung im heutigen Boden der alten Talmulde bei Wola Filipowska in 130 m Tiefe das Miocän nicht durchteuft hat [4]). Nachdem Bohrungen in der parallel verlaufenden Weichselfurche das Liegende des Miocäns erst viel tiefer, in Przeciszow (bei Oswiecim) sogar in der Tiefe von rund 400 m [5]) erreicht haben, ist auch in der alten Talmulde eine bedeutende Mächtigkeit des ausfüllenden Miocäns vorauszusetzen. Es muß das hereingreifende Miocänmeer einen schmalen Graben vorgefunden haben, dessen damaliger Boden etwa 300—400 m unter der allgemeinen Plateaufläche lag. Bedenkt man des weiteren, daß im karbonen Untergrunde des Miocäns in Oberschlesien noch viel tiefere „Canyons" durch Bohrungen erschlossen wurden, die „teils tektonischen, teils erosiven Ursprunges" sein sollen [6]), so erhält man erst das richtige Bild von der bewegten Zeit zwischen dem Rückzug des Kreidemeeres und der miocänen Transgression. Während dieses Zeitabschnittes haben nicht nur Grabenversenkungen stattgefunden, sondern es müssen einzelne Schollen ebensogut Hebungen erfahren haben, wodurch die Erosion zur Mitwirkung an der Austiefung der Grabenversenkungen angeregt wurde.

Der Anteil der tektonischen Vorgänge und der Erosion an der Ausgestaltung der alten Talmulde in vormiocäner Zeit läßt sich nicht auseinanderhalten. Zunächst ist es nicht möglich, das Alter des flachen, breit ausgespannten Hochbodens festzustellen, welcher zu beiden Seiten der alten Talmulde sich in westöstlicher Richtung hinzieht. Im Westen beträgt die Höhe dieses Hochbodens 370—390 m und senkt sich gegen Osten langsam auf 360—370 m. Im Norden

---

[1]) Petrascheck, Das Bruchgebiet der Mittelsudeten. Zeitschr. d. Deutsch. geolog. Ges. Bd. 56, 1904. Briefl. Mitt. pag. 221—222. — Derselbe, Über den Untergrund der Kreide in Nordböhmen. Jahrb. d. k. k. geol. R.-A. Bd. 60, 1910, pag. 196—198.

[2]) Scupin, Über sudetische, prätertiäre junge Krustenbewegungen usw. Zeitschr. f. Naturwissenschaften (Halle a. d. S.), Bd. 82, 1910, pag. 321 ff.

[3]) v. Staff-Rassmuss, Zur Morphogenie der Sächs. Schweiz. Geolog. Rundschau. Bd. 2, 1911, pag. 380.

[4]) Tietze, a. a. O. pag. 102.

[5]) Nach Michael (Zeitschr. d. Deutsch. geolog. Ges. Bd. 57, 1905. Monatsber. pag. 226).

[6]) Frech, Allgem. Übersicht von Oberschlesien. Ebda. Bd. 56, 1904. Monatsber. pag. 237.

wird der Hochboden von den höchsten Erhebungen (bis 481 m) des
Krakauer Gebietes überragt, im Süden dagegen verschmilzt er mit
der Plateaufläche, aus der die Reste der äußerst flachen, ehedem die
alte Talmulde von der Weichselfurche trennenden Wasserscheide kaum
bis 403 und 406 m aufsteigen. Wir haben vorläufig keinen Anhaltspunkt zur Bestimmung, in welchem Zeitabschnitte die Ausbildung
dieses Hochbodens erfolgte und inwieweit überhaupt die Plateaufläche
des Krakauer Gebietes mit der präoligocänen Landoberfläche der
deutschen Mittelgebirge zeitlich zusammenfallen kann. Jedenfalls aber
stellt der erwähnte Hochboden das früheste Entwicklungsstadium der
alten Talmulde dar und beweist, daß letztere bereits in ihrer ursprünglichen Anlage von einem stärkeren Wasserstrom durchmessen
wurde. In der älteren Tertiärzeit fand die eigentliche Vertiefung der
alten Talmulde infolge tektonischer Einbrüche und durch die Mitwirkung der Erosion statt, wobei Fragmente von Gehängestufen unterhalb des Hochbodens darauf hinweisen, daß die genannten Vorgänge
etappenweise zur Geltung kamen.

Seitdem das Miocänmeer die alte Talmulde in bedeutender
Mächtigkeit mit seinen Absätzen ausgefüllt hat und zurücktrat, hörte
der Einfluß von tektonischen Senkungen vollständig auf. Nach dem
Rückzug des Miocänmeeres, somit höchstwahrscheinlich am Anfange
der Pliocänzeit, war die alte Talmulde wieder von einem Wasserlauf
in westöstlicher Richtung durchmessen, wie es durch den kontinuierlichen Verlauf der Terrasse auf dem Boden der alten Talmulde bewiesen wird (vergl. die Karte auf pag. 77). Die Höhe dieser Terrasse
beträgt im Westen 300 — 320 m, im Osten 280—290 m, wobei ihre
Oberfläche durch verschiedene geologische Horizonte glatt verläuft.
Bei Chrzanow finden wir Triasablagerungen im Niveau derselben
Terrasse, die weiter ostwärts, auf dem Boden der alten Talmulde
aus miocänem Sockel mit wenig mächtiger Diluvialdecke besteht.
Selbstverständlich mußte im schmalen Graben der alten Talmulde,
die hauptsächlich in sehr widerstandsfähigem Jurakalk (Felsenkalk)
eingesenkt ist, die ausweitende Erosion vornehmlich im ausfüllenden
Miocän sich bewegen, so daß nur lokal die Terrasse auch im Jurakalk
eingemeißelt ist, wie SO von Krzeszowice (Taf. IV, Fig. 1). Erst
weiter östlich, nach dem Verlassen der grabenartigen Einsenkung
breitet sich das Niveau im Jurakalk, beziehungsweise in den aufgelagerten Kreidefetzen bis an die Weichsel aus.

Schon der Umstand, daß das Niveau der soeben besprochenen
Terrasse sich von Westen nach Osten allmählich senkt, weist ohne
Zweifel darauf hin, daß die alte Talmulde in dem Zeitabschnitt,
welcher unmittelbar auf den Rücktritt des Miocänmeeres folgte, von
einem größeren, durchgehenden Wasserlauf in westöstlicher Richtung
durchflossen war. Damit hängt die Asymmetrie zusammen, welche die
kleinen Seitentäler der alten Talmulde dadurch aufweisen, daß in
ihren Ausgängen die östlichen Gehänge steil und zum Teil felsig sind.
Am deutlichsten kann man diese merkwürdige Erscheinung längs dem
Plateauabfall verfolgen, welcher den Nordrand der alten Talmulde
und zugleich der Terrasse auf ihrem Boden bildet. In den Austritten
der kleinen Seitentäler von Karniowice (O von Trzebinia), Filipowice,

Czerna (N von Krzeszowice), Dubie u. a. finden wir mit auffallender
Gesetzmäßigkeit, daß auf der östlichen Seite die Gehänge viel steiler
sind und oft von schroffen, malerischen Jurakalkfelsen gebildet
werden. Diese Asymmetrie ist offenbar dadurch entstanden, daß jener
Wasserlauf, welcher ehedem die alte Talmulde in westöstlicher
Richtung durchströmte, die Mündungen seiner kleinen Zuflüsse —
wie es überall die Regel ist — nach abwärts, also in diesem Fall
nach Osten drängte und durch allmähliche Verschiebung zum Unter-
waschen der östlichen Gehänge zwang.

Wenn wir nun nach dem Wasserstrom fragen, welcher seinerzeit
die alte Talmulde von Westen nach Osten durchfloß, so kann es nur
der Unterlauf der Przemsza gewesen sein, die somit zu jener Zeit
an Stelle der heutigen Rudawa die Weichsel erst bei Krakau erreichte.
Daß die Weichsel schon damals den gegenwärtigen Lauf hatte, beweist ein alter Talboden, den wir in derselben Meereshöhe, wie die
Terrasse auf dem Boden der alten Talmulde, am Südabfall des
Krakauer Plateaus längs der Weichselfurche verfolgen können. Im
westlichen Teil tritt dieser alte Talboden an der Weichselfurche
als eine schmale, aber deutliche Gehängestufe hervor [1]), unterhalb
welcher die aus mürbem Permkonglomerat bestehenden Gehänge von
einer Unzahl von jungen, wilden Schluchten zerschnitten sind, auf
deren Eigenart bereits T i e t z e (a. a. O. pag. 98) aufmerksam machte.
Gegen Osten verbreitert sich das Niveau dieses Talbodens erheblich
und überspannt die einzelnen, klotzartigen Jurakalkhöhen [2]), bis es
mit dem von der alten Talmulde aus sich ausbreitenden Niveau
verschmilzt.

Die Sohle der breiten Weichselfurche liegt um mehr als 50 *m*
tiefer als der Boden der parallelen, durch ein schmales Plateaustück
getrennten, alten Talmulde. Nachdem die heutigen Niveauverhältnisse
des Krakauer Gebietes durch die endgültige Hebung in vordiluvialer,
somit in pliocäner Zeit hergestellt wurden, verlieh ein solcher Unterschied des Erosionsniveaus den zur Weichselfurche fließenden Wasserläufen ein viel stärkeres Erosionsvermögen, wovon ein beredtes
Zeugnis die jungen Erosionswirkungen abgeben, wie man sie zum Beispiel im kleinen Plazankatal beobachten kann, das zwischen Plaza
und Lipowiec in einen alten, nach aufwärts (d. h. nach Norden) ansteigenden Talboden tief eingeschnitten ist. Diese Überlegenheit der
kleinen meridionalen Weichselzuflüsse mußte alsbald zu einer An-
zapfung der alten Talmulde führen. Dieses geschah nördlich von
Oswiecim, wo ein kleiner Weichselzufluß die frühere Przemsza an-
zapfte und ihr den kürzesten Weg zur Weichsel eröffnete. An diese
Ablenkung der Przemsza gemahnen die beiden Durchbrüche der
heutigen untersten Przemsza, und zwar diejenigen bei Jelen und bei
Chelmek. Der erstere ist durch Höhen von 310 *m*, der andere, weiter
nach abwärts folgende durch solche von 285 *m* und 296 *m* gekrönt.

---

[1]) Zum Beispiel unterhalb der Ruine Lipowiec.

[2]) Zum Beispiel von Westen nach Osten fortschreitend: SW von Mirow (317 *m*),
O von Kamień (310—324 *m*), Kajasowka südlich von Rybna (312 *m*), Grodzisko bei
Tyniec (282 *m*) usw.

Diese Höhen stellen Fragmente des alten, zur Weichsel sich senkenden Talbodens eines Wasserlaufes dar, dessen rückschreitende Erosion die Przemsza aus der alten Talmulde auf kürzestem Wege zur Weichsel ablenkte. Ein anderer Zufluß der Weichsel, der Chechlobach, hat südlich von Chrzanow ebenfalls den südlichen Teil des Krakauer Plateaus durchsägt und führt die spärlichen Gewässer aus dem westlichen Teil der alten Talmulde ab. Ihr östlicher Teil dagegen wird in entgegengesetzter Richtung von der Rudawa entwässert. Diese beiden Wasserläufe, welche gegenwärtig in entgegengesetzten Richtungen die alte Talmulde verlassen, haben auf ihrem Boden breite Abflußrinnen im leichtzerstörbaren Miocän ausgeräumt und dieselben um den vertikalen Betrag von 20—30 m unter dem Niveau der durchgehenden Terrasse vertieft. Am Chechlobach finden wir Anzeichen, daß die durch die tiefere Lage des Bodens der Weichselfurche verstärkte Erosionskraft ihrer nördlichen Zuflüsse noch in der Postglazialzeit nicht vollständig erlahmt war und in beschränktem Umfange zu einer weiteren Vertiefung der Wasserläufe führen konnte. Bei Chrzanow erhebt sich über dem Chechlobach eine ungefähr 20 m hohe Terrasse, die über ihrem Sockel von Triasdolomit, welcher in dem großen Kulkaschen Steinbruch aufgeschlossen ist, eine dünne Decke fluvioglazialen Sandes mit nordischen Gesteinsbrocken trägt (vergl. pag. 83). Offenbar fand hier nach dem Rücktritt der nordischen Vereisung noch eine Tieferlegung der Talsohle statt.

Abgesehen aber von einem derartigen lokalen Einschneiden zeigt die Lagerung des nordischen Diluviums, daß die oro- und hydrographischen Verhältnisse des Krakauer Gebietes im allgemeinen schon zu Anfang der Diluvialzeit in ihrer heutigen Gestalt gegeben waren. Während der Rückzugsphase des nordischen Inlandeises wurde die alte Talmulde noch einmal, aber nur vorübergehend, von einem kontinuierlichen Wasserstrom benützt. Diesmal aber war es bloß eine kurze Episode, und zwar eine zeitweise Verbindung, wie es überhaupt im Karpathenvorlande die Regel ist, daß die nordische Eisinvasion mit wenigen Ausnahmen nicht dauernde Verlagerungen, sondern vorübergehende Bifurkationen von Wasserläufen herbeiführte[1]).

2. Das nordische Diluvium.

Während bei der geologischen Aufnahme von Tietze in erster Linie das vordiluviale Grundgebirge gewürdigt wurde, gab Zareczny in seiner geologischen Spezialkarte des Krakauer Gebietes die genaueste, auf langjähriger Lokalforschung gegründete Zusammenstellung der nordischen Geschiebevorkommen. Für quartärgeologische Untersuchungen bietet die Karte von Zareczny[2]) eine ausgezeichnete

---

[1]) v. Łoziński, Quartärstudien (IV). Jahrb. d. k. k. geol. R.-A. Bd. 60, 1910, pag. 160. — Derselbe, Über Dislokationszonen im Kreidegebiet d. nordöstlichen Galizien. Mitteil. d. Geolog. Ges. in Wien. Bd. IV, 1911, pag. 152 ff.

[2]) Atlas geolog. Galicyi. Lief. 3.

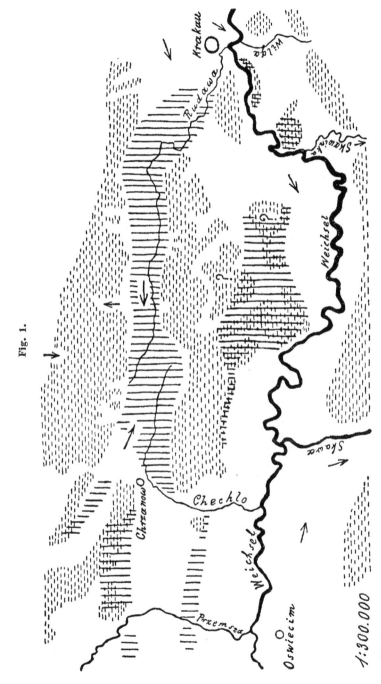

Fig. 1.

Die Terrasse auf dem Boden der alten Talmulde und dasselbe Niveau au an der Przemsza, Weichsel und Rudawa (vertikale Schraffen). Eisfreie Gebiete (horizontale Striche). — Die Pfeile geben die vermeintliche Bewegungsrichtung des diluvialen Inlandeises an.

Unterlage, die angesichts der bedauerlichen Vergänglichkeit der einzelnen erratischen Glazialspuren einen unschätzbaren Wert hat.

Seitdem die geologische Kartierung von Z a r e c z n y (1894) abgeschlossen vorliegt, hat man dem Quartär des Krakauer Gebietes durch längere Zeit kein Interesse zugewendet. Erst im Jahre 1908 kam eine neue Anregung durch die paläontologischen Funde in der Ziegelei von Ludwinow bei Podgorze. W. K u z n i a r hat hier zwischen zwei Diluvialablagerungen, die aus Schotter mit nordischem Material und Sand aufgeschüttet waren und die er als Grundmoräne (!) angesprochen hat, einige Knochenstücke von Mammut und Wisent gefunden und daraus auf eine zweimalige Vereisung des Krakauer Gebietes geschlossen [1]). Nachdem die betreffende Stelle bald darauf verstürzt war, konnte ich bei meinem Besuch im Herbst 1911 nicht mehr entscheiden, inwieweit die beiden nordischen (gemengten) Schotterkomplexe mit den dazwischen eingebetteten Knochen tatsächlich auf eine zweimalige Eisinvasion hinweisen. Keinesfalls aber dürften die beiden Ablagerungen von Diluvialschotter und -sand, zwischen denen die Knochen zum Vorschein kamen, als eine Grundmoräne bezeichnet werden. Bei meinem Besuch fand ich auch sonst in der Ziegelei keine Spur von Geschiebelehm, noch irgendeine moränenartige, direkte Glazialablagerung. Ebensowenig habe ich unter dem nordischen kristallinischen Material, das mehr oder weniger abgerollt ist, echte, kantige oder kantenbestoßene Geschiebe zu Gesicht bekommen. Vielmehr besteht das nordische (gemengte) Diluvium aus Schotter, Grand und Sand, die häufig und regellos miteinander wechseln und offenbar aus einer mit der Eisinvasion gleichzeitigen oder nachträglichen Umlagerung des Moränenmaterials durch das Wasser hervorgegangen sind. Das nordische Material dieses Diluvialkomplexes, welches hier inmitten der Terrasse auf dem breiten Boden des Wilgatales unter lößähnlichem Auelehm und auf unebener Unterlage des Miocäns aufgeschlossen ist, wurde offenbar durch eine Zunge des Inlandeises herbeigeführt, die südlich von Krakau in das zur Weichsel sich öffnende Seitental der Wilga eindrang. Ohne Zweifel weist die Verstauchung der unteren Schotterablagerung, wie es aus der von W. K u z n i a r (a. a. O. Taf. I) vorgeführten Aufnahme sehr schön zu ersehen ist, darauf hin, daß vor der Ablagerung des oberen Teiles des Diluvialkomplexes ein lokal beschränkter Rücktritt der Eiszunge im Wilgatal stattfand. Wir dürfen aber nicht weitergehen und müssen auf das entschiedenste der Verallgemeinerung von W. K u z n i a r entgegentreten, es hätte das Krakauer Gebiet eine zweimalige Vereisung erfahren, wovon sonst nicht die leiseste Andeutung vorhanden ist. Im Ludwinower Profil liegt höchstens der Beweis e i n e r l o k a l e n und v o r ü b e r g e h e n d e n O s z i l l a t i o n d e s E i s r a n d e s v o r. Es sei nur erinnert, daß G ö t z i n g e r von einem Mammutfund „zwischen dem erratischen Material in einer torfartigen Schicht" in Orlau berichtet [2]),

---

[1]) Sprawozdanie Komisyi Fizyograficznej. Bd. 44, 1909, Abt. IV, pag. 9—11 und pag. (7) des Resümees.

[2]) G ö t z i n g e r, Geologische Studien im subbeskidischen Vorland. Jahrb. d. k. k. geol. R.-A. Bd. 59, 1909, pag. 11.

dennoch aber in angemessener Beurteilung dieses Lokalvorkommens keinen Anlaß findet, die Möglichkeit einer zweimaligen Wiederkehr der nordischen Vereisung in Erwägung zu ziehen. Derartige Lokalfunde an der äußersten Südgrenze der nordischen Vereisung können nichts an der Tatsache ändern, daß das ganze Karpathenvorland nur einmal vom diluvialen Inlandeis bedeckt wurde, dessen Ablagerungen überall denselben und sehr hohen Grad der Verwitterung aufweisen.

Während die Ziegelei von Ludwinow gegenwärtig nur durch die paläontologischen Funde, deren Bearbeitung demnächst erfolgen soll, ein hohes Interesse weckt, tragen andere, neuangelegte Ziegeleien im Krakauer Gebiete dazu bei, unsere Kenntnis von der Beschaffenheit des nordischen (beziehungsweise gemengten) Diluviums zu erweitern. Die nähere Betrachtung des letzteren läßt zunächst den innigsten Zusammenhang erkennen, welcher zwischen dem einheimischen, an dem gemengten Diluvium beteiligten Material und der oberflächlichen Verbreitung der älteren Formationen, beziehungsweise ihrer präglazialen Verwitterungsprodukte besteht. Des weiteren zeichnet sich das gemengte Diluvium im Krakauer Gebiete durch einen außerordentlichen Wechsel von verschiedenartigen, rein glazialen und fluvioglazialen Ablagerungen aus.

Von den Ziegeleien, welche in letzter Zeit im Krakauer Gebiete entstanden sind, bietet die Gräflich Mycielskische in Trzebinia, die 1 *km* SW vom Bahnhof an der Straße nach Chrzanow eröffnet wurde, den schönsten und weitesten Einblick in die Beschaffenheit des gemengten Diluviums. Auf sehr unebener Oberfläche des dunkelgrauen Miocäntones lagert das gemengte Diluvium in der Mächtigkeit von 2—3 *m* und zeigt einen bunten Wechsel von verschiedenen Ablagerungen. In der östlichsten Ecke der ausgedehnten Grube finden wir nur einen einheitlichen Sandkomplex (2·5 *m* mächtig), dessen oberer Teil (1·0 *m*) ganz rein und weiß erscheint, der untere, feingeschichtete Teil (1·5 *m*) dagegen stark mit manganhaltigem Wasser imprägniert ist. Die aufeinanderfolgenden Sandschichten sind in sehr ungleichem Grade von Manganausscheidungen durchtränkt worden, so daß ein merkwürdiger Wechsel von hellgelben bis tiefbraunen Sandschichten entstand. Im übrigen dagegen zeigt die Ziegelei einen eigentümlichen Verband von tonigen und sandigen, mehr oder weniger steinreichen Ablagerungen, deren Wechsellagerung sehr rasch und in der mannigfaltigsten Weise sich ändert. An der Westwand der Ziegelei sieht man, daß das Diluvium über dem Miocän aus einem verstauchten Komplex von zwei sandigen (beziehungsweise grandigen) Ablagerungen mit einer tonigen Zwischenlage besteht (Taf. V, Fig. 1). Viel abwechslungsreicher gestaltete sich eine kleine Partie in der Mitte der Ziegelei, die glücklicherweise knapp vor dem Abbruch noch von meinem Freunde Ing. Dr. R. Roslonski gezeichnet werden konnte. Aus der umstehenden Zeichnung (Abb. 2) ersieht man am besten den häufigen Wechsel von Glazialablagerungen, die bald aus grauem oder rostbraun angestrichenem Ton, bald aus Sand, mit reichlicher oder spärlicher eingestreuten Steinen zusammengesetzt sind. Eine besondere Beachtung verdient der mit 4—5 bezeichnete Komplex, dessen Details nur schematisch skizziert werden konnten. In der Wirklichkeit zeigte dieser Komplex, dessen Mächtigkeit kaum 25—30 *cm* beträgt, eine **m e h r f a c h e** Wechsellagerung von tiefgrauem, tonigem (4) und sandigem (5) Material, so daß stellenweise eine feine Schichtung vorliegt. Diese Schichtung ist aber nicht regelmäßig, indem die dünnen

Fig. 2.

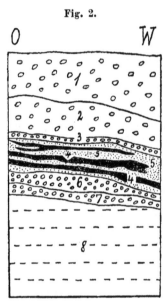

Partie in der Mitte der Gräfl. Mycielskischen Ziegelei in Trzebinia.

Gezeichnet am 2. September 1911 von Ing. Dr. R. Roslonski.

Flächengröße: 1:1180.

1 = rostbrauner Ton
2 = grauer Ton   } mit spärlichen Geschieben.

3 = Sand mit Geröllen und Geschieben.

4 = tiefgrauer Ton
5 = hellgrauer Sand } in mehrfacher Wiederholung.

6 = grauer Ton
7 = rostbrauner Ton } mit reichlichen Geröllen und Geschieben.

8 = Miocänton.

Tonschichten (4) oft auskeilen oder mehrere von ihnen zu einer etwas dickeren Schicht verschmelzen.

In der nächsten Umgebung der besprochenen Ziegelei finden wir die Lagerungsverhältnisse des Diluviums viel einfacher, wobei auch seine Mächtigkeit lokal reduziert wird. Etwa 350 *m* weiter südwestlich gegen Chrzanow zu, ebenfalls an der Straße, ist die

Kurdzielsche Ziegelei angelegt worden. Hier fehlt die sandige Ausbildung des. Diluviums vollständig. Der Miocänton .wird von einheitlichem, kaum 0·5 m mächtigem Diluvium überlagert, das nur aus umgearbeitetem Miocänton zusammengesetzt und von kleineren, zum großen Teil nordischen Geschieben ordnungslos durchspickt ist. Aus der näheren Betrachtung der Ziegeleiaufschlüsse bei Trzebinia erkennen wir das Material, aus welchem das gemengte Diluvium in diesem Teil des Krakauer Gebietes gebildet wurde. Die tonigen Ablagerungen stellen die Grundmoräne dar, die aus reinem, vom Eis aufgearbeitetem Miocänton mit mehr oder weniger reichlich eingestreuten Geschieben entstand. Mit der rein tonigen Moränenablagerung sahen wir sandige Bildungen wechsellagern, die zumeist einen Geschiebe- oder Geröllsand darstellen und nur in einem Falle (Komplex 5 in Abb. 2) sich als steinfrei erweisen. In diesen Sandablagerungen liegen die vom Eis aufgenommenen und umgelagerten, präglazialen Verwitterungsprodukte. des permischen (sog. Kwaczalaer) Konglomerats vor uns.

Wo dieses Konglomerat, das aus kleinen, höchstens faustgroßen Quarzgeröllen in einer sandigen Grundmasse zusammengesetzt ist, an der Oberfläche zutage tritt, finden wir es ganz mürbe und in situ zu einer lockeren, sandigen „Geröllformation" zerfallend, wie zum Beispiel auf den Feldern östlich von Dąbrowa (bei Niedzieliska) oder an dem Südabfall des Krakauer Plateaus an der Weichsel. Trat dagegen die Durchspülung der Verwitterungsprodukte durch das Wasser hinzu, so entstanden weit ausgebreitete Sandmassen und in der Tat fällt das große Flugsandgebiet im nordwestlichsten Teil des Krakauer Gebietes (Gegend von Szczakowa usw.) mit dem Zutagetreten von permischem Konglomerat und darunterliegenden Sandsteinen genau zusammen. Die permischen (beziehungsweise permokarbonen) Konglomerate und Sandsteine waren die hauptsächliche Quelle der oberflächlichen Sandablagerungen des Krakauer Gebietes, wie wir es auch gegenwärtig im kleinen am Südabfall des Krakauer Plateaus an der Weichsel beobachten können. Aus den zahllosen Schluchten im Permkonglomerat führen temporäre Gewässer bedeutende Sandmengen hinaus und lagern dieselben am Gehängefuß in breiten Schuttkegeln ab. Als dünner Überzug wird der Sand noch weiter südlich auf den Rändern der Auelehmterrasse des Weichseltalbodens ausgebreitet und stellenweise (zum Beispiel südlich von Babice) zu niedrigen Hügeln verweht.

Aus dem Gesagten leuchtet es ein, daß das vordringende Inlandeis auf der Oberfläche des nordwestlichen Teiles des Krakauer Gebietes präglaziale Verwitterungsprodukte des Permkonglomerates reichlich vorfand und aus denselben den Geröllsand oder Sand in die Grundmoräne aufnahm. Die sandigen, zumeist mit Geröllen und nordischen Geschieben durchspickten Ablagerungen in unseren Diluvialprofilen von Trzebinia stellen die reinste Grundmoräne dar, die ohne Mitwirkung von Wasser abgelagert wurde. Es liegt hier ein seltener Fall vor, daß Sand, beziehungsweise Geröllsand nicht auf fluvioglazialem, sondern auf rein glazialem Wege zur Ablagerung gelangte, nachdem das

Eis über tiefgelockertem Permkonglomerat hinwegging und dabei in
seine Grundmøräne dessen Verwitterungsprodukte, das heißt Sand und
vollkommen gerundetes Geröll aufnahm. In der Tat kann eine so
verwickelte Verknüpfung von sandigen Ablagerungen und rein toniger
Grundmoräne, wie sie Fig. 2 zeigt, nur unter der Voraussetzung
erklärt werden, daß der. mit Geschieben durchspickte Geröllsand
u n m i t t e l b a r aus der Grundmoräne abgelagert wurde. Es fällt auch
auf, daß die abwechselnd aus tonigem Material des Miocäns und aus
den Verwitterungsprodukten des Permkonglomerats zusammengesetzten
Moränenablagerungen messerscharf voneinander getrennt sind. In
jeder Schicht, beziehungsweise Lage hat sich das ursprüngliche präglaziale Material der Grundmoräne in staunender Reinheit erhalten,
abgesehen von der bei der Aufarbeitung durch das Eis erfolgten
Einstreuung von nordischen Geschieben. Es hat den Anschein, als
wenn in diesem Profil (Fig. 2) die schichtweise Bewegung der untersten,
mit dem Untergrund unmittelbar in Berührung tretenden Eispartien
registriert vorläge. Die rasche Aufeinanderfolge von dünnen Lagen
im Komplex 4—5 deutet den Vorgang an, wie geschichtete Grundmoränen durch flächenhaftes Aufnehmen verschiedenartigen präglazialen Materials vom Inlandeis entstehen können [1]. .

Weiter östlich von Trzebinia kommt das Verwitterungsmaterial
des Permkonglomerats als Grundmoräne nicht mehr vor. Den nächsten
guten Aufschluß bietet erst die Ziegelei in Wola Filipowska bei
Krzeszowice. Auf dem Miocänton lagert in der Mächtigkeit von
2·5—3·0 m ein typischer bräunlicher Geschiebelehm mit zahlreichen
Geschieben und Blöcken (bis 0·75 m im Durchmesser) skandinavischer
Herkunft (Taf. V, Fig. 2). Der unterste Teil des Geschiebelehms
ist dunkelgrau und besteht aus aufgearbeitetem Miocänton der unmittelbaren Unterlage. Der Komplex des Geschiebelehms ist einheitlich und weist keine sandigen Einlagerungen auf. Dieselbe Fazies
des Geschiebelehms kehrt auch weiter ostwärts überall wieder. Am
Ausgange des kleinen Tales von Nielepice finden wir an der Basis
der Terrasse (Taf. IV, Fig. 2) einen sandigen, stark verwitterten und
ferretisierten Geschiebelehm in der Mächtigkeit von 1·5 m. Der
Geschiebelehm ist hier außerordentlich steinreich und enthält neben
nordischen kristallinischen Geschieben auch reichlich Feuersteine als
einheimisches Material aus dem Jurakalk.

Es vollzieht sich somit zwischen Trzebinia und Krzeszowice ein
auffälliger Fazieswechsel der diluvialen Grundmoräne. Westlich ist
die Grundmoräne aus aufgearbeitetem Material des unmittelbaren
Untergrundes, das ·heißt des Miocäntons und der präglazialen Verwitterungsprodukte des permischen Konglomerats mit eingestreuten
nordischen Geschieben zusammengesetzt. Von Krzeszowice an östlich
tritt die Grundmoräne des nordischen Inlandeises als echter, orts-
fremder, gelber oder bräunlicher Geschiebelehm auf. Dabei sind mit

---

[1]) Allerdings scheint die Schichtung in unserem Fall weniger regelmäßig
zu sein, als in einem von Prof. C. G a g e l abgebildeten Beispiel geschichteter
Grundmoräne aus Sylt. Vergl. Fig. 9 zu P e t e r s e n, Die kristallinen Geschiebe
auf Sylt. Zeitschr. d. Deutsch. Geolog. Ges. Bd. 57, 1905. Monatsber., pag. 289.

der Annäherung an den Krakauer Jurakalkzug die Feuersteine in
wachsendem Anteil mit nordischen Geschieben gemengt. Aus diesem
Fazieswechsel müssen wir schließen, daß das nordische Inlandeis in
die alte Talmulde von beiden Seiten eindrang, wie es auf der bei-
gegebenen Karte (pag. 77) angedeutet wurde. Von Nordwesten her
gelangte das Inlandeis mit Verwitterungsprodukten des Permkonglomerats beladen, von Osten dagegen durchquerte es den Krakauer
Jurakalkzug und nahm reichlich Feuersteine in die Grundmoräne auf.
In der Gegend zwischen Trzebinia und Krzeszowice vereinigten sich
die beiden, aus entgegengesetzten Richtungen kommenden Eiszungen,
so daß die alte Talmulde mit einem geschlossenen Eisstrom ausgefüllt wurde.

Neben Ablagerungen rein glazialen Ursprungs, von denen bisher
die Rede war, treten im Gebiet der alten Talmulde auch fluvioglaziale Bildungen auf, die unter wesentlicher Beteiligung des Wassers
in der Phase des Abschmelzens des Inlandeises entstanden sind.

Während der Rückzugsphase, in der selbstverständlich die zum
Abfluß gelangenden Wassermengen bedeutend zunahmen, war die
alte Talmulde, nach Abschmelzen der sie verstopfenden Eismassen,
z e i t w e i s e von einem durchgehenden Wasserstrom eingenommen.
Die Sandablagerungen dieses vorübergehenden Wasserlaufes haben
sich stellenweise erhalten. So finden wir in der Ziegelei in Wola
Filipowska auf dem Geschiebelehm eine bis 1·5 m mächtige Decke
steinfreien Sandes mit angedeuteter Schichtung (Taf. V, Fig. 1),
welcher äußerlich an die Talsande der norddeutschen Urstromtäler
erinnert. Weiter westlich wurde in der neuen Ziegelei bei der Eisenbahnstation Bolecin auf der Oberfläche des Miocäntons eine 1·0—1·5 m
mächtige Sandablagerung mit spärlich eingestreuten, kleinen Feuer-
steinbrocken aufgeschlossen. Daß ein Teil der fluvioglazialen Wassermengen von der alten Talmulde durch den Chechlobach direkt zur
Weichsel abfloß, darauf deutet die terrassenartig ausgebreitete Sand-
decke bei der Eisenbahnstation Chrzanow hin. Im großen K u l k a schen
Steinbruch sehen wir auf dem Triasdolomit, der zu oberst durch
langdauernde Verwitterung in Brocken aufgelöst ist, eine Ablagerung
gröberen, zum Teil dünngeschichteten Sandes, dessen Mächtigkeit im
westlichen Teil des Steinbruchs bis zu 2 m anschwillt. Im Sand
stecken dann und wann kleine (unter der Nußgröße), kantige oder
zugerundete Gesteinsbrocken zum Teil skandinavischer Herkunft.

Während die alte Talmulde in der Rückzugsphase des Inlandeises zunächst noch durch abschmelzende Eisreste verstopft war und
darauf von überreichlichen Schmelzwässern überflutet wurde, war der
Wasserabfluß von den kleinen Seitentälern selbstverständlich erschwert.
Aus dieser Zeit rühren die auffälligen Terrassen her, die in den
Ausgängen einiger kleiner Seitentäler aufgeschüttet wurden und als
zerschnittene Schuttkegel sich erweisen. Im untersten Teil von
Karniowice (O von Trzebinia) zieht sich auf beiden Seiten des Baches
eine 5—6 m hohe Terrasse hin, die aus Sand mit unregelmäßigen
Schottereinlagerungen zusammengesetzt ist. Im Schotter, dessen Geröll
bald größer bald kleiner wird, kommen bis faustgroße, vollkommen
abgerollte Stücke nordischer Granite, daneben reichlich Feuersteine

einheimischer Herkunft vor. Den größten Anteil an der Zusammensetzung der Schotterablagerungen haben die lokalen Verwitterungsprodukte des Permkonglomerats, das am unteren Teil der Gehänge
zu losem Schutt zerfallend zutage tritt. Im Querschnitt des kleinen
Tales sehen wir, wie das lokale Material aus dem Permkonglomerat
in den Schottereinlagerungen der Terrasse gegen die Talgehänge zu
zunimmt und unmittelbar an deren Fuß fast alleinig herrscht. Eine
ganz andere Zusammensetzung zeigt die genetisch analoge Terrasse
im Austritte des kleinen Tales von Nielepice. An der Basis des
6—8 m hohen Terrassenrandes schaut ein sandiger, rostbrauner Geschiebelehm in der Mächtigkeit von 1·5 m hervor, worauf Sand mit
einer dünnen Decke sandigen Lehms folgt (Taf. IV, Fig. 2). Die
abwechselnd hellen und rostbraunen Sandschichten fallen langsam,
aber deutlich nach abwärts, das heißt nach NNO ein und es wird
dadurch unsere Annahme einer schuttkegelartigen Aufschüttung der
Terrasse bei einer zeitweisen Erschwerung oder Aufstauung des
Wasserabflusses noch mehr bekräftigt.

Werfen wir zum Schluß noch einen Blick auf die Verbreitung
der nordischen Glazialspuren und die daraus sich ergebende Ausdehnung des diluvialen Inlandeises im Krakauer Gebiet, wozu die
Detailkarte von Zareczny — wie bereits eingangs erwähnt — eine
vortreffliche Grundlage bietet. Auf der verebneten Plateaufläche
kommen erratische Spuren nicht vor und es ist auch unter keinem
Umstande die Annahme zulässig, sie seien hier einst verstreut, aber
nachträglich restlos abgetragen worden. Wenn wir die Plateaufläche,
die hauptsächlich Jurakalke und Triasdolomite abschneidet, näher
betrachten, so finden wir überall — soweit die Lößdecke nicht reicht
— nur Anzeichen und Produkte einer langdauernden, kumulativen
Verwitterung in situ. Die Kalke, Mergel und Dolomite sind in ihrem
obersten Teil immer tiefgelockert in Brocken, die in einem gelblichen,
bräunlichen oder auch rötlichen Eluviallehm eingebettet liegen. Durch
den Steinbruchbetrieb werden nicht selten tiefe, mit Eluvialprodukten
ausgefüllte Verwitterungtaschen erschlossen, die ich in besonders
schöner Ausbildung in den Triasmergeln in einem Steinbruch O von
Jaworzno beobachten konnte. Alle diese Verwitterungsprodukte, deren
Bildungsanfänge ohne Zweifel weit in die prädiluviale Zeit zurückreichen, haben sich auf der Plateaufläche intakt angehäuft und erhalten. Indem die verebnete Plateaufläche des Krakauer Gebietes
zum großen Teil in Gesteinskomplexen ausgebildet ist, die in erster
Linie der auflösenden Zerstörung zugänglich sind, bietet sie den ab-
spülenden und abtragenden Faktoren den ungünstigsten Boden und
kann in dieser Beziehung nur mit der thüringischen Muschelkalk-
platte verglichen werden, in welcher bekanntlich die präoligocäne
Landoberfläche sich am besten erhalten hat[1]. Wenn also unter solchen
Umständen auf der Plateaufläche des Krakauer Gebietes nordische
Glazialspuren vollständig fehlen, so müssen wir ganz bestimmt annehmen, daß diese Plateaufläche größtenteils vom Inlandeis nicht be-

---

[1] Philippi, Über die präoligocäne Landoberfläche in Thüringen. Zeitschr.
d. Deutsch. Geolog. Ges. Bd. 62, 1910, pag. 340—343.

deckt war. So ist sie auch auf der beifolgenden Karte als eisfrei
dargestellt.

Die Höhenlage der nordischen Glazialspuren im Krakauer Gebiet
ist recht weitgehenden Schwankungen unterworfen. Das höchste Vor-
kommen verzeichnet Z a r e c z n y (a. a. O. pag. 202) an der russischen
Grenze in der Höhe von 445 *m*. Es ist aber ein sporadisches Vorkommen,
das mit dem weiter südlich sich erstreckenden Gebiete nordischen
Diluviums keinen Zusammenhang aufweist, dafür aber mit den nach
Norden sich öffnenden Erosionsrinnen in Verbindung zu sein scheint.
Vorläufig bleibt nur die Annahme übrig, daß hier eine Eiszunge von
Norden her in einer der vorhandenen Erosionsrinnen bis zu solcher
Höhe vordrang, wie es auf unserer Karte durch einen Pfeil angedeutet ist. Im übrigen hat das Inlandeis hauptsächlich die geräumigen
Terraindepressionen mit breiten Eisströmen ausgefüllt, von denen
kleinere Eiszungen in die Seitentäler hineingezwängt wurden und in
den letzteren gegen ihr Gefälle manchmal bis zur Meereshöhe von
über 300 *m* anstiegen. Wie ich es insbesondere für die alte Talmulde
zeigen konnte, drang das Inlandeis in das Krakauer Gebiet höchstwahrscheinlich von zwei Seiten hinein. In der nächsten Umgebung
von Krakau, wo das Eis von dem ostwärts sich öffnenden Tieflande
aus ungehinderten Zutritt fand, hat N i e d z w i e d z k i an dem vom
Kosciuszkohügel gekrönten Rücken die höchsten nordischen Glazialspuren in der Höhe von etwa 265 *m* festgestellt [1]), woraus eine Eismächtigkeit von 60—70 *m* sich ergibt. Fast dieselbe Mächtigkeit
scheint der Eisstrom in der alten Talmulde erreicht zu haben, in die
das Eis von beiden Seiten hineingepreßt wurde. Ein anderer Eisstrom, aber von geringerer Mächtigkeit breitete sich auf dem Boden
der Weichselfurche aus, in die von Süden mündenden Seitentäler
sekundäre Ausläufer aussendend. Im Osten ragten aus dem Eisstrom
der Weichselfurche die vom Rumpfe des Krakauer Plateaus abgetrennten Jurakalkhöhen als Nunataker heraus. In Anbetracht des
Umstandes, daß an den unteren Gehängen des südlichen Plateauab-
falls die i n s i t u angehäuften Verwitterungsprodukte des Permkonglomerats intakt, ohne Durchmengung mit fremdem Gesteinsmaterial dastehen, muß die Mächtigkeit des Eisstromes in der Weichselfurche unter 50 *m* gesetzt werden.

Aus dem Gesagten ergibt sich, daß das nordische Inlandeis im
Krakauer Gebiete bei weitem nicht zu einem gleichen Niveau reichte.
In der Weichselfurche stand die Eisoberfläche im Vergleich mit der
alten Talmulde um mehr als 50 *m* tiefer. Während in den Seitentälern der letzteren Eiszungen bis zur Höhe von über 300 *m* hineingezwängt wurden, ragten südwestlich von Krakau die kaum 250—280 *m*
hohen Jurakalkhöhen schon als Nunataker aus dem Eis heraus. Wie
in den westgalizischen Randkarpathen, wo wenig mächtige Eiszungen
in die Täler hinein gegen ihr Gefälle anstiegen, gelangen wir nun
auch im Krakauer Gebiete zu dem Ergebnis, daß i n d e n R a n d -
g e b i e t e n d e s d i l u v i a l e n I n l a n d e i s e s seine Oberfläche
d i e U n e b e n h e i t e n d e s p r ä e x i s t i e r e n d e n R e l i e f s n i c h t

---

[1]) „Kosmos". Bd. 25. Lemberg 1900, pag. 397.

bis zu demselben Niveau ausglich, sondern im Gegenteil die Erhebungen des Untergrundes bis zu einem
gewissen Grade reproduzierte. Diese Eigenschaft des Inlandeises, daß seine Oberfläche — allerdings mit einer Abschwächung —
das Relief des Untergrundes abspiegelt, scheint eine allgemeine zu
sein. Dafür spricht die ungemein wichtige Beobachtung von v. Drygalski, daß das antarktische Inlandeis in der Umgebung des Gaußberges über Erhebungen des Untergrundes sich aufwölbt und „Spalten-
buckel" bildet[1]).

---

[1]) v. Drygalski, Zum Kontinent des eisigen Südens. 1904, pag. 309—310, 314.

Studien über die Stammesgeschichte der Proboscidier.

Von Dr. Günther Schlesinger,

Zoologen und Paläontologen am n.-ö. Landesmuseum in Wien.

(Mit 2 Lichtdrucktafeln [Nr. VI—VII] und 10 Textfiguren.)

Einleitung.

Fund und Bestimmung der im ersten Abschnitt der vorliegenden „Studien" eingehender behandelten Elefantenreste veranlaßten mich, nicht nur die Arten des Genus *Elephas*, sondern auch dessen Ahnen in des Wortes weitester Fassung sorgfältig zu studieren, soweit es mir die ungemein reiche Literatur und das mir erreichbare Material ermöglichten.

Die zahlreichen, zum Großteil mit photographischen Reproduktionen versehenen Arbeiten ließen mich ein Bild von der Stammesgeschichte und den Wanderungen der Rüsseltiere gewinnen, welches ich der Öffentlichkeit übergebe, obwohl es mir nicht möglich war, die Fülle von Proboscidierresten, welche in den auswärtigen Museen aufbewahrt werden, kennen zu lernen.

Ich maße mir auch dort kein Urteil an, wo es sich um Merkmale handelt, die nur aus der Autopsie des betreffenden · Stückes klar werden können. Dagegen halte ich es für meine Pflicht, d a s z u prüfen, zusammenzufassen und als Ganzes zu geben, wovon ich selbst kraft stichhältiger Beweispunkte überzeugt bin.

Die Auffindung der frühesten Ahnenformen der Rüsseltiere, *Moeritherium* und *Palaeomastodon* im Fayûm von Ägypten, deren Kenntnis wir den musterhaften Arbeiten C. W. A n d r e w s' [1]) verdanken, hat uns mit der Lösung der Frage nach dem Stammlande der Proboscidiergruppe die Notwendigkeit auferlegt, mit einer enormen

---

[1]) C. W. A n d r e w s, A descriptive Catalogue of the fossil vertebrata of the Fayûm, Egypt. London 1906. — On the Skull, Mandible and Milk-Dentition of Palaeomastodon etc. Phil. Trans. Royal Soc. ser B. 199, pag. [193]. London 1908. — Geological Magazin, dec. 4, VIII., pag. 491. London 1901. — Geological Magazin, dec. 4, IX., pag. 292. London 1902. — Geological Magazin, dec. 5, I., pag. 113, London 1904.

Wandertätigkeit als Vorbedingung für ihre weltweite Verbreitung zu rechnen.

Forschen wir nach den Gründen, welche solche Wanderungen veranlassen konnten, so müssen wir drei Hauptmomente berücksichtigen:

1. die Milieuverhältnisse des ursprünglichen Verbreitungsgebietes bleiben gleich;
2. sie ändern sich plötzlich durchgreifend;
3. sie ändern sich allmählich.

Im ersten Falle kommt es, wenn die äußeren Verhältnisse günstig sind — und nur unter solchen gelangt ein Stamm zur Blüte — zur Übervölkerung, Herden wandern ab und suchen ihnen entsprechende Lebensbedingungen wieder zu finden. Gelingt dies, so steht die Entwicklung still, sind die neuen Bedingungen nicht d u r c h g r e i f e n d verschieden, so schreitet sie durch A n p a s s u n g vorwärts. Solange nicht eines dieser Ziele erreicht ist, wird die Wanderung fortgesetzt.

Bei einem plötzlichen durchgreifenden Umschwung in den äußeren Verhältnissen (Klima oder Nahrungsmittel) erfolgt entweder eine wie oben geschilderte Wanderung oder die Gruppe erlischt, weil der allzu krasse Wechsel ein Anpassen unmöglich macht.

Geht dagegen die Umprägung des Milieus allmählich und durch Zwischenstadien vermittelt vor sich, so erfolgt die Adaptation im ursprünglichen Wohngebiete. Nur adaptationsunfähige Typen wandern in diesem Falle aus oder erlöschen.

Die Geschichte einzelner Säugerstämme, wie der T a p i e r e und P f e r d e, liefert uns Beispiele[1] für die oben auseinandergesetzten Vorgänge. Meist dürfte ein Zusammenwirken mehrerer oder all der genannten Faktoren tätig gewesen sein.

Die Fossilfunde von Proboscidiern nötigen uns, ganz ähnliche Verhältnisse auch für diese Gruppe anzunehmen. Vom E o c ä n bis in das u n t e r e M i o c ä n, die Zeit vor dem ersten großen Rückzug[2] des Mittelmeeres, scheinen vornehmlich Übervölkerungen in Verbindung mit wenig entscheidenden Veränderungen des Aufenthaltsortes die Umformung jener kleinen Rüsseltierahnen bewirkt zu haben, welche in *Tetrabelodon pygmaeum* aus Algier den Höhepunkt der Spezialisation erreicht haben. Erst mit diesem Genus beginnt im Miocän, der Zeit eines ziemlich konstanten feuchten, tropischen bis subtropischen Klimas auf der nördlichen Hemisphäre, die Entfaltung der zahlreichen über ganz Eurasien und Nordamerika verbreiteten Mastodonten; und weiter scheint es kein Zufall zu sein, daß in das U n t e r p l i o c ä n, den Beginn einer nach der größten Regression[3] des Mittelmeeres eintretenden Trockenheitsperiode zwei wichtige Ereignisse in der Geschichte der Rüsseltiere fallen:

---

[1] Vergl. O. A b e l, Allg. Geologie, Bau und Geschichte der Erde, pag. 180, „3. Der Einfluß der Veränderung der Lebensbedingungen auf die Tierwelt". Wien und Leipzig 1910.

[2] Vergl. E. S u e s s, Das Antlitz der Erde, I., pag. 406. Prag und Leipzig 1885.

[3] E. S u e s s, l. c. I., pag. 425.

Die Einwanderung der Mastodonten nach Südamerika und
die Entwicklung jochzähniger echter Elefanten
in Indien. ·

Wenn ich diese noch näher zu beleuchtenden Punkte schon
eingangs flüchtig erwähne, so geschieht dies, um prinzipiell die Möglichkeit eines tiergeographisch so aberranten Fundes,· wie es der im
folgenden mitgeteilte ist, entsprechend zu beleuchten.

Die eingehende Darlegung vorerwähnter Andeutungen fällt mit
in die Hauptziele meiner Studien.

I. Der Nachweis von E. planifrons Falc. in Niederösterreich.

Die Funde von fossilen Elefantenresten, welche bisher in unserer Monarchie gemacht worden waren, boten wenig Besonderes. In
der Regel waren es Zähne und Skeletteile des Mammuts, welche
zutage gefördert wurden, diese allerdings in reicher Fülle.

Um so überraschender war es, als dem niederösterreichischen
Landesmuseum in Wien ein Elefantenmahlzahn von ungemein
primitivem Charakter zukam. Es war sehr naheliegend, das Stück
mit einer der beiden im Jungtertiär Europas nicht seltenen Arten zu
identifizieren. Ein nur oberflächlicher Vergleich rückte den Urelefanten
(E. antiquus Falc.) gänzlich außer Betracht, eingehende Studien aber
sprachen zufolge eben der Merkmale gegen eine Bestimmung als
E. meridionalis Nesti, welche den Zahn dem E. planifrons Falc.,
einer typischen Form der indischen Sewalik-Hills[1]) nahe brachten.

Die Annahme des Vorkommens einer so ausschließlich sewalischen Art in unserem Gebiete mag vorerst befremdend und gewagt erscheinen. Doch schwinden derartige Zweifel alsbald, wenn wir
bedenken, daß sich die Verbreitung der Rüsseltiere, wie die etlicher
Säugerstämme, ohne die Annahme ausgedehnter Wanderungen nicht
begreifen läßt[2]).

1. Die geologischen Verhältnisse des Fundortes.

Die Reste unseres Elefanten wurden anläßlich eines Bahnbaues
beim Durchstich des sogenannten Schotterberges nördlich von
Dobermannsdorf bei Hohenau im Marchfelde gefunden.
Das wichtigste und allein zur Bestimmung geeignete Stück ist ein
Fragment eines Backenzahnes, welches unmittelbar neben der heutigen
Bahntrasse in 4 m tiefer Lagerung gefunden wurde. Etwa 10 m von

---

[1]) Ich bemerke, daß dies der von H. Falconer und P. Cantley (Palaeontological Memoirs Vol. I, pag. 31) zum erstenmal gebrauchte richtige Name
für die dem Himalaya südlich vorgelagerte Hügelkette ist.

[2]) Vgl. Ch. Deperet, Die Umbildung der Tierwelt (deutsch von R. N. Wegner),
pag. 260 ff., Stuttgart 1909.

dieser Stelle entfernt war schon im Jahre 1905 infolge der Abtragung
eines Teiles des Hügels zum Zwecke der Schottergewinnung nebst
zwei unbestimmbaren Knochenbruchstücken der weitaus größte Teil
einer sehr massigen rechten S c a p u l a bloßgelegt worden (s. Textfig. 1).

Fig. 1.

Basaler Teil einer rechten Scapula von *E. planifrons Falc.* aus Dobermannsdorf
im Marchfelde.

(Rechts unten ist, durch eine schwarze Linie und den zipfelartigen Vorsprung gekennzeichnet, das auf Seite 91 besprochene Stück leicht kenntlich.)

Es kann kein Zweifel sein, daß sämtliche Stücke ein und demselben Individuum zugehört haben. Dies geht aus folgenden Umständen
hervor:

1. Die Lagerung der Knochenreste erscheint nur im ersten Augenblicke von der des Zahnes verschieden. Zwar wurden jene der Oberfläche bedeutend näher gefunden, doch erweist sich diese Tatsache als vollkommen nichtig bei der Erwägung, daß der Zahn weit mehr gegen die Mitte des Hügels zu gehoben wurde, ferner die andauernde Schotterabfuhr an dem Hange, welcher die fossilisierten Knochen barg, die Oberfläche erheblich tiefer verlegt hatte.

2. Der Erhaltungszustand der Reste führt uns zu dem gleichen Resultat. Alle Stücke sind zu einem festen, harten, bei der Berührung mit der Zunge stark haftenden Gestein von ockergelber Färbung umgewandelt. Ausgedehnte weiße Flecken überziehen ineinanderfließend die Oberfläche. Besonders charakteristisch ist die große Zahl von s c h w a r z e n, d e n d r i t e n a r t i g e n Zeichnungen, welche den Zahn ebenso wie die Knochenfragmente bedecken.

All das wäre weniger entscheidend, wenn wir es mit einer primären Lagerung zu tun hätten. Eine genaue Überprüfung der Fossilien schließt dies nicht nur völlig aus, sondern macht es wahrscheinlich, daß sie schon im Zustande der beginnenden Petrifikation im Wasser gerollt wurden.

Die eine Seite des Zahnes ist stark abgeschliffen und zeigt in zwei Richtungen feinste Kerben, jedenfalls Schiebespuren infolge einer Unterlage aus gröberem Quarzsand.

Die vordere Bruchfläche zeigt zwar sichere Spuren mechanischer Einwirkung, ist aber sehr wenig abgerollt, ein Zeichen, daß zur Zeit des Transportes durch fließendes Wasser ein bereits hoher Grad von Härte vorhanden gewesen sein muß, wie dies auch das Aussehen der seitlichen Schiebefläche bekundet.

Noch viel offenkundiger zeigen die Knochenreste dieselben Merkmale andauernder mechanischer Wassertätigkeit. Die Gelenkfläche des Schulterblattes ist, insbesondere an den Rändern, sehr stark abgerollt uud weist ganz eigenartige Furchen auf, welche mit Quarzsand und kleinen Kieselkörnchen erfüllt sind, wie sie auch an den beiden letzten Lamellen des Backenzahnes in geeigneten Winkeln haften; diese grubigen Vertiefungen sind nur mit ähnlichen Bildungen an von Wasser angegriffenem Kalkstein vergleichbar. Ebenso spricht auch die Gestalt der ganzen Innenfläche der Scapula für eine chemische Einwirkung des Wassers auf den schon petrifizierten Knochen.

Dazu kommt ein Moment von höchster Bedeutung:

An der vorderen Seite der Scapula ist ein etwa 1 dm^2 großes und nur 3 cm dickes Stück abgebrochen und paßt (wie aus dem folgenden leicht zu begreifen ist, zwar nicht scharf) doch so v o l l k o m m e n g e n a u an die Bruchfläche, daß über die Art des Aneinandersetzens kein Zweifel bestehen kann. Ein derart gestalteter plattenartiger Teil eines Knochens kann nur im petrifizierten Zustand losgelöst worden sein, da an dieser Stelle weder durch eine Knochennaht noch sonst irgendwie die Vorbedingung für eine spontane Trennung der beiden Teile gegeben ist. Beide zeigen reichlich Rollspuren, welche unzweideutig ersehen lassen, daß zur Zeit der Abrollung die Stücke b e r e i t s g e t r e n n t w a r e n, weil das kleinere das;

12*

größere an einer Stelle weit überragt, wo dieses eine
abgeschobene Bruchfläche aufweist.

Es ist sehr naheliegend, diesen Zeitpunkt des Zerbrechens und
Abrollens mit der Zeit der Bildung jener Schotter zusammenfallen
zu lassen, zumal wir keine Anhaltspunkte für eine spätere nochmalige
Umlagerung derselben haben.

Ich glaube, daß nach dem Gesagten die Zusammengehörigkeit
sämtlicher Fossilien mehr als wahrscheinlich ist, daß wir berechtigt sind,
in dem Schulterblatt und den Bruchstücken Reste desselben Elefanten
anzunehmen, dessen Backenzahn in kaum nennenswerter Ferne in
den gleichen Flußschottern bis auf unsere Zeit geborgen blieb. Doch
auch die Möglichkeit einer nach dem Fossilisationsprozeß erfolgten
Einbettung wird uns durch eine Zahl der vorerwähnten Merkmale
wahrscheinlich gemacht.

Die Schotter von Dobermannsdorf sind typische, ocker-
gelb bis rostrot gefärbte sogenannte „Belvedereschotter".
In letzter Zeit hat sich H. Vetters[1]) eingehend mit dem Alter
dieser Ablagerungen beschäftigt und ist zu dem Ergebnis gelangt, daß
die Hauptmasse dieser Schotter dem Pliocän (pontische Stufe)
zugehört, einzelne Partien, besonders die tieferen, möglicherweise
älter sind[1]).

Funde von Säugetierresten[2]), unter anderem auch in der Gegend
von Mistelbach, ergaben diese Anhaltspunkte.

Von Interesse ist die Tatsache, daß in eben dem Schotterhügel, welcher die Elefantenreste geliefert hatte, in ziemlicher Tiefe
eine sehr stark abgerollte, zum Teil durch Wasser chemisch ange-
griffene Schale einer *Ostrea crassissima*, gefunden wurde. Die Gruben
sind mit Flußsand und -schotter ausgefüllt; es kann kein Zweifel
bestehen, daß sie zur Zeit der Bildung der Schotter von ihrer
Lagerstätte losgerissen und von dem pliocänen Strom mitfortgeführt
wurde.

Da nun westlich von Dobermannsdorf gegen Mistelbach
(so bei Hauskirchen) sarmatischer detritärer Leithakalk und
sarmatische Sande nicht selten sind, ferner auf den Feldern zwischen
den beiden Orten sich abgerollte Stücke von Cerithiensandstein
sehr häufig finden, müssen wir annehmen, daß die Schotter von
Dobermannsdorf gleichalterig oder wenig jünger sind als die in
Mistelbach und Umgebung aufgeschlossenen.

Bei einer Bereisung des Marchfeldes, die ich unternahm, um
mich von der Richtigkeit des oben Gesagten zu überzeugen, fiel mir
auf, daß die Schotterhügel gegen Osten hin immer niedrigere, von
Norden nach Süden ausgedehnte Ketten bilden; diese Tatsache legte
mir den Gedanken nahe, daß die mächtige pliocäne Donau von
Krems her ihre Schottermassen in dem Maße weniger umfangreich
und mehr östlich ablagerte, als der pontische See und mit ihm

---

[1]) H. Vetters, Die geologischen Verhältnisse der weiteren Umgebung
Wiens etc., pag. 7. Wien 1910.

[2]) H. Hassinger, Geomorphologische Studien im inneralpinen Wiener
Becken, pag. 45 in Pencks Abhandl., VIII., 3. Leipzig 1905.

auch die westlichen Rückstände der einstigen Meeresbedeckung sich
immer mehr zurückzogen, so daß wir im Westen die älteren, im
Osten die jüngeren Tertiärschotter vor uns haben.

Die Säugetierfauna der Mistelbacher Belvedereschotter trägt
ausgesprochen pontischen Charakter[1]) (II. Säugetierfauna des Wiener
Beckens n. Suess). Es ist im wesentlichen die gleiche Tiergesellschaft, welche wir aus den roten Seetonen von Pikermi kennen.
Über diesen unzweifelhaft als unteres Pliocän feststehenden
Schichten folgen, wie aus den Lagerungsverhältnissen und Fossilfunden von Aszód[2]), nordöstlich von Gödöllö hervorgeht, zwei
verschiedene Ablagerungen, deren untere *Mastodon arvernense* führte,
während die obere zahlreiche Backenzähne von *E. meridionalis* lieferte.

R. Hoernes[3]) nimmt auch für die inneralpinen Niederungen
von Wien das Vorkommen dieser höchsten Schichten an und stützt
sich unter anderem auf den Vergleich des umgeschwemmten Belvedere-
schotters mit dem Quarzschotter östlich von Pest durch Th. Fuchs.

Nach alldem erscheint es, wenigstens für unser Gebiet, festgestellt, daß *Mastodon arvernense* und *Elephas meridionalis* zwei verschiedenen Zeitabschnitten und Faunen angehört haben, worauf schon
Th. Fuchs[4]) hingewiesen hat[5]).

Daraus folgt, daß zwischen den Ablagerungen mit der Pikermi-
fauna (Unterpliocän, pontische Stufe) und den Sanden von Aszód,
Gödöllö usw. mit *E. meridionalis*[6]) (Oberpliocän) eine mittel-
pliocäne Schichte mit der Fauna von Montpellier[7]) angenommen
werden muß, welche *M. arvernense* als typisches Leitfossil führt und
nach Hoernes[7]) in den Paludinenschichten Slawoniens, den
Sanden von Ajnáczkö, der Kohle von Bribir und den Ligniten

---

[1]) Gelegentlich einer mehrmaligen genauen Durchsicht der Fossilien des
Mistelbacher Ortsmuseums, welche mir dank der Liebenswürdigkeit des Herrn
k. k. Finanzrat Karl Fitzka ermöglicht war, konnte ich feststellen: *Dinotherium
giganteum*, *Aceratherium incisivum* und *Hipparion* neben *Mastodon longirostre* und
Sus sp. — Vergl. H. Vetters l. c. pag. 18, ferner R. Hoernes, Bau und Bild
der Ebenen Österreichs in Bau und Bild Österreichs von Diener, Hoernes,
Suess, Uhlig. Wien und Leipzig 1903, pag 1015.

[2]) R. Hoernes, l. c. pag. 1014. Über die Verschiedenheit der beiden
Horizonte kann kein Zweifel bestehen, da der untere von blauem Mergel, der
obere von Schotter gebildet wird.

[3]) R. Hoernes, l. c. pag. 1014.

[4]) Th. Fuchs, Über neue Vorkommnisse fossiler Säugetiere usw. nebst
einigen allgemeinen Bemerkungen über die sogenannte „pliocäne Säugetierfauna"
(pag. 49) und Beiträge zur Kenntnis der pliocänen Säugetierfauna Ungarns (pag.
269) in Verhandl. d. k. k. geol. R.-A. Wien 1879.

[5]) Damit muß nicht die Möglichkeit eines gemeinsamen Vorkommens beider
Arten im Val d'Arno superiore geleugnet werden. Es ist ohne weiteres denkbar,
daß sich unter den jedenfalls günstigeren und anderen klimatischen Verhältnissen
am Südhange der Alpen *M. arvernense* bis in die Zeit, als *E. meridionalis* das
Val d'Arno erreichte, erhalten hat. Die Frage wird nach Darlegung der Wanderungen
des Genus *Elephas* ohne weiteres klar.

[6]) Ich halte die Bezeichnung „Fauna des Arnotales" bei R. Hoernes
l. c. pag. 1015 für nicht günstig gewählt, zumal die Vergesellschaftung der beiden
Proboscidiergattungen nicht mit Sicherheit in Abrede gestellt werden kann.

[7]) R. Hoernes, l. c. pag. 1015.

des Schalltales vertreten ist, der konsequenterweise auch der Mergelhorizont (mit *M. arvernense*) von Aszód bei Gödöllö zuzuweisen ist [1]).

Mit Rücksicht auf die oben auseinandergesetzten Tatsachen ist es naheliegend, die gefundenen Skeletteile für die Reste eines Tieres zu halten, welches spätestens im Mittelpliocän gelebt hat, da die Schotter von Dobermannsdorf in ihrem Gesamtcharakter mit den Mistelbacher Belvedereschottern, deren pontisches Alter feststeht, zwar völlig übereinstimmen, möglicherweise aber zufolge ihrer östlicheren Lage etwas jünger sein können.

2. Beschreibung der Reste.

Der weitaus wichtigere und allein bestimmbare Rest ist das ziemlich umfangreiche und sehr gut erhaltene Fragment eines Backenzahnes. (Taf. VI, Fig. 1 und 2.)

Das Stück zeigt folgende Maße:

	Millimeter
Größte Länge	150
Maximalhöhe (in der Flucht des 3. Joches)	120
Maximalbreite (letztes Joch)	95

Höhe der Joche (von rückwärts):

	Talon (abgebrochen)	50
	1. Joch	66
Zunahme der Abkauung	2. Joch	65
	3. Joch	62
	4. Joch	55
	5. Joch	45

Zweifellos haben wir es mit dem ungefähr halben Bruchstück eines III. echten Molaren zu tun. Keine Spur von Pressionseffekten durch einen nachrückenden Zahn ist an der Hinterseite des Fossils zu sehen. Vielmehr ist an der hinteren Schmelzwand des Talons [2]), welche zum Teil erhalten ist, zu erkennen, daß sich derselbe unbehindert entfaltet hat.

Die Kauflächenansicht zeigt uns einen breitkronigen, mit verhältnismäßig wenigen, weitgestellten Lamellen versehenen Zahn. Das Zement der Joche ist dick.

Der Talon ist seitlich und oben abgebrochen und zeigt die Reste von drei fingerartigen Schmelzpfeilern (Digitellen), welche normalerweise mit Dentin ausgefüllt sind.

---

[1]) In Spanien wurde die gleiche Dreiteilung des Pliocäns durch M. Schlosser (Über Säugetiere und Süßwassergastropoden aus Pliocänablagerungen Spaniens etc. in N. Jahrb. f. M. II., pag. 36, Stuttgart 1907) unzweifelhaft nachgewiesen.

[2]) Daß dieses letzte Joch der Talon und nicht etwa eine durch einen Bruch zur „letzten gewordene" Lamelle ist, geht mit Sicherheit aus der Art der Verjüngung der Jochbreiten nach hinten hervor.

Das erste Joch, welches durch eine 10 *mm* breite Zementlage vom Talon getrennt ist, setzt sich aus fünf Digitellen zusammen, deren rechteste weggeschlagen ist. Hinter dem Mittelpfeiler reiht sich eine sechste kleine Adventivdigitelle an. In gleicher, durch Zement ausgefüllter Entfernung bauen fünf zum Teil schon verschmolzene Pfeiler das zweite Joch auf; vom dritten an ist keine Fingerung sichtbar. Die Schmelzfiguren sind infolge der vorgeschritteneren Abkauung einheitlich. Von der Fältelung, welche die letzten beiden Abrasionsfiguren auszeichnet, ist der nach hinten rückspringende *Zipfel* deutlich erhalten, doch noch klein, die seitliche Fältelung ist zerstört. Am Vorderrande ist die für die letzten Joche typische Kannelierung ebenfalls unzweifelhaft erkennbar. Das dritte Joch ist von dem zweiten durch eine 12 *mm* breite, von dem vierten, wie dieses von dem fünften, durch eine 15 *mm* breite Zementlage getrennt.

Von den beiden vordersten, am schönsten erhaltenen Lamellen ist nur der rechte, wenig wichtige Rand der fünften abgebrochen. Sie zeigen besonders gut die Dicke und Ornamentierung des Schmelzbleches. Der Hinterrand springt etwa 3 *cm* vom linken Rand in einer mäßigen Falte nach vorn, bildet dann drei bis vier kleine Wellen und sendet etwa in der Mitte einen mächtigen, 7 *mm* langen Zipfel nach hinten aus; dann folgen Wellen, wie auf der linken Seite mit einer kleinen Einbuchtung nach vorn am vierten, ohne eine solche am fünften Joche. Der Vorderrand ist grobkanneliert, die Rillen vergrößern sich zeitweise, insbesondere den Falten der Hinterseite gegenüber, zu stärkeren Wellen. Die Breite des letzten Joches in der Gegend der stärksten medianen Expansion beträgt 20 *mm*, des vorletzten 18 *mm*.

Grobe, durch große Zementintervalle getrennte und bis zu 15 *mm* über die Zementbasis rautenförmig erhobene Lamellen läßt uns schon die Ansicht von der Kaufläche als auffallendstes Merkmal erkennen. Numerisch drückt sich dies im Verhältnis zwischen Länge und Jochzahl (150:6) aus, wonach auf 1 Lamelle samt Zementlage 25 *mm* kommen.

Die Seitenansicht des Zahnes gibt uns neben der viel klareren Bestätigung der letzterwähnten Tatsachen, insbesondere was die Dicke des Zements und die rautenförmige Erhebung der Joche anbelangt, zwei weitere äußerst wichtige Merkmale: 1. Die Schmelzbögen reichen nach unten bis zu einer ziemlich geradlinigen Grenze, welche durch die Höhenwerte der Joche (s. pag. 94) bestimmt ist. Da nun infolge der ganz eigenartigen Zahnung der Elefanten die Molaren immer vorn mehr niedergekaut sind als hinten, ist die Kronenhöhe je nach dem Abkauungsstadium an den einzelnen Jochen verschieden. Die tatsächliche Höhe können wir nur in jenen Fällen ermitteln, wo wenigstens eine Lamelle noch unangekaut oder in einem geringen Abkauungsstadium vorhanden ist; in letzterem Falle läßt sich die Höhe leicht finden, da die Joche bogenförmigen Scheiben entsprechen und aus der Neigung der beiden Bogenschenkel gegeneinander der Kulminationspunkt einfach rekonstruiert werden kann.

· Einer der. beiden vorerwähnten Abkauungszustände liegt aber gerade wegen der Sonderheit der Elefantendentition bei der. Mehrzahl der Backenzähne vor.

Bei unserem Stücke wurde das erste Joch (von rückwärts) eben erst in Kaufunktion gesetzt; wir können daher die .absolute Kronenhöhe mit 66—70 *mm* festlegen. Die ganze Partie unterhalb der obgenannten Grenze wird von der W u r z e l eingenommen, welche demnach zwischen 64 u n d 65 *mm* schwankt.

E i n V e r g l e i c h d i e s e r b e i d e n E l e m e n t e d e s Z a h n e s z e i g t u n s, d a ß d i e a b s o l u t e H ö h e d e r K r o n e d e r j e n i g e n d e r W u r z e l u n g e f ä h r g l e i c h k o m m t, a l s o d i e H ä l f t e d e s g a n z e n .S t ü c k e s a u s m a c h t.

D e r W e r t u n d d i e W i c h t i g k e i t d i e s e s V e r h ä l t n i s s e s v o n K r o n e n- u n d W u r z e l h ö h e f ü r d i e B e s t i m m u n g v o n E l e f a n t e n m o l a r e n u n d i n s b e s o n d e r e f ü r. d i e p h y l o-g e n e t i s c h e B e t r a c h t u n g d i e s e r T i e r g r u p p e w u r d e v o n s ä m t l i c h e n A u t o r e n b i s h e r ü b e r s e h e n.

Es ist dies um so erstaunlicher, als H. F a l c o n e r [1]) in seiner F a u n a a n t i q u a S i v a l e n s i s eine Zahl von Schnitten verschiedener Zähne von *Mastodon*, *Stegodon* und *Elephas* abbildet und auf die Zunahme [2]) der Kronenhöhe im Verlaufe der Entwicklung des Elefantenstammes durch Wort und Bild hinweist, ferner H. P o h l i g [3]) von t a p i n o d i s k e n und h y p s e l o d i s k e n Molaren spricht. N i e wurde die W u r z e l mit in Rücksicht gezogen und gerade auf s i e kommt es an.

Wir lernen die Bedeutung dieses Verhältnisses schätzen, wenn wir bedenken, daß die Elefanten, wie in einem. späteren Abschnitt eingehender dargelegt werden soll, infolge der Änderung ihrer Ernährungsbedingungen den Lamellenzahn erlangten, daß sich infolge der vermehrten Kautätigkeit der kurzkronige, langwurzelige (also b r a c h y o d o n t e) Mastodontenzahn zum langkronigen, kurzwurzeligen und schließlich fast wurzellosen (also h y p s o d o n t e n) Elefantenzahn umbildete.

Es ist dies dieselbe Erscheinung, die wir im Verlaufe der Entwicklung des Pferdestammes beobachten können.

2. Ein zweites Merkmal, welches für die Bestimmung von Elefantenmolaren, vor allem für die Trennung primitiver und spezialisierter Typen Bedeutung hat, ist die Größe des W i n k e l s, welchen K r o n e n b a s i s und K a u f l ä c h e einschließen. Allerdings ist es nur in jenen Fällen anwendbar, wo das hinterste J o c h eben angekaut ist.

Das Nachrücken des p e r m a n e n t e n Gebisses erfolgt bei Huftieren in der Regel in v e r t i k a l e r Richtung, so daß die Kaufläche

---

[1]) H. F a l c o n e r, Fauna Antiqua Sivalensis Proboscidea. Pl. I u. II, London 1846.

[2]) H. F a l c o n e r und P. C a u t l e y, Palaeontological Memoirs. Vol. I, pag. 74—75. Pl. 4, London 1868.

[3]) H. P o h l i g, Dentition und Kraniologie des *Elephas antiquus Falc.* etc. I. Teil, pag. 138, in Nova Acta Leop. Carol. Acad. Bd. LIII., Nr. 1. Halle 1888.

horizontal in Funktion tritt. Dies war auch bei. den Ahnen der Elefanten, teilweise noch bei *Tetrabelodon angustidens* der Fall und erfuhr bei den kurzsymphysigen M·astodonten eine nur·geringe Änderung im Sinne der elephantoiden Dentition. Mit der Vermehrung der Lamellen beim Genus *Stegodon* und *Elephas* ergab sich die Notwendigkeit, den wesentlich verlängerten· Zahn trotz der Verkürzung, der Symphyse unterzubringen; der Zahn mußte, anstatt auf einmal, allmählich in Funktion treten und rückte·im Ober- wie im Unterkiefer[1]) in einem Kreisbogen von oben nach unten heraus. Ein derartiges Herausrücken hat zur Folge, daß die vorderen Lamellen zur Zeit, wo die letzte in Kaufunktion tritt, bereits ziemlich abradiert sind, und zwar ist der Unterschied um.so größer, je stärker die Krümmung des Kreisbogens ist.

Diese hinwieder ist dem Spezialisationsgrad der Art proportional.

Der Unterschied läßt sich nun durch einen Winkel ausdrücken, dessen Schenkel von der Kaufläche und der Kronenbasis gebildet werden.

Er beträgt in unserem Falle, wo das erforderliche Abrasionsstadium eben erreicht ist, ungefähr 12⁰.

Die Vorderansicht des Stückes bietet nichts Auffallendes; die Wurzel ist nahe unterhalb der Krone stark komprimiert.

Über die Vorder- und Hinterseite des Zahnes kann nach all dem Ausgeführten kein Zweifel.sein. Orientieren wir ·nun die Wurzel vertikal, wie sie im·Kiefer stand, so ergibt sich die Deutung des Zahnes als linker III. Mandibelmolar ($M_{\overline{3}}$)[2]). Als Unterkieferzahn ist er durch die konkave Kaufläche gekennzeichnet; die Oberkiefermolaren weisen bei Elefanten immer eine konvexe Abrasionsfläche auf. Als ·linken Mandibelzahn charakterisiert ihn die starke Neigung der Disken nach innen bei obiger Orientierung.

––––––––

Ich schalte an dieser Stelle die Beschreibung eines Restes ein, welcher im städtischen Museum in Krems a. D. liegt und so weitgehend mit dem eben beschriebenen Zahn übereinstimmt, daß seine Zugehörigkeit zur gleichen Spezies.wohl kaum· einem Zweifel unterliegt (siehe Taf. VI, Fig.·3).

Das Stück, für dessen bereitwillige Überlassung zur Bearbeitung ich· Herrn Oberlandesgerichtsrat Dr. Franz Spängler † in Krems zu herzlichstem Dank verpflichtet bleibe, würde in einer Schottergrube an der·Straße·nach Stratzing gefunden.

Die Schichtenlagerung dieser Grube ist folgende-(vergl. dazu: Bau und Bild 1. c. pag.·1001):

––––––––

[1]) Im Unterkiefer rückt der Zahn aus dem Vertikalast in den horizontalen vor.

[2]) Ich bezeichne:

$m\frac{1}{-}$, $m\frac{2}{-}$, $m\frac{3}{-}$ = obere, $m\overline{1}$, $m\overline{2}$, $m\overline{3}$ = untere Milchmolaren;

$M\frac{1}{-}$, $M\frac{2}{-}$, $M\frac{3}{-}$ = obere, $M\overline{1}$, $M\overline{2}$, $M\overline{3}$ = untere echte Molaren.

Löß
Grobe Gerölle
Graugrüner, stark sandiger Letten
Rostroter Schotter.

Als Fundstelle ist ein „Schotter" bezeichnet; es kann kaum eine andere Schichte als die unterste in Betracht kommen.

Der Rest, viereinhalb Joche eines III. (?) (nach der konvexen Kaufläche wahrscheinlich oberen und dann linken) Molaren, ist rückwärts abgebrochen; das hinterste Joch dürfte nach dem Konvergieren seiner seitlichen Begrenzungsflächen das zweite bis vierte sein.

Die Maße sind:

Länge . . . . 110 *mm*
Breite: 1. Joch . . . . 60 „
       2. „ . . . . 85 „
       3. „ . . . . 90 „
       4. „ . . . . 83 „
       5. Joch ein kurzer Mittelrest von 34 „
Höhe: 1. „ . . . . 85 „
      2. „ . . . . 75 „
      3. „ . . . . 67 „
      4. „ . . . . 45 „

Die beiden rückwärtigen Lamellen bestehen aus je 5 Pfeilern mit grobem Schmelz. Die Kannelierung ist hier schwach, tritt aber vom nächsten Joch an immer deutlicher in die Erscheinung, während die Fingerung verschwindet.

Schon in der Mitte dieser Lamelle zeigt sich eine Zipfelbildung und Fältelung des Emails ganz ähnlich wie an den beiden letzten Jochen des Dobermannsdorfer Molaren. Noch schöner prägt sich diese Ähnlichkeit an der letzten vollständigen Usurfigur und an dem kleinen Mittelrest aus.

Ein Vergleich der beiden Abbildungen auf Taf. VI, Fig. 1 und Fig. 3, lehrt die außerordentliche Übereinstimmung.

Das Zement ist sehr reich und hüllt die Lamellen auch seitlich zum Teil ein.

Die Schmelzleisten sind stark rautig erhoben.

3. Bestimmung der Reste.

Schon ein weniger eingehender Vergleich unseres Molaren mit europäischen fossilen Arten zeigt durchaus unzweideutig, daß nur der Südelefant (*E. meridionalis Nesti*) für ein sorgfältiges komparatives Studium in Betracht kommt.

H. Pohlig[1]) hat mit der Einteilung des Genus *Elephas* in drei Gruppen einen sich recht gut bewährenden Schlüssel für die erste

---

[1]) H. Pohlig, On fossil Elephants, in .Quart. Journ. Geol. Soc. XLII, pag. 181. London 1886; ferner: Dentition und Kraniologie etc. I. Teil, pag. 138. Die Einführung der „international verständlichen" Ausdrücke halte ich für einen

Orientierung bei Bestimmung von Elefantenmolaren gegeben, welcher uns zu demselben Schlusse führt; er unterscheidet:

„I. Archidiskodonten: Typus *E. meridionalis*, Übergang zur folgenden Gruppe *E. planifrons*. Tapinodiske, latikoronate, kurze und pachyganale Molaren. Parsilamellat (meist nur 15 Lamellen an *M* III).

II. Loxo-(Disko-)donten: Typus *E. africanus* (u. *E. priscus*); Übergang[1]) zu der folgenden Gruppe bildet *E. antiquus*. Hypselodiske, angustikoronate Molaren.

III. Polydiskodonten: Typus *E. primigenius*. Übergänge zu der vorhergehenden Gruppe in *E. indicus, E.* (?) *namadicus*. Hypselodiske, latikoronate, lange, endioganale Molaren. Densilamellat (meist über 20 Lamellen an *M* III)."

Diese Zusammenstellung zeigt uns, daß die Gruppen II und III ohne weiteres außer Betracht kommen.

a) Vergleich mit E. meridionalis.

Ein eingehendes Studium und sorgfältiges Vergleichen mit den zahlreichen publizierten Zähnen von *E. meridionalis* ließ es mir unmöglich erscheinen, das Stück mit dieser Art zu identifizieren.

Die Jochformel kann uns diesbezüglich wenig Aufschluß gehen. Einerseits kann sie in unserem Falle nur rekonstruktiv annähernd erschlossen werden, anderseits hat sie überhaupt nur mittleren Wert, schwankt in der Regel bei *E. meridionalis* zwischen x 11 x und x 13 x[2]), bei *E. planifrons* zwischen x 10 x und x 11 x.

Die Formel wurde in diesen Grenzen seinerzeit von Falconer[3]) festgelegt, von Leith Adams[4]) bestätigt und vor kurzem durch C. W. Andrews[5]) wieder begründet.

Mißgriff und gebe ihre Erklärung: Tapinodisk = mit niedrigen Jochen (Gegensatz = hypselodisk), latikoronat = breitkronig (Gegensatz = angustikoronat), pachyganal = mit dickem Schmelzblech (Gegensatz = endioganal), parsilamellat = mit wenigen Lamellen (Gegensatz = densilamellat).

[1]) Die „Übergänge" sind nicht in phylogenetischem Sinne zu verstehen.

[2]) x—x sind die Talone. Pohlig nimmt x 16 x als Maximum an; es hat dies seinen Grund darin, daß der Autor zur Zeit der Abfassung der Monographie (Dentition etc.) die englischen Vorkommnisse aus den „Forestbeds", die er 1909 (M.-B. deutsch. geol. Ges. Bd. 61, pag. 242, Bonn) in ihrer Gesamtheit als *E. trogontherii* erkannte, noch zu *E. meridionalis* stellte. Dies stimmt vollkommen mit den Schlüssen, zu welchen K. Weithofer (Die fossilen Proboscidier des Arnotales in Beitr. z. Pal. Öst.-Ung. VIII., pag. 171, Wien 1891) aus dem Studium des italienischen Materials gelangte.

Daß die Lamellenformeln nur mittleren Wert haben können, geht aus der Erwägung hervor, daß die Vermehrung der Lamellenzahl mit der phylogenetischen Weiterentwicklung Hand in Hand geht und es aus diesem Grunde Formen geben muß, die nicht mehr *A* und noch nicht *B* sind.

Den Typus für *E. meridionalis* bilden jedenfalls die Stücke aus dem Oberpliocän des „Val d'Arno superiore".

Die untere Grenze (x 11 x) wird auch von den ältesten Typen aus Südrußland nicht überschritten. Vergl. M. Pavlow, Les éléphants fossiles de la Russie in Nouv. Mem. Soc. imp. Mosc. T. XVII, pag. 25 bis 27.

[3]) H. Falconer und P. Cautley, Pal. Mem. Vol. I, pag. 91.

[4]) L. Adams, On fossil Elephants, in Palaeontogr. Soc. London 1877—1881, pag. 208.

[5]) C. W. Andrews, A Guide to the Elephants (Recent & fossil), British Museum of Nat. History, pag. 46. London 1908.

H. P o h l i g [1]) trat, entgegen den erstgenannten Autoren, für die weiten Grenzen von x 10 x bis x 14 x für *E. planifrons* ein und zog als Begründung die von F a l c o n e r (Vol. I, pag. 433—434) selbst gegebenen Daten heran.

Diese Tatsache verliert jedoch alle Bedeutung, wenn wir bedenken, daß

1. durch den vorschnellen Tod F a l c o n e r s in seine Publikationen Verwirrungen gelangten, die sich nie wieder gänzlich austilgen ließen

2. das britische Material von *E. planifrons*, wie mir Herr Prof. C. W. A n d r e w s [2]) in London brieflich mitteilt, zum größten Teil die zur Bestimmung w e i t a u s w i c h t i g s t e S e i t e n a n s i c h t unmöglich macht;

3. *E. planifrons*, wie ich später überzeugend darzulegen hoffe, für *E. meridionalis* und dessen indischen Vertreter *E. hysudricus Falc.* die Ausgangsform bildet und demgemäß in Indien erst zu einer Zeit verschwand, wo die Abwanderung der Herden, aus welchen sich *E. meridionalis* entwickelte, längst erfolgt war.

Dies stimmt auch mit dem Schlusse überein, zu welchem P o h l i g [3]) aus der Gesamtbetrachtung der Zähne von *E. planifrons* gelangt.

Obwohl, wie oben bemerkt, die Lamellenformeln nur mittleren Wert haben, ist es doch von Interesse, sie in unserem Falle annähernd zu rekonstruieren.

Unser Zahn trägt sechs Joche (— 5 x) auf 150 *mm*; dies entspricht genau einer Länge von 25 *mm* für je ein Joch und ein Zementintervall.

Die größte überhaupt bekannte Länge eines Archidiskodontenmolaren ist 330 *mm* (13 i n c h e s) an einem $M_{\overline{3}}$ von *E. meridionalis*, den F a l c o n e r und C a u t l e y [4]) beschreiben.

Die B r e i t e d e s s e l b e n b e t r ä g t 109 *mm* (4·3 i n c h e s).

Wenn wir dieses L ä n g e n m a x i m u m annehmen, welches zufolge der viel g e r i n g e r e n B r e i t e unseres Stückes ganz undenkbar ist, wovon auch ein Blick auf die Kauflächenansicht überzeugt, so kommen wir auf eine Formel von x 11 x (13) Jochen; nehmen wir dagegen die den in der Literatur angegebenen Breiten zwischen 90 und 100 *mm* entsprechende Maximallänge von 300 *mm* rekonstruktiv an, so gelangen wir zu einer Formel von x 10 x (12).

In beiden Fällen bewegt sich das Resultat innerhalb der für *E. planifrons* gegebenen Grenzen, im wahrscheinlicheren gelangen wir zu einem Ergebnis, welches eine tiefere Stufe verrät als die ältesten und primitivsten M e r i d i o n a l i s - M o l a r e n von Kouialnik [5]) und Stauropol [6]) und der als *E. aff. planifrons* [5]) beschriebene Zahn von F e r l a d a n i in Bessarabien.

[1]) H. P o h l i g, Dentition und Kraniologie . . . etc. I., pag. 249. Fußnote.
[2]) Ich ergreife gerne die Gelegenheit, Herrn Prof. Dr. C. W. A n d r e w s für seine freundlichen Bemühungen meinen h e r z l i c h s t e n Dank auszusprechen.
[3]) H. P o h l i g, Dentition und Kraniologie . . . etc. I., pag. 246.
[4]) H. F a l c o n e r und P. C a u t l e y, Pal. Mem. Vol. II, pag. 118.
[5]) M. P a v l o w, l. c. pag. 25 u. 26, *E. aff. planifrons*, pag. 27.
[6]) H. P o h l i g, Dentition und Kraniologie . . . etc. Taf. C, Fig. 1.

Die Kauflächenansicht bietet im allgemeinen ein ähnliches Bild wie *E. meridionalis,* unterscheidet sich aber in einzelnen Punkten wesentlich:

Die Schmelzbänder sind wie beim Südelefanten dick, grob und wulstig, die Joche breit und im rückwärtigen Teil deutlich gefingert. Doch weicht die Kaufläche unseres Zahnes in folgenden Punkten von der des *E. meridionalis* ab:

1. Die Disken zeigen keine Spur der für genannte Spezies charakteristischen, in der Mandibel nach hinten k o n v e x e n, b o g i g e n K r ü m m u n g e n [1]).

2. Die zipfelförmigen Vorsprünge nach hinten, welche bei unserem Stücke, von fast d e n s e l b e n F ä l t e l u n g e n begleitet, am letzten und vorletzten Joch auftreten, fehlen allen verglichenen t y p i s c h e n Molaren von *E. meridionalis* [2]), finden sich dagegen in ähnlicher Ausbildung an zahlreichen Zähnen von *E. planifrons,* besonders schön an dem Zahn von F e r l a d a n i [3]) und dem Fragment von vier Jochen im s t ä d t i s c h e n M u s e u m in K r e m s a. D.

3. Die Zementzwischenlage erreicht nur bei den beiden letzterwähnten Molaren eine ähnliche Mächtigkeit.

4. Desgleichen findet sich nur bei diesen jenes rautenförmige Emporragen der Disken über die Zementbasis, welches an unserem Molaren 15 *mm* Höhe erreicht. Die typischen M e r i d i o n a l i s z ä h n e dagegen sind gerade durch das G e g e n t e i l gekennzeichnet.

Wir werden sehen, daß eben die Merkmale, welche unser Fragment von *E. meridionalis* entfernen, es *E. planifrons* naherücken.

Den untrüglichen B e w e i s, daß wir es mit einer Form zu tun haben, welche tief unter *E. meridionalis* steht, auf keinen Fall aber mit diesem selbst identisch ist, liefert die S e i t e n a n s i c h t d e s Z a h n e s.

Die Kronenhöhe, welche infolge des Umstandes, daß das erste Joch (nach dem Talon) eben erst angekaut ist, jeden bei weitgehender Abkauung immer berechtigten Zweifel ausschließt, bleibt weit hinter den für $M\frac{3}{3}$ von *E. meridionalis* angegebenen Maßen zurück.

Ich habe im folgenden eine Zahl von d r i t t e n u n d z w e i t e n M o l a r e n des genannten Elefanten übersichtlich zusammengestellt; es sind die typischen Formen des V a l d'A r n o s u p e r i o r e [4]):

---

[1]) K. Weithofer, l. c. pag. 108.

[2]) Zwei Zähne, welche Weithofer (l. c. Taf. XI) abbildet und von welchen der eine als *E. meridionalis* (Fig. 4) bezeichnet ist, der andere den verunglückten Speziesnamen *E. lyrodon Weith.* (Fig. 2) trägt, zeigen eine auffallende Übereinstimmung in der Kaufläche und schließen sich in den Usurfiguren eng an *E. planifrons* an. Die Krone bleibt an Höhe hinter den Meridionaliszähnen zurück. Ich glaube nicht fehlzugehen, wenn ich annehme, daß wir es in den beiden Typen, deren verschiedene Bestimmung übrigens ein sehr unzweifelhaftes Licht auf die Grenzen der beiden Arten *E. meridionalis* und *E.* „*lyrodon*" wirft, mit Übergangsformen von *E. planifrons,* wenn nicht mit dieser Art selbst zu tun haben.

[3]) S. Fußnote [5]) auf pag. 100.

[4]) Nach K. Weithofer, l. c. Die Zahlen in Klammern bezeichnen das Joch von hinten gerechnet ohne Talon.

E. meridionalis.

Bezeichnung des Zahnes	Höhe	Länge	Breite	Bemerkung
	der Joche in Millimetern			
$M^{\underline{3}}$	140 (5)	310	100 (1)	
$M^{\underline{3}}$	120 (3) 110 (8) 75 (12)	270 — —	98 (3) 90 (8) 55 (12)	* bedeutet, daß das Joch unangekaut ist.
$M^{\underline{3}}$	140 (8*)	270	{ 93 (1) {105 (6)	
$M^{\underline{3}}$	120 (5) 105 (9)	245	{105 (1—3) { 93 (6) { 76 (9)	
$M^{\underline{3}}$	110 (11)	280	107 (3)	
$M_{\overline{3}}$	110 (10)	310	{ 85 (3) {105 (6)	Die mandibularen Molaren aller Elefanten sind schmäler als die maxillaren.
$M_{\overline{3}}$	130 (6)	280	100 (7)	
$M_{\overline{3}}$	120 (7)	290	95 (6)	
$M^{\underline{2}}$	135 (7*)	240	80 (3)	
$M^{\underline{2}}$	140 (5*)	215	{ 80 (1) { 97 (8)	
$M^{\underline{2}}$	100 (5*)	210	75 (1)	
$M^{\underline{2}}$	115 (5*)	215	80 (2)	
$M_{\overline{2}}$	105 (—x)	198	{ 75 (4) { 82 (8)	
$M_{\overline{2}}$	100 (9)	198	83 (5)	
$M_{\overline{2}}$	110 (6*)	210	{ 65 (3) { 70 (6)	

Die aus den vorstehenden Zahlen ersichtliche Tatsache, daß selbst bei den einen primitiveren Charakter bewahrenden zweiten Molaren von *E. meridionalis* die Kronenhöhe im unangekauten Zustand nicht unter 100 *mm* herabsinkt, macht eine Vereinigung unseres Stückes mit dieser Spezies unmöglich.

Die numerischen Ergebnisse wie auch die Betrachtung der Seitenansichten von Meridionaliszähnen bei Falconer[1]) und Weithofer[2]) zeigen klar und deutlich, daß der Südelefant bedeutend hochkroniger, also weit spezialisierter war als unsere Art; die Zähne von Ferladani und Krems nehmen in dieser Hinsicht eine Mittelstellung ein.

An dem russischen Molaren nimmt nach einer Messung an den beiden photographischen Seitenansichten, in deren Besitz ich durch die Zuvorkommenheit der Frau Prof. Marie Pavlow[3]) in Moskau gelangte, die Wurzel vier Zehntel der Gesamthöhe ein; die seitlichen

---

[1]) H. Falconer, F. A. S. Part. II, Pl. XIV, Fig. 7 *b*.
[2]) K. A. Weithofer, l. c. Tafeln IX und X.
[3]) Für die liebenswürdige Zusendung der Photographien sage ich Frau Prof. M. Pavlow nochmals meinen besten Dank.

Abbildungen von Backenzähnen des *E. meridionalis* zeigen das gleiche Verhältnis in der Höhe von weniger als ein Drittel.

Unser Stück ist in diesem Punkte primitiver[1]) als das russische; Krone und Wurzel sind an Höhe ungefähr gleich, ein Umstand, der um so mehr ins Gewicht fällt, als das erste Joch eben angekaut ist.

Was uns die Gesamtbetrachtung der Kaufläche und in gleicher Weise die Rekonstruktion der Lamellenformel wahrscheinlich machte, erhebt der Befund über das phyletisch so wichtige Verhältnis zwischen Krone und Wurzel zur vollen Gewißheit, daß unser Zahn auch mit den ältesten Vertretern von *E. meridionalis* nichts zu tun hat, vielmehr einen weit primitiveren Typ repräsentiert.

Bevor ich auf die Speziesbestimmung eingehe, halte ich es für zweckmäßig, die Stratigraphie des Südelefanten näher zu beleuchten, um auch von dieser Seite einen Vergleich mit unserem Fund durchführen zu können.

Die Hauptverbreitung des *E. meridionalis* (Typus) fällt wohl in jenen Horizont, welcher den Ablagerungen des Val d'Arno superiore entspricht, nach Weithofer[2]) jüngeres Pliocän.

H. Pohlig[3]), dessen Ergebnisse mit denen Weithofers in keiner Weise zusammenhängen, kam zu dem gleichen Resultat gelegentlich der Erörterung der Stratigraphie des *E. antiquus Falc.* Als Hauptverbreitung nimmt Pohlig für *E. meridionalis* das Oberpliocän — Unterpliocän, für *E. antiquus* das oberste Pliocän[4]) — Oberplistocän an, während *E. primigenius* dem Plistocän zugehört. Allerdings tritt die Übergangsform *E. (meridionalis) trogontherii Pohl.* bereits an der Wende von Pliocän und Plistocän auf.

Gleichfalls als oberpliocäne Form wird *E. meridionalis* von Th. Fuchs[5]) und R. Hoernes[6]) in durchaus unzweideutiger Weise charakterisiert.

Anders steht es mit den russischen Zähnen[7]). Sie gehören bis auf den einen als *E. aff. planifrons* beschriebenen, dessen Stellung ich weiter oben präzisierte, schon *E. meridionalis* zu, zeigen aber durch die weit abstehenden, durch große Zementzwischenlagen ge-

---

[1]) Die Erklärung für diesen scheinbar primitiveren Zustand liegt in der Tatsache, daß der Zahn von Ferladani ein Oberkiefermolar ist, wie aus der Winkelstellung des angekauten zum unberührten Teil der Kaufläche ohne weiteres erhellt. Die Kronenhöhe von oberen Molaren übertrifft bei allen Elefantenarten die der unteren, eine Tatsache, die aus dem größeren, zur Verfügung stehenden Raum in der Maxille leicht begreiflich ist.

[2]) K. A. Weithofer, l. c., pag. 197.

[3]) H. Pohlig, Dentition und Kraniologie ... etc. I., pag. 17 u. 18. M. Pavlow scheint diese Darlegungen Pohligs übersehen zu haben:„La position géologique des éléphants: *meridionalis, antiquus* et *primigenius* n'est pas bien définie non plus." (L. c. pag. 52.)

[4]) H. Pohlig, Dentition und Kraniologie ... etc. I., pag. 28.

[5]) Th. Fuchs, siehe Fußnote [4]), pag. 93.

[6]) R. Hörnes, siehe Fußnote [1]), pag. 93.

[7]) M. Pavlow, l. c. pag. 25—28. Pag. 27: „La dent figurée par Pohlig T. C, fig. 1 (l. c. ll) *El. meridionalis* de Stavropol pourrait être aussi rapportée ici."

trennten Lamellen und die niedrige, x 11·x niemals übersteigende Formel, sehr primitives Gepräge.

Über die Schichten von Kouialnik, welche diese Reste lieferten, teilt M. Pavlow[1]) mit:

„J'ai appris, comme je l'ai déjà indiqué dans la préface de cet ouvrage, que les sables ferrugineux, qui ont renfermé ces dents, sont déposés immédiatement sur les dépôts méotiques et sont considerés par Mr. Sinzov comme appartenant au pliocène supérieur.

D'après les données exposées par feu N. Sokolow, il ne partage pas ce point de vue et voit dans ces sables de Kouialnik un dépôt plus ancien[2]); c'est aussi l'opinion du professeur Androussow."

Ferner über *El. aff. planifrons*[3]): „Dernièrement j'ai reçu une dent des sables ferrugineux du village Ferladani (Bessarabie), localité comme déjà par la trouvaille des restes de *Mastodon Borsoni* dans les couches à Congeria.

Le gisement de la dent d'éléphant ne m'a pas été strictement donnée et je ne puis dire au juste les conditions dans lesquelles elle a été trouvée.

La roche qui l'a enveloppé est un sable ferrugineux avec du gravier du type de Tiraspol."

Wenn durch diese Angaben auch nichts Bestimmtes ausgedrückt wird, so sehen wir doch, daß die Schichten von Kouialnik, noch mehr die von Ferladani wahrscheinlich weiter zurückreichen als ins Oberpliocän.

Bedenken wir dabei, daß sich der Molar von Ferladani bereits weit vom Typus des *E. meridionalis* entfernt, daß die Stücke von Kouialnik ihm zwar nahekommen, doch ihn noch nicht erreichen, so erlangen wir, bei Berücksichtigung der stratigraphischen Verhältnisse der Schotter von Dobermannsdorf, einen ganz bestimmten Gesichtspunkt für die Beurteilung der Artzugehörigkeit unserer Reste.

Auch von dieser Erwägung gelangen wir zu dem Resultat, welches die morphologische Analyse ergeben hat.

b) Bestimmung als E. planifrons Falc.

Wenn nun erwiesen ist, daß der Elefantenfund von Dobermannsdorf *E. meridionalis* nicht ist, bleibt die Frage offen, ob er der einzigen[4]) noch in Betracht kommenden Art *E. planifrons* aus den Sewalik-Hills Indiens zugehört oder eine eigene Spezies darstellt.

Im allgemeinen bildet ja eine räumliche Trennung, wie sie zwischen den beiden in Betracht kommenden Lokalitäten besteht, keinen Grund, von vornherein verschiedene Arten anzunehmen.

Für unseren besonderen Fall sind zwei Dinge von Wichtigkeit:

---

[1]) M. Pavlow, l. c. pag. 26.
[2]) N. Sokolow, La pedologie, 1904, Nr. 2, id. Mius-Liman, 1902.
[3]) M. Pavlow, l. c. pag. 27.
[4]) *E. hysudricus*, ebenfalls eine sewalische Form, ist noch etwas höher spezialisiert als *E. meridionalis*.

1. Europa hat bisher, wie alle anderen außerasiatischen Gebiete, keinen einzigen Rest von jener Gruppe geliefert, welche direkt den Übergang von den Mastodonten zu den Elefanten bildet: der Gruppe *Stegodon*. Das einzige pliocäne, jochzähnige Mastodon (*M. Borsoni Hays.*) ist ein echtes Mastodon, ohne jede Spur von Zement zwischen den Jochen und zeigt so nahe Beziehungen zu *M. americanum Cuv.*, daß Funde in Rußland[1]) geradezu der amerikanischen Form zugeteilt wurden.

Jedenfalls kommt *M. Borsoni* als Ahnenform der Elefanten nicht in Betracht.

2. Daraus ergibt sich die Notwendigkeit, eine Einwanderung von Elefanten oder Stegodonten anzunehmen, da sonst das plötzliche Auftreten des *E. meridionalis* im Oberpliocan Europas unbegreiflich wäre.

Diese unerläßliche Annahme wurde sowohl im allgemeinen für die Faunen beider Erdteile, wie insbesondere für die Proboscidier von der Mehrzahl der Forscher gemacht.

Unter anderen seien D. Brauns[2]) und K. A. Weithofer[3]) erwähnt.

Die Notwendigkeit dieser Annahme bewog in gleicher Weise R. S. Lull[4]), der Frage nach den Wanderungen der Proboscidier überhaupt größere Aufmerksamkeit zuzuwenden. Seine Darlegungen machen eine Fülle von Wanderungen wahrscheinlich, in einzelnen Fällen (*E. primigenius*, insbesondere aber *E. imperator* und *E. Columbi*) sind sie das einzige Mittel, die Herkunft und Ausbreitung dieser Arten zu begreifen.

Bedenken wir nun, daß in Bessarabien, welches auf der Wanderstraße von Indien nach Europa liegt, der Zahn eines *E. planifrons* gefunden wurde, ferner die Meridionalismolaren dieser Fundstätten (Stauropol, Kouialnik) sehr primitive Verhältnisse zeigen, so ergibt sich ohne weiteres die Möglichkeit, die Reste aus dem Marchfeld *E. planifrons* zuzuteilen, wenn die überwiegende Mehrzahl der Merkmale übereinstimmt.

Hat es sich bisher hauptsächlich darum gehandelt, die Verschiedenheit der vorliegenden Reste von *E. meridionalis* darzutun[5]), so sollen die folgenden Ausführungen zeigen, daß wir auch vom rein morphologischen Gesichtspunkt aus keinen Grund haben,

---

[1]) M. Pavlow, Nouvelles trouvailles de *M. Borsoni* au sud de la Russie. Annuaire géol. min. Russie V, pt. 1 et 2, pag. 13/14. Warschau 1901.

[2]) D. Brauns, Über japanische diluviale Säugetiere. Zeitschr. d. Deutsch. geol. Ges. Bd. 35, pag. 6. Berlin 1883.

[3]) K. A. Weithofer, l. c. pag. 238.

[4]) R. S. Lull, The evolution of the Elephant. in Amer. Journ. Science, vol. XXV., New Haven 1908.

[5]) Dies war um so wichtiger, als eine Zahl von Forschern auf die Ähnlichkeit der Molaren von *E. planifrons* und *E. meridionalis* hingewiesen hatten. So: H. Falconer und P. Cautley, Pal. Mem. Vol. II, pag. 91, 119, 253. — L. Adams, l. c. pag. 186. — H. Pohlig, Dentition und Kraniologie . . . etc. I, pag. 246. — K. A. Weithofer, l. c. pag. 172. Die Unhaltbarkeit der Ansicht Weithofers über die Jochhöhe der beiden Elefanten ergibt sich aus den weiter unten folgenden Darlegungen über die Seitenansicht von *E. planifrons*.

die Identifizierung mit dem sewalischen *E. planifrons* zurückzuweisen.

Die Jochformel hält — soweit wir sie überhaupt rekonstruktiv berechnen können — die Grenzen ein, welche Falconer[1]) seinem *E. planifrons* gesteckt hat. Ich habe diese Frage schon früher (pag. 100) eingehend erörtert und glaube daher, einer Wiederholung überhoben zu sein.

Betrachten wir zunächst die Merkmale genauer, welche sich uns von der Kauflächenansicht bieten (s. Taf. VI, Fig. 1):

1. Die Disken von *E. planifrons* sind gerade; eine nach hinten konvexe Krümmung ist niemals vorhanden.

2. Während sämtlichen typischen Zähnen des Südelefanten, welche ich vergleichen konnte, jede zipfelförmige mediane Expansion nach rückwärts fehlt, finden sie sich in ganz ähnlicher Ausbildung bei etlichen Exemplaren von *E. planifrons*, desgleichen an den Zähnen von Ferladani und Krems.

Zur Bekräftigung dessen, ferner um auch die große Mannigfaltigkeit der Usurfiguren von Planifronsmolaren zu zeigen, diene die folgende Tabelle[2]):

	Bezeich-nung des Zahnes	Abbildung in der Fauna antiqua Sivalensis	Usurfiguren
1	O.-M.	I. Pl. 6, Fig. 4	ohne jede Faltenbildung
2	U.-M.[3])	I. Pl. 8, Fig. 2	mit zipfelförmigen medianen Expansionen nach hinten und vorn (wie bei *E. africanus*)
3	O.-M.	I. Pl. 10, Fig. 2	ohne merkliche Zipfel
4	U.-M.	I. Pl. 11, Fig. 2	mit zipfelförmiger Medianexpansion nur nach hinten
5	U.-M.	I. Pl. 11, Fig. 7	mit Zipfeln nach vorn und hinten
6	U.-M.	I. Pl. 11, Fig. 1	dtto.
7	U.-M.	I. Pl. 11, Fig. 8	dtto.
8	O.-M.	I. Pl. 12, Fig. 4 und 4a	*E. namadicus*-ähnlich, ohne Zipfel, mit starker Perlung
9	O.-M.	I. Pl. 12, Fig. 5	mit Zipfeln nach vorn und hinten
10	O.-M.	I. Pl. 12, Fig. 6	ohne jede Zipfelbildung, höchst einfach
11	U.-M.	I. Pl. 12, Fig. 8	mit zipfelförmiger Medianexpansion nach hinten

[1]) H. Falconer und P. Cautley, Pal. Mem. Vol. II, pag. 18.

[2]) O.-M. = Oberkiefermolar, U.-M. = Unterkiefermolar. Sämtliche Zitate beziehen sich auf H. Falconers Fauna antiqua Sivalensis.

Von Wichtigkeit ist bei der Bestimmung von Elefantenmolaren, insbesondere des *E. planifrons*, die Beachtung der folgenden Ansicht, welche R. Lydekker, Tertiary Mammalia, Siwalik and Narbada Proboscidea in Palaeontologia Indica (Mem. Geol. Surv. Ind., ser. X, vol. I, pag. 275. Calcutta 1880) über die genannte Art äußert:

„The enamel is of great relative thickness, and much cranulated or crimped in the higher portions of the ridges, but inferiorly this crimping is absent, this causes a great difference of the crown-surface of a little worn and a much worn tooth.“ (!)

[3]) Fälschlich als *E. hysudricus* bezeichnet; berichtigt in den Pal. Mem.

Die Übersicht lehrt uns einerseits die weitgehende Variabilität dieses Merkmals kennen, anderseits zeigt sie uns, daß in fünf Fällen ähnliche, in zweien nahezu gleiche Bildungen an Molaren von *E. planifrons* auftreten, wie sie auch unser Stück zeigt.

Zudem stimmt die Form von Talon, erstem und zweitem Joch, insbesondere was die Fingerung derselben anbelangt, in vier Fällen (2., 3., 4., 9.) ganz auffallend mit den Verhältnissen an unserem Stück überein; an dem unter 9 angeführten Zahn findet sich hinter dem ersten Joch ebenso wie an unserem Molaren ein A d v e n t i v p f e i l e r.

3. Die bedeutende Menge von Zement, welche die Jochzwischenräume von *E. planifrons* ausfüllt, fällt auch an unserem Molaren auf. F a l c o n e r [1]) wies auf dieses Hauptcharakteristikon mit Nachdruck hin.

4. Die rautenförmige Erhebung der Joche über die Zementbasis bis zu einer Höhe, wie sie unser Stück charakterisiert, ist für *E. planifrons* geradezu t y p i s c h.

Weit wichtiger als all diese bei den einzelnen Elefantenarten oft sehr variablen Charaktere der Kaufläche sind für uns diejenigen, welche der Zahn, von der S e i t e g e s e h e n, erkennen läßt (siehe Taf. VI, Fig. 2).

Vor allem muß dem Verhältnis zwischen K r o n e n- und W u r z e l h ö h e aus den auf Seite 96 auseinandergesetzten Gründen entscheidende Bedeutung zukommen. Seit H. F a l c o n e r s geistvoller Bearbeitung der sewalischen Proboscidier wissen wir, daß *E. planifrons* infolge etlicher Merkmale [2]), auf die ich in ihrer Gänze im phylogenetischen Teil meiner Studien noch eingehend zu sprechen komme, der weitaus p r i m i t i v s t e e c h t e E l e f a n t war.

Dies prägt sich in der Kronenhöhe und ihrem Verhältnis zur Wurzel aus, wie aus den von F a l c o n e r [3]) abgebildeten Längsschnitten klar zu erkennen ist.

Aus ihnen ersehen wir auch, daß s i c h d i e b e i d e n i n R e d e s t e h e n d e n Z a h n e l e m e n t e, e b e n s o w i e e s b e i u n s e r e m S t ü c k e [4]) d e r F a l l i s t, u n g e f ä h r z u r H ä l f t e i n d i e G e s a m t h ö h e t e i l e n.

Ähnlich wie bei der Besprechung des *E. meridionalis* lasse ich auch hier etliche Zahlen folgen, welche sich durchwegs auf Originale

---

[1]) H. F a l c o n e r und P. C a u t l e y, Pal. Mem. I, pag. 75.

[2]) Die Hauptstütze für diese Ansicht bildet das Vorhandensein von e i n e m, akzidentiell auch z w e i Prämolaren, welche sonst sämtlichen echten Elefanten fehlen.

Die Tatsache wurde nur einmal von H. P o h l i g angezweifelt, im II. T e i l seiner Monographie (Dentition etc.), pag. 312, aber widerrufen.

In letzter Zeit wurde sie neuerdings von C. W. A n d r e w s (On the Skull etc. in Phil. Trans. Roy. Soc. ser. B. 199, pag. [193]. London 1908) bestätigt.

[3]) H. F a l c o n e r, F. A. S., Pl. 2, Fig. 5 *a* und 5 *b*.

[4]) Das Verhältnis ist auf pag. 96 im mittleren Maße angegeben. Die vorderen Joche sind ja zweifellos (mit Rücksicht auf die weiter vorgeschrittene Abrasion) bis auf etwa 80 *mm* zu ergänzen (4. u. 5. Joch). Die gleiche Höhe von 80 *mm* zeigt m a x i m a l (beim 3. Joch) die Wurzel.

Falconers[1]) beziehen; dabei ist immer zu bedenken, daß es die Stücke sind, bei welchen Falconer die Kronenhöhe angab, wir also keinesfalls eine Auswahl von primitiven Typen vor uns haben:

E. planifrons:

Bezeichnung des Zahnes	Höhe	Länge	Breite	Bemerkung
	der Joche in Millimetern			
$M^{\underline{3}}$ . . .	104 (2)	135	100	Pal. Mem. I., pag. 110, unangekautes Fragment!
$M^{\underline{3}}$ . . .	102 (größte Höhe)	247	89	Pal. Mem. I., pag. 430, F. A. S., Pl. XI., unangekaut!
$M^{\underline{3}}$ . . .	76	242	89	F. A. S., Pl. II., Fig. 5 *a*. Der im Längsschnitt dargestellte, obere Molar
$M_{\overline{3}}$	89 (9)	.267	107	Pal. Mem. I., pag. 431, F. A. S., Pl. XI., Fig. 5.
$M_{\overline{3}}$ . . .	97 (5)	142 Länge der ersten 5 Joche	94	Pal. Mem. I., pag. 432, F. A. S., Pl. XI., Fig. 10, unangekaut!
$M_{\overline{3}}$ . . .	64	290 ·	89	F. A. S., Pl. II., Fig. 5 *b*. Der im Längsschnitt dargestellte untere Molar
$M_{\overline{3}}$[2]) . .	115 (10)	323	92	Pal. Mem. I., pag. 433, F. A. S., Pl. XII., Fig. 13.

[1]) Wie bereits erwähnt, wandte ich mich an Herrn Prof. Dr. C. W. Andrews in London mit der Bitte, mir in dieser Art die Maße von weiteren Stücken des British Museum of Natural history zukommen zu lassen; trotz der sehr dankenswerten Bemühungen gelang es Herrn Prof. Andrews nicht, noch Zähne zu finden, welche die Kronenhöhe unzweifelhaft erkennen ließen.

Seine Meinung über die Artzugehörigkeit unseres Molaren, den ich ihm in drei verschiedenen Ansichten zusandte, drücken die folgenden, zum Teil schon an anderer Stelle (G. Schlesinger, Über den Fund einer pliocänen Elefantenstammform *[Elephas cf. planifrons Falc.]* in Niederösterreich. [Vorläufige Mitteilung.] In Monatsblatt Ver. Landeskunde v. Niederösterr., X. Jahrg., Nr. 1C, pag. 243, Wien, April 1911) veröffentlichten Zeilen aus:

„In one *E. planifrons* molar I found that the height of the unworn ridge of the crown is 10·5 *cm*, while that of the root is about 12 *cm*. In another these measures are, 6—7 *cm* and 7 *cm*. In a molar (upper) of *E. meridionalis* the crown was 15 *cm* high, the roots only about 5·5 *cm*. — — —

I have compared your photographs with our specimens and I agree that the specimen approaches *E. planifrons* very nearly and I think it is perhaps a little more primitive, that is it has a lower crown."

[2]) Von diesem Molaren bemerkt H. Falconer (Pal. Mem. I., pag. 443): „shows about thirteen ridges and a heel or possibly fourteen", also x 12 x !

Daß Falconer diesen Zahn als *E. planifrons* beschreibt, da er tatsächlich in den Kauflächencharakteren mit den typischen Planifronsmolaren übereinstimmt, wirft ein ganz bestimmtes Licht auf die phylogenetische Stellung dieser

. . Die Tabelle führt uns sehr weit voneinander abstehende Grenzen für die Kronenhöhen vor Augen. Abgesehen von dem sicher nicht mehr als *E. planifrons* bestimmbaren $M_{\overline{3}}$ mit 115 *mm*, schwanken die Werte für o b e r e M o l a r e n zwischen 76 u n d 104 *mm*, für .u n t e r e zwischen 64 u n d 97 *mm*.

Dies kann uns jedoch nicht überraschen, wenn wir erwägen, daß *E. planifrons* als charakteristische Ahnenform und Übergangsart enormen Variabilitätsschwankungen unterworfen sein mußte, wie es ja schon die Betrachtung der Kauflächen deutlich gezeigt hat.

Sehr wichtig ist für uns, daß die beiden, in dieser Hinsicht verläßlichsten Stücke, welche F a l c o n e r in Längsschnitten abgebildet hat, die Höhenminima von 76 *mm* für $M^{\underline{3}}$ und 64 *mm* für $M_{\overline{3}}$ aufweisen.

Rechnen wir ferner noch mit der Tatsache, welche für a l l e Elefantenmolaren Geltung hat, daß die u n t e r e n M o l a r e n i m m e r e i n e g e r i n g e r e K r o n e n h ö h e h a b e n a l s d i e o b e r e n, so schließt sich unser Zahn ohne weiteres auch in diesem Merkmal an *E. planifrons* an.

Zudem ersehen wir aus diesem Vergleich, daß wir es in unserem Falle mit einem primitiven Vertreter der Art zu tun haben, eine Erwägung, welche auch die Jochformel nahelegte. . .

Wir werden Gelegenheit haben, auf dieses Ergebnis bei der Darlegung der Wanderungen und der Stammesgeschichte der Proboscidier zurückzukommen.

Von besonderem Interesse ist ein Vergleich des Winkels, den U s u r f l ä c h e und K r o n e n b a s i s von *E, planifrons* einschließen, mit dem Resultat, welches diesbezüglich unser Molar ergeben hat.

Es ist mir gelungen, in zwei Fällen u n t e r e III. M o l a r e n von *E. planifrons* zu finden, bei welchen das hinterste Joch eben in Kaufunktion tritt oder getreten ist.

Im ersten Falle (F. A. S. I., Pl. 2., Fig. 5 b) beträgt der besagte Winkel 16°, im zweiten (F. A. S. I., Pl. 12., Fig. 13) 12°.

An einem $M_{\overline{3}}$ von *E. (Stegodon) insignis* (F. A. S. I., Pl. 2., Fig. 6 b) im gleichen Stadium, ergab die Messung 6°.

Diese auffallende Übereinstimmung findet ein Gegenstück in folgender aus der Vorderansicht unzweideutig erhellender Tatsache:

Orientieren wir den Zahn mit g e r a d e r Wurzel, so zeigt sich, daß die Usurfläche von außen nach innen geneigt ist, und zwar beträgt der Höhenunterschied ungefähr 20 *mm* (= $^3/_4$ i n c h e s).

Diese Zahl entspricht vollkommen den von F a l c o n e r[1] angeführten Verhältnissen:

„The slope of wear inclines very much from the outside inwards, the difference being nearly $^3/_4$ inch at the third ridge of the left side."

Art. *E. planifrons* hat sich eben, wie ich später genauer darlegen werde, nachdem bereits einzelne p r i m i t i v e r e Herden abgewandert waren, in Indien selbst zu *E. hysudricus* weiterentwickelt und jene Übergangsformen gebildet, welche Mischcharaktere der beiden Arten tragen.

R. L y d e k k e r (Catal. foss. Mamm. P. IV. Proboscidea, pag. 106, M. 3083) teilt das Stück *E. hysudricus* zu.

[1] H. F a l c o n e r und P. C a u t l e y, Pal. Mem. Vol. I, pag. 429.

Ich glaube, daß wir bei der Wiederkehr so zahlreicher und typischer Charaktere von *E. planifrons* an unserem Zahn keine Berechtigung haben, rein auf Grund der oben als unhaltbar erwiesenen räumlichen Trennung an eine neue Art zu denken, daß wir vielmehr verpflichtet sind, die Reste von Dobermannsdorf *E. planifrons Falc.* zuzuteilen und die in ein zuverlässigeres Stadium getretene Frage nach den Wanderungen und der Stammesgeschichte der Elefanten neuerdings kritisch zu untersuchen.

Die Funde von Ferladani und Krems bieten, insbesondere für den ersten Teil der Frage, ein nicht zu unterschätzendes, wichtiges Moment.

————————

Bevor ich mich dem Hauptteil meiner Studie zuwende, dessen Rückgrat die bisherigen Erörterungen gleichsam bilden, möchte ich noch die Biostratigraphie des *E. planifrons*, soweit sie überhaupt für mich zu erkunden war, besprechen.

Falconer und Cautley[1]) äußerten sich nicht in bestimmter Weise über die Einteilung der „Sewaliks", betonten aber, „that the epoch of the Sewalik fauna may have lasted through a period corresponding to more than one of the tertiary periods of Europe."

Im Jahre 1891 nahm C. S. Middlemiss[2]) in dem von Falconer und Cautley bereits geäußerten Sinne eine Einteilung der Sewaliks vor.

Eingehend vom faunistisch-stratigraphischen Gesichtspunkte beschäftigte sich G. E. Pilgrim mit der Frage.

Schon 1908[3]) unterschied er drei Horizonte:

1. Lower Sewalik (älter als Pikermi und Samos) = sarmatisch;

2. Middle Sewalik (zwischen Lower und Upper Sewalik, an manchen Lokalitäten fehlend);

3. Upper Sewalik = oberes Pliocän[4]).

Damit teilt er das Middle Sewalik dem unteren Pliocän zu, wobei zu bemerken ist, daß er ein mittleres nicht unterscheidet.

Genauer trennt er die Faunen 1910[5]):

Aus der Tabelle (pag. 205), wie aus dem Text (pag. 191, 192) geht hervor, daß er auf seiner ursprünglichen Meinung bezüglich des Lower Sewalik (= sarmatisch) besteht, das Middle Sewalik der pontischen Fauna (Pikermi, Samos etc.) gleichstellt.

————————

[1]) H. Falconer und P. Cautley, Pal. Mem. Vol. I, pag. 28.

[2]) C. S. Middlemiss, Physical Geology of the Sub-Himalaya in Mem. Geol. Survey India XXIV. Calcutta 1891.

[3]) G. E. Pilgrim, The Tertiary and posttertiary freshwater deposits of Baluchistan and Sind etc. in Records Geol. Survey Ind. Vol. XXXVII, pag. 139. Calcutta 1908.

[4]) L. c. pag. 166.

[5]) G. E. Pilgrim, Preliminary note on a revised classification of the tertiary freshwater deposits of India in Records Geol. Survey Ind. Vol. XL, pag. 185 ff. Calcutta 1910.

„The Siwalik-Hill fauna of the Fauna antiqua Sivalensis", fährt
Pilgrim[1]) anschließend an den Nachweis der genannten drei
Schichten im Salt Range und den Pabbi-Hills fort, „is repea-
ted identically in these beds, though not in such varied abundance.
The fauna is quite distinct from that of the Middle Siwaliks and
there is remarkably little overlapping of species."

Desgleichen weist der Gesteinscharakter (Falconer und
Cautleys „marl and conglomerates") darauf hin, daß die typische
Sewalikfauna dem „Upper Sewalik" zugehört. Doch führt G. E.
Pilgrim[2]) bei der Aufzählung dieser Fauna folgende Arten an:

„*Camelus sivalensis, Equus sivalensis, Hippodactylus antilopinus,
Elephas hysudricus, Sivatherium giganteum, Buffelus platyceros, Bos sp.*
various."

Hier, wie in allen anderen Faunenlisten des „Upper Sewalik"
(zum Beispiel Jamu und Kangra, ferner den Sewalik-Hills selbst)
erwähnt er nie *E. planifrons* und gibt ihn nur in der summarischen
Übersicht (pag. 198—204) unter den Proboscidiern mit *Mastodon
sivalense*, Stegodonten und *El. hysudricus* als dem Upper Sewalik
zugehörig an. *E.* (*Steg.*) *Clifti* und *E.* (*Steg.*) *bombifrons* teilt er auch
dem Middle Sewalik zu.

Es ist mir nicht gelungen, für diese Verteilung irgeudwelche
Anhaltspunkte in der Literatur zu finden. Falconer und Cautley[3]),
seit deren Beschreibung meines Wissens kein *E. planifrons* aus Indien
mehr publiziert wurde, geben keinerlei Anlaß zu einer Verteilung,
wie sie Pilgrim durchführte.

Dagegen scheint mir das konstante Fehlen von *E. planifrons*
in dem typischen Upper Sewalik, welches auch später mehrere
Faunen (darunter meist *E. hysudricus*) geliefert hat, darauf hinzuweisen, daß erstere Form entweder sehr tief in dem 10.000 Fuß
mächtigen (Pilgrim, l. c. pag. 192) Upper Sewalik oder noch
im Middle Sewalik gefunden wurde[4]).

Dies ergäbe ein Alter an der Wende von Unter-
und Mittelpliocän und entspräche durchaus zeitlich
den Verhältnissen bei Dobermannsdorf.

---

[1]) G. E. Pilgrim, Preliminary etc., l. c. pag. 191.
[2]) G. E. Pilgrim, Preliminary etc., l. c. pag. 205.
[3]) H. Falconer und P. Cautley, Pal. Mem.
[4]) Herr Dr. G. E. Pilgrim hatte die Freundlichkeit, auf meine Anfrage
umfänglich Auskunft zu erteilen; es ist zu hoffen, daß die Frage in etwa Jahres-
frist entschieden wird.
Nachfolgend der Teil des Briefes, welcher die Stratigraphie von *E. planifrons* behandelt:
„*E. planifrons* is so far as I know entirely absent from the Middle Siwaliks,
in fact no *Elephas* found in them only *Stegodon*. Therefore in India it appears
later than the Pontian (Miocene). The lowest portions of the Upper Siwaliks are
as a rule unfossiliferous, but I should say it was highly probable that it is met
with in the middle strata of the upper Siwalik along with *E. hysudricus*, and
persisted into the upper beds. It has not been found in the Pleistocene beds of
the Narbada, Godavari and Ganges, therefore we must regard it as a Pliocene
species in India, and most probably its range is from below the middle of the
Pliocene almost up to the top of the Pliocene."

II. Stammesgeschichte und Wanderungen der Rüsseltiere.

Es wäre verfehlt, die Stammesgeschichte einer Gruppe von rezenten oder fossilen Tieren aufhellen zu wollen, ohne den Anschluß an nächstverwandte tieferstehende Formen zu berücksichtigen. Dieser Gedanke nötigt mich, die gesamte Gruppe der Rüsseltiere, vornehmlich was ihre Stammesgeschichte betrifft, in den Kreis meiner Betrachtungen zu ziehen [1]).

Ich halte mich zu dieser kritischen Darstellung um so mehr für berechtigt und verpflichtet, als manche Frage, welche für die Entwicklung des Genus *Elephas* von entscheidender Bedeutung ist, durch das Studium der **Mastodonten und ihrer Verwandten** aufgerollt und der Lösung nähergebracht wird.

Vor dem Eingehen in die Kritik der stammesgeschichtlichen Linien, welche von den einzelnen Autoren gezogen wurden, möchte ich kurz in chronologischer Folge auf die bezüglichen Stammbäume hinweisen. Der früheste ausdrückliche Versuch einer phylogenetischen Darstellung rührt von L. A d a m s [2]) her und ist sehr allgemein gehalten.

Daß wir nur einen schüchternen Versuch vor uns haben, lehrt ein Blick, läßt sich aber aus der Lückenhaftigkeit des damals vorhandenen Materials begreifen.

Ein Gleiches gilt von dem Stammbaum H. P o h l i g 's [3]).

Die beiden erwähnten phylogenetischen Schemen waren, obwohl eingehenderes Studium von Einzelfragen durch die genannten Autoren unsere Kenntnis in diesen mächtig gefördert hat, doch ein (vielleicht gewagtes) Spiel der Phantasie.

Ernstlich konnte an die Frage nach der Verwandtschaft, insbesondere dem Ursprung der *Proboscidea* erst gegangen werden, nachdem die frühesten Ahnen bekannt waren.

C. W. A n d r e w s [4]), dem wir die Kenntnis der ältesten Rüsseltiere verdanken, hat bereits i m F e b r u a r 1908 die wesentlichen

---

[1]) Von größeren im Text nicht zitierten Arbeiten seien noch erwähnt:

Fl. A m e g h i n o, Linea filogenet. d. l. Proboscideos in Ann. Mus. Nacion. VIII, pag. 19. Buenos Aires 1902.

Ch. W. A n d r e w s, On the evolution of the Proboscidea in Proc. Roy. Soc. LXXI, pag. 443, ferner Phil. Trans. CXCVI, pag. 98. London 1903.

W. B i e d e r m a n n, in Abh. d. schweiz. pal. Ges. Vol. III. Zürich 1876.
— Petrefakten aus der Umgebung von Winterthur. 1873.

J. J. K a u p, Description d'ossem. foss. Mus. grand. ducal pt. IV. Darmstadt 1832.
— Beiträge zur näheren Kenntnis der urweltlichen Säugetiere, H. III. Darmstadt 1857.

E. K o k e n, Fossile Säugetiere Chinas in Pal. Abh. (Dames und Kayser). T. VI, pag. 74. Berlin 1885.

M. P a v l o w, Etude sur les Mastodontes trouvés en Russie in Bull. Soc. Moscou 1894, pag. 146—154. Moskau 1894.

W. P e t e r s, Zur Kenntnis der Wirbeltiere von Eibiswald in Denkschr. d. k. k. Akad. d. Wiss., math.-naturw. Kl. Bd. 29, 30. Wien 1868—1869.

[2]) L. A d a m s, l. c. pag. 243.
[3]) H. P o h l i g, Dentition und Kraniologie . . . etc. Vol. II, pag. 313.
[4]) C. W. A n d r e w s, A Guide to the Elephants. London 1908.

Richtungslinien seiner Ansicht über die Stammesgeschichte der Proboscidier dargelegt, ohne die Linien deutlich und entschieden zu ziehen.

Im Rahmen[1]) seiner Auseinandersetzungen hat R. S. Lull[2]) unter richtiger Würdigung des wichtigen Moments der Wanderung im März des Jahres 1908 seine „Evolution of the Elephant" veröffentlicht, welche die auf pag. 114 folgende Darstellung des Stammbaumes ermöglicht.

Die Darlegungen von Lull und Andrews bilden die Basis für meine kritischen Auseinandersetzungen über die Ahnen der echten Elefanten; auf die letztgenannten selbst werde ich sehr eingehend zurückkommen, zumal mich die Ergebnisse meiner Studien zu wesentlich anderen Resultaten führen.

1. Kritik unserer Kenntnis von der Phylogenie der Elefantenahnen.

A. Der Karpus der Proboscidier und ihre Stellung in der Klasse der Säuger.

Die Frage nach dem Anschluß der Rüsseltiere an frühe Säugerahnen und ihren Beziehungen zu den heute lebenden Huftieren, welchen sie mit den *Hyracoidea* von dem Großteil der Systematiker mehr oder weniger nahe beigesellt werden, ist innig verknüpft mit der Deutung der Verhältnisse im Karpus dieser Tiere. Der Tarsus kommt deshalb wenig in Betracht, weil er, wie schon M. Schlosser[3]) hervorgehoben hat, durch das immense Körpergewicht bedeutend beeinflußt wurde, während der Karpus nur geringfügigen Veränderungen unterworfen war, eine Erscheinung, die wir in ganz ähnlicher Weise bei den Amblypoden[4]) wiederfinden.

Angeregt wurde das Studium des Proboscidierkarpus durch K. A. Weithofer, welcher 1889[5]) seine Beobachtungen veröffentlichte und 1891[6]) im wesentlichen unverändert, nur ausführlicher wiederholte, ohne eine inzwischen erschienene sehr wichtige Arbeit G. Baurs[7]) zu berücksichtigen.

Weithofer fand bei der Untersuchung der Karpen von *Mastodon arvernense*, *Elephas meridionalis* und *E. antiquus* (?), daß

---

[1]) Infolge des Fehlens jeglichen Zitats ist nicht zu ersehen, ob R. S. Lull die Arbeit von C. W. Andrews zur Zeit der Abfassung seiner Studie bereits gekannt hat oder nicht.
[2]) R. S. Lull, The evolution of the Elephant. Americ. Journ. Science. New Haven, March 1908.
[3]) M. Schlosser, Modifikationen des Extremitätenskelets bei Säugetierstämmen. Biol. Zentralblatt IX. Nr. 22 und 23, pag. 718—729. Erlangen 1890.
[4]) M. Schlosser, l. c. pag. 718.
[5]) K. A. Weithofer, Einige Bemerkungen über den Karpus der Proboscidier, in Morphol. Jahrb. XIV. Leipzig 1889.
[6]) K. A. Weithofer, Die fossilen Proboscidier des Arnotales, in Beiträge zur Pal. Österr.-Ungarns. VIII. Wien 1891.
[7]) G. Baur, Bemerkungen über den Karpus der Proboscidier und der Ungulaten im allgemeinen, in Morphol. Jahrb. XV, pag. 478—482. Leipzig 1890.

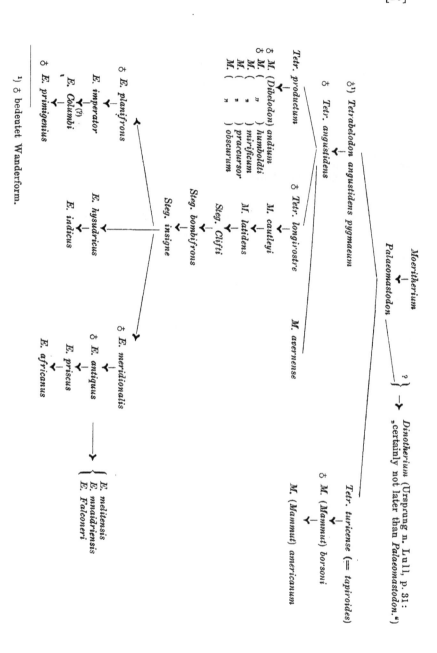

¹) ♂ bedeutet Wanderform.

das I n t e r m e d i u m (= Lunatum) nicht nur dem K a r p a l e III.
(= Magnum), sondern auch dem K a r p a l e II. (= Trapezoideum)
zum Großteil auflagerte. Diese a s e r i a l e Anordnung der Karpalknochen
konstatierte er auch bei *E. primigenius* und *E. africanus* wie an den
Abbildungen zweier nicht näher bestimmter sewalischer Elefanten in
F a l c o n e r s F. A. S.

„Merkwürdigerweise ist jedoch bei *E. indicus* von einer solchen
Überschiebung des Lunatum über das Trapezoid soviel wie gar
nichts zu bemerken. Es findet sich fast reine Taxeopodie vor, die
aber jedenfalls ebenso erst als sekundäre anzusehen ist.“ [1]

W e i t h o f e r nahm als Stammgruppe der Proboscidier die
C o n d y l a r t h r a, mithin als Urform den s e r i a l e n K a r p u s an
und erklärte die Differenzierung der Handwurzel zum a l t e r n i e r e n d e n
T y p u s aus denselben mechanischen Prinzipien, welche seit E. D. C o p e
für den Karpus der echten U n g u l a t e n (P e r i s s o - und A r t i o-
d a c t y l e n) anerkannt wurden.

Daß die Teile nach der e n t g e g e n g e s e t z t e n Seite verschoben erschienen, führte er auf den Umstand zurück, daß (entgegen
den Verhältnissen bei U n g u l a t e n) die U l n a z u m b e v o r z u g t e n
U n t e r a r m k n o c h e n w u r d e.

Nach W e i t h o f e r (s. Textfig. 2) hätte sich in „spiegelbildlich
gleicher“ Weise wie C o p e s „a m b l y p o d e s“ und „d i p l a r t h r e s“
Stadium ebenfalls aus dem „c o n d y l a r t h r a l e n“ (taxeopoden)
infolge der Massenzunahme der U l n a über den R a d i u s das „p r o-
b o s c i d o i d e“ Stadium entwickelt; eine weitere gleichsinnige
Differenzierung zu einer „spiegelbildlich gleichen, d i p l a r t h r e n
Lagerung“, die er als „nicht zur Durchführung gelangt“ bezeichnet,
sei nicht mehr erfolgt; darin sieht er möglicherweise den Grund „zu
dem auffallenden Zurückgedrängtwerden und dem über kurz oder
lang zu erwartenden völligen Aussterben dieses einst so weitverbreiteten Säugerstammes in der Jetztzeit oder nahen Zukunft“.
(Bemerkungen etc. pag. 516.)

Im Jahre 1890 erschien die erwähnte Arbeit G. B a u r s [2]). Er
bestätigte die seinerzeit schon von L. R ü t i m e y e r [3]) geäußerte Ansicht, daß bei *E. indicus* in der Jugend ein C e n t r a l e c a r p i auftritt, welches später mit dem R a d i a l e (= S c a p h o i d) verschmilzt.

Bei diesem Anlaß wies B a u r mit Nachdruck darauf hin, daß
die C o n d y l a r t h r a infolge der viel höheren Spezialisation des Karpus
als Stammgruppe der Proboscidier n i c h t in Betracht kommen
können, diese vielmehr auf ältere Ahnenformen zurückgehen müssen.
Er nahm als Ausgangstypus einen s e r i a l e n K a r p u s mit f u n k-
t i o n e l l e m C e n t r a l e an, wie ihn die rezente *Procavia* (*Hyrax*)
aufweist. Aus diesem bildete sich einerseits der c o n d y l a r t h r a l e,
dann weiter a m b l y p o d e und d i p l a r t h r a l e, anderseits der
p r o b o s c i d o i d e Karpus.

[1]) K. A. W e i t h o f e r, Foss. Proboscidier l. c. pag. 218.
[2]) G. B a u r, l. c. pag. 480.
[3]) L. R ü t i m e y e r, Über einige Beziehungen zwischen den Säugetierstämmen
der Alten und der Neuen Welt, pag. 11, Fußnote, Zürich 1888.

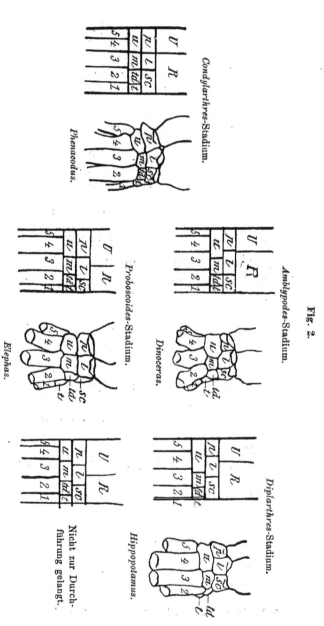

Fig. 2.

K. A. Weithofers schematische Darstellung der Entwicklung des Ungulatenkarpus.

Die Tatsache, 'daß die Pröboscidier wie auch die Hyra-
ciden[1]) infolge ihrer primitiveren Anordnung der Karpalelemente
nicht von den Condylarthra abstammen können, wurde durch die
Untersuchungen W. D. Matthew's[2]) über die Fußstruktur einzelner
Creodonten, welche ungulate Merkmale tragen, in ein bedeutendes
Licht gerückt.

M. Weber[3]) hat bereits diese Ergebnisse zusammengefaßt; ich
lasse ihm das Wort:

„Die ursprüngliche Auffassung nahm an, daß die Elemente von
Karpus und Tarsus serial angeordnet seien . . .

Hiergegen hat Matthew neuerdings eingewendet, daß Hand
und Fuß der eocänen Creodonten nicht serial waren, sondern daß
deren Elemente alternierten. Leiten wir die Protungulata von Creodonta
ab, so kann ihre Fußstruktur somit ursprünglich keine seriale sein.
Es sei denn, daß man rekurrieren wolle auf eine unbekannte Stammform mit serialer Anordnung. Die Struktur des Hinterfußes macht
diese Annahme nicht unwahrscheinlich; für die Hand muß aber
angenommen werden, daß die seriale Anordnung eine
sekundär erworbene ist." (Pag. 587.)

„Selbst von den Ungulaten dürfte nur ein Teil von den Condylarthra, wie sie jetzt aufzufassen sind, abzuleiten sein. Für andere
liegt die Wurzel tiefer bei kretazeischen, trituberkulaten Creodonta.
Aus diesen gingen jedoch auch die Condylarthra hervor, so daß
wir aus den primitiven Creodonta einen Ungulatenzweig heraus-
treten lassen dürfen, der sich weiter verästelte." (Pag. 586.)

Zwei wichtige Erfahrungen für die Stammesgeschichte der
Huftiere liegen — spätestens mit dem Zeitpunkt des Erscheinens
von Webers „Säugetieren" klar vor uns:

1. Der Stamm der *Proboscidea* geht auf Ahnen zurück, welche
einen primitiveren Bau des Karpus besaßen als die *Condylarthra*;
ein Gleiches gilt für die *Hyracoidea*.

2. Der Karpus der *Creodonta*, welche allein als Stammgruppe
der primitiven Huftiere in Betracht kommen, ist aserial.

Diese Tatsache erscheint uns umso begreiflicher, als ja die
Handwurzel der Säugetiere überhaupt primär aserial ist.

Ursprüngliche, fünffingerige Vorderextremitäten mit freiem
Centrale carpi finden wir bei den Insektivoren, ferner bei
der Mehrzahl der Halbaffen und Affen. Die Hyraciden weisen
zwar ein freies Centrale auf, doch ist ihre Extremität vier-
fingerig; in der pentadaktylen, gleichfalls durch ein Centrale
ausgezeichneten Nagerhand sind Radiale und Intermedium zu
einem Scapholunatum verschmolzen.

Von all den genannten Gruppen tragen nur die Hyraciden
an ihrer vierfingerigen, zweifellos einseitig spezialisierten Extremität
einen serialen Karpus; die Handwurzelemente aller übrigen

[1]) M. Schlosser, Beiträge zur Kenntnis der Stammesgeschichte der Huftiere etc. in Morph. Jahrb. Bd. 12. Leipzig 1886—87.
[2]) W. D. Matthew, Addit. observ. on the Creodonta, in Bull. American
Mus. Nat. Hist. XIV, pag, 14—15. New York 1901.
[3]) M. Weber, Die Säugetiere. Jena 1904. Sperrung von mir!

Gruppen, der I n s e k t i v o r e n, H a l b a f f e n und A f f e n, die sicherlich
den primitivsten Bau der Vorderhand bewahrt haben, sind a s e r i a l
geordnet.

Die dargelegten Erfahrungen mußten bei einem einigermaßen
sorgfältigen und unbefangenen Studium der Frage jedermann auffallen;
dennoch versuchte Fr. B a c h [1]), welcher das Glück hatte, den ersten
Karpus von *Tetrabelodon angustidens* zu studieren, die „rückläufige
Entwicklung" nochmals zu Ehren zu bringen.

Die Liebenswürdigkeit des Herrn Kustos Prof. Dr. V. H i l b e r
vom steiermärkischen Landesmuseum „J o a n n e u m" in Graz, dem
ich an dieser Stelle meinen wiederholten herzlichsten Dank ausdrücke, ermöglichte mir ein g e n a u e s Studium des von B a c h beschriebenen Restes.

Der Umstand, daß ich zu einem grundverschiedenen und, wie
ich glaube, wohlbegründeten Bild von der Lagerung der Karpalknochen gelangt bin, macht es mir zur Pflicht, auf den Gegenstand
näher einzugehen und Einzelheiten mehr zu berücksichtigen, als es
im Rahmen dieser Arbeit sonst am Platze wäre.

Sorgfältiges Auspräparieren auf Grund eingehender vergleichender
Studien, insbesondere auch der rezenten Elefanten führten mich zu
folgenden Ergebnissen:

Die Ursache der verfehlten Auffassung B a c h s liegt darin, daß
er die Lagerung i n s i t u, obwohl er die starke Verquetschung betonte (l. c. pag. 99) als bindend für die Normallage beim lebenden
Tier betrachtete und sich zuviel an das „gute Aneinanderpassen" hielt.
Dabei bedachte B a c h nicht, daß das U l n a r e, wie mich das weitgehende Freilegen der Gelenkfläche der U l n a erkennen ließ, nicht
nur mächtig nach unten und rückwärts gedrückt, sondern auch nach
der Seite hin herausgedreht ist.

Die erste Betrachtung des zusammengesetzten Karpus bot mir
die Vorstellung, das Tier müsse in den Miocänsümpfen der heutigen
Braunkohlenlager von F e i s t e r n i t z bei E i b i s w a l d im Schlamme
eingesunken sein, wobei der Fuß, der auch bei den jetzt lebenden
Elefanten im Karpalgelenk noch s e h r beweglich ist, nach rückwärts
umknickte. Die Lagerung des U l n a r e, welches ein mächtiges Stück
der Ulnafassette vorn freiläßt, gab mir diese Vorstellung. Sie mag
richtig sein oder nicht, jedenfalls gibt sie einen Begriff von der Stellung
der Ulnagelenkfläche zum Ulnare. Ebenfalls herausgedreht, doch
weniger nach rückwärts gedrückt ist das Intermedium.

Eine sehr einfache Erwägung ließ mich die meiner Meinung
nach einzig mögliche Rekonstruktion der Lagerungsverhältnisse finden.

Das Ulnare entsendet (wie schon B a c h erkannte, l. c. pag. 99)
einen stielförmigen Fortsatz nach hinten, dessen genaue Umrisse sich
auspräparieren ließen.

Die Länge der Gelenkfläche (diagonal gemessen) bis zu dem
Punkte des Fortsatzes, wo dieser in einer stumpfen Kante mit seiner
hinteren Begrenzungsfläche zusammenstößt, beträgt **14** *cm*, wobei auf

---

[1]) Fr. B a c h, Mastodonreste aus der Steiermark, in Beitr. zur Pal. u. Geol.
Österr.-Ungarns XXII, pag. 100. Wien 1910.

das kleine abgebrochene Stück am Vorderrand des Ulnare, welches aus der Lage des Radius genau rekonstruierbar ist, Rücksicht genommen wurde.

Fügt man an das C_{4+5} (Unciforme) das $Mc V.$ in seiner (aus den Facetten ersichtlichen) natürlichen Lage an, so paßt eine proximal am Hinterrande des $Mc V.$ gelegene, hohle Gelenkfläche mit einer ebensolchen kleineren am C_{4+5} derart zusammen, daß sie miteinander eine hohle Rinne bilden, in welcher zweifellos der Fortsatz des Ulnare artikulierte. Daß dies der Fall war, beweist die Form und Größe dieser ohlrinne. Der vordere konkave Teil derselben ist von dem hinteren konvexen, an welchem beim Schreiten der Fortsatz zurückglitt, durch eine schwellenartige Erhebung abgesetzt, wie sie an derartigen Gelenken aufzutreten pflegt.

Wir können daraus wohl mit Zuversicht schließen, daß in der Ruhelage der Stiel des Ulnare mit seiner obenerwähnten Kante bis zu dieser Schwelle reichte. Die Strecke von der Vorderspitze des C_{4+5} bis zur Schwelle (ebenso gemessen wie am Ulnare) beträgt **15 cm.**

Damit fällt Bachs erster Beweispunkt gegen den selbstgestellten Einwand, die Lagerung, wie er sie behauptete, könnte durch den Gebirgsdruck hervorgerufen sein (l. c. pag. 101):

„Die Breite des Unciforme ist geringer als die des Cuneiforme, dieses mußte sich also am benachbarten Knochen ebenfalls noch stützen."

Im proximalen Teil des Intermediums befindet sich vorn eine schiefe Gelenkfläche; sie kann nicht vom Ulnare angeschliffen sein, da diesem, obwohl es ziemlich vollständig ist, jede Spur einer entsprechenden Facette fehlt. Diese Fläche kann nur das Schliffprodukt einer deutlich sichtbaren seitlichen Fläche der Ulna sein. Die Annahme wird uns zur Gewißheit und stimmt vollauf mit den Tatsachen überein, wenn wir uns den Radius an der Außenseite etwas gehoben denken. Daß er herabgedrückt wurde erhellt aus der nach unten stumpfwinkligen Neigung der distalen Gelenkflächen von Elle und Speiche zueinander. Es müßte ja, wenn dies die Normallage wäre, der ganze Fuß in seinen Teilen nach unten konvergieren.

Eine zweite Gelenkfläche an der distalen Mittelpartie des Intermediums ist das Schliffprodukt einer ebensolchen, deutlichen Facette, welche sich vom ersten Drittteil des Ulnare nach rückwärts erstreckt.

Daß der hintere Ulnarteil schliff, ist wohlbegründet.

Die Gelenkfläche der Ulna ragte über die des Radius um etwa **2 cm** vor; der Verlauf der ulnaren Facette, mit welcher die früher besprochene schiefe proximale Fläche am Intermedium artikuliert, und der sie begrenzenden Crista, zeigen dies durchaus klar. Die Folge davon ist, daß das Intermedium nur bis zu einem Punkte vorrollen konnte, der etwa dem ersten Drittteil des Ulnare entsprach.

Demnach mußte das C_{4+5} (Unciforme) auf dem einen Zentimeter Unterschied, welcher sich nach obigen Maßen (14 cm für das

Ulnare, 15 cm für das C_{4+5}) ergab, nicht vom C_3 (Magnum) überlagert worden sein, sondern die zipfelförmige, vordere Spitze des C_{4+5} ragte vor und schliff nur beim Schreiten am C_3. Die entsprechenden Gelenkflächen bestätigen dies durch ihre Ausbildung.

Die Trennung von Magnum (C_3) und Trapezoid (C_2), welche mir durch sorgfältiges Präparieren vollkommen gelang, zeitigte folgendes:

Zwischen den beiden Knochen lag eine ziemlich mächtige Schicht eines den Knochenteilen sehr ähnlichen Sandsteines, der unter der Nadel längs der Gelenkflächen absplitterte. Er hatte nicht nur die Gesamtausdehnung der beiden proximalen Flächen ($C_3 + C_2$) vergrößert, sondern auch die höhere Lage des C_2 als normal vorgetäuscht, zumal die einzelnen Stücke — wie bei der Lagerung in situ nicht anders zu erwarten ist — sehr gut zueinander paßten.

Ein Übereinanderlegen des getrennten C_3 und des Intermediums, so daß die Lagerung den aus den äußeren Karpalien gewonnenen Resultaten entsprach, hatte ein außergewöhnlich gutes Passen zur Folge. Die stark konvexe Facette am rückwärtigen, proximalen Teil des C_3 entspricht einer konkaven des Intermediums; nur an der Seite gegen das Unciforme (C_{4+5}) hin ist ein Stück der konvexen Fläche abgesprengt. Der blätterige Charakter des Gesteins an der Gelenkfläche mochte dies bei der ersten Präparation verursacht haben.

Die Richtigkeit dieser Lagerung bestätigt sich auch aus dem guten Aufliegen des Intermediums auf Magnum und Trapezoid; die Isolation dieses Knochens ermöglichte die Realisierung dieser schon früher als möglich erkennbaren Lagerung.

Endlich entspricht dieser Auffassung noch die Form des rückwärtigen Teiles der konvexen Fläche am C_3, welche von rechts nach links hin (vom Beschauer) an Ausdehnung in der Weise zunimmt, daß man deutlich sieht, die Bewegung der darauf gelenkenden Fläche hatte die Richtung von rechts vorn nach links hinten.

„Das Magnum stand also" nicht, wie Bach (l. c. pag. 101) behauptete, „nach außen vor".

Durch all diese Tatsachen ist das Bild des Karpus ein wesentlich anderes geworden:

Das Ulnare lagert dem Unciforme auf, ohne es zu überragen; im Gegenteil, letzteres steht etwas über das erstere vor.

Das Intermedium liegt derart auf dem ganzen Magnum und dem Trapezoid, daß dieses der Masse nach zwar nur um ein Drittel, von vorn gesehen aber zur Hälfte überlagert wird; die andere Hälfte samt ihrem nach hinten gerichteten Fortsatz, der sich an eine passende Ausbuchtung des Magnum legt, und diese selbst werden vom Radiale, das leider fehlt, bedeckt.

Damit stimmt der Karpus von *T. (B.) angustidens* durchaus mit den von Weithofer zuerst mitgeteilten Verhältnissen überein, die er als das „proboscidoide" Stadium bezeichnete und deren Vorhandensein er an *T. arvernense, E. meridionalis, E. antiquus* und *E. primigenius* gefunden zu haben glaubte.

Diese Art der Lagerung scheint auch für *Palaeomastodon* typisch zu sein, wenigstens läßt es die vorläufige Publikation M. Schlossers[1]) vermuten:

„Hier möchte ich jedoch immerhin erwähnen, daß an der Hand von *Palaeomastodon*, dem Ahnen[2]) von *Mastodon* und *Elephas*, das Oberende von Metakarpale III sehr stark über das von IV und das von Metakarpale II über das Oberende von III übergreift, so daß Metakarpale III auch mit dem Unciforme und Metakarpale II mit dem Magnum sehr innig artikuliert. Es hat also den Anschein, als ob die jetzt so typische[3]) seriale Anordnung der Karpalia nicht der ursprüngliche Zustand wäre, sondern vielmehr aus einer wenn auch mäßig alternierenden Gruppierung sich herausgebildet hätte."

Ich will im weiteren die Frage des Proboscidierkarpus, soweit es mir nach meinen Literatur- und Materialstudien möglich ist, verfolgen, insbesondere das von Weithofer zuerst hinausgesandte und dann so oft wiederholte Schlagwort von der „sekundären Taxeopodie" bei den rezenten Elefanten überprüfen.

Fig. 3.

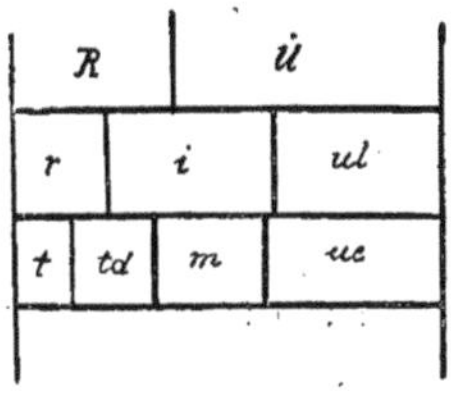

Karpus von *T. angustidens*. (Schema.)

(Nach dem Original im „Joanneum" in Graz.)

Daß Bach nach umfänglicher Darlegung der im Vorangehenden widerlegten Verhältnisse erklärte, man könne schon jetzt „mit genügender Sicherheit die Gestaltung der Karpen bei den rezenten Elefanten als «sekundäre Taxeopodie» bezeichnen", war eine unvorsichtige, mißglückte Übereiltheit.

Die Lagerung der Carpalia bei *T. angustidens* nach der jetzigen Darstellung (siehe Textfig. 3) deckt sich im wesentlichen mit der anderer Mastodonten.

Bei *T. arvernense* erhärtet dies die Abbildung, welche Weithofer[1]) gibt; das Intermedium ruht auf dem C_3, der Hälfte (von

---

[1]) M. Schlosser, Über einige fossile Säugetiere aus dem Oligocän von Ägypten, im Zool. Anz. XXV., pag. 501. Leipzig 1910.

[2]) Vergl. meine Ausführungen auf pag. 133—134.

[3]) Vergl. meine Ausführungen auf pag. 125.

Die nach Abfassung des Manuskripts erschienene Arbeit Schlossers (siehe pag. 128) bestätigt meine Ergebnisse vollauf.

Die Anordnung der Metakarpalien von *T. angustidens* schließt sich, wie der ganze Karpus, den Verhältnissen von *Palaeomastodon* aufs engste an.

[4]) K. A. Weithofer, Foss. Probosc., l. c. Taf. XV.

vorn) des C_2 und berührt mit der Spitze gegen die Ulna hin noch einen kleinen vorspringenden Teil des C_{4+5} (siehe Textfig. 4).

Fig. 4.

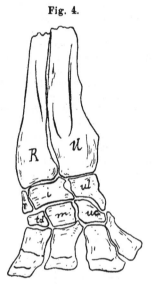

Linker Karpus und Metakarpus von *M. arvernense Croiz. u. Job.*
(Nach Weithofer.)

Fig. 5.

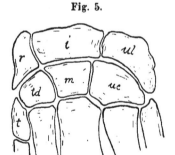

Karpus von *T. Humboldti.*
(Nach Burmeister.)

Ganz ähnliche Verhältnisse zeigt nach G. Burmeister[1] *T. Humboldti* (siehe Textfig. 5). Doch greift hier das Unciforme (C_{4+5}) weiter unter das Intermedium.

---

[1] G. Burmeister, Annales del Museo publico de Buenos Aïres. Entrega cuarta pl. XIV, fig. 5. Buenos Aïres 1867.

In noch stärkerem Maße ist dies bei dem Karpus von *M. americanum* der Fall, welchen J. C. Warren[1] abbildet (siehe Textfig. 6).

Osborn[2] dagegen gibt eine Abbildung, zu der er bemerkt, „from original in Princeton collection", bei welcher Ulnare und

Fig. 6.

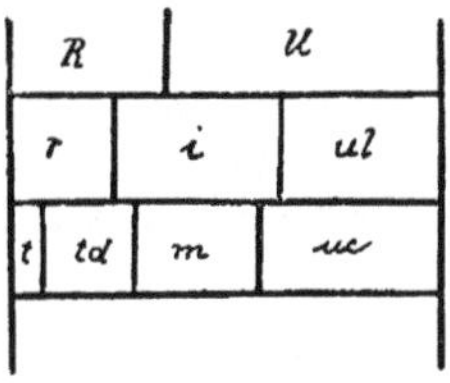

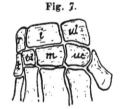

Karpus von *M. americanum.* (Schema.)

(Nach Warren.)

Unciforme vollständig zur Deckung kommen, während das Inter-medium, wie bei Warren das Magnum und die Hälfte des Trapezoids überlagert (siehe Textfig. 7).

Daraus ergibt sich der Schluß, daß die Proboscidier ursprünglich eine aseriale Anordnung der Karpalelemente besaßen, die aller-dings wesentlich anders war, als Bach es gefunden zu haben glaubte:

Fig. 7.

Karpus von *M. americanum.*

(Nach Osborn „from original in Princeton collection".)

Das Ulnare blieb hinter dem C_{4+5} an Länge zurück; das Intermedium überdeckte den vorstehenden Teil des Unciforme (C_{4+5}), das Magnum (C_3) und die Hälfte des Trapezoids (C_2).

Dies ist ein Stadium, welches sich den primitivsten Verhält-nissen bei acreoden Creodonten[3] anreiht, das wir ferner bei

---

[1] J. C. Warren, Description of the Skeleton of *M. giganteus* of N. A. Pl. XI. Boston 1855.

[2] H. F. Osborn, The mammalia of the Uinta formation. IV. (The evolution of the ungulate foot, in Trans. Amer. Philos. Soc. N. S. XVI, pag. 539. Phila-delphia 1889.

[3] Vergl. K. v. Zittel, Grundzüge der Paläontologie, II. Vertebrata, pag. 376 ff., München und Berlin 1911 und W. D. Matthew, Addit. observ. etc., l. c. pag. 14.

16*

Pantolambda bathmodon, einem Amblypoden, mit noch freiem
Centrale carpi in durchaus ähnlicher Lagerung wiederfinden[1]).
    Im Verlaufe der weiteren Entwicklung des Elefantenstammes tritt
eine Verschiebung der inneren Karpalien insofern ein, als das
Radiale einen immer größeren Teil des Trapezoids überdeckt,
bis endlich eine seriale Lagerung dieser Knochen eintritt.
    Ebenso rückt das Ulnare nach innen und bedeckt schließlich
vollständig das Unciforme.
    Übergänge zu diesem von Weithofer für *E. indicus* be-
haupteten Verhalten finden sich bei *E. meridionalis* und *E. antiquus*.
An den beiden von Weithofer mitgeteilten Photographien der Fußwurzeln dieser Arten (Foss. Probosc. Taf. XV, Fig. 1 u. 2) zeigt sich, da

Fig. 8.

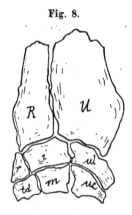

Linker Karpus von *E. meridionalis*.

(Nach Weithofer.)

außen die seriale Lagerung fast eingetreten ist, während innen
ein geringer Teil des Trapezoids (bei *E. meridionalis* $\frac{1}{6}$, bei
E. antiquus noch weniger) noch vom Intermedium bedeckt wird
(siehe Textfig. 8 u. 9).
    Bei letztgenannter Form ist auch diese Überschiebung so gering,
daß M. Pavlow (Les éléphants etc. l. c. Taf. III) einen ihr vorliegenden Karpus für serial erklärt. Diesen Verhältnissen schließt sich
E. africanus aufs engste an.
    Bei *E. indicus* ist der Karpus vorgeschrittener.
    In Anbetracht des Umstandes, daß die Karpen rezenter Elefanten
immer nur als „serial", respektive „aserial" bezeichnet oder bestätigt wurden, ohne daß man die Lagerungsverhältnisse und die Ausbildung ihrer Knöchelchen näher beleuchtet hätte, gebe ich die kurze
Beschreibung zweier Fußwurzeln von *E. indicus*, die ich im

---

[1]) Vergl. M. Weber, Die Säugetiere, op. c., pag. 701, Fig. 497.

Wiener Hofmuseum[1]) studieren konnte; beide stimmten in ihren
Charakteren so vollkommen überein, daß eine Beschreibung genügt
(siehe Textfig. 10):

Das Ulnare trägt einen Fortsatz nach rückwärts, welcher die
hohle, einer konvexen Facette des Karpale (IV+V) entsprechende

Fig. 9.

Karpus und Metakarpus von *Elephas antiquus.*
(Nach M. Pavlow.)

Gelenkfläche verlängert. Diese Gelenkung, welche in geringerem Maße
auch zwischen Intermedium und Karpale III zu beobachten ist,
gestattet ein Einknicken in einem nach hinten offenen Winkel;
letzteres wird begünstigt durch die Artikulationsweise der proxi-

Fig. 10.

Karpus von *Elephas indicus* nach Zittel.
(Korrigiert nach den Originalen im Wiener k. k. naturhistorischen Hofmuseum.)

malen Karpalien mit dem distalen Ende des Unterarms[2]).
Vorn findet sich am Ulnare und Intermedium je eine
ungewölbte Facette; werden diese zur Deckung gebracht, so entspricht rückwärts gleichzeitig eine Ausbuchtung am Ulnare einer

---

[1]) Für die äußerst liebenswürdige Überlassung des bezüglichen Materials
danke ich Herrn Kustos Prof. Dr. L. v. Lorenz wie auch Herrn Kustosadjunkt
Dr. K. Toldt herzlichst.

[2]) Radius und Ulna bilden einen physiologisch einheitlichen
Knochen!

Einbuchtung am Intermedium. Daraus ergibt sich ein wechsel-
weises Übergreifen der beiden Knochen auf die darunterliegenden
Karpalien in der völligen Strecklage des Fußes, indem vorn das
Intermedium dem C_{4+5}, rückwärts das Ulnare dem C_3
auflagert.

Gegen das Radiale trägt das Intermedium proximal
und distal je eine Facette; bringt man diese mit den entsprechenden
Flächen am Radiale zur Deckung so zeigt sich, daß letzteres
vorn (1 *cm*) und rückwärts (2 *cm*) das C_3 überlagert. Der
Hauptteil des Radiale ruht auf dem C_2 (Trapezoid); das
C_1 (Trapezium) ist distalwärts verdrängt und artikuliert nur mit
dem C_2.

Wir ersehen daraus, daß wir auf keinen Fall von reiner
Taxeopodie sprechen können; denn einerseits wird das C_{4+5}
vorn noch vom Intermedium übergriffen, rückwärts das C_3 vom
Ulnare, anderseits ist das Radiale über das C_2 bis auf einen
namhaften Teil des C_3 geschoben.

Aus dem oben Ausgeführten erhellt:

1. Der ursprüngliche Karpus der Proboscidier war
aserial; das Ulnare blieb etwas hinter dem C_{4+5} zurück, das
Radiale ragte bis ins halbe C_2 vor.

2. Diese aseriale Lagerung machte im Verlaufe der Entwicklung erst einer serialen, dann wieder einer aserialen Platz,
welche aber gerade das Gegenteil der ursprünglichen
ist (*E. indicus*).

Das Ulnare überragt rückwärts das C_{4+5}, das Radiale
greift bis über das C_3.

Zwei Momente im Karpus der Rüsseltiere bedürfen noch besonderer Beachtung:

1. die Verhältnisse bei *Dinotherium*,

2. bei *E. primigenius*.

Zur Klärung des ersten Punktes liegt ein einziges Skelett vor,
das Franzensbader *D. bavaricum* im Wiener Hofmuseum.

An dem aufgestellten Skelett ist der rechte Karpus zum Teil
erhalten. Ulnare, Radiale, Unciforme und Magnum sind
Originale, alle anderen Karpalia sind in Gips nachgebildet.

Radiale und Trapezoid sind ohne weiteres als nur in derselben Lage wie bei *T. angustidens* möglich erkennbar und auch so
montiert; dagegen ist das Ulnare serial über das Unciforme
gelegt. Ohne Abmontieren ist es nicht möglich, die Richtigkeit der
Lagerung mit Sicherheit anzuzweifeln. Doch fiel mir auf, daß der
starke stielförmige Fortsatz, der sich bei *Dinotherium* in ganz
ähnlicher Weise wie bei *T. angustidens* vorfindet, nach der Seite
herausgedreht montiert ist, während er normal zweifellos nach
rückwärts gerichtet war.

Damit aber würde auch der vordere Teil des Ulnare derart
verschoben, daß ein Stück des Unciforme frei würde.

Übrigens wäre die seriale Lagerung der genannten Knochen
bei *Dinotherium* nichts Außerordentliches, da wir in dieser Form einen

ganz seitabstehenden, in mancher Hinsicht primitiven, in mancher hochspezialisierten Proboscidiertyp vor uns haben.

E. primigenius rechnete man nach Weithofer[1]), Baur[2]) und anderen Autoren allgemein zum proboscidoiden Typus hinsichtlich seiner Fußwurzel; dafür spricht auch der Bau des Karpus von *E. Columbi*, wie aus der Abbildung H. F. Osborns[3]) zu ersehen ist.

Neuerdings hat W. Salensky[4]) einen Mammutkarpus mitgeteilt, bei welchem das Ulnare weit über das Magnum greift und das Intermedium mehr als die Hälfte des Trapezoids überdeckt.

Wenn die Montierung dieser Fußwurzel richtig sein sollte — was ich bei dem Umstand, daß eine bloße Verschiebung des Intermediums nach außen die normalen Verhältnisse herstellt, nicht ohne weiteres annehmen kann — widerspräche diese Anordnung nicht nur der sonstigen Erfahrung, sondern auch allen phylogenetischen Resultaten.

Ethologisch wäre kein Grund zu einer Veränderung vorhanden; denn die tatsächliche tetradaktyle Mammutextremität ist physiologisch gesprochen nicht über *E. indicus* spezialisiert; auch der Fuß dieser Art ist funktionell tetradaktyl, die einzige Phalanx des ersten Fingers ist klein und erreicht nicht mehr den Boden.

Dagegen böte sich möglicherweise eine Erklärung aus einer entsprechenden Würdigung der Tatsache, daß ein Exemplar von *E. indicus* im „Musée d'Anatomie" in Moskau[5]) infolge einer abszeßartigen Krankheit eine durchaus aseriale Lagerung der Karpalelemente erworben hatte.

Jedenfalls verdient die Frage Beachtung; doch sehen wir schon heute, daß sich die aseriale Anordnung der Karpalien am Ende der Elefantenentwicklung als ein Produkt des Aneinanderrückens derselben gegen die Mitte darstellt, bis bei *E. indicus* alle proximalen Knöchelchen am Magnum Stütze finden.

Die ethologische Begründung dieser Tatsache lehrt uns ein Vergleich zweier Endglieder aus der Entwicklungsreihe *T. angustidens* und *E. indicus*.

Aus der Gelenkung der kräftigen, breitgedrückten und kurzen Metakarpalien ersterer Form ist vollkommen klar ersichtlich, daß die Finger weit mehr auseinandergespreizt waren, als bei den heutigen Elefanten, anderseits ist das Vorhandensein eines starken Fett- und Sehnenpolsters aus den gut ausgeprägten Gelenkflächen für die Sesambeine am Distalende der Metakarpalien mit Sicherheit zu erschließen.

T. angustidens besaß demnach einen Klumpfuß, der aber bedeutend flacher und niedriger war als der unserer Elefanten.

---

[1]) K. A. Weithofer, Foss. Probosc. l. c.

[2]) G. Baur, Bemerkungen etc., l. c.

[3]) H. F. Osborn, A mounted skeleton of the Columbian Mammouth, in Bull. Amer. Mus. Nat. Hist. 23, pag. 255. New York 1907.

[4]) W. Salensky, Zur Phylogenie der Elephantiden, in Biol. Zentralblatt, XXIII, pag. 796. Leipzig 1903.

[5]) M. Pavlow, Les éléphants etc., l. c. pag. 46.

Mit der Erhebung und der schrittweise zu verfolgenden Verlängerung der Mittelfußknochen wurde zunächst der erste Finger bedeutungslos und es begann die Verschiebung des Radiale gegen die Mitte; daher dessen weiteres Vorgeschrittensein in der Spezialisation und die Erwerbung des für die Elefanten so bezeichnenden einwärtstretenden Ganges.

Das Ulnare dagegen fand erst spät den Kontakt mit dem Intermedium. Erst beim indischen Elefanten tritt im Verein mit der Erhebung des Fußes auf die drei Mittelzehen als seine vornehmlich funktionellen Stützen eine verhältnismäßig weitgehende Versteifung des Karpus ein.

Mit dieser Widerlegung des Irrglaubens der „sekundären Taxeopodie" und der Darstellung der tatsächlichen Lage der Dinge, die als neuerlicher Beleg Dollo's Entwicklungsgesetz von der Nichtumkehrbarkeit stützen, ist uns auch ein ganz bestimmter Gesichtspunkt für die Stellung der Proboscidier im System gegeben.

Sie fallen nicht nur gänzlich aus dem Verbande der echten Huftiere, welche auf die Condylarthra zurückgehen, heraus, sondern stehen selbst tiefer als die *Hyracoidea* und sind die unmittelbaren Nachkommen eines vielleicht aus der Gruppe der acreoden *Creodonta* entstandenen Protungulatenzweiges.

Die Einreihung in eine von den Ungulata getrennte Gruppe der Subungulata[1]) erfährt durch die obigen Erörterungen eine neue Stütze.

Nach Abfassung des Manuskripts gelange ich in den Besitz der eben erschienenen Arbeit M. Schlossers, „Beiträge zur Kenntnis der oligocänen Landsäugetiere aus dem Fayûm: Ägypten" in Beitr. z. Pal. Öst.-Ung. XXIV., H. II. Wien 1911.

Es freut mich, feststellen zu können, daß Schlosser von einer anderen, durch reiches Material gestützten Basis ausgehend zu den gleichen Schlüssen hinsichtlich der Karpalverhältnisse und auch des Anschlusses der Rüsseltiere gelangte (s. Schlosser, l. c. pag. 129—139, ferner 141, 153—155, 161 und Taf. XV (VII), Fig, 5, 5*a*, 7, 7*a*, Taf. XVI (VIII), 9, 9*a*).

B. Die frühesten Ahnen der Proboscidier.

Die primitivste Stammform der Rüsseltiere fand sich in den mitteleocänen Schichten von Qasr-el-Sagha im ägyptischen Fayûm, die Gattung *Moeritherium*.

Die Form, welche nur wenige Proboscidiermerkmale (Vergrößerung und Rücklagerung der Nasenlöcher, Ausbildung von Luftzellen im Hinterschädel, Verstärkung der 2. Incisoren zu Hauern in beiden Kiefern, im unteren spatelartig, und Charakter der Backenzähne)

----

[1]) Vergl. M. Schlosser in K. v. Zittel, Grundzüge der Paläontologie. II. Vertebrata. 2. Aufl., pag. 528—540. München und Berlin 1911.

zeigt, findet in einem o b e r e o c ä n e n Nachkommen, gleichfalls aus dem F a y û m, ihre Bestätigung als Stammtypus. Denn dieses Genus, *Palaeomastodon*, trägt all die genannten Merkmale von *Moeritherium* in weit stärker betontem Maße.

Die bedeutendere Größe, Verlängerung der Schnauze, besonders der Mandibel und das Fehlen aller Schneide- und Eckzähne mit Ausnahme der $I\frac{2}{2}$, welche im Unterkiefer zu einem Spatel aneinanderschließen, sprechen ebenso klar, wie das Auftreten eines Talons hinter der dritten Höckerreihe des letzten Molaren.

Eben die Betrachtung der Mahlzähne gibt uns einen Gesichtspunkt, der erst in letzter Zeit von O. A b e l[1]) erkannt und hervorgehoben wurde.

C. W. A n d r e w s[2]) schreibt auf pag. 16:

„In *Moeritherium* the crown of each upper molar is composed of two transversely arranged pairs of knobs, g i v i n g r i s e t o a p a i r o f t r a n s v e r s e c r e s t s."

Ein Vergleich von *M. lyonsi Andr.* und *M. trigonodon Andr.*, läßt den hervorgehobenen Gedanken A n d r e w s' in ganz anderem Licht erscheinen, als ihn sein Autor dachte und überzeugt von der Richtigkeit der Ansicht O. A b e l s, daß wir es in der erstgenannten Art mit einem b u n o d o n t e n, in der letzteren mit einem z y g o d o n t e n Typ zu tun haben.

Der Schluß, daß demgemäß die b u n o d o n t e n und z y g o d o n t e n Reihen bis auf diese tiefe Wurzel zurückgehen, ist naheliegend.

Betrachten wir zunächst unabhängig von diesem Gesichtspunkt die Ergebnisse, welche in dieser Frage die paläontologische Erforschung Nordafrikas gebracht hat:

Die Schichten des Fayûm lieferten bloß die beiden Gattungen *Moeritherium* und *Palaeomastodon*; erstere umfaßt drei Arten: zwei bunodonte und eine zygodonte. Die bunodonten (*M. lyonsi* und *M. gracile*) fanden sich im M i t t e l- und O b e r e o c ä n, während *M. trigonodon* bloß in den o b e r e o c ä n e n fluviomarinen Lagen von B i r k e t - e l - Q u r u n[3]) gefunden wurde. Der gleichen Stufe, nach A n d r e w s[4]) wahrscheinlich hinüberragend bis ins U n t e r o l i g o c ä n, gehören die d u r c h a u s b u n o d o n t e n Arten von *Palaeomastodon* an.

Ch. D e p é r e t s[5]) Untersuchungen ergaben ein o l i g o c ä n e s Alter. Wertvolle Reste wurden in T u n i s und A l g i e r gehoben.

D e p é r e t[6]) führt drei Mastodonfunde, welche vor der Entdeckung des von ihm als *Tetr. angustidens mut. pygmaea* beschriebenen Zahnes gemacht wurden, an:

---

[1]) O. A b e l, Grundzüge der Paläobiologie der Wirbeltiere, Stuttgart 1912, pag. 550—551.

[2]) C. W. A n d r e w s, A Guide to the Elephants. London 1908.

[3]) C. W. A n d r e w s, A descriptive catalogue etc. . . ., pag. 128.

[4]) C. W. A n d r e w s, A Guide etc., pag. 5.

[5]) Ch. D e p é r e t, Sur l'age des chouches à *Palaeomastodon* du fayoum (2e note) in Bull. Soc. Geol. France ser. 4. VII., pag. 456. Paris 1908.

[6]) Ch. D e p é r e t, Decouverte du *Mastodon angustidens* dans l'etage cartennien de Kabylie, in Bull. Soc. Geol. France, ser. 3, XXV., pag. 518 ff. Paris 1897.

1. Ein Zahn, 16 cm lang, 10 cm breit, welchen P. Gervais[1] ohne Abbildung beschrieb; Depéret[2]) bestimmt ihn nach der „sehr genauen" Beschreibung Gervais als *M. turicense Schinz.*

Fundort[3]) (nach Depéret): Constantine, Lignite v. Smendou, Stufe[3]): Cartennien = unterstes Miocän.

2. Gleichfalls als *T. turicense* beschrieb 1891 A. Gaudry[4]) einen auffallend kleinen Zahn, welchen er ohne Fundortangabe erhalten hatte; er vermutete, daß er aus Khenchela im Norden von Aurés stamme. Depéret nahm die Angaben als sicher an; meine Nachforschungen haben mich zu einem sehr überraschenden Resultat geführt. Der Zahn ist 27 mm lang, 20 mm breit und 16 mm hoch. Gaudry hielt ihn für einen zweiten Milchmolaren, meinte aber: „Je n'ai pas encore vu de seconde molaire de lait d'une aussi faible dimension".

Das Stück gleicht nach den photographischen Abbildungen Gaudrys so auffallend dem von Andrews (l. c. Pl. IX) abgebildeten *M. trigonodon*, daß kein Zweifel über die Artidentität der beiden Zähne bestehen kann.

3. Der dritte Rest ist ein von demselben Autor mitgeteilter Molar eines *T. angustidens.* Der Zahn, welcher bunodontes Gepräge trägt, gehört zweifellos der genannten Art zu und stammt aus dem Mittelmiocän von Cherichira bei Kairouan in Tunis. Ch. Depéret[5]) bezeichnet die Schichte als „probablement Helvetien".

Von größter Wichtigkeit ist der von Depéret selbst publizierte Molar aus dem Cartennien (= unterstes Miocän) von Chabet-el-Ameur und Isserville in Kabylien (Algier):

Aus der Beschreibung, welche drei photographische Ansichten unterstützen, geht hervor, daß wir es mit einem Zahn zu tun haben, der weder ausgesprochen bunodontes noch zygodontes Gepräge trägt, eher letzteres; Zwischenhöcker in den Tälern fehlen.

Der Autor hebt selbst die beiden Hauptmerkmale des Stückes hervor, ohne jedoch das jugendliche Stadium zu verkennen:

1. Die Kleinheit.
2. Die Menge des Zements.

---

[1]) P. Gervais, Zoologie et Paléontologie française. 2e ed., pag. 75. Paris 1857.

[2]) Ch. Depéret, Decouverte du *M. angustidens* etc., l. c.

[3]) Aus der Mitteilung Gervais ist weder ersichtlich, daß der Zahn aus den Ligniten von Smendou stammt, noch daß er dem Cartennien angehört. Die Größe des Stückes deutet vielmehr auf ein höheres Niveau; dies ist um so wahrscheinlicher, als ja auch *T. (Bl.) angustidens* aus dem Helvetien von Nordafrika nachgewiesen ist. P. Gervais (l. c. pag. 75) schreibt:

„M. le capitaine du génie Dumont a extrait, il-y-a plusieurs années, du sol raviné par le Smendou et près du camp français de ce nom une dent molaire assez grosse et sur la couronne de laquelle on voit encore quatre collines en place, bien distinctes les unes, des autres, sans cément et tout à fait semblables à celles de certains Mastodontes."

Über die Stratigraphie von Smendou vergl. E. Ficheur, Bull. Soc. Geol. France. 3. ser., t. 22, pag. 572. Paris 1894.

[4]) A. Gaudry, Quelques remarques sur les Mastodontes a propos de l'animal du Cherichira in Mem. Soc. geol. France, Pal. Nr. 8. Paris 1891, pl. I, Fig. 1 u. 2.

[5]) Ch. Depéret, Decouverte etc., pag. 518.

Die Ursprünglichkeit der Charaktere des Zahnes geht, wie schon Ch. Depéret (pag. 520) konstatiert hat, aus der Tatsache hervor, daß die Molaren der alten Formen von *T. angustidens* (Typen aus dem Burdigalien, zum Beispiel den „sables d'Orleanais, der Kalkmolasse von Angles und Avignon) immer kleinere Dimensionen aufweisen als die aus dem Helvetien, besonders aber aus dem Mittelmiocän von Villefranche d'Astarac.

Das Vorhandensein einer so geschlossenen Reihe von „Zwischenformen", welche eine Zahl von Forschern bei Bestimmungen primitiver Angustidensmolaren zwischen der Zuteilung zur bunodonten oder zygodonten Gruppe schwanken ließ, bestimmte Depéret, den Rest dem *T. angustidens* als „race ancestrale (mutation ascendante)" mit der Bezeichnung *mut. pygmaea* zuzuteilen.

Dem gleichen Typ, nur wenig mehr spezialisiert, rechnet er die kleinen Formen aus dem Burdigalien (Sables d'Orleanais, molasse calcaire d'Angles) zu.

Es ist von größter Wichtigkeit, bei Beurteilung der genetischen Linien innerhalb des Rüsseltierstammes die als *T. angustidens* beschriebenen Zähne sorgfältig zu betrachten.

Leider war es mir nicht möglich, die verschiedenen Sammlungen aus eigener Anschauung kennen zu lernen; ich maße mir daher nur so weit ein Urteil an, als ich es nach meinen allerdings gründlichen Literaturstudien und der Durchsicht der hiesigen Sammlungen vor meinem Gewissen verantworten kann.

Die Art *M. angustidens* wurde von G. Cuvier[1]) begründet und ihr zum Unterschiede von *M. americanum* der Charakter „Mastodonts au dents etroites" als Hauptmerkmal beigegeben. Demgemäß wurde eine Fülle von Formen einbezogen, welche erst später als eigene Arten abgetrennt wurden: so *M. longirostre Kaup* und *M. arvernense Croïzet et Jobert.*

Wie es meist in solchen Fällen zu geschehen pflegt, wurden die neuen Arten an mehreren Lokalitäten nachgewiesen und neu bestimmt, während man der Spezies *M. angustidens* alles zuteilte, was beiläufig zeitlich stimmte und im großen und ganzen paßte. Die Variationsbreite der Art, wie sie heute gefaßt wird, ist daher so bedeutend, daß es nicht wundernehmen kann, wenn Depéret den Zahn aus Algier ebenfalls zu *T. angustidens* stellte.

Welche Verwirrung aus dieser notwendigen Zerfällung der Cuvierschen Art entstand, hat M. Vacek[2]) auseinandergesetzt.

Spätere Forscher hielten nicht einmal die Scheidung buno- und zygodonter Zähne vollinhaltlich aufrecht.

Insbesondere betonte A. Gaudry[3]) die Schwierigkeit, *T. angustidens* von *T. tapiroides* vornehmlich im Jugendstadium zu unterscheiden.

---

[1]) G. Cuvier, Rech. Oss. Foss. Vol. II. Paris 1812.

[2]) M. Vacek, Österr. Mastodonten, Abhandl. d. k. k. geol. R.-A. VII, pag. 12 und 13. Wien 1877.

[3]) A. Gaudry, Les enchainements du monde animal. Mammifères tertiaires, pag. 174 und 175. Paris 1878.

Der gleichen Meinung[1] verlieh er auch später Ausdruck.

In letzter Zeit ist M. S c h l o s s e r[2]) zu einem ähnlichen Ergebnis gelangt:

„Mir liegen solche Zähne" (nämlich bunodonter Formen mit tapiroidem Gepräge) „aus dem bayrischen Dinotheriensande vor, die man ebensogut zu *angustidens* wie zu *tapiroides (turicense)* stellen könnte."

In der Schausammlung des Wiener Hofmuseums liegen fünf Reste von *T. angustidens*, welche diesbezüglich von Interesse sind:

1. Ein Oberkieferfragment eines jungen (trotzdem aber auf-fallend kleinen) Individuums mit $m^{\underline{1}}$, $m^{\underline{2}}$, $m^{\underline{3}}$, $M^{\underline{1}}$, aus der miocänen Braunkohle von V o r d e r s b e r g b e i W i e s (Südsteiermark), o h n e e i n e S p u r v o n S p e r r h ö c k e r n m i t a u f f a l l e n d t a p i r o i d e m G e p r ä g e.

2. Zwei Milchmolaren (II und III) aus der miocänen Braunkohle von E i b i s w a l d in Steiermark, o h n e S p e r r h ö c k e r.

3. Drei Joche eines zweiten oder dritten Molaren von S t. U l r i c h b e i W i e s, o h n e S p e r r h ö c k e r u n d m i t d e u t l i c h e n S p u r e n t a p i r o i d e r A b r a s i o n (ähnlich wie bei Dinotherienzähnen).

4. Ein letzter Molar aus dem Miocän von K l e i n - H a d e r s-d o r f in Niederösterreich; Sperrhöcker sind zwar vorhanden, doch sehr klein und wenig vorragend; tapiroide Abrasion.

5. Ein letzter Molar aus dem Miocän von K a l k s b u r g in Niederösterreich; an Stelle der Sperrhöcker finden sich w e n i g e r-h a b e n e S c h m e l z l e i s t e n i n d e n T ä l e r n.

Diese letztgenannte Ausbildungsweise der Schmelzleisten findet sich bei fast s ä m t l i c h e n p u b l i z i e r t e n Z ä h n e n v o n *T. tapiroides* (= *turicense*) wie bei allen Stücken des Wiener Hofmuseums wieder.

Auffallend ist ferner, daß die Typen aus dem B u r d i g a l i e n und H e l v e t i e n nicht nur an Größe abnehmen, je t i e f e r ihr stratigraphischer Horizont liegt, sondern daß sie sich auch immer mehr der *mut. pygmaea* D e p é r e t s nähern und dieser schließlich wesentlich gleichen.

Ein Vergleich dieser „mutatio ascendens" mit typischen (bunodonten) Molaren von *T. angustidens* gibt uns die volle Berechti-gung, die Formen aus dem u n t e r s t e n M i o c ä n (Cartennien und Burdigalien) als eigene Art *Tetrabelodon pygmaeum Depéret* zu be-trachten.

Als nächste Frage steht die nach dem Anschluß von *T. pygmaeum* an die tieferstehenden Formen offen.

Seit A n d r e w s' Publikationen über die Proboscidierahnen aus dem ägyptischen Fayûm ging allmählich d i e A n s i c h t i n d i e L i t e r a t u r ü b e r u n d f a n d a l l g e m e i n e B i l l i g u n g, d a ß *Palaeomastodon* als Stammgattung des langsymphysigen *Tetrabelodon*

---

[1] A. G a u d r y, Quelques remarques etc., l. c. pag. 5. Gleichfalls im Jahre 1878 kamen auch L o r t e t und C h a n t r e (Recherches sur les Mastodontes in Arch. Mus. hist. nat. Lyon Vol. II. Lyon 1878) zu denselben Schlüssen (pag. 291).

[2] M. S c h l o s s e r, Beiträge zur Kenntnis der Säugetierreste aus den süd-deutschen Bohnerzen, in Geol. pal. Abh. (K o k e n). N. F. Bd. V. Heft 3, pag. 52. Jena 1902.

anzunehmen sei, ohne daß je diese Behauptung eingehend begründet worden wäre.

Die Beschäftigung mit der Abstammungsfrage der gesamten
Gruppe der Rüsseltiere brachte es mit sich, daß mir zwei Momente
von außerordentlicher Bedeutung auffielen:

1. Keine einzige Art des Genus *Palaeomastodon* trägt
tapiroide[1]) oder auch nur zu diesen überleitende Molaren; immer
begegnen wir suiden Typen mit Sperrhöckern. O. Abel[2])
gelangte zu demselben Resultat und meinte daher, die tapiroide Reihe
gehe bis auf *M. trigonodon* zurück.

2. Die Incisoren des Unterkiefers sämtlicher Palaeomasto-
donten haben ihre primitive Form eingebüßt und sind zu
einer flachen breiten Schaufel umgebildet. Eine im Wiener
Hofmuseum befindliche vollständige Mandibel von *P. Wintoni Andr.*
aus dem Eocän von Kasr Karun mit intakten Incisoren zeigt,
daß diese in der Mitte mit zwei Ebenen aneinanderpassen und nach
vorn eine Rundung bilden, daß ferner die Höhe der Schaufel
etwa $1/4$ der Breite eines Zahnes ausmacht.

Es ist nach dem Dolloschen Entwicklungsgesetz[3]) („loi
de l'irréversibilité de l'évolution") ohne weiteres klar und begreiflich,
daß aus einem spezialisierten Zahn mit Sperrhöckern kein primitiver
ohne solche entstehen kann; O. Abel[5]) hat dies bereits auch hinsichtlich des in Rede stehenden speziellen Falles mit Nachdruck betont.

Demnach ist es ausgeschlossen, daß *T. pygmaeum*, welches keine
Sperrhöcker[4]) aufweist und verhältnismäßig hohe Joche mit weiten
Tälern hat, mit *Palaeomastodon* genetisch zusammenhängt. Für die
Unmöglichkeit, die Linie in der Richtung *Palaeomastodon* → *Tetrabe-
lodon* überhaupt zu ziehen, spricht aber auch folgendes:

Die Mandibelincisoren von *Tetrabelodon* tragen, soweit sie bekannt sind, durchwegs primitiven Habitus; sie sind drehrund
oder oval, stoßen innen aneinander und weisen auf
der Oberseite der Spitzen Nutzflächen auf, welche von
dem jedenfalls aufliegenden Rüssel angeschliffen wurden.

Es kann nicht angenommen werden, daß so hoch-
spezialisierte, zu einer Schaufel umgewandelte Zähne,
wie sie bisher von *Palaeomastodon* bekannt sind, sich wieder
zu einer primitiveren Form umgebildet haben. Vielleicht
ist es nicht ausgeschlossen, daß eine ursprünglichere Art dieser
Gattung, welche das Zwischenglied vermittelt, noch gefunden wird.

Nach dem heutigen Stande unserer Kenntnisse müssen wir annehmen, daß die Gattung *Palaeomastodon* einen Seitenzweig darstellt,
welcher an ein bunodontes *Moeritherium* (*M. gracile* oder *M. lyonsi*)
anschließt.

---

[1]) O. Abel, Die Bedeutung der fossilen Wirbeltiere für die Abstammungslehre in „Die Abstammungslehre", zwölf gemeinverständliche Vorträge über die
Deszendenztheorie. Jena 1911.
[2]) O. Abel, Grundzüge der Paläobiologie, pag. 553.
[3]) O. Abel, Die Abstammungslehre etc., l. c. pag. 234 und 235.
[4]) Ch. Depéret, Decouverte du *M. angustidens* etc., l. c. Pl.

Betrachten wir einen Molaren von *M. trigonodon* [1]), so fallen sofort zwei Merkmale besonders auf:

1. Die weiten Täler sind von Hügelreihen begrenzt, deren jede aus zwei Haupt- und zwei Nebenhügeln, welche alle in einer Reihe liegen und oben nach innen zu konvergieren, gebildet wird.

2. Zwischen diesen zieht seitlich eine zwar schwache, aber deutliche Verstärkungsleiste aus Schmelzsubstanz hin.

Ich habe schon weiter oben (pag. 132) das eigentümliche Verhalten der Zähne von *T. angustidens* in diesen beiden Punkten erörtert; bei einzelnen, und zwar gerade bei den älteren Typen, sind nicht nur die Hügelreihen sehr jochähnlich entwickelt (steil, mit zygodonter Abrasion), auch die Anordnung und Ausbildungsweise der Sperrhöcker zeigt alle Stadien bis zum Vorhandensein einer bloßen Schmelzleiste, wie sie für *T. tapiroides* in gleicher Weise charakteristisch ist.

Diese Leiste ist auch bei *T. pygmaeum*, wie die photographische Abbildung [2]) zeigt, unter der Zementlage ausgebildet und zieht über zwei Haupthügel als sanfte Erhabenheit hinweg.

Die eben erörterten Beobachtungen zwingen mich zu der Meinung, daß die tapiroiden und suiden Reihen der Mastodonten auf *T. pygmaeum* und weiter (vielleicht mit einer noch fehlenden Zwischenform) auf *M. trigonodon* zurückgehen; andernfalls wäre das Auftreten so zahlreicher Zähne mit intermediärem Charakter nicht erklärlich. Die Deszendenten von *T. pygmaeum* hätten sich im Verlaufe der phylogenetischen Entwicklung in den beiden genannten, ethologisch verschiedenen Richtungen spezialisiert.

Die bisher bekanntgewordenen Paläomastodonten erweisen lediglich, daß sich frühzeitig vom Hauptstamm ein konvergenter bunodonter Seitenzweig mit ganz besonders spezialisierter Mandibel losgelöst hat.

―――――――

Gänzlich dunkel bleibt uns noch immer die Herkunft von *Dinotherium*. Nicht einmal mit *Moeritherium* können wir es in genetischen Zusammenhang bringen; die Backenzähne aller bekannten Arten sind zu weit vorgeschritten in ihrer Spezialisation, als daß man von ihnen einen Zahn wie den von *Dinotherium* ableiten könnte. Alle Arten mit Ausnahme des obereocänen, bunodonten *M. gracile Andr.* tragen einen *M* III. mit drei Jochen oder doch einem weit stärkeren Talon, als ihn die miocänen Dinotherienarten aufweisen.

Palaeomastodon kommt selbstverständlich gänzlich außer Frage.

Barytherium Andr. aus dem Eocän von Ägypten ist zu dürftig bekannt, als daß man die Beziehungen, welche die Form zu *Dinotherium* hat, genetisch mit Erfolg verwenden könnte.

C. Die bunodonten Mastodonten.

Wenn wir die primitiven Formen verlassen und uns der Phylogenie ihrer Deszendenten zuwenden, macht sich auch schon der

―――――――

[1]) C. W. Andrews, Descriptive catalogue. Pl. IX, Fig. 5.
[2]) Ch. Depéret, La Decouverte etc., l. c.

Mangel geltend, welcher in unserer Nomenklatur liegt. R. Lull[1]) hat darauf hingewiesen, daß die Mastodonten nach zwei verschiedenen Einteilungsgründen gegliedert wurden: nach dem Vorhandensein oder Fehlen von Mandibelincisoren einer-, nach der Form der Molaren anderseits. Die Teilung H. Falconers nach der Zahl der Höckerreihen an den intermediären Molaren ($m\frac{3}{3}$, $M\frac{1}{1}$, $M\frac{2}{2}$) in *Trilophodon*, *Tetralophodon* etc. kann für eine natürliche Systematik nicht in Betracht kommen, soweit es sich um Gattungen handelt; sie kennzeichnet Entwicklungsetappen aller Gruppen und war von Falconer nur in diesem Sinne gedacht.

E. D. Cope[2]) hat seinerzeit das Genus *Tetrabelodon* auf das Vorhandensein von vier Stoßzähnen (zwei maxillaren, zwei mandibularen) gegründet.

M. Vacek[3]) hat in richtiger Würdigung des tiefgreifenden Unterschiedes von höcker- und jochzähnigen Molaren die Teilung in *Buno-* und *Zygolophodon* geschaffen.

Die Übergänge zwischen den einzelnen Formen sind, wie meine Darlegungen eingehender zeigen werden, derart, daß Arten und Gattungen an den „Ursprungsstellen der Stammbaumäste" hinfällig werden. Wir sind nicht imstande, *T. angustidens* in seinen ältesten Vertretern von *T. tapiroides* aus den tiefsten Schichten, noch beide von *T. pygmaeum* derart zu trennen, daß wir von verschiedenen Gattungen sprechen können. Zudem sind die Deszendenzlinien sowohl der bunodonten wie der zygodonten Reihe zum Teil vollkommen sicher, zum Teil im wesentlichen nachgewiesen. Daher müssen wir folgerichtig all diese Formen, wie es O. Abel[4]) teilweise schon durchgeführt hat, als *Tetrabelodon* bezeichnen.

Zur größeren Übersichtlichkeit und zum leichteren Arbeiten folgen in Klammern hinter dem Gattungsnamen die früheren generischen Bezeichnungen als Subgenusnamen nach den Gesetzen der Nomenklatur[5]).

Die Einteilung und Charakteristik wäre folgende:

Genus: *Tetrabelodon Cope* (1884).

Charakteristik siehe R. Lydekker (Catalogue etc., l. c. pag. 14): Genus *Mastodon Cuv.*

Subgenus: *Tetrabelodon, T. (T.) pygmaeum Depéret.*

---

[1]) R. S. Lull, Evolution of the Elephant, l. c. pag. 21.

[2]) E. D. Cope, Proc. Amer. Phil. Soc. Vol. XXII, pag. 5. Philadelphia 1884.

[3]) M. Vacek, Österr. Mastodonten, l. c. pag. 45.

[4]) O. Abel, Die Abstammungslehre etc., l. c. pag. 230 und 231.

[5]) Für zahlreiche Belehrungen über die Gesetze der Nomenklatur und Priorität bin ich Herrn Kollegen Franz Poche (Wien) um so dankbarer, als mir dadurch viele wertvolle Zeit erspart blieb. Bezüglich der Nomenklatur stehe ich auf dem Standpunkt, den H. E. Ziegler (Über die neue Nomenklatur in Zool. Anz. XXXVIII, Nr. 9 und 10, pag. 271, Leipzig 1911) jüngst ausgesprochen hat und kann derartige Wahrworte nur auf das wärmste begrüßen.

A. Bunodonte Reihe.

Subgenus: *Bunolophodon Vacek* 1877.

Charakteristik: Zwei maxillare und zwei mandibulare Incisoren; Molaren suid, mit Sperrhöckern; intermediäre Molaren $(m \frac{3}{3}, M\frac{1}{1}, M\frac{2}{2})$ tri- oder tetralophodont.

Zum Beispiel: *T. (Bl.) angustidens Cuv.* (trilophodont),
T. (Bl.) longirostre Kaup (tetralophodont).

Subgenus: *Mastodon Cuv.* 1806.

Charakteristik: Zwei maxillare Incisoren, Mandibelincisoren meist fehlend, seltener rudimentär; Molaren suid mit Sperrhöckern, Haupthöcker oft alternierend, intermediäre Molaren tetralophodont.

Zum Beispiel: *T. (M.) arvernense Croiz. et Job.*

B. Zygodonte Reihe.

Subgenus: *Zygolophodon Vacek* 1877.

Charakteristik: Zwei maxillare und zwei mandibulare Incisoren, Molaren tapiroid ohne Sperrhöcker; intermediäre Molaren trilophodont.

Zum Beispiel: *T. (Zl.) tapiroides Cuv.* (= *turicense Schinz.*)

Subgenus: *Mammut Blumenb.* 1790.

Charakteristik: Zwei maxillare Incisoren, Mandibelincisoren fehlend oder rudimentär; Molaren tapiroid trilophodont.

Zum Beispiel: *T. (M.) americanum Cuv.*

Der Weg, den die Entwicklung der suiden Mastodonten genommen hat, liegt dank einer Zahl von Detailforschungen ziemlich klar vor uns. Die reiche Fülle von Zwischenformen, welche von *T. pygmaeum* zu *T. (Bl.) angustidens* hinüberleiten, die sich um so mehr in der Richtung zum Typus mit gesperrten Tälern spezialisieren, je höher ihr stratigraphischer Horizont ist, läßt die Annahme einer Deszendenzlinie vollauf berechtigt erscheinen.

Ch. Depéret[1]) hat diese Tatsache zuerst konstatiert und eingehender erörtert. Die zahlreichen Abbildungen von *T. angustidens*, wie die Originale im Wiener Hofmuseum bestätigten mir die Richtigkeit dieser Ansicht.

Noch weit klarer und durch eine bedeutende Zahl von Übergangstypen gestützt liegt die Linie *T. (Bl.) angustidens → T. (Bl.) longirostre Kaup* vor uns.

Die mannigfaltigsten Ausbildungen der Backenzähne wie auch der Symphyse, auf welche zum Teil schon M. Vacek[2]) hingewiesen hat, wurden an verschiedenen Lokalitäten nachgewiesen.

---

[1]) Ch. Depéret, La Decouverte, l. c. pag. 520.
[2]) M. Vacek, l. c. pag. 24.

In dem Maße, als die Mandibelverkürzung und damit die Reduktion der unteren Stoßzähne zunimmt, steigert sich auch die Zahl der Sperrhöcker, während die Haupthügel eine Tendenz zur Alternation zeigen. Die fortschreitende Entwicklung in diesem Sinne führt, wie durch Zwischenformen erhärtet ist, welche sich in Spanien (Cueva Rubbia[1]) und in Steiermark[2]) fanden, direkt zu T. (M.) arvernense, einer Form mit rudimentären Mandibelincisoren oder ohne solche.

Die Reihe T. (Bl.) angustidens → T. (Bl.) longirostre → T. (M.) arvernense wurde in letzter Zeit von O. Abel[3]) als eine der wenigen sicheren Ahnenreihen hervorgehoben.

Bevor ich auf die außereuropäischen Vorkommnisse bunodonter Typen eingehe, halte ich es für passend, einige ethologische Erörterungen einzuschalten, zu welchen ich im Verlaufe meiner Studien gelangte. Es überraschte mich freudig, gelegentlich einer Unterredung mit meinem verehrten Lehrer Prof. O. Abel, welcher sich damals eben mit dieser Frage beschäftigte, die weitgehendste Übereinstimmung in unseren Ansichten gefunden zu haben (vergl. Grundzüge . . . etc., pag. 555 und 556).

Meine erst nach dieser Unterredung gründlicher fortgesetzten Studien ließen mich die Meinungen zweier weiterer Autoren[4]) kennen, welche so verblüffend ähnlich sind, daß man versucht wäre, eine direkte Beeinflussung anzunehmen, wenn nicht der sichere Gegenbeweis vorläge.

Es handelt sich um die Gründe, welche die Wandlungen im Verlaufe der Entwicklung der Proboscidier bedingten.

Die älteste Stufe, durch *Moeritherium* vertreten, führte offenbar ein Leben, welches dem eines Tapirs im Aufenthalt, dem eines Flußpferdes in der Nahrung glich. Der unscheinbare Rüssel, welchen die Form trug, diente dem Wühlen im Schlamm und Moor.

Dem Milieu dürfte *Palaeomastodon* treu geblieben sein, nur trat ein Funktionswechsel ein: Die wühlende Tätigkeit, welche jedenfalls wie beim Schwein und Tapier vornehmlich dem Rüssel oblag, wurde vom Unterkiefer übernommen; dieser wächst in die Länge und entwickelt an der Spitze eine aus den zweiten Incisoren gebildete, flache Schaufel. Die Wühltätigkeit mußte gemäß· dem letztgenannten Merkmal in ziemlich horizontaler Richtung erfolgen, eine Ansicht, welche mit der amphibiotischen Lebensweise durchaus im Einklang steht. Der Rüssel dürfte mehr dem Tasten gedient haben denn früher.

Der Übergang von Formen, welche dem Tapir an Nahrung und Nahrungserwerb mehr glichen wie *M. trigonodon*, zum Landleben, vielleicht über eine ähnliche, aber primitivere Stufe wie *Palaeomastodon*, führte zum Typus *Tetrabelodon*. Auch hier wurde der Unterkiefer

---

[1]) M. Schlosser, Über Säugetiere und Süßwassergastropoden aus pliocänen Ablagerungen Spaniens etc. in Neues Jahrb. f. Min. II. Stuttgart 1907.
[2]) Fr. Bach, Mastodonreste etc., l. c.
[3]) O. Abel, Grundzüge der Paläobiologie, pag. 555, Fig. 432.
[4]) M. Vacek, l. c. pag. 41. — J. F. Pompecky, Mastodonreste aus dem interandinen Hochland von Bolivia, Palaeontogr. LII., pag. 50. Stuttgart 1905.

mit seinen r u n d l i c h e n Incisoren zum Wühlen verwendet, doch ist
es mehr ein Pflügen mit mäßig gesenktem Kopf; der Rüssel mag
wohl schon zum Greifen verwendet worden sein. Die muskulöse
vorstreckbare Unterlippe, welche P o m p e c k y [1]) im Hinblick auf die
großen Blutgefäßdurchlässe im Unterkiefer mit Recht angenommen
hat, war zweifellos von großem Vorteil sowohl zum Schutz gegen
Verletzung (durch Rückziehen) wie zur Aufnahme der Nahrung.

Daß die Mandibelincisoren die dargetane Funktion versahen,
erhellt aus den immer wiederkehrenden Abnützungsspuren an der
Spitze derselben.

Mit der Aufnahme konsistenterer Nahrung (Wurzeln, saftige
Pflanzen), welche in der Vermehrung der Sperrhöcker ihren Ausdruck
findet, geht wohl die stärkere Ausbildung des Rüssels (vermehrter
Gebrauch) Hand in Hand. Die Folge davon ist eine stetig fortschreitende Atrophie der unteren Incisoren, dann der Mandibel, welche
sich zunächst in dem Auseinanderrücken und der sanften Abwärts-
krümmung der unteren Stoßzähne verrät. Diese tragen k e i n e Usurspuren, dagegen s t r e c k e n sich die bei *T. (Bl.) angustidens* noch leicht
abwärts gebogenen Maxillarincisoren immer mehr und übernehmen,
wie an den Nutzflächen zu erkennen ist, die Funktion der unteren.

Das Ende dieser Entwicklungsreihe ist mit *T. (M.) arvernense* er-
reicht: Die Mandibel hat keine oder rudimentäre Stoßzähne, die oberen
Incisoren fungieren, wie heute noch gelegentlich bei *E. africanus*, zum
Ausreißen von Wurzeln und Aufwühlen des Bodens; Hauptorgan für
die Ernährung ist der mächtige, wahrscheinlich den Boden berührende
Rüssel wie bei *Elephas*.

Vielleicht war die Unmöglichkeit einer Umprägung der hochgradig s u i d e n Molaren dieser Formen zu einem Typ, wie es der
äußerst vorteilhafte Zahn von *Elephas* ist, der Grund zum Erlöschen
der Arten mit dem Eintreten bedeutender Trockenheitsperioden.

Die Ausbreitung der bunodonten Formen blieb nicht auf Europa
beschränkt. Die ausgedehnten Wanderungen, welche *T. (Bl.) angustidens*
über ganz Europa ausschließlich der P y r e n ä e n h a l b i n s e l [2]) sich
verbreiten ließen, führten es einerseits nach I n d i e n, anderseits
nach A m e r i k a, vielleicht auch nochmals zurück nach A f r i k a.

Aus dem Miocän von Indien (Bugti-Hills) beschrieb R. L y d e k k e r [3])
einige Zähne, welche er als „absolutely indistinguishable from the
corresponding teeth in the British Museum of *Mastodon angustidens*
Cuvier" bezeichnete und als *M. angustidens var. palaeindica* unterschied.

Eine höhere Entwicklungsstufe der sich durchaus parallel
spezialisierenden indischen Arten dürfte *T. falconeri* [4]) *Lyd.* repräsen-

[1]) J. F. P o m p e c k y, l. c. pag. 50.

[2]) R. S. L u l l, The evolution etc., l. c. pag. 34. Demnach ist die Wanderung
nicht über die Enge von Gibraltar erfolgt.

[3]) R. L y d e k k e r, *Mastodon angustidens* in India, in Rec. Geol. Surv. India,
XVI., pag. 161. Calcutta 1883. — R. L y d e k k e r, Palaeontologia India (Mem.
Geol. Surv. India), ser. 10, vol. III, pag. 19—29, pls. IV, V. Calcutta 1884.

[4]) R. L y d e k k e r, Catal. of Foss. Mamm. Pt. IV. Proboscidea, pag. 40.
London 1886.

tieren; die Zahl der Sperrhöcker ist vermehrt; die Zähne entsprechen an Größe unserem *T. (Bl.) longirostre.*

In diese Gruppe, wohl kaum als eigene Art, fällt das von G. E. Pilgrim[1] beschriebene *T. crepusculi.*

Den Höhepunkt ihrer Entwicklung erreichen die suiden Mastodonten Indiens mit *T. (M.) sivalense Falc.* aus dem Pliocän der Sewalik-Hills und des Punjab. Die Molaren schließen sich durch ihre alternierenden Haupthöcker eng an *T. (M.) arvernense,* nur ist die Krone etwas enger, die Zahl der Sperrhöcker größer.

Im Hinblick auf die Tatsache, daß wir *T. arvernense* nur aus Europa kennen, in Indien selbst aber etliche Übergangstypen (außer den genannten noch *T. pandionis Falc.* und *T. perimense Falc.*) finden, ist es wahrscheinlich, daß wir es mit zwei parallelen Zweigen zu tun haben, welche auf eine gemeinsame Wurzel *T. (Bl.) angustidens* zurückgehen.

Auch aus Nordamerika wurden Reste bekannt, welche sich *T. angustidens* auf das engste anschließen. Trotzdem wurden sie als eigene Arten oder Varietäten beschrieben: *M. angustidens proavum* und *T. productum.*

Schon Cope[2] erkannte die nahen Beziehungen zwischen den frühesten Bunodonten Nordamerikas und dem eurasiatischen *T. angustidens;* Lydekker[3], Gaudry[4] und in letzter Zeit R. S. Lull[5] bestätigten das Gleiche.

Von diesen Tetrabelodonten leitet Lull die Dibelodonten *T. (Mastodon)* ab, welche in einer Zahl von Arten Nord- und später auch Südamerika bevölkerten; hier persistierten einzelne Formen teils im Hochgebirge (10.000 Fuß: *T. andium*), teils in der Ebene (*T. Humboldti*) bis ins unterste Plistocän und starben, ohne Nachkommen zu hinterlassen, aus[6].

Endlich kennen wir aus Afrika einige Reste bunodonter Mastodonten:

Gaudry[7] hat den schon früher (pag. 130) erwähnten Molaren aus dem Mittelmiocän von Cherichira beschrieben und als *T. angustidens* bestimmt.

Außerdem teilte R. Beck[8] ein allerdings sehr fragliches Zahnfragment aus Südafrika mit. Erwiesen ist das Auftreten suider Arten oder wenigstens einer suiden Art, durch den von E. Fraas[9] bekannt gewordenen Fund aus dem Plistocän von Südafrika; das Stück schließt sich den Formen mit alternierenden Haupthügeln an.

---

[1] G. E. Pilgrim, Tertiary and Posttertiary deposits etc., l. c. pag. 157.
[2] E. D. Cope, The Proboscidea, in Amer. Natur. XXIII., pag. 191—211. Salem 1889.
[3] R. Lydekker, Catalogue etc., pag. 30.
[4] A. Gaudry, Les enchainements etc., pag. 226.
[5] R. S. Lull, The evolution etc., pag. 35, 36.
[6] C. W. Andrews, A Guide etc., pag. 32, 33.
[7] A. Gaudry, Quelques remarques etc., l. c.
[8] R. Beck, Geol. Mag. dec. 5, III., pag. 49. London 1906.
[9] E. Fraas, Zeitschr. d. Deutsch. Geol. Ges., 59. Bd., pag. 240, 241. Stuttgart 1907.

Das bisher Bekannte ist zu wenig, als daß sich eine nur einigermaßen gestützte Ansicht aussprechen ließe. Von vornherein wäre es nicht ausgeschlossen, daß sich auch hier eine parallele, im Sinne direkter Deszendenz nicht verwandte Reihe entwickelt habe.

Eher aber dürften schubweise Rückwanderungen, wie wir eine solche im Pliocän aus den Funden von Elefantenresten annehmen müssen, im Spiele gewesen sein.

Die endgültige Lösung bleibt eine Frage der Zeit.

D. Die zygodonten Mastodonten.

Über die Hauptzüge der Entwicklungsgeschichte der tapiroiden Arten dürfte selten eine Verschiedenheit in der Auffassung anzutreffen sein; anders steht es um den Anschluß der Reihe an primitivere Typen.

Lull[1]) verlegt die Trennung der beiden Formen (*Bunolophodon* und *Zygolophodon*) noch nach Afrika.

Seine Behauptungen basieren auf der Annahme der Richtigkeit dessen, was P. Gervais[2]) und A. Gaudry[3]) mitgeteilt, Ch. Depéret[4]) wiederholt und scheinbar bestätigt hat.

Aus meinen Darlegungen (pag. 130) geht hervor, daß der angeblich aus Algier (Kenchela) stammende Zahn *Moeritherium trigonodon* zugehört, für den sicher von einer zygodonten Form stammenden III. Molaren der Horizont unnachweisbar ist, zufolge des hohen Spezialisationsgrades, den das Stück aufweist, aber verhältnismäßig jung sein dürfte.

Es ist sehr leicht denkbar, daß *T. (Zl.) tapiroides Cuv.* (= *turicense Schinz*), wenn die Form von Tunis tatsächlich dieser Art angehört und nicht *T. (Zl.) Borsoni Hays.*, möglicherweise mit derselben Tiergesellschaft nach Afrika rückwanderte wie *T. angustidens* (aus dem Helvetien von Algier).

Für einen Beweis reicht meine bloß papierene Kenntnis des Materials nicht aus, zum Zweifeln ist sie mehr als genügend.

Ich hoffe im Verlauf der folgenden Jahre diese Fragen durch ein gründliches Materialstudium in den einzelnen Sammlungen einem befriedigenden Abschluß zuzuführen.

Einstweilen wissen wir nicht, ob die Heimat von *T. (Zl.) tapiroides* Afrika oder Europa ist, zumal *T. pygmaeum*, welches aus den schon früher eingehend erörterten Gründen (pag. 131—134) als Ahne in erster Linie in Betracht kommt, beide Erdteile bewohnte.

Die weitere Entwicklung der tapiroiden Reihe, deren Glieder insgesamt den trilophodonten Typus bewahren, liegt ziemlich klar vor uns. *T. (Zl.) Borsoni*, der unterpliocäne Nachfolger von *T. tapiroides*, hält nicht nur die geographischen Grenzen seines miocänen Vorläufers ein, die Molaren der beiden Arten zeigen auch eine Variabilität,

---

[1]) R. S. Lull, The evolution etc., l. c. pag. 34.
[2]) P. Gervais, Zool. Pal. franç., l. c. pag. 75.
[3]) A. Gaudry, Quelques remarques etc., l. c.
[4]) Ch. Depéret, Decouverte etc., pag. 518.

welche nur aus der Annahme einer direkten Deszendenzlinie .begreiflich ist.

In der Regel zeigt *T. Borsoni* die Zweiteilung der Joche durch eine Mittellinie und das Verschmelzen der Haupt- und Nebenhöcker, wie es am schärfsten bei *T. (Mammut) americanum Cuv.* ausgeprägt ist, ziemlich gut, die Verstärkungsleisten an den Stellen[1]), wo bei *T. angustidens* die Sperrhöcker stehen, sind meist verschwunden. Doch alle diese Merkmale variieren und ergeben mannigfache Übergänge.

Nicht minder nahe sind die Beziehungen zwischen *T. Borsoni* und *T. americanum.*

M. P a v l o w[2]) hat eine Zahl von Molaren des *T. Borsoni* aus Südrußland beschrieben, darunter einen, welcher eine so auffallende Übereinstimmung mit der amerikanischen Art zeigte, daß sie ihn geradezu derselben zuteilte.

Die raschen Schlußfolgerungen, zu welchen sich M. P a v l o w oft verleiten ließ, machen es begreiflich, daß auch diese· ihre Bestimmung heftig bekämpft wurde und noch wird.

Gerade in diesem Falle aber ist die blinde Gegnerschaft nicht am Platze.

Der Zahn aus Südrußland h a t t a t s ä c h l i c h u n g e m e i n e Ähnlichkeit mit *T. (M.) americanum.*

Es ist auch gar nichts Besonderes, wenn in einem Gebiete, welches auf dem Wanderwege liegt, Übergangsformen gefunden werden, wo wir doch nicht den geringsten Anhaltspunkt für eine autochtone Entstehung von *T. americanum* haben.

Vielmehr weisen alle Umstände darauf hin, daß wir eine Wanderung anzunehmen haben und daß *T. (Zl.) Borsoni* der Ahne von *T. (M.) americanum* ist, wie es auch R. S. L u l l[3]) schon angenommen hat.

Gemäß den Funden von *M. americanum* bis zum 15. Grad nördlicher Breite nach Süden erfolgte die Wanderung über Sibirien, Alaska und die jetzigen Aléuten.

Es erübrigt noch, die ethologischen Momente zu erörtern, welche der Entwicklung tapiroider Typen förderlich sein konnten.

Wie der Name schon andeutet, dürfte uns die Lebensweise der T a p i r e am ehesten den rechten Weg weisen. Nach A. E. B r e h m[4]) besteht die Nahrung des S c h a b r a c k e n t a p i r s wie auch der südamerikanischen A n t a im Freileben ausschließlich aus fleischigen B l ä t t e r n und F r ü c h t e n, gelegentlich auch Z w e i g e n. Die Kaubewegung ist hauptsächlich ein Z u s a m m e n k l a p p e n d e r K i e f e r u n d Z e r q u e t s c h e n, resp. Zerbrechen der Nahrung. Infolgedessen treten Usurspuren zuerst an den schräg abfallenden Flächen der Joche auf, wie sie in ganz derselben Weise bei *Dinotherium* zu be-

---

[1]) Siehe H. v. M e y e r, Studien über das Genus *Mastodon* in Palaeontographica. XVII., Hft. 1, pag. 48.
[2]) M. P a v l o w, Nouvelles trouvailles de · *Mastodon Borsoni* au sud de la Russie, Annuaire geol. min. Russie, V., pt. 1 & 2. Warschau 1901.
[3]) R. S. L u l l, The evolution etc., pag. 34.
[4]) A. E. B r e h m, Tierleben, Säugetiere. III. Bd.

obachten sind. Im Alter entstehen bei weit vorgeschrittener Abkauung ovale oder rhombische Usurfiguren.

Durchaus die gleichen Abrasionszustände kehren auch bei den tapiroiden Mastodonten wieder.

Wir haben daher volle Berechtigung, für *Dinotherium* und die Zygodonten gleiche oder wenigstens sehr ähnliche Nahrung und Ernährungsweise anzunehmen. Die Funde von Nahrungsresten im Rachen von *T.* (*M.*) *americanum* bestätigen dies [1]):

„Broken pieces of branches varying from slender twigs to boughs half an inch in diameter and about two inches long, were found mixed up with more finely divided vegetable matter, like comminuted leaves in one case to the amount of from four to six bushels. We have the authority of Goeppert for the fact, that twigs of the existing coniferous *Thuia occidentalis* were identified in the stomach of the New Yersey Mastodon; and of Professor Asa Gray and Dr. Carpenter, both eminent microscopical observers, that the stomach of the Newburgh Mastodon contained fragments of the boughs of »some coniferous tree or shrub and probably some kind of spruce or fir (Gray); and also fragments of a quite different kind of wood (not coniferous), which from its decomposed and carbonaceous state was not determinable (Carpenter)«.“

Eine gleichsinnige Bestätigung bot der Fund von Otisville [2]).

Die Tatsache, daß die Kautätigkeit eines bunodonten Gebisses mehr mahlend, die des tapiroiden mehr quetschend ist, erklärt uns die divergente Entwicklung, welche im ersten Fall in der möglichsten Vergrößerung der Kaufläche durch Ausfüllung der Täler (*T. arvernense*), im letzteren in der scharfen Trennung von Joch und Tal (*T. americanum*) gipfelt.

Vielleicht steht die in der Nahrung bedingte frühere Emanzipation vom wühlenden Futtererwerb im Zusammenhang mit dem rascheren Schwinden der unteren Incisoren bei den tapiroiden Mastodonten.

E. Die Entstehung der echten Elefanten.

Schon zu einer Zeit, als die Mitteilungen über fossile Rüsseltiere noch sehr spärlich flossen, beschrieb W. Clift [3]) zwei Molaren von eminenter stammesgeschichtlicher Bedeutung als *Mast. latidens* und *M. elephantoides* und hob sie als Übergangstypen zwischen den Gattungen *Mastodon* und *Elephas* hervor.

Falconer [4]) stellte die letztere Form als *E.* (*Stegodon*) *Clifti* zu seiner neu geschaffenen Gruppe *Stegodon*, welcher er auch einzelne

---

[1]) H. Falconer and P. Cautley, Pal. Mem. II., pag. 291. Falconer teilt dies mit zum Zweck einer sehr geistvollen Erörterung über die Beziehungen zwischen der Nahrung und dem Zahnbau der Elefanten; ich komme später auf einige weitere Zitate zurück.

[2]) R. S. Lull, The evolution etc., pag. 25.

[3]) W. Clift, On the fossil remains of two new Mastodon etc. in Transact. geol. Soc., 2. ser., vol. II. London 1829.

[4]) H. Falconer and P. Cantley, Pal. Mem., II., pag. 82.

in der Spezialisation vorgeschrittenere Arten (*St. bombifrons* und *St. insignis* aus den Pliocän- und Plistocänschichten Indiens) zuteilte. Diese Gruppe rückte er aus folgenden sieben Gründen der Gattung *Elephas* nahe:

1. Größere Zahl von Jochen und Mammillen, welche diese Joche zusammensetzen.

2. Übereinstimmung der Jochformel mit der des lebenden *E. africanus* und anderer L o x o d o n t e n.

3. Konvexe Begrenzungslinien der unangekauten Joche in t r a n s - v e r s a l e r Richtung und Fehlen jeglicher longitudinaler Trennungslinie der Mammillen, wie, sie für alle M a s t o d o n t e n typisch ist.

4. Menge des Zements, welches die Täler erfüllt.

5. Hervortreten der Zähne aus dem Kiefer in einem Kreisbogen (l. c. pag. 82).

6. Wechselbeziehung der Kauflächen gegenüberliegender Zähne: die i n n e r e Seite des o b e r e n und die ä u ß e r e Seite des u n t e r e n Zahnes ist immer h ö h e r als die andere (l. c. pag. 83).

7. Fehlen oder Seltenheit von Prämolaren und mandibularen Stoßzähnen.

So scharfsinnig diese Gründe sind, welche F a l c o n e r ins Treffen führte, er mußte doch selbst zugeben, daß sie an den Grenzen hinfällig werden.

E. (St.) Clifti weist eine g e r i n g e Zahl von Jochen auf (7—8 am $M\frac{3}{3}$), die Punkte 3—5 gelten, wenngleich mäßiger betont, auch für *Tetrabelodon latidens*, besonders fehlt dieser Art im rückwärtigen Teil des $M\frac{3}{3}$ oft die longitudinale Trennungslinie, während sie *St. Clifti* in den vorderen Molaren bisweilen zeigt (l. c. pag. 83).

Der letzte Beweispunkt F a l c o n e r s ist nach dem heutigen Stande unserer Kenntnisse überhaupt hinfällig; wir kennen auch Mastodonten ohne P r ä m o l a r e n und U n t e r k i e f e r i n c i s o r e n (*T. [M.] arvernense, T. [M.] americanum*).

Über die am ehesten entscheidende Wechselbeziehung der Kauflächen gegenüberliegender Zähne sagt F a l c o n e r selbst von *St. Clifti* (Pal. Mem. II., pag. 237):

„Further in the only well-preserved palate-specimen at present known, the outer side of the upper molars is higher and the inner side lower and more worn, being another point of agreement with the Mastontoid rather than with the Elephantoid type."

Wir ersehen daraus — und auch F a l c o n e r war sich offenbar dieser Tatsache bewußt — daß die beiden Gattungen durch die Arten *Tetrabelodon*[1] *latidens* und *E. (Steg.) Clifti* ineinander ü b e r - g e h e n; unsere vertikalen systematischen Einheiten und Gruppen sind eben Hilfsbegriffe, während es in der Natur, streng genommen, k e i n e v e r t i k a l e n A r t e n, geschweige denn Gattungen gibt[2].

---

[1]) Da der Anschluß dieser Art noch g ä n z l i c h zweifelhaft ist, lasse ich die s u b g e n e r i s c h e Bezeichnung für einen späteren Zeitpunkt offen und bezeichne es einfach als *Tetrabelodon* (subg. inc. sedis).

[2]) Vergl. Ch. D e p é r e t, Die Umbildung der Tierwelt (deutsch) von R. N. W e g n e r, pag. 116—171. Stuttgart 1909.

Seit Falconer[1]) wurde von keinem Forscher die Behauptung angezweifelt, daß die Deszendenzlinie der Elefanten den eben erörterten Weg gegangen ist. Die Verhältnisse liegen so klar, daß jeder Zweifel ausgeschlossen ist.

Anders steht es wieder mit dem Anschluß der *Stegodon-Elephas-* Reihe an den Hauptstamm.

R. Lydekker[2]) wurde als erster auf die Frage aufmerksam; er glaubte in einer von ihm als *M. cautleyi* beschriebenen Form das Bindeglied gefunden zu haben.

Lydekker zog zwei Stammeslinien:

1. *T. angustidens* —→ *T. pandionis* —→ *T. perimense* —→ *T. sivalense* —→ *T. arvernense.*

2. *T. angustidens* —→ *T. longirostre* —→ *T. Cautleyi* —→ *T. latidens* —→ *E. Clifti* —→ echte Elefanten.

Ihm schlossen sich C. W. Andrews[3]) und R. S. Lull[4]) an.

Die genannten drei Autoren betrachten *T. longirostre* als die Ausgangsform.

Dem gegenüber wies in jüngster Zeit O. Abel[5]) darauf hin, daß die in ganz anderer Richtung spezialisierten suiden Mastodontenzähne keine Vorstufen zu dem stegodonten Typus sein können, dieser sich vielmehr aus tapiroiden Molaren entwickelt haben muß. (Dollosches Entwicklungsgesetz, irreversibilité de l'evolution.)

Meine Studien überzeugten mich zunächst von der Unmöglichkeit, *T. longirostre* als Ahnen von *Elephas* anzunehmen.

Aus Falconers[6]) Darlegungen und den von ihm gegebenen genauen Abbildungen geht mit Unzweideutigkeit hervor, daß *E. planifrons*, eine in gleicher Richtung über *Stegodon* spezialisierte Form, im Ober- wie im Unterkiefer zwei Prämolaren[7]) (Pm_3 und Pm_4) trug.

T. longirostre dagegen hatte, wie auch Andrews[8]) selbst zugibt, nur einen Prämolaren (Pm_3[9]).

Damit kommt diese Form als Elefantenahne gänzlich außer Betracht.

---

[1]) H. Falconer and P. Cautley, Pal. Mem., vol. II, pag. 18 und pag. 82.
[2]) R. Lydekker, Indian Tertiary and Posttertiary Vertebrata, Palaeontologia Indica (Mem. Geol. Surv. Ind.), ser. X, vol. III, pag. XIV, XVIII, XIX. Calcutta 1886. — R. Lydekker, Catalogue of the fossil Mammalia, Part. IV: Proboscidea, pag. 47, 56, 71 ff.
[3]) C. W. Andrews, A Guide to the Elephants, pag. 33.
[4]) R. S. Lull, The evolution etc., pag. 36.
[5]) O. Abel, Die Bedeutung der fossilen Wirbeltiere für die Abstammungslehre, in „Die Abstammungslehre" (12 Vorträge), pag. 233. Jena 1911.
[6]) H. Falconer and P. Cautley, Pal. Mem. II, pag. 93. — H. Falconer, F. A. S. Pl. XII, fig. 8—10.
[7]) Diese Tatsache erhielt ihre weitere Stütze dadurch, daß H. Pohlig, welcher die Richtigkeit der Behauptung Falconers angezweifelt hatte, nach Autopsie des Stückes im II. Teile, pag. 312 seiner Monographie widerrief (vergl. pag. 107, Fußnote 2).
[8]) C. W. Andrews, A Guide etc., pag. 28.
[9]) M. Vacek, Österr. Mastodonten, l. c. pag. 27.

Anderseits scheinen der Ansicht O. Abels einige Momente zu widersprechen:

Einer der Zähne von *T. latidens*, welchen W. Clift[1]) mitteilte, zeigt am 5., 6., und 7. Joch (von rückwärts) Zwischenhöcker, am 7. nicht weniger als **vier**; dieselben sind allerdings klein und erinnern an die kleinen Verstärkungsmammillen, wie sie bei *T. (Bl.) angustidens* aus den tiefsten Schichten auftreten. Den hinteren vier Jochen fehlt jegliche Spur eines Sperrhöckers.

Dieser Umstand gewinnt an Interesse, wenn wir Molaren von *T. cautleyi*[2]) (einem **Tetralophodonten**) zum Vergleich heranziehen:

Die vorderen echten Molaren der letztgenannten Art tragen ganz ähnliche, etwas kräftigere Sperrhöcker, wie das 7. Joch des einen Zahnes von *T. latidens*, während sie am III. Molaren nach rückwärts zu immer undeutlicher werden.

Die ausgesprochen **tapiroiden** Formen (*T. (Zl.) tapiroides* und seine Deszendenten) dürften bei sorgfältiger Prüfung ebenfalls **nicht** standhalten:

T. turicense (= *tapiroides*) hat nach E. Lartet[3]) nur **einen** Prämolaren; es ist mir trotz eifrigsten Bemühens nicht gelungen, herauszufinden, mit welchem Stücke Lartet diese Behauptung begründete. Eine von Lortet und Chantre[4]) als *T. turicense* bestimmte Mandibel, dieselbe, welche H. v. Meyer[5]) als *M. angustidens* in Anspruch nahm, schien mir einzig Aufschluß geben zu können.

Ich wandte mich an das „geologische Institut der Universität Zürich" und erhielt durch das liebenswürdige Entgegenkommen des Herrn Prof. Dr. Alb. Heim[6]) in kurzem den Gipsguß des Restes.

Leider gab die Mandibel keinen Aufschluß über die Prämolarenfrage.

Der zweite Milchmolar ist bereits ersetzt, der dritte stark und unregelmäßig abgekaut. Auch eine Sprengung der Kieferwand, welche den Pm_4 im Keim bloßlegen müßte, wenn $m_{\overline{3}}$ ersetzt wird, ergäbe noch kein positives Resultat, da aus dem Stück der Artcharakter nicht klar zu ersehen ist, mehr Anhaltspunkte sogar für eine Bestimmung als *T. (Bl.) angustidens* vorhanden sind.

Allerdings spricht für Lartets Ansicht die Tatsache, daß A. Gaudry[7]) bei keinem der Unterkiefer der als Übergangsform zwischen *T. tapiroides* und *T. Borsoni* stehenden Art von Pikermi auch nur **eine** Spur **eines** Prämolaren vorfand, obwohl die Ausbildung der untersuchten Mandibeln einen Grad erreicht hatte, welcher Prämolaren im Keim hätte tragen **müssen.** Wenn nun schon diese

---

[1]) W. Clift, l. c. Taf. 37.
[2]) Vergl. R. Lydekker, Catalogue, pag. 72, 73, Fig. 17, 18.
[3]) E. Lartet, Sur la Dentition des Proboscidiens fossiles, in Bull. Soc. géol. France, 2. ser., t. XVI. Paris 1858.
[4]) Dr. Lortet et E. Chantre, Recherches sur le Mastodontes, in Arch. Mus. Hist. Nat. Lyon, vol. II. Lyon 1878.
[5]) H. v. Meyer, Studien über das Genus etc., l. c. Taf. I, Fig. 1.
[6]) Ich wiederhole an dieser Stelle nochmals meinen herzlichsten Dank an Herrn Prof. Dr. Alb. Heim für das äußerst freundliche Bemühen.
[7]) A. Gaudry, Animaux fossiles de l'Attique, pag. 152—159. Paris 1862.

Übergangstypen ü b e r h a u p t k e i n e Ersatzzähne hatten, wäre es naheliegend, anzunehmen, daß *T. tapiroides* nur e i n e n hatte; damit würde von dieser Art das gleiche gelten wie von *T. longirostre.*

Gelöst ist die Frage durch die vorhergehenden Auseinandersetzungen nicht; erst ein Rest, welcher die Verhältnisse u n z w e i - d e u t i g zeigt, könnte B e w e i s k r a f t haben.

Wenn auch die Deszendenz von einem primitiven Glied der z y g o d o n t e n Reihe (*T. tapiroides*) durch die obigen Erörterungen sehr unwahrscheinlich gemacht wird, bleiben doch noch zwei Möglichkeiten offen :

1. Die Abstammung von einem primitiven B u n o d o n t e n (*T. angustidens*).

2. Die Abstammung von *T. pygmaeum* in einer eigenen, den beiden anderen parallelen Reihe.

Es ist unmöglich, diese Frage ohne g r ü n d l i c h e M a t e r i a l - k e n n t n i s zu entscheiden, zumal Anhaltspunkte für beide Auffassungen vorhanden sind.

Einerseits kennen wir *T. angustidens* aus I n d i e n [1]) und finden bei *T. cautleyi* und auch noch bei *T. latidens* V e r s t ä r k u n g s - h ö c k e r, anderseits zeigt sich bei keiner Form so r e i c h l i c h Z e m e n t [2]) wie bei *T. pygmaeum.*

Die Umwandlung dürfte sich wohl im südlichen Asien vollzogen haben. Wir kennen *T. cautleyi* nur von den P e r i m I s l a n d s, *T. latidens* aus I n d i e n (Sind Punjab, Perim Islands, Sewalik-Hills), B u r m a, B o r n e o und C h i n a [3]), *E.* (*St.*) *Clifti* aus I n d i e n, B u r m a, C h i n a [3]) und J a p a n.

T. cautleyi, diejenige Art, auf welche es hauptsächlich ankommt, hat k e i n Z e m e n t zwischen den Tälern; dadurch wird es als Ahnenform höchst problematisch.

Wir können demnach erst von *T. latidens* an eine geschlossene Reihe annehmen; d e r A n s c h l u ß d e r s e l b e n n a c h u n t e n bleibt bis auf weiteres unsicher.

Dagegen können wir an drei Arten sehr schön den Übergang des' s t e g o d o n t e n zum l a m e l l o d o n t e n Elefantenmolaren verfolgen.

Die eingangs erwähnten Elephasmerkmale steigern sich stetig fortschreitend von *T. latidens* bis *E. planifrons;* einzig *E.* (*Steg.*) *insignis* dürfte einen Seitenzweig repräsentieren. Wenigstens spricht die L a m e l l e n f o r m e l s e i n e r M o l a r e n dafür.

---

[1]) Allerdings sind die bisher bekannt gewordenen Reste typisch s u i d, bis auf den auf Milchmolaren gegründeten Rest, welchen G. E. P i l g r i m (l. c.) als *T. crepusculi* beschrieben hat.

[2]) Zement findet sich nach A. G a u d r y (Les enchaînements etc., pag. 177) auch bei: *T. Humboldti, T. perimense,* ferner bei einem Zahn aus dem Norfolk-Crag, „qui a les charactères du *Mastodon turicense*".

[3]) M. S c h l o s s e r, Die fossilen Säugetiere Chinas, in Abh. bayr. Akad. XXII, I., pag. 46 ff. München 1903.

Die bezüglichen Zahlen[1]) verteilen sich folgendermaßen:

	$M\frac{1}{1}$	$M\frac{2}{2}$	$M\frac{3}{3}$
T. latidens	$\frac{4}{4}$	$\frac{4-5}{4-5}$	$\frac{5-6}{5-6}$
E. (St) Clifti	$\frac{6-7}{?}$	$\frac{6}{?}$	$\frac{7-8}{7-8}$
E (St.) bombifrons	$\frac{6}{7}$	$\frac{6-7}{7-8}$	$\frac{8-9}{8-9}$
E. (St.) insignis	$\frac{7-8}{7-10}$	$\frac{7-8}{8-12}$	$\frac{9-11}{9-13}$
E. planifrons	$\frac{7}{7}$	$\frac{8 \cdot 9}{8-9}$	$\frac{10-12}{10-15}$

Was uns die Formel von E. insignis nahelegt, findet auch seine Stütze in der Tatsache, daß E. (St.) insignis mit der Ganesa- varietät des E. bombifrons bis ins Plistocän persistiert (Funde des Narbadatales, Pal. Mem. I., pag. 117, Lydekker, Pal. Indica, pag. 274).

Endlich zeigt die Seitenansicht des Schädels[2]) eine so wesent- liche Verschiedenheit von allen übrigen Elefantenschädeln, daß es schwer hält, eine Deszendenz anzunehmen, selbst wenn man die un- gemeine Variationsfähigkeit des Elefantenkraniums weitestgehend be- rücksichtigt.

Während sich sonst immer der Kopf nach oben zu verjüngt, sei es nun zu einer Spitze oder einer mächtigen Rundung, Erscheinungen, welche zweifellos in der Ausbildung der Stoßzähne bedingt sind, ist die obere Kranialpartie von E. insignis aufgetrieben, plump, die Incisoralveole schließt mit der Maxille einen sehr stumpfen Winkel ein.

Dagegen stimmen die Kranien von E. bombifrons[2]), dem, wie Falconer[3]) selbst zugibt, auch E. ganesa zugehören dürfte, und E. planifrons weitgehend überein, so daß ich einerseits keinen Grund habe, die Deszendenz im Sinne der Entwicklungsstadien E. Clifti —→ E. bombifrons —→ E. planifrons anzuzweifeln, anderseits mich auch dem Einwand nicht verschließen kann, die beiden letztgenannten Arten seien Produkte paralleler Entwicklung.

Daß E. planifrons der älteste Vertreter der echten Elefanten ist, steht heute zuverlässig fest; eine Reihe von Merkmalen er- härtet dies:

1. Vorhandensein von Prämolaren;

2. geringe Kronenhöhe der Molaren (im Vergleich zur Wurzel und zum ganzen Zahn);

---

[1]) Vergl. C. W. Andrews, A Guide etc., l. c. pag. 46.
[2]) H. Falconer, F. A. S. V. Pl. 44, 45.
[3]) H. Falconer and P. Cautley, Pal. Mem. II., pag. 84.

3. geringer Winkel zwischen Kronenbasis und Usurfläche der Molaren als Zeichen eines nur in schwachem Kreisbogen erfolgenden Hervorrückens der Zähne;

4. Fingerung der Lamellen (Mammillenbildung);

5. niedrige Jochformel;

6. dickes Email;

7. breite Zementzwischenlagen.

Ich glaube mit der Aufzählung dieser Merkmale und dem Hinweis auf die ausführlichen Auseinandersetzungen im ersten Teil meiner Studien weiterer Bemerkungen überhoben zu sein.

Schon Falconer[1]) erkannte die primitiven Verhältnisse dieser Art und die wesentlichen Punkte, auf welche es bei Beurteilung der Elefantenstammesgeschichte ankommt.

Die von ihm ausgesprochenen Ansichten fanden allgemeine Anerkennung und blieben im wesentlichen richtig, wenngleich sich im einzelnen manches änderte.

Auch Lydekker[2]), welcher sich eingehend mit den indischen fossilen Säugetieren beschäftigte, sagt von *E. planifrons*:

„This species, together with the African elephant in the characters of its molars, form a link between the higher-ridged *Stegodons* and the extinct European *Loxodons*, the two species having a lower ridge-formula than any species of the subgenus *Loxodon*."

Trotzdem entging ihm ein sehr bezeichnendes und wichtiges Merkmal, das eine seiner Abbildungen von *St. Clifti* besonders hübsch zeigt: Die auffallende, deutliche Kannelierung des Emailbleches, welche in ganz gleicher Weise bei *E. planifrons* auftritt.

2. Stammesgeschichte und Wanderungen der echten Elefanten.

Bevor ich in diesen Abschnitt meiner Ausführungen trete, drängt es mich, die Ansichten eines Mannes voranzustellen, dessen Forschungen trotz weniger, auf Einzelheiten beschränkter Mißgriffe den Grund der Elefantenentwicklung getroffen haben und zur Basis aller weiteren Forschung auf diesem speziellen Gebiete wurden: H. Falconers[3]).

„The most rational view seems to be, that they are in some shape the modified descendants of earlier progenitors. But if the asserted fact be correct, they seem clearly to indicate, that the older Elephants of Europe such as *E. meridionalis* and *E. antiquus* were not the stocks from which the later species *E. primigenius*

---

[1]) H. Falconer and P. Cautley, Pal. Mem. I., pag. 74, 75; ferner Pl. 4 und 5; dann F. A. S. I., Pl. 1 und 2.

[2]) R. Lydekker, Tertiary Vertebrata (Siwalik and Narbada Proboscidea) in Palaeontologia Indica, ser. X, vol. I, pag. 275. Calcutta 1880. *E. Clifti*, l. c. Pl. XLV, fig. 1.

[3]) H. Falconer and P. Cautley, Pal. Mem. II, pag. 253.

and *E. Africanus* sprung, and that we must look elsewhere for their origin.

The nearest affinity and that a very close one, of the European *E. meridionalis* is with the Miocene[1] *E.* (*Lox.*) *planifrons* in India, and of *E. primigenius* with the existing Indian species."

A. Die Vorfahren von E. primigenius.

Im oberen Pliocän Europas sehen wir plötzlich und unvermittelt einen Elefanten auftreten, welcher zu unseren Tetrabelodonten keinerlei Beziehungen zeigt: *E.* (*Archidiscodon*) *meridionalis*.

Dem Mehrteil der Forscher fiel diese Tatsache, ja selbst die große Ähnlichkeit mit dem indischen *E.* (*Archidiscodon*) *planifrons* auf; doch wagte es niemand, auf Grund eingehender Vergleiche den direkten verwandtschaftlichen Konnex zu behaupten.

Heute, wo wir zuverlässige Reste des *E.* (*A.*) *planifrons* aus Europa kennen, ist die sorgfältige Durchführung dieses Vergleiches der Wissenschaft schuldige Pflicht.

Betrachten wir zunächst die Merkmale, welche aus den Molaren erhellen[2]:

1. Die Jochformel überschreitet für *E. planifrons* (*typus*) niemals x 11 x und schwankt bei *E. meridionalis* zwischen x 11 x und x 13 x.

2. Der Gesamtcharakter der Kaufläche von $M\frac{3}{3}$ ist für beide Arten nur wenig verschieden; die Abänderungen sind durchwegs Folgen höherer Spezialisation.

3. Das gleiche gilt für die aus der Seitenansicht erkennbaren Momente (Kronenhöhe, Breite der Zementzwischenlage und Höhe des überragenden Jochteiles).

4. Von Wichtigkeit sind die Verhältnisse des $m\frac{1}{1}$. Er ist als ziemlich funktionsloser und doch nicht schwindender Zahn nur geringen Veränderungen im Sinne gesteigerter Spezialisation unterworfen.

H. Pohlig[3]) gibt in seiner Tabelle als Formel für *E. planifrons* x 3 x an; die gleichen Zähne von *E.* (*Loxodon*) *africanus* bezeichnet er mit x 2 x.

Aus seinen Abbildungen (*E. planifrons*, pag. 89 und 90: *E. africanus*, pag. 91) geht mit voller Sicherheit hervor, daß beide Arten bezüglich der ersten Milchmolaren dieselben Verhältnisse zeigen, *E. africanus* eher mehr vorgeschritten ist.

Beide Zähne der sewalischen Art weisen zuverlässig x 2 x auf (man könnte sie ebenso mit x 3 bezeichnen); von den beiden des afrikanischen Elefanten trägt der kleinere x 3, der stärkere x 3 x Joche.

Die ersten Milchmolaren von *E. meridionalis*)[3] tragen immer x 3 x Lamellen.

---

[1]) Falconer hielt die Sewalikschichten für miocän.
[2]) Vergl. die genauen Darlegungen im I. Teile dieser Studie (pag. 104--110).
[3]) H. Pohlig, Dentition und Kraniologie ... etc. I., pag. 94.

Bei beiden Arten sind sie z w e i w u r z e l i g.

Die zweiten und dritten sind für *E. planifrons, E. (Eu.) hysudricus*
und *E. meridionalis* teils völlig gleich ($m\frac{2}{2}$), teils wenig mehr spezialisiert ($m\frac{3}{3}$ von *E. meridionalis*).

5. Milchincisoren vom Südelefanten sind leider nicht bekannt;
bei *E. planifrons* sind an denselben Wurzel und Krone getrennt,
letztere trägt eine G a n e i n k a p p e.

6. Die Schädelcharaktere[1]) lassen gleichfalls auf einen phylogenetischen, direkten Zusammenhang schließen. Die Seitenansicht läßt
dies durch das R ü c k f l i e h e n d e r S t i r n e, das s p i t z e Z u l a u f e n
d e r o b e r e n K r a n i a l p a r t i e und die mehr h o r i z o n t a l e, noch
w e n i g g e s e n k t e S t e l l u n g d e r I n c i s o r a l v e o l e n bei beiden
Arten erkennen. In der Vorderansicht tritt die Verengung der
Frontalgegend in der Mitte als gemeinsames Merkmal klar hervor.

Auch die Mandibeln weisen, soweit sie bekannt sind, im allgemeinen Bau, besonders der geringen Massigkeit vielfache Übereinstimmungen auf.

Die nahen Beziehungen unseres oberpliocänen S ü d e l e f a n t e n
zur mittelpliocänen Urform aus den Sewalik-Hills wurden von mehreren
Forschern betont[2]).

Heute, wo uns sichere Reste von *E. planifrons* aus unseren
Gegenden vorliegen, können wir nunmehr behaupten:
E. meridionalis i s t e i n d i r e k t e r N a c h k o m m e d e s s e w a-
l i s c h e n *E. planifrons*; d i e W a n d e r u n g l e t z t e r e r F o r m i s t
s p ä t e s t e n s i m M i t t e l p l i o c ä n ü b e r S ü d r u ß l a n d e r f o l g t,
w o b e r e i t s d i e U m w a n d l u n g e i n e s T e i l e s d e r w a n-
d e r n d e n H e r d e n s t a t t f a n d. (F u n d e v o n K o u i a l n i k u n d
S t a u r o p o l.) D i e H a u p t e n t w i c k l u n g d e s S ü d e l e f a n t e n
v o l l z o g s i c h w a h r s c h e i n l i c h a m M i t t e l m e e r. (Reste des
Arnotales).

L. A d a m s[3]) hatte eine große Zahl von M e r i d i o n a l i s-
m o l a r e n aus England beschrieben, welche fast durchwegs viel höhere
Spezialisationsgrade in jeder Hinsicht aufwiesen, als sie der typische
E. meridionalis zeigt.

Schon 1891 sprach W e i t h o f e r[4]) von einem „möglicherweise
weiteren Vorgeschrittensein und geringeren Alter" dieser Reste.

L. A d a m s selbst war sich über die Zugehörigkeit dieser
Formen nicht ganz klar; einen Teil unterschied er sogar als besondere
Varietät des *E. antiquus Falc.* „mit breiten Kronen und dicht ge-
drängten, medial nicht wesentlich erweiterten Jochen, welche Zähne

---

[1]) Gerade hier kommt es auf eine s o r g f ä l t i g e Auswahl derjenigen Merkmale an, welche p h y l e t i s c h von Bedeutung sind. Die Schädel ein und derselben Elefantenart variieren zufolge individueller Momente in einer geradezu un-
glaublichen Breite.

[2]) H. F a l c o n e r und P. C a u t l e y, Pal. Mem. II, pag. 91. — L. A d a m s,
British fossils Elephants, l. c. pag. 186. — K. A. W e i t h o f e r, Die fossilen Proboscidier des Arnotales, pag. 136 und 217.

[3]) L. A d a m s, British fossil Elephants, l. c.

[4]) K. A. W e i t h o f e r, Fossile Proboscidier . . . etc., l. c. pag. 173.

fragmentar erhalten zu Verwechslungen mit *E. meridionalis* Anlaß geben können.“ (W e i t h o f e r, pag 209.)

P o h l i g [1]) hat 1889 auf eine Zahl von Molaren, welche den Übergang zwischen den Zähnen von *E. meridionalis* zu *E. primigenius Blumb.* bilden, eine besondere Art *E. trogontherii* mit den beiden Rassen *E. (meridionalis) trogontherii* und *E. (primigenius) trogontherii* begründet und bezeichnet mit letzteren die verschiedenen Höhen der phylogenetischen Stufen.

Mit Recht weist W. V o l z [2]) darauf hin, daß nur die dem *E. meridionalis* näherstehende Varietät als Art gelten kann. Sie hat „n i e d r i g e, b r e i t e Z ä h n e m i t v e r h ä l t n i s m ä ß i g w e n i g e n, d i c k e n L a m e l l e n“.

Dabei ist allerdings zu bemerken, daß diese Form, ebenso wie die zweite Rasse in *E. primigenius* unmerklich übergeht, von *E. meridionalis* nicht s c h a r f zu trennen ist. Dies erhellt klar genug aus dem Umstande, daß P o h l i g [3]) die englischen Vorkommnisse, welche nach L. A d a m s als. *E. meridionalis* galten zwar zum größten Teil zu *E. trogontherii* zog, das Vorhandensein e i n i g e r M o l a r e n m i t z w e i f e l l o s e n M e r i d i o n a l i s c h a r a k t e r e n aber gleichfalls anerkannte.

Wir stehen eben vor Übergangsformen und kommen mit unseren Artbegriffen in Konflikt!

Nichtsdestoweniger war es vielleicht vorteilhaft, durch Schaffung eines Artnamens die verhältnismäßig breite Kluft zwischen *E. meridionalis* und *E. primigenius* zu überbrücken.

Anders steht es mit dem von M. P a v l o w [4]) behaupteten *E. Wüsti.*

Die ersten Milchmolaren ($m \frac{1}{1}$) fehlen (pag. 6); $m\frac{2}{2}$ steht *E. meridionalis* sehr nahe (pag. 7); das gleiche gilt von $m\frac{3}{3}$ (pag. 8) und $M\frac{1}{1}$.

Alle diese Zähne sind von *E. trogontherii* n i c h t bekannt; die Merkmale, welche sich daraus ergeben, können daher n i c h t e n t s c h e i d e n d sein. Die letzten beiden Molaren zeigen dagegen s o geringe Unterschiede von *E. trogontherii* (s. pag. 15—17), daß sie mit Rücksicht auf die große Variabilität gerade dieser Übergangsart ihr u n b e d e n k l i c h z u g e t e i l t w e r d e n m ü s s e n.

Die von M. P a v l o w [5]) betonten Unterschiede zeigen einfach, daß wir es mit m ä c h t i g e n I n d i v i d u e n z u t u n h a b e n.

Ein mit Ausnahme des Kopfes fast vollständiges, noch unpubliziertes Skelet von *E. trogontherii* im M u s e u m in K r e m s (Niederösterreich) zeigt ebenfalls diese riesigen Dimensionen. Es sind

---

[1]) H. P o h l i g, Dentition und Kraniologie ... etc., l. c. pag. 20.
[2]) W. V o l z, *E. antiquus* und *E. trogontherii* in Schlesien, in Zeitschr. d. Deutsch. Geol. Ges. Jahrgg. 1897, pag. 198. Berlin 1897.
[3]) H. P o h l i g, Über *E. trogontherii* in England, in Zeitschr. d. Deutsch. Geol. Ges. Jahrgg. 1909, Bd. 61, pag. 243—218. Berlin 1909.
[4]) M. P a v l o w, Éléphants fossiles de la Russie, l. c. pag. 6 ff.
[5]) M. P a v l o w, l. c. pag. 4.

eben die dem mächtigen *E. meridionalis* noch näherstehenden Typen, wie auch die geringere Kronenhöhe erweist.

Die kaum merkenswerten Unterschiede mögen ihren Grund darin haben, daß die russischen Vorkommnisse von *E. trogontherii* zum Teil wahrscheinlich auf j e n e H e r d e n d e s S ü d e l e f a n t e n zurückgehen, welche uns in den Resten von K o u i a l n i k und S t a u r o p o l erhalten sind und welche (als Ableger während der Wanderung des *E. planifrons*) u r s p r ü n g l i c h e r e Charaktere bewahrt hatten.

Derartige Momente dürfen uns nicht zur Aufstellung neuer Arten verleiten; vielmehr bestimmen, ähnliche „Arten" einzuziehen.

Daher halte ich *E. Wüsti* für synon. *E. trogontherii*[1]).

Daß *E. trogontherii* tatsächlich der Nachkomme von *E. meridionalis* und Vorfahre von *E. primigenius* ist, darüber kann kein Zweifel mehr herrschen. Alle Charaktere (Jochformel, Gesamtcharakter der Kaufläche, Kronenhöhe, Zementzwischenlage, Schädel, Mandibel usw.) zeigen innerhalb der Art so mannigfache, immer die Richtung vom S ü d e l e f a n t e n zum M a m m u t h bewahrende Variationen, daß der genetische Zusammenhang feststeht. Die Darlegungen P o h l i g s[2]) sind ja so e i n g e h e n d, daß eine Wiederholung im besonderen unnütz erscheint.

Die ethologische Seite der Frage zu beleuchten behalte ich mir bis zum Schlusse vor.

Die Steigerung der einzelnen Merkmale mag die auf pag. 154 und 155 befindliche Tabelle veranschaulichen.

B. Die Herkunft des lebenden indischen Elefanten.

Allen Forschern, welche sich mit der Stammesgeschichte der Elefanten beschäftigten, drängte sich eine Frage besonders brennend auf, die nach der Ahnenreihe des *E. indicus Linné.*

Zwei Formen aus den fossilführenden Schichten Indiens wurden in Betracht gezogen: *E. hysudricus Falc.* und *E. namadicus Falc.* Ein Blick auf den Schädelbau der letztgenannten Art und des indischen Elefanten und die, wie ich im folgenden Abschnitt darlegen werde, unzweifelhafte I d e n t i t ä t des *E. namadicus* mit *E. antiquus*, eines in ganz eigenartiger Richtung hochspezialisierten Typs, machen eine genetische Verbindung desselben mit der lebenden asiatischen Spezies unmöglich.

Sonach bleibt uns nur *E. hysudricus* zur Besprechung.

Schon F a l c o n e r hat auf die nahen Beziehungen hingewiesen, welche zwischen *E. hysudricus* und *E. meridionalis* in den Molaren- und Schädelcharakteren bestehen, betont aber die höhere Spezialisation des ersteren[3]).

---

[1]) Die gleiche Ansicht äußert H. P o h l i g in einer Arbeit jüngsten Datums, die mir erst nach Abfassung des Manuskripts zukam: H. P o h l i g, Zur Osteologie von Stegodon, in: Die Pithecanthropusschichten auf Java, pag. 210. (Herausg. v. M. Lenore Selenka u. Prof. M. Blanckenhorn.) Leipzig 1911.

[2]) H. P o h l i g, Dentition und Kraniologie ... etc., l. c. I. u. II.

[3]) Pal. Mem. II., pag. 119 (Brief an L a r t e t) u. pag. 123.

Unabhängig von Pohligs schon früher geäußerten Ansichten, welche ich als die weitestgehenden zuletzt bespreche, kam Weithofer[1]) zu ähnlichen Schlüssen. Auch er bemerkte, daß die indische Form eine größere Zahl von Jochen aufweist (pag. 172). Den extremsten Standpunkt in dieser Richtung vertritt Pohlig.[2]), indem er den *E. hysudricus* als *Hysudriae*-Rasse mit „*E. meridionalis* vereinigt".

In einer späteren Arbeit[3]) erklärt er im Anschluß an die Tatsache, daß *E. antiquus* „in allen drei Kontinenten der alten Welt aufgefunden worden ist", daß „dieses Verhältnis von *E. meridionalis* seit seinem Nachweis der Zugehörigkeit von *E. hysudricus* zu letzterer Spezies, zweifellos dereinst gleichfalls würde festgestellt werden können".

„Denn offenbar", fährt Pohlig[4]) fort, „geht die direkte Kommunikationslinie, auch zwischen *E. meridionalis s. str.* und *E. Hysudriae* — nach anderen Säugetieren zu schließen, welche ersteren bebleitet haben — ebenso wie diejenige zwischen *E. antiquus s. str.*, beziehungsweise *E. Nestii* und *E. Melitae* einerseits und *E. Namadi* anderseits über Nordafrika. Deshalb ist es wahrscheinlich, daß die Verbreitungsrichtung beider Arten die gleiche, im allgemeinen von Westen nach Osten gerichtete war: die durchschnittlich etwas entwickelteren Dentitionsverhältnisse der indischen Meridionalisrasse lassen vermuten, daß die europäische die nächste Stamm- und Ausgangsform ersterer war und nicht umgekehrt."

Dabei hat Pohlig allerdings übersehen, daß:

1. die Wanderung von *E. antiquus* erst ins Quartär fallen konnte, da wir *E. namadicus* nur aus plistocänen Ablagerungen kennen;

2. *E. hysudricus* in den gleichen Schichten in Indien auftritt, wie *E. meridionalis* in Europa, vielleicht sogar etwas früher (vergl. G. E. Pilgrim und meine Darlegungen auf pag. 111).

Die ausgedehnte Wandertätigkeit des Südelefanten, welche zeitlich mit der Spezialisation zu *E. trogontherii* zusammenfällt, beginnt erst an der Wende von Pliocän und Plistocän.

Dazu kommt noch ein weiteres für die Beurteilung der Frage, wie ich meine, höchst wichtiges Moment.

Falconer[5]) bestimmte zwei Molaren, welche die Jochcharaktere von *E. hysudricus* trugen (Formel und Höhe) als *E planifrons*, weil ihre Usurfiguren weitestgehend mit dieser Art übereinstimmten.

---

[1]) K. A. Weithofer, Die fossilen Proboscidier... etc., pag. 172 u. 217.
[2]) H. Pohlig, Dentition und Kraniologie... etc., I., l. c. pag. 448—456.
[3]) H. Pohlig, Eine Elefantenhöhle Siziliens und der erste Nachweis des Kranialdomes von *E. antiquus*. Abh. bayr. Ak. XVIII., pag. 102. München 1893.
[4]) Den entgegengesetzten Standpunkt vertritt H. Pohlig ohne Begründung in seiner jüngsten Arbeit (Zur Osteologie von Stegodon, l. c. pag. 212): „Schon die genealogisch und geologisch älteren Spezies, der noch sehr *Stegodon*-ähnliche *E. meridionalis* und *E. antiquus*, verbreiteten sich aus diesen, wo ersterer in der Hysudriae-Rasse, letzterer in der Namadiae-Varietät seine Stammform (!) hatte, bis über Europa hin."
[5]) Pal. Mem. I., pag. 434, note 3 und F. A. S. pl. XII, fig. 13.

Merkmale	E. planifrons	E. meridionalis	E. trogontherii	E. primigenius
Jochformel von $\dfrac{m\,1}{1}$	$\dfrac{x\,2\,x}{x\,2\,x\,(♀)}$[1]	$\dfrac{x\,8\,x}{x\,3 - x\,3\,x\,(♀)}$	$\dfrac{4\,x - x\,4\,x}{x\,3\,x\,(♀)}$	$\dfrac{4\,x - x\,4\,x}{x\,3\,x\,(♀)}$
$\dfrac{m\,2}{2}$	x 5 x — x 6 x	x 5 x — x 6 x	x 6 x — x 8 x	x 6 x — x 8 x
$\dfrac{m\,3}{3}$	x 6 x (?) — x 8 x	x 7 x — x 8 x	x 9 x — x 12 x	x 9 x — x 12 x
$\dfrac{M\,3}{3}$	x 10 x — x 11 x	x 11 x — x 13 x	x 14 x — x 22 x (max.)	$\dfrac{x\,18\,x - x\,27\,x}{x\,18\,x - x\,24\,x}$
Kronenhöhe des $\dfrac{M\,3}{3}$	0·5 — 0·6 der Gesamthöhe	ungefähr ⅔ der Gesamthöhe	bedeutend	Maximum der Entwicklung überhaupt
Kronenbreite	sehr breit	sehr breit	breit	breit
Zementzwischenlage	sehr reich	reich	mäßig	gering
Schmelz	sehr dick, tiefe Digitellen, kanneliert, Usurfiguren variabel, rautenartig erhoben	sehr dick, oft Digitellen, bisweilen kanneliert, Usurfiguren einfach gefältelt, mäßig rautig	mäßig, seltener Digitellen, wenig kanneliert, Usurfiguren einfach gefältelt, flach, nicht rautig	dünn, meist ohne Digitellen, nie kanneliert, Usurfiguren einfach gefältelt, flach

Milchincisor	Wurzel und Krone getrennt, letztere mit Ganeinkappe .	unbekannt	Wurzel und Krone nicht mehr zu trennen, rudimentärer Ganeinstreifen vorhanden	
Allgemeine Schädelform	langgestreckt, niedrig, nach oben stumpf zulaufend	langgestreckt, mäßig erhoben, Cranialspitze mäßig betont	kürzer, mehr erhoben, E. primigenius sehr ähnlich	kurz, mächtig erhoben, Cranialspitze stark
Stirn	platt, breit	leicht konkav, median verschmälert	konkav, mediane Verschmälerung zunehmend	
Nasalapertur	klein, Flügel nicht nach hinten gesenkt	Größe unsicher, beginnende Flügelsenkung	überleitend	mäßig groß, Flügel seitlich nach unten gesenkt
Intermaxillaria	mäßig lang, divergent, Incisoralveolen der Horizontalen nahe, Medianfurche breit, flach	länger, mit schwächer divergenten Alveolen, Medianfurche vertieft, enger	in jeder Hinsicht intermediär	lang, schmal, wenig divergent, Alveolen der Vertikalen näher, Medianfurche tief und eng
Mandibel	langgestreckt, niedrig, Kinn?	lang, niedrig, Kinn spitz	intermediär	kurz, hoch, Kinn rund

1) ⚭ = zweiwurzelig.

R. Lydekker[1]) teilt beide dem *E. hysudricus* zu.

Ein Blick auf die Profilansicht des Schädels läßt uns im ersten Moment den genetischen Zusammenhang unmöglich erscheinen.

Genaueres Analysieren der Charaktere aber zeigt, daß es lediglich die doppelteilige, stark aufgetriebene Frontalpartie ist, welche das abweichende Aussehen des *E. hysudricus* bedingt, sonst aber der Schädel ganz ähnliche Spezialisationssteigerungen aufweist wie *E. meridionalis*.

Gerade diese Auftreibung des Schädels und Einsattlung der Stirn tritt bei *E. indicus* in einer derartigen Variationsbreite auf, daß wir ihr nur beschränkten Wert beilegen können. In der Regel sind die männlichen Kranien des indischen Elefanten durch besonders hohe, zweigeteilte Schädelgipfel ausgezeichnet und alte Exemplare heben sich dadurch schon äußerlich (am lebenden Tier) namhaft von jüngeren und weiblichen Individuen ab.

Mit Rücksicht auf die oben auseinandergesetzten Verhältnisse und die allgemein anerkannten nahen Beziehungen des *E. hysudricus* zu unserem *E. meridionalis* ist es für mich mehr als wahrscheinlich, daß jene Form von den in Indien gebliebenen Planifrons-Herden ihren Ursprung genommen, sonach mit *E. meridionalis* die Wurzel gemein hat, wie es seinerzeit schon Weithofer (Foss. Probosc. pag. 220) klar war.

Die größere Zahl der Autoren hat stets auf die Eigentümlichkeiten hingewiesen, welche den indischen Elefanten dem Mammut nahebringen, ohne daß an die Annahme einer direkten Deszendenz nur zu denken wäre.

Das zahlreiche Vergleichsmaterial, welches H. Pohlig[2]) zu Gebote stand, ermöglichte ihm ein ungemein ins Einzelne gehendes Studium.

Auf Grund zahlreicher Merkmale (Ganeinbedeckung des Milchincisors, Schädel- und Mandibelcharaktere) gelangte er zu dem Schlusse, daß *E. indicus* mit dem Mammuth, noch mehr mit *E. meridionalis* zwar nahe Beziehungen aufweise, doch zufolge seines Molarenbaues einer ganz fremden Entwicklungsrichtung angehöre.

Das Ergebnis meiner Studien war die Bestätigung der diesbezüglichen Ansicht Pohligs.

E. indicus reiht sich der Gesamtsumme der Charaktere nach einer der Gruppe *E. meridionalis* → *E. primigenius* zwar nahe verwandten, aber von ihr verschiedenen Formenreihe ein.

Darauf weist vor allem der breite Oberschädel hin, welcher im Gegensatz zu allen Arten der europäischen Reihe (*E. meridionalis* → *E. trogontherii* → *E. primigenius*) eine ganz entgegengesetzte Spezialisation darstellt[3]).

---

[1]) R. Lydekker, Catalogue, l. c. pag. 106.

[2]) H. Pohlig, Dentition und Kraniologie ... etc., II, pag. 310, 410 u. 455.

[3]) Wir haben zwei Spezialisationsrichtungen des Schädeldaches der Elefanten vor uns.

1. Das Schädeldach wird bedeutend erhoben; zum Beispiel *a*) *E. meridionalis* (spitz); *b*) *E. hysudricus* (breit).

2. Das Schädeldach bleibt niedrig; zum Beispiel *E. antiquus*, *E. africanus*.

Es ist naheliegend, den unmittelbaren Ahnen der rezenten Art in einer Form zu suchen, welche einerseits die nahen Beziehungen zwischen der europäischen und asiatischen Reihe erklärt, anderseits die Verschiedenheiten beider begreiflich macht.

Diesen Anforderungen entspricht nach dem oben behandelten *E. hysudricus*.

Ich habe schon früher auseinandergesetzt, warum ich die Ansicht P o h l i g s, daß *E. meridionalis* und *E. hysudricus* nur zwei verschiedene Rassen einer und derselben Art sind, n i c h t teilen kann.

Die letzterwähnten Gedanken stützen nur meine Meinung und erklären die Ähnlichkeiten beider Reihen mehr als genügend: *E. hysudricus* zeigt einesteils sehr weitgehende Übereinstimmungen mit *E. meridionalis*, andernteils trennt ihn von letzterem der breite Oberschädel; gerade dieses Merkmal aber verbindet ihn mit *E. indicus*.

Die getrennte Deszendenz beider Reihen von *E. planifrons* macht die Ähnlichkeiten und Unterschiede begreiflich.

Auf pag. 158 gebe ich eine Tabelle wie im vorhergehenden Abschnitt.

C. Verwandtschaftsverhältnisse und Herkunft der Untergattung Loxodon.

Wenn ich mich in diesem Abschnitte mit den durch eine Zahl von Charakteren aus der Reihe der übrigen Elefanten herausfallenden L o x o d o n t e n - beschäftige, muß ich gleich - eingangs bemerken, daß ich die Z w e r g r a s s e n, welche in ihrer Gesamtheit bisher diesem Subgenus zugeteilt worden waren, ausschalte und zum Gegenstand einer eigenen Besprechung in einem späteren Abschnitte mache.

Demnach stehen für unsere derzeitige Betrachtung nur *E. (Lox.) africanus Linné*, *E. (Lox.) antiquus Falc.* und dessen indische Varietät *E. (Lox.) antiquus, namadicus Falc.* in Rede.

Allerdings wird es notwendig werden, gelegentlich über die Grenzen dieses gekürzten Programms hinauszuschreiten und teilweise die Frage der Zwergelefanten zu berühren, soweit sie für die Beurteilung der vorgenannten Arten von Wert ist.

a) Die Verwandtschaft von E. antiquus und E. africanus.

Die Unterschiede, welche den indischen vom afrikanischen Elefanten trennen, waren schon G. C u v i e r [1] bekannt.

F a l c o n e r [2] hatte darauf gestützt den afrikanischen Elefanten seinem Subgenus *Loxodon* zugeteilt.

Von dieser Untergattung hatte P o h l i g [3] mit Recht *E. planifrons* und *E. meridionalis* unter dem Namen *E. (Archidiscodon)* abgetrennt und als den S t e g o d o n t e n zunächststehend gekennzeichnet.

---

[1] G. C u v i e r, Recherches sur les ossements fossiles, I., pag. 556. Paris 1834.
[2] H. F a l c o n e r, Quart. Journ. Geol. Soc., vol. XIII, pag. 318. London 1857.
[3] H. P o h l i g, S. B. niederrhein. Ges. 4. Februar 1884.

Merkmale		E. planifrons	E. hysudricus	E. indicus
Jochformel von	$\frac{m_1}{1}$	$\dfrac{\times 2 \times}{\times 2 \times \diamond}$	$\dfrac{\times 3 \times}{\times 3 \times ?}$	$\dfrac{\times 3 \times - \times 4 \times}{\times 3 \times - \times 4 \times \diamond}$
	$\frac{m_2}{2}$	$\times 5 \times - \times 6 \times$	$\times 5 \times - \times 7 \times$	$\times 7 \times$
	$\frac{m_3}{3}$	$\times 6 \times ? - \times 8 \times$	$\times 9 \times - \times 11 \times$	$\times 11 \times - ? 13 \times$
des $M\frac{3}{3}$	$M\frac{3}{3}$	$\times 10 \times - \times 11 \times$	$\times 13 \times - \times 16 \times$	$\times 18 \times - \times 24 \times$
Kronenhöhe		0·5—0·6 der Gesamthöhe	intermediär, bedeutend höher als bei E. meridionalis	fast wie bei E. primigenius
Kronenbreite		sehr breit	breit	mäßig, eher eng
Zementzwischenlage		sehr reich	viel geringer als bei E. meridionalis	gering, etwas mehr als bei E. primigenius
Milchincisor		siehe pag. 155	unbekannt	Krone mit zonaren Ganeinrudimenten
Allgemeine Schädelform			langgestreckt, mächtig erhoben, nach oben breit	wie E. hysudricus
Stirn			konkav	wenig konkav
Nasalapertur			mäßig groß, Flügel nicht nach unten gesenkt	groß, Flügel nicht gesenkt
Intermaxillaria			mäßig lang, wenig divergent, Medianfurche wenig vertieft	mäßig lang bis lang, wenig divergent, Medianfurche wenig vertieft
Mandibel			niedrig, Kinn spitz	wie E. hysudricus, auch in der Stellung der wichtigeren Öffnungen für die Nerven- und Blutbahnen

Seit Falconer, welcher den Urelefanten zwar noch seinem Subgenus *Euelephas* einreihte, rang sich allmählich die Überzeugung von der nahen Verwandtschaft dieser und der afrikanischen Art durch.

Falconer selbst wurde gezwungen, zu der Frage Stellung zu nehmen, da ihm ein Zahn zukam, der nur mit *E. (Lox.) priscus Goldf.* vergleichbar war.

Bevor wir weitergehen, ist es notwendig, die letztgenannte Spezies näher zu beleuchten:

Goldfuß[1]) hatte unter diesem Namen einen „fossilen" Molaren beschrieben, welcher mit *E. africanus* die weitgehendsten Übereinstimmungen zeigte und im nachhinein als einem Individuum der rezenten Form zugehörig erwiesen wurde.

Obwohl sich Falconer der letzteren Ansicht, welche Cuvier als erster vertrat, angeschlossen hatte, sah er sich dennoch genötigt, unter dem von Goldfuß geschaffenen Namen zwei Zähne zu beschreiben, über deren Alter kein Zweifel wenigstens insofern bestand, als sie sicher fossil waren.

Der Umstand, daß Pohlig in die Frage des *E. priscus*, insbesondere durch die in jeder Hinsicht unberechtigte und unmögliche Schaffung eines *E. priscus Pohlig non Goldfuß* mehr Verwirrung als Klärung gebracht hat, veranlaßt mich, Falconers Zitate nachfolgend anzuführen.

Nachdem er (Pal. Mem. I, pag. 54) dargelegt, daß Cuvier die Berechtigung der Spezies *E. priscus Goldf.* angezweifelt habe, sagt er:

„But according to Bronn (Lethaea geognostica pag. 1244) fossil teeth of the same description have since been found under circumstances fully to be depended upon, throughout nearly the whole Central Europe, from the Rhine to the heart of Russia some of them have been described by Wagner (Karstens Archiv XVI, pag. 21) and undoubted fossil teeth, presenting similiar characters, have been met with in the ‚brick earth' beds of the valley of the Thames at a considerable depth below the surface."

Von diesem Stück aus dem Themsetal (Gray Thurruck) sagt er weiter (l. c. pag. 96):

„ The mineral characters, friability, test by the tongue, colour dull fracture and general appearance, leave no doubt as to its being a veritable fossil."

Ferner (l. c. II, pag. 97):

„The discs of wear present an unmistakable resemblance to those of the existing african Elephant in breadth, losengeshaped outline, and mesial expansion; but when examined in detail, there are obvious points of distinction."

Als solche Punkte gibt er an:

Bei *E. africanus* sind die Rauten strikt rhombisch, der vorspringende Emailteil ist deutlich gekräuselt, die seitlichen Enden sind

---

[1]) G. A. Goldfuß, Nova Acta Acad. Caes. Leop. Car., vol. XI, Art. 2, pag. 489. Halle a. S. 1823.

abgestumpft, die mittleren Vorsprünge der Disken sind einander sehr nahe gerückt und überhängen sich bisweilen.

Dagegen sind bei diesem *E. priscus* die Disken abgerundet an ihren lateralen Enden und breiter; die mediane Expansion ist bedeutend geringer; im allgemeinen haben die Disken eine stark gekräuselte, nach vorn konkave Sichelform mit zwei in der Mitte mäßig vorspringenden Zapfen. Das Email ist d i c k e r.

Dabei hat F a l c o n e r ein Merkmal, welches die Abbildung (l. c. Pl. 7, Fig. 1 u. 2) deutlich zeigt, übersehen: d i e g e r i n g e H ö h e d e r K r o n e und die e n o r m e A u s b i l d u n g d e r W u r z e l im Vergleich zu *E. africanus*.

Ein ähnliches gilt von dem dritten Stück F a l c o n e r s — zwei lieferte das T h e m s e t a l —, welches an der N o r f o l k k ü s t e vom Meer ausgeworfen wurde.

Ein weiteres Stück aus M a i l a n d stimmt in der Form überein, hat aber eine Lamellenformel von 12 x; F a l c o n e r e r k l ä r t e s a l s e i n e Ü b e r g a n g s f o r m z u *E. antiquus*.

Der Fundort dieses Restes (Kalke ober dem M o n t e S e r b a r o, Tal von Pontena, 8 Meilen von Verona) erweist seine Fossilechtheit, d a a u c h a n d e r e V i e r f ü ß e r d a s e l b s t g e f u n d e n w u r d e n.

Die Beschreibung all dieser Zähne überzeugte F a l c o n e r von der Richtigkeit der Annahme verwandtschaftlicher Beziehungen zwischen den drei Elefanten, der er mehrfach Ausdruck verlieh (P a l. M e m. II, p a g. 103, 147 u. 186).

Trotz dieser genauen Auseinandersetzungen hält er doch schließlich (l. c. II, pag. 251) die von ihm als *E. priscus* beschriebenen Zähne für Varietäten des *E. antiquus* und spricht im übrigen von einem *E. africanus fossilis*.

Dieser ist nach F a l c o n e r s überzeugenden Mitteilungen nachgewiesen:

1. aus der Gegend von Madrid,
2. aus San Teodoro auf Sizilien,
3. aus der Grotta Santa bei Syrakus,
4. aus der Gegend von Palermo.

L e i t h A d a m s[1]) hat später gelegentlich der Charakteristik seiner drei Varietäten von *E. antiquus*, von welchen die „erste breitkronige", wie schon hervorgehoben wurde, *E. trogontherii* ist, als dritte Varietät eine Form mit „dicken Jochen und meist sehr stark ausgeprägter medianer Erweiterung der Marken", ausgeschieden.

Während die Berechtigung dieser Rasse von W e i t h o f e r[2]) zugegeben wurde, stellte er das Vorkommen des *E. africanus* jenseits des Mittelmeeres einfach in Abrede; wie wir gesehen haben, zeitigt schon ein sorgfältiges Studium der in der Literatur bekannten Reste wesentlich andere Resultate.

---

[1]) L e i t h A d a m s, British fossil Elephants, l. c.
[2]) K. A. W e i t h o f e r, Fossile Proboscidier ... etc., l. c. pag. 219; pag. 235—237 (*E. africanus*)!

Nach dem oben Entwickelten ist nicht nur das Vorkommen quartärer A f r i c a n u s m o l a r e n jenseits des Mittelmeeres, sondern auch die Berechtigung einer fossilen Spezies *E. (Lox.) priscus Goldfuß* erwiesen.

Die Stellung dieses *E. priscus* soll im folgenden auseinandergesetzt werden.

Von den drei sicher fossilen und als Arten feststehenden Molaren von *E. priscus,* hat nur der eine aus dem N o r f o l k eine — wenn man 12 x so auffaßt — höhere Formel als *E. africanus* [1]).

Die beiden T h e m s e t a l r e s t e sind in allen Merkmalen primitiver; ein genaues Studium der Beschreibungen und Abbildungen F a l c o n e r s (Pal. Mem. Pl. 7, Fig. 1—4) zeigt, daß sich *E. priscus* in der Entfernung der Joche, der Dicke des Emailbleches und der Zementzwischenlage engstens an *E. planifrons* anschließt, daß ferner die W u r z e l h ö h e verhältnismäßig wenig gegen die K r o n e n h ö h e zurückbleibt.

Die Usurfiguren tragen Charaktere wie sie bei *E. planifrons* auftreten (Zickzackfältelung des Emails) vermischt mit solchen, wie sie für *E. africanus* typisch sind (rhombische Form, mediane Expansionen nach vorn und hinten).

Diese Medianexpansionen begegnen uns bei etlichen Individuen der pliocänen Rasse des *E. antiquus* (3. Varietät L. A d a m s'.)

Inwieweit diese Individuen zufolge ihrer Lamellenzahl tatsächlich schon *E. antiquus* oder noch *E. priscus* zugehören, kann nur ein detailliertes Materialstudium ergeben.

Sicher ist, daß *E priscus* durch die Gestalt seiner Kaufläche *E. africanus* s e h r n a h e steht, doch primitiver ist (Zickzackfältelung des Emails und insbesondere Verhältnis von Kronen- und Wurzelhöhe); ferner, daß ihn Zwischenformen, und zwar gerade unter den alten Vertretern von *E. antiquus* mit dieser Art verbinden.

Daraus ergäbe sich der Schluß, daß der a f r i k a n i s c h e und der U r e l e f a n t durch *E. priscus* als gemeinsamen Ahnen verbunden sind.

Wie verhalten sich zu dieser Frage die Artcharaktere der beiden erstgenannten Typen?

Ich wähle der Kürze wegen die Form einer Tabelle (s. pag. 162) zur Veranschaulichung.

Die Tabelle zeigt uns einerseits eine namhafte Zahl übereinstimmender Charaktere, anderseits überzeugt sie uns von der Unmöglichkeit, eine direkte Deszendenz zwischen den beiden Formen anzunehmen, zumal *E. africanus* i n d e r t y p i s c h e n F o r m e r s t i m Q u a r t ä r a u f t r i t t.

A. P o m e l s [2]) *E. atlanticus* aus T e r n i f i n e (bei M a s c a r a in A l g i e r) gehört zweifellos diesen quartären Vorläufern des afrikanischen Elefanten zu.

---

[1]) Vergl. diesbezüglich auch H. P o h l i g, Dentition und Kraniologie ... etc., I., pag. 244. Fußnote.

[2]) A. P o m e l, Carte géol. de l'Algerie, Paléontologie Monographies VI., Les éléphants quaternaires. Algier 1895.

Merkmale		E. *antiquus*	E. *africanus*
Jochformel von	$m\frac{1}{1}$	$\dfrac{\text{x 2 x — x 3 x ?}}{\text{3 x — x 3 x } \female\,{}^{1)}}$	$\dfrac{\text{x 2 x — x 4 x}}{\text{x 2 x — x 4 x } \text{♀}}$
	$m\frac{2}{2}$	x 5 x — x 6 x	x 5 x — x 6 x
	$m\frac{3}{3}$	x 7 x — x 8 x	7 x — ?
	$M\frac{3}{3}$	$\dfrac{\text{x 14 x — x 19 x}}{\text{x 15 x — x 20 x}}$	$\dfrac{\text{x 11 x}}{\text{x 11 x}}$
Kronenhöhe	des $M\frac{3}{3}$	bedeutend	von E. *antiquus* wenig verschieden
Kronenbreite		eng	eng
Zementzwischenlage		mäßig	reichlich
Schmelz		dick, mäßig rhombisch, meist zwei kleine Medianzipfel, welche gelegentlich zu bedeutenden Medianexpansionen werden; rautenförmig erhoben	dick, rhombisch, immer zwei mächtige Medianexpansionen; rautenförmig erhoben
Milchincisor		Wurzel und Krone getrennt, letztere mit Ganeinschale	genau wie bei E. *antiquus*
Allgemeine Schädelform		niedrig, mit Frontalkapuze	niedrig, ohne Kapuze
Stirn		sehr breit	breit
Nasalapertur		groß, ohne Flügelsenkung	wie bei E. *antiquus*
Intermaxillaria		mäßig lang, breit und divergierend	dtto.
Mandibel		spitz, mit nach oben divergenten Vertikalästen	dtto.

Es ist kein Zufall, daß alle Zähne dieser *Mutatio ascendens* viel unregelmäßigere Usurfiguren aufweisen, als dies bei der rezenten Form der Fall ist, daß ferner das Schmelzblech vielfach gekräuselt, ja sogar kanneliert ist, wie bei den alten Übergangsrassen von *E. antiquus*, dabei aber immer zwei deutliche mediane Expansionen trägt, wie *E. priscus*.

Die Lamellenformel beträgt x 11 x bei einem Dimensionsverhältnis von L.: Br.: H. = 325 : 70 : 140.

Wir gelangen demnach auch von diesen Gesichtspunkten aus zu dem Schlusse, daß *E. antiquus* und *E. africanus* auf *E. priscus* als gemeinsamen Ahnen zurückgehen.

---

[1]) ♀ = einwurzelig, ♀ = zweiwurzelig.

Auch P o h l i g [1]) drängte sich die nahe Verwandtschaft der genannten Arten mehrfach auf.

Spätere Arbeiten brachten ihm [2]) die Bestätigung seiner Ansicht: „Immerhin wird durch die neuen sizilischen Schädelfunde die sehr nahe und jedenfalls n ä c h s t e Verwandtschaft, gegenüber anderen bislang bekannten Arten, zwischen *E. antiquus* und *E. africanus* eher weiter begründet, als für unseren bisherigen Gesichtskreis verringert."

Wir werden Gelegenheit haben, unsere von mehreren Gesichtspunkten aus gewonnene Überzeugung in einzelnen der späteren Abschnitte, insbesondere der „H e r k u n f t d e r L o x o d o n t e n" und dem „K a p i t e l ü b e r d i e Z w e r g r a s s e n" noch bestätigt zu finden.

b) Die Herkunft und Ausbreitung der Loxodonten.

Nachdem wir nun von den im vorhergehenden näher behandelten Gesichtspunkten aus ein ganz bestimmtes Bild über die Beziehungen der drei Hauptformen der L o x o d o n t e n gewonnen haben, treten wir an die Frage nach d e r H e r k u n f t d e r G r u p p e heran.

P o h l i g [3]) und W e i t h o f e r [4]) vertreten in den genannten Arbeiten den Standpunkt — der auch von den früheren Autoren, soweit sie sich deutlicher aussprachen, eingenommen worden war —, daß *E. africanus* und damit auch *E. priscus* auf noch unbekannte Mastodonten zurückgehe, sich also a u t o c h t h o n entwickelt habe. W e i t h o f e r zog *E. (St.) bombifrons* (?) in Betracht.

P o h l i g begründete seine Ansicht mit folgendem:

Die Kronenlänge aller Molaren nimmt im Verlaufe der Proboscidierentwicklung zu; nur $m\frac{1}{1}$ bleibt ziemlich konstant. Das Verhältnis von $\dfrac{m\frac{1}{1}}{m\frac{2}{2}}$ muß daher einen Anhaltspunkt für den Verlauf der Entwicklung insofern geben, als sich die h ö h e r e Spezialisation im k l e i n e r e n B r u c h ausdrückt.

P o h l i g fand nun bei gleichem Zähler folgende Werte:

$$
\left.
\begin{array}{l}
\textit{T. perimense} \;\;.\;.\;.\;.\;. \\[4pt]
\textit{T. avernense} \;\;.\;.\;.\;.\;. \\[4pt]
\textit{E. africanus} \;\;.\;.\;.\;.\;. \\[4pt]
\textit{E. meridionalis} \;\;.\;.\;.\;.
\end{array}
\right\}
\quad
m\frac{1}{1} = m\frac{2}{2}
\quad
\left\{
\begin{array}{c}
\frac{8}{12} \\[4pt]
\frac{8}{15} \\[4pt]
\frac{8}{18} \\[4pt]
\frac{8}{22}
\end{array}
\right.
$$

Daraus kam er zu dem Schlusse, den ihm auch die niedrige Lamellenformel von *E. africanus* (x 11 x) nahelegte, daß letztere Art *Mastodon* näher stehe als *Archidiscodon*.

---

[1]) H. P o h l i g, Dentition und Kraniologie... etc., I., pag. 255 u. II., pag. 405, 409 u. 455.

[2]) H. P o h l i g, Eine Elefantenhöhle... etc., l. c. pag. 102.

[3]) H. P o h l i g, Dentition und Kraniologie... etc., I., pag. 254—255.

[4]) K. A. W e i t h o f e r, Fossile Proboscidier... etc., pag. 220.

Der Irrtum erklärt sich einfach.

Pohlig zog nur *E. meridionalis* als eventuellen Ahnen in Betracht, da er ja von einer Wanderung des *E. planifrons* noch nichts wußte; und da mußte das Resultat negativ ausfallen.

Stellen wir das betreffende Verhältnis von *E. planifrons* fest (und zwar nach den Zahlen, welche Pohlig[1]) selbst nach Falconer angibt), so finden wir $\dfrac{m\,\overline{1}}{m\,\overline{2}} = \dfrac{27\ mm}{60\ mm}$ oder den Zähler nahe 8 gebracht $\dfrac{m\,\overline{1}}{m\,\overline{2}} = \dfrac{8\cdot1\ mm}{18\ mm}$.

Ich glaube jeder weiteren Diskussion dieses Verhältnisses enthoben zu sein, wenn ich noch darauf hinweise, daß die Wanderung von *E. planifrons*, wie unser Dobermannsdorfer Rest klar erkennen läßt, zu einer Zeit erfolgte, wo die Vertreter der Art noch sehr primitives Gepräge aufwiesen.

Übrigens hat Pohlig[2]) im II. Teil seiner Monographie auf Grund der Erkenntnis, „daß die pliocäne Urelefantenrasse dem anscheinend gemeinsamen Urquell aller Elefanten, den Stegodonten und somit den Archidiskodonten näher steht", selbst erklärt, „es müsse danach die in dem ersten Abschnitt ausgesprochene Vermutung, daß Loxodon von unbekannten Mastodontenformen sich herleite, fallengelassen werden."

Die synoptische Betrachtung der verschiedenen Charaktere an Elefantenskeleten rezenter und fossiler Formen führte Pohlig auch zu dem Schlusse (l. c. pag. 406), daß „*E. planifrons* in der Frontalansicht des Kraniums unter allen Elefanten *E. africanus* am ähnlichsten ist, daß diese Ähnlichkeit in der Form des Vertex, der Stirn und den Intermaxillarien besteht."

Gerade diese Merkmale sind, wie wir schon früher zu sehen Gelegenheit hatten, für die Phylogenie von großer Bedeutung.

Dazu kommt eine Reihe von wichtigen Momenten:

In seiner Monographie (l. c. I, pag. 244, Fußnote) erwähnt Pohlig einen ihm von Anca-Gemellaro gesandten Zahn ($M\frac{3}{3}$) mit $\frac{1}{2}$ 9 x auf $0\cdot197 \times 0\cdot065 \times 0\cdot111$ m; die Reste lieferten ihm den Beweis der Existenz eines *E. priscus*.

Eine Zahl von Funden sehr primitiver Antiquusmolaren, von welchen sich einer auch in Südspanien (!) fand (l. c. I, pag. 204), bestimmte ihn, eine pliocäne Urelefantenrasse[3]) (*E. Nestii Pohlig*) anzunehmen, welcher er diese primitiven Formen mit vielfach archidiskodontem Gepräge zuteilte.

Ich habe schon früher darauf hingewiesen, daß diese Molaren (s. Pohlig, l. c. I, Taf. V) in der Anordnung des Schmelzbleches (Kräuselung, Kännelierung, Zipfelbildung) unverkennbare Beziehungen zu den übrigen Loxodonten und zu *E. planifrons* zeigen.

---

[1]) H. Pohlig, Dentition und Kraniologie ... etc., I., pag. 90 ($m\overline{1}$) und pag. 107 ($m\overline{2}$).

[2]) H. Pohlig, Dentition und Kraniologie ... etc., II., pag. 304.

[3]) H. Pohlig, Dentition und Kraniologie ... etc., l. c. I., pag. 309. Als Art ist *E. Nestii* ebensowenig berechtigt als Weithofers *E. lyrodon*.

Diese alte Rasse findet sich unter einer Tiergesellschaft mit fast tropischem Charakter (Pohlig, l. c. I., pag. 29), eine Tatsache, welche für die Beurteilung der Frage nicht zu unterschätzen ist.

Ich glaube, es kann nach all dem Gesagten und der überaus weitgehenden Übereinstimmung zwischen *E. planifrons* und *E. africanus* (vergl. die Tabellen auf pag. 154 u. 155) kein Zweifel sein, daß die Loxodonten auf die Form zurückgehen, deren indoeuropäische Wanderung nach den heutigen Funden feststeht. Allem Anscheine nach müssen wir in *E. priscus* den direkten Nachkommen von *E. planifrons* und den gemeinsamen Vorfahren von *E. antiquus* und *E. africanus* erblicken[1]).

Bei der Erörterung der Ausbreitung des Urelefanten handelt es sich mir nicht darum, eine genaue tiergeographische Darstellung zu geben, sondern den von Pohlig[2]) richtig erkannten und betonten Zusammenhang von *E. antiquus s. str.* mit seiner indischen *Namadicus*-Rasse darzulegen und weiter zu erhärten.

Die nahen und nächsten Beziehungen der beiden hatte auch Weithofer[3]) erkannt, doch die ganz verfehlte Auffassung vertreten, daß *E. antiquus* der Wandersproß von *E. namadicus*[4]), einem Nachkommen des *E. hysudricus* sei. Die Unhaltbarkeit dieser Ansicht wird das Folgende erweisen.

Die Ansicht von der Identität der beiden Arten, welche Pohlig schon in seiner Monographie als möglich erklärt hatte, wurde durch den Nachweis des Kranialdomes von *E. antiquus*[5]), der allerdings schon in Degeneration begriffenen *Melitensis*-Rasse von Sizilien, bewiesen. Die neuen Schädelfunde, deren unmittelbare Verwandtschaft mit *E. antiquus typus* gänzlich außer Zweifel ist, zeigten einschließlich der für *E. namadicus* charakteristischen Frontalkapuze eine so weitgehende Ähnlichkeit, daß die Unterschiede höchstens als Rassencharaktere gelten können, wie es Pohlig (l. c. pag. 91) auch annimmt.

Demnach liegen die Verhältnisse für *E. antiquus* folgendermaßen:

Die ältesten Vertreter (Pohligs *Nestii*-Rasse) sind in Europa zu suchen; von hier aus verbreitete sich die Art einerseits nach Indien (*E. antiquus namadicus*), anderseits nach Nordeuropa und führte hier zum typischen Urelefanten des Diluviums. *E. antiquus melitensis* stellt ein Degenerationsprodukt der älteren Rasse dar.

---

[1]) R. Lydekker (Proc. zool. Soc. London 1907/1, pag. 402—403) bildet einen Schädel von *E. africanus albertensis* ab, welcher in der Frontalansicht derart mit *E. planifrons* übereinstimmt, daß Lydekker erklärt, „that the African Elephant may be the descendant of the fossil Indian species". Die vielfachen verwandtschaftlichen Beziehungen der indischen und afrikanischen Fauna als Folgen des Austausches machen ihm seine Annahme mehr als wahrscheinlich.

[2]) H. Pohlig, Eine Elefantenhöhle ... etc., l. c. pag. 91.

[3]) K. A. Weithofer, Fossile Proboscidier ... etc.; pag. 197.

[4]) Dieser Meinung hat sich Pohlig jüngst angeschlossen (vergl. pag. 153, Fußnote 4).

[5]) H. Pohlig, Eine Elefantenhöhle ... etc., l. c.

Diese Auffassung fand durch spätere Forschungen [1]) vollauf ihre Bestätigung.

Um so verwunderlicher ist es, daß sich Pohlig [2]) in seiner jüngsten Arbeit der Annahme einer gerade umgekehrten Abstammung, die seinerzeit Weithofer vertrat, anschließt. Die Unmöglichkeit, *E. antiquus* von seinem indischen Artgenossen (*E. namadicus*) herzuleiten, erweist ohne weiteres die Tatsache, daß letztgenannte Form lediglich im Diluvium Indiens gefunden wurde, daher unmöglich der Ahne einer pliocänen europäischen Form sein kann.

Wir können uns heute mit um so größerer Sicherheit der ursprünglichen Ansicht Pohligs anschließen und die Wanderung in den Beginn des Plistocäns verlegen [3]).

D. Die insularen Zwergelefanten.

Im zweiten Bande der „Palaeontological Memoirs" beschrieb H. Falconer einige außerordentlich kleine Elefantenmolaren von Malta unter dem Namen *E. melitensis*.

Die Zähne zeichneten sich durch eine verhältnismäßig niedrige Jochformel (x 12 x für $M\frac{3}{3}$), dickes Schmelzblech mit zwar nicht sehr starken, aber deutlichen medianen Expansionen und namhaften Reichtum an Zement aus. (Pal. Mem. II., pag. 293—294.)

Ferner tritt an den Abbildungen Falconers (Pal. Mem. II., Pl. 11, Fig. 1 u. 2) die starke Fingerung, insbesondere an den letzten Jochen, hervor.

Der Milchincisor zeigt Wurzel- und Kronenpartie scharf geschieden; die Krone trägt eine Emailkappe, wie bei den Loxodonten, zu welchen Falconer die Art auch stellte.

---

[1]) W. B. Dawkins, On the discovery of *E. antiquus* at Blackpool. Mem. Manch. Soc. XLVIII. Nr. 18, pag. 3. Manchester 1904. — S. Tokunaga, Fossils from the environs of Tokyo. Journ. Coll. Sci. 21, art. 2, pag. 72, pl. VI. Tokyo 1906.

[2]) H. Pohlig, Zur Osteologie von Stegodon, l. c. pag. 196.

[3]) Ich gebe an dieser Stelle kurz die Maße des auf Taf. VII (Fig. 1—3) abgebildeten ersten *Antiquus*-Molaren, welcher aus Niederösterreich bekannt würde. Das Stück, ein $M\overline{3}$, liegt im Museum in Krems und wurde im Lehm der Ziegelei in Rehberg gefunden. Der Zahn ist stärker petrifiziert als die Reste aus den diluvialen Schichten am Hundssteig in Krems und zeigt ganz ähnliche, schwarze, dendritische Figuren wie unser Dobermannsdorfer *Planifrons*-Molar.

Die Lamellenformel ist — 13 x.

Die Maße sind:

Länge . . . . 240 *mm*
Breite . . . . 75—80 „ (durchschnittlich)
Höhe des ganzen Stückes (in der Flucht
des 4. Joches [ohne Talon] von
hinten) . . . . : 140 „
Kronenhöhe vom 1.—7. Joch . . . 80 „ (durchschnittlich)

Der Zahn ist stark niedergekaut, die Lamellen sind über die Zementbasis bis zu 10 *mm* erhoben.

Die nähere Beschreibung halte ich zufolge der drei guten Abbildungen für überflüssig.

Später teilte G. Busk[1]) weitere Reste von Zwergelefanten mit und bestimmte sie zum Teil als *E. melitensis Falc.*; die kleineren Typen machte er zu Vertretern einer neuen Art, *E. Falconeri.*

Daß Busk mit Berechtigung die Trennung durchgeführt hatte, geht aus der vergleichenden Betrachtung seiner beiden Abbildungen und den Erläuterungen zu denselben[2]) (Fig. 9 und 11) hervor:

1. Fig. 9 (*E. Falconeri Busk*) hat 9 Joche auf 2·5 inches, Fig. 11 (*E. melitensis Falc.*) 7 Joche auf 3 inches, das ergibt für *E. Falconeri* einen Abstand von 0·27 inches, für *E. melitensis* von 0·43 inches pro Joch.

2. Im ersten Falle tritt nie eine mediane Expansion auf, im zweiten immer.

Busk bestätigt die Angaben Falconers betreffs der Ganein- schale des Milchincisors[3]) und beschreibt einen ersten Milch- molaren[4]) mit der Formel x 2 x!

Was er gewonnen hatte, verwirrte A. L. Adams[5]) dadurch, daß er die größten Formen als *E. mnaidriensis L. Adams* abtrennte, die beiden anderen dagegen zu Varietäten einer Art machte.

Schon die Übersicht der Molarenformeln seiner „large and small form", ferner die Tatsache, daß bei beiden schmale und breite Schmelzbänder auftreten, macht die Unhaltbarkeit seiner Ein- teilung klar.

H. Pohlig[6]) zog ursprünglich alle drei Arten zusammen, erklärte diese Form für eine Zwergrasse des Urelefanten und nannte sie *E. (antiquus) Melitae Falc.*

Ich gehe erst später auf die Einzelheiten seiner Beweisführung ein, möchte nur vorausschicken, daß Pohlig selbst im zweiten Teile seiner Monographie (l. c. pag. 244) widerrief und zu dem Ergebnis gelangte, daß „auch auf Malta wie auf Sizilien, neben der vorherrschenden deminutiven Rasse des Urelefanten, *E. (antiquus) Melitae Falc.*, untergeordnet noch eine solche Zwergform auch des *E. priscus*" lebte. Er nennt sie *E. (priscus) Falconeri Pohl. non Busk* (?).

Als Ursache der Zwergenhaftigkeit nimmt Pohlig gleich Falconer die Isolation auf Inseln an.

Spätere sizilische Funde[7]) erklärte er durchwegs als Reste von Zwergrassen des *E. antiquus*, wie aus der Betrachtung des Schädels und auch der übrigen Merkmale tatsächlich klar hervorgeht.

Im Jahre 1895 beschrieb A. Pomel[8]) einen Zwergelefanten (*E. jolensis Pom.*) aus Algerien. Die Reste stehen den sizilischen

---

[1]) G. Busk, On the remains of three extinct species of Elephant, Trans. zool. Soc. VI. London 1866—1869.
[2]) L. c. pag. 300.
[3]) G. Busk, l. c. pag. 284.
[4]) G. Busk, l. c. pag. 286.
[5]) A. Leith-Adams, On the Osteology of the Maltese fossil Elephants in Trans. zool. Soc. IX. London 1874—1877.
[6]) H. Pohlig, Dentition und Kranjologie . . . etc. I., l. c. pag. 257.
[7]) H. Pohlig, Eine Elefantenhöhle . . . etc., l. c.
[8]) A. Pomel, Carte géologique . . . etc., l. c. pag. 21.

so nahe, daß ihre Artgleichheit um so weniger zweifelhaft ist, als die Stücke an der Küste von Algier vom Meer ausgeworfen wurden.

Die letzten Beschreibungen stammen von Dorothea Bate aus den Jahren 1905 [1]) und 1907 [2]).

Die Form von Cypern schließt sich in mehrfacher Hinsicht dem Typus mit groben Lamellen an; D. Bate nennt sie *E. cypriotes*. Der anderen Form näher steht ihr *E. creticus*.

Derartige neue Spezies sind mehr als gewagt, da sie auf Unterschiede gegründet sind, welche durchaus in die Variationsbreite der Elefantenarten fallen.

Im allgemeinen muß man zugestehen, daß es sich bei allen Molaren dieser Zwergelefanten um wesentlich gleiche Charaktere handelt, daß die medianen Expansionen, welche selten scharf betont sind, sehr variable Merkmale darstellen, wie ein Vergleich der Molarenkauflächen von *E. planifrons* in der F. A. S. zeigt.

In allen Fällen haben wir es mit mehr oder weniger hypsodonten Typen zu tun.

Bevor ich auf die besondere Besprechung der für ihre Abstammung wichtigen morphologischen Charaktere übergehe, halte ich es für geboten, folgendes vorauszuschicken:

Mag die Zwergenhaftigkeit aus welchen Gründen immer entstanden sein, zweifellos sicher ist, daß wir es in den Deminutivrassen mit den Degenerationsresten großer Formen zu tun haben.

Darauf weist auch der noch lebende *E. africanus pumilio Noack* aus dem Kongogebiete hin.

Derartige, gewissermaßen als Ganzes degenerierende Tiere tragen die Charaktere ihrer unmittelbaren Vorfahren ziemlich unverwischt an sich.

Anderseits lehrt uns die Erfahrung das Gesetz der Nichtumkehrbarkeit der Entwicklung (Dollosches Entwicklungsgesetz); es ist demnach anzunehmen, daß die unmittelbaren Vorfahren der Zwergelefanten keine höhere Jochzahl besaßen als diese. Die Zähne degenerierten als Ganzes, das heißt sie blieben an Größe zurück; mit ihnen wurden auch die Lamellen kleiner an Gestalt, nicht aber an Zahl [3]).

---

[1]) Dorothea Bate, Further note on the remains of *Elephas cypriotes* from a cave deposit in Cyprus, Philos. Trans. R. Soc., pag. 357. London 1904—1905. — C. J. Forsyth-Mayors *E. lamarmorae* von Sardinien (s. D. Bate, l. c. pag. 357) ist auf zu spärliche Reste gegründet.
[2]) D. Bate, Elephant remains from Creta, Proc. zool. Soc., pag. 238. London 1907.
[3]) Diese Tatsache tritt sehr schön in einer Tabelle Pomels (l. c. pag. 38) hervor.

	Länge	Breite	Zahl der Joche	Höhe
	des sechsten Molaren			
E. mnaidriensis . . .	170	50	13	70
E. jolensis	140	36	13	70

Für die Frage, auf welche F o r m e n g r u p p e die Zwergelefanten zurückgehen, ist ein Moment von entscheidender Bedeutung.

Schon F a l c o n e r und B u s k wußten, daß der mandibulare vorderste Milchmolar. ($m_{\overline{1}}$) von $E.$ $melitensis$ e i n w u r z e l i g ist.

L. A d a m s konnte dieses Merkmal bestätigen und verallgemeinern, da seine reichen Aufsammlungen mehrere verschieden große erste Milchmolaren zutage gefördert hatten.

Sämtliche waren e i n w u r z e l i g.

In allen Fällen bis auf einen spricht L. A d a m s von einer „pressure-hollow, 0·3 inch in breadth" an der Vorderseite und einmal auch von einer „well seen scar on the back part of the fang" (Pl. I, Fig. 3, 4, 5).

Eines der Zähnchen (Pl. I, Fig. 6) weist an der Wurzelbasis eine d e u t l i c h e G a b e l u n g auf.

P o h l i g hat als erster zufolge seines reichen Materials von $E.$ $antiquus$ aus den Taubacher Travertinen auf Grund der mandibularen vordersten Milchmolaren die nahen Beziehungen zwischen dem U r e l e f a n t e n und den Z w e r g f o r m e n betont.

Die vier $m_{\overline{1}}$, welche er im I. Teile seiner Monographie (l. c. pag. 69) beschreibt, tragen im wesentlichen den gleichen Charakter: „Die Wurzel ist einfach, ungeteilt, nur mit einer äußeren und etwas stärkeren inneren, flachen Longitudinalrinne versehen."

Das vierte Stück zeigt dieselbe nur undeutlich; drei weitere (II., pag. 291) schließen sich den ersteren an.

Ein Vergleich mit anderen Proboscidiern ($T.$ $arvernense$, $E.$ $planifrons$, $E.$ $meridionalis$, $E.$ $africanus$ und $E.$ $primigenius$) zeigte P o h l i g, daß die Erscheinung der Einwurzeligkeit des $m_{\overline{1}}$ einzig auf $E.$ $antiquus$ und die Z w e r g r a s s e n beschränkt ist[1]).

Es ist naheliegend, diese vereinzelt dastehenden Arten mit einwurzeligem $m_{\overline{1}}$ einander genetisch nahezurücken.

Wir dürfen daraus mit Recht schließen, daß d i e Zwergformen, von welchen diese Milchmolaren stammen, $E.$ $antiquus$ näher waren als einem anderen L o x o d o n t e n.

Daß nur diese Gruppe in Betracht kommt, wird nach Darlegung des Hauptmerkmales auch daraus klar, daß die vordersten M i l c h m o l a r e n x 2 x—x 3 x? Joche tragen, ferner die M i l c h i n c i s ô r e n an der von der W u r z e l scharf abgesetzten K r o n e v o l l s t ä n d i g v o n G a n e i n b e d e c k t s i n d.

. Schon F a l c o n e r erkannte die Zugehörigkeit zu den Loxodonten (II., pag. 293/294), konnte sich aber weder für $E.$ $africanus$ noch $E.$ $antiquus$ entscheiden.

---

[1]) Der Vergleich im Verein mit den oben dargelegten Ansichten L. A d a m s beweist auch, daß die Einwurzeligkeit der s p e z i a l i s i e r t e Zustand ist, die Zweiwurzeligkeit der p r i m i t i v e.

Der eine Zahn von $Dinotherium$, auf welchen P o h l i g hinweist (pag. 74, abgebildet in Gervais, Zool. Paleont. gen., pag. 153, pl. XXX, Fig. 3, 4), würde, auch wenn sich durch weitere Funde erwiese, daß $Dinotherium$ einen einwurzeligen $m_{\overline{1}}$ hatte, nicht dagegen sprechen. $Dinotherium$ ist in mancher Hinsicht (so i m K a r p u s?) in der Richtung nach $Elephas$ spezialisiert.

Pohlig beantwortete die Frage schließlich dahin, daß er alle Zwergelefanten als Deszendenten von *E. antiquus* und *E. priscus* (den er für einen Vorfahren des Urelefanten, nicht für den gemeinsamen Ahnen dieses u n d des afrikanischen hielt), herleitete.

Diese seine Ansicht schöpfte P o h l i g [1]) aus folgenden Punkten:

1. Dentition, insbesondere Milchincisor.

2. Die Tatsache (?), daß weder in Nordafrika noch in Unteritalien eine andere fossile Spezies nachgewiesen ist als *E. antiquus*.

3. Der Bau des Kraniums.

Über die Zuverlässigkeit der Punkte 1 und 3 kann kein Zweifel sein; nur hat P o h l i g aus den sizilischen Funden zu rasch ins allgemeine geschlossen.

Daß d i e s e auf *E. antiquus*, und zwar auf die bereits höher spezialisierte Form desselben zurückgehen, geht aus seinen Darlegungen mit B e s t i m m t h e i t hervor.

Doch tragen alle den auch auf den anderen Inseln t e i l w e i s e auftretenden Charakter der h o h e n D i s k e n z a h l.

Von der an allen anderen Lokalitäten mit vorkommenden, weit selteneren Form mit verhältnismäßig wenigen groben Lamellen kennen wir nicht nur k e i n e K r a n i e n (abgesehen von Bruchstücken), wir kennen auch keine s i c h e r i h r zugehörigen $m_{\overline{1}}$.

Die ersten Milchzähne dieser begreiflicherweise kleineren und weniger zahlreichen Art, welche auf ä l t e r e Ahnen zurückgeht, müssen demnach bis zu einem unzweideutigen Nachweis derselben aus der Betrachtung vorläufig ausgeschaltet werden.

Der 2. Punkt P o h l i g s ist längst mehrfach widerlegt.

Der a f r i k a n i s c h e Elefant, welcher bei der Frage der Zwergrassen keineswegs von v o r n h e r e i n abzulehnen ist, wurde sowohl aus U n t e r i t a l i e n (s. pag. 160) wie auch aus N o r d a f r i k a [3]) nachgewiesen; ferner teilt P o m e l [2]) auch einen Rest von zwei Jochen eines Elefanten mit, den er als *E. meridionalis* bestimmt, der aber weit primitiveres Gepräge an sich trägt. Das Schmelzblech ist außerordentlich d i c k, das Zement s e h r reich.

Der Habitus erinnert sehr an *E. planifrons*.

An den außersizilischen Funden (Malta, Cypern, Kreta) sind scharf geschieden z w e i Typen erkennbar, dieselben, welche B u s k als *E. melitensis* und *E. Falconeri* auseinandergehalten hat (nicht nach der Größe! [3]).

L. A d a m s machte sie zu Varietäten einer Spezies, kam aber mit seiner Arttrennung nach der G r ö ß e arg ins Gedränge (l. c. pag. 16):

„The thickness of the plates does not seem, unless in the largest molars, to be diagnostic, as we find thick-and thinplated specimens among the smallest and intermediate-sized teeth."

Wie die Abbildungen L. A d a m s' (l. c. Taf. VII, Fig. 1 u. 2; Taf. IX, Fig. 1, 1 *a*, 2) erkennen lassen, ist diese d i c k p l a t t i g e

---

[1]) H. P o h l i g, Eine Elefantenhöhle ... etc., l. c. pag. 23.
[2]) A. P o m e l, Carte géologique etc., l. c. pag. 13.
[3]) Siehe: G. B u s k, l. c. pag. 300 u. 301.

Form durch geringere Lamellenzahl, weit geringere Kronenhöhe und einen mehr *africanus*-artigen Charakter der Usurfiguren
(mediane Expansionen) ausgezeichnet, während die dünnplattige sich
in allem wesentlichen an *E. mnaidriensis* L. Adams anschließt, nur
kleiner ist.

Daß die Größe bedeutungslos ist, haben die sizilischen
Funde erwiesen.

Der grobplattigen Art gebören auch die Reste von Cypern
zu; ihr gemeinsames Vorkommen mit *Hippopotamus minutus*, einer
primitiveren Form als *H. pentlandi* und *H. melitensis*, gibt uns einen
deutlichen Fingerzeig.

Dorothea Bate[1]) hat dies richtig erkannt.

Wenn wir unter diesen Gesichtspunkten die Frage der Zwergelefanten betrachten, gelangen wir zu folgenden Schlüssen:

1. Die insularen Zwergrassen umfassen zwei nach ihren Zahn-
charakteren geschiedene Arten: eine (immer kleine) mit archaistischem
Molarenbau, wenigen groben Lamellen, reichem Zement, verhältnismäßig niedriger Krone und stärkeren medianen Expansionen und eine
(in sehr wechselnder Größe erhaltene) mit ausgesprochenen
Antiquuscharakteren.

2. Während letztere als Deminutivrasse des Urelefanten
unzweifelhaft feststeht, können wir die Herkunft der ersteren nur insofern annähernd bestimmen, als sie in jeder Hinsicht primitiver als
E. antiquus, in der Kronenhöhe aber spezialisierter als *E. planifrons*
ist; am nächsten steht sie *E. priscus Goldf.*, da sie Archidisko-
donten- und Loxodontencharaktere in sich vereint und dieser
Art sehr ähnliche Usurfiguren aufweist.

3. Die Namen der beiden sind *E. priscus* (?) *Falconeri Busk.*
und *E. antiquus melitensis Falc.*

Zwei ethologische Fragen drängen sich beim Studium der
Zwergrassen auf:

1. Worin lag die Degeneration dieser Formen begründet?

2. Wie kamen ihre Reste in die Höhlen?

Was die erste Frage betrifft, so sprechen wohl etliche Momente
für eine Degeneration infolge Isolation auf Inseln und Nahrungs-
mangel, wie man allgemein annahm (Shetlands-Pony, Zwergflußpferde
[*H. pentlandi, H. melitensis* und *H. minutus*], ferner Zwergpferde auf
Sardinien).

Allerdings leben auch in Innerafrika zwei Zwergarten,
E. africanus pumilio und *Choeropsis liberiensis*, ein Flußpferd.

Ch. Depéret[2]) nahm in letzter Zeit zu der behandelten Frage
Stellung; er sagt:

„Pohlig und mit ihm fast alle Paläontologen sahen die Zwergelefanten als Rassen an, die durch eine lange Isolierung auf einer
Insel degeneriert wären. In jüngster Zeit jedoch hat Miß Bate[3])

---

[1]) D. Bate, Further note on ... etc., l. c. pag. 358.
[2]) Ch. Depéret, Die Umbildung etc., l. c. pag. 190.
[3]) D. Bate, Elephant remains from Crete, l. c. pag. 248 u. 249.

eine meiner Meinung nach zufriedenstellendere Erklärung für die Zwergbildung der Elefanten der Mittelmeerinseln gegeben. Wie konnte man zunächst annehmen, daß ein großes Land wie Sizilien nicht dazu fähig gewesen sein sollte, eine genügende Nahrungsmenge für die Elefanten hervorzubringen, um ihre Lebenskraft und ihre Größe zu erhalten? Dieser Grund könnte vielleicht bei ganz kleinen Inseln etwas Gewinnendes für sich haben, er kann aber nicht auf so ausgedehnte Inseln angewandt werden. Es scheint im Gegenteil vernünftiger, *Elephas melitensis* und die anderen ein wenig größeren Mutationen als primitive Formen aus dem *Elephas antiquus*-Stamme zu betrachten, die durch geologische Ereignisse auf diesen Inseln abgesondert wurden und in dieser Unterbrechung ihrer geographischen Verbreitung einen besonderen Grund zur Erhaltung eines primitiven Zustandes fanden."

Ich kann mir nicht vorstellen, wie Depéret damit die Zwergenhaftigkeit erklären will.

Selbst die primitivsten Ahnen, die doch schon Elefanten gewesen sein müßten, würden auf Formen von der mächtigen Größe des *E. planifrons* zurückgehen.

Die meiner Meinung nach treffendste Ansicht hat O. Abel gelegentlich einer Unterredung geäußert.

Abel nimmt die infolge der Isolation notwendige Inzucht einzelner Herden als Ursache für die Degeneration und das schließliche Erlöschen der Zwergrassen an.

Die zweite Frage muß, wie aus den Arbeiten von Busk und L. Adams mit voller Zuverlässigkeit hervorgeht, dahin beantwortet werden, daß die Reste in die Höhlen eingeschwemmt sind.

An mehreren Stellen weist G. Busk[1]) unzweideutig darauf hin:

„The cavern, when first opened, was filled to the roof with jellow and gray sandy clay, and it had no stalagmitic floor. Amidst this deposit, which had evidently been washed in by water..." (pag. 227).

„... and also points ... of extensive currents of fresh water" (pag. 228).

Noch klarer geht die gleiche Auffassung aus den Mitteilungen A. L. Adams'[2]) hervor:

Cave of Melliha, Gandia fissure, Malk Cave und die meisten übrigen Höhlen zeigten deutliche Spuren gewaltiger Wasserströmungen und enthielten nicht nur Elefantenreste, sondern auch Skeletteile anderer Tiere, insbesondere:

Hippopotamus pentlandi, „*Myoxus melitensis* in conjunction with teeth and bones of an *Arvicola* not apparently distinct from the Bank Vole, besides bones of large birds, small frogs and recent land shells (pag. 3)."

L. Adams kommt daher zu dem Schluß (pag. 107):

„that they had for the most part been swept into the hollows and rockrents trough turbulent agency of water."

---

[1]) G. Busk, l. c. Sperrungen von mir.
[2]) A. L. Adams, l. c. Sperrungen von mir.

Aus der Tatsache, daß sich an einzelnen Knochen Bißspuren fanden, ferner einzelne Raubtierzähne, die L. Adams (pag. 108) Hyänen zugehörig erklärte, mit zutage gefördert wurden, müssen wir schließen, daß die Tiere als Kadaver eingeschwemmt wurden. Dafür spricht auch eine Mitteilung D. Bates[1]):

„During the excavations made here many bones and teeth were found fractured; and that this had taken place subsequent to their accumulation on the floor of the cave was proved by the parts of a bone or tooth being found in natural juxtaposition, only falling apart when removed from the surrounding earth or rock. The opposing surfaces thus revealed were brown and discoloured by the infiltration of water and earth, showing that the fractures had not taken place at any very recent date."

Die Lagerung einzelner mit alten Brüchen ·versehener Knochenstücke im natürlichen Nebeneinander ist kaum anders erklärlich. Die Einschwemmung als Leichen läßt die mehrfachen Zerschmetterungen der Hartteile bei der Erwägung, daß sie durch rasche Strömungen fortgeführt wurden, begreiflich erscheinen.

Möglicherweise waren ähnliche Katastrophen, wie die von Pikermi[2]), mit im Spiele.

E. Die amerikanischen Elefanten.

Die in nicht geringer Zahl beschriebenen amerikanischen Elefantenarten sind heute auf drei Typen zusammengeschmolzen, von welchen eisen das europäische Mammuth (*E. primigenius*) einnimmt.

Es ist nicht verwunderlich, daß es auf seinen ausgedehnten vorwiegend nordischen Wanderungen die neue Welt erreichte.

Die beiden anderen sind: *E. Columbi Falc.* und *E. imperator Leidy.*

Falconer erkannte in seinen Palaeontological Memoirs (II., pag. 238) nur die beiden ersten als wohlbegründet, während er *E. imperator* mit Fragezeichen anführt.

Bei der völligen Unkenntnis des Materials muß ich mich begnügen, nur einige wenige Ansichten und Gründe in dieser Frage kurz zu erwähnen.

Die Molaren von *E. Columbi* unterscheiden sich nach Falconers ursprünglicher Beschreibung (Pal. Mem. II., pag. 219 ff.) in folgendem von *E. primigenius*:

Die Lamellen sind weiter auseinandergesetzt, haben infolgedessen stärkere Zementzwischenlagen und zeigen dickere Schmelzwände; darin wie in der Kräuselung der Ränder ähneln sie einerseits *E. antiquus*, anderseits *E. indicus*.

Die Lamellenformel ist tiefer als *E. primigenius*, die Jochzahl der letzten Molaren hält sich um 20.

Die Kronenhöhe ist sehr bedeutend, die Zähne schließen sich in dieser Hinsicht eng an *E. primigenius* an.

---

[1]) D. Bate, *E. cypriotes* . . . etc., l. c. pag. 348.
[2]) Vergl. O. Abel, Grundzüge der Paläobiologie, l. c. pag. 29—35.

Die Hauptverbreitung fällt in das Mittelplistocän (Megalonyx-Zone), woher auch das schöne von H. F. Osborn[1]) mitgeteilte Skelet im „American Museum of Natural History" in New York stammt.

Ein Vergleich dieses Skelets mit dem des typischen Mammuth zeigt insbesondere im Schädel ungemein auffallende Ähnlichkeiten. Die Kontur desselben deckt sich in allen wesentlichen Punkten bei beiden Formen, die etwas größere Erhabenheit des Gipfels bei *E.. Columbi* kann nicht ernstlich als Unterschied ins Treffen geführt werden.

Dagegen sind die Stoßzähne und mit ihnen die Incisoralveolen durchaus aberrant gebildet, an der Basis vielmehr divergierend als bei *E. primigenius*.

Das weite Ausladen in der Mitte und die spirale Einrollung der sich kreuzenden Enden käme an sich bei der ungeheuren Variabilität der Mammuthstoßzähne nicht in Betracht.

Ein zweiter wichtiger Faktor ist die primitivere Form der Molaren, welche zufolge ihrer Größe noch ursprünglicher scheinen mögen als sie sind.

Diese Umstände zwingen uns einerseits, eine nächste Verwandtschaft mit unserem Mammuth anzunehmen, anderseits machen sie die Identität der beiden unmöglich.

Dürftig sind die Nachrichten, welche wir von *E. imperator* haben.

Die Breite des erstgefundenen Restes, den J. Leidy[2]) beschrieben hat, beträgt maximal 5 inches (= 127 *mm*); das Zahnfragment trägt auf einer Länge von 7 inches (= 178 *mm*) 8 Joche, während die am meisten dickplattige Varietät von *E. Columbi* (Leidy zieht alles als *E. americanus* zusammen) 10 Joche auf dieselbe Länge verteilt.

Das ergibt für *E. imperator* mehr als 20 *mm* durchschnittlich für 1 Joch samt Zementzwischenlage.

Die Usurfiguren sind langgestreckt, elliptisch und stark kanneliert.

Ein anderer Zahn, den Leidy[3]) beschreibt, hat auf einer Kaufläche von 8 inches (= 204 *mm*) 9 Joche; dahinter folgen noch 4 unangekaute Lamellen und 1 Talon, so daß wir auf eine Formel von etwa x 13 x und einen gleichen mittleren Längenwert (mehr als 20 *mm* für 1 Joch samt Zementintervall) kommen[4]).

Diese primitiven Verhältnisse werden uns als solche noch begreiflicher aus dem frühplistocänen, vielleicht sogar spätpliocänen Alter der Schichten, welche *E. imperator* lieferten.

---

[1]) H. F. Osborn, A mounted skeleton of the Columbian Mammouth, in Bull. Amer. Mus. Nat. Hist. 23, pag. 255. New York 1907.

[2]) J. Leidy, Proc. Acad. Nat. Sc. Philadelphia 1858, pag. 29.

[3]) J. Leidy, Extinct mammalia of Dakota and Nebraska, in Journ. Acad. Nat. Sc. Jahrg. 1869, pag. 225. Philadelphia 1869.

[4]) Nach F. A. Lucas, North American elephantids, Science N. S. XV, pag. 554 u. 555, New York 1902, sind die Zahlenverhältnisse der Joche für $M\frac{3}{3}$ von *E. imperator* $\frac{17}{18}$, von *E. Columbi* $\frac{21-22}{22}$.

Die Sheridan-beds von Nebraska stellen zweifellos das unterste Plistocän dar [1] [2]).

Über die Herkunft dieser amerikanischen Arten hat sich vor Lull [1]) nur Pohlig [3]) geäußert.

Beide Autoren nehmen für die amerikanischen Arten einen Konnex mit den indischen Formen, Pohlig mit *E. hysudricus*, Lull (pag. 40) mit *E. planifrons* an.

Betreffs *E. Columbi* kann man heute wohl sagen, daß er dem Mammuth am nächsten ist, zufolge seiner primitiveren Zahncharaktere demnach mit diesem aus der das Mammuth an Größe übertreffenden Urrasse (*E. trogontherii*), einer ausgesprochenen Wanderform, hervorgegangen sein dürfte [4]).

Alle Schlüsse bezüglich der Herkunft von *E. imperator* können nur mehr oder weniger heuristischen Wert haben.

Anklänge an indische Typen in der Nebraskafauna finden sich ja wohl; doch liegt meines Erachtens ein Haupthindernis für die Annahme dieser Deszendenzlinie in der außerordentlichen Kronenhöhe der Imperatormolaren. Sie unterscheiden sich in dieser Hinsicht, so weit ich es den wenigen Abbildungen, die mir vorliegen, entnehme, nur wenig von *E. Columbi*, dessen Molaren sie an Größe bedeutend übertreffen.

Vielleicht liegt gerade in der Größenzunahme einer-, dem unveränderten Spezialisationsgrade anderseits der Schlüssel zur Lösung der Frage.

Es wäre nicht ausgeschlossen, daß *E. Columbi* und *E. imperator* in engerem verwandtschaftlichen Konnex stehen, die weitgehenden Ähnlichkeiten des ersteren mit *E. primigenius* lediglich Parallelerscheinungen sind und die gemeinsame Wurzel in *E. meridionalis* (russische Funde) oder noch tiefer zu suchen ist.

Wahrscheinlich ist es nicht.

Hoffentlich bringen eingehende Bearbeitungen amerikanischer Autoren in absehbarer Zeit mehr Licht in die Frage.

Anhang.

Die Ethologie des Elefantengebisses.

Der Ethologie des Elefantenzahnes hatte schon H. Falconer [5]) eine Fülle klarer und überzeugender Ausführungen gewidmet.

Weithofer [6]) betonte dann den innigen Zusammenhang, welcher zwischen der Dentition und der Umbildung des Schädels bei *Elephas* besteht:

---

[1]) R. S. Lull, The evolution etc., l. c. pag. 28, 40.
[2]) M. Schlosser, in K. A. v. Zittel, Grundzüge der Paläontologie. II. Abtlg. Vertebrata, pag. 577. II. Aufl. München und Berlin 1911.
[3]) H. Pohlig, Dentition ... etc., II., pag. 330.
[4]) Vergl. auch H. Pohlig, Zur Osteologie ... etc., l. c. pag. 212.
[5]) H. Falconer, Palaeontol. Mem. II., pag. 278—290.
[6]) K. A. Weithofer, Fossile Proboscidier ... etc., pag. 213 u. 214.

Er führte die Formveränderungen im Kranium vornehmlich auf die Verlagerung des Gewichtes nach vorn zurück, als Folge der mächtigen Entwicklung der Incisoren.

Daraus ergab sich (l. c. pag. 214):

1. Eine Senkung der beim jungen Tier gestreckten Incisoralveolen; daher der weniger stumpfe Winkel zwischen Kaufläche und Alveolenaxe des Stoßzahnes.

2. Ein Druck auf die Maxillaria nach hinten, der an den Nasalia als Zug in die Erscheinung trat.

3. Eine Verkürzung des Schädels nach dem mechanischen Prinzip, die Last möglichst nahe dem Aufhängepunkt (Ruhepunkt des Hebels) zu haben.

Darin lag ein Widerspruch mit der Tatsache, daß für das Tier als Pflanzenfresser eine stete Längenzunahme der Kaufläche notwendig war. Die Schädelverkürzung machte dies in horizontaler Lage unmöglich und so bildete sich die sonderbare Art des Zahnwechsels, wo der hintere Molar fast normal auf den in Funktion befindlichen steht und das Nachrücken im Ober- und Unterkiefer in zwei ungefähr parallelen Kreisbogen erfolgt.

Die Zunahme der Krümmung dieses Bogens ist im Verlaufe der Stammesgeschichte der Elefanten sehr schön zu beobachten. Hand in Hand mit dieser Spezialisation geht die Umbildung der Lamellen an Höhe, Form und Zahl.

Falconer wählte, um die Ursachen dieser Umbildungen als Folgen der Nahrungsweise zu ergründen, denselben Weg, welchen die neueste Forschungsmethode geht und schloß von den Verhältnissen an den rezenten Arten auf die fossilen.

Seine ungemein genauen und sorgfältigen Nachforschungen über das Futter der beiden Arten ergaben:

1. *E. indicus* (l. c. pag. 278/279):

Zweige und Blätter verschiedener Bäume, insbesondere *Ficus*-Arten, dann Gramineen, seltener Palmen und Bambus, dagegen oft *Arundo*, *Typha elephantina* und *Saccharum*-Arten. Letztere wie auch die Gräser reißt er mit den Wurzeln aus, befreit sie vom Erdreich durch Abschlagen und steckt sie in den Mund.

„The sand which still adheres to these grasses, together with the large quantity of silica contained in the leaves and culms of *Saccharum spontaneum* the most charakteristik of the grass jungle, performs an unportant duty in the economy of wear of the Elephants molar teeth."

Falconer fügt daran eine eingehende Darlegung des Kauvorganges und zeigt, wie das vornehmlich härtere Futter die Ausbildung einer Reibplatte zur Folge hat, welche gemäß ihrer gröberen Zusammensetzung auch weicheren Substanzen genügt.

2. *E. africanus* (l. c. pag. 282/283):

„The molar teeth of the African Elephant are intermediate, in construction and triturating characters, between those of the Euelephantes, or Elephants proper, and the fossil Stegodons."

„Instead, therefore, being adapted to contuse and triturate the branches and twigs of trees, they are better suited for squeezing and crushing leaves, and succulent steams or roots. The habits of the animal as observed by travellers, are in accordance with these indications. Besides browsing on the foliage of the Mimosas and Acacias, which abound in southern Africa, they tear up the trees of certain species of these genera by the roots, aided, according to Pringle, · by their tusk, used as a crow-bar, and they devour the succulent parts of these roots in the inverted trees. Burcell mentions a small species of *Prosopis, P. Elephantorhiza*, as yielding a favourite food to the Elephant; and the succulent »Spekboom« *Portulacaria Afra*, or ›Tree Purslane‹, is noticed by most travellers as yielding another.“

Diese grundlegende Verschiedenheit in der Nahrung der beiden Elefanten, von welchen der a f r i k a n i s c h e einen durchaus a r c h a - i s t i s c h e n Typus repräsentiert, wirft ein ganz bestimmtes Licht auf den ethologischen Hintergrund der Entstehung und Weiterbildung der echten Elefanten.

Während sich die S t e g o d o n t e n hinsichtlich ihrer Nahrung jedenfalls noch eng an die T e t r a b e l o d o n t e n anschlossen, griff im Verlaufe der Stammesentwicklung . der echten Elefanten Stufe um Stufe eine immer weitergehende Emanzipation von der wasserreichen, sukkulenten und weichen Pflanzenkost zu einer wasserarmen, harten Platz.

Den höchsten Spezialisationsgrad erreichte dieser Umwandlungs- prozeß in der Zeit der T u n d r e n und S t e p p e n der p l i s t o c ä n e n G l a z i a l - und I n t e r g l a z i a l p e r i o d e n mit *E. primigenius.*

F a l c o n e r [1]) hatte den Unterschied des M a m m u t h s vom i n d i s c h e n E l e f a n t e n hinsichtlich seiner Molaren wohl erkannt.

Die Backenzähne der fossilen Form sind b r e i t e r, tragen e n g e r g e s t e l l t e J o c h e und E m a i l p l a t t e n, welche nur w e n i g ü b e r Z e m e n t und D e n t i n emporragen.

Er charakterisierte sogar die Unterschiede als g r o b e und s e h r f e i n e R e i b p l a t t e. Dennoch zog er nicht den letzten Schluß.

Heute sind wir durch Funde von Nahrungsresten im Rachen von Mammuthleichen imstande festzustellen, daß die Verfeinerung d e r R e i b f l ä c h e des Zahnes durch die zartere Nahrung (Zweige und Triebe von Nadelhölzern, Zwergbirken und Weiden) bedingt war.

Daß *E. indicus* zu diesem hohen Grad der Spezialisation nicht gelangte, *E. africanus* sogar auf dem Stadium der A r c h i d i s k o - d o n t e n stehen blieb, dürfte wohl in den Milieuverhältnissen des endgültig erreichten Wohngebietes bedingt gewesen sein.

---

[1]) H. F a l c o n e r, Pal. Mem. II., pag. 285 u. 286. ·

III. Zusammenfassung.

I. 1. Für die Bestimmung von Elefantenmolaren, insbesondere die Ermittlung ihrer genetischen Höhe sind zwei Momente von größter Wichtigkeit:

Das Verhältnis zwischen Kronen- und Wurzelhöhe und

der Winkel zwischen Kronen- und Wurzelbasis im Zustande der beginnenden Abkauung des hintersten Joches.

2. Die Funde von Dobermannsdorf in Niederösterreich gehören, wie aus einer Reihe von Merkmalen unzweideutig hervorgeht, der bisher nur aus Indien sicher bekannten Stammform *E. planifrons Falc.* zu.

3. Durch diesen Fund, dem sich ein weiterer (bisher unbekannter) aus Krems in Niederösterreich, ferner ein als *E. aff. planifrons* beschriebener Molar aus Ferladani in Bessarabien anschließt, ist die Wanderung des *E. planifrons* von Asien nach Europa über den Weg nördlich des Schwarzen Meeres erwiesen.

II. 1. **A.** Der ursprüngliche Karpus der Proboscidier war aserial mit freiem Zentrale und schließt sich den Verhältnissen an, wie sie bei acreoden Creodonten herrschen, wie sie ferner auch für die primitiven Amblypoden (*Pantolambda*) typisch sind. Damit erfährt die Trennung der *Proboscidea* von den Ungulaten als *Subungulata* und ihr Anschluß an Protungulaten, welche auf Creodonten zurückgehen, eine neuerliche Stütze.

Der aseriale Karpus macht im Verlaufe der Stammesgeschichte der Rüsseltiere eine Wandlung über eine seriale zu einer abermals aserialen Lagerung durch, welche gerade das Gegenteil der ursprünglichen ist.

Ein neuerlicher Beweis für die Richtigkeit des Dollo'schen Entwicklungsgesetzes von der Nichtumkehrbarkeit!

Damit verliert die Annahme einer „sekundären Taxeopodie" als den Tatsachen nicht entsprechend jeglichen Halt.

B. Die bunodonten (suiden) und zygodonten (tapiroiden) Tetrabelodonten gehen auf *T. pygmaeum* und weiter (vielleicht durch eine Zwischenform) direkt auf *Moerith. trigonodon* zurück. *Palaeomastodon* stellt — entgegen der bisher allgemein anerkannten Meinung — einen Seitenzweig der Proboscidier dar, welcher sich parallel der bunodonten Reihe entwickelt hat.

Eine direkte Deszendenz zwischen *Palaeomastodon* und *Tetrabelodon* ist nach dem vorhandenen Material unmöglich.

C. Die bunodonten Arten haben sich in einer Reihe, welche über *T. angustidens* —➤ *T. longirostre* zu —➤ *T. arvernense* führt, entwickelt.

T. angustidens wanderte einerseits nach Indien und gab einer Zahl von suiden Typen ihren Ursprung, anderseits nach Amerika, wo es sich gleichfalls weiterentwickelte.

Eine Rückwanderung nach Afrika, dem Stammlande der Rüsseltiere, ist wahrscheinlich.

D. Die Entwicklung der zygodonten Arten ging über die Stufen *T. tapiroides*, *T. borsoni*, endlich *T. americanum* vor sich.

Die Bifurkation erfolgte wahrscheinlich aus *T. pygmaeum;* die Erhärtung und weitere Ausführung dieser Frage muß einem eingehenderen Studium vorbehalten bleiben.

E. Die Entstehung der echten Elefanten aus indischen Tetrabelodonten über *T. latidens* ─➤ *E. (St.) Clifti* ─➤ *E. (Arch.) planifrons* steht fest.

Der Anschluß von *T. (subg. inc. sedis)* (das ist *T. latidens* und ? *T. cautleyi)* ist einem sorgfältigen Materialstudium vorbehalten; außer Betracht fällt *T. (Bl.) longirostre.*

Die Wahl ist zwischen *T. (Bl.) angustidens* und *T. (T.) pygmaeum* offen, größere Wahrscheinlichkeit kommt der letzteren Art zu.

2. A. *E. meridionalis* ist der Nachkomme von *E. planifrons,* dessen Wanderung über Südrußland erfolgte; vom Südelefanten führt die Deszendenzlinie, wie Pohlig schon ausgeführt hatte, über *E. trogontherii* zu *E. primigenius.*

E. Wüsti Pavlow ist synonym *E. trogontherii.*

B. *E. hysudricus* ist der autochthone Nachkomme von *E. planifrons* und der unmittelbare Vorläufer des lebenden indischen Elefanten; seine Ähnlichkeiten mit *E. meridionalis* sind lediglich der Ausfluß paralleler Entwicklung aus einer Wurzel. Das gleiche gilt für *E. indicus* und *E. primigenius.*

C. α) Die Analyse sämtlicher Charaktere deutet darauf hin, daß *E. antiquus* und *E. africanus* parallele Entwicklungsprodukte aus einem älteren Typus (*E. priscus Goldf.*) darstellen.

β) Die Loxodonten sind in der eben erwähnten Verwandtschaftsform die Nachkommen von *E. planifrons*; *E. namadicus* ist die im Plistocän in Indien angelangte Wanderform des *E. antiquus.*

D. Die insularen Zwergrassen der Mittelmeerländer umfassen zwei Arten: eine (immer kleine) mit archaistischen Charakteren und eine (in wechselnder Größe) mit ausgesprochenen *Antiquus*-Merkmalen. Letztere geht zweifellos auf den Urelefanten zurück und hat den Namen *E. antiquus melitensis Falc.* zu tragen, erstere ist weit primitiver und scheint von *E. priscus* ausgegangen zu sein: *E. priscus (?) Falconeri Busk.*

E. Die Hypsodontie der amerikanischen Arten (*E. Columbi* und *E. imperator*) scheint der Annahme einer Deszendenz von primitiven indischen Typen zu widersprechen. *E. Columbi* dürfte mehr als wahrscheinlich ein Nachkomme des *E. trogontherii* sein und sich parallel zu *E. primigenius* entwickelt haben.

Anhang. Die Spezialisation des Elefantenzahnes hat ihren ethologischen Hintergrund in dem Übergang von einer weichen, saftigen zu einer harten, trockenen Pflanzennahrung.

* * *

Die Ergebnisse der Studien über die Stammesgeschichte der Rüsseltiere (nach dem heutigen Stande unserer Kenntnisse) sind auf nebenstehender Seite in anschaulicher Weise dargestellt [1]).

Folgende Hauptwanderungen der Rüsseltiere erfolgten im Verlaufe ihrer Stammesgeschichte:

Oligocän oder unteres Miocän:

1. Nordafrika (Fayûm) → Europa. (*T. pygmaeum*).

Mittleres und oberes Miocän:

2. Europa → Asien (Indien) }
3. Europa → Nordamerika. } (*T. angustidens.*)

Unteres Pliocän:

4. Europa → Nordamerika. (*T. borsoni, T. americanum.*)
5. Nordamerika → Südamerika. (*T. andium, T. humboldti.*)

Unteres—Mittleres Pliocän:

6. Indien → Europa → Afrika. (*E. planifrons.*)

Oberstes Pliocän und Plistocän:

7. Europa → Asien → Nordamerika. (*L. trogontherii, E. primigenius, E. Columbi.*)
8. Europa → Indien. (*E. antiquus namadicus.*)

---

[1]) Wanderformen sind mit ♂ bezeichnet, ungewisse Linien mit einem Fragezeichen versehen.

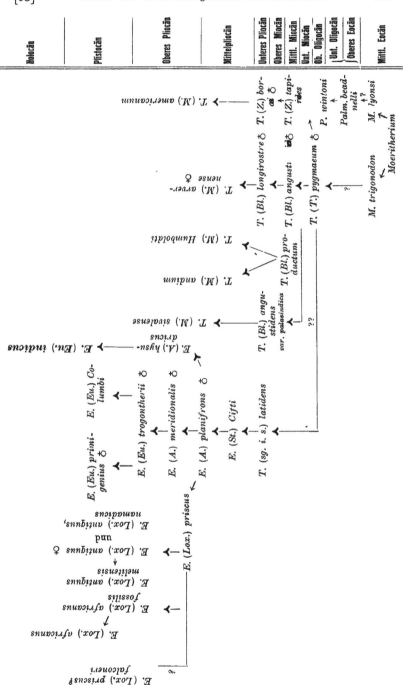

Inhaltsverzeichnis.

Über neue Methoden zur Verfeinerung des geologischen Kartenbildes.

Von **Otto Ampferer.**

Mit zwei farbigen Tafeln (Nr. VIII—IX).

Wenn man die Absicht hat, die Ausdrucksfähigkeit und den Inhalt von geologischen Karten zu vermehren, so bieten sich dazu zwei ganz verschiedene Möglichkeiten. Die eine besteht in der Verbesserung der topographischen Grundlage, die andere in der Verfeinerung der geologischen Darstellung.

Je besser die topographische Grundlage ist, desto sicherer und genauer kann die Festlegung der geologischen Grenzen erfolgen. Es steigt also unter sonst gleichen Umständen mit der Genauigkeit der topographischen Karte auch jene der geologischen.

Des weiteren wird man auf einer Karte von größerem Maßstab mehr Einzelheiten und genauer verfolgte Grenzen eintragen können als auf einer solchen von kleinerem Maßstab. Wenn sich die Maßstäbe von Karten wie $1:2:3$ verhalten, so stehen die Abbildungen derselben Fläche im Verhältnis $1:4:9$. Da nun ein Beobachter auf einem bestimmten Kartenflächenstück nur eine bestimmte Feinheit der Ausscheidungen unterbringen kann, so wird der geologische Inhalt der Karten ebenfalls im Verhältnis $1:4:9$ steigen, vorausgesetzt, daß jedesmal eine volle Ausnützung der Kartenfläche stattfindet.

Man kann also mit gewissen Beschränkungen sagen, daß der geologische Inhalt im selben Verhältnis wie die Vergrößerung der Kartenflächen zunehmen wird. Eine geologische Karte $1:25.000$ sollte also zirka neunmal so viele Angaben enthalten als eine solche $1:75.000$ von derselben Gegend.

Wir sehen aus dieser Betrachtung, daß sich das Vorschreiten vom kleineren Maßstab zum größeren unmittelbar mit der Wirkung vergleichen läßt, welche wir innerhalb gewisser Grenzen im Mikroskop mit einer Verstärkung der Vergrößerung erreichen. Dieser Vergleich gibt uns auch ein Mittel die Genauigkeit und den Fortschritt von Karten verschiedenen Maßstabes einer und derselben Gegend zu überprüfen.

Es seien zum Beispiel auf einer Karte $1:75.000$ die Grenzen der unterschiedenen geologischen Schichten eingetragen. Wird nun dieselbe Gegend später einmal genauer untersucht und ihre Geologie auf einer Karte $1:25.000$ dargestellt, so müßten, richtige Ortsbestimmungen

vorausgesetzt, die Umrisse der alten Karte entsprechend ver-
größert erscheinen und die neuen vermehrten Beobachtungen sich als
Unterteilungen der früher einheitlichen geologischen Flächen zeigen.
Dabei ist natürlich zwischen deutlichen geologischen Grenzen und
Übergangszonen zu unterscheiden, wo ja in der Natur keine scharfen
Grenzen gegeben sind und diese erst künstlich geschaffen wurden.

Die neuen Aufnahmen sollten sich also mehr als Zerteilungen
der Flächen denn als Verschiebungen der Grenzen zeigen.

Tatsächlich ergeben sich beim Vergleich alter und neuer Aufnahmen meistens auch große Grenzverschiebungen, was uns vor allem
die Ungenauigkeit der geologischen Ortsbestimmungen klar vor Augen
führt. Dabei liegt der Grund nur zu geringerem Teil in der topographischen Grundlage, denn die Fehler in der geographischen Ortsbestimmung sind im allgemeinen bei weitem kleiner, ja meist so klein,
daß die dadurch entstehenden Verzerrungen das geologische Bild nicht
mehr wesentlich beeinflussen.

Man kann geradezu behaupten, daß das geologische Bild eine
ziemlich weite Elastizitätsgrenze besitzt, bis zu der hin Verzerrungen
nicht wesentlich störend wirken.

Denken wir uns zum Beispiel die geologische Karte auf eine
Kautschukplatte gedruckt und diese verschiedenen Spannungen unterworfen, so wird ihr Bild durch kleinere Dehnungen und Pressungen
nicht so verschoben, daß dasselbe seine Charakteristik und Erkenn-
barkeit verlieren würde.

Die Fehler in der geologischen Ortsbestimmung sind eben im
allgemeinen bedeutend größer als jene in der geographischen, wobei
hier nur geologische Grenzen betrachtet werden, die einer genauen
Bestimmung zugänglich sind. Die Ursache dieser weiten Fehler-
grenzen ist einmal darin begründet, daß die geologischen Grenzen
meistens nicht mit einem Meßinstrument, sondern lediglich nach der
Schätzung des aufnehmenden Geologen bestimmt und in die Karte
eingetragen werden. Die Fähigkeit der richtigen Ortseinschätzung ist
nun sehr individuell und erfordert einen ausgebildeten Raumsinn, der
nicht allgemein zu Gebote steht. Die Aussteckung und Einmessung
dieser Grenzen, welche zwar die exakteste Abbildung gewährleistet,
dürfte wegen der Kosten und des viel größeren Mühe- und Zeitauf-
wandes für große Gebiete noch lange nicht in Betracht kommen.

Hier wird man immer noch auf die vorgegebene topographische
Unterlage angewiesen sein.

Die Orientierung des kartierenden Geologen klammert sich im
Hochgebirge vor allem an charakteristische Gehängeformen, Runsen,
Wände, Gesimse, Vorsprünge, Grate, Zacken, Schluchten ... Es ist
im wesentlichen das feinere Detail der Gehängegliederung, das etwa in
Verbindung mit den Höhenangaben des Aneroides die Ortsbestimmungen der geologischen Terrainschnitte und die entsprechenden Eintragungen auf der Karte leitet.

Auf den meisten topographischen Karten ist dieses feinere Gehängedetail besonders in den Hochgebirgsregionen häufig nicht genügend
genau dargestellt und fast stets zu schematisch behandelt, um im
Vergleich mit der Natur wieder eindeutig erkennbar zu sein.

Dies kann sogar auf Karten, welche sehr viele genau vermessene Punkte enthalten, aber nicht charakteristisch gezeichnet sind, der Fall sein. Der Feldgeologe kann sich in den meisten Fällen ja nicht durch Nachmessungen von der Übereinstimmung seiner Orte mit den entsprechenden Punkten auf der Karte überzeugen. Er ist darauf angewiesen, daß die Zeichnung in der Karte soviel Reliefcharakteristik enthält, daß er beim Begehen des Geländes aus dem ganzen Zusammenhang der Formen heraus eindeutige Bestimmungen ablesen kann.

Das feinere Gehängedetail ist daher für die richtige Lokalisierung der geologischen Beobachtungen von größtem Werte.

Eine richtige Lokalisierung ist aber wieder die Grundlage für die Kontrollfähigkeit, welche eine der wichtigsten Forderungen für eine wissenschaftlich wertvolle Karte bildet.

Es müssen sich die in der Karte verzeichneten Angaben auch in der Natur wieder auffinden lassen, wenn das Kartenwerk sich über das Niveau eines subjektiven Verzeichnisses erheben soll. Wir sind uns längst darüber einig, daß in die Zeichnung eines mikroskopischen Präparates, eines physikalischen Vorganges, einer astronomischen Beobachtung nichts hineingefügt werden darf, was nicht zu sehen ist oder was nicht eigens als solche Zugabe vermerkt wird.

Dasselbe muß auch für eine gute geologische Karte gelten, erhebt sie anders Anspruch darauf ein brauchbares Verbreitungsmittel wissenschaftlicher Beobachtungen zu sein.

Wird eine chemische, physikalische Erfindung gemacht, so ist das erste, daß dieselbe in den verschiedensten Laboratorien einer Nachprüfung unterworfen wird. Durch Bestätigungen wird sie rasch zu allgemeinem Gebrauche fähig gemacht.

Bei geologischen Karten ist eine solche Prüfung weit umständlicher und findet meist erst viele Jahre später statt. Daher ist das allgemeine Vertrauen auf solche Karten auch ein wesentlich geringeres und man pflegt sich derselben mit Vorsicht zu bedienen.

Der subjektive Anteil an dem Kartenbilde ist meistens ein verhältnismäßig großer. Das entspringt aus dem Bestreben, mehr mitzuteilen, als man gesehen hat, die Karte vollkommener zu gestalten, als man lediglich auf Grund der gemachten Erfahrungen imstande ist.

Geologische Karten enthalten so meist mehr Angaben als durch Beobachtungen beweisbar sind.

Ein wichtiger Grund für diese Erscheinung besteht darin, daß vielfach zwischen Gesehenem und Vermutetem keine Unterscheidung gemacht wird. Dies kommt wieder, abgesehen von mangelhaften Begehungen und hypothetischen Verbindungen, vielfach daher, daß die jüngsten Ablagerungen nicht mehr als gleichwertige Gegenstände der Beobachtung, sondern lediglich als Verhüllungen des Untergrundes angesehen und deswegen nicht ausgeschieden werden.

Die von ihnen verdeckten Flächen werden dafür mit dem natürlich nur hypothetischen Bild ihres Untergrundes ausgefüllt.

Dieses Vorgehen ist um so merkwürdiger, als sich die Auffassung von Verhüllungen meist nur auf die glazialen und postglazialen Sedimente bezieht. Es ist zum Beispiel schon nicht mehr gebräuchlich, die Einfüllungen von tertiären oder kretazischen Schuttmassen durch Skizzen ihres älteren Untergrundes zu ersetzen.

Dieser Standpunkt ist nur in speziellen Fällen berechtigt, im allgemeinen jedoch nicht, weil dadurch die Wahrhaftigkeit der Karte in hohem Maße beschränkt und ihre Kontrollfähigkeit sehr erschwert wird. Der Vorgang bei den englischen geologischen Kartenwerken, zwei Ausgaben zu benützen, solche, welche nur das Grundgebirge und solche, welche nur das wirklich Sichtbare bringen, muß als vorbildlich bezeichnet werden. Hat man nur eine Ausgabe zur Verfügung, so muß unbedingt eine reine gleichmäßig gerechte Oberflächendarstellung vorgezogen werden und alles hypothetitsche Beiwerk entweder ganz in den Text verwiesen oder als solches deutlich gemacht werden. Der Vorteil der hypothetisch ergänzten Karten ist zudem ein recht geringer. In allen Fällen, wo durch die Schuttmassen nur leicht zu überblickende geologische Verhältnisse verdeckt werden, läßt sich ihre Kombination aus der Umgebung eindeutig ablesen. Ist das aber nicht der Fall, so ist es verfehlt, von vielen möglichen Kombinationen eine einzutragen und dieser den Rang einer Beobachtung zu leihen.

Als Begründung dieser Methode wird häufig angegeben, daß ja der Geologe als bester Kenner des ganzen Gebietes am ehesten eine richtige Kombination zu bilden vermöge. Das hat gewiß seine Berechtigung. Trotzdem soll auf der Karte die Kombination wegbleiben oder als solche klar erkenntlich gemacht werden.

Durch das Einmischen von vielen hypothetischen Angaben kann eine Karte zwar äußerlich einen hübschen geschlossenen Eindruck hervorrufen, beim Gebranch macht man dagegen damit fort und fort unangenehme Erfahrungen.

Man hat sich zum Beispiel nach den Angaben der Karte eine Exkursion zusammengestellt und findet nun an den betreffenden Stellen statt der erhofften Schichten lediglich Schuttgehänge. Es handelt sich bei der praktischen Ausnützung irgendeiner Gesteinsart darum, die dem Tale zunächstliegenden Fundstellen aus der Karte zu ermitteln. In der Karte erscheint zum Beispiel eine Marmorlage, ein Amphibolitstreifen kontinuierlich über das Tal gezogen. Geht man hinaus, so findet man davon im Tale keine Spur. Das Anstehende beschränkt sich auf ein paar Linsen hoch oben an den seitlichen Gehängen.

Gerade bei praktischen Arbeiten wird man bei der Benützung stark hypothetisierter Karten von einer Enttäuschung zur anderen gebracht. Die unfehlbare Wirkung ist eine Diskreditierung der geologischen Karten in Bausch und Bogen, welche auch durch zuverlässige Werke nur schwer wieder aufgehoben wird.

Gerade durch die immer häufigere Vornahme praktischer Arbeiten wird in vielen Fällen eine meist ganz unbeabsichtigte Kontrolle an den vorliegenden Einzeichnungen ausgeübt. Die Grenze zwischen dem Anstehenden und dem Schutt, welche für zahlreiche praktische Fragen und für die Kontrolle von hohem Wert ist, hat aber auch zum Beispiel für die Anlage von agronomischen Karten eine große Bedeutung. Sie gehört zu den wichtigsten Linien im geologischen Kartenbilde und sollte stets mit Sorgfalt behandelt werden. Dabei ist nicht zu übersehen, daß man bei Karten kleinen Maßstabes oft wegen der leichteren

Übersichtlichkeit mit Vorteil von der getreuen Eintragung aller Ver-
schüttungen absehen kann und daß man von solchen Karten eben nur
gewisse mehr generelle Auskünfte verlangen darf.

Die Forderungen, welche der Geologe an eine für seine Arbeiten
gute topographische Karte stellt, zielen auf eine möglichst getreue
charakteristische Fels- und Gehängezeichnung sowie auf eine helle
Anlage der Karten hin, damit auch noch an steilen Abhängen, welche
häufig gerade ein reiches geologisches Detail entblößen, farbige Eintragungen zur Geltung kommen können. Es sollten auf Karten größeren
Maßstabes alle wichtigen Runsen, Wändchen, Pässe, Zacken eingetragen
sein, selbst auf die Gefahr hin, daß manches nicht seiner Größe
entsprechend, sondern wegen seiner Wichtigkeit übertrieben, also
symbolisch angedeutet werden muß. Solche symbolische Behandlung
haben bisher vorzüglich die menschlichen Werke, Bauten, Wege . . .
auf den Karten erfahren. Je mehr man sich aber für das feinere
Detail der Felswände, der Schluchten, der Bergkämme interessiert,
desto häufiger wird man gezwungen, gewisse wichtige Anmerkungen
auch für diese Gebiete symbolisch in der Karte hervorzuheben.

Sehr viele Gesteinsarten und Schuttmassen zeigen unter den
Angriffen der Erosion ihnen eigentümliche Oberflächenformen. Es sind
diese Formen oft so charakteristisch, daß sie auf große Entfernungen
hin das Auftreten gewisser Gesteine verkünden. Andere Formen hinwieder kehren bei sehr verschiedenem Material wieder. Ich erinnere
zum Beispiel an die Erosionsformen, welche sowohl hohen Firngipfeln
als Grundmoränen und manchen weichen strukturarmen Mergeln oder
Tuffen eigentümlich sind. Die Einwirkungen der Höhenzonen, des
Klimas, der Vergletscherungen sind ebenfalls meist deutlich aus
den Verwitterungsformen abzulesen. Die Beanspruchung der Gehänge durch vorbeigepreßte Eisströme äußert sich vielfach in recht
typischen Umprägungen der Formen. Die Ablagerungen der Gletscher
verleihen vielen Karen und Abhängen wesentliche morphologische
Züge. Es ließen sich hier noch viele Erscheinungen namhaft machen,
die alle von Fall zu Fall bei der Gehängezeichnung zu berücksichtigen
wären. Solche Forderungen können natürlich nur an Karten größeren
Maßstabes gerichtet werden und sie setzen in mancher Hinsicht schon
ein Zusammenarbeiten von Geologie, Morphologie und Topographie
voraus, wie es bisher nur in wenigen Fällen zustande gekommen ist.

Der zweite Weg, den Inhalt einer geologischen Karte zu vermehren, führt uns zu feineren Darstellungsmitteln.

Es ist im allgemeinen gebräuchlich, auf den Karten Formationen
oder Abteilungen derselben mit Farbflächen abzubilden. Die Formation
als solche gilt dabei als Einheit und wird durch einen bestimmten
Farbenton versinnlicht.

Diese Einheiten sind nun aber von außerordentlich verschiedenem
Umfang, je nach der Ausbildungsweise der vorliegenden Gesteine.
Es können sich auf einem Kartenblatt zum Beispiel Schichten von
1—2 m und solche von vielen hundert Metern gegenüberstehen, die
beide jeweils durch eine Farbe ausgedrückt erscheinen.

Fossilführung oder petrographische Eigenarten leiten bei diesen
Abgrenzungen. In vielen Gebieten, wie zum Beispiel in den nördlichen

Kalkalpen, kommen dadurch äußerst schroffe Gegensätze zustande. Wir finden schmale, feingegliederte Zonen inmitten von großen ganz eintönigen Gebieten, in welchen höchstens eingestreute Fallzeichen noch spärliche Auskünfte erteilen. Die gewaltigen Massen von Wettersteinkalk, Hauptdolomit, Dachsteinkalk ... liegen wie Wüsten zwischen den fein zerteilten, geologisch interessanten Zonen. Die Farbenwerte der Karten stehen mit den Mächtigkeitswerten der Schichten in gar keinem Verhältnis.

Aber auch andere Ungleichartigkeiten werden durch die flächenhafte Bemalung in die geologischen Karten getragen.

Die Grenzen einer Formation geben uns als Schnittlinien mit dem Terrain genaue Auskunft über ihren Verlauf und ihre Raumstellung. Dagegen erscheint der ganze Gesteinsinhalt der Formationen im übrigen als Einheit, als gleichartiges Gebilde versinnlicht.

Das entspricht, abgesehen von allen tektonischen Fragen auch dem historischen Standpunkt nicht.

Wir haben in den Ablagerungen sich fort und fort entwickelnde Gebilde vor uns, deren Baubedingungen sich bald rascher, bald langsamer änderten, die von Zeit zu Zeit vielleicht ganz unterbrochen und der Zerstörung übergeben wurden.

Es war vor allem ein Bedürfnis der Übersichtlichkeit über die ungeheuren Mannigfaltigkeiten, die da vorliegen, wenn man die Schichtfolgen in gewisse Gruppen zu zerteilen begann. Je gröber diese Gruppen sind, desto größer die Gewalttätigkeiten gegen die häufig ganz stetigen Übergänge und die vielen lokalen Unregelmäßigkeiten.

Nur vom extremsten Standpunkt der Katastrophenhypothese wären überall wieder natürliche scharfe Grenzen zu erwarten. Die weit verbreiteten Gebiete aber, wo sich allmähliche Übergänge von einer Formation zur nächsten einstellen, erhalten bei der Zerschneidung durch scharfe Grenzen ganz unnatürliche Gesichtszüge.

Für eine systematische Betrachtung der Tektonik und insbesondere für die Beziehungen derselben zu den einzelnen Gesteinsarten ist eine überall gleichmäßig eindringende Kartierung eine nicht zu umgehende Grundforderung.

Wir sind über die Tektonik der feingegliederten Zonen weit besser unterrichtet als über jene der großen, gleichartigen Gesteinslager. Es erhebt sich hier die Frage, haben diese Massen überhaupt keine reichere Bewegungsplastik oder ist dieselbe bisher nur meistens nicht beachtet worden?

Im Gebiete der Lechtaler Alpen habe ich in den letzten Jahren zum Beispiel auch innerhalb der gewaltigen einförmigen Hauptdolomitmassen eine überraschend mannigfaltige Tektonik mit vielen dafür charakteristischen Beanspruchungsformen nachweisen können.

Diese und ähnliche Überlegungen haben den Verfasser, welcher sich bereits mehr als 60 Monate mit Feldarbeiten in den nördlichen Kalkalpen beschäftigt hat, schon lange bewogen, Versuche zu einer genaueren und naturgetreueren Abbildung der geologischen Verhältnisse im Hochgebirge auf die Karten anzustellen.

Gar mancher Mißerfolg ist vorangegangen und auch heute steht

die hier im folgenden zu besprechende Methode noch im vollen Um-
und Ausbau.

Wenn man versuchen will, die vorhin erwähnten Mängel des
geologischen Kartenbildes zu umgehen, so bieten sich verschiedene
Mittel· dar, die alle das Streben gemeinsam haben, die Farbflächen
der geologischen Karte in kleinere Elemente aufzulösen.

Als solche natürliche kleinere Elemente kommen vor allem bei
den geschichteten Gesteinen die Schichtlagen, bei den ungeschichteten
aber Strukturänderungen, Schlieren, Einschlüsse, Gänge, Klüfte ...
in Betracht. Es hängt natürlich vom Kartenmaßstab ab, wie weit man
mit einer solchen Differenzierung in den einzelnen Fällen noch
gehen kann.

Es ist wohl naheliegend, daß abgesehen von ganz großen Maß-
stäben mit dieser Methode nicht ein vollständiges Verzeichnis aller
Schichtlagen, aller Sprünge ... angestrebt werden kann. So wenig
der Topograph alle die Tausende von Runsen und Ritzen eines Fels-
gehänges abbilden kann, so wenig kann ein Geologe die oft ebenfalls
tausendfältig übereinandergetürmten Schichtlagen verzeichnen.

Es handelt sich hier wie dort nur darum, durch Auswahl einer
verhältnismäßig beschränkten Zahl von Elementen die großen Wiederholungen sinngemäß anzudeuten.

Das Grundmotiv ist dabei, den Schichtkomplex nicht allein durch
eine Farbfläche, welche seine Stellung im historischen System ergibt,
sondern einen Auszug seiner inneren Struktur selbst zu charakterisieren. Nur in den Fällen, wo dies nicht gelingt, wird die Farbfläche
als solche allein behalten.

·Während wir also auf einer gewöhnlichen geologischen Karte
über der topographischen Grundlage nur die Farbflächen der verschiedenen Formationen ·haben, soll nun gewissermaßen noch das geologische Strukturbild dazukommen. Rudimente eines solchen Struktur-
bildes stellen in gewissem Sinne schon die Fallzeichen dar.

Ausgehend von diesem dreifachen System, Topographie, historische
Geologie, strukturelle Geologie, wo jede Darstellung für sich unabhängig erscheint, ergeben sich nun folgende Möglichkeiten zur Vereinfachung.

Während sich der Geologe im allgemeinen begnügt, die Grenzen
bestimmter Gruppen nach ihren Terrainschnitten in der Karte fest-
zulegen, wird bei dieser Methode versucht, noch innerhalb dieser
Schichtgruppen die wichtigeren strukturellen Erscheinungen wie Schicht-
tungen, Faltungen, Sprünge, Gänge ... ebenfalls nach ihren Terrainschnitten in die Karte einzutragen. Es ist klar, daß ein solches Verfahren vor allem in einem lebhaft gefalteten und gestörten Gebiete
mit kräftigem Relief zur vollen Entfaltung kommen kann, weil nur hier
der entsprechende Reichtum von strukturellen Terrainschnitten vorhanden ist. Ebene, schlecht aufgeschlossene Gebiete liefern kein
genügendes Material für die Anwendung dieser Methode. Es ist
weiter wichtig zu bemerken, daß die Kartierung der feineren Strukturen
genau ebenso raumrichtig erfolgen muß wie jene der anderen geologischen Grenzen. Hat man nun den Flächeninhalt einer bestimmten
Formation genugsam dicht mit Strukturlinien angefüllt, so kann man

die Farbfläche dieser Formation weglassen und durch ihre entsprechend farbigen Strukturlinien ersetzen.

Ich kann ohne irgendwelche Einschränkung der Ausdrucksfähigkeit die Farbflächen weglassen und dafür die geologische Struktur jeder Formation in entsprechend farbigen Linien, Punkten ... ausführen.

Der Gewinn ist eine Entlastung, eine Aufhellung des Kartenbildes, dem allerdings wieder ein Verlust an Übersichtlichkeit gegenübersteht. Es wird sich deshalb in der Praxis die Beibehaltung der Farbflächen neben den Strukturgittern am meisten empfehlen. In einzelnen Fällen, wenn zwischen dem dargestellten Relief und der geologischen Struktur klar ersichtliche Beziehungen bestehen, kann man sogar noch weiter gehen und die Topographie mit der geologischen Struktur verbinden.

Es entsteht dann eine Terraindarstellung mit Hilfe der geologischen Strukturlinien. Diese Art der Darstellung ist naturgemäß ans Felsgehänge gebunden und für die Bereiche der Isohypsen und Schraffendarstellung nicht zu gebrauchen, denn diese Linien sind ja nicht in der Natur bezeichnet, sondern nur hineinkonstruiert. Sie kann nur für Gebiete gelten, die topographisch durch Reliefformen charakterisiert sind, welche im wesentlichen der geologischen Struktur des Gebirges folgen. In vielen Teilen des Hochgebirges ist das nun sicherlich der Fall. In solchen beschränkten Bereichen kann man die topographische und geologische Zeichnung vereinigen.

Während es also auf guten topographischen Karten wohl ausführbar ist, das Felsterrain nach seiner geologischen Struktur zu charakterisieren, versagt diese Methode für die glatten bewachsenen Gehänge, die mit Isohypsen oder Schraffen gezeichnet werden. Hier sind die geologischen Strukturformen meist viel zu fein und zu sehr verborgen, um topographisch wirksam zu sein. Das gilt namentlich für die von den Gletschern abgeschliffenen mittleren und unteren Gehängezonen. Hier fällt die Aufgabe des Topographen und des Geologen weit auseinander. Das Studium der Innenstruktur ist häufig so intim, daß nur aus nächster Nähe mit Hammer und Kompaß Schritt für Schritt vorgedrungen werden kann. In solchen Gebieten wird man immer die Innenstruktur gewaltsam über das topographische Relief spannen müssen und eine Vereinigung ist vollkommen ausgeschlossen.

Es ergibt sich also aus dem Vorstehenden folgende Vereinfachungsreihe: Topographie + geologische Farbflächen + geologische Strukturlinien = Topographie + geologische farbige Strukturlinien = geologische farbige Topographie. Die erste und mittlere Gruppe ist zu allgemeiner Anwendung fähig, die letztere kommt nur in Ausnahmefällen in Betracht. Es ist von vornherein klar, daß durch die Hinzufügung der geologischen Struktur die Berichterstattung des Kartenbildes eine bedeutend reichere und mannigfaltigere wird.

Wir kennen von den meisten Stellen so nicht nur den historischen Horizont, sondern auch die Raumstellung und den inneren Aufbau der Gesteine. Schon die einfache Unterscheidung zwischen geschichteten und ungeschichteten Gesteinsmassen wird dadurch wertvoll, daß sie genauere Studien ermöglicht wie und warum dieselben Schichten bald

geschichtet, bald ungeschichtet auftreten. Viel reicher werden die
Aussagen, wenn man durch graphische Abbildung den mannigfaltigen
Arten von Schichtung, Pressung, Knetung, Druckschieferung, Klein-
fältelung ... kurz den stratigraphischen und mechanischen Material-
zuständen nähertritt. In der Linienzeichnung ist es möglich, Ausdrucks-
mittel für die vielen, hier nur teilweise berührten Gesteinsverhältnisse
zu finden.

Wird eine Formation nicht mehr als Einheit, sondern als Aufeinanderfolge oder als Verbindung viel kleinerer Einheiten aufgefaßt
und dargestellt, so bietet dieser Aufbau an und für sich schon ohne
den Hinzutritt von tektonischen Veränderungen viele interessante Aufgaben. Der Wechsel der Schichtungen, die Einschaltung verschieden-
artiger Bänke, das Aus- und Einklingen verschiedener Fazies, Unterbrechungen der Sedimentation, Fossil- und Erzführung ... geben
reichlich Gelegenheit zu seiner Charakterisierung im Linienbilde. Das
Verhältnis der Formationen zueinander, ihre Grenzverhältnisse treten
im Linienbilde klarer, eindeutiger und natürlicher hervor. Diskordante
und konkordante Lagerung weisen sich sofort nach den Terrainschnitten
aus. Die oft künstlichen Grenzen der Formationen verlieren ihre
Schroffheit, weil das Detail der Schichtfolgen jeweils die Erklärung
der örtlichen Verhältnisse dazu gibt.

Die wichtige Unterscheidung zwischen ursprünglich sedimentärer
und späterer tektonischer Diskordanz kann vielfach schon aus dem
sorgfältig gezeichneten Kartenbilde abgelesen werden.

Die Verfolgung der Struktur durch Einzeichnung auf der Karte
wird uns in vielen Fällen auf Störungen, Wiederholungen, Lücken in
den Sedimenten ... aufmerksam machen, die uns sonst bei einer
generellen Beobachtung sicherlich entgehen würden. Die Methode
zwingt zu viel genauerem Abgehen und viel intensiverem Beobachten,
sie zeigt uns aber auch viel deutlicher den Unterschied zwischen
sorgfältig und flüchtig behandelten Gebieten.

Die hier kurz betrachtete Methode, die geologischen Formationen
durch ihre innere Struktur darzustellen, hat ihre Hauptanwendungs-
gebiete in stärker dislozierten und kräftig modellierten Gebieten.

Wenn ich den Aufbau einer Formation zum Beispiel durch die
Folge ihrer Schichten kartographisch darstellen will, so müssen genügend viele Terrainschnitte dieser Schichten vorhanden sein. Das ist
nun bei flacher Lagerung und ebenem Terrain nicht der Fall. Hier
versagt die Methode, wenn sich nicht andere vielleicht auch benütz-
bare Struktureigentümlichkeiten einstellen.

Wir brauchen für die Schichtencharakteristik, wenn sie plastische
Bilder ergeben soll, eben ein lebhaft eingeschnittenes Relief.

Trotzdem ist auch für Gebiete schwebender Lagerung und flachen
Terrains die linienhafte Zeichnung der flächenhaften überlegen, wenn
es sich handelt, nicht nur das Nebeneinander, sondern auch das Untereinander von Schichten zur Darstellung zu bringen.

Es gibt viele Fälle, insbesondere in der praktischen Geologie
und in der Bodenkunde, wo es von Wert sein kann, nicht nur den
Verlauf der obersten Schichte, sondern auch den der darunterliegenden

zu verfolgen. Das kann für manche Gebiete auf Grund von bergmännischen Aufschließungen oder von Bohrungen ermöglicht sein.

Studien solcher Art sind natürlich vor allem auf Gebiete von flacher Schichtlagerung oder auf geringmächtige Zonen wie die verschiedenen Humuslagen, Sinterbildungen ... beschränkt und haben im starkgestörten oder innig verfalteten Gebirge keine Anwendung.

Es gibt auch hier wieder verschiedene Methoden, um das Untereinanderliegen der Schichten im Linienbilde auszudrücken, die alle darauf beruhen, daß man sich im Geiste die betreffende Oberflächenzone durchbohrt, in sie ein regelmäßiges Relief eingeschnitten vorstellt und nun die Projektion der so entstehenden Schichtenanschnitte benützt, um die Tiefenlagerung der Schichten abzubilden.

Auf der beiliegenden Tafel VIII sind einige der einfachsten Fälle, welche hier entgegentreten in schematischer Weise mit Hilfe von farbigen Gittern vorgeführt. Die Wahl der Gitterart muß in jedem Falle den örtlichen Verhältnissen und dem Zwecke der Arbeit entsprechend gesucht werden.

Diese Methode durch ein hineingedachtes Relief, durch fingierte Gruben eine Schichtlage durchsichtig zu machen, ist ohne weiteres auch bei flächenhafter Kartenbemalung je nach Bedarf einschaltbar.

Sie bietet zum Beispiel auch ein Mittel bei Schuttüberdeckungen ... den Untergrund durchschauen zu lassen, wenn derselbe, wie ja in vielen Fällen, sicher bekannt ist.

Für die kartographische Darstellung von vulkanischen Gebieten, von Kohlenfeldern, Salzlagern ... ergeben sich hier mannigfaltige Anwendungen sowohl für hypothetische als auch durch Bohrungen ... versicherte Arbeiten. Die Zeichnung in farbigen Gittern bedeutet für ebene Gebiete in mancher Hinsicht dasselbe wie für das Gebirge die Darstellung in geologischen Strukturlinien.

Um nun die nötigen möglichst raumrichtig fixierten Strukturlinien zu gewinnen, hat der Geologe bisher auf der Karte hauptsächlich mit Kompaß und Aneroid die Ergebnisse seiner Aufnahmen festgestellt.

Das wird auch in Zukunft noch in den weitaus meisten Fällen der einfachste Arbeitsvorgang bleiben, wenn uns auch die Photographie mit ihren so rasch vorwärtsschreitenden Verbesserungen immer bequemere und feinere Hilfsmittel zur Bestimmung der Raumverhältnisse in die Hand gibt.

Die moderne Photogrammetrie ist imstande, rasch und in beliebigem Maßstab aus Stereophotogrammen Isohypsenkarten zu entwickeln. Der Stereoautograph von v. Orell (wird von der Firma Zeiß in Jena geliefert) gestattet diese Umzeichnung der Photogramme zu Isohypsenkarten von freigewähltem Maßstab in einer sehr sinnreichen und völlig präzisen Weise. Die Isohypse, welche bisher auch auf den besten Karten noch immer viele Merkmale einer zwangsweisen Behandlung zu erkennen gab, wird durch dieses geniale Instrument von allen äußeren Einflüssen befreit und mit dem ganzen natürlichen Leben des Reliefs erfüllt.

Da nun aber Photographien sehr viel mehr Details als jede Karte enthalten und da sie insbesondere im Vergleich mit der Natur eine viel leichtere und genauere Ortsbestimmung ermöglichen, so dürfte es für viele Gebiete, zum Beispiel im Hochgebirge schon jetzt lohnender sein, wirklich feine Eintragungen auf guten Stereophotogrammen vorzunehmen und diese dann daheim zugleich mit dem Terrain zur Karte umzuzeichnen.

Für diese Methode ist natürlich alles nur irgendwie auf der Photographie noch sichtbare Detail für die Benützung und Verfolgung bei geologischen Studien zugänglich gemacht. Es hängt hier nur mehr vom Maßstab ab, in dem die Umzeichnung erfolgt, was in der Karte noch ausgeschieden werden kann.

Das Problem der raumrichtigen Eintragung der Strukturlinien, das häufig durchaus nicht einfach liegt, erscheint hier in klärer und eleganter Weise bewältigt. Sogar die Frage nach der Auswahl der zur Charakteristik der Formationen besonders wichtigen Liniengruppen wird durch das Studium der Photographien sehr erleichtert. Die Photogrammetrie ist für die hier vorgetragene Methode der geologischen Kartierung von außerordentlichem Wert. Sie ist ein machtvolles Hilfsmittel für die feinsten Aufgaben des Feldgeologen geworden, das man in Zukunft immer mehr sich dienstbar machen wird. Leider stehen wir erst am Beginn der Wirksamkeit dieser neuen Arbeitsmethoden und das vorhandene Kartenmaterial entspricht noch nicht den Versprechungen der neuen Instrumente. Man wird aber nicht vergessen dürfen, wieviel trotz aller Maschinen noch von dem Formensinn, den Kenntnissen und der Zeichenkunst des Topographen abhängt und wieviel derselbe von den Erfahrungen der Geologen und Morphologen wird verwenden können.

Viele Fragen der Morphologie sind nunmehr zur Entscheidung in die Hände des Topographen übergeben.

Ich verweise hier nur zum Beispiel kurz auf die Frage nach der Existenz von einem oder vier glazialen Taltrögen in den ehemals vergletscherten Alpentälern Was bisher für das Vorhandensein von vier ineinandergeschalteten Trögen aus dem älteren Kartenmaterial herauskonstruiert wurde trägt allzusehr den Schein persönlicher Phantasien an sich, um ernst genommen zu werden.

Des weiteren werden alle kartographischen Darstellungen von sich rasch umformenden Oberflächenstücken der stereophotogrammetrischen Methode zufallen. Hierher gehören vor allem die Aufnahmen von Gletschern, von Mur- und Bergsturzterrains, von Rutschgeländen, von Überschwemmungen, Vulkanausbrüchen, Erdbebenstörungen, Brandungswirkungen, Dünen. Die wissenschaftliche Kontrolle der Raumverhältnisse solcher Erscheinungen wird nun nicht nur viel genauer, sondern vor allem viel rascher erfolgen können.

Die hier beschriebene geologische Kartierungsmethode beruht nicht allein auf theoretischen Überlegungen, sondern dieselbe wurde in den letzten Jahren bei der Neuaufnahme der Lechtaler Alpen zur Durchführung gebracht. Die beigefügte Tafel enthält ein kleines Probestück aus dieser Karte, welche auf Grundlage der neuen Alpenvereinskarte im Maße 1 : 25.000 hergestellt wurde. Diese Karte wurde, wie noch einige im Norden, Osten und Westen anschließende Blätter, von dem Ingenieur Leo A e g e r t e r auf Grund der Katastertriangulation aufgenommen, der seine Meisterschaft in der Darstellung des Hochgebirges hier von Blatt zu Blatt noch zu steigern wußte.

Dieser ausgezeichnete Topograph hatte bei seinen Arbeiten ganz unabhängig von meinen Plänen schon lange die größte Aufmerksamkeit auf die geologische Struktur der von ihm dargestellten Gelände gewendet und in der Felszeichnung mit Geschick zum Ausdruck gebracht. Dadurch war den Aufgaben der Geologen in vieler Hinsicht vorgearbeitet. Insbesondere wurde meine Absicht, den geologischen Strukturen mit aller möglichen Genauigkeit nachzuspüren, durch seine Kartenwerke ganz wesentlich erleichtert und führte bald zu einem gegenseitigen Austausch unserer Erfahrungen und zu gesteigerten Forderungen für unsere weiteren Aufgaben.

Die beigefügten Karten sind von Herrn H. Rohn lithographiert, welcher den hier besprochenen Bestrebungen stets ein freundliches Interesse entgegenbrachte und dieselben durch manchen Versuch und guten Einfall zu fördern verstand: Daß er neben der anstrengenden Pflicht des Kartenstechens noch die Freude zu solchen Arbeiten fand, gibt uns wieder einen Beweis seiner intensiven Arbeitskraft und seiner primären Freude an den Fortschritten der Kartographie.

Zum Schlusse möchte ich auch hier noch dem Deutschen und österreichischen Alpenverein herzlich danken, der den Unternehmungen der alpinen Geologen nicht nur seine Wege und Hütten, sondern auch seine schönen Karten bietet.

Gesellschafts-Buchdruckerei Brüder Hollinek, Wien III. Steingasse 25

Tafel IV.

Beiträge zur Oberflächengeologie des Krakauer Gebietes.

———

25*

Erklärung zu Tafel IV.

Fig. 1. Fragmente des alten Talbodens im Jurakalk an der Krzeszowka, SO von Krzeszowice.

Die Oberfläche der Kalkfelsen liegt im Niveau von rund 280 *m*.

Nach einer Originalaufnahme des Verfassers.

Fig. 2. Terrasse am Ausgange des kleinen Tales von Nielepice.

1 = Geschichteter Sand, von sandigem Lehm bedeckt. — 2 = Rostbrauner, steinreicher Geschiebelehm. Gesamtmächtigkeit ungefähr 6 *m*.

Nach einer Originalaufnahme des Verfassers.

Tafel V.

Beiträge zur Oberflächengeologie des Krakauer Gebietes.

Erklärung zu Tafel V.

Fig. 1. Partie in der Westwand der Gräfl. Mycielskischen Ziegelei in Trzebinia.

1 = Sand
2 = Ton } mit dicht eingestreuten Geröllen und Geschieben.
3 = Grand
4 = dunkelgrauer Miocänton.

Die Höhe der Wand beträgt ungefähr 3 *m.*

Aufgenommen vom Verfasser am 2. September 1911.

Fig. 2. Westwand der Ziegelei in Wola Filipowska bei Krzeszowice.

1 = Sand mit angedeuteter Schichtung (1·5 *m*).

2 = Brauner, zu unterst dunkelgrauer Geschiebelehm (2·5—3·0 *m*) mit nordischen Geschieben und Blöcken

3 = Dunkelgrauer, schiefriger Miocänton.

Aufgenommen vom Verfasser am 14. September 1911.

Tafel VIII.

Über neue Methoden zur Verfeinerung des geologischen
Kartenbildes.

Erklärung zu Tafel IX.

Die kleine geologische Karte stellt einen Ausschnitt aus der großen Alpenvereinskarte der Lechtaler Alpen im Maße 1:25.000 dar, welche von Ingenieur L. A e g e r t e r aufgenommen und in der Zeitschrift des D. u. Ö. A.-V. 1911 veröffentlicht wurde. Der Verfasser dieser Arbeit erhielt auf sein Ansuchen bereits im Frühjahr 1910 vom Hauptausschuß des D. u. Ö. A.-V. die Erlaubnis, die Alpenvereinskarten der Allgäuer und Lechtaler Alpen als Grundlagen seiner geologischen Aufnahmen zu verwenden.

Der hier abgedruckte Ausschnitt bringt eine geologische Karte der Grießtaler Spitze, welche sich südlich der Ortschaften Holzgau-Hägerau-Steeg im Lechtal erhebt. Die Schichtfolge umfaßt:

hd = Hauptdolomit
K = Kössener Schichten
d = oberrhätischer Kalk (oberer Dachsteinkalk)
lk = Liashornsteinkalk
l = Liasfleckenmergel

M = Manganschiefer
h = Hornsteinkalke ⎫
a = Aptychenkalke ⎭ Oberer Jura
Kr = Schiefer, Sandsteine, Konglomerate, Breccien ⎫ Obere Kreide
Mo = Blockmoränen.

Die punktierten Linien zeigen den Ausstrich von Gesteinsgrenzflächen an, die vollen schwarzen Linien ebenfalls, doch von solchen, welche außerdem Bewegungsflächen waren.

Die Bereiche der frischen Schuttbildung sind der Einfachheit wegen weiß gelassen.

In der unteren Karte desselben Gebietes ist nun noch die Schichtstruktur in das geologische Kartenbild aufgenommen. Hauptsächlich aus Rücksicht auf eine billigere und einfachere Herstellung wurden alle Schichtungslinien mit einer Farbe dargestellt, obwohl es viel lebendiger wirkt, wenn die Schichtung im Bereiche jeder verschiedenen Formation mit einer eigenen Farbe hervorgehoben wird. Die Schichtungslinien geben als Schnitte der Schichtungsflächen mit der Terrainfläche die räumliche Stellung der Schichten wieder, soweit sie nach den bisherigen Aufnahmen bekannt ist. Es läßt sich hier bei weiterem Studium eine noch viel größere Feinheit in der Architektur zum Ausdrucke bringen. Die Einzeichnung der Schichtungslinien gewährt aber auch noch die Möglichkeit, den l i t h o l o g i s c h e n und d y n a m i s c h e n Z u s t a n d der Schichten graphisch zu verfolgen. Es lassen sich zum Beispiel Wechsellagerungen von Mergeln und Kalken, dünnere, dickere Bänke, schräge Schichtung, Intrusionen . . . darstellen, des weiteren können ruhig gelagerte, stark gefaltete, gezerrte, gequetschte, zertrümmerte . . . Schichten durch entsprechende Linienführung, also zum Beispiel durch glatte, gekräuselte, unterbrochene, ungleich dicke, punktierte . . . Linien abgebildet werden.

In der Karte der Grießtaler Spitze ist von dynamischen Erscheinungen nur der stellenweise Verlust der Schichtung im Hauptdolomit sowie der Gegensatz zwischen den wenig und stark beanspruchten Schichten der Aptychenkalke, zum Beispiel am Südhang der Peischelspitze und im Sockel der Schubdecke der Grießtaler Spitze berücksichtigt.

Schuttablagerungen können durch farbige Punkte abgebildet werden. Hier könnte man, wenn für den Schutt jeder Formation dieselbe Farbe wie für die Formation gewählt wird, auch alle verschiedenen Schutthalden und ihre Mischungen darstellen. Durch die Anordnung, Größe und Form der Punkte würden die Lagerungs-, Größen- und Formenverhältnisse der Schuttstücke angezeigt werden.

Erklärung zu Tafel IX.

Die kleine geologische Karte stellt einen Ausschnitt aus der großen Alpenvereinskarte der Lechtaler Alpen im Maße 1:25.000 dar, welche von Ingenieur L. A e g e r t e r aufgenommen und in der Zeitschrift des D. u. Ö. A.-V. 1911 veröffentlicht wurde. Der Verfasser dieser Arbeit erhielt auf sein Ansuchen bereits im Frühjahr 1910 vom Hauptausschuß des D. u. Ö. A.-V. die Erlaubnis, die Alpenvereinskarten der Allgauer und Lechtaler Alpen als Grundlagen seiner geologischen Aufnahmen zu verwenden.

Der hier abgedruckte Ausschnitt bringt eine geologische Karte der Grießtaler Spitze, welche sich südlich der Ortschaften Holzgau-Hägerau-Steeg im Lechtal erhebt. Die Schichtfolge umfaßt:

hd = Hauptdolomit	M = Manganschiefer	
K = Kössener Schichten	h = Hornsteinkalke ⎱	Oberer Jura
d = oberrhätischer Kalk (oberer Dach-	a = Aptychenkalke ⎰	
steinkalk)	Kr = Schiefer, Sandsteine, Kon- ⎱	Obere
lk = Liashornsteinkalk	glomerate, Breccien ⎰	Kreide
l = Liasfleckenmergel	Mo = Blockmoränen.	

Die punktierten Linien zeigen den Ausstrich von Gesteinsgrenzflächen an, die vollen schwarzen Linien ebenfalls, doch von solchen. welche außerdem Bewegungsflächen waren.

Die Bereiche der frischen Schuttbildung sind der Einfachheit wegen weiß gelassen.

In der unteren Karte desselben Gebietes ist nun noch die Schichtstruktur in das geologische Kartenbild aufgenommen. Hauptsächlich aus Rücksicht auf eine billigere und einfachere Herstellung wurden alle Schichtungslinien mit einer Farbe dargestellt, obwohl es viel lebendiger wirkt, wenn die Schichtung im Bereiche jeder verschiedenen Formation mit einer eigenen Farbe hervorgehoben wird. Die Schichtungslinien geben als Schnitte der Schichtungsflächen mit der Terrainfläche die räumliche Stellung der Schichten wieder, soweit sie nach den bisherigen Aufnahmen bekannt ist. Es läßt sich hier bei weiterem Studium eine noch viel größere Feinheit in der Architektur zum Ausdrucke bringen. Die Einzeichnung der Schichtungslinien gewährt aber auch noch die Möglichkeit, den lithologischen und dynamischen Zustand der Schichten graphisch zu verfolgen. Es lassen sich zum Beispiel Wechsellagerungen von Mergeln und Kalken, dünnere, dickere Bänke, schräge Schichtung, Intrusionen ... darstellen, den weiteren können ruhig gelagerte, stark gefaltete, gezerrte, gequetschte, zertrümmerte ... Schichten durch entsprechende Linienführung, also zum Beispiel durch glatte, gekräuselte, unterbrochene, ungleich dicke, punktierte ... Linien abgebildet werden.

In der Karte der Grießtaler Spitze ist von dynamischen Erscheinungen nur der stellenweise Verlust der Schichtung im Hauptdolomit sowie der Gegensatz zwischen den wenig und stark beanspruchten Schichten der Aptychenkalke, zum Beispiel am Südhang der Peischelspitze und im Sockel der Schubdecke der Grießtaler Spitze berücksichtigt.

Schuttablagerungen können durch farbige Punkte abgebildet werden. Hier könnte man, wenn für den Schutt jeder Formation dieselbe Farbe wie für die Formation gewählt wird, auch alle verschiedenen Schutthalden und ihre Mischungen darstellen. Durch die Anordnung, Größe und Form der Punkte würden die Lagerungs-, Größen- und Formenverhältnisse der Schuttstücke angezeigt werden.

von

August Krehan.

8.

NW.

Photogr. aufgenommen von Frl. Gertrude Glaunml.

Die Wände der großen Sandgrube bei Guntramsdorf.

Zwischen der Reichsstraße und der Straße von Mödling nach Guntramsdorf.

Mitte Dezember 1911.

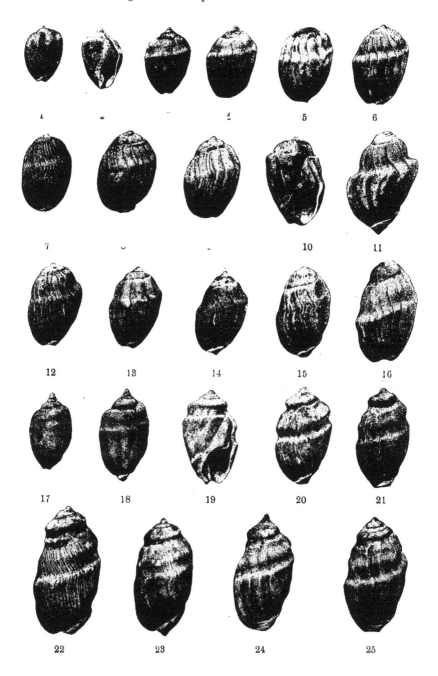

Fig. 1.

Fig. 2.

Jahrbuch der k. k. geologischen Reichsanstalt, Band LXII, 1912.
Verlag der k. k. geologischen Reichsanstalt, Wien III. Rasumofskygasse 23.

Fig. 1.

Fig. 2.

Jahrbuch der k. k. geologischen Reichsanstalt, Bd. LXII, 1912.
Verlag der k. k. geologischen Reichsanstalt, Wien III. Rasumofskygasse 23.

3

2

1

1

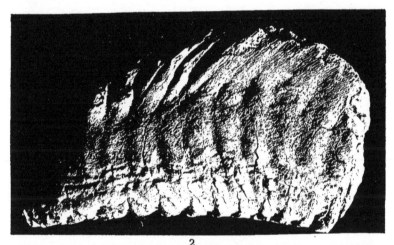

2

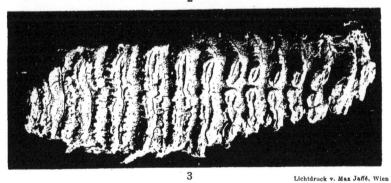

3

Lichtdruck v. Max Jaffé, Wien

Jahrbuch der k. k. geologischen Reichsanstalt, Bd. LXII, 1912.
Verlag der k. k. geologischen Reichsanstalt, Wien, III., Rasumoffskygasse 23.

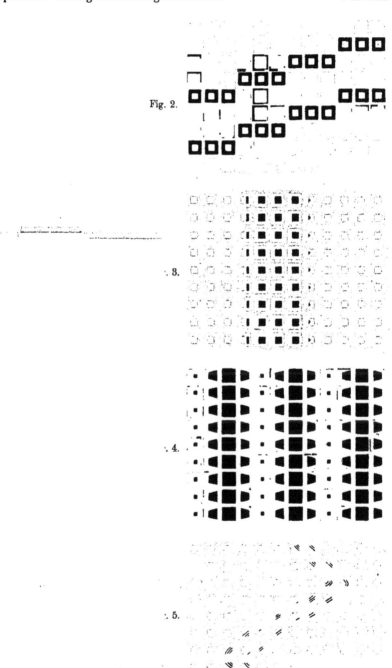

Fig. 2.

. 3.

. 4.

. 5.

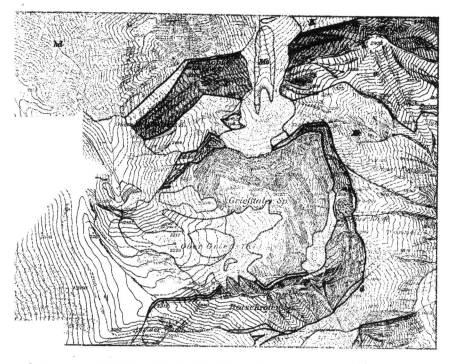

h von H. Rohn   G. Freytag & Berndt, Wien

Ausschnitt aus der Karte der Lechtaler-Alpen von „L. Aegerter".
Herausgeben vom Deutschen u. Oesterreichischen Alpen-Verein

Inhalt.

1. Heft.

---✳---

NB. Die Autoren allein sind für den Inhalt und die Form ihrer Aufsätze verantwortlich.

Gesellschafts-Buchdruckerei Brüder Hollinek, Wien III. Steingasse 25.

Ausgegeben im Juli 1912.

JAHRBUCH

DER

KAISERLICH-KÖNIGLICHEN

GEOLOGISCHEN REICHSANSTALT

JAHRGANG 1912. LXII. BAND

2. Heft.

Wien, 1912.

Verlag der k. k. Geologischen Reichsanstalt.

In Kommission bei R. Lechner (Wilh. Müller), k. u. k. Hofbuchhandlung
I. Graben 31.

Über Lituonella und Coskinolina liburnica Stache sowie deren Beziehungen zu den anderen Dictyoconinen.

Von Dr. Richard Schubert.

Mit einer Lichtdrucktafel (Nr. X).

Gelegentlich der geologischen Aufnahmen des Kartenblattes Zara fand ich an der Ostküste der Insel Melada ausgewitterte kegelförmige Foraminiferen, und zwar in den unteren Lagen der mitteleocänen Alveolinen- und Miliolidenkalke. Es sind besonders zwei Typen vorhanden, kleinere spitzkegelige und etwas größere stumpfkegelige. Bei beiden läßt sich schon makroskopisch, noch deutlicher bei Lupenvergrößerung ein mehr oder minder eingerollter Anfangsteil erkennen, beide besitzen eine gekrümmte siebartig durchbohrte Endfläche (Basisfläche des Kegels), so daß die Vermutung nahe lag, daß es sich hier um Foraminiferen jener Gattung handelt, die von G. Stache *Coskinolina* (von Koskinon = Sieb) genannt worden war, was durch Anfrage bei Herrn Hofrat Stache und Vergleich mit dessen Originalexemplaren bestätigt wurde.

Ausführliche Diagnosen und Abbildungen wurden allerdings bisher über diese Gattung nicht veröffentlicht. In den Verbandl. d. k. k. geol. R.-A. 1875 erwähnte G. Stache meines Wissens zum erstenmal diese Form, indem er pag. 337 schrieb, daß mit *Foibalia* zusammen eine neue Foraminiferengattung „*Coskinolina*" vorkomme, die „äußerlich etwa als eine *Lituola*-Form, die sich nach oben rasch zu einer breiten, im Durchschnitte kreisrunden, nicht elliptischen *Conulina* d'Orb. entwickelt, bezeichnet werden kann. 1880 (Verhandl. d. k. k. geol. R.-A., pag. 201) wird von dieser *Coskinolina liburnica* genannten Foraminifere, als anscheinend einer Mittelform zwischen *Conulina conica* d'Orb. und *Lituola nautiloidea* darstellenden Gruppe, gesprochen. Und diese Bezeichnung ist, wie aus folgendem erhellt, eigentlich für die damalige Zeit so präzis, daß es unverständlich scheint, weshalb diese Form bis jetzt durchweg verkannt wurde. Die Mißdeutung begann schon 1877 durch C. Schwager und von ihm scheint durchweg die irrige Diagnose übernommen worden zu sein.

In seinem „Quadro del proposto sistema di classificazione dei Foraminiferi. con guscio" (Boll. com. geol. Ital. VIII 1877, pag. 22) ist *Coskinolina Stache* unter den Lituoliden (mit Tendenz zu rhabdoider Entwicklung) angeführt und als Nr. 86 folgendermaßen charakterisiert:

wie ein *Haplophragmium*, dessen gerader Gehäuseabschnitt sich aber rasch verbreitert. Auf pag. 26 jenes Bandes in der Erklärung der Tafel findet sich schließlich bei Nr. 86 *Coskinolina* der Vermerk, daß bisher keine Abbildung veröffentlicht wurde.

Dieselbe Charakterisierung findet sich dann 1884 in B r a d y s Challengerbericht, wo pag. 65 *Coskinolina* dem allgemeinen Charakter nach als *Haplophragmium* bezeichnet wird, dessen letzte Kammern sich sehr rasch erweitern. Wie bereits S c h w a g e r im Gegensatz zu der „labyrinthischen" *Lituola Haplophragmium* als Form mit einfachen, nicht untergeteilten Kammern kennt, ist dies auch bei B r a d y der Fall und daher bei diesem auffällig, daß er trotz S t a c h e s Angabe, *Coskinolina* sei eine *Lituola nautiloidea*, deren Endkammern sich stark verbreitern, *Coskinolina* zu den nicht labyrinthischen Lituoliden stellt.

An B r á d y schloß sich offenbar C h a p m a n 1902 an, der in seinem Werke „Foraminifera" pag. 64 *Coskinolina* als Subgenus von *Haplophragmium* aufzählt.

Diese beharrliche Mißdeutung ist um so auffälliger, als nicht angenommen werden kann, daß diese kurzen Notizen von S t a c h e unbekannt gewesen wären, wie dies ja sonst leicht möglich scheint. Denn in C. D. S h e r b o r n s „Index" 1893 sind beide verzeichnet, auch die Angabe S t a c h e s, daß *Coskinolina* „eine Mittelform zwischen *Conulina conica d'Orb.* und *Lituola nautiloidea*" sei, sogar zitiert[1]). Und doch ist mit diesen wenigen Worten die Gattung, wie erwähnt, recht genau bezeichnet, und zwar nicht nur in bezug auf die äußere Gestalt, sondern auch auf die Struktur mindestens der eingerollten Anfangskammern, die sich durch den Hinweis auf *Lituola nautiloidea* als labyrinthisch erkennen lassen. Freilich über die Struktur von *Conulina d'Orb.* (conica) (non *Conulites Carter*) ist meines Wissens nichts Näheres bekannt geworden. O r b i g n y, der sie 1839 aufstellte, beschrieb sie 1846 (Foss. Foram. von Wien, Taf. XXI, Fig. 7, 8, pag. 71) als „frei, regelmäßig, gleichseitig, konisch; gebildet aus Kammern, die sich ohne Verhinderung übereinander legen, das heißt, die zweite bedeckt die erste, die dritte die zweite usw., die letzte ist oben fast plan und ohne Verlängerung; sie ist auf dem oberen Teil der letzten Kammer von zahlreichen Öffnungen durchbohrt". O r b i g n y kannte sie nur lebend von Kuba. Freilich weiß weder O r b i g n y noch R e u ß, der diese Gattung 1861 (Sitzungsber. d. k. k. Akad. d. Wiss. 44 Bd. [I]), pag. 368 bespricht, Sicheres über den inneren Bau zu sagen, ihre Struktur nennt R e u ß kalkig (porös??).

Bei den von mir auf Melada gefundenen zahlreichen Exemplaren überwiegt, wie schon anfangs erwähnt, der kegelförmige Bau, wobei sich zwei Typen, spitz- und stumpfkegelige Gehäuse, unterscheiden lassen, die, wie später noch erörtert werden soll, vermutlich zwei getrennte Formen darstellen.

Die Oberfläche der Kegelchen (Taf. X, Fig. 1 u. 2) läßt konzentrische ringförmige, doch oft mehr oder weniger verwischte Anwachsringe

---

[1]) Bezüglich der Schreibweise sei erwähnt, daß G. S t a c h e 1889 (liburnische Stufe) pag. 86 u. 97 *Coskinulina* auf pag. 88 u. 89 derselben Arbeit *Coskinolina* schreibt. Die letztere scheint jedoch etymologisch die richtigere (koskinon).

erkennen und nach Befeuchtung der Schale wird die äußerste Schalenschichte derart durchsichtig, daß man alternierend gestellte Septen erblickt, die übrigens zum Teil auch an abgeriebenen Stellen wahrnehmbar sind und die Oberfläche genetzt erscheinen lassen. Noch deutlicher erscheint dieses Netzwerk, wenn man die Oberfläche mit Salzsäure leicht anätzt, wie dies zum Beispiel Fig. 3 darstellt.

Die Endfläche ist mehr oder weniger gewölbt und bis auf eine porenfreie schmale Randzone von zahlreichen Poren siebartig durchlöchert. Der Anfangsteil ist durchweg merklich eingerollt oder wenigstens noch seitlich abgebogen, der Übergang zu dem gerade gestreckten Gehäuseteil ist meist allmählich, manchmal jedoch wenigstens in einigen Dünnschliffen ziemlich unvermittelt.

Die netzartige Skulptur läßt sich stellenweise auch an dem gekrümmten Anfangsteil erkennen, so daß sich auch schon nach äußerlicher Untersuchung auf eine etwa gleichartige Struktur des ganzen Gehäuses geschlossen werden kann.

Die Ausmaße sind bei den flacheren Formen: 4·2/2·5; 4·3/2·8; 5/2 *mm*, wobei die erste Zahl stets den Basaldurchmesser des Kegelchens, die zweite die Höhe desselben bezeichnet.

Wie schon die als Netzwerk auf der Oberfläche durchscheinenden Sekundärsepten und zahlreichen Mündungen andeuten, besteht das Innere dieser Gehäuse nicht nur aus einfachen aufeinanderlagernden Kammern, sondern diese sind durch zahlreiche, am Rande regelmäßiger, im Innern unregelmäßig angeordnete Septen derart untergeteilt, daß sie bisweilen fast wirr labyrinthisch erscheinen. Die Deutlichkeit des näheren Aufbaues leidet namentlich dadurch, daß die Schalenstruktur nicht rein kalkig ist, sondern in einer kalkigen Grundmasse feine Sandpartikel enthält. Auch sind die Schliffe sehr schwer median zu führen, doch ist aus den Schliffen zu ersehen, daß die Kämmerchen sowohl mit jenen anderer Lagen als auch mehr oder weniger mit denen derselben Lage in Verbindung stehen.

Ein Dimorphismus ist deutlich ausgeprägt; die größeren, sich stärker verbreiternden Gehäuse beginnen mit einer bedeutend kleineren, oft winzigen Anfangskammer und lassen bisweilen sehr schön (siehe Fig. 4) eine spirale Einrollung des Anfangsteiles der Kammern erkennen. Außerdem finden sich kleinere mit einer Makrosphäre beginnende Schälchen, die weniger breite, bisweilen bienenkorbähnliche Gehäuse bilden (siehe Fig. 7). Dieser Dimorphismus kann nach unseren sonstigen Erfahrungen bei Foraminiferen wohl sicher nur als Geschlechtsdimorphismus gedeutet werden, wobei die mikrosphärischen die geschlechtlichen („*B*"-)Formen, die makrosphärischen dagegen die („*A*"-Formen) der ungeschlechtlichen Generation darstellen.

Außer diesen Formen kommt noch ein davon abweichender Gehäusetypus vor (siehe Fig. 10—13). Wir sehen hier die Anfangskammern nicht in einer einfachen Spirale eingerollt, sondern in einer bisher noch nicht völlig geklärten Weise, die einer mehr oder weniger stärker asymmetrischen Spirale zu entsprechen scheint. Auf diese folgen gleichwie bei *Coskinolina liburnica* einreihig angeordnete scheibenförmige Kammern mit siebartiger Mündung und labyrinthischer Struktur. Nur ist hier der ringförmige Abschnitt, der bei *Coskinolina liburnica* regelmäßig durch zahlreiche radiale Septen untergeteilt ist, nur von spärlichen, nicht regelmäßigen Septen durchzogen. Und im Zusammenhange damit steht die Beobachtung, daß bei diesen Formen weder bei Befeuchten mit Wasser noch auch nach Ätzen der Oberfläche mit Salzsäure eine so regelmäßige netzartige Skulptur erscheint, wie dies zum Beispiel bei dem Fig. 3 abgebildeten Exemplar zu beobachten ist.

Wie im nachstehenden dann näher ausgeführt ist, ist diese nicht regelmäßige· Unterteilung des peripheren Kammerabschnittes für *Lituonella* bezeichnend. Doch ergibt ein Blick auf die von Ch. Schlumberger und H. Douvillé (1905, Bull. soc. geol. Fr.) beschriebene *Lituonella Roberti Schl.*, daß auch unsere Lituonellenform von der französischen wesentlich verschieden ist. Denn diese zeigt eine allgemeine Kammeranordnung wie *Coskinolina liburnica*, *Lituonella liburnica* dagegen, wie ich diese zweite Form von Melada nennen will, besitzt eine weit asymmetrischere spirale Anordnung des Anfangsteiles, die sich auch im Durch-(Längs-)schnitte, wie Fig. 12 und 13 erkennen lassen, leicht von *Lituonella Roberti* unterscheiden läßt. Diese letztere sieht nämlich im Längsschliff ganz ähnlich, ja im wesentlichen gleich aus wie *Coskinolina liburnica*, und nur im Querschliffe (siehe Fig. 6) sowie an Exemplaren mit geätzter oder befeuchteter Oberfläche sieht man den · Unterschied, daß eine regelmäßige radiale Unterteilung der äußeren ringförmigen Kammern bei *Lituonella Roberti* (wie bei *Lituonella liburnica*) fehlt, bei *Coskinolina liburnica* dagegen vorhanden ist.

Indessen bin ich keineswegs der Meinung, daß sich *Coskinolina liburnica* nicht aus *Lituonella Roberti*, sondern aus *Lituonella liburnica* entwickelt habe. Im Gegenteil, ich halte es für gesichert, daß unsere *Coskinolina* sich aus Formen der *Lituonella Roberti* entwickelte und daß *Lituonella liburnica*, zu der das *Coskinolina*-Stadium wahrscheinlich auch noch gefunden werden dürfte, einer Parallelreihe angehört, die von einer anderen *Lituola* abzweigte, als *Lituonella Roberti*. Ob auch diese letztere Art, das heißt das *Lituonella*-Stadium von *Coskinolina liburnica* in unseren istrisch-dalmatinischen Eocänablagerungen vorhanden ist, weiß ich bisher nicht, möchte es aber für ebenso wahrscheinlich halten wie die Aussicht, daß sich anderseits auch im französischen Mitteleocän regelmäßig untergeteilte, mit peripherem (nicht kortikalem) Kammernetzwerk versehene Formen, das ist Coskinolinen, finden werden.

Die Dimensionen der Exemplare von *Lituonella liburnica*, die ich auf Melada fand, sind durchgehends etwas geringer als die von *Coskinolina liburnica*; ich maß $2 \cdot 2/1 \cdot 3$; $2 \cdot 4/2 \cdot 5$; $2 \cdot 9/1 \cdot 6$; $3 \cdot 2/3 \cdot 2$ *mm*, wobei die erste Zahl die Höhe, die zweite den Basaldurchmesser des kegelförmigen Gehäuses andeutet.

Wenn wir nun nach verwandten Typen Umschau halten, so finden wir besonders im verflossenen Dezennium einige Arbeiten, die über ganz ähnlich gebaute und zum Teil sicherlich nahe verwandte ' Formen veröffentlicht wurden.

1900 beschrieb F. C h a p m a n im Geological Magazine (IV)
Bd. VII, pag. 11, eine *Patellina Egyptiensis*, deren auf Taf. II, Fig. 1,
2, 3 abgebildete Schliffe zum Teil außerordentlich mit denen unserer
Form übereinstimmen. Er erwähnt in dieser Arbeit auch, er habe die von
C a r t e r aus dem indischen Eocän beschriebenen *Conulites*-Exemplare
untersuchen und eine so nahe Verwandtschaft feststellen können, daß
er auch die indischen als Patellinen (und zwar *Patellina Cóoki Carter*)
bezeichnet.

Schon 1902 hat aber C h a p m a n, wie aus seinem Werke „The
Foraminifera" hervorgeht, C a r t e r s Namen *Conulites* auch auf die
ägyptische Form ausgedehnt, den Namen *Patellina*, wie dies auch
heute allgemein der Fall ist, auf die hyalinen Rotalideen beschränkt
und für die ähnlichen agglutinierten Formen der Kreide den Namen
Orbitolina gebraucht. Freilich, die dort ausgesprochene Ansicht, *Patellina*
könnte als hyaliner Nachkomme der kretazischen Orbitolinen zu deuten
sein, scheint meiner Ansicht nach, wie ich noch im nachstehenden
ausführen will, in keiner Weise begründet.

Doch hat schon B l a n c k e n h o r n 1900 (Zeitschr. d. deutsch.
geol. Ges., pag. 433) darauf hingewiesen, daß abgesehen von Formen,
die mit den ägyptischen übereinstimmen, aus Indien durch C a r t e r
als *Conulites* auch Foraminiferen beschrieben wurden, die sich durch
das Vorhandensein von Zwischenskelettpfeilern von ihnen unterscheiden.
Während er für diese den C a r t e r schen Namen *Conulites* festhält,
schlägt er für die anderen indischen und die ägyptischen kegelförmigen
Formen die neue Gattungsbezeichnung *Dictyoconos* vor, die später
(1901 und 1905) von Ch. S c h l u m b e r g e r und H. D o u v i l l é in
Dictyoconus geändert wurde.

Im Jahre 1904 wurde dann von Z i n a L e a r d i in A i r a g h i
(Atti Soc. Ital. Milano) ein *Conulites aegyptiensis* aus dem „Obereocän"
von S. Genesio (Turin) beschrieben und von A. S i l v e s t r i und
P. L. P r e v e r 1904 (aber erst 1905 erschienen) in Boll. Soc. Geol.
Ital., Bd. XXIII, pag. 477, für die ägyptische und italienische Form
(die auch im Toskanischen gefunden worden war) ein neuer Name
Chapmania, eingeführt.

Schon 1905 wurde jedoch von A. S i l v e s t r i in einer *La Chapmania gassinensis* betitelten Note in der Rivista Italiana di Paleonto-
logia, pag. 113, Taf. II, die Gattungsbezeichnung *Chapmania* auf die
Form des italienischen Mitteleocäns[1]) beschränkt und für die mitteleocäne Form Ägyptens der B l a n c k e n h o r n sche Name *Dictyocónus*
gebraucht.

Für die Giltigkeit des Namens *Dictyoconus* betreff der ägyptischen
Eocänform sprachen sich 1905 auch Ch. S c h l u m b e r g e r und H.
D o u v i l l é (Bull. soc. geol. Fr., pag. 298) aus, indem sie es für möglich
hielten, daß für die italienischen Eocänformen der Name *Chapmania*
beibehalten werden könne.

Und diese beiden Formen sind auch in der Tat verschieden,
vor allem durch die Ausbildung eines k o r t i k a l e n Netzwerkes bei

---

[1]) Ursprünglich wurde *Gassino* als obereocän gedeutet, nach neuen brieflichen Mitteilungen Prof. S i l v e s t r i s ist sie jedoch mitteleocän.

Dictyoconus, das an der Oberfläche als sehr feinmaschiges Netzwerk zwischen den groben Maschen, wie sie auch bei *Coskinolina* vorhanden sind, sichtbar ist. Angedeutet ist diese eigenartige Schalenstruktur übrigens auch durch die zum Teil scheinbar perforierten, doch in Wirklichkeit wohl wabenartigen Wände bei *Coskinolina* (siehe Fig. 7, Anfangskammer), wenngleich *Dictyoconus* eine weit vorgeschrittenere Ausbildung dieser Wandstruktur aufweist.

Chapmania ist außerdem, worauf allerdings weniger Wert zu legen ist, bedeutend kleiner und zierlicher, was durch die rein kalkige Ausbildung des Gehäuses bedingt ist. Und diese selbst wieder scheint durch die veränderten Lebensbedingungen erklärlich, durch die größere Absatztiefe der Gesteine, in denen *Chapmania* gefunden wurde.

Alle die bisher besprochenen Arbeiten beschäftigten sich mit Formen, die sehr unseren oben beschriebenen und abgebildeten Koskinolinen und Lituonellen ähneln, nur mit dem wesentlichen Unterschiede, daß der bei *Coskinolina* und *Lituonella* meist deutliche spirale Anfangsteil außerordentlich reduziert, ja fast ganz oder gänzlich verschwunden ist. *Coskinolina* und *Dictyoconus* stellen also demnach zwei verschiedene Entwicklungsstadien derselben Formenreihe dar, wobei es natürlich keine Frage sein kann, daß die in den Basalschichten des istrisch-dalmatinischen Mitteleocäns vorkommende *Coskinolina* den genetisch älteren, primitiveren Typus darstellt.

Sofern manche der indischen, von Blanckenhorn als *Conulites Carter* bezeichneten Formen tatsächlich, wie dieser Forscher mit Recht aus der Carterschen Abbildung schließen zu können glaubt, Zwischenskelettpfeiler besitzen, die an der Basis des Kegels als Körnchen endigen, was ich bisher nachzuprüfen nicht in der Lage war, aber nach den Abbildungen gleichfalls glauben möchte, würde *Conulites* eine Fortentwicklung von *Dictyoconus* oder *Chapmania* darstellen. Wenn jedoch diesem Merkmale nicht eine solche unterscheidende Bedeutung innewohnen sollte, dann müßte dem Carterschen Namen *Conulites* die Priorität vor *Dictyoconus* zukommen.

Übrigens dürfte *Dictyoconus*, welchen Namen ich unter der obigen Voraussetzung gebrauchen will, sich im Neogen noch weiter entwickelt haben. Wohl haben sich die ursprünglich von Chapman als untermiocän? gedeuteten Schichten Ägyptens, vornehmlich durch Blanckenhorns Forschungen, als mitteleocän herausgestellt, doch erwähnt Chapman 1900 (Geol. Mag., pag. 12), daß er in miocänen Schichten Westindiens eine ähnliche Form fand, die aber gedrängtere und engere Kammern besitzt; freilich ist es auch in diesem Falle nicht sicher, daß es sich nicht etwa auch hier um Eocängesteine handeln könnte, doch möchte ich es aus dem Grunde nicht für unwahrscheinlich halten, als Orbigny (1846, Fossile Foraminiferen von Wien) in der an den Küsten von Kuba lebenden *Conulina conica* eine Form beschreibt, die, wenigstens nach den äußeren Merkmalen, gar wohl ein letzter Nachkomme der Coskinolinen - Dictyoconen sein könnte. Leider ist, meines Wissens wenigstens, über die Struktur und den Bau von *Conulina conica* nichts bekannt geworden.

Wenn uns nun über die Fortentwicklung von *Coskinolina-Dictyo-*

conus derzeit nichts Sicheres bekannt ist, so haben wir dennoch einige sicherere Anhaltspunkte über die Abstammung derselben.

Vorerst läßt schon der spirale labyrinthische Anfangsteil von *Coskinolina* auf ihre Abstammung von spiralen labyrinthischen agglutinierten Foraminiferen, das ist *Lituola*-artigen Formen schließen. Und wenn wir unter den bisher bekanntgewordenen Typen Umschau halten, so finden wir in *Lituonella Roberti Schlumb.* (siehe 1905 l. c.) die zunächst verwandte primitivere Form. Auch *Lituonella* besitzt, wie oben erwähnt wurde, ein anfangs spirales, dann konisch uniserial gebautes agglutiniertes Gehäuse, das mit dem schlankeren Typus der auf Melada gefundenen Schälchen identisch ist. Der wesentliche Unterschied dieser beiden Typen liegt jedoch darin, daß bei *Lituonella* die randlichen Kammern noch nicht so regelmäßig untergeteilt sind wie bei *Coskinolina*, sondern diesbezüglich noch *Lituola* - Charaktere aufweisen, so daß es wohl keinem Zweifel unterliegen kann, daß wir in oberkretazischen Lituolen die Stammform der eocänen Lituonellen, Koskinolinen etc. zu sehen haben. Infolge der verschiedenen Struktur fehlt auch bei *Lituonella* das nach Anfeuchten oder Anätzen der Oberfläche bei *Coskinolina* ersichtliche regelmäßige Netzwerk, und zwar sowohl nach den bisherigen Angaben als auch nach eigenen Beobachtungen, die ich infolge freundlicher Unterstützung durch Herrn Professor H. D o u v i l l é und Dr. B o u s s a c (Paris) an französischem Material (von Saint-Palais) machen konnte.

Allerdings zeigt auch, wie bereits im vorstehenden erwähnt wurde, eine Anzahl der auf Melada gefundenen kegelförmigen Gehäuse noch die primitiveren Verhältnisse der Lituonellen, so daß auch wohl Übergangsformen vorhanden sein dürften und man daher vielleicht auch der Meinung sein könnte, daß eine Trennung von *Lituonella* und *Coskinolina* überflüssig wäre. Doch scheint es mir zweckmäßiger, diese beiden Namen beizubehalten, wenn auch der Unterschied zwischen *Dictyoconus* und *Coskinolina*, auch abgesehen von der so bedeutenden Reduktion des spiralen Anfangsteiles infolge der Ausbildung des kortikalen Netzwerkes bei *Dictyoconus* größer ist als zwischen *Coskinolina* und *Lituonella*. Ist doch die Ausbildung der regelmäßigen Septierung der ringförmigen Kammer bei *Coskinolina* nicht nur ein vorübergehendes, sondern ein bei *Dictyoconus* und *Chapmania* beibehaltenes Merkmal, aus dem sich erst dann das kortikale Netzwerk von *Dictyoconus* entwickelt. Ja dieser Entwicklungsfortschritt von *Lituonella* zu *Coskinolina* erscheint mir fast bemerkenswerter als jener von *Coskinolina* zu *Chapmania*, der nur in der schon bei *Coskinolina* zum Teil angedeuteten Reduktion des spiralen Anfangsteiles sowie im Kalkigwerden der Schalenmasse besteht. Dies letztere sowie die dadurch bedingte zierlichere Gehäuseform ist aber nur eine Funktion einer größeren Tiefe.

Dieser im spiralen Ahnenreste der Lituonellen und Koskinolinen zum Ausdruck gebrachte Hinweis auf die Abstammung der Dictyoconinen von *Lituola* scheint um so wichtiger, als in der Kreide, vor allem im Zenoman, eine ganz ähnlich gebaute Gruppe von Foraminiferen bekannt ist, über deren Abstammung bisher nicht so glückliche Funde bekannt sind, nämlich die der Orbitolinen. Auch diese besitzen ein in mancher Hinsicht ähnliches, sandig agglutiniertes Gehäuse, weshalb auch die Vermutung auftauchte, daß sie die kretazischen Vorläufer der Dictyoconinen oder diese als eocäne Nachkommen der Orbitolininen darstellen dürften. Nun scheint schon die Auffindung der mit spiralem Ahnenrest versehenen Koskinolinen und der strukturell noch lituolenartigen Lituonellen im Mitteleocän sehr gegen eine solche Auffassung zu sprechen, auch sind einige anscheinend nicht unwesentliche Unterschiede vorhanden, so die nicht zu schüsselförmiger oder flacher, wie bei *Orbitulina*, sondern zu kegelförmiger Ausbildung hinneigende Gestalt der Dictyoconinen, auch deren mehr rechtwinkeliger und nicht rundlicher Querschnitt der Rindenkammern. Der Bauplan der Orbitolinen scheint jedoch nach all unseren bisherigen Kenntnissen im wesentlichen doch so mit demjenigen der Dictyo-coninen übereinzustimmen, daß sich unwillkürlich die Vermutung aufdrängt, daß diese kretazischen und eocänen Vertreter dieser Gruppe doch genetisch inniger zusammenhängen könnten.

Das Vorkommen der Lituonellen und Koskinolinen würde dann am meisten dafür sprechen, daß sich auch die Orbitolinen in analoger Weise in der Kreideformation aus Lituolen entwickelten wie die Dictyoconinen im Alteocän. Immerhin wäre es dann aber nicht unmöglich, daß ein ähnliches Verhältnis vorliegen würde wie bei den Orbitoiden; bei diesen kennt man ja bekanntlich in der Oberkreide und im Alttertiär nur vollkommen cyklische Formen mit Sicherheit, erst bei einigen oligomiocänen Formen, einigen Lepidocyclinen und noch mehr bei den Miogypsinen tritt ein deutlich spiraler Anfangsteil hervor. Nun ist es ja eine wohl völlig gesicherte Tatsache, daß speziell *Miogypsina* nicht die Ursprungsform der Orbitoiden darstellt, sondern ein Verfallsstadium. Anderseits aber kann es keinem Zweifel unterliegen, daß die Vorfahren der cyklischen Orbitoiden aus spiral angeordneten Kammern aufgebaut waren, wie sie in den Anfangskammern der Miogypsinen zu beobachten sind. Hieraus scheint sich zu ergeben, daß gelegentlich auch bei höher entwickelten Formen, wie es zum Beispiel die kretazischen und eocänen Orbitoiden sind, noch Rückschläge auf primitivere Entwicklungstypen vorkommen und in diesem Sinne ließe sich vielleicht das Auftreten der halbspiralen eocänen Lituonellen und Koskinolinen auffassen; doch scheint mir bei den keineswegs Dekadenzmerkmale wie die Miogypsinen aufweisenden Dictyoconiden die erstere Ansicht die richtigere zu sein, daß wir nämlich in den eocänen Dictyoconinen eine eigene Zweiglinie von *Lituola* zu sehen haben. Eine Entscheidung ist indessen derzeit nicht möglich, da man ja diese Gruppen im Grunde noch so wenig kennt und ihre horizontale wie vertikale Verbreitung noch ganz ungenügend bekannt ist. Auch die Orbitolinen sind noch viel zu wenig studiert, doch sind bezüglich dieser wenigstens in der hoffentlich bald erscheinenden Arbeit P. L. Prevers beträchtliche Aufklärungen zu erwarten. Dringend nötig wäre auch die Aufklärung der Frage, ob die ägyptischen, von Blanckenhorn vom Djebel Geneffe als eocän beschriebenen tatsächlich aus dieser Formation stammen, wie

ich wohl annehmen möchte oder aus dem Cenoman, wie P. L. P r e v e r
und A. S i l v e s t r i versichern.

Ch. S c h l u m b e r g e r und H. D o u v i l l é haben nun allerdings
(Bull. soc. geol. Fr. 1905, pag. 303) die Meinung ausgesprochen, daß
die Orbitolinen an die oberjurassischen und unterkretazischen Gattungen
Spirocyclina und *Choffatella* anzuknüpfen seien und die Ansicht dieser
so guten Kenner besonders dieser Foraminiferenformen verdient gewiß
volle Beachtung. Aber der Übergang von diesen scheibenförmigen,
planospiral und umhüllend cyklisch ausgebildeten Typen zu Orbitolinen ist noch nicht nachgewiesen; mindestens scheint es mir nicht
wahrscheinlich, daß sich Orbitolinen aus den symmetrisch cyklischen
Spirocyclinen entwickelt hätten. Auch die planospiral eingerollte
Choffatella Schl. scheint mir nicht als direkte Anknüpfungsform in
Betracht zu kommen, wenigstens nicht die bisher bekannte *Choffatella
decipiens*. Wenn tatsächlich nicht Lituolen vom Habitus der *Lituonella*-
Vorläufer die Stammform der Orbitolinen sind, sondern Choffatellinen,
dann kann es sich wohl nur um asymmetrische oder wenigstens zur
Asymmetrie neigende Formen von *Choffatella* handeln, aus denen sich
dann in analoger umfassender Entwicklung wie bei *Spirocyclina Choffati*
leicht die scheibenförmigen Ausbildungsformen der Orbitolinen ableiten lassen.

Für die Anknüpfung der Orbitolinen an *Spirocyclina* scheint das
beiden gemeinsame kortikale Netzwerk bestimmend gewesen zu sein.
Und doch handelt es sich bei der Ausbildung dieses feinmaschigen
kortikalen Netzwerkes, das wir ja auch bei dem sicher nicht in diese
Reihe gehörigen *Dictyoconus*, auch bei völlig fernstehenden Formen,
wie zum Beispiel den Fusulinen, finden, lediglich um eine höhere
strukturelle Spezialisierung zweifellos verschiedener Entwicklungsreihen.

Als gesichert kann für die Orbitolinen lediglich ihre Abstammung
von sandig agglutinierten (asymmetrisch), spiralen Formen betrachtet
werden. Ob jedoch die Ausbildung der Orbitolinenkammern durch
lituonellenartige Verbreiterung oder spirocyclinenartiges Umfassen erfolgte, kann lediglich durch ähnliche glückliche Funde entschieden
werden, wie solche, die es ermöglichten, die Dictyoconinenentwicklung
zu verstehen.

———

Die L a g e r u n g s v e r h ä l t n i s s e der von mir gesammelten
Koskinolinen sind völlig klar; auf den istrischen und dalmatinischen
Inseln L u s s i n, M e l a d a, U l j a n lagern sie nach meinen eigenen
Beobachtungen in den „oberen" Foraminiferenkalken, den Basis-
schichten des marinen Eocäns, wo zugleich schon die ersten Alveolinen
erscheinen, so daß ihr Alter als u n t e r s t e s Mitteleozän (oder vielleicht noch oberstes Untereocän) aufgefaßt werden kann. Aus denselben Schichten, aus „oberem" Foraminiferenkalk kenne ich diese
Gattung auch vom Scoglio S v i l a n bei Rogoznica in Mitteldalmatien,
von wo Dr. H. V e t t e r s auf dem von Dr. v. K e r n e r beschriebenen
Inselchen gelegentlich eines kurzen Aufenthaltes einige Gesteinsstücke
mitbrachte, in denen ich nebst Miliolideen, *Orbitolites complanata* und
Alveolinen zahlreiche Koskinolinen feststellte. Über die Fundorte seiner

Koskinolinen auf dem istrischen Festlande will Herr Hofrat S t a c h e demnächst selbst berichten, so daß ich diesbezüglich auf seine geplante Arbeit verweisen muß.

Der beste meiner Fundpunkte befindet sich an der Ostküste der Insel Melada zu beiden Seiten des Valle Konoplička im Bereiche des Blattes Zara[1]). Dort lagern über zum Teil rötlich gefärbtem obersten Rudistenkalk nach einer Lücke im Schichtabsatze direkt Miliolidenkalke mit den Koskinolinen und kleinen Seeigeln und darüber folgen mit Alveolinen erfüllte Kalke des Hauptalveolinenkalkniveaus, dessen schon sicher mitteleocänes Alter ich anderen Ortes[2]) erörterte. Hier auf der Ostküste von Melada lagern die Schichten flach und sind stellenweise durch die Meeresbrandung stark erodiert, wobei die kleinen kegelförmigen Schälchen der Koskinolinen und Lituonellen in großer Anzahl größtenteils freigewaschen sind. Auch im nordwestlichen Teil der Insel Melada (im Bereiche des Kartenblattes Zapuntello) fand ich Koskinolinen, und zwar westlich der Stražice, wo eine Zone älterer Eocänkalke innerhalb der Kreidekalke eingefaltet erhalten sind. Auf der Insel Lussin fand ich diese Gattung am Wege von Klein-Lussin nach Cigale wie auch an der Straße von Klein-Lussin nach Chiunschi (s. d. erwähnten Führer, pag. 82 und 91). Auf der Insel Uljan ist sie, wenngleich meist gequetscht, in dem die Insel der Länge nach durchziehenden Eocänzug in analoger stratigraphischer Position von mir gefunden worden.

Die oben erwähnten naheverwandten Gattungen sind nun soviel bisher bekannt wurde, sämtlich in mitteleocänen Schichten gefunden worden. *Lituonella Roberti* kommt bei Royan (Saint-Palais) wie auch an der unteren Loire in Miliolidenschichten mit *Orbitolites complanata* und *Alveolina oblonga* vor.

Dictyoconus egyptiensis tritt nach B l a n c k e n h o r n gleichfalls in Schichten mit Milioliden (*Fabularia schwagerinoides*) auf, die er zur unteren Mokattamstufe — unteres Parisien — stellt. Das mitteleocäne Alter dieser Schichten wurde nun zum Teil, wie erwähnt, in Frage gezogen, doch glaube ich, daß B l a n c k e n h o r n mit seiner Auffassung recht hat.

Mitteleocän sind nach einer brieflichen Mitteilung von Prof. A. S i l v e s t r i auch die anfänglich als Obereocän gedeuteten Schichten von Gassino bei Turin, wo *Chapmannia gassinensis* vorkommt.

Es ist also einigermaßen auffallend, wenn man bedenkt, daß sich die gesamte Entwicklung der Dictyoconinen im Mitteleocän abspielte und daß sie bald nachher zu verschwinden scheinen, so daß wir hier wie auch sonst so oft zu der Annahme einer zeitweise sehr rasch erfolgenden Entwicklung gedrängt sind.

Im vorstehenden wurde bei dieser Gruppe wie bei allen Foraminiferen die Giltigkeit des biogenetischen Grundgesetzes vorausgesetzt. Ich möchte jedoch auch hier darauf hinweisen, daß es unter den Fora-

---

[1]) Siehe auch Geologischer Führer durch die nördliche Adria. Bornträger, Bd. XVII, pag. 116.
[2]) Jahrb. d. k. k. geol. R.-A. 1905, pag. 159 u. ff.

miniferenforschern auch eine entgegengesetzte Meinung gibt, nämlich die von L. Rhumbler, der auch in seinem neuesten, in mancher Beziehung bewundernswerten großen Werke über die Foraminiferen der Planktonexpedition (I. Teil, 1911) seine 1895 geäußerte Ansicht, vertritt, daß bei den Foraminiferen das biogenetische Grundgesetz in umgekehrter Folge gelte. Ich erwähne dies hier, um darzulegen, wie sich die Entwicklung der Dictyoconinen im Lichte der Rhumblerschen Ansichten darstellen würde und ob etwa eine solche Umkehr für die Dictyoconinen wahrscheinlicher wäre.

Der Hauptantrieb zur Entwicklung ist nach L. Rhumbler das Streben nach Festigkeit. Und wenn wir die Kegelchen der Dictyoconinen betrachten und wahrnehmen, daß sich darunter einzelne mit spiralem Anfangsteil befinden, so könnte man ja auf den ersten Blick glauben, bei den nur kegelförmigen Formen habe ein Streben nach erhöhter Festigkeit tatsächlich zu einer spiralen Einrollung des Anfangsteiles geführt. Man könnte eine solche Festigkeit um so plausibler finden, als ja eine hohe kegelförmige Form tatsächlich bei kriechender Lebensweise leicht an der Spitze umbiegen, eventuell einrollen könnte; außerdem läge es nahe, in den rein kegelförmigen Formen direkte Nachkommen der Kreideorbitolinen zu sehen.

Ein Beweis für die Unrichtigkeit einer solchen Deutung läßt sich nun derzeit leider nicht führen, aber mehrere Gründe sprechen entschieden nicht für deren Richtigkeit. Zunächst wäre die bisher bekannte stratigraphische Verbreitung nicht damit in Einklang zu bringen, denn die mit spiralem Ahnenrest versehenen Formen (*Lituonella* und *Coskinolina*) erscheinen schon zum Teil an der Basis des Mitteleocäns (vielleicht sogar zu Ende des Untereocäns), während die rein kegelförmigen aus den oberen Schichten des Mitteleocäns bekannt sind. Doch diesem Umstande kommt eigentlich nur eine ganz geringe Bedeutung zu, da neue Funde dies Bild mannigfach ergänzen und verändern können.

Worauf ich einen weit größeren, ja entscheidenden Wert legen möchte, das ist der Umstand, daß bei den zum Teil spiral eingerollten Formen ganz entschieden die primitiveren Eigenschaften vorhanden sind, besonders bei *Lituonella*, die ja eigentlich fast direkt als eine im uniserialen Teil stark verbreiterte *Lituola* zu bezeichnen ist. Anderseits zeigen die ganz kegeligen ebenso entschieden die höheren Entwicklungsformen, die bei *Chapmania* in rein kalkiger Ausbildung, bei dem sandigen *Dictyoconus* in der Ausbildung des kortikalen Netzwerkes bestehen. Rhumbler wurde zu seiner so eigenartigen Ansicht durch die Beobachtung geführt, daß die Endkammern von Formen mit plano- oder trochospiral — multiserial angeordneten Anfangskammern gestreckt einreihig sind. Und da solche gestreckte, einreihig aneinandergefügte Kammern doch nicht so fest seien wie eingerollte oder eingeknäulte (wogegen an und für sich nichts einzuwenden ist), so mache sich bei allen solchen einreihigen oder wenig widerstandsfähigen Formen das Bestreben geltend, sich in widerstandsfähigere umzuwandeln; und diese Umwandlung soll sonderbarerweise zunächst an den Anfangskammern beginnen.

Auch ich erkenne gar wohl, daß im Bau vieler Foraminiferen

durch mancherlei Mittel die Festigkeit zu erhöhen gestrebt wird,
sobald dies im Laufe der Entwicklung nötig erscheint. Aber ich kann
es mir nicht vorstellen, wie sich die (sei es geschlechtlichen oder
ungeschlechtlichen) Keime einer zerbrechlichen Form gleichsam
intellektuell in festerer Weise weiterentwickeln können, und so zwar,
daß zunächst nur die ersten, dann im Laufe mehrerer Generationen
immer mehrere der Anfangskammern fester werden. Ich konnte
nur beobachten, daß Kammern, die infolge stärkerer Plasmazunahme
allzu zerbrechlich wurden, durch Wandverstärkungen oder Ver-
strebungen verfestigt wurden, und zwar in einer Weise, welche sich
als direkte Wirkung mechanischer Außenreize erkennen lassen.

Auch bei den Dictyoconinen verhält sich dies so: schon die
regelmäßige vielfache Unterteilung der ringförmigen Lituonellen-
kammern bei *Coskinolina* stellt eine solche Verfestigung dar, wie auch
die Verbreiterung der Gehäuse bei *Chapmania* und *Dictyoconus* schließlich auch die infolge der rein kalkigen Ausbildung bei der ersteren
Gattung mögliche dichtere Packung und die Entstehung des den Kegel-
mantel verfestigenden kortikalen Netzwerkes bei der letzteren.

Wollte man also nach den Rhumblerschen Prinzipien die
Entwicklungsreihe der Dictyoconinen umkehren, so würde sich das
der Rhumblerschen Festigkeitsauslese widersprechende Bild ergeben,
daß sich aus so festgefügten Gehäusen wie *Chapmania* und *Dictyoconus*
wohl spirale, aber anscheinend weit weniger festere, mindestens
primitivere Lituonellen und schließlich Lituolen entwickelten, was
wohl selbst Rhumbler kaum für möglich halten wird.

Zusammenfassend läßt sich also folgende kurze Diagnose der
eocänen Vertreter dieser Gruppe geben:

Lituola (als Ausgangspunkt dieser Reihe): sandig-agglutinierte Gehäuse
   ganz oder nur teilweise planospiral oder etwas asymmetrisch eingerollt mit labyrinthischer Unterteilung der Kammern (seit dem
   Karbon).
Lituonella Schlumberger 1905: der eingerollte Teil des Gehäuses ist
   mehr oder weniger asymmetrisch ausgebildet, der nicht eingerollte
   Teil kegelförmig verbreitert, Mündungswand mit Ausnahme einer
   peripheren ringförmigen Zone siebartig durchbohrt. Schalenstruktur
   sandig-agglutiniert.
Coskinolina Stache 1875: der periphere ringförmige Abschnitt der
   Kammern ist im Gegensatz zu *Lituonella* durch zahlreiche radiale
   Septen regelmäßig untergeteilt, wodurch an der Oberfläche des
   Gehäuses ein (besonders nach Ätzen mit Säure oder Befeuchtung
   sichtbares) grobes Netzwerk sichtbar wird. Schalenstruktur sandig-
   agglutiniert, teilweise wabenartig.
Chapmania Silvestri 1904: stellt infolge gänzlicher Reduktion des
   spiralen Anfangsteiles eine rein kegelförmige, doch bisweilen basal
   verbreiterte Form dar, deren Bau jenem von *Coskinolina* entspricht,
   auch ein ähnliches grobes Netzwerk an der Oberfläche erkennen
   läßt. Infolge rein kalkiger Ausbildung der Schalen ist der Bau
   bedeutend zierlicher.

Dictyoconus Blanckenhorn 1902: auch bei dieser Form ist der spirale Anfangsteil fast ganz reduziert, die Schalenstruktur ist aber sandig-agglutiniert und läßt ein k o r t i k a l e s Netzwerk erkennen. Dieses läßt sich an der Oberfläche bei geätzten Exemplaren als sehr feinmaschiges sekundäres Netzwerk in den Maschen des groben auch bei *Coskinolina* und *Chapmania* vorhandenen Netzwerkes beobachten. Außerdem ist durch dieses kortikale Netzwerk *Dictyoconus* sowohl an Längs- wie an Querschliffen leicht zu erkennen.

Wenn auch mit Vorbehalt lassen sich ferner folgende zwei Gattungen anschließen:

? *Conulites Carter* 1861: Sofern die Beobachtung und Beschreibung C a r t e r s richtig ist, würde diese Gattung durch ein gleichfalls rein kegelförmiges Gehäuse charakterisiert sein, das sich von den vorgenannten durch das Vorhandensein von die Kegelchen der Höhe nach durchziehenden Zwischenskelettpfeilern unterscheiden würde, die an der Mündungswand als Hervorragungen kenntlich sind.

? *Conulina Orbigny* 1831 scheint der letzte rezente Ausläufer dieser Gruppe zu sein und besteht nach der bisher vorliegenden Abbildung und Beschreibung aus einem rein unserial kegelförmigen Gehäuse mit siebartig durchlöcherter Mündungswand von elliptischem Querschnitt. Nähere Struktur unbekannt.

Was nun einen Namen für diese Gruppe anbelangt, so scheint es mir nach reiflicher Überlegung am zweckmäßigsten zu sein, alle diese Formen als **Dictyoconinae** zusammen und als eine von *Lituola* abzweigende Reihe der **Metammida** aufzufassen, mit welchem Namen ich im Gegensatz zu den auf primitiver Entwicklungsstufe verharrenden **Protammida** die sich höher entwickelnden agglutinierenden Foraminiferen bezeichne. Die beiden letzten Formen sind zwar älter benannt, doch fraglich. *Coskinolina*, deren Name (Koskinon = Sieb) für alle diese Formen mit siebartiger Mündung in gewisser Beziehung recht bezeichnend wäre, ist trotz der schon 1875 gegebenen kurzen Diagnose erst durch die vorliegende Arbeit näher bekannt geworden und außerdem weder die Ausgangs- noch Endform für diese Gruppe. *Dictyoconus* dagegen ist wenigstens nach unseren jetzigen Kenntnissen die höchstentwickelte Form dieser Gruppe, außerdem deutet der Name auf bei der Mehrzahl dieser Formen ersichtlichen Merkmale. Die Abstammungsverhältnisse der Dictyoconinen fasse ich folgendermaßen auf:

```
   Lituola sp. A.          Lituola sp. B.
        |                        |
   Lituonella Roberti       Lituonella liburnica
        |
   Coskinolina liburnica
        |           \
   Chapmania      Dictyoconus
   gassinensis    egyptiensis
```

Dadurch wird nun freilich abermals ersichtlich, was ich auch schon bei anderen Gruppen der Foraminiferen betonte, daß die „Gattungen" der Foraminiferen (und nebenbei bemerkt, nicht nur dieser Tierklasse) zum großen Teil genetisch nicht einheitlich sind. Was wir als Gattungen bezeichnen, ist eben in vielen Fällen nur das morphologisch gleiche, in Form einer kurzen Beschreibung zusammenfaßbare Stadium verschiedener Reihen.

Zu welch falschen Entwicklungsbildern die Verkennung dieser Tatsache führt, zeigen zum Beispiel hübsch E. Spandels „Untersuchungen an dem Foraminiferengeschlechte *Spiroplecta* im allgemeinen und an *Spiroplecta carinata d'Orb.* im besonderen", der 1901[1]) alle Spiroplecten von der mittelkretazischen *Sp. terquemi* ableitet, und zwar *Sp. annectens, biformis* und *rosula* direkt, *Sp. carinata* durch *Sp. gracilis,* die er gleich der *Sp. robusta* von *Sp. terquemi* herleitet.

Freilich brach sich diese Erkenntnis auch erst später Bahn und Spandel war immerhin einer unter den ersten, die darauf hinwiesen, daß bei der Feststellung der systematischen Stellung der Mischformen oder wie er sie nannte, der „polymorphen" Formen dem Anfangsteil als phylogenetisch älteren eine weit größere Bedeutung zukommt als den wenn auch vielleicht auffälligeren Endkammern.

Aber auch nachdem wir erkannt haben, daß die als Gattung bezeichnete Modifikation eines Formenkreises vielfach nur ein Entwicklungsstadium darstellt, das in verschiedenen voneinander divergierenden Reihen auftreten und eine nähere Verwandtschaft einander fremder Typen vortäuschen kann, ist es derzeit nicht leicht, diesen Fehler ganz oder auch nur meist zu vermeiden. Ist doch diesem Gegenstande noch viel zu wenig Aufmerksamkeit geschenkt worden, wohl nicht zum geringsten Teil deswegen, weil die meisten, die sich längere oder kürzere Zeit mit fossilen Foraminiferen beschäftigen, ihr Hauptaugenmerk auf stratigraphische oder fazielle Verwertbarkeit der Foraminiferen richteten.

----

[1]) Abhandl. d. naturhist. Ges. Nürnberg, pag. 9.

Zur Bildungsweise der Konglomerate des Rotliegenden.

Von W. Ritter von Łoziński.

Mit einer Abbildung im Text.

Bis vor kurzem war das Vorkommen von windgeschliffenen Geröllen in den Konglomeraten des Rotliegenden unbekannt. Als erster fand Martin S c h m i d t Windkanter im oberen Rotliegenden von Schramberg im Schwarzwald [1]), worauf bald die Funde von M e i n e c k e im Porphyrkonglomerat des Oberrotliegenden des südlichen Harzvorlandes (Wettelrode, Rottleben) folgten [2]). Über weitere Funde im Oberrotliegenden von Baden-Baden berichtend, gab neuerdings S a l o m o n einen dankenswerten Überblick der bisher vorliegenden Vorkommen im Oberrotliegenden der deutschen Mittelgebirge [3]). Vor kurzem habe ich im Quarzgeröll des flözleeren Rotliegenden des Krakauer Gebietes einen typischen Windkanter gefunden [4]) und dadurch wird die Verbreitung von windgeschliffenen Geröllen im Rotliegenden bedeutend nach Osten erweitert.

Über meinen Fund wäre zunächst folgendes zu sagen. Etwa 0·5 *km* südlich vom Bahnhof in Jaworzno, in dem kurzen Eisenbahneinschnitt, durch welchen der Schienenstrang nach Chrzanow führt, steht an den Böschungen ein äußerst mürber Konglomeratsandstein mit dicht eingestreuten, wohlgerundeten Quarzgeröllen an. Daß die weitgehende Auflockerung dieses Konglomeratsandsteins i n s i t u, ohne Umlagerung seines Materials erfolgte, wird durch den Zusammenhang von härteren, mit tiefbraunem, eisenhaltigem Bindemittel verkitteten

---

[1]) Martin S c h m i d t, Mitteil. a. d. östl. Schwarzwald. Bericht über die 38. Vers. d. Oberrhein. geolog. Ver. zu Konstanz 1905.

[2]) M e i n e c k e, Das Liegende des Kupferschiefers. Jahrb. d. kgl. preuß. geolog. Landesanst. f. 1910. Bd. 31, T. II, pag. 257 u. Taf. 10.

[3]) S a l o m o n, Windkanter im Rotliegenden von Baden-Baden. Jahresber. u. Mitteil. d. Oberrhein. geol. Ver. N. F. Bd. 1, 1911, pag. 41—42.

[4]) Seinerzeit hat Th. F u c h s im Sandgebiet um Trzebinia im Krakauer Gebiet windgeschliffene Gerölle gefunden, die aus dem Konglomerat des Rotliegenden stammen sollten. In diesem Fall aber, wo Windkanter nicht direkt aus dem anstehenden Konglomerat herausgegraben wurden, ist die Möglichkeit einer nachträglichen Umarbeitung von ausgewitterten Geröllen durch den Wind während der jüngeren Diluvialzeit sehr groß. Vgl. K i t t l, Kantengeschiebe in Österreich-Ungarn. Annalen des k. k. Naturhist. Hofmuseums. Bd. 11, 1896. Notizen, pag. 57.

Schichten [1]) verbürgt. Beim Nachgraben in der leicht zerfallenden, sandigen Grundmasse kam unter vielen, vollständig abgerundeten Quarzgeröllen der beistehend abgebildete Windkanter zum Vorschein. Auf der geologischen Spezialkarte von Z a r e c z n y [2]), die vor dem Ausbau des genannten Eisenbahneinschnittes aufgenommen wurde, sehen wir um die Fundstelle das Karbon kartiert. Indes zeigt der seither im Eisenbahneinschnitt entblößte Konglomeratsandstein die vollständigste Übereinstimmung mit dem Konglomeratsandstein, welcher in Jaworzno ungefähr in demselben Niveau, am Westfuße des Trias-plateaus von Worpie, von kurzen Erosionsfurchen zerrissen, zutage tritt [3]) und bereits auf der Karte von Z a r e c z n y ganz richtig als Rot-liegendes (unter einem mit dem Konglomerat von Kwaczala usw.) be-zeichnet wurde. Angesichts der petrographischen Übereinstimmung ist auch der Konglomeratsandstein, aus dem der Windkanter stammt, zum flözleeren Rotliegenden des Krakauer Gebietes zu rechnen.

Vierkanter aus dem flözleeren Rotliegenden von Jaworzno im Krakauer Gebiet.

Natürliche Größe.

Das stratigraphische Niveau der Fundstelle des Windkanters kann nur mit gewisser Annäherung bestimmt werden. Während G a e b l e r das flözleere Rotliegende des Krakauer Gebietes zum Oberrotliegenden rechnet [4]), liegen anderseits schwerwiegende Gründe für die Zuweisung zum tieferen Rotliegenden vor. Zunächst müssen wir daran festhalten, daß sowohl im südlichen wie im nördlichen Teil des Krakauer Ge-bietes die Konglomerate und Konglomeratsandsteine des flözleeren Rotliegenden gleichalterig sind, wofür die weitgehende petrographische Übereinstimmung spricht. Im nördlichen Teil des Krakauer Gebietes

[1]) Dieselben härteren Einlagerungen, die durch ihre dunkle Farbe auffallen, kommen ebenfalls im typischen Kwaczalaer Konglomerat des Rotliegenden am Süd-abfall des Krakauer Gebietes vor. Diese petrographische Übereinstimmung kommt auch in Betracht, wenn ich im folgenden den Konglomeratsandstein von Jaworzno zum flözleeren Rotliegenden rechne.

[2]) Atlas geolog. Galicyi. Heft 3.

[3]) Über diesen Erosionsbuckeln finden wir beim Anstieg bis zur untersten Triasgrenze den Boden dicht mit ausgewitterten Quarzgeröllen besät und dabei stellenweise rötlich gefärbt, wodurch die roten, für das flözleere Rotliegende des Krakauer Gebietes bezeichnenden Tone verraten werden.

[4]) G a e b l e r, Das Oberschlesische Steinkohlenbecken. 1909, pag. 22.

aber wird das Konglomerat des Rotliegenden vom „Karniowicer Süßwasserkalk" überlagert, dessen Flora dem tieferen Rotliegenden entspricht[1]). Danach muß auch das Alter des Konglomerats in die untere Stufe des Rotliegenden versetzt werden. Gegenüber den anderen, eingangs erwähnten Funden von Windkantern, die sämtlich in das Oberrotliegende fallen, ergibt sich somit ein nicht unbedeutender Altersunterschied, woraus zu schließen wäre, daß die dem Windschliff günstigen Bedingungen lokal über einen ungleichen Zeitabstand sich erstrecken konnten.

In seiner Hauptmasse besteht das flözleere Rotliegende des Krakauer Gebietes aus dem sogenannten K w a c z a l a e r K o n g l om e r a t, beziehungsweise Konglomeratsandstein, in welchem zum allergrößten Teil Quarzgerölle vorherrschen, während Rollstücke von Kieselschiefer und dergleichen nur untergeordnet vorkommen. An der Zusammensetzung der Grundmasse sind meistens neben grobem Sand auch bis erbsengroße, hellrote Feldspatkörner überreichlich beteiligt, die dem Konglomerat einen arkosenartigen Charakter verleihen. Das Kwaczalaer Konglomerat, dessen kontinentale Entstehung längst anerkannt wurde, ist offenbar aus einer fluviatilen Schotterablagerung hervorgegangen. Aus der Zusammensetzung des Konglomerats ersieht man ohne weiteres, daß sein Material aus einem Gebirge herbeigeschwemmt wurde, das aus einem granitischen Kern mit einem Mantel kristallinischer Schiefer bestand. Das weitgehende Vorherrschen von vollkommen abgerollten Quarzgeröllen weist darauf hin, daß dieses Gebirge nicht in der unmittelbaren Nähe des Ablagerungsgebietes des Konglomerats sich erhob und die Gesteinstrümmer einem der Abnützung entsprechenden Transport unterworfen waren. Es fragt sich aber, in welcher Richtung das Bezugsgebiet des im Kwaczalaer Konglomerat angehäuften Schotter- und Sandmaterials zu vermuten wäre. Während am Südabfall des Krakauer Plateaus (zum Beispiel in der Gegend von Lipowiec) das Konglomerat unter vorwiegend kleinen Rollstücken dann und wann doch auch bis faustgroße Gerölle führt, wird in der Gegend von Jaworzno die Nußgröße nicht überschritten. Zugleich macht sich im Kwaczalaer Konglomerat ein Unterschied auch in der Hinsicht bemerkbar, daß es im Süden ein echtes Konglomerat darstellt, in welchem die Gerölle einander berühren, in der Gegend von Jaworzno dagegen ein Konglomeratsandstein mit eingestreuten Geröllen vorliegt. Die verkieselten A r a u c a r i o x y l o n - Hölzer, die offenbar zusammen mit dem Schottermaterial aus demselben Einzugsgebiete herbeigeschwemmt und nach ihrer Einbettung mit Kieselsäure imprägniert wurden, kommen im Kwaczalaer Konglomerat am Südrande des Krakauer Gebietes in großer Menge vor, während sie im Norden — wie

---

[1]) Die Frage, ob der Süßwasserkalk auf dem Konglomerat konkordant oder diskordant liegt, läßt sich kaum entscheiden, da das Konglomerat im großen und ganzen keine Schichtung aufweist und auch der Süßwasserkalk von massiger Beschaffenheit ist. Die Betrachtung der Auflagerungsgrenze in den Aufschlüssen von Karniowice weckt den Eindruck, daß die beiden Ablagerungen durch keinen größeren Zeithiatus getrennt waren, vielmehr in dieselbe Kontinentalphase fallen. Sollte letzteres in der Tat zutreffen, so hätten wir ein Verhältnis, das praktisch einer konkordanten Auflagerung gleichkommt.

es Z a r e c z n y bezüglich der Gegend um Siersza ausdrücklich betont [1)] — seltener werden. Dies alles führt notwendig zum Schlusse, daß das Sand- und Schottermaterial des Kwaczalaer Konglomerats aus einem s ü d l i c h gelegenen Einzugsgebiete zusammengetragen wurde.

Wenn wir sonach für das Material des Konglomerats des Rotliegenden im Krakauer Gebiet eine südliche Herkunft annehmen, so können nur d i e v a r i s t i s c h e n P r ä k a r p a t h e n in Betracht kommen. Daß die Westkarpathen auf varistischem Untergrund sich entwickelt haben, wird durch unzählige Vorkommen von exotischen Gesteinseinschlüssen sudetischen Ursprungs im Bereiche der Sandsteinzone verraten. In jenem Abschnitt der letzteren, welcher von Süden unmittelbar an das Krakauer Gebiet angrenzt und für unser Problem zunächst in Betracht kommt, weisen die fremden Gesteinseinschlüsse darauf hin, daß der varistische Untergrund der Karpathen in großem Umfang aus Granit und zum Teil auch aus Gneis besteht [2)]. Weit im Süden schaut der mitgefaltete, granitisch-kristalline Untergrund in den westkarpathischen Kerngebirgen aus der mächtigen mesozoischen Decke hervor. Die Art und Weise, wie kontinentale Permbildungen die granitisch-kristallinen Kerne der Westkarpathen umhüllen, läßt kaum einen Zweifel darüber bestehen, daß zur jungpaläozoischen Zeit an Stelle der Westkarpathen ein älteres Gebirge aufgerichtet wurde, das zum varistischen System gehörte und bis zur Triaszeit, mit welcher die marine Schichtfolge des Mesozoikums in den Westkarpathen beginnt, vollständig eingeebnet wurde. Aus diesem varistischen Gebirge der Präkarpathen wurden Schottermassen durch Wasserströme zum Teil auch nach Norden hinausgetragen und in den Konglomeraten des Rotliegenden im Krakauer Gebiet abgelagert.

Ein besonderes Interesse ist an die Frage geknüpft, in welchen klimatischen Verhältnissen das flözleere Rotliegende sowohl im Krakauer Gebiet wie auch am Rande der varistischen Gebirge in Mitteleuropa zur Ablagerung gelangte. Daß das flözleere Rotliegende eine Wüstenbildung sei, ist zuerst für Böhmen von Fr. E. S u e s s [3)] und W e i t h o f e r [4)] angenommen worden. Die Funde von Windkantern, die in der letzten Zeit aus dem Rotliegenden in rascher Aufeinanderfolge mitgeteilt wurden, haben zur Begründung dieser Ansicht beigetragen, so daß auch S a l o m o n, Martin S c h m i d t und andere sich in demselben Sinne aussprachen. Wenn wir dazu Stellung nehmen wollen, so müssen wir zunächst die Merkmale von Wüstenbildungen überblicken .

1. Das einzig sichere und unzweideutige Merkmal, durch welches das vorzeitliche Trockenklima registriert wird, bieten Ablagerungen von löslichen Salzen, mag man ihre Entstehung in kontinentale Wasserbecken oder abgeschnürte Meeresteile verlegen. Angesichts des Um-

---

[1)] Atlas geolog. Galicyi. Heft 3. Erläut. pag. 84.
[2)] Der riesige Granitblock von Bugaj bei Kalwarya, Granittrümmer im eocänen Konglomerat der Gegend von Żywiec (Saybusch), Gneis in der Tiefbohrung von Rzeszotary bei Wieliczka.
[3)] Fr. E. S u e s s, Die Tektonik des Steinkohlengebietes von Rossitz. Jahrb. d. k. k. geol. R.-A. Bd. 57, 1907, pag. 795—798.
[4)] W e i t h o f e r, Geolog. Skizze des Kladno-Rakonitzer Kohlenbeckens. Verhandl. d. k. k. geol. R.-A. 1902, pag. 414 ff.

standes, daß solche Ablagerungen im Rotliegenden vollkommen fehlen, ist gegenüber der Annahme eines Wüstenklimas für die Rotliegendzeit die größte Vorsicht geboten.

2. Die Spuren der Bewegung von Sandmassen durch den Wind, worunter ich das Vorkommen von Windkantern, die Diagonalschichtung und dergleichen zusammenfassen möchte, werden zu häufig als Anzeichen des Wüstenklimas betrachtet. Sind doch derartige Erscheinungen nicht allein auf die Wüsten beschränkt, sondern können überall zur Geltung kommen, wo Sand- und Geröllmassen zur Ausbreitung gelangen, ohne in kürzester Zeit von einer zusammenhängenden Vegetation besiedelt zu werden. In dieser Beziehung möchte ich den trefflichen Bemerkungen von Blanckenhorn vollauf beipflichten [1]) und mit ihm auf das Vorkommen von Windkantern in norddeutschen Sandgebieten hinweisen. Im großen ungarischen Becken (Alföld) haben wir das beste Beispiel eines Gebietes, · das seit der jüngeren Tertiärzeit zu einem wasserreichen Stromsystem gehört, trotzdem aber in einzelnen Teilen einen ausgesprochen wüstenartigen Charakter trägt. Diese beiden Beispiele sind uns eine eindringliche Mahnung, daß man das Vorkommen von Windkantern sowie anderen Erscheinungen der äolischen Sandbewegung unter keinen Umständen mit einer abflußlosen Wüste zusammenwerfen darf. So können wir aus dem Vorkommen von Windkantern im Rotliegenden nur darauf schließen, daß die von den Flüssen subaërisch ausgebreiteten Sand- und Geröllmassen durch längere Zeit von der Vegetation nicht gebunden und dem Spiel des Windes ausgesetzt waren. Ein solches konnte dann der Fall sein, wenn die Ablagerung der Schuttmassen relativ so schnell oder in solcher horizontaler Ausdehnung erfolgte, daß die Ausbreitung einer Pflanzendecke nicht Schritt zu halten vermochte. Anderseits ist es auch möglich, daß die Besiedlung des von den Flüssen ausgebreiteten Materials durch die Vegetation infolge klimatischer Verhältnisse erschwert wurde, wobei aber nicht nur die Trockenheit, sondern ebensogut eine Abkühlung des Klimas in Betracht kommt.

3. Durch die Untersuchungen von Passarge ist gezeigt worden, daß reichliche Kieselsäureabscheidungen für Wüstenbildungen bezeichnend sind. Da verkieselte Hölzer im flözleeren Rotliegenden des Krakauer Gebietes — wie auch sonst in Mitteleuropa — überaus häufig vorkommen, entsteht die Frage, inwiefern in diesem Fall ein Zusammenhang von Kieselsäurelösungen mit dem Wüstenklima annehmbar wäre. Für das Zustandekommen von reichlichen Kieselsäurelösungen nimmt Passarge eine positive (das heißt ins feuchtere gehende) Klimaperiode an, wobei als unerläßliche Vorbedingung die Anhäufung von kohlensauren Alkalien in einer unmittelbar vorangehenden Wüstenperiode vorausgesetzt wird [2]). Nun fehlt das geringste Anzeichen von Wüstenklima aus der Zeit unmittelbar vor der Ablagerung des flözleeren Rotliegenden, vielmehr folgt letzteres auf das

---

[1]) Blanckenhorn, Der Haupt-Buntsandstein ist keine Wüstenbildung. Zeitschr. d. Deutsch. geolog. Ges. Bd. 59, 1907. Monatsber. pag. 298.
[2]) Passarge, Die klimatischen Verhältnisse Südafrikas. Zeitschr. d. Ges. f. Erdkunde zu Berlin, 1904, pag. 185.

flözführende Permokarbon, in welchem doch eine Bildung des feuchten
Klimas vorliegt. Somit weist das Vorkommen von verkieselten Hölzern
im flözleeren Rotliegenden keine Beziehungen zu einer trockenen
Klimaphase auf, es scheint dagegen auf das beste mit den Ausführungen von F e l i x übereinzustimmen, wonach der Verkieselungsvorgang
der Holzstücke vom umgebenden Gestein, das heißt von der Abgabe
von Kieselsäurelösungen und von seiner Durchlässigkeit abhängt [1]). Die
verkieselten Hölzer des Rotliegenden im Krakauer Gebiete kommen in
dem bereits erwähnten arkosenartigen Konglomerat vor. Am wahrscheinlichsten ist die Annahme, daß die teilweise Zersetzung von
kleineren Feldspatkörnern verdünnte Kieselsäurelösungen lieferte, die
im stark porösen Gestein zirkulierten und in den eingebetteten Holzstücken konzentriert wurden [2]).

4. In ihren Ausführungen über das Rotliegende der böhmischen
Masse haben W e i t h o f e r (a. a. O. pag. 414—416) und Fr. E. S u e s s [3])
auch das weitverbreitete Vorkommen von Arkosen als ein Argument
angeführt, daß die Bildung und Ablagerung des Gesteinsmaterials im
Wüstenklima erfolgte. Indes findet in den heutigen Wüsten eine
Anhäufung von unzersetzten Feldspatkörnern, aus denen später Arkosen
entstehen könnten, nicht statt, vielmehr wird in der Wüstenliteratur
betont, daß aus der Verwitterung von Granit und kristallinischen Gesteinen ein reiner Quarzsand hervorgeht [4]). In den Verwitterungsprodukten von Granit hat E. F r a a s zersetzten Feldspat gefunden [5]).
Die grundlegenden Untersuchungen von F u t t e r e r im östlichen
Tiën-schan und im Pe-schan haben gezeigt, daß auch in den Wüsten
der Granit der chemischen Verwitterung unterworfen ist [6]). Ausdrücklich wird von F u t t e r e r (ebd. pag. 339) hervorgehoben, daß die
Verwitterungsprodukte von Granit keine arkosenmäßige Anhäufung
von detritärem Feldspat, sondern „eine vorwiegend lehmige Masse"
bilden. Während somit aus Wüsten negative Beobachtungen vorliegen,
haben wir anderseits Andeutungen, daß die klimatischen Vorbedingungen der Anhäufung von unzersetztem Feldspatdetritus zu Arkosen in subarktischen Gebieten gegeben sind. Das nächste subfossile
Analogon, das wir mit den Arkosen der älteren Formationen vergleichen können, bieten die Spatsande des norddeutschen Quartärs,
die im eiszeitlichen, an die subarktischen Regionen anklingenden Klima
entstanden sind. Wenn man bedenkt, mit welcher Frische die eis-
geschliffene und geschrammte Oberfläche im kristallinen Grundgebirge
des Nordens konserviert ist, so drängt sich nur die Annahme auf, daß

[1]) F e l i x, Untersuchungen über den Versteinerungsprozeß pflanzlicher
Membranen. Zeitschr. d. Deutsch. geol. Ges. Bd. 49, 1897, pag. 190—191.
[2]) Es kann dieser Vorgang mit der Ausscheidung von Kieselsäurekonkretionen
bei der Bildung von Kaolinlagern verglichen werden. Über diesbezügliche Vorkommen vgl. Z i r k e l, Lehrbuch d. Petrographie. 2. Aufl., Bd. 3, 1894, pag. 759.
[3]) Bau und Bild Österreichs, pag. 163.
[4]) W a l t h e r, Die Denudation in der Wüste. Abhandl. d. kgl. Sächs. Ges.
d. Wiss. Bd. 27, 1891, pag. 485 ff. — D e r s., Einleitung in die Geologie, pag. 792.
[5]) E. F r a a s, Geognost. Profil vom Nil zum Roten Meer. Zeitschr. d. Deutsch.
geol. Ges. Bd. 52. 1900, pag. 613.
[6]) F u t t e r e r, Durch Asien. Bd. 2, Teil I, 1905, pag. 177—186, 283—294.

im Klima der höheren Breiten der Feldspat am besten vor der Zersetzung geschützt wird [1]).

Aus diesem flüchtigen Überblick ersieht man, daß die Konglomerate des Rotliegenden keine genetische Eigenschaft zur Schau tragen, die unzweideutig auf ein Wüstenklima hindeuten würde und ausschließlich durch letzteres zu erklären wären. Im Gegenteil führt die Betrachtung der Bildungsmöglichkeit von Arkosen zur Annahme, es sei das flözleere Rotliegende in einer Periode der Klimaabkühlung abgelagert worden. Dafür dürfte auch der Umstand sprechen, daß Felix in den verkieselten Araucarioxylon - Hölzern aus dem flözleeren Rotliegenden des Krakauer Gebietes zum Teil Jahresringe angedeutet fand [2]). Wenn das flötzleere Rotliegende gewisse genetische Merkmale aufweist, die man mit dem Trockenklima der Wüsten in Zusammenhang zu bringen versucht, so wird dabei die diesbezügliche Übereinstimmung der Wüsten mit den subarktischen Regionen übersehen [3]), wie sie insbesondere durch die letzten Expeditionen bekannt wurde. An den Verwitterungsvorgängen des Gaußberges hat Philippi die weitgehende Ähnlichkeit mit den Wirkungen des Wüstenklimas erkannt und gewürdigt [4]). Aus Westgrönland hat O. Nordenskjöld geschildert, wie das Land in der Umrandung des Inlandeises von echt wüstenartigen Erscheinungen beherrscht wird [5]). So läßt sich die Entstehung des flözleeren Rotliegenden, wenn man eine subaërische Akkumulation von fluviatilem Sand- und Schottermaterial in einer Phase von Klimaabkühlung annimmt, viel ungezwungener erklären als unter der Voraussetzung eines trockenen Wüstenklimas.

Die Annahme einer Temperaturerniedrigung für die Rotliegendzeit ist um so wahrscheinlicher, als in dieselbe Zeit die Vereisung auf der Südhemisphäre fällt. Daß eine Vereisung, die von so großer Ausdehnung war und bis zum Meeresniveau reichte, nicht durch lokale Wirkung von geographischen Faktoren, sondern durch eine

---

[1]) Selbstverständlich trifft die Voraussetzung. daß arkosenartige Gesteine auf ein bestimmtes Klima hinweisen, nur für kontinentale Ablagerungen zu, deren Material nachweislich durch einige Zeit den subaërischen Einflüssen ausgesetzt war. Bei subaquatischen Bildungen dagegen kann die Erhaltung von detritärem Feldspat von klimatischen Verhältnissen unabhängig sein.

[2]) Felix, Studien über fossile Hölzer. Diss. Leipzig 1882, pag. 25. — Die Andeutung von Jahresringen könnte damit zusammenhängen, daß die Hölzer — wie gesagt — von einem Gebirge herbeigeschwemmt wurden, wo die Klimaabkühlung schärfer zum Ausdruck kam, in ähnlicher Weise. wie es Gothan (Permo-karbonische Pflanzen v. d. unt. Tunguska. Zeitschr. d. Deutsch. geolog. Ges. Bd. 63, 1911, pag. 427—428) für die Araucarites-Stämme aus dem Perm von Kuznezk annimmt. Jedenfalls aber wird durch das Auftreten von Jahresringen nachgewiesen, daß mindestens in höhergelegenen Abtragungsgebieten, wo das Schuttmaterial durch die Verwitterung vorbereitet wurde, eine wesentliche Verschärfung des Klimas eintrat.

[3]) Zu welchen Verallgemeinerungen die Verwechslung der trockenen Verwitterung in den subarktischen Gebieten der Gegenwart (wie auch der Diluvialzeit in Mitteleuropa) und in den Wüsten führen kann, dafür bietet die Inhaltangabe des einseitigen Wüstenwerkes von Tutkowski (Geolog. Zentralblatt, Bd. XV, Referat Nr. 326) ein abschreckendes Beispiel.

[4]) Deutsche Südpolarexpedition 1901—1903. Bd. 2, pag. 62 ff.

[5]) O. Nordenskjöld, Reise. in Grönland. Die neue Rundschau. 1910, I, pag. 207—208.

allgemeine Temperaturerniedrigung herbeigeführt war, dürfte keinem
Zweifel mehr unterliegen [1]). Die geographische Verbreitung der dies-
bezüglichen Glazialspuren ist vielfach erörtert worden. Es bleibt aber
das Problem noch immer offen, inwieweit die Möglichkeit von dauernden
Firnansammlungen zur Rotliegendzeit in den varistischen Gebirgszügen
Mitteleuropas zulässig wäre.

Bei der Beurteilung der geographischen Verbreitung von Glazialspuren aus einer so weit zurückliegenden Periode wie die Rotliegendzeit, muß die relative Erhaltungsfähigkeit von eiszeitlichen Hinterlassen-
schaften in Betracht gezogen werden. In dieser Beziehung hat man
zwischen regionalen Inlandeisdecken und lokalen Gebirgsvergletscherungen zu unterscheiden [2]). Für eine regionale Vereisung, die
in einem flachen Gebiete sich ausbreitet und unter Umständen bis
zum Meeresspiegel reicht, ist die Chance beiweitem größer, daß ihre
Ablagerungen in der Schichtenfolge erhalten werden. Lokale Gebirgsvergletscherungen dagegen, mögen sie von getrennten Karmulden oder
fjeldartigen Firnplateaus genährt werden, hinterlassen ihre morphologischen Spuren und Moränenabsätze größtenteils im Innern des Gebirges. Soweit die Glazialspuren über den Gebirgsrand nach außen,
in das flache Vorland nicht hinausgreifen, werden sie bei der späteren
Abtragung und Einebnung des Gebirges selbstverständlich für die
geologische Überlieferung vollkommen verloren gehen. Bedenkt man
die weitgehende Verebnung, welche die Gebirgserhebungen der Rotliegendzeit erfahren haben, so wird es ganz klar, daß aus einer so weit
zurückliegenden Periode nur Glazialspuren von regionalen Inlandeisdecken in der Schichtenfolge sich erhalten konnten.

Was wir von Glazialspuren aus der Rotliegendzeit in Indien,
Südafrika usw. kennen, deutet allenthalben auf regionale, flächenhaft
ausgebreitete Inlandeisdecken hin. Nun drängt sich die Frage auf,
ob auch die varistischen Erhebungen der Rotliegendzeit vergletschert
waren. Es läßt sich weder dafür noch dagegen ein Beweis erbringen,
nachdem die damaligen Gebirgszüge in den darauffolgenden Perioden
bis zum innersten Mark abgetragen wurden. Die Möglichkeit aber,
daß die mitteleuropäischen Gebirge der Rotliegendzeit in ihren höchsten
Teilen vergletschert waren, ist meines Erachtens gar nicht ausgeschlossen [3]) und würde die scheinbar abnorme Verteilung der bisher
bekannten Glazialspuren aus jener Periode auf der Erde wesentlich
ergänzen. Bei dem vereinzelten, neuerdings von Frech gewürdigten
Geschiebefund im tiefsten Rotliegenden in Westfalen [4]), den Philippi
(ebenda pag. 127—128) mit zu großer Entschiedenheit als eine
pseudoglaziale Erscheinung bezeichnete, ist eine glaziale Entstehung

[1]) Philippi, Über die permische Eiszeit. Zentralblatt für Mineralogie usw.
1903, pag. 358—360. Ders., Über einige paläoklimatische Probleme. N. Jahrb. f.
Mineralogie usw. Beil.-Bd. 29, 1910, pag. 124 ff.

[2]) Vgl. auch v. Łoziński. Quartärgeolog. Beobachtungen und Betrachtungen
aus Schweden. Aus der Natur. Jahrg. 7, 1912, pag. 619.

[3]) Einen ähnlichen Standpunkt vertrat Philippi, Über einige paläoklimat.
Probleme usw. pag. 129.

[4]) Frech, Über das Klima der geolog. Perioden. N. Jahrb. f. Mineralogie
usw. 1908. II., pag. 76—77.

doch möglich. Freilich muß die lokale Beschränkung dieses Vorkommens noch gewisse Bedenken wecken. Es ist aber zu erwägen,
ob die Geröllmassen, aus denen die Konglomerate des flözleeren
Rotliegenden aufgeschüttet wurden, wirklich in ihrem ganzen Umfange
rein fluviatiler Herkunft sind, wie man ganz allgemein annimmt.
Mit vollem Recht wird hervorgehoben, daß die fluvioglazialen Deckenschotter im Alpenvorlande mit Schotterflächen, die am Rande von
nicht vergletschert gewesenen Gebirgen durch Flüsse aufgeschüttet
wurden, die vollkommenste Ähnlichkeit zeigen und von solchen kaum
zu unterscheiden sind [1]). Die fluvioglaziale Entstehung von Schotter-
feldern im Vorlande wird lediglich durch ihre innigste Verbindung
mit Moränen an den Talaustritten verbürgt. Denkt man sich die
Alpen mit ihrem ganzen Schatz von Glazialspuren vollständig eingeebnet, so werden bloß die Schotterdecken im Vorlande übrigbleiben,
die in der Tat „eine glaziale Fernwirkung" — wie Penck [2]) sie
nennt — darstellen, die jedoch als solche nach Abtragung der dazu-
gehörigen Glazialspuren im Gebirge kaum erkannt werden könnten.
So möchte ich für nicht unwahrscheinlich halten, daß die Konglomerate
des flözleeren Rotliegenden zum Teil und jedenfalls in beschränktem Umfange als eine fluvioglaziale Ablagerung im Vorlande der varistischen Gebirge nach Art der subalpinen Deckenschotter
entstanden sind [3]). Da das Rotliegende mit Porphyrergüssen verknüpft
ist, könnte man an eine ähnliche Beeinflussung der fluvioglazialen Akkumulation durch Vulkanausbrüche denken, wie sie bei den Sandrbildungen
Islands zur Geltung kommt und auch für die „Rollsteinformation"
Patagoniens [4]) angenommen wird. Gibt man nun die Möglichkeit einer
zum Teil fluvioglazialen Entstehung der Konglomerate des Rotliegenden
zu, so rückt der vereinzelte Geschiebefund von Westfalen in ein anderes
Licht. Es ist denkbar, daß während der fluvioglazialen Akkumulation
im Vorlande ein Gletscher dank besonders günstigen Bedingungen
weiter aus dem varistischen Gebirge hinaustrat und den lokal beschränkten Moränenrest hinterließ.

Aus den vorstehenden Erörterungen entsteht zuletzt die Frage,
welches Gebiet auf der heutigen Erdoberfläche am nächsten diejenigen Verhältnisse uns vorführt, in denen das Rotliegende zur Ablagerung gelangte. Als das weitgehendste Analogon möchte ich das
große ungarische Becken (Alföld) hervorheben, das durch die langsame,
seit der jüngsten Tertiärzeit andauernde Senkung [5]) die unerläßliche
Bedingung einer mächtigen Akkumulation erfüllt. Sein Boden ist mit

---

[1]) Hilber in Zeitschr. f. Gletscherkunde. Bd. 4, pag 71, 304. — v. Chol-
noky, Studienreisen in der Schweiz. Bull. de la Soc. Hongr. de Géographie. Bd. 36,
1908, pag. 223—224.
[2]) Alpen im Eiszeitalter. Bd. I, pag. 113.
[3]) Bei der bedeutenden Mächtigkeit der Konglomerate des Rotliegenden
muß man allerdings eine Senkung des der Verschotterung unterworfenen Gebirgs-
vorlandes voraussetzen, wie es Penck und Brückner (Alpen im Eiszeitalter.
Bd. III, pag. 792—793, 889, 1021—1022) am Südfuße der Alpen nachgewiesen haben,
wo das Quartär zur Mächtigkeit von über 200 m anschwillt.
[4]) O. Nordenskjöld, Die Polarwelt. 1909, pag. 107—108.
[5]) Halaváts, Die geolog. Verhältnisse des Alföld. Mitteil. a. d. Jahrb. d.
kgl. Ungar. Geol. Anstalt. Bd. 11, Heft 3. 1897, pag. 195.

Schottern, Sanden usw. genau in derselben Weise ausgefüllt, wie wir
sie in ordnungslosem Durcheinander an dem flözleeren Rotliegenden
beteiligt sehen. Es ist von W ü s t, einem Anhänger der Wüstenbildung
für das Rotliegende, die Schwierigkeit betont worden, daß man in
Gebieten, wo das flözleere und das flözführende Rotliegende in demselben stratigraphischen Niveau sich berühren, doch „ein nahes Nebeneinander von Sandwüsten und Waldmooren" annehmen 'müßte[1]). In
ähnlicher Weise aber finden wir im großen ungarischen Becken Moor-
bildungen und wüstenartige Flugsandgebiete mit Deflationserschei-
nungen im synchronen Niveau der heutigen Oberfläche[2]). Auch für
die Beurteilung der Möglichkeit von lokalen Gebirgsvergletscherungen
zur Rotliegendzeit ist das Beispiel des großen ungarischen Beckens
nicht belanglos, indem es uns zeigt, daß von den lokalen Diluvial-
vergletscherungen des umrandenden Karpatenbogens in den das
Becken ausfüllenden Ablagerungen nicht die leiseste Andeutung vorhanden ist. Im allgemeinen hat es den Anschein, als wenn derartige
geräumige und ringsum von Gebirgen geschlossene Becken, die durch
einen schmalen Durchbruch entwässert werden — sozusagen ein topo-
graphisches Optimum der Akkumulation von Kontinentalablagerungen
in der Art des flözleeren Rotliegenden bieten würden. In dieser Beziehung sei auf das Rotliegende im Innern der böhmischen Masse
hingewiesen, die zur Rotliegendzeit genau in derselben Weise von
varistischen Faltenzügen eingeschlossen war.

---

[1]) W ü s t, Die erdgesch. Entwicklung des östl. Harzvorlandes (Sonderabdruck
aus „Heimatkunde des Saalkreises". Herausgegeben von W. Ule). 1908, pag. 17.
       [2]) Dasselbe ist ebensogut in subarktischen Gebieten möglich. Kommen doch
in Grönland Kies- und Sandflächen, letztere zum Teil zu Dünen verweht, neben
Moosmooren vor. Vergl. Rikli, Beiträge zur Kenntnis Grönlands. Verhandl. d.
Schweizer. Naturf. Ges. Bd. 92, 1910, pag. 166, 176.   ·

Über einige Gesteinsgruppen des Tauernwestendes.

Von B. Sander, Assistent am geologischen Institut der Universität Innsbruck.

Mit drei Lichtdrucktafeln (Nr. XI—XIII) und drei Zinkotypien im Text.

Einleitung.

Die hier folgenden Studien schließen sich an einen früheren, an die kaiserliche Akademie gerichteten Bericht des Verfassers über Ergebnisse der Feldaufnahmen am Tauernwestende (L. 3). Sie wurden ermöglicht einerseits durch die Subvention, welche die Akademie den Begehungen angedeihen ließ, indem letztere reichliches, vielfach geologisch neu festgestelltes Material zu sammeln erlaubten, anderseits dadurch, daß die Herstellung der Schliffe zum Teil von Herrn Professor Blaas als Vorstand des Innsbrucker geologischen Instituts, zum Teil von der k. k. geologischen Reichsanstalt übernommen war. Für die genannten Unterstützungen wiederhole ich meinen ergebensten Dank, desgleichen Herrn Professor Nevinny für die leihweise Überlassung eines Mikroskops. Und ein Vergnügen ist es mir, Herrn Professor Stark hier noch einmal für die Liebenswürdigkeit zu danken, mit welcher er als Assistent des Beckeschen Instituts mich vormals mit manchen Untersuchungsmethoden bekannt machte.

Diese Beiträge sind in keinem Sinne ein Abschluß in der Petrographie des Tauernwestendes. Die genaue geologische Analyse ließ die bekannte Mannigfaltigkeit des Materials der Zentralgneishüllen als eine noch viel reichere erscheinen. Es wurden daraus zunächst besonders jene Gruppen vorgenommen, welche entweder keine geologische Feststellung oder keine petrographische Charakterisierung erfahren hatten. Außerdem mußte eine wichtige Gruppe späterer Beschreibung vorbehalten werden, nämlich die wahrscheinlich jüngerem Prätigauer Flysch und der Brecciendecke Steinmanns äquivalenten kalkphyllitischen und brecciösen Gebilde der Tuxer (Tarntaler) Zone. Die Zahl der zur Verfügung stehenden Schliffe zog mehrfach Grenzen, jenseits welcher weitere petrographische Bearbeitung noch Ergebnisse erwarten läßt. Und eine weitere Begrenzung erfahren diese Studien vor einigen Fragen, deren Bearbeitung verlangt, daß man quantitative Gesteinsanalysen ausführen lassen kann. Einerseits aber läßt sich ja immer an solche Vorstudien anknüpfen, anderseits

sind erschöpfende petrographische Monographien zu zählen und so
sei dieses Referat über den augenblicklichen Stand der petrographischen Untersuchung unternommen. Wer in den Tauern arbeitet, der
arbeitet nicht allein und dient der Sache wohl am besten durch zeitweise Referate.

Als petrographische Vorarbeiten, mit welchen sich diese Studien
im Gebiete, bezüglich des Materials oder hinsichtlich der Deutung
petrographischer Befunde enger berühren, sind besonders die unten
folgenden zu nennen. L. 3 ist wegen der häufigen Bezugnahme
darauf im Text mit angeführt, obwohl nicht petrographisch. L. 4 ist
vielfach vorausgesetzt, wo es sich um die Beschreibung mechanischer
Erscheinungen handelt. Die Flächen kleinster Schub- und Zugfestigkeit
sind wie in L. 4 mit *s* bezeichnet.

Literaturzitate.

1. B e c k e F., Exkursionsführer für den westlichen Abschnitt der Hohen Tauern,
mit Karte. Exkursionsführer für den 9. internationalen Geologenkongreß. Wien
1903, Nr. VIII. Daselbst und unter 3. (s. u.) weitere Zitate B e c k e scher
Arbeiten.

2. L i n d e m a n n B., Petrographische Studien in der Umgebung von Sterzing in
Tirol. I. Das kristalline Schiefergebirge. Neues Jahrb. f. Mineralogie etc. Beilagebd. XXII, pag 454, 1906.

3. S a n d e r B., Geologische Studien am Westende der Hohen Tauern. I. Denk-
schriften der Akad. math.-nat. Klasse, LXXXII. Bd , Wien 1911. Übersicht
der Befunde im Felde. Literatur des Gebietes.

4. S a n d e r B., Über Zusammenhänge zwischen Teilbewegung und Gefüge in Gesteinen. Tschermaks Mineralog. u. petrogr. Mitteilg. (Herausg F. B e c k e.)
XXX. Bd., pag. 281, Wien 1911.

5. S u e s s F. E., Das Gebiet der Triasfalten im Nordosten der Brennerlinie. Jahrb.
d. k. k. geol. R -A. 1894.

6. W e i n s c h e n k E., Beiträge zur Petrographie der östl. Zentralalpen. Abhandl.
d. k. Bayr. Akad. d. Wiss. II. Klasse, XXII. Bd., II. Abtlg. 1903.

A. Arkosen, Porphyroide, Quarzite; teilweise umkristal-lisiert.

Bezüglich feldgeologischer Daten ist auf L. 3 zu verweisen, wo
sich diese Gebilde als G r a u w a c k e n (Grauwackengneise), V e r r u-
c a n o (pag. 18 l. c.) und Q u a r z i t e (pag. 13 l. c.) angeführt finden.

Als A r k o s e n und P o r p h y r o i d e erkennbar liegen diese
Gesteine in der Umrandung des Tuxer Gneiszweiges und wieder namentlich an dessen Nord- und Ostrand vor. Wo sie als Glieder der komplexen
unteren Serie der Tuxer Zone oder als Glieder der Tarntaler Serie
auftreten, ist ihr Gefüge i n d e r R e g e l nur durch Mylonitisierung
beeinflußt, ohne Anzeichen einer der Kataklase vorangegangenen
Umkristallisation. Diese stets vorhandene Kataklase, bestehend in
den bekannten rupturellen Quarzdeformationen (vgl. L. 4) und der
Serizitisierung der Plagioklase, hat meist hinlänglich deutliche Reliktstrukturen unverwischt gelassen, welche diese Mylonite und Phyllit-
mylonite als Arkosen und Porphyroide bestimmen lassen.

Daß stratigraphisch äquivalente Gebilde in gneisnäherer, auch jetzt noch im allgemeinen tektonisch tieferer Lage mit mehr oder weniger umkristallisiertem Gefüge auftreten, ist eine Meinung, welche der Verfasser (L. 3) als Vormeinung ausgesprochen hat auf Grund feldgeologischer Befunde. Hier wird ergänzend auf einige weitere Gründe für diese Anschauung eingegangen, welche die Studien im Schliff ergaben. Die eben erwähnte Frage war auch Anlaß, die kritische Besprechung einiger, wie sich herausstellte, höherkristalliner Typen, an welchen ich im Felde psammitische Reliktstrukturen zu erkennen glaubte, diesem Kapitel anzuschließen.

Zwei Beeinflussungen primären Gefüges lassen sich also an unserem Material (*A*) erkennen: Mylonitisierung und Umkristallisation. Diese beiden können auch in einem Gesteinstyp in verschiedener Weise interferieren. Jedoch ließ sich praktisch — und dies gilt für alle in dieser Arbeit beschriebenen Gesteine des Tauernwestendes — meist das entschiedene Vorwalten der Kristalloblastese oder der Kataklase feststellen und es ist das Material *A* auch von diesem Standpunkt aus in Übersicht gebracht. Zugleich zeigt diese Übersicht (pag. 222) die oben erwähnte Tatsache der Mischung „reiner" kristalloblastischer und ruptureller Struktur, wofür folgende Möglichkeiten bestehen:

1. Die Kataklase ist jünger als die Kristallisation (postkristalline Kataklase).

2. Die Kataklase ist gleichalt wie die Kristallisation, das heißt die mechanischen Spannungen im Gefüge haben sich etwa teils (zum Beispiel bei den gegebenen Bedingungenen nur an dem einen Mineral etc.) rupturell oder stetig deformierend (zum Beispiel Glimmer), teils kristalloblastisch abgebildet (parakristalline Kataklase). Solche oder andere mit Sicherheit während der Kristalloblastese des Gefüges erfolgte· nichtmolekulare Teilbewegung wird hier als parakristalline bezeichnet.

3. Die Kristalloblastese ist jünger als die mechanische Deformation oder hat dieselbe wenigstens überdauert und maskiert (präkristalline Deformation und Kataklase).

Es ist bisher, trotzdem einige daraufhin untersuchte Falten (L. 4) der Tuxer Zone und unserer Gesteinsgruppe entnommen waren, nicht gelungen, tektonoblastische Deformation (s. L. 4) sicher nachzuweisen. Doch möchte sie Verfasser im Hinblick auf die noch zu geringe Zahl der Präparate und die noch kleine Erfahrung in dieser Sache auch für unser Gebiet noch nicht geradezu ausschließen.

Jedenfalls ist aber für die Gesteinsgruppe *A* der Fall postkristalliner Kataklase der Silikate als der herrschende zu bezeichnen, soweit die betreffenden Gesteine kristallinmetamorph waren. Und wenngleich es auch leichter sein mag, kataklastisch veränderte kristalline Schiefer noch als solche zu diagnostizieren, als einen kristallin regenerierten Mylonit trotz der verwischenden Umkristallisation noch zu erkennen, so möchte ich doch das deutliche Vorherrschen postkristalliner Kataklase als einen der mehrfachen Hinweise darauf nehmen, daß für die nördliche Umrandung der Tuxer Gneise eine rupturelle Gefüge ausbildende Phase (wahrscheinlich unmittelbar, da

weiter südlich die tektonische Phase von der Metamorphose überdauert wird) jener Phase f o l g t e, der die gneisnächsten Arkosen etc.
ihre Umkristallisation verdankten. Von jener letzteren Umkristalli-
sationsphase aber ist bis jetzt in der nördlichen Schieferhülle des Tuxer
Gneisastes an unseren Gesteinen der petrographische Nachweis nicht
gelungen, daß sie ebenfalls, eine Phase starker Teilbewegung im Gefüge war. Dagegen sind präkristalline Teilbewegungen im Gefüge für
zahlreiche andere Gesteine des Tauernwestendes ·(vgl. zum Beispiel
pag. 250 ff.) wahrscheinlich geworden.

Anzeichen für eine postrupturelle regenerierende Kristallisation
des Karbonats in Tuxer Myloniten sind gelegentlich angeführt.

Eine Übersicht der Gesteinsgruppe *A* in bezug auf das Vorwalten
kristalloblastischer, *kr*, und kataklastischer, *ka*, Gefügemerkmale folgt
hier. Jene Gefügemerkmale, welche zwar zurücktreten, aber doch
ziemlich reichlich sind, wurden in Klammern (*kr*) oder (*ka*) beigefügt.

kr

Tuxerjoch
Kleiner Kaserer, über Zentralgneis (*ka*),
  Schmirn
Griesscharte nördlich der mächtigen Mar-
  morlage Pfitsch
Zwischen Schlüsseljoch und Flatschsp.
  (Brenner)
Walchhof Pfitsch (Graphitquarzit)
St. Jakob, Pfitsch (weißer Quarzit,
  Glimmerschiefer)
Gürtelscharte (Schneeberg) 3 Schliffe
Gürtelscharte (*ka*) 1 Schliff
Seiterbergtal (Sterzing) unter Trias
Karbon Sunk (Steiermark bei Trieben).

ka

Kaiserbrünnl bei Hintertux 6 Schliffe
Unter dem Hochstegenkalk der Langen
  Wand (bei Lanersbach)
Unter dem Hochstegenkalk, Krierkar
Zwischen Walchen und Lizum (Wattental)
Kleiner Kaserer (Schmirn-Tux) 2 Schliffe
Nördlich, vom Riffeljoch bei Hintertux
Tuxerjoch
Nördlich vom Diabas am Tuxerjoch (*kr*)
Tuxerjoch (*kr*)
Kalte Herberg (Schmirn)

Hintergrund des Wildlahnertals (*kr*)
Liegendes der Schöberspitz-Trias
Graben zur Steinalm (Brenner)
Graben zur Steinalm (Brenner) (*kr*)
Gleiches Gestein Huttnerberg (St. Jodok,
  Vals) (*kr*)
St. Peter im Valsertal (St. Jodok)
Steinach (Steidlhof)
Tarntaler Grauwacke (Eiskarsp.)
Gürtelscharte (*kr*)
Graben bei Stilfes (Sterzing)
Roßbrand bei Radstatt
Blasseneckgneis
Flitzengraben bei Gaishorn (Steier-
  mark) (*kr*)
Grauwacke(„Quarzit")Lackengut, Tauern-
  tal

kr + ka

Lanserkopf bei Innsbruck
Dettenjoch bei Lanersbach (Tux)
Unter dem Hochstegenkalk der Tuxer-
  klamm
Nördlich der Frauenwand (Tux)
Hoher Nopf, Schmirntal
Zwischen Schlüsseljoch und Flatschsp.,
  Brenner
Seealpe, Brenner
Seekar bei Obertauern.

Man ersieht aus diesen natürlich fragmentarischen Angaben,
daß die Umkristalisation in unserer Gruppe deutlicher wird 1. mit
Annäherung an die Gneise, 2. in der Tuxerjochzone, 3. im Übergang
gegen Süden, 4. gegen West im „Schneeberger Zug".

Es ist dies dasselbe Verhalten, welches wir auch an anderen
Tauerngesteinen ganz allgemein beobachten können, was Punkt 1, 3
und 4 betrifft. Solche Wiederholungen wie 2, führe ich auf. tektonische Komplikationen zurück.

I. Porphyroide.

Hierher sind Gesteine gestellt, welche man auf Grund erhalten gebliebener, im Schliff nachgewiesener Korrosionen an Quarz und infolge des Gegensatzes zwischen Einsprenglingen und Grundmasse als Porphyroide bezeichnen kann. Diese hier beschriebenen Typen zeigen weder Reste noch neue Spuren hochgradiger kristalliner Metamorphose[1]); sie sind sämtlich kataklastisch verändert, jedoch, wie bemerkt, nicht so vollständig mylonitisiert und phyllitisiert, daß die zwei obengenannten Kriterien für die Bezeichnung Porphyroid verwischt wären.

Es bleibt übrigens, trotz dieser Kriterien, dahingestellt, ob dem Porphyroid ein Quarzporphyr (Granitporphyr zum Teil? s. u.) oder ein Quarzporphyrtuff, vielleicht auch ein eluviales Derivat porphyrischer Fazies zugrunde lag, auf welch letztere zwei Möglichkeiten namentlich stärkerer Kalkgehalt hinweisen kann. Wenn schon wohlerhaltene Porphyre von Tuffen und eluvialen Gebilden oft nicht streng trennbar sind[2]), so wird man das bei Myloniten um so weniger erwarten.

Mit der Bezeichnung Porphyroid wurde hier sparsam vorgegangen; so daß man wohl weitere, aber zufällig nicht im Schliff sicher charakterisierte Porphyroide unter den später als Arkosen bezeichneten Typen noch vermuten darf. Beschrieben sind im folgenden nur im Schliff untersuchte Vorkommen unter zahlreichen anderen.

Im Felde läßt sich unter den Porphyroiden namentlich ein massigerer grauer unterscheiden, welcher vom Astegger Profil (Weg Finkenberg—Astegg bei Maierhofen) bis zum Kahlen Wandkopf (bei St. Jodok am Brenner) erkannt ist, anderseits ein serizitisch grünlicher (Typus Kaiserbrünnl bei Hintertux), welcher in der Hand Zentralgneismyloniten äußerst ähnlich werden kann und bis zum Brenner verfolgt ist. Weder geologisch-tektonisch, noch n. d. M. läßt sich übrigens sein genetischer Zusammenhang mit den Porphyrgneisen der Zentralgneise sicher ausschließen. Diese scheinen zwar keine korrodierten Quarze zu führen, aber unter anderem dieselben Orthoklase mit Quarztropfen wie unser Mylonit.

I. Tuxer Grauwacke. Kaiserbrünnl bei Hintertux.

Diese hellgrünen Quarzserizitgrauwacken ließen in einem Fall noch ein Quarzdihexaëder mit freiem Auge erkennen, woran sich die Untersuchung im Schliff und die erste sichere Feststellung von Porphyroiden über den Zentralgneisen schloß. ·

---

[1]) Etwa eine „Kristallisationsschieferung", wie wir sie anderwärts in der Schieferhülle begegnen. Als eine „kristalline Metamorphose" geringen Grades wird man aber allerdings auch die Serizitisierung der Feldspate bezeichnen müssen, wenn man nicht etwa außer kristallinen Neubildungen auch noch eine gewisse Größe oder Art derselben zur Bedingung für diese Bezeichnung machen wollte.

[2]) Vgl. u. a. auch Sander, Porphyrite aus den Sarntaler Alpen. Zeitschr. d. Innsbrucker Ferdinandeums III. Folge, 53. Heft, 17.—20.

a) Im Schliff wird zunächst die ausgeprägte Kataklase des Gefüges auffällig. Die Quarzkörner zeigen randliche Mörtelstruktur oder vollständige Zerpressung in Nester, Linsen und Lagen aus öfters untereinander subparallel gebliebenen Elementen. Die Nester aber zeigen untereinander keine Übereinstimmung in der kristallographischen Orientierung. Dies harmoniert mit dem Umstande, daß sie sich von ursprünglich schon ganz verschieden orientierten Porphyrquarzen nachweislich ableiten. Die subparallele Stellung der Elemente eines solchen Nestes entspricht dem Vorwalten eines Kohäsionsminimums subparallel zu *c* (vgl. L. 4), welches die rupturellen Verschiebungen häufig bis zu einem gewissen Grade regelt. Die undulöse Auslöschung des Quarzes erfolgt hier wie immer, wenn nichts Besonderes eigens bemerkt ist, nach der Undulationsregel (vgl. L. 4), das heißt streifig subparallel zu *c* als ein Vorstadium der eben erwähnten rupturellen Deformation, mit derselben gleichsinnig und infolge derselben Beanspruchung nur im Grade geringer.

Der Deformation der Quarze läßt sich die Zertrümmerung der ungefähr ebenso großen, an Zahl aber weit zurückstehenden, oft zersetzten und gebräunten Orthoklaseinsprenglinge an die Seite stellen. Jedoch ist die Deformation der Feldspate, namentlich des Albits, nicht wie die der Quarze eine rein mechanische, sondern mit Dynamometamorphose in Gestalt der Serizitisierung verbunden. Die Albitkörner werden randlich zerrieben, aber nicht grob zer„mörtelt“, sondern serizitisch zerschmiert, so daß die gewundenen Serizitströme, welche den Querschliff fluidal durchziehen und die Schiefrigkeit des Porphyroids ausmachen, zum Teil von Feldspaten abzuleiten sind, zum Teil wohl von der Grundmasse.

Diese letztere zeigt auch da, wo sie vor mechanischer Durchknetung seit jeher geschützt eine tiefe Korrosionsbucht des Quarzes ausfüllt, ein äußerst feinkörniges kristallines Gemenge aus Quarz und sehr zahlreichen Muskovitschüppchen. Den Unterschied gegenüber der anderen Zwischenmasse bildet nur das erwähnte viel feinkörnigere Gefüge und es scheint, daß die Umkristallisation der Grundmasse außerhalb der Korrosionsbuchten durch die Durchknetung zwar gefördert wurde, ohne daß man aber auf letzteren Vorgang allein die „dynamometamorphe“ Neukristallisation zurückführen könnte.

Wir unterscheiden also im vorliegenden Gefüge: den primären Gegensatz zwischen Einsprengling und Grundmasse, die Kataklase und die dieselbe begleitende chemisch-kristalline Metamorphose durch Neubildung von Muskovit. Letztere scheint durch starke mechanische Beeinflussung des primären Grundmassegefüges außerhalb der Quarzbuchten begünstigt und ist insofern als Dynamometamorphose zu bezeichnen. Vielleicht hat die Teilbewegung im Gefüge namentlich Wärme und Vergrößerung der Oberfläche, also zwei physikalische Bedingungen gesteigert, welche die Reaktionsgeschwindigkeit in dem schon im bestimmten Sinne chemisch labilen Gesteinsgefüge wiederum lediglich erhöhten.

Mikroklin ist zum Teil in größeren Körnern vertreten, ferner lamellierter, durch Einschlüsse getrübter Plagioklas cf. Albit, wie ihn sein Vorkommen in anderen Schliffen sicher bestimmen [1]) ließ. Bezüglich der Q u a r z e ist noch zu bemerken, daß die an den Quarzen der Arkosen und der Gneise des Tauernwestendes sehr verbreitete B ö h m s c h e S t r e i f u n g ($//$ ω') auch an den sicheren Porphyr. quarzen mit · Korrosionen sichtbar wird.

Eine wichtige Frage bezüglich des eben beschriebenen Gesteins sowie der ganz gleich ausgebildeten beim Tuxerjochhaus und am Dettenjoch (bei Lanersbach) lautet, ob diese Porphyroidmylonite nicht tektonisch verschleppte und dabei anders metamorphosierte Augen-Zentralgneise (Porphyrgneise wie Grünberg, Landshuterhütte etc.) seien. Das würde tektonisch nichts neues besagen, da man nach der Auffassung des Verf. Verfrachtung ehemals gneisnäherer Schieferhülle schon für die Begleiter unseres Gesteines am Tuxer Joch zum Beispiel anzunehmen hat. Die bisher in Vergleich gezogenen Augenzentralgneis-Mylonite unterscheiden sich von unserem Porphyroid durch Gehalt an Biotit und Epidot, durch das Fehlen der korrodierten Quarze, gröberes Korn der Zwischenmasse und weniger vollständige deformative Serizitisierung der Albite. Dies wäre ganz gut durch die Annahme einer Dynamometamorphose seichterer Tiefenstufe für den Porphyroidtyp, als für einen tektonisch der Porphyrgneisstufe entzogenen Porphyrgranit deutbar. Und es ist dabei namentlich auch das Vorkommen gleicher Quarzalbitknollen im Porphyrgneis und im Porphyroid (Dettenjoch) anzumerken. Definitiv muß hier die quantitative Analyse entscheiden.

b) Ein dem eben genannten nahe verwandter Typus. Bezüglich der sonst beschriebenen ganz gleich ausgeprägten Kataklase ist nur anzumerken, daß die Mehrzahl der kataklastischen Quarzkörnerlagen α' subparallel zur Schieferungsfläche *s* zeigt. Die T r e n e r sche Regel ist also im ganzen erkennbar angedeutet, in manchen Fällen aber nur in der Form, daß *s* mit α' den kleineren Winkel einschließt als mit *c*.

Korrodierte Quarze sind nicht vertreten, Orthoklas in großen trüben Körnern, von Muskovit und anderen kleinsten Einschlüssen durchsetzt, reichlicher als in *a*, durchzogen von ausheilenden Quarzgängen [2]). Man erhält den Eindruck, daß die Orthoklaskörner randlich etwa wie die Quarzkörner „Mörtel" gebildet haben, an welch letzterem M i k r o - k l i n , trüber A l b i t und Quarz beteiligt sind.

Trüber lamellierter Plagioklas ist reichlicher als im Porphyroid *a* vertreten und als $Ab—Ab_8 An_1$ bestimmbar. Er zeigt in einigen Fällen rundliche Quarzeinschlüsse von der Form derer, welche die Albite der Hochfeiler und Rensen-Schieferhülle kennzeichnen. Reichlich vertreten ist lamellierter K a l z i t ohne limonitische Derivate.

---

[1]) Wo nichts anderes eigens bemerkt wird, liegt a l l e n im folgenden angeführten Plagioklasbestimmungen der B e c k e sche Vergleich mit Quarz, und zwar immer in allen vier Messungen, und meist mehrfach an verschiedenen Körnern wiederholt, zugrunde. Nach dieser Vorbemerkung erscheint die jedesmalige Notierung der vier Vergleiche entbehrlich.

[2]) Wie sie F. E. S u e s s aus den Tarntaler Quarzserizitgrauwacken erwähnt. (L. 5.)

Das Gestein hat demnach mehr als *a* sedimentogenen Charakter. Man könnte es etwa als Mylonit eines Quarzporphyrtuffes nehmen.

c) Als unmittelbarer Nachbar ist ein Gestein hier anzuführen, welches bei manchen deutlichen Anklängen an *a* und *b*, namentlich im Mineralbestand (Orthoklas, Mikroklin, Serizit, Albit), keine Porphyroidcharaktere mehr zeigt, sondern (als Ergebnis vorgeschrittenerer Kataklase?) ein gleichmäßig feines Gewebe aus Muskovitschüppchen und fast immer sehr eckigen, untereinander gleichgroßen Körnchen, unter welchen undulöser Quarz vorwiegt. Einmal gelangte eine zweigartige Durchwachsung von Quarz und Feldspat zur Beobachtung, welche ihr Analogon sowohl in granophyrischen Strukturen anderer Porphyroide (zum Beispiel Lanserkopf bei Innsbruck) als in kristallinen Schiefern unseres Gebietes haben könnte.

2. Kalte Herberg im Schmirntal.

Daselbst steht als Begleiter von P i c h l e r s „Lias" ein Gestein an vom Aussehen eines grauen bis bräunlichen körneligen Gneises, dessen Querbruch gleich dem vieler anderer Gneise hanfkorngroße Querschnitte von Orthoklasaugen unterscheiden läßt. Unter dem Mikroskop aber entspricht dieses Gestein vollständig in allen Zügen dem oben unter 1 *a* beschriebenen Porphyroid. Nur überwiegen hier die manchmal noch eben umgrenzten Orthoklaseinsprenglinge stark.

Auch das Verhältnis zwischen der Quarztaschenfüllung und der übrigen Zwischenmasse ist in diesem O r t h o k l a s p o r p h y r o i d dasselbe wie im Q u a r z p o r p h y r o i d 1 *a* vom Kaiserbrünnl.

3. Hoher Nopf.

Von dieser Lokalität, südlich von der eben genannten, wurde als Glied der Zwischenlage zwischen zwei Einlagen triadischen(?) Dolomits ein hellgrauem Gneise gleichendes Gestein untersucht, welches sich unter dem Mikroskop als ein vollständig Nr. 2 entsprechender O r t h o k l a sp o r p h y r o i d erwies. Viel besser ausgeprägt als in 2 tritt hier fleckige Verwachsung der Orthoklaskörner mit Albit (A l b i t o r t h o k l a s) hervor.

Als eine weitere Annäherung an später zu beschreibende höherkristalline Typen mit nicht mehr so sicher erweislichem Porphyroidcharakter tritt Z i r k o n und T i t a n i t(?) hinzu, und im Gegensatz zu allen bisher beschriebenen Typen, welchen B i o t i t restlos fehlt, läßt sich derselbe hier noch in spärlichen Resten, aber sicher nachweisen.

4. Über Steidlhof (südlich von Steinach).

Dieses an der Basis der bekannten abnormalen Schichtfolge des Nößlacher Joches in Gesellschaft von Quarzit und wahrscheinlich als Mitglied der permotriadischen Serie weit unter dem Nößlacher Karbon auftretende Gestein zeigt in der Hand und unter dem Mikroskop den Typus dessen vom Kaiserbrünnl (1 *a*), Reste von Korrosionsbuchten, den in Form großer Körner jener über die spärlichen mittelgroßen Orthoklaskörner vorherrschenden Quarz mit Böhmscher Streifung.

Die Kataklase verläuft nach den bei 1*a* angeführten Regeln, nur wäre bezüglich des Quarzes anzumerken, daß die sonst oft unregelmäßig kryptorupturell voneinander getrennten Leisten, welche Unstetigkeit in die parallel zu ihnen wandernde streifige Auslöschung bringen, hier manchmal sehr deutlich, scharf und gerade getrennt sind, Zwillingslamellen vergleichbar. Doch scheint mir bis jetzt die Deutung dieser scharfen Leisten als Kataklasen äquivalent den eben erwähnten näher zu liegen als ihre Auslegung im Sinne subparalleler Zwillingsverwachsung.

Von ähnlichen, vergleichsweise mituntersuchten Typen aus dem Rofnaporphyr und der Blassenekserie unterschied sich dieses Gestein durch seinen viel geringeren Gehalt an Orthoklas und Serizit. Ebenso entspricht ein Porphyroid mit Korrosionsbuchten vom Roßbrand bei Radstatt den orthoklasreicheren Typen dieser Aufzählung.

5. Stilfes (Maulser Verrucano).

Schließlich ist es gelungen, in dem Maulser Verrucano, welcher die Maulser Trias im Graben bei Stilfes begleitet, neben den Arkosemyloniten mit Quarzbrocken noch einen durch Korrosionen am Quarz beglaubigten, den Tuxer Porphyroiden vollkommen entsprechenden porphyroiden Typus festzustellen, wodurch auch Lindemanns pag. 232 zitierte Deutung eines Gesteins von Zinseler eine sichere Stütze erhält. Das Gestein enthält als Einsprengling Quarz weit über Orthoklas (teilweise Mikroklin) vorwaltend; ferner Serizit, etwas Titanit, Turmalin(?) und ist ein Mylonit wie die Tuxer Äquivalente.

II. Arkosen und deren Mylonite.

Sämtliche der hier beschriebenen Typen zeigen Kataklasen, zum Teil bis zur Ausbildung phyllitischer Mylonite feinsten Korns. Je weiter diese rupturelle Phyllitisierung gelangt ist, desto unwahrscheinlicher, ja unmöglicher ist die Erhaltung eventueller Porphyroidcharaktere, so daß namentlich die ausgesprochenen Phyllonite (vgl. L. 4) zum Teil sehr wohl Porphyroide gewesen sein können. Aber auch unter mylonitischen Typen weist in vielen Fällen ein bis zum Quarzit steigender Quarzüberschuß, noch sicherer aber eine bis zum Kalkphyllit führende Anreicherung mit Karbonat auf ursprüngliche sedimentäre Entstehung. Sehr schwierig, ja unmöglich, kann dagegen durch hochgradige Phyllitisierung die geologisch so außerordentlich wichtige Erkennung jener Typen werden, welche eine sie an die hochkristalline Schieferhülle annähernde Kristallisation durchgemacht haben, deren durch die Phyllitisierung unverwischte, derselben gegenüber „reliktische" Reste man sucht. Und so mag es vorkommen, daß auch solche sonst unter IV. möglichst abgetrennte Gebilde mit stärkerer Kristalloblastese hier manchmal mylonitisch verwischt mit vorliegen, worauf in den betreffenden Fällen aufmerksam gemacht wird.

I. Tux.

a) Eine Serizitschiefereinlage zwischen die Hochstegenmarmore
des Grates G r ü n b e r g - E l s, welche in Begleitung schwacher mylo-
nitisierter Quarzserizitgrauwacken als lokale tektonische Sekundär-
fazies derselben auftritt, kann als Beispiel für vollständige Phyllitisierung dienen. Das Gestein besteht aus einem S e r i z i t f i l z mit
gleichmäßig eingestreuten dunklem Erz (wahrscheinlich M a g n e t i t)
und ebenfalls gleichmäßig verteilten scharfeckigen Q u a r z körnchen
(etwa zur Hälfte). Es sind keinerlei Spuren vorkataklastischer Gefüge-
charaktere mehr erhalten und die Wahrscheinlichkeit, mit welcher
man unter diesem Gestein eine deformierte Arkose vermutet, ist eine
sozusagen rein feldgeologische.

b) Eine Probe aus dem Liegenden des Hochstegenmarmors der
L a n g e n W a n d zeigt ebenfalls die höchstgradige Kataklase, w e l c h e r
w i r a m Kontakt m i t d e n Gneisen z w i s c h e n G r ü n b e r g
u n d H ö h l n e r i n u n s e r e r Zone r e g e l m ä ß i g b e -
g e g n e u. In der Orientierung der Fragmente auch in dem zu
Lagen ausgebreiteten Quarzmörtel waltet die Regel α' // *s* deutlich
vor. Im übrigen zeigen die Quarze, von welchen auch einzelne
größere Körner noch erhalten sind, normal orientierte Undulationsstreifung und B ö h m sche Streifung. O r t h o k l a s körner verschiedener
Größe treten an Menge sehr zurück, manchmal läßt sich gegitterter
M i k r o k l i n erkennen, S e r i z i t spärlich. Etwa ein Drittel des gesamten Bestandes entfällt auf lamelliertes Karbonat, welches difuses
limonitisches Infiltrat begleitet. Das Verhalten des — wie sein leichtes
Aufbrausen mit Salzsäure zeigt — *Ca*-reichen Karbonats im Gefüge weist
darauf hin, daß seine Kristallisation regenerierend nach der Mylonitisierung des Gesteins erfolgte, denn es umschließen größere unverletzte
Kalzitkörner Quarz von der Form der rupturellen Fragmente. Übrigens
wäre die Erhaltung der manchmal ziemlich großen Karbonatkristalle
während der lebhaften Teilbewegungen im Gefüge, welche die Quarzkataklase abschätzen läßt, schon technologisch unwahrscheinlich genug.

Das Gestein ist in seinem jetzigen Zustande ein kalkreicher
Quarzorthoklas-Mylonit bis -Phyllonit mit grobkristallin regeneriertem
Karbonat. Der Vorläufer dieser Phase ist wahrscheinlich eine der
Kalkarkosen, wie wir sie geologisch unserem Vorkommen ganz äqui-
valent, anderwärts besser erhalten in Gesellschaft des Hochstegen-
marmors finden; wenigstens fehlen Anzeichen einer älteren Kristalli-
sationsphase, welche die Deutung des Gesteins als Diaphthorit eines
Kalkglimmerschiefers stützen könnten, vollständig. Es wären für diesen
Fall namentlich Albit und die bekannten Akzessorien (Granat, Amphibole)
als Relikte zu erwarten.

Etwas weiter im Westen finden wir zwischen Hochstegenmarmor
und Porphyrgneis (bis Augengneis) des K r i e r k a r s ein Gestein,
welches, in der Hand ein roter Quarzit, unter dem Mikroskop nicht
wenig O r t h o k l a s enthält in Gestalt großer randlich abgescheuerter
Körner. Diese zeigen eine sonst an Orthoklas nicht oft beobachtete
U n d u l a t i o n s s t r e i f u n g bald nach α', bald nach γ'. Serizit
findet sich nur in Spuren, Karbonat fehlt. Am anschaulichsten wird

die Kataklase wieder in dem weit überwiegenden Zwischengewebe
aus - undulösen verzahnten Quarzkörnern, ohne gemeinsame Orientierung. Es ist hierzu allerdings anzumerken, daß die Orientierung
des Schliffes unsicher ist und bei Annäherung der Schlifflage an die
Schieferungsfläche s das Undeutlichwerden einer eventuell vorhandenen
Quarzgefügeregel, γ' subnormal zu s, im sensiblen Feld zu gewärtigen
wäre, ohne daß noch die Dunkelheit der Quarze bei ausgeschaltetem
Gips sehr auffällig zu sein brauchte. Es eignen sich zum Studium
solcher Regeln besser der Quer- und (bei vorhandener Streckung) der
Längsschnitt als der „Hauptbruch" des Schiefers.

c) Der eben beschriebene Mylonit gehört der unteren Serie
(einer Hochstegenserie im engeren Sinne) an. Ein der über dieselbe
überfalteten Serie angehöriges Gestein (nördlich vom Riffeljoch) mit
Kalkknollen, erweist sich unter dem Mikroskop als ein auch an diffusem,
lamellösem, grobkristallinem K a l z i t reiches Gestein.

Auch hier wird der im Vergleich zu dem vollständig zerriebenen
Quarz auffallend intakte Kalzit in dieser Form als Ergebnis regenerativer posttektonischer Kristallisation genommen. Daneben fehlt es
nicht an äußerst feinkörnigen Lagen. Der in etwas größeren, nunmehr
verbogenen Blättchen vertretene Muskovit läßt vielleicht auf eine
etwas vorgeschrittenere Kristallisation vor der Mylonitisierung schließen
als bei den bisher beschriebenen Typen. Den größeren von Serizit-
Quarz-Zwischenmasse umflossenen Orthoklasen mit tropfigen Quarzeinschlüssen sind wir früher begegnet. Im übrigen gleicht dies Gestein vollständig dem später vom Kaserer ausführlich beschriebenen (vgl. pag. 230).

d) Es bleiben hier schließlich noch als Begleiter des Hintertuxer
Porphyroids und demselben äußerlich sehr ähnlich zwei Typen anzuführen. Eine Probe der Grauwacke zwischen Hintertux und T u x e r-
j o c h (Steig) zeigt eine höchst kataklastische Quarzserizitgrauwacke
mit spärlichen Orthoklaskörnern (auch Zwillinge). Der Quarz ließ in
einem Falle einen Winkel von 30⁰ zwischen B ö h m scher Streifung und
α' messen. Das Gestein unterscheidet sich von den deutlichen Porphyroiden und einer Tarntaler Grauwacke (zwischen Walchen und
Lizum) durch grobkörnigere und quarzreichere Zwischenmasse; ein
Mylonit, wahrscheinlich einer Arkose oder deren kristallinen Derivates.

e) Ziemlich stark unterscheidet sich von diesem das zweite
Gestein (vom Kaiserbrünnl), in welchem ausnahmsweise Kataklase
keine Rolle spielt. Dieses Gestein zeigt ein sehr gleichmäßiges Gewebe
aus gleich großen Körnern von Quarz und Feldspat zu etwa gleichen
Teilen. Der Q u a r z zeigt normale Undulation und Böhmsche Streifung.
Der Feldspat ist überwiegend Kalifeldspat. Der Orthoklas ist sowohl
mit tropfenförmigem Quarz als häufig verwaschen-fleckig mit Plagioklas
(nahe A l b i t) verwachsen bis zu vollständiger Vertretung M u s k o v i t
ist in kleinen Schüppchen sehr spärlich gleichmäßig verteilt oder
in kleinen Nestern angeordnet. K a l z i t ist etwas vorhanden. Ebenso
limonitische Lösung. Die Feldspatkörner zeigen deutliche Vorliebe für
gedrungen rechteckigen Querschnitt. Trotz der geringen Kataklase ist
die Diagnose des Gesteines keine sichere, wo es sich um die Entscheidung zwischen Arkose und Aplit handelt.

Es fehlt die mit Sicherheit auf Gefügebewegung weisende kataklastische Friktions- oder Fluidalstruktur und es scheint sich um einfache Pressung zu handeln (rupturelle Pressung), welche zwei Dinge etwa als m o b i l e und (relativ) s t a b i l e Kataklase zu unterscheiden in vielen Fällen leicht möglich und gewiß von Wert wäre für eine eingehende Analyse des Diastrophismus eines Gebietes. Da die mobile Kataklase die Regel ist, wird hier nur der relativ stabile Charakter eigens vermerkt.

2. Schmirntal.

a) Im Liegenden der Kalke und Quarzite der Schöberspitzen ist zunächst ein mikroskopisch dem Mylonit von der Riffelscharte (pag. 229) sehr ähnliches Gestein anzuführen. Bezeichnend ist für diesen Mylonit ein Gegensatz zwischen zahlreichen rupturell umrandeten größeren Orthoklaskörnern und der höchst kataklastischen, aus beträchtlich kleineren Quarzfragmenten, S e r i z i t und K a l z i t, bestehenden Zwischenmasse. Ehemalige größere Quarze dagegen scheinen nur noch durch Nester zerpreßten Quarzes angedeutet. Korrosionen gelangten nicht zur Beobachtung. Der Orthoklas ist manchmal randlich Mikroklin, gleich einigen freischwimmenden kleineren Fragmenten. Das Gestein ist ein ruptureller, kalkhaltiger Orthoklas-Serizitphyllit ohne Anzeichen vorheriger Kristallisation und war also wahrscheinlich eine Arkose oder ein Porphyroid.

b) Ein Gestein vom K l e i n e n K a s e r e r, also etwas südlicher, aber noch über dem basalen Graphitkonglomerat dieses Berges, erwies sich — in der Hand nicht unterscheidbar von grauem Porphyroid — u. d. M. als zu hochgradig mylonitisiert, um diese Diagnose beweisen zu lassen. Größere Q u a r z e sind da und dort noch als kataklastische Nester angedeutet, treten aber, wie schon am Handstück ersichtlich, sehr gegen die O r t h o k l a s e zurück, welche, randlich Mikroklin und von der Zwischenmasse rupturell fluidal umflossen, zuweilen ebenfalls in Nester zerfallen aus Körnern mit subparallelem α' und mit viel weicheren Umrissen, als man sie bei analogen Quarzfragmenten findet. Außerdem zeigen sich die Orthoklase von t r o p f e n f ö r m i g e m Q u a r z durchsetzt und (oft nach der Spaltbarkeit) von a u s h e i l e n d e n Q u a r z g ä n g e n durchzogen. Erstere Erscheinung, welcher wir schon mehrfach begegneten, ist als granophyrische Primärstruktur von Porphyrorthoklasen deutbar. Dazu ist aber anzumerken, daß am Oligoklas der Augengneise ganz dieselbe Erscheinung oft hervortritt (vgl. zum Beispiel pag. 269). Lamellierter Plagioklas (nahe A l b i t) ist spärlich vertreten. Die G e f ü g e r e g e l α' // *s* (vgl. L. 4) ist am kataklastischen Quarz der Zwischenmasse gut ausgebildet und macht auch die rupturell fluidalen Windungen der Zwischenmasse, zum Beispiel wo sie sich um Orthoklaskörner schmiegt, mit. Dabei schmiegen und biegen sich die im Schliff zerfaserten und verflochtenen Streifen gleichenden Quarze in einer Weise, welche entschieden den Eindruck einer für Quarz ungewöhnlichen P l a s t i z i t ä t erzeugt. Der Umstand, daß diese Quarzbänder lebhafteste Undulation zeigen und ein System dünner, in der optischen Orientierung nicht stark voneinander ab-

weichender, aber scharf mit rauher Kontur voneinander getrennter
Kristallplatten darstellen, welche eben die Schieferungsebene an
solchen Stellen ausdrücken, kurz sozusagen die (eben durch die
geringe „Mächtigkeit" und „Ausdauer" der Quarzlagen selbst) betonte
Ausprägung des durch die rupturellen Teilbewegungen sonst im Gefüge angestrebten s scheint mir eher gegen die Annahme zu sprechen,
daß diese Erscheinung einer regenerativen Kristallisation von Lagen
pulverig zerriebenen Quarzes ihr Dasein verdanke. Man wird dieser
Erscheinung, welche ich als L a g e n q u a r z bezeichne, im folgenden
öfter begegnen, immer in Myloniten. Bei regenerativer Kristallisation
wäre wohl eine Verwischung des solchen Lagenquarz (sofern
nur eine Lage vorhanden) durchziehenden s zu erwarten und ich
denke deshalb und wegen des Umstandes, daß dieser Lagenquarz
stets die in Myloniten häufige Gefügeregel $\alpha' \parallel s$ zeigt, an erzwungene
Homäotropie, was die physikalische Deutung der Sache anlangt (vgl. L. 4).

Fig. I.

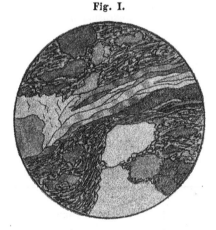

Lagenquarz mit $\alpha' \parallel s$ in Mylonit vom Kleinen Kaserer.

c) Ein zweiter, demselben Gehänge (K a s e r e r gegen Nord) entnommener Typus gleicht im Handstück zum Teil einem Quarzphyllit
mit Spuren von Kalzit, zum Teil einer sehr grobkörnigen (Orthoklas),
sehr kalkreichen, glimmerarmen Arkose (Grauwacke). U. d. M. besteht
das erstere Gestein aus Kalklagen, Quarz und etwas Orthoklas, Mikroklin
und Muskovit; das zweite ist reicher an Orthoklas, sehr reich an Serizit,
ärmer an Kalzit, beide Gesteine sind s t a r k   k a t a k l a s t i s c h e,
k a l k r e i c h e   Q u a r z - O r t h o k l a s - S e r i z i t p h y l l i t e.

d) Ein Gestein aus dem Bachboden im Hintergrund des W i l d -
l a h n e r t a l e s, äußerlich ein Grauwackengneis, besteht u. d. M. überwiegend aus höchst kataklastischem Quarz, welcher α' subparallel s
vorherrschend zeigt, aus Orthoklas mit Quarztropfen, Muskovit in
verbogenen kleinen Schüppchen und Pyrit. Auch dieses Gestein ist
ein Mylonit ohne sichere Reste stärkerer Kristalloblastese.

3. Lizum.

An die beschriebenen kalkreichen Typen reiht sich die Grauwacke vom Eiskarspitz bei Lizum. Diesen Vertreter der von F. E. S u e ß ausführlich (L. 5) beschriebenen Tarntaler Quarzserizitgrauwacken bezeichnet ein hoher Gehalt an Fragmenten dichten braunen Dolomits. An solchen Fragmenten läßt sich sehr gut beobachten, daß eine dieselben aufzehrende N e u k r i s t a l l i s a t i o n d e s K a r b o n a t s erfolgte, welches zu der Korngröße und Anordnung führt, die an den Tuxer Typen vorgefunden und als r e g e n e r a t i v e K r i s t a l l i s a t i o n nach der Kataklase gedeutet wurde. Diese Deutung ist hier noch viel sicherer. In allem übrigen entspricht dieser Mylonit mit Resten serizitisierter Orthoklase und mehr oder weniger zerpreßten großen Quarzen petrographisch v o l l k o m m e n den porphyroidähnlichen Tuxer Arkosen mit Kalk. Den Porphyroiden selbst entspricht ein zwischen Walchen und Lizum gesammeltes ebenfalls kataklastisches Gestein, welches sehr gut den Gegensatz zwischen Grundmasse und Einsprengling, aber freilich keine Korrosionen mehr zeigt.

4. Stilfes bei Sterzing.

Den hier beschriebenen Arkose- und Porphyroidtypen, das heißt deren Myloniten, entspricht, wie dies ein geologischer Kenner der Serien des Tauernwestendes nicht anders erwartet, ein die Maulser Trias bei Stilfes begleitender Serizitmylonit. Die Feldspate dieses Gesteines sind freilich restlos serizitisiert, größere Quarzindividuen mit Böhmscher Streifung noch vorhanden, meist aber ebenfalls in Nester und Ströme ohne Regel zerlegt, wobei eine Neigung der Fragmente, „mosaik"artig aneinander zu schließen, anzumerken ist.

Ebenfalls hierher (zu den Grauwacken oder dem Verrucano von Mauls) ist das Gestein zu stellen, welches L i n d e m a n n (L. 2, pag. 550 ff.) am Z i n s e l e r fand und gewiß mit vollstem Recht und viel Verdienst mit Porphyroiden des Taunus, des Permiano von Carrara und Graubündtens verglich. Das letztere harmoniert gut mit einigen Vergleichen, welche ich bezüglich der nun am Tauernwestend in weiter Verbreitung nachgewiesenen Porphyroide versucht und angeregt habe (L. 3 und Verhandl. d. k. k. geol. R.-A. 1910, Nr. 16, und 1911, Nr. 15).

Wegen des Ausbaues solcher Vergleiche führe hier noch zwei Arkosen an. Die eine vom B l a s s e n e k über Treglwang (wo schon H e r i t s c h unzweifelhafte Porphyroide nachgewiesen hat) entspricht inbezug auf Komponenten (O r t h o k l a s zum Teil mit A l b i t verwachsen, lamellierter A l b i t, Q u a r z mit Böhmscher Streifung, S e r i z i t) und Gefüge vollkommen manchen mylonitischen Tuxer Arkosen, an welchen ein gewisser Gegensatz zwischen den Korngrößen noch an Porphyroide erinnert und welchen Reste eines kristalloblastischen Gefüges fehlen.

Das andere Gestein ist ein Serizitquarzit aus dem F l i t z e n graben (bei G a i s h o r n, Steiermark). Noch u. d. M. ähnelt das Gestein bei geringerer Vergrößerung einem gleichmäßig gefügten

Serizitquarzit. Die Beckesche Beleuchtung aber ergibt sogleich, daß
etwa ein Drittel der Körner Orthoklas ist. Der Orthoklas ist (selten)
mit Albit verwachsen, zum Teil granophyrisch vom Quarz durchsetzt, oblonge Körnerquerschnitte sind die Regel. Albit tritt auch
selbständig auf. Der Quarz zeigt die Böhmsche Streifung.
Dieser Typus erinnert sehr an den obenbeschriebenen, gleichmäßig gewebten vom Kaiserbrünnl bei Hintertux.

III. Quarzite.

Anhangsweise mögen hier einige biotitfreie und serizit-
arme Quarzite vermerkt werden, deren Mangel an Feldspat nicht
gestattet, sie gleich manchem anderen Gestein, welches jedermann
in der Hand als Quarzit anspricht, zu den Arkosen oder Gneisen zu
stellen.

I. Tux.

a) Auf dem Gipfel des Penkenberges bei Maierhofen liegt
in Gesellschaft von Quarzphyllit, demselben eingeschaltet, ein Quarzit
mit rostenden Poren, welche auch n. d. M. keinen Rest ihrer wahrscheinlich karbonatischen ehemaligen Füllung zeigen. Das Gestein
besteht im übrigen vollständig aus undulösem Quarz und etwas gleichmäßig verteiltem Serizit. Die Böhmsche Streifung tritt ausgezeichnet
hervor meist nach der Regel // α'. In Schnitten annähernd $\perp c$ jedoch ließ sich beobachten, daß der Winkel zwischen Streifung und α'
größer wurde. Dies weist darauf hin, daß die Böhmsche Streifung
durch eine nicht genau der Fläche (0001) entsprechende Inhomo-
genität bedingt ist.

b) Ein Kohlenstoffquarzit vom N-Grat des Grünberges erwies
sich gleich dem pag. 228 erwähnten Serizitphyllonit als stark kataklastisch. Die größeren Körner sind fast alle zu Mörtel geworden.
Die kohlige Substanz ist an den Muskovithäuten angereichert. Man
findet keine Spur der Akzessorien (Cyanit), welche diese Graphit-
quarzite sonst so häufig durchsetzen und am Wolfendorn wegen ihrer
besonderen Größe bekanntgemacht haben.

c) Zwischen dem basalsten Quarzit und dem Hochstegenmarmor
der Langewand liegt ein Quarzit, welcher weißliche, etwa erbsen- bis
bohnengroße Quarze in dichter brauner Zwischenmasse gleichmäßig
verteilt zeigt. Dieses Gestein ist ein Bestandteil einer sehr aus-
dauernden Zone stärkster Mylonitisierung zwischen Quarzit und Marmor
und selbst ein Mylonit, welches Urteil sich u. d. M. bestätigt. Außer
allen Erscheinungen gewöhnlicher Quarzkataklase ließ sich die an
deformiertem Quarz bekannte optische Zweiaxigkeit mit dem Austritt
der spitzen Bisektrix in Schnitten $\perp c$ beobachten. Die Kataklase hat
nicht zum Vorherrschen der Regel $c \perp s$ geführt, sondern die Quarz-
fragmente haben häufig die ungefähre Orientierung des Korns, dem
sie entstammen.

2. Pfitschtal.

An einem kalzitreichen Quarzit nördlich von St. Peter im
Valsertal bei St. Jodok ist ebenfalls nur hochgradige Kataklase
anzumerken. Dagegen zeigt ein Kohlenstoffquarzit aus dem Graben

beim. Walchhof im Pfitsch rein kristalloblastisches Gefüge und als wichtiges Akzessorium den in den Kohlenstoffquarziten des Tauern-westendes und des Ridnauntales (zum Beispiel an der Zirmaidscharte bei Ratschinges besonders schön ausgebildet) sehr häufigen Rhätizit.

Dieses Mineral ist hier einzeln und als garbiges Aggregat sehr kleiner Stengelchen vertreten, welche starke einfache Brechung und etwas höhere Doppelbrechung als Quarz zeigen, negativen optischen Charakter und die optische Orientierung des Disthens nachweisen ließen. Sie behaupten ihre Gestalt gegenüber Quarz. Letzterer füllt zuweilen sehr ausgeprägte, Korrosionsbuchten gleichende seitliche Buchten der Cyanitstengel; ein Verhalten, welches an außerordentlich schöne derartige Quarzbuchten erinnert, welche ich an Klinozoisit der dioritischen und gabbroiden Amphibolite vom Weißhorn im Sarntal kenne. Pleochroismus ist nicht wahrnehmbar.

Die kohlige Substanz versammelt sich im Disthen und meidet den Quarz, namentlich dessen größere Körner vollständig. Im auf-fallenden Lichte ist sie graphitisch glänzend krümmelig. Eine sub-parallele Anordnung der Quarzkörner fehlt auch in den größeren Nestern gänzlich, was man als einen gewissen Hinweis nehmen kann, daß diese nicht einzelnen zerpreßten Individuen entsprechen. Undu-löse Auslöschung ist nicht häufig. Das Gestein ist also sekundär kristallin, nicht kataklastisch. Es zeigt sichere psammitische Relikte in Gestalt von Quarzkörnern bis -geröllchen, ist also ein „Blasto-psammit", oder der den Tuxermarmor des Grünbergs begleitende Graphitquarzit als Graphitglimmerschiefer ausgebildet.

3. Hochfeiler.

An einem Quarzit zwischen den beiden Marmorlagen des Hoch-feilers tritt kristalloblastisches Gefüge ganz an Stelle kataklastischer und primärklastischer Struktur. An den Körnern des lückenlos ver-zahnten Quarzgefüges ist scharf leistenförmige (nach c) Abänderung der optischen Orientierung (Zwillingsbildung?) häufig zu bemerken; Undulationsstreifung selten. Außer gleichmäßig verteilten, unversehrten, ungeordneten Muskovitschüppchen ist noch etwas Magnetit, Titanit (in Krumen) und Apatit zu sehen. Das Quarzgefüge zeigt keine Regel.

Dagegen ist die Quarzgefügeregel α' subparallel s sehr gut an dem ebenfalls ungestört kristallinen Mosaikgefüge eines dem eben beschriebenen im übrigen ganz gleichen Quarzits aus dem Quarz-phyllit des Vikartales ausgesprochen, was als ein Fall von Quarz-regelung in nichtkataklastischem, kristalloblastischem Gefüge bemer-kenswert ist. Der Quarz einer Knauer im genannten Phyllit zeigte ausgezeichnete Böhmsche Streifung und Leisten.

Etwas stärkere Störung des kristallinen Gefüges als die er-wähnten Quarzite zeigt ein Quarzit aus der Rensenzone (Weg zur Unterkircher Alm bei Pfunders). Dieselbe äußert sich jedoch erst in etwas häufigerer Undulation des Quarzes manchmal mit feinen Rup-turen //. c und hat die zahlreichen gedrungenen Muskovitschüppchen unverändert gelassen.

Unter diesen Quarziten haben wir schon an geologisch äquivalenten graphitführenden und -freien Quarziten jeweils hochkristalline
Ausbildung und kataklastische ohne Reste hochkristalliner Ausbildung
angetroffen. Es ergibt sich jetzt die Frage, ob sich Schiefer finden
lassen, welche man als hochkristalline oder hochkristallin gewesene
Korrelate unserer Arkosen auffassen darf, wofür die geologischen Befunde im Felde sprechen. Der Verfasser ist der Ansicht, daß es
derartige Produkte der Schieferhüllenmetamorphose tatsächlich gibt.

IV. Sekundärkristalline Vergleichstypen mit Arkosen und Porphyroid.

Unter „Vergleichstypen" sind hier zunächst solche Gesteine gemeint, welche trotz kristalliner und ruptureller Metamorphose, abgesehen von Gründen für stratigraphische und tektonische Äquivalenz,
lithologisch vergleichbar sind. In manchen Fällen hat freilich die
Untersuchung u. d. M. die aus den letztgenannten Gründen gehegte
Erwartung, psammitische Relikte zu finden, enttäuscht, namentlich indem sich der Grad kristalliner Umbildung als ein im Handstück,
manchmal, wie sich zeigte, infolge nachträglicher Kataklase, unter-
schätzter erwies. Da nun, unbeschadet der Geltung geologischer
Gründe für Gleichstellungen, eine möglichst sorgfältige Abtrennung der
tatsächlichen petrographischen Gründe für spätere Theorien angestrebt wird, so finden hier unter IV. auch einige zweifelhafte oder
schon rein kristalline Typen Besprechung. Andere, schon sehr hochkristalline Typen mit teils ziemlich sicherer, teils zweifelhafter makroskopischer Geröllführung findet man später (pag. 245 ff.) besprochen.

Leider bedarf gerade die Bearbeitung der für die Theorie des
Gebietes entscheidensten Stelle unseres Gebietes, die Umbiegung der
Schieferhülle in die höchstkristalline Greinerzone am Brenner, wo-
selbst sich (Graben zur Steinalm) die Albitkarbonatgneise der
hochmetamorphen Hochfeiler- (und Sengeser-) Serie mit den Tuxer
Arkosen und Porphyroiden begegnen, noch weiteren Schliffmaterials.

a) Als Begleiter der Kalk- und Dolomiteinschaltung am Tuxer
Joch tritt ein für den ersten Blick einem Gneise sehr ähnliches Gestein
auf, an welchem grauliche Schmitzen auffallen. U. d. M. zeigt das
Gestein vorherrschend Quarz und Kalzit, daneben größere lamellierte
Albitkörner und größere Muskovitschüppchen, als bisher zu beobachten waren. Die bessere Ausbildung der Muskovitblättchen, der
lückenlose, ohne Mörtelbildung verzahnte Zusammenschluß der Quarzkörner verleihen dem Gefüge ein deutlicher kristalloblastisches Aussehen als den bisherigen; ob die Albite Neubildungen sind, war
infolge des Mangels an Reliktstrukturen nicht sicher zu entscheiden,
Orthoklas nicht nachzuweisen. Die schon zu höher kristallinen
Typen überleitenden Zeichen kristallinen Gefüges sind betroffen, aber
nicht verwischt, durch spätere Kataklase. Zeichen der letzteren sind
die durchweg undulöse Auslöschung der Böhmsche Streifung zeigenden
Quarze, manchmal mit gleichsinnigen Rupturen (subparallel *c*) verbunden, ferner, und besonders als Zeichen postkristalliner mechanischer
Deformation (Kataklase im weiteren Sinn) schätzbar, Verbiegung

der Glimmer. Von besonderem Wert aber ist eine Spur, welche die
erwähnten zwei Phasen der Gefügebildung als primärklastisches
Relikt überdauert hat. Dieselbe besteht darin, daß, gleichwie in der
beschriebenen Arkose vom Eiskar, Fragmente dichten, nicht unkristalli-
sierten dunklen Dolomits erhalten geblieben sind und das Gestein als
ursprünglichen Psammit noch mit beschriebenen Arkosen zu vergleichen
gestatten, deren höher kristalline, etwas kataklastische Form es petrographisch darstellt und als deren geologisches Äquivalent seine Begleiter
es zu betrachten gestatten.

Der Verlauf der Gefügebildung ist: Arkosebildung, Kristallisation,
schwache Kataklase.

Ganz neben das eben beschriebene Gestein zu stehen kommt
ein etwas höher kataklastischer Typus von derselben Lokalität, bestehend
aus Kalzit und Quarz zu gleichen Teilen und wenigem Muskovit. Der
Quarz läßt stetige Deformation durch wellige Biegung der
Böhmschen Streifung erkennen.

b) Ein anderer Gneis (gleich nördlich vom Diabas am Tuxer
Joch) zeigte große Quarzkörner mit Streifung und große lamellierte
Albite, welche beiden sich aus einem kleinkörnigeren Gefüge hervorheben. Letzteres besteht aus den beiden genannten Mineralen mit
rasch wechselnder Korngröße und zeigt außerdem etwas größeren
Orthoklas (selten), ferner Muskovit und Biotit in Schüppchen von
mittlerer Größe zu etwa gleichen Teilen. „Serizit" bildet sich hier
randlich aus Feldspat, wobei dieser meist lamellierter, manchmal auch
gleichmäßig vom Serizit durchsetzter Albit ist. Derartige „Serizit"-
Albite lassen sich in später zu beschreibenden Gesteinen sehr wohl
von anderen Albiten, zum Beispiel klaren nichtlamellierten oder klaren
lamellierten, unterscheiden. Über den Chemismus dieses Serizits und
darüber, ob es sich wirklich um Muskovit handelt, sind mir keine
Angaben möglich.

Bezüglich der Reihenfolge der Gefügebildung gilt auch hier,
daß die (deutliche) Kataklase jünger oder höchstens gleichalt ist im
Hinblick auf die Kristallisation. Die Herleitung des Gesteins aus einer
Arkose ist aus dem Gefüge nicht mehr erweislich, seine Kristallinität
rückt es, ohne daß deren hohe Kristallinität erreicht wird, in die Nähe
der kristallinen Schieferhülle; der postkristalline Charakter seiner
Kataklase und die geologischen Verhältnisse sprechen nicht gegen die
Hypothese, daß hier tatsächlich eine prätektonisch in geringerer Entfernung von den Zentralgneisen umkristallisierte tektonische Einschaltung
vorliege.

c) Die petrographische Untersuchung hat bei mehreren Typen,
welche im Felde vollständig Grauwacken glichen und als solche bezeichnet wurden, ergeben, daß gradweise Mylonitisierung höher kristalliner
Typen vorliegt und sekundäre Kataklase im Handstück psammitisches
Gefüge vortäuschen kann.

Als Beispiel sei eine „Grauwacke" unter dem Kalk der Tuxer-
klamm angeführt, welche dort als Mitglied einer weiter oben im
Gehänge noch deutlichen Porphyr- (Zentral-) Gneis enthaltenden
Schichtfolge auftritt. U. d. M. rückt das Gestein ganz in die Nähe
der peripheren Zentralgneise und ist als deren Diaphthorit und nicht

mehr als Grauwacke zu bezeichnen. Es enthält gestreiften Q u a r z,
B i o t i t in derben Schüppchen, reichlich gut umgrenzten Epidot, mit
A l b i t verwachsenen O r t h o k l a s von tropfenförmigem Quarz durchsetzt, wie er häufig die Augen der peripheren Gneise bildet; trüben
einschlußreichen und klaren stufig lamellierten A l b i t.

Das Gefüge zeigt erhebliche Kataklase, Undulation und Nester
zerpreßten Quarzes, ja sogar das Bild einer kataklastischen Fluidalstruktur, deren Verhältnis zur Kristallisation sich nicht sicher genug
analysieren ließ, um die Tatsache, daß diese Fluidalstruktur einen
weniger rupturellen Charakter zeigt als in den Porphyroidmyloniten,
näher zu deuten.

Bezüglich des Mineralbestandes bemerkt man, daß sich derselbe
von dem sicherer kristalliner Grauwacken qualitativ höchstens durch
den E p i d o t unterscheidet.

d) Gegen Süden an den Amphibolit des T u x e r J o c h e s unmittelbar
angrenzend fand sich ein Gestein, welches sich von den bisher beschriebenen namentlich durch seinen C h l o r i t gehalt unterscheidet.
B i o t i t ist sehr selten, der oft mit Chlorit parallel verwachsene
M u s k o v i t dürfte etwa ein Fünftel der Glimmer ausmachen. O r t h o k l a s
findet man in einzelnen trüben Körnern, A l b i t dagegen reichlich etwa
in gleicher Menge wie Q u a r z vertreten. Letzterer ist manchmal
gestreift und immer undulös, zum Teil rupturell undulös. Akzessorisch
treten T i t a n i t körnchen und gedrungene T u r m a l i n säulchen hinzu.
Die Struktur wäre etwa als ein Gefüge verzweigter Körner zu bezeichnen,
welches weder für Kristalloblastese noch für normale rein rupturelle
Kataklase entscheidet.

e) Dagegen tritt starke Kataklase als jüngste Gefügebildung
wieder zweifellos hervor bei einem Schiefer $100\,m$ nördlich von der
F r a u e n w a n d (bei Hintertux). Das Gestein ist ein wahrer Phyllit-
mylonit. Die Glimmerhäute, in welchen neben Muskovit ehemaliger
ausgebleichter Biotit, von limonitischer Lösung begleitet, vertreten ist,
und die Feldspataugen (mit Albit verwachsener Orthoklas) kämen auch
peripheren Zentralgneisen zu, die sehr zahlreichen gleich den Feldspaten stark gepreßten, oft randlich zermörtelten oder ganz zu Körner-
nestern rupturell deformierten gestreiften Quarze erinnern· aber doch
sehr an porphyroide Grauwacken. Es ist dies einer jener, der Tuxer
Grauwackenzone beigemischten Phyllonite, bei welchen die Herkunft
aus hochkristallinen Schieferhüllegliedern, vielleicht schon aus „Zentralgneis" wahrscheinlich ist.

f) In dem außerordentlich reichen Profil des K l e i n e n K a s e r e r
(Schmirn) tritt als Liegendstes unmittelbar über den Zentralgneisen
und als Mitglied einer bunten Schichtfolge, welche unter anderem auch
Granatphyllit als sicheres Schieferhüllenkristallin enthält, eine Kalkarkose auf, deren Kristallisation sie etwa zwischen Arkosen der Tuxer
Zone und höchstkristalline Kalkglimmerschiefer (des Greiner Zuges zum
Beispiel) stellt. Leider erschwert auch hier Kataklase die Beurteilung
der beiden anderen Gefügebildungen. Das sehr reichliche (etwa ein
Viertel) lamellierte K a r b o n a t zeigt deutlich die Tendenz, sich nicht
nur in Lagen, sondern auch in Nestern von rhombischem Querschnitt
anzuordnen, was den Eindruck eines Überganges zu den in den

höchstkristallinen Schieferhülletypen oft so bezeïchnenden größeren
Karbonatnestern bis einheitlichen Spatrhomboedern erweckt.

Der Quarz zeigt außer der (vielfach rupturellen) streifigen Undulation auch scharfe Leisten nach *c* und die Böhmsche Streifung.
Plagioklas und Biotit fehlen, Orthoklas ist als sehr großes einzelnes Korn beobachtet. Die Ausbildung des reichlichen Muskovits
ist nicht gut kristallin, mehr serizitisch.

Akzessorisch treten spärliche kleine, langrechteckige Querschnitte
eines Minerals hinzu, welches sich optisch als wahrscheinlich Cyanit
bestimmen ließ. Als psammitisches Relikt möchte ich größere,
glattrandige, elliptische Querschnitte von Quarzkörneraggregaten betrachten.

g) Ähnliches Vorwalten kristalliner Gefügebildung über rupturelle
läßt sich an einem geologisch äquivalenten Schiefer aus der Bach-
schlucht im Hintergrunde des Wildlahnertales beobachten. Zur
Metamorphose der einen Art, wie wir sie als Dynamometamorphose
an den weiter vom Gneis entfernten Typen vorwalten sahen, gehört
hier außer der verhältnismäßig zurücktretenden normalen Quarzkataklase und kataklastischen Umgrenzung der Einsprenglinge von
teilweise mit Albit verwachsenem, oft perthitischem Orthoklas und von Albitoligoklas, vielleicht auch die Verglimmerung von Feldspat. Der in Form wohlausgebildeter Schüppchen // *s* angeordnete, über Muskovit vorwaltende sehr frische
Biotit ist bemerkenswerterweise ganz unlädiert. Die Kataklase
scheint freilich nicht stark genug ausgebildet, um die Möglichkeit
auszuschließen, daß der Biotit sie lediglich überdauert habe. Als Begleiter des Biotits sind reichlich Zirkonsäulchen anzuführen.

Der Quarz der grobkörnigen Zwischenmasse zeigte keine Streifung,
aber zuweilen die schon an anderen, reiner kristallinen Gefügetypen
hervorgehobenen Leisten nach *c*. Er tritt gegenüber den größeren Feldspaten und denen der Zwischenmasse (Oligoklasalbit nahe $Ab_4 An_1$)
zurück. Das Gestein ist in seinem jetzigen Zustande als ein Gneis zu
bezeichnen, dessen Herkunft aus dem Gefüge nicht deutbar ist, und
wurde hier mehr als Seriengenosse des eben beschriebenen Kalkglimmerschiefers vergleichshalber erwähnt. Im Handstück ist das
Gestein äußerst feinkörnig grau mit spärlichen hanfkorngroßen Feldspataugen. Ein knolliger Einschluß, dessen Geröllcharakter ich für
unsicher halte, denn es könnte sich sowohl um eine kristalline Kon-
kretion als um eine tektonische Knolle (zum Beispiel entstanden
durch Zerreißung einer gefalteten und griffelförmig gestreckten Ein-
lage) handeln, bestand nur aus Quarz mit scharfen Leisten nach *c*
und Streifung und Orthoklas mit Andeutung von Kristallform und
etwas ausgelaugtem Eisenerz. Quarz und Feldspat treten als Einschlüsse ineinander auf. Von den Knollengneisen, in deren Nähe das
Gestein dadurch zu stehen kommt, wird später ausführlich die
Rede sein.

h) Viel näher steht den Arkosen ein Typus vom Hohen Nopf
(Schmirn), welcher namentlich vermöge des Gegensatzes zwischen
großen, zum Teil nur randlich zerpreßten, zum Teil zu Nestern zer-
quetschten Quarzen und der Zwischenmasse an porphyroide Grau-

wacken erinnert. Der reichliche M u s k o v i t ist gröber kristallin als bei dem oben (pag. 226) von derselben Lokalität erwähnten Porphyroid.

Diese Muskovite (bis Serizit) sind als Zeugen etwas stärkerer Kristallisation nachmals verbogen und gestaucht worden in einer mechanisch deformierenden Phase, welche das Gefüge bis zur Bildung kataklastischer Fluidalstruktur mobilisierte. Das Gestein ist ein Phyllit-mylonit wahrscheinlich einer prätektonisch etwas höher kristallisierten Arkose. Es enthält außer den genannten Mineralen noch O r t h o-k l a s, auch in sehr großen Körnern, und etwas A l b i t.

i) Das nächste Gestein stammt von der H u t t n e r b e r g a l m (Valsertal bei St. Jodok) und ist ein Mitglied der Serie über dem Hochstegenkalk der Saxalpenwand. Das für den ersten Blick einem sehr hellen Gneise ähnliche Gestein erweist sich schon durch ziemlich hohen Gehalt an lamelliertem K a l z i t als Paragneis oder -schiefer. Oblonge, bis zu 1×1.5 *cm* große scharfrandige Nester rupturell in gestreifte Körner mit subparallelem α' zerlegten Q u a r z e s kann man als p s a m m i t i s c h e R e l i k t e wohl am besten verstehen. Das übrige Gefüge ist sehr reich an ganz unregelmäßig umrissenem O r t h o k l a s mit sehr ungleicher Korngröße. Kataklase ist vorhanden. Bei der mangels aller Experimente bisher kaum überwindlichen Schwierigkeit, das technologische Verhalten eines so komplizierten Systems, wie des vorliegenden Quarz (Orthoklas)-Kalzit-Glimmergemenges, bei Teilbe-wegung im Gefüge a priori zu beurteilen, muß es dahin gestellt bleiben, ob man die undulösen Quarzkörner und Orthoklaskörner mit rasch wechselnder Korngröße als rupturelle Fragmente zu betrachten hat. Und selbst bezüglich des Glimmers (ausschließlich M u s k o v i t) ist es nicht ganz sicher, ob dieselbe nie über seinen annähernd seri-zitischen Habitus hinaus kristallisiert ist oder mechanisch wieder auf einen solchen reduziert wurde, wie dies zum Beispiel an Myloniten von Augengneisen der Tauern und der Maulser Zone erkennbar wird. An Bestandteilen ist noch trüber lamellierter A l b i t anzuführen.

Das Gestein ist eine kataklastische kalkreiche Orthoklas-Serizit-Quarzarkose ohne sichere Anzeichen höherer prätektonischer Kristallisation. Durch letzteren Mangel unterscheidet es sich von einem im übrigen ihm sehr nahestehenden, später (pag. 241) be-schriebenen Typus von der Flatschspitze am Brenner, ebenfalls über Hochstegenkalk.

k) Äußerlich große Ähnlichkeit mit porphyroiden Arkosen der Tuxer Zone und der Blassenekserie zeigt ein körneliger Muskovitgneis von der S a x a l p e am Brenner. Aus einer Zwischenmasse vorwiegend verzahnter, undulöser, wechselnd großer Körner gestreiften Q u a r z e s, in welcher die Anordnung $\alpha' \,/\!/\, s$ vorwiegt, heben sich unregelmäßig (wohl ebenfalls rupturell) umgrenzte trübe O r t h o k l a s e und Lagen aus Quarzkörnern, welche sich nur durch gleichmäßige bedeutendere Korngröße von dem anderen Quarzgefüge unterscheiden (ebenfalls $\alpha \,/\!/\, s$ vorwaltend). Die größeren O r t h o k l a s e sind zuweilen zer-brochen, kleinere, nicht mehr mit Sicherheit als Fragmente der großen deutbare O r t h o k l a s körner der Zwischenmasse in unregel-mäßiger Verteilung spärlich beigemischt. Auch sehr spärlich ver-

tretener lamellierter Albit zeigt Neigung, Nester zu bilden. Den
angeführten Zeichen der Kataklase scheinen mir die unverletzten, zu
phyllitischen Häuten zusammengeschlossenen Glimmer (nur Muskovit)
nicht ganz zu entsprechen. Angesichts des übrigen Gefüges, in welchem
mir außer den allbekannten eben angeführten Zeichen auch die
äußerst rasch und stark wechselnde Korngröße an sich für ausgiebige
rupturelle Teilbewegung zu sprechen scheint, darf man hier wohl
die Möglichkeit in Betracht ziehen, daß die Bedingungen für die
Kristallisation der Glimmer die kataklastische Phase der Gefügebildung überdauerten, wie dies oben ähnlich bezüglich des Kalzits
in Tuxer Myloniten (pag. 228) angenommen wurde. Petrographisch darf
das Gestein mangels psammitischer Relikte nicht als Grauwacke, wofür ich es im Felde hielt, sondern etwa als körneliger Phyllitgneis
bezeichnet werden, dessen psammitische Entstehungsweise seine engen
geologischen Beziehungen zu kalkreichen und quarzitischen Seriengenossen allerdings nahelegen.

l) Vielleicht den letzten Gneistypus, dessen Gefüge noch an
Tuxer Arkosen erinnert, finden wir auf unserer Umwanderung des
Tauernwestendes, freilich nur Stichproben entnehmend, im Graben,
der von der Steinalm zum Brenner zieht. Das Gestein gleicht in
der Hand einem Quarzitschiefer, verrät aber u. d. M. einen beträchtlichen Feldspatgehalt; eine Korrektur, welche einige als Quarzite
betrachtete Typen erfahren mußten. Die Kataklase ist eine hochgradige und hat fluidale Anordnung des serizitischen Muskovits
(Biotit fehlt) bei rupturell außerordentlich variierter Korngröße ergeben, wobei aber namentlich noch große Quarze und Orthoklase mit
ruptureller Umgrenzung erhalten geblieben sind. Außer fast durchweg
vortrefflich gestreiftem Quarz (meist // α', einmal aber Winkel von
34°), dem hier ebenfalls undulösen, oft perthitischen, zuweilen mit
Quarz durchwachsenen Orthoklas (oft randlich Mikroklin), Mikroklin und Albit findet man mehrfach äußerst feinkörnige Quarz-
feldspataggregate, welche sehr der Zwischenmasse (früher Grundmasse) mancher Tuxer Porphyroide und dem Gemengsel in deren
Quarztaschen gleichen. Da überdies wirkliche Spuren von Korrosionen
an Quarzfragmenten noch erhalten sind, darf man das Gestein wohl
auf einen Porphyroid zurückführen. Sehr schmale, scharfe, wenig
stärker brechende Säume an Orthoklas blieben mineralogisch unbestimmt (Albit?).

Bei den nun folgenden Gesteinen trage ich bei allen Gründen
für deren ehemalige Entstehung als Arkosen und meiner vollsten
Überzeugung hiervon Bedenken, von blastopsammitischer Struktur zu
sprechen, da mir diese Bezeichnungsweise das hypothetische Moment
auf Kosten des deskriptiven zu betonen scheint. Zur leichteren Ver-
ständigung sei bemerkt, daß Strukturen, wie die des „Psammitgneises"
bei Grubenmann (Kristalline Schiefer, Taf. IV, 6), hier als kristallin
schlechterdings bezeichnet sind, da der Grad der Umkristallisation
der Quarzkörner doch kaum abschätzbar sein dürfte; anderseits
scheinen mir an dem Bilde des Blastopsammitgneises von Mayr-
hofen (l. c. Taf. II, 4) rupturelle Teilbewegungen ausschlaggebend
mitgewirkt zu haben; wie weit letztere durch die Kristallisation über-

holt und zu reinen mylonitischen Relikten geworden sind, gestattet das Bild nicht zu behaupten.

m) Ein Gestein der mannigfaltig zusammengesetzten Serie zwischen Schlüsseljoch und Flatschspitze, äußerlich den körneligen Grauwackengneisen sehr ähnlich, welche von der Huttnerberg- und Saxalpe beschrieben wurden und in gleicher Lagerung wie diese (mit Quarziten über dem Hochstegenkalk), erwies sich als deutlicher kristallin bei bis auf schwache Undulation der Quarze zurücktretender Kataklase. Namentlich sind die eine sehr gute Schieferung des Gesteines bedingenden Glimmer, welche zuweilen etwas größere Orthoklase augenartig umschmiegen, derber entwickelt. Mit dem herrschenden Muskovit ist (untergeordneter) Biotit manchmal parallel verwachsen. Kalzit ist ziemlich reichlich vorhanden. Außer größeren perthitischen Orthoklaskörnern treten zweierlei Albite auf, nämlich neben dem oben schon öfter vorgefundenen lamellierten trüben (Albit$_2$, s. pag. 265) einzelne große Albite mit Epidoteinschlüssen, durch ihr sozusagen glattes und klares Auslöschen an die Albite der Sengeser Kuppel (Albit$_1$, s. pag. 248) erinnernd.

Das Gefüge ist zwar, wie bemerkt, kristalloblastisch, wo nicht seiner Ähnlichkeit halber mit dem von Grubenmann abgebildeten Mayrhofer Gneis blastopsammitisch zu nennen. Dennoch aber sind viele Züge in der Anordnung, wie namentlich in der Nähe der großen Körner die Glimmerverteilung, so ganz dieselben wie in kataklastisch geschieferten Tuxer Grauwacken, daß bei der geologischen Äquivalenz der beiden die Annahme, daß dieser Paragneis (Kalzitgehalt!) ein Grauwackenschiefer mit posttektonisch fortdauernder Kristallisation sei, wahrscheinlich ist (mylonitische Relikte, Blastomylonite.)

n) An einem zweiten, benachbarten, kalkfreien Typus bedingen (ebenfalls besser als bisher entwickelte) Glimmer ausgezeichnete Schiefrigkeit, indem namentlich auch der an Menge zurücktretende, in vielen Greinerschiefern quer zu *s* angeordnete Biotit streng in *s* liegt (Absorption schwächer als gewöhnlich, Pleochroismus hellgelb—braun).

Orthoklas ist reichlich vertreten, siebartig vom Quarz durchwachsen. Letzterer zeigt häufig Böhmsche Streifung; wo er als Einschluß im Orthoklas auftritt, fehlt jede Spur undulöser Auslöschung. Mikroklin dürfte an Menge dem Orthoklas nicht nachstehen. Albitindividuen mit Lamellen treten als Durchwachsung von großen Orthoklasen und in der Nähe solcher Albit-Orthoklase als kleineres Korn selbständig auf. Die Orthoklase treten zum Teil als Augen rupturell umrandet und vom Glimmer und Quarz umflossen, zum Teil zerbrochen und verflözt auf, so daß rupturelle Bewegung in *s*, und zwar Schiebung nach manchen Bildern, sichersteht.

o) Damit haben wir an der Umbiegungsstelle der Schieferhülle höherkristalline Vertreter der Tuxer Grauwacken kennen gelernt. Im weitere Verlaufe dieser Serie treten (zum Beispiel im Graben bei Sankt Jakob im Pfitschtal) als deren Fortsetzung kalkreiche, blastopsammitische, kristalline Schiefer auf, wie sie zum Beispiel als Liegendes über dem Tuxer Gneis des Kaserer beschrieben wurden, ferner

epidotfuhrende Glimmerschiefer bis reine Quarzite unversehrt kristalloblastischen Gefüges und ebensolche Graphit-Quarz-Blastopsammite.
Noch weiter im Pfitschtal, an der Griesscharte, finden wir als Fortsetzung
dieser Serie in Begleitung von Hochstegenkalk einen unversehrt
kristallinen Gneis, den makroskopische Quarzgeröllchen als ehemaligen
Psammit und jetzigen Paragneis kennzeichnen, ohne daß anscheinend
im feineren Gefüge unzweifelhaft blastopsammitische Züge vorhanden
wären. Bezüglich der letzteren gehe ich hier zunächst nicht so weit
wie G r u b e n m a n n (II. Aufl., pag. 13), bemerke aber, daß es mir bisher
nicht möglich war, die Vergleichsstudien an den finnischen, ganz oder
fast ohne rupturelle Teilbewegung im Gefüge kristallisierten Schiefern
auszuführen, welche für eine Präzisierung der Kriterien für p s a m -
m i t i s c h e und m y l o n i t i s c h e Reliktstruktur (vgl. Sachregister) viel
versprechen.

Im Gefüge dieses Gneises von der G r i e s s c h a r t e fehlt Kataklase bis auf seltene Undulation am Quarz und es herrscht das Bild
reinster B e c k e scher Kristallisationsschieferung. Diese ist, wie sie
mir überhaupt einer der rein deskriptiv brauchbarsten Gefügenamen
der Gefügenomenklatur in G r u b e n m a n n s Lehrbuch zu sein scheint,
auch hier sehr gut definierbar durch größer als bei den bisherigen
Typen auskristallisierten, unversehrten, meist // s angeordneten M u s -
k o v i t (Biotit fehlt), durch Pflastermosaiks isometrischer Körner
(frischer lamellierter A l b i t mit Epidoteinschlüssen über Quarz im
allgemeinen vorwiegend) und durch einen in s bis zum sechsfachen
seiner Höhe verlängerten unversehrten A l b i t, dessen Lamellen ⊥ s
stehen. Die Verteilung der Minerale ist eine nach Nestern, Lagen
und Knollen (mit ziemlich scharfer Grenze) wechselnde. Unter letzteren läßt sich sowohl gewissen quarzreichen, feinkörnigen als anderen
aus großen, einschlußreichen, lamellierten Albitkörnern von quarzreicher, feinkörniger Zwischenmasse getrennt bestehenden aus den
Knollengneisen vollkommen Entsprechendes an die Seite stellen.

Es bleibt bei diesem Gesteine fraglich, wie weit die mineralogisch und der Korngröße nach variierenden Linsen und Lagen nicht-
molekularer Teilbewegung ihre Entstehung verdanken, da derzeit
weder Rupturen noch stetige Deformationen auf solche hinweisen.

. *p*) Im Gegensatz dazu läßt sich ein von Herrn Professor B l a a s
am L a n s e r k o p f bei Innsbruck geschlagenes Gestein anführen,
welches ich wegen seiner vollkommenen äußeren Ähnlichkeit für einen
grauen Porphyroid der Tuxer Zone hielt. Es zeigte aber u. d. M.
keine feingewebte, rupturell fluidale Zwischenmasse zwischen seinen
auf das deutlichste rupturell zerlegten Einsprenglingen (Orthoklase
mit prächtiger Granophyrstruktur), sondern vielfach geradezu ideale
Wabenstruktur aus vorwiegendem Quarz und Albit. Dabei ist anzumerken, daß Quarznester und Lagen derartigen Gefüges und ohne Spur
von Kataklase mehrfach subparallele Orientierung des α' ihrer Körner
zeigten. Randlich ist der O r t h o k l a s öfter M i k r o k l i n mit zentri-
petal sehr deutlich feiner werdender Gitterung bis zur Anauflösbarkeit.
A l b i t ist zuweilen mit Orthoklas verwachsen. Sämtlicher Glimmer
ist M u s k o v i t, spärlich und ohne gutkristalline Ausbildung. A p a t i t
in gedrungenen Säulchen ist selten. Das Gefüge scheint mir, was die

Linsen und Lagen verschiedener Korngröße anlangt, als kristallin re-
generierter Porphyroid mit ehemaliger ruptureller Gefügebewegung
verständlich und die an Falten des Innsbrucker Quarzphyllits, in
welchem das Gestein liegt, beschriebene Abbildungskristallisation nicht
mit dieser Annahme präkristalliner Gefügedeformation im Widerspruch.

Wir besitzen . in den Fällen mylonitischer Relikte derzeit noch
keinen Anhaltspunkt zur Abschätzung der zwischen der rupturellen und
der jüngeren kristallinen Gefügebildung verflossenen Zeit. Es ist diesbezüglich einerseits der Gedanke an eine geologische Bedeutung dieses Zeit-
intervalls möglich, wenn man die Bedingungen der Kristallisation von
einem nach der rupturellen Gefügestörung wirksam werdenden, unter Umständen derselben korrelaten, geologischen Vorgang (Versenkung, Annäherung von Magmen) ableitet. Es ist aber nach technologischen Gesetzen
auch möglich, daß während des Bestandes der Kristallisationsbedingungen
und ihrer geologischen Ursachen Deformationen lediglich zu schnell erfolgen, als daß eine rein nichtrupturelle (tektonoblastische) Anpassung an
ihre mechanischen Spannungen stattfinden könnte. Wir hätten dabei gleichzeitige interferierende Ausbildung tektonoklastischen, tektonoplastischen
und tektonoblastischen Gefüges zu gewärtigen, da die Fähigkeit, sich mehr
oder weniger s c h n e l l nichtrupturell anzupassen, eine (freilich gerade
an den Mineralen noch weiter zu verfolgende bezüglich technologisch wichtiger Stoffe bekannte [1]) Materialfunktion ist. Ferner würde
das zeitliche Intervall zwischen ruptureller Deformation und derselben
auf dem Fuße folgenden Abbildungskristallisation (eventuell mit mylonitischen Relikten) geologisch belanglos.

G r u b e n m a n n (Krist. Schiefer, II. Aufl., pag. 265) sagt, daß
sich die Umbildung der Kalkphyllite unter Streß durch die helizitische
Textur äußere. Dabei ist aber eben die Frage noch unberührt, ob die
„Umbildung" (doch wohl = Kristalline Genesis = Kristalloblastese)
wirklich mit der Fältelung gleichzeitig, also tektonoblastisch erfolgt
sei, was ich z. B. für eine Zahl von untersuchten Falten im Hochkristallin des Hochfeiler und des Zuges Sterzing—Schneeberg—Similaun
nicht annehme. Diese Falten sind präkristallin und kristallin-abgebildet.
Und es bedarf das Studium dieser auch geologisch sehr wichtigen
Frage jeweils sehr genauer Angaben über die Art der Interferenz
von Faltung und Kristalloblastese.

q) Ein „Quarzit" aus dem S e i t e r b e r g t a l am Jaufen (bei
Sterzing), welcher wie der von S t i l f e s (weiter östlich) beschriebene
porphyroide Serizitquarzit unmittelbar an der eingeklemmten Maulser
Trias liegt, erwies sich · u. d. M. als kristallin mit zurücktretender
Kataklase und reich an lamelliertem, klarem P l a g i o k l a s, für welchen
der Vergleich mit Quarz $Ab_8 An_1 — Ab_3 An_1$ ergab. Da außerdem der
sehr spärliche M u s k o v i t nicht serizitisch, sondern gutkristallin ist,
wäre · dieses Gestein besser ein G n e i s q u a r z i t zu nennen. Am
Q u a r z ist die Orientierung $\alpha' \parallel s$ vorwaltend.

---

[1] Am bekanntesten dürfte die Bedeutung der Zeit für plastische (oder
blastische?) Anpassung bei Siegellack, Metallen etc. sein. Bezüglich der blastischen
Anpassung der Minerale an mechanische Spannungen hätte man ihre U m k r i-
s t a l l i s a t i o n s g e s c h w i n d i g k e i t näher zu verfolgen, wobei es derzeit bereits
möglich ist, an Arbeiten über Kristallisationsgeschwindigketi anzuknüpfen.

Ein anderer Schliff zeigt dieselben Bestandteile, namentlich wieder sauren Oligoklas (es war nach drei Messungen $\alpha' < \omega$, $\gamma' < \varepsilon$, $\alpha' < \varepsilon$, $\gamma' \leqq \omega$), größere Quarze mit Böhmscher Streifung, welche den kleineren vollkommen fehlt, am Quarz fast durchweg streifig-undulöse Auslöschung nach der Regel (// c) und öfter gleichsinnige Rupturen. Oligoklasalbit und Quarz finden sich buchtig in Orthoklas vordringend. Die Quarzindividuen durchwachsen sich an den Grenzen strauchartig und ein solches Korn weist zuweilen eine sehr verzweigte Querschnittsform auf. Körner mit solch zarten Verzweigungen scheinen mir als rupturelle Fragmente schwer denkbar und ich schreibe diese Körnergrenzen, so lange Versuche fehlen, eher der Kristallisation zu. Es wären dies Fälle einer (blastopsammitischen oder postkataklastisch regenerierenden?) Kristallisation, in welcher diese nicht zur Ausbildung von wabigem Gefüge gelangte. Wo die Kataklase wie hier nur in undulöser Auslöschung besteht, bei übrigens ganz kristallinem Gefüge, dürfte vielleicht auch die Möglichkeit, daß übertragener Wachstumsdruck von Kristalloblasten sie erzeuge, in Betracht zu ziehen sein, um so mehr, als schöne und sichere Beispiele hierfür unter Glimmern aus Ridnauner Glimmerschiefer hier vorläufig vermerkt werden können.

r) Der Tellersche „Wackengneis" von der Gänskragenspitze (hinterstes Seiterbergtal bei Sterzing) erwies sich ebenfalls als reich an einem lamellierten Plagioklas (nahe Oligoklasalbit). Der Quarz des verzahnten Gefüges zeigt zuweilen Böhmsche Streifung, immer Pressungserscheinungen. Der Glimmer ist teils gequetschter und gebleichter Biotit mit Erzausscheidungen, teils frischerer und besser ausgebildeter Muskovit. Orthoklas ist vorhanden perthitisch und von Quarz durchwuchert. Das Gestein enthält keine sicheren psammitischen Strukturrelikte und wird daher besser vorläufig nicht als Grauwackengneis zu bezeichnen sein, wie ich dies früher tat. Das Verhalten des Biotits ist ein Zeichen regressiver Metamorphose.

Ein anderer Wackengneis zwischen den Amphiboliten des Sarntaler Weißhorns und der Trias eingeschaltet, erwies sich als hochgradig kataklastisch. Zerpreßte Nester von Quarz und andere von serizitisiertem Orthoklas erinnern zwar an Porphyroidmylonite. Doch ist keine Grundmasse gut ausgeprägt und ein sehr reichlicher Gehalt an oft aggregiertem, frischem Biotit mit Verbiegungen scheint nur eher dafür zu sprechen, daß hier der Mylonit eines Gneises vorliegt.

Schließlich seien hier noch einige Beobachtungen an Quarziten bis Gneisen der Gürtelscharte am Passeierer Schneeberg angeführt. Die geologischen Gründe (gleiche Seriengenossen) für die stratigraphische Gleichstellung der hochmetamorphen Paragneise bis Glimmerschiefer des Schneeberger Zuges (Sterzing-Similaun) mit Paragneisen der Schieferhülle des Tauernwestendes werden, soweit dies nicht geschah, andernorts angegeben werden. Auch die von Grubenmann (Kristalline Schiefer, II. Aufl., pag. 11) erwähnten „jüngeren" „hochkristallinen Konglomeratgneise mit schönen Quarzgeröllen" vom Schwarzsee bei Schneeberg, welche ich lange kenne, stelle ich hierher und möchte es für eine aussichtsvolle Sache halten, auch an dem

Nachweis der s t r a t i g r a p h i s c h e n Gleichwertigkeit der Tremolaserie
etc. mit den Knollengneisen der Tauern zu arbeiten (genaue Serien-
analyse). Vom Schwarzseegneis ist bei den Knollengneisen (vgl. pag. 251)
noch die Rede.

Typen von der Gürtelscharte.

a) Ein dem als Begleiter der Trias im Seiterbergtal (pag. 243)
beschriebenen Gneis höchst ähnlicher, was den Grad der Kristallisation
anlangt. Q u a r z mit schöner Streifung, in groben Körnern von wechselnder Größe, manchmal in Nestern versammelt, bildet etwa zwei
Drittel des Gesteins; meist undulös. Sämtlicher Glimmer ist M u s k o v i t
in wohlgebildeten Schüppchen, mechanisch unberührt. Dagegen zeigt
der O r t h o k l a s wieder undulöse Auslöschung. Lamellierter Feldspat
fehlt vollständig und es ist überhaupt kein Plagioklas nachweislich.
Akzessorisch kurze A p a t i t säulchen. Die B ö h m sche Streifung ließ
sich in „stärker brechende Einschlüsse" (vgl. F. E. S u e s s, L. 5)
auflösen und Winkel mit α' bis 20⁰ beobachten. Scharfe Leisten
nach *c* am Quarz treten hier wieder auf, wie sie denn überhaupt
höher kristalline Typen zu bevorzugen scheinen. Ganz sichere psammitische Relikte zeigt das Gefüge nicht mehr. Ein sehr quarzreicher
Orthoklas-Muskovit-Gneis.

b) Ein zweiter Gneis zeigt etwas stärkere Kataklase, häufigere
rupturelle Undulation des Quarzes. Auch hier sind die Glimmer
(Muskovit) kaum betroffen. Verzahnten Aggregaten bis großen Körnern
von Quarz (oft gestreift, Winkel mit α bis 24⁰) entspricht Ähnliches
an großen Orthoklasen, indem, offenbar durch Zerfall derselben, auch
an deren Stelle Körnernester treten, nicht aber durch bloß rupturelle
Zerlegung, sondern unter A l b i t i s i e r u n g. Auch eine Serizitumhüllung
der O r t h o k l a s e würde ganz dem Bilde in Myloniten entsprechen,
wenn es nicht besser kristalline größere Muskovitschüppchen wären,
welche sich hier in der Nähe mancher Orthoklase scharen und
dieselben wohl auch umschmiegen, aber als Polygonalbögen ohne
Biegung der Einzelkristalle, also nicht mechanisch, sondern blastisch
angeordnet. Der Orthoklas ist häufig mit A l b i t verwachsen. Lamellierter Albit kommt auch in großen Einzelkristallen und Nestern
vor. In der Zwischenmasse herrscht mit variabler Korngröße Quarz
über Albit.

c) In einem dritten Gneis tritt zu *b* (s. o.) Biotit hinzu und un-
lamellierter Albit mehr in den Vordergrund. Besonders treten ferner
die bekannte fleckige Durchwachsung des O r t h o k l a s durch Albit,
sehr große a u g e n a r t i g e lamellierte A l b i t e mit Quarzeinschlüssen
und ein noch ausgeprägterer Lagen- bis Linsenbau und Nesterbau nach
Korngröße und Material hervor, also Zeichen von Teilbewegung in *s*,
ohne daß die beobachtbaren Rupturen für dieselbe ausreichend scheinen.
Wohl liegt auch hier kristalline Abbildung früher gebildeten tektonoklastischen Gefüges vor.

d) Neben den genannten Gneisen und geologisch nicht davon
trennbar treten Gneisquarzite und Quarzite als sichere Paraschiefer
auf. Beide Gesteine zeigen ein, was die Größe und Verteilung der

Gefügebildner betrifft, sehr gleichmäßiges Gefüge von einer Gleich-
mäßigkeit der Korngröße, welche in der Tat sogleich an Sandsteine
erinnert und im Sinne von Grubenmann (II. Aufl., pag. 13 und
Taf. IV, 6) als psammitisches Relikt zu deuten wäre. Bei dem einen
Gestein, einem fast feldspatfreien Quarzit, lassen sich zwischen den
Quarzkörnern in der serizitischen Zwischenmasse Orthoklasreste noch
da und dort (spärlich) erkennen; es ist etwa das Bild einer sehr
quarzreichen, serizitisierten Arkose ohne erhebliche Kataklase. Besser
ausgebildete, unversehrte Muskovite, spärliche große Biotite,
kleine, spärlich gleichmäßig verteilte Granaten und etwas Zirkon
in Körnern markieren den höherkristallinen Habitus des Gesteines,
demzufolge man auch die Bezeichnung Glimmerschiefer wählen kann.

Das zweite Gestein führt etwas Albit mit seltenen Lamellen,
gestreiften Quarz, nur Muskovit (sehr reichlich). Es ist ein Albitquarzit, respektive Glimmerschiefer. Keines der beiden Gesteine zeigt
mehr Schieferung als eine kaum merkliche Tendenz der Glimmer,
sich in s anzuordnen.

Anhangsweise sei schließlich bemerkt, daß die quarzgeröll-
führenden Quarzphyllite des Sunk-Karbons, deren stratigraphischer
Vergleich mit graphitischen Psammiten und Psephiten der Schieferhülle anderwärts (vgl. Sander, Verhandl. d. k. k. geol. R.-A. 1910, Nr. 16)
angeregt wurde, in zwei denselben von mir zum Vergleich entnommenen
Proben ein durch die Ausbildung des Muskovits und (zurücktretenden) Biotits und idiomorpher Turmalinsäulchen kristallines
Gefüge zeigten. Ich fand außer Quarz etwas Orthoklas und
Plagioklas (nahe Albit), sichere psammitische Relikte in Gestalt von
Quarzlinsenlagen und noch rundlichen Nestern verzahnter Körner, auch
im übrigen rasch wechselnde Korngröße. Diese Phyllite werden damit,
auch was ihre Metamorphose anlangt, manchem unserer Blasto-
psammite sehr ähnlich. Die Bewegung in s ist eben durch den Linsenbau deutlich ausgesprochen, die Glimmer sind größtenteils ideal in s
(häutig) angeordnet.

Zur Frage, wie weit die Bewegung in s eine rupturelle und
sekundär kristallin abgebildete sei, gestatten meine Präparate kaum
eine Stellung. Die Geröllchen scheinen mir zwar jedenfalls nicht nur
kristalloblastisch in s auseinandergeflossen zu sein, aber die gegenwärtige Kataklase ist zu stark, als daß man sie mit voller Sicherheit
als unzulänglich für die rupturelle Linsenerzeugung halten könnte.

Vielleicht auch würde ein genaueres Studium solcher verflachter
Elemente am besten ein Urteil über das Verhältnis (und eventuelle
gleichzeitige Zusammenspiel) ruptureller und blastischer Teilbewegung
ergeben.

Aus einer anderen Psammitgruppe, den Lantschfeldquarziten
der Radstätter Tauern, welche wenigstens zum Teil Arkosen,
sozusagen feinere Grauwacken sein dürften, liegt mir kein höherkristalliner Typus vor, wenn ich von einem Ankeritquarzit aus dem
Seekar bei Obertauern absehe, durch dessen starke Kataklase
ehemalige besser ausgebildete Muskovite eben noch erkennbar scheinen.

B. Knollengneise.

Wenn wir jetzt · an eine petrographische Beschreibung der Knollengneise und ihrer Knollen gehen, so stellen wir damit die Ergebnisse der Untersuchung u. d. M. in den Dienst sehr wichtiger geologischer Fragen, insbesondere der Frage nach dem Bodenkonglomeratcharakter der Knollengneise. Die weite Verbreitung dieser Gesteine (vgl. Abbildung Taf. I, 2) wurde für das Tauernwestende 1909 (Verhandl. d. k. k. geol. R.-A.) festgestellt, ihre geologische Stellung daselbst (L. 3) beschrieben. Hier wird zunächst auf die Beschreibung der Zwischenmasse, der Knollen und zum Vergleiche herangezogener Augen übergegangen, so weit dies das bisherige Schliffmaterial erlaubt. Der Beschreibung werden (pag. 273) sie Folgerungen angefügt, so weit der Mangel quantitativer Analysen gestattet.

I. Riffelscharte (bei Hintertux).

Außer den großen Knollen treten in diesem Gneis kleinere Nester bis Linsen und Lagen gut hervor, welche vollständig den kleinen Knöllchen im Geröllgneis vom Pfitschjoch entsprechen (vgl. pag. 249), ferner große, rupturell umrandete, undulöse, bisweilen gestreifte Q u a r z - körner, welche sehr an die P o r p h y r o i d quarze erinnern, um so mehr, als mehrfach schlauchförmige, von kristallinem Quarz-Feldspat-Aggregat erfüllte Gebilde mit rundem sackförmigen Ende noch sehr wohl als von etwas höher kristalliner Grundmasse erfüllte K o r r o s i o n s - s c h l ä u c h e deutbar sind und so gedeutet werden. Außerdem treten größere O r t h o k l a s körner hervor, zum Teil von A l b i t in der gewöhnlichen Weise fleckig durchwachsen, zum Teil von jenem „A l b i t₁" $Ab—Ab_8 An_1$ bis höchstens $Ab_3 An_1$ ohne Lamellen verdrängt, welcher die Albitgneise des Hochfeiler etc. kennzeichnet. Letzterer Vorgang (die A l b i t i s i e r u n g d e s O r t h o k l a s e s), welcher für die Frage nach der zwischen Grauwackengneisen (Tuxer Schieferhülle) und Albitgneisen (Zillertaler Schieferhülle) bestehenden prämetamorphen Äquivalenz sehr wichtig ist, läßt sich in unserem Gestein sehr gut beobachten. Die Verdrängung gemeinen trüben Orthoklases durch den genannten, sehr bezeichneten, mit Ausnahme größerer eingeschlossener Epidotkriställchen[1]), klaren Hochfeiler-Plagioklas zeigt hier sehr häufig das Bild einer Aufzehrung des Orthoklases bis auf wolkige schwimmende Reste.   Und sehr oft scheint mir der Vorgang bis zum restlosen Ersatz des Orthoklases gediehen, so daß es sich dabei nicht um einen Vorgang von untergeordneter Bedeutung handelt, sondern man geneigt wird die Entstehung der Albit-Karbonatgneise aus Kalk-Grauwacken ins Auge zu fassen; als eine Metamorphose, welche wir hier auf ·ihrem unterbrochenen Wege gefunden hätten. Freilich wäre von da aus namentlich der Frage nach der Herkunft des Natriums durch Analysen erst näher nachzugehen.   Wahrscheinlich ist dieses, wo der auch in den Grauwacken nicht seltene trübe Albit nicht ausreicht, in der serizitischen Zwischenmasse der Grauwackenmylonite zu suchen. Unser

---

[1]) Diese fehlen zuweilen randlich vollständig (vgl. einschlußfreie Säume der Hochfeiler-Albite).

Gestein ist ein Mischtypus zwischen Grauwackengneis
und Albitgneis der Sengeser Kuppel mit mäßiger postkristalliner Kataklase. 'Aller Glimmer ist gut kristalliner Muskovit.
Akzessorisch Epidot und etwas Erz.

2. Nördlich von der Friesenbergscharte (bei Hintertux).

Vor allem unterscheidet man auch hier zahlreiche Knöllchen,
welche substanziell den großen Knollen entsprechen, die zuerst zur
Beachtung der Knollengneise führten, ganz wie in der feinkörnigen
Fazies des Knollengneises vom Pfitschjoch.

Unter diesen Knöllchen lassen sich drei Arten unterscheiden:

a) Äußerst gleichmäßig feinkörnige, scharf gegen die Zwischenmasse abgegrenzte bestehen vollständig aus weich miteinander verwachsenen untereinander gleichgroßen sehr kleinen Quarzkörnchen
und sind demnach von der Zwischenmasse mit ihrem derbkörnigen
Gefüge ihren Glimmern und Feldspaten etc. sehr deutlich verschieden.
Solche Knöllchen sind also reiner Quarzit.

b) Andere sonst sehr ähnliche Knöllchen und Nester führen
etwas Muskovit und nicht wenig lamellierten Plagiokas (Albit bis
Oligoklas).

c) Wieder andere unterscheiden sich von der Zwischenmasse
(sowie natürlich von *a* und *b*) durch bedeutend größeres Korn. Sie
bestehen aus durch Epidoteinschlüsse getrübtem, lamelliertem
Plagioklas $Ab—Ab_8 An_1$, dessen Saum einmal etwas basischer gefunden wurde ($\gamma' = \omega$ also bis $Ab_3 An_1$). Zuweilen kombinieren sich
Periklinlamellen mit den Albitlamellen, häufig befinden sich zwei ungefähr gleichgroße lamellierte Individuen in Bavenoërstellung.

Die Zwischenmasse zeigt noch (spärlich) große Quarze, viel
Muskovit und etwas Biotit in mittelgroßen Schüppchen, Plagioklase und Quarz. Unter den Plagioklasen läßt sich unterscheiden:

1. $Ab—Ab_8 An_1$, der schon beim vorhergehenden Gestein beschriebene „Hochfeileralbit" einfach oder gar nicht verzwillingt, dessen
Epidoteinschlüsse sowohl Neigung zu zentraler Häufung als Spuren von
relikter Anordnung erkennen lassen. Beides dürfte (vgl. später pag. 279)
mit der Bildung des Epidots vor der Bildung dieser Albite zusammenhängen, welche künftig der Kürze halber im Rahmen dieser Arbeit als
Albit$_1$ bezeichnet werden. Albit$_1$ ist hier und anderwärts immer
frisch, ein von keinerlei weiterer Metamorphose betroffenes Endprodukt der Schieferhüllenmetamorphose. Wogegen der trübe Albit
älteren (sicher prätektonischen) Entstehungsdatums ist.

2. Andere Plagioklase mit Lamellen und Epidoteinschlüssen
entsprechen denen der Knöllchen ($Ab—Ab_8 An_1$ und etwas basischer).
1 und 2 sind nicht vollständig auseinanderzuhalten.

3. Körner von lamelliertem, klarem, einschlußfreien Plagioklas
manchmal etwas zonar gebaut, nach dem Quarzvergleich bis $Ab_3 An_1$
nach den Auslöschungsschiefen etwas basischer, nach einem Schnitt $\perp$
M und P $Ab_{64} An_{36}$ Oligoklasandesin.

Die postkristalline Kataklase des Gesteins ist unbeträchtlich.

3. Pfitscherjoch.

a) Eine Flasergneisfazies des Konglomeratgneises vom Pfitscherjoch, welche in der Hand kaum von Orthoflasergneis der Zentralgneise zu unterscheiden ist. Der Übergang zu den Konglomeratgneisen erfolgt sowohl ganz stetig vertikal als im Streichen, das Betupfen mit Salzsäure verrät höheren Kalzitgehalt, als bei Orthozentralgneisen vorhanden zu sein pflegt. Die Bestandteile sind:

Lamellierter K a l z i t in Nestern mit weichen Körnerumrissen, seltener in Einzelkörnern. Einheitliche Kristalle umschließen Quarzkörnchen mit denselben scharfeckigen Umrissen, welche die Quarzkörnchen der Zwischenmasse zeigen. Als Einschluß in Albit und Quarz. Q u a r z mit geringer Kataklase manchmal mit B ö h m scher Streifung, häufig gruppiert in Nestern mit verzahnten Körnergrenzen.

B i o t i t als vorwaltender Glimmer ziemlich viel in großen Fetzen mit Siebstruktur, manchmal mit dem streng in *s* angeordneten M u s k o v i t parallel verwachsen, zuweilen quer zu *s*.

C h l o r i t spärlich.

P l a g i o k l a s nahe $Ab_8 An_1$ in der Ausbildung als A l b i t₁.
O r t h o k l a s mit randlichem M i k r o k l i n und Albit.
E p i d o t reichlich.

Knöllchen bis Lagen ganz wie *b* im Gestein von der Friesenbergscharte (s. o.), substanziell den großen Geröllen ganz entsprechend. An diesen Knöllchen läßt sich die stets vorhandene beträchtliche Anreicherung mit M a g n e t i t (?) im Vergleiche zur Zwischenmasse und eine einmal beobachtete randliche Anreicherung mit A l b i t anmerken.

b) Feinkörnige Fazies des Konglomeratgneises. Auch dieses Gestein ist wie das vorhergehende ein Z w i s c h e n t y p z w i s c h e n G r a u w a c k e n g n e i s u n d S e n g e s e r A l b i t g n e i s, eine kristalline Kalkarkose mit unbeträchtlicher postkristalliner Kataklase. Das Gefüge ist ein vollkommen gleichmäßiges und die Verteilung der Erze (Pyrit und Magnetit) im Gegensatz zu *a*, wo wir sie auf die Knöllchen beschränkt fanden, eine gleichmäßige. Nun treten (in einem zweiten Schliff) noch größere Nester aus gestreiftem Q u a r z hervor und da und dort heterogene Lagen, als vollständig deformierte Knöllchen (*a* und *b*) erkennbar.

Der vorwaltende M u s k o v i t bedingt ausgezeichnete Schieferung, dagegen stehen größere B i o t i t e vereinzelt quer zu *s*.

Die A l b i t o l i g o k l a s e (bis höchstens $Ab_8 An_1$) zeigen deutlich die Tracht A l b i t₁, sind nur sozusagen etwas unsäuberlicher kristallisiert als die Sengeser Albite. Häufig ist zentrale Anhäufung opaker, winziger, unbestimmbarer Einschlüsse, bemerkenswert im Vergleiche zu *a* ist eine weitere Annäherung an die Sengeser Albite₁, nämlich tropfenförmige Rundung der Quarzeinschlüsse (neben Epidot) im Albit. Daß man im Albit demnach sowohl scharfkonturierte als gerundete Quarzeinschlüsse findet, scheint mir eher für die Auffassung dieser b e i d e n Konturen als Relikte, als Ergebnisse der voralbitischen

Phase, zu sprechen. Sichere Schlüsse auf präkristalline rupturelle Gefügebildung gestattet dieses Gestein trotz der beträchtlichen Teilbewegung
in s (Flaserung der Knollen) nicht, doch wäre es möglich, diese Hypothese auch für manche Schwankungen der Korngröße heranzuziehen.
Nach G r u b e n m a n n s Abbildung könnte man wohl kaum weniger
hypothetisch das erwähnte gleichmäßige Gefüge als blastopsammitisch
bezeichnen.

4. Hochfeiler.

Zwischen den beiden Marmorlagen des Hochfeiler in der Umgebung der Wiener Hütte tritt ein Gneis auf, dessen lithologischer
Habitus im Felde und in der Hand ganz dem geflaserten Knollengneis entspricht, bei welchem keine Knollen makroskopisch hervortreten.

Er enthält:

Reichlichen Glimmer, fast durchweg Chlorit, immer $Ch_m +$, $Ch_z -$,
α dunkler olive, γ heller gelblich, wahrscheinlich K l i n o c h l o r.
M u s k o v i t ist mit diesem gemischt und verwachsen, aber auch allein
in wirren, unlädierten Nestern, wahrscheinlich als Derivat von Feldspat. B i o t i t ist sehr spärlich. Plagioklas als $Ab - Ab_8 An_1$ in der
Tracht von A l b i t$_1$, nur einmal verzwilingt, aber auch feinlamelliert.
Orthoklas in von Muskovit erfüllten Körnern. Der Quarz zeigt Leisten
nach c, Undulation, manchmal Böhmsche Streifung.

Das Gestein ist nicht annähernd so gleichmäßig schön kristallisiert wie die Sengeser und Hochfeiler Albitgneise, an welche es wie
die Pfitscherjoch-Konglomeratgneise durch Albit$_1$ Annäherung zeigt
und mit welchen es Klinochlor gemein hat. Es steht den
erwähnten „Geröllgneisen" in der Tat am nächsten und die Deutung
mancher Lagen und Nester als verflaserte Knöllchen liegt noch nahe.
Jedenfalls weisen derartige Lagen stark verschiedener Korngröße auf
ausgiebige Bewegung in s, deren präkristallin ruppureller Charakter
mir in Anbetracht der Unzulänglichkeit der postkristallinen Kataklase
und der Schwierigkeit, den raschen Korngrößewechsel in Lagen durch
reine Kristalloblastese zu erklären wahrscheinlich ist. Auch hier mag
es wiederholt sein, daß die „präkristalline" rupturelle Gefügebildung
nur in dem Sinne „präkristallin" genannt wird, als sie von der vielleicht
vorher schon zugleich wirksamen molekularen Gefügemobilisierung
überdauert und mehr oder weniger verdeckt wurde, zum Beispiel
durch Neubildung größer unlädierter Glimmer. Es ist derzeit mangels
systematischer Studien über rupturelle Gefüge (Mylonite, Phyllonite etc.)
nicht möglich, näher auf diese Fragen einzugehen und die präkristalline
(im obigen Sinne) rupturelle Gefügebildung vielfach noch mehr eine
beachtenswerte Möglichkeit als die gesicherte Hypothese, welche sie
wohl werden kann, wenn man vom Studium der Mylonite auf die
Frage nach dem Anteil ruppureller Teilbewegung an scheinbar un-
kataklastischen kristallinen Gefügen übergeht. Der Verfasser ist überzeugt, daß sich derartige „B l a s t o m y l o n i t e" mehrfach werden
nachweisen lassen (man vergleiche und unterscheide W e i n s c h e n k s
Piezokristallin).

5. Dreiherrenspitze.

Südlich von dieser Spitze (Gansör bei Mauls, „Bensenzone") fand sich ein Knollengneis, welcher sich u. d. M. von den bisher beschriebenen dadurch unterscheidet, daß neben dem $Ab—Ab_8 An_1$ von der Tracht Albit$_1$ ein stufig lamellierter Oligoklas (bis $Ab_2 An_1$) sehr reichlich auftritt, zuweilen mit Schachbrettalbit verwachsen. Quarz tritt in der Zwischenmasse zurück. Er zeigt rupturelle Undulation, der Glimmer (nur Muskovit in derben Täfelchen) Verbiegung. Das sind die Zeichen postkristalliner Kataklase. Im übrigen gilt vom Gefüge dasselbe wie für das eben beschriebene Gestein vom Hochfeiler, beide bieten bei geringer postkristalliner Kataklase ein Bild, das zwischen ruppureller Bewegung in s und reiner Kristallisationsschieferung etwa in der Mitte steht. Den Abstand von letzterer machen zahlreiche rein auskristallisierte Ridnauner Schiefertypen ohne weiteres anschaulich.

Bemerkenswert ist außer den sonstigen starken Schwankungen der Korngröße besonders eine Linse, welche vollkommen aus Quarz besteht. Dieser bildet ein Gefüge vorwiegend nach γ' stengeliger, verzahnter Individuen, so daß γ', die Undulation, Rupturen und verzahnte Grenzen sowie die Längsachsen dieser optisch subparallelen Körner mit der Schieferung unseres Gesteines einen Winkel von 60⁰ und mehr bilden. Ob die Ausplättung dieses Quarzfragments unter wesentlich rupphureller Gefügeregelung erfolgte oder letztere mehr eine molekulare war, muß vorläufig unentschieden bleiben.

6. Schneeberg.

Von den beiden dem Vorkommen am Schwarzsee beim Bergwerk Schneeberg im Passeier entnommenen Proben sei zunächst eine besprochen, welche im Handstück zahlreiche geröllähnliche Quarzknollen enthält. Man findet auch im Schliff kleinere Nester verzahnten undulösen Quarzes (öfter mit Böhmscher Streifung), außerdem größere zerbrochene und andere, wie die Fragmente derselben umgrenzte, von stark und unvermittelt wechselnder Größe, welche, mehr als die Hälfte des Gefüges ausmachend, reichliches Muskovitgewebe zwischen sich schließen. Dieses letztere besteht aus wirr orientierten Blättchen von geringer, aber mehr als serizitischer Größe. Das ganze Bild entspricht in den bisher beschriebenen Zügen ganz dem, welches wir rupturelle Gefügebewegung erzeugen sehen, nur ist der Muskovit etwas „besser kristallin" als im Serizit. Wenn man, wie das hier geschieht, dieses Bild präkristalliner Kataklase hypothetisch zuschreibt, so hätte man in großen nur hie und da schwach gestauchten Biotiten die Ergebnisse des letzten Abschnittes der kristallisierenden Gefügebildungsphase zu sehen. Orthoklas ist nur wenig vorhanden, wonach man also das Gestein als blastomylonitischen Zweiglimmerschiefer bezeichnen mag.

In dem zweiten Gestein ist präkristalline Teilbewegung im Gefüge direkt abgebildet in Form von polygonalen Faltenbügen aus Glimmern ohne Umschluß durch einen einheitlichen Kristalloblasten (externe Helizitstruktur, vgl. pag. 278). Große Orthoklaseinsprenglinge und

Orthoklasaggregate erinnern an Augengneis. Sie sind wie dort von Quarzeinschlüssen durchsetzt, welche eckige und weiche, oft bizarr verzweigte Umrisse zeigen. Außerdem führen sie G r a n a t, M u s - k o v i t, B i o t i t und E r z ohne relikte Ordnung. Wir sehen also hier (wie andernorts) Knollengneis mit Orthoklasaugen. Von den Glimmern gilt dasselbe wie oben. Bemerkenswert sind durch scharfe Biotit- blättchen in Quarz erzeugte u n d u l ö s e H ö f e, welche man wohl als eine Abbildung der S p a n n u n g s s t ö r u n g durch den mechanisch differenten Biotiteinschluß im Quarz bei Pressung desselben entstanden zu denken hat.

7. Seiterbergtal (bei Sterzing).

Dieser Gneis, dessen bis 15 cm Durchmesser erreichende Knollen eine Präparation durch Querschneiden und Polieren auf Grund zonar angeordneter Einschlüsse als Feldspatindividuen (vgl. pag. 268) noch erkennen ließ, sei hier trotzdem anhangsweise erwähnt als struktureller Gegensatz zu sämtlichen oben beschriebenen, deren l e t z t e s Gepräge ausnahmslos die Kristallisation ergab. In diesem Falle hat in einer sehr anschaulichen Weise rupturelle Gefügebildung als letzte vorge- gewaltet und außer starker normalverlaufender Kataklase an Q u a r z, Zerteilung und Verglimmerung der O r t h o k l a s e, die, wie manche Reste deutlich zeigen, ehemals gut auskristallisierten B i o t i t e und M u s k o v i t e dieses Augengneises in charakteristischer Weise defor- miert durch Biegung und Aufblätterung bis zu filzigen Aggregaten und phyllitischen Häuten: Das Gestein war auf dem Wege, aus einem Augengneis ein Serizitphyllit zu werden. An Bestandteilen ist außer den genannten lamellierter $Ab_8 \ An_1 - Ab_3 \ An_1$ vorhanden.

Das Gestein fügt sich gut in die Gruppe der Maulser Gneise, aus welcher wir andere Beispiele von Mylonitisierung oben (pag. 244) schon erwähnt haben.

C. Einige Begleiter der Knollengneise.

Eine Beschreibung der Orthozentralgneisgruppen des Tauern- westendes fällt nicht in den Umfang dieser Arbeit, jedoch werden hier anhangsweise wegen ihres Zusammenhanges mit hier berührten Fragen einige Begleiter der Knollengneise angeführt.

1. Ein Zentralgneis, welcher nördlich von der F r i e s e n b e r g - s c h a r t e bei Hintertux als Glied der „Serie B" (vgl. L. 3) antiklin auftaucht, ist zu erwähnen als ein unter den Knollengneisen liegendes Glied, welches mit deren feinkörniger Ausbildung am Pfitschjoch die größte Ähnlichkeit besitzt. Das Gefüge dieses aus E p i d o t a l b i t, Q u a r z und M u s k o v i t bestehenden Gneises läßt noch größere Albite und namentlich Quarzalbitlinsen geringer Korngröße erkennen, welche den Knöllchen des Pfitscherjochgneises entsprechen. Die post- kristalline Kataklase steht in keinem Verhältnisse zum Ausmaß der schiefernden Teilbewegung in s. Diese dürfte nicht nur kristallo- blastisch vor sich gegangen sein, sondern präkristallin rupturell.

2. Wegen ihrer petrographischen Zusammengehörigkeit, was ihre Komponenten und manche Züge des Gefüges anlangt, seien folgende drei Vergleichstypen gemeinsam herangezogen.

a) Ein randlicher phyllitisierter Zentral-Porphyrgneis oder Augengneis vom Kontakt bei der G r i e s b e r g a l m am Brenner erwies sich u. d. M. in einer bei der Erfahrung, welche man sonst mit phyllitisierten Gesteinen unseres Gebietes macht sehr überraschenden Weise als v o l l k o m m e n f r e i v o n j e d e r S p u r p o s t k r i s t a l l i n e r Kataklase.

An dem rupturellen Charakter präkristalliner Teilbewegung ist auf Grund der Feldspatfragmente mit korrespondierenden Trümmergrenzen nicht zu zweifeln, über das Ausmaß derselben aber keine Vermutung möglich.

Aus dem Gefüge heben sich Nester aus wenigverzahnten, nichtundulösen, gestreiften Q u a r z körnern ohne vorwaltende Gleichorientierung heraus; ferner die Feldspataugen.

Unter diesen letzteren sind große trübe oft p e r t h i t i s c h e O r t h o k l a s e meist zu Nestern vereinigt. Sie zeigen nicht selten Karlsbader Zwillinge, Parallelverwachsung mit einem Plagioklas (nahe A l b i t) und Verdrängung durch denselben. Auch ebenso große derartige trübe Plagioklase, deren Lamellierung oft erst bei sehr guter Beleuchtung deutlich wird, findet man mit Orthoklas zu grobkörnigen Nestern verwachsen, welch letztere alsdann v o l l k o m m e n a n m a n c h e n K n o l l e n d e r K n o l l e n g n e i s e petrographisch e n t s p r e c h e n. Ihre Lamellen findet man zuweilen präkristallin geknickt gebrochen und stetig gebogen.

Wo diese P l a g i o k l a s e in O r t h o k l a s eingewachsen sind, bemerkt man oft am ersteren einen einschlußfreien dem Plagioklas angehörigen Saum, wofür ich keine befriedigende Erklärung angeben kann.

Ferner sind zu beachten die Züge von Pflastermosaik aus sehr kleinen Körnern eines selten verzwillingten P l a g i o k l a s e s $Ab—Ab_8 An_1$, welche Züge als umsäumende Kränze am Orthoklas und auf dessen Klüften auftreten. Manchmal verdrängt dieses Albitmosaik Orthoklase bis auf Reste und vollständig und nimmt zugleich die Form von Knollen und Linsen an. Die erwähnten großen P l a g l i o k l a s e sind etwas basischer $Ab_8 An_1—Ab_3 An_1$ (nach symm. Ausl. saurer als $Ab_{86} An_{14}$).

Der vorherrschende Glimmer ist M u s k o v i t, wenig derb auskristallisiert, wiewohl besser als S e r i z i t. Am B i o t i t ist S a g e n i t hervorzuheben, als akzessorischer Gemengteil Z o i s i t α ohne anomale Interferenzfarben.

b) Ein Augengneis, welcher im Graben zwischen F l a n s und T s c h ö f s bei Sterzing unter die Serie des Roßkopf (Tribulaundolomit und Schieferhülle) westlich einfällt, erweist sich u. d. M. als *a* sehr nahestehend bis auf das Gefüge, welches als ein Musterbeispiel k a t a k l a s t i s c h e r F l u i d a l s t r u k t u r durch rupturelle Teilbewegung ausgeprägt ist. Die Bestandteile sind Q u a r z, die in *a* beschriebenen P l a g i o k l a s e, O r t h o k l a s, M i k r o k l i n und dieselben Z o i s i t e α, aber zertrümmert und zerrieben. Feinkörnige Quarzalbitnester-Linsen erinnern auch hier an „Knöllchen". Der Glimmer ist M u s k o v i t in Strähnen. Die sanfte Wellung dieser Strähne und namentlich auch ihr Umfließen vom Ufer vorspringender Mineralecken wird ganz und gar ebenso von den später näher zu beschreibenden Streifen aus geregeltem Quarzgefüge mitgemacht. Außer der Teilbewegung in s, an welcher Schiebung mitbeteiligt gewesen sein kann, sind an diesem Gestein zu beachten quer zu s verlaufende, verheilte Zugrisse. Durch diese sind Zugspannungen in s unzweideutig abgebildet und zwar Zugspannungsmaxima annähernd parallel zur Schnittlinie zwischen s und der Schlifffläche. Es ist dadurch schon Streckung angedeutet und unser Schliff wäre zwar quer zur Schieferung, aber subparallel zur Streckachse. Die durch die verheilten Querrisse ausgelösten Zugspannungen sind zwar kein zwingender Grund dafür, aber immerhin ein Hinweis darauf, daß auch die Teilbewegung in s als Ausdruck derselben Normalspannungen, als Zerrung mehr denn als Verschiebung erfolgte. Natürlich sind diese „zerrenden" „Zugspannungen" als Korrelat eines $\perp$ s erfolgenden Druckes zu nehmen.

Über diese, die **Petrographie und Tektonik in gleicher Weise betreffende Angelegenheit korrelater Deformationen** ist im Hinblick auf die, wie es scheint, da und dort im Entstehen begriffene Terminologie [1] geologischer Deformationen folgendes zu bemerken. Was wir sehen, sind abgebildete Richtungen von Teilbewegungen. Daraus schließen wir auf die Richtung der für letztere entscheidenden mechanischen Spannungen, wobei Normalspannungen (Druck und Zug) und Schubspannungen zu unterscheiden sind und als entsprechende Deformationen Zerrung und Schiebung (bis zu Riß und Abscherung). Zu wenig beachtet ist die **Korrelation** dieser Spannungen und Bewegungen, über welche für einzelne Deformationen und Ausweichungsbedingungen die Lehrbücher der technischen Mechanik Aufschluß geben. Was wir beobachten sind abgebildete Ausweichebewegungen, was man daraus **direkt** erschließen kann ist meist die Richtung der, einem oft erst sekundär erschlossenen Drucke korrelaten Zug- und Schubspannungen. Sowohl der genannte umgesetzte Druck als der richtungslose Druck „Belastung"? Spitz, s. u.) werden erst aus den abgebildeten Ausweichebewegungen erschlossen und aus noch anderen Daten, mehr oder weniger hypothetisch. Eben deshalb und auch wegen des Anschlusses an die Ausdrucksweise der die Deformationen zünftig behandelnden technologischen Wissenschaft bedarf man für die Beschreibung geologischer Deformationen (Tektonik und Petrographie) vor allem des ohne Rücksicht auf „Belastung" etc. gebrauchten Ausdruckes Zerrung, welcher in diesem Sinne zum Beispiel schon L. 3 gebraucht ist. Denn es ist gewiß rätlich, der Terminologie der zu erstrebenden geologischen Deformationslehre und ebenso dem referierenden Beobachter Ausdrücke von möglichst großem rein deskriptivem Wert vor allem zu sichern. „Streckung" ist bekanntlich eine durch primären Zug und durch sekundären Zug (= Druckminimum und Ausweichmöglichkeit in der Richtung der Streckachse) erzeugbare Zerrung,

---

[1] Vgl. A. Spitz' Definitionen, Verhandlungen der Reichsanstalt, 1911, Nr. 13, zum Beispiel: Streckung ohne Belastung = Zerrung, Streckung unter Belastung = Walzung, vgl. ferner Sander, L. 3, pag. 50 (bezüglich „Zerrschichtflächen") und L. 4, ebenso Verhandlungen der Reichsanstalt, 1909, Nr. 16, desgl. den Geologischen Alpenquerschnitt von Ampferer und Hammer, dieses Jahrb. 1911.

häufig parallel von Faltenachsen als ein korrelater Vorgang mit Faltung
zugleich auftretend. Tatsächlich schließen sich die Druckanordnungen
bei Streckung durch sekundären Zug und bei mancher Faltung durchaus nicht aus. Sie können sich vielmehr decken und decken sich, wenn
die infolge eines *s* gut ausnutzbare Ausweichmöglichkeit ⊥ *s* früher
als die // *s* (und // zur Streckachse) erschöpft ist. Auch darin, daß man
durch axialen Zug Falten erzeugen kann[1]), kommt die Vereinbarkeit
von Streckung und Faltung zum Ausdruck, welche man am Tauernwestende an zahlreichen Beispielen (Kalkphyllit, Gneis, Tuxermarmor)
illustriert finden kann durch verheilte Risse quer zur Faltenachse und
Streckachse.

Ein näheres systematisches Studium des Verheilungsmateriales,
wovon weitere Aufschlüsse über die Bedingungen zur Faltungszeit zu
erwarten sind, steht noch aus bis auf wenige Fälle.

In dem vorliegenden Falle erweist das Verheilungsmaterial der
Querrisse, daß nach der starken und wohlerhaltenen postkristallinen
rupturellen Gefügebildung des Gesteins die Kristallisationsfähigkeit
noch eine sehr bedeutende und eine mit der prärupturellen Kristallisation (bei allem Unterschied s. u.) noch vergleichbare war. Man
wird nämlich die Querrißbildung nicht für älter als die kataklastische
Schieferung halten und die Verheilung wegen ihrer Unversehrtheit
für jünger als dieselbe halten müssen.

Zuweilen trifft man die ausgeheilte Kluft nachträglich durch zu
der ersten Kluftanlage gleichsinnige Zugrisse erweitert, welche die
erste Ausheilungsmasse längs der Gangmitte als sehr feine, etwas
stärker brechend verheilte Risse durchziehen.

Das zeigt sowohl, daß die Beanspruchung des Gesteins auf Zug
sich an dieser Stelle gleichsinnig wiederholte, als auch, daß die
Kristallisationsfähigkeit des Gefüges wieder oder noch immer vorhanden war. Eine stoffliche nähere Bestimmung dieser sekundären
Ausheilungsmasse ist nicht möglich gewesen und es ist im folgenden
unter „Gängen" schlechtweg die primäre Ausheilung der Zerrklüfte
verstanden.

Diese Gänge durchziehen, wie bemerkt, meist quer, seltener
etwas schief zu *s* (durch korrelate Schiebung in *s*?) die Muskovitsträhne, deren zerfaserte Abrißstellen zeigen, daß ihr Gefüge oder
Geflecht zur Zeit des Abreißens schon so war wie heute: es sind
abgerissene Teile als Relikt ganz oder halb von der Gangmasse umgeben konserviert. Ferner durchziehen die Gänge die oben erwähnten
später zu beschreibenden Quarzsträhne und drittens Albit und ein
großes Mikroklinauge; sie sind also jünger als alle diese Gebilde,
und, was besonders festzuhalten ist: auf die Bildung der Quarzsträhne folgte noch eine Phase beträchtlicher Kristallisationsfähigkeit
des Gefüges, eine kristalloblastisch ziemlich mobile Phase.

Zur Entstehungszeit der Risse quer durch Feldspatkörner waren
diese spröde und das Gefüge so fest gebunden, daß sich beim
Zug die Zerreißungsfestigkeit des Feldspats als kleiner erwies. Von

---

[1]) Dies erwähnt Ampferer, Über das Bewegungsbild von Faltengebirgen,
Jahrbuch der Reichsanstalt 1906.

Zerreißungsfestigkeit darf man dabei sprechen, weil genau gegenüberliegende korrespondierende Trümmergrenzen zerrissener Körner und Muskovitsträhne das Mitspiel von Schiebung bei der Entstehung der Risse und ihre Deutung als Abscherungsgänge ausschließen.

Was das Material der Gangfüllung anlangt, so ist am stärksten und vielfach sogar alleinherrschend beteiligt ein sehr selten verzwillingter Albit, wahrscheinlich nahezu reiner Albit wie seine schwache Lichtbrechung am Kontakt mit Mikroklin, Schachbrettalbit und dem Epidotalbit des Hauptgefüges vermuten läßt. Es zeigt sich wo unser Gangalbit den letztgenannten überquert deutlich genug seine Verschiedenheit von demselben auch durch schwächere Doppelbrechung.

Der Menge nach an zweiter Stelle stehen geldrollenartige und rosettenförmige Aggregate winziger Schüppchen eines Chlorits mit fast unmerklicher Doppelbrechung. Dort, wo die Quergänge die Quarzsträhne übersetzen, hat zunächst ein das Lumen verengendes drusiges Vorwachsen von zierlichen Quarzindividuen mit Prisma stattgefunden.

Demnach finden wir die Gangfüllung mineralogisch unterscheidbar von Produkten der Kristallisation des Hauptgefüges. In letzterem ist Chlorit kaum in Spuren vorhanden, in den Gängen fehlt der im Hauptgefüge herrschende reichliche Muskovit. Der Albit der Gänge ist saurer als der des Hauptgefüges. Die Minerale dieser zahlreichen oft äußerst feinen Gänge von der durchschnittlichen Dicke eines menschlichen Kopfhaares sind also dieselben wie die bekannten großen Zerrklüfte der Schieferhülle am Tauernwestende ausfüllenden (zum Beispiel Pfitscher Periklin und Chlorit) und weisen wie diese darauf hin, daß nach der Zerreißung die Bildungsbedingungen für Minerale in den Klüften nicht dieselben waren wie im Gefüge; in den Gängen und Haarspalten zirkulierte eine zum Teil sicher (zum Beispiel Quarz) lateralsezernierte, charakteristische Lösung.

Die drusige Struktur dieser Mikrogänge, welche ein als Wege für Lösungen beachtenswertes Gefügemerkmal des ganzen Gesteins bedeuten, mit zentralem Chlorit und ineinander verkeilten wandständigen Kristallrasen weist darauf hin, daß sie nicht anders als die jetzt noch offenen ihnen entsprechenden großen Zerrklüfte eine Zeitlang wirklich klafften.

Einer früheren Gefügebildungsphase des Gesteins gehören, wie schon bemerkt, die Quarzsträhne aus „Lagenquarzen" (vgl. pag. 231) an, deren Gefügeregel näher zu beschreiben ist. Ihr Gefüge besteht ausschließlich aus in s bis zum vielfachen ihrer Dicke verlängerten, verzahnten Quarzkörnern von geringer Größe.

Diese zeigen als überaus auffallende Gefügeregel α' ($= \omega$) subparallel s, γ' subnormal auf s und daß unter den Quarzquerschnitten des $\perp$ s geschnittenen Materials bald mehr, bald weniger als die Hälfte $\perp$ zur Achse c getroffen sind. In letzteren Fällen liegt also c des Quarzes // s. Als allgemeine für jedes Korn des Gefüges im vorliegenden Schnitt gültige Gefügeregel läßt sich also sagen α' (ω) subparallel s.

Um übrigens der Vollständigkeit halber auch dem Einwand zu begegnen, daß die Anordnung α' subparallel s bei ganz beliebiger Lage

des Quarzkornes die häufigste und unsere Gefügeregel mit Hilfe der
Wahrscheinlichkeitsrechnung für alle optisch einachsigen abzuleiten sei,
versinnlichen wir uns die Sachlage für beliebige Orientierung eines
Korns durch einen Kreis und eine Tangente. Die Kreisperipherie
entspricht der Schwingungsrichtung normal zur Hauptachse, also unserem
α', für alle möglichen Kornlagen bis auf den durch das Kreiszentrum
versinnlichten isotropen Schnitt. Die Tangente bedeute das durch den
Schliff geschnittene s; als Radien können wir das auf α' normale γ'
projizieren. Wir sehen, daß bei beliebiger Kornlage γ' und α' gleiche
Wahrscheinlichkeit haben, subparallel s zu liegen. Die Wahrscheinlichkeit des Auftretens von isotropen Schnitten entspricht dem Quo-
tienten aus der durch unseren Kreis projizierten Halbkugeloberfläche
und einer kleinen Kalotte, deren übrigens auch von Konstanten des
jeweils verwendeten Instruments, des Minerals und des Beobachters abhängige Größe hier zu berechnen nicht nötig ist.

Überaus anschaulich wird in granatführendem Glimmerschiefer
im Hangenden des Rensentonalits (bei Mauls), daß es sich um eine
durch Teilbewegung im Gefüge bedingte wirkliche Regelung handelt.
Während die den Granat als internes Relikt durchziehenden Quarz-
körnerzüge im sensiblen Felde noch das allerbunteste Mosaik zeigen,
erscheint das Quarzgefüge außerhalb der Granaten gleichzeitig einheitlich blau oder gelb. Das s der Quarzzüge im Granat ist mit dem s
des übrigen Gesteins nicht mehr parallel. Eine starke „Verlegung"
illustriert die nach Umschließung der noch ungeregelten Relikte
vorgefallene Bewegung in s.

Für die Diskussion unserer Gefügeregel ist vorauszustellen:

1. Die Schnittfläche durch das Gestein liegt subnormal zu s,
wahrscheinlich subparallel (vgl. oben pag. 254) zu einer Streckachse.

2. Dieser Schnitt zeigt, wenn man die s Linien subparallel zum
α des Gipsblättchens stellt, an den Querschnitten der Quarzkörner

a) isotrope Querschnitte (sensibl. Rot auch bei Drehung);

b) alle anderen ausnahmslos steigend in der Farbe, also
mit α' subparallel s gestellt.

Daraus läßt sich bezüglich der Lage der Quarze im Gneis folgendes schließen:

Die Schnitte a zeigen, daß die betreffenden Quarze mit $c \parallel s$
im Gestein liegen. Und zwar stehen ihre Hauptachsen nicht nur $\parallel s$,
sondern untereinander subparallel und durch einen instruktiven Zufall
in der Lage des Querschliffes subnormal auf der Schliffläche. Ein in-
direkter Beweis für letzteres liegt noch darin: Wären die Hauptachsen der Quarzkörner zwar $\parallel s$, aber sonst regellos in s angeordnet,
so wäre die durch unseren Querschnitt erfüllte Bedingung b (s. o.)
in keinem Querschnitt zu s überhaupt erfüllbar, denn es würden in
jedem Schliff $\perp s$ einige von den Körnern mit $c \parallel s$ schief zu c getroffen werden und fallende Farbe zeigen bei der oben voraus-
gesetzten Stellung des Präparats mit $s \parallel$ zum α des Gipses. Bezüglich
der Körner mit $\alpha \parallel s$ (steigende Farbe) muß angenommen werden,
daß ihre Hauptachse in der Normalebene auf s liege, nicht aber
gerade subnormal auf s stehen muß, wie ich in L. 4 äußerte.

Ein Gestein wie zum Beispiel der vorliegende Phyllitmylonit bestände aus einer 1. Schar von liegenden Quarzen mit untereinander subparallelen c-Achsen subparallel s angeordnet und aus einer 2. Schar mit den Hauptachsen in der Normalebene auf s.

Diese 2. Schar zeigt im vorliegenden Schnitt die „Trenersche Regel", kurz α-Regel, das heißt $\alpha' \parallel s$. Je mehr die 1. Schar vorwiegt, desto mehr wird diese Regel verwischt. Wenn die 1. Schar vorwiegt, so wird jeder Schliff $\perp s$, welcher nicht ziemlich genau normal auf den c-Achsen dieser 1. Schar steht, eine mehr oder weniger hervortretende Umkehrung der Trenerschen Regel zeigen die „γ-Regel", das heißt $\gamma' \parallel s$. Daß die vollständige Umkehrung der Trenerschen Regel ein viel seltener beobachtbarer Fall ist als die Trenersche Regel selbst, das läßt erraten, daß eben die Anordnung der Körner mit untereinander subparallelem c in s liegend seltener ist.

Würde der Schliff in dem hier besprochenen Gestein nicht normal zu den Hauptachsen der Körner in γ-Regelstellung stehen, so würde ein kleines Vorwalten dieser γ-Regel die α-Regel (Trenersche Regel) stören, wie das in vielen Fällen zur Beobachtung kommt. Am stärksten träte dies natürlich im Schliff $\perp s$ und zugleich normal auf den vorliegenden Schliff, also im Präparat quer zur Streckachse hervor, wobei die Hauptachsen der Körner in γ-Regelstellung, in der Schliffläche lägen. Ein Schnitt wie der vorliegende heiße kurz ein Schnitt $\perp c \gamma$, das heißt normal auf das c der Körner mit γ-Regel, der eben erwähnte darauf normale heiße $\parallel c \gamma$, das heißt parallel zum c der Körner mit γ-Regel. Nur der Schliff $\parallel s$ würde in manchen (oder allen?) Fällen das c der Körner in α-Regelstellung senkrecht querschneiden und diese Körner isotrop zeigen; anderseits eine neue Übersicht über die Körner in γ-Regelstellung geben und eine Kontrolle dafür, wie weit deren c untereinander subparallel sind, was ja durch das Auftreten der α-Regel in ganz beliebigen Schliffen $\perp s$ schon wahrscheinlich ist. In Schnitten $\parallel s$ würden diesfalls alle Körner in α-Regel dunkel erscheinen, die Körner in γ-Regelstellung steigende oder fallende Farben zeigen. Stünden zum Beispiel im ersten Falle noch wahrnehmbare Texturlinien eines Schiefers parallel zu α des Gipses und also zum α der Körner, so wäre es möglich, die γ-Regel zu diesen Texturlinien in genetischen Zusammenhang zu bringen, zum Beispiel zu Streckungslinien.

Damit kehren wir zu unserem Präparat zurück. Dieses, ein Schnitt subparallel zur Streckachse ganz ohne γ-Regel, weist darauf hin, daß das c der Körner in γ-Regelstellung (in unserem Schliffe isotrop) normal zur Streckachse stünde (wir würden die γ-Regel in Schnitten $\perp$ Streckachse am ausgeprägtesten finden). Das würde darauf zu schließen erlauben, daß sich auch die Körner in γ-Regel mit c parallel zum texturierenden Druck quer zum korrelaten texturierenden Zug gestellt haben, ganz wie die Körner in α-Regel sich anscheinend gegenüber dem schiefernden Druck verhielten und daß dieses oberste später näher zu diskutierende Prinzip beide Regeln umfaßt und vereinigt als „Quarzgefügeregel".

Die γ-Regel wäre alsdann eben nichts anderes als eine gradweise veränderte α-Regel für Gesteine, in welchen Streckung (das heißt ein gerichtetes Druckminimum = Zug in s) gradweise über reine Schieferung (gleiche Druckminima = allseitiger Zug in s) vorzuwiegen beginnt.

In einem ideal gestreckten Gesteine hätte man alsdann in einem Schliff normal zur Streckungsachse eine in dem auffallenden Zurücktreten isotroper Quarzquerschnitte bestehende Erscheinungsform der „Quarzgefügeregel" zu erwarten. In Schliffen parallel zur Streckungsachse nur isotrope Quarzquerschnitte und α-Regel. Und dies letztere ist meine bisherige Auffassung des vorliegenden Präparats. Eine weitere systematische Bearbeitung der Frage der Gefügeregelungen durch mechanische Spannungen wird auch, was die Glimmer-Feldspate und andere Minerale anlangt, eine mit der nötigen Rücksicht auf die Deformationsmechanik und guter Auswahl der Deformationstypen und mit zweckmäßig exakt orientierten Schliffpräparaten zu unternehmende Sache sein, welche sich vielleicht auch dem Experiment nicht ganz entzieht.

Wenn Streckung tatsächlich den Quarz mit c quer zur Zugrichtung stellt, so harmoniert es damit, daß bei reiner Pressung ⊥ s c subnormal s steht, dem Umstand entsprechend, daß eben in s der Zug nach allen Richtungen gleich groß ist: Das scheint die Gefügeregel, welche wir so häufig treffen. Würde der Zug bei beginnender Streckung in s (zum Beispiel in manchen Faltenkernen [vgl. Zusammenhang zwischen Streckung und Faltung pag. 255]) in bestimmter Richtung maximal, indem auch Druck // s und ⊥ zur Streckachse zu wirken begänne, so würde eben deshalb im Sinne unserer Theorie eine gradweise Umordnung der zuerst mit c ⊥ s gestellten Körner eintreten, dadurch, daß beliebige Stellung von c in der Ebene ⊥ zur Streckachse stattfände. Und ein Schliff ⊥ zur Streckachse würde die oben angeführte Regel zeigen (auffällig wenige isotrope Schnitte).

Der Quarzgefügeregel glaube ich nach den bisherigen Erfahrungen folgende allgemeinste Form geben und der Kritik anheimstellen zu können: Die meist in Gesteinen mit ruptureller Gefügebildung und Teilbewegung zu beobachtende Quarzgefügeregel besteht darin, daß der Quarz seine kristallographische Hauptachse parallel zum Druck- und normal zum Zugmaximum stellt.

Die genetische Erklärung dieser Regel bietet derzeit noch Schwierigkeiten in Form der Fragen, ob die Regelung 1. durch molekulare Differentialbewegung (plastisch) oder 2. durch Teilbewegung größerer Elemente als der Moleküle oder 3. durch beiderlei Bewegung entstehe; ferner, ob dabei Normalspannungen oder Schubspannungen die Hauptrolle spielen und gemäß letzterem vielleicht Gleitung in s eine wichtige Bedingung der Regelung ist; und ferner, ob es sich dabei um eine kristalloblastische Abbildung mechanischer Spannungen im Sinne Beckes handelt oder um letztere und eine Regelung durch rein mechanische Teilbewegungen zugleich.

Nach den bisherigen Erfahrungen vermute ich als das bisher Wahrscheinlichste, daß rein mechanische Teilbewegung auch in Form plastischer (molekularer) Umformung die Hauptrolle spiele; dafür spricht das bestausgesprochene Auftreten der Regel in Myloniten.

Ferner, daß die Regelung in erster und übersichtlichster Linie sich anscheinend Normalspannungen zuordnen läßt (vgl. die oben der Regel gegebene Form).

Wenn man Gebilde wie unsere Quarzsträhne für regenerierte (Mylonit-) Sandquarze hält, so könnte man das Auftreten der Regel für eine kristalloblastische Anpassung während der regenerierenden Quarz-kristalloblase halten. Dieser Auffassung widersprechen, wie mir scheint entscheidend, die stark und vollkommen stetig gebogenen, vorspringende Ecken am Ufer der Quarzsträhne umfließenden Quarzindividuen, welche man bei Regeneration des sandig zerriebenen Quarzstromes in dieser Form nicht zu erwarten hätte: ihr tektonoplastischer Charakter ist unverkennbar. Sie stützen die Auffassung der Quarzgefügeregel als einer nichtkristalloblastisch entstehenden erzwungenen Regelung durch Teilbewegung im Gefüge (vgl. hierzu auch L. 4).

c) Unmittelbar an diese zwei Gesteine anzuschließen ist der Tuxer Porphyrgneis, welcher vom K r i e r k a r gegen Ost den Zentralgneisanteil des Tuxerkammnordhanges bildet. Eine Probe aus dem Krierkar zeigt über B i o t i t vorwaltenden M u s k o v i t, prächtig gestreiften, durchweg rupturell undulösen Q u a r z mit optischen Störungen an Biotiteinschlüssen wie in *b*, manchmal in kataklastischen Nestern, Orthoklas und Plagioklas ganz wie im Gestein *b*. Das Gefüge ist durch lebhafte rupturelle Teilbewegung bezeichnet.

d) Ebenso gehört hierher ein Schliff der (tektonischen?) Einschaltungen von Porphyrgneis in die Tuxer Grauwacken unter dem Marmor der .T u x e r k l a m m. Die Kataklase ist noch stärker als bei *c*, der B i o t i t zeigt schöne S a g e n i t ausscheidung, der oben erwähnte farblose E p i d o t tritt reichlich auf, neu hinzu tritt kräftig dunkelbrauner T i t a n i t (Grothit) in Kuvertform.

e) Wir gehen nun auf die Beschreibung einer Anzahl, der Lagengneiskuppel zwischen K a s e r e r und O l p e r e r entnommenen *B*-Gneise über, welche sich in der Hand nicht alle ohne weiteres den Porphyrgneisen gleichstellen lassen. Auch hier sind es rupturelle Teilbewegungen, denen man die Verwischung des makroskopischen Porphyrgneishabitus fast gänzlich zuschreiben kann: Die Gesteine sind alle stark kataklastisch und stehen, was den Mineralbestand anlangt, den beschriebenen Augengneisen und den Knollengneisen sehr nahe. Diese Serie enthält, wie anderenorts bemerkt, Knollengneise eingeschaltet.

Eines dieser Gesteine im Südhang des Kleinen K a s e r e r gegen den Wildlahnerferner, streng lagerförmig eingeschaltet, ist ein durch P e n n i n und durch E p i d o t aggregate bezeichneter Mylonit, im übrigen dem Augengneismylonit von T s c h ö f s vollständig entsprechend. Es zeigt die typischen Porphyrgneis o r t h o k l a s e und E p i d o t - a l b i t e, neben B i o t i t und M u s k o v i t einen C h l o r i t, dessen schön blaue Interferenzfarbe fast vollkommene Einachsigkeit *Chm* +, *Chz* +, gut zu beobachten war. Es dürfte sich um P e n n i n handeln. Das Gestein bietet Musterbeispiele für undulöse Auslöschung der Feldspate.

In einem benachbarten Lager zeigte sich im Schliff überwiegender M u s k o v i t, schön gestreifter Q u a r z, oft in kataklastischen Nestern mit optisch subparallelen Körnern, *Ab—Ab*$_8$ *An*$_1$ mit reichlichem E p i d o t, E p i d o t a l b i t + O r t h o k l a s- (Perthit-) Nester, Kränze um O r t h o k l a s und Züge von A l b i t p f l a s t e r mörtel (vergl. oben), manchmal Linsen dieses Aggregats, welche dann sehr an manche Knöllchen der Knollengneise erinnern. Akzessorisch Pyrit, Titanit, G r a n a t.

In einem anderen, kataklastisch bis zu feinstem Korn geschieferten Gneis sind größere, augenartig frei schwimmende, rupturell umgrenzte Quarztrümmer noch zu beobachten, besonders hervorzuheben aber Zwischenlagen lamellierten K a r b o n a t s. Im übrigen herrscht ein Gefüge von durchweg eckig umgrenzten Quarz- und Feldspatfragmenten zu gleichen Teilen. Dieser Feldspat ist O r t h o k l a s und P l a g i o k l a s; unter letzterem ist ein $Ab_{63} An_{37}$ nahestehender nachgewiesen.

Ein anderer Typus zeigt sich sehr reich an Aggregaten aus lamelliertem $Ab — Ab_8 An_1$, zuweilen mit einschlußfreiem Saum und epidoterfülltem Kern.

Endlich war noch in einem Fall ein bemerkenswerter Kalzitgehalt und zugleich an einem sehr großen, rupturell zu subparallelen Körnern zerlegten Quarz eine Struktur zu beobachten, welche an umkristallisierte (vergl. pag. 247) Korrosionsbuchten wenigstens erinnert.

Einige andere noch aus dieser Serie untersuchte Gesteine bieten nichts Neues, namentlich wiederholen sich P e n n i n gehalt und E p i d o t knöllchen in mehreren Fällen.

Es gewinnt den Anschein, daß die Verschiedenheiten, welche den f e i n e n Lagenbau der B-Gneise ausmachen, namentlich Verschiedenheiten der Korngröße sind, deren Schwanken zum Teil mit Sicherheit auf die verschiedene Intensität ruptureller Teilbewegung im Gefüge zurückzuführen und also als tektonische Ausarbeitung (vgl. L. 4) aufzufassen sind.

Schalenbau der Plagioklase ist sehr selten und bot kein näher analysierbares Objekt.

f) W i l d s e e s p i t z e am Brenner. Ein dieser Lokalität entnommener Aplitgneis ist zunächst dadurch bemerkenswert, daß er, mit Salzsäure deutlich brausend, Kalzitgehalt verrät, ganz wie dies am gleichen Orte auch an quergreifenden, unzweifelhaft intrusiven Aplitapophysen zu bemerken war.

Ein besonderes Interesse aber verleiht diesem Gneis seine v o l l k o m m e n e Ü b e r e i n s t i m m u n g m i t d e m M a t e r i a l m a n c h e r K n ö l l c h e n des Knollengneises vom Pfitscher Joch.

Das Gefüge ist bis auf sehr spärliche größere A l b i t einsprenglinge und etwas B i o t i t und M u s k o v i t ein sehr feinkörniges, kaum verzahntes Mosaik aus Quarz und Feldspat zu etwa gleichen Teilen, etwas E p i d o t.

Der Feldspat ist A l b i t und vielleicht etwas O r t h o k l a s.

Der wegen seines K a l z i t gehaltes erwähnte Aplitquergang zeigt ganz anderes, vor allem grobkörnigeres Gefüge aus gestreiftem Q u a r z, E p i d o t - A l b i t, perthitischem O r t h o k l a s und sehr schöne strauchartige Durchwachsung des O r t h o k l a s e s sowohl als des E p i d o t a l b i t s durch Q u a r z mit scharf und rauh konturierten

Zweigen, an welchen in jedem Querschnitt die reguläre Orientierung der Undulationsstreifung // γ' sehr schön hervortritt.

Der Quergang zeigt eine trotz des Mangels an Glimmern (bis auf einige Biotitfetzchen) ersichtliche Schieferung g l e i c h s i n n i g mit der des quer durchbrochenen Schiefers. Letzterer ist ein biotitreicher Epidotgneis mit gestreiftem Quarz, den aus dem Aplit erwähnten Verwachsungen zwischen Quarz und Feldspat, Quarznestern aus Körnern mit α' subparallel s, O r t h o k l a s und viel mit E p i d o teinschlüssen vollgepfropftem A l b i t$_1$. Keines der beiden Gesteine zeigt über undulöse Quarze hinausgehende (postkristalline) Kataklasen.

Zusammenfassend ist folgendes hervorzuheben: Die B-Gneise der Kaserer Kuppel sind von den Knollengneisen am Pfitscher Joch im Schliff n i c h t t r e n n b a r, wir finden die Typen „Knollengneis vom Pfitschjoch in flasriger Ausbildung" und „feinkörnige Fazies des Pfitscher Knollengneises" als Glieder unter den B-Gneisen der Schieferkuppel zwischen Kaserer und Olperer.

Sowohl die Pfitscher Knollengneise als die Kaserer Gneise zeigen eine Schieferung, welche namentlich verglichen mit der idealen Kristallisationsschieferung manchen Gneisglimmerschiefers der Hochfeilerhülle (zum Beispiel Rotes Beil) eine Mittelstellung zwischen rruptureller und Kristallisationsschieferung einnimmt, wofür wir eine von der Kristallisation überdauerte „präkristalline" rupturelle Gefügebildung annehmen. Besonders starke Kataklasen fanden wir an den Tuxer und Tschöfser Augengneisen, welch letztere eine Diskussion der Quarzgefügeregel erlaubten.

––––––––

D. Die Knollen der Knollengneise.

Was das Material der Knollen anbelangt, so ist vor allem dessen außerordentliche G l e i c h f ö r m i g k e i t hervorzuheben. So lange die mikroskopische Untersuchung einer größeren Anzahl von Knollen nicht durchgeführt war, ließen sich überhaupt nur aplit- und quarzitähnliche Knollen anführen, obwohl sich die Kenntnis der Knollen schon auf sehr zahlreiche Vorkommen von Knollengneis bezog. Durch die Untersuchung im Schliff von 34 Knollen und von 9 zum Vergleiche herangezogenen Kristallaugen von Augengneisen ist es möglich geworden, einige Typen zu unterscheiden, zu welchen weitere Funde und Untersuchungen vielleicht gelegentlich noch einzelnes Wichtige hinzufügen können. Sicher aber ist, daß es sich dabei quantitativ nur noch um Ausnahmen von der Regel handeln kann. Und schon um den Vergleich ähnlicher alpiner und fennoskandischer Vorkommen möglichst zu erleichtern und anzubahnen, schien die Publikation der folgenden Ergebnisse am Platze zu sein.

Die Knollen sind nach Typen, nicht nach Vorkommen aufgezählt. Es handelt sich natürlich immer um die Beschreibung des Materials der Knolle, welche dem Knollengneis der jeweils angeführten Örtlichkeit entnommen wurde.

Typus A.

1. Liegendes des Schmittenbergmarmors bei Hintertux.

a) Besteht etwa zu gleichen Teilen aus gestreiftem Quarz, manchmal in Nestern mit verzahnten Körnerrändern und aus Feldspat. Dieser ist ein durchweg feinlamellierter $Ab—Ab_8 An_1$, mit Vorliebe tafelig nach M entwickelt und in Rechtecken bis zum Ausmaße von 2×7 mm quergeschnitten. Die diesen Albit gleichmäßig trübenden Einschlüsse sind dichtgesäte, meist winzige Schüppchen eines farblosen Glimmers. An Zerbrechungs- und Reibungsklüften im Albit ist eine Anreicherung dieses Glimmers, typische Deformationsverglimmerung, zu beobachten.

Viel seltener ist eine zweite Modifikation des $Ab—Ab_8 An_1$, der ersten gegenüber xenomorph, ein gefleckter Albit. Orthoklas und andere Glimmer als der erwähnte fehlen. Das Gefüge zeigt außer geringer Kataklase nichts Besonderes; es ist richtungslos körnig ohne irgendwelche bezeichnende Verwachsungen der Bestandteile untereinander. Grobkörnige Quarz-Albitknolle.

b) Ist einer dem Knollengneis am Pfitscher Joch vollkommen gleichenden Varietät entnommen und hat unter den Knollen vollkommen seinesgleichen am Pfitscher Joch und beim Kaiserbrünnl (Hintertux). An Bestandteilen sind außer den oben erwähnten in gleicher Ausbildung zu erwähnen etwas Orthoklas, zum Teil verdrängt durch fleckigen Albit, nicht wenig lamellierter Kalzit, Pyrit, Magnetit(?), Titanit; alle drei letzteren sehr spärlich. Kein basischerer Plagioklas als $Ab_8 An_1$.

Bezüglich des Gefüges ist hervorzuheben in der Gruppierung der Bestandteile eine Neigung zur Aggregation der Albite; der Kalzit besiedelt besonders stärker kataklastische Stellen, in seiner Verteilung ist kein Zusammenhang mit der Verteilung der Feldspate ersichtlich. Die richtungslos körnige Struktur ist durch bis zu ruptureller Zerlegung der Quarze gehende Kataklase gestört. An Verwachsungen wurden hier beobachtet: Einschlüsse idiomorphen Orthoklases in Quarz; weich konturierte verzweigte Quarze in Orthoklas ganz wie in den Kristallaugen der Porphyrgneise; Plagioklas nahe Albit in Quarz. Grobkörnige Quarz-Albitknolle mit etwas Orthoklas und Kalzit.

c) Besonders hervorzuheben sind Reste großer fast ganz albitisierter Orthoklase, woneben aber noch reichlich Orthoklas übrig blieb; ferner wirr orientierte lange Nädelchen mit nicht mehr zur Geltung gelangender Doppelbrechung im Quarz (wahrscheinlich Apatit).

Die Kataklase erreicht einen in den Knollen ungewöhnlich hohen Grad: die Quarze sind zerpreßt, die Albite zeigen alle Grade von Deformations-Verglimmerung.

d) Ein feinkörnigerer Typus mit sehr ausgesprochener Aggregation der Quarze sowohl als der Albite in Nestern. Daneben Reste größerer Albite, wie aus den anderen Knollen bekannt ($Ab—Ab_8 An_1$). Die Nester wahrscheinlich sekundär durch Zerlegung größerer Individuen. Kataklase deutlich an den Quarzen. Ganz vereinzelt größere Muskovitschüppchen.

e) Mittelkörnige, gleichmäßig richtungslos körnig struierte Knolle, welche die mehrfach zu beachtenden sekundären Zwillinge aus lamellierten Albiten besonders schön zeigt. Außer dem gewöhnlichen Albit spärlich ein klarer einschlußfreier ebenfalls lamellierter Albit, und der oben Albit$_1$ genannte mit tropfenförmigen Quarzeinschlüssen, wie in der hochkristallinen Hülle der Hochfeiler Gneise. Von den trüben Albiten hebt sich einschlußfreier reichlicher Orthoklas ab, manchmal lebhafte undulöse Auslöschung und einmal den Albit$_1$ als Einschluß zeigend. Auch Mikroklin ist vorhanden. Die Struktur ist ganz die eines mittelkörnigen Granits.

f) Eine Quarzalbitknolle mit etwas Glimmer. Der trübe Albit (hier als nahe $Ab_{95} An_5$ bestimmt) ist hier wie immer idiomorph gegenüber dem gestreiften Quarz und dem fleckigen $Ab - Ab_8 An_1$. Heller Glimmer in größeren Schuppen sehr vereinzelt, Biotit ebenso manchmal gebleicht und limonitisch, Kataklasen des Quarzes.

g) Knolle von stumpfeckig isometrischer Form, als glimmerfreies Quarzfeldspatgemenge mit durchschnittlichem Kornradius = 1 *mm* mit freiem Auge erkennbar.

Kataklase fehlt bis auf Undulation des Quarzes vollständig; das Gefüge ist lückenlos körnig mit glatten Körnergrenzen. $Ab - Ab_8 An_1$ herrscht vor in Form des trüben idiomorphen Albits demgegenüber gestreifter Quarz Zwischenmasse bildet. Glimmer fehlt, frischer Orthoklas und Mikroklin ist vorhanden. Folgende Verwachsungen: Scharf umgrenzte idiomorphe Plagioklaseinschlüsse in Quarz nicht selten. Dieser Plagioklas zeigte einmal deutlich zonaren Bau mit glimmerreicherem und basischerem Kern ziemlich scharf von der Schale getrennt (eine leider nicht ganz sichere Messung auf M (?) ergab Kern $3^0 = Ab_{73}$ Schale $5 \cdot 5^0 = Ab_{75}$, woraus wegen $\alpha' < \varepsilon$, $\gamma' < w$ auf einen basischeren Kern geschlossen wurde). Idiomorphe Orthoklaseinschlüsse in Quarz. Albiteinschlüsse in Orthoklas. Buchtige bis mikropegmatitähnliche Verwachsungen zwischen Orthoklas und Quarz.

2. Dettenjoch bei Lanersbach.

Diese Knolle zeigt vollständig den Typus der glimmerfreien richtungslos körnigen Knolle vom Typus *A* aus gestreiftem Quarz viel trübem idiomorphen und etwas klaren Albit ($Ab - Ab_8 An_1$), also ganz wie wir diesen Typus in den Knollengneisen von der Riffelscharte finden. Sie tritt sowohl vermöge ihres Mineralbestandes als strukturell in deutlichen Gegensatz zum geschieferten scharf von der Knolle abgegrenzten Grauwackengneis; die Grenze beider wird vom Schliff geschnitten. Die Grauwacke ist viel feinkörniger, sehr reich an Serizitfilz, zeigt große gestreifte Einzelquarze, viel weniger trüben Albit als die Knolle. Es wäre möglich, einen Teil des hellen Glimmers aus deformierten Albiten abzuleiten, deren Deformations-Verglimmerung man in allen Stadien neben wahren Pseudomorphosen aus Glimmer nach Albit beobachten kann.

Zwischentypus *A—B*.

1. Südlich unter dem Marmor des Schmittenbergs bei Hintertux.

Besteht vorwiegend aus trübem $Ab—Ab_8\ An_1$ mit Deformations-Verglimmerung. Daneben zurücktretend etwas klarer A l b i t und fleckiger A l b i t. Der Q u a r z zeigt Böhmsche Streifung. Besonders bemerkenswert ist aber durch eine bessere Kristallisation von orientiertem M u s k o v i t k r i s t a l l i n e S c h i e f e r u n g.

Kataklase an Quarz und Feldspat. Geschieferte Quarzalbitknolle mit Muskovit.

2. Nördlich der F r i e s e n b e r g s c h a r t e bei Hintertux. Besonders hervorzuheben sind neben dem gestreiften Q u a r z, dem trüben A l b i t in Viellingen und etwas A l b i t$_1$ mit Epidoteinschlüssen namentlich O r t h o k l a s mit Albitflecken zum Teil als P e r t h i t und etwas B i o t i t.

3. P f i t s c h e r j o c h. Mangel jeder rupturellen Störung des körnigen (eugranitischen) Gefüges mit einzelnen größeren „Augen". Orthoklas zweifelhaft. Besonders zu vermerken nur spärliche B i o t i t schüppchen, R u t i l mit T i t a n e i s e n (oder Magnetit?) verwachsen.

Typus B.

Ein solcher Typus läßt sich von A insoferne abtrennen, als nicht mehr vollständig oder fast vollständig die Form des trüben Glimmeralbits (A l b i t$_2$) herrscht, sondern klarer, lamellierter Albit (A l b i t$_3$) stärker hervortritt.

1. In der Tuxerwacke bei Kaiserbrünnl (Hintertux). Neben der fast vollständig zurücktretenden Form des trüben glimmerreichen A l b i t s$_2$ tritt das $Ab—Ab_8\ An_1$ als klarer langstufig lamellierter A l b i t$_3$ reichlich auf, dessen symmetr. Ausl. $14 \cdot 5^0$ ihn als saurer als $Ab_{86}\ An_{14}$ kennzeichnet. In diesem letzteren Plagioklas, den wir in geringer Menge schon im Typus A antrafen, tritt ein Plagioklas als idiomorpher Einschluß auf dessen Lichtbrechung teils $>$ teils $<$ ist verglichen mit der des Albits. Nähere Bestimmung war nicht möglich. Glimmer fehlen, Orthoklas ist nicht nachweislich. Gestreifter Q u a r z.

2. Ostgipfel der R e a l s p i t z e, in Gneis. Zeigt wieder mehr trüben Albit zuweilen mit einschlußärmerem Saum. Ferner wenig Muskovit, Albit$_1$, Kataklase vorhanden. Siehe Taf. XIII, 2.

3. P f i t s c h j o c h in Gneis. Zeigt die Formen Albit$_2$ und Albit$_3$ des $Ab—Ab_8 An_1$. Eugranitisches Gefüge ohne Spur von Kataklase. Idiomorphie und Viellingsbildung des trüben Albits$_2$ sehr ausgesprochen.

4. L a n g e w a n d bei Lanersbach im Porphyrgneis (Zentralgneis) neben dessen Kristallaugen.

Es wurden drei derartige Einschlüsse untersucht:

a) Steht den Gerölltypen nicht näher als dem Porphyrgneis selbst. Große O r t h o k l a s e von Albit gefleckt mit Quarzeinschlüssen, P e r t h i t M i k r o k l i n und M i k r o k l i n p e r t h i t. Klarer A l b i t$_3$, zermörtelter Q u a r z, viel B i o t i t.

b) Zeigt das Gepräge einer nur schwach kataklastischen Knolle B aber viel Muskovit und etwas Biotit; beide sehr gut kristallisiert, wie bei a. Trüber und klarer Albit miteinander verwachsen. Quarz zurücktretend. Glimmer fehlt bis auf etwas B i o t i t.

c) Zeigt herrschend trüben Albit$_2$, dadurch Annäherung an den Typus *A* daneben klaren Albit$_3$. Glimmerfreie Quarzalbitknolle.

C. Andere Typen.

a) 1. Aus dem Quarzphyllit der Dannelscharte bei Dun im Pfunderstal. Mehr als die Hälfte ist oft schön gestreifter, rupturell-undulöser Quarz. Etwas gut kristallisierter Muskovit bedingt eine gewisse Schieferung. Unter den Feldspaten fehlen Albit$_2$, Albit$_3$ und Orthoklas, dagegen tritt ein schon in den Knollen aus dem Porphyrgneis der Langen Wand zu beobachtender Albit, $Ab—Ab_8 An_1$, ziemlich reichlich auf. Dieser klare, auffallend gut spaltbare Plagioklas hat niedrigere Interferenzfarben als die anderen Albite, seine Querschnitte zeigen manchmal Lamellen und lassen einmal sehr gut $Chm +$ erkennen, seine einfache Lichtbrechung ist teils $>$, teils $<$ Kanadabalsam. Wahrscheinlich handelt es sich um ziemlich reinen Albit.

Das Gefüge dieser Quarzalbitknolle mit Schieferung ist gleichmäßig körnig.

2. Aus dem Knollengneis südlich von der Dreiherrenspitze (Senges bei Mauls). Deckt sich vollkommen mit dem eben beschriebenen, nur sind außerdem Pyritwürfel und Albit$_1$ anzuführen.

b) 1. Aus dem Knollengneis am Pfitschjoch. Die Bestandteile sind Quarz, große Albite, durch ihre idiomorphe Form, feine Lamellierung und lokale Verglimmerung an Albit$_2$ erinnernd, aber meist viel ärmer an Einschlüssen, oft sogar ganz klar, Orthoklas, trüb durch Einschlüsse bis gänzlich muskovitisiert, schwärzlich bestäubt, in Aggregate rundlicher (Albit- ?) Körnchen zerfallend, Mikroklin, etwas Biotit mit Zirkonsäulchen-Einschlüssen, etwas Chlorit, Zirkoneier, etwas Magnetit (Titaneisen?). Orthoklas und Mikroklin treten gegen Albit zurück.

Für das Gefüge ist starke Kataklase aller Elemente und außerordentlich schnell und stark wechselnde Korngröße bezeichnend.

Große Quarze findet man rupturell in Nester zerlegt mit allen Übergängen von Sprüngen zu gegeneinander verschobenen korrespondierenden Trümmergrenzen. In anderen Fällen zeigen die Quarzkörner deutlich den Charakter sekundärer Ausheilungen von Sprüngen, zum Beispiel querabgebrochener Albite. Diese letzteren zeigen häufig stetige (plastische) Biegung ihrer Lamellen. Strauchartige Einwachsungen von Quarz in Orthoklas findet man geradeso wie in den Augengneisen.

2. Eine andere Knolle von derselben Lokalität besteht überwiegend aus Albit, ähnlich Albit$_1$, aber etwas unreiner, was Glimmereinschlüsse anlangt, außerdem aus Muskovit, Chlorit und großen Quarzen, an welchen dieselben Gebilde hervorzuheben sind, welche an den Quarzen des Gneises von der Riffelscharte (vgl. pag. 247) als etwas umkristallisierte Korrosionsschläuche gedeutet wurden.

c) Aus Tuxerwacke beim Kaiserbrünnl (Hintertux). Diese Knolle unterscheidet sich sehr von allen bisher beschriebenen und steht allein, indem trotz eifrigsten Suchens nirgends mehr ein ähnlicher

Typus gefunden wurde. Sie besteht aus ausgezeichnet gestreiftem Quarz, aus Albit₂, etwa in gleicher Menge aus lamelliertem klarem Albit, etwas Mikroklin und reichlichem, gut kristallinem Glimmer, welcher, genau in s angeordnet, eine sehr gute kristalline Schieferung ergibt. Der Glimmer ist Biotit, meist gebleicht. Das Gestein ist ein etwas kataklastischer Biotitgneis.

d) Ebenfalls besonders seltene, aber bemerkenswerte Fälle, welche sich von allen anderen untersuchten abheben, sind die zwei folgenden aus dem Gneis vom Pfitscher Joch.

1. In einer überwiegenden, äußerst feinkörnigen Zwischenmasse größere Biotite und Nester aus verzahnten Quarzkörnern. Die Zwischenmasse und Hauptmasse besteht aus unverzahntem, weich konturiertem Mosaik von Quarz und Feldspat zu etwa gleichen Teilen. Der Quarz ist unlädiert. Die Feldspatkörner erweisen sich bei stärkster Vergrößerung häufig noch als Aggregate aus noch kleineren Elementen. Wie weit es sich dabei um Orthoklas oder Albit handelt (Zwillingslamellen sind eine große Seltenheit), ist bei der Feinheit des Korns nicht entscheidbar. Ziemlich viel gleichmäßig verteilter Magnetit, Titanit da und dort in Körnern. Das Gefüge ist deutlich parallelstruiert. Es liegt hier ein kristalliner Schiefer vor, welcher von dem (pag. 261) von der Wildseespitze · beschriebenen sauren Zentralgneis nicht unterscheidbar ist. Der Gneis, in welchem diese Knolle liegt und welcher zahlreiche kleinere ihresgleichen u. d. M. erkennen läßt, ist pag. 249 a beschrieben.

2. Eine der eben beschriebenen sehr ähnliche Zwischenmasse erweist sich bei genauerer Betrachtung als fast ausschließlich Albit; denn die hier trüberen Körnchen des ebenfalls äußerst feinkörnigen Gefüges mit (infolgedessen?) unscharfen Körnergrenzen sind hier mit Resten größerer idiomorpher Albite optisch vergleichbar. An unscharfen und zuweilen ganz regellos verlaufenden Grenzen beider entsteht der Eindruck, daß die größeren Albite nicht ganz durch die Form des albitischen Feingefüges ersetzte Reste seien. Außerdem heben sich aus der Zwischenmasse größere Nester aus verzahnten Quarzkörnern, größerem, mit Chlorit parallel verwachsenem Biotit und Epidot. Der Biotit zeigt Sagenit-, Quarz- und Erz- (Magnetit-) Einschlüsse. Auch Mnskovit findet man mit Chlorit parallel verwachsen.

Sehr viel Erz in schwarzen, oft quadratischen Querschnitten (Magnetit) ist gleichmäßig über das Gefüge verteilt; Epidot, Titanit, Apatit.

Auch mehr oder · weniger stark verglimmerter Orthoklas ist vorhanden. Auch diese Knolle ist Biotitgneis.

D. Quarzknollen.

Von den Quarzknollen wurden zunächst aus naheliegenden Gründen weniger Schliffe hergestellt.

Größere. Quarzknollen bezeichnen namentlich, aber nicht ausschließlich die Tuxergrauwacken, die Graphitkonglomerate des Kaserer und die Rhätizitquarzite und Graphitglimmerschiefer des Pfitschtals;

ferner die Glimmerschiefer der Griesscharte und ihre Äquivalente am
Passeirer Schneeberg.

1. Tuxerwacke bei Hintertux. Diese Knolle (ein zweifelloses
Gerölle) besteht restlos aus rupturell undulösen, verzahnten Körnern
schön gestreiften Quarzes, ohne Regel in der Anordnung der Körner.

2. Liegendes des Schmittenberg-Marmors (bei Hintertux).
Vollständig ausgeplättete quarzitische, an Magnetit sehr reiche Lagen
mit etwas Albit entsprechen ebensolchen Gebilden in den Schneeberger Knollengneisen.

3. Schneeberg (Schwarzsee), Passeier. Es wurden nicht die
gewöhnlichen weißen Quarzknollen, sondern drei Granatquarzite
untersucht. Alle drei zeigen hochkristallines Quarzmosaik ohne Gefügeregel. Der Quarz ist oft sehr deutlich gestreift, die Granaten
sehr reichlich vorhanden, nach Zehntelmillimetern messend, gleichmäßig oder in einem Falle sehr schön in parallelen Zwischenlagen
im Quarzgefüge angeordnet. Einer dieser Quarzite ist nach seinem
Gehalt an gut kristallinen, unversehrten Muskovitschüppchen und
etwas Biotit als „Glimmerschiefer" zu bezeichnen, ein anderer
tritt dadurch, daß Granaten die Hälfte seines Bestandes bilden und
Glimmer fast fehlen, im starken Gegensatz zum umschließenden
Glimmerschiefer.

Anhangsweise seien noch die fast reinen Epidotknollen angeführt, welche man in den Knollengneisen vom Rifflerschartel bei Hintertux
ganz ebenso wie am Pfitscher Joch und in Grünschiefer südlich des
Hochfeiler finden kann.

E. Anhang: Kristallaugen.

Endlich werden hierher einige Beobachtungen an Kristallaugen
gestellt, deren Untersuchung wegen ihrer in der Hand oft gar nicht
so leicht wie man denken möchte durchzuführenden Unterscheidung
von Knollen genauer genommen wurde und auch wegen der Frage
nach eventuellen genetischen Zusammenhängen zwischen Knollen und
Augen nicht zu umgehen ist. Das Kriterium für die Bezeichnung
„Auge" ist im folgenden das Vorhandensein eines einzigen, wenn auch oft
an den verschiedensten Einschlüssen sehr reichen Kristallindividuums.

Es werden aber auch einige Zwischentypen zwischen Knolle und
Auge im strengsten Sinne hier angeführt, welche aus einigen wenigen
sehr großen Kristallen bestehen.

1. Aus dem Augengneis des Seiterbergtales bei Sterzing.

a) Der Augenkristall, welcher wegen der Einschlüsse durchschnittlich nur etwa zwei Drittel des Gesichtsfeldes ausfüllt, ist auf
Grund des Vergleiches mit Quarz $Ab_8 An_1 - Ab_3 An_1$, Chm — mit feinen
Lamellen, welche nicht lange anhalten; die Lamellierung ist sozusagen
eine unstetige.

Die Einschlüsse, welche das restliche Drittel des Gesichtsfeldes
und oft noch mehr einnehmen, sind hier Muskovit und Quarz.

Ersterer ist in unversehrten, ziemlich derben, die Größe der
hellen Glimmer im $Albit_2$ um das vielzehnmale übertreffenden
Schuppen durch den ganzen Plagioklas verteilt mit deutlicher

Neigung, sich in Nestern zu scharen. Die zahlreichen, ganz unregelmäßig verästelten Quarzquerschnitte erweisen sich zwischen + Nikols
als quergetroffene Zweige verschiedener, außerordentlich reich und fein
verästelter Quarzindividuen. Die Umrisse halten etwa die Mitte
zwischen geradlinigen idealen Mikropegmatitumrissen und weichen,
tropfigen, wie wir sie in den Oligoklasalbiten der Sengeser- und
Hochfeilergneise vielfach an relikt geordneten Quarzeinschlüssen
finden werden. Mehrfach erscheinen Teile des Augenkristalles im Querschnitt vollständig von einer individuell einheitlichen Quarzschale umschlossen.

Man findet den Feldspat optisch vollkommen ungestört, dagegen
an den Quarzquerschnitten stets regulär, // γ' orientierte, stetig- bis
rupturell-undulöse Streifung. Diese besitzt, wie damit schon gesagt und zu
erwarten ist, keine bestimmte Orientierung gegenüber den mechanischen
Konstanten des Feldspats. Zuweilen zeigt sich ein auffallendes Ausstrahlen
der Undulation von schärferen Ecken in der Grenzkontur zwischen Quarz
und Feldspat, welches ich als A b b i l d u n g   v o n   S p a n n u n g s s t ö r u n g
durch K e r b w i r k u n g deute [1]). Schließlich ist noch der Fall bemerkenswert, daß die Undulationen // γ' bei zwei ganz benachbarten, aber verschiedenen Quarzsträuchern angehörigen Zweigen senkrecht aufeinander-
stehen. In solchen Fällen scheint mir die eindeutige ausschließliche
Abhängigkeit der Undulationsrichtung von den Kristallkonstanten des
Quarzes besonders ersichtlich.

Man wird es kaum für wahrscheinlich halten, daß so feingliedrige
Quarzskelette etwa vor Umschluß durch den (optisch intakten) Feldspat bestanden hätten und derart deformiert worden wären, daß in
jedem Zweige Undulation // γ' entstand.

Auch gibt es direkte (s. u.) Gründe, die Entstehung der Quarze für
gleichzeitig mit der Entstehung der Feldspate zu halten. Und man
hätte dann als Quelle der mechanischen, Undulation erzeugenden
Spannungen, einen den ganzen Feldspat samt Einschlüssen durchsetzenden
Druck im Hinblick auf die Kataklase des vorliegenden Gesteins wohl
für noch wahrscheinlicher zu halten als die andere noch mögliche
Annahme, daß hierbei mechanische Spannungen kristallinen Wachstums im Spiele waren.

b) Der Schliff, welcher dem Kern eines großen Feldspates mit
zonar geordneten Einschlüssen entstammt, zeigt ebenfalls feinst-
lamellierten O l i g o k l a s $Ab_8 An_1 - Ab_8 An_1$. Dieser Feldspat ist selbst
optisch deformiert, zeigt Undulation und besonders an beginnenden
Scherflächen korrelate, stetige Verbiegung seiner Lamellen, also
plastische Deformation [2]).

---

[1]) Über die Wirkung von Kerben auf die Verteilung mechanischer Spannungen vgl. u. a.: A. Leon's Mitteilungen aus dem mech. techn. Laboratorium
der k. k. techn. Hochschule Wien bei Lehmann und Wenzel.

[2]) Stetigen, bleibenden Deformationen, welche man doch wohl „plastische"
nennen darf, sind wir im Verlaufe dieser Beschreibungen an Quarz, Feldspaten und
Glimmern oft genug begegnet. Man kann über die B e d e u t u n g plastischer Deformation für die Gefügebildung als tektonoplastische Teilbewegung, nicht aber über
ihr Vorhandensein im Zweifel sein.

An den oben erwähnten Quarzsträuchern machen wir hier zwei
Beobachtungen, welche mir sehr für ihre Entstehung gleichzeitig mit
dem Oligoklas zu sprechen scheinen. Man sieht bei entsprechender
Vergrößerung, daß die Grenze zwischen Quarz und Feldspat nicht
glatt, sondern eine den Lamellen des Oligoklases entsprechend ge-
stufte Linie ist, an welcher sogar intralamelläres Einwachsen des
Quarzes in den Oligoklas erfolgt; demnach ist die Lamellierung dieses
Feldspats und also wohl auch chemisch „dieser" Feldspat nicht jünger
als das Quarzgesträuch.

Ferner finden wir hier an Stelle der schon früher beobachteten
Neigung zur Aggregation bei Muskovit und Quarzeinschlüssen folgendes:
Die Quarzquerschnitte fügen sich, ohne sich im geringsten sonst vom
übrigen Gesträuch zu unterscheiden, zu rechteckigen Rahmen aneinander. Ja es tritt der Fall ein, und das ist eine sehr markante
Erscheinung, welche ich als einheitliche Q u a r z s c h a l e n bezeichne,
daß der g a n z e annähernd rechteckige Rahmen ein e i n z i g e s querge-
schnittenes Quarzindividuum ist. Eine solche Quarzschale hat die
Querschnittform eines Feldspats und umschließt ein wirres Haufwerk
derber M u s k o v i t schuppen. Dieses letztere Aggregat schwimmt in
einem also ebenfalls von der Quarzschale umschlossenen Teil des
Augenfeldspats. Man hat eine unzweifelhafte Pseudomorphose von
Quarz, Muskovit und etwas Oligoklas vor sich. Diese Pseudomorphose
ist nachgebildet einem ursprünglichen Feldspat, welcher nach dem
Material der Pseudomorphose zu schließen ein K a l i f e l d s p a t x war.
(Vergl. Taf. XIII, 1.)

Bezüglich der E n t s t e h u n g d e s A u g e n o l i g o k l a s e s sind
nun zwei Annahmen möglich.

Es kann entweder 1. der Augenoligoklas eine Pseudomorphose
sein nach einem Feldspat y, welcher ebenfalls schon ein großes Auge
war und den oberwähnten Kalifeldspat umschloß, oder es ist die Neubildung unseres Augenoligoklases ohne solchen Vorgänger y erfolgt
und es wurde bei seiner Bildung der Kalifeldspat x und dergleichen
metamorph (Quarz + Muskovit + Oligoklas) und umschlossen. Jedenfalls ist die Bildung des lamellierten Oligoklases und der Quarz- und
Muskoviteinschlüsse (zum Teil = Quarzschalen) gleichzeitig erfolgt, wie der Teil des einheitlichen Augenkristalls innerhalb der
Quarzschale und die Abbildung der Lamellierung an der Quarz-
Oligoklasgrenze beweist. Unter den zwei oben genannten Annahmen
ist die erste wahrscheinlicher; aus zwei Gründen.

Ein polierter Querschnitt dieses ganzen Oligoklasauges zeigt die
Einschlüsse n i c h t i n t e r n r e l i k t, wie zum Beispiel in den Hochfeiler Albitgneisen (vgl. pag. 278) oder gleichmäßig siebartig angeordnet,
sondern z o n a r.

Diese zonare Anordnung der Einschlüsse in über mannsfaust-
großen Kristallen ist am besten als Abbildung eines schon im primären
Augenkristall y vorhandenen Zonarbaues verständlich. Freilich fehlt
bis jetzt meines Wissens eine an entsprechend reichem Material
durchgeführte Bearbeitung der Frage, ob und wie weit zonare Anordnung präexistierender Partikel in wachsenden Kristalloblasten an
Stelle interner Relikt- und Siebstruktur treten kann. Ich selbst habe

bisher unzweifelhafte derartige Fälle unter zahlreichen Plagioklasen, Granaten und Hornblenden mit Einschlüssen präexistierender Partikel (Quarz, Epidot [vgl. pag. 279 u. a.], Erz) n i c h t gefunden. Diese Frage läßt übrigens unseren Schluß auf ein früheres Auge y unberührt.

Für ein solches y spricht ferner einigermaßen das Fehlen des in der Zwischenmasse sehr reichlichen Biotits oder seiner Derivate im Auge.

Demnach ist mir bezüglich der Bildung dieser Oligoklasaugen, welche für den Seiterberger Augengneis bezeichnend sind (unter fünf Fällen wurde das Auge nur einmal als $Ab—Ab_8 An_1$ bestimmt) folgendes wahrscheinlich. Der Teil des Oligoklasauges, welcher sich außerhalb der Quarzschalen mit Feldspatumriß und Muskovitfüllung befindet, entstand aus einem Substrat y, welches weniger Kali enthielt und basischer war als x ($x =$ Substrat der Quarzschalen-Pseudomorphose). Unter x darf man zwanglos einen wenig verunreinigten Kalifeldspat vermuten, y hat etwas Kali enthalten und war bedeutend $Si O_2$-reicher als der vorliegende Oligoklas. Eine gleichmäßige Verteilung dieser Stoffe, Kali und $Si O_2$ in y, ist durch die regelmäßige Verteilung von Muskovit und Quarz in y wahrscheinlich gemacht. Die Verteilung des Quarzes ist übrigens etwas gleichmäßiger als die des Muskovits, welcher immerhin eine gewisse Neigung zur Gruppierung zeigt. Sowohl x als y haben sich durch Basischerwerden (Abgabe von $Si O_2$ und Kali) an die Existenzbedingungen des vorliegenden Oligoklases angepaßt.

Die Quarzsträucher sind während dieser Metamorphose entstandene, ältere Strukturen (Einschlüsse, Zonarbau) abbildende $Si O_2$-Konkremente in Gestalt bizarr verzweigter Individuen.

Die Möglichkeit solcher Entmischungserscheinungen ist für diesen Fall wohl nachgewiesen; auf die zahlreichen Fälle morphologisch ganz ähnlicher Quarzeinschlüsse in Orthoklas und $Ab—Ab_8 An_1$ läßt sich eine derartige Deutung derzeit nicht ausdehnen.

c) Bezüglich einiger anderer untersuchter Augen ist nur eigens anzuführen, daß als Einschluß im $Ab_8 An_1—Ab_3 An_1$ neben den genannten Einschlüssen etwas B i o t i t mit S a g e n i t und ein E p i d o t aggregat in einem Falle gefunden wurde.

d) In diesem Falle liegt bei noch wohlerhaltenem Feldspatumriß und scheinbarer Einheitlichkeit des Auges kein Einzelindividuum vor, sondern ein Aggregat aus einigen etwas gegeneinander desorientierten Körnern mit unregelmäßigen Grenzen, $Ab—Ab_8 An_1$ (Chm +). Dieser A l b i t enthält häufig einen etwas saureren mit Albit- und Periklin-Lamellen und unregelmäßiger Umgrenzung; beide Albite enthalten Quarzgesträuch. Ferner ist ein Plagioklas mit scharf absetzender Schale anzumerken. Die Schale ist saurer (schwächer brechend) als der Kern, aber etwas stärker brechend als die oben erwähnten Albite. In diesem „Auge" tritt als Einschluß B i o t i t mit S a g e n i t auf, häufiger aber M u s k o v i t. Das Gebilde steht den Kristallaugen, wie man sieht, viel näher als irgendeinem Knollentyp, ist aber kein „Kristallauge" mehr im strengsten Sinn.

e) Ein anderes Präparat nähert sich, wiewohl aus typischen Augenfeldspaten bestehend, $Ab_8 An_1—Ab_3 An_1$ feinstlamelliert mit den

beschriebenen Quarzkonkrementen (stufige Kontur, auf Feldspatpseudo-
morphose weisende Aggregation mit Muskovit) durch eine reichlichere
Gliederung in Körner schon beträchtlich mehr einem M i t t e l d i n g
z w i s c h e n K n o l l e u n d A u g e. Neben den genannten Bestandteilen
tritt g e s t r e i f t e r Quarz und Orthoklas auf.

2. Aus dem Kristallaugengneis im alten Steinbruch von G a s t e i g
bei Sterzing.

Das Auge zeigt einen von den` bisher beschriebenen ziemlich
abweichenden Typus. Es besteht aus noch annähernd gleichorientierten
Zerfallselementen eines lamellierten $Ab—Ab_8 An_1$, zwischen welchen
sich ein Pflastermörtel von Q u a r z und lamelliertem A l b i t hinzieht.
Außerdem sind noch der Albitisierung entgangene O r t h o k l a s i n s e l n
vorhanden; die Quarzabscheidungen in Strauchform fehlen gänzlich.
Einen ganz gleichen Zerfall größerer Individuen unter Bildung des
zuweilen allein übrig bleibenden Pflastermörtels haben wir pag. 253
an Orthoklas gefunden.

Der $_{\text{Gneis}}$, welcher dieses Auge einschließt, zeigt kleine vollkommene Äquivalente des Auges mehr oder weniger stark verschiefert.
Seinem Gefüge gibt mylonitische Schieferung das Gepräge.

3. Aus dem Augengneis des G l i e d e r s c h a r t l (Hochfeiler West).
Zwei Präparate aus diesem Kristallaugengneis zeigen ein Orthoklas-
auge mit Albit gemischt und wie unter 2 beschrieben zerlegt. Gewisse sehr markante gescheckte Plagioklase finden wir hier ganz
gleich wie in den Gasteiger Gneisaugen, wo sie als Albit bestimmt sind.

Dadurch nähert sich der Gasteiger Augengneis ebenso dem
vom Gliederschartel am Hochfeiler, wie er sich vom Seiterberger
Augengneis entfernt. Der erwähnte Albit kommt auch in der Gneismasse vor. Gasteiger und Hochfeiler Augengneis unterscheiden sich
nur durch das kataklastische, mylonitische Gefüge des ersteren und
die unversehrte Kristallisationsschieferung, welche letzteren wie überhaupt die Blastophyllonite der Hochfeilerhülle auszeichnet.

Wir finden in unserer „Augenknolle" dieselben großen trüben
A l b i t e $_2$ wie in den Knollen, ferner kleine klare breitlamellierte Albite,
welche sich sowohl vom gefleckten Albit als vom Albit $_2$ sehr deutlich
unterscheiden und A l b i t $_1$ sehr ähnlich werden. Im Gneis ist außer
den genannten 3 Albiten etwas K l i n o c h l o r, O r t h o k l a s, Q u a r z,
E p i d o t, goldgelber B i o t i t in ausgezeichnet kristallisationsschiefrigem
Gefüge verbunden.

4. Aus dem Knollengneis der S e e f e l d e r s p i t z e bei Pfunders.
In einem ideal kristallisationsschiefrigen Gneis mit B i o t i t,
M u s k o v i t, K a l z i t, Q u a r z. O r t h o k l a s und $Ab—Ab_8 An_1$ (wie
Albit$_1$, immer klar und gut lamelliert oder fleckig im Orthoklas) liegen
augenartige, sehr wenig zerlegte Plagioklase $Ab—Ab_8 An_1$ mit ausgezeichnet auskristallisiertem M u s k o v i t-, Q u a r z- und A l b i t g e f ü g e
in den Fugen zwischen den Teilen des Auges. Außerdem Q u a r z n e s t e r.

5. Aus dem Knollengneis unter dem S c h m i t t e n b e r g k a l k
(Hintertux).

Dieser Einschluß steht Knollen näher als Augen, zeigt aber ein
für erstere sonst nie beobachtet großkörniges Gefüge aus undulösen ver-

zahnten und vermörtelten Quarznestern, unlamelliertem Albit und Albit₁; sämtliche Bestandteile sind durchsät von Titaneisen und (spärlicher) von Titanit.

Demnach haben wir unter den Orthoklas-, Albit- und Oligoklas-Kristallaugen zwar einerseits in Körner zerlegte gefunden. Anderseits ist aber zu bemerken, daß praktisch u. d. M. Augen von Knollen fast durchwegs sogleich unterscheidbar sind, auch wo dies in der Hand schwieriger gelingt. Was die Frage nach dem genetischen Zusammenhang zwischen Augen und Knollen anlangt, so ist einerseits das Auftreten typischer Knollen neben Kristallaugen (zuweilen sogar im selben Handstück) und das Auftreten von sekundären Körnerkomplexen als Kristallaugenderivate zu betonen, anderseits erschiene es mir nicht zulässig, die glimmerarmen bis -freien Knollen, etwa vom Typus A und B auf Grund der bisherigen Beobachtungen an Knollenderivaten als solche zu berachten, das heißt als Aggregatpseudomorphosen nach Feldspataugen.

Zur Frage nach der Bedeutung der Knollen.

Zunächst sollen die Möglichkeiten besprochen werden, welche den Charakter solcher Einschlüsse betreffen. Diese Einschlüsse können sein: 1. Sedimentäre Einschlüsse. 2. Tektonische Einschlüsse. 3. Konkretionäre authigene Gebilde (Aggregate bis Kristalle).

Für alle drei Arten finden wir sichere Vertreter in der Schieferhülle. Zu den ganz sicheren Geröllen darf man rechnen die Quarzitgerölle in den nicht umkristallisierten Tuxer Grauwacken, in den Graphitkonglomeraten des Kaserer (vgl. Taf. XII, 1) und in den hochkristallinen Pfitscher Graphit - Rhätizitschiefern; wahrscheinlich ist der Geröllcharakter der Quarzeinschlüsse in den hochkristallinen Äquivalenten der genannten Gebilde zum Beispiel Schneeberger Gneis und Glimmerschiefer, Glimmerschiefer zwischen Wolfendorn und Kalkwand, Glimmerschiefer der Griesscharte und manchen anderen, im Texte gelegentlich erwähnten.

Die durch Differentialbewegung hergestellten Einschlüsse können aus authigenem oder allothigenem Material sein. Man kann zum Beispiel (im ersten Graben von Kematen im Pfitschtal talein gerechnet am Nordgehänge) beobachten, wie aus Quarzlagen, welche möglicherweise selbst nichts anderes als verflachte Gerölle sind, durch Faltung dieser Quarzlagen Wülste durch weitere Bewegung in s des Gesteins isolierte Stäbe entstehen, welche dann noch dem Korrelaten, der Faltenachse und damit ihrer Längserstreckung entsprechenden Zuge gehorchend zerreißen und zu länglichen, namentlich im Querschnitt Geröllen vollständig gleichenden Einschlüssen werden, deren Entstehung nur noch die glücklicherweise vorhandenen Übergangsphasen feststellen lassen.

All das ging bemerkenswerterweise in den derzeit vollkommen akataklastischen Schiefern vor sich.

Im Graben bei St. Jakob in Pfitsch kann man die wertvolle Bemerkung machen, daß ein Aplitgang in Augengneis durch Differentialbewegung des Augengneises so zerlegt wird, daß Teile desselben von echten „Knollen" nicht unterscheidbar neben den Kristallaugen im gleichen Handstück auftreten (vgl. auch Bemerkung zu 1 und 2 auf Taf. XI). Dabei ist als besonders wichtig nicht nur für die Befunde u. d. M. oder am Handstück, sondern ganz ebenso als tektonische Regel zu beachten, daß bei einem gewissen Grade von Differentialbewegung in *s* auch ursprünglich quer zu *s* angeordnete Elemente parallel *s* geschlichtet werden, nur weil bei fast beliebiger Knetung die Teilbewegungen eben in *s* erfolgen (über diese Regel L. 4). Es wäre möglich, in diesem Sinne eine Schlichtung von Quarzquergängen (Entstehung vieler Quarzlinsen des Quarzphyllits) oder eine derartige Auslöschung von magmatischen Quergriffen in ein später differentialbewegtes Schieferdach in manchen Fällen (Grünschiefer ohne Zufuhrkanäle, Schieferhüllen ohne Querapophysen) zu bedenken. Eine Abfuhr von ganz geröllähnlichen Fragmenten aus einer Quarzknauer im Quarzphyllit der Dannelscharte wurde schon früher (L. 3) angeführt. Im Falle des zerlegten Aplitganges haben wir es also mit allothigenen (ursprünglich intrudierten) tektonischen Einschlüssen zu tun.

Beispiele für konkretionäre authigene Gebilde sind unter Kristallaugen oben beschrieben.

Es tritt nun aber die schwierige Frage heran, welcher Charakter den Knollen zum Beispiel des so verbreiteten Typus *A* und *B* zukomme. Bei der Schwierigkeit und Wichtigkeit dieser Frage sowie in Anbetracht dessen, daß an ähnlichen Fragen gewiß auch in anderen Gebieten (Tauern, Schweiz [?], Finnland) von Fachgenossen gearbeitet wird, möge Punkt für Punkt das Für und Wider aus den Beobachtungen in meinem Gebiet aufgezählt werden. Für den Charakter der Knollen *A* und *B* als sedimentärer Einschlüsse läßt sich folgendes ohne sichere Entscheidung anführen:

1. Die zuweilen (zum Beispiel am Pfitscherjoch) frappierende Geröll-, beziehungsweise Konglomeratform.

2. Das Vorkommen in Gneisen sowohl als in weniger kristallinen Grauwackenmyloniten. Das Vorkommen in sehr karbonatreichen Gneisen, wahrscheinlichen metamorphen Äquivalenten der Grauwacken.

Eine gewisse Schwierigkeit bietet dieser Annahme meines Erachtens die außerordentliche Gleichförmigkeit der Gerölle. Man müßte sich etwa vorstellen, daß das aufgearbeitete Material nur aus Graniten und aplitischen Gesteinen bestanden hätte und Gerölle nur aus letzteren gebildet wurden, während erstere in Grus zerfielen. Gerade hier werden die Beobachtungen in anderen Gebieten von Bedeutung sein.

Für die Möglichkeit einer Auffassung der Knollen *A* und *B* als tektonischer Einschlüsse läßt sich anführen:

1. Die Beobachtung derart entstehender Knollen dieses Typus neben den Augenfeldspaten der Porphyrgneise.

2. Die große Rolle, welche Teilbewegung in *s* in fast allen diese Knollen beherbergenden Gesteinen, namentlich auch in den mylonitischen und phyllitisierten Grauwacken spielten.

Als Schwierigkeit tritt dieser Hypothese entgegen namentlich die in der Mehrzahl der Fälle vorhandene gänzliche mechanische Unversehrtheit des Gefüges der Knollen.

Für die Auffassung der Knollen *A* und *B* als konkretionärer Gebilde einer Kristallisationsphase mit oder ohne Stoffzufuhr ließen sich etwa anführen die Anklänge an derartige Gebilde in Kristallaugengneisen. Gegen diese Hypothese dürfte aber der Umstand entscheiden, daß die Knollen auch in Grauwacken vorkommen, deren Gefüge nichts von einer jener der Knollen auch nur annäherungsweise vergleichbaren Kristallisationsphase zeigt.

Wenn wir nun die Knollen *A* und *B* als Gestein auffassen und mit anderen Gesteinen des Tauernwestendes vergleichen, so gilt folgendes:

Es sind auffällig glimmerarme, sehr oft glimmerfreie Typen aus Quarz und Plagioklasen mit zurücktretendem Orthoklas. Zweimal wurde Plagioklas mit basischem Kern gefunden, was mit der gewöhnlich richtungslos körnigen Struktur harmoniert. Geschieferte Typen treten dagegen sehr zurück. Zu bemerken ist, daß nur in einem einzigen Fall, und auch da keine vollkommen typische Mikropegmatitstruktur zu verzeichnen war, während strauchige, weichkonturierte Quarzeinwachsungen in Plagioklas nicht selten sind.

Was den Vergleich der Knollen mit der Zwischenmasse der Knollengneise anlangt, so ist diese in einzelnen Fällen (zum Beispiel Dreiherrenspitze, Gansör bei Mauls) nicht unähnlich, immer aber viel glimmerreicher.

Was den Vergleich der Knollen *B* mit anderen Zentralgneisen anlangt, so fand ich in Gestalt des Porphyrgneises im Krierkar bei Hintertux ein äußerst ähnliches Gestein. Dieser Porphyrgneis ist zwar ebenfalls glimmerreicher, hat aber gemeinsam mit einem vorliegenden Typus *B* gestreiften Quarz, den trüben und einen klaren Albit, den Entmischungsmuskovit in Plagioklas und den von der mechanischen Déformation in seiner Entstehung begünstigten serizitischen Glimmer, die Aggregation der Bestandteile in Nestern.

Wir finden also unter den Porphyrgneisen die den Knollen *A* und *B* ähnlichsten Gesteine und haben unter den Aplitgneisen einen einer Knolle (*C*) petrographisch gleichen früher festgestellt.

Gleichviel, ob wir nun diese Knollen (*A* und *B*) als sedimentäre oder als tektonische Einschlüsse auffassen, so haben wir in diesen beiden Fällen die Knollen als Derivate aplitischer Gesteine zu betrachten. Im einen Falle wären etwa aplitische Gänge im Dache der Gneise durch die starken Differentialbewegungen in demselben zerlegt und in die Knollenform gebracht worden. Im anderen Falle wären ebensolche Gänge sedimentär aufgearbeitet worden. Die Reihenfolge der geologischen Vorgänge wäre folgende:

1. Für den Fall tektonischer Einbeziehung der Knollen: Auftreten der aplitischen Gesteine v o r o d e r w a h r s c h e i n l i c h n a c h der Bildung der Permokarbongrauwacken. Bewegungsphase (tektonische Hauptphase) mit Einbeziehung der Knollen. Hauptphase kristalliner Metamorphose (Kristallisation der Schieferhülle, Greinerscholle, des Zuges Sterzing — Schneeberg — Similaun), vor bis nach der tektonischen Hauptphase.

Auf eine der kristallinen Tauernmetamorphose vorangehende ältere,
präkarbonische Phase kristalliner Schieferbildung weist außer theoretischen Überlegungen auch der Biogitgneiseinschluß in den Tuxerwacken.
Ferner die Metamorphose von Permokarbon in der Schieferhülle etc.,
während „Altkristallin" anderwärts von Karbon transgrediert wird.

Gründe für die Annahme des postpermischen Alters der Schieferhüllenmetamorphose und ihres Verhältnisses zur tektonischen Hauptphase sind : die Kristallisation der Grauwacken, die tektonische Mischung
kristallinmetamorpher „Schieferhülle" mit nichtmetamorphen Phylliten,
die Zeichen postruptureller Kristallisation (Blastomylonite, Blastophyllonite und Abbildungskristallisation von Faltung verschiedenen Aus-
maßes in der tektonisch komplizierten Hochfeilerhülle, Greinerzone,
Bensenzone und dem Schneeberger Zug Sterzing—Similaun.) Eine aus-
führlichere Darstellung dieser Verhältnisse soll andernorts erfolgen.

2. Für den Fall sedimentärer Einbeziehung der Knollen: Auftreten der aplitischen Gesteine v o r Bildung der Permokarbongrauwacken. Einbeziehung der Knollen vor der Bewegungsphase. Sonst
wie oben.

Man sieht, wo die Vorstellung von der Entwicklungsgeschichte
unseres Areals davon berührt wird, ob wir uns für die Auffassung
der Knollen als tektonischer oder als sedimentärer Einschlüsse entscheiden. Der Hauptunterschied liegt darin, daß bei der Annahme
tektonischer Einbeziehung der Knollen das Auftreten der Aplite zeitlich
in die Nähe der Bewegungs- und der Kristallisationshauptphase gerückt
werden kann, wofür viele andere Gründe sprechen, während wir im
anderen Falle präkarbonische Aplite von den Hauptphasen der Kristallisation und Bewegung durch die permokarbonische Transgression getrennt annehmen müssen.

Für unsere Fragen von großem Interesse sind einige Beobachtungen und Meinungen, welche F r o s t e r u s an ladogischen und kale-
vischen Schiefern gewann. Man findet in F r o s t e r u s'[1]) Beschreibungen,
obwohl sie das petrographische Detail noch nicht enthalten, schon
sehr vieles, was an Verhältnisse und Probleme der Tauerngneise und
der Schieferhülle erinnert. F r o s t e r u s deutet (pag. 20 u. 21) die
petrographisch sowohl in hangenden Glimmerschiefer als in liegenden
Granitgneis übergehenden ladogischen Augenschiefer als Produkt einer
Wüstenverwitterung der liegenden Granite. Denn die Hypothese arider
Verwitterung gestattet nach Frosterus' auf W a l t h e r s Wüsten-
studien gestützten Meinung, jene Augen der Augenschiefer, welche von
linsigen Feldspaten des Granits ununterscheidbar sind, als ohne Zerstörung ihrer Form aus dem Granit ausgewitterte und dem Wüsten-
sediment (jetzt = Augenschiefer) einverleibte Kristalle zu betrachten.
F r o s t e r u s findet den inneren Bau mancher „Augen", welche als
Aggregate aus Quarz, Orthoklas, Mikroklin und Plagioklas unseren
„Knollen" zu entsprechen scheinen, so, daß er nicht an ihre Entstehung in den Augenschiefern glaubt. Da aber gerade dieser Autor
selbst zentrale Anreicherung mit Mikroklin und randlich sowohl als

---

[1]) Benjamin F r o s t e r u s, Bergbyggnaden i sydöstra Finland. Bull. de la
Commiss. géol. de Finlande. Tome II, Nr. 13.

sozusagen in den Augenwinkeln ein gleichmäßig körniges (Plagioklas-Mikroklin-Orthoklas-Quarz-Muskovit) Gemenge angibt, in anderen Fällen wieder zentralen Plagioklas mit Mikroklinfeldern, so scheint mir wenigstens die Entstehung dieser zonaren Knollenstrukturen im Augenschiefer sehr wahrscheinlich. Wegen solcher Umstände zögere ich, F r o s t e r u s' Hypothese schon vor deren genauerer petrographischer Durcharbeitung an Stelle der hier bezüglich der Knollengneise erörterten Möglichkeiten zu setzen, wiewohl für die wahrscheinlich anthrakolithischen Schieferhüllegebilde (Quarzporphyre, Arkosen) ein arides Klima auch im Bereiche stratigraphischer Wahrscheinlichkeit läge. Bezüglich der typischen Kristallaugengneise schließe ich mich deren alter (F u t t e r e r, B e c k e) Deutung als „Granitporphyre" als „Orthogneise" an. Unter anderem wäre eine so gleichmäßige Verteilung der Augenkristalle, wie diese Gesteine sie zeigen, auf keinem sedimentären Wege zu erwarten. Es wird sich darum handeln, auch an den finnischen Gesteinen, deren Bedeutung für unsere Fragen F r o s t e r u s' Arbeit zu sehen gestattet [und manchen der in R e u s c h s' berühmter Arbeit beschriebenen Bergener Schiefern], die hier aufgezählten Möglichkeiten zu prüfen; ebenso für die Tremolaserie und zahlreiche Äquivalente in der Schweiz.

E. Hochkristalline Albit-Karbonatgneise, Albitgneise und Karbonatquarzite.

(Taf. XII, 2 und 3, Taf. XIII, 3—6.)

Unter den Gesteinen des Tauernwestendes wird hier als letzte noch eine Gruppe genauer beschrieben, welche als A l b i t g n e i s bis G l i m m e r s c h i e f e r mit K a r b o n a t in den bisherigen Publikationen d. V. vermerkt wurde. Wir haben Anklänge der Grauwackengneise und Knollengneise an diese Gruppe wegen der Frage nach der stratigraphischen Äquivalenz betont. Anderseits ist aber hervorzuheben, daß es sich bei dieser z w e i t e n G r u p p e v o n P a r a g n e i s e n u n t e r d e n T a u e r n g n e i s e n um durch die Umkristallisation (mit oder ohne Stoffzufuhr?) petrographisch meist sehr gut charakterisierte und deskriptiv von den anderen Gneisen meist gut trennbare kristalline Schiefer handelt. Mit den Grauwacken hat diese Gruppe gemeinsam Übergänge zu Quarziten und sehr muskovitreichen Schiefern, oft sehr beträchtlichen Karbonatgehalt, bezeichnende Seriengenossen wie Tuxer Marmor und Pfitscher Dolomit. Das scheinen mir alles Gründe für eine stratigraphische Äquivalenz der beiden, ohne daß ich vergleichende Gesteinsanalysen für entbehrlich hielte, namentlich im Hinblick auf den anscheinend größeren Natriumgehalt der Albitgneise gegenüber den Grauwacken. Jede chemische Behandlung dieser geologisch so wichtigen Frage hätte mit den eben erwähnten Schwankungen im Chemismus der beiden Gruppen (Quarz- und Karbonatvorwalten) und wenigstens mit der Möglichkeit einer Stoffeinfuhr bei Albitisation der Albitgneise zu rechnen. Jedenfalls liegen neben vielen primären Ähnlichkeiten der beiden Gruppen die Hauptunterschiede in der ganz verschiedenartigen Metamorphose, welche aus dem Substrat der Albit-

gneisgruppe während der Tauernkristallisation Idealtypen der Umkristallisation schuf, wie sie in der Hochvenedigergruppe E.
Weinschenk zu seinen petrographischen Studien Anlaß gaben.
Dieser Forscher hat dort die Vermutung ausgesprochen, daß
gewissen Schieferhüllegliedern grauwackenähnliche, prämetamorphe
Substrate zugrunde lagen. Mit dieser Meinung kann der Verfasser
vom Tauernwestende aus insofern in Fühlung treten, als Wein-·
schenks Arbeit und vortreffliche Gefügebilder in der Hoch-
venedigerhülle die Albitgneise des Hochfeiler der Sengeser Kuppel
und des Schneeberger Zuges (Sterzing—Similaun) wieder zu erkennen gestatten und die Bearbeitung des Tauernwestendes die
stratigraphische Äquivalenz dieser Albitgneise mit Tuxer Grauwacken
sehr wahrscheinlich macht. Es scheint, daß sich der Unterschied
zwischen Nord und Süd des Tauernwestendes zwischen der Hülle der
Zillertaler und der Tuxer Gneise in erster Linie auf Unterschiede
im Grade des Metamorphismus zurückführen läßt, wofür andernorts
eine Erklärung durch die Geosynklinaltheorie versucht werden soll. Und
es scheint, daß sich diese Probleme mit ähnlichen am Semmering berühren.

Das bezeichnendste Mineral dieser Gesteinsgruppe ist der
Plagioklas, welcher wegen seiner auffälligen Tracht schon früher
mehrfach als „Albit$_1$" eigens angemerkt wurde. Die Tracht dieses
durch sehr häufige und lehrreiche Reliktstrukturen als Produkt der
Kristalloblastese gekennzeichneten Plagioklases weicht von der aller
anderen Plagioklase in Gneisen und Grauwacken so sehr ab, daß ich
das Mineral erst auf Grund genauer Untersuchung an orientierten
Schliffen und Spaltblättchen als einen in seiner Zusammensetzung
um $Ab_8 An_1$ schwankenden Plagioklas erkannte. Da er in der Mehrzahl
der Fälle saurer ist als $Ab_8 An_1$, wurde der Kürze halber von Albitgneisen und „Albit$_1$" gesprochen, obgleich es sich nicht in allen
Fällen um Albit im strengeren Sinne handelt.

Eine theoretische Erklärung für die große Seltenheit des Auftretens von Albitlamellen habe ich noch nicht gefunden; man wird
sie vielleicht unter den Entstehungsbedingungen dieser Plagioklase
mit unzweifelhaft kristalloblastischer Entstehung zu suchen haben.
Diese Albite sind ganz wie viele Hornblenden und Granaten der
Greinerschiefer etc. Kristalloblasten von Grund aus (Holokristallo-
blasten), nicht etwa nur randlich, wie die Reliktstrukturen nachweisen lassen. Diese Albite sind bis auf die relikten Einschlüsse
·spiegelklar und zeigen keinen durch den Chemismus bedingten
Zonarbau. Wir fügen das weitere an die Beschreibung einzelner
genauer untersuchter Hauptvorkommen, welche nicht die ganze bisher
nachgewiesene Verbreitung dieser Gesteine bedeuten.

Für die Beschreibung der Reliktstrukturen in diesen Gesteinen
ist noch folgendes vorauszubemerken: Wenn man prinzipiell und am
besten schon terminologisch den wegen weiterer Folgerungen sehr
empfehlenswerten Unterschied macht zwischen Reliktstrukturen innerhalb von Kristalloblasten und solchen außerhalb derselben und erstere
etwa als interne Reliktstruktur (i) von ihren häufig vorhandenen
Fortsetzungen außerhalb des Kristalloblasten (externe Reliktstruktur, e, durch „Abbildungskristallisation") unterscheidet, so

findet man folgendes: Die interne Reliktstruktur bildet, mit einigen
Einschränkungen [1]), den Zustand des Schiefers im Zeitpunkt der Bildung
des Kristalloblasten k ab, welcher gleichsam ein Dauerpräparat aus
dem Gefüge der „Vorphase", der „Phase vor k", umschlossen und
aufbewahrt hat. In vielen Fällen gibt der Vergleich von i und e Ein-
blicke in den Hergang bei der Kristallisation. Da das i der Vorphase
manchmal schon zweifellos kristalloblastischen Charakter (oft deutlich
embryonaleren oder „niedrigeren" Grades als e) zeigt, so kann man
auch in kristallinen Schiefern etc., also auch bei Umkristallisation
nicht nur vom Einfluß der Kristallisationskraft, sondern auch von
z e i t l i c h e n   G e n e r a t i o n e n der Minerale reden.

Das genauere Studium interner Reliktstrukturen wird wahrscheinlich in mehreren Fällen, ähnlich wie in hier besprochenen, wo
man die Entstehung des intern und extern gleich ausgebildeten Epidots
jedenfalls vor die Entstehung des umschließenden Albits verlegen muß.
auch in kristallinen Schiefern eine z e i t l i c h e Bildungsfolge unterscheiden lassen, auf welche besonders zu achten wäre. Denn es ist
einerseits möglich, daß ein Gefüge nicht sogleich durch und durch
m o b i l i s i e r t wird, sondern gewisse Elemente desselben schneller,
andere vielleicht noch gar nicht oder erst bei längerer Dauer oder
gradueller Steigerung der mobilisierenden Bedingungen sich anpassend
umkristallisieren. Anderseits ist es auch möglich, daß die Zufuhr
eines für die Ausbildung bestimmter Kristalloblasten (zum Beispiel
der Albite in unseren Gesteinen) konstituierend oder kristallisations-
fördernd mehr oder weniger nötigen Stoffes (zum Beispiel in Kontakthöfen) erst nach Fertigstellung einer älteren kristalloblastischen
Generation erfolgt.

I. Hintergrund des Sengestales bei Mauls.

Wir treffen gleich hier einen besonders häufigen Typus unserer
Gruppe. Das Gestein zeigt gestreiften Q u a r z, öfter in Nestern mit
subparallelen Körnern, A l b i t$_1$, ebenfalls häufig gruppiert, reichlich
K a r b o n a t, ziemlich viel Epidot, auch außerhalb des Albits, und als
Glimmer nur Muskovit. Der Plagioklas ist $Ab_8 An_1 - Ab_3 An_1$, also
etwas basischer als gewöhnlich. Eine Messung auf M an Spaltblättchen
isolierter Kristalle ergab 11^0, also $Ab_{84} An_{16}$. Er zeigt nur einfache
Karlsbader Zwillinge, Chm—, und manchmal eine „sieb"artige
Gruppierung der gewöhnlich deutlich relikt angeordneten Einschlüsse
der Vorphase, als einzige Andeutung eines Kernes. Im Hinblick auf
die Frage, ob es sich dabei um die für einen veränderten basischen
Feldspatkern symptomatische zentrale Gruppierung der E p i d o t e
und des Q u a r z e s handle, ist hervorzuheben, daß die zentrale Anhäufung dieser Einschlüsse einen Ausnahmefall bildet gegenüber der
Regel, daß dieselben Einschlüsse Reliktlinien bilden und also der
voralbitischen Kristallisationsphase angehören. Diese zeigt in i
E p i d o t, weiche, langgezogenen Tropfen ähnliche Quarzquerschnitte,
kleine Nädelchen (Rutil?), Erzspießchen (Titaneisen?).

---

[1]) So wird man zum Beispiel Materialien der „Vorphase" (s. u.), welche
den Kristalloblasten konstituieren helfen, in i kaum erwarten können.

Mechanische Gefügedeformation tritt ganz zurück; man trifft nur Undulation des Quarzes und höchst selten kaum merkliche Glimmerbiegung, es herrscht reinste Kristallisationsschieferung.

Für mechanische Bewegungen im Gefüge während der Kristalloblastese finden wir jedoch hier wie in anderen später zu erwähnenden Fällen ein neues sicheres Symptom. Es sind nämlich die internen Reliktlinien i in den verschiedenen auch benachbarten Kristallen gegeneinander durch Bewegung der Kristalle verschoben und v e r l e g t; sie korrespondieren nicht mehr und lassen Rotationsbewegung der schon ziemlich ausgewachsenen Plagioklase erschließen. Da es an rupturellen Gefügestörungen fehlt, so verlege ich diese Teilbewegung im Gefüge gegen das Ende der Kristallisationsphase, aber noch in dieselbe. Sie ist einer der Beweise, daß man nicht nur aus rupturellen Gefügen auf nichtmolekulare Bewegungen im Gefüge und weiter auf tektonische Vorgänge schließen darf. Insofern erinnert diese Sache an die oben beschriebenen Hinweise auf „präkristalline" mechanische Bewegungen in derzeit nichtrupturellen kristallinen Gefügen. Ob in unserem Falle, dessen Anzeichen im folgenden als v e r l e g t e R e l i k t s t r u k t u r oder verlegtes i bezeichnet werden, die verlegenden Teilbewegungen auf tektonische Deformation des Ganzen oder auf kristalloblastische Wachstumsvorgänge zurückgehen, ist eine Frage. Gegen letztere und damit für erstere Annahme spricht für den Verfasser der Umstand, daß, wie bemerkt, das Wachstum der Albitkristalloblasten schon fast vollendet war, als die Verlegung erfolgte.

In einem anderen Präparat erwies sich der P l a g i o k l a s als $Ab - Ab_8 An_1$, $Chm+$, neben dem hier sideritischen K a r b o n a t trat etwas schwarzes Erz (Magnetit) und dessen limonitisches Derivat auf und es war an der voralbitischen Phase, in i, auch M u s k o v i t beteiligt. Im übrigen herrschten die oben beschriebenen Verhältnisse.

An einer dritten Probe mit gleichem Plagioklas und unverlegter interner Reliktstruktur (Quarz, Muskovit) ist eine durchgreifende, ganz ausgezeichnete Regelung des Quarzgefüges ($\alpha' // s$) hervorzuheben. Der Quarz bildet dabei kein Mosaik (vgl. Taf. XIII, 5.), sondern ist zum Teil als Lagenquarz mit plastischer, welliger Biegung der im Querschnitte bandförmigen Individuen ausgebildet, immer aber sind die Individuen an den Körnergrenzen sozusagen im höchsten Grade verzahnt und mit scharfen, äußerst unstetigen Konturen ineinandergewachsen, wie dies etwa auch Fig. 2 für gleiche Gebilde aus der Reusenzone zeigt. Der Quarz zeigt Undulation, zum Teil rupturelle, die Glimmer, welche das s in den Quarzarealen s c h a r f markieren, sind u n l ä d i e r t. Wir haben hier die Quarzgefügeregel in einem kristallisationsschiefrigen Blastomylonit; sie braucht jedoch deshalb nicht durch Kristalloblastese entstanden zu sein und es ist hierzu namentlich zu bemerken, daß der Gefügetypus der Quarzlagen nicht kristalloblastisches Mosaik, sondern der oben beschriebene ist, welchen wir auch in Myloniten kennen. Dem Verfasser scheint es wahrscheinlich, daß die Regel auch hier letzterdings unter mechanischer Bewegung in s zustande kam.

Ein vierter Typus von unserer Lokalität zeigt etwas häufiger Lamellierung des Albit$_1$, welcher zwischen Ab und $Ab_8 An_1$, dem $Ab_8 An_1$ sehr nahesteht. Der Quarz zeigt ausgeprägte Streifung, das lamellierte K a r b o n a t ist zu größeren R h o m b o e d e r n kristallisiert. Der Glimmer ist reichlicher, vortrefflich kristallisierter M u s k o v i t. E p i d o t und E r z reichlich. Die Albite zeigen sehr schöne verlegte, interne Reliktstruktur mit Epidotkristallen, langgezogenen und scharfeckigen Quarzkörnern, Erz und winzigen Nädelchen (Rutil). Letztere bilden durch ihre Anordnung eine zierliche, t y p i s c h e T o n s c h i e f e r f ä l t e l u n g ab gleich der, welche W e i n s c h e n k s Abbildungen zeigen und welche wir namentlich in der Hochfeiler-hülle in bester Ausbildung finden werden. Nicht immer ist wie in unserem Falle der Muskovit schon am voralbitischen Gefüge beteiligt. Die Relikte der voralbitischen Phase sind im allgemeinen etwas kleiner als ihre externen Äquivalente und demnach noch nach der Albitbildung weiter gediehen. Dies macht gewisse Nester richtungslos gruppierter

Fig. 2.

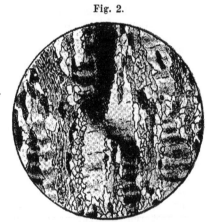

Albitquarzit (Rensen b. Mauls). Durch den ganzen Schliff gilt α' // s, γ' // zu der meist rupturellen Undulationsstreifung. In der Bildmitte ein großes Korn mit vier Zweigen.

Glimmer verständlich, wenn man die Desorientierung ihrer Keime mit der·Verlegung von i in Zusammenhang bringt. Was die Epidote an-langt, so kann hier an ihrer voralbitischen Bildung kein Zweifel sein. Es wurde hier vor Bildung der Albite das Stadium eines kristallinen Schiefers erreicht, während in anderen Fällen (zum Beispiel Hoch-feiler pag. 283) das voralbitische Stadium nur ein gefältelter Ton-schiefer war.

Schließlich bleibt noch ein von den bisher beschriebenen ab-weichender Typus aus dem innersten Kern der Sengeser Kuppel zu erwähnen, welchen seine Stellung als petrographisches Bindeglied und als Z w i s c h e n t y p u s zwischen T u x e r G r a u w a c k e n g n e i s e n u n d u n s e r e n A l b i t g n e i s e n wichtig macht. Das Gestein gleicht ganz dem vom Riffler beschriebenen Grauwackengneis. Ziemlich reich-licher Orthoklas, stark gestreifter Quarz, Kalzit, Muskovit, Erz und das Gefüge hat dies Gestein mit Tuxer Grauwackengneis gemeinsam.

Neben Muskovit herrscht etwas vor ein Chlorit, welcher nach der kaum wahrnehmbaren Doppelbrechung etc. Pennin sein dürfte. Die großen Orthoklase sind häufig muskovitisiert und mit Kalzit, Quarz und Plagioklas eng verwachsen. Daneben tritt aber Albit₁, $Ab_8\,An_1 - Ab_3\,An_1$, ganz in der gewohnten Form mit den bezeichnenden Reliktstrukturen auf.

Wegen seines Gefüges bietet noch besonderes Interesse ein intensiv „extern" gefältelter Albitgneis aus dem Gehänge der Kramerspitze. Man kann ausgeprägte Kataklase des Quarzes, Zerlegung des Albit₁ und geringe Biegung des Glimmers beobachten. Das Gestein ist, wie bemerkt, intensiv zerknetet. Man sieht aber auf den ersten Blick, daß dabei kein Mylonit oder Diaphthorit mit dieser Gefügebewegung entsprechenden Rupturen das Endprodukt wurde, sondern die zahlreichen, durch abbildende Kristallisation des Glimmers sehr schön wiedergegebenen Deformationsformen zeigen, daß die Verknetung vor Abschluß der Kristallisation erfolgte. Wegen der oben erwähnten Zerlegung des Albit₁ muß sie aber auch nach Beginn der Kristallisation erfolgt sein. Man könnte rupturelle Deformation während der Kristallisation eine parakristalline nennen.

2. Sengeser Kuppel im Ausgang des Pfitschtals.

a) Graben beim Archer orogr. linke Seite des Pfitschtals.

Eine der Proben war ein den schon beschriebenen vollkommen entsprechendes Gestein mit $Ab - Ab_8\,An_1$ und durchgreifender Quarzgefügeregel $\alpha' \,//\, s$. In einem anderen Falle wurde der Feldspat durch Spaltblättchen nach M als Albitoligoklas $Ab_{83\cdot5}\,An_{16\cdot5}$ bestimmt, also etwa $Ab_5\,An_1$. Als ein Zeichen des Fortdauerns der Quarzkristallisation nach Bildung der Plagioklase sind Fälle bemerkenswert, in welchen ohne jede Verletzung der optischen Zusammengehörigkeit mit einem größeren Quarzkorn von einem solchen Korn aus ein brettförmiger Quarzast in den Plagioklas eindringt, der Spaltbarkeit desselben folgend (vgl. Fig. 3). In den Plagioklasen fand sich als i wie früher Quarz und Epidot. Zuweilen weist ein nur zur Hälfte vom Plagioklas umwachsener Epidotstengel recht anschaulich auf die voralbitische Bildung des Epidots.

An externen Epidoten waren eisenreichere Kerne zu beobachten.

b) Fuß des Saun bei Sterzing, Pfitschtalausgang.

Das Gestein besteht überwiegend aus typischem Albit₁ mit verlegter Reliktstruktur. Vielleicht entspricht derselben Teilbewegungsphase die sehr wirre Orientierung der Glimmer in richtungslosen Nestern. Neben dem stark vorwiegenden Muskovit ist Biotit nicht selten, manchmal gebleicht, wobei zugleich Sagenit hervortritt. Die Albite sind hier mit sehr oft relikt in Windungen angeordneten Einschlüssen von Quarz, Epidot, Zoisit, Titaneisen, Muskovit, Biotit, Chlorit und Apatit der Vorphase geradezu vollgepfropft. Die Quarze in i zeigen die Form von Lagenquarz (weichkonturierte, wellig gebogene Bänder als Querschnitt) mit zweifellos plastischer Deformation vor Umschluß, also in der voralbitischen Phase. Ferner enthalten die Quarze winzige spießige Drusen (Rutil?), auch schwächer brechende, ganz unregelmäßig verzweigte Einschlüsse. Außerdem in i Strähne dunkler, nadelförmiger Kristalliten, wie sie gewöhnlich die Tonschieferfältelung anzuzeigen pflegen.

An Mineralen ist noch Orthoklas, etwas Titanit, viel zonar gebauter Turmalin und etwas Granat in kleinen Körnern anzuführen. Durch diese Akzessorien nähert sich das Gestein den mineralreichen Greinertypen.

Fig. 3.

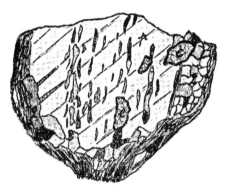

p Spaltbarkeit des Plagioklases, q Quarznest mit subparallelen Körnern und ein längs p in den Plagioklas gewachsener Quarzkristalloblast, m Muskovit, e Epidot (Grenzen durch zeichnerisches Versehen übertrieben). Reliktstruktur durch tropfenförmigen Quarz.

3. Schieferhülle des Hochfeiler.

a) Zwischen den beiden Marmorlagen des Hochfeiler bei der Wiener Hütte (vgl. hierzu Taf. XIII, 3). Es treten hier in der Hochfeilerhülle unverkennbar dieselben Albitgneise etc. auf wie in der geologisch äquivalenten Sengeser Kuppel und es kann bis auf einige Beobachtungen die dort gegebene Beschreibung ohne weiteres gelten. Der Feldspat ist $Ab—Ab_8 An_1$, nahe $Ab_8 An_1$, in der Tracht des Albit$_1$, mit ausgezeichneter verlegter Reliktstruktur (Nädelchen, weichgezogene Quarzkörner und etwas Erz). Die interne helizitische Fältelung erweist Gefügebewegungen vor Beginn der Albitbildung. Dann erfolgte die Bildung ziemlich gut kristallographisch umgrenzter Albite, welche man jetzt nicht chemisch-optisch, aber wegen ihres relikten Inhalts als wohlumgrenzte Kerne in den Albiten liegen sieht.

Zuweilen sind diese Kerne auch noch durch eine im Gegensatz zu den Relikten den Kerngrenzen folgende Schnur gleicher Einschlüsse wie in i konturiert. Hierauf wird in einer zweiten Phase der Gefügebewegung die Verlegung von i erfolgt sein. Und es wuchsen sodann die hier durchweg beobachtbaren einschlußfreien Säume an die Kerne, wodurch die jetzt vorliegenden unregelmäßig umgrenzten

Albitkörner mit kristallographisch besser umgrenztem „Kern" im obigen Sinne entstanden. Durch diese, wie mir scheint, unabweisliche Deutung der Verlegungsphase von *i* als einer Phase während des Fortbestehens der Albitkristallisation erfolgter mechanischer Teilbewegung im Gefüge scheint mir auch die Erklärung für die nunmehrige Unsichtbarkeit der starken Verlegung von *i* entsprechender ruptureller Gefügedeformation nahegelegt. Man kann darin ein neues Beispiel dafür sehen, daß grobmechanische, präkristalline oder parakristalline Gefügebewegungen während der Kristallisation keine Kataklasen zu hinterlassen brauchen. Das Gestein enthält sehr reichlich Muskovit, etwas Biotit, gestreiften Quarz, etwas Orthoklas, reichlich Pyrit, Epidot und Turmalin.

b) Über der äußeren Marmorlage bei der Wiener Hütte findet sich ein ganz ähnliches Gestein mit sehr reichlichem Muskovit. In diesem wie in anderen Fällen scheint mir der so reichlich vorhandene, hier M u s k o v i t genannte, h e l l e G l i m m e r für einen Vergleich des Chemismus von Tuxergrauwacken und Albitgneisen als eventuelles Asyl des Kali der Grauwackenorthoklase ins Auge zu fassen, um so mehr, als der Muskovit in Nestern (nach Orthoklas?) auftritt. Biotit ist spärlich oder gar nicht vorhanden, der Feldspat in allen Fällen $Ab - Ab_8 An_1$. Vortrefflich ausgebildet ist mehrfach die Quarzgefügeregel $\alpha' \parallel s$, ganz wie oben (pag. 280) beschrieben. In manchen Typen unserer Lokalität tritt Albit$_1$ bis zum Verschwinden zurück, in anderen läßt sich verlegte Reliktstruktur, aber ohne reliktfreien Saum, beobachten.

. *c)* Gneisglimmerschiefer des R o t e n B e i l s (zwischen Pfunders- und Pfitschtal). Auch dieser mächtige Schiefermantel über den Hochfeiler Marmoren tritt in starken Gegensatz zum kataklastischen Gepräge der Tuxer Grauwacken und Geröllgneise der Gneise der Kaserer Kuppel und der Tuxer Porphyrgneise. Wie bei den eben beschriebenen südlichen Schieferhüllegesteinen hat hier im Gegensatz zu den Myloniten der Tuxer und der Maulser Zone Kristallisation das letzte Gepräge gegeben. Der reichliche Glimmer ist B i o t i t (Sagenit) und etwa gleich viel M u s k o v i t, beide streng $\parallel s$ und unlädiert kristalloblastisch. Dagegen zeigt der sehr vorwaltende Q u a r z wie in den bestkristallinen Albitgneisen Undulation nach der Regel. Etwas Orthoklas und insbesondere $Ab_8 An_1 - Ab_8 An_1$ von der Tracht des A l b i t$_1$ und mit den bekannten Relikten ist vertreten, weshalb dies Gestein hier angeführt wird. G r a n a t tritt oft sehr reichlich auf.

Weiter östlich in der F l o i t e (Zillertal) wurden die Albitgneise nach dem äußeren Habitus mancher dieser den Greinerzug fortsetzenden Gesteine vermutet, jedoch im Schliff n i c h t in typischer Ausbildung gefunden. Der lamellierte Plagioklas wurde als $Ab_8 An_1 - Ab_3 An_1$ bestimmt und zeigt die bekannte Z o n e n s t r u k t u r mit saurerem Kern und Rekurrenzen.

Sowohl an B i o t i t mit C h l o r i t + S a g e n i t parallel verwachsen, als an M u s k o v i t wurde die in den Schiefern des Greinerzuges sehr häufige Querstellung zu *s* im Schliff beobachtet, welche man wohl am besten als Anpassung an eine Streckachse deutet, . zu welcher sich die Glimmer parallel stellen, während ihre Orientierung im übrigen, namentlich bei B i o t i t, eben irrelevant wird.

Diese Gesteine gehören wegen ihres Gehaltes an gemeiner H o r n b l e n d e (Ausl. Max. 18⁰ $Chm — \gamma'$ graugrün und hellgelblich) schon zu den andernorts zu beschreibenden Gruppen. Sie sind oft durchsät von kleinen G r a n a t e n. Abbildung 6, Taf. XIII enthält eine für eine Art des Zustandekommens größerer Granatporphyroblasten bezeichnende Stelle. Die kleinen Granaten erscheinen bei guter kristallographischer Umgrenzung der einzelnen, vollständig den ringsherum viel spärlicher gesäten Granaten gleichenden Körner angesammelt in Form einer den Umriß einer vielmals größeren Kornes andeutenden Gruppe. Die kleinen Granaten erscheinen bei

Das K a r b o n a t ist in diesen Schiefern sehr häufig rhomboedrisch ausgebildet.

4. Rensenzone.

Neben Kalkglimmerschiefer findet sich auch unter den Präparaten von der Nordgrenze der Maulser Gneise Albitgneis.

Das erstgenannte Gestein besteht in einem Falle mehr als zur Hälfte aus rhomboedrischem, lamelliertem K a l z i t. Der Glimmer ist durchweg C h l o r i t, nach Auslöschung Doppelbrechung und dem durchweg positiven Chm K l i n o c h l o r. Sonst ist nur Q u a r z häufiger vertreten, akzessorisch G r a n a t und Z i r k o n.

Als Albitgneis erwies sich eine quarzitische Lage in einem durch Feldspate und Granaten häufig knopfig struierten Phyllonit im Hangenden des Rensengranits.

Quarzreiche Lagen mit ausgezeichneter Regelung α' // s wechseln mit feldspatreichen, an welche sich auch das eisenhaltige Karbonat und der Muskovit hält. Bemerkenswert ist, daß unter den Quarzeinschlüssen im Albit$_1$, $Ab — Ab_8 An_1$, sich ganz gleiche Teilchen befinden, wie man sie durch rupturelle Zerlegung der Quarze entstehen sieht, was auf eine präkristalline Kataklase weist.

Sowohl an diesem Gestein wie weiter östlich an untersuchtem Karbonat, Muskovit, Quarziten mit Kristallisationsschieferung tritt die Quarzgefügeregel α // s ausgezeichnet hervor, worauf schon früher hingewiesen wurde.

5. Tuxerzone.

Schon früher wurde auf Anklänge an unsere A l b i t g n e i s e in der Tuxer Schieferhülle hingewiesen. Neben Plagioklasen, welche, nach symmetrischen Auslöschungen zu schließen, basischer als $Ab_{75} An_{25}$ werden (Schnitte $\perp M$ und P ergaben $Ab_{70} An_{30}$ und $Ab_{72} An_{28}$) und neben lamelliertem Plagioklas findet sich $Ab_1 An_1 — Ab_3 An_1$ von der Tracht des Albit$_1$, reich an siebartig verteiltem Epidot und Quarzeinschlüssen. Das Gefüge dieses K a r b o n a t -, O l i g o k l a s- und E p i d o t s c h i e f e r s, wohl einer umkristallisierten Kalkarkose, ist nicht so rein kristalloblastisch wie bei den Sengeser und Hochfeiler Äquivalenten.

6. Brenner.

Ein auf den s-Flächen mit weißen Knötchen besetzter Muskovitgneis aus dem Graben, der zur S t e i n a l m am Brenner emporzieht (vgl. auch Porphyroid von derselben Lokalität, pag. 240), erwies sich als ein Gestein, das durch seinen Plagioklas $Ab_8 An_1 — Ab_3 An_1$ von der Tracht des Albit$_1$, Kalzit, dessen Lamellen nach treppenförmigen Randkonturen auf Druck zurückgeführt werden, ausgezeichnet gestreiften Quarz in geröllchenartigen Aggregaten und in seiner rupturell etwas veränderten Stellung eine Mittelstellung zwischen unserer Albitgneisgruppe und den Tuxer Grauwackengneisen einnimmt, ersterer aber nähersteht.

Der Porphyroid und der eben beschriebene Albitgneis gehören der Serie unter dem Dolomit der Tribulaunlage an. Über derselben habe ich bis jetzt keinen typischen Vertreter unserer Albitgneisgruppe gefunden, wohl aber am Nößlachjoch einen anderen hochkristallinen Albitgneis ($Ab—Ab_8 An_1$) mit Muskovit, Chlorit, gestreiftem Quarz, Epidot und ausgeprägter, nichtruptureller, präkristalliner Faltung.

Die mikroskopische Untersuchung der Albitkarbonatgneise, welche wie die anderen Schieferhülletypen an der in Termiers Übersichtsprofil unbeachteten wahren Tauernfortsetzung Sterzing—Schneeberg—Pfelders—Pfossen—Similaun beteiligt sind, konnte noch nicht durchgeführt werden.

Die Übergangstypen der Albitgneise zu Phylliten (Albitphyllite der Tuxerzone zum Beispiel), zu Grünschiefern (zum Beispiel in der Sengeser Kuppel), desgleichen die Phyllite, Tonschiefer, Grünschiefer, Amphibolite, Serpentine und die mineralreichen Schieferhüllephyllite sind hier noch nicht mitbeschrieben.

Damit wird die vorliegende Studie abgeschlossen. Einem gleichartigen, auf hohe tektonische Komplikation deutenden Karten- und Querschnittbilde der Tuxer und Zillertaler (etc.) Schieferhülle entsprechen beiderseits gleich lebhafte, korrelate Teilbewegungen im Gefüge, nächst den Gneisen und südlich vom Brenner zeitlich überholt und maskiert (Blastomylonite, Blastophyllonite etc. tektonoblastische Gefüge?) von den Kristallisationsbedingungen der Schieferhüllenphase oder, in mancher Beziehung abstrakter und treffender gesagt, der Tauernkristallisation. Die Deformationen der tektonischen Hauptphase fallen für den größten Teil der Schieferhülle (gneisnächst und südlich vom Brenner) vor den Schluß der Tauernkristallisation, für andere Teile (Nordrand der Tuxer Gneise zum Teil) haben sie aber dieselbe zum wenigsten überdauert (Mylonite von Schieferhüllengneis etc. in der Tuxerzone). Mehrfach (unter anderem liegt hochkristallines Schieferhüllenkristallin vom Kaserer bis zum Brenner über dem „Hochstegenkalk") hat die Untersuchung u. d. M. höhere Kristalloblastese ergeben als ich im Feld vermutete, die im Feld angenommene Äquivalenz hochkristalliner und wenig kristalliner Grauwacken aber bestätigen geholfen. Im übrigen ist auf das Sachregister zu verweisen.

Sachregister zu einigen allgemeineren Fragen.

(Die beistehenden Ziffern geben die Seitenzahl an.)

Inhalt.

Über die Gosau des Muttekopfs.

Von Otto Ampferer.

Mit zwei Lichtdrucktafeln (XIV—XV) und vier Zeichnungen im Text.

Es ist über dieses Gosaugebiet bereits im Jahre 1909 von mir eine kurze Charakteristik in diesem Jahrbuch in der Arbeit „Über exotische Gerölle in der Gosau und verwandten Ablagerungen der tirolischen Nordalpen", pag. 304—310, gegeben worden, welche im wesentlichen nach den Erfahrungen meiner ersten Begehungen im Sommer 1905 zusammengestellt wurde.

Die Hoffnung, diese kurzen, unzureichenden Untersuchungen durch eingehendere Studien zu prüfen und zu ergänzen, kam erst im Spätherbst 1911 zur Verwirklichung.

Während ich bei meinen ersten Aufnahmen von Norden an das Gosaugebiet herantrat und vorzüglich Boden und die Hanauerhütte zum Ausgang wählte, nahm ich diesmal das Gebiet von Süden in Angriff, wobei Imst und die Muttekopfhütte die wichtigsten Stützpunkte der Touren bildeten.

Die Aufgaben, welche mich hier vorzugsweise beschäftigten, waren vor allem eine möglichst genaue Kartierung, das Aufsuchen von Fossilspuren, die sorgfältige und ausgedehnte Untersuchung der Gerölle sowie das Studium jener merkwürdigen, riesenhaften Kalkblöcke, die besonders an der Südflanke des Muttekopfs sowie im Schneekarle den Sedimenten eingeschaltet sind.

Obwohl nun diese Studien nicht völlig zum Abschluß gediehen sind, so möchte ich doch hier über einige Ergebnisse Bericht erstatten, einerseits, weil dadurch Fragen von weiterer Bedeutung belebt werden, andererseits, weil ich verschiedene, im ersten Bericht enthaltene Irrtümer zu berichtigen wünsche.

Die Gosauinsel des Muttekopfs liegt nordwestlich von Imst in dem südlichsten Abschnitt der Lechtaler Alpen und kommt etwa auf 6 *km* dem Nordrand der kristallinen Ötztalermasse nahe.

Sie stellt das höchstgelegene und am besten erschlossene Gosaugebiet der Ostalpen vor.

Fast durchaus über der Waldgrenze gelegen, heben sich die deutlich verbogenen und teilweise lebhaft gefärbten Gesteinsbänder scharf von ihrer Umgebung ab. Dazu kommt noch, daß die Gletscher die eigentümlichen, bunten Konglomerate in die umliegenden Täler verstreut haben, wo sie seit langem die Verwunderung der Anwohner erregten. So ist es wohl verständlich, daß schon in früher Zeit diese

Gesteine auch die Aufmerksamkeit der Geologen auf dieses Gebiet lenkten.

In der geognostischen Karte von Tirol, herausgegeben vom montanistischen Verein 1849, ist das Vorkommen noch nicht eigens ausgeschieden.

W. v. Gümbel ist der erste, dem wir eine genauere Beschreibung dieser Gosauablagerungen zu verdanken haben. Er fand (Geognostische Beschreibung des bayrischen Alpengebirges und seines Vorlandes, Gotha 1861, pag. 553—554), von Norden kommend, bei Pfafflar und Boden eigentümliche Sandsteinblöcke und Konglomeratstücke in auffallender Häufigkeit verbreitet, welche ihn zuerst auf jene großartige Berggruppe aufmerksam machten, welche, zwischen Dolomitbergen eingeschlossen, mit der kühnen Berghöhe des Muttekopfs abschließt. Er hat von dem Fondoas-Talkessel (Fundeis) aus den Gipfel des Muttekopfs erreicht und gibt eine im allgemeinen recht treffende Schilderung der Schichtfolge samt einer Gebirgsansicht (Taf. XXXVI, 269). Die Schichtfolge umfaßt 17 Glieder. Er erkennt, daß diese Bildungen den jüngeren Schichten der Kreide angehören, welche sich hier ebensowohl durch die Fülle der einzelnen Gesteinsbänke als durch die Mannigfaltigkeit des Gesteins selbst auszeichnen.

Die tiefsten Schichten ruhen unmittelbar auf Hauptdolomit und beginnen mit einer Dolomitbreccie, welche ihr Material unmittelbar aus der unterligenden Dolomitmasse genommen hat.

Mit Ausnahme von Fucoiden konnte er in keiner Schicht eine Spur organischer Einschlüsse wahrnehmen.

Dagegen bemerkte er in einem roten Gosaukonglomerat (Nr. 16 seiner Schichtfolge) das Vorkommen von verschiedenen Urgebirgs- und Schieferfragmenten sowie von Buntsandsteinbrocken. F. v. Richthofen scheint nach seinem Bericht in der Arbeit „Die Kalkalpen von Vorarlberg und Nordtirol, Jahrb. d. k. k. geol. R-A. 1861/62, pag. 138, 195—196, den Muttekopf nicht selbst besucht zu haben.

Er hat zwar auch die Blöcke des Gosaukonglomerats in ungeheurer Menge und Größe bei Pfafflar und Boden gesehen und untersucht, begnügt sich aber im übrigen, die Angaben Gümbels zu wiederholen. Das Alter der Formation hält er noch nicht mit Bestimmtheit entscheidbar, wenn auch Gümbel in demselben Gestein an anderen Orten (Urschelau im südöstlichen Bayern) Orbituliten gefunden hat und es daher zur Gosau stellt. Irgendwelche Versteinerungen konnte auch Richthofen nicht entdecken.

E. v. Mojsisovics hat das Gebiet selbst durchwandert und die Grenzen der Gosau kartographisch näher bestimmt. Er schreibt in seinem Bericht, Verh. d. k. k. geol. R.-A· 1871, pag. 237: „Unter den durch die bedeutende Höhe ihres Vorkommens merkwürdigen Sandsteinen und Konglomeraten des Muttekopfs (8755'), welche petrographisch, wie schon Gümbel bemerkte, große Ähnlichkeit mit Gosaubildungen besitzen, fand ich nächst der Markleralm lichte Kalke mit schlechterhaltenen Resten großer, zweiklappiger Muscheln (Rudisten?)."

Es ist zu dieser Angabe gleich hier hinzuzufügen, daß erstens diese lichten Kalke, welche sowohl bei der Ober- als bei der Untermarkteralpe in vielen oft riesigen Blöcken herumliegen, nicht dort anstehen, sondern nur von den Gletschern herabgetragen wurden und zweitens die schlechterhaltenen Muschelschalen nichts mit Rudisten zu tun haben, sondern aller Wahrscheinlichkeit nach oberrhätischen Kalken (oberem Dachsteinkalk) angehören.

Im Jahre 1905 besuchte ich dann mit dem Auftrag zur Neuaufnahme dieses Gosaugebiet und habe seine Grenzen und Ablagerungen,

Fig. 1.

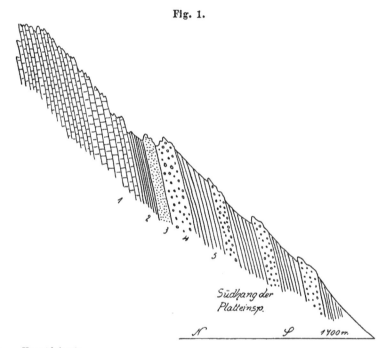

Südhang der Platteinsp.

1400 m.

1 = Hauptdolomit.
2 = Feingeschichtete dunkelgraue Kalklagen.
3 = Grobe Dolomitbreccie.
4 = Rötliches Konglomerat zumeist aus Hauptdolomit.   } Gosau.
5 = Gelblichgraue, schmutziggraue, weiche Mergel mit Inoceramen.

In Wechsellagerung mit diesen Mergeln sind eine Reihe von grauen feineren und gröberen Konglomeraten, die vorzüglich aus Hauptdolomit bestehen aber auch exotische Einschlüsse enthalten.

soweit sie auf Blatt Lechtal entfallen, zur Darstellung gebracht. Der eingangs erwähnte Bericht über die Ergebnisse dieser ersten Begehung ist erst mehrere Jahre später veröffentlicht worden. Hier wurden zum erstenmal Profile durch diese Ablagerungen gegeben, ihre Tektonik kurz geschildert und die Einschaltung der großen Kalkblöcke erwähnt. Fossileinschlüsse konnten keine nachgewiesen werden. Die Geröllaufsammlungen waren ganz sporadisch und unzulänglich.

Wie man aus dieser kurzen historischen Übersicht erkennt, war bisher kein einziger sicherer Fossilfund in der Muttekopfgosau bekannt geworden, was gerade in dieser ungewöhnlich mächtigen und gut aufgeschlossenen Ablagerung verwunderlich genug erscheinen mag.

Die Untersuchungen im Spätherbst des vorigen Jahres haben nur darin insofern eine Änderung gebracht, als wenigstens eine versteinerungsführende Zone am Südabhang der Platteinspitze entdeckt wurde.

Aus dem Profil Fig. 1 ist zu entnehmen, daß die schmutzig gelblichgrauen Mergel, welche hauptsächlich Schalenreste von Inoceramen enthalten, einem verhältnismäßig sehr tiefen Teil der Gosauserie angehören. Die Unterlage dieser weichen, bald feiner, bald dicker geschichteten Mergel, bilden Konglomerate und Breccien, welche vorzüglich aus Hauptdolomitschutt aufgebaut sind. Die unterste Lage ist eine ziemlich grobe graue Breccie, über der sich dann ein gegen Osten zu mächtiger werdendes Konglomerat einstellt, dessen mergeliges Zement dunkelrote Färbungen aufweist. Dieses auffallende, zu kühnen Türmen und Statuen verwitternde Gebilde, das äußerlich an die rote Molasse-Nagelfluh erinnert, ist am besten am Aufstieg zur vorderen Platteinspitze zu studieren, wo der neue Steig unmittelbar daran in engen Schlingen zur Höhe leitet. Über den Inoceramenmergeln folgen noch eine ganze Reihe von Konglomeratzonen, die immer wieder von Mergeln und Sandsteinen abgelöst werden.

Die Inoceramenschalen sind im allgemeinen in den weichen, gleichartigen, im frischen Bruch matt dunkelgrau erscheinenden Mergeln gut erhalten, aber verhältnismäßig selten eingestreut. Vollständige Exemplare sind bisher nicht gefunden worden. Herr Dr. P e t r a s c h e c k hatte die Freundlichkeit, die Inoceramen einer Durchsicht zu unterziehen, wofür ich ihm herzlich danke. Er schreibt darüber: „Zwei der Inoceramen entsprechen Arten, die schon aus der Gosau bekannt sind, nämlich *Inoceramus Felixi Petrascheck* und *Inoceramus cfr. regularis d'Orb.*

Die erstgenannte Art ist mit einiger Sicherheit zu identifizieren. Die zweite ist zu unvollständig erhalten, als daß mit Bestimmtheit entschieden werden könnte, ob sie zu der oben erwähnten in der Gosau verbreiteten Spezies gehört. Es liegen mehrere Bruchstücke und ein Exemplar, dem nur der Schloßrand fehlt, vor.

Am interessantesten sind die Fragmente eines sehr großen Inoceramus, der außer den konzentrischen Falten auch noch breite Radialfalten aufweist. Es scheint ein Inoceramus aus der Verwandtschaft des *Inoceramus undulato-plicatus* vorzuliegen, wie er mir aus den Nordalpen bisher noch nicht bekannt geworden ist."

Da diese Inoceramenzone erst längs einer ganz kurzen Strecke untersucht ist, so besteht vorläufig die Hoffnung, bei der Verfolgung dieser Zone durch das ganze ausgedehnte Gosaugebiet noch weitere Funde darin zu machen.

Ebenfalls ein anderes und inhaltsreicheres Bild haben die Geröllstudien in den Konglomeraten der Muttekopfgosau geliefert.

Während ich bei meinen ersten Begehungen neben Buntsandstein- und Verrucanogeröllen nur sehr spärlich Quarzphyllite, kristalline

Bänderkalke, Grauwacken und metamorphe Diabase nachweisen konnte, stellte es sich nun bei systematischer Aufsammlung heraus, daß den Kalkalpen des Untergrundes und der Umgebung fremde Gesteinsarten viel reicher in den Geröllen verbreitet sind als früher angenommen wurde und daß dieselben mit ganz geringen Ausnahmen aus der Buntsandstein-Verrucanozone sowie aus der paläozoischen Grauwackenzone abzuleiten sind.

Bei den Aufsammlungen wurden, um Verwechslungen mit etwaigen erratischen glazialen Gesteinen zu vermeiden, nur Gerölle berücksichtigt, welche frisch aus dem Anstehenden oder aus großen Konglomeratblöcken herausgeschlagen wurden. Es ist diese Vorsicht im Muttekopfgebiete zwar nicht so dringlich wie an vielen anderen Stellen, da hier der obere Teil des Gebirges durch Eigengletscher gegen die Invasion des zentralalpinen Eises geschützt war und sich erratische Geschiebe nirgends mehr in der Höhe der Gosauablagerungen gefunden haben, während sie am Fuße des Muttekopfs auf der breiten, mehrstufigen Imsterterrasse in ungeheurer Menge und großer Mannigfaltigkeit vorhanden sind.

Die exotischen Bestandteile der Geröllgesellschaft (= dem Untergrund und der Umgebung der Gosaueinlagerung fremde Gesteine) bilden der Menge und Größe nach einen allerdings verschwindend kleinen Teil, sind aber doch so ziemlich in allen Konglomeraten und Breccien bei fleißigem Suchen nachzuweisen.

Sie beginnen schon bald über den lediglich aus Hauptdolomit bestehenden Basalkonglomeraten als seltene Einstreu von kleinen Stückchen von rotem Verrucano und grünen Grauwacken. Die Konglomerate im Liegenden der Inoceramenzone enthalten ebenfalls schon solche wegen ihrer Kleinheit leicht zu übersehende exotische Einschlüsse.

In den höheren Konglomeraten werden die exotischen Gerölle häufiger, ohne aber irgendwo bei der Zusammensetzung des Geröllvolkes in den Vordergrund zu treten.

Zugleich mit dem Häufigerwerden geht eine Vergrößerung der Gerölle, und zwar erreichen nach meinen bisherigen Erfahrungen Verrucanogerölle Größen bis zu $1\ m^3$, jene aus Grauwacken nur solche bis zu $0·02\ m^3$.

Es ist dabei zu bemerken, daß sowohl die Häufigkeit als auch die Größe nicht bis zu den obersten Konglomeratlagen der Gosauserie fortwährend steigt, sondern daß in mittleren Zonen die meisten und größten exotischen Gerölle vorkommen. Die eine dieser Zonen streicht etwa von der Muttekopfhütte über die Höhe des Muttekopfs und von dort zur Kübelspitze. Sie umfaßt hauptsächlich die Konglomeratzonen, welche an der Südflanke des Muttekopfs und der Kübelspitze ausstreichen und bildet das reichste Vorkommen dieser Gerölle.

Die andere Zone streicht von dem Nordgrat der Gr. Schlenkerspitze über die Brunnkarscharte zum Brunnkarkopf und ins Schneekarle.

Eine weitere, aber nicht so reiche Zone ist dann noch in jenem auffallend rotgefärbten Konglomerat enthalten, welches in muldenförmiger Verbiegung den Rotkopf umzieht. Aus diesem Konglomerat stammen wohl auch die bereits von W. v. Gümbel erwähnten Urgebirgsgerölle. Es mag gleich hier bemerkt werden, daß die zwei einzigen kleinen Gneisgerölle, welche mir überhaupt bekannt geworden sind, ebenfalls aus diesem Konglomerat herausgebrochen wurden.

Während nun das erstgenannte Gebiet in verhältnismäßig mittlerer Lage dem Gosausystem eingeschaltet ist und tektonisch zum Nordflügel des großen Muldenbaues gehört, befindet sich das' zweite in tieferer Lage knapp am Südrand und das letzte wieder in höherer als beide im Muldenkern.

Es handelt sich in allen Fällen nicht um weithin gleichmäßig fortziehende Zonen, sondern stets um mehr lokal begrenzte Häufungsbereiche. Die überwiegende Masse der exotischen Gerölle erreicht nicht Faustgröße. Größtenteils sind dieselben gerundet und offenbar nach ihrer Festigkeit und Zähigkeit einer Auslese unterworfen gewesen.

Im Verhältnisse zur ganzen Gosaumulde liegen die Häufungszonen der exotischen Gerölle ungefähr im mittleren Gebietsteil. Sowohl gegen das Ost- als auch gegen das Westende zu treten solche Einschaltungen stark zurück. Hier finden wir trotz reichlicher Entwicklung von Breccien und Konglomeraten nur selten exotische Einschlüsse.

Das Material, welches nun in den Breccien und Konglomeraten aufbewahrt liegt, stammt, wie schon öfter bemerkt, vorwiegend aus den Kalkalpen. Wir finden hier: Raibler Oolithe, Unmassen von Hauptdolomitschutt, Asphaltschiefer, Plattenkalk, mannigfache Kössener Kalke, rote Liaskalke, Liasfleckenmergel, oberjurassische Hornsteinkalke, Aptychenkalke.

Ob ältere Triasschichten als Raibler Schichten auch in Geröllen vertreten sind, läßt sich derzeit nicht mit Sicherheit feststellen. Es ist sehr bemerkenswert, daß gar nicht selten stark gefaltete dünnschichtige Plattenkalke unter den Geröllen vorliegen. Außer diesen in der nächsten oder nahen Umgebung noch jetzt anstehenden Gesteinsarten kommen dann reiche, mannigfaltige Serien von Buntsandstein und Verrucano vor.

Weißliche, grünliche, rote Quarzkörnersandsteine mit kalkigem Zement, seltener Quarzit, dann feiner bis grobstückiger rötlicher Verrucano, endlich graue, manchmal glimmerige Arkosen aus Granit- und Gneismaterial bilden in vielfachen Variationen diese Gesteinsreihen. Der Verrucano ist häufig durch die Führung von rötlichen großen Quarzen und Stücken eines intensiv roten, dichten, harten Gesteins ausgezeichnet.

Das meiste Interesse nehmen aber die fast durchaus grüngefärbten exotischen Gesteine in Anspruch, welche sich nach den Untersuchungen meines Freundes Dr. Ohnesorge als typische Glieder einer paläozoischen Grauwackenzone enthüllen.

Die genauere mikroskopische Prüfung dieser Gesteine hat auch den Beweis erbracht, daß entgegen der ursprünglichen Meinung (Verh. d. k. k. geol. R.-A. 1912, pag. 14) Porphyre doch ziemlich reichlich vertreten sind.

Die Hauptgruppen dieser Gesteine sind Grauwackenschiefer, Diabasschiefer, Quarzporphyre und schwarze Kieselschiefer.

Im einzelnen wurden unter den untersuchten Geröllen (zirka 60 ausgewählte Stücke) folgende Varietäten gefunden:

I. Grauwackenschiefer.

Quarzkörner Grauwacke, feiner und gröberkörnig . . . pal. Typ.
    „   „   mit Körnchen eines feinglimme-
                rigen Quarzitschiefers . . . —
    „   mit wenig Plagioklaskörnchen . pal. Typ.
                wenig Zement, Körner: Quarz, Pla-
                gioklas, Rutil, Zirkon, Turmalin,
                Muskovit . . . . pal. Typ.
Quarz-Feldspatkörnchen Grauwacke mit sehr kleinen Stücken
                eines dichten, dunklen Gesteins pal. Typ.
                mit Glimmer . . , ... —
                sehr glimmerarm und quarzreich —
                mit Mikroklin, Plagioklas, Leu-
                koxen, Pyrit . . . . . . pal. Typ.
                sehr quarzreich, Zement: Chlorit-
                Quarz mit einer sehr zirkon-
                reichen Lage . . . . . . pal. Typ.
Feldspat-Quarzkörnchen Grauwacke, glimmerig . . . . pal. Typ.
    „   feldspatarm . . . . —
Quarz-Plagioklaskörnchen Grauwacke, glimmerig . . . . —
    „   Verbindung der Körnchen be-
                stehend aus Quarz, Serizit und
                Chlorit . . . . pal. Typ.
Plagioklas-Quarzkörner Grauwacke mit Muskovitblättchen,
    Chloritpseudomorphosen nach Biotit, Zirkon und Karbonat pal. Typ.
Glimmeriger Grauwackenschiefer aus Granitmaterial, Zement:
    Quarz, Serizit, Chlorit . . . . pal. Typ.

II. Diabasschiefer.

Albit-Chloritschiefer, wohl Diabastuffschiefer mit viel Kalzit,
                Quarz und Titanit . . . . . pal. Typ.
                äußerst feinkristallin mit Rutil . . . pal. Typ.
                mit Kalzit und Titanit (Metadiabas) pal. Typ.
    „   mit Karbonat und Leukoxen . . . pal. Typ.
    „   mit Kalzit, Quarz, Titanit u. Magnetkies pal. Typ.
Albit-Kalzitschiefer mit farblosem Glimmer = metamorphes
                Ganggestein . . . . pal. Typ.
                mit Epidot, Chlorit, Quarz, Titanit
                (Metadiabas) . . . . pal. Typ.
Plagioklas-Chloritschiefer mit Karbonat, Leukoxen (vermut-
                lich metamorpher Diabastuff) . pal. Typ.
                mit Biotit, Apatit, Leukoxen, Ma-
                gnetit, Karbonat (Metadiabas) . pal. Typ.
                mit Oligoklas, Eisenglanz (Meta-
                diabasporphyrit) . . . . . . pal. Typ.
Chloritschiefer mit Albit (metamorpher Pyroxenit oder Pyroxen-
    tuff) . . . . pal. Typ.

Diabasschiefer mit Plagioklas, Chlorit, Karbonat, Epidot,
Quarz, Leukoxen, Eisenglanz . . . . pal. Typ.
Chloritführender Karbonat-Albitschiefer (metamorpher Olivin-
diabas) . . . . —

III. Quarzporphyre.

Quarzporphyr, typisch, mit ursprünglich mikrofelsitischer
    Grundmasse . . . . —
    „   schön mit fluidaler, ursprünglich wohl mikro-
    felsitischer Grundmasse . . . . . . —
Quarzporphyr (besser Porphyr-Porphyrit), weil Orthoklas und
    Plagioklas als Einsprenglinge vorkommen . . . . . pal. Typ.
Quarzporphyrtuffschiefer . . . . pal. Typ.
Quarzporphyrschiefer, das heißt schwach metamorpher
    Quarzporphyr . . . . —

Viele von den Grauwackenschiefern zeigen sich in intensiver
Weise gefaltet.

Ein Grauwackengerölle mit Quarz-Feldspat und Kieselschiefer-
körnchen enthält Spateisensteingänge, was uns beweist, daß
diese Erzführung schon vor der Oberkreidezeit entstanden sein muß.

Nach freundlicher Mitteilung Dr. Ohnesorges kommen ganz
ähnliche Grauwacken in den Kitzbüchler Alpen westlich bis zum Zillertal vor. Die Quarzporphyre haben ähnliche Vertretungen in dem
Berggebiete zwischen Hopfgarten und Fieberbrunn. Die schwarzen
Kieselschiefer dürften zum Silur zu rechnen sein.

Neben den exotischen Geröllen erscheinen als weitere Gegenstände von geologischem Interesse einerseits ungemein grobblockige
Konglomerate und anderseits einzelne riesenhafte Kalkklötze.

Beide Erscheinungen sind schon in meinem früheren Bericht
angedeutet, wobei aber die Größe der Kalkklötze bei weitem zu
gering eingeschätzt wurde.

Wenn damals dafür eine Höhe der Blöcke von 20—40 m angegeben wurde, so ist das nach neuen Berechnungen mit Hilfe von
orientierten Photographien von mir und Herrn H. Rohn sowie auf Grund
der neuen Alpenvereinskarte von Ingenieur L. Aegerter viel zu
gering bemessen. Es ergeben sich hier Größenordnungen für die
Höhen der mächtigsten Blöcke von 60—80 m, denen Breiten von
80—100 m, Dicken von 20—40 m gegenüberstehen. Es liegen hier
Kalkblöcke vor, von denen einzelne Massen von 130.000—200.000 m³
erreichen.

Mit Ausnahme von zwei Blöcken mittlerer Größe, von denen
der eine auf der Nordseite des Gebirgskammes im Kübeltal, der
andere auf der Südseite am Osthang des Alpjochs liegt, sind alle
übrigen in zwei Gruppen zusammengedrängt.

Die eine östlichere Gruppe liegt am Südgehänge von Muttekopf-
Kübelspitze, die andere westlichere im Schneekarle und an der Südseite der Brunnkarspitze im hintersten Larsenntal.

Die erste Gruppe enthält eine etwas größere Anzahl von Blöcken und darunter die allergrößten, welche in dem steilen, fast rein felsigen Gehänge prachtvoll erschlossen sind. Sie haben auch längst schon die Achtsamkeit der Anwohner erregt, was dadurch zum Ausdruck kommt, daß die größten Blöcke mit dem treffenden Namen „Blaue Köpfe" bezeichnet wurden.

Es sind hier nach meiner Kartierung etwa 18 solcher Blöcke im Anstehenden vorhanden, unter denen sich sechs sehr große befinden. Der unterste Block liegt in der Höhe der Muttekopfhütte bei 1900 *m*, der oberste etwa in 2600 *m* Höhe.

Die zweite Gruppe umfaßt nach meiner Einsicht 16 Blöcke, unter denen vier sehr große Stücke hervorragen. Diese Blöcke sind zwischen 2100—2500 *m* Höhe eingelagert.

Es sind somit im ganzen Gosaubereich etwa 36 große Kalkblöcke im Anstehenden eingemauert aufgeschlossen.

Ihre Zahl muß vor verhältnismäßig kurzer Zeit (zur Zeit des Rückzuges der letzten Vergletscherung) noch beträchtlich größer gewesen sein, was dadurch bewiesen wird, daß in der großen Lokalmoräne, welche über der Inntaler Grundmoräne auf der Imster Terrasse liegt, riesige Blockmassen genau derselben Kalkart eingeschaltet sind. Diese Blockmoräne zieht sich von der Obermarkter Alpe über die Untermarkter Alpe zu beiden Seiten der tief eingeschnittenen Schlucht des Malchbaches bis auf die Imster Terrasse herab.

Während die auf der Westseite dieser Schlucht liegende Moränenmasse nur bis zum Huhnligwald (etwa bis 1300 *m*) herabreicht, zieht sich jene auf der Ostseite viel tiefer bis auf etwa 1040 *m* Höhe herunter. Es dürften unter diesen Blöcken keine vorhanden sein, welche mehr als 300 *m³* Inhalt aufweisen, doch ist ihre Anzahl eine sehr große. Nach meiner Schätzung sind wohl über 200 größere Blöcke auf der Moräne verstreut, welche allerdings alle zusammen noch lange nicht die Masse eines einzigen der großen Blöcke zum Beispiel eines der Blauen Köpfe ausmachen.

Sie sind wahrscheinlich durch Absturz und Zerschellung mehrerer mittelgroßer und kleinerer Blöcke von dem Südhang des Muttekopfs auf den Gletscher gebildet und von dem Eise dann zutal getragen worden.

Diese Blöcke sind es auch, auf welche sich die Anmerkung E. v. Mojsisovics wegen des Fundes von Muschelschalen bezieht. Wie schon aus der Gruppierung der Blöcke hervorgeht, sind sie ebenfalls in zwei Häufungsbereichen angeordnet, von denen der erste des Muttekopfs eine mittlere, der zweite des Schneekarles eine etwas tiefere Stelle in der Reihe der Gosauschichten einhält.

Auffallend ist, daß diese Blockhäufungszonen auch je mit einer Häufungszone von exotischen Geröllen zusammenfallen. Außerdem sind diese Zonen auch noch durch das Vorkommen von außerordentlich großblockigen Konglomeraten ausgezeichnet.

Sowohl die Blockgruppe am Südabhang des Muttekopfs und der Kübelspitze als auch jene im Schneekarle und am Südhang des Brunnkarkopfs liegen im Streichen von solchen Grobkonglomeraten, in denen wieder die großen Blöcke aus demselben Kalk bestehen. Mir ist bisher überhaupt nur eine Stelle bekannt geworden, wo den Gosauschichten außer Blöcken von dem erwähnten hellen Kalke eine große längliche Scholle von geschichtetem Hauptdolomit eingebettet ist. Diese Stelle liegt am gewöhnlichen Aufstieg zum Muttekopf, wo das Drahtseil neben der Kübelspitze auf die Grathöhe hinaufleitet.

Der Kalk, aus dem nun die einzelnen Riesenblöcke, die großen Blöcke in den Grobkonglomeraten sowie eine ungeheure Menge von kleineren Geröllen und Brocken bestehen, ist ein fester, ungeschichteter heller Kalk, welcher an vielen Stellen Querschnitte von Schalen erkennen läßt, bisher aber noch nichts Bestimmbares geliefert hat.

Es ist ein verhältnismäßig reiner, durchaus hellfarbiger Kalk, welcher an seiner Oberfläche schöne Karrenbildungen zur Schau trägt.

Besonders an Bruchstücken der großen Blöcke kann man dann beobachten, daß der Kalk stellenweise in eine bunte Breccie übergeht, indem sich zwischen eckige Bruchstücke desselben ein rötliches, graues oder gelbliches Kalkzement hereinschiebt.

Diese feste bunte Breccie ist in Imst unter dem Namen „Imster Marmor" bekannt und werden solche Gesteine hier zu Dekorationszwecken verwendet. So bestehen zum Beispiel die Chorsäulen in der restaurierten Imster Pfarrkirche aus diesem schönen Gestein.

Es werden zu solchen Absichten unter den vielen von der eben erwähnten Moräne herabgeschleppten Blöcken möglichst tiefliegende und solche Breccienstruktur zeigende Blöcke gesprengt und weiter verarbeitet.

In dem Walde westlich oberhalb vom Bigeralmkreuz finden sich bei 1050 m Höhe mehrere frisch zersprengte Blöcke, die jene Breccienstruktur ausgezeichnet erkennen lassen.

Die Breccienstruktur zeigt uns an, daß der Kalk wohl am Strande des Gosaumeeres aufgearbeitet und wieder verkittet wurde. Wie schon eingangs erwähnt wurde, besitzt dieser Kalk die größte Ähnlichkeit mit dem oberrhätischen Kalk (oberen Dachsteinkalk), wie derselbe zum Beispiel in den westlichen Lechtaler Alpen weit verbreitet ist und viele kühne Gipfel wie Freispitze, Fallenbacherspitze, Wetterspitze, Aple Plaißspitze zusammensetzt. Auch dort hebt sich dieser massige, der Verwitterung kräftig widerstehende Kalk überall jäh und klippenförmig hervor. Dazu kommt noch, daß unmittelbar darunter die leicht zerstörbaren, mergelreichen Kössener Schichten liegen.

Was nun die Einschaltung der großen Kalkmassen in die Gosauablagerungen betrifft, so geht aus den Lagerungsverhältnissen unzweifelhaft hervor, daß es sich nicht etwa um Vorragungen des Untergrundes, also um ältere Klippen handeln kann, an welche sich die Gosausedimente angelagert haben.

Bei vielen der Blöcke kann man genau sehen, daß sie frei als Blöcke in dem Konglomerat eingebettet sind.

Die Blöcke sind überall mit Konglomeraten und Breccien in der innigsten Weise verbunden. Sie sind sowohl am Südhang des Muttekopfs als auch im Schneekarle in sehr mächtige Konglomeratmassen eingeschaltet, welche wie ein Betonguß die Blöcke dicht umschließen.

Viele der großen, teilweise ausgewitterten Blöcke zeigen deutlich abgerundete Formen. Es ist jedoch sehr wahrscheinlich, daß diese Abrundung keine ursprüngliche ist, sondern nur die frei vorstehenden Teile betrifft, welche eben von den Gletschern abgeschliffen wurden. Dies gilt vor allem von den am meisten vorspringenden Blauen Köpfen, welche ganz das Aussehen von Gletscherbuckeln tragen, wenn auch nirgends Schleifflächen und Schrammen zu sehen sind. Dies ist aber bei einem Gestein, dessen Oberflächen so lebhafte Karrenbildungen zeigen, nicht verwunderlich.

Die Konglomerate, in welche die großen Blöcke eingemauert sind, weisen gegen die Blöcke zu keinerlei andere Fazies auf. Eine irgend auffallende Hüllzone habe ich nicht beobachtet. Es ändert sich weder die Zusammensetzung noch die Größe oder die Lagerung der Komponenten des Konglomerats in der Umgebung der Blöcke in einem auf diese bezüglichen Sinne. Auch dadurch geben sich die Blöcke gewissermaßen als plötzliche Einschaltungen und nicht als Klippen zu erkennen.

Die Konglomeratmasse umgibt wie ein fester Betonguß die Blöcke. Wir haben es also sicher mit frei bewegten Blöcken zu tun.

Blöcke von dieser Größe könnten nun zum Beispiel von schwimmenden Eisbergen verfrachtet werden. Diese Annahme kann aber für ein Gosaumeer nicht ernstlich in Betracht gezogen werden. Ebenso verbieten die völlig ungestörten Umlagerungsverhältnisse, die Blöcke etwa als tektonische Schubsplitter aufzufassen.

Unter diesen Einschränkungen hat sich der Verfasser die Meinung gebildet, daß wir hier ein großartiges Beispiel von subaquatischen Gleitungen vor uns haben, wie solche vor einiger Zeit von Arnold Heim (Über rezente und fossile subaquatische Rutschungen und deren lithologische Bedeutung. Neues Jahrbuch f. M., G. u. P. 1908, Bd. II.) beschrieben worden sind.

Die Gosaubucht des Muttekopfgebietes ist in enggefaltete Hauptdolomitschichten eingesenkt, deren unmittelbare Hangendschichten, also Kössener Schichten und oberrhätische Kalke schon vor der Einbüllung der Gosauschichten wenigstens teilweise abgetragen waren.

Wenn man sich nun vorstellt, daß das Gosaumeer streckenweise ein Steilufer von oberrhätischen Kalken bespülte, die auf weichen Kössener Schichten aufruhten, so ist es naheliegend, daß hier durch die Brandung mächtige Unterhöhlungen erzeugt wurden, welche zu großen Abstürzen der Kalkmassen führten.

Solche Kalkblöcke konnten nun bei Erdbeben oder tektonischen Bewegungen leicht ins Gleiten geraten und über durchfeuchteten Boden hinweg weit ins Innere der Gosaubucht getragen werden.

Mit dieser Erklärung ist nicht nur die Größe der Kalkblöcke, sondern auch ihr Auftreten in Gruppen wohl vereinbar. Auch die Grobkonglomerate dürften durch subaquatisches Hereingleiten von Strandblockwerk zu erklären sein.

Die Schichten der Muttekopf-Gosau sind zu einer zirka 11 *km* langen, im Maximum etwas über 2·5 *km* breiten Mulde verbogen.

Die Muldenachse streicht vom Gufelseejoch über das Galtseitjoch zum Nordgrat des Rotkopfs, dann durch das Seebrigkar bei der Mutte-

kopfhütte vorbei zu den Platteinmähdern und zum Jaufenegg. Der
Muldenkern ist im allgemeinen exzentrisch, und zwar näher dem Südrand gelegen.

Es kommt dies nicht durch eine ursprünglich einseitig anschwellende Mächtigkeit der Schichten zustande, sondern dadurch, daß der
Südflügel im Gegensatz zum Nordflügel viel steiler aufgerichtet und
teilweise sogar überschoben wurde.

Die Gosaumulde des Muttekopfs zeigt in sehr deutlicher Weise,
daß eine von Süden gegen Norden drängende Kraft diese Schichten
ergriffen und verbogen hat.

Diese Verhältnisse, insbesondere auch die deutliche transgressive
Auflagerung der Gosauschichten des Nordschenkels auf dem unter-
liegenden Hauptdolomitgebirge zeigen schon die Profile Fig. 12—16
in meiner früheren Beschreibung dieses Gebietes. Ich möchte nur
nur darauf hinweisen, daß die in diesen Profilen mehrfach eingetragenen Kalklager nicht diese Bezeichnung rechtfertigen, da dieselben
nur durch reichliches kalkiges Bindemittel verkittete, feinere, weißliche bis graue Breccienbänke darstellen.

Das Streichen des starkgefalteten Hauptdolomitgebirges, welches
die Grundlage der Gosau bildet, steht etwas schräg zum Verlauf der
Muldenachse und zwar ist ersteres etwas mehr gegen Nordosten
gerichtet.

Während nun der schmale westliche und der östlichste Abschnitt
der Mulde einen sehr einfachen einseitigen Bau aufweisen, tritt in
dem durchschnittlich doppelt so breiten mittleren Teil, wie das nebenstehende Profil Fig. 2 zeigt, eine mehrfache Verbiegung der Schichten
ein. Es läßt sich dieselbe etwa von der Obermarkter Alpe im Osten
bis zur Brunnkarscharte im Westen verfolgen.

Wir finden hier im Süden an die Hauptmulde noch einen kleinen
Sattel und eine kleine Mulde angeschlossen. Auch diese Nebenmulde
besitzt wieder einen sehr ungleichseitigen Bau, da dem flachen Nord-
schenkel ein saigerer oder überkippter Südschenkel entspricht.

Im Bereiche dieser Nebenmulde sehen wir nun, daß in der
Strecke von der Imster Schaferhütte im hinteren Larsenntal bis zum
Alptal eine Überschiebung die Südgrenze der Gosau bildet. Es tritt
hier ein teilweise aus älterer Trias (Muschelkalk-Wettersteinkalk-
Wettersteindolomit-Raibler Schichten-Hauptdolomit) bestehender Schub-
körper unmittelbar an die Gosau heran, welche er mit saigerer
oder steil südfallender Fläche berührt.

Es wird von dieser Gesteinsmasse der schön geschwungene Kamm
vom Laagersberg zum Ödkarleskopf und der schroffe Zahn des Mann-
kopfs gebildet.

Ob es sich hier um ein steil emporgeschobenes Stück des Untergrundes des Hauptdolomitgebirges oder um eine neue höhere Schubmasse handelt, muß noch ferneren Untersuchungen zur Entscheidung
überlassen bleiben.

Die schon erwähnte starke Verbreiterung des Gosaugebietes östlich
von der Brunnkarscharte kommt durch transgressives Übergreifen von
steilgestellten Hauptdolomitschichten zustande. Die saiger aufgerichteten
Hauptdolomitbretter der Großen Schlenkerspitze sinken südöstlich der

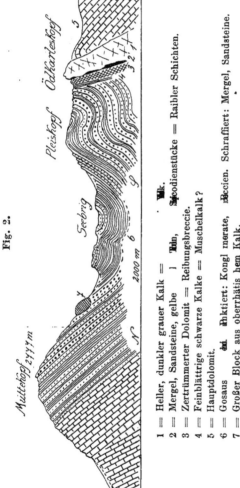

Fig. 2.

1 = Heller, dunkler grauer Kalk =
2 = Mergel, Sandsteine, gelbe
3 = Zertrümmerter Dolomit = Reibungsbreccie.
4 = Feinblättrige schwarze Kalke = Muschelkalk?
5 = Hauptdolomit.
6 = Gosau
7 = Großer Block aus oberrhätis hem Kalk.

Toodienstücke = Raibler Schichten.

Punktiert: Kongl merate, Breccien. Schraffiert: Mergel, Sandsteine.

40*

Brunnkarscharte um zirka 400 *m* nieder und die vorzüglich aus mächtigen groben Konglomeraten gebildete Gosau dringt darüber gegen Süden vor. Das Absinken der Hauptdolomitschichten ist aber etwa nicht ein tektonisches, denn die saigeren Schichten streichen unbeirrt weiter, sondern wahrscheinlich nur durch tiefere Erosion bedingt. Fig. 3 gibt ein Bild von diesen Verhältnissen. Scharfe Sprünge zerschneiden die mächtigen Konglomeratmassen, welche häufig exotische Gerölle und einzelne große Blöcke enthalten.

Nirgends ist die transgressive quere Überlagerung des älteren Dolomitgebirges deutlicher zu verfolgen wie hier an den Steilwänden,

Fig. 3.

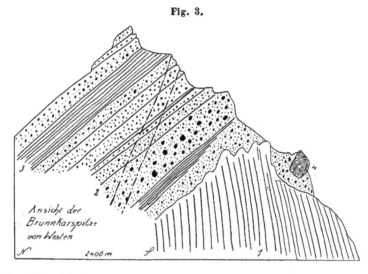

1 = Hauptdolomit.
2 = Grobblockiges, rauhes Konglomerat mit exotischen Geröllen. Es wird von scharfen Klüften zerschnitten.
3 = Dünngeschichtete Mergel- und Sandsteinlagen.
4 = Block aus oberrhätischem Kalk.

} Gosau.

welche von der Brunnkarscharte an der Südseite der Brunnkarspitze zum Saurücken ziehen.

Auf der Nordseite der Gosaubucht greifen ihre Ablagerungen nicht so scharf quer über die Schichtköpfe des Hauptdolomits hinweg, sondern sind mehr parallel zu den Schichtflächen aufgelagert.

Das östliche Ende der Gosauverbreiterung ist in seinen Grenzen zum Grundgebirge teils durch riesige Schuttmassen verhüllt, teils durch starke Erosionseingriffe eingeschränkt.

Der kleine, östlichste Abschnitt der Gosau, welcher ganz im Südabhang der Platteinspitze gelegen ist, hat keinen Südrand mehr aus älterem Grundgebirge. Derselbe ist ganz wegerodiert und die hier stark entwickelten Konglomerate ragen frei in die Luft.

Der Nordflügel dieser Mulde lehnt sich an die steil aufgerichteten Hauptdolomitplatten der Platteinspitze.

Die Gosauserie beginnt hier (Fig. 4) mit auffallend rotgefärbten Konglomeraten und Breccien, welche größtenteils aus Hauptdolomitgeröllen bestehen. Das lehmige, schlammige, rote Bindemittel dürfte wahrscheinlich als verschwemmter Laterit aufzufassen sein. Solche rote lateritische Bindemittel von Konglomeraten und Breccien sind in den Gosauablagerungen der Nordalpen verhältnismäßig häufig zu finden.

Über diesen roten Konglomeraten folgen dann gelblichgraue, dunkelgraue Mergel und Tone in häufiger Wechsellagerung mit Sandsteinen und feineren Konglomeraten. Die letzteren bilden eine Reihe von vorspringenden Rippen und Mäuerchen.

Fig. 4.

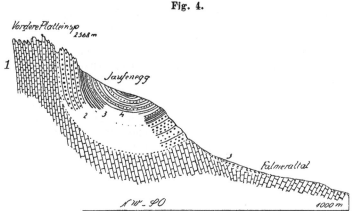

1 = Hauptdolomit.
2 = Gröbere Konglomerate, Breccien, vorzüglich aus Hauptdolomit, ⎱
    rot gefärbt.
3 = Blaugraue, gelbliche, rötliche weiche Mergel.   ⎰ Gosau.
4 = Feinere graue Breccien und Konglomerate mit kleinen exo
    tischen Einschlüssen.
5 = Grundmoränen.

Die Schichten fügen sich zu einer ungleichseitigen Mulde zusammen, wobei die festen Konglomerate die Ränder, die weicheren Mergel den Kern ausmachen und die aussichtsreichen Platteinmähder tragen. Die Gosaukonglomerate greifen noch etwas über das tiefe Falmeraltal gegen Osten und erreichen südlich vom Arzeinkopf ihr Ende.

Die Gosauablagerungen des Muttekopfgebietes sind bei sehr großer Mächtigkeit (zirka 600 *m*) durch einen häufigen und meist scharfen Wechsel zwischen feingeschichteten Mergel- und Tonlagern, Sandsteinbänken und Konglomerat- und Breccienzonen ausgezeichnet. Die feingeschlämmten, tonreichen Gesteine wie die buntgemischten, oft groben Konglomerate bilden dabei durchschnittlich ziemlich mächtige (6—10 *m*)

Lagen. Einzelne Konglomeratzonen erreichen aber noch viel größere
Mächtigkeiten. Diese Wechselfolge ist durch die Wegbauten des D.
u. Ö. A.-V. sowohl am Aufstieg von der Hanauerhütte zum Galtseitjoch und zum Muttekopf als auch am Imster Höhenweg, am Nordgrat
des Pleiskopfs nunmehr gut zugänglich gemacht.

Die durchaus schöngeschichteten Mergel zeigen an vielen Stellen,
so besonders am Südhang der Kogelseespitze und am Pleiskopf deutliche Wellenspuren. Trockenrisse habe ich bisher keine beobachtet,
was wohl darauf hinweist, daß die zarten Wellenspuren unter dauernder
Wasserbedeckung gebildet wurden.

Die vielen, meist schroff über den Mergeln einsetzenden Konglomeratlagen aber beweisen uns, daß diese ruhige, tonreiche, feinschlammige Sedimentation häufig durch plötzliche, mächtige Einschwemmungen von Fußgeröllen unterbrochen wurde. Diese Gerölle sind
meist gut abgerundet, bunt durcheinandergemischt und mit selteneren
exotischen Geschieben vermengt. Die Größe der Gerölle ist sehr
wechselnd und erreicht oft mächtige Dimensionen.

Fossilspuren sind überaus selten. In den Mergeln kommen die
schon beschriebenen Inoceramen in meist großen Schalenstücken vor,
in den Sandsteinen finden sich hin und wieder verkohlte Pflanzenreste,
die Breccien und Konglomerate haben bisher gar nichts geliefert.

Während die Mergel- und Tonlager überall schön parallel und in
dünnen Lagen geschichtet sind, vielfach sogar ganz feinblätterig gegliedert erscheinen, treten die Sandsteine und Konglomerate meist in
dicken, wenig unterteilten Bänken auf. Je gröber das Material der
Schichten ist, desto größer scheint auch im allgemeinen der Schichtungs-
maßstab zu sein.

Wir haben eine Ablagerung vor uns, deren Fazies in einem lebhaften Hin- und Herwechseln begriffen war. Bildungen eines flachen
Meeres wechseln häufig mit Aufschüttungen von Flüssen, ohne daß die
eine oder die andere Sedimentation dauernd das Übergewicht zu
erlangen vermag. Wenn man neben dem lebendigen Wechselspiel
der Fazies noch die große Mächtigkeit der Gesamtablagerung sich
gegenwärtig hält, so entsteht die Vorstellung einer offenbar von vielfachen Niveaubewegungen beeinflußten Bildung.

Wäre ein stabiler Meeresraum gegeben gewesen, so müßte die
Einschüttung eine ganz andere Schichtfolge geliefert haben. Wir
würden von unten nach oben eine deutliche, im selben Sinne vor-
schreitende Faziesänderung beobachten können.

Wenn man auch annehmen kann, daß die eingeschalteten Konglomerate von periodisch verstärkten Flußeinschwemmungen gebracht
wurden, so bleibt doch bestehen, daß die Mergel von den untersten
bis zu den obersten Schichten denselben Charakter zur Schau tragen.
Das ist bei einer Ablagerung von über 600 m Mächtigkeit doch sehr
unwahrscheinlich.

Zudem liegen zum Beispiel die Mergel mit den schönen Wellenspuren am Südhang der Kogelseespitze im untersten Drittel dieser
Serie eingeschaltet und die untersten, mit den liegenden Hauptdolomitschichten so eng verkitteten Brandungsbreccien können nur in der Ufer-
zone gebildet worden sein. Solche Beobachtungen legen es nahe,

an einen Meeresraum zu denken, der ruckweise immer tiefer gesenkt wurde, jedoch in solchen Intervallen, daß die Zuschüttung ungefähr gleichen Schritt damit zu halten vermochte. Der Gegensatz zwischen den feintonigen Mergeln und den bunten Konglomeraten ist doch allzu schroff, als daß es sich dabei nur um die periodisch verschie- denen Einschwemmungen von Flüssen handeln könnte, wie solche nach den Jahreszeiten oder bei Überschwemmungen wechseln.

Es scheint mir vielmehr, daß die feinschlammige Sedimentation stets nach einiger Zeit von gröberen und groben Aufschüttungen ver- drängt wurde.

Nun trat eine Senkung des Gebietes ein, die tonige Sedimen- tation kam wieder zur Herrschaft, um später wieder durch das Vor- dringen der Flußeinschwemmungen überwältigt zu werden.

So würde allen größeren Mergel und Tonlagern jeweils eine Senkung des Untergrundes entsprechen. Der jähe Wechsel der Fazies würde nach dieser Vorstellung mit ruckweisen Senkungen zusammen- hängen, welche die Sedimentation immer wieder der völligen Über- wältigung durch das grobe Gerölle entziehen und nicht etwa allein von dem periodischen Wechsel in der Beschaffenheit der Flußein- schwemmungen abhängen.

Es ist schon bemerkt worden, daß sich die weitaus gröbsten Ablagerungen der Muttekopfgosau, die Blockkonglomerate, nicht am Grunde der Serie, sondern mehr in mittlerer Höhe einstellen. Es sind in diesen Grobkonglomeraten so mächtige Blöcke eingeschlossen, daß uns auch dafür ein Hereingleiten aus der Brandungszone wahr- scheinlich würde. Bezüglich der noch weit größeren Riesenblöcke haben wir als Erklärung subaquatische Gleitungen zu Hilfe genommen.

Alle diese Erscheinungen, der rasche, oftmalige Wechsel der Fazies, die große Mächtigkeit der Ablagerung, Wellenspuren und Pflanzenreste, die Grobkonglomerate und Riesenblöcke, endlich die exotischen Gerölle charakterisieren zusammen eine küstennahe Ab- lagerung im Bereiche von Flußeinschüttungen und Brandungszone.

Dabei ist aber eine Uferbildung mit Ausnahme der Basalbreccie nicht vorhanden. Die Flüsse und Bäche, welche ihre Schuttmassen in dieses Gosaumeer frachteten, können nach dem Kaliber der Gerölle keine große Ausdehnung besessen haben. Große Flüsse bauen ihre Deltas aus viel feinerem Schlamm und Sand auf. Damit stimmt auch das Material überein, welches zum weit größten Teil aus kalkalpinen Formationen entnommen ist, wie sie noch heute in der Umgebung anstehend vorhanden sind.

Die Muttekopfgosau dürfte also Deltaablagerungen am Rande des Gosaumeeres darstellen. Das von den Flüssen herbeigetragene Sand- und Geröllmaterial wurde von den Meereswogen gesiebt und regelmäßig eingeschichtet.

Stellenweise müssen aber neben den Deltas auch Steilküsten gewesen sein, von denen die Brandung die Riesenklötze durch Unter- höhlung zum Absturz bringen konnte.

Diese Blöcke dürften dann vielleicht auch anläßlich der vorhin erwähnten Senkungsvorgänge in den tieferen Meeresgrund hinausgeglitten sein, wo sie uns heute als merkwürdige Riesen inmitten von Sandsteinen und Konglomeraten entgegentreten.

Die Unruhigkeit der ganzen Ablagerung, das viele hereingeschwemmte grobe Schuttzeug dürften wohl die Schuld für die große Fossilarmut der mächtigen Schichtfolge tragen.

Während sich die eben erwähnten Erscheinungen so im Zusammenhang ganz ungezwungen erklären lassen, stoßen wir bei der Suche nach der Heimat der exotischen Gerölle auf manche Schwierigkeit.

Wenn wir die Lage der Muttekopfgosau mit den größeren verschiedenartigen Gebirgsmassen in der Umgebung vergleichen, so fällt vor allem der heutige Mangel einer Grauwackenzone auf der ganzen Strecke von Schwaz im Unterinntal bis zum Ostende der Silvretta auf.

Zwischen den kristallinen Massen der Ötztaler Alpen und der Silvretta einerseit, den nördlichen Kalkalpen anderseits sind hier nur Streifen von Quarzphyllit und Verrucano mit Buntsandstein eingeschaltet. Auch Verrucano und Buntsandstein sind südlich des Verbreitungsgebietes unserer Gosau heute nur in spärlichen Resten vorhanden und erst westwärts von Landeck treten diese Gesteine wieder in größeren Massen auf.

Von einer Grauwackenzone ist aber bisher vom Unterinntal westlich überhaupt keine Andeutung gefunden worden.

Während sich also das meiste Material der Gosaubreccien und Konglomerate ungezwungen aus dem tieferodierten Kalkalpengebiet der Umgebung ableiten läßt, kann der Einschluß der Grauwackengerölle nicht durch einfaches Tiefergreifen der Erosion in die Unterlage der Kalkalpen erklärt werden, da diese hier weit und breit nicht aus Grauwacken besteht.

Im ganzen Bereich der Ötztaler- und Silvrettagruppe transgrediert der Verrucano unmittelbar auf den altkristallinen Gesteinen und die Grauwacken müssen hier schon zur Zeit der Bildung dieser Ablagerung, wenn sie überhaupt vorhanden waren, wieder abgetragen gewesen sein.

Unter den Geröllen des Verrucano und Buntsandsteins suchen wir hier überall vergebens nach Grauwackengesteinen wie sie die Muttekopfgosau reichlich enthält.

Ebenso charakteristisch wie das Auftreten der Grauwackengeschiebe ist für die Geröllgesellschaft der Muttekopfgosau das nahezu vollständige Fehlen von Gesteinen der Ötztaler-Silvrettamasse. Während die Terrassenschotter und Grundmoränen am Fuße des Muttekopfs bei Imst durch das massenhafte Vorkommen von verschiedenartigen Amphiboliten, Eklogiten, Graniten, Gneisen sowie das seltenere von Serpentin ausgezeichnet sind und darin die gewaltige Zufuhr von zentralalpinem Schuttwerk zum Ausdruck kommt, fehlen diese Gesteinsarten unter den Gosaugeröllen. Der Gegensatz zwischen den oberkretazischen und glazialen Geröllvölkern ist ein außerordentlich schroffer.

Wir sind zu einem ähnlichen Ergebnis auch beim Studium der Brandenberger Gosau (Jahrb. d. k. k. geol. R.-A. 1909, pag. 303, 304) gekommen.

Die Verbindung der glazialen Gerölle mit ihren Abstammungsgebieten ist eine so enge, daß man bei fleißigem Suchen wohl alle

wichtigeren Gesteine und ausgedehnteren Varietäten derselben für
das ganze Einzugsgebiet des heutigen oberen Inns würde darunter
nachweisen können. So sind mir zum Beispiel beim Durchsuchen der
Terrassenschotter oberhalb von Imst gar nicht selten Stücke von jenen
schönen, charakteristischen Eruptivbreccien in die Hände gefallen,
welche ein felsophyrisches Ganggestein in den Amphiboliten des Flucht-
horns (Geol. Alpenquerschnitt. Jahrb. d. k. k. geolog. R.-A. 1911,
pag. 593) bildet.

So stehen wir also wegen der Herkunft der Grauwackengerölle
in der Muttekopfgosau vor zwei verschiedenen Möglichkeiten: entweder
der Herleitung von der ziemlich fernen osttirolischen-salzburgischen
Grauwackenzone oder der Annahme von regionalen Verschiebungen
der großen Gebirgsmassen nach der Gosauzeit. Die erste Annahme
rechnet mit gegenseitig stabilen Gebirgszonen, die zweite mit weitgehend labilen. Für eine Herleitung von Norden liegen bis jetzt
keinerlei greifbare Anhaltspunkte vor.

Die heutige Entfernung von jenen Grauwackengebieten östlich
des Zillertales beträgt 100—150 *km*. Sie kann durch die seitherigen
Faltungen und Schiebungen nicht vergrößert, sondern nur verkleinert
worden sein.

Dürfte es schon ziemlich unwahrscheinlich sein, Flüsse von dieser
Erstreckung in jenem oberkretazischen Alpengebirge anzunehmen,
so kommt noch dazu, daß diese Zufahrtsstraße ostwestlich und damit
parallel mit dem Südrand des Gosaumeeres verlaufen wäre. Das ist
eine weitere Unwahrscheinlichkeit, da doch wohl die Zuflüsse von
dem höheren südlichen Landgebiet aus auf kürzeren nördlich gerichteten
Bahnen in das Gosaumeer einströmten.

Außerdem stehen dieser Ableitung auch die Angaben, welche
die Gerölluntersuchung der Brandenberger Gosau geliefert hat, hinderlich im Wege.

Auch dort herrschen unter den exotischen Geröllen so gut wie
ausschließlich paläozoische Gesteinstypen vor. Es sind vor allem Quarzporphyre, Felsitfelse, Felsophyre, Metafelsophyre, Felsitporphyre und
Quarzite. Grauwacken scheinen sehr selten zu sein.

Es liegen hier viel strenger ausgelesene, durchschnittlich weit
härtere und zähere Gesteine als Gerölle vor. Hand in Hand mit
dieser scharfen Auslese der allerwiderstandsfähigsten Gesteine geht
auch die weit glattere, oft glänzend blanke Abrollung der Gerölle.

Ebenso ist die Größe der exotischen Gerölle in der Brandenberger Gosau eine viel geringere. Es ist augenscheinlich, daß die
paläozoischen Gerölle der Brandenberger Gosau viel weitere Wege
beschrieben haben, viel länger und vollkommner abgeschliffen, viel
strenger ausgewählt wurden als jene der Muttekopfgosau, welche aus
weicheren, oft schiefrigen Gesteinen bestehen, viel schlechter gerollt
sind und weit größere Stücke enthalten. Die exotischen Gerölle der
Brandenberger Gosau haben nun auch die nächsten verwandten Gesteinsarten in derselben Grauwackenzone. Während aber die Muttekopfgosau wenigstens 100 *km* davon entfernt ist, kommt ihnen die
Brandenberger Gosau auf zirka 10 *km* nahe. Das enthält einen inneren
Widerspruch und scheint mir ein ernstlicher Grund gegen eine direkte

Ableitung der paläozoischen Gosaugerölle von jener Grauwackenzone
zu sein. Aus der Untersuchung der exotischen Gerölle der Muttekopfgosau geht somit hervor, daß sich bei einer der heutigen regionalen Gruppierung der Hauptgebirgszonen ähnlichen Lage zur Gosauzeit die Zusammensetzung der exotischen Gerölle nur auf schwierigen
und unwahrscheinlichen Wegen erklären läßt.

Versuchen wir nun noch diese Verhältnisse mit jenen großen
Verschiebungen im Alpenkörper zu verbinden, welche die moderne
Deckenhypothese zur Verfügung stellt.

Es ist nach den Neuaufnahmen der Lechtaler Alpen in Ver-
bindung mit den früheren Arbeiten im Mieminger-, Wetterstein- und
Karwendelgebirge sehr wahrscheinlich geworden, daß diese große
Gebirgsmasse eine zusammengehörige, einheitlich bewegte Schubmasse
vorstellt, welche über einem großenteils auch aus jüngeren Gesteinen
gebildeten Faltengebirge ruht. In dem geologischen Alpenquerschnitt
(Jahrb. d. k. k. geol. R.-A. 1911) ist in Fig. 24 eine Skizze dieser
Schubmasse gegeben worden.

Diese große Schubmasse ist vor allem dadurch charakterisiert,
daß sich an ihrem Aufbau nur Schichten von Buntsandstein bis zum
Hauptdolomit beteiligen, über dem dann die Gosau des Muttekopfs
transgrediert. Kössener Schichten, die nicht tektonisch eingeschaltet
wurden, sind zum Beispiel aus diesem ganzen, weiten, stark gefalteten Gebirgsland nirgends mehr bekannt geworden.

Die Muttekopfgosau lagert, wie schon angedeutet wurde, nun
transgressiv dieser mächtigen triadischen Schubmasse auf.

Wenn wir unter den Gosaugeröllen nun reichlich Stücke von
fossilführenden Kössener Kalken, Fleckenmergeln, rotem Lias sowie
oberjurassische Hornstein- und Aptychenkalke finden, so erkennen wir,
daß dieses Gebiet bereits zur Gosauzeit seiner jüngeren Schichtglieder beraubt worden ist.

Die Gosau des Brandenberger Tales und des Sonnwendgebirges
gehört nicht mehr zu dieser, sondern zu einer tieferen Schubmasse.

Der letzte östliche Ausläufer unserer Schubmasse bildet noch
östlich der tiefen Achenseetalung den kühnen Gipfel der Ebner- oder
Kirchenspitze, welcher in sehr deutlicher Weise über die Gosau des
Schichthals (Sonnwendgosau) aufgeschoben ist. Ein Profil dieser Stelle
habe ich in diesem Jahrbuch 1908 in den Studien über die Tektonik
des Sonnwendgebirges als Fig. 7, pag. 295, veröffentlicht.

Wie schon im zweiten Teil der Beschreibung des geologischen
Alpenquerschnitts, pag. 683, angeführt wurde, kann diese große selbständige Schubmasse ihrer Lage nach nicht unmittelbar mit den kristallinen Massen der Ötztaler- und Silvrettagruppe verbunden werden.

Nun zeigt aber auch der unmittelbar an das kristalline Gebirge
anstoßende kalkalpine Streifen Lagerungsformen und Deformationen,
welche uns das Vorhandensein einer großen Verschiebungszone zwischen
Kalkalpen und Zentralalpen wahrscheinlich machen (vergl. im Alpenquerschnitt, pag. 566—568, 681).

Diese tektonischen Ergebnisse würden sich also mit den Angaben
der Gerölluntersuchung der Muttekopfgosau insofern vereinigen lassen,

als diese ja auch eine unmittelbare Verbindung mit jenem Grundgebirge zur Gosauzeit als unwahrscheinlich enthüllen.

Die untersten Schichten unserer Schubmasse greifen nun aber
nirgends tiefer als bis in die untere Trias. Wenn unter diesen Schichten
zur Gosauzeit noch paläozoische Serien, also eine mannigfaltige Grauwackenzone mit Porphyren ... eingeschaltet war, so muß dieselbe
seither auf tektonische Weise entfernt worden sein.

Dies ist wohl nur so verständlich, daß der tiefere paläozoische
Teil der Schubmasse (oder der kalkalpinen Decken) infolge der
größeren Reibung gegenüber der oberen Triasdecke soweit zurückblieb,
daß beide Teile voneinander getrennt wurden. Da nun von dem
unteren Teil hier nichts zu finden ist, müssen wir annehmen, daß derselbe seither entweder vollständig von der Erosion zerstört oder durch
tektonische Bewegungen in die Tiefe gezogen wurde. Für beide
Annahmen fehlen derzeit alle näheren Anhaltspunkte. Wir sehen aus
dieser Überlegung, daß man auch bei der Verwendung von regionalen
Verschiebungen der Gebirgszonen nur sehr beschränkte Auskunft über
die Herkunft der paläozoischen Grauwackengerölle in der Muttekopfgosau erhält.

Die Vorstellung, daß zur Gosauzeit noch paläozoische Grauwacken
die Unterlage unserer Kalkalpendecken bildeten, steht mit den tektonischen Verhältnissen nicht in Widerspruch.

Über die nähere Position dieser Grauwackenzone sind wir jedoch
noch völlig unsicher.

Dagegen wird wieder das Verhältnis zu der Brandenberger Gosau
insofern erhellt, als diese einer nördlicheren Schubmasse angehört
als die Muttekopfgosau, womit die Geröllangaben übereinstimmen
würden. Dasselbe gilt bezüglich der ebenfalls ausgezeichnet gerundeten,
geglätteten und streng ausgelesenen exotischen Gerölle, welche sich
in den cenomanen (vielleicht auch gosauischen) Ablagerungen der Allgäuer Alpen finden.

Auch diese lagern auf einer nördlicheren Teilschubmasse der
Kalkalpen und waren somit von unserer hypothetischen, im Süden auftauchenden Grauwackenzone viel weiter entfernt als die Muttekopfgosau.

Die ersten Vertreter der Überfaltungslehre S c h a r d t, L u g e o n,
T e r m i e r haben bei ihren Erklärungsformeln der Tektonik der Ostalpen die kristallinen Massen der Ötztaler- und Silvrettagruppe mit
den nördlichen Kalkalpen zusammen als eine große Decke behandelt.
Auch S t e i n m a n n stellt in der Arbeit: „Geologische Probleme des
Alpengebirges. Zeitschrift d. D. n. Ö. A.-V. 1906" in seinem Bauschema Fig. 26 noch beide Zonen als zusammengehörig dar.

Wesentlich weiter in der Auflösung der ostalpinen Decken sind
dann H a u g, H e r i t s c h, U h l i g und seine Schüler gegangen. U h l i g
unterscheidet im Bereiche eines schematischen Querschnittes durch
das Hochalmmassiv zum Dachstein (Mitteilungen der Wiener geolog.
Gesellsch. 1909, Taf. XVIII) über den lepontinischen Decken ein
ostalpines kristallines Deckenmassiv, darüber die ostalpine Grauwackenzone (2 Decken), endlich die ostalpine Kalkzone mit ihren verschiedenen Teildecken. Dem kristallinen Deckenmassiv (Schladminger

Gneismasse) würde in unserer Gegend die Ötztaler-Sivrettamasse entsprechen. Die Grauwackenzone ist in zwei Decken zerteilt, von denen
die obere aus Silur und Devon besteht, während die untere aus Phylliten, Quarziten, marinem und terrestrem Karbon und Perm zusammengesetzt wird.

Sie hat westwärts vom Zillertal keine Vertretung mehr. Die
kalkalpinen Teildecken sind auch hier deutlich entwickelt. Als Wurzel-
region für die kristalline Decke wird die Gebirgszone südlich des
Hochalmmassivs angenommen, als solche der nordalpinen Kalkzone
das Gailtaler Gebirge. Zwischen beiden Regionen müßte die Wurzel-
zone der Grauwackendecke liegen, welche aber dort nirgends zu finden
ist. Nach Uhlig ist die obere Grauwackenzone mit den nördlichen
Kalkalpen durch Grundkonglomerate verbunden, doch haben anscheinend
die Kalkalpen ihre paläozoische Grundlage bis zu einem gewissen
Grade überfahren und sind auf eigener Schubbahn gegen Norden vorgedrungen.

Eine Übertragung dieser Vorstellungsweise auf unser Gebiet
würde also besagen, daß die einst unter den Kalkalpen vorhandene
Grauwackenzone auf tektonische Weise seither ausgeschaltet und
wegerodiert worden ist.

Wir sind auf anderen Wegen ebenfalls dazu gelangt, eine solche
Möglichkeit ins Auge zu fassen, ohne diese Ansicht jedoch derzeit
für eine befriedigende Lösung zu halten. Es mag hier im Anschluß
daran erwähnt werden, daß nach dem Urteil Dr. Ohnesorges die
merkwürdigen exotischen Schollen, welche an der Nordgrenze der
Kalkalpen zwischen diesem und dem Flysch im Rettenschwangertale
südlich von Hindelang auftreten, nicht aus dem kristallinen Grundgebirge, sondern aus der Grauwackenzone abstammen dürften. Diese
Anschauung wurde anläßlich der Vorlage von Gesteinsproben dieser
Schollen bei dem letzten Vortrage Prof. V. Uhligs über die pie-
ninischen Klippen des Allgäus in der Sitzung der Wiener geologischen Gesellschaft vom 27. Jänner 1911 gesprächsweise entwickelt.
Danach hätten wir in diesen Schollen vielleicht verschleppte Überreste jener paläozoischen Grundlage der westlichen tirolischen Kalkalpen vor uns, aus welcher auch die exotischen Gerölle der Muttekopfgosau einst geformt wurden.

Das Auftreten gespannten Wassers von höherer Temperatur in den Schichten der oberen Kreideformation Nordböhmens.

Von J. E. Hibsch.

Mit 4 Figuren im Text.

Seit mehreren Jahren ist den Geologen bekannt, daß die Schichten der oberen Kreideformation an vielen Orten in Nordböhmen unterirdisches Wasser führen, das häufig unter Druck steht, der es aus Bohrlöchern bis über die Erdoberfläche emportreibt. Bereits im Jahre 1888 wurde in Wisterschan bei Teplitz artesisches Wasser erbohrt, das bis zum heutigen Tage mit gleicher Stärke ausfließt. Aber auch aus zahlreichen anderen, bisher niedergestoßenen Bohrlöchern in Aussig, Bodenbach, Tschischkowitz bei Lobositz, Podersam, Leipa i. B., Pardubitz, Königinhof, Böhmisch-Trübau u. a. O. steigt artesisches Wasser aus Tiefen von 70 bis 360 m auf, stellenweise mit einem Überdruck von mehreren Atmosphären.

Schon im Jahre 1908 konnte an der Hand der bis zu diesem Jahre gesammelten Erfahrungen über diese Verhältnisse kurz berichtet werden [1]). Seither sind neue Bohrlöcher niedergestoßen worden, durch die unsere Kenntnisse wesentlich erweitert wurden. Über die Ergebnisse dieser Bohrungen soll in folgendem berichtet werden. Daran sollen sich einige allgemeine Folgerungen anreihen.

Alle nachstehend besprochenen Tiefbohrungen wurden durch die Firma Julius Thiele in Ossegg ausgeführt. Für die freundliche Überlassung der Bohrprofile zum Zwecke der Veröffentlichung sei auch an dieser Stelle bestens gedankt.

1. Bohrloch der Bergmann-Elektrizitätswerke in Bodenbach.

Niedergestoßen vom 29. November 1911 bis 18. Jänner 1912. Gesamttiefe 189·0 m. Tagkranz des Bohrloches 131 m Seehöhe, in der Erosionsfurche des Elbtales, etwa 30 m unter der Oberkante der oberturonen Tonmergel (Fig. 1). Der Fuß des Bohrloches steht 58 m unter dem Meeresspiegel. Das gespannte Wasser wurde bei — 51·3 m erreicht. Bohrprofil:

---

[1]) Jahrb. d. k. k. geol. R.-A. 58. Bd. Wien 1908, pag. 305—310.

Jahrbuch d. k. k. geol. Reichsanstalt, 1912, 62. Band, 2. Heft. (J. E. Hibsch.)

Mächtigkeit	Tiefe	Bezeichnung des Gesteins	Seehöhe (Meter)
M e t e r			von 131 bis
1. 19·5	19·5	Tiefe des vorhandenen Brunnens	111·5
2. 1·5	21·0	Schotter der Mittelterrasse . .	110·0
3. 152·5	173·5	oberturone Ton- und Kalkmergel .	— 42·5
4. 8·8	182·3	„grauer Letten mit Quarzein-	
		lagerung"[1]	— 51·3

Wasser mit Auftrieb.

5. 6·7	189·0	grauer Sandstein	— 58·0

Fig 1.

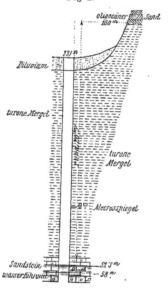

Profil des Bohrloches der Bergmannwerke in Bodenbach.

In obiger Fig. 1 soll es anstatt rund 20 m, rund 200 m heißen.

Aus dem verrohrten Bohrloche mit einer Röhrenweite von 192 mm (in der Tiefe von 189 m) drang ein Wasserschwall mit einem Überdruck von 1·7 Atmosphären empor, der in einer Sekunde 50 Liter lieferte. Die Temperatur des Wassers betrug 25·0⁰ C. Nach der durch J. Puluj bei Bilin im Gneis mit 32·07 m festgestellten geothermischen Tiefenstufe wäre in der Tiefe von 189 m nur eine Temperatur von 13·6⁰ zu erwarten.

$$\frac{189-10}{32·07} + 8^0 = 5·6 + 8 = 13·6^0\ C.$$

---

[1] Petrographisch nicht bestimmbare, dem Bohr-Journal entnommene Bezeichnung.

Hierbei wird eine mittlere Jahrestemperatur von 8⁰ C für Bodenbach angenommen.

Die Temperatur von 25⁰ C in 189 m Tiefe würde einer geothermischen Tiefenstufe nicht von 32·07 m, sondern nur von

$$\frac{189-10}{25-8} = \frac{179}{17} = 10·5 \ m \text{ entsprechen.}$$

Chemische Zusammensetzung des Wassers. Es liegen zwei verschiedene Analysen vor, beide berechnet für 1 Liter Wasser.

I.	Gramm	II.	Gramm
Gesamttrockenrückstand	0·18000	Gesamttrockenrückstand .	0·1804
Glühverlust	0·02320	Glühverlust	0·0050
Kieselsäure (SiO_2) . .	0·00800	Kieselsäure	0·0178
Tonerde (Al_2O_3) . . .	Spuren	Eisenoxyd	Spuren
Kalziumoxyd	0·07080	Kalziumoxyd	0·0658
Magnesia	0·01348	Magnesiumoxyd	0·0054
Eisenoxyd	0·00080	Schwefelsäure	0·0191
Schwefelsäure	0·02020	Chlor	Spuren
gebundene Kohlensäure	0·05940	Summe der Alkalien, berechnet als Chloride . .	0·0320

Die Gesamthärte beträgt 8·85 Deutsche Grade.

Die Alkalinität des Wassers pro 100 cc beträgt 2·5 cc Normal-Salzsäure.

Die Gesamthärte beträgt 7·12 Deutsche Grade.

2. Bohrloch bei Wilsdorf, südlich Bodenbach.

Im Herbst 1906 von der Firma A. Redlich niedergestoßen. Gesamttiefe 175·7 m. Tagkranz des Bohrloches bei rund 140 m Seehöhe, gleichfalls in der Erosionsfurche des Elbtales, annähernd 70 m tiefer als die Oberkante der oberturonen Tonmergel an dem linksseitigen Gehänge des Elbtales. Vom erstgenannten Bohrloch der Bergmann-Elektrizitätswerke rund zwei Kilometer entfernt in einer Scholle von Tonmergel, die vom Tonmergel des Bodenbacher Bohrloches durch eine Verwerfungskluft getrennt ist und um rund 50 m höher liegt. Bohrprofil:

	Mächtigkeit	Tiefe	Bezeichnung des Gesteins	Seehöhe (Meter)
	Meter			von 140 bis
1.	3·3	3·3	Lößlehm	136·7
2.	0·5	3·8	gelber Sand der diluvialen Niederterrasse	136·2
3.	5·7	9·5	Schotter der diluvialen Mittelterrasse	130·5
4.	7·4	16·9	grauer weicher oberturoner Tonmergel	123·1
5.	0·9	17·8	Trachydolerit (Gang)	122·2
6.	2·45	20·25	Tonmergel	119·75

Mächtigkeit	Tiefe	Bezeichnung des Gesteins	Seehöhe (Meter)
M e t e r			von 119·75 bis
7. 0·80	21·05	gelber und roter Sand	118·95
8. 8·95	30·00	grauer Tonmergel	110·00
9. 77·55	107·55	weicher Mergel	32·45
10. 3·40	110·95	fester Kalkmergel	29·05
11. 16·55	127·50	weicherer Kalkmergel	12·50
12. 1·50	129·0	fester Kalkmergel	11·0
13. 1·8	130·8	fester Kalkmergel	9·2
14. 2·7	133·5	Kalkmergel, sandig	6 5
15. 3·7	137·2	grauer Sandstein	2·8
		Wasserauftrieb.	
16. 38·5	175·7	Sandstein	— 35·7

Im 138. Meter der Bohrlochtiefe wurde das Wasser angeschlagen.
Anfänglich lieferte das 180 *mm* weite Bohrloch etwa 16 Sekundenliter. Bei der Tiefe von 140 *m* erhöhte sich die Wassermenge auf
das Doppelte. Aus dieser Tiefe trat das Wasser übertags mit einem
Überdruck von 4 Atmosphären aus. Das Bohrloch wurde noch um
35 *m* vertieft bis zur Gesamttiefe von 175·7 *m*. Die Wassermenge
blieb die gleiche, über 30 Sekundenliter; der Überdruck des zutage
ausströmenden Wassers war aber auf zwei Atmosphären gesunken. Das
Wasser besaß eine Härte von 6·5 Deutschen Härtegraden. Die Temperatur des Wassers war von 140 *m* bis 175 *m* Tiefe 20·0⁰ C. Nach
der geothermischen Tiefenstufe von 32·07 *m* wären in 140 *m* Tiefe

nur $\dfrac{140-10}{32·07}$ + 8 = 12·0⁰ C zu erwarten gewesen. Die bei 140 *m*

bis 175 *m* vorgefundene und gleich gebliebene Temperatur überstieg
die berechnete um 8⁰ C. Aus der Temperatur von 20⁰ C in 140 *m*

Tiefe wäre auf eine geothermische Tiefenstufe von $\dfrac{140-10}{20-8} = \dfrac{130}{12} =$

10·8 *m* zu schließen. Zu beachten ist jedoch, daß die Wassertemperatur von 140 *m* an bis zu 175 *m* Bohrlochtiefe die gleiche
geblieben und über 20⁰ C nicht gestiegen ist.

Das Wasser zeigt nachstehende chemische Zusammensetzung:

In 1 Liter Wasser sind enthalten:

Gramm

K_2SO_4 . . . . 0·03803
Na_2SO_4 . . . . 0·08740
$NaCl$ . . . . 0·02752
Na_2CO_3 . . . . 0·06718
$CaCO_3$ . . . . 0·11294
$MgCO_3$ . . . . 0·02482
$FeCO_3$ . . . . 0·00063
SiO_2 . . . . 0·01275
Al_2O_3 . . . . 0·00107

Gesamtrückstand . . . 0·37234

3. Bohrloch in Böhmisch-Leipa.

Zu Beginn des Jahres 1912 hat das Bürgerliche Brauhaus in Leipa in Böhmen ein Bohrloch bis 206·9 m Tiefe abteufen lassen. Seehöhe des Tagkranzes rund 250 m. Der Fuß des Bohrloches steht demnach bei + 43 m Seehöhe. In diesem Niveau wurde gespanntes Wasser erbohrt. Durchteuft wurden:

Mächtigkeit	Tiefe	Bezeichnung des Gesteins	Seehöhe (Meter)
Meter			von 250 bis
1. 202·9	202·9	Ton- und Kalkmergel, durchsetzt von „einigen schwachen Schichten harten Gesteins"	47·1
2. 4·0	206·9	Sandstein	43·1
		Wasserauftrieb.	

Aus dem Bohrloche, dessen unterer Durchmesser 90 mm beträgt, entströmen in 1 Sekunde 5·5 Liter mit einem Überdrucke von 0·7 Atmosphären. Temperatur des Wassers: 13·15⁰ C.

Berechnet man auf Grund der geothermischen Tiefenstufe von 32·07 m die Temperatur für die Tiefe von 207 m unter Annahme einer mittleren Jahrestemperatur von 7⁰ C für Böhmisch-Leipa, so erhält man

$$\frac{207-10}{32\cdot07} + 7 = 6\cdot14 + 7 = 13\cdot14^0 \ C.$$

Diese berechnete Temperatur ist der beobachteten gleich. Umgekehrt führt eine Berechnung der geothermischen Tiefenstufe, ausgehend von der in der Tiefe von 207 m beobachteten Temperatur, fast genau auf die auch in Bilin gemessene geothermische Tiefenstufe.

4. Bohrloch in Theresienstadt.

Von Ende August bis Ende Dezember 1910 wurde bei der Schießstätte nächst Theresienstadt, Seehöhe etwa 146 m, ein Bohrloch 258·5 m tief niedergestoßen. Das Bohrloch reicht bis — 112·5 m unter den Meeresspiegel. Wasser wurde bei rund — 35 m Seehöhe erbohrt. Bei der Bohrung wurden durchsunken:

Mächtigkeit	Tiefe	Bezeichnung des Gesteins	Seehöhe (Meter)
Meter			von 146 bis
1. 3·40	3·40	gelber Sand	142·60
2. 0·75	4·15	grauer und gelber Letten . . .	141·85
3. 0·15	4·30	grauer Sand	141·70
4. 1·20	5·50	Letten, lichtgrau . . } Turon	140·50
5. 171·20	176·70	Ton- und Kalkmergel }	— 30·70

Mächtigkeit	Tiefe	Bezeichnung des Gesteins		Seehöhe (Meter) von — 30·70 bis
Meter				
6.	5·0	181·7	Sandstein . . . . . ⎫	— 35·70
		Wasser.		
7.	24·0	205·7	Sandstein	Zenoman	— 59·7
8.	5·8	211·5	Letten, dunkelgrau .	42·2 m	— 65·5
9.	4·4	215·9	Sandstein	— 69·9
10.	3·0	218·9	Letten, grau n. rötlich ⎭	-- 72·9
11.	10·6	229·5	Rotliegendes . . . . ⎫ Rot-	— 83·5
12.	6·1	235·6	Sandstein, rot . . .	— 89·6
13.	22·87	258·47	Rotliegendes . . . . ⎭ liegendes	— 112·47

Das in etwa — 35 m Seehöhe unter den turonen Mergeln aus (wahrscheinlich zenomanem) Sandstein austretende Wasser zeigt keinen Auftrieb: Die Temperatur wurde nicht gemessen.

5. Bohrloch in Tschischkowitz, südlich Lobositz.

Für die Sächsisch-böhmische Portland-Zementfabrik in Tschischkowitz wurde vom August bis Oktober 1907 ein Bohrloch fast 300 m tief niedergebracht, dessen Tagkranz in rund 160 m Seehöhe steht. Das Bohrloch reicht demnach bis nahezu — 140 m Seehöhe. Bei 100 m Tiefe, in + 60 m Seehöhe, wurde gespanntes Wasser erbohrt. Durchteuft wurden:

Mächtigkeit	Tiefe	Bezeichnung des Gesteins		Seehöhe (Meter) von 160 bis
Meter				
1.	3·7	3·7	Letten . . . . . . ⎫	156·3
2.	4·3	8·0	Kalkstein	152·0
3.	87·0	95·0	„Letten, blau" . . .	65·0
4.	5·0	100·0	Sandstein	Turon	60·0
			Wasserauftrieb bis übertags.	
5.	1·0	101·0	Sandstein	59·0
6.	15·0	116·0	Sandstein, tonig . . ⎭	44·0
7.	11·0	127·0	Ton, sandig . . . . ⎫	33·0
8.	7·0	134·0	Sandstein	Zenoman	26·0
9.	8·5	142·5	Ton, sandig, mit Kohlen-	44·3 m	
			spuren	17·5
10.	17·8	160·3	Sandstein, weiß . . . ⎭	— 0·3
11.	0·3	160·6	Ton, rot . . . . . . ⎫	-- 0·6
12.	0·4	161·0	Sandstein	— 1·0
13.	3·5	164·5	Ton, rot	— 4·5
14.	1·0	165·5	Sandstein	Rot-	— 5·5
15.	0·5	166·0	Ton, rot	liegendes	— 6·0
16.	11·5	177·5	Sandstein	139·5 m	— 17·5
17.	1·0	178·5	Ton, weich, sandig, mit		
			viel Glimmer . . . ⎭	— 18·5

	Mächtigkeit Meter	Tiefe Meter	Bezeichnung des Gesteins		Seehöhe (Meter) von — 18·5 bis
18.	4·0	182·5	Sandstein		— 22·5
19.	1·5	184·0	Sandstein, tonig . .		— 24·0
20.	10·0	194·0	Sandstein		— 34·0
21.	12·0	206·0	Sandstein, tonig . .		— 46·0
22.	22·0	228·0	Ton mit schwarzen Einlagerungen . . .	Rotliegendes	— 68·0
23.	19·7	247·7	Sandstein	139·5 m	— 87·7
24.	0·3	248·0	Ton, rot		— 88·0
25.	7·0	255·0	Sandstein		— 95·0
26.	0·8	255·8	Ton, rot		— 95·8
27.	44·0	299·8	Sandstein		— 139·8

In der Seehöhe von 60 m, Bohrlochtiefe 100 m, wurde unter den turonen Mergeln im zenomanen Sandsteine gespanntes Wasser angebohrt, das bis über den Tagkranz des Bohrloches emporstieg. Die Wassertemperatur wurde nicht gemessen; sie scheint keine erhöhte gewesen zu sein, sie wäre sonst aufgefallen.

6. Bohrloch in Tschalositz, nordöstlich Lobositz.

Nächst der Station Tschernosek—Tschalositz der k. k. österr. Nordwestbahn hat vor Jahren die Firma Malik ein Bohrloch niederstoßen lassen, dessen Tagkranz bei rund 150 m Seehöhe stand. Die Bohrung wurde nur 57·1 m niedergebracht, reichte demnach bis rund 93 m Seehöhe. Profil des Bohrloches:

	Mächtigkeit Meter	Tiefe Meter	Bezeichnung des Gesteins		Seehöhe (Meter) von 150 bis
1.	2·5	2·5	Humus und Lehm		147·5
2.	6·5	9·0	sandiger Lehm		141·0
3.	46·0	55·0	harter, blaugrauer Pläner	Turon	95·0
4.	2·1	57·1	Sandstein		92·9

Wasser mit Auftrieb.

Die Temperatur wurde nicht gemessen, ebensowenig die Wassermenge und die Größe des Überdruckes.

7a. Bohrloch der Firma C. Wolfrum in Aussig.

Niedergestoßen vom 2. Mai bis 13. Oktober 1911. Seehöhe des Tagkranzes bei rund 145·9 m Tiefe. Tiefe des Bohrloches 369·5 m bis zu — 219·5 m Seehöhe. Austritt von gespanntem Wasser bei 358·8 m Tiefe (Seehöhe rund — 212 m).

Bei der Bohrung wurden durchstoßen:

| Mächtigkeit | Tiefe | Bezeichnung des Gesteins | | Seehöhe (Meter) |
Meter				von rund 145·9 bis
1.	0·5	0·5	Humus.		145·4
2.	3·7	4·2	gelber Lehm		141·7
3.	2·0	6·2	Sand mit Schotter.		139·7
4.	2·3	8·5	grauer Letten, sandig	. . 137·4
5.	1·3	9·8	Sand mit Schotter,	
			wasserführend. . .		136·1
6.	0·8	10·6	Schwimmsand mit Ba-	
			saltsteinen		135·3
7.	0·8	11·4	grauer Letten, sandig	Miocän	134·5
8.	1·0	12·4	Schwimmsand mit Ba-	
			saltsteinen, wasser-	
			führend		133·5
9.	34·6	47·0	Letten, grau		98·9
10.	4·8	51·8	Letten, grün		94·1
11.	181·65	233·45	Letten, grau		— 87·55
12.	2·45	235·90	Letten, grau mit festen	
			Schichten		— 90·0
13.	3·3	239·2	Basalt? (bei 239·2 m	
			warmes Wasser,	
			ohne Auftrieb) . .		— 93·3
14.	0·75	239·95	„grauer Mergel mit	
			Quarz und Basalt-	
			schichten" (wahr-	Turon
			scheinlich Sodalith-	306·9 m
			tephrit z. T. ver-	
			wittert)		— 94·05
15.	15·95	255·90	grauer Mergel . . .		— 110·00
16.	36·10	292·00	grauer, fester Kalk-	
			mergel.		— 146·1
17.	61·2	353·2	grauer Mergel . . .		— 207·3
18.	5·5	358·7	„Basalt" (wahrschein-	
			lich Sodalithtephrit)		— 212·8
19.	0·1	358·8	Quarzsandstein, grob-	
			körnig		— 212·9
		Wasserauftrieb.		Zenoman?
20.	1·7	360·5	Quarzsandstein, grob-	
			körnig		— 214·6

Unter einer mehr als 300 m mächtigen Mergelplatte, die von mehreren Gängen eines sodalithtephritischen Gesteins durchsetzt ist, trat bei 358·8 m Tiefe aus einem Sandstein gespanntes Wasser aus, das übertags mit einem Überdruck von 7 Atmosphären und einer Temperatur von 30·2° C dem Rohre entströmt. Das Bohrloch besitzt an seinem Fuße den Durchmesser von 120 mm und schüttet in einer

Sekunde 16·6 Liter Wasser von der auf pag. 320 gegebenen chemischen Zusammensetzung.

In der Tiefe von 359 m sollte das Wasser die Temperatur besitzen von $\dfrac{359-10}{32\cdot07} + 8 = 10\cdot8 + 8 = 18\cdot8^0$ C anstatt $30\cdot2^0$.

Die Temperatur von $30\cdot2^0$ in der Tiefe von 359 m würde eine geothermische Tiefenstufe von 15·7 m anstatt 32·07 m voraussetzen.

7 b. Bohrloch nächst dem Stadtbade in Aussig.

Ermuntert durch die erfolgreiche Bohrung der Firma C. Wolfrum ließ auch die Stadtgemeinde Aussig neben dem Stadtbad ein Bohrloch niederstoßen, mit dem am 21. Februar 1912 in 354·9 m Tiefe das gespannte Wasser erreicht wurde. Seehöhe des Tagkranzes: 146 m. Gesamttiefe des Bohrloches 357·3 m, entsprechend — 212·3 m Seehöhe. Bohrprofil:

	Mächtigkeit	Tiefe	Bezeichnung des Gesteins	Seehöhe (Meter)
	M e t e r			von 146 bis
1.	2·0	2·0	Aufschüttung	144·0
2.	7·3	9·3	Schotter	136·7
3.	1·2	10·5	Schwimmsand.	135·5
4.	1·0	11·5	grober Sand mit Kohlenbrand-	
			gesteinen.	134·5
5.	1·0	12·5	sandiger Schotter	133·5
6.	1·8	14·3	Schotter mit Basaltblöcken . . .	131·7
7.	0·4	14·7	gelber sandiger Letten.	131·3
8.	2·7	17·4	Basaltkugeln	128·6
9.	188·6	206·0	„Plänermergel, dunkel"	— 60·0
10.	10·0	216·0	„Plänermergel,	— 70·0
			sehr fest" .	
11.	12·5	228·5	„Plänermergel, weiß, ton- artig" . . .	Sodalith-tephrit?
				— 82·5
12.	3·5	232·0	Sodalithtephrit	— 86·0
13.	109·3	341·3	Pläner m. festen Schichten	— 195·3
14.	9·9	351·2	Sodalithessexit?	Turon — 205·2
15.	0·5	351·7	„roter Letten" (Verwit-	
			terungsprodukt von So-	
			dalithessexit?). . . .	— 205·7
16.	2·2	353·9	weißes, weiches Verwit-	
			terungsprodukt von So-	
			dalithessexit?	— 207·9
17.	1·0	354·9	Sandstein, weißlich- grau.	Unterturon? — 208·9
			Wasserauftrieb.	oder
18.	3·4	357·3	Sandstein, weißlich- grau.	Zenoman? — 212·3

Aus dem Bohrloche, dessen unteres Ende einen Durchmesser von 120 *mm* besitzt, entströmen in 1 Sekunde 10 Liter Wasser mit einem Überdruck von 7 Atmosphären und einer Temperatur von 31.7^0 C. Mit Berücksichtigung der normalen geothermischen Tiefenstufe von 32.07 *m* für Nordböhmen würde man in 355 *m* Tiefe nur eine Temperatur von

$$\frac{355-10}{32.07} + 8 = 10.75 + 8 = 18.75^0 \text{ C}$$ zu erwarten haben. Das erbohrte Wasser besitzt jedoch eine um 13^0 erhöhte Temperatur.

Der Wassertemperatur von 31.7^0 C würde die geothermische Tiefenstufe von $\dfrac{355-10}{31.7-8} = 14.5$ *m* entsprechen. Diesen Berechnungen ist eine mittlere Jahrestemperatur von 8^0 C für Aussig zugrunde gelegt.

Die chemische Zusammensetzung dieses Wassers folgt unter II.

Chemische Zusammensetzung der artesischen Wässer in Aussig: I. Fabriksgrundstück der Firma C. Wolfrum, II. beim Stadtbad.

In 1 Liter Wasser sind enthalten (Gramm):

	I.	II.
Abdampfrückstand .	0·7456	1·56720
Glühverlust	0·0711	0·04880
Glührückstand . . .	0·6745	1·51840
CaO	0·07040	0 04040
MgO	0·02250	0·01508
BaO	0·000013	0·000073
SrO	—	0·000067
Fe_2O_3	0·00200	0·00090 . . 0·0018 [1]
Al_2O_3	0·00360	0·00030
MnO	0·00038	nicht vorhanden
Na_2O	0·29936	0·70627
K_2O	0·01612	0·08978
Li_2O	0·000227	0·000291
SiO_2	0·01200	0·01440
SO_3	0·13590	0·20990
Cl	0 01758	0·11360
Br	0·00012	Spuren
J	Spuren	deutliche Spuren
SH_2	—	0·0005
N_2O_5 und N_2O_3 . .	nicht vorhanden	—
CO_2 frei	0·02655	0·0684
CO_2 gebunden . . .	0·1540	0·3916
As_2O	0·0008	nicht vorhanden
P_2O_5, B_2O_3 und TiO_2	nicht vorhanden	nicht vorhanden

Permanganatverbrauch 6·4 *mg.*   Permanganatverbrauch 3·6 *mg.*
Alkalinität 70 *cc* 3 *n*/10 Säure.   Alkalinität 178 *cc* 3 *n*/10 Säure.
Reaktion: schwach alkalisch.   Reaktion: alkalisch.
Gehalt an Radiumemanation: Gehalt an Thoriumemanation:
0·19 Mache-Einheiten.   28 Mache-Einheiten.

---

[1]) Nach einer Ende April 1912 ausgeführten Analyse, während die Analyse im Monate Februar 1912 nur den Gehalt von 0·0009 *gr* Fe_2O_3 in 1 *l* Wasser ergab.

Beide Analysen wurden von L. Pollak in Aussig nach den gleichen Methoden ausgeführt.

Die vorstehend angeführten Bestandteile lassen sich in folgender Weise zu Salzen vereinigen. Die in 1 Liter Wasser vorhandenen Mengen sind in Gramm angegeben.

	I. Wasser aus dem Bohrloche der Firma C. Wolfrum	II. Aus dem Bohrloche neben dem Stadtbade
$K_2 SO_4$ . . .	0·02979	0·165980
$Na_2 SO_4$ . .	0·21711	0·237300
$Na Cl$ . . .	0·028866	0·187200
$Na Br$ . . .	0·000154	—
$Na J$	Spuren	Spuren
$Na_2 H As O_3$.	0·000861	—
$Na_2 CO_3$ . .	0·28247	0·859900
$Li_2 CO_3$ . . .	0·00056	0·000641
$Ca CO_3$ . .	0·12570	0·072160
$Mg CO_3$ . .	0·04700	0·031480
$Fe CO_3$ . . .	0·00290	0·001300
$Mn CO_3$ . .	0·000502	$Sr CO_3$. 0·000096
$Ba SO_4$ . . .	0·000020	$Ba CO_3$ . . 0·000094
$Al_2 O_3$	0·003600	0·000300
$Si O_2$	0·0120	0·014400

Summe der festen Bestandteile . .	0·751533	1·570791
Freie Kohlensäure	0·026550	0·068400

Die großen Verschiedenheiten in der Zusammensetzung der beiden Aussiger artesischen Wässer sind eine sehr auffällige Erscheinung.

8. Bohrloch bei Lochtschitz, östlich Teplitz.

Die Bohrung wurde vom 8. Oktober 1894 bis 16. März 1895 durchgeführt. Vom Tagkranze aus rund 200 *m* Seehöhe wurden durchteuft:

	Mächtigkeit Mete	Tiefe r	Bezeichnung des Gesteins	Seehöhe (Meter) von 200 bis
1.	0·5	0·5	Humus.	199·5
2.	45·1	45·6	miocäne Letten verschiedener Art	154·4
3.	1·9	47·5	festes Konglomerat	152·5
4.	28·5	76·0	Basalttuff	124·0
5.	23·2	99·2	„bunte Tone".	100 8
6.	9·2	108·4	„graue Letten" (oberturone Tonmergel z. T.)	91·6
7.	151·6	260·0	Kalkmergel	— 60·0

| Mächtigkeit | Tiefe | Bezeichnung des Gesteins | Seehöhe (Meter) |
Meter			von — 60·0 bis
8.	20·1	280·0	Kalkmergel mit Kalkspat	— 80·0
9.	27·1	307·1	Kalkmergel	—107·1
10.	1·3	308·4	Sandstein	—108·4

Wasser mit sehr starkem Auftrieb.

Die Temperatur des Wassers wurde leider nicht gemessen.

9. Bohrloch bei Wisterschan, südlich Teplitz.

Vom 9. Jänner bis 24. März 1897 wurde von der Firma Gebrüder Grohmann ein Bohrloch von 196 *m* Meereshöhe aus niedergestoßen. Durchteuft wurden:

| Mächtigkeit | Tiefe | Bezeichnung des Gesteins | Seehöhe (Meter) |
Meter			von 196 bis
1.	0·4	0·4	Humus	195·6
2.	4·4	4·8	gelber Lehm mit Steinen	191·2
3.	1·7	6·5	Sand und Letten	189·5
4.	18·2	24·7	graublauer Tonmergel	171·3
5.	141·0	165·7	fester Kalkmergel	30·3
6.	10·0	175·7	grauer, klüftiger Sandstein . . .	20·3

Aus dem 175·7 *m* tiefen Bohrloche stieg Wasser mit dem Überdrucke von 1 Atmosphäre empor. Die Temperatur des Wassers betrug 23⁰ C. Bei der Annahme einer mittleren Jahrestemperatur von 8⁰ C für Wisterschan wäre in der Tiefe von 175 *m*, eine geothermische Tiefenstufe von 32·07 *m* vorausgesetzt, anstatt 23⁰ C nur 13·1⁰ C zu erwarten gewesen.

Das Wasser besitzt nach einer von Herrn F. Seemann[1] mitgeteilten Analyse, die von J. Perten ausgeführt worden ist, nachstehende Zusammensetzung:

	Gramm
Gesamtrückstand aus 1 Liter Wasser	1·0648
CaO	0·0376
MgO	0·0112
Cl	0·0460
SO_3	0·1880
Gesamte Alkalichloride	0·9188

Gesamthärte 5·33 Deutsche Härtegrade.

Allgemeine Folgerungen aus vorstehenden Beobachtungen.

Alle angeführten Bohrlöcher, an die noch andere aus Ost- und Westböhmen angereiht werden könnten, erweisen das Vorhandensein großer Wassermengen in Sandsteinen der oberen Kreideformation unter einer Platte von turonen Mergeln, die an vielen Orten die

---

[1] Bericht der Museums-Gesellschaft in Aussig über das Jahr 1911. Aussig 1912, pag. 41.

Mächtigkeit von rund 200 *m*, anderen Orts eine etwas geringere, im Gebiete der Stadt Aussig jedoch die bedeutende Mächtigkeit von mehr als 300 *m* erreicht. (Siehe Fig. 2.) Die Mergelplatte besteht im Elbtale bei Tetschen, Bodenbach und Wilsdorf, dann in der Umgebung von Teplitz, im südwestlichen Teile des böhmischen Mittelgebirges, bei Böhmisch-Leipa und an a. O. aus den tonig-kalkigen Ablagerungen des untersten Emscher, des Oberturon (Stufen des *Inoceramus Schönbachi J. Böhm* und des *Scaphites Geinitzi*) und des Mittelturon (Stufe des *Inoc. Brongniarti*). Die wasserführenden Sandsteine unter der Mergelplatte gehören wahrscheinlich an den genannten Orten dem untersten Mittelturon, dem Unterturon und Zenoman an. Bei Aussig aber scheint das ganze Mittelturon (Stufe des *Inoceramus Brongniarti*) und auch das Unterturon nicht wie an den genannten Orten in sandiger, sondern auch wie das Oberturon in tonig-kalkiger Fazies entwickelt zu sein. Deshalb schwillt bei Aussig die Mergelplatte zur Mächtigkeit von mehr als 300 *m* an. Während des Turons scheint bei Aussig zwischen dem damals schon vorhandenen, wenn auch nicht die heutige Höhenlage erreichenden Rücken des Erzgebirges und dem Gneiszuge von Tschernosek—Milleschau—Bilin eine tiefe Mulde vorhanden gewesen zu sein, in welcher sich aus dem Kreidemeere vorzugsweise tonig-kalkige Sedimente absetzten. Südlich der gleichfalls einen Höhenzug im Kreidemeere bildenden Gneise von Lichtowitz—Tschernosek—Milleschau—Bilin zeigen die ober- und mittelturonen Sedimente wieder einen anderen Charakter. Sie sind nicht in einheitlich tonig-kalkiger Fazies entwickelt, sondern sandige und tonig-kalkige Sedimente mit *Inoceramus Brongniarti*, *Scaphites Geinitzi* und *Spondylus spinosus* wechsellagern in bunter Folge, so daß keine scharfe Grenze zwischen Ober- und Mittelturon zu ziehen ist Ein sandiger Horizont mit größeren Mengen gespannten Wassers ist durch Bohrungen in Leitmeritz und Theresienstadt nicht gefunden worden. Diese Verhältnisse werden in den demnächst erscheinenden, von J. E. H i b s c h und F. S e e m a n n verfaßten Erläuterungen zu Blatt Leitmeritz der Geologischen Karte des Böhmischen Mittelgebirges weiter ausgeführt werden.

In Fig. 2 ist das Vorkommen gespannten Wassers unter der Mergelplatte im Elbtale von Tetschen-Bodenbach bis Aussig und von Aussig bis Wisterschan bei Teplitz schematisch dargestellt.

T e m p e r a t u r d e r e r b o h r t e n W ä s s e r. Nicht an allen Orten wurde die Temperatur der artesischen Wässer gemessen. Von den durch verläßliche Messungen ermittelten Temperaturen entspricht die des Wassers in Böhmisch-Leipa mit 13·15⁰ C vollkommen der geothermischen Tiefenstufe von 32·07 *m*, die durch J. P u l u j im trockenen Gneis von Bilin ermittelt wurde. Aus dieser geothermischen Tiefenstufe berechnet sich für die Tiefe von 207 *m* eine Temperatur von 13·14⁰ C. Beobachtet wurden 13·15⁰ C.

Hingegen überschreiten die Wassertemperaturen, die bei den Bohrlöchern in Bodenbach mit 25⁰ C, Wilsdorf mit 20⁰ C, Aussig mit 30·2⁰, beziehungsweise 31·7⁰ und Wisterschan mit 23⁰ gemessen worden sind, durchweg die aus der genannten geothermischen Tiefen-

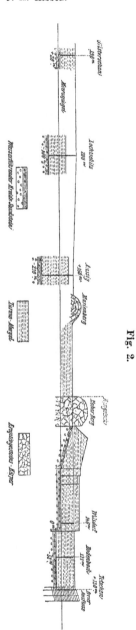

Fig. 2.

Schematische Darstellung der Wasserführung der Kreidesandsteine unter den Mergeln.

Maßstab für die Längen: 1:200.000, für die Höhen: 1:40.000.

stufe berechneten. So in Wilsdorf um 8^0, in Wisterschan um 10^0, in Bodenbach um $11\cdot4^0$, Wolfrum-Quelle in Aussig um $11\cdot3$ bis $13\cdot1^0$, Stadtquelle in Aussig gar um $13\cdot3^0$ C.

Für die erhöhte Temperatur der erbohrten artesischen Wässer muß eine Erklärung gesucht werden. Man könnte zunächst versuchen, das Vorhandensein einer kleineren geothermischen Tiefenstufe im Bereiche des Böhmischen Mittelgebirges anzunehmen, die durch einen Magmaherd in verhältnismäßig geringer Tiefe unter dem Mittelgebirge veranlaßt würde. Dann müßte aber doch eine annähernd gleiche geothermische Tiefenstufe an allen Orten des Gebietes und eine gleichmäßige Erwärmung der Wässer zu beobachten sein. Das ist aber nicht der Fall. Die aus den Wassertemperaturen und Bohrlochtiefen berechneten geothermischen Tiefenstufen sind folgende:

		Meter
1.	Bilin	32·07
2.	Böhmisch-Leipa	32·08
3.	Wolfrumquelle in Aussig	14·5
4.	Stadtbadquelle in Aussig	14·37
5.	Wisterschan bei Teplitz	13·4
6.	Wilsdorf bei Bodenbach	10·8
7.	Bergmannwerke in Bodenbach. . . .	10·6

Die ungleichen Größen, die man für die geothermische Tiefenstufe auf diese Weise erhält, sprechen nicht für eine einheitliche und gleichmäßige Einwirkung auf die erwärmten Wässer, wie sie von einem nahe der Oberfläche gelegenen Magmaherde ausgehen müßte. Vielmehr weisen sie auf andere Ursachen hin. Die sind wahrscheinlich gegeben durch aus der Tiefe auf Klüften aufsteigende erwärmte Wässer. Aus Spalten des Grundgebirges gelangen warme Wässer in die Klüfte des zenomanen und unter-, beziehungsweise mittelturonen Sandsteins und durchtränken die porösen Sandsteine. Hier finden sie Wasser mit normaler Temperatur vor, das seitlich und auch von oben durch Eruptivkörper zusitzt. Mit diesem Wasser findet eine teilweise Mischung statt, wodurch alles vorhandene Wasser erwärmt wird.

Die Spalten, denen die warmen Wässer aus der Tiefe entsteigen, brauchen im Grundgebirge nur bis zu jener Tiefe herabzureichen, die zur Erwärmung der Wässer auf die entsprechende Temperatur notwendig ist. Die ungleichen Tiefen der Spalten und ihr ungleichmäßiger Verlauf, ferner die ungleiche Mischung des kalten Wassers mit dem aus der Tiefe aufsteigenden erwärmten, würden die Verschiedenheiten der gefundenen Wassertemperaturen in befriedigender Art erklären.

Die Spannung der Wässer. Eine höchst auffallige Erscheinung ist der Überdruck, mit dem die artesischen Wässer übertags den Bohrlöchern entströmen. Man pflegt häufig den Überdruck der artesischen Wässer auf das Prinzip der kommunizierenden Röhren zurückzuführen und anzunehmen, das Wasser, das die artesischen Brunnen speist, entstamme einem hoch gelegenen Niederschlagsgebiete,

aus dem es unter einer wasserundurchlässigen Schicht in ein unterirdisches tiefes Sammelgebiet eintrete. Bei einer Durchbohrung der
undurchlässigen Schicht treibe der Druck aus der Höhe das tiefe
Wasser wie bei einem künstlich angelegten Springbrunnen empor.
Würde der Überdruck unserer Wässer auf diesem Prinzip beruhen, so müßte dasjenige Bohrloch, dessen obere Öffnung in geringster
Seehöhe liegt, Wasser mit dem größten Überdruck liefern. Bei den
benachbarten Bohrlöchern müßte der Überdruck im gleichen Verhältnisse mit der Seehöhe abnehmen. Das ist bei unseren Bohrlöchern, die doch ihr Wasser einem mehr oder weniger gemeinsamen

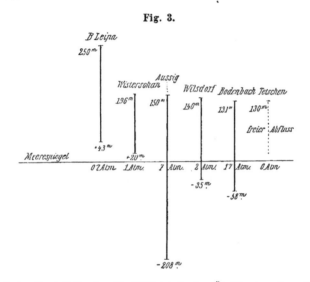

Fig. 3.

Schematische Darstellung der Unabhängigkeit des Überdruckes der artesischen
Wässer von der Seehöhe der Austrittsöffnung.

Sammelbecken entnehmen, nicht der Fall. Wie Fig. 3 zeigt, ist der
Überdruck bei den einzelnen Bohrlöchern ein ganz verschiedener,
beim Bodenbacher Bohrloch in 131 *m* Seehöhe beträgt er 1·7 Atmo-
sphären, beim Wilsdorfer in 140 *m* Seehöhe 2 Atmosphären, bei den
Aussiger Bohrlöchern in 150 *m* Seehöhe gar 7 Atmosphären und in
Tetschen selbst entströmt warmes Wasser bei 130 *m* natürlichen
Felsspalten ohne jeglichen Überdruck. Der Überdruck der artesischen
Wässer ist demnach von der Seehöhe der Ausflußöffnung unabhängig.
Sonst müßte ja der Überdruck, der in Aussig bei 150 *m* Seehöhe
7 Atmosphären beträgt, in Bodenbach und Tetschen bei 130 *m* See-
höhe auf 9 Atmosphären steigen und müßte in Böhmisch-Leipa bei
250 *m* Seehöhe auf 3 Atmosphären sinken. Das ist nicht der Fall.
    Hingegen hat offensichtlich die Tiefe des Bohrloches und die
Seehöhe des Bohrlochfußes einen Einfluß auf den Überdruck des

Wassers. Wie aus Fig. 4 zu ersehen ist, besitzt das Wasser des 207 *m* tiefen Bohrloches in Böhmisch-Leipa, dessen Fuß in + 43 *m* Seehöhe steht, einen Überdruck von 0·7 Atmosphären, das 175 *m* tiefe in Wisterschan mit einer Seehöhe seines Fußes bei + 20 *m* 1 Atmosphäre, das 175 *m* tiefe Bohrloch in Wilsdorf, das bis — 35 *m* Seehöhe reicht, 2 Atmosphären, das 189 *m* tiefe Bohrloch in Bodenbach mit — 58 *m* Seehöhe 1·7 Atmosphären und endlich die 360 *m* tiefen Aussiger, die bis —208 *m* Seehöhe reichen, den höchsten Auftrieb von 7 Atmosphären. Aus Felsspalten in Tetschen fließt Wasser mit 0 Atmosphären Überdruck frei aus.

Fig. 4.

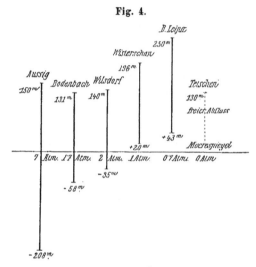

Schematische Darstellung der Zunahme des Überdruckes des artesischen Wassers mit der Tiefe des Bohrloches.

Daraus folgt: Je tiefer das Bohrloch, desto größer der Überdruck, mit dem das Wasser an die Oberfläche tritt. Demnach nimmt der Überdruck des artesischen Wassers mit der Mächtigkeit der auf dem unterirdischen Wasserbecken lastenden Gesteinsschichten zu. Und der Druck der überlastenden Gesteinsschichten ist es vorzugsweise, der das artesische Wasser mit dem Überdrucke beladen an die Oberfläche heraufpreßt. Dann mag wohl auch der Auftrieb des erwärmten, aus tiefen Spalten aufsteigenden und in das geschlossene Reservoir eintretenden Wassers zur Erhöhung des Wasserdruckes beitragen. Erst in letzter Reihe wird das seitlich und von oben in das unterirdische Reservoir eindringende Wasser sich an der Herstellung des Überdruckes beteiligen. Bestände ein solcher Druck, so würde er zum größten Teil durch den Reibungswiderstand in den engen Klüften und Poren der Gesteine aufgehoben werden.

Auch A. Jentzsch sprach sich bereits 1904 dahin aus, daß
das einfache Prinzip kommunizierender Röhren in manchen Fällen
nicht zur Erklärung der artesischen Quellen genüge. (Monatsber. d.
Deutsch. Geol. Ges. Berlin, 1904, S. 5.)

Chemische Zusammensetzung der artesischen
Wässer Nordböhmens. Das Wasser der meisten Bohrlöcher, soweit Untersuchungen vorliegen, ist verhältnismäßig arm an festen Bestandteilen und als weiches Wasser zu bezeichnen. Die Wässer, welche
aus dem Quadersandgebiete nördlich von Tetschen und Bodenbach
entspringen, enthalten jedoch durchweg noch viel geringere Mengen
fester Bestandteile als die artesischen Wässer des Mittelgebirges
südlich Tetschen-Bodenbach, die gleichfalls aus Kreidesandsteinen
austreten. Darüber gibt nachstehende Tabelle Auskunft. Das Wasser
aus dem Bohrloche beim Aussiger Stadtbade hingegen ist wesentlich
reicher an festen Bestandteilen. Diese nimmt es wohl aus dem zum
Teil zersetzten, sodalithessexitischen Gestein auf, dem es im Bohrloch unmittelbar entströmt. Zum Vergleich ist auch der Gehalt an
festen Stoffen der Mineralwässer von Teplitz, Bilin, Gießhübl und
Karlsbad in die auf pag. 329 befindliche Zusammenstellung aufgenommen worden.

Die Wässer von Karlsbad, Gießhübl, Bilin und vom Aussiger
Stadtbad sind durchweg besonders reich an Alkalien, alkalischen
Erden, Schwefelsäure, Chlor und Kohlensäure. Wenn der Gehalt an
diesen Stoffen im Aussiger Stadtbadwasser auf einen sodalithessexitischen Gesteinskörper in der Tiefe zurückführbar ist, so gilt ein
gleiches für die Wässer von Bilin, Gießhübl und von Karlsbad. Auch
an diesen Orten dürften die Wässer in größerer Tiefe durch ähnlich
zusammengesetzte tertiäre Eruptivkörper fließen, die einen Teil ihrer
Stoffe an die Wässer abgeben.

Herkunft des artesischen Wassers. An den meisten
Orten tritt das artesische Wasser aus Sandsteinen der oberen Kreideformation unter einer starken Mergelplatte aus. Das vom Wasser erfüllte System von Poren und offenen Klüften des Sandsteins und des
unterlagernden Grundgebirges bildet einen bis zu einem gewissen
Grade geschlossenen Wasserbehälter, in welchem das Wasser sich
unter hohem Druck befindet. Der Druck hat, wie oben ausgeführt
wurde, seine Ursache vorzugsweise in der über den Sandsteinen lagernden
200—300 m mächtigen Mergelplatte und in dem Auftrieb vom erwärmten Wasser aus tiefen Spalten des Grundgebirges.

Die Gesamtheit der von der Mergelplatte überlagerten Kreidesandsteine, die zum Teil dem Mittelturon, dann dem Unterturon und
Zenoman angehören, kann im Minimum etwa 60 m, im Maximum
100—150 m mächtig sein. Davon entfallen auf das Zenoman 40—50 m,
auf die turonen Sandsteine 20—100 m. Unter dem Zenoman können
stellenweise Reste von Rotliegendem und permischen Quarzporphyr
vorhanden sein, unter denen lagert das Grundgebirge, das aus alt-
paläozoischen Schiefern mit Intrusionen von Granitgneis und Granit
besteht. Ältere Gebilde, namentlich solche von archäischem Alter,

	Aus Quadersandstein				Artesische Wässer			Thermal- und Mineralwässer			
	Laube-Quelle bei Tetschen (F. Ullik)	Wolfs-born bei Obergrund (F. Ullik)	Kellborn b. Obergrund (R. Pfohl)	Bodenbach Berg-mann-W.	Wilsdorf Firma Redlich	Aussig C. Wolfrum (L. Pollak 1912)	Aussig Stadtbad (L. Pollak 1912)	Teplitz Urquelle (O. Liebreich 1898)	Bilin Felsenquelle (W. F. Gintl 1895)	Gießhübl König Otto-Quelle (A. Schneider 1869)	Karlsbad Sprudel (E. Mauthner 1886)
Gesamtrückstand in Gramm pro Liter	—	—	—	0·1800	—	0·751533	1·56720	0·7269398	5·24575	1·59263	5·5168
Schwefelsaures Kalium	—	—	—	—	—	0·02979	0·16598	0·0181926		0767	0·1862
„ Natrium	—	—	0·041	—	0·700	0·21711	0·23730	0·0777286		0·04897	2·4053
Chlorkalium	0076	06	—	—	—	—	—	—			
Chlornatrium	0·06	003	08	—	0·02752	0·028866	0·18720	0·073120		0997	1·0418
Bromnatrium	{0019 MgCl2}			—	—	0·000154	Spuren	—		—	—
Jodnatrium	{0·0061 CaSO4}	—	—	{0·0359 CaSO4}	—	Spuren	Spuren	—	07	—	—
Fluornatrium	{0·083 MgSO4}	—	—	—	—	—	—	—	0019	—	0·0051
Borsaures Natrium	—	—	0·01054	—	—	0·000861	Spuren	—	07	Spuren	0·0040
Ameisens. und ...	—	—	—	—	—	—	—	—	09	—	—
Kohl... Kalzium	0·0757	0·0091	—	0·1 00	0·768	0·28247	0·85990	0·425399	300		1·2980
„ Baryum	—	—	—	—	—	0·00056	0·000641	0·0004758	3251		0·0123
„ Strontium	—	—	05	—	0·124	0·12570	0·07210	0·070122	012	512	3314
„ Eisen	0·0021	0·0021	—	0·02815	—	0·04700	0·000094	—	—	Spuren	0·0004
„ ...	—	—	400	08	02	0030	0·000096	0·0011401	0·17478	103	0·1665
Phosphorsaures Kalzium	—	—	04	—	03	{0020 BaSO4}	0·03148	0·014275	0·00282	402	00
Phosphorsaures Aluminium	—	—	—	Spuren	—		0·00130	0·001429	0·00012	303	02
Tonerde (Al2O3)	0·0009	0·0009	—	0·0080	0·00107	00	00	—	071	—	007
Kieselsäure (SiO2)	0·0078	0·0056	—	—	0·01275	100	00	0·0002187	06	0·00262	0·0004
Halbgebundene Kohlensäure	0·0606	0·0077	—	—	—	—	306	0·044839	—	0·05933	0·0715
Freie Kohlensäure	—	—	—	—	—	—	00	—	1·64077	0·59508	0·7761
Salpetersaures Kalium	0·00065	—	—	—	—	00	—	0·01194	33	2·68642	0·1898
Temperatur	—	—	—	25·0° C	20·0° C	30·2° C	31·7° C	45·9° C	10° C	7·2—7·5° C	73·8° C

sind im böhm. Mittelgebirge und angrenzenden Erzgebirge nicht bekannt. Grundgebirge und Kreidesedimente sind von zahlreichen tertiären
Eruptivkörpern durchbrochen. Diese wie auch die Eruptivkörper des
Grundgebirges steigen zur ewigen Teufe nieder. Alle Eruptivkörper
und Gneise sind von zahlreichen Klüften und Spalten durchsetzt. Im
Teplitzer Quarzporphyr sind bekanntlich zahlreiche klaffende Spalten
bekannt geworden.

Wenn Niederschläge auf die tertiären Eruptivkörper, die durch
die Kreidemergelplatte durchreichen, niederfallen, so ist für das Nieder-
schlagswasser die Möglichkeit vorhanden, den Klüften entlang in die
Tiefe zu gelangen und stellenweise dann wohl auch seitlich aus den
Eruptivkörpern in die Sandsteine einzutreten. Auch entlang der Klüfte
in den Gneisgebieten des Erzgebirges und den mittelgebirgischen
Gneiskuppen kann Wasser in die Tiefe sinken und sich in den tief
gelegenen Gneisen und überlagernden Sandsteinen seitlich ausbreiten.
Das nördlich vom Mittelgebirge gelegene Quadersandsteingebiet kommt
als Einzugsgebiet für das unter dem Mittelgebirge vorhandene unterirdische Wasser nur in geringem Maße in Betracht, weil die feinkörnigen Sandsteine mit tonigem Bindemittel, die in den oberen
Horizonten des Zenomans auftreten, als wasserundurchlässig bekannt
sind. Über ihnen sammelt sich der größte Teil des Wassers, der in
höheren Lagen in die Quadersandsteine eingedrungen ist, und tritt in
Form starker Quellen zutage, ohne in die Tiefe zu versinken.

Das genannte Wasser, das unter dem böhm. Mittelgebirge in
das Grundgebirge und in die Kreidesandsteine auf die beschriebene
Weise gelangt, wird die normale, der geothermischen Tiefenstufe von
32·08 m entsprechende Temperatur besitzen. Entlang offener Spalten
im Grundgebirge kann jedoch ein Teil dieses Wassers in die Tiefe
sinken und dort erwärmt werden über die normale Temperatur. Solch
erwärmtes Wasser wird stellenweise mit starkem Auftrieb in die Höhe
steigen, das kältere Wasser durchbrechen oder sich mit ihm mischen.
Vorgänge dieser verwickelten Art sind in der Tat im Gebiete des
Teplitzer Quarzporphyrs beobachtet werden.

So sammelt sich denn ein größerer Vorrat erwärmten und gespannten Wassers in den Kreideschichten Nordböhmens, namentlich
unter dem böhm. Mittelgebirge an[1]). Die Temperatur des Wassers
unter dem Mittelgebirge ist in der Nähe der Spalten, die warmes
Wasser aus der Tiefe zuführen, höher als entfernter von ihnen. Mit
der Tiefe wächst die Spannung. Bei örtlicher Druckentlastung durch
ein Bohrloch treibt der allgemein im Wasserbehälter herrschende
Druck das Wasser durch die geschaffene Öffnung wie aus einem gepreßten, wasserdurchtränkten Schwamm heraus.

An verschiedenen anderen Orten Nordböhmens, außerhalb des böhm.
Mittelgebirges, besitzt das gleichfalls in Sandsteinen der Kreideformation
erbohrte artesische Wasser die normale Temperatur, so in Böhm.-Leipa,
Pardubitz, Böhm.-Trübau, Schurz, Königinhof, Postelberg usw.

---

[1]) Die Wassermengen, die in den Kreidesandsteinen unter dem böhm. Mittelgebirge aufgespeichert werden können, berechnet F. Seemann im „Bericht der
Museumgesellschaft Aussig" für 1911. Aussig 1912, S. 43—45.

Gespanntes Wasser von normaler Temperatur führen auch Sandsteine und Sandlagen, die miocänen Braunkohlenletten eingeschaltet sind, z. B. bei Oberleutensdorf und Oberhaan bei Ossegg. Die an diesen Orten angebohrten Wasserbehälter stehen nicht mit Spalten des Grundgebirges in Verbindung, aus denen erwärmtes Wasser aufsteigen könnte.

Dem Geologen wird es auf Grund der Kenntnisse der Gesteine und ihrer Lagerungsverhältnisse möglich sein, an vielen Orten Nordböhmens eine Prognose bezüglich der unterirdischen Wasserführung der Kreide- und Tertiärsedimente und bezüglich der Gewinnbarkeit dieses Wassers zu stellen. Diese Prognose wird eine ziemliche Sicherheit erreichen in den Gebieten der tonig-kalkigen Entwicklung der oberen Schichten der Kreideformation von Ostböhmen entlang der Elbe bis nach Westböhmen, etwa bis zum Meridian von Komotau. Denn bei Libenz, südlich Komotau, sind unter einer 138 m mächtigen Bedeckung von Tertiärschichten noch Kreidemergel angebohrt worden.

Die Prognose des Geologen wird stets auf sicheren Tatsachen beruhen, während die Angaben der Wünschelrutengänger, die auch zur Lösung solcher Fragen gerufen werden, mehr oder weniger auf vagen Erfindungen beruhen. Trotzdem finden sich sonderbarerweise immer wieder Privatpersonen und Behörden, auch in Nordböhmen, die diesen Zauberern und Wundermännern Glauben schenken.

Tetschen a. Elbe, April 1912.

Zusatz während des Druckes. In Aussig hat auch die Österr. Glashüttengesellschaft ein Bohrloch niedergestoßen, in welchem am 22. Juni 1912 artesisches Wasser erbohrt wurde. Nach einer freundlichen Mitteilung des Herrn F. Seemann in Aussig liegt der Tagkranz des Bohrloches bei 145·9 m über dem Meeresspiegel, die Oberkante des wasserführenden Sandsteins bei — 235·6 m Seehöhe. Bohrlochtiefe 381·5 m. Der Überdruck des in großen Mengen austretenden Wassers beträgt 8 Atmosphären, die Temperatur nach einer vorläufigen Messung 26·5° C.

Inhaltsverzeichnis.

Über die Horizontierung der Fossilfunde am Monte Cucco (italienische Carnia) und über die systematische Stellung von Cuccoceras Dien.

Von Gustav von Arthaber

Professor der Paläontologie an der Universität Wien.

Mit 2 Tafeln (XVI [I], XVII [II]) und 2 Textfiguren.

Die erste Nachricht über Fossilfunde in den Abstürzen des Mte. Cucco verdanken wir Torquato Taramelli, damals Professor an der Technik in Udine, welcher brieflich E. von Mójsisovics von denselben Mitteilung gemacht und die Fossilien zur Bestimmung eingesandt hatte. Mojsisovics berichtete dann „über ein erst kürzlich aufgefundenes unteres Cephalopodenniveau im Muschelkalk der Alpen" [1]) und gab im folgenden Jahre in der Arbeit „über einige Triasversteinerungen aus den Südalpen" [2]) eine genauere Beschreibung und Abbildung der Funde. Nach dieser handelte es sich um die damals *Trachyceras* zugeschriebenen Arten, welche später [3]) von Mojsisovics anderen Gattungen zugeteilt worden sind, und zwar um:

Dinarites (?) cuccensis Mojs.
„ *(?) Taramellii Mojs.*
Balatonites balatonicus Mojs.

Aus einer weiteren Aufsammlung durch Professor Marinoni (damals ebenfalls in Udine), über welche ich keinen Literaturnachweis finde, scheinen jene Arten zu stammen, welche Mojsisovics in den „Cephalopoden der mediterranen Triasprovinz" weiterhin erwähnt und abbildet:

Dinarites posterus Mojs.
„ *(?) Marinonii Mojs.*
Norites cfr. gondola Mojs.

Alle diese Arten werden nur in je einem Exemplar angegeben.

Das Gestein, aus welchem diese Funde stammen, ist nach übereinstimmenden Angaben von E. von Mojsisovics und Taramelli

---

[1]) Verhandl. d. k. k. geol. R.-A. 1872, pag. 190.
[2]) Jahrb. d. k. k. geol. R.-A. 1873, Bd. XXIII, pag. 425.
[3]) Abhandl. d. k. k. geol. R.-A. Bd. X.

ein grauer oder weißer, körniger Kalk. Es differieren aber die Angaben betreffs der stratigraphischen Stellung. Ersterer gibt (1873)
pag. 428 auf Grund der brieflichen Mitteilung Taramellis an, daß
die Fundstelle knapp über einer, wenige Meter mächtigen Lage
brecciöser Kalke liege, welche ihrerseits wieder die oberen Werfener
Schichten bedecken, und letzterer [1]) betont ausdrücklich, daß diese
Fossilien nicht im Anstehenden gesammelt seien (pag. 78), sondern
aus. dem Trümmerwerk am Nordfuße des Mte. Cucco stammen. Aus
der Situation ist diese Angabe auch die richtige.

Die Kammlinie des Mte. Cucco (1806 m) hebt sich gegen NO
zum Mte. Terzadia (1962 m); wir finden die gleichen hellgrauweißen,
körnigen Kalke auch hier, die ein unzweifelhaft höheres mitteltriadisches Niveau repräsentieren. Auch die Flanke der Terzadia öffnet
sich in gewaltigen Abstürzen gegen NW und ihre Blockhalden sind im
Torrente Orteglass der Karte angeschnitten. Hier hatte Professor
A. Tommasi von der Technik in Udine Brachiopoden aufgesammelt,
welche später A. Bittner [2]) beschrieben hatte:

Rhynchonella Pironiana Bittn.
         „   *Tommasii Bittn.*
Spirigera trigonella Schloth. sp.
      „   *forojulensis Bittn.*
Spiriferina terzadica Bittn.

Zu diesen Formen, die alle nicht für ein tieferes sondern, infolge ihrer Verwandtschaft, für ein höheres, mitteltriadisches Niveau
sprechen, kamen später noch aus den Abstürzen des Mte. Cucco selbst
reichere Aufsammlungen hinzu, die G. Geyer [3]) bei seinen Aufnahmen für die geologische Karte Oberdrauburg und Mauthen
(Z. 19, Kol. VIII) gemacht und die in der posthumen Arbeit A. Bittners [4])
„Brachiopoden und Lamellibranchiaten aus der Trias von Bosnien,
Dalmatien und Venetien" beschrieben sind:

Terebratula (Coenothyris) Kraffti Bittn.
      „   „   *cuccensis Bittn.*
Aulacothyris Geyeri Bittn.
      „   *redunca Bittn.*
      „   *Wähneri Bittn.*
Waldheimia planoconvexa Bittn.
Rhynchonella vivida Bittn. (= *Rh. decurtata var.*
              vivida Bittn. prius)
      „   *cfr. illyrica Bittn.*
      „   *cfr. dinarica Bittn.*

---

[1]) T. Taramelli, Geologia delle provincie venete; R. Acad. dei Lincei,
Ser. III, Mem. Cl. fis-mat.-nat. Vol. XIII. 1881. — Spiegazione della carta geologica
del Friuli, Pavia 1881.

[2]) Brachiopoden der alpinen Trias; Abhandl. d. k. k. geol. R.-A. Bd. XIV,
pag. 52 ff.

[3]) Erläuterungen zur geologischen Karte etc.; k. k. geol. R.-A. 1901, pag. 58 ff.

[4]) Jahrb. d. k. k. geol. R.-A. 1902. Bd. 52, pag. 526 ff.

Spirigera hexagonalis Bittn.
Spiriferina (Mentzelia) Mentzelii Dunk. sp.
„   „   köveskalliensis Bckh.
Discina cfr. discoidea Schloth. sp.

Auch aus diesen Formen läßt sich nicht ein bestimmter stratigraphischer Horizont ableiten; wenn ein Teil der Formen für ober-
anisisches Alter spricht, so deutet wieder ein anderer auf ein ladi-
nisches Niveau hin, sodaß wir auch durch diese Fossilsuite über die
allgemeine Annahme eines mitteltriadischen Alters nicht hinauskommen.

Einen, auf den ersten Blick strikteren Nachweis für ein bestimmtes jüngeres Alter, wenigstens eines Teiles jener hellen Kalke,
finden wir in den Angaben bei Mojsisovics (1873) betreffs des
Lagers der Gastropoden: es soll „der dem Horizont der Raibler
Schichten vorangehende Triasdolomit Frauls" im Cucco-Terzadiastocke
sein und Mojsisovics fügt (ibid. pag. 433 Fußnote) diesen Angaben hinzu: „wahrscheinlich bereits norisch, da sich unter den
Petrefakten vom Sasso della Margherita[1]) im gleichen Gestein mit
Natica cuccensis ein *Trachyceras* im Ammonitenstadium vom Habitus
der norischen Trachyceraten befindet." Es handelt sich um jene
Natica-Arten, die jetzt zu *Naticopsis* gestellt werden:

Naticopsis (Fedaiella) cuccensis Mojs. sp.
„   (Hologyra) terzadica Mojs. sp.*
„   „   gemmata Mojs. sp.*

Statt „norisch" ist im obigen Zitat „ladinisch" zu lesen und was
Mojsisovics unter *Trachyceras* verstanden hat, ist insofern nicht
ganz klar, weil er damals auch *Balatonites* und sogar *Dinarites* als
Trachyceras bezeichnet hatte. Trachyceraten im späteren Sinne
treten aber schon im unterladinischen Niveau auf. Vergleichen wir dies
mit den Angaben Kittls[2]), welcher die beiden erstgenannten Arten auch
im Marmolatakalk gefunden hat, welcher nach seiner Horizontierung
(l. c. pag. 107) dem unterladinischen Buchensteiner Horizont angehören dürfte, dann beweisen uns auch die Gastropoden der Terzadia
nur ein mitteltriadisches, aber aus stratigraphischen Gründen gewiß
jüngeres Niveau, als es das Cephalopodenlager besitzt. „Raibler
Schichten" fehlen übrigens dem Cucco-Terzadiastocke als faziell
differierende Einschaltung zwischen den mittel- und den obertriadischen
Kalk- und Dolomitkomplexen.

Resümieren wir also die Ergebnisse der Bestimmung der Brachiopoden und Gastropoden, dann kommen wir zu dem Ergebnisse, daß
beide Fossilgruppen verschiedenen Horizonten des mitteltriadischen
Kalkkomplexes angehören, welche aber im Alter nur um Weniges
differieren und deren jüngerer das Gastropodenlager ist, welches den
Fossillagern des Esino- oder des Marmolatakalkes nahekommt und
entweder den oberen Buchensteiner oder unteren Wengener Schichten

---

[1]) Bei Agordo, Südtirol.
[2]) Die triadischen Gastropoden der Marmolata etc. Jahrb. d. k. k. geol. R.-A.
1894, Bd. 44, pag. 139, 141. — Die Gastropoden der Esinokalke etc. Annalen des
k. k. Nat.-hist. Hofmuseums. Bd. XIV, 1899, pag. 219.

entspricht. Danach besitzt das ältere, das Brachiopodenlager, ein Alter, welches dem oberanisischen oder dem unterladinischen Horizont (= Trinodosusschichten oder Reitzi- resp. Buchensteiner Schichten) gleichkommt. Bestimmte Beweise für ein unteranisisches (Recoarokalk) Alter des Brachiopodenlagers fehlen durchaus.

Betrachten wir jetzt die Cephalopoden der alten Aufsammlungen.

Mojsisovics hatte irgendwelche Beweiskraft der fraglichen Dinariten (deren Suturen er gar nicht kannte) für die Niveaubestimmung des Cephalopodenlagers nie behauptet und dieselbe lediglich auf das Vorkommen von *Balatonites balatonicus* basiert, der ihm damals zufällig gleichzeitig durch J. Boeckh aus dem Bakony eingesandt worden war (l. c. 1872, pag. 190).

Dort tritt *Balatonites balatonicus* zum erstenmal in dem basalen Cephalopodenlager der anisischen Stufe, im Megyehegyer Dolomit auf, der ungefähr dem alpinen Recoarokalk (= Z. d. *Rhynchonella decurtata*) entspricht und findet sich ausnahmsweise auch in der gleichaltrigen Brachiopodenfazies von Köveskalla sowie in dem schmalen, diese daselbst überlagernden, braungelben Kalkniveau, doch entsprechen alle diese drei Schichtglieder nur der *Decurtata*-Zone (= unterer Muschelkalk im alten Sinne) allein und reichen nicht in die Trinodosuszone hinauf. Anders liegen die Verhältnisse in den Nordalpen, in denen *Balatonites balatonicus* erst in den Trinodosusschichten des Reiflinger Profils auftritt[1]). Deshalb ist auch Mojsisovics' Horizontierung des Cephalopodenlagers als „unterer Muschelkalk" für uns ganz unsicher. Die im neuen Material vorliegende Formengesellschaft **deutet vielmehr auf das normale, besonders in den Südalpen weitverbreitete Cephalopodenniveau der Trinodosus-Schichten hin.**

Nachdem ich die tieferen Cephalopodenlager der anisischen Stufe gelegentlich der Vorarbeiten für „Die alpine Trias des Mediterrangebietes" (Lethaea geognostica) kennen gelernt hatte, interessierte mich die angebliche Entwicklung dieses Niveaus im Cuccostocke, in welchem die in der Folge zu besprechenden Cephalopoden im Jahre 1901 aufgesammelt worden sind.

Die oben angeführten, recht detaillierten Angaben Geyers in der Kartenerklärung des Blattes Oberdrauburg-Mauthen entsprechen vollkommen den Tatsachen, nur die kartographische ältere Grundlage desselben differiert in den Details von der vortrefflichen, klaren und jüngeren italienischen Karte 1 : 100.000 des Blattes Pontebba F⁰ 14.

Steigt man von NW, von Paluzza im Tal des But, eines Nebenflusses des Tagliamento, zum Mte. Cucco empor, dann verquert man oberhalb der jüngeren Talausfüllung das Perm in Gestalt von dunklen Zellendolomiten, Rauhwacken und schwarzen, plattigen Kalken, die in die tiefsten Glieder der Untertrias übergehen und innigst mit ihnen verbunden sind. Die Werfener Schichten werden dann im mittleren Horizont mehr mergelig-schiefrig mit tonig-kalkigen, dünnen Lagen

---

[1]) Arthaber, Cephalopodenfauna der Reiflinger Kalke; Beiträge zur Paläont. Ö.-U. Bd. X, 1896, pag. 60. -- Lethaea geogn., Mesozoic. Bd. I, pag. 271.

und starkem Zurücktreten des sandig-glimmerigen Habitus, welchen die Werfener Schichten in der Nähe der kristallinischen Küste besitzen. Die vorwiegende Gesteinsfarbe ist bräunlichgelb, braunviolett oder braunrot. Gegen oben herrschen wieder mehr die Kalke vor, gelbgraue oder rötliche Plattenkalke mit den charakteristischen kleinen Gastropoden. Diese sowie ein geringmächtiges höheres Niveau bituminöser, dolomitischer Plattenkalke bilden die unsichere Grenze gegen die Mitteltrias.

Nun ändert sich die Gesteinsfazies: hellgraue, grauweiße oder weiße, körnige, gebankte und zum Teil massige Riffkalke treten auf, welche in großer Mächtigkeit den Cucco-Terzadiastock über dem Sockel der Werfener Gesteine zusammensetzen und deren obere Grenze sich stratigraphisch nicht festlegen läßt, weil faziell differierende Einschaltungen fehlen.

Das Werfener Gebiet ist von zahllosen Regenrinnen und Wasserrissen durchfurcht, welche von allen Seiten die hellen Riffkalke angreifen und zum Absturze bringen. Besonders schroff sind diese Abstürze auf der Südflanke des Cucco und des westlich vorgelagerten niedereren Mte. di Rivo (1575 *m*).

Alle oben angeführten älteren und auch meine Aufsammlungen stammen von der leichter zugänglichen Nordseite. Es sind die im Folgenden beschriebenen Formen:

> *Cuccoceras Marinonii Mojs.*
> „   *cuccense Mojs.*
> „   *carnicum Arth.*
> „   *nov. spec. indet.*
> „   *Taramellii Mojs.*
> *Ceratites paluzzanus Arth.*
> *Balatonites balatonicus Mojs.*
> *Dinarites Geyeri Arth.*
> „   *posterus Mojs.*
> *Norites spec. ind.*
> *Nautilus spec. ind. (ex aff. bosnensis Hau.)*
> *Pleuronautilus spec. ind. (ex aff. Pichleri Hau.)*
> *Undularia cfr. transitoria Kittl*
> *Terebratula (Coenoth.) cfr. Kraffti Bittn.*

In dieser Faunenliste finden wir keine einzige Form, welche auf das ältere Niveau der anisischen Stufe allein hindeuten würde, vielmehr sprechen alle für einen jüngeren Horizont. Ob dies aber ein oberanisischer oder unterladinischer sei, ist petrographisch bei der faziellen Gleichförmigkeit der Riffmasse in ihren tieferen und höheren Lagen nicht mit Bestimmtheit fixierbar. Die meiste Wahrscheinlichkeit hat aber die Annahme eines oberanisischen Alters durch das Auftreten von *Dinarites, Ceratites, Cuccoceras, Norites, Pleuronautilus*, die noch unterstützt durch die Tatsache wird, daß einzelne jüngere Elemente, wie *Coelostylina* (Marmolatakalk), *Rh. cfr. deliciosa* (Bakonyer *Tridentinus*-Schichten), beigemengt sind.

Die zirka 400 *m* mächtige Riffkalkmasse repräsentiert mindestens die ganze Mitteltrias und ist den gleichwertigen faziellen Bildungen gleichzusetzen, die wir unter verschiedenen Faziesnamen kennen. Sie ist äquivalent den Faziesbezeichnungen E s i n o k a l k mit seinen verschieden alten Fossillagern, M a r m o l a t a k a l k, M e n d o l a - S c h l e r n - d o l o m i t etc. aus den Südalpen oder den Bezeichnungen W e t t e r - s t e i n k a l k, R e i f l i n g e r K a l k, R a m s a u d o l o m i t aus den Nordalpen. Sie alle stellen einen verschieden mächtigen, je nach den lokalen Verhältnissen differierenden Kalk- und Dolomitkomplex dar, welcher im äußersten Ausmaße die ganze Mitteltrias umfaßt, was durch die in allen Horizonten auftretenden Fossillagen erwiesen ist.

Im Kalk des Cucco-Terzadiastockes haben wir in drei verschiedenen stratigraphischen Niveaux jetzt Fossillager kennen gelernt:

1. Oberanisisches Lager

mit den alten Cephalopodenfunden und den oben genannten neuen. Vielleicht wären hier die Brachiopoden am besten anzuschließen, die B i t t n e r (vgl. pag. 334) aus T o m m a s i s Aufsammlung bestimmt hatte.

2. Anisisch-ladinisches Grenzlager.

Ihm gehört die reichere Brachiopodenfauna (vgl. pag. 334) an, welche G e y e r gefunden und B i t t n e r bestimmt hatte.

3. Mittelladinisches Lager.

Es ist durch die kleine Gastropodenfauna charakterisiert (vgl. pag. 335), welche der Marmolatafauna entspricht und von der Terzadia aus orographisch höheren Lagen stammt.

Paläontologischer Teil.

Ammonea mikrodoma: Gephyroceratea Arth.[1]

Familie: Ceratitidae Mojs. (p. p.)

Cuccoceras Dien.

1907. Fauna of the Himalayan Muschelkalk, pag. 84; Pal. Ind. Ser. **XV**. Vol. **V**. Nr. 2.

Als das Charakteristische dieses Genus führt D i e n e r die zahlreichen kräftigen und tiefen Einschnürungen an sowie das Fehlen eines Elementes in der Sutur: des Auxiliarelements. *Cuccoceras* hat weitnabelige, teils mehr, teils weniger involute, flache, hochmündige Umgänge mit gerundetem Externteil. Die Skulptur besteht aus enggestellten Rippen und je nach individuellem Alter keine oder 1—3 Knotenspiralen.

---

[1] A r t h a b e r, Trias von Albanien, pag. 177. Beiträge Bd. XXIV.

Die Sutur zeichnet sich durch zwei Merkmale vor den oberanisischen Ceratitiden, insbesondere vor jenen der nächstverwandten
Gruppen *Ceratites* und *Balatonites* aus: durch die einfache Gestalt
des Externlobus und durch das Fehlen eines Auxiliarelements neben
den beiden Laterallobеn.

Der Externlobus hat die zweispitzige[1]) Gestalt der primitiven
permischen *(Hungarites, Otoceras)* sowie der unter-, zum Teil auch
mitteltriadischen Meekoceratiden *(Lecanites, Ophiceras p. p.,
Sibirites, Dagnoceras, Proavites)*, welcher dadurch ein Persistieren des
devonen *Gephyroceras*-Charakters bei einzelnen Formengruppen andeutet.
Ausnahmsweise kann sich die Spitze im externen Lobenflügel auch

Fig. 1.

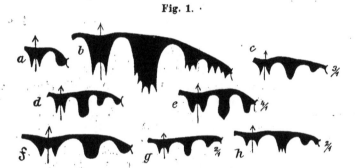

Persistiren des primitiven, zweispitzigen Externlobus.

a = *Gephyroceras complanatum Sdbg.* (nach Haug) Devon.
b = *Otoceras tropitum Abich* (nach Abich) ob. Perm.
c = *Sibirites Eichwaldi Keys.* (nach Mojsisovics) nordische Untertrias.
d = *Proavites Hüffeli Arth.* (nach Arthaber) Mitteltrias.
e = *Lecanites glaucus Mstr. sp.* (nach Mojsisovics) Obertrias.
f = *Dinarites dalmatinus Hauer* (nach Kittl) Untertrias.
g = *Olenekites spiniplicatus Mojs.* (nach Mojsisovics) nordische Untertrias.
h = „*Ceratites*" *viator Mojs.* (nach Mojsisovics) Obertrias.

b—e sind Meekoceratiden, f und g Ceratitiden,
h ein jüngerer „Ceratitide" (Mojsisovics).

verdoppeln, z. B. *Cuccoceras Yoga Dien.* Dieselbe Ausbildung finden
wir aber auch bei primitiven Formengruppen der Ceratitiden
(Dinarites, Tirolites, Olenekites, arktische Danubiten) sowie noch bei
den jüngsten obertriadischen „Ceratitiden" im Sinne von Mojsisovics (1893) *(Arpadites, „Ceratites" viator* u. A., *Buchites p. p., Helictites,
Thisbites* etc.), die ich aus diesem und anderen Gründen, zum Beispiel
wegen des Auftretens nur eines Laterallobus, unter einem eigenen
Familiennamen als Arpaditiden von den Ceratitiden im allgemeinen Sinne abtrennen möchte.

Jedenfalls deutet das Persistieren eines so altertümlichen Merk-
males wie es diese Ausbildung des Externlobus neben der weiteren,

---

[1]) Ein Lobenflügel ist also einspitzig!

sagen wir, normalen Fortbildung der anderen Suturelemente ist, auf das Bestehen phylogenetischer Beziehungen zwischen M e e k o c e r a - t i d e n , C e r a t i t i d e n und ihren jüngeren Nachfolgern hin. Deshalb ist die Kenntnis der Suturform von *Cuccoceras* und ihre Beziehungen zu den nächststehenden C e r a t i t i d e n von Wert, weil wir im gleichen geologischen Niveau bei der Hauptmasse derselben die normale, breite, gezackte Ausbildungsform dieses Suturelementes finden und nur bei wenigen das atavistische Merkmal des zweispitzigen Externlobus fortbesteht.

Der ganze Habitus verweist die *Cuccoceras*-Formen in die C e r a - t i t e n - G r u p p e , innerhalb welcher sie durch die Einschnürungen und die vereinfachte Sutur eine von der Hauptmasse etwas ab- weichende Richtung einhalten.

D i e n e r hatte zu dem neuen Genus von älteren, bekannten Formen gestellt:

Dinarites (?) cuccensis Mojs. [1])

„ (?) *Taramellii Mojs.* [2])

welche beide E. v. M o j s i s o v i c s 1873 (l. c.) als *Trachyceras* vom Mte. Cucco beschrieben und 1882 [3]) als „fraglich" zu *Dinarites* gestellt hatte. Aber gerade die ersten Abbildungen (Taf. XIII, Fig. 1, 2) zeigen jene Einschnürungen nicht, und der Text (pag. 429) erwähnt nur bei *D. cuccensis* leichte Kerbungen des Externteiles. Erst die spätere Ab- bildung und Beschreibung bringt bei *D. cuccensis* jene Einschnürungen zur Anschauung, doch spricht M o j s i s o v i c s (pag. 11) nur von „Ein- schnitten, die man mit freiem Auge kaum bemerkt und welche die hinter ihnen liegenden Schalenteile schroff abschneiden". Bei *D. Tara- mellii* erwähnt der Text die Einschnürungen als „direkte Imbrikation", was als „Furche" im Gegensatz zur „verkehrten Imbrikation" = Schalen- leiste oder Rippe zu verstehen ist. In den Abbildungen treten jene Einschnürungen eigentlich deutlich nur bei den jugendlichen *Cuccensis-* Formen (Taf. XL, Fig. 5—7) auf.

D i e n e r glaubte auch F. v. H a u e r s *Dinarites (?) labiatus* [4]) vom Han Bulog als *Cuccoceras* deuten zu sollen und in der Tat weist die flachscheibenförmige Gestalt, die breiten, tiefen Einschnitte und die sonstige Schalenskulptur auf unsere Formengruppe hin. Die Sutur scheint abzuweichen. Wer aber weiß [5]), daß F. v. H a u e r in seinen letzten Lebensjahren die Ausführung der Abbildungen mehr und mehr seinem Zeichner überließ, der dieses Zutrauen nicht immer recht- fertigte, kann aus der absonderlichen Sutur schließen, daß der Zeichner außer der willkürlichen Vergrößerung derselben noch das zweite Lobenelement statt von der gleichen, vielmehr von der folgenden Sutur abgezeichnet hatte.

---

[1]) M o j s i s o v i c s , Cephalopod. medit. Triaspr. Taf. V, Fig. 7, XL, Fig. 1—7.

[2]) Ibid. Taf. V, Fig. 5, XL, Fig. 9, 10.

[3]) Ibid.

[4]) Cephalopoden der Trias von Bosnien I., pag. 11, Taf. II, Fig. 5. Denkschr. d. K. Ak. d. Wiss., math.-nat. Kl. Bd. 59, 1892.

[5]) A r t h a b e r , Reiflinger Kalke, pag. 51, Taf. IV, Fig. 8. Beiträge z. P. u. G. Bd. X, 1896.

Wie auch D i e n e r schon als möglich hinstellte, ist H a u e r s *Dinarites* (?) *ornatus*[1]) nicht als *Cuccoceras* anzusehen, sondern ist ein *Balatonites*-Jugendexemplar (vgl. A r t h a b e r l. c. Taf. VI, Fig. 6, XIV, Fig. 7, 8).

1905 ist von J. P e r r i n S m i t h[2]) aus dem Trinodosusniveau von Nevada (*Daonella dubia* beds) *Dinarites bonae-vistae H. & Sm.* beschrieben worden.

Involution, Schalengestalt, Skulptur und Einschnürungen ebenso wie die Sutur (Fehlen des Auxiliars und einspitzige Form des Externlobus) weisen alle auf die Zugehörigkeit dieses „D i n a r i t e n" zum Genus *Cuccoceras* hin.

Vom M t e. C u c c o haben wir oben auseinandergesetzt, daß sein ältestes bekanntes Fossillager mit größter Wahrscheinlichkeit als „oberanisisch" zu horizontieren sei; aus dem gleichen Niveau der bosnischen Bulogkalke stammt *Cuccoceras labiatus*; das Trinodosusniveau von Spiti führt *C. Yoga* und jenes von Nevada *C. bonae-vistae*. Wir müssen aber besonders auf die seltene Tatsache hinweisen, daß eine kleine, etwas aparte Gattung, deren wenige Arten stets nur durch einzelne Exemplare vertreten sind, geographisch im gleichen Niveau eine derartig gewaltige Verbreitung, vom Mte. Cucco in der Carnia bis nach Nevada besitzt, ohne daß besondere Merkmale die lokal so weitgetrennten Arten voneinander in ähnlicher Weise scheiden würden, die wir bei weitverbreiteten und individuell reich vertretenen Gattungen bisher stets beobachten konnten.

Systematische Stellung von Cuccoceras *Dien.*

Cuccoceras zeigt enge verwandtschaftliche Beziehungen zu *Ceratites* und *Balatonites*.

Es ist eine bekannte Tatsache[3]), daß Jugendformen verwandter Gattungen und Gruppen sich nur wenig voneinander unterscheiden, und daß insbesondere dieselben bei *Ceratites* und *Balatonites* kaum trennbar sind. Sie haben eine ähnliche Involution, Schalengestalt, Skulptur und Sutur und eine Trennung wird nur durch ein kleines Mehr oder Weniger an Einschnürungen ermöglicht. Erst in späteren Wachstumsstadien verschwinden dieselben, bei *Ceratites* früher, bei *Balatonites* später, oder bleiben bei einzelnen Arten dieser Gattung auch zeitlebens bestehen. *Cuccoceras* ähnelt daher diesbezüglich *Balatonites*. Alle drei Genera treten im gleichen oberanisischen Niveau auf. Altersreife Individuen haben auch genetisch fast auf gleicher Höhe stehende Suturen: ein einfacher oder reicher zerteilter Externlobus, zwei gezackte oder auch reich zerteilte Loballoben ohne oder mit einfacherem Auxiliar; die Sättel sind ganzrandig. Sehen wir von den, bei erwachsenen C e r a t i t e n verschwundenen Einschnürungen ab, dann liegt der Unterschied außer im Grade der Involution, in der Sutur und in der Gestalt des Externteiles allein.

---

[1]) L. c. pag. 11, Taf. II, Fig. 6.
[2]) Triassic Cephalopod Genera; U. S. geolog. Survey, Washington 1905, Prof. Paper, Nr. 40, pag. 162, Taf. 60, Fig. 1—6.
[3]) M o j s i s o v i c s, Ceph. medit. Triaspr. l. c. pag. 79.

1. Ceratites de Haan.

Wenn wir lediglich die alpinen Vertreter dieser Gruppe in Betracht ziehen, dann sind als *Ceratites s. s.* nur jene Formen aufzufassen, welche im Reifestadium zarter oder schärfer ausgebildete, dichotomierende Rippen mit 2—3 Knotenspiralen besitzen; der Externteil ist flacher oder höher gewölbt, dachförmig, gekielt oder gefurcht; Nabelweite gering, Involution die Hälfte oder mehr der vorangehenden Windung umfassend. Die Sutur besteht aus einem breiten Extern-, zwei Lateral- und 1—2 Auxiliarloben; Sättel fast stets ganzrandig, Loben zerteilt.

„*Ceratites*" zerfällt dann in zahlreiche Gruppen, welche in den einzelnen geographischen Gebieten ihren bestimmten Habitus besitzen, der vom einfacheren zum reicher skulpturierten Typus sich aus dem tieferen zum höheren stratigraphischen Niveau fortbildet. Im mediterranen, Himalaja und arktisch-pazifischen Gebiete sehen wir daher nur höchst selten die gleichen, zumeist nur ähnliche, jeweils vikariierende Arten auftreten.

Im Mediterrangebiet ist der primitivste Ceratitentypus durch eine Formengruppe gegeben, deren Sutur geringer ist wie jene der Trinodosen; wir bezeichnen diese als

1. (Subgenus) *Semiornites Arth.* (Typus: *Ceratites. cordevolicus Mojs.* Medit. Triaspr. Taf. XII, Fig. 5—7).

2. (Genus) *Ceratites s. s.* ist durch die Trinodosen (inklusive der Binodosen) repräsentiert. (Typus: *Ceratites trinodosus Mojs.* l. c. Taf. VIII, Fig. 6).

Eine reichere Skulptur mit vier Knotenspiralen besitzt die von E. Philippi[1]) als *Multinodosi* bezeichnete Gruppe, für welche wir den Namen vorschlagen

3. (Subgenus) *Bulogites Arth.* (Typus: *Ceratites multinodosus Hauer*; bosn. Muschelk. 1892, l. c. Taf. III, Fig. 1).

Sie zeichnen sich durch besonders starke Rippen und Knoten aus, entfernen sich dadurch am weitesten vom echten Trinodosustypus und werden von uns daher subgenerisch abgetrennt als:

4. (Subgenus) *Kellnerites Arth.* (Typus: *Ceratites bosnensis Hauer*; Han Bulog, 1887, Taf. VI, Fig. 1, 2).

Zahllose Übergänge verbinden diese vier Gruppen, welche fast gleichzeitig nebeneinander, aber z. T. in getrennten Gebieten leben. Eine stratigraphische Trennung ist nur insofern vorhanden, als *Semiornites* und *Ceratites s. s.* schon im unteranisischen Niveau spärlich aufzutreten beginnen, die hochskulpturierten Formengruppen aber erst den oberanisischen Horizont charakterisieren.

---

[1]) Ceratiten des oberen deutschen-Muschelkalkes. Paläont. Abhandl. Bd. VIII, 1901, pag. 94.

Dazu treten aus dem Himalaja-Formenkreise noch hinzu: *Hollandites Dien.* [1] und der arktisch-pazifische Typus *Gymnotoceras Hyatt* [2] (= *Ceratites geminati* bei Mojsisovics).

2. Balatonites Mojs.

Dieses Genus unterscheidet sich nach Mojsisovics von *Ceratites* nur durch das Auftreten von Knoten auf der Mittellinie des Externteiles, doch müssen wir hinzufügen, daß dies nur im Reifestadium, nicht auch in der Jugend und im Alter der Fall ist [3]), daß ferner die Rippenskulptur doch einen etwas abweichenden Charakter hat und daß es sich im Gegensatz zu *Ceratites* fast durchwegs um weitnabelige, wenig involute Formen handelt.

Die gleichen Skulpturstadien, welche wir oben bei *Ceratites* unterschieden haben, finden wir auch bei *Balatonites*, so daß dieser sich als weitergenabelte Parallelform von *Ceratites* mit beknotetem Externteile darstellt.

Es schließt sich z. B. an:

an *Semiornites* . . . . . *Balatonites bragsensis* (*Loretz*) und Verwandte (Medit. Triaspr. Taf. VI, Fig. 2)
„ trinodose *Ceratites s. s.* . *Balatonites balatonicus* (*Mojs.*) und Verwandte (ibid. Taf. IV, Fig. 2—6)
„ *Bulogites* . . . . . . *Balatonites egregius* (*Arth.*) u. Verwandte (Reiflinger Kalk, Taf. XI, Fig. 2—5).

Der *Kellnerites*-Typus der Ceratiten ist weniger markant entwickelt, dafür tritt ein neuer mit jenen Formen auf, welche besonders enge, zarte Berippung und Beknotung besitzen und den Übergang zu *Trachyceras* vollziehen. Sie gruppieren sich um

Balatonites transfuga Arth. (l. c. Taf. VIII, Fig. 1, 2.)

Ebenso zahlreich wie bei *Ceratites* sind auch innerhalb der einzelnen *Balatonites*-Gruppen die Übergänge und sind auch wegen der nahen Verwandtschaft die Übergänge zwischen altersreifen Individuen der Ceratiten und Balatoniten, da bei ersteren eine Zuschärfung des Externteiles, bei letzteren eine Reduktion der Externknoten eintritt, sodaß sich also beide Genera beträchtlich nahekommen, z. B. außer den oben erwähnten Kellneriten besonders

Ceratites Boeckhi Mojs. (l. c. Taf. IX, Fig. 8)
„ *hungaricus Mojs.* (l. c. Taf. XXX, Fig. 17—19, 21)
„ *felsö-örsensis Stürzb.* (l. c. Taf. XIII, Fig. 1)
Balatonites semilaevis Hauer (Han Bulog 1887, Taf. VII, Fig. 6)
„ *golsensis Mojs.* (Medit. Tr. Taf. V, Fig. 4, 6)
„ *cfr. Ottonis Buch sp.* (ibid. Taf. V, Fig. 1; Taf. VI, Fig. 1).

---

[1] Fauna of the Himalayan Muschelkalk, Palaeont. Ind. 1907, pag. 60.
[2] Exploration of the 40. Parallel, I Palaeont. pag. 113, 1872.
[3] Arthaber, Cephalopodenf. der Reißinger Kalke, pag. 120. Beiträge zur Pal. u. Geol. Bd. X, 1896.

Beide . Genera stehen sich sehr' nahe, sodaß nicht recht einzusehen ist, warum sie E. v. Mojsisovics in verschiedenen Entwicklungsreihen (in seiner Auffassung von 1882) untergebracht hatte.

So wie bei *Ceratites* treten die einfacheren Skulpturformen schon im unteranisischen, die reicheren erst im oberanisischen Trinodosusniveau auf.

An beide Genera schließt sich wiederum aufs engste *Cuccoceras* an.

3. *Cuccoceras Dien.*

Die nahe Verwandtschaft zwischen *Cuccoceras* und *Balatonites* ergibt sich fürs Erste aus der Persistenz der für *Cuccoceras* charakteristischen Einschnürungen bei altersreifen Individuen von *Balatonites*. Z. B.:

Balatonites bragsensis Loretz (Medit. Triaspr. Taf. VI, Fig. 2)

     „   *çonstrictus Arthaber* (Reiflinger Kalk. Taf. VI, Fig. 7)

     „   *Zitteli (juvenis) Mojs.* (l. c. Taf. XIX, Fig. 3)

     „   *lineatus Arthaber* (l. c. Taf. VI, Fig. 10)

     „   *gracilis Arthaber* (ibid. Taf. VI, Fig. 9).

Fig. 2.

Fortbestehen der Einschnürungen auch im Reifestadium bei *Balatonites constrictus Arth.*
Trinodosusniveau des Reiflinger Kalkes von Gr.-Reifling (nach Arthaber).

Eine weitere Annäherung ergibt sich durch die gleichartige Skulptur, bestehend aus einfachen Rippen und eingeschalteten Zwischenrippen mit Beide übersetzenden Knotenspiralen. Der Unterschied liegt bei reifen Individuen beider Gattungen einesteils in der Sutur, weil diese bei *Balatonites* entwickelte Auxiliarelemente besitzt, andernteils in der Ausbildung des Externteils, weil dieser bei *Balatonites* die charakteristischen medianen Externdornen besitzt, hingegen bei *Cuccoceras* gerundet und unbedornt ist. Deshalb nähert es sich diesbezüglich mehr *Ceratites*, mit dem teilweise auch die Skulptur übereinstimmt. Eine Annäherung zwischen Ceratites und Cuccoceras finden wir bei jugendlichen trinodosen Ceratiten, bei denen die Gattungsmerkmale noch undeutlicher ausgebildet sind, z. B.:

Ceratites elegans (juvenis) Mojs. (Medit. Triaspr. Taf. XVIII, Fig. 9)
    „   superbus (juvenis) Mojs. (ibid. Taf. XXVIII, Fig. 10)

oder wir finden diese bei älteren Individuen, welche gerade wegen ihrer Suturverhältnisse abseits der Hauptmasse der normalen Ceratiten stehen, z. B.:

Ceratites Rothi Mojs. (ibid. Taf. IX, Fig. 7).

Cuccoceras nimmt also eine Mittelstellung zwischen Ceratites und Balatonites ein, in deren engste Verwandtschaft es gehört.

Ursprünglich schien ein grundsätzlicher Gegensatz zu bestehen zwischen den Cuccoceras-Formen mit deutlichen Einschnürungen im Sinne Dieners und jenen älteren, von diesem an Cuccoceras angeschlossenen Formen, welche keine Einschnürungen, sondern nur „mikroskopisch feine Einschnitte" im Sinne von Mojsisovics besitzen. Eine genaue Überprüfung dieser scheinbaren Differenz ließ sich nur an der Hand der Originale durchführen. Durch freundliche Vermittlung von Prof. Torquato Taramelli in Pavia und von Herrn Direktor Prof. Massimo Misani in Udine konnte ich schließlich die Originale von Mojsisovics bekommen. Ich benütze daher mit Freuden die Gelegenheit, beiden Herren für ihr Entgegenkommen meinen verbindlichsten Dank abzustatten.

Aus der Besichtigung dieser Originale ergab sich die Tatsache, daß Mojsisovics' Arten:

Dinarites (?) cuccensis Mojs.
    „   (?) Marinonii Mojs.
    „   (?) Taramellii Mojs.

alle in engster Beziehung zueinander stehen und alle in den Begriff von Dieners Genus Cuccoceras gehören. Da wir aber betreffs der Artabgrenzung heute, gestützt auf ein reichhaltigeres Material, anderer Ansicht sind wie Mojsisovics vor 30 Jahren, müssen wir dies durch erneute Beschreibung und photographische Wiedergabe jener alten Exemplare im Zusammenhang mit den neuen Funden beweisen.

Um eine einheitliche Bezeichnung zu gebrauchen, verwenden wir statt „Einschnürung, Einschnitt oder Imbrikation" die Bezeichnung „Furche". Dieselbe kann breit oder schmal sein und zwischen je zweien treten entweder breitere Schalenfelder oder je nachdem erstere näher oder knapp aneinander rücken nur mehr Schalenbänder oder Rippen auf. Die Furchen haben meist einen leicht verdickten hinteren Rand (gegen die Anfangskammer zu) und können sich mitunter auch verdoppeln, sodaß eine Schalenleiste in der, jetzt breiteren Furche erscheint. Zwischen dem Negativ zweier rasch aufeinander folgenden Furchen erscheint die Schale dann im Positiv als breite oder schmale Rippe, die aber auch verstärkt, erhaben über die anderen

Schalenpartien als echte Rippe im gewöhnlichen Sinne in der unteren
allein, selten in der ganzen Flankenpartie entwickelt sein kann. Diese
Rippenbildung scheint durch die Furchung bedingt zu sein, weil erstere
zuerst stets am hinteren Furchenrand auftritt. Unabhängig davon ist die
Beknotung, die bei den in Rede stehenden drei Arten in der Ein- bis
Dreizahl als leichte Anschwellung oder deutlicher Knoten auftritt.

Nach diesen allgemeinen Bemerkungen gehen wir zur Art-
beschreibung über.

Cuccoceras Marinonii Mojs. sp.

Taf. XVI (I), Fig. 1—5.

1882. *Dinarites* (?) *Marinonii* Mojs.: Cephalopod. Mediterr. Triaspr. pag. 12, Taf. XL,
Fig. 8.
1882. *Dinarites* (?) *Taramellii* Mojs.: ibid. pag. 13, Taf. XL, Fig. 9 u. 10.
1882. *Dinarites* (?) *cuccensis* Mojs.: ibid. pag. 11, Taf. XL, Fig. 3.

Die flachscheibenförmige, weitnabelige Gestalt hat eine fast die
halbe Umgangshöhe umhüllende Involution; die Nabelwand ist nieder
und steil gestellt. Jugendexemplare besitzen weitabstehende Furchen
mit leistenförmig verdicktem Hinterrand, dazwischen glatte Schalenfelder (Fig. 1 a, b). Im Reifestadium rücken die Furchen samt den rippen-
förmigen Leisten nahe aneinander; dadurch entsteht eine enge Berippung, welche in der unteren Schalenpartie noch verstärkt wird und
am Umbilikalrand sowohl wie in halber Flankenhöhe knotig verdickt
sein kann, während in der oberen Schalenpartie sich kurze Rippchen
von oben einschalten. Auf dem glatten Externteil treten die Furchen
leicht nach vorn gewendet allein auf (Fig. 2, 3). Im Alter bleiben
entweder die knotigen Verdickungen bestehen oder sie verschwinden
(Fig. 4, 5) und die Furchen werden seichter.

Cuccoceras Marinonii ist also charakterisiert durch den Wechsel
der Skulptur in Jugend- und Vollreife und deshalb teilen wir Mojsisovics' Ansicht betreffs Fassung und Bestimmung der einzelnen, beschriebenen und abgebildeten *Cuccoceras*-Arten (*Taramellii* und
cuccensis) nicht.

Die Sutur besteht aus dem einfachen, zweispitzigen Externlobus,
einem breiten, gezackten 1. und ebensolchem kürzeren 2. Laterallobus,
dessen Sattel an der Naht abschneidet.

Anzahl der Stücke: 5 Exemplare des alten Materiales (R. Istituto
tecnico in Udine) und 4 in der neuen Aufsammlung (Paläont. Inst. der
Univers. Wien) = 9 Stücke.

Cuccoceras cuccense Mojs. sp.

Taf. XVI (I), Fig. 6—9.

1873. *Trachyceras cuccense* Mojs.: Über einige Versteinerungen aus den Südalpen;
Jahrb. d. k. k. geol. R.-A. Bd. XXIII, pag. 429, Taf. XIII, Fig. 1.
1882. *Dinarites* (?) *cuccensis* Mojs.: Cephalopod. Mediterr. Triaspr. Abhandl. der
k. k. geol. R.-A. Bd. X, pag. 11, Taf. V, Fig. 7; Taf. XL, Fig. 1, 2, 4—7.

Die Gestalt ist flachscheibenförmig, langsam anwachsend, weitnabelig mit ungefähr eine Hälfte involvierenden Umgängen. Jugend-

exemplare ähneln vollkommen jungen *C. Marinonii*-Formen, weil sie gleich diesen weitabstehende Furchen mit leichtverdicktem, leistenförmigem Hinterrand und dazwischen glatte Schalenfelder besitzen. Der Externteil hat die Furchenskulptur allein ohne Randverdickung (Fig. 7). Im Reifestadium treten die Furchen etwas näher aneinander, die Randleisten verstärken sich zu Rippen mit Umbilikalanschwellungen, stellenweise auch mit Lateralverdickungen; das Zwischenfeld bleibt aber glatt und besitzt höchstens feine Anwachslinien (Fig. 7, 8). Im Alter ändert sich der Typus nur insofern, als die Furchen und Randleisten schwächer werden (Fig. 8, 9).

Die Sutur ist nicht vollkommen gut erhalten, der Externlobus ist nur in verschwommenen Umrissen zu sehen; zwei Lateralloben, breit im Vergleich zu den Sätteln, deren zweiter Lateral zur Naht absinkt.

Cuccoceras cuccense unterscheidet sich von *C. Marinonii* in den Jugendstadien überhaupt nicht; im Reifestadium treten bei letzterem enge Rippen auf, bei ersterem nicht, und im Alter reduziert sich bei diesem die Skulptur.

Cuccoceras cuccense ist gar nicht, wie es Mojsisovics tut, in Vergleich mit *Dinarites muchianus Hau* (ibid. Taf. I, Fig. 4) und *Dinarites avisianus Mojs.* (ibid. Taf. XXVII, Fig. 17—21) zu bringen, denn disparate Formen mit einander zu vergleichen, ist mindestens zwecklos. Weder *D. muchianus* noch *D. avisianus* haben die „rimose" Skulptur der Einschnürungen; ersterer ist überhaupt glatt, letzterer hat eine deutliche Rippenskulptur, die wir in ähnlicher Form, wenn auch noch durch marginale Verdickungen vermehrt bei *Ceratites Laczkoi Arth.*[1]) aus den anisischen Horizonten des Bakony kennen gelernt haben.

Die Kenntnis der Sutur von *Cuccoceras* schließt überhaupt den Vergleich der Art mit *Dinarites* aus, ebenso wie ich überzeugt bin, daß der Wengener *D. avisianus* mit normaler Sutur und ceratitischen Loben überhaupt kein Dinarit, sondern ein Ceratit ist.

Zahl der Exemplare: 10 Stück, aus der alten Aufsammlung herrührend (R. Istituto tecnico, Udine).

Cuccoceras Taramellii Mojs.

Taf. XVII (II), Fig. 2.

1873. *Trachyceras Taramellii Mojs.*: Über einige Triasversteinerungen aus den Südalpen; Jahrb. d. k. k. geol. R.-A. Bd. XXIII, pag. 428; Taf. XIII, Fig. 2.
1882: *Dinarites (?) Taramellii Mojs. p. p.*: Cephalopod. Mediterr. Triaspr. Abhandl. d. k. k. geol. R.-A. Bd. X, pag. 13, Taf. V, Fig. 5.

Das eine vorliegende Fragment ist dasselbe, welches Mojsisovics 1873 als erstes Original gedient hatte. Jene Exemplare, die derselbe später (l. c. Taf. XL, Fig. 9 u. 10) ebenfalls als *C. Taramellii* beschrieben und abgebildet hatte, haben wir oben als zu Mojsisovics' *C. Marinonii* gehörend aufgefaßt, und zwar deshalb, weil ihre flachscheibenförmige Gestalt, die engen Rippenleisten der reifen Individuen

---

[1]) Neue Funde in Werfener Schichten und Muschelkalk des S. Bakony; Paläont. Anhang Bakony Werk 1903, Taf. I, Fig. 1.

und die anderweitige Skulptur vollständig mit jener von *C. Marinonii* übereinstimmt und im Typus vollkommen von jenem des ursprünglichen *C. Taramellii* abweicht.

Die Umgänge sind anfangs flacher und werden im Alter erheblich dicker; die Involution ist knapp $1/3$ des früheren Umganges; die Art ist daher bedeutend weitnabeliger als *C. cuccense* und *C. Marinonii*, deren Jugendformen dieselbe Skulptur besitzen wie Jugendexemplare von *C. Taramellii*, aufeinanderfolgende Furchen mit hinteren Randleisten. Auf dem letzten Umgang, also im Reifestadium, ist die Skulptur verändert; die Furchen treten zurück und sind deutlicher nur mehr auf dem Externteile zu sehen, wo sie einen leicht nach vorn gebogenen Verlauf besitzen, ebenso wie bei den beiden anderen Arten. Die hinteren Randleisten haben sich zu deutlichen breiten Rippen umgebildet mit kleinen Umbilikalknoten; plumper Lateralanschwellung und leichter marginaler Verdickung. Sie sind in halber Flankenhöhe nach vorn geschwungen, biegen sich etwas zurück und treten marginal wieder vor. Stellenweise schwächer oder deutlicher schaltet sich von außen eine breite Sekundärrippe ein, welche in der Höhe des Lateralknotens wieder erlischt.

Kurz, die Skulptur eines vollreifen *C. Taramellii* ist jene der trinodosen C e r a t i t e n und deshalb ist diese Art ein Bindeglied zwischen *Cuccoceras* und *Ceratites* in ähnlich vollkommener Weise wie *Cuccoceras carnicum* in bezug auf *Balatonites*.

Die Sutur läßt sich nicht beobachten. Zahl der Exemplare: 1 Fragment (R. Istituto tecnico, Udine).

Cuccoceras carnicum Arth.

Taf. XVI (I), Fig. 10, 11.

1873. *Trachyceras balatonicum Mojsisovics p. p.*: Über einige Triasversteinerungen aus den Südalpen; Jahrb. d. k. k. geol. R-A., Bd. XXIII. pag. 428.

Die Gestalt ist flach-scheibenförmig mit gerundetem Externteil, weitnabelig, die Involution anfänglich größer, reduziert sich am Ende der letzten Windung (Fig. 11) auf etwas weniger als $1/4$ der Umgangshöhe. In der Skulptur fallen in erster Linie die kräftigen Einschnürungen auf, hinter denen die Schale stets zur Rippe verdickt ist; erstere sowie letztere haben auf der Flanke einen fast geraden Verlauf und wenden sich in der Marginal- und Externregion kurzbogenförmig nach vor. Im Raum zwischen zwei der enggestellten Einschnürungen, respektive Rippen treten schwächere Rippen von ähnlichem Verlaufe, zuweilen auch Doppelrippen auf, eventuell findet eine Einschaltung kurzer Rippenstücke in der Marginalpartie statt, die bis in die Höhe des Lateralknotens hinabreichen. Zwei deutliche Knotenspiralen finden wir auf der Flanke, deren kräftigste Elemente die Umbilikalknoten sind; nur wenig zarter sind in halber Höhe die Lateralen und auf dem Marginalrand ist nur dort, wo die Rippe sich nach vor wendet, diese ein wenig verdickt. Auf jüngeren Exemplaren (Fig. 10) fehlt diese Verdickung gänzlich, ebenso wie die Einschaltung von Zwischenrippen innerhalb der einzelnen Schalen-

felder, sodaß jedes derselben nur die einzige Rippe hinter jeder
Einschnürung trägt.

Die Sutur hat einen ähnlichen Charakter wie jene von *C. cuccense*,
nur fehlt uns der Externlobus; der 1. Lateral ist breit und tief, der
2. Lobus ist kürzer und sein Sattel schneidet an der Naht ab.

Der indische *Cuccoceras Yoga Dien.*[1]) hat sehr ähnliche Gestalt
und Skulptur, doch wage ich nicht eine Identifizierung vorzunehmen,
denn erstens ist die Abbildung desselben zu mangelhaft und zweitens
fehlt in der Sutur des Cucco-Stückes der Externlobus, und gerade
dieser ist bei *C. Yoga* abweichend und im Lobenflügel zweimal
geteilt, statt wie bei den Anderen nur einfach zugespitzt.

Unter den Balatoniten des Reiflinger Kalkes[2]) gibt es
manche, die auf den ersten Blick durch ihre Ähnlichkeit frappieren,
so besonders:

> *Balatonites lineatus Arth.* (Taf. VI, Fig. 10)
>
> " *gracilis Arth.* (Taf. VI, Fig. 9)
>
> " *Galateae Arth. juv.* (Taf. XII, Fig. 6).

Der Unterschied liegt besonders in der Gestalt des Externteiles,
welcher schon bei der Größe des Stückes von Taf. XVI (I), Fig. 10,
die Externdornen besitzt oder bei kleineren Exemplaren dachförmig
entwickelt ist; im ganzen ist die Involution der Balatoniten
größer und der Marginalrand trägt die dritte Knotenspirale in deutlichen Individuen prägnant ausgebildet, die bei *Cuccoceras* nur leicht
als zarte Verdickung entwickelt ist. Ein letzter Unterschied liegt in der
Sutur der Balatoniten, bei welchen der Externlobus wohl ebenfalls
noch recht einfach gestaltet, doch stets ein Auxiliarlobus wohl entwickelt ist.

Die Vermutung, daß auch im alten Taramelli'schen Material
schon *Cuccoceras carnicum* vertreten gewesen sei, war berechtigt,
denn es enthält ein Fragment dieser Art, welches aber von Mojsisovics
mit *Balatonites balatonicus* identifiziert worden war.

Anzahl der Stücke: 1 Fragment im alten Material (R. Istituto
tecnico, Udine), 3 im neuen (Paläont. Inst. der Univers. Wien).

Cuccoceras nov. spec. indet.
(ex aff. C. carnicum Arth.)
Taf. XVII (II), Fig. 1.

Es liegt ein einziges Fragment vor, das sich aber durch seine
dicken Umgänge und die abgeänderte Skulptur von der oben beschriebenen Art unterscheidet; die hinter jeder Einschnürung stehende
Rippe ist ganz besonders dick und hinter ihr schalten sich von außen
her und in halber Höhe wieder kürzere Rippen ein. Die marginale,
knotige Anschwellung ist so stark, daß sie schon als dritte Knoten-

---

[1]) Fauna of the hymalayan Muschelkalk: Pal. ind. Ser. XV, Vol. V, Nr. 2,
pag. 85, Taf. III, Fig. 7; Taf. IX, Fig. 4, 1907.
[2]) Beiträge zur Pal. u. Geol., Bd. X, 1896.

spirale außer der umbilikalen und lateralen gelten kann. Die letzte
Umgangspartie gehört sicher der Wohnkammer an, denn die Berippung
variiert.

Von ähnlichen **B a l a t o n i t e n** kommen in Betracht:

Balatonites golsensis Mojs. (l. c. Taf. V, Fig. 6)

"   *cfr. Ottonis Buch sp.* (ibid. Taf. V, Fig. 1, Taf. VI, Fig. 1)

und gewisse Varietäten des *B. balatonicus Mojs.*, doch haben sie alle
bei gleicher Größe schon die für *Balatonites* charakteristische bedornte
Medianlinie.

Zahl der Stücke: 1 (Paläont. Inst. der Univers. Wien).

Balatonites balatonicus Mojs.

Taf. XVII (II), Fig. 7.

1873. *Trachyceras balatonicum Mojsisovics p. p.*: Über einige Triasversteinerungen
     aus den Südalpen; Jahrb. d. k. k. geol. R.-A., Bd. XXIII, pag. 426,
     Taf. XIII, Fig. 4.
1882. *Balatonites balatonicus Mojsisovics*: Cephalopod. Medit. Triasprov.; Abhandl.
     d. k. k. geol. R.-A. Bd. X, pag. 78, Taf. IV., Fig. 2—6; Taf. XXX, Fig. 20.

Die weitnabeligen, wenig (ca. $^1/_4$) involuten Umgänge sind sehr
flach gewölbt, hochmündig und mit dachförmig zugeschärftem Externteil.
In der Jugend sind die Windungen glattschalig mit gerundetem Externteil und zeigen lediglich weitabstehende Furchen mit verdickter
hinterer Randleiste (*Cuccoceras*-Stadium).

Relativ rasch entwickelt sich individuell früher oder später
die **B a l a t o n i t e n**-Skulptur: die Furchen werden häufiger aber
seichter, die Randleisten zu geradegestreckten, etwas von der
Radialen nach vorn abweichenden Rippen mit zarten Umbilikal-,
stärkeren Lateral- und groben Marginalknoten; die Rippen stehen
eng, verlaufen über die ganze Flanke, die Einschaltung kürzerer
Rippenstücke ist selten; auf dem Marginalrande biegt sich die Rippe
fast winkelig nach vor und in der Medianlinie sitzt derselben ein
spiral verlängerter Knoten auf.

Im Alter verändert sich dieses Skulpturstadium abermals. Da
nur ein Exemplar im Reifestadium vorliegt, entfällt die Charakteristik
dieser Abänderung. Die Sutur ist beim vorliegenden Wohnkammer-
fragment nicht zu sehen. Von anderen, besonders den Reiflinger
Exemplaren[1]) (Taf. VI, Fig. 2 *d*, 3 *c*) wissen wir, daß außer dem
noch immer ziemlich schmalen externen Lobenflügel 2 gezackte
Lateralloben und 1 Auxiliar auf der Nabelwand auftritt, welche durch
relativ breite Sättel getrennt sind.

M o j s i s o v i c s hatte aus der Tatsache, daß im Bakony *Balatonites balatonicus* nur unteranisisches Alter besitzt gefolgert, daß auch
das Lager der Cephalopoden des Cucco unteranisisch sei. Sie wurden
aber Alle, in der alten sowie bei der neuen Aufsammlung, nicht im
Anstehenden, sondern auf der Blockhalde gesammelt. Es könnte also
B. balatonicus ganz gut einem aus tieferer Lage stammenden Block

---

[1]) **A r t h a b e r**, Beiträge zur Pal. u. Geol., Bd. X.

angehören. Da aber *B. balatonicus* in Reifling im Trinodosuslager auftritt, ist er gewiß nicht als enger Zonenammonit zu deuten.

Balatonites ist im Mediterrangebiete heimisch, in dessen anisischen Kalken er auftritt; noch fehlt er dem Himalaja[1]), fehlt gänzlich dem Norden, tritt aber auffallenderweise in Nevada[2]) auf, und zwar in einer Form, welche deutlich den Zusammenhang mit dem Nevadenser *Cuccoceras*-Typus *C. bonae-vistae H. u. Sm.* verrät; also auch dort ist der innige Zusammenhang beider Genera zu beobachten.

Anzahl der Stücke: 1 Fragment (R. Istituto tecnico, Udine).

Ceratites paluzzanus Arth.

Taf. XVII (II), Fig. 3—6.

Das hervorstechendste Element der ganzen Cephalopodenfauna ist durch seine individuelle Häufigkeit jene Form, die wir mit obigem Artnamen ausgeschieden haben.

Die Gestalt ist flach-scheibenförmig, der Nabel relativ eng, die Involution ungefähr die Hälfte der früheren Windung umfassend, wird im Alter geringer. Die Flanken sind flach gewölbt, die Nabelwand steil und mäßig hoch, Nabel- und Marginalwand kurz gerundet, der Externteil flach gewölbt. Junge Exemplare haben flache, falkoide Rippenbänder zwischen denen feine Anwachslinien verlaufen (Fig. 3, 4); ältere haben statt der Bänder deutliche Rippen, welche zu Beginn des Reifestadiums sehr spärliche Lateralknoten tragen (Fig. 5); im Alter werden die Rippen gröber und die früher feinen Zwischenlinien jetzt ebenfalls stärker, bandförmig und die Lateralknoten treten nur mehr in weiten Abständen auf, stehen aber höher auf der Flanke wie früher (Fig. 6).

Die Suturlinie ist nur bei Fig. 3, also bei einem jüngeren Individuum zu beobachten. Der Externlobus ist einfach, zweispitzig, der erste Lateral breit und tief, der zweite bedeutend kürzer und beide sind im Lobengrund fein zerteilt; an der Naht liegt der Beginn eines Auxiliarlobus, der bei älteren Individuen wohl höher hinaufrückt. Die Sättel sind etwas schmäler als die Loben und ganzrandig.

Die Skulptur verweist diese Form in die Verwandtschaft jener Ceratiten, welche eine geringere als die trinodose Skulptur besitzen, das sind also jene Arten, welche wir als Semiorniten (vgl. oben pag. 342) abgetrennt haben. *C. paluzzanus* ist daher am nächsten mit *C. cordevolicus Mojs.*[3]) (pag. 26, Taf. XII, Fig. 5—7) aus den grauen Crinoidenkalken von Ruaz im Buchenstein verwandt, dessen Alter ebenfalls oberanisisch (Trinodosushorizont) ist. Stimmt auch die Schalengestalt und bis zu einem gewissen Grade auch die Skulptur beider Formen überein, so differiert doch die Sutur, welche aber bei *C. cordevolicus* wohl von einem älteren Stück abgenommen sein dürfte,

---

[1]) Waagen's (Salt Range fossils, Ceratiteformation) *Balatonites punjabiensis*, pag. 64, Taf. XXIV, Fig. 5, ist mehr als fraglich.

[2]) *Balatonites shoshonensis H. u. Sm.* in Hyatt ard Smith: Triass. cephalop. genera of America; U. St. geolog. Survey, Ser. C. Profess. Paper Nr. 40, Washington 1905, pag. 167, Taf. XXIII, Fig. 12, 13.

[3]) Cephalopod. mediterr. Triasprov. l. c.

da sie außer den zwei Lateralloben noch zwei (oder drei (?) loc. cit.
Fig. 6) Auxiliare zeigt, während bei *C. paluzzanus* sicher, auch bei
älteren Individuen, nur ein einziger Auxiliar zur Ausbildung kommt.
Anzahl der Stücke: 25 und zahlreiche Fragmente (Paläont. Inst.
d. Univers. Wien).

Dinarites Mojs.

1882. *Dinarites Mojsisovics:* Cephalopoden der mediterranen Triasprovinz pag. 5 ;
Abh. d. k. k. geol. R.-A., Bd. X.

Diese Gattungsbezeichnung wurde für primitive C e r a t i t i d e n
aufgestellt, mit glatter Schale oder einfacher plikater Skulptur, zum
Teil mit umbilikaler, eventuell auch mit marginaler Beknotung. Die
Sutur besitzt einen einfach gestalteten, zweispitzigen Externlobus, einen
ganzrandigen Lateral neben dem ein Auxiliarlobus fehlt oder auftreten kann.

Nach dieser Diagnose sind alle Formen mit reicherer oder mit
in den Loben zerteilter Sutur strenggenommen keine oder mindestens
fragliche D i n a r i t e n.

Deshalb hat H y a t t [1] die wenig involuten D i n a r i t e n, welche
glattschalig oder einfach berippt sind, einen zerteilten Lateral, eventuell
auch einen zerteilten Externlobus (?) und Auxiliar besitzen

Pseudodinarites

genannt, welcher vor dem später aufgestellten *Hercegovites Kittl* [2] die
Priorität hat. K i t t l [3] hat ferner

Liccaites

jene Formen genannt, welche eine ähnlich reiche Sutur besitzen, deren
Schalen aber etwas stärker involut sind und relativ zarte Rippen mit
Umbilikal- und Marginalknoten ausbilden.

Die ladinischen D i n a r i t e n der *Avisianus*-Gruppe (M o j s i s o-
v i c s l. c., pag. 13) besitzen ebenfalls eine reichere Sutur, bestehend aus Externlobus, zwei geteilten Lateralen und einem Auxiliar.
Wendet man hier die Diagnose an, dann sind diese Formen keine
D i n a r i t e n mehr, sondern C e r a t i t e n aus der *Semiornites*-Gruppe
(pag. 342), deren Skulptur zarter und detaillierter ist, als sie bei den
letzten Nachzüglern der untertriadischen D i n a r i t e n und bei der-
artiger Größe noch sein könnte.

Die Formen der Saltrange, welche W a a g e n [4] beschrieben
hatte: *Dinarites minutus, patella, sinuatus, evolutus, dimorphus* sind
gewiß keine D i n a r i t e n, denn trotz größeren geologischen Alters
besitzen schon kleine Individuen um ein Suturelement (Lobus und
Sattel) mehr, ohne die Involution und Skulptur der mediterranen

---

[1] v. Z i t t e l, Textbook of Palaeontologie pag. 559, 1900.
[2] Cephalopoden von Muč. Abh. d. k. k. geol. R.-A. Bd. XX, 1903, pag. 13.
[3] Ibid. pag. 12.
[4] C e r a t i t e Formal., Salt Range Foss. Vol. II, 1, 1895, pag. 27 ff.

Formen zu haben. Eine einzige Ausnahme macht vielleicht *D. coronatus*, dessen Sutur wir nicht kennen (l. c. Taf. VII, Fig. 9, 10).

Aus der nordischen Untertrias des Olenek hatte Mojsisovics[1]) die Gruppe der „spiniplicaten" Dinariten aufgestellt, welche E. Philippi[2]) später als „fortgeschrittene" Dinariten bezeichnet hatte, weil bei ihnen die Individualisierung des Lateralsattels zur Regel wird, indem ein Auxiliarelement (Lobus und Sattel) auftritt, was bei mediterranen Dinariten nur ganz ausnahmsweise der Fall ist (*D. dalmatinus Hau*[3]).

Diese arktischen Formen hat Hyatt[4]) als Ceratitidengenus

Olenekites

von den Dinariten abgetrennt. Sie stehen gewiß nicht, wie Mojsisovics annahm, in genetischem Zusammenhange mit den mediterranen Dinariten, mit denen sie altersgleich sind, sondern sie stellen einen, jenem an Entwicklungshöhe ähnelnden Entwicklungstypus der Ceratitiden der Arktis dar, in welcher der primitivere, den mediterranen Dinariten analoge Typus zu fehlen scheint. Da ihre Jugendformen aber globos sind, ein Stadium, welches die echten Dinariten individuell sehr rasch überwinden, bewahren sie sich einen primitiven Habitus länger als letztere.

Auch den anderen arktisch-pazifischen Gebieten scheint *Dinarites s. s.* überhaupt zu fehlen, denn der einzige Nevadenser „Dinarit" stellt sich als *Cuccoceras* dar; auch im ganzen Himalajagebiet ist *Dinarites* noch nicht nachgewiesen worden und somit scheint er ein vorwiegend mediterranes Faunenelement zu sein. Er erreicht in der Untertrias das Maximum und stirbt in der unteren Mitteltrias aus, in deren anisischen Horizonten sich anscheinend die letzten Nachzügler, kleine Formen mit reduzierter Sutur, noch finden.

Systematisch fraglich ist der kleine, oberanisische *D. Laczkoi Arth.*[5]) aus dem Bakony, und der oberkarnische *D. quadrangulus Hau.*[6]) ist gewiß kein Dinarit, sondern eine Jugendform, vielleicht von *Heraklites*.

Dinarites Geyeri Arth.

Taf. XVII (II), Fig. 8.

Flachscheibenförmige Gestalt mit kleinem Nabel, weil die Involution fast die Hälfte des früheren Umganges bedeckt. Die Flanken sind flachgewölbt mit der größten Breite unterhalb der Flankenmitte,

---

[1]) Arkt. Triasfaunen pag. 10. Mém. Acc. imp. St .Petersbourg 1886, VII. Ser. Tome XXXIII, Nr. 6.

[2]) Ceratiten des ob. deutsch. Muschelkalkes. Paläont. Abh. N. F. Bd. IV, pag. 88, 1901.

[3]) H. Kittl. Muč (l. c.); Taf. II, Fig. 4.

[4]) Z. B. v. Zittel, Textbook of Palaeont. pag. 559.

[5]) Arthaber, Neue Funde in den Werfener Schichten etc. Paläont. Anhang zum Bakonywerk, 1903, pag. 19, Taf. I, Fig. 3.

[6]) Mojsisovics, Cephalopoden der Hallstätter Kalke. Abh. d. k. k. geol. R.-A. Bd. VI, II, pag. 401, Taf. CXL, Fig. 8.

der Externteil abgerundet. Die Schale ist glatt und besitzt nur mikroskopisch feine Anwachslinien, welche auf der Flanke leicht konvex gebogen sind, in der Marginalregion zurücktreten und bogenförmig wieder auf dem Externteil vortreten.

Die Sutur ist ganzrandig; der Externlobus einfach, zweispitzig; nur ein breiter, mäßig tiefer Lateral und nächst der Naht ein kleiner Auxiliar; die Sättel sind breit gerundet.

Die geringe Größe dieser Art scheint anzudeuten, daß wir es mit einem Nachzügler der untertriadischen D i n a r i t e n zu tun haben, dessen verschwommene Skulptur an gewisse Formen der *Dinarites Nudi* im Sinne von M o j s i s o v i c s erinnert, z. B. den Werfener *Pseudodinarites*[1]) *muchianus Hau. sp.* Da aus dem Trinodosusniveau kein D i n a r i t beschrieben ist, kommen von den ladinischen Formen nur *Dinarites Hoerichi Sal.*[2]) in Betracht, eine kleine, skulpturfreie, engnabelige Art, deren Sutur aber ein Loben- und Sattelelement mehr besitzt.

Zahl der Stücke: 7 (Paläont. Inst. d. Univers. Wien).

Dinarites posterus Mojs.

Taf. XVII (II), Fig. 9.

1883. *Dinarites posterus Mojs.*: Cephalopod. der Mediterr. Triasprov.; Abhandl. d. k. k. geol. R.-A. Bd. X, pag. 7, Taf. XL, Fig. 11.

Eine flachscheibenförmige, unskulpturierte, ganz kleine Art mit engem Nabel und rundem Externteil. M o j s i s o v i c s vergleicht diese Art mit *D. muchianus Hau.* (ibid. pag. 6, Taf. I, Fig. 4) und scheint geneigt zu sein, die neue Art als Jugendform desselben aufzufassen, die vielleicht nur wegen des differierenden Niveaus mit einem neuen Namen belegt wird.

Nach meiner Ansicht schließt sich die vorliegende Art aber weit enger an den von A. T o m m a s i[3]) beschriebenen *Dinarites laevis* (pag. 347, Taf. XIII, Fig. 4, 5) aus dem oberen Werfener Niveau der Südalpen an, mit dem er die flache, enggenabelte Gestalt gemein hat. Eine Identifikation beider Arten wage aber auch ich nicht vorzunehmen, denn gewisse Unterschiede der Schalengestalt sind doch vorhanden, und zwar besonders mit jenen Typen, welche K i t t l[4]) noch in den Formenkreis dieser Art und ihrer Vertretung in den dalmatinischen Werfener Schichten einstellt. Die geringe Größe von *D. posterus* scheint ebenfalls darauf hinzuweisen, daß wir es mit einem späten Nachzügler der untertriadischen D i n a r i t e n zu tun haben.

Die Sutur zeigt die normalen zwei Elemente der D i n a r i t e n - Kammerscheidewände.

Anzahl der Stücke: 4 (Istit. tecnico, Udine).

---

[1]) Cephal. Medit. Trias, pag. 6, Taf. I, Fig. 4, l. c. 1882.
[2]) S a l o m o n, Geolog. u. Paläont. Studien über die Marmolata, pag. 180, Taf. VI, Fig. 6, Paläontogr. Bd. 42, 1895.
[3]) Due nuovi Dinarites etc., Bollet. Soc. geol. ital., Bd. XXI, 1902.
[4]) Cephalopod. d. ob. Werfener Schichten von Muč. Abhandl. d. k. k. geol. R.-A. Bd. XX, 1903, pag. 13, Taf. I, Fig. 1—3; Taf. III, Fig. 10, 11..

Norites (?) sp. indet.
(cf. Norites gondola Mojs.)
Taf. XVII (II), Fig. 10.

Es liegt ein einziges kleines Exemplar vor, das infolge seiner Anwachsverhältnisse und Schalengestalt mit der oben angegebenen Art vielleicht zu identifizieren ist. Ein Unterschied liegt in der Ausbildung der Marginalkanten, die wohl scharf sind, aber nicht kielförmig hoch wie sonst bei dieser, wohl individuell stets seltenen, aber überall im Trinodosusniveau auftretenden Form.

Anzahl der Stücke: 1 kleines Fragment (Paläont. Inst. d. Univ. Wien).

Taf. XVII (II), Fig. 11.

1882. *Norites gondola* Mojs.: Cephalop. Medit. Triasprov. pag. 201, Taf. LII, Fig. 5—8.

Ein zweites kleines Exemplar hat ähnliche Gestalt, ist aber flacher, mit flachgerundetem Externteil ohne Marginalkanten.

Anzahl der Stücke: 1 kleines Fragment (Istit. tecnico, Udine).

Beide Formen sind wohl nur provisorisch als Angehörige des Genus *Norites* zu bezeichnen, denn zur genauen Definition gehört das Auftreten der Marginal- und Umbilikalkanten und die Kenntnis der Sutur; beides fehlt hier.

Von anderen Formen, die hier systematisch zu berücksichtigen wären, sind die Angehörigen des Genus *Meekoceras* zu erwähnen, und zwar in jener Weite der Fassung, welche von Arthaber[1]) (Trias von Albanien, pag. 243 ff.) vorgeschlagen und begründet worden ist. Es kommen dann besonders in Betracht:

> *Meekoceras caprilense Mojs.*[2]) (Alpines Gebiet)
> „ *eurasiaticum Fr.*[3]) (Bakony)
> „ *discoides Waag sp.*[4]) (Bakony und Saltrange)
> „ *skodrense Arth.*[5]) (Albanien)
> „ *radiosum Arth.*[6]) (Albanien und Saltrange)

Alle diese Formen haben ähnliche, bald dickere, bald schlankere, glattschalige und engnabelige Gestalt, ebenfalls ohne Marginal- und Umbilikalkanten. Da die Sutur der Cucco-Formen unbekannt ist, lassen sich aber weitere Vergleiche nicht ziehen. Was unter diesen Umständen aber abhält, eine andere als die angegebene Bestimmung vorzunehmen, ist die Tatsache, daß alle die angeführten Arten charakteristisch für die obere Untertrias in weiten Gebieten sind ja, daß *Meekoceras* überhaupt nur mit zwei z. T. abweichenden Formen noch in die Mittel-

---

[1]) Beiträge z. Paläont. u. Geol., Bd. XXIV, 1912.
[2]) Cephalop. Medit. Triaspr., l. c. Taf. XXIX, Fig. 4, 5.
[3]) Neue Funde in den Werfener Schichten etc. Paläont. Anhang zum Bakony-Werke, 1903, Taf. I, Fig. 1.
[4]) Ibid. Taf. I, Fig. 2.
[5]) L, supra c. Taf. V, Fig. 15.
[6]) Ibid. Taf. V, Fig. 14.

trias aufsteigt. Wir hätten es also hier eventuell, so wie bei *Dinarites posterus*, nur mehr kenntlich durch geringe Größe, mit Nachzüglern jener Gruppe zu tun, die sich aus normal großen oder aus größeren Arten zusammensetzt, welche universelle Leitformen der Untertrias lieferte.

Nautilus spec. ind.

(ex aff. Nautilus bosnensis Hau.)

Taf. XVII (II), Fig. 12.

1892. *Nautilus bosnensis Hauer*: Cephalopoden aus der Trias von Bosnien I, pag. 8, Taf. I, Fig. 3. Denkschr. d. k. Akad. d. Wiss., math.-nat. Kl., Bd. 59.

Es liegt eine rasch anwachsende und hochmündig werdende Form mit kleinem Nabel und aufgeblähten, in der Umbilikalregion am dicksten werdenden Umgängen vor; der Externteil ist hochgewölbt, die Schale glatt und besitzt nur feine Anwachslinien, die auf der Flanke weit zurückgebogen sind und auf dem Externteil eine flache Bucht bilden; hier treten auch einige feine Spirallinien seitwärts von der Mittelregion auf.

Dieser *Nautilus* zeigt keine besonderen Artmerkmale, höchstens der auffallend kleine Nabel und die zarten Schalenlinien, welche F. v. Hauer mit ähnlichem Verlauf von der neuen bosnischen Art beschreibt.

Anzahl der Stücke: 2 Fragmente (Paläont. Inst. d. Univers. Wien).

Pleuronautilus sp. indet.

(ex aff. Pleuronautilus Pichleri Hau.)

Es liegen drei kleine Fragmente einer kleinen, weitnabeligen Art vor, möglicherweise sind es Jugendformen einer größeren Form. Die Flanken sind ziemlich flach, der Externteil ist breitgewölbt, die Nabelwand hoch. Schon auf dieser beginnen weit voneinander abstehende Rippen hervorzutreten, die auf der Flanke sehr kräftig werden und in der Marginalregion nach einer sanften Rückwärtsbeugung erlöschen. Die Schale scheint glatt, ohne die üblichen Schalenlinien, zu sein, die nur in der Externregion, eine Bucht bildend, deutlicher hervortreten.

Derartige P l e u r o n a u t i l e n sind wiederholt beschrieben worden und sind für den Trinodosushorizont charakteristisch. Von ähnlichen Arten sind besonders zu nennen: *Pl. distinctus Mojs.*[1] (pag. 278, Taf. LXXXV, Fig. 4) und *Pl. Pichleri Hau.* (ibid. pag. 279, Taf. LXXXVI, Fig. 3), doch besitzen beide Umgänge, welche breiter wie hoch sind, weshalb der Externteil flachgewölbt und bedeutend breiter als bei unserer Art ist.

Anzahl der Stücke: 3 Fragmente (Paläont. Instit. d. Univers. Wien).

---

[1] Cephalopod. Medit. Triasprovinz.

Undularia cfr. transitoria Kittl.

Taf. XVII (II), Fig. 13.

1894. *Undularia transitoria Kittl*: Triadische Gastropoden der Marmolata etc.; Jahrb. d. k. k. geol. R.-A. Bd. 44, pag. 155, Taf. V, Fig. 11.

Eine kleine, spitzkonische Form, deren Umgänge scharf gegeneinander abgesetzt sind; die Anwachsstreifen sind leicht gebogen, die Schale ist sonst glatt. Durch die geringe Größe differiert unser Exemplar von den, meist bedeutendere Größe erlangenden Typen der Marmolatakalke.

Zahl der Stücke: 1 (Paläont. Inst. d. Univers. Wien).

Terebratula (Coenothyris) cfr. Kraffti Bittn.

1902. *Terebratula Kraffti Bittner*: Brachiopoden und Lamellibranchiaten aus der Trias von Bosnien etc. Jahrb. d. k. k. geol. R.-A. Bd. 52, pag. 527, Taf. XVIII, Fig. 30—32.

Es liegt nur die große Klappe eines Exemplars vor, deren Merkmale: die starke Wölbung, der vorgebogene Schnabel und aufgewölbte Stirnrand mit der von Bittner beschriebenen Art aus dem Cucco-Stocke übereinstimmen. Sie unterscheidet sich jedoch durch die geringere Größe und die in der unteren Schalenhälfte stärker hervortretenden beiden Furchen, wodurch sich die Mittelpartie stärker aufwölbt, was sich im Stirnverlauf ausprägt.

Inhaltsverzeichnis.

Artbeschreibung.

Gesellschafts-Buchdruckerei Brüder Hollinek, Wien III. Steingasse 25.

Tafel X.

Über Lituonella und Coskinolina liburnica Stache sowie deren
Beziehungen zu den anderen Dictyoconinen.

Erklärung zu Tafel X.

Fig. 1—9. *Coskinolina liburnica Stache.*

Fig. 1. Mikrosphärische Generation. 7/1. a = von der Seite, b = von unten.

Fig. 2. Anderes Exemplar derselben Form. 7/1.

Fig. 3. Mit Salzsäure angeätztes Exemplar, das die regelmäßige radiale Unterteilung der ringförmigen Randkammern erkennen läßt. 7/1.

Fig. 4. ⎫
Fig. 5. ⎭ Mediane Durchschnitte durch mikrosphärische Formen. 24/1.

Fig. 6. Querschnitt durch die Basalpartie. 15/1.

Fig. 7. Medianschnitt durch ein Exemplar der makrosphärischen Generation mit anscheinend durch Verschmelzung mehrerer ungeschlechtlicher Keime entstandener abnorm großer Makrosphäre. 33/1.

Fig. 8. Querschnitte durch Anfangsteile. 20/1.

Fig. 9. Medianschnitte durch makrosphärische Formen. 16/1.

Fig. 10—13. *Lituonella liburnica m.*

Fig. 10. a = von der Seite, b = von unten. 8/1.

Fig. 11. Anderes Exemplar von der Seite. 10/1.

Fig. 12. ⎫
Fig. 13. ⎭ Medianschnitte,

Fig. 12 mit allmählichem (24/1), Fig. 13 mit unvermitteltem Übergange des spiral angeordneten in den uniserialen Gehäuseteil (30/1).

———

Fig. 1, 2, 3, 10, 11 = Zeichnung von O. Fies, die übrigen Figuren sind Mikrophotographien von H. Hinterberger.

———

Das Material von Fig. 9 stammt vom Scoglio Svilan bei Rogoznica, alle übrigen Objekte stammen von der Insel Melada.

Tafel XI.

Über einige Gesteinsgruppen des Tauernwestendes.

Erklärung zu Tafel XI.

Fig. 1. Porphyrgneis. Große Orthoklase ungeordnet. Aplitisches Gangnetz. Keine Bewegung in *s*. Kann durch solche dem folgenden Gestein (Fig. 2) gleich werden. Steig Venna—Landshuter Hütte.

Fig. 2. Knollengneis in mäßig schiefriger Ausbildung. Neuer Steig Stein—Pfitscherjoch. Vergl. Fig. 1. (Vergrößerung $^1/_2$ von Fig. 1.)

Tafel XII.

Über einige Gesteinsgruppen des Tauernwestendes.

Tafel XIII.

Über einige Gesteinsgruppen des Tauernwestendes.

Erklärung zu Tafel XIII.

(Vergrößerung zirka 20 linear.)

Fig. 1. „Quarzschale" in Oligoklasauge aus Augengneis. Oligoklasindividuum grau. Quarzindividuum schwarz. Muskovit. + N. Seiterbergtal bei Sterzing.

Fig. 2. Quarzalbitknolle aus Knollengneis. + N. Ostgipfel der Realspitze, Tuxertal.

Fig. 3. Verlegte Reliktstruktur im Albit. Relikte Tonschieferfältelung, reliktfreie Säume. + N. Albitgneis des Hochfeiler. Vergl. W e i n s c h e n k s Typen vom Hochvenediger l. c.

Fig. 4. Unverlegte Reliktstruktur. Quarz, Muskovit und Erz der vor-albitischen Phase als internes Relikt in Albit (zwei benachbarte Körner, schwarz und grau). + N. Albitgneis der Sengeser Kuppel.

Fig. 5. Quarzgefügeregel $\alpha \parallel s$ in hochkristallinem Albitgneis (Sengestal-hintergrund). + N. Gips eingeschaltet mit $\alpha \perp s$. Der unterste Teil des Bildes ist von einem großen Albit mit den charakteristischen tropfenförmigen Quarzen ein-genommen. Der obere Teil zeigt außer dünnen Muskovitlagen nur Quarz, bei der oben erwähnten Orientierung des Gipses ausnahmslos gelb bis rötlich. Die Photo-graphie ohne Farben verstärkte die Helligkeitskontraste zwischen manchen Körnern so weit, daß die eigenartig zackigen Umrisse hervortreten, was noch an die geregelten Quarzgefüge in Myloniten erinnert.

Fig. 6. Gruppierung von Granatkristalloblasten in Glimmerschiefer (Greinerschiefer). Quarz, Hornblende, Biotit nach (001). Ohne Nikol. Floite Zillertal.

Tafel XIV.

Über die Gosau des Muttekopfs.

Erklärung zu Tafel XIV.

Ansicht des Muttekopfs 2777 m von der Obermarkteralpe 1620 m aus.

a, b, c, d, e bedeuten große Blöcke aus hellem Kalk, welche in die Konglomeratlagen der Gosau eingeschaltet sind.

Von den Blöcken b und c ist auf Taf. XV eine Ansicht aus der Nähe gegeben. Es entspricht dort B_1 dem Block b, B_2 dem Block c auf dieser Gesamtansicht.

G bedeutet Gosauschichten. H = Muttekopfhütte der Sektion Imst des D. u. Ö. A.-V.

Die Photographie wurde in einer Luftlinienentfernung von zirka 1550 m von dieser Hütte aufgenommen. Die Entfernung bis zum hintersten Block a beträgt zirka 3175 m. Die Hütte ist als Maßstab schwarz umrandet und unter dem Giebel zirka 8 m hoch.

Tafel XV.

Über die Gosau des Muttekopfs.

Tafel XVI (I).

G. v. Arthaber: Fossilfunde am Monte Cucco.

Erklärung zu Tafel XVI (I).

Tafel XVII (II).

G. v. Arthaber: Fossilfunde am Monte Cucco.

———————

Erklärung zu Tafel XVII (II).

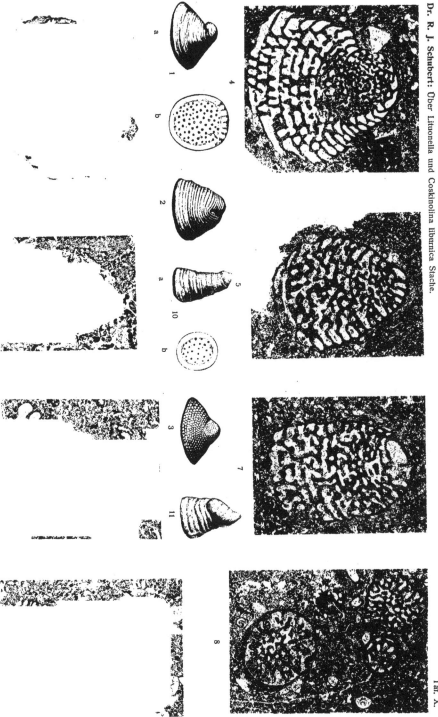

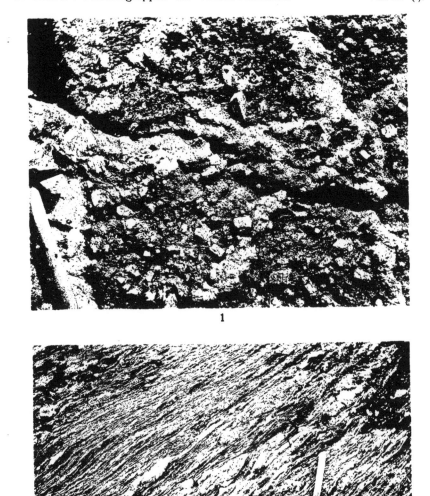

1

2

Lichtdruck v. Max Jaffé, Wien.

Jahrbuch der k. k. geologischen Reichsanstalt, Bd. LXII, 1912.
Verlag der k. k. geologischen Reichsanstalt, Wien, III., Rasumoffskygasse 23.

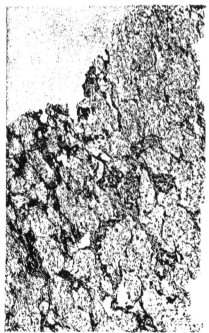

2 3 Lichtdruck v. Max Jaffé,

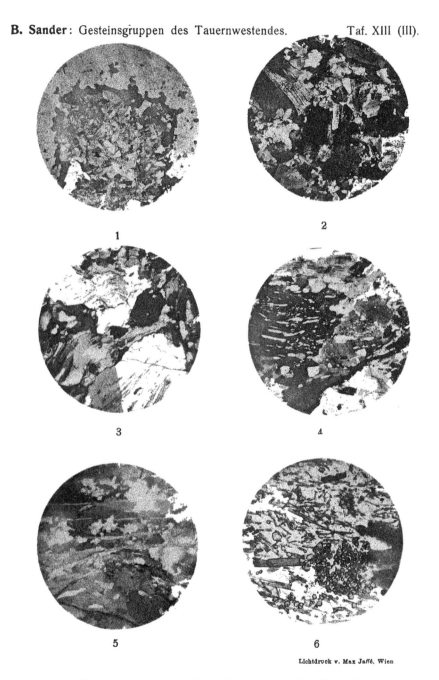

1

2

3

4

5

6

Lichtdruck v. Max Jaffé, Wien

Jahrbuch der k. k. geologischen Reichsanstalt, Bd. LXII, 1912.
Verlag der k. k. geologischen Reichsanstalt, Wien, III., Rasumoffskygasse 23.

Rohn phot.

Ansicht des Muttekopfes von der Obermarktalpe.

Lichtdruck v. Max Jaffé, Wien.

Jahrbuch der k. k. geologischen Reichsanstalt, Bd. LXII, 1912.
Verlag der k. k. geologischen Reichsanstalt, Wien, III., Rasumoffskygasse 23.

Ampferer phot.

Lichtdruck v. Max Jaffé, Wien.

Jahrbuch der k. k. geologischen Reichsanstalt, Bd. LXII, 1912.
Verlag der k. k. geologischen Reichsanstalt, Wien, III., Rasumoffskygasse 23.

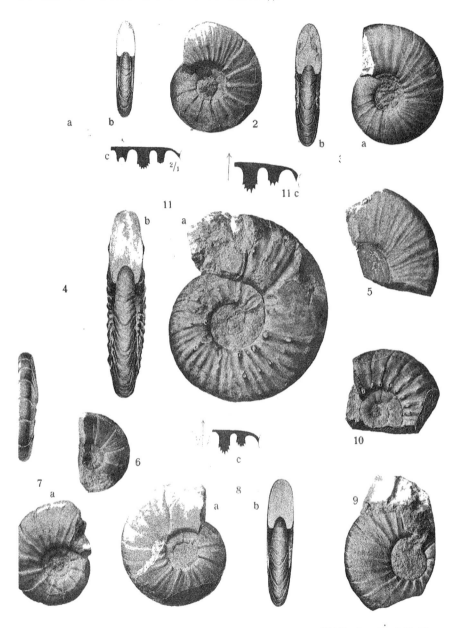

Lichtdruck v. Max Jaffé, Wien.

Jahrbuch der k. k. geologischen Reichsanstalt, Bd. LXII, 1912.
Verlag der k. k. geologischen Reichsanstalt, Wien, III., Rasumoffskygasse 23.

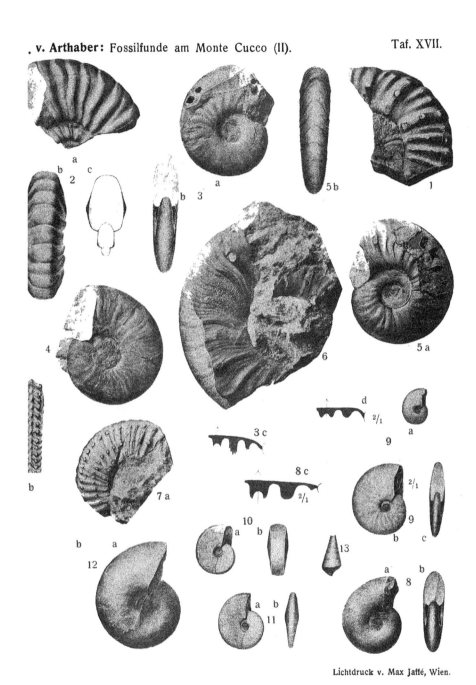

Lichtdruck v. Max Jaffé, Wien.

Jahrbuch der k. k. geologischen Reichsanstalt, Bd. LXII, 1912.
Verlag der k. k. geologischen Reichsanstalt, Wien, III., Rasumoffskygasse 23.

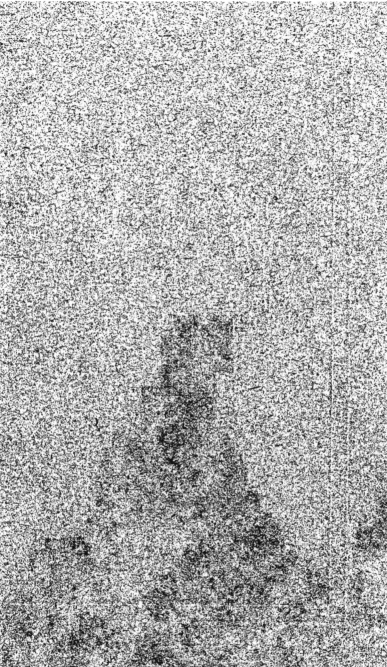

Inhalt.

2. Heft.

✳

NB. Die Autoren allein sind für den Inhalt und die Form
ihrer Aufsätze verantwortlich.

Gesellschafts-Buchdruckerei Brüder Hollinek, Wien III. Steingasse 25.

Ausgegeben im Oktober 1912.

JAHRBUCH

DER

KAISERLICH-KÖNIGLICHEN

GEOLOGISCHEN REICHSANSTALT

JAHRGANG 1912. LXII. BAND.

3. Heft.

Wien, 1912.

Verlag der k. k. Geologischen Reichsanstalt.

In Kommission bei R. Lechner (Wilh. Müller), k. u. k. Hofbuchhandlung.
I. Graben 81.

Die Kalksilikatfelse im Kepernikgneismassiv nächst Wiesenberg (Mähren).

Von Bergingenieur **Franz Kretschmer** in Sternberg.

(Mit einer Profiltafel [Nr. XVIII] und 7 Zinkotypien im Text.)

Allgemeiner geologischer Überblick.

Der Verfasser hat bereits in einem früheren Zeitpunkte die Kalksilikatfelse in der Umgebung von Mährisch-Schönberg in petrographischer und geologischer Hinsicht eingehend untersucht und die Ergebnisse dieser Arbeit publiziert[1]. Hierbei gelangte ein sehr umfangreiches Gesteinsmaterial zur Untersuchung von den Fundorten zu Reigersdorf, wo sehr mächtige Kalksilikatlager inmitten von Eruptivgneis lagern, dann das zerstreute Vorkommen mehrerer untergeordneter Kalksilikatlager nächst Ober-Hermesdorf, die demselben Biotitaugengneis eingeschaltet sind, ferner die kolossale lagerförmige Kalksilikatlinse zu Blauda, ebenfalls im Orthogneis lagernd, jedoch an der Grenze gegen ausgedehnte Gneisglimmerschiefer und schließlich die schwächeren Kalksilikatlager nächst der Eisenbahnhaltestelle Krumpisch unter ähnlichen Lagerungsverhältnissen wie bei Blauda.

Durch die seinerzeitigen Arbeiten Prof. F. B e c k e s[2] ist der gedachte Orthogneis unter der Bezeichnung „Kepernikgneis" weiterhin bekannt geworden.

Sämtliche kontaktmetamorphisch veränderte Kalklager gehörten ursprünglich der Glimmerschieferformation im Dache der großen Gneiskuppel an, die einen namhaften Teil der Hochschar·Kepernikgruppe im Hohen Gesenke zusammensetzt und sich bis in die Umgebung von Mährisch-Schönberg verbreitet und welche Verfasser als K e p e r n i k g n e i s m a s s i v in die Literatur einführte. Dabei wurden die Kalklager von oben herab in die intrusive Gneismasse versenkt, wodurch sie eine hochgradige Kontaktmetamorphose zu mannigfaltigen Kalksilikatfelsen erlitten und gleichzeitig die Schiefer in intensiver Weise zu hochkristallinem Staurolith-Andalusit- und Granatglimmerschiefer umgewandelt wurden.

---

[1] Die Petrographie und Geologie der Kalksilikatfelse in der Umgebung von Mährisch-Schönberg. Jahrb. d. k. k. geol. R.-A. 58. Bd. 1908, pag. 527—592.

[2] Vorläuf. Bericht über den geol. Bau des Hohen Gesenkes. Sitzungsber. d. k. k. Akad. d. Wiss. Bd. CI, Abt. I, März 1892.

Dem Verfasser ist es in den letzten Jahren gelungen, in der Umgebung von Groß-Ullersdorf und Wiesenberg eine Reihe solcher Gesteine an verschiedenen Fundorten aufzufinden und als mannigfaltige Kalksilikatfelse festzustellen sowie davon ein umfangreiches Untersuchungsmaterial aufzusammeln. Einige dieser Vorkommen werden gegenwärtig teils in Steinbrüchen für die Zwecke der Straßenbeschotterung abgebaut, andere davon sind bisher gänzlich unbekannt und wurden von mir entdeckt. Alle diese neuen Kalksilikatvorkommen finden bisher in der Literatur keinerlei Erwähnung; es knüpft sich jedoch daran wegen der Mannigfaltigkeit ihres geologischen Auftretens und ihrer vielgestaltigen petrographischen Ausbildung ein hohes wissenschaftliches Interesse. Aber nicht nur in wissenschaftlicher, auch in bautechnischer Beziehung besitzen diese Gesteine eine große Bedeutung, weil dieselben wegen ihrer großen Härte für den Straßenbau ein ausgezeichnetes Material abgeben. Es ist deshalb angezeigt, über die an einem reichen Stufenmaterial gewonnenen Resultate der petrographischen und geologischen Untersuchung eine sorgfältig durchgearbeite Mitteilung in die Öffentlichkeit gelangen zu lassen.

Sowie die früher geschilderten, so liegen auch sämtliche neu aufgefundenen Kalksilikatlagerstätten in der Umgebung von Groß-Ullersdorf und Wiesenberg, im Bereiche jenes großen Gneismassivs der Hochschar-Kepernikgruppe des Hochgesenkes und seiner südwestlichen Ausläufer. Dasselbe ist allgemein von SW—NO (genauer 14 h 4 gd) gestreckt, das allgemeine Fallen der Gesteinsbänke ist vorherrschend NW. Im NO folgt die Schieferung und Bankung der Granitgneismasse einem sanft geschwungenen Gewölbebogen, der dort vollständig erhalten ist, dagegen dieselbe im SW, das ist in der Umgebung von Groß-Ullersdorf, als ein gegen SO überkipptes Gewölbe erscheint, wodurch das herrschende isoklinale Fallen gegen NW bedingt wird.

Über das petrographische Verhalten des Biotitaugengneises haben Prof. F. Becke[1]) und der Verfasser[2]) kurze Mitteilungen veröffentlicht. Hierbei wurde betont, daß wir uns die gedachte zentrale Gneiskuppel keineswegs als eine einheitliche Granitgneismasse vorstellen dürfen, vielmehr spielen hier Differenziationen und wiederholte Nachschübe des granitischen Magmas eine vielgestaltige und gewaltige Rolle. Speziell in dem Terrain der Kalksilikatlagerstätten, und zwar in der Umgebung von Reigersdorf im Bügerwald und Pfaffenbusch sehen wir breite Lager von jüngerem Muskovitgranitgneis verknüpft mit gewaltigen Stöcken von Massenpegmatit und zahlreichen Durchsetzungen von Gangpegmatit. Anderseits übergeht der Stockpegmatit randlich in muskovitarme feldspatreiche Massenaplite. Ferner enthält der Kepernikgneis in unserem Gebiete häufig basische Ausscheidungen, die bei Vorwalten der Hornblende von dioritischer, bei Vorherrschen des Biotits von lamprophyrischer Zusammensetzung sind.

In der Umgebung von Groß-Ullersdorf finden wir speziell am Schloßberg einen orographisch scharf herausmodellierten Kegel

---

[1]) L. c. pag. 289.
[2]) L. c. pag. 540.

von S t o c k w e r k s p e g m a t i t, der auch geologisch genau dieser
Erscheinungsform entspricht. Vor N e u d o r f wurde seinerzeit eine
k o l o s s a l   m ä c h t i g e   M a s s e   w e i ß e n   Q u a r z e s   für die Zwecke
der Straßenbeschotterung abgebaut; es ist dies jedoch das jüngste Aus-
scheidungsprodukt des Stockpegmatits, bestehend vorwiegend aus
Q u a r z (Amethyst)-S o n n e n,   S t e r n- u n d   S t a n g e n q u a r z   m i t
a p l i t i s c h e n   E i n s c h l u ß m a s s e n, welch letztere vollständig einer
rückschreitenden Metamorphose zu S e r i z i t unterworfen waren.
Südlich Neudorf verbreitet sich ein wohl kleines M a s s i v von A p l i t-
g n e i s begleitet von e c h t e n   A p l i t e n, dessen merkwürdige mine-
ralogische Zusammensetzung unser ganz besonderes Interesse fesselt
und das zusammen mit den darüber im Hangenden folgenden Kalksilikatmassen der Gegenstand eingehender Untersuchung werden soll. Es
sind dies durchweg Produkte einer tiefeingreifenden magmatischen
Spaltung.

Über dem zentralen Gneiskern lagert die bereits erwähnte,
vielfach zerstückte S c h i e f e r h ü l l e, welche in der Kepernikberggruppe selbst noch relativ vollständiger, dagegen in ihren südwestlichen Ausläufern nur noch in räumlich beschränkten Überresten erhalten ist. In der Richtung des generellen Streichens von SW gegen
NO fortschreitend haben wir folgende Fundstätten der in Rede
stehenden Gesteine aufzuzählen:

1. Eine Gruppe zahlreicher Kalksilikatstöcke auf der B u c h-
w a l d h ö h e   zu   R e i t e n d o r f   und am benachbarten   H u t-   u n d
S c h l o ß b e r g   zu   G r o ß - U l l e r s d o r f, eingelagert in Muskovitschiefer und von mehreren Stöcken von Massenpegmatit und zahllosen Pegmatitgängen begleitet, beziehungsweise durchbrochen.

2. Die Kalksilikatlager im V i e h g r u n d und am F i c h t e n b e r g
w e s t l i c h   N e u d o r f, von Biotitaugengneis und mächtigen Massen-
apliten umschlossen.

3. Die kleinen Kalksteinstöcke am Ostabhange des P r e d i g t-
s t e i n s   o b e r h a l b   E n g e l s t a l   nächst Winkelsdorf im Biotitglimmerschiefer.

4. Kalksilikatvorkommen am Westhang des Schindelkamp längs
der R a u s c h t e ß im Biotitaugengneis eingelagert, nächst der Grenze
gegen den überlagernden Biotitglimmerschiefer?

5. Mächtiges, flaches, dünngeschichtetes Kalksilikatlager am
R o t h e n b e r g (1011 m ü. M.), inmitten eines ausgedehnten Kom-
plexes von Biotitglimmerschiefern gelegen.

Es sei gleich im vorhinein hervorgehoben, daß bei diesen Erscheinungen der exomorphen Kontaktmetamorphose der Grad der
Mineralbildung ein sehr verschiedener ist. Die sub 2 und 4 angeführten, zu Neudorf und an der Rauschteß lassen die größte Intensität
und Mannigfaltigkeit der Kontaktgebilde erkennen, weil hier diese Kalksilikatfelse unmittelbar in den intrusiven Granitgneis versenkt erscheinen; hier hat also eine direkte magmatische Einwirkung stattgefunden. Die Kalksilikatmassen zu Reitendorf sub 1 sind wohl zum
Teil im Glimmerschiefer eingelagert, werden jedoch in nächster
Nähe von dem Intrusivgestein umschlossen und dessen Nachschüben
begleitet, daher auch hier die Bildung von Kontaktmineralien eine

50*

durchgreifende und mannigfaltige ist. Jedenfalls hat das Magma nur
eine Fernwirkung durch Lösungen (Kristallisatoren und Wasser) als
auch Gase ausgeübt und nur durch den Stockwerkspegmatit eine
Nahwirkung erzielt. Abgeschwächt sind diese Erscheinungen jedoch
bei den sub 5 angeführten Kalksilikatfelsen am Rothenberg, die, wie
erwähnt, in einer weitverbreiteten Zone von Glimmerschiefer lagern
und von einem Eruptivgestein in der Umgebung nichts zu sehen ist.
Dagegen kam es bei dem sub 3 angeführten Kalksteinvorkommen
lediglich zur Marmorbildung, zumal dasselbe in einer ausgedehnten
Glimmerschieferzone eingeschaltet ist, in welcher Eruptivgesteine
fehlen oder in weiter Entfernung anstehen. In den beiden letzteren
Fällen hat das Magma aus großer Teufe und auf weite Entfernung
indirekt gewirkt, durch Stoffzufuhr (Mineralisatoren und Wasser) sowie
von Gasen auf dem Wege der Diffusion, welch letztere durch die
Klüftigkeit, Porosität und Kapillarität der Gesteine, beziehungsweise
der dadurch bedingten Durchlässigkeit derselben unterstützt sowie
durch erhöhte Temperatur befördert wurde.

Es sollen nun die einzelnen Vorkommen der Kalksilikatfelse in
der obigen Reihenfolge hinsichtlich ihrer Petrographie und Geologie
näher untersucht und geschildert werden.

I. Reitendorf und Groß-Ullersdorf.

(Bericht über die Aufschlüsse.)

Am südwestlichen Ende der Gemeinde Groß-Ullersdorf
erhebt sich aus der Ebene des weiten Teßtales der kegelförmig
herausmodellierte Schloßberg, an dessen nordöstlichem Fuße das
fürstlich Liechtensteinsche Schloß Groß-Ullersdorf samt Neben-
gebäuden liegt und hinter dem sich der reizende Schloßpark an seinen
Gehängen ausbreitet. Der Schloßberg findet seine Fortsetzung gegen
SW in dem bereits auf Reitendorfer Territorium gelegenen
Hutberg und weiterhin auf der Buchwaldhöhe, welch letztere
östlich gegen den Lustbach einem Nebenfluß der Teß abfällt und gegen
SW mit dem Karlsberg (Kote 640 m) der nächstliegenden höchsten
Erhebung zusammenhängt; gegen West hin senkt sich die Buchwald-
höhe zum Heidelbeergraben, welcher bei dem fürstlichen Meier-
hof aus dem Teßtal gegen den Karlsberg zieht.

Der kürzeste Weg zu den am Ostfuße der Buchwaldhöhe gelegenen Steinbrüchen führt von der Eisenbahnstation Petersdorf auf
der sogenannten Prosingerstraße, an der vormaligen am Lustbache gelegenen „Schleifmühle" vorbei nach dem unteren Prosingerbruche, von diesem liegt beiläufig 150 m entfernt am Lustbach aufwärts der obere Prosingerbruch und in weiteren 250 m etwa
erreicht man oberhalb der Tinzmühle den großen Heinischbruch,
welche sämtlich für die Zwecke der Straßenbeschotterung im Kon-
kurrenzbezirke Mährisch-Schönberg betrieben werden, und zwar in
beiden ersteren durch den Baumeister Herrn Josef Prosinger in
Mährisch-Schönberg und der letztgenannte durch den Straßenbau-
unternehmer Herrn Josef Heinisch, Reitendorf.

Diese Aufschlußpunkte gewähren ein hohes Interesse in bezug auf die merkwürdige petrographische Ausbildung der daselbst vertretenen Kalksilikatfelse, wie weiter unten ausgeführt werden wird. Betrachten wir nun die einzelnen Lagerstöcke an der Hand der verschiedenen Aufschlüsse:

In dem unteren Prosingerbruche wird eine dickbankige Kalksilikatmasse mit dem Betriebe höhlenartig verfolgt, daselbst stehen im Hangenden mächtige und merkwürdige K o n g l o m e r a t b ä n k e, auf den Schichtköpfen liegen d i e Ü b e r r e s t e e i n e s P e g m a t i t g a n g e s (siehe Profil 1 auf Taf. XVIII). Die aufgeschlossene streichende Länge ist 24 *m*, das querdurchbrochene Streichen 26 *m*, die senkrechte Pfeilerhöhe ungefähr 18 *m*, das allgemeine Streichen des Kalksilikatfelses und der Konglomerate 4 h, das Verflächen derselben nach 22 h unter ⋉ 23 bis 25⁰.

Auf dem Streichen gegen NO fortschreitend, stößt man auf die wichtige Tatsache, daß die Fortsetzung der Kalksilikatfelse und Konglomerate durch eine gewaltige Masse von Stockpegmatit unterbrochen wird, hinter welcher jene ebenfalls schwebend gelagerten Kalksilikatmassen einbrechen, welche mit dem oberen Prosingerbruch abgebaut werden. Hier machen wir zunächst die Wahrnehmung, daß ein dreimaliger Schichtenwechsel von Kalksilikatfels mit Konglomeratbänken bloßgelegt erscheint, deren Streichen mit 1 h, das Einfallen mit 19 h unter ⋉ 15—20⁰ observiert wurde. Die soliden Felsbänke sind 1·5 bis 1·25 *m* mächtig, dagegen die Konglomeratbänke 0·5 *m* bis 0·75 *m* mächtig und mit dem Fels zuweilen gleichwie verknetet. Die aufgeschlossene streichende Länge beträgt 30 *m*, die Steinbruchs-Pfeilerhöhe ungefähr 12—15 *m*.

Wesentlich anders geartet sind die Lagerungsverhältnisse in dem großen Heinischbruch, welcher die dortige gewaltige Kalksilikatmasse auf ungefähr 150 *m* im Streichen verfolgt und dabei eine senkrechte Steinbruchshöhe von ungefähr 15—20 *m* einbringt; die Gesteinsmasse erscheint teils flaserig verwachsen, größtenteils polyedrisch zerklüftet ohne Schichtung, bloß örtlich kann man dicke Bänke unterscheiden, deren allgemeines Streichen auf die Richtung 1 h 7 gd schließen und das steil einschießende Verflächen 7 h 7 gd unter ⋉ 70⁰ erkennen läßt. Anderseits ist das Verflächen fast am Kopf stehend, oder es ist bereits steil nach der Gegenstunde 19 h 7 gd gerichtet, was auf eine stockförmige Lagerungsform hinweist. (Hierzu das Querprofil 2 auf Taf. XVIII.) Am Hangenden beobachtete ich zunächst einen Gang von g e f l e c k t e m T u r m a l i n p e g m a t i t, weiter folgt ein von der Talerosion verschont gebliebener Überrest von S t o c k p e g m a t i t. Das Liegende bildet ein großschuppiger Glimmerschiefer (Muskovitschiefer) in ansehnlicher Mächtigkeit entwickelt. In dem v e r l a s s e n e n S t e i n b r u c h a m S c h e i t e l der Buchwaldhöhe links des Feldweges (welcher von Reitendorf über die Buchwaldhöhe nach dem Karlsberg führt), haben wir die nordöstliche Fortsetzung der Kalksilikatfelse aus dem großen Steinbruch vor uns, welche hier von mehreren Pegmatitgängen mit schönen Turmalinen durchsetzt werden.

Am Westabhang der Buchwaldhöhe konnte ich die weitere Verbreitung der Kalksilikatmasse vom großen Steinbruch und deren Westfallen deutlich beobachten; ferner wurde festgestellt, daß dieselbe hier von sehr zahlreichen Gängen von Turmalinpegmatit durchädert wird; weiter gegen West grenzt daran ein breites Pegmatitlager, dem schließlich am Hangenden ein grobschuppiger Muskovitschiefer mit Idioblasten von Granat nachfolgt. (Siehe Prof. 2, Taf. XVIII.)

Am oberen Ende der Buchwaldhöhe in der Richtung gegen den Karlsberg beobachtete Verfasser zunächst das letzterwähnte breite Pegmatitlager mit endogenen Kontaktbildungen, von denen unten folgend die Rede sein wird; sodann wird weiter aufwärts das südwestliche Ende der großen Kalksilikatmasse von graubraunem, glimmerreichem Biotitmuskovitgneis und endlich von dem herrschenden grobklotzigen und massigen, grauen Biotitaugengneis, dem Hauptgestein unserer Gegend, umschlossen, beziehungsweise abgeschnitten.

Mit dem Steinbruch im Heidelbeergraben (Knoblochbruch genannt) wurde früher ein gleichgearteter Kalksilikatfels abgebaut, welcher steiles Westfallen zeigt, ebenfalls im Hangenden und Liegenden von Pegmatitgängen begleitet und von dem oben erwähnten granatführenden Muskovitschiefer überlagert wird. (Siehe das Querprofil Fig. 3, Taf. XVIII.)

Aus diesen Lagerungsverhältnissen ergibt sich, daß die Kalksilikatfelse des großen und der erwähnten verlassenen Steinbrüche auf der Buchwaldhöhe einen einheitlichen beiderseits abfallenden, also stehenden Lagerstock, beziehungsweise eine kegelförmige Felsmasse darstellen, deren Scheitel mit demjenigen der Buchwaldhöhe zusammenfällt, wie dies durch die Querprofile (Fig. 2 u. 3, Taf. XVIII) dargestellt erscheint.

Untergeordnete Kalksilikatstöcke finden sich noch längs des erwähnten Buchwaldweges am Fuße des Hutberges, wo zwei solcher Stöcke im mächtigen Glimmerschiefer (Muskovitschiefer) liegen. In entgegengesetzter Richtung fand ich rechts des Buchwaldweges im Lerchenbusch des Steinbruchbesitzers Heinisch, gegen Ludwigstal hin, ein untergeordnetes Kalksilikatlager, das von einem breiten Pegmatit-Aplitlager begleitet und weiterhin von dem herrschenden Biotitaugengneis des Zentralkernes umschlossen wird. Auch hier ist es gelungen, Pegmatitgänge mit schönen Turmalinen (Schörl) aufzufinden. Über die Lagerungsverhältnisse dieser untergeordneten Stöcke gibt Querprofil Fig. 3, Taf. XVIII, hinreichenden Aufschluß, so daß weitere Erläuterungen überflüssig wären.

Schloßberg.

Wenden wir uns dem Schloßberg zu, so ergibt sich aus der Feldesaufnahme, daß dessen orographische Form, der geologischen Erscheinungsform seiner zentralen Pegmatitmasse kongruent ist. Es besteht nämlich der größte Teil dieses Berges (im Gegensatz zu dem jüngeren Gangpegmatit) aus groß- bis riesenkörnigem Massenpegmatit, der als ein gewaltiger Kegel erscheint, gegen Ost durch Überreste von Biotitaugengneis, gegen West von einem Kalksilikatlager flankiert und hier sonst seltene endomorphe Kontaktgebilde aufweist, von welchen weiter unten die Rede sein wird: (Siehe Querprofil Fig. 4, Taf. XVIII.) Am Scheitel des gedachten Pegmatitkegels, der zugleich der Scheitel des Berges ist, steht der Stockpegmatit als kolossale zum Teil nackte, von einem Kreuz bekrönte Felsmasse zutage an. Diese letztere findet ihre Fortsetzung gegen SSW auf dem mit dem Schloßberg zusammenhängenden Hutberg, wo der Pegmatit vom Glimmerschiefer abgeschnitten wird, der am Buchwald-Hohlweg herrschend ist, dagegen von dem Schloßberger Stockpegmatit nichts mehr zu sehen ist.

Das Kalksilikatlager an der Westflanke des Schloßberges geht gegen das Hangende in M a r m o r , b e z i e h u n g s w e i s e k r i s t a l l i n e n K a l k s t e i n über und bin ich zu der Annahme berechtigt, daß dasselbe von dem Glimmerschiefer oder oberen Heidelbeergraben umschlossen wird, obwohl dort wo dieser zu erwarten wäre, das Grabenalluvium jeden Einblick hindert. Weiter am Westgehänge des letzteren Grabens gegen die Anhöhe „Lerchenbusch" tritt a b e r m a l s g r o ß - k ö r n i g e r M a s s e n p e g m a t i t i n a n s e h n l i c h e r V e r b r e i t u n g auf, welche stockförmige Masse durch weitgehende Denudation, beziehungsweise Abrasion abgetragen erscheint.

Petrographische Charaktere der Kalksilikatfelse zu Reitendorf und Groß-Ullersdorf.

Die Kalksilikatfelse in den beiden Prosingerbrüchen sowie in dem großen Heinischbruche auf der Buchwaldhöhe sind von den früher geschilderten Vorkommen in der Umgebung von Mährisch Schönberg, trotz der nicht zu leugnenden Berührungspunkte, doch wesentlich verschieden und tragen, wie uns ein Blick in die erwähnten Steinbrüche sofort belehrt, in petrographischer Hinsicht ein ganz eigenartiges Gepräge zur Schau, das auch auf den übrigen Vorkommen in der Umgebung von Wiesenberg nicht wiederkehrt. Insbesondere sind es die großen Biotitmassen, die uns sofort ins Auge fallen und unsere Aufmerksamkeit fesseln. Von ganz besonderem Interesse sind die Konglomerate in den beiden Prosingerbrüchen, welche für die genetischen Beziehungen der Kalksilikatfelse sowie der kristallinen Gesteine überhaupt hochwichtige und zweifellose Hinweise enthalten. Es sind demzufolge auf der Buchwaldhöhe folgende Varietäten dieser Kontaktgesteine zu unterscheiden:

Kalzitreicher Augithornfels.

Die Untersuchung unter dem binokularen Mikroskop lieferte folgendes Ergebnis: Ein graugrünes melanokrates, allotriomorphes körniges Gestein, das unter den übrigen Varietäten in den gedachten Steinbrüchen vorherrschend ist und die Hauptmasse des gewinnbaren Steinmaterials bildet. Im frischen, unzersetzten Zustande sind seine Hauptgemengteile: R u n d k ö r n i g e F e l d s p a t e gemengt mit Körnern und körnigen Aggregaten von A u g i t, nebst reichlichem K a l z i t, der eine Art Füll- und Überrindungsmasse abgibt. Dazwischen bemerkt man häufig Schmitze, Lagen und Nester von dunkelbraunem, metallisch glänzenden B i o t i t, ferner glasigen, zum Teil fettglänzenden Quarz als

Übergemengteile. Nebengemengteile sind Granat, Pyrit, Magnetkies und Magnetit in kleinsten Kriställchen und Körnchen.

Die Menge des Augit und Kalzit ist zuweilen größeren Schwankungen unterworfen, so daß sich Übergänge in augitführenden Marmor vollziehen; ebenso ist die Menge des Quarzes wechselnd, welcher überhaupt häufig in zentimeterdicken Lagen, ei- bis faustgroßen Knauern dem Augithornfels eingewachsen ist. Die erwähnten Biotitnester, die nuß- und hühnereigroß werden können, stellen sich als Anhäufungen von schwarz- bis rotbraunen Biotit in einem körnigen Aggregat von Plagioklas dar, worin man auch Granatkörner, Pyrit und Magnetit mit Ausschluß von Kalzit wahrnimmt. Umwandlung des Biotits zu Muskovit ist sehr häufig, jene zu Klinochlor selten zu beobachten.

Die Augithornfelse sind durchweg kalzitreiche Gesteine, die mit HCl mehr oder weniger stark brausen, nur untergeordnete Massen davon erscheinen kalzitfrei.

Im Dünnschliff unter dem P. M. fällt uns zunächst die große Menge von Kalzit auf, der in runden Körnern ausgezeichnete Zwillingsbildung nach $-\frac{1}{2} R \ (01\bar{1}2)$ in gitterförmiger Anordnung seiner breiten Lamellen darbietet; er ist glasglänzend, schimmernd bis matt, farblos und zeigt unter $\times$ Nicols die weißlichen Farben höherer Ordnung rot und grün irisierend. Darin finden sich zahlreiche Einschlüsse von Augit, Feldspat, Quarz und Ilmenit. Eine große Rolle spielen die mannigfaltigen Feldspate, und zwar wurde neben etwas Orthoklas meist Mikroklin und Plagioklas festgestellt; dieselben sind in der Regel mehr oder weniger stark hellgelbbraun bestaubt. Der Orthoklas besitzt wohl Spaltbarkeit (001 und 010), jedoch bei der stärksten Vergrößerung keine Zwillingslamellen, dagegen der überwiegende Mikroklin unter $+$ Nicols deutlich erkennbare Zwillingsstreifung und eine Auslöschungsschiefe seiner Lamellen auf $P = 15^0$ sowie seine gegen Quarz geringere Licht- und Doppelbrechung charakterisiert erscheint. Feldspate mit ausgezeichneter scharfer und breiter Zwillingsstreifung zumeist nach dem Albitgesetz, mitunter dem Periklingesetz, gehören dem Plagioklas an; seine Auslöschungsschiefe in Schnitten $\perp M$ und P wurde an der Trasse der Albitzwillinge $= 24^0$ im Mittelwerte gefunden, also eine Zusammensetzung aus 56 Ab und 44 An bestimmt, daher der Plagioklas zur Andesinreihe gehört. Die Feldspate führen als Einschlüsse einzelne Kalzitkörner, ferner rhombische Querschnitte von Titanit sowie Körner und Skelette von Augit. Zwischen den Feldspaten findet man vereinzelte glasklare Körner ohne Spaltrisse, die gegen den Mikroklin größere Licht- und Doppelbrechung zeigen (Beckesche Linie) und sich dadurch als Quarz zu erkennen geben; darunter sind auch vereinzelt auftretende kleine Myrmekite zu erwähnen. Zu den wesentlichen Komponenten gehören ferner die monoklinen Pyroxene, und zwar ist es vorherrschend hellgrüner diopsidischer Augit nebst dagegen zurücktretenden farblosen diopsidischen Pyroxen. Der diopsidische Augit bildet meist größere Körner, aber auch kurzsäulige Kristalle von $\infty P \ (110)$.

$\infty \overline{P} \infty$ (100) begrenzt, mit zackiger Endigung, häufig mit Zwillingsbildung nach (100), gewöhnlich sind mehrere darunter recht schwache
Lamellen in Zwillingsstellung eingeschaltet; die dichtgedrängten Spaltrisse nach (110) erscheinen in Basisschnitten gekreuzt, in Längsschnitten parallel geordnet, nicht gerade häufig sind Querrisse un-
gefähr parallel (001). Der Pleochroismus ist $\mathfrak{a} = \mathfrak{c}$ grünlich, $\mathfrak{b}$ gelblich.
Die Auslöschungsschiefe hat man in Längsschnitten nach (010) gegen
die groben Längsrisse $c : \mathfrak{c} = 44^0$ im Mittelwerte gefunden, der Achsenwinkel $2\, V = 60^0$ ermittelt; optischer Charakter positiv; die Doppelbrechung ist stark, sie wurde nach der Farbentafel von M i c h e l -
L e v y und L a c r o i x $\gamma-\alpha = 0{\cdot}020$ bis $0{\cdot}025$ bestimmt. Nach diesem
Verhalten gehört dieser Augit zu den diopsidischen Augiten. Derselbe
enthält als Einschlüsse größere Feldspatkörner und viel Titanit und
Ilmenit. Neben dem Augit gelang es noch einen z w e i t e n m o n o -
k l i n e n P y r o x e n festzustellen, der keineswegs selten ist, zuweilen
dem ersteren an Menge das Gleichgewicht hält, seinem morphologischen
Verhalten nach von dem vorigen nicht verschieden ist, dagegen fehlt
ihm jeder Pleochroismus, die Auslöschungsschiefe ist in den Längsschnitten nach $\infty P \infty$ (010) gegen die groben Spaltrisse $c : \mathfrak{c} = 59$
bis 61^0 gefunden worden, der optische Charakter ist positiv, der
Brechungsexponent ist hoch $\gamma-\alpha = 0{\cdot}030$, was auf zunehmenden Eisengehalt schließen läßt. Nach diesem Verhalten gehört dieser monokline
Pyroxen zum diopsidischen Pyroxen, und zwar vom Typus des Eisen-
schefferit von Paysberg. Es ist wahrscheinlich, daß hier ein Übergangsglied zu den Aigirinaugiten vorliegt, denen wir weiter unten
begegnen werden.

An manchen Stellen der vorliegenden Dünnschliffe beherrschen
das Gesichtsfeld a u s g e b r e i t e t e D e r i v a t e der Augit-Feld-
s p a t a g g r e g a t e, und zwar erblickt man zunächst farblose, länglich geformte Schuppen mit Spaltrissen parallel (001) und polysynthetischer
Zwillingsbildung nach dem Glimmergesetz, Pleochroismus kaum merklich,
nach der Auslöschungsschiefe gegen die Zwillingslamellen $c : \mathfrak{c}$, welche
$12{-}15^0$ gemessen wurde, gehört dieser C h l o r i t z u m K l i n o c h l o r,
dessen Lichtbrechung schwach, Doppelbrechung nach der Methode von
M i c h e l - L e v y und L a c r o i x $\gamma - \alpha = 0{\cdot}011$, also stärker als bei
Pennin bestimmt wurde, abnorm hohe Interferenzfarben zeigt: meist
indigoblau oder wie in den Zwillingslamellen olivengrün und indigoblau abwechselnd. — Während sich der Augit zu Chlorit umsetzt, zerfallen die Feldspate in submikroskopische Aggregate, wahrscheinlich
von Z o i s i t und P r e h n i t, worin sich Überreste von Augitskeletten
und dessen Wachstumsformen sowie vereinzelte Plagioklaskörner erhalten haben. — Opake schwarze Kristalle mit den Konturen des
I l m e n i t s sind zum größten Teil in körnigen, stark lichtbrechenden
L e u k o x e n umgewandelt, was man bestens bei abgeblendetem
Spiegel beobachtet. Darin finden sich kleinste Ilmenitrelikte in größerer
Menge eingestreut, die in der Regel zerhackt und zackig erscheinen.
Es sind dies Erscheinungen, wie man sie in jedem Diabas beobachten
kann. Auch sonst ist der Ilmenit in großen, völlig opaken B l e c h e n
und kleinsten rektangulären Kristallen im Gesteinsgewebe verteilt,
insbesondere aber im Augit, an welch letzteren auch die Leukoxen-

aggregate geheftet erscheinen. Die Ilmenit- und Leukoxenaggregate treten lokal im Gestein so massenhaft auf, daß ihnen fast die Rolle eines wesentlichen Gemengteiles zufällt. Dagegen ist der farblose Titanit (Grothit) nur akzessorisch, er fällt sofort durch seine hohe Licht- und Doppelbrechung auf und ist außerdem durch seine briefkuvertähnlichen, beziehungsweise rhombischen Durchschnitte leicht erkennbar; er ist jedoch in dem Mineralgewebe allgemein verteilt, insbesondere aber in den Augiten und Pyroxenen eingesprengt.

Das Gefüge der obigen wesentlichen Komponenten des kalzitreichen Augithornfelses ist granoblastisch (Hornfelsstruktur), die Gemengteile stoßen stumpf aneinander, sie umschließen sich wechselseitig, ein jeder derselben ist von verschieden gestalteten Körnern des anderen erfüllt, so daß von einer Reihenfolge der Mineralbildung wohl nur in beschränktem Maße die Rede sein kann.

Eine Anzahl Stufen des kalzitreichen Augithornfelses, geschlagen von demselben Felskörper im großen Steinbruch auf der Buchwaldhöhe, von dem auch das Material der Dünnschliffe herstammt, wurde in dem chemischen Laboratorium der Witkowitzer Steinkohlengruben zu Mährisch-Ostrau durch den Chefchemiker R. Nowicki der chemischen Analyse unterworfen, welche das folgende Resultat ergab:

III.

	Prozent
Kieselsäure SiO_2	46·82
Titansäure TiO_2	0·43
Tonerde Al_2O_3	11·18
Eisenoxyd Fe_2O_3	—
Eisenoxydul FeO	6·58
Kalkerde CaO	19·30
Magnesia MgO	3·62
Kali K_2O	3·93
Natron Na_2O	1·47
Kohlensäure CO_2	6·53
Schwefelsäure SO_3	—
Konstitutionswasser H_2O	0·59
Kristallwasser H_2O	0·15
Zusammen . .	100·60

Das Gestein verweist somit auf einen mergeligen und dolomitischen Kalkstein als ursprüngliches Substrat, bestehend aus Karbonaten der CaO, MgO und des FeO im Gemenge mit Tonsediment. Es erscheint jedoch bereits ein großer Teil der CO_2 ausgetrieben und durch SiO_2 ersetzt. — Übrigens wird auf den weiter unten folgenden Abschnitt: „Diskussion der Analysenresultate" hingewiesen.

Im Knoblochbruch des Heidelbeergrabens ist ebenfalls ein kalzitreicher Augithornfels von echt granoblastischer Struktur vorherrschend; derselbe ist ausgezeichnet durch dunkelbraune Schmitze und Nester angehäufter Biotit-Plagioklasaggregate, die kalzitfrei sind; ferner durch über faustgroße Ausscheidlinge von Orthoklas nebst Mikroklin, auch als Trümmer und Leisten; schließlich durch zahlreiche bis faustgroße Quarzlinsen, die gleichsam in·der Felsmasse suspendiert erscheinen.

Aus demselben Steinbruch ist auch eine sehr feinkörnige bandstreifige Varietät des Kalksilikatfelses hervorzuheben, die zusammengesetzt ist aus 5—10 mm breiten Streifen der Biotit-Plagioklasaggregaten mit ebenso breiten Quarzstreifen in wiederholter Wechsellagerung; diesem zum Teil gneisähnlichen Gestein fehlt der Kalzit vollständig.

Biotitaugithornfels, untergeordnet Biotitplagioklasfels.

a) Kalzitarmer Biotitaugithornfels im Heinischbruch.

Es ist dies ein allotriomorphes feinkörniges Gestein von grünlichgrauer bis grauer Farbe, worin bis faustgroße dunkelbraune bis graubraune Flecken zu sehen sind. Bei näherer Betrachtung stellt sich dieses Gestein als eine innige Verwachsung des kalzitreichen gröberkörnigen Augithornfelses mit unregelmäßig begrenzten, faust- bis kopfgroßen Konkretionen eines kalzitfreien feinkörnigen Biotit-Feldspatgemenges, welch letzteres wir unten folgend, auch als eine selbständige Gesteinsvarietät kennen lernen werden. In den gedachten Einschlüssen halten sich ein schuppiger Biotit in einzelnen Lamellen oder Paketen solcher, sowie aus scharfeckigen kleinen Körnern bestehender Feldspat das Gleichgewicht; außerdem fallen uns in dem Gesteinsgefüge eingewachsene nuß- bis faustgroße Quarzlinsen auf. Neben diesen Hauptgemengteilen finden sich als Nebengemengteile zahlreiche Granatkörner, reichlich Titanit und sehr viele Magnetit- und Ilmenitkörner, wobei die Erze allen übrigen Gemengteilen eingesprengt erscheinen. Der Granat ist von Augit und Erzen derartig überfüllt, daß vielfach skelettartige Ausbildung vorliegt.

Im Dünnschliff u. d. P. M. zeigt das Gestein außerhalb der braunvioletten Biotitausscheidungen die normale Zusammensetzung des kalzitreichen Augithornfelses, worin die wesentlichen Bestandteile: mannigfaltige Feldspate, darunter zwillingsstreifiger Plagioklas und gegitterter Mikroklin vorwalten, hellgrasgrüner diopsid. Augit nebst farblosen diopsid. Pyroxen, ferner reichlich verzwillingte Kalzitkörner, dagegen Quarz zurücktritt; hierzu kommen allgemein verteilt Bleche und Kristalle von Ilmenit, unregelmäßig verbreitete Leukoxenaggregate mit Ilmenitrelikten und Titanit, überall insbesondere aber im Augit eingestreut.

Wenden wir uns nun den Biotitausscheidungen zu, so ist zu erkennen, daß sie im Dünnschliff vorwiegend aus Plagioklas mit gelbbraunem Biotit im granoblastischen Gefüge bestehen, hierzu gesellt sich etwas diopsid. Augit in kleinen Körnern, nach seinen groben Spaltrissen leicht erkennbar, ferner Ilmenit und einzelne Titanit- und Granatkörner den vorgenannten Komponenten eingestreut; dagegen fehlt der Kalzit den Biotitnestern gänzlich sowie auch der Quarz nur in wenigen glasklaren Körnern da und dort zu sehen ist. — Der Plagioklas zeigt bald auffallend breite, bald schmale Zwillingslamellen nach dem Albitgesetz, mitunter auch nach dem Periklingesetz, derselbe gehört zu den kalkreichen Mischungen, und zwar ergab die an zahlreichen Durchschnitten $\perp$ P M und der Trasse der Albitzwillinge gemessene Auslöschungsschiefe = 21° als Mittelwert, welcher 60°/₀ Ab und 40°/₀ An-Gehalt entspricht und demzufolge einen A n d e s i n feststellen ließ. Breite Zwillingslamellen, höhersteigende Doppelbrechung deuten darauf hin, daß im Plagioklas auch basischere Mischungsverhältnisse von $Ab + An$ vorliegen, die sich dem Anorthit nähern. An dem Plagioklas wurde ferner die Wahrnehmung gemacht, daß sehr viele Körner auf eine größere Ausdehnung hin eine genau gleichorientierte Zwillingsstreifung besitzen, welche zudem normal auf der Streckung des Biotits steht, was wohl darauf hinweist, daß unser Plagioklas früher aus s e h r v i e l g r ö ß e r e n K ö r n e r n b e s t a n d, sodann infolge von Quetschung zu dem heutigen Aggregat kleinster Körner zerfallen ist. — Der B i o t i t, welcher sich gegen Plagioklas und Quarz streng idioblastisch verhält, tritt in Form unregelmäßiger, vielfach zerrissener Lappen auf, derselbe ist parallel zu seinen Spaltrissen gestreckt. Zwillingsbildung parallel (001) häufig, dabei sich die Lamellen durch verschiedene Interferenzfarben bei $\times$ Nicols, insbesondere aber durch ihre abwechselnde Auslöschungsschiefe enthüllen. Im Dünnschliff erscheint unser Biotit gelbbraun und drapp, aber auch grünlichbraun und farblos, der Pleochroismus ist sehr kräftig, und zwar $\mathfrak{a}$ farblos, $\mathfrak{b} = \mathfrak{c}$ gelbbraun, daher Absorption $\mathfrak{c} = \mathfrak{b} > \mathfrak{a}$, der optische Charakter ist negativ, der Axenwinkel ist relativ groß, die Auslöschungsschiefe gegen die Spaltrisse wurde an zahlreichen Durchschnitten $c : \mathfrak{a} = 9°$ gemessen und die Doppelbrechung hoch $\gamma - \alpha = 0\cdot030$ gefunden; Basisschnitte sind selbstredend isotrop. In der h e l l g e f ä r b t e n V a r i e t ä t ist die Auslöschungsschiefe $\mathfrak{c} : \mathfrak{a} = 7^{1}/_{2}°$, demzufolge 2 V klein, Doppelbrechung sehr hoch $\gamma - \alpha = 0\cdot045$. Schöne Zonarstruktur oder isomorphe, mehrfach wiederholte Schichtung ist an diesem Glimmer eine häufige Erscheinung und man bemerkt, daß schwarzbraune und drappfarbige Anwachsstreifen teils den Rändern, teils der Basis folgen, dann im ersteren Falle konzentrische hexagonale Ringe, im zweiten Falle symmetrisch angeordnete parallele Linien bilden; gewöhnlich herrscht dunkler Kern, heller Rand. Nach diesen Eigenschaften ist der t i e f g e f ä r b t e Glimmer zum M e r o x e n, der h e l l g e f ä r b t e u n d f a r b l o s e z u m P h l o g o p i t zu stellen. Derselbe enthält als Einschlüsse Ilmenitkristalle und Leukoxenaggregate. — Die g r o b r i s s i g e n A u g i t e d e s d i e B i o t i t k o n k r e t i o n e n u m s c h l i e ß e n d e n A u g i t h o r n f e l s e s erscheinen vielfach als Skelette und mosartige sowie büschelige Wachstumsformen, welche insbesondere mit Feldspatkörnern, Ilmenit und Titanit randlich verwachsen. Allgemein schließen sich Augit des Hornfelses und der Biotit seiner Konkretionen gegenseitig aus; wo sie randlich zusammenstoßen, hinterläßt die Sache den Eindruck, als würde sich der Biotit durch Resorption der zerhackten Augitskelette gebildet haben und gegen die letzteren gewachsen sein, demzufolge Biotit idioblastisch gegen Augit erscheint. Die g r o b körn i g e n K a l z i t r e l i k t e werden auch hier sowohl durch Augite als auch Feldspataggregate verdrängt, sie enthalten alle übrigen Gemengteile als Einschlüsse, die sich darin später angesiedelt haben.

Nachdem speziell im Biotitaugithornfels jeder Gemengteil gelegentlich jeden anderen umschließt und, wie erwähnt, die großen

Gemengteile von Körnern der anderen erfüllt sind, kommt die Hornfelsstruktur der Kontaktgesteine zustande, obwohl vielfach kein stumpfes,
sondern zackiges Anstoßen der Komponenten feststellbar ist. In den
Biotitplagioklaskonkretionen jedoch ist die Sukzession Biotit—Plagioklas
streng nachweisbar.

Zuweilen nimmt der Biotitaugithornfels bei weiterem Überhandnehmen der geschilderten Biotitplagioklaspartien einen g n e i s ä h n -
l i c h e n Habitus an.

Die Entstehung gedachter Biotitplagioklaskonkretionen möchte
ich auf die im ursprünglichen Kalkstein interponierten tonigdolomitischen
Konkretionen als Substrat zurückführen, wobei der Kalk zur Bildung
des Andesin, die Magnesia zu derjenigen des Glimmers der Biotit-
Phlogopitreihe Verwendung fand.

b) Biotitplagioklasfels.

Dieses Gestein spielt nur eine untergeordnete Rolle, verleiht
jedoch dessenungeachtet dem Kalksilikatlager des großen Steinbruches
auf der Buchwaldhöhe ein eigenartiges petrographisches Gepräge;
dasselbe befindet sich mit dem Augithornfels sowie dem Biotitaugithornfels in wiederholter Wechsellagerung oder es zieht zwischen den
anderen Typen in mannigfaltiger Verflechtung hindurch.

Das d u n k e l g r a u m e l i e r t e mürbe und gebräche Gestein
besteht fast ausschließlich a u s e i n e m f e i n k ö r n i g e n A g g r e g a t
v o n k l e i n s c h u p p i g e m B i o t i t m i t s c h a r f e c k i g e n k l e i n e r e n
u n d g r ö ß e r e n K ö r n e r n v o n P l a g i o k l a s, letzterer öfter in
selbständigen, milli-, beziehungsweise zentimeterdicken Lagen eingeschaltet, darin akzessorisch Augit und seine Umwandlungsprodukte
Epidot und Quarz als auch zahlreiche Biotitschuppen · festgestellt
wurden. Indem sich diese Feldspatlagen wiederholen, wird eine Art
Schieferung hervorgebracht; dadurch, daß eine reihen- und lagenweise
Anordnung biotitreicher Biotit-Plagioklasaggregate mit solchen biotitarmen abwechselt. Als Nebengemengteile des Biotitplagioklasfelses
sind Granatkörner, Titanitkriställchen, Magnetit und Ilmenit zu erwähnen. Dieser Mineralbestand zeigt eine solche g r o ß e L o c k e r -
h e i t d e s G e f ü g e s, daß das Gestein bei jeder Berührung zu einem
feinen Grus zerfällt.

Schließlich sind noch hervorzuheben f a u s t - b i s k o p f g r o ß e
K o n g l o m e r a t e von Augithornfels, innig umflochten und verwachsen mit Biotitplagioklasfels. Endlich sieht man des öfteren
O r t h o k l a s -, Q u a r z - u n d K a l z i t l i n s e n von Nuß- bis Faustgröße mit B i o t i t zu einer k o n g l o m e r a t a r t i g e n Gesteinsmasse
verkittet.

Es scheint die Annahme berechtigt, daß der Biotitplagioklasfels
aus primärem tonigdolomitischen Kalkschiefer hervorgegangen ist,
welcher als untergeordnete Masse im Kalkstein eingeschlossen war,
teils mit solchem in Wechsellagerung stand oder aber als Konglomerat
von tonigem Dolomit, Kalkstein und Quarz abgelagert war. Dessenungeachtet könnten wir uns die Bildung solcher Biotitmassen nur
dann erklären, wenn wir uns die bedeutenden Mengen von $K_2 O$,

Fe O und *Mg O* imprägniert denken, denn diese können wohl in dem Ursprungsgestein in dieser Menge unmöglich vorhanden gewesen sein.

c) Kalzitreicher Biotitaugithornfels.

(Aus dem oberen Prosingerbruche.)

In diesem Steinbruche ist die Menge der im dortigen dunklen Kalksilikatfels ausgeschiedenen, braunvioletten und metallisch glänzenden Biotitplagioklasaggregate besonders und auffällig groß, dieselben sind nicht nur in faustgroßen Konkretionen, sondern auch in Lagen und Striemen allgemein dem Gestein eingeschaltet und unregelmäßig verteilt. Der Biotit der gedachten Aggregate ist auch hier zum kleineren Teil tiefbraun gefärbter Meroxen, vorwiegend jedoch im durchfallenden Licht hellgelber, hellgrünlicher und drappfarbiger Phlogopit, der im reflektierten Licht intensiv rotbraun und metallisch glänzend erscheint.

Im Dünnschliff u. d. P. M. bemerkt man ein ziemlich gleichkörniges Aggregat von Orthoklas, Orthoklasperthit und Plagioklas nebst Quarz in beträchtlicher Menge sowie Kalzit als teils einfache, teils polysynthetisch verzwillingte Individuen. Der Perthit ist mit Albitspindeln und -Flammen in solcher Menge verwachsen, daß der Orthoklas zuweilen fast ganz verdrängt wird. Der Plagioklas ist teils nach dem Albit- und Periklingesetz polysynthetisch verzwillingt und im letzteren Falle gitterförmig gestreift, hierzu gesellt sich noch das Karlsbadergesetz. In den Biotitkonkretionen gehört aller Feldspat dem Plagioklas an, an welchem die Auslöschungsschiefe in Schnitten ⊥ *P* u. *M* mit 21⁰ gemessen wurde, was einem Gehalt von 61% *Ab* und 39% *An* entspricht, demzufolge ein Andesin vorliegt.

Die zahlreichen großen, grasgrünen Idioblasten in dem kleinkörnigen leutokraten Grundgewebe gehören auch in diesem Falle dem diopsid. Augit an, an dem die Auslöschungsschiefe in Schnitten nach (110) mit der höchsten Interferenzfarbe, gegen die prismatischen Spaltrisse mit 46¹/₂⁰ im stumpfen Winkel β gemessen wurde. Auch hier ist der im Dünnschliff farblose diopsid. Pyroxen vertreten und durch seine grünlichen und weißlichen Interferenzfarben höherer Ordnung sowie die Auslöschungsschiefe gegen die prismatischen Spaltrisse auf (110) = 64⁰ im stumpfen ⋦ β gekennzeichnet, jedoch ist dessen Menge gering im Vergleiche gegen die Stufen anderer Fundorte.

Der Biotit gehört wohl zum Phlogopit, er ist im reflektierten Licht bronzerot, im durchfallenden rotbraun und braungelb, stark metallisch glänzend, mit ausgezeichneter basischer Spaltbarkeit und mit starkem Pleochroismus: (∥ den basischen Spaltrissen) ⱦ braungelb, ҍ gelbbraun und violettrosa (⊥ zu den Spalrissen), nach ɑ strohgelb bis farblos. An einzelnen Individuen wurde eine Zwillingsbildung nach dem Glimmergesetz Zwillingsfläche (001) beobachtet; zonare Struktur oder isomorphe Schichtung ist verbreitet; zahlreiche Individuen sind mit solchen mehrfach wiederholten Wachstumshöfen umschlossen, gewöhnlich herrscht dunkelbrauner Kern, blaßgelber

Rand. Die Neigung der negativen Bisektrix gegen die Normale auf (001), also auch die Auslöschungsschiefe gegen die basischen Spaltrisse ist = 7° 30', demzufolge auch großes 2 E. — An einzelnen Individuen dieser Phlogopite wurde eine größere Menge von I l m e n i t als Neubildung wahrgenommen, welcher zum Teil in L e u k o x e n umkristallisierte, was auf einen ursprünglichen Titan- und Eisengehalt hinweist. Außerdem wandelt sich dieser Phlogopit da und dort in parallelblättrige Aggregate von olivengrünem K l i n o c h l o r um.

Der geschilderte Mineralbestand in diesem Kalksilikatfels wurde von folgenden e p i g e n e t i s c h e n Umwandlungen betroffen: Es erscheinen in allgemeiner Verbreitung rhomboëdrische Kristalle und vielgestaltige Körner von I l m e n i t, welcher häufig eine weitere Umwandlung zu L e u k o x e n erfahren hat; insbesondere sind es manche Augite, die geradezu von aus Ilmenit und Leukoxen bestehenden Neubildungen wimmeln. — Einerseits bemerkt man d a s s i c h g e g e n d i e K a l z i t e a u s b r e i t e n d e W a c h s t u m d e r P l a g i o k l a s e, deren Menge stetig zunimmt, während diejenige des Kalzits in Abnahme begriffen ist, so daß nur noch Überreste einstiger größerer Individuen davon erhalten geblieben sind. Anderseits kann man das p a r a s i t ä r e V o r d r ä n g e n m o s a i k a r t i g e r A g g r e g a t e v o n P r e h n i t, K l i n o z o i s i t u n d E p i d o t sowohl gegen die Plagioklase gleichwie gegen die Kalzite verfolgen, so daß die Bildung der ersteren auf Kosten der beiden letzteren zu konstatieren ist. Daß es sich tatsächlich um die gedachten Mineralneubildungen handelt, beweist die gegen Feldspat und Quarz viel höhere Licht- und Doppelbrechung, bezüglich der Prehnite die mosaikartige oder parkettierte Auslöschung, betreffs des Klinozoisits die himmelblauen Interferenzfarben, schließlich in bezug auf den Epidot die isabellgelb und karmoisinrot gefleckten Interferenzfarben.

Daß der Titanit in unserem Kalksilikatfels keine Erstausscheidung vorstellt, beweisen die E i n s c h l ü s s e v o n K a l z i t, die in manchem Titanitkristall des in Rede stehenden Biotitaugithornfelses aufgefunden wurden. Es ist zweifellos, daß auch in unseren Kalksilikatgesteinen der Kalzit als ein primäres Mineral erscheint.

Kalzitreiches Kalksilikatkonglomerat.

(In den beiden Prosingerbrüchen.)

In den Konglomeratschichten und -bänken der gedachten Steinbrüche am Ostgehänge der Buchwaldhöhe s i n d d i e o v a l e n, z u m Teil länglich und parallel gequetschten Knollen aus einem kalzitreichen Augithornfels mit selbständig ausgeschiedenen Biotitnestern zusammengesetzt. Darin als mikroskopische Komponenten des Augithornfelses vertreten: In der Grundmasse von F e l d s p a t und K a l z i t liegen viele idioblastische Körner von A u g i t mit etwas Granat und Kalzit verwachsen, beziehungsweise mit letzteren überrindet. Der Augit ist zum Teil in E p i d o t umgewandelt, wobei in manchen dieser Gerölle die Epidotisierung weit fortgeschritten erscheint; ein Teil des Plagioklases ist

zoititisiert, ein anderer prehnitisiert; öfter findet man darin
viele kleinere Granatkörner eingesprengt, womit eine Sausuriti-
sierung dieser Kalkgerölle im Zusammenhang stände, demzufolge diese Konglomeratgesteine ein gänzlich unfrisches, mattes, erd-
fahles bis aschgraues Aussehen besitzen, das übrigens dem ganzen
Steinbruche eigentümlich ist. Der Biotit ist hellgelblich bis hellgrünlich gefärbt, durchsichtig und dürfte teilweise zum Phlogopit
gehören. Akzessorisch sind in den gedachten Kalksilikatknollen eingesprengt zahlreiche Ilmenitkörner und einzelne Magnetitoktaëder.
Die in Rede stehenden Kalksilikatknollen, woraus sich unsere Konglomerate zusammensetzen, sind gewöhnlich im Durchmesser 6—8 cm
groß, weniger häufig bis 10 cm, selten darüber; sie erscheinen meist
flach und parallel zur Schichtungsebene gedrückt, so
daß sich der kurze zum langen Durchmesser wie 5:7 verhält. —
    Das braunschwarz, beziehungsweise braunviolett gefärbte Binde-
mittel dieser Konglomerate zeigt ein druckschiefriges, zum
Teil flasrig struiertes Gemenge von Biotit und Plagioklas nebst etwas Kalzit. Bei der Bruchsteingewinnung fällt dieses
Bindemittel, weil sehr mürbe, als Bergsand zwischen den Knollen
heraus, der auch tatsächlich als Bausand zur Verwendung gelangt,
während die festen Gerölle selbst zur Straßenbeschotterung dienen.
Zum Zwecke der näheren Untersuchung wurden Proben des Berg-
mittels entsprechend geschlämt und gereinigt, hierauf u. d. M. geprüft
und dabei gefunden, daß der Biotit vielfach Schuppen mit quadratischen, hexagonalen und oktogonalen Umrissen sowie pyramidal-
prismatische Kristalle darbietet, im reflektierenden Licht bronzerot
gefärbt, im durchfallenden Licht mit braungelben, goldgelben und
grünlichgelben Farbennuancen durchsichtig wird und größtenteils
zum Phlogopit gehört, während der tiefergefärbte schwarzbraune Meroxen nur spärlich vorhanden ist. — Der Plagioklas ist zu einem großen Teil zoisitisiert und prehnitisiert,
beziehungsweise sausuritisiert. Akzessorisch sind Kalzit, Erze,
und zwar Ilmenit, zahlreiche Granatkörner, vereinzelte Kristalle und
Körner von Augit und Epidot. — Das Bindemittel braust nur wenig mit
HCl, selbst in Pulverform zeigt sich nur schwaches Brausen, im
Gegensatz dazu lassen die Knollen sehr lebhaftes Aufbrausen
erkennen. —
    Die mikroskopische Analyse u. d. P. M. der Kalk-
silikatknollen unserer Konglomerate ergab : Im Dünnschliff machen
wir zunächst die Wahrnehmung, daß die Kalksilikatknollen nicht in
dem Maße verändert sind, als man nach dem mikroskopischen Befunde
erwarten sollte; sie erscheinen wohl noch hinreichend frisch erhalten,
um den Mineralbestand richtig zu beurteilen. Der Kalzit ist immerhin noch in einer erklecklichen Anzahl von Körnern unter den Komponenten anwesend, derselbe ist meist nach $-\frac{1}{2}R(10\bar{1}1)$ polysynthetisch verzwillingt; es sind jedoch vorwiegend regellos geformte Überreste einstiger größerer Körner; kleinste Körnchen davon kann man
öfter in den Plagioklasen erspähen. Der farblose granoblastisch
struierte Gesteinsanteil setzt sich wesentlich aus Orthoklas,

Orthoklasperthit und Plagioklas nebst Quarz zusammen; letzterer zeigt insbesondere $\perp c$ sehr unregelmäßige hexagonale Durchschnitte ähnlich jenen im Quarzporphyr. Der Orthoklasperthit ist vom Albit in breiten spindel- und flammenförmigen Einlagerungen durchwachsen. Der Plagioklas ist allgemein nach dem Albitgesetz verzwillingt, zu dem sich häufig das Periklingesetz, selten das Karlsbadergesetz gesellt; seine symmetrische Auslöschungsschiefe in Schnitten $\perp P$ und M gegen die Trasse der Albitzwillinge wurde mit 25^0 gemessen, dies ergibt ein Mischungsverhältnis von $55^0/_0$ Ab und $45^0/_0$ An, was einem basischen Andesin entspricht. — Der Augit bildet auch hier einen wesentlichen Gemengteil, er ist nur in rundlichen Körnern vertreten, die jedoch wie gewöhnlich 6—10mal so groß sind als diejenigen des granoblastischen Grundgewebes, seine Farbe im reflektierten Licht gras- und smaragdgrün, mit ausgezeichneter Spaltbarkeit nach (110) sowie mit Spaltrissen nach (001), in einzelnen Schnitten schöne lamellare, polysynthetische Zwillingsbildung nach (100). In Durchschnitten nach (010) mit der höchsten Interferenzfarbe bildet die positive Bisektrix $c:\mathfrak{c}$ den $\divideontimes = 40^0$ im stumpfen Winkel β, schwacher Pleochroismus blaßgrüner Farben. Dieser Augit gehört somit gleich den früher beschriebenen ebenfalls zum diopsid. Augit. Daneben wurde gleichwie an den Kalksilikatfelsen aus dem großen Heinischbruche noch ein diopsid. Pyroxen festgestellt; derselbe ist im Dünnschliff farblos, ohne Pleochroismus, dabei stärker doppelbrechend als der vorige, seine Auslöschungsschiefe in Schnitten nach (010) wurde mit 56—59⁰ ermittelt. — Im ganzen Schliff zerstreut findet man Titanitkristalle meist in den bekannten rhombischen Durchschnitten der Kombinationsform $^2/_3 \mathcal{P} 2$ (123) $\cdot o P$ (001); häufig prächtige Zwillingsbildung nach (001), zuweilen mehrfach in schwachen Lamellen demselben Individuum interponiert, mit schönem Pleochroismus $= \mathfrak{a}$ farblos, $\mathfrak{b}$ gelbbraun, $\mathfrak{c}$ rötlichbraun (Grothit). —
Umwandlungen des obigen Mineralbestandes sind wohl verbreitet und führen zu Neubildungen mit großen Exponenten der Licht- und Doppelbrechung, und zwar wurde durch Wechselwirkung von Augit und Feldspat viel Epidot gebildet, der durch fleckige und hohe isabellgelbe und karmoisinrote Interferenzfarben auffällig erscheint und dessen Auslöschungsschiefe mit 28⁰ ermittelt wurde; in den Epidotaggregaten findet sich Klinozoisit durch seine leuchtenden himmelblauen Interferenzfarben von dem vorigen sehr wohl unterschieden. Außerdem ist der Augit zu grünem blättrigen Klinochlor umkristallisiert, durch seine basische Spaltbarkeit bemerkenswert; die indigoblauen Interferenzfarben würden ihn wohl dem Pennin annähern, allein er ist dessenungeachtet nach Maßgabe der schiefen Auslöschung tatsächlich Klinochlor. Die Feldspate erscheinen in Zoisit- und Prehnitaggregate, nebst Muskovitlamellen sowie Serizitschüppchen umgewandelt. Der Zoisit ist durch seine großen Körner, grobe Spaltrisse parallel c, die niedrigen graublauen Interferenzfarben als auch durch die gerade zu den Spaltrissen parallele und senkrechte Auslöschung gekennzeichnet. Obwohl solche Derivate oft durch das ganze Gesichtsfeld verbreitet erscheinen, sind dessenungeachtet die frischen Gesteinspartien weitaus überwiegend. —

Skapolithisierter Augithornfels.

Unter den oben geschilderten Augithornfelsen aus dem großen Heinischbruche auf der Buchwaldhöhe ist es gelungen, solche aufzufinden, die sich durch einen bemerkenswerten Gehalt an Skapolith auszeichnen. Im Dünnschliff bemerkt man n. d. M. dieselben Gemengteile wie vorhin, jedoch ist der Kalzit bis auf etliche Überreste aus der Reihe der Komponenten verschwunden. Anderweitige Unterschiede machen sich wie folgt geltend: Das Aggregat ist kleinkörniger, der Orthoklas gehört zumeist zum Perthit, der Plagioklas ist häufig in zierlicher Weise mit Quarz myrmekitisch verwachsen. Neben dem grünen diopsid. Augit kann auch hier der farblose diopsid. Pyroxen beobachtet werden, der gerade hier in ansehnlicher Menge auftritt, dessen Auslöschungsschiefe 59^0 im stumpfen Winkel β beträgt und welcher unter $\times$ Nicols das weißliche Grün und Grünlichgelb höherer Ordnung zeigt und sich demzufolge als ein eisenreiches Glied der diopsid. Pyroxene zu erkennen gibt. Ausgebreitete Leukoxenaggregate deuten auf Umwandlungsvorgänge, denen das Gestein unterworfen war. Als Einschlüsse in den Kalzitresten wurden kleine Zirkone mit prächtiger Zonarstruktur gefunden.

Gleichzeitig machte ich hier die wichtige Beobachtung, daß ein Teil der Orthoklas- sowie auch der Plagioklaskörner sich in Skapolith umwandelt. Derselbe ist im Schliffe durch die mittlere Licht- und Doppelbrechung sowie die Auslöschung parallel den Spaltrissen gekennzeichnet, welches optische Verhalten an Muskovit erinnert, von dem er sich jedoch durch den negativen optischen Charakter seiner Hauptzone unterscheiden läßt, wie ich mich mittels des Quarzkeils überzeugte. Nach der Methode von Michel-Levy und Lacroix ergibt sich die Höhe der Doppelbrechung für unseren Skapolith $\omega - \varepsilon = 0.015$ bis 0.018, was dem Mizzonit (0.015) bis Skapolith (0.018) entspricht. Der Skapolith in unserem Augithornfels bildet sich auf Kosten der Feldspate, in der Regel ist der Skapolithkern gegen die Umrisse der Feldspatkörner durch einen hellweißen Rahmen abgegrenzt, der wohl als Kristallisationshof anzusehen ist. An den skapolithisierten Plagioklas ist ferner die Wahrnehmung zu machen, daß die dem Albitgesetz entsprechenden Zwillingslamellen zum Teil im Skapolith erhalten geblieben sind; es liegen also Pseudomorphosen von Skapolith nach Plagioklas vor. Mit dem gedachten Umwandlungsprozeß steht wohl auch das erwähnte Verschwinden des Kalzits, beziehungsweise dessen Aufzehrung im ursächlichen Zusammenhange. — Neben dem Skapolith machen sich in untergeordnetem Maße Prehnitaggregate als Nebengemengteile geltend, welche nach ihrem Verhalten an Muskovit erinnern, von dem sie sich jedoch durch den optisch negativen Charakter und die höhere Doppelbrechung unterscheiden. —

Poröse und kavernöse Augithornfelse.
(Zoisit- und prehnitführend.)

Der kalzitreiche Augithornfels auf der Buchwaldhöhe, speziell in dem großen Steinbruche, war am Tage tiefeingreifender Ver-

witterung unterworfen, wovon mächtige Schichtenkomplexe betroffen
worden sind. Die ersten Stadien dieses Umwandlungsprozesses machen
sich in einer Umkristallisierung des Augits zu Epidot etc.;
hauptsächlich in der Weglösung des Kalzits zunächst von
den Strukturflächen aus geltend. Das Gestein wird glanzlos und matt,
es zeigt sich von zahllosen Kanälen, Hohl- und Drusenräumen
durchzogen, worin der Kalzit weggelöst und Oxydationsprodukte der
Eisenerze ausgeschieden sind. Indem dieser Auslaugungsprozeß weiterschreitet, ergibt sich ein rostfleckiges, drusiges und poröses
bis kavernöses Gestein, welches schließlich nach Art der Kramenzel-
kalke durch und durch löchrig erscheint. Diese vielgestaltigen
Hohlräume sind jedoch meist mit Zoisitindividuen, akzessorisch
Granatkörnern und Ilmenitaggregaten ausgekleidet. Indem ich den
frischen kalzitreichen Augithornfels mehrere Tage der Einwirkung von
HCl aussetzte, erreichte ich ein ähnliches poröses Gestein, dem der
Kalzit fehlte. Die darüber stehende Flüssigkeit enthielt viel $Fe\,Cl_3$ und
entwickelte einen starken Geruch von H_2S von den zersetzten
Pyriten herrührend.

Im Dünnschliff u. d. M. konstatieren wir zunächst, daß das
poröse Gestein wohl Anteile mit normaler Zusammensetzung des oben
geschilderten Augithornfelses besitzt, daß sich jedoch daneben Anteile
ausbreiten, die wesentlich alteriert erscheinen. Seine normalen Elemente sind: diopsid. Augit und diopsid. Pyroxen, ferner von
Feldspaten Orthoklas, überwiegend Mikroklin und Plagioklas,
akzessorisch sind reichlich eingestreuter Titanit, insbesondere in
rhombischen Querschnitten, ausgebreitete Ilmenit- und Leukoxenaggregate, spärlich verteilt Rutilkörnchen und -blättchen; dagegen
ist der Kalzit nur noch in vereinzelten Körnern zu sehen, während
sich Zoisit, Prehnit und Chlorit in den modifizierten
Gesteinsanteilen ausbreiten.

Diese weit fortgeschrittene Gesteinsumwandlung spricht sich
zunächst darin aus, daß zahlreiche Feldspate fast gänzlich derartig
hellbraun bestäubt sind, daß sie undurchsichtig werden; erst bei
starker Vergrößerung kann man eine weiße krümelige, schwach lichtbrechende Substanz beobachten, die wohl auf Kaolinisierung
hinweist, die längs der Spaltrisse nach (010) und (001) fort-
schreitet; letztere sind auch in der kaolinisierten Masse erhalten
geblieben.

Der Zoisit kommt in weizenähnlichen Körnern, leistenförmigen
Durchschnitten zu Aggregaten zusammengedrängt sowie in Längsschnitten großer Kristalle vor; die Spaltrisse nach (010) scharf und
grobrissig, jedoch absätzig mit Quersprüngen ungefähr nach (001) und
ziemlich einschlußfrei. Der Zoisit ist farblos und wasserklar, seine
Lichtbrechung ist hoch, demzufolge scharfes Relief, Doppelbrechung
schwach $\gamma-\alpha = 0{\cdot}006,$ daher auch mangelnder Pleochroismus. Es liegt
jedenfalls α-Zoisit vor, denn es ergeben Schnitte nach (100)
anomale indigoblaue, dagegen alle anderen Schnitte die gewöhnliche
graue Interferenzfarbe. Bei den größeren Zoisitindividuen treten α-Zoisit
und β-Zoisit nebeneinander auf, was sich im parallelen Licht an der
verschiedenen Doppelbrechung zu erkennen gibt, denn in den Längs-

schnitten wechseln die verschiedenen Teile nach den Spaltrissen mitunter ganz unregelmäßig miteinander ab, was auf versteckte
Zwillingsbildung hinweist. — An diesem Schliffe läßt sich die Umwandlung der Plagioklase in Zoisit unter Erhaltung der
dem Albitgesetz entsprechenden Zwillingslamellierung sehr
instruktiv verfolgen, es erscheinen dann die Zwillingslamellen
beim Drehen des Präparats zwischen ✕ Nicols abwechselnd das intensivere
Indigoblau mit dem Grau als Interferenzfarben erkennen, weil sie einem
Schnitte nach (100) entsprechen. — Auch zahlreiche Kalzitkörner
lassen deutlich erkennen, daß sie bereits in Zoisit umgewandelt sind
unter teilweiser Erhaltung der Zwillingsstreifung nach

$$- \frac{1}{2} R \, (01\bar{1}2).$$ Diese Umwandlungsvorgänge beruhen wohl auf einer

Wechselwirkung von Plagioklas und Kalzit; der zur Bildung des
Zoisits nötige Überschuß an Kalk wird dem im Gestein anwesenden
Kalzit entnommen, woraus sich die Abnahme, beziehungsweise das Verschwinden des letzteren auf Kosten des ersteren erklärt. —
Neben den Zoisitindividuen finden sich ebenso zahlreiche Prehnite, welche an der im hohen Grade charakteristischen Parkettierung
und der parkettähnlichen geraden sowie schiefen Auslöschung zu erkennen sind. Solch parkettartiger Bau macht oft einem perthit-
ähnlichen und myrmekitischen Platz, was auf die Umkristallisierung aus Plagioklas und Perthit unverkennbar hinweist. Der
Prehnit ist farblos und fällt durch sein trübes Aussehen der regellosen Körner auf, die Lichtbrechung ist bedeutend höher als die der
Plagioklase in seiner Nachbarschaft; zwischen ✕ Nicols sehen wir die
weißlichen Interferenzfarben höherer Ordnung, und zwar grünlichgelb
und grünlichblau, demnach die positive Doppelbrechung nach der
Farbentafel von Michel-Levy und Lacroix $\gamma - \alpha = 0{\cdot}029$ beträgt.
Die Prehnitkristalle zerfallen meist in drei und mehr Sektoren und
sonstige unregelmäßige Kristallteile mit einheitlicher oder stufenweiser
Auslöschung ihrer Lamellenzüge, und zwar wurde neben gerader Auslöschung auch Auslöschungsschiefe gegen die zahlreichen und dichtgedrängten Spaltrisse nach $o\,P$ (001) mit 20 und 40⁰ gemessen, was
auf verschieden gewendete Lamellensysteme deutet, in welchem Verhalten wir wohl einen Hinweis auf die epigenetischen Beziehungen
zum Plagioklas zu erblicken haben. Auch Beutel beobachtete am
Prehnit von Striegau (Schlesien) mikroklinähnliche Gitterstruktur mit
nicht einheitlicher Auslöschung der Lamellen (N. Jahrb. 1887, I, 90).
Man kann ferner die hochwichtige Wahrnehmung an den Dünnschliffen
machen, daß die Prehnite gegen die Plagioklase vor-
drängen, was an den unscharfen Rändern, beziehungsweise den
Kristallisationshöfen zwischen Prehnit und Plagioklas erkennbar ist;
erstere nehmen stetig auf Kosten der letzteren zu, welche Pseudomorphose vom Prehnit nach basischem Plagioklas sich u. d. P. M.
schrittweise verfolgen läßt: die Prehnite haben die Konturen der
Plagioklase. Ähnliches Verhalten kann man bezüglich der
Kalzite feststellen. Schließlich erscheint die Menge des Prehnits
so groß, daß er gleich dem Zoisit einen Hauptgemengteil ausmacht.
In den Prehnitaggregaten liegen noch zahlreiche Überreste von Plagioklas

und man sieht, daß die Bildung der ersteren unter Aufzehrung der letzteren und Mitverwendung der Kalzitreste erfolgte. —

An einzelnen Augitkristallen kann man die Umwandlung in einen ähnlichen Klinochlor verfolgen, wie derselbe bereits weiter oben bei dem Augithornfels geschildert wurde. Die Klinochlorlamellen liegen peripherisch um die Augite oder dieselben sind im Inneren den Augit-spaltrissen parallel interponiert; zuweilen erscheint diese Verwachsung von Augit und Klinochlor perthitähnlich oder myrmekitisch. — Der Titanit (Grothit) ist in diesem Gestein überreichlich eingestreut, es sind meist rhombische Querschnitte, weniger häufig briefkuvertähnliche Kristalle, vielfach Zwillinge nach den Flächen oP (001) und $\frac{4}{5} P4$ ($\overline{1}45$); erstere kommen selten, letztere häufiger vor.

Verwitterte Augithornfelse südwestlich des unteren Prosingerbruches.

Der kalzitreiche Augithornfels des unteren Prosinger-bruches sowie seine südwestliche Fortsetzung an den Gehängen der hinteren Buchwaldhöhe ist am Tagausbiß tiefeingreifender Umwandlung in ein poröses und kavernöses sowie rostfleckiges Gestein anheimgefallen, welcher Prozeß gegen das Felsinnere hin allmählich abklingt.

Die Feldspate des modifizierten Augithornfelses insbesondere sind von den Strukturflächen aus in tropfenähnliche, erbs- und weingelbe Körner und Kristalloide von Zoisit als auch Aggregate von Prehnit sowie solche von rotbraunem Granat umkristallisiert, deren Formen in Drusen- und Hohlräumen beisammensitzen. Der Prehnit füllt die Zwischenräume der Zoisitindividuen aus, er bildet gleichsam ein Bindemittel für die letzteren. Unter gedachten Neubildungen wurden auch langfaserige Sillimanit-büscheln beobachtet, die auch bartförmige und gekrauste Aggregate bilden; diese gelangen jedoch nur unter dem binokularen Mikroskop zur Beobachtung, denn in den Dünnschliffen sind sie durch die Schleifprozedur zerstört. In den stark lichtbrechenden Gesteinspartien bemerkt man überall eingesprengt matte schwarzbraune Körner von Ilmenit, aus-gebreitete Leukoxenaggregate und limonitische Verwitterungs-produkte, welche wohl von der Zersetzung der Augite herrühren. Dazwischen zieht unversehrter oder weniger verwitterter Augithornfels hindurch und bildet die Unterlage für die Zoisit-, Prehnit- und Granat-drusen. Es ist zweifellos, daß dieser weitgehende Umwandlungsprozeß wesentlich auf eine Art Saussuritisierung hinausläuft; hierbei war das Gestein zunächst einer gänzlichen Dekarbonation unterworfen, so daß es im Gegensatz zum frischen Gestein mit Säuren gar nicht mehr braust, was in weiterem Verlauf aber bis zur völligen Gesteins-zerstörung, beziehungsweise Sandbildung führte. —

Leutokrate Varietäten der Kalksilikatfelse an den Schichten-köpfen des großen Heinischbruches.

In dem gedachten Steinbruch auf der Buchwaldhöhe sieht man allenthalben 4 bis 8 m mächtige unverwitterte, daher gewinnbare

Augithornfelse und Biotitaugithornfelse mit mürben, nicht nutzbaren Biotitplagioklasfelsen umflochten sowie mit kavernösen, gebrächen Augithornfelsen in wiederholter Wechsellagerung. Außerdem fallen uns sofort ins Auge am Kopfe dieser Felsmassen anstehende meist l e u t o - k r a t e Gesteine, die dort allenthalben verbreitet sind und vom Rasen bis zu der Bruchtiefe von 8 bis 15 *m*, im letzteren Falle bis zur Bruchsohle, hinabsetzen und daselbst zwischen den frischen Augithornfelsen sukzessive auskeilen, um dem letzteren in der Bruchtiefe den Platz zu räumen. Die Kenntnis dieser Lagerungsverhältnisse haben wir lediglich den weit fortgeschrittenen Aufschlüssen des großen Steinbruchbetriebes zu danken. Ähnliche leutokrate Gesteine komplizierter Verwitterung lernten wir schon früher zu Reigersdorf und Blauda kennen, wo fast überall an den Schichtenköpfen vorwiegend Zoisitfelse untergeordnet, Skapolith- und Prehnitzoisitfelse nebst Granatepidotfels vertreten sind. Das Äquivalent letzterer Gesteine auf der Buchwaldhöhe finden wir dort in folgenden Gesteinen ausgebildet, und zwar ist darunter vorherrschend der

Zoisitprehnitfels.

Ein zumeist poröses und drusiges, rostbraun verwitterndes Gestein von erbsgelber Farbe, das m a k r o s k o p i s c h aus länglich ausgezogenen, tropfenähnlichen Körnern von gelblichem und grünlichem Z o i s i t als Hauptgemengteil zusammengesetzt ist, worin sich zahlreiche kleinste Körnchen von A u g i t und G r a n a t finden; Nebengemengteile sind selbständig ausgeschiedene Q u a r z l a g e n, häufige F e l d s p a t r e s t e, des öftern bemerkt man olivgrünen Biotit; übrigens fehlt dem Gestein der Kalzit vollständig. Die Menge der Erze, und zwar $Magnetit$ und Ilmenit, ist beträchtlich, sie liefern jene limonitischen Überzüge, die alle Poren und Strukturflächen überziehen. Das Gestein ist außerdem von zahllosen Drusenräumen mannigfaltiger Gestalt durchzogen, welche mit stecknadelkopfgroßen P r e h n i t k r i s t ä l l c h e n ausgekleidet sind.

Die D ü n n s c h l i f f a n a l y s e u. d. P. M. lieferte zunächst das Ergebnis, daß man neben den Relikten des Augithornfelses z w e i f a r b l o s e M i n e r a l i e n als wesentliche Komponenten feststellen kann, und zwar fällt das eine durch seine großen Kristalle und grobe Körner auf, dagegen das zweite aus einem überaus feinfaserigen Aggregat besteht, das teilweise an Muskovit gemahnt. Die großen Kristalle und Körner zeigen scharfe Längsrisse nach (100), dergleichen solche nach (001) mit häufiger Biegung der Stengel, was auf Gleitung parallel (001) deutet; Lichtbrechung ist kräftig, die Doppelbrechung sehr schwach, welche nach der Farbentafel von M i c h e l - L e v y und L a c r o i x $\gamma - \alpha =$ 0·006 bis 0·008 gefunden wurde, die Auslöschung ist gerade, parallel den Spaltrissen, der optische Charakter ist positiv; auf Schnitten nach (100) zwischen ‖ und × Nicols anomale blaue Polarisationsfarben; alle anderen Schnitte liefern blaugraue, grünlichweiße und strohgelbe Polarisationsfarben; schwacher Pleochroismus. Nach diesem Verhalten haben wir es wohl mit Z o i s i t zu tun, darin sich als Einschlüsse Plagioklas, Granat, Titanit, von Erzen meist Ilmenit an den Spaltrissen angesiedelt finden. Ferner umschließt der Zoisit unregelmäßige Aggregate des zweiten Hauptgemengteiles.

Dieser letztere bildet überaus feinfaserige und kleinkristallige ausgebreitete Aggregate, sie füllen die Zwischenräume der großen Zoisitkörner aus und drängen sich zwischen die Feldspate und Augite der Hornfelsüberreste hinein. Dieses kleinkristallige Gewebe läßt sich am besten mit einem Mosaik vergleichen und bedarf starker Vergrößerung, um es aufzuhellen, alsdann zeigt das farblose Mineral Spaltbarkeit parallel (001), dasselbe ist nach dieser Richtung ausgezeichnet faserig, mit meist paralleler, aber auch radialstrahliger, fächer- und rosettenförmiger Anordnung; die mitvorkommenden Täfelchen sind nach (001) ausgebildet. Die Lichtbrechung ist mittelhoch, die Doppelbrechung der Hauptzone (in der Faserrichtung) wurde nach Michel-Levy und Lacroix $\gamma - \alpha = 0.033$ bestimmt, dagegen ist die Doppelbrechung der Täfelchen weit schwächer; der optische Charakter der Hauptzone ist positiv, die Auslöschung ist gerade parallel den Spaltrissen, beziehungsweise der Faserrichtung. Es muß also dieser Gemengteil als Prehnit bestimmt werden. Ein Teil dieser mosaikartigen Prehnitaggregate ist sehr trübe und wie mit einem feinen Staub erfüllt; als weitere Einschlüsse sind zu nennen unregelmäßig geformte Plagioklas-, und Orthoklaskörner als Relikte ursprünglich größerer Körner, zahlreiche Granatkristalle, opake Erze, insbesondere Ilmenit. Örtlich wimmeln die Prehnitaggregate von Relikten des Plagioklases. Die an den letzteren ausgeführten Messungen der Auslöschungsschiefe in Schnitten senkrecht P und M, die nach dem Albit- und Periklingesetz verzwillingt erschienen, ergab als mittleren $\not< $ gegen die Trasse der Albitzwillinge $= 33^0$, was $38^0/_0$ Ab- und $62^0/_0$ An-Gehalt entspricht und einen basischen Labradorit bestimmen ließ. — Neben diesen Hauptgemengteilen stößt man auf Hornfelsrelikte, bestehend aus Plagioklas nebst Orthoklas, beziehungsweise Perthit sowie diopsid. Augit und diopsid. Pyroxen und Titanit, letzterer in rhombischen Querschnitten insbesondere als Einschluß in den beiden Pyroxenen; dagegen ist der Kalzit aus der Reihe der Komponenten gänzlich verschwunden. Am Titanit (Grothit) wurde auch eine polysynthetische Zwillingsbildung nach einer Fläche von $\infty P (110)$ entdeckt, deren Lamellen also parallel zu den Spaltrissen liegen. Solche Zwillinge sind wohl auf mechanische Einwirkung, das heißt auf Gleitflächen zurückzuführen. —

Es ist naheliegend, daß das Verschwinden des Kalzits, die Ausbildung des Zoisits sowie des Prehnits auf Kosten des Plagioklases, zum Teil auch des Augits, ursächlich verknüpfte Vorgänge sind. Das Gestein stammt von einem kalzitreichen Augithornfels ab, welcher der Zoitisierung und Prehnitisierung unter Verwendung des Kalzits anheimgefallen ist, jedoch ist dieser Prozeß nicht durch die ganze Gesteinsmasse gediehen, so daß noch vielfach unzersetzte Gesteinspartien vorkommen, welche um so deutlicher den Gang der Metamorphose erkennen lassen.

In anderen Stufen des Zoisitprehnitfelses häuft sich der Granat im Gesteinsgemenge derartig an, daß man das Gestein als Granatzoisitfels benennen muß, worin der Granat als eine Art Füllmasse zwischen den übrigen Gemengteilen auftritt; derselbe scheint, nach den Verwitterungsprodukten zu schließen, ein Kalkeisengranat zu sein. Wiederum andern Orts ist der Granat längs zahlreicher Gesteinsporen und -drusen angehäuft, wodurch er sich als jüngste Bildung verrät. Auch auf diesen Stufen sind die Oxyde des Eisens und Mangans in größerer Menge ausgeschieden.

Es ist dem Verfasser gelungen, unter den Gesteinstypen des großen Steinbruches auf der Buchwaldhöhe noch einen merkwürdigen **Skapolithprehnitfels** festzustellen, der jedoch nicht vom Kalksilikatfels, sondern von jenem Granitpegmatit, beziehungsweise Granitaplit abstammt, welcher daselbst das stockförmige Kalksilikatlager durchtrümmert (siehe Fig. 2, Tafel XVIII), daher weiter unten mit den übrigen Ganggesteinen im Zusammenhang betrachtet werden soll. —

Die Zoisitprehnitfelse gleichwie die kavernösen Augithornfelse sind an die oberen Bruchetagen geknüpfte Umwandlungs,- beziehungsweise Verwitterungsprodukte, welche dicht unter der Ackererde ihre größte Mächtigkeit auf Kosten der Plagioklase und der Kalzite erlangen und welche nach der Teufe allmählich gering mächtiger werden, um schließlich in der dominierenden Masse frischer Augithornfelse unterhalb der Bruchsohle voraussichtlich gänzlich auszukeilen. Es ist sehr wahrscheinlich, daß diese wasserhaltigen Umwandlungs-, beziehungsweise Verwitterungsprodukte nur so weit herabsetzen, als die alte, vadose Wasserzirkulation einstens hinabreichte, unter deren Einfluß die vollständige Dekarbonation der kalzitreichen Augithornfelse und die Bildung kalzitfreier wasserhaltiger Kalksilikatfelse erfolgte.

Wie aus den früheren Untersuchungen des Verfassers hervorgeht, sind die Skapolith-, Zoisit- und Prehnitfelse auf den gut aufgeschlossenen Kalksilikatlagern zu Blauda und Reigersdorf genau so wie bei Reitendorf eine an den Tagausbiß gebundene allgemeine Erscheinung. Es erscheint naheliegend, daß der gedachte Prozeß der Skapolithisierung, Zoisitisierung und Prehnitisierung in der metasomatischen Periode der umschließenden Eruptivgesteine erfolgte und durch vom Kopfe der Schichten deszendierende Thermalquellen wirksam unterstützt wurde, welch letztere als ein Nachklang postvulkanischer Tätigkeit anzusehen sind. Die Skapolith-, Zoisit- und Prehnitfelse gehören einem und demselben Gesteinskörper an, demzufolge auch ihre Genesis nur eine einheitliche sein kann; jedenfalls darf letztere nicht einseitig u. d. M. allein, sondern muß im Zusammenhang mit ihrer geologischen Erscheinungsform beurteilt werden.

Überblickt man die Reihe obengeschilderter Kalksilikatfelse in dem großen Steinbruche auf der Buchwaldhöhe bei Reitendorf, so ergibt sich daraus, daß das ursprüngliche Substrat dieser Gesteine **aus einem teils dolomitischen massigen, teils dickbankigen Kalkstein untergeordnet, aus Knollen- und Konglomeratkalken bestanden hat, welch letztere mit flaserigem dolomitischen Mergelschiefer in wiederholter Wechsellagerung sowie zum Teil in inniger Verflechtung und Verknetung standen.** Aus dem dolomitischen

Kalkstein sind die Augithornfelse, aus dem mergeligen Kalkstein der Biotitaugithornfels, während die dolomitischen Mergelschiefer das Substrat für den Biotitplagioklasfels abgeben. Die massenhafte Biotitbildung, wie wir sie in Steinbrüchen auf der Buchwaldhöhe sehen, dürfte wohl auf einer reichlichen Zufuhr von Alkalien beruhen, denn in dem ursprünglichen Kalk und Mergel sind keinesfalls solche Mengen von Kali vorhanden gewesen, die zur Bildung der in Rede stehenden Biotitmassen erforderlich waren.

Außer dem bisher betrachteten großen Kalksilikatstock und den Kalksilikatlagern auf der Buchwaldhöhe kommen in der Nachbarschaft derselben folgende, jedoch untergeordnete und kleinere Kalksilikatlinsen vor, und zwar:

Zwei solchen Kalksilikatlinsen begegnen wir am O s t f u ß e d e s H u t b e r g e s, mit dem Buchwaldhohlwege verquert, wovon die eine inmitten eines großschuppigen Muskovitschiefers lagert, die zweite demselben Muskovitschiefer eingeschaltet ist, gegen Ost jedoch von Stockpegmatit flankiert wird (Fig. 3, Tafel XVIII). Beide Linsen bestehen wesentlich aus einem k a v e r n ö s e n, z o i s i t- u n d p r e h n i tf ü h r e n d e n A u g i t h o r n f e l s.

Das Kalksilikatlager a n d e r W e s t f l a n k e d e s S c h l o ßb e r g e s; dasselbe wird östlich von dem kegelförmigen Pegmatitstock des Schloßberges, westlich von granatführenden Muskovitschiefern des Heidelbeergrabens begleitet, obwohl gerade hier Aufschlüsse wegen der verhüllenden Grabenalluvionen mangeln. Am westlichen Grabengehänge verbreitet sich ein mächtiger Lagergang von stark abradiertem Massenpegmatit (siehe Querprofil Fig. 4, Tafel XVIII). Das hierortige Kalksilikatlager besteht wesentlich aus einem k a v e r n ö s e n A u g i th o r n f e l s, dessen vielgestaltige Hohlräume mit Zoisit und Prehnit bekleidet sind; am Hangenden jedoch gegen·den Heidelbeergraben hin w u r d e b l a u g r a u e r k r i s t a l l i n e r K a l k s t e i n f e s t g es t e l l t, der von der Kontaktmetamorphose verschont blieb. Im Kontakt mit dem Stockpegmatit des Schloßberges, beziehungsweise dessen Randbildung, einem feinkörnigen Aplit, hat das Kalklager bemerkenswerte endomorphe Kontaktgebilde hervorgebracht, welche weiter untenfolgend Gegenstand der Besprechung sein werden.

Die isolierte Kalksilikatlinse im „L e r c h e n b u s c h" der Heinisch-Wirtschaft zu Reitendorf, östlich von dem oben angeführten breiten Lagergang von Massenpegmatit, westlich vom Biotitaugengneis flankiert, bestehend aus einem k a v e r n ö s e n z o i s i t- u n d p r e h n i t f ü hr e n d e n A u g i t h o r n f e l s.

Sämtliche Kalksilikatstöcke, beziehungsweise -lager und -linsen werden von mehr oder weniger zahlreichen Pegmatitgängen durchbrochen, die meist durch Turmalinführung ausgezeichnet sind.

Die Nebengesteine der Kalksilikatlagerstätten bei Reitendorf und Groß-Ullersdorf.

Stockpegmatit.

Dieses Gestein setzt die Hauptmasse des Ullersdorfer Schloß- und Hutberges zusammen; ein gewaltiges Stockwerk davon liegt zwischen den beiden Prosingerbrüchen auf der hinteren Buchwaldhöhe; außerdem begleitet dasselbe das große Kalksilikatlager der vorderen Buchwaldhöhe und des Heidelbeergrabens sowie es auf dem Westgehänge des letzteren als mächtige, bereits abradierte Stockmasse ansteht. Im Gegensatz dazu steht der eigentliche Gangpegmatit, der gewöhnlich nur 0·5—2·0 m Mächtigkeit erreicht und in Form echter Gänge sowohl den Stockpegmatit als auch die Kalksilikatlager sowie die übrigen Gesteine durchsetzt.

Der Stockpegmatit des Schloßberges und der Buchwaldhöhe ist makroskopisch ein sehr feldspatreiches Massengestein, das aus mannigfaltigen großen Feldspaten mit kleineren Quarzkörnern und Quarzstengeln als Hauptgemengteilen besteht, die miteinander pegmatitisch, beziehungsweise schriftgranitisch verwachsen sind; als dritter Hauptgemengteil ist großtafeliger Muskovit zuweilen als dicke Pakete in lokalwechselnder Menge vertreten; dazu findet sich insbesondere auf versteckten Schieferungsflächen ein feinschuppiger, aus dem Feldspat entstandener Serizit. Häufig nimmt der Stockpegmatit eine riesenkörnige Struktur an, wobei die Feldspatkristalle faust- bis fußgroß werden und die Quarzkristalle bis Faustgröße erreichen, während die tafeligen Muskovitpakete bis 3 cm lang und breit werden. Das gedachte Gestein nimmt lokal eine wechselnde Menge von schwarzbraunem Biotit auf, ist ferner örtlich ausgezeichnet durch zahllose Einsprenglinge von hanfkorngroßem, rosenrot durchsichtigem Granat (Almandin) in scharfkantig ausgebildeten Kristallen der Form ∞ O (110), meist $2\,O\,2$ (211), $2\,O\,2 \,.\, \infty\,O$ (211 . 110); Körner und Aggregate gemeinen Granats, ferner vereinzelte stecknadelkopfgroße Oktaëder und Körner von olivengrünem Spinell (?). Allverbreitet ist an dem in Rede stehenden Gestein typische Pegmatitstruktur; selten kommt es an Stellen lokaler Quetschung zur Ausbildung gneißähnlicher schiefriger Parallelstruktur.

Im Dünnschliff u. d. P.M. wird zunächst bestätigt, daß typische Mikropegmatitstruktur allverbreitet ist und das mikroskopische Bild beherrscht, wobei die Kalifeldspate auf der Spaltfläche nach P mit sehr vielen rundlichen Quarzkörnern gleich Schrottkörnern durchschossen sind; auf der Spaltfläche nach M sieht man sodann ebenso viele Quarzstengel liegen. Unter den Feldspaten herrschen weitaus Orthoklas und Perthit vor, während Mikroklin und Mikroklinperthit weniger häufig, jedoch stets in großen Individuen vertreten sind. Der Albit erscheint je nach der Schnittlage spindel- und flammenförmig sowie mit ausgesprochenem Parallelismus den Kalifeldspaten eingeschaltet. Große Individuen von gitterstreifigem Mikroklin sind von Albitspindeln durchwachsen, die auf P einen angenäherten Parallelismus nach der Kante (001 : 100) zeigen. Man kann sich kaum ein schöneres Wunderwerk vorstellen als diese Mikroklinperthitschnitte nach P bei $\times$ Nicols. — Der Plagioklas ist häufig in vereinzelten Individuen vorhanden, dessen breite Lamellen teils nach dem Albitgesetz, teils nach dem Karlsbader Gesetz polysynthetisch verzwillingt, seine Auslöschungsschiefe in Schnitten $\perp P$ und M gegen die Trasse der Albitzwillinge wurde mit 10° gemessen, demzufolge der Gehalt an $Ab = 71\%$, $An = 29\%$ ergibt, daher dieser

Feldspat in die Oligoklasreihe gehört. Öfter ist an den Schnitten auffällig verschiedene Helligkeit der Interferenzfarben zu beobachten, je nachdem das Licht parallel oder senkrecht zur Längsaxe der Lamellen hindurchgeht. Einzelne Schnitte lassen andere Mischungsverhältnisse von $Ab + An$ erkennen, was mit der Zonarstruktur zusammenhängt. Sehr vereinzelt sind in dem Mineralgemenge Myrmekitkörner.

Unter den sparsam eingewachsenen Glimmern ist der farblose Muskovit vorwaltend, dagegen spärlich brauner Biotit; beide Glimmer sind miteinander parallel verwachsen, wobei der Biotit meist im Zentrum liegt, oder der letztere ist auch selbständig eingewachsen. Der Muskovit besitzt ausgezeichnete ·basische Spaltbarkeit, er bildet parallel blättrige oder rosettenförmige Aggregate, seine Doppelbrechung ist hoch, die Auslöschungsschiefe gegen die basischen Spaltrisse wurde mit $1^1/_2^0$ im spitzen $\measuredangle$ β ermittelt. — In dem grünbraunen Biotit ist die Neigung von α zur Normale auf c (001) = 0^0, der Pleochroismus stark parallel α (⊥ der Lamellen) schmutziggelb, parallel b und c (∥ der Lamellen) dunkelgrünbraun, daher die Absorption $\mathfrak{c} = \mathfrak{b} > \mathfrak{a}$; die Auslöschung ist genau parallel und senkrecht zu den Lamellen.—

In der solcher Art zusammengesetzten Gesteinsmasse sind akzessorisch verteilt und eingesprengt: Zahlreiche farblose isotrope Kristalle von hoher Lichtbrechung, welche nach ihrer rauhen Oberfläche und dem reliefartigen Hervortreten dem Granat angehören, wofür auch die zentral gehäuften Einschlüsse sowie die nach Geltung ringende Form ∞ O (110) spricht. Einzelne durch ihr grelles Weiß sowie die langprismatischen Längsschnitte auffallenden Apatitsäulen finden sich gewöhnlich in der Nähe der Glimmer. Bei eifrigem Suchen entdeckt man vereinzelte winzige Turmalinsäulchen, die nach ihrem Pleochroismus α oder E farblos, $\mathfrak{c}$ oder O tiefblau leicht erkennbar sind.—

In anderen Stufen sind von akzessorischen Gemengteilen stark glänzende Titanitkristalle, ferner Ilmenitaggregate da und dort eingesprengt zu erwähnen.

Manche Orthoklasperthite unseres Stockpegmatits, deren Auslöschungsschiefe auf (010) mit 7^0 gemessen wurde, sind von feinen Lamellen des Oligoklasalbits parallel durchwachsen mit der Auslöschung von 14^0 auf M, dieselben bilden einen zart linierten Untergrund und liegen parallel teils der Vertikalaxe, teils dem steilen Orthodoma (801) und werden von breiten Spindeln mit zugespitzten und keilförmigen Umrissen mehr oder weniger genau quer durchsetzt, welche aus deutlich zwillingstreifigem Oligoklasalbit (Auslöschung 14^0) bestehen. Diese Spindelzüge bilden mit den Lamellen einen Winkel von ungefähr 73^0 und liegen demzufolge parallel den Spaltrissen nach P. Im Mikroklinperthit wurde die Wahrnehmung gemacht, daß auch dieser außer seinen gitterförmigen, nach dem Albitund Periklingesetz verzwillingten Lamellen von ähnlichen Spindelsystemen des Oligoklasalbits durchwachsen ist, jedoch werden hier zwei Systeme dieser Spindeln beobachtet, die angenähert· parallel den Lamellen interponiert erscheinen und sich normal kreuzen. Diese Erscheinungen am Orthoklas- und Mikroklinperthit sind keineswegs selten, sie wiederholen sich an zahlreichen Individuen, werden jedoch erst bei stärkerer Vergrößerung erkannt. Auch Durchdringungen des ausgezeichnet zwillingsstreifigen Oligoklases mit Orthoklas sind an einzelnen Individuen zur Beobachtung gelangt, welche wir demnach mit Prof. F. E. Suess als Antiperthit bezeichnen müssen. Überhaupt sind diese überaus mannigfaltigen und merkwürdigen Feldspate unseres Stockpegmatits eine wahre Fundgrube für mikroskopisch-optische Spezialforschung.

Verf. hat bereits in der Abhandlung über die Kalksilikatfelse in der Umgebung von Mährisch-Schönberg[1]) darauf hingewiesen, daß die Masse des intrusiven Biotitaugengneises im Pfaffenbusch und am Bürgerstein bei Reigersdorf von einem jüngeren Muskovit-granitgneis in Form von Kuppen und Lagergängen durchbrochen wird. Diese Bezeichnung dieses übrigens geologisch richtig beurteilten Gesteins ist mit Rücksicht darauf erfolgt, daß infolge von Druckvorgängen lokal

Fig. 1.

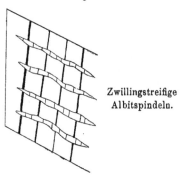

Zwillingstreifige Albitspindeln.

Orthoklasperthit im Stockpegmatit.

eine schiefrige Parallelstruktur von gneisähnlichem Habitus hervorge-rufen wird, welche mitunter an Ausbreitung gewinnt. Gedachte Be-nennung bedarf dessenungeachtet einer Richtigstellung; angesichts der bei Ullersdorf und Reitendorf beobachteten Tatsachen und neuerlichen Untersuchungen in der Umgebung von Reigersdorf muß jedoch das gedachte Gestein mit Rücksicht auf seine zum Teil riesenkörnige Struktur und seine allgemein schriftgranitische Verwachsung richtig als Pegmatit angesprochen werden, welcher gleichwie bei Reigersdorf auch am Schloß- und Hutberg bei Ullersdorf sowie auf der hinteren Buchwaldhöhe bei Reitendorf ganze Berge zusammensetzt; es sind dies großmächtige Stöcke von ganz kolossalen Dimensionen, welche die Form stumpfer Kegel oder domförmiger Kuppen haben, dabei wohl zu unterscheiden sind von den Gangpegmatiten, welch letztere nur geringmächtige Spalten und Klüfte ausfüllen und lediglich von etwas größerer Ausdehnung

---

[1]) L. c. pag. 542.

nach dem Streichen sind. Es empfiehlt sich demnach, diese stockförmigen, lakkolithähnlichen Pegmatite als S t o c k p e g m a t i t e im Gegensatz zu den Gangpegmatiten zu benennen und jene in deren Randpartien auftretenden und an mehreren Lokalitäten weit ausgedehnten feinkörnigen, teilweise mikropegmatitischen A p l i t e im Gegensatz zu den G a n g a p l i t e n als S t o c k a p l i t e zu bezeichnen. Beide Pegmatitarten sind außerdem durch das Alter wesentlich unterschieden, denn d i e S t o c k p e g m a t i t e n w e r d e n in der R e g e l v o n G a n g p e g m a t i t e n d u r c h t r ü m m e r t, wie dies insbesondere im Pfaffenbusch bei Reigersorf und auf der Buchwaldhöhe zu Reitendorf zu sehen ist; erstere gehören demzufolge einer ä l t e r e n m ä c h t i g e n A u f b r u c h s p e r i o d e an, während letztere lediglich als N a c h - s c h ü b e dieser zu betrachten sind. —

Endomorphe Kontaktgebilde am Stockpegmatit.

Die obgenannten Übergemengteile der Stockpegmatite, speziell der Biotit und Granat, häufen sich in gewissen Randpartien der großen Pegmatitmasse des Ullersdorfer Schloßberges auffällig an, sie scheinen auf die K o n t a k t n ä h e mit den K a l k s i l i k a t l i n s e n b e - s c h r ä n k t zu s e i n und dürfte deren Bildung auf Stoffwanderung aus dem kalkigen Nebengestein zurückzuführen sein. Es sind dort folgende Gesteinsvarietäten festgestellt worden:

Granat-Muskovitaplit und Granat-Biotitaplit.

Der große kegelförmige P e g m a t i t s t o c k d e s U l l e r s d o r f e r S c h l o ß b e r g e s übergeht randlich ebenfalls in einen feinkörnigen M u s k o v i t a p l i t, dessen Hauptbestandteile genau die des Pegmatits sind, und zwar: O r t h o k l a s u n d M i k r o k l i n, beide meist perthitisch verwachsen, Q u a r z zum Teil mikropegmatitisch verwachsen, M u s - k o v i t in Nestern; der Gegensatz zum Pegmatit ist in der kleinen Korngröße und der meist hyidiomorph-körnigen Struktur begründet. Das Gestein ist mit den oberwähnten Einsprenglingen des G r a n a t s (Almandin) in der Kontaktnähe förmlich gespickt, der T i t a n i t ist in einzelnen größeren Kristallen eingestreut. —

Speziell im unmittelbaren Kontaktbereiche der Kalksilikatlinse am Westhange des Schloßberges ist der Granat-Muskovitaplit durch ü b e r r e i c h l i c h e A u f n a h m e v o n B i o t i t zu einem G r a n a t - B i o t i t a p l i t umgewandelt, die Menge des Granats, womit das Gestein gespickt, ist so groß, daß es gänzlich rosenrot bis rotbraun gefärbt erscheint; der Biotit ist teils zahlreichen einzelnen Schuppen, teils in schuppigen Aggregaten dem Gestein eingesprengt, so daß es auf rotem Grunde schwarz gesprenkelt ist; daneben beteiligt sich an den Hauptgemengteilen auch M u s k o v i t, demnach das Gestein durch seine ü b e r g r o ß e G l i m m e r m e n g e charakterisiert wird und an den angewitterten Strukturflächen die widerstandsfähigen Glimmer-Plagioklasaggregate als auffallende Knoten hervortreten. Als akzessorische Gemengteile sind Rutil, Ilmenit, körnig und faserig, als auch Magnetit anzuführen.

Solche und ähnliche endomorphe Kontaktgebilde kann man auch an dem großen Kalksilikatstocke der Buchwaldhöhe beobachten; gewöhnlich beschränken sie sich auf eine auffallend vermehrte Granat- und Biotitbildung in den anstoßenden Pegmatit-, beziehungsweise Aplitmassen; im Gegensatz zu den Kontaktlagerstätten zu Blauda und Reigersdorf, wo Pyroxen-Biotitaplite und Hornblende-Biotitaplite zur Entstehung gelangten[1]).

Die endomorphen Kontaktgebilde am Ullersdorfer Schloßberg ermöglichen es, die Zeit genau zu fixieren, wann die benachbarten Kalksteinmassen in Kalksilikatfelsen umgewandelt wurden. Nachdem die exomorphen Kontaktgesteine selbstredend gleichzeitig mit den endomorphen entstanden sind, ist es zweifellos, daß die Ausbildung der Kontakthöfe, welche unsere Kalksilikatfelsen umfassen, während und nach der Zeit der Eruption unserer Stockpegmatite erfolgte.

Gangpegmatit.

Wie bereits oben erwähnt, wurden die Kalksilikatfelsen, sowie auch der Stockpegmatit, der Glimmerschiefer und endlich der Biotit-augengneis von zahllosen schwachen Pegmatitgängen durchsetzt, die teils auf tektonischen, teils Kontraktionsspalten emporgedrungen sind. Jedenfalls sind sie jünger als die gewaltigen Stöcke und breiten Lagergänge von Massenpegmatit, welch letzterer von den ersteren durchbrochen wird, sie repräsentieren die letzten Nachschübe des Magmarestes. Nach der petrographischen Zusammensetzung haben wir teils Muskovitpegmatit, teils Turmalinpegmatit als auch Granatpegmatit zu unterscheiden, welche die gedachten, gewöhnlich 0·5 bis 2·0 m mächtigen Gänge aus-füllen. So zum Beispiel beobachtete Verf. an der östlichen Flanke des großen Kalksilikatstockes der Buchwaldhöhe einen Gang von geflecktem Granatpegmatit; im großen Heinischbruche daselbst zeigt sich die Kalksilikatmasse von vielen schwachen Pegmatitgängen durchsetzt, in dem alten, verlassenen Steinbruche am Scheitel der Buchwaldhöhe treten turmalinführende Pegmatitgänge auf, worin der schwarze Schörl in sechs- und neunseitigen Prismen, die 15 mm lang und 3 mm dick. kreuz und quer eingewachsen ist. Insbesondere am Westhang der Buchwaldhöhe gegen den Heidelbeergraben kann man in dem dortigen kavernösen zoisit- und prehnitführenden Augit-hornfels sehr viele, gewöhnlich 0·5 bis 1·0 m mächtige Muskovit-pegmatitgänge zählen (siehe Fig. 2, Taf. XVIII). Auf dem Osthang des Heidelbeergrabens ist in dem dortigen abradierten breiten Lagergang von Stockpegmatit ein Gang von Turmalin-pegmatit gefunden worden, der durch viele Turmaline (Schörl) aus-gezeichnet ist, dessen sechs- und neunseitige Säulen bis 40 mm lang und 5 mm dick sind.

Bezüglich der petrographischen Zusammensetzung der angeführten Pegmatitvarietäten ist hervorzuheben, daß sie alle feldspatreich sind:

---

[1]) L. c. pag. 539 und 555.

Orthoklas und Mikrolin, beide in perthitischer Verwachsung und mit
dem Quarz schriftgranitisch verwachsen, geben sich als Hauptbestandteile zu erkennen. Plagioklas ist nicht überall vorhanden, dem Muskovit
fällt nur im Muskovitpegmatit eine größere Rolle zu, dagegen derselbe
im Turmalinpegmatit bloß in vereinzelten Lamellenpaketen vertreten
ist und durch Turmalin ersetzt wird. — Speziell im Muskovitpegmatit
sehen wir, daß sich zu den obigen Hauptbestandteilen noch ein dick-
lamellierter Plagioklas gesellt und daß der Muskovit in zahlreichen
bis 3 cm langen und breiten Platten vorkommt, daneben sich ein
zartschuppiger Serizit ausbreitet, der nach seinem Verhalten von den
Feldspaten abstammt. —

Im Turmalinpegmatit ist die Menge des Plagioklases nur
spärlich oder derselbe fehlt gänzlich; von Nebengemengteilen sind zu
nennen: vereinzelte Muskovitplatten, da und dort angesiedelt Serizitschuppen; im Quarz und Feldspat eingewachsen Turmalin, vorherrschend sind Kristalle der Form $\infty P 2 \,(11\bar{2}0)$ für sich allein oder
in Kombination mit $\infty R \,(01\bar{1}0)$ ohne Endbegrenzung; durch oszilla-
torische Kombination der Prismen erhalten die Säulen oft zylindrische
Gestalt. Die Kristalle da und dort gebrochen und durch Feldspat oder
Quarz verheilt. Parallel der Basis scharfe Querabsonderung oder bloß
regellose Sprünge quer zur Säulenaxe oft dicht gedrängt. Runde Körrner
häufig, große Körner konzentrisch schalig und radialstrahlig. Die
Farbe tief schwarz (Schörl), zuweilen mit Stich ins Braune und
Olivengrüne; ausgezeichneter Dichroismus: O dunkelbraun, E hellgelb
und starke Absorption $O > E$. Wahrscheinlich liegt ein Eisen-
turmalin von höchster Licht- und Doppelbrechung vor; derselbe
vertritt den Glimmer, dieser nimmt stark ab oder verschwindet mit
Zunahme des ersteren. Übergemengteile sind Almandin in rosen-
roten durchsichtigen Körnern, gemeiner Granat, orange und rotbraune undurchsichtige Körner, selten Kristalle ∞O mit zonarem Bau
und durch Einschlüsse skelettartige Formen; Titanit in zahllosen
Kristallen und Ilmenit als schwarze opake Körner zu Schwärmen angehäuft im Feldspat und Quarz.

Im Granatpegmatit wird die Menge des Plagioklases größer,
dasselbe gilt von den Muskovitplatten, auch die Serizitschuppen sind
stärker angehäuft und indem diese Erscheinung weiterschreitet, ist
stellenweise eine fast allgemeine Serizitisierung der Feldspate
wahrzunehmen, unter den Nebenbestandteilen dominiert gemeiner
Granat in erbsengroßen Körnern, der, nach den stark eisenschüssigen
Verwitterungsprodukten zu schließen, ein Kalkeisengranat ist, dazu gesellen sich kleine Turmalinsäulchen und Ilmenitkörner. Die großen
Granatkörner liegen zumeist im Feldspat, welcher im Gegensatz zu
dem vorigen unverändert ist, daher dieser Granat wohl zu den Erstausscheidungen vor Feldspat und Quarz gehört. Es hat sich sowohl
der größere Gehalt an kalkhaltigem Plagioklas als auch die große
Menge von Granat infolge Resorption aus dem kalkigen Nebengestein
ausgeschieden.

Unter den zahlreichen Gängen, welche den Kalksilikatstock im
großen Steinbruch auf der Buchwaldhöhe durchtrümmern,

finden sich auch solche eines feinkörnigen feldspatreichen B i o t i t -
a p l i t s, welcher durch mikropegmatitische Verwachsung der Feldspate,
darunter überwiegend Plagioklase mit spärlichem Quarz, und sowohl
durch r e i c h l i c h e i n g e s t r e u t e n B i o t i t in größeren olivengrünen und braunen Lamellen als auch r e i c h e G r a n a t f ü h r u n g
ausgezeichnet ist. Der Granat ist teils karmoisinrot durchsichtig dem
A l m a n d i n angehörig, teils rotbrauner g e m e i n e r G r a n a t, der
durch seine limonitischen Verwitterungsprodukte als Kalkeisengranat
charakterisiert erscheint; akzessorisch sind Muskovit, Ilmenit und
reichlich T i t a n i t vertreten. —

Endomorphe Kontaktgebilde im Gangpegmatit.

(Diaphthoritische und gefleckte Gangpegmatite.)

Von hervorragendem Interesse ist die Kontaktmetamorphose,
welcher ein Teil der Pegmatitgänge der Kalksilikatlager bei Reitendorf
unterlegen ist. Sind schon, wie oben ausgeführt, die Granatpegmatite
durch das kalkige Nebengestein endogen beeinflußt, so erscheinen
d i e G a n g p e g m a t i t e i n d e m g r o ß e n S t e i n b r u c h a u f d e r
B u c h w a l d h ö h e in solch hohem Grad d u r c h r ü c k s c h r e i t e n d e
G e s t e i n s m e t a m o r p h o s e m o d i f i z i e r t, daß nichts mehr an
den früheren Mineralbestand noch an die Struktur oder das frühere
Aussehen erinnert. Dessenungeachtet ist an der Hand des Vorkommens
und aus dem Entgegenhalt von neuem Mineralbestand mit der chemischen
Analyse feststellbar, d a ß d a s S u b s t r a t a u s e i n e m G a n g -
a p l i t b e s t a n d e n h a t, demzufolge ich solche Gesteine d i a p h -
t h o r i t i s c h e Pegmatite, beziehungsweise Aplite benenne; im Gegensatz zu dem gleichfalls, jedoch weit weniger kontaktmetamorphisch
veränderten sogenannten „g e f l e c k t e n" Pegmatiten, die noch den
ursprünglichen Mineralbestand sowie die frühere Struktur gut erkennen lassen.

Aus dem Pegmatit, beziehungsweise Aplit in dem großen Heinischbruch ist durch endogene Kontaktmetamorphose in Berührung mit dem
Kalkstein und durch Einwirkungen in der hydrothermalen Phase ein

Skapolithprehnitfels

hervorgegangen. Es ist dies ein leutokrates, e r b s g e l b e s und f e i n -
k ö r n i g e s Gestein, bestehend aus farblosen bis weißen meist gerundeten länglichen Körnern von S k a p o l i t h und glasklarem Q u a r z
nebst wasserhellem F e l d s p a t, innig verwachsen mit einem gleichfalls
farblosen, dichten, unbestimmbaren Mineral. In manchen Stufen dieses
Gesteins wurde als Nebengemengteil breittafeliger B i o t i t reichlich
eingestreut gefunden, der im reflektierten Licht schwarzbraun, im
durchfallenden gelbbraun erscheint. In dem gedachten Mineralgemenge
finden sich vereinzelt größere rosenrote Granatkörner; anderseits fallen
uns Aggregate einer braunroten G r a n a t v a r i e t ä t auf, in der
Regel vergesellschaftet mit zahlreichen unregelmäßigen Körnern von
M a g n e t i t, die sich gern in Brauneisenerz umwandeln. Die Granatkörner erscheinen oft dicht gedrängt oder Granat bildet ein Geäder

zwischen den oben angeführten Hauptgemengteilen. Hier und dort treten vereinzelte zeisiggelbe Epidote auf, die wohl aus den Feldspaten hervorgegangen sind. Lokal sind kleine runde schwarzbraune Flecke mehr oder weniger dicht in dem obigen Mineralgemenge angehäuft, die sich von der hellgelblichen Gesteinsmasse scharf abheben. Der mittlere B r e c h u n g s i n d e x des S k a p o l i t h s wurde durch Einbetten in K l e i n sche Lösung $n = 1\cdot546$ gefunden, das spezifische Gewicht mit dem Pyknometer $= 2\cdot65$, die Härte $= 5$ bestimmt. Der Skapolith kaolinisiert gern und ist dann weißmehlig bestäubt; widerstandsfähiger scheint der Plagioklas, Quarz bleibt stets unverändert, was man an den Strukturflächen und Hohlräumen des Gesteins leicht feststellen kann.

In dem fast ausschließlich f a r b l o s e n D ü n n s c h l i f f sieht man u. d. P. M. zahlreiche g r o ß e, dazwischen k l e i n e S k a p o l i t h kristalle und verschiedene K ö r n e r desselben; die g r o ß e n K r i s t a l l e sind langsäulig, Längsschnitte zeigen schwache absätzige Längsrisse, jedoch scharf markierte grobe Querrisse nach (001); die zahlreichen kleinen Kristalle haben scharfe kristallographische Begrenzung, davon zahlreiche Längsschnitte darauf hinweisen, daß ihnen die Kombinationsform P (111) . ∞ $P \infty$ (100) zugrunde liegt. Die Basisschnitte besitzen quadratische und unregelmäßige Umrisse sowie rechtwinklig kreuzende Spaltrisse; schwaches Relief verweist auf mittelmäßige Lichtbrechung, dagegen die Doppelbrechung, nach der Methode von M i c h e l - L e v y und L a c r o i x ermittelt $\gamma - \alpha = 0\cdot015$ bis $0\cdot018$ ergab, was auf die M i z z o n i t g r u p p e schließen läßt, welche die S k a p o l i t h e (im engeren Sinne) umfaßt, entsprechend der Mischung Me_1 Ma_1. Die Auslöschung ist den Längsschnitten parallel, also gerade, und der optische Charakter dieser Längsrichtung negativ, wie ich mich mit dem Quarzkeil überzeugte. Merkwürdig ist, daß die großen Skapolithe trübe und verwittert, das heißt bis auf geringe Reste unter Erhaltung ihrer Form in ein anderes Mineral umgewandelt sind, das wir weiter unten näher kennen lernen werden, dagegen die kleinen Individuen ein frisches Aussehen bewahren. — Außerdem sieht man in den Schliffen zahlreiche P l a g i o k l a s k ö r n e r mit und ohne Zwillingslamellen, meist im mehr oder weniger stark bestäubten und zersetzten Zustande. An zahlreilhen P l a g i o k l a s k ö r n e r n macht man die direkte Beobachtung, d a ß s i e t e i l w e i s e o d e r g a n z i n S k a p o l i t h u m g e w a n d e l t s i n d; der letztere zeigt hexagonale oder regellose Umrisse, des öftern bemerkt man zwei solcher Hexagone in demselben Feldspatkorn; stets ist jedoch der umgebildete Skapolith durch einen unter $\times$ Nicols hellweißen Kristallisationshof gegen die Feldspatsubstanz abgegrenzt, letzterer bildet einen Rahmen um den ersteren. — Der Q u a r z ist in merkwürdigen Kristallen mit s c h a r f e n, l ä n g s g e s t r e c k t e n h e x a g o n a l e n U m r i s s e n vertreten, welche an die Granitporphyrquarze erinnern; die Dihexaëder sind mit bald schmalen, bald breiten Prismen kombiniert. — Akzessorisch sind sehr viele runde und stark getrübte sowie einschlußreiche G r a n a t k ö r n e r und Häufchen derselben; mitunter begegnet man grünlichbraunem B i o t i t mit gebogenen Lamellen und Paketen davon mit ausgezeichneter basischer Spaltbarkeit. Hierzu kommt noch T i t a n i t,

der zumeist in der bekannten Form (123) kristallisiert, den Hauptgemengteilen eingestreut ist. Kalzit fehlt gänzlich.

Die Ausfüllungsmasse zwischen den obgenannten Kompo-
nenten, speziell den Skapolithindividuen, besteht aus einer überaus fein-
kristallinen Mineralmasse, die erst unter Anwendung starker Vergrößerung
aufgehellt wird und alsdann an Serizit erinnert; dieselbe ist farblos
und besitzt ein weißgetrübtes Aussehen, deren Individuen, meistens
Täfelchen, nach (001) ausgebildet sind mit vollkommener Spaltbarkeit
nach $o P$ (001), dabei parallel sowie fächerförmig und rosettenartig
aggregiert erscheinen. Hohes Relief läßt im Entgegenhalt zum
Plagioklas und Skapolith auf mittelhohe Lichtbrechung schließen, die
Doppelbrechung der Täfelchen wurde nach dem Schema von Michel-
Levy und Lacroix $\gamma - \alpha = 0.020$ bis 0.025 gefunden, die Interferenzfarben sind unternormal, zur Längsrichtung der Täfelchen und
deren Spaltrissen herrscht parallele Auslöschung, der optische Charakter der Längsrichtung ist positiv, daher das Mineral wohl zum
Prehnit gehört, dessen zwischen $\times$ Nicols charakteristische Parkettierung in zierlicher Ausbildung mehrfach vorkommt, zumeist
gleicht jedoch das mikroskopische Bild zierlicher Mosaik. Gedachte
Prehnitaggregate enthalten als Einschlüsse wechselnde Mengen von
Skapolith, Plagioklas und Perthit, welche wohl als Relikte ursprünglich
größerer Individuen anzusehen sind. —

Die obenerwähnten großen und schlanken Skapolith-
kristalle erscheinen nun zum größten Teil genau in derselben
Weise wie die umschließende Füllmasse, in ähnliche mosaikartige
Prehnitaggregate umgewandelt unter Erhaltung der ursprünglichen
Kombinationsformen. Es sind dies wohl Pseudomorphosen von Prehnit
nach Skapolith, wozu es in diesem Falle keiner bedeutenden Molekular-
verschiebung bedarf, wenn man erwägt, daß ein Skapolith der Mischung
$Ma_1 Me_1$ vorliegt. Daß ein Teil dieser nahezu submikroskopischen
Zersetzungsprodukte zum Serizit zu stellen wäre, ist sehr wahr-
scheinlich; untergeordnet sind undurchsichtige, erdige und feinkrümelige
Aggregate, die wohl als Kaolin anzusprechen sind.

Wir sind demnach zu der Annahme berechtigt, daß im Skapolithprehnitfels durch endogene Kontaktmetamorphose der Plagioklas vorerst zu Kalkskapolith umkristallisierte, worauf dieser dann größtenteils prehnitisiert, teils serizitisiert wurde, oder daß sich der Plagioklas
direkt zu Prehnit umwandelte.

Die chemische Analyse einer zufällig quarzreichen Modifikation dieses Skapolithprehnitfelses, ausgeführt im Laboratorium der
Witkowitzer Steinkohlengruben durch den Chefchemiker Herrn R. Nowicki, lieferte das in nachstehender Analyse VI. angegebene Ergebnis.

Halten wir das Resultat der chemischen Analyse mit den obigen
Ergebnissen der mikroskopisch optischen Untersuchung zusammen,
so dürften wohl alle Zweifel darüber verschwinden, daß der Skapolithprehnitfels tatsächlich von einem quarzreichen, alkaliarmen
Granitaplit als Substrat abstammt, welcher durch Kontaktmetamorphose eine größere Menge von Kalk aufgenommen hat. Es
liegt in diesem Gestein ein merkwürdiger Fall rückschreitender Ge-
steinsmetamorphose vor.

VI.   Prozent

		Prozent
Kieselsäure SiO_2	. . . . . .	81·20
Titanoxyd TiO_2	. . . . . .	—
Tonerde Al_2O_3	. . . . .	7·01
Eisenoxyd Fe_2O_3	. . . . . .	0·96
Eisenoxydul FeO	. . . . .	1·08
Kalkerde CaO	. . . . .	6·97
Magnesia MgO	. . . . .	0·42
Kali K_2O	. . . . . .	1·98
Natron Na_2O	. . . . . .	—
Kohlensäure CO_2	. . . . .	0·27
Chlor Cl	. . . . . .	Spur
Konstitutionswasser H_2O	. . .	0·41
Kristallwasser H_2O	. . . .	0·28

Zusammen . . . 100·55

Skapolithisierter Pegmatit.

(Kurzweg „gefleckter Pegmatit".)

Im unteren Prosingerbruch liegen auf den Schichtköpfen der Kalksilikatkonglomerate und dem Kalksilikatfels die Überreste eines mächtigen Pegmatit-
ganges, welcher hier früher die Sedimente durchbrach, später
wurden sodann diese letzteren am Hangenden des Ganges gänzlich
und endlich dieser selbst bis auf die erhalten gebliebenen Relikte
abgetragen (siehe Fig. 1, Taf. XVIII).

Der gedachte Pegmatit erhält durch viele gelbbraune
Flecke, die sich auf allen Strukturflächen im ganzen Gestein verbreiten, ein auffälliges Aussehen. U. d. M. beobachtet man eine lokal
reichliche Biotitbildung, und zwar findet sich der Meroxen meist
mit dem Muskovit vergesellschaftet und mit ihm parallel verwachsen
sowie nestförmig aggregiert; bald umhüllt der Muskovit den Biotit
mantelförmig, bald über- und unterlagert er ihn, aber stets liegt der
Biotit innen, der Muskovit außen; vielfach findet sich der Biotit
jedoch selbständig in Lamellen, Paketen und Kristallen eingewachsen;
beide Glimmer bieten häufig hexagonale Umrisse ihrer Schuppen dar.
Dazu gesellt sich Granat, und zwar Almandin in der Form ∞O
(110) und $2O2$ (212) . ∞O (110), der außer in den Glimmernestern
auch im Feldspat eingesprengt ist; akzessorisch sind in den ersteren
auch Erze ausgeschieden. — Von größter Wichtigkeit ist jedoch, daß
die Feldspate in der Umgebung der Glimmernester eine
Umwandlung in strohgelben bis orangeroten Skapolith
erfahren haben, davon das gefleckte Aussehen des Gesteins hauptsächlich herrührt.

Dieser gefleckte Pegmatit geht in eine feinerkörnige, das heißt
aplitische Modifikation über mit denselben Flecken, die aus Biotit,
Muskovit und Skapolith zusammengesetzt erscheinen, und kurz als
„gefleckter Aplit" zu bezeichnen wäre. Ähnliche Gebilde der

54*

endogenen Kontaktmetamorphose werden wir weiter unten, und zwar im großartigen Maßstabe bei Neudorf, kennen lernen.

Sillimanitglimmerschiefer.

Dieser Typus der Glimmerschiefer erscheint stark kontaktmetamorphisch beeinflußt und insbesondere durch einen hohen Gehalt an Sillimanit und Ilmenit ausgezeichnet; derselbe stellt sich als ein lepidoblastisches Gemenge von vorwaltendem Muskovit, dem Körner, Lagen und Linsen von Quarz eingeschaltet sind. Der Muskovit bildet auffallend groß gewachsene Schuppen, die zu dicken Paketen verbunden sind. Diese Mineralien sind meistens zur Schieferungsebene parallel angeordnet, wobei letztere vielfach gebogen, gefaltet sowie im Kleinen zierlich gefältelt ist. Dickere Lagen dieser Schiefer lassen solche Parallelstruktur vermissen, indem dicke Lamellenpakete von Muskovit kreuz und quer gestellt sind und mit den Quarzkörnern ein innig verknetetes Gemenge bilden. Nebengemengteile sind vereinzelte Feldspataggregate, zahlreiche Idioblasten von Granat, außerdem auch schwarze Ilmenitkörnchen, da und dort winzige Pyrite dem Gestein eingestreut. Letztere verwittern .gern limonitisch, woraus sich die rostgelbe Gesteinsfärbung erklärt. Bei näherer Betrachtung der großen Muskovitlamellen u. d. M. ergibt sich die überraschende Tatsache, daß sie durch massenhafte Einschlüsse ausgezeichnet sind, und zwar finden sich in den Muskovitplatten allgemein verbreitet und mehr oder weniger stark angehäuft Sillimanitnadeln, welche den Glimmer nach allen Richtungen durchspießen, mitunter sich jedoch gedachte Nadeln genau unter ⊀ von 60⁰ schneiden. Dieser Sillimanit kommt als parallelfaserige und radialfaserige Aggregate, die büschelig und bartförmig geordnet sind, vor; ein selbständiges Auftreten wurde nicht beobachtet, seine Heimat ist vornehmlich der Muskovit, während im Quarz nur eine untergeordnete Menge davon vorhanden ist. Wahrscheinlich hat sich in diesem Falle die überschüssige Tonerde der kalifeldspatreichen Injektion wesentlich als Sillimanit ausgeschieden. — Ein zweiter hochwichtiger allverbreiteter Einschluß des Muskovits ist der Ilmenit als tintenschwarze, scharfumrissene vier- und sechsseitige symmetrische oder langgestreckte Täfelchen sowie als kreisrunde Scheibchen, wenn auf die breite Seite gelegt, oder aber als strichartige Leistchen, wenn auf die hohe Kante gestellt. Die Täfelchen und Scheibchen sind oft zu Schwärmen zusammengedrängt oder sie schließen sich zu Reihen. Der Ilmenit ist opak, glanzlos, sehr häufig ist die Umwandlung zu hellgrauem feinkörnigen Titanit (Leukoxen), wovon ganze Täfelchen und Scheibchen ergriffen sind oder auch Leukoxensäume oder aber Leukoxenkerne ausgebildet werden. Mit solchem Ilmenit und Titanit ist der Muskovit sehr oft völlig gespickt. — Fast an allen Sprüngen des Muskovits finden sich ferner Granatkörnchen angesiedelt sowie sich auch daselbst rostige Verwitterungsprodukte ausbreiten. Unter diesen Muskoviteinschlüssen wurde auch da und dort ein Zirkonkriställchen sichtbar. — Solche kontaktmetamorphische, Sillimanit und Ilmenit führende

Glimmerschiefer sind besonders längs des Reitendorfer Grenzweges am Südostabhang des Hutberges in größerer Mächtigkeit entwickelt; sie umschließen die hier in Rede stehenden Kalksilikatfelsen am Hutberg und der angrenzenden Buchwaldhöhe (siehe das Querprofil Fig. 3, Taf. XVIII).

Die Glimmerschiefer am Westgehänge des Heidelbeergrabens bestehen fast ausschließlich aus einem lepidoblastischen Gewebe von Muskovit in groben, großgewachsenen Schuppen und Paketen, worin zahllose Idioblasten von Granat eingesprengt sind, demzufolge das Gestein als Granatmuskovitschiefer zu bezeichnen wäre. Derselbe ist am Tage mangels eines Bindemittels fast allgemein zu einem rostigen glimmerigen Grus zerfallen.

Die übergroß gewachsenen massenhaften Muskovitpakete, ihr großer Gehalt an Ilmenit und Titanit (Leukoxen) sowie ihre Verwachsung mit Sillimanitnadeln und -fasern, die Granatführung verweisen wohl auf die Nähe des zentralen Granitgneisstockes und seines Eruptionsgefolges; gedachte Mineralneubildungen sind auf deren kontaktmetamorphische Einwirkungen zurückzuführen, zumal die mit der Zone kontaktmetamorphischer Kalksilikatfelsen zu einem geologischen Ganzen verknüpft erscheinen. —

II. Das Vorkommen mächtiger Kalksilikatfelse bei Neudorf westlich Groß-Ullersdorf.

Im Laufe der letzten Jahre ist es dem Verf. gelungen, diese hochwichtigen, mannigfaltigen Kalksilikatgesteine aufzufinden, welche bisher gänzlich unbekannt waren und obwohl die natürlichen Aufschlüsse sehr mangelhaft, als auch Steinbrüche hier nur sehr beschränkt sind, so kann man dessenungeachtet aus den daselbst auf den Feldrainen und den Ackerparzellen angeschlichteten Steinhalden und den umherliegenden bis viele kubikmetergroßen Felsblöcken auf das Anstehen im Untergrunde mit Sicherheit schließen.

Es sind bei Neudorf zwei Kalksilikatlager vorhanden, und zwar das Vorkommen am Linksgehänge des „Viehgrundes" auf den Acker- und Waldparzellen des Bauerngrundes Nr. 28 des Josef Krist in Neuhof. Man erreicht dasselbe, wenn man die Bezirksstraße bei dem Feuerwehrschuppen verläßt, auf dem Verbindungswege, welcher von Neudorf gegen Stollenhau hinaufführt in ¼stündiger Fußwanderung. Hier zweigt man alsdann auf dem Feldwege rechts gegen die Anhöhe, beziehungsweise die Felder des gedachten Bauerngrundes ab. Die streichende Länge des Kalksilikatlagers kann auf ungefähr 300 m, dessen Breite auf 80 m geschätzt werden; dasselbe wird im Hangenden von mannigfaltigen Apliten begleitet, im Liegenden von feinkörnigem Biotitaugengneis umschlossen.

Das zweite Vorkommen befindet sich auf dem Scheitel des sogenannten „Fichtenberges" westlich Neudorf auf den Ackerparzellen des Bauerngrundes Nr. 26 des Josef Hilbert daselbst und findet seine Fortsetzung in dem Wäldchen, „Ziegenjagd" genannt.

Man erreicht die betreffende Lokalität auf dem Feldwege des Josef Hilbert, welcher von der Bezirksstraße bei dem Hause des Ansassen Berg abzweigt nach $1/2$stündiger Wanderung. Die Länge im Streichen dieses Kalksikatlagers dürfte schätzungsweise nicht 250 m überschreiten, während die Breite beiläufig 75 m beträgt. Dasselbe wird am Liegenden von mächtigem Granatbiotitaplit, der ein breites Lager bildet, begleitet am Hangenden von großblockigem, bald feldspatreichem, bald glimmerreichem Orthobiotitgneis umschlossen, die mit Gneisen aplitischer Fazies wechsellagern. Die Biotitgneise des Fichtenberges streichen (nach Maßgabe der Observation im Straßenanschnitt des Fichtenberges) h 3 bis h 4, das Fallen ist unter ⟨ 30—40⁰ gegen h 21 bis h 22 gerichtet. Beide Kalksilikatlager sind leicht zugänglich, daher die Anlage von Steinbrüchen für die Zwecke der Straßenbeschotterung jederzeit möglich, wofür das Material im hohen Grade geeignet, daher bestens zu empfehlen wäre.

Die auf den beiden Kalksilikatvorkommen einbrechenden Gesteinstypen haben teilweise eine gewisse Verwandtschaft und Ähnlichkeit mit denjenigen der Reigersdorfer Kalksilikatfelse. Dessenungeachtet lassen jedoch die Neudorfer Gesteine eine solch mannigfaltige petrographische Ausbildung und abweichende Strukturen sowie dadurch bedingte neue Gesteinstypen erkennen, daß ihre spezielle Untersuchung hier unbedingt notwendig ist.

Kalzitreicher Augithornfels.

Unter den gedachten Gesteinen ist ein hellgrünlichgraues kalzitreiches Augitfeldspatgestein verbreitet, das äußerlich dem Marmor ähnlich scheint, das jedoch wesentlich aus Kalzitindividuen ebenso häufigen Feldspataggregaten zusammengesetzt, hierzu treten größere smaragdgrüne Körner von Augit, der zum Teil kurzprismatische Ausbildung zeigt, während einzelne Quarzkörner, spärlich eingestreute gelbbraune Titanitkriställchen und winzige Erzkörnchen als Nebengemengteile zu betrachten sind. In anderen Stufen dieser Gesteinsart bemerkt man mehr Quarz, ferner zahlreiche Idioblasten von Granat.

Im Dünnschliff u. d. P. M. erkennt man ein grobkörniges Aggregat von Kalzitkörnern im Gemenge mit kleinkörnigem Orthoklas nebst Plagioklas und Quarz, welche ein granoblastisches Mosaik darstellen, worin zahlreiche viel größere Individuen von Augit nebst Diopsid als auch Titanit eingewachsen sind.

Der vorherrschende Kalzit ist in mehreren großen Körnern vertreten, mit ausgezeichneter gitterförmiger Zwillingsstreifung nach $-\frac{1}{2} R$ (01$\bar{1}$2), häufiger Krümmung, Biegung und zarter Fältelung der Zwillingslamellen, zahlreiche und scharfe Spaltrisse nach R (1011), glasglänzend bis schimmernd und matt, farblos bis graulichweiß, infolge der hohen Lichtbrechung rauhes und erhabenes Relief.

In dem hellen Gesteinsanteil ist Orthoklas vorherrschend, meist in unregelmäßigen, mitunter quadratischen und hexagonalen

Durchschnitten, derselbe ist nur in geringem Maße bestäubt. — Der Plagioklas ist nur in beschränkter Menge vertreten, derselbe zeigt entweder nur Hälftlinge oder breite Zwillingslamellen nach dem Albitgesetze, was auf basischen Charakter schließen läßt. — Der Quarz ist teils in rhombenförmigen Schnitten $\parallel c$, teils in hexagonalen Schnitten $\perp c$ und in anderen unregelmäßigen Durchschnitten vertreten. In diesem sowie in den Feldspaten sind häufig zahlreiche runde und ovale Flüssigkeitseinschlüsse und Gasporen, davon sie mitunter wimmeln.

Der diopsid. Augit ist kleinkörnig, große Kristalle selten, seine Farbe ist hellgrünlich, zuweilen an den Rändern pinselartig ausgefasert, in Schnitten $\perp c$ ausgezeichnete fast rechtwinkelige Spaltbarkeit nach ∞P (110), in Schnitten parallel (100), starke parallele Spaltrisse, auf (010) ist die ausgezeichnete polysynthetische Zwillingsbildung nach (100) besonders hervorzuheben. Lichtbrechung stark, Doppelbrechung in Schnitten parallel c mit höchster Interferenzfarbe $\gamma - \alpha = 0{\cdot}025$; Axenebene ist (010), die spitze positive Bisektrix c bildet mit der Vertikalen c den $\measuredangle$ 43—45⁰, der Axenwinkel $2V$ kleiner als in den Diopsiden, ist mit 60⁰ gemessen worden; es gehört demzufolge dieser Pyroxen zu den diopsidischen Augiten. Daneben konnte auch hier ein zweiter Pyroxen festgestellt werden, dessen Auslöschungsschiefe $= \measuredangle$ 59⁰ im stumpfen Winkel β beträgt, während der Axenwinkel $2V = 60⁰$ gefunden wurde; derselbe ist farblos, zwischen $\times$ Nicols hellgrün und gelbgrün II. Ordnung, ohne Pleochroismus, die Lichtbrechung ist hoch, die Doppelbrechung nach der Farbentafel von Michel-Levy und Lacroix ist $\gamma - \alpha = 0{\cdot}028$. Nach Licht- und Doppelbrechung, Interferenzfarben und mangelndem Pleochroismus ist dieser Pyroxen gewissen diopsid. Pyroxenen verwandt, dagegen die große Auslöschungsschiefe ihn dem Aigirinaugit näherbringt; es ist eine Beimischung des Aigirinmoleküls zum Diopsidmolekül zu vermuten, wodurch ein Übergangsglied vom diopsid. Pyroxen zum Aigirinaugit entstanden, ähnlich dem von F. v. Wolff eingeführten Hedenbergit-Aigirin. Die Pyroxene wimmeln von Einschlüssen aller übrigen im Gestein vertretenen Komponenten, was zur Siebstruktur und schließlich zur skelettartigen Ausbildung führt. — Der Titanit ist im ganzen Schliff in zahlreichen Einzelkristallen eingestreut, er ist im durchfallenden Licht farblos und gelbbraun, meist in rhombischen Schnitten der Briefkuvertform $^2/_3 P 2$ ($1\bar{2}3$) ausgebildet, die zu den Umrissen nicht parallelen Spaltrisse nach (110) zahlreich und scharf markiert (Grothit); da und dort erblickt man Epidotkörner und Muskovitschüppchen oft inmitten der Feldspate, die sich wohl auf deren Kosten gebildet haben.

Wichtig ist die Wahrnehmung, daß das granoblastische Feldspatmosaik als auch die Pyroxene gegen die Kalzitaggregate vordringen, erstere sich auf Kosten der letzteren vermehren, so daß von den großen rundlichen Kalzitkörnern nur Reste in Form von Lappen und Fetzen übrigbleiben; außerdem sind zahlreiche Kalzitindividuen siebartig mit eingewanderter Feldspatsubstanz durchwachsen. —

Infolge des wesentlichen Kalzitgehaltes zeigt das Gestein lebhaftes Aufbrausen mit Säuren und eine geringe Widerstandsfähigkeit

gegen Einflüsse der Verwitterung, welche sich in der Weise
geltend machen, daß das Gestein oberflächlich durch Weglösung des
Kalkkarbonats abgenagt und rund ausgehöhlt erscheint, indes die
zurückgebliebenen Plagioklase zum Teil zoisitisieren sowie mit den
enteisenten Augiten eine graubraune, verwitterte, rauhe Oberfläche
bilden, die weiterschreitend zu Sand zerfällt. Solches Gestein wird
durch den Ackerpflug vom Kopf der Schichten in Trümmern abgerissen,
worauf die Nachgrabung folgte.

Kalzitfreier Augithornfels.

(Zum Teil saussuritisiert.)

Durch fortgesetzte Anreicherung des Augits auf Kosten des
Kalzits übergeht das Gestein in einen melanokraten kalzitfreien
Augithornfels, worin auch die Feldspate zurücktreten, dagegen
Quarz häufiger wird, idioblastisch Amphibol in vereinzelten Prismen
und Granat in einzelnen großen Körnern auftritt sowie auch gelbbraune Titanite der Briefkuvertform und runde Körner davon
reichlich eingestreut sind. Außerdem beobachtete ich daneben schnee-
weiße, mattglänzende, überaus feinkörnige, ziemlich verbreitete Aggregate von Leukoxen, welche von zahlreichen meist auf die hohe
Kante gestellten Lamellen von Ilmenit durchspießt werden. Hier und
dort bemerkt man im Leukoxen eine unter $\angle$ 60° sich schneidende
Streifung, darin der früher anwesende Ilmenit von lamellarem Schalenbau in Leukoxen umgewandelt wurde.

Im Dünnschliff u. d. P. M. läßt sich zunächst feststellen, daß
in diesem Gestein der Kalzit tatsächlich aus der Reihe der Komponenten verschwunden ist, an seiner Statt sieht man ein überaus feinkörniges granoblastisches Mosaik entwickelt, bestehend aus
Feldspat und Quarz, darin zahlreiche kleine und größere Individuen von Augit und Diopsid eingestreut sind. Die schmalen und
feinen Zwillingslamellen des unter den Feldspaten vorwaltenden
Plagioklases lassen auf dessen sauren Charakter schließen; neben viel
Orthoklas herrschen gegitterte Mikrokline vor; auch die Menge
des Quarzes ist sehr beträchtlich, er zeigt häufig regelmäßige hexagonale und rhombische Quer- und Längsschnitte. Der Plagioklas
ist nach dem Albit- häufig auch dem Periklingesetz polysynthetisch
verzwillingt, die Auslöschungsschiefe wurde in Schnitten $\perp P$ und M
gegen die Trasse der Albitzwillinge = 28° gemessen, was 18% Ab- und
52% An-Gehalt ergibt; es liegt also saurer Labradorit vor.

Die beiden Pyroxene haben Dimensionen, welche teils der Größe
des Feldspatgewebes entsprechen, teils sind sie etwa zehnmal größer,
sie unterscheiden sich in keiner Weise von den Pyroxenen des vorigen
Gesteins; dies gilt sowohl von dem grünen diopsid. Augit als
auch dem farblosen diopsid. Pyroxen, sie sind beide durch
polysynthetische Zwillingsbildung parallel (100) ausgezeichnet, so zwar,
daß in Schnitten der vertikalen Zone die Zwillingsgrenze parallel den
Spaltrissen geht, die Auslöschungsrichtungen liegen symmetrisch für
beide Individuen links und rechts gleichgeneigt gegen die Zwillings-

grenze. Gleich den Feldspaten sind auch die Pyroxene da und dort mit eirunden Flüssigkeitseinschlüssen und Gasporen erfüllt.

Hierzu gesellt sich Z o i s i t, der teis in größeren Individuen vorkommt, die wohl zehnmal größer sind als die übrigen, welch letztere jenen der kleinkörnigen Feldspatquarzaggregate gleichen. Die großen Zoisitindividuen sind durch scharfe und parallele Spaltrisse ‖ (010) und weniger scharfe ‖ (100) sowie Quersprünge ungefähr nach (001) charakterisiert, ihre Auslöschung liegt parallel und senkrecht zu den ersteren Spaltrissen; die Lichtbrechung ist hoch, dagegen die Doppelbrechung sehr niedrig: $\gamma - \alpha = 0.005$. Diese großen Zoisite sind von kleinen Feldspatresten sowie von Flüssigkeitseinschlüssen und Gasporen mehr oder weniger stark erfüllt, was auf ihre Umkristallisierung aus dem Feldspataggregat hinweist. Nur ein kleiner Teil der Zoisite gehört dem stark optisch anomalen K l i n o z o i s i t an, der durch seine himmelblauen Interferenzfarben kenntlich ist. — Zahlreiche rhombische Durchschnitte von hoher Lichtbrechung gebören dem T i t a n i t an, welche auf die Briefkuvertform $^2/_3 P\, 2\ (\overline{1}23)$ hinweisen, sie werden oft auffällig groß. — Als Einschluß im Plagioklas und Pyroxen kommt da und dort der Z i r k o n in kleinen Körnchen vor, durch seine Zonarstruktur und schöne pleochroitische Höfe ausgezeichnet.

Von den Strukturflächen aus zeigt der kalzitfreie Augithornfels U m w a n d l u n g s e r s c h e i n u n g e n, die sich darin zu erkennen geben, daß der feinkörnige Feldspataggregat außer Körnern von Zoisit nebst Klinozoisit auch noch dodekaëdrischen G r a n a t in großer Menge aufnimmt; hierzu treten breite, scharfkantige I l m e n i t k r i s t a l l e und warzenförmige Individuen derselben, zuweilen mit R u t i l verwachsen; da und dort, wo sich die Ilmenite ausbreiten, nehmen die Titanite ab, außerdem bemerkt man T i t a n o m a g n e t i t mit limonitischen Oxydationsprodukten an dessen Rändern und andere unbestimmbare Zersetzungsprodukte. Die Q u a r z e erscheinen als regelmäßige hexagonale und rhombische Durchschnitte. Bezüglich des im Dünnschliff farblosen G r a n a t s ist noch hervorzuheben, daß derselbe teils isotrop, teils doppelbrechend ist, er hat dodekaëdrische und unregelmäßige Formen ohne Spaltrisse, der optische Charakter ist positiv, die Doppelbrechung geht über das Weiß des Quarzes hinaus und läßt zwischen $\times$ Nicóls hellgelbe Interferenzfarben in drei geteilten Feldern erkennen. D a s f r i s c h e   G e s t e i n   g e h t   a l l m ä h l i c h   i n   d i e s e n   s a u s u r i t i - s i e r t e n,   ü b e r a u s   f e i n k ö r n i g e n   H o r n f e l s   ü b e r, was sich schon äußerlich durch Korosionen und Porosität ankündigt und worin sich noch Feldspat- und Augitreste erhalten haben. —

Varietäten des Augithornfelses werden in der Weise ausgebildet, daß sich Augit und Diopsid in Bändern und Streifen anordnen, wodurch eine b a n d s t r e i f i g e Modifikation entsteht. — In einem speziellen Falle war ein zentraler Kern von m e l a n o k r a t e m kalzitfreien A u g i t h o r n f e l s,   p e r i p h e r i s c h   v o n   k a l z i t r e i c h e m   l e u t o - k r a t e n A u g i t h o r n f e l s   umschlossen, worin neben einer großen Menge von Augitkörnern vereinzelte Magnetitkörner und -kristalle nach $\infty\, O\, \infty$ (100) und O (111) vorkamen. — Im Gegensatz zu den vorigen Varietäten steht der l e u t o k r a t e P l a g i o k l a s f e l s, welcher durch den Ausfall von Augit und Zunahme des P l a g i o k l a s e s charakteri-

siert ist; akzessorisch sind Einsprenglinge von Augit, da und dort
Amphibol und Granat. —

In anderen Stufen des melanokraten kalzitarmen bis
kalzitfreien Augithornfelses konnte ich außer dem gras-
und olivengrünen Augit auch eine stärkere Beteiligung der Hornblende
unter den Hauptgemengteilen feststellen. Der Augit, zumeist in stecknadelkopfgroßen Körnern anwesend, erreicht da und dort Erbsengröße,
davon ein namhafter Teil in feinfaserigen Uralit umgewandelt
erscheint; auch größere Hornblendeprismen sind in den großen
Augiten als Einschluß zu finden. Neben diopsid. Augit findet sich
zuweilen ein tiefbraunschwarzer Augit in geringerer Menge,
der wohl nach seinem Verhalten zum Aigirinaugit gehört, wofür
weiter unten der Nachweis erbracht werden wird. Im Plagioklas sind
zahlreiche Idioblasten von Granat, Körner und Kristalle nach ∞O
eingesprengt. In diesem Augithornfels nimmt die Menge des Quarzes
zu, der meist in kleinen Körnern, aber auch in großen Kristallen
selbständig ausgeschieden ist. Spärlich da und dort eingewachsen
ist Pyrit, zum Teil limonitisiert.

Der in Rede stehende Augithornfels ist auch durch in Drusenräumen wohlausgebildete Augitkristalle ausgezeichnet, von der Kombi-
nationsform $\infty \bar{P} \infty$ (100) . $\infty \bar{P} \infty$ (010) . ∞P (110) . $P \infty$ (011), wie sie
am Kokolith und gemeinen Augit häufig sind, dazwischen
Kalzitaggregate Überrindungen bilden. Neben den frischen Augiten
zeigten sich auch solche, die unter Erhaltung ihrer Formen vollständig
in ein überaus feinfaseriges Aggregat von schwarzgrünem Uralit
umgewandelt erschienen. Außerdem hat man in den gedachten Drusen
farblosen Granat der Form ∞O (110) und Zoisit von langprismati-
schem Habitus festgestellt. In anderen Drusen desselben Gesteins
wurden langnadelige Bündel von Aktinolith kreuz und quer ange-
schossen gefunden. —

Granataugithornfels.

Diesem Hornfels fällt unter den übrigen Typen lediglich eine
untergeordnete Rolle zu, ich fand denselben nur in wenigen großen
Felstrümmern auf den dortigen Steinhalden. Es ist ein melanokrates
braunrot und lauchgrün geflecktes Gestein von großer
Kohärenz und massiger Struktur. Indem sich der idioblastische
Granat auf Kosten des Plagioklases stetig vermehrt, entsteht
aus dem Augithornfels der Granataugithornfels, dessen Granatteile
aus feurig blutroten Körnern bestehen, welche dem Pyrop gleichen;
meist sind es jedoch orangerote, hessonitähnliche bis farblose Körner
mit der Tendenz zur Entwicklung von ∞O (110). Akzessorisch sind
zahlreiche braune Kriställchen und Körnchen von Titanit sowie reichlich eingestreute opake Erzkörnchen von Ilmenit und Magnetit, zuweilen
als zentrale Einschlüsse im Granat, welch letzterer auch mehr oder
weniger Feldspatkörner enthält. Quarz und Kalzit scheinen nur
auf gewisse Varietäten beschränkt zu sein, wobei der Kalzit, örtlich
weggelöst, ein poröses Gestein zurückläßt. —

Andere Stufen erwiesen sich als ein inniges Gemenge von vorwaltenden Granatkörnern mit Hornblendeprismen und Biotitschuppen nebst Augitkörnern sowie etwas Plagioklas. Augit und Hornblende sind zum Teil in Serpentin, zum Teil in Epidot umgewandelt, während der Granat zu Quarz und Rost verwittert, gleichzeitig die Karbonate weggeführt wurden. Indem Granat und Augit sich zu größeren Partien aggregieren, werden rot- und grüngefleckte Granataugitfelse ausgebildet. Anderteils sind Übergänge nach dem Plagioklasfels zu verfolgen derartig, daß die Menge des Augits ab- und diejenige des Plagioklases zunimmt. Selten kommt es zu einer lagenweisen Anordnung der gedachten Hauptgemengteile.

In manchen Varietäten des Granataugitfelses gehen dem Granat lebhaft rote Farben ab, er ist hellgelblich, meist jedoch farblos. Die Augite sind bisweilen braungrün, blättrig, mit Teilbarkeit nach (100), wodurch ein diallagähnlicher Habitus hervorgebracht wird, was durch einen halbmetallischen Schimmer auf (100) noch erhöht wird. Der übrige Augit läßt Umwandlung in

Fig. 2.

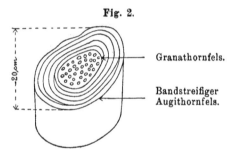

Granathornfels.

Bandstreifiger
Augithornfels.

gelbgrünen Epidot erkennen, während sich die Feldspate ebenfalls zu Epidot sowie zu einem zartschuppigen Serizit umwandeln. Kalzitreste sind auch in diesem Gestein häufig; ferner erscheint gelbbrauner Titanit, und zwar Körner und Kriställchen in ziemlich breiter Verteilung.

Kelyphitische Strukturen geben sich in der Weise zu erkennen, daß auf einen roten Kern von Granat mit akzessorischem Augit, sich zunächst eine weiße Schale von Plagioklas mit akzessorischem Augit auflegt, welche alsdann wieder von einem roten Hof von Granat umschlossen wird, worauf endlich abermals Plagioklas diese konzentrischen Schalen beschließt. — Eine ähnliche Ponzentrische Schalenstruktur, jedoch im großen, zeigt obenstehende Textfigur 2; dieselbe stellt eine sphäroidische Absonderungsform des Kalksilikatfelses von 20 cm im Durchmesser dar, welche ich im Viehgrund aufgelesen, deren zentraler Kern aus rotem Granat, während die äußere Schale durch melanokraten grünen Augithornfels gebildet wird. Dies spricht bei der von außen nach innen gerichteten Metamorphose dafür, daß dieser Granat zuletzt entstanden und sich daher als jüngste Einwanderung kundgibt. —

In einem a n d e r e n Gr a n a t a u g i t f e l s machte Verf. die interessante
Wahrnehmung, daß zahlreiche Einsprenglinge des Augits in der Regel
z e n t r a l e i n g r ö ß e r e s G r a n a t k o r n o d e r d e r e n m e h r e r e
e n t h i e l t e n, d a g e g e n d i e ä u ß e r e S c h a l e a u s A u g i t b e -
s t a n d, während sich M a g n e t i t a n d e s s e n A u ß e n r a n d e
k r a n z f ö r m i g angesiedelt hatte; auch sonst erscheinen Augit und
Granat innig verwachsen. Mitunter wird der Augit um das zentrale
Granatkorn d u r c h t i e f s c h w a r z g r ü n e H o r n b l e n d e e r s e t z t,
welche sich auch im Gestein häufig eingesprengt wieder findet; jedoch
tritt auch der umgekehrte F a l l e i n, d a ß d e r A u g i t k r i s t a l l
p e r i p h e r i s c h v o n e i n e m K r a n z a u s G r a n a t k ö r n e r n u m -
s c h l o s s e n wird. Es sind dies wohl den sogenannten O p a z i t -
r ä n d e r n verwandte Umwandlungserscheinungen.

   Auch im Granataugithornfels fand, von den Strukturflächen aus,
eine Weglösung des Kalzits statt unter gleichzeitiger Z o i s i t i s i e r u n g
d e r F e l d s p a t e, verbunden mit einer V e r m e h r u n g d e s G r a n a t s,
wodurch das Gestein stark porös wird, bei fortschreitender Verwitterung sich rostig überzieht und schließlich seine Kohärenz einbüßt.

Amphibolhornfels.

   Dieses den Amphiboliten äußerlich ähnliche Gestein unterscheidet
sich von diesen durch seine allotrimorphe Hornfelsstruktur und den
Mineralbestand, und zwar sind Hauptgemengteile vorwiegend tiefschwarzgrüner A m p h i b o l, der zum Teil in der Prismenzone idiomorph
begrenzt, innig gemengt mit einem Kalknatronfeldspat, der wohl
gleich wie im Augithornfels zum s a u r e n L a b r a d o r i t gehört.
Neben dem A m p h i b o l, dessen größere Prismen meist scharf ausgebildet,
bisweilen korodiert erscheinen, sind in mancher Varietät zahlreiche
A u g i t e vorhanden, welche oft mit dem ersteren parallel zur c-Axe
verwachsen sind. Die Q u a r z m e n g e schwankt auf und ab, bald ist
sie spärlich, bald wird sie zu einem wesentlichen Gemengteil. Akzessorisch sind ferner einzelne große Granatkörner, gelbbraune Titanitkriställchen und -körner im Feldspat und Amphibol eingewachsen,
sowie größere und kleinere Körner, meist vom Ilmenit, doch auch
Magnetit, zuweilen als zentraler Einschluß im Granat; zufällig erblickt
man da und dort Pyrit in Körnern und Adern. — Die Menge der
Hornblende ist Schwankungen unterworfen, sie ist bald langprismatisch,
die Kristalle zu grobstrahligen Aggregaten vereinigt, bald bildet sie
nur kleinprismatische oder lamellierte sowie Körneraggregate, wodurch
grobkristalline und feinkörnige Amphibolhornfelse resultieren, des
öftern mit b a n d s t r e i f i g e n Varietäten verknüpft, wobei sich
Amphibol, Plagioklas, bisweilen auch Quarz und Granat lagenweise
anordnen. —
   In manchen Stufen des Amphibolhornfelses findet man in der
Nähe der Hornblende einen metallisch glänzenden B i o t i t, teils
selbständig in angehäuften schuppigen Aggregaten parallel der Spaltfläche der Hornblende verwachsen, zum Teil mit hexagonalen Um-
rissen und starkem Pleochroismus $\mathfrak{c}$ und $\mathfrak{b}$ schwarzbraun, $\mathfrak{a}$ hellgelb
bis rostgelb, daher die Absorption $\mathfrak{c} > \mathfrak{b} > \mathfrak{a}$. Auch im Biotit konnte

die Gegenwart von großen Idioblasten des Titanits und Magnetits nachgewiesen werden. — Von besonderem Interesse ist ein pechglänzendes schiefriges
Hornblendegestein, zusammengesetzt aus ungefähr einem Drittel
langprismatischer, pechschwarzer, stark glasglänzender Hornblende,
zum anderen Drittel parallel verwachsen mit metallisch glänzenden
schwarzen Biotitschuppen, innig gemengt mit einem sehr feinkörnigen Plagioklas nebst etwas Quarz, die das letzte Drittel der
wesentlichen Komponenten bilden. Die Hornblende, häufig von
∞P (110) idiomorph begrenzt, besitzt schönen Pleochroismus $\mathfrak{c}$ braun-
grün, $\mathfrak{b}$ olivengrün und $\mathfrak{a}$ grünlichgelb, daher die Absorption $\mathfrak{c} > \mathfrak{b} > \mathfrak{a}$;
offenbar weist diese glänzend schwarze Hornblende mit starker, dem
Biotit gleicher Absorption nach c, auf jene eisen- und alkalireichen Amphibole hin, welche durch die Varietät Barkevikit
gekennzeichnet sind. — Der Biotit zeigt vielfach hexagonale Umrisse,
er liegt gewöhnlich mit seiner Basis auf den Spaltflächen der Horn-
blende, sein starker Pleochroismus ist $\mathfrak{c}$ und $\mathfrak{b}$ tiefbraun bis schwarz
$\mathfrak{a}$ braungelb bis braunrot, daher die Absorption $\mathfrak{c} = \mathfrak{b} > \mathfrak{a}$ und scheint
es demzufolge angezeigt, diesen Rabenglimmer bei jenem Lithionit
einzureihen, wie derselbe in Alkaligraniten vorzukommen pflegt. Wir
werden weiter unten noch andere Alkaligesteine kennen lernen. —

Dadurch, daß sich im Amphibolhornfels der Plagioklas anreichert, werden Übergänge nach dem bandstreifigen und gefleckten Plagioklasfels, durch Anreicherung des Augits, nach
dem Augithornfels vermittelt. In den Plagioklaspartien solcher
Übergangsglieder beobachtete Verf. Idioblasten eines hessonitähnlichen
Granats gewöhnlich in der Form ∞O (110), während der gewöhnliche
haarbraune Titanit (Grothit) in größeren Kristallen der Briefkuvertform
oder nur in Körnern eingesprengt ist. —

Eine weitere Varietät des tiefschwarzgrünen Amphibolhornfelses von Neudorf fällt durch ihren tiefrotbraunen Stich auf,
hervorgerufen durch eine rötlichbraune barkevitische Hornblende. Bei näherer Untersuchung ergab sich überdies, daß größere
und zahlreiche Idioblasten von blutrotem Granat dem Gestein eingesprengt sind und daß sich auf seinen Bruchflächen fuchsrote Rutilaggregate ausbreiten, mehr oder weniger in eine feinkörnige, stark
lichtbrechende Substanz von weißlicher und gelblicher Farbe umgewandelt, die wohl Leukoxen ist, welcher Prozeß Hand in Hand
geht mit der Umwandlung von Rutil in Ilmenit; letzterer in Form
zarter Schuppen, dem Leukoxen eingestreut. —

Wiederum andere Stufen des Amphibolhornfelses ließen ziemlich
ausgebreitete Überrindungen schwarzbrauner Aggregate von Ilmenit
in Form von Blättchen und Körnchen erkennen, die zum Teil in weißliche Aggregate von Leukoxen umgewandelt, die Beschlägen gleichen,
oder aber trübweiße rundliche Häufchen bilden, die den Insekteneiern
ähneln und zu Schwärmen angehäuft sind. Die Minerale Rutil, Ilmenit
und Leukoxen erweisen sich im vorliegenden Falle durch ihr Verhalten
als Äquivalente. —

Porphyroblastische Hornfelse.

Ein spezielles Interesse knüpft sich an die Tatsache, daß die Kalksilikatfelsen bei Neudorf sehr oft die Neigung zu ausgezeichnet porphyroblastischer Ausbildung bekunden in der Weise, daß sich an demselben Handstück aus dem granoblastischen Gesteinsgefüge eine ausgesprochen porphyroblastische Struktur entwickelt.. Diese letztere Struktur der Kontaktmetamorphose ahmt in jeder Weise täuschend ähnlich die porphyrische Struktur der Massengesteine nach und werden wir weiter unten die wesentlichen Unterschiede, welche zwischen beiden bestehen, zur Sprache bringen.

Porphyroblastischer Augithornfels.

In einem sehr feinkörnigen weißen G r u n d g e w e b e v o n F e l d - s p a t, der mit etwas Quarz verwachsen und worin haarbraune Titanite (Grothit) in allgemeiner Verteilung und hessonitähnliche Granatkörner und -kristalle der Form ∞O (110) mehr oder weniger reichlich eingestreut sind, bildet der d i o p s i d i s c h e A u g i t mehr oder weniger langprismatische Porphyroblasten oder große runde Körner; oft zeigt er knäuelartige und morgensternähnliche Verwachsungen seiner Individuen, was auf komplizierte Zwillingsbildungen hinweist. Die einfachen Kristalle werden 10 bis 25 *mm* lang und 3 bis 6 *mm* dick, die Zwillinge sind noch größer. Derselbe läßt vertikale schilfige Streifung erkennen; außerdem macht sich von der Peripherie seiner Kristalle und Körner häufig ein Zerfall in Körneraggregate sowie in parallel *c* geordnete Hornblendefasern, also U r a l i t b i l d u n g, geltend; sehr oft erblickt man alsdann in den großen Uralitprismen und -körnern, daß die Umwandlung nicht durch das ganze Individuum gediehen, sondern noch Augitkerne und sonstige Augitreste deutlich zu erkennen sind. Andernorts kann man die Feststellung machen, daß insbesondere die morgensternähnlichen und knäuelartigen Zwillingsgebilde der Augite sich teils in eine grobstrahlige H o r n b l e n d e, teils selbst in nadeligen A k t i n o l i t h umwandeln, welch letztere durch ihr starkes Längenwachstum auffallen und alsdann über die ursprüngliche Form der Augite fortgewachsen sind.

Im D ü n n s c h l i f f u. d. P. M. erkennen wir, daß das G r u n d - g e w e b e wesentlich aus P l a g i o k l a s nebst Q u a r z zusammengesetzt ist, davon der erstere zumeist nach dem Albitgesetz, sehr oft auch Periklingesetz, verzwillingt erscheint. Die Auslöschungsschiefe wurde an zahlreichen Durchschnitten $\perp P$ und M an der Trasse der Albitzwillinge mit 17⁰ bestimmt, was einen Gehalt von 65⁰/₀ *Ab* und 35⁰/₀ *An* ergibt und danach einen Plagioklas der A n d e s i n r e i h e feststellen ließ. — Der in zahlreichen größeren Körnern anwesende M i k r o - k l i n bietet gewöhnlich das Bild ausgezeichneter gitterförmiger Zwillingsstreifung nach Albit- und Periklingesetz. Die Auslöschungsschiefe in Basisschnitten wurde an den alternierend auslöschenden Gitterzwillingen je eines Systems derselben mit 15⁰ gegen die Längsrichtung bestimmt und weil diese Lamellenzüge rechtwinklig aufeinander stehen, wurde derselbe Auslöschungswinkel auch an dem anderen System gefunden. Diese

Gitterstreifung macht ungegittertem Mikroklin Platz, oft wird das zentral gegitterte Feld von einem gitterfreien Albitmantel umschlossen. — Daneben machen sich ebenso viele Orthoklase in dem Grundgewebe geltend, die oft zehnmal größer sind als die übrigen und mikroperthitisch mit wenig Albit verwachsen erscheinen. Andere Feldspate sind als Myrmekite in zierlicher und schöner Zeichnung ausgebildet. Zwischen die gedachten großen Feldspate drängt sich ein kleinkörniges Feldspat-Quarzaggregat mit feinschuppigem Muskovit, das auch der Sitz kleiner Myrmekitkörner ist. Dieses Aggregat ist wohl in sogenannter Mörtelstruktur entwickelt, übrigens deutet jedoch nichts auf Kataklase.

In dem geschilderten Grundgewebe liegen nun zahlreiche meist große, darunter auch kleine Porphyroblasten von teils hellgrünem, teils farblosem diopsidischen Augit, dessen Auslöschungsschiefe mit 42⁰ gegen die Spaltrisse nach (100) gemessen wurde; derselbe läßt auch in diesem Gestein bei aufmerksamer Beobachtung ausgezeichnete polysynthetische Zwillingsbildung wahrnehmen, welche nebst den bekannten kniefϋrmigen Zwillingsverwachsungen u. d. M. zwischen × Nicols um so sicherer und vollkommener erkannt werden. Der diopsidische Augit unterscheidet sich in keiner Weise von jenem der übrigen Gesteine; derselbe enthält zahlreiche Einschlüsse grasgrüner Hornblende, von Plagioklas und Quarz, zuweilen von den beiden letzteren siebartig durchlöchert. — Ein Teil dieses Augits ist zu Uralit umgewandelt, während ein anderer Teil mit blaugrüner Hornblende vergesellschaftet ist. Langsäulige Augite erscheinen mit Erhaltung ihrer Formen in Uralit umgewandelt, sie haben alsdann die Vertikalaxe und die Symmetrieebene gemeinschaftlich; daran wurde die Auslöschungsschiefe des Uralits gegen die Spaltrisse nach (110) mit ⋨ 18⁰ gefunden. Der Uralit sowohl als auch die Hornblende sind besonders reich an Einschlüssen von Feldspat und Quarz, was zur Siebstruktur und endlich zur Skelettbildung führt. — Der Granat ist als Einschluß zumal im Zentrum öfter zu sehen, derselbe umwächst Augit und Uralit auch peripherisch in Körneraggregaten. Ebenso ist der reichlich eingestreute Titanit vielfach idiomorph und zeigt alsdann die Briefkuvertform mit ²/₃ P 2 (1$\overline{2}$3) . oP (001). P ∞ ($\overline{1}$01). Keineswegs selten sind Ilmenitsäume, welche die diops. Augite äußerlich umwachsen.

Mit den großen Augiten verwachsen konnte da und dort ein stumpf-graugrüner Biotit in mehrfach übereinandergelagerten Lamellen festgestellt werden, dessen Täfelchen zum Teil mit hexagonalen Umrissen auftreten. Häufiger als diese ist die partielle Umwandlung der großen Augite zu kleinkristalligem Epidot. Dagegen sich der Plagioklas innerlich in Muskovit, zuweilen auch in Epidot, äußerlich von den Strukturflächen aus in Zoisit umwandelt. Kalzitreste sind sehr spärlich.

Die Struktur des Grundgewebes in unserem porphyroblastischen Augithornfels ist wohl granoblastisch, die Elemente sind jedoch mehr oder weniger verzahnt; sie ist demzufolge keineswegs die charakteristische Hornfelsstruktur der Kontaktgesteine. Nachdem jeder Gemengteil gelegentlich jeden anderen umschließt, in den meisten

Fällen jeder Gemengteil von Körnern und Aggregaten jedes anderen mehr oder weniger erfüllt ist, was zur skelettartigen Ausbildung der Komponenten auch bei dem porphyroblastischen Gestein führt, so sind es Hornfelse.

Von dem porphyroblastischen Augitplagioklasfels aus dem Viehgrund bei Neudorf sandte ich eine hinreichend frische Probe an das bergmännisch-chemische Laboratorium der Witkowitzer Steinkohlengruben, wo dieselbe durch den Chefchemiker Herrn R. N o w i c k y der c h e m i s c h e n A n a l y s e unterworfen wurde. Das Gestein enthielt Augit, Hornblende und Granat als Einsprenglinge und lieferte das nachstehende Analysenergebnis in Gewichtsprozenten:

	V.	Prozent
Kieselsäure SiO_2		70·52
Titansäure TiO_2		0·09
Tonerde Al_2O_3		13·53
Eisenoxyd Fe_2O_3		2·00
Eisenoxydul FeO		1·81
Kalkerde CaO		6·25
Magnesia MgO		1·00
Kali K_2O		3·25
Natron Na_2O		1·50
Kohlensäure CO_2		0·24
Schwefelsäure SO_3		—
Konstitutionswasser H_2O		0·09
Kristallwasser H_2O		0·23
Zusammen		100·51

Die Deutung obigen Resultats führt auf kalkige und eisenreiche Augite sowie der Reichtum an Alkalien mit den mannigfaltigen Feldspaten zusammenhängt. Der Kalzit ist bis auf einen Rest von 0·70$^0/_0$ aufgezehrt. Übrigens bleiben weitere Ausführungen dem unten folgenden Abschnitte „Diskussion der Analysenresultate" vorbehalten.

Atmosphärische Verwitterung der großen Porphyroblasten von diopsidischem Augit führt anfänglich zur Porosität und Zerfall zu einem Körneraggregat; weiterschreitend bemerkt man peripherisch Ausscheidungen von Quarz und Kalkkarbonat, letzteres größtenteils weggelöst; im Kristallinneren hauptsächlich ein feinschuppiges und eisenschüssiges T o n e r d e s i l i k a t, dessen serizitähnliche Schüppchen eine sehr geringe Licht- und Doppelbrechung besitzen; ihre Farbe ist gelblichweiß bis rostgelb, der Strich weiß, also ein dem Kaolin verwandtes Mineral, das wahrscheinlich dem K i m o l i t und A n a u x i t nahe steht. Oft bemerkt man zwischen den Maschen dieser ockergelben krümmeligen Masse noch unveränderte Augitreste, zuweilen sind letzteren zahlreiche Hornblendeprismen regellos eingestreut. In anderen Augitkristallen waren jedoch diese Überreste von Augit und Uralit p e r i p h e r i s c h angehäuft, während ä u ß e r l i c h vollkommen frisch erhaltene Augite i n n e r l i c h Kerne von Kimolit enthielten, worin wir schlagende Beweise für den v o n i n n e n n a c h außen gerichteten Gang dieser Verwesungserscheinung erblicken müssen. Den umgekehrten Weg von außen nach innen nimmt die Uralitsirierung, beziehungsweise Amphibolitisierung des Augits, was für die Genesis dieser Vorgänge hochwichtig ist. Obige Verwitterungsprodukte des diopsidischen Augits lassen auf einen reichlichen Gehalt an $Al_2\,O_3$ schließen, während $Ca\,O$ und $Mg\,O$ dagegen zurücktreten.

Am Hangenden des Kalksilikatlagers im Viehgrund fand Verf. einen porphyroblastischen Augithornfels, dessen Feldspatgrundmasse wesentlich grobkörniger war, deren P-Flächen mit starkem Perlmutterglanz ausgestattet erschienen; darin lagen größere und kleinere Porphyroblasten von diopsid. Augit, zum Teil in schöner kristallographischer Ausbildung begrenzt von

$$\infty\,P\,\infty\,(100).\,\infty\,P\,\infty\,(010).\,\infty\,P\,(110).\,P\,\infty\,(\overline{1}01).$$

Solche Kristalle fand ich als Durchkreuzungszwillinge nach $-\,P\,\infty\,(\overline{1}01)$ verwachsen und frisch erhalten. Die großen Augite waren in der Regel an ihrer Peripherie von einer größeren Menge von Körnern und modellscharfen Kristallen des Titanits in Briefkuvertform mit den charakteristischen gitterförmigen Spaltrissen umschlossen. Solche Titanite kommen neben dem Plagioklas auch im Inneren der Augite als Einschlüsse eingesprengt vor. — Der größte Teil namentlich der großen Augite erschien jedoch in eine Unmasse von faserigem, feinschuppigem, gelbockerigem Limonit umgewandelt, was auf eine besonders eisenreiche Varietät des diop. Augits hinweist und im Zusammenhalt mit dem zu Kimolit verwitterten auf schwankende chemische Verhältnisse, und zwar auf tonerde- und eisenreiche Zusammensetzung schließen läßt. —

Porphyroblastischer Aigirinaugithornfels.

An zahlreichen Felsblöcken speziell des Viehgrundes machte ich die hochwichtige Wahrnehmung, daß sich in dem porphyroblastischen Augithornfels neben dem hellgrünen diop. Augit und der uralitischen schwarzgrünen Hornblende noch ein zweiter, und zwar dunkel gefärbter Augit findet, der mit Zunahme der porphyroblastischen Struktur auf Kosten des diop. Augits immer mehr zunimmt und schließlich in dem Gestein allgemein verbreitet erscheint. Es sind dies tiefbraunschwarze Prismen ohne terminale Flächen, in der Hauptzone begrenzt von

$$\infty\,P\,\infty\,(100).\,\infty\,P\,(110).\,\infty\,P\,\infty\,(010),$$

woraus sich entweder quadratische dicke oder bei Vorwalten von $\infty\,P\,\infty\,(100)$ abgeplattete Prismen oder dicktafelige Kristalle ergeben und vollkommene Spaltbarkeit nach $\infty\,P\,(110)$ zeigen. Solche dunkle Augite sind teils im Feldspat und Quarz der Grundmasse, teils im diopsid. Augit in Form von bis 6 mm langen, 2 mm breiten Einsprenglingen eingewachsen. Es ist dies der Habitus der basaltischen Augite, der sich in unserem Falle dadurch von dem diop. Augit wesentlich unterscheidet, daß er keine Uralitisierung wahrnehmen läßt. Soweit der makroskopische Befund.

Im Dünnschliff u. d. P. M. erkennen wir zunächst, daß sich das feinkörnige und granoblastische Grundgewebe nur mit geringer Variation von jenen im vorigen Gestein unterscheidet. Dessenungeachtet erlangen hier grobkörnige Orthoklase mit vollkommenen Spaltrissen parallel (001) und (010) als auch große Mikrokline mit prächtiger Gitterlamellierung eine große Verbreitung; außer der normalen Spaltbarkeit hat man noch solche nach 7 $P \infty$ (701) beobachtet, sie bildet mit jener nach (001) auf M den $\measuredangle$ von 72°, es ist sogenannte Murchisonitspaltung, welche für Natronorthoklase charakteristisch erscheint. Beide obgenannte Kalifeldspate sind durch einen bläulichen Schiller ausgezeichnet. Dagegen sind die an Menge zurücktretenden Plagioklase meist nur kleinkörnig entwickelt und nach dem Albit- und Periklingesetz polysynthetisch verzwillingt, da und dort kommt auch das Karlsbader Gesetz zur Geltung. Zwischen diesen Feldspaten findet sich an deren Rändern da und dort ein überaus zartschuppiges Aggregat von Muskovit (Serizit) eingeklemmt.

In dem so gestalteten Grundgewebe liegen nun zahlreiche Porphyroblasten von Aigirinaugit, diop. Augit und Hornblende entweder in einzelnen Individuen, meistens zu Aggregaten

Fig. 3.

Querschnitt. Aigirinaugit abgeplattet.

zusammengehäuft, welche zu Zügen parallel geordnet erscheinen. Der Aigirinaugit ist idiomorph begrenzt von $\infty P \infty$ (100) stark herrschend, $\infty P \infty$ (010) klein oder ganz fehlend, ∞P (110) schmal, demzufolge starke Abplattung des kurzsäuligen Habitus. Starke Licht- und Doppelbrechung, letztere ergibt sich aus der Höhe der Interferenzfarben nach dem Schema von Michel-Levy und Lacroix mit $\gamma - \alpha = 0.030$; deutlicher Pleochroismus, und zwar $\mathfrak{a}$ blaugrün, $\mathfrak{b}$ hellgrünlich, $\mathfrak{c}$ gelbgrün, demzufolge Absorption $= \mathfrak{a} > \mathfrak{b} > \mathfrak{c}$; seine Auslöschungsschiefe wurde an zahlreichen Durchschnitten mit den höchsten Interferenzfarben gegen die Säulentrasse sowie die Spaltrisse nach (100) im arith. Mittel $c : \mathfrak{c} = 60°$ im stumpfen $\measuredangle \beta$ oder $a : \mathfrak{c} = 30°$ im spitzen $\measuredangle \beta$ gefunden. Gleich dem diop. Augit ist auch der Aigirinaugit durch polysynthetische Zwillingsbildung der nach (100) eingeschalteten Lamellen ausgezeichnet. Derselbe neigt zur Skelettbildung, so daß seine großen Individuen des öfteren durch stengelige und faserige Aggregate oder durch büschelige und pinselähnliche Gebilde von Aigirinaugit ersetzt werden, was auf starke Resorption hinweist. — Der diopsidische Augit entspricht bezüglich seiner kristallographischen Formen ebenfalls jenen des gemeinen Augits; er ist kurzprismatisch, quadratisch und dicktafelig nach dem Orthopinakoid in Querschnitten senkrecht c; derselbe entspricht übrigens den bisher obengeschilderten diopsidischen Augiten; er läßt keinen Pleochroismus erkennen, seine Auslöschungsschiefe wurde auch hier gegen die Säulentrasse sowie die Spaltrisse nach dem arith. Mittel zahlreicher Messungen $c : \mathfrak{c} = \star 42^0$ gemessen. Häufig macht man die Beobachtung, daß der hellgrünliche diop. Augit mit satt-grünem Aigirinaugit randlich umwächst, dergestalt, daß ein lichter Kern von einer dunklen Hülle rings umschlossen wird. —

— Die Hornblende gehört merkwürdigerweise zur kompakten gemeinen Hornblende, sie läßt charakteristische prismatische Spalt-barkeit vermissen und scheint bloß mit undeutlichen absätzigen Spalt-rissen ausgestattet, sie ist mit sattgrünen Farben durchsichtig und zeigt deutlichen Pleochroismus: $\mathfrak{c}$ blaugrün, $\mathfrak{b}$ grasgrün, $\mathfrak{a}$ grünlichgelb, demzufolge die Absorption $\mathfrak{c} > \mathfrak{b} > \mathfrak{a}$. Die Auslöschungsschiefe, be-ziehungsweise die Neigung $c : \mathfrak{c}$ ist $= \star 18—19^0$ im stumpfen Winkel β; die Lichtbrechung ist hoch, die Doppelbrechung wurde nach Maßgabe der Höhe der sattgrünen Interferenzfarbe nach dem Schema von Michel-Levy $\gamma — \alpha = 0.025$ bestimmt. Eine Verwechslung von Aigirinaugit mit Hornblende und umgekehrt ist leicht möglich. Die Durchschnitte dieser Hornblende sind meist regellose Lappen, nicht zu häufig entsprechen sie den Kristallformen der gemeinen Hornblende, auch Zwillingsbildungen kommen vor. In einem speziellen Falle beobachtete ich diese saftgrüne Hornblende in der Form der nach $\infty P \infty$ (100) dicktafeligen Kristalle, wie solche für den Augit charak-teristisch sind, zudem in Zwillingsstellung nach der Klinopyramide $P2$ (122), also Kniezwillinge, die nur am Augit vorkommen; mithin Pseudomorphosen von Hornblende nach Augit ohne Uralitisierung. Die Hornblende verwächst randlich und parallel mit dem Aigirinaugit. Sowohl die beiden Augite als auch die Hornblende enthalten reichliche Einschlüsse der Feldspate.

Das in Rede stehende Gestein führt außerdem einen auffallend großen Gehalt an hellbräunlichen Titanit (Grothit), der dadurch zu einem wesentlichen Gemengteil wird; es sind meist rhombische und langleistenförmige Durchschnitte mit beiderseitiger Zuschärfung, was auf die bekannte Briefkuvertform hinweist; des öfteren mit aus-gezeichneter Zwillingsbildung parallel $o P$ (001) in mehrfacher Wieder-holung; grobe, nicht parallele Spaltrisse, hohes und rauhes Relief, hohe weißgraue Interferenzfarben verweisen auf Titanit, der haupt-sächlich an die Augite geknüpft, welche damit förmlich gespickt sind. Derselbe enthält häufig in zentraler Lage Kristalle von Ilmenit als Einschluß. — Akzessorisch sind prismatische Apatitkriställchen, welche mitunter zentral gehäufte, braun und schwarz gefärbte Ein-schlüsse erkennen lassen; sie liegen teils im Augit, teils im Titanit und dokumentieren sich dadurch als Erstausscheidung; ferner sind da und dort vereinzelte Zirkonkriställchen mit schöner Zonar-struktur und leuchtenden Interferenzfarben eingestreut. —

Porphyroblastischer Malakolithaugithornfels.

Makroskopisch scheint die Zusammensetzung des Gesteins eine einfache, und zwar: in einem vorherrschenden Grund-

gewebe von grobkörnigen Feldspaten liegen zahlreiche große Porphyroblasten von Malakolith kreuz
und quer umher; außerdem sind darin viele kleinere Kristalle
und Körner desselben regellos eingestreut. Das Feldspataggregat des
Grundgewebes ist durch den auf den basischen Spaltflächen auf-
blitzenden Perlmutterglanz sowie durch seine breiten Lamellen auffällig, welche schon zum Teil makroskopisch sichtbar sind und auf einen
basischen Plagioklas schließen lassen. Mit dem Feldspat innig verwachsen sind die von dem ursprünglichen Kalkstein herrührenden
Kalzitreste, während der da und dort in Körnern sowie in größeren
Kristallen auftretende Quarz wohl als jüngste Bildung anzusehen ist.
Ferner findet man in diesem Grundgewebe zahlreiche Kristalle von
gelbbraunem Titanit der Briefkurvertform; als akzessorische Ele-

Fig. 4.

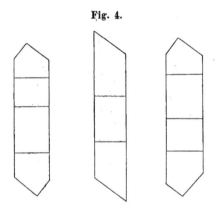

Längsschnitte des Malakoliths.

mente sind darin vertreten: Augitkörner, Amphibol-, Epidot- und
Granatkristalle sowie Ilmenitkristalle und -körnchen.

Die Porphyroblasten von Malakolith erscheinen idiomorph,
teils in großen Kristallen, teils in großen Körnern ausgebildet, erstere
begrenzt von $\infty P \infty (100) . \infty P \infty (010)$. schmalen $\infty P (110)$ und ter-
minal von $2 P (\overline{2}21)$ und $- P (\overline{1}11)$. Siehe obenstehende Durchschnitte Textfig. 4. Zwillingsbildung nach $o P (001)$ häufig mehrfach
wiederholt; ferner morgensternähnliche und knäuelartige
Zwillinge wahrscheinlich nach der Fläche $\infty P \infty (100)$ und solche
nach $- P \infty (101)$, was zu schwer auflösbaren Zwillingsverwachsungen
führt. Auch sind gebrochene und gewöhnlich durch Quarz wieder
verkittete Malakolithe des öfteren zu sehen; an manchen Kristallen
wurde dunkelgrüner Rand, hellgrüner Kern bemerkt. Die einfachen
Malakolithe erreichen die Größe 15—27 mm, ihre Dicke ist 4—5 mm,
während die Zwillinge 25—45 mm lang, 10—15 mm dick sind, dagegen
die Körner bis 15 mm Länge und bis 12 mm Breite messen. Ausgezeichnete Spaltbarkeit nach $\infty P \infty (100)$ mit starkem Perlmutter-

glanz auf dieser Fläche; hierzu kommt eine weniger vollkommenere Teilbarkeit nach $\infty P \infty$ (010) sowie eine solche nach $o\,P$ (001). — Nach dem mikroskopischen Bilde im Schliff enthält auch dieses Gestein das in dem vorherrschenden Augithornfels geschilderte granoblastische Grundgewebe von vorwaltenden Mikroklin und Plagioklas mit ausgezeichneter gitterförmiger Zwillingslamellierung, wozu sich meist Orthoklas gesellt, während Quarz nur eine untergeordnete Rolle spielt, demzufolge myrmekitische Verwachsungen fehlen und auch mikroperthitische spärlich vertreten sind.

Ein besonderes Interesse wendet sich jedoch auch hier den mannigfaltigen Pyroxenen zu, wodurch speziell das in Rede stehende Gestein bevorzugt erscheint, und zwar ist der gelblichgrüne Malakolith langsäulenförmig, von $\infty P \infty$ (100) und $\infty P \infty$ (010) und schmalen ∞P (110) begrenzt, woraus quadratische Querschnittformen resultieren; häufig ist polysynthetische Zwillingsbildung parallel (100) und ausgezeichnete rechtwinklige Spaltbarkeit. Mit hellgrüner Farbe durchsichtig, ist ein Pleochroismus im Dünnschliff nicht wahrnehmbar, die Lichtbrechung ist hoch, die Doppelbrechung zufolge der leuchtenden Polarisationsfarben nach der Farbentafel von Michel-Levy $\gamma - \alpha = 0{\cdot}026$ bis $0{\cdot}030$. Die Auslöschungsschiefe in Schnitten nach (010), gegen die Spaltrisse oder Zwillingslamellen gemessen, ergab den Winkelwert $c : \mathfrak{c} = 38^0$ im stumpfen Winkel β. — Hierzu gesellt sich ein meergrüner Augit, der in den übrigen Kalksilikatfelsen fehlt, er ist in kurzen, gedrungenen Säulen vertreten, idiomorph begrenzt von vorherrschenden $\infty P \infty$ (100), zurücktretenden $\infty P \infty$ (010) und meist schmalen ∞P (110), woraus dicktafelige Querschnittformen hervorgehen. Polysynthetische Zwillingsbildung mit parallel (100) eingeschobenen Lamellen schön entwickelt, rechtwinklige Spaltbarkeit nach (110) sehr vollkommen und scharf markiert. Der Pleochroismus kommt im Dünnschliff auch bei diesem Augit nicht zum Ausdruck; Lichtbrechung hoch; nach der Höhe der leuchtenden Interferenzfarben kann man schließen, daß die Doppelbrechung $\gamma - \alpha = 0{\cdot}023$ bis $0{\cdot}030$ schwankend ist; die spitze positive Bisetrix ($\mathfrak{c}$) bildet mit der Vertikalaxe (c) den $\measuredangle = 46$—54^0 in den verschiedenen Individuen schwankend, im stumpfen Winkel β, gemessen in Schnitten nach (010) gegen die Spaltrisse oder Zwillingslamellen. Es gehört somit dieser Pyroxen zum gemeinen Augit, dessen chemische Verhältnisse zufolge der variablen Auslöschungsschiefe und Doppelbrechung großen Schwankungen unterworfen sein müssen. Die geschilderten Malakolithe und Augite sind teils in Einzelkristallen, teils zu Aggregaten zusammengehäuft und liegen als Einsprenglinge in dem obenangeführten granoblastischen Gewebe mannigfaltiger Feldspate. — Die Titanite des Grundgewebes zeigen meist rhombische Querschnittformen und sind begrenzt von $^2/_3\,P\,2\,(\overline{1}23)\,.\,o\,P\,(001)\,.\,P \infty\,(\overline{1}01)$ mit charakteristischer gitterförmiger Streifung parallel $P \infty$ (011), seltener sind Zwillingsbildungen nach $o\,P$ (001) in Gestalt mehrfach wiederholter Lamellen. Bloß akzessorisch sind vertreten: Ilmenitkristalle sowie man da und dort ein Zirkonkriställchen bemerkt. —

Als Einschlüsse der beiden Pyroxene, insbesondere des Malakoliths sind zu nennen: zahlreiche idiomorphe Titanitkristalle genau in der obenbeschriebenen Briefkuvertform, rhombischen Querschnitten und Zwillingsbildungen, sowie als Körner. Viele Malakolithe sind mit solchem Titanit förmlich gespickt, während er in anderen fehlt. Daneben sind häufig Aggregate von feinkörnigem Plagioklas, womit die Malakolithe völlig durchlöchert sind, da und dort Quarz und Granat als Einschlüsse zu bemerken. In einzelnen Malakolithen wird der Titanit durch Ilmenit ersetzt, welcher sich daselbst anhäuft; öfters umschließen Ilmenitkränze die Malakolithsäulen; wo der Ilmenit reichlich ist, erscheint der Titanit spärlich.

Umwandlungserscheinungen. Die Feldspate des Malakolithhornfelses zeigen wie jene der anderen Kalksilikatfelse da und dort Umwandlung zu Serizit. Die Malakolithe erscheinen schon makroskopisch porös, was auf Substanzverluste hinweist. U. d. P. M. erscheinen die langgestreckten Säulen des Malakoliths mehrfach ganz in Epidot umgewandelt, worin die Doppelbrechung hoch $\gamma - \alpha = 0.038$, daher die leuchtenden Interferenzfarben und wobei die Auslöschungsschiefe gegen die Vertikalaxe, beziehungsweise die Prismenzone $\prec 28^0$ gemessen wurde. Andere Kristalle des Malakoliths sind gänzlich in Zoisit umkristallisiert, dessen Auslöschung gerade ist und parallel als auch senkrecht zu den Spaltrissen nach (100) erfolgt; allerdings müssen wir dabei auf bedeutende Molekularverschiebungen denken. Wiederum andere dieser Malakolithe sind in ein feinkörniges Aggregat von Epidot, Zoisit und isotropen dodekaëdrischen Granat umkristallisiert, worin sich mehr oder weniger verbreitete Malakolithreste erhalten haben. Es ist charakteristisch, daß sich insbesondere der Malakolith in Minerale der Epidotgruppe umzuwandeln pflegt und daraus geht der wesentliche Unterschied gegen jene Augite hervor, welche entweder mit grüner Hornblende verwachsen oder uralitisieren. Auch in den gemeinen Augiten des vorliegenden Gesteins ist im Innern derselben die Bildung feinfaserigen Uralits sowie einer tiefschwarzen prismatischen Hornblende zu erkennen, welche nicht immer parallel c, sondern oft kreuz und quer gelagert sind. —

Übergänge von dem porphyroblastischen Malakolithaugitfels führen zum porhyroblastischen Amphibolhornfels, beziehungsweise Augithornfels und sind oft in ein und demselben Handstück zu verfolgen; sie vollziehen sich durch Ausfall des Malakoliths, während Amphibol, beziehungsweise Augit die Stellvertretung übernimmt. Nachdem die großen Porphyroblasten des Malakoliths genau dieselben Einschlüsse wie die Feldspatgrundmasse enthalten, so kann über deren gleichzeitige Entstehung kein Zweifel obwalten. Die Struktur ist demzufolge nur eine pseudoporhyrische, wie selbe den Kontaktgesteinen eigentümlich ist, worauf wir weiter unten ausführlich zurückkommen werden.

Es erscheint wohl zweifellos, daß die Minerale der Pyroxengruppe in den Neudorfer Kalksilikatfelsen eine geschlossene Reihe bilden, die mit dem Malakolith beginnt, wobei $c : \mathfrak{c} = 38^0$, durch den diopsidischen Augit mit $c : \mathfrak{c} = 42-44^0$, dem gemeinen Augit, worin

$c : c = 46{-}54^0$ fortsetzt und im Aigirinaugit den Wert $c : c = 59{-}60^0$ erreicht, womit die Reihe schließt. —

Porphyroblastischer Granataugithornfels.

Von dem obengeschilderten feinkörnigen Granataugithornfels unterscheidet sich die porphyroblastische Strukturvarietät übrigens in keiner Weise. An einzelnen Stufen dieses letzteren Hornfelses wurde die Beobachtung gemacht, daß die Augitprismen = Knäuel und = Morgensterne unter Rücklassung von Überresten derselben, größtenteils in langprismatische Hornblende umgewandelt erscheinen, mit Ausfaserungen der Individuen ringsumher. Von den Kernpartien ausstrahlende Aklinolithnadeln durchschießen sowohl die Plagioklasgrundmasse als auch die Porphyroblasten von fleischrotem Granat, speziell der letztere ist zuweilen mit Aktinolithnadeln völlig gespickt. Diese langnadeligen Aktnolithaggregate sind natürlich bei ihrem starken Voraneilen nach der c-Axe weit über den ursprünglichen Raum und deren Form hinausgewachsen. — Die Hornblende zeigte sich auch ihrerseits mit Plagioklas mehr oder weniger stark verwachsen und durchlöchert. Einzelne Augite bestehen aus einer äußeren bereits zu Hornblende umkristallisierten Schale, während der vorwaltende Kern noch unversehrt erhalten blieb. Als Seltenheit waren dicke Pakete von tiefrotbraunen Biotitlamellen zu erkennen, peripherisch dem Augit angewachsen. Am Granat kommt zuweilen kelyphitische Textur vor, derselbe ist oft mit dem Augit innig verwachsen. Außerdem wurde die Feststellung gemacht, daß die quadratischen Augitprismen sowie gerundete Augitkörner mehr oder weniger unvollständig in ein Aggregat von fleischrotem Granat umkristallisiert waren, woraus an Stelle des Augits sich ein Gemenge von Resten des letzteren, Hornblendeprismen, Granat und Plagioklasaggregate, im bunten Gemisch ausbildete. Akzessorisch sind gerundete Körner und rhombische Kriställchen von Titanit, Körner und Schüppchen von Ilmenit.

Porphyroblastischer Amphibolhornfels.

Auch der Amphibolhornfels besitzt eine porphyroblastisch entwickelte Form, wobei in einem sehr feinkörnigen Grundgewebe mannigfaltiger Feldspate, Haufen körniger und prismatischer tiefschwarzgrüner Hornblende mit charakteristischer Spaltbarkeit als große Einsprenglinge hervortreten, wie denn überhaupt ein großer Teil solcher Hornblende die feinfaserige, stets parallel c gerichtete Ausbildung des Uralits besitzt; ferner erscheint die Hornblende vielfach mit diopsidischem Augit parallel c verwachsen oder sie umschließt Kerne des letzteren. Da und dort bemerkt man, daß dicke Augitprismen peripherisch von einem körnigen und kleinprismatischen Aggregat der Hornblende dicht umschwärmt sind, letztere ist außerdem vom Plagioklas poikilitisch durchwachsen. In den großen Augitprismen gesellt sich zu der normalen Spaltbarkeit nach (110) öfter eine weitere parallel (100), wobei diese Fläche einen halbmetallischen Schimmer zeigt, wodurch dem Augit ein diallagähnlicher Charakter verliehen wird. — Die Menge des Q u a r z e s in dem porphyroblastischen Amphibolhornfels ist nicht unbeträchtlich, die Feldspate neigen zur S e r i z i t - b i l d u n g. Dieser Hornfels ist besonders durch einen g r o ß e n G e h a l t an eingesprengtem haarbraunen T i t a n i t (Grothit) ausgezeichnet, dessen 5—6 *mm* große modellscharfe Kristalle gewöhnlich die Briefkuvertform darbieten, begrenzt von $^2/_3$ $P2$ ($1\bar{2}3$) . oP (001). $P \infty$ ($\bar{1}01$). Sehr charakteristisch sind sehr zahlreiche und anhaltende Spaltrisse, sehr deutlich nach $P \infty$ (011), also nicht parallel zur Umgrenzung der Kristalle, die eine gitterförmige Streifung hervorrufen. (Siehe untenstehende Textfigur 5.) Kontaktzwillinge nach der Fläche oP (001) sind nicht selten, mitunter polysynthetische Zwillingsbildung in Form von Lamellen, deren ich beispielsweise in einem solchen Kristall bis 10 zählen konnte. Gedachte Titanite sind in der Regel in den Hornblendeaggregaten eingewachsen. Akzessorisch ist Magnetit zum Teil in wohlgebildeten Oktaëdern (111). —

Fig. 5.

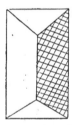

Titanit (Grothit) mit scharf markierten Spaltrissen.

Um von der A s s o z i a t i o n der oben geschilderten mannigfaltigen Typen der Kalksilikatfelse eine Vorstellung zu ermitteln, habe ich von einem ungefähr 0·5 *m³* großen Block von Kalksilikatfels, den ich im Viehgrund auf dem Grunde des Josef Krist Nr. 28 aufgefunden, der mir besonders instruktiv erschien, eine naturgetreue Zeichnung im Felde entworfen, welche durch die nachstehende Textfigur 6 wieder gegeben wird.

Wir sehen randlich melanokraten Augithornfels mit bandstreifigem Augithornfels wechseln, während sich gegen das Innere hin porphyroblastischer Aigirinaugithornfels mit fingergliedlangen Aigirinaugiten ausbreitet, wohingegen in der zentralen Mitte bezeichnenderweise Granatplagioklasfels herrscht. Die schwache Ader von Granathornfels, welche den Felsblock diagonal durchschneidet, ist sicher jüngerer Entstehung; dasselbe gilt von der Quarzader. Jedenfalls sind in dem ursprünglichen Kalkstein später Spalten aufgerissen worden, welche sich sodann mit sekundärem Kalzit und Quarz füllten, während der erstere durch die Kontaktmetamorphose zu Granathornfels geworden, ist der Quarz lediglich stenglig umkristallisiert, wobei sich die Quarzstengel senkrecht zur Kluftebene stellten. Die Tatsache, daß der Granathornfels die zentralen Teile des gedachten Felsblockes einnimmt, spricht dafür, daß jener bei dem von außen nach innen gerichteten Gang der Kontaktmetamorphose als jüngste Bildung anzusehen ist. — Die S t r u k t u r eines Teiles der Neudorfer Kalksilikatfelsen ist lediglich eine pseudoporphyrische, es fehlt ihnen jene gesetzmäßige Reihenfolge der Mineralausscheidungen, welche die Eruptivgesteine auszeichnen, ferner enthalten alle diese großen Einsprenglinge von Aigirinaugit, diop. Augit, Malakolith, Amphibol und Uralit die oben geschilderten Einschlüsse, und zwar Idioblasten von Titanit, Ilmenit, Granat, Aggregate von Feldspaten und Quarz, wodurch fast allgemein sieb- und skelettartige Struktur hervorgebracht wird; es sind dies dieselben Einschlüsse,

Fig. 6.

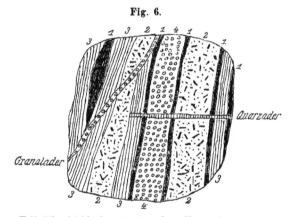

Kalksilikatfelsblock 0·5 m^3 groß zu Neudorf. (Ansicht.)

1 = Melanokrater Augithornfels. — 2 = Porphyroblastischer Aigirinaugithornfels. — 3 = Bandstreifiger Augithornfels. — 4 = Granathornfels.

welche auch der Grundmasse mannigfaltiger Feldspate angehören; es können somit die ersteren unmöglich als ältere Ausscheidungsprodukte gelten. Charakteristisch ist ferner, daß die Einschlüsse der gedachten großen Einsprenglinge nicht auf Anwachsschalen liegen, also keine zonare Anordnung derselben erkennen lassen, sondern regellos darin verteilt sind oder sich darin bestenfalls parallel zur Schieferungsfläche anordnen. Ebenso wichtig ist die Tatsache, daß sich die angeführten porphyroblastisch hervortretenden Pyroxene und Amphibole der Neudorfer Kalksilikatfelse nicht in die Schieferungsebene einordnen, sondern meistens kreuz und quer in dem Grundgewebe umherliegen.

Diese Verhältnisse deuten darauf hin, daß die Gesteinsmoleküle sich während der Kontaktmetamorphose in einem Zustand viel zu geringer Beweglichkeit befanden, so daß die Umkristallisation vielfach behindert war. Der Aggregatzustand besaß eine zu große Viskosität, um reine Kristalle bilden zu können, welche dünnflüssige Lösungen be-

anspruchen, was zumal in den großen Augiteinsprenglingen zu
massenhaften Einschlüssen führen mußte, welche Siebstruktur und
skelettartige Kristalle bedingten und fast zur Regel werden ließen.
Diesen Beweisen zufolge sind also die porphyroblastischen Kalksilikatfelse gleichwie alle übrigen Hornfelse, zweifellos in einer
einzigen Phase entstanden, und zwar unter mehr oder weniger
vollständiger Dekarbonation der ursprünglichen Sedimente und Zufuhr
großer Mengen von Kieselsäure und, wenn man die Unmasse
der Titanit- und Ilmeniteinschlüsse berücksichtigt, wohl auch von
Titansäure.
Betrachtet man die in dem Felsblock, Textfig. 6, vertretenen
Kalksilikatfelse, so erscheint es gewiß absurd, für die porphyroblastischen
Strukturformen eine andere Bildungsweise supponieren zu wollen als
für die übrigen zu einem Gesteinskörper verbundenen granoblastischen
Kalksilikatfelse. Auch wird durch diesen Felsblock der innige Verband
kalzitreicher und kalzitarmer Typen in unserem Neudorfer Kontakthofe
in sinnfälliger Weise demonstriert sowie daraus die Abhängigkeit der
mannigfaltigen Gesteinsarten von dem ursprünglichen Substrat und
dessen Klüftigkeit hervorgeht, woraus sich der auf Schritt und Tritt
erfolgende rasche Wechsel in der mineralischen Zusammensetzung
und dem Mengenverhältnis der Komponenten erklärt. —

Pegmatitähnliche Kalksilikatfelse.

Ähnlich wie bei Reigersdorf kommen auch bei Neudorf pegmatit-
ähnliche Hornfelse vor, denen jedoch unter den übrigen Kontaktgesteinen nur eine untergeordnete Rolle zufällt, und zwar habe ich
auf den Steinhalden im Viehgrund zwei Varietäten davon aufgelesen
und festgestellt, welche durch ihr grobkörniges Mineralgefüge
bemerkenswert und teils durch ihren Gehalt an Aigirinaugit, teils
Amphibol charakterisiert erscheinen.

a) Pegmatitähnlicher Aigirinaugithornfels.

Makroskopisch besteht derselbe aus einer grobkörnigen
Feldspatmasse, worin kubikzentimetergroße Feldspate nach Art
von Pflastersteinen stumpf aneinanderstoßen oder es befindet sich dazwischen ein feinkörniges Feldspataggregat als Füllmasse. Der Quarz
ist selbständig ausgeschieden, nicht schriftgranitisch verwachsen.
In diesem Feldspatgewebe erscheinen zahlreiche 12 *mm* lange und
6 *mm* dicke Porphyroblasten von Augit eingesprengt mit denselben
Formen, wie wir sie weiter oben aus dem porphyroblastischen Augithornfels beschrieben haben.
Im Dünnschliff u. d. P. M. wird bestätigt, daß das granoblastische Mineralgemenge wohl aus großgewachsenen Elementen
besteht, jedoch Pegmatitstruktur (im engeren Sinne) vermissen läßt.
Das vorherrschende Feldspataggregat besteht hauptsächlich aus
großen Orthoklas-, beziehungsweise Mikroklinkörnern, welche
mit zahlreichen Albitspindeln perthitisch sowie mit Plagio-
klaskörnern durchwachsen sind und durch einen bläulichen

Schiller auffallen. Die gedachten perthitischen Kalifeldspate sind voll dichtgedrängter Spaltrisse parallel (010) und (001); außerdem wurden scharfe und dichtgedrängte Spaltrisse auf M beobachtet, die mit jenen nach (001) einen ⪤ von 72⁰ einschließen und demzufolge 7 P ∞ ($\overline{7}$01) entsprechen; es wäre sogenannte Murchisonitspaltung, was auf Beziehungen mit Natronorthoklas hinweist. Unsere Feldspate sind ferner mit Zersetzungsprodukten in Streifen und Striemen erfüllt; dazu gesellen sich einschluß-¦ und spaltrißfreie Quarze, welche wohl infolge von Quetschung mehr oder weniger zerklüftet erscheinen. — Zwischen den großen Feldspaten zieht sich ein mehr oder weniger feinkörniges Aggregat hindurch, bestehend aus Plagioklas, Kalifeldspat, Quarz und Myrmekit sowie spärlich kleinste Muskovitschüppchen, das sich nach Art eines Bindemittels verhält und das undulöse Auslöschung auch bezüglich der großen Komponenten erkennen läßt. — Der Plagioklas ist nach dem Albitgesetz, zum Teil auch Periklingesetz polysynthetisch verzwillingt; dessen Auslöschungsschiefe in Schnitten ⊥ P und $M = 20⁰$ gemessen wurde, was 62⁰/₀ Ab und 38⁰/₀ An ergab, demnach einen Andesin bestimmen ließ. Undulöse Auslöschung, Mörtelstruktur in den Trümmerzonen und -bändern weist auf Kataklase hin, wodurch sich das Gestein als gequetschter Hornfels erweist. —

In dem geschilderten granoblastischen Grundgewebe tritt ein hellgelblichgrüner Augit in großen Porphyroblasten prismatischer Kristalle und Körner auf, derselbe gehört nach seiner Auslöschungsschiefe, welche gegen die Spaltrisse nach (100) mit $c : \mathfrak{c} = 64⁰$ im stumpfen ⪤ β festgestellt wurde, zum Aigirinaugit. Spaltrisse nach (001) besonders kräftig und anhaltend, desgleichen nach (100) weniger grob, jedoch dichter gedrängt. Zwillingsbildung nach (001) selten, häufiger solche nach (100). Die Licht- und Doppelbrechung ist hoch, und zwar nach Höhe der Interferenzfarben im Mittel $\gamma — \alpha = 0·029$, der Pleochroismus ist wohl schwach, aber noch deutlich $\mathfrak{a}$ hellgrün, $\mathfrak{b}$ gelblichgrün, $\mathfrak{c}$ grünlichgelb. — Der Aigirinaugit umwächst randlich und an den Endflächen mit grasgrüner Hornblende. Im Augit sind zahlreiche Plagioklaskörner eingewachsen, da und dort erblickt man darin ein Apatitsäulchen, Ilmenit- oder Magnetitkörnchen, was endlich zur Siebstruktur im Augit führt. —

An anderen Stufen dieses pegmatitähnlichen Kalksilikatfelses wurden diopsidische und gemeine Augite festgestellt, welche ähnliche Umwandlungserscheinungen darbieten, wie wir solche oben (pag. 406) kennen lernten, so zwar, daß diese Augite gänzlich in ein uralitisches oder aklinolithisches Aggregat umgewandelt, anderseits bemerkt man jedoch, daß die Kerne der Augite in ein Aggregat von eisenschüssigem Kimolit verwittert sind, dagegen die Außenschale in prismatische Honblende umkristallisierte, die noch Augitpartikel enthält, gleichwie auch der kimolitische Kern häufig noch Augitreste, beziehnngsweise Hornblendeprismen erkennen läßt. Selten wurde in den veränderten Augiten neben Amphibol auch ein stumpfgrüner Biotit in dicken Lamellenpaketen ausgebildet.

b) Pegmatitähnlicher Amphibolhornfels.

Als wesentliche Komponenten dieses Gesteines sind zu nennen: mannigfaltige Feldspate, zum Teil groblamellierte Plagioklase mit Qnarz innig verwachsen, in welchem grobkörnigen Grundgewebe sich nußgroße Einsprenglinge von langprismatischer tiefschwarzgrüner Hornblende finden, die häufig in kleinschuppige Aggregate von tiefrotbraunem Biotit übergeht; speziell der blättrigen Hornblende sind die Biotitschuppen eingeschaltet, auf deren Spaltflächen sie zu liegen kommen. Außerdem finden sich als Nebengemengteile Aggregate von körnigem Granat, Titanitkörner besonders in der Hornblende eingeschlossen, fuchsrote, fettglänzende Überzüge von Rutil und gerundete Ilmenitkörner. Die Hornblende des in Rede stehenden Gesteines ist wie diejenige der Amphibolhornfelse bei dem gänzlichen Mangel an Augitresten als primär anzusehen, ihre zuweilen blättrige Aggregatform parallel $\infty P \infty$ (100) ist in diesem Fall auf Zwillingsbildung zurückzuführen, auch ist es gerade blättrige Hornblende, welche zur Biotitbildung neigt. —

Trotz eifrigen Suchens ist es weder im Viehgrund noch am Fichtenberg bei Neudorf gelungen, ähnlichen Skapolithfels, Zoisitfels, Prehnitzoisitfels oder Granatepidotfels, welche auf den Kalksilikatlagern bei Blauda, Reigersdorf und bei Reitendorf eine ansehnliche Verbreitung erlangen, hier aufzufinden, was wohl nur in dem Mangel an Steinbrüchen sowie den mangelhaften natürlichen Aufschlüssen begründet sein mag, wozu auch die mürbe und brüchige Beschaffenheit dieser Gesteine, also geringe Widerstandsfähigkeit, das ihre beiträgt. Der Umstand jedoch, daß ein Teil der Neudorfer Kalksilikatfelse von den Strukturflächen aus sich in Zoisit, beziehungsweise Saussurit umwandelt, macht es wahrscheinlich, daß auch hier Zoisitprehnitfelse und verwandte Umwandlungsgesteine der Kalksilikatfelse durch Steinbruchbetrieb und andere Grabungen zum Aufschluß gelangen dürften.—

Die Nebengesteine der Kalksilikatlager bei Neudorf.

Der Verf. hat wiederholt hervorgehoben, daß die Zusammensetzung der großen Gneiskuppel in der Kepernik-Hochschaargruppe durchaus nicht so einfach ist, wie man nach anderweitigen Publikationen und den geologischen Karten vermuten möchte. Das intrusive granitische Magma in den Umgebungen von Mähr.-Schönberg und Wiesenberg war weitgehender Dissoziation unterworfen sowie auch wiederholte Nachschübe desselben stattgefunden haben. Speziell in der Umgebung der beiden Kalksilikatlager zu Neudorf im Viehgrund und dem Grunde, welcher bei dem Ansassen Berg gegen Lauterbach hinaufzieht, gewinnen anders geartete Gesteine, als es die herrschenden normalen Biotitaugengneise sind, allgemeine Verbreitung, und zwar: hellgefärbte, glimmerarme, feldspatreiche Gneise von granitit-aplitischem Habitus, worin Zunahme von Alkalifeldspaten, Abnahme der Kalkfeldspate und Biotite zu konstatieren ist; die granoblastisch grobkörnige Struktur des ersteren, welche zur porphyroblastischen neigt, wird durch idiomorph-feinkörnige ersetzt. Die Intrusion dieser auffällig leutokraten Aplitgneise ist jedoch nicht etwa randlich, sondern gegen die Mitte der großen Gneiskuppel erfolgt.

Bezüglich der Nachschübe des intrusiven granitischen Magmas erübrigt der Hinweis auf die großartigen Aufbrüche von muskovit- und kalifeldspatreichen S t o c k p e g m a t i t am Bügerstein nördlich Mähr.-Schönbergs, im Pfaffenbusch nächst Reigersdorf und am Schloß- und Hutberg bei Groß-Ullersdorf, welche Spaltungsgesteine in den Randpartien in muskovitarme S t o c k a p l i t e übergehen. Diese Massengesteine werden auf zahllosen Gängen von untergeordneten Muskovit- und Turmalinpegmatiten sowie Gangapliten durchtrümmert. Die Aufbrüche von echtem Biotitgranit bei Blauda und dicht nördlich Hermesdorfs gehören bereits einer jüngeren Eruptionsperiode an. —

Es muß zunächst hervorgehoben werden, daß die beiden Kalksilikatlager im Viehgrund und am Fichtenberg-Ziegenjagd in ihrem Hangenden von dem allgemein verbreiteten, grobkörnigen B i o t i t a u g e n g n e i s umschlossen werden, und zwar sind es teils dickbankige Gesteine von der Zusammensetzung des normalen Hauptgesteins, teils sind es saure und basische Spaltungsgesteine desselben. Beispielsweise ist in dem Straßenanschnitt am Fichtenberg der kalifeldspatreiche Biotitaugengneis sehr instruktiv aufgeschlossen, dessen Feldspataugen aus fleischrotem Kalifeldspat bestehen und worin zahlreiche Schlieren eines glimmerarmen aplitischen Gneises eingeschaltet sind, die bis 0·3 m mächtige Bänke bilden und sich wohl als saure Spaltungsprodukte darstellen. — Weiter oben am Scheitel des Fichtenberges, auf den Grundstücken des Bauerngrundes Nr. 28 des Josef Hilbert, fand Verf. in zahlreichen kleinen Steinbruchspingen und den dabei umherliegenden Steinhalden eine p l a g i o k l a s - und b i o t i t r e i c h e V a r i e t ä t des Hauptgesteins, das ebenfalls eine Differenzierung des letzteren darstellt. — Dagegen wurde weiter oberhalb in der Waldstrecke „Ziegenjagd" die Einschaltung b a s i s c h e r S c h l i e r e n des Hauptgesteins entdeckt, die durch Zunahme von Plagioklas und Biotit auf Kosten von Quarz und Kalifeldspat charakterisiert sind, deren bis haselnußgroße Feldspataugen aus trübweißem Plagioklas bestehen, so daß sich auf solch hellem Grunde die stark metallisch glänzenden auffällig großen schwarzen Biotittafeln scharf abheben, womit das Gestein in großer Menge gespickt ist.

Granatbiotitaplit.

Im unmittelbaren Liegenden der gedachten Kalksilikatlager zu Neudorf werden diese von sauren biotitarmen G r a n i t i t a p l i t g n e i s e n begleitet, worin sich Quarz und Alkalifeldspate auf Kosten des Biotits anreichern, welchem Umstand sie ihre hellgelbliche und hellgraue Färbung verdanken. Auf dem Westgehänge des Viehgrundes, und zwar im Kontaktbereiche der Kalksilikatmassen enthält dieser Aplitgneis an Nebengemengteilen B i o t i t, der sich zumeist nestförmig aggregiert, ferner zahlreiche Idioblasten von G r a n a t, die sich in den Biotitnestern versammeln, aber auch in den Feldspaten nicht fehlen. Akzessorisch ist aus dem Kontaktgestein eingewanderter hellgrüner Augit, ferner Magnetit. — Am Biotit beobachtete man häufig Blättchen in regelmäßig hexagonaler Form, aber öfter noch verzerrte und parallel zur Schieferung gestreckte Lappen, an denen im einzelnen Falle auch Korrosionen deutlich wahrzunehmen waren. Nicht gerade als Seltenheit sind auch im hohen Grade idiomorph gestaltete Kristalle des Biotits unter dem binokularen Mikroskop erkannt worden, begrenzt von $o\,P$ (001) . P (111) und $\infty\,P\,\infty$ (010) in kubischer oder parallel c gestreckter prismatischer Gestalt von hexagonalem Querschnitt mit Spaltbarkeit parallel P (111). Kräftiger Pleochroismus $\mathfrak{a}$ gelblich bis hellbraun, $\mathfrak{b}$ und $\mathfrak{c}$ dunkelbraun bis zur völligen Absorption. In den Biotitschmitzen und Nestern findet sich ein gröberkörniger, trübweißer Kalknatronfeldspat, zum Teil in idiomorpher Gestaltung. — Der Granat ist in der Regel hirsekorngroß, hellrosa bis kolumbinrot, durchsichtig (Almandin) und neigt zur Entwicklung von $\infty\,O$ (110). Muskovit fehlt gänzlich. —

Skapolithbiotitaplit.

An den östlichen Abhängen des Fichtenberges gegen den Viehgrund kommt eine gefleckte Varietät des Granititaplits vor, an den sich unser besonderes Interesse knüpft; das Gestein ist in auffäliger Weise von gelbbräunlichen Schmitzen durchzogen. Es tritt unmittelbar im Liegenden des Kalksilikatlagers am Fichtenberg auf und läßt sich von da bis in den Viehgrund abwärts verfolgen, wo es in zahllosen Lesesteinen und großen Steinhalden umherliegt sowie zwei kleinen aufgelassenen Steinbrüchen aufgeschlossen ist. Auch auf dem jenseitigen Gehänge des Viehgrundes ist dieses und das vorige Gestein im sogenannten Töpferbusch in Blockhalden und Felsmassen umerliegend angetroffen worden, was auf ansehnliche Verbreitung schließen läßt. —

U. d. M. im Dünnschliff ist zu konstatieren, daß die wesentliche Zusammensetzung und Struktur dieses leutokraten Gesteins wohl in Übereinstimmung steht mit derjenigen eines Granititaplits. Die Verteilung der Bestandteile sowie die Korngröße ist im allgemeinen ziemlich gleichmäßig; die Hauptgemengteile sind: Orthoklas und gitterförmig gestreifter Mikroklin, beide perthitisch mit Albit durchschossen, mitunter auch von Albit umrahmt, hierzu kommt Plagioklas, dessen meist schwache Zwillingslamellen auf dessen sauren Charakter hinweisen, ferner Quarz, keineswegs selten ist zierlich gezeichneter Myrmekit in großen und kleinen Körnern. Der Plagioklas ist nach dem Albitgesetz polysynthetisch verzwillingt, die Auslöschungsschiefe wurde in Schnitten $\perp P$ und $M - 3^0$ gefunden, entsprechend $82^0/_0$ Ab und $18^0/_0$ An, demzufolge ein Oligoklas vorliegt. Auf den Feldspaten liegt jener bläuliche Schiller wie gewöhnlich auf Natronfeldspaten. Akzessorisch erscheinen dodekaedrischer Granat in Einzelkristallen und Häufchen solcher, er läßt meist die Form $\infty\,O$ (110) erkennen. Biotit in Einzelkristallen, Körnern und regellosen Lamellen eingestreut, mit starkem Pleochroismus, und zwar senkrecht auf die Lamellen ($\|\,\mathfrak{a}$) grünlichbraun, parallel der Lamellen ($\|\,\mathfrak{b}$ und $\mathfrak{c}$) olivgrün bis zur gänzlichen Absorption; es ist wohl Meroxen. Seine Menge nimmt in vielen Stufen derartig zu, daß er sich zu nestförmigen Aggregaten anhäuft. Solcher Glimmer ist in Alkaligesteinen häufig. Muskovit fehlt gänzlich; er wurde nur selten auf Strukturflächen als sekundäres Umwandlungsprodukt der Feldspate angetroffen. —

Das oben erwähnte gelbbräunliche und gelbgrünliche Mineral, womit das Gestein gesprenkelt und in Schmitzen durchzogen wird, und starken Glasglanz mit Neigung zum Fettglanz zeigt, ist tatsächlich ein Skapolith. Das P. M. enthüllt neben zahlreichen Körnern auch vielfach Kristalle des letzteren, dessen Basisschnitte regelmäßig oktogonale und quadratische Umrisse deutlich und scharf erkennen lassen, was eine Begrenzung in der Prismenzone von (110) . (100) ergibt, die Längsschnitte zeigen längsgestreckte Säulenform, selten mit terminalen Flächen nach (111) mit zahlreichen Quersprüngen infolge Absonderung nach (001). In manchen Stufen sind die Kristalle zu ansehnlicher Größe gediehen. Im Dünnschliff farblos, ohne Pleochroismus, Lichtbrechung stärker als Feldspat, daher verstärktes Relief, Doppelbrechung mittelstark, und zwar beträgt diese nach Höhe der Interferenzfarben entsprechend dem Farbenschema von Michel-Levy $\gamma - \alpha = 0\,013$ bis $0\,019$, was den Schluß zuläßt, daß schwankende Mischungen von Ma und Me, und zwar von Dipyr, beziehungsweise Mizzonit bis Skapolith (im engeren Sinne) vorliegen, welche zu den alkalireichen Spezies gehören; ihr optischer Charakter ist negativ, wie man sich mit dem Quarzkeil leicht überzeugen kann. Oft ist das Gestein mit dem Skapolith förmlich gespickt, in seiner Gesellschaft häuft sich in der Regel der Meroxen zu schwarzen Schmitzen an. Solcher Skapolith ist wohl rücksichtlich der idiomorph gestalteten Kristalle primär, andernteils ist derselbe zweifellos aus den Feldspaten umkristallisiert, denn häufig findet man Reste der letzteren im Innern der neugebildeten Skapolithe oder als Umrandung der letzteren. Von den stattgefundenen Umwandlungsvorgängen legen Zeugnis ab die im Skapolith in mehr oder weniger deutlichen Spuren erhalten gebliebene perthitische Verwachsung des Orthoklas und des Mikroklin, die Zwillingslamellierung der Plagioklase sowie der wurmartigen Zeichnungen des Myrmekits, welche unter $\times$ Nicols noch zum Teil erkennbar sind oder bloß durchschimmern; es liegt echte Pseudomorphosenbildung von Skapolith nach mannigfaltigen Feldspaten vor.

Aus der eben geschilderten Umwandlung der Alkalifeldspate zu alkalienreichen Gliedern der Skapolithgruppe müssen wir rückschließen und selbst ohne chemische Analyse zu der Tatsache gelangen, daß an der Zusammensetzung dieses Skapolithaplits vorwaltend Alkalifeldspate beteiligt sind, welche dieses Gestein als einen Alkaliaplit, beziehungsweise als einen Repräsentanten des alkaligranitischen Magmentypus erkennen lassen. Chemisch und mineralogisch drückt sich der Unterschied gegen die normalgranitischen Gesteine in dem starken oder fast gänzlichen Zurücktreten der zweiwertigen Metalle speziell des Kalkes aus, ferner in dem Abnehmen und Fehlen der Kalknatronfeldspate, dem vorwaltenden Auftreten von Orthoklas und Mikroklin und deren perthitischen Verwachsungen, welche wohl zum

Teil zum Natronorthoklas und Natronmikroklin gebören, zumal sie
sich in natronreichen Mizzonit und Skapolith umwandeln, und der geringen Menge der dunklen Gemengteile.

Die gedachten Skapolithaplite und Granatbiotitaplite übergehen
in normale natrongranitische Granititaplite, worin Skapolith, Biotit und
Granat spärlich verteilt sind oder ganz fehlen. Diese mannigfaltigen
Aplite werden von feldspatreichen Pegmatitgängen durchtrümmert,
worin weißer und violetter Quarz (Amethyst) selbständig ausgeschieden
erscheint. Soweit mir die geologischen Verhältnisse bei Neudorf bekannt sind, bilden die gedachten skapolithisierten Natronaplite zusammen mit den übrigen normalen Natronapliten beiderseits des
Viehgrundes vom Fichtenberg westlich bis über den Töpferbusch
hinaus ostwärts ein ungefähr 500 m breites und etwa 1000 m im
Streichen langes Spezialmassiv.

Daß dieses Massiv von Granititaplit tatsächlich von Alkaligraniten
abstammt, läßt sich allerdings ohne chemische Analyse nicht ohne
weiteres beweisen, denn Alkalipyroxene und Alkaliamphibole fehlen
darin oder sind nur lokal in untergeordneter Menge vertreten sowie
auf eine alkaligranitische. Ganggefolgschaft, wenigstens nach dem
heutigen Stande unserer Kenntnisse ebenfalls nicht hingewiesen
werden kann. Dagegen nötigen uns die Kontaktgesteine
in ihrer Großartigkeit und Mannigfaltigkeit geradezu,
die gedachten Skapolith- und Granataplite unter die
Alkaligranitite einzureihen, und zwar in erster Linie die
große Menge von tiefschwarzgrünem Aigirinaugit, von farblosem
Pyroxen der Varietät Schefferit, ferner von Alkaliamphibol der Varietät
Hastingsit mit hohem $c : \mathfrak{c} = 29^0$ (dem wir insbesondere weiter unten
an der Rauschteß begegnen werden), die großen Massen dunklen
Glimmers der Biotit-Phlogopitreihe bei gleichzeitigem Fehlen hellen
Glimmers, das Auftreten des Quarzes in Dihexaëdern und runden
Scheibchen sowie als Myrmekit, allgemeine Verbreitung von Titanit,
Leukoxen und Ilmenit, oft in großer Menge zu wesentlichen Gemeng-
teilen zusammengehäuft (insbesondere an der Rauschteß). Dieser
Mineralassoziation in den Kalksilikatmassen zu Neudorf und Rauschteß
zufolge sind wir zu dem Schlusse genötigt, daß unsere Kontaktgesteine einer Durchtränkung seitens eines alkaligranitischen Magmas ihre Entstehung verdanken. Offenbar liegt in diesem Fall eine stoffliche Beeinflussung des ursprünglichen organogenen Sediments des Kalksteins durch das alkaligranitische
Intrusivgestein vor, das sich in seinem Liegenden ausbreitet und
wesentlich aus einem skapolithführenden Granititaplitgneis besteht;
durch Zufuhr solcher Bestandteile aus dem eruptiven Magma, welche
die Entstehung der oben angeführten Gemengteile ermöglichte. Hierzu
gesellt sich neben der Ausbildung echter Hornfelsstrukturen die Entwicklung mannigfaltiger großindividualisierter porphyroblastischer
Fazies. Offensichtlich glauben wir damit eine wirkliche Provinz
von Alkaligesteinen gefunden zu haben, worin der Massenaplit
das zentrale saure Glied, die Kalksilikatfelse das randlich beeinflußte
basische Glied des Gesamtmagmas vorstellt. Die Kontaktmetamorphose in den Kalksilikatfelsen wurde fortschreitend bis zur

Entwicklung eines allgemein verbreiteten granoblastischen mannigfaltigen Feldspatgewebes gesteigert, so daß nun die Kalksilikatfelse
als eine exomorphe Modifikation des Alkaligranitaplits erscheint.

III. Die Kalksilikatfelse an der rauschenden Teß.

Die rauschende Teß oder schlechtweg Rauschteß genannt, entspringt an den Südausläufern des gewaltigen Kepernik (Kote 1424 *m*),
nimmt am Linksufer das Lochwasser auf, das vom Gebrechkamp
herabkommt und vereinigt sich unterhalb der zu Winkelsdorf gehörigen
Kolonie Engelstal mit der am Altvater entspringenden Wilden Teß
zu dem großen Teßfluß.

Oberhalb Engelstal schließt sich die gleichfalls an der Rauschteß
gelegene Fraktionsgemeinde Annaberg an. Von der A n n a b e r g e r
F ö r s t e r e i beginnend, beobachtete ich im B e t t e der rauschenden
Teß äußerlich mehr oder weniger a b g e n a g t e Gesteine, welche
dadurch und durch ihr k a v e r n ö s e s sowie p o r ö s e s Aussehen auffällig erscheinen, die sich als Kalksilikatfelse entpuppten. Talaufwärts,
oberhalb der letzten Häuser von Annaberg, mehrten sich Stufen und
Trümmer solcher Gesteine und hier sind sie auch außerhalb des
Bachbettes auf dem Talboden zerstreut. Vom Vereinigungspunkte der
Rauschteß mit dem Lochwasser ist die Menge der Kalksilikatfelse im
Bachbett und Talboden in allmählicher Zunahme begriffen, beispiels-
weise bei der Ahornkultur, so zwar, daß es den Anschein gewann,
daß bei der „Alten Glashütte" und den sogenannten „Hofwiesen" das
Maximum dieser Geröllansammlungen erreicht war. Trotz eifriger
Nachforschungen ist es mir leider nicht gelungen, davon anstehende
Felsmassen aufzufinden, weil die dichte Waldbestockung und die dicke
Waldhumusdecke diesem Beginnen hinderlich war.

Sehr wahrscheinlich dürfte das Kalksilikatlager, von welchem
die Gerölle abstammen, an dem gegen die Rauschteß abfallenden
Südgehänge der B r ü n n d l h a i d e anstehen und bei dem Umstand,
als bei der „Alten Glashütte" und talabwärts der Talboden sowohl
als auch das Bachbett mit großen Blöcken von echtem B i o t i t -
a u g e n g n e i s (Granitgneis) massenhaft erfüllt sind, dagegen andere
Gesteine allem Anscheine nach fehlen, so ist man zu der Annahme
berechtigt, daß das Kalksilikatlager auch hier in den Granitgneis des
großen Gneisgewölbes der Hochschaar - Kepernikgruppe versenkt
erscheint, und zwar an der Grenze gegen die daselbst ebenfalls
kontaktmetamorphisch beeinflußte Schieferhülle, bestehend aus B i o t i t -
g l i m m e r s c h i e f e r mit großen Porphyroblasten von S t a u r o l i t h,
zum Teil auch G r a n a t, oder massenhaft eingebetteten Q u a r z l i n s e n.
In dem Graben, welcher von der „Alten Glashütte" zur Brünndl-
haide bergaufwärts zieht, wurden die Angriffspunkte vermehrt und
ist von hier aus das Material bachabwärts vertragen worden?

Unter den an der Rauschteß vertretenen Typen der Kalksilikatfelse sind solche, die denselben Gesteinen von Blauda und von Groß-
Ullersdorf und Reitendorf sowohl nach der Mineralkombination, als auch

nach ihrem äußeren Aussehen mehr oder weniger vollständig gleichen,
wieder andere Varietäten hier vollständig neu sind und nirgends
eine Wiederholung finden, dagegen manche bekannte Typen, wie beispielsweise der Granatfels, hier fast gänzlich fehlen, von welch letzterem
ich nur einen großen Block unter dem Talgerölle auf den „Hofwiesen"
oberhalb der „alten Glashütte" auffand. Wir gelangen nunmehr zur
eingehenden Untersuchung der einzelnen an der Rauschteß vertretenen
Kalksilikatgesteine. —

Kalzitreiche und kalzitfreie Augithornfelse.

Auch an der Rauschteß kommen mehr oder weniger k a l z i t -
r e i c h e, vorherrschend jedoch k a l z i t f r e i e Augithornfelse vor,
welche Typen unter den übrigen Kalksilikatgesteinen dominieren.
Dieselben bestehen hier wie an anderen Fundorten aus einer mehr
oder weniger inniggemengten Kombination von vorwaltendem d i o p s i -
d i s c h e n A u g i t in gerundeten Körnern, seltener xenomorphen
Kristallen, mit mannigfaltigen F e l d s p a t e n nebst K a l z i t in auf-
und abschwankender Menge, dagegen der Q u a r z nur einen Nebengemengteil in wechselnder Menge bildet. Genau wie bei Blauda und
Reitendorf ist auch an der Rauschteß der Augithornfels von braunviolettem B i o t i t in Form von Nestern und Schmitzen durchsetzt.
Neu ist hier, daß in dem Feldspat-Augitaggregat sich der S i l l i m a n i t
in verworren faserigen und bartförmigen Gebilden als Nebengemengteil
einstellt. T i t a n i t in kleinen Körnchen und Kristallen ist spärlich,
in den Biotitnestern etwas stärker eingestreut, Erze, und zwar T i t a n o -
m a g n e t i t in Oktaëdern, Körnern und Leisten häufig, lokal sogar
reichlich eingesprengt, sparsamer ist goldgelber P y r i t, teils blättrig
oder in kubischen Kristallen, begleitet von M a g n e t i t. Die Erze
sind stets an die Augite und deren Umwandlungsprodukte gebunden.
Diese Gesteine brausen je nach dem schwankenden Kalzitgehalt mehr
oder weniger stark mit Säuren.

Während der größte Teil der Augitindividuen in der Regel
unversehrt geblieben ist, zeigen andere eine mehr oder weniger fortgeschrittene U r a l i t i s i e r u n g oder Umwandlung in eine schwarzgrüne glasglänzende H o r n b l e n d e; pinselartiges Hinauswachsen über
die ursprüngliche Form, a k t i n o l i t i s c h e G e b i l d e mit starkem
Längenwachstum oder verworren filzige Aggregate davon sind da und
dort wiederkehrende Erscheinungen. An einzelnen großen Augiten ist
eine deutlich ausgesprochene lamellare Textur wahrzunehmen, deren
olivengrüne mehrfach wiederholte Blätter auf C h l o r i t hinweisen, der
kleine E p i d o t kristalle und Erze als Einschlüsse führt.

V e r w i t t e r u n g s e r s c h e i n u n g e n an den kalzitreichen Augithornfelsen machen sich in der Weise auffällig, daß der Kalzit weggelöst wird und dann das Gestein oberflächlich von Rillen und
Höhlungen durchzogen, zum Teil porös und kavernös erscheint. —
Stark rostige, dabei kalzitreiche Augithornfelse, welche ich bei der
„Alten Glashütte" aufgelesen habe und durch ihre g r o ß e n rund-
körnigen diop. Augite merkwürdig sind, führen darauf, daß das Silikat
$Ca\,Fe\,(Si\,O_3)^2$ in erheblicher Menge beigemischt ist. Durch Verwitterung

wurde das Eisenoxydul in Hydroxyde übergeführt, die Augite und Feldspate rostbraun färbend. —

Kavernöse Augithornfelse.

Anders geartet sind Umwandlungserscheinungen an den feldspatreichen Augithornfelsen, welche zu porösen und kavernösen, dabei kleinkörnigen und rostigen Aggregaten zusammensintern, wobei das Gestein nach allen Richtungen von Streifen, Nestern, Gruben und Höhlungen durchzogen ist, wie wir dies an dem Reitendorfer kavernösen Augithornfels in großartigem Maße beobachtet und oben geschildert haben. Oft sind diese Aggregate derartig reihenförmig angeordnet, daß damit eine Parallelstruktur zum Ausdruck gelangt. Diese rostigen Gesteinspartien bestehen wesentlich aus Zoisit mit Prehnit und in manchen Stufen mit etwas Granat verwachsen, also einem dem Saussurit verwandten Umwandlungsprodukt, dem jedoch die Dichte des letzteren fehlt. — Der Zoisit zeigt tropfen- und zapfenähnliche Kristalloide, aber auch säulige und kubische Kristalle. An jedem Handstück kann man neben diesem kalzitfreien porösen Sinterungsprodukt unversehrte Gesteinspartien des kalzitreichen Augithornfelses sehen, welche oft über die Hälfte des Gesteins ausmachen; sie lassen keinen Zweifel über die stattgehabten Umwandlungsvorgänge aufkommen, von denen sowohl die Feldspate als auch die Augite in gleicher Weise getroffen wurden, was auch durch deutliche Pseudomorphosen nach Feldspat und Augit bestätigt wird. Diese Tatsachen verweisen auf weitgehende Verschiebung in den ursprünglichen Molekularkombinationen, wodurch der ursprüngliche Mineralbestand vollständig zerstört wurde. —

Biotitaugithornfels und Biotitplagioklasfels.

Der Biotitaugithornfels schließt sich unmittelbar an die vorhergehenden Gesteine an. Er ist ein inniges Gemenge der Kombination Plagioklas und Augit nebst einer starkwechselnden Menge von Kalzit, darin sind regellos verteilt braunviolette nuß- bis eigroße Linsen, Nester und Schmitze, bestehend aus rot- bis schwarzbraunem Biotit zum Teil mit Muskovit verwachsen und mit feinkörnigem Plagioklas verwebt; außer diesen charakteristischen Biotithaufwerken findet man den Biotit auch in der übrigen Gesteinsmasse in einzelnen Schuppen reichlich eingestreut. Mit der Zunahme des Biotits nimmt die Menge des Augits ab, Quarz ist nur da und dort mit dem Plagioklas innig verwachsen. Akzessorisch ist Sillimanit in pinselartigen und bartförmigen Aggregaten in dem Feldspat-Quarzgewebe. Das Gestein braust stark mit Säuren und ist sonst arm an Neben- und Übergemengteilen; dasselbe gleicht dem Biotitaugithornfels, welchen wir bei Blauda und Reitendorf kennen gelernt haben und man ist erstaunt, daß die Kontaktmetamorphose trotz der Mannigfaltigkeit, dessenungeachtet, selbst auf so große Entfernung zu solch petrographisch fast gleichen Ergebnissen geführt hat. Auch dieses Gestein zeigt eine auffällig große Neigung zur Saussuriti-

sierung, beziehungsweise Zoisitisierung, und zwar ist in den
Zoisitaggregaten stets neugebildeter Granat sowie eine große Menge
ausgeschiedener Erze: zumeist Ilmenit und Titanomagnetit feststellbar.
In der großen Porosität dieser Neubildungen haben wir einen Hinweis
auf Volumverminderung und erhebliche Substanzverluste infolge
Dekarbonation zu erblicken.

Von besonderem Interesse ist im Gegensatz zu den hellfarbigen
Augithornfelsen der dunkle schwarzbraune feinkörnige bis
dichtgefügte Biotitplagioklasfels, bestehend aus einem innigen
Gemenge von rotbraunem, sehr feinschuppigen Biotit, mit einem
feinkörnigen farblosen Plagioklas, letzterer tritt an Menge gegen
ersteren zurück. Als Nebengemengteile sind feststellbar: Körner von
hellgrünem diopsiden Augit und etwas Quarz in Leisten ausgeschieden; reichlich eingesprengt sind speisgelber Magnetkies, goldgelber Pyrit und Magnetit, womit das ganze Gestein imprägniert
erscheint. Der Feldspat verrät Neigung zur Kaolinisierung, der
Magnetit zur Limonitisierung. Das Gestein ist infolge seines dichten
Gefüges und seiner flaserigen und dabei massigen Struktur äußerst
fest und zähe.

In nahen Beziehungen dazu steht eine schieferige, schwarzgrau melierte Varietät desselben Biotitplagioklasfelses mit
ausgezeichneter, ins kleinste gehender Parallelstruktur
und dadurch einem Biotitglimmerschiefer vollständig ähnlich ist,
jedoch besteht in unserem Falle die Mineralkombination aus Biotit
mit feinkörnigem Plagioklas, schätzungsweise je zur Hälfte innig
gemengt, welche in papierdünnen abwechselnden Lagen angeordnet
sind. Akzessorisch sind spärliche Quarzkörner und Sillimanitaggregate
mit dem Plagioklas verwachsen. Der Sillimanit ist ausgezeichnet fein-
und parallelfaserig oder bartförmig, die feinen Nadeln in feinste Spitzen
auslaufend, oft gebogen und auch geknickt. Dagegen ist der Betrag
der eingesprengten Pyrite und Magnetkiese sowie der Eisenerze sehr beträchtlich, die aber vielfach in Limonit umgewandelt sind,
welch letzterer die Strukturflächen rostig und fettglänzend überzieht. —

Ilmenit-Augit-Biotitfels.

Unter den Biotitaugithornfelsen ist eine gänzlich dichte eisen-
schwarze Varietät aufgefallen, deren zahlreiche Trümmer, insbesondere bei der „Alten Glashütte", auf dem Talboden umherliegend
angetroffen wurde und äußerlich eher einem Erz, denn einem Hornfels ähnlich wäre. Das Gestein braust infolge seines Kalzitgehaltes
stark mit Säuren.

Im Dünnschliff u. d. P. M. besteht das schwarzbraune
Gestein aus folgenden wesentlichen Komponenten: Hellgrüner und
farbloser Aigirinaugit mit $c:c = 62^0$, und gemeiner Augit
mit $c:c = 52^0$, ferner gelbbrauner und farbloser Biotit, schwarzbrauner Ilmenit nebst großen Kalzitkörnern, welche Elemente
in granoblastisch struierten Lagen abwechseln, die reich an Feldspat
nebst Quarz und Kalzit zusammengesetzt und ebenfalls von Ilmenit
durchzogen werden, womit das Gestein völlig durchschwärmt erscheint.

An diesem granoblastischen Feldspataggregat wird undulöse Auslöschung
wahrgenommen, es läßt sich ferner feststellen, daß sich an demselben
wesentlich Orthoklas, beziehungsweise Mikroklin mit verwaschener
Streifung beteiligen. Namhafte Partien dieses Feldspataggregates sind
jedoch überaus feinkörnig desaggregiert, daß dann aus kleinsten
Feldspatkörnern und zartesten Glimmerlamellen mit leuchtenden
Interferenzfarben nebst einer Unmasse von Ilmenit besteht, welch
letzterer alle übrigen Elemente durchspickt. — Der Kalzit ist
meist als mittelgroße Körner vertreten, zahlreiche und scharfe
Spaltrisse nach R ($10\bar{1}1$, sowie die polysynthetische gitterförmige
Zwillingsbildung nach $-\frac{1}{2}R(01\bar{1}2)$ charakterisieren ihn in auffälliger
Weise. — Der Aigirinaugit sowie der gemeine Augit sind
teils in großen Porphyroblasten ausgeschieden, teils in kleinen Kristallen in dem Gesteinsgewebe verteilt und mit großen Biotitlamellen dergestalt verwachsen, daß der Gedanke naheliegt, daß
letztere ein Umwandlungsprodukt des ersteren vorstellen. Allem Anscheine nach wurden die Augite in einem späteren Stadium der
Gesteinsgenesis resorbiert und zur Biotitbildung aufgezehrt. Der
farblose Anteil des Aigirinaugits verweist auf eine mögliche Aus-
bleichung desselben, wobei die Elastizitätsaxen gleiche Lage und
gleiche Werte wie in dem grünen Aigirinaugit bewahren. —

Der Biotit ist durch zahlreiche feine Spaltrisse parallel (001) ausgezeichnet, seine Farbe ist gelbbraun bis farblos; sehr schwach
pleochroitisch in den farblosen und hellgelbbraunen, deutlicher
Pleochroismus in den stärker hellbraun gefärbten Lamellen, und zwar
$\mathfrak{a}$ farblos, $\mathfrak{b}$ und $\mathfrak{c}$ gelbbraun in Längsschnitten; in Bassischnitten $\mathfrak{b}$
dunkelgelbbraun, $\mathfrak{c}$ hellgelbbraun, diese sind teils isotrop oder sie
löschen paketartig aus, was seinen Grund darin hat, daß verschiedene
Kristallteile vorliegen, die zwischen $\times$ Nicols nicht gleichzeitig, sondern
hintereinander oder gar nicht auslöschen. Die spitze negative Bisektrix
bildet den $\not< c:\mathfrak{c} = 0—5^0$, demzufolge scheinbar gerade Auslöschung
parallel und senkrecht zu den Spaltrissen. Die Lichtbrechung ist
mittelmäßig, dagegen die Doppelbrechung hoch und nach Maßgabe der
leuchtenden Interferenzfarben gemäß dem Farbenschema von Michel-
Levy und Lacroix $\gamma—\alpha = 0{\cdot}040$ bis $0{\cdot}050$. Nach diesem Verhalten
muß auch dieser Glimmer zum Phlogopit gestellt werden. —

Der Ilmenit, welcher alle übrigen Komponenten erfüllt,
gehört wohl zu den Erstausscheidungen und findet sich in einer solchen
Unmasse, daß er zu den Hauptgemengteilen gehört, es sind meist
Kristalle in rhomboëdrischen, rektangulären und hexagonalen Durchschnitten oder in unregelmäßigen warzenförmigen Körnern, welche den
Strukturlinien des Gesteins folgen, vollständig undurchsichtig also opak
erscheinen und da und dort mit Lamellen intensiv rotbraun durchsichtigen
Rutils verwachsen sind. Daß es sich tatsächlich um Ilmenit handelt,
beweisen überdies die beobachteten Umwandlungserscheinungen, die
speziell beim abgeblendeten Spiegel an großen Ilmenitindividuen zu verfolgen sind, die sich von innen nach außen fortschreitend in eine feinkörnige, stark lichtbrechende Substanz mit gekörnter Oberfläche, den

L e u k o x e n, umwandeln, der jedoch infolge seiner Undurchsichtigkeit
keine Doppelbrechung besitzt, vielmehr isotrop erscheint. Nicht allzuoft begegnet man Körnern von durchsichtigem farblosen T i t a n i t mit
zentralen Ilmenitresten. Es sind dies Pseudomorphosen wie wir sie
weiter unten beim Uralithornfels kennen lernen werden. — Akzessorisch ist speisgelber Pyrit, der sich in einzelnen Stufen stark anreichert, ferner ist Granat in sparsamen Körnern und Sillimanit in
den bekannten faserigen Aggregaten vertreten.

Das Gestein besitzt nicht die gewöhnliche Struktur der Kontaktgesteine, sondern h e l i z i l i t i s c h e Struktur, wobei sich die neugebildeten Mineralien parallel zu den gekröseartigen Windungen des
ursprünglichen sedimentogenen Substrats angeordnet haben. Innerhalb
dieser Strukturlinien sind die einzelnen Lagen des Grundgewebes dessenungeachtet g r a n o b l a s t i s c h struiert, wie bereits oben hervorgehoben
wurde. Eine gesetzmäßige Kristallisationsfolge existiert auch in diesem
Hornfels nicht, vielmehr jeder Gemengteil gelegenheitlich jeden anderen
umschließt, oft sind diese Gemengteile in jedem anderen derartig
angehäuft, daß sich Siebstruktur und Skelettbildung ergeben.

Das vorliegende Gestein mit seinen dominierenden Ilmenitmassen
stellt einen extremen Fall von magmatischer Differenziation dar; es
dürfte jedoch mit den anderen Hornfelsarten an der Rauschteß, und
zwar mit dem hastingsitischen Uralithornfels, insbesondere aber dem
Uralitbiotithornfels durch Übergänge verknüpft, zu einem und demselben Gesteinskörper gehören. —

Uralithornfels und Uralitbiotithornfels.

Wir gelangen nun zu einer Reihe von Kalksilikatgesteinen,
die bei makroskopischer Betrachtung den Augitgesteinen vollständig
gleichen, u. d. M. aber sich als U r a l i t g e s t e i n e entpuppten. Der
zunächst zu betrachtende Uralithornfels ist ein hellgrün und weißge-
flecktes Gestein, das wohl ursprünglich die wesentlichen Komponenten
A u g i t und P l a g i o k l a s enthielt, davon ist jedoch der größte Teil
des Augits in feinfaserigen U r a l i t umgewandelt, an dessen Stengeln
n. d. M. deutlich das Hornblendeprisma erkennbar ist, gewöhnlich
an den beiden Polen ausgefasert. Der K a l z i t ist bezüglich seiner
Menge großen Schwankungen unterworfen, es wurden davon Stufen
gefunden, die kalzitreich waren und daneben solche, die sich als gänzlich
kalzitfrei erwiesen. Akzessorisch ist Quarz und Sillimanit, letzterer
in nadeligen, parallel- und verworrenfaserigen Aggregaten. — Die
Uralitstengeln sind infolge mechanischer Einflüsse vielfach gebogen
und sogar geflasert sowie mit dem Plagioklas verwachsen und gleichsam
verknetet. Der Prozeß der Uralitbildung führt bis zur Bildung lang-
faseriger und verfitzter Aggregate von A k t i n o l i t h und T r e m o l i t,
die sogar asbestähnlich werden, was die große Festigkeit und Zähigkeit des Gesteins bedingt. In den Uraliten sind A u g i t r e s t e häufig
erhalten geblieben, weshalb über Abstammung der ersteren kein Zweifel
obwaltet. Ebenso häufig begegnet man jedoch gänzlich unversehrten
Augiten und deren Aggregaten, welche nicht uralitisieren und daher
zum A i g i r i n a u g i t z u s t e l l e n s i n d. Der Feldspat kaolinisiert;

Uralit und Aktinolith scheiden durch Verwitterung rotbraune Erze ab; Granat ist sehr spärlich da und dort verteilt. —

Der nun zur Betrachtung gelangende Uralitbiotithornfels ist ein weißliches grün eingesprengtes Gestein, das wesentlich besteht aus grobkörnigem Plagioklas nebst anderen Feldspaten eingesprengt mit Uralit, darin finden sich braunviolette nest-, beziehungsweise linsenförmige Konkretionen von Biotit, die Haselnuß- bis Daumengröße erreichen. Akzessorisch ist Titanit und wenig Granat. — Der Uralit ist zweifellos aus Augit hervorgegangen, wie an den zahlreichen Resten nachgewiesen werden kann; derselbe ist deutlich aus sehr feinfaserigen Individuen prismatischer Hornblende zusammengesetzt, die pinselartig über die ursprünglichen Grenzen der Augite hinausgewachsen sind, oder es hat fortgesetzte Umwandlung zu Aktinolith, weiterschreitend in farblosen Tremolit stattgefunden mit auffälliger Verlängerung der Kristalle nach der Hauptaxe. Häufig sind diese fein- und parallelfaserigen Aggregate von Aktinolith und Tremolit durch mechanische Einwirkungen gebogen und zerdrückt. — Der Plagioklas ist in kurzen, dicktafeligen und kurzprismatischen Kristallen xenomorph, in Drusenräumen idiomorph ausgebildet, derselbe ist in der Regel mehr oder weniger stark bestäubt. — Der rot- bis haarbraune, gewöhnlich grobschuppige Biotit ist durch starken Metallglanz und Pleochroismus auffällig; er ist stets zu den oben erwähnten nestförmigen Aggregaten angehäuft und daselbst mit einem farblosen Glimmer und sehr feinkörnigen Plagioklas verwachsen. Die Biotitlinsen und -schmitze durchziehen zuweilen parallel geordnet das Gestein, wodurch dessen Schieferung zustande kommt. — Der Titanit ist teils in idiomorphen Kristallen der Briefkuvertform, als solche mit Zwillingsbildung oder in schönen rhombischen Querschnitten ausgebildet und sowohl im Uralit als auch im Feldspat eingewachsen. —

Dadurch, daß im Uralithornfels der Aktinolith und Tremolit an Menge zunehmen und dabei zu einem nephritartigen Filz verwebt werden, wird schließlich ein Aktinolithplagioklasfels ausgebildet, der als ein äußerst zähes und festes Gestein erscheint, das äußerlich einem Amphibolit täuschend ähnlich ist. —

Porphyroblastischer Uralithornfels.

Derselbe wurde bei der Ahornkultur unterhalb der „Alten Glashütte" aufgesammelt; es ist dies ein dem porphyroplastischen Augithornfels von Neudorf äußerlich sehr ähnliches Gestein, das jedoch u. d. M. eine andere Mineralkombination darbietet. In dem vorherrschenden Grundgewebe finden wir makroskopisch zahlreiche, in wechselnder Menge angehäufte Porphyroblasten von dünnstengelig struiertem schwarzgrünen Uralit eingebettet, dessen langprismatische Individuen gewöhnlich 10 mm lang und 2 bis 3 mm dick entwickelt sind, worin man da und dort vereinzelte Augitreste wahrnehmen kann. Die Uralitstengel sind stets parallel zur Vertikalachse polysynthetisch verwachsen, nur im vereinzelten Falle vollzieht sich dessen Umwandlung zu smaragdgrünem Aktinolith und weißen bis farblosen Tremolit, welche pinselartig über die ursprünglichen Augitformen hinausgewachsen sind. Das Gestein braust nicht mit Säuren, scheint daher kalzitfrei zu sein. —

Im Dünnschliff u. d. P. M. offenbart sich die Tatsache, daß dieser Hornfels in weit fortgeschrittener Umwandlung begriffen ist, davon sowohl das Grundgewebe, als auch zum Teil die Porphyroblasten betroffen wurden. Das granoblastische Grundgewebe ist, soweit daran Feldspate beteiligt waren, in stark lichtbrechende, jedoch isotrope Substanzen umgewandelt, die ein überaus feinkristalliges Gewebe bilden, worin man Reste von Uralit, Quarz, viele stark doppelbrechende Muskovitlamellen, zahlreiche Titanitkristalle mit Ilmenitkern, Ilmenitkristalle frisch erhalten, oder schon in undurchsichtigen isotropen Leukoxen umgewandelt. Von dem granoblastischen Grundgewebe haben sich hauptsächlich nur die Quarze erhalten, die teilweise zerklüftet zusammenhängende Aggregate darstellen und sich in parallelen Lagen zwischen das übrige umgewandelte Grundgewebe einschalten.

In dem solcherart beschaffenen Grundgewebe liegen große Porphyroblasten von faserigem Uralit mit Spaltbarkeit nach dem Hornblendeprisma $= \sphericalangle 124^1/_2{}^0$, der aus Augit unter Erhaltung seiner Formen hervorgegangen ist, wie man sich außerdem an den unveränderten Resten des letzteren inmitten des ersteren überzeugen kann, die sich durch Stärke der Doppelbrechung und Höhe der Interferenzfarben leicht erkennen lassen. Bei der Uralitisierung blieb die Vertikalaxe und Symmetrieachse des Mutterminerals im neugebildeten Uralit erhalten; ursprüngliche Zwillinge nach (100) des Augits bewahren auch im Uralit ihre Zwillingsstellung. Die Farbe ist tiefschwärzlichgrün im Handstück, grün im Dünnschliff, Pleochroismus mäßig stark $\mathfrak{a}$ hellgelblichgrün, $\mathfrak{b}$ grasgrün, $\mathfrak{c}$ blaugrün, Licht- und Doppelbrechung nach Höhe der Interferenzfarben $\gamma - \alpha = 0{\cdot}15$ bis $0{\cdot}020$. Die Neigung der negativen spitzen Bisektrix gegen die Vertikalaxe $c:\mathfrak{c}$ erreicht die bedeutende Größe $= \sphericalangle 29^0$ im Mittel sehr zahlreicher Messungen an verschiedenen Kristallen. Durch diese große Auslöschungsschiefe und den Pleochroismus des gedachten Uralits nähert sich derselbe den Alkaliamphibolen vom Typus Hastingsit. Der Uralit enthält als Einschluß namentlich eine Unmasse von Titanitkristallen, worin fast immer ein oder mehrere Ilmenite als Kern eingeschlossen sind und derartig auf die stattgehabte Pseudomorphosenbildung hinweisen; ferner erblickt man da und dort ein Apatitsäulchen als Einschluß. Infolge der weitgehenden Umwandlungsvorgänge ist der hastingsitische Uralit mit mannigfaltigen Einschlüssen überfüllt, daß daraus Siebstruktur entsteht und von einem Teil desselben nur noch Skelette übriggeblieben sind. — An Nebengemengteilen finden wir in diesem Hornfels in allgemeiner Verbreitung sehr zahlreiche Titanitkristalle der bekannten Briefkuvertform, beziehungsweise deren rhombischen Durchschnitten und in unregelmäßigen größeren und kleineren Körnern; dieselben sind farblos und durchsichtig, zeigen hohe Licht- und Doppelbrechung, deshalb rauhe Oberfläche und hohes Relief; im Zentrum kann man stets ein eder mehrere opake Ilmenitkristalle als Einschluß feststellen. Ebenso finden sich allgemein verteilt zahlreiche große Ilmenitkristalle oder Haufwerke kleinerer, die vollständig schwarz opak erscheinen; bei abgeblendetem Spiegel macht man jedoch die Beobachtung, daß ein großer Teil dieser Ilmenite in mehr oder weniger fortgeschrittener Umwandlung begriffen ist, in eine weiße, feinkörnige, stark lichtbrechende Substanz mit gekörnelter Oberfläche, die jedoch undurchsichtig, demzufolge isotrop erscheint und zum L e u k o x e n gehört. Man merke hier und bei den früher beobachteten Gesteinen auf den Unterschied zwischen Titanit und Leukoxen, die wohl chemisch identisch, physikalisch und morphologisch sehr verschieden sind. Es ist aber sehr wahrscheinlich, daß aller. Titanit auf dem Wege über die Zwischenstufe Leukoxen aus Ilmenit entstanden ist und daß das Gestein ursprünglich ein Augit-Ilmenithornfeis war, wie solche Hornfelse tatsächlich an der Rauschteß vorkommen, die wir oben bereits kennen gelernt haben. — Mit der Ausbildung porphyroblastischer Struktur nimmt die Menge des hastingsitischen Alkaliampbibols zu, während diejenige des gemeinen Uralits abnimmt. —

Die bisher geschilderten Uralithornfelse an der Rauschteß sind wohl aus Augithornfelsen umkristallisiert, und zwar erleidet die wasserfreie Augitsubstanz eine mehr oder weniger intensive Veränderung ihrer chemischen Zusammensetzung und übergeht in die hydroxylhaltige Hornblende, beziehungsweise die Uralitnadeln unter Erhaltung der ursprünglichen Augitformen. Diese als Paramorphose aufgefaßte Ersetzung des Augits durch Hornblendenadeln ist wohl durch pneumatolitische, beziehungsweise hydrothermale Prozesse bewirkt worden, jedoch ist der Prozeß nicht durch die ganze Masse gediehen, so daß sich vielfach noch zentrale Augitreste erhalten haben. —

Die Nebengesteine der Kalksilikatfelse an der Rauschteß.

Aus den vorstehenden Untersuchungsergebnissen erkennt man die Mannigfaltigkeit der kontaktmetamorphischen Produkte, welche die ursprünglichen Kalksteinmassen an der Rauschteß lieferten. Es ist wahrscheinlich, daß alle diese Gesteinsarten der Kontaktmetamorphose ein und demselben Gesteinskörper angebören, beziehungsweise aus einem, vielleicht auch aus mehreren Kalksteinlagern hervorgegangen sind, die wie bereits pag. 423 gefolgert wurde, am Südgehänge der Bründelhaide anstehen dürften. Leider ist es bisher nicht gelungen, gedachte Kontaktgesteine anstehend zu finden, demzufolge weder über deren Verbandsverhältnisse noch über die Lagerungsverhältnisse berichtet werden kann. Das Tal der rauschenden Teß ist in jenen e c h t e n B i o t i t g r a n i t g n e i s eingeschnitten, welcher d a s g r o ß è G e w ö l b e d e r H o c h s c h a a r—K e p e r n i k g r u p p e z u s a m m e n - s e t z t und dessen kubikmetergroße Blöcke das Bachbett und den Talboden anfüllen und d i e T r ü m m e r u n s e r e r K a l k s i l i k a t f e l s e d a z w i s c h e n e i n g e r o l l t v o r k o m m e n. Außerdem finden sich im Oberlauf der Rauschteß anscheinend keine anderen Nebengesteine, denn dem am Ostflügel des Gneisgewölbes folgenden dunklen G l i m m e r - s c h i e f e r begegnet man erst unterhalb dem Lochwasser. Diese Tatsachen machen es wahrscheinlich, daß die Kalksilikatfelse vom Granitgneis umschlossen werden.

Bekanntlich stammt der Biotitaugengneis an der Rauschteß,

beziehungsweise der Kepernik-Hochschaargruppe von Granit und Granitporphyr ab; Prof. Dr. Fr. Becke hat ihn als „Kepernikgneis" eingehend untersucht und beschrieben [1]); Verfasser hat demselben ebenfalls eine Schilderung gewidmet [2]), welcher er nichts hinzuzufügen hat
und sich demzufolge darauf beziehen kann. Der an der Rauschteß
in großen Blöcken umherliegende Granitgneis hat einen solch dickbankigen und großklotzigen Habitus, daß er gleich dem echten Granit
zu großen Hau- und Werksteinen gespalten, bossiert und für verschiedene Hochbauzwecke Verwendung findet.

Mit den Kalksilikatfelstrümmern zusammen findet sich ein auffällig leutokrates Gestein, nämlich ein glimmerreicher Muskovitgneis, dem makroskopisch Biotit gänzlich fehlt. U. d. M. findet man
jedoch da und dort Biotitreste, so daß man nach dem Auftreten und
Verteilung des Muskovit. zu dem Schlusse berechtigt ist, daß gedachter Muskovitgneis wohl durch Umwandlung des Biotits aus dem
herrschenden Biotitgranitgneis entstanden ist.

Die am Südostflügel unseres Granitgneisgewölbes aufgelagerte
Schieferhülle besteht links der Rauschteß wesentlich aus Biotit-
Muskovitschiefer, worin viele wallnußgroße Quarzlinsen
eingebettet sind. In dem Glimmeraggregat sind eingewachsen zahl-
reiche Idioblasten von Granat (rosenroter Almandin), einzelne Quarz-
und Feldspatkörner, zahlreiche opake Körner und Kristalle von
Magnetit. — Rechts der Rauschteß an den Südostgehängen der
Predigtstein und seinen Ausläufern stoßen wir auf jene altbekannten
reichen Fundstellen ausgezeichneter Staurolith-Glimmer-
schiefer in ansehnlicher Verbreitung, die mit bis fingergliedlangen
Staurolithen und kleinsten Granaten förmlich gespickt sind. —
Dessenungeachtet ist es offenbar, daß die Kontaktmetamorphose an
der Rauschteß, welche zur Ausbildung von Alkalipyroxenen, beziehungsweise Alkaliamphibolen, zur Umwandlung der Pyroxene zu Glimmern
der Biotit-Phlogopitreihe, zur Ausscheidung einer Unmasse von
Titanit und Ilmenit führte, von einem alkaligranitischen Eruptivgestein ausgegangen ist, das im Anstehenden bislang noch nicht
aufgefunden werden konnte. —

Überblickt man die mannigfaltige Reihe der Kontaktgesteine,
beziehungsweise Kalksilikatfelse bei Reitendorf, Neudorf und an der
Rauschteß, so ergeben sich im Großen und Ganzen folgende Gruppen,
und zwar vorwaltend:

1. Pyroxenhornfelse (Malakolith-, Augit- und Aigirinaugit-
hornfelse),
2. Pyroxengranatfelse,
3. Amphibolhornfelse,
4. Uralithornfelse und schließlich
5. Biotithornfelse, denen sich noch untergordnete
6. Ilmenitaugitbiotitfelse anreihen. Ferner sind nach

---

[1]) Sitzungsber. d. k. Akad. d. Wiss. in Wien. Mathemat.-naturw. Klasse,
Bd. LI, Abt. I, 1892, pag. 280.
[2]) Jahrb. d. k. k. geol. R.-A. 1908, 58. Bd., pag. 540.

den Strukturformen noch nachstehende Untergruppen zu unterscheiden, und zwar:

    a) **granoblastische Hornfelse,**
    b) **porphyroblastische Hornfelse** und endlich untergeordnet
    c) **helizilitische und pegmatitähnliche Hornfelse.** —

Das zusammensetzende Korn der Hornfelse ist gewöhnlich sehr fein bis dicht, speziell was ihr leutokrates Grundgewebe betrifft; dagegen ist der hohe Idiomorphismus der dunklen Gemengteile hervorzuheben sowie auch die ungewöhnliche Größe der dunklen Einsprenglinge besonders betont werden muß.

Jedenfalls haben wir es hier an den oben angeführten Fundpunkten mit einer **merkwürdigen Fazies von Alkaligesteinen** zu tun, das von einem alkaligranitischen Magma herstammt. Dunkle basische Ausscheidungen, wie solche in Graniten häufig sind und bis Kopfgröße erreichen, bildet insbesondere der Biotit und seine Verwandten. Aigirinaugit, Augit und Malakolith, grüne und braune Alkaliamphibolite, beteiligen sich an der Zusammensetzung eines hellfarbigen granoblastischen Gewebes mannigfaltiger Alkalifeldspate und Plagioklase, oder erstere liegen als große Einsprenglinge in einer granoblastischen Grundmasse der letzteren; hierzu kommt allgemein eine auffällig große Menge von Titanit und Ilmenit, welche sich bis zu Hauptgemengteilen anreichern und im extremen Falle den melanokraten Ilmenitaugitfels bilden.

Vorstehender Mineralbestand der Kalksilikatfelse weist unverkennbar, auf in deren Nähe anstehende alkaliaplitische Eruptivmassen hin und haben wir in den ersteren eine täuschend ähnlich nachgeahmte essexitische, beziehungsweise shonkinitische Fazies der letzteren zu erblicken, welche dadurch zur Entstehung gelangte, daß die Minerialien der alkaliaplitischen Eruptivmasse, beziehungsweise ihrer basischen Fazies randlich in dem Sediment ausgeschieden, bis dieses letztere schließlich gänzlich verdrängt und durch das erstere ersetzt wurde. Anderseits ist Kalk im Alkaliaplitgneis aufgenommen worden und eine große Menge von pseudomorphem Skapolith daraus hervorgegangen, die an den Kontakt gebunden, während der primäre Skapolith allgemein in dem Massiv von Alkaliaplitgneis verteilt erscheint. —

Diese denkwürdigen Alkalikalksilikatfelse waren bislang gänzlich unbekannt und soweit meine Kenntnisse der Literatur reichen, sind auch bisher derlei Alkaligesteine aus den „Kristallinischen Schiefern" noch nicht untersucht und beschrieben worden. —

IV. Das mächtige Kalksilikatlager am Rothenberg im Hochgesenke.

Der Rothenbergpaß im Hohen Gesenke trennt die Altvatergruppe von der Kepernikgruppe, auf dessen Scheitelpunkt in 1011 *m* ü. M. das neuerbaute prächtige Unterkunftshaus des Sudetengebirgsvereins, das alte Straßenwirtshaus sowie das Straßeneinräumerhaus inmitten eines ausgedehnten Waldkomplexes liegen. Hinter dieser Ansiedlung erreicht man auf dem Gebirgswege gegen die Bründelheide in beiläufig 0·4 *km* Entfernung den daselbst im fürstlich Liechtensteinschen Walde dicht am Wege gelegenen S t e i n b r u c h, welcher seit ungefähr 40 Jahren im Betriebe steht und seither den für die große Staatsstraße über den Rothenberg nach Freiwaldau nötigen Bruchstein für die Beschotterung geliefert hat.

Das Gestein, auf welchem dieser Steinbruch umgeht, besteht aus einem merkwürdigen K a l k s i l i k a t f e l s, der einer Lagerstätte von ganz g e w a l t i g e n Abmessungen angehört und so wie die Marmorstöcke bei Engelstal i n M i t t e n e i n e r a u s g e d e h n t e n Z o n e v o n G l i m m e r s c h i e f e r l i e g t und in großer Entfernung vom Granitgneis. Im Gegensatze zu den dickbankigen und massigen Kalksilikatfelsen zu Blauda, Reigersdorf und Reitendorf zeigt die Rothenberger Lagermasse a l l g e m e i n a u s g e z e i c h n e t e S c h i c h t u n g, oft so dünnschichtig, daß die Lagen papierdünn werden, jedoch dabei einen erstaunlichen Parallelismus bewahren, wozu noch eine starke Klüftung tritt, so daß das Gestein lokal aufgeschlichteten Folianten gleicht. Diese dünnen Schichten wiederholen sich in ungezählter Folge und gleichen (geologisch gesprochen) gewissen Jahresringen und wir staunen über die Ruhe und Langsamkeit, womit sich deren Absatz vollzogen haben muß. Nach der Tiefe nimmt die Mächtigkeit der Schichten und Bänke zu, wo sie bis 1·5 und 2·0 *m* stark werden.

Das allgemeine Streichen dieses breiten Kalksilikatlagers ist 2 h, das Einfallen 20 h unter ∢ 15—25⁰ schwankend; die Mächtigkeit wurde durch Messung, Zeichnung und Berechnung mit 150 *m* ermittelt, davon sind jedoch am Tagausbiß, gegen die hangende Grenzfläche 35 *m* frischer Kalksilikatfels, der für die Straßenbeschotterung verwendbar ist, während die restlichen 115 *m* im Liegenden sich in einem mehr oder weniger fortgeschrittenem Zustande der Zersetzung und Verwitterung befinden und für die Zwecke der Straßenbeschotterung untauglich sind. Man ist wohl zu der Annahme berechtigt, daß diese modifizierten Kalksilikatmassen nach der Tiefe dem frischen Gestein Platz machen? (Siehe das Querprofil Fig. 5 auf Taf. XVIII.)

Um eine Vorstellung davon zu vermitteln, welchen mechanischen Einwirkungen die Kalksilikatmassen im Gefolge der Aufrichtung der Schichten unterworfen waren, wollen wir die Kluftsysteme, welche die gedachten Gesteinsmassen durchschneiden, näher betrachten. Es sind zweierlei Arten von Hauptklüften, die durch Schärfe, Anhalten sowie ihren Parallelismus hervorstechen, und zwar sind es:

1. Q u e r k l ü f t e. deren Streichen 21 h, das Einfallen nach 15 h unter ∢ 85—90⁰ mit dem Kompaß abgelesen und auf den Ortsmeridian reduziert wurde, sie sind also senkrecht auf das allgemeine Streichen gerichtet; dieselben folgen sich in Abständen von 0·5 bis 2·0 *m.*

2. S t r e i c h e n d e K r e u z k l ü f t e, deren Streichen 3 h, das Einfallen 9 h unter ∢ 65—70⁰ observiert wurde, sie sind also parallel der allgemeinen Streichungslinie, dagegen das Verflächen die Schichtenfallinie unter ∢ 90⁰ kreuzt; scharf entwickelte anhaltende Klüfte.

3. S t r e i c h e n d e K r e u z k l ü f t e, deren Streichen 3 h, das Einfallen 21 h unter ∢ 80⁰ observiert wurde, sie sind also gleich den

vorigen parallel der allgemeinen Streichungslinie, dagegen ihr Verflächen die Schichtenfallinie gleichsinnig unter ⋊ 60⁰ schneidet. Diese
Klüfte sind weniger deutlich und häufig als die vorigen.

Wir sehen daraus, daß die zwei Hauptkluftsysteme aufeinander
senkrecht stehen, es sind dies Zerreißungsflächen, deren Entstehung
wir jenen Druckkräften zu danken haben, welche die Aufrichtung der
Schichten besorgten. Wir haben es also mit jenen großen geody-
namischen Kraftäußerungen zu tun, die mit der Gebirgsfaltung im
Zusammenhange stehen. —

Die aufgeschlossene Steinbruchslänge beträgt parallel zum Streichen
rund 50 *m* und grenzt in NO an eine sogenannte „faule Wand", dagegen beträgt die senkrechte Steinbruchshöhe an der nordwestlichen
Wand 15 *m*, welche ein sehr instruktives Profil der oben geschilderten
Verhältnisse, insbesondere von dem dünnschichtigen Charakter und
des vollkommenen Parallelismus mit seinen gekröseartigen Windungen
dieses Kalksilikatfelses darbietet, welche die Kontaktmetamorphose
vollständig unberührt ließ und wir werden weiter unten sehen, in
welchem Maße die Kontaktgebilde von dem Ursprungsmaterial abhängig waren.

Das Kalksilikatlager des in Rede stehenden Steinbruches übersetzt in der Richtung gegen NO den Gebirgsscheitel und findet seine
Fortsetzung in ¹/₄ Gehstunde Entfernung am jenseitigen Abhange auf
schlesischer Seite, wo dicht an der Reichsstraße gelegen, ein kleinerer
Straßenschotterbruch auf demselben Vorkommen betrieben wird.

Es sollen nun die einzelnen Typen und Varietäten der Rothenberger Kalksilikatfelse und deren Zersetzungs- und Verwitterungsprodukte der mikroskopisch-optischen Untersuchung unterworfen werden.

Kalzitreicher Amphibolhornfels (dickschichtig).

Der herrschende Kalksilikatfels des großen Steinbruches am Rothenberg ist ein sehr feinkörniges bis dichtes Gemenge mannigfaltiger Komponenten, das makroskopisch unauflösbar ist. Auf den Strukturflächen
kann man außer dem daselbst verteilten grobspätigen Kalzit, mitunter folgende Umkristallisation der dortigen großen und runden
Amphibolkörner beobachten: zunächst der kompakten Hornblende liegt deren faserige Modifikation, weiter vom Kern übergeht
dieselbe in smaragdgrünen Aktinolith und im letzten Stadium in
feinfaserige und strähnige Aggregate von seidenglänzenden Asbest.
Diese Umwandlung ist stufenweise zu verfolgen. Das Gestein braust
stark mit Säuren.

Im Dünnschliff u. d. P. M. ist die ausgezeichnete Foliation sofort
ins Auge fallend, man sieht Lagen von Kalzit abwechseln mit einem
feinkörnigen granoblastischen Aggregat, das wesentlich aus Feldspat
und Qnarz besteht, außerdem mit solchen Lagen, worin mikrolitische
Amphibole angehäuft und parallel zur Foliationsebene gestreckt sind.
Die Amphibole sind auch in dem Quarzfeldspataggregat regellos zerstreut oder damit innig gemengt. Der Feldspat gehört nach seiner
Auslöschung, Licht- und Doppelbrechung zum Plagioklas, der vielfach Zwillingshälftlinge bildet; der Quarz bekundet stärkere Kristal-

lisationskraft, derselbe formt häufig **r e g e l m ä ß i g e s c h a r f e h e x a-
g o n a l e D u r c h s c h n i t t e** und mitunter **k r e i s r u n d e S c h e i b c h e n.**
Der Plagioklas ist meist ähnlich dem Quarz spaltrißfrei, nicht bestäubt,
glasklar, daher vom letzteren schwer zu unterscheiden. Bei Beleuchtung von links, Einstellung hoch, zeigt sich am Quarz links heller
und rechts dunkler Rand sowie auffällig höheres raubes Relief des
stärker lichtbrechenden Quarzes, insbesondere dann, wenn diesen der
ω-Strahl durchläuft, Plagioklas dunkler als Umgebung. Das Quarz-
Feldspataggregat ist in echter Pflasterstruktur ausgebildet und außerdem gleichfalls zur Foliationsebene parallel gequetscht.

    Der **A m p h i b o l** ist von zweierlei Art, jedoch mit gleicher morpho-
logischer Ausbildung; seine kleinen Idioblasten sind mit ihren Hauptaxen meist parallel zur Schieferungsebene angeordnet, deshalb man
im Querschliff meist nur Querschnitte der Amphibolprismen zu sehen
bekommt, was einen auffälligen Parallelismus zwischen Kristallgestalt

Fig. 7.

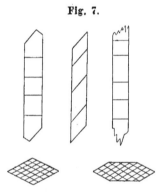

Längs- und Querschnitte der Amphibole.

dieses Hauptgemengteiles und der Lagenstruktur des Gesteins bekundet;
dessenungeachtet werden quergestellte, mehr oder weniger lange
Prismen sichtbar. Längs- und Querschnitte der Amphibole. (Siehe
Fig. 7.) Diese sind vorwiegend von ∞ P (110) begrenzt, häufig kombiniert mit der Querfläche ∞ P ∞ (100) mit Abstumpfung der vorderen
Prismenkante, hierzu kommen die Endflächen P ∞ (011) und P ∞ ($\overline{1}$01);
zumeist jedoch ohne terminale Flächen, daselbst bloß zackig oder ausgefasert; sehr vollkommen spaltbar nach (110), demzufolge unter
dem Prismenwinkel sich kreuzende Spaltrisse in Querschnitten und
parallele in Längsschnitten, mitunter Spaltrisse nach (011), häufig Querabsonderung senkrecht zur Prismenaxe. Zwillinge parallel (100) gewöhnlich. Hälftlinge kommen zuweilen vor. Charakteristisch ist, daß
die Querfläche sehr vorherrschend werden kann, die Prismen also
stark abgeplattet sind. Die großen Prismen dieser Amphibole erreichen
bis 10 *mm* Länge. —

    **D i e e i n e, w i e e s s c h e i n t, u r s p r ü n g l i c h e A r t d e s A m-
p h i b o l s** ist grün durchsichtig mit starkem Pleochroismus: α grün-

lichgelb, b grasgrün, c blaugrün; Lichtbrechung mittelmäßig, Doppelbrechung ist + und geringer als in der gemeinen Hornblende, und zwar nach Höhe der leuchtenden Inferferenzfarben $\gamma - \alpha = 0.019$, die Auslöschungsschiefe gegen die Prismenkante und die Spaltrisse nach (110) wurde an zahlreichen Kristallen von 12—17°, meist jedoch 15°, gefunden; dieser Amphibol gehört somit zum P a r g a s i t. — Der z w e i t e A m p h i b o l, j e d e n f a l l s s e k u n d ä r e r A r t, ist hellgrün bis farblos, Pleochroismus schwach, oft kaum bemerkbar, die Lichtbrechung ist mittelhoch, die Doppelbrechung ist —, höher als in der gemeinen Hornblende, und zwar ergibt sich der Betrag derselben aus der Höhe der matt schimmernden Interferenzfarben, die fast immer das Grün und Gelb II. Ordnung zeigen $\gamma - \alpha = 0.027$, die Auslöschungsschiefe ist genau wie oben von 12—17°, meist jedoch 15°, gefunden worden. Es liegt somit A k t i n o l i t h, beziehungsweise T r e m o l i t vor, und zwar der letztere in feinfaserigen, stengeligen und blätterigen Aggregaten. Zonenstruktur ist da, wo sie vorkommt, derart ausgebildet, daß der Kern aus Aktinolith, die Hülle aus Pargasit besteht. Beide Amphibole enthalten zahlreiche kleinste Körner von Plagioklas als Einschluß.

Der K a l z i t tritt nur in mittelgroßen Körnern auf mit vollkommener Spaltbarkeit nach R (10$\bar{1}$1) und mit ausgezeichneter gitterförmiger Zwillingslamellierung nach $\frac{1}{2} R$ (01$\bar{1}$2) auf, farblos, ohne Relief, Doppelbrechung negativ mit weiß, rot und grün schimmernden Interferenzfarben. Als Einschlüsse des Kalzits sind zu nennen: Pargasit, insbesondere aber runde Scheibchen sowie hexagonale und rhombische Durchschnitte des Q u a r z e s. Von Interesse ist aber d a s W a c h s t u m u n d Z u n a h m e d e r g e g e n d e n K a l z i t v o r d r i n g e n d e n P l a g i o k l a s a g g r e g a t e, bis endlich der mehr oder vollständige Ersatz des ersteren durch das letztere erfolgt. Beweise sind die Kristallisationshöfe im Kalzit gegen die Feldspate, deren verzahntes und buchtiges Eingreifen in die pflasterartig aneinanderstoßenden Kalzitkörner. —

Akzessorisch sind zahlreiche kleine T i t a n i t k ö r n e r, gewöhnlich im Innern Ilmenitrelikte enthaltend; sie sind farblos bis bräunlich, auch Kristalle kommen vor, an denen spitzrhombische und quadratische Durchschnitte festgestellt wurden (Grothit). Ein Teil des Titanits ist häufig weiß getrübt und besteht aus einer weißen krümmeligen Substanz, dem L e u k o x e n. Die oberwähnten trübweißen quadratischen Durchschnitte verweisen auf die bekannten Pseudomorphosen von Titanit nach Ilmenit. — Der schwarzbraune und opake I l m e n i t ist dem ganzen Gestein da und dort eingestreut, von demselben werden öfter regelmäßig rektanguläre Durchschnitte dargeboten; daß Ilmenit zuweilen mit R u t i l verwächst oder durch diesen ersetzt wird, kann man da und dort beobachten. — Vereinzelt dem Gesteine eingestreute Körner sind Z i r k o n; dieser läßt die schimmernden Interferenzfarben hoher Ordnungen rot-blau-grün hervortreten sowie auch ein schwacher Pleochroismus daran stets bemerkbar ist; schließlich ist auch das seltene Auftreten pleochroitischer Höfe um einzelne dieser Zirkonkörnchen zu erwähnen. —

Von diesem k a l z i t r e i c h e n A m p h i b o l h o r n f e l s   a u s   d e m
g r o ß e n   S t e i n b r u c h   a m   R o t h e n b e r g sandte ich zwei hinreichend
frische Proben an das bergmännisch-chemische Laboratorium der
Witkowitzer Steinkohlengruben, wo dieselben durch den Chefchemiker
Herrn R. N o w i c k y der chemischen Anaylse unterworfen wurden.

Der Durchschnitt beider Stufen ergab das folgende Resultat in
Gewichtsprozenten:

II.

	Prozent
Kieselsäure $Si\,O_2$	46·48
Titansäure $Ti\,O_2$	0·38
Tonerde $Al_2\,O_3$	8·91
Eisenoxyd $Fe_2\,O_3$	2·30
Eisenoxydul $Fe\,O$	3·48
Kalkerde $Ca\,O$	20·54
Magnesia $Mg\,O$	2·45
Kali $K_2\,O$	3·92
Natron $Na_2\,O$	1·29
Kohlensäure $C\,O_2$	10·25
Schwefelsäure $S\,O_3$	—
Konstitutionswasser $H_2\,O$	0·34
Kristallwasser $H_2\,O$	0·11
Zusammen	100·45

Bei Betrachtung dieses Analysenergebnisses fällt uns sofort die
große Menge des Kalzits in diesem Kalksilikatfels auf, die 27·88%
beträgt und darin alle anderen Kalksilikatfelse übertrifft. Die weitere
Kritik bleibt der unten folgenden Analysendiskussion vorbehalten. —
Eine weitere Varietät des Rothenberger Kalksilikatfelses besteht
genau aus denselben Komponenten wie die vorige, jedoch ist die
Anordnung eine d i c k l a g e n f ö r m i g e   u n d   b r e i t g e b ä n d e r t e,
dabei die Lagen und Bänder nur 2—5 cm mächtig werden.

Der oben geschilderte Amphibolhornfels umschließt und steht in
Wechsellagerung mit Bändern und Streifen von p o r p h y r o b l a s t i-
s c h e r Struktur: Ein weißes und farbloses G r u n d g e w e b e   v o n   Q u a r z-
F e l d s p a t   u n d   K a l z i t ist förmlich gespickt mit Porphyroblasten
von langprismatischer H o r n b l e n d e (Pargasit) im reflektierten Licht
schwarzgrün, im durchfallenden Licht smaragd- und blaugrün, mit
hellem Kern, dunklen Rand, meistens begrenzt in der Prismenzone
von $\infty\,P$ (110) . $\infty\,P\,\infty$ (010); an den Enden von P (111) und $o\,P$
(001); oder daselbst bloß zackig; häufig scharfe Querabsonderung
senkrecht c, Spaltbarkeit nach $\infty\,P$, P und $o\,P$. Der größte Teil
dieser Hornblende ist wohl mit ihren Hauptaxen parallel zur Schichtungsebene gelagert, jedoch gibt es viele Individuen, die kreuz und quer
dazu gestellt sind. Hierzu gesellen sich A k t i n o l i t h und T r e m o l i t
in zahllosen Nadeln dazwischen eingestreut.

Sowohl in dem dickgeschichteten, als auch in dem breit- und
feinstreifigen kalzitreichen Kalksilikatfels ordnen sich die Komponenten
dem Ursprungsmaterial entsprechend zu Lagen an, und zwar wechseln
a m p h i b o l r e i c h e in zahlloser Folge ab mit q u a r z f e l d s p a t-

reichen Lagen und mit kalzitreichen Streifen, wodurch die ursprüngliche Foliation oder Absatzschieferung um so prägnanter zum Ausdruck kommt.

Aus den bisherigen Ausführungen erhellt, daß die Struktur der Rothenberger Kalksilikatfelse größtenteils granoblastisch, untergeordnet in bandstreifigen Lagen porphyroblastisch ist, daß die wesentlichen Gemengteile gelegentlich jeden anderen derselben umschließen, so daß eine gesetzmäßige Ausscheidungsfolge der Komponenten nicht vorliegt, vielmehr alles darauf hinweist, daß eine gleichzeitige Bildung derselben in einer Masse von großer Viskosität stattfand, wie das der Bildung unserer Kontaktgesteine entspricht. —

Bandstreifiger Biotitamphibolhornfels.

Die nordwestliche, beiläufig 15 m hohe Steinbruchwand bildet ein instruktives Längsprofil, nach dessen Maßgabe der Kalksilikatfels aus 5—8, 10—12 mm dicken Lagen und Bändern verschiedener Typen desselben in unzähliger Folge aufgebaut erscheint, welche in sinnfälliger Weise für ihre Abhängikeit von der Beschaffenheit des ursprünglichen Sediments Zeugnis ablegen. An der gedachten Wand lassen sich die gewöhnlich wundervoll parallel geordneten Bänder und Lagen vorzüglich studieren und dabei die folgenden Varietäten des Kalksilikatfelses feststellen:

1. Überwiegend sind Schichten des hellgrauen Amphibolhornfelses, welcher sozusagen den Untergrund für die übrigen Typen bildet, von dem sie sich scharf begrenzt abheben.

2. Darin sind enthalten Bänder und Lagen eines braunvioletten Biotitamphibolhornfelses, welcher durch seinen Metallglanz auffällig erscheint und sogleich unten folgend der Gegenstand näherer Betrachtung sein soll.

3. Dunkle Streifen und Bänder von Amphibolhornfels, worin schwarzgrüner Pargasit nebst Aktinolith sowie Tremolit dicht aneinandergeschart vorwiegend erscheinen.

4. Weiße Bänder und Lagen eines Gewebes von dem Quarzfeldspataggregat und von Kalzit, worin porphyroblastisch prismatischer Pargasit und Nadeln von Aktinolith und Tremolit eingestreut sind. —

Solche Lagen und Bänder wechseln in unzähliger Folge miteinander ab, dieselben zeigen die wiederholt hervorgehobene Parallelstruktur in ausgezeichneter Weise und sind öfter gekröseartig oder in anderen wunderlichen Formen gewunden. — Diese von der Schichtung, beziehungsweise Absatzschieferung abhängige Differenzierung der Kontaktgebilde verweist entschieden darauf hin, daß in diesen unzähligen Schichten eine bestimmte stoffliche Prädisposition für die gegenwärtige petrographische Ausbildung vorhanden war. —

Der oben sub 2 angeführte Biotitamphibolhornfels ist ein braunviolett metallartig schimmerndes Gestein, das dem Rothenberger Kalksilikatfels lediglich in schwachen Bändern und dünnen Streifen eingeschaltet ist und das sich als ein inniges Gewebe des

Quarzfeldspataggregats mit Biotit darstellt, worin zahllose Prismen von schwarzgrünem Amphibol porphyroblastisch eingesprengt und kreuz und quer gelagert sind; Titanitkörner sind reichlich eingestreut, übrigens ist dieses Gestein kalzitfrei. — Der Biotit ist teils im reflektierten Licht schwarzbraun bis bronzerot, im durchfallenden Licht rotbraun bis braungelb, stark metallisch glänzend durchscheinend, mit starkem Pleochroismus ausgestattet: es ist Meroxen. Daneben bemerkt man einen zweiten Glimmer, der im reflektierten Licht braungelb, im durchfallenden Licht goldgelb durchsichtig, mit metallartigen Perlmutterglanz, mit schwachem Pleochroismus, daher dem Phlogopit angehört; beide Glimmer sind kleinschuppig und zum Teil in unbestimmbaren Kristallen ausgebildet. Darunter findet sich untergeordnet ein grobschuppiger Chlorit lauchgrün bis spangrün, im durchfallenden Licht grünlich bis farblos, bei starkem Perlmutterglanz auf o P, zuweilen mit dem Phlogopit parallel o P verwachsen.

Kalzitfreier Amphibolhornfels (feinstreifig).

Dieses blaugraue matte Gestein mit seinen rostigen Ablösen baut sich ähnlich wie das vorige aus einer unzähligen Folge hellblaugrauer Streifen auf, die jedoch nur 1—3 mm Dicke haben und schwarzgrünen Streifen, die gar nur 0·2 bis 1·0 mm dick werden; es ist aber eine feinlagenförmige Foliation oder Absatzschieferung bestehend aus:

1. Die stärkeren hellblaugrauen Lagen darunter sind zusammengesetzt aus dem feinkörnigen Quarzfeldspataggregat, worin zahlreiche Porphyroblasten langprismatischen schwarzgrünen Amphibols kreuz und quer eingewachsen sind, dazu gesellen sich nadelige, büschelige und pinselartige hellgrüne Aktinolithaggregate dem Quarzfeldspatgrundgewebe inneliegend, untergeordnet sind darin langprismatische Tremolitaggregate zu Bündeln vereinigt. Der Pargasit ist häufig idiomorph, in der Prismenzone von ∞P (110) . $\infty \check{P} \infty$ (010) begrenzt, letztere Flächen mit natürlichen Ätzfiguren bedeckt. —

2. Dazwischen ziehen papierdünne 0·2 bis 1·0 mm dicke schwarzgrüne Streifen parallel hindurch, dieselben bestehen aus vorherrschenden Aggregaten von schwarzgrünem Amphibol (Pargasit) sowie solchen von Aktinolith, innig gemengt mit dem äußerst feinkörnigen Quarzfeldspataggregat, dessen Menge zurücktritt. Die Amphibole zeigen die Tendenz, sich mit den Hauptaxen parallel zur Schichtungsebene einzulagern.

3. Hier und dort finden sich dazwischen Titanit- und Rutilaggregate in feinstreifiger mit den anderen Lagen paralleler Anordnung, womit Amphibole und Feldspate verwachsen sind. Akzessorisch sind in den gedachten Gesteinslagen Scheibchen von Biotit und kleinste Ilmenitkörner, letztere insbesondere in den Titanitstreifen; eingesprengte Magnetite oxydieren gern zu Limonit. Der Kalzit fehlt in den angeführten Lagen gänzlich. —

Dünnschliffe dieses feinstreifigen Kalksilikatfelses, welche die oben sub 1 bis 3 angeführten Streifen und
Bänder umfassen, lassen unter dem P. M. erkennen, daß Kalzit-
lagen sowie der Kalzit als Komponente überhaupt aus dem Gestein gänzlich verschwunden sind und nichts erinnert mehr an dessen
frühere Anwesenheit; an seine Stelle ist das weiter oben erörterte
Quarzfeldspataggregat getreten, das hier nur noch weiter verdichtet erscheint. Auch in diesem Falle ist der Plagioklas vielfach als Zwillingshälftlinge, der Quarz in runden Scheiben und hexagonalen Durchschnitten ausgebildet; darin findet man dieselben
Amphibole, wie sie oben eingehend geschildert wurden, und zwar als
Pargasit, Aktinolith und Tremolit vertreten und entweder in
dem Feldspatquarzaggregat mehr oder weniger gleichmäßig eingestreut
oder in selbständigen Lagen zusammengeschart, meist zur
Foliationsebene parallel gestreckt, wodurch sich im Querschliff meist
prismatische Querschnitte (110) . (100), weit weniger häufig Längsschnitte ergeben; letztere erreichen oft eine ungewöhnliche Länge,
die dann nach den Querrissen senkrecht c zerbrochen sind, die
Bruchstücke verschoben oder eingeknickt. Die Menge des Pargasit
ist in Abnahme begriffen, während Aktinolith und Tremolit
an Menge zunehmen. Es ist wahrscheinlich, daß ursprünglich
aller Amphibol aus Pargasit bestand, der dann zu Aktinolith,
zum Teil auch Tremolit umkristallisierte. Der Pargasit ist in hohem
Grade idioblastisch gegen Quarz und Feldspat, die Zonenfolge zeigt
auch hier Aktinolith im Kern und Pargasit als Hülle, oder eine bloße
Anhäufung von Aktinolithmolekülen im Innern. Einschlüsse wie in dem
kalzitreichen Amphibolhornfels. Das in Rede stehende Gestein besteht
demzufolge, wie oben angeführt, auch u. d. M. aus einer feinstreifigen
Foliation, worin vorwaltende farblose Quarzfeldspatlagen mit
Amphiboleinsprenglingen abwechseln mit grünen Streifen, worin
die Idioblasten der drei Amphibole sich dicht aneinander-
scharen.
      Von Bedeutung ist die Menge des Titanits, womit das Ge-
stein in manchen Schliffpartien erfüllt ist, und zwar regellos zerstreut
oder in Lagen angereichert, es sind viele Kristalle der Briefkuvertform mit spitzrhombischen Durchschnitten, meist jedoch unregelmäßige Körner; derselbe ist farblos, häufig aber weiß getrübt
und mit zahllosen kleinsten Körnchen von Ilmenit bestäubt, er ist
alsdann in Leukoxen umgewandelt. Quadratische, farblose, teilweise weiß getrübte Durchschnitte in den Titanit-Rutilaggre-
gaten von hoher Licht- und Doppelbrechung, von übrigens gleichem
Verhalten wie Titanit, verweisen auf Pseudomorphosen nach Ilmenit.
      Mit dem Titanit vergesellschaftet findet sich Rutil in zahlreichen
mikroskopisch kleinen Individuen, und zwar kurze Säulchen mit vertikaler Streifung, Kniezwillinge nach (101), wobei die c-Axen 114⁰
geneigt, Herzzwillinge nach (301) mit 55⁰ Neigung der c-Axen,
meistens unregelmäßige Körner; seine Farbe ist vorwiegend lichtgelb,
honiggelb bis braunrot, kein Pleochroismus, stärkste Licht- und Doppelbrechung. Der Rutil ist randlich und zonar mit Titanit
verwachsen, Körner von farblosem Titanit werden peripherisch von

honiggelbem Rutil umschlossen und man kann dabei die Beobachtung machen, daß sich die Rutilhülle auf Kosten des Titanits ermächtigt. Der Rutil scheint auch da und dort an die Amphibole geheftet; Rutilsäulen sind mit Amphibol parallel verwachsen. Bekanntlich kommt Rutil bei der Zersetzung von Bisilikaten neben anderen Titanmineralien zur Entstehung.

Der Ilmenit findet sich in großen Kristallen speziell in den Amphibolen, er verwächst zuweilen mit dem Rutil und findet sich übrigens als feinster Staub in allen übrigen Komponenten, insbesondere aber, wie bereits erwähnt, im Titanit. Schließlich sind noch zahlreiche dem Gestein eingestreute mikroskopisch kleinste Körnchen von Zirkon zu nennen.

Die Struktur dieses Kalksilikatfelses ist wohl im Detail eine echte Pflasterstruktur, jedoch im Großen insofern eine helizilitische, als die granoblastisch struierten neugebildeten Mineralaggregate der ursprünglichen Foliation folgen, welche vollständig mit allen Einzelheiten erhalten blieb.

Die Saussuritisierung, die auf dem Kalksilikatlager des Rothenberges eine solch bedeutende Rolle spielt, macht sich bereits in diesem scheinbar frischen Gestein bemerkbar. Der Plagioklas des Grundgewebes verliert seine Spaltbarkeit, so daß davon keine Spur mehr vorhanden und erscheint mit einer bald geringeren, bald größeren Menge runder und oblonger kleinster Körnchen erfüllt, welche durch ihre hohe Lichtbrechung, die gerade Auslöschung sowie die unter X Nicols lavendelblauen Interferenzfarben auffällig sind und wohl dem Zoisit α angehören. Daneben finden sich stark lichtbrechende Körnchen, deren allgemeine Gestalt auf ∞ O (110) hinweist, sich optisch isotrop verhält und dadurch als Granat charakterisiert wird. U. d. M. bemerkt man, daß in dem angegriffenen Gestein die ursprüngliche Foliation durch das überwuchernde pflasterartige Quarzfeldspataggregat zum Verschwinden gebracht wird. —

Saussuritisierter Kalksilikatfels (Saussuritfels).

Wie bereits eingangs erwähnt, ist der größte Teil des in Rede stehenden Kalksilikatlagers am Rothenberge in ein mehr oder weniger stark poröses bis aufgelockertes Gestein von matter blaugrauer Farbe umgewandelt, das sich überdies auf seinen Schicht- und Querklüften mit ausgeschiedenen Eisen- und Manganoxyden rostbraun überzieht und im Endstadium zu einem scharfen rostigen Sand zerfällt. Auf den Strukturflächen ist es napfförmig ausgehöhlt von drusiger Oberflächenbeschaffenheit, was auf Substanzverluste hinweist und· in der Tat hat der kalzitreiche Kalksilikatfels in dieser Modifikation eine vollständige Dekarbonation erfahren, derartig daß die Kohlensäure vollständig ausgetrieben und die Kalkerde gänzlich an die Silikate gebunden wurde. Die oben angeführten Komponenten des Rothenberger Kalksilikatfelses unterlagen jedoch nicht so weitgehenden Veränderungen, wie wir dies an den Vorkommen zu Blauda, Reigersdorf und Reitendorf gesehen haben; dagegen ist hier die Erscheinung räumlich weit ausgedehnter, weil der größte Teil, das ist 115 *m* des kolos-

salen Kalksilikatlagers von 150 m Mächtigkeit davon erfaßt wurde,
wie man nach dem Auftreten am Tagausbiß urteilen darf (siehe Fig. 5,
Taf. XVIII). Die gedachte S a u s s u r i t b i l d u n g kann man vielfach
auf den Strukturflächen des sonst frischen Kalksilikatfelses beobachten,
sie nimmt auf klaffenden Schicht- und Zerklüftungsflächen ihren Anfang und schreitet gegen das Gesteinsinnere fort; bis sie durch die
ganze Gesteinsmasse gediehen ist. —

Im D ü n n s c h l i f f u. d. P. M. ist der Saussuritfels im reflektierten Licht weiß, im durchfallenden farblos, das F e l d s p a t q u a r z -
m o s a i k zerfällt derartig, daß das Gesteinskorn stetig k l e i n e r wird
und sich zusehends v e r d i c h t e t; er besteht alsdann aus stark lichtbrechenden Mineralien eisenarmer Glieder des Zoisits und des Granats, die sich von dem Plagioklasgrund scharf abheben, dessenungeachtet stößt die nähere Bestimmung infolge Kleinheit dieser Bestandteile auf Schwierigkeiten, deren Aufhellung erst bei Anwendung
stärkster Vergrößerung gelingt. Als Neubildung ist vor allem der
Z o i s i t α zu nennen, der in zahllosen Körnern im Plagioklasgrund
vertreten, unter $\times$ Nicols durch seine lavendelblauen Interferenzfarben in Schnitten nach (100) auffällt und gerade Auslöschung zeigt.
Ferner ist der G r a n a t feststellbar durch seine Durchschnitte mit
der Tendenz zur Entwicklung von ∞O (110) sowie sein optisch
isotropes Verhalten. Vielfach jedoch heben sich die Bestandteile,
welche den Saussuritfels zusammensetzen wegen ihrer überaus winzigen
Größe der unregelmäßigen Individuen und wegen ihrer starken Lichtbrechung, in der Wirkung auf das polarisierte Licht gegenseitig auf
und demzufolge keine Auslöschung erzielt wird. In manchen Schliffpartien nimmt die Menge der winzigen Körner des Z o i s i t α in den
um so Vielfaches größeren Plagioklasen stetig zu, reichert sich immer
mehr an dessen Kosten an und verdrängt ihn schließlich ganz.
— Die Einwanderung zahlreicher Körner lavendelblauen Zoisits beobachtete ich auch in den langen und breiten A k t i n o l i t h -, beziehungsweise P a r g a s i t s ä u l e n als allgemeine Erscheinung. Gleichzeitig
wurde die wichtige Tatsache festgestellt, daß der Pargasit im Saussuritfels immer mehr an Menge zurücktritt, er umwandelt sich unter Abscheidung seines Eisengehaltes in Aktinolith und faserigen Tremolit.
Der Eisengehalt findet sich als rostiger Beschlag auf allen Strukturflächen und in den Gesteinsporen. Es kann kein Zweifel darüber bestehen, daß die Amphibole auf diesem Wege der allgemeinen Saussuritisierung anheimfallen. Während einzelne der bis zur Papierdünne
herabsinkenden Gesteinslagen von der Saussuritbildung verschont geblieben sind, schreitet sie in den meisten Schieferlagen immer weiter
fort, wobei sich die Gesteinsporosität parallel zur Absatzschieferung
ausbildete.

Akzessorische Gemengteile sind dieselben, wie sie bereits bei
dem kalzitfreien Amphibolhornfels eingehend geschildert wurden.
Hier ist nur noch speziell anzuführen, daß der T i t a n i t häufig weiß
getrübt, das heißt in die L e u k o x e n genannte, im reflektierten Licht
weiß glänzende Substanz umgewandelt erscheint, was bei abgeblendetem Spiegel am besten sichtbar wird. Der Z i r k o n ist in zahlreichen
Körnern vorhanden.

Infolge der allgemeinen Ausbreitung des granoblastischen Quarz-
feldspatgewebes und dessen Saussuritisierung, kommt die ursprüngliche überaus feine Foliation im Saussuritfels zum Verschwinden. —
In den saussuritisierten Kalksilikatfelsen sind die auf den
Strukturflächen verbreiteten Kalzitaggregate überwiegend
in Zoisit umkristalisiert unter gänzlicher Aufzehrung des Kalzits, von
dem keine Spur mehr vorhanden. Diese mikroskopisch kleinen
Kristalle lassen kristallographische Formen erkennen, deren Entzif-
ferung u. d. binokul. M. gelang. Der Zoisit ist gelblichweiß bis erbs-
gelb, langsäulenförmig nach der Vertikalaxe und in der Prismen-
zone von ∞P (110) und $\infty P \bar{\infty}$ (010) begrenzt, Querabsonderung
durch äußerlich kennbare und zahlreiche Risse parallel $o P$ (001),
oft geknickt oder zerbrochen. Bei aufmerksamer Beobachtung findet
man da und dort, daß die Zoisitgruppen gegen die primären
Kalkspattafeln gewachsen sind, an denen sie sich abgeformt
haben, letztere sind nun seither wieder verschwunden und man bemerkt alsdann in den Zoisitdrusen Zellräume und Einschnitte, es
sind dies Pseudomorphosen von Zoisit nach solchem Kalzit, welcher
bei der Saussuritbildung nicht verwendet, sondern später weggelöst
wurde. — In den Zoisitaggregaten finden sich zahlreiche tafelför-
mige Kristalle, welche nach ihrem Verhalten nur dem Prehnit angehören können.

Also auch auf den Schicht- und Zerklüftungsflächen können wir
denselben Prozeß fortgesetzter Dekarbonation verfolgen, dem wir
weiter oben in der Saussuritfelsmasse selbst begegneten und womit
die letzten Kalzitreste zum Verschwinden gebracht wurden. —

An der liegenden Grenzfläche (des wie wir oben gesehen
haben) größtenteils saussuritisierten Kalksilikatlagers, gegen den Gneisglimmerschiefer hin, haben sich gelbockrige, limonitische
Massen von 2—3 m Mächtigkeit ausgeschieden; sie sind
gewöhnlich porös, sehr locker, mulmig und sandig und durch den
Terrainanschnitt auf dem Wege gegen die Brünndelhaide aufgeschlossen (siehe Querprofil 5, Taf. XVIII). Es ist eine häufige Erscheinung bei Kalksteinlagern, daß sich an deren Grenzfläche gegen
ihre Nebengesteine oder an ihren Hauptklüften metasomatisch Eisenerze konzentrieren und dann daselbst stark eisenschüssige Kalksteine
entstehen, was auch im vorliegenden Falle zutreffen mochte. Bei der
allgemeinen Saussuritisierung der Rothenberger Kalksilikatfelse wurden
die gedachten, relativ eisenarmen limonitischen Massen ausgeschieden,
die jedoch mit saussuritischem Material in Form von scharfem
Sand gemischt sind. Diesem Prozeß liegen somit dieselben Ursachen
zugrunde, welchen wir die Saussuritfelse zu verdanken haben. —

In den Massen der Rothenberger Kalksilikatfelse findet man
da und dort selbständig ausgeschiedene, großindivi-
dualisierte Aggregate von Plagioklas, Kalzit und Quarz,
worin Amphibol (Pargasit) Körner und Aggregate derselben sowie
im untergeordneten Maße lauchgrüne Chloritschuppen eingewachsen erscheinen; in den Drusenräumen sitzen porzellanähnliche
Perikline zu Gruppen verbunden. — In einer anderen Stufe hat man
große Amphibole (Pargasit), beziehungsweise dessen Aggregate

wahrgenommen, die in teilweiser Umwandlung zu einem zeisiggelben Aggregat von Epidotkörnern begriffen sind, innig verknetet mit zwillingsstreifigem Plagioklas und Kalzit, worin einzelne Quarz- körner sowie zahlreiche Ilmenitkörner eingesprengt sind. — In einer dritten Stufe schien der rauchgraue und blaßviolette Quarz mit lauchgrünem Amphibol (Pargasit) innig verknetet.

Damit im Zusammenhange verdienen noch die Kluftmineralien in den Kalksilikatfelsen am Rothenberge kurze Erwähnung.

Auf Klüften und Hohlräumen der frischen kalzitreichen Kalksilikatfelse im großen Steinbruche kommen größere Kal- zite teils in Rhomboedern und Skalenoedern, zum Teil als Zwillinge, zusammen mit größeren Amphibolen (Pargasiten) nebst Plagio- klas und Quarz vor. Der Kalzit enthält teils Körner, teils größere Einschlüsse von Amphibol, in manchen Stufen stark angehäuft. Vor allem ist jedoch die Tatsache auffällig, daß die großen Amphibole und dessen körnige Aggregate gegen die Kalzite gewachsen sind und sich in solchen Gegenwachsungsflächen am Kalzit abge- formt haben. Umgekehrt kann man an den Stufen die Feststellung machen, daß der Amphibol in den Kalzit hineinwächst in der Art, daß der Amphibol den Kalzit auf dessen Anwachs- schalen von Molekül zu Molekül verdrängt und auf diese Weise Pseudomorphosen von Amphibol nach Kalzit bildet, wobei sich der Umwandlungsvorgang aus dem Kristallinnern gegen die Peripherie fortschreitend vollzieht. Indem sich bisweilen der Prozeß nicht bis an die Peripherie fortsetzt, entstehen Perimorphosen deren Kristall- hülle aus Kalzit, während der Kern aus Amphibol besteht. Ob der Amphibol der Kluftminerale ebenfalls zum Pargasit gehört, wurde nicht näher untersucht. In den Amphibolaggregaten bekommt man zahlreiche weißliche Flecke von Leukoxen zu sehen, welche zentral sehr viele Ilmenitkörnchen enthalten. —

Diese interessanten Beziehungen von Kalzit und Amphibol lassen sich deutlicher und schöner an den kalzitfreien saussuritisierten Kalksilikatmassen verfolgen, wo ähnliche Kluftmineralien gar nicht selten vorkommen. Die Pseudomorphosen des Amphibols nach Kalzit erscheinen zumeist als steile Rhomboeder 4 R selbständig aus- gebildet zuweilen mit Abstumpfung der Polkanten durch R, weniger häufig ist die Kombinationsform 4 R . R 3; die Flächenskulptur und Zwillingslamellierung des Kalzit bleibt auch dem Amphibol erhalten. Nachdem wir uns in den saussuritisierten Kalksilikatfelsen in einer Zone vollständiger Dekarbonation befinden, sind auch selbstredend die früher anwesenden Kalzite seither wieder verschwunden, wodurch die Pseudomorphosen der Amphibole um so deutlicher hervortreten. Die Amphibole sind demzufolge von zahlreichen scharfbegrenzten Einschnitten und Kanälen durchzogen, es sind teils die oben erwähnten Kristallhüllen von Kalzit über den Amphibolkernen, welche seither wieder weggelöst wurden und bei der Saussuritisierung Ver- wendung fanden, teils sind es dicke Kalkspattafeln, die demselben Prozeß anheimgefallen sind und alsdann glattwandige Kanäle zurück- ließen, die einerseits vom Amphibol, anderseits von zoisitisiertem Plagioklas begrenzt erscheinen. Die Amphibole sind mitunter so stark von solchen Einschnitten erfüllt, daß sie wie zerhackt erscheinen. — Bei aufmerksamer Beobachtung kann man ähnliche E i n s c h n i t t e auch am P l a g i o k l a s der Kalksilikatfelse wahrnehmen, welcher zunächst dem Kluftraum liegt. Es sind dies Gegenwachsungsflächen des Plagioklases nach dem primären Kalzit hin, welcher seither wieder weggelöst wurde, die Einschnitte jedoch sind infolge Z o i s i t i s i e r u n g des Plagioklases nicht glattwandig, vielmehr drusig, daher weniger deutlich, man bemerkt aber, daß in diese Kanäle Säulchen, Täfelchen und Körnchen von Z o i s i t hineinragen. Noch ist Q u a r z (Bergkristall) unter den Kluft-mineralien zu erwähnen. —

Die Nebengesteine des Kalksilikatlagers am Rothenberge.

Zunächst dem Kalksilikatlager finden sich folgende Abänderungen des Glimmerschiefers, und zwar im unmittelbaren H a n g e n d e n:

1. G n e i s g l i m m e r s c h i e f e r mit zahllosen Quarzlinsen, sie verlaufen durch

2. n o r m a l e G l i m m e r s c h i e f e r in phyllitähnliche, dagegen lagern im L i e g e n d e n:

1. G n e i s g l i m m e r s c h i e f e r mit Lagen des Quarzhornfelses, die weiterhin ebenfalls allmählich in

2. n o r m a l e G l i m m e r s c h i e f e r übergehen.

Es kann wohl keinem Zweifel unterliegen, daß es sich in diesem Falle um eine Kontaktmetamorphose von Tonschiefer handelt, die jedoch nicht nach den gewöhnlichen Vorstellungen durch Zwischen-glieder der Knoten- und Garbenschiefer vertreten wird, denn in unserem Kontakthof beobachtet man einen völligen Mangel solcher Strukturen, vielmehr schließen sich hier unmittelbar an die Kontakt-erscheinungen des mächtigen Kalksilikatlagers in dessen Hangenden und Liegenden f e i n k r i s t a l l i g e K o n t a k t g n e i s g l i m m e r-s c h i e f e r an, welche allmählich auf 75—100 *m* Entfernung in die normalen, jedoch im geringeren Grade kontaktmetamorphisch beein-flußten Glimmerschiefer abklingen.

Im Querbruch des sub 1 bezeichneten Gesteins fällt uns sofort das für den Gneis charakteristische g r i e s i g e Aussehen auf, welcher durch Lagen kleinster Feldspatkörner hervorgebracht wird, um welche sich die beiden Glimmer flaserig verteilen, so zwar daß diese auf dem Hauptbruch allein herschend sind; das Gefüge ist demzufolge im Querbruch granoblastisch und im Hauptbruch lepidoblastisch. Der F e l d s p a t besteht aus sehr kleinen rundlichen Körnchen und la-mellaren Gestalten, derselbe ist farblos bis weiß und dürfte vor-wiegend zum Albit gehören, er ist in der Kontaktnähe am stärksten angehäuft; — der Q u a r z ist reichlich in Körnern und Lagen in dem Mineralgemenge vertreten, häufig jedoch in Form von Linsen selb-ständig ausgeschieden; im Liegenden findet sich Quarzhornfels ein-geschaltet. Der B i o t i t übertrifft an Menge den M u s k o v i t, welcher dessenungeachtet zu den Hauptgemengteilen gehört, hierzu gesellt sich untergeordnet C h l o r i t in Schmitzen und Membranen. Neben-gemengteile sind Rutil, Apatit und Magnetit; Amphibol ist in zierlichen smaragdgrünen Nadeln eingewandert. —

Aus diesem Gneisglimmerschiefer entwickelt sich weiterhin vom Kontakt des Kalksilikatlagers ein M u s k o v i t b i o t i t s c h i e f e r, der noch reichlich A l b i t enthält, hierzu kommt noch sehr reichlich eingesprengt kleinster idioblastischer G r a n a t. In einer anderen Varietät treten hinzu Porphyroblasten von S t a u r o l i t h als undeutliche Prismen oder in länglichen Körnern. Damit nähern wir uns dem Gestein sub 2.

Schließlich tritt Biotit und der Feldspat noch mehr zurück, Muskovit wird immer mehr vorherrschend, die größergewachsenen blätterigen Komponenten zeigen ausgezeichnete Parallelstruktur, welche zur homöoblastischen neigt, womit sich die Übergänge zu phyllitischen Gesteinen vollziehen, und zwar Albitphyllit, Biotitphyllit und Serizitphyllit. —

An den nordöstlichen Gehängen des Rothenberges stehen B i o t i t- a u g e n g n e i s e d e r K e p e r n i k g r u p p e zutage an und ist demzufolge sehr wahrscheinlich, daß die S c h i e f e r h ü l l e am Rothenberge über dem z e n t r a l e n G r a n i t g n e i s s t o c k keine große Mächtigkeit besitzt, erstere von letzterem in geringer Tiefe unterteuft wird. Es ist nicht ausgeschlossen, daß aus dem gedachten Granitgneisstock als Nachwirkungen des in der Tiefe liegenden eruptiven Herdes magmatische Lösungen und Gase auf dem mächtigen, klüftigen, demzufolge permeablen Kalksteinlager aufgestiegen sind, welche sodann weiter gegen die weit weniger durchlässigen Tonschiefer im Hangenden und Liegenden diffundierten, und zwar unter den Einwirkungen hoher Temperatur, der dadurch erhitzten Gesteinsmassen, zumal die Diffusion bei erhöhter Temperatur beschleunigt wird, wie die von W. R o b e r t s - A u s t e n angestellten Versuche ergaben. Infolge der Diffusion wanderten Gase und Lösungen nicht nur im Kalkstein, sondern auch in den benachbarten Tonschiefer ein, soweit als die Porosität, beziehungsweise Kapillarität diesem Prozeß günstig war. Der Weg, den die diffundierenden Gase und Lösungen zurücklegen, ist der Gesteinsporosität und Gesteinskapillarität proportional und steht im umgekehrten Verhältnis zu dem Widerstande, dem die ersteren •in den letzteren begegneten. Diesem Wege entsprechend ist die stärkere oder geringere kontaktmetamorphische Einwirkung, daß heißt die V e r g n e i s u n g der Tonschiefer erfolgt, während weiterhin lediglich die Bildung von Glimmerschiefer stattfand. Die vergneiste Zone ist sowohl im Hangenden als auch im Liegenden ungefähr 75—100 m mächtig, sie ist infolge der Diffussionsvorgänge durch allmähliche Übergänge mit dem Glimmerschiefer verknüpft. —

Die Textur der Kalksilikatfelse im Kepernikgneismassiv.

Bezüglich des kristalloblastischen Gewebes (Textur) der Kalksilikatfelse wurden bereits oben bei den einzelnen Typen diejenigen Merkmale hervorgehoben, wodurch sie charakterisiert erscheinen. Allgemein werden wohl diejenigen Mineralien, welche die größte Kristallisationskraft bei größter Kristallisationsgeschwindigkeit besitzen, den räumlichen und substantiellen Kampf erfolgreicher bestehen und dadurch die ihnen zukommende Kristallgestalt am vollkommensten zur Geltung bringen. Von diesem Gesichtspunkt aus können wir wohl ähnlich wie bei den Eruptivgesteinen, nach Maßgabe solcher Formenentwicklung eine Reihenfolge der Mineralbildung auch bei den Kontaktgesteinen aufstellen, die man in Übereinstimmung mit den kristallinen Schiefern nach Becke und Grubenmann „kristalloblastische Reihe" nennt. Diese letztere fällt jedoch bei unseren Kontaktgesteinen nicht mit dem Zeitpunkt ihrer Ausscheidung zusammen, wie dies bei den Eruptivgesteinen der Fall, wo dem Grade des Idiomorphismus die zeitliche Kristallisationsfolge entspricht, beziehungsweise parallel geht, weil diese Gesteine einem einheitlichen Bildungsakt ihre Entstehung verdanken. Anders bei den Kontaktgesteinen, wo wir zwei Bildungsakte unterscheiden müssen: Erstens denjenigen des Ursprungsgesteins, der auf Sedimentation beruht, und den des Kontaktgesteins durch mehr oder weniger weitgehende Umkristallisation auf dem Wege magmatischer Diffusion, soweit diese dem Prozeß günstig war. Soll die kristalloblastische Reihe einen Nutzen, beziehungsweise eine Bedeutung haben, so muß sie auf dem genetischen Prinzip aufgebaut und muß nach der Zeitfolge der Mineralausscheidungen geordnet sein, welche jedoch nicht mit der Bildungsenergie der einzelnen Komponenten zusammenfällt, weil die Umkristallisation eine durch die ganze Masse gehende einheitliche war, wie man an dem unten folgenden Beispiel sofort ersieht. —

Kürzlich hat O. H. Erdmannsdörfer (Berlin[1]) in einer trefflichen Abhandlung eine kristalloblastische Reihe für die Kalksilikatfelse des Eckergneises am Harz festgelegt, welche jedoch mit dem Mineralbestande unserer Kalksilikatfelse nicht in Übereinstimmung steht. Dessenungeachtet habe ich mich von der Richtigkeit meiner Untersuchungen überzeugt und muß an dem eingenommenen Standpunkt im Interesse rationeller Forschung beharren. Beispielsweise ist der Quarz kristallisationskräftiger, im höheren Grade idioblastisch, als dies bei den mannigfaltigen Feldspaten der Fall ist, welche nur als Füllmasse auftreten und demzufolge an den Schluß der Reihe kommen; ferner führt die Beobachtung dahin, daß beispielsweise in vielen Kalksilikatfelsen reichlich vertretene Kalzitaggregate sichtlich durch die dagegen wachsenden Augit- und Plagioklasaggregate aufgezehrt werden und daß man dementsprechend verschiedene Stadien der Dekarbonation in den Kalksilikatgesteinen beobachten kann, bis schließlich $Ca\,CO_3$, $Mg\,CO_3$ und $Fe\,CO_3$ gänzlich aufgezehrt und $Ca\,O$, $Mg\,O$ und $Fe\,O$ sämtlich an Silikate gebunden sind. Dies läßt auf verschiedene Stadien, beziehungsweise auf eine rasch wechselnde Intensität der Umkristallisation schließen, je nach der Empfänglichkeit des Substrats für das diffundierende Magma sowie die Wirksamkeit des letzteren, beziehungsweise seinen Gehalt an wirksamen Kristallisatoren, wie sie wohl in den meisten Kontakthöfen zu Hause sind. —

---

[1] Der Eckergneis im Harz. Jahrb. d. kgl. preuß. geol. Landesanst. 1909. Bd. XXX, Teil I, Heft 2.

Kristalloblastische Reihe der pneumatolytischen Umkristallisation.

a) Der Augit-Amphibol- und Biotithornfelsen:

1. Kalzit, primäre große Körner (Relikte des Ursprungsgesteins),
2. Magnetit, Ilmenit, Rutil und Titanit; idioblastisch,
3. Diops. Pyroxene, diops. Augite und Aigirinaugite; gemeine Hornblende, Pargasit, Aktinolith; teils Körner, teils Idioblasten, und Porphyroblasten,
4. Biotit, regellose Lappen und Idioblasten,
5. Quarz, meist Körner, zum Teil idioblastisch,
6. Kalifeldspate und Plagioklase, lediglich Körner.

b) Die Granatwollastonitfelse:

1. Kalzit, primär als Relikte des Ursprungsgesteins,
2. Granat meist (110), Vesuvian (110).(001), Idio- und Porphyroblasten,
3. Wollastonit, idioblastische Stengel,
4. Kalifeldspate und Plagioklase, bloß Körner,
5. Kalzit, sekundäre Füllmasse und Überrindung.

Sekundäre Umkristallisation der hydrothermalen Phase und Verwitterungserscheinungen.

1. Skapolith, zum Teil pseudomorph und parasitär nach Kalifeldspat und Plagioklas,
2. Epidot, pseudomorph nach Granat, parasitär nach Augit, Hornblende und Plagioklas,
3. Zoisit, parasitär nach basischem Plagioklas und Kalzit,
4. Prehnit, parasitär nach basischem Plagioklas und Kalzit,
5. Granat, parasitär nach basischem Plagioklas und Kalzit.
Nach ihrem Kristallisationsvermögen geordnete Reihe.

Nebensächliche Umwandlungen sind:
Uralit, pseudomorph nach Augit,
Aktinolith und Tremolit, pseudomorph nach Hornblende und Pargasit,
Muskovit (Serizit), parasitär nach Kalifeldspat und Plagioklas.

Die sekundäre Umkristallisation unserer Kalksilikatfelse stellt sich also als eine mannigfaltige dar und besteht ihrem Wesen nach, je nach ihrer mineralogischen Zusammensetzung und den äußeren Einwirkungen durch Thermalquellen und Atmosphärilien : teils in Skapolithisierung, sehr häufig in Zoisitisierung, eine mächtige Zone der Kalksilikatlager am Rothenberg ist gänzlich der Saussuritisierung anheimgefallen, worin sich noch viele Relikte des primären Mineralbestandes erhalten haben. Untergeordnet findet sich in dieser sekundären Zone: Granatisierung, Epidotisierung und Prehnitisierung. Gedachte posteruptive Prozesse wirkten sowohl von den Gesteinsklüften und Spalten aus, sowie von den Schichtenköpfen abwärts in das Felsinnere vordringend und erfaßten sukzessive fortschreitend den ganzen pneumatolytisch gebildeten Mineralbestand. —

Tabellarische Übersicht

der chemischen Verhältnisse der Kalksilikatfelse in der Umgebung von Wiesenberg und Mähr.-Schönberg.

	I	II	III	IV	V
	Granatwollastonitfels von Blauda¹)	Kalzitreicher Amphibolhornfels am Rothenberg	Kalzitreicher Augithornfels nächst Reitendorf	Quarzreicher Augithornfels von Reigersdorf²)	Porphyroblastischer Augithornfels von Neudorf
A. Gewichtsprozente					
Kieselsäure SiO_2	46·70	46·48	46·82	69·30	70·52
Titansäure TiO_2	?	0·38	0·43	?	0·09
Tonerde Al_2O_3	3·25	8·91	11·18	10·02	13·53
Eisenoxyd Fe_2O_3	7·40	2·30	—	1·77	2·00
Eisenoxydul FeO	—	3·48	6·58	0·72	1·81
Kalkerde CaO	40·18	20·54	19·30	8·04	6·25
Magnesia MgO	1·26	2·45	3·62	0·79	1·00
Kali K_2O	—	3·92	3·93	2·54	3·25
Natron Na_2O	—	1·29	1·47	1·17	1·50
Kohlensäure CO_2	0·92	10·25	6·53	4·83	0·24
Konstitutionswasser H_2O .	} 0·17	0·84	0·59	$S = 0·64$	0 09
Kristallwasser H_2O . . .		0·11	0·15	0·18	0·23
Summe . .	99·88	100·45	100·60	100·00	100·51
B. Molekularprozente					
Kieselsäure	47·46	46·04	46·41	71·05	75·00
Titansäure	?	0·29	0·32	?	0·08
Tonerde	1·96	5·22	6·55	6·07	8·50
Eisenoxyd	2·84	0·86	—	0·68	0·80
Eisenoxydul	—	2·89	5·48	0·62	1·62
Kalkerde	43·97	21·90	20·64	8·87	7·16
Magnesia	1·91	3·63	5·36	1·22	1·58
Kali	—	2·49	2·49	1·67	2·22
Natron	—	1·24	1·42	1·16	1·55
Schwefel	—	—	—	1·24	—
Kohlensäure	1·28	13·94	8·89	6·80	0·35
Wasser	0·58	1·50	2·44	0·62	1·14
Summe . . .	100·00	100·00	100·00	100·00	100·00
C. Mineralprozente					
Kalifeldspat	—	19·92	19·92	13·36	17·76
Natronfeldspat	—	9·92	11·36	9·28	12·40
Kalkfeldspat	—	5·96	10·56	12·96	18·92
Quarz	—	6·83	—	45·07	36·84
Kalzit	2·56	27·88	17·78	12·43	0·70
Augit (diopsid. Augite) .	8·22	—	39·42	5·66	13·14
Amphibol (Pargasit und Aktinolith)	—	28·62	—	—	—
Wollastonit	75·50	—	—	—	—
Granat	13·72	—	—	—	—
Titanit	—	0·87	0·96	—	0·24
Pyrit	—	—	—	1·24³)	—
Summe . . .	100·00	100·00	100·00	100·00	100·00

Die Analysen ¹) und ²) stammen aus der Abhandlung des Verfassers: „Die Kalksilikatfelse in der Umgebung von Mähr.-Schönberg", Jahrb. d. k. k. geol. R.-A. 1908, Bd. 58, pag. 533 und 549.

³) Der Schwefelgehalt erscheint in obiger Analyse nach Maßgabe der mikroskopischen Untersuchung und dem kleinen Eisengehalt viel zu hoch, demzufolge bei Berechnung der Mineralprozente eine Reduzierung des Pyritgehaltes eintreten mußte.

Diskussion der Analysenresultate.

Zunächst muß daran erinnert werden, daß die obigen chemischen Analysen an den vorherrschenden und typischen Vertretern der in Rede stehenden Kalksilikatlagerstätten und an durchweg frischem und reinem sowie charakteristischem Gesteinsmaterial ausgeführt wurden, so daß man trotz geringer Anzahl der Analysen doch ein richtiges Bild des Chemismus der gedachten mannigfaltigen Kalksilikatfelse erhält. Der Vollständigkeit halber wurden die bereits früher analysierten mannigfaltigen Kalksilikatfelse von Blauda und Reigersdorf in die vorstehende Tabelle aufgenommen. Wir sehen daraus, daß der Granatwollastonitfels von Blauda (I) gegenüber den anderen Gesteinen eine exzeptionelle Stellung einnimmt, dagegen die kalzitreichen Augithornfelse von Reitendorf (III) gleichwie der kalzitreiche Amphibolhornfels vom Rothenberg (II) in mehr verwandtschaftlicher Beziehung stehen trotz ihrer ungefähr 16 km auseinanderliegenden Fundorte; in ähnlichem chemischen Verwandtschaftsverhältnisse stehen die quarz- und feldspatreichen Augithornfelsen von Reigersdorf (IV) und Neudorf (V).

Überblicken wir diese in dem großen Granitgneismassiv der Kepernikberggruppe und ihrer Ausläufer nach einer NO gestreckten Linie auf ungefähr 30 km Länge verteilten Kalksilikatfelse, so ist vorerst aus den Analysenresultaten zu entnehmen, daß der Gehalt an CaO von 40·18% im Granatwollastonitfels von Blauda (I) bis auf 6·25% in dem Augithornfels von Neudorf abnimmt, parallel damit gehen die Relikte an $CaCO_3$, welche von 27·88% im Gestein (II) bis auf 0·70% im Gestein V herabsinken; das umgekehrte Verhalten zeigt die SiO_2 die in dem Gestein von Blanda von 46·70% bis auf 70·52% in dem Gestein von Neudorf in Zunahme begriffen ist; denselben Weg nimmt die Menge der Al_2O_3, die von 3·25% in dem ersteren Gestein bis auf 13·53% in dem letzteren ansteigt.

Obwohl Prof. G r u b e n m a n n [1]) dem O s a n n schen P r o j e k t i o n s - d r e i e c k auch für die kristallinen Schiefer eine hohe Tauglichkeit beimißt, so kann man das in dieser Allgemeinheit kaum gelten lassen, vielmehr dürfte das gedachte Projektionsschema nur für die eruptiven Glieder dieser Gesteinsklasse mit Vorteil zur Anwendung gelangen, denn nur diese lassen die gleiche Gesetzmäßigkeit ihres chemischen und Mineralbestandes erkennen, welche die eruptiven Massengesteine besitzen. Dagegen eignen sich die sedimentogenen Glieder der kristallinen Schiefer, beziehungsweise die Kontaktgesteine nicht für diese Art der Schematisierung, schon wegen dem raschen Wechsel, welchem sie im Mineralbestande sowie in der chemischen Zusammensetzung unterworfen sind. Es werden derartig Dinge zusammengewürfelt, die gar keinen Zusammenhang besitzen und das Schema verliert jede Bedeutung. Ein Versuch, unsere Kalksilikatfelse in das Dreieck einzutragen, ergab, daß die Projektionspunkte in den III. und IV. Sextanten fallen, dabei eine sehr zerstreut zum Teil gegen den

---

[1]) „Die kristallinen Schiefer", II. Teil, 1907, pag. 12.

f-Pol verrückte Lage zeigen, als Folge ihrer variablen, von dem ursprünglichen Substrat und dem Grade der Kontaktmetamorphose abhängigen chemischen Konstitution. Die Sextanten III und IV enthalten die Analysenorte der Plagioklasgneise G r u b e n m a n n s, welche zumeist metamorphe Eruptivgesteine von dioritischem Typus umfassen, deren gesetzmäßigem Chemismus unsere Kalksilikatfelse nicht entsprechen, denn diese sind durch ihren wesentlich höheren Kalkgehalt, teils durch viel höheren Quarzgehalt von jenem sehr wohl unterschieden. Verf. hat es daher vorgezogen, in der obigen Tabelle die Molekularprozente für alle Stoffe der Analyse zu berechnen und mit Hilfe der letzteren sowie den Ergebnissen der mikroskopisch-optischen Untersuchung die m i n e r a l i s c h e Z u s a m m e n s e t z u n g der einzelnen Typen der Kalksilikatfelse zu berechnen, wodurch ein anschauliches petrographisches Zahlenbild entstanden ist. —

Aus den M i n e r a l p r o z e n t e n geht hervor, daß der G r a n a t - w o l l a s t o n i t f e l s v o n B l a u d a zum größten Teil, das heißt zu $^3/_4$ Teilen aus Wollastonit besteht, während Granat, Augit und Kalzit das letzte Viertel ausmachen, Feldspate gänzlich fehlen, worauf auch der Mangel an Alkalien zweifellos hinweist.

Wesentlich anders geartet ist die weitaus überwiegende Masse der übrigen Kalksilikatfelse, welche sich vorherrschend als a u g i t - r e i c h e, zum Teil a m p h i b o l i t i s c h e Q u a r z f e l d s p a t g e s t e i n e darstellen mit konstant abnehmender Menge an Kalzitrelikten.

Die Menge des O r t h o k l a s und M i k r o k l i n ist in den Gesteinen H und III mit 19·92% gleich hoch und nimmt von da ab, um in dem Gestein IV mit 13·36% das Minimum zu erreichen; dagegen sind die Prozentzahlen für die K a l k n a t r o n f e l d s p a t e wie folgt ansteigend:

Gestein II enthält 15·83% Plagioklas, bestehend aus $Ab\,62\% + An\,38\%$
,, III ,, 21·92% ,, ,, ,, $Ab\,52\% + An\,48\%$
,, IV ,, 22·24% ,, ,, ,, $Ab\,42\% + An\,58\%$
,, V ,, 31·32% ,, ,, ,, $Ab\,40\% + An\,60\%$

Es wäre dies somit eine Reihe z u n e h m e n d e r B a s i z i t ä t des Durchschnitts-Plagioklases, welcher in II und III der A n d e s i n r e i h e, in III und IV der L a b r a d o r i t r e i h e angehören würde.

Die Menge des Q u a r z e s ist größeren Schwankungen unterworfen, sie ist im Gestein III = O und schnellt im Gestein V auf 36·84% empor und weist im Gestein IV die auffallend große Menge von 45·07% auf. Das Verhältnis von $Qu : Or + Ab + An$ ist =

in dem Reigersdorfer Augithornfels 56% : 44%
,, ,, Neudorfer ,, 43·% : 57%

und erweist sich dadurch von g r ö ß e r e r A z i d i t ä t als das n o r m a l - g r a n i t i s c h e E u t e k t i k u m, das beispielsweise im Riesengebirgsgranit von Prof. M i l c h mit 34% : 66% ermittelt wurde.

Von besonderer Wichtigkeit ist die Menge der f a r b i g e n K o m - p o n e n t e n in den Kalksilikatfelsen, zu welchen der weitaus überwiegende d i o p s i d i s c h e A u g i t gehört der aus einer isomorphen Mischung der beiden Silikate $Mg\,Ca\,Si_2\,O_6 + Mg\,Fe_2\,Si\,O_6$ besteht, worin ein Teil der MgO durch FeO vertreten wird. Der Augithornfels von Reitendorf enthält die größte Menge von solchem Augit, und zwar 39.42%, welcher Augitgehalt in dem feldspat- und quarzreichen Kalksilikatfels von Neudorf nur 13.14% und schließlich in dem quarzreichen Reigersdorfer Augithornfels auf 5.66% herabsinkt. Der Durchschnittsgehalt in dem größten Teil der Kalksilikatmassen dürfte nach dem makro- und mikroskopischen Bilde einem Augitgehalt von schätzungsweise 25% entsprechen. In dem Gestein vom Rothenberg II werden die Augite durch A m p h i b o l e vertreten, deren Quantität sehr beträchtlich ist und mit 28.62% berechnet wurde. Der T i t a n i t g e h a l t in unseren Kalksilikatfelsen ist nach Maßgabe der chemischen Analyse viel geringer, als man nach den mikroskopischen Bildern geurteilt erwarten sollte. Es mag dies in den Schwierigkeiten der Bestimmung der Titansäure liegen?

Es darf nicht unerwähnt bleiben, weil für das Verständnis hochwichtig, daß der N e u d o r f e r f e l d s p a t- und q u a r z r e i c h e A u g i t h o r n f e l s innig verknüpft ist durch allmähliche Übergänge mit k a l z i t r e i c h e m A u g i t h o r n f e l s vom Typus des R e i t e n d o r f e r Gesteins (sub III). Dasselbe gilt von dem q u a r z r e i c h e n A u g i t h o r n f e l s von R e i g e r s d o r f, wo am Kopf der Schichtnn dicht unter dem Rasen abwärts, ebenfalls k a l z i t r e i c h e Augit- und Amphibolhornfelse vom Typus III einsetzen, die alsdann zu Z o i s i t p r e h n i t f e l s sowie S k a p o l i t h f e l s umkristallisierten und auf der Bruchsohle gleichwie nach der Tiefe in p e g m a t i t ä h n l i c h e Q u a r z f e l d s p a t g e s t e i n e übergehen sowie auch d e r b e Q u a r z m a s s e n in den Gesteinslagen auf Kosten des Feldspats und Kalzits in Zunahme begriffen sind. Auch die Kalksilikatfelse an der Rauschteß zeigen eine ähnliche Verknüpfung von k a l z i t- und a u g i t r e i c h e n Gesteinen mit q u a r z- und f e l d s p a t r e i c h e n Typen. Umgekehrt fehlen jedoch den Reitendorfer und Rothenberger Kalksilikatmassen quarzreiche Gesteine vom Typus der Neudorfer und Reigersdorfer Kontaktgesteine gänzlich. Die Gesamtheit dieser Erscheinungen ist auf den Einfluß des granitischen Magma und die nach der Tiefe zunehmende Verquarzung, auf dessen Differenzierung zurückzuführen. —

Eine V e r g l e i c h u n g der obigen Mineralprozente in den q u a r z- und f e l d s p a t r e i c h e n, dabei a u g i t a r m e n K a l k s i l i k a t f e l s e n von R e i g e r s d o r f (IV) und N e u d o r f (V) mit gewissen Arten des R i e s e n g e b i r g s g r a n i t, deren nähere Kenntnis uns von Prof. L. M i l c h[1]) nach dessen genauen Untersuchungen vermittelt wurde, er gibt eine merkwürdige Übereinstimmung der wesentlichen Komponenten, wenn wir uns den dunklen Gemengteil Biotit durch Augit ersetzt denken, und zwar ist es speziell der quarzreiche Granit der Höhen westlich Arnsdorf (Analyse 6), der durch große Ähnlichkeit seiner Mineralprozente auffällt und für welchen sich rechnungsmäßig folgende Komponenten ergeben:

---

[1]) Über Spaltungsvorgänge im Granit des Riesengebirges. R o s e n b u s c h - Festschrift 1906, pag. 142, 144 u. 146.

	Quarz	Kalifeldspat	Albit	Anorthit	Biotit	Erz	Sa.
(6)	$41\cdot8\%$	$11\cdot9\%$	$27\cdot9\%$	$10\cdot4\%$	$5\cdot0\%$	$2\cdot5\%$	$99\cdot5\%$

$50\cdot2\%$

Eine angenähert gleiche mineralische Zusammensetzung kommt auch dem plagioklas- und biotitreichen Granit zu, welcher am Wege von Proschwitz nach dem Kaiserstein (Analyse . 7) und am Fuchsberg bei Proschwitz (8) vorkommen und für welche folgende Mineralprozente berechnet wurden und zwar:

	Quarz	Kalifeldspat	Albit	Anorthit	Biotit	Erz	Sa.
(7)	$44\cdot4\%$	$8\cdot8\%$	$12\cdot7\%$	$21\cdot0\%$	$10\cdot4\%$	$3\cdot4\%$	$100\cdot7\%$

$42\cdot5\%$

(8)	$50\cdot6\%$	$9\cdot4\%$	$11\cdot0\%$	$16\cdot9\%$	$7\cdot8\%$	$3\cdot4\%$	$99\cdot1\%$

$37\cdot3\%$

Berücksichtigen wir noch die wichtige Tatsache, daß auch in den kalzitreichen Kalksilikatfelsen (II) und (III) der Gehalt an Kalifeldspat jener Menge gleichwertig ist, die dem Verhältnis des normalen Granits entspricht, so wird damit die Vormacht des granitischen, kalifeldspatreichen Magmas zur völligen Gewißheit erhoben, welch letzterem unsere Kalksilikatmassen unterlegen sind. Ein Vergleich vorliegender Zahlen mit jenen der Tabelle für die Augithornfelse von Reigersdorf (IV) und Neudorf (V) ergibt in der Tat eine wohl nur angenäherte, immerhin merkwürdige Übereinstimmung. —

Genetische Betrachtungen.

Im Allgemeinen fand in unseren Kalksilikatfelsen offenbar eine diffuse Durchtränkung des kalkreichen Kontaktgesteines durch das granitische kalifeldspatreiche Magma statt, wobei sich in den Gesteinen sub (II) und (III) noch bedeutende Reste des ersteren als $Ca\,CO_3$ in Form von Kalzit erhalten haben, dagegen in den Kontaktgesteinen sub (IV) und (V) die Dekarbonation weit fortgeschritten ist, wobei gleichzeitig das granitische Magma fortgesetzte Aufnahme fand, was sich in der Zufuhr großer Mengen von $Si\,O_2$ ausdrückte und sukzessive zur Verdrängung der ursprünglichen Gesteinssubstanz führte. Die Gesteine sub (IV) und (V) repräsentieren das E n d s t a d i u m der granitischen Kontaktmetamorphose, an deren saurem Ende quarzreiche Quarzfeldspatgesteine stehen, wobei feinkörnige granoblastische, porphyroblastische und endlich grobkörnige pegmatitische Strukturen ausgebildet wurden. In den letzteren Gesteinen ist der ursprüngliche stoffliche . Charakter zerstört, sie haben . durch magmatische Zufuhr eine wesentlich andere Zusammensetzung erlangt, der Mineralbestand, welcher den Gesteinscharakter bestimmte, wurde sukzessive von Molekül zu Molekül verdrängt, das heißt durch M e t a s o m a t o s i s dergestalt verändert, daß der ursprüngliche Stoffbestand mit Sicherheit nicht mehr zu ermitteln ist. Solche durch Eruptivkontakt hervorgerufene tiefeingreifende metasomatische Veränderungen des mineralischen Gesteinsbestandes möchte ich unter den Begriff „p n e u m a t o l y t i s c h e K o n t a k t m e t a s o m a t o s e" zusammenfassen. — Die große Empfänglichkeit der Kalksilikatmassen für derlei Kontaktwirkungen ist eine Funktion nicht nur ihres labilen chemischen Bestandes, insbesondere aber ihrer ausgezeichneten Klüftigkeit und der lokal vorkommenden merkwürdigen Foliation.

Der weitgehende petrographische Unterschied in der mineralischen Ausbildung zwischen den kalzit- und augitreichen Kalksilikatgesteinen (II) und (III) einerseits und den feldspat- und quarzreichen Augithornfelsen (IV) und (V) anderseits mag im Wesen durch das Medium ihrer nächsten Umgebung bedingt gewesen sein. Die beiden letzteren, und zwar die R e i g e r s d o r f e r und N e u d o r f e r K a l k s i l i k a t m a s s e n l a g e r n i n m i t t e n d e s G r a n i t g n e i s m a s s i v s, sie erscheinen in dasselbe versenkt und werden von dem Granitgneis ringsumschlossen, so daß die Ursprungsgesteine allseitiger Einwirkung durch das Magma ausgesetzt waren; speziell der Reigersdorfer Kalksilikatfels wird im Liegenden von einem Lagergang von endomorphem Pyroxenaplit begleitet, so wie sich im Liegenden des Neudorfer Kalksilikatlagers ein kleines Massiv von skapolithreichem Aplitgneis ausbreitet. Es sind dies also Gesteine der m a g m a n a h e n Kontaktmetamorphose von größter Intensität. — Dagegen finden sich die Kalksilikatmassen zu R e i t e n d o r f - U l l e r s d o r f dem kontaktmetamorphen G l i m m e r s c h i e f e r eingelagert am R a n d e d e s g r o ß e n K e p e r n i k g n e i s m a s s i v s, werden nicht vom Granitgneis umschlossen, sondern von dessen Spaltungsprodukten, dem Stockpegmatit, begleitet und vom Gangpegmatit durchtrümmert. Ferner ist das mächtige Kalksilikatlager am R o t h e n b e r g in einer ausgedehnten Zone kontaktmetamorphen G l i m m e r s c h i e f e r s, vom Granitgneis weit entfernt gelegen. Beide Vorkommen gehören also zu den m a g m a f e r n e n Kontaktgesteinen, worin die Wirkungen der Kontaktmetamorphose abgeschwächt erscheinen.

Prof. A. B e r g e a t[1]) hat uns kürzlich in einer gediegenen Monographie mit den Kontaktgesteinen und den Kontakterzlagern von Concepcion del Oro bekanntgemacht und hat dabei die dortigen kupferkiesführenden Kontakterzlager sowie die Bleizinklagerstätten als p e r i m a g m a t i s c h e und a p o m a g m a t i s c h e unterschieden. N a c h d e m d i e K o n t a k t e r z l a g e r i h r e r E n t s t e h u n g n a c h d a s s e l b e s i n d w i e d i e K o n t a k t g e s t e i n e, nur daß erstere an Schwer-, beziehungsweise Edelmetallen viel reicher sind, so möchte ich diese Nomenklatur auch auf die Kontaktgesteine übertragen und demzufolge unsere quarzreichen Augithornfelse sub (IV) und (V) als m a g m a -

---

[1]) Der Granodiorit von Concepcion del Oro im Staate Zatatecars (Mexiko) und seine Kontaktbildungen. Neues Jahrb. f. M. G., u. P. Beilagebd. XXVIII, 3. Heft.

nahe oder perimagmatische und die kalzitreichen Augithornfelse sub (II) und (III) als magmaferne oder apomagmatische
klassifizieren.

Stellen wir uns dessenungeachtet mit unserem Altmeister der
Petrographie Prof. H. Rosenbusch[1]) auf den Standpunkt, welcher
zur Voraussetzung hat, daß bei der Kontaktmetamorphose keine
Stoffzufuhr stattgefunden hätte, so zwar, daß die im Sediment
vorhandene Kieselsäure die Kohlensäure ersetzt haben würde, so
könnte man diesem Vorgange entsprechend die folgenden Ursprungsgesteine für unsere Kalksilikatfelse ableiten:

	Blauda (I)	Reitendorf (III)	Neudorf (V)
		Prozent	
$Ca\,CO_3$ ...	73·16	36·96	11·19
$Mg\,CO_3$ ...	2·73	8·23	2·12
$Fe\,CO_3$ ...	10·94	11·37	5·83
Alkalien ..	—	5·80	4·76
Kaolin ...	7·22	20·08	29·52
Quarz....	5·95	11·56	46·58
Summe ...	100·00	100·00	100·00

Vorstehende Prozentzahlen des Ursprungsgesteines unter (I)
würden demzufolge einem eisenschüssigen mergeligen Kalkstein entsprechen, während die Zahlen sub (III) fortschreitend bereits
auf einen eisenschüssigen Kalkmergel mit Tonschiefer-
sediment als Substrat hinweisen würden, und schließlich scheint
das rückberechnete Gestein sub (V) einem Sandmergel mit vorwaltenden Sand und Ton nahezustehen sowie sich derselbe auch gewissen karbonatreichen Grauwacken in der Zusammensetzung auffällig nähert; auch stimmt damit der Taveyanazsandstein (Schweiz)
befriedigend überein[2]).

Daß in unserem Kristallinikum solche Gesteine, die teils zu den
Zementmergeln, teils zu den Grauwacken gebören, nirgends vorkommen,
ist bekannt, und sie waren auch kaum jemals vor der Kontaktmetamorphose dagewesen, denn es ist ganz unmöglich, daß sich nicht
Reste derselben in der Schieferhülle unseres Granitgneismassivs erhalten haben würden. Ferner sind solche sandsteinähnliche Gesteine
für die Kontaktmetamorphose im weit geringeren Maße empfänglich
als es die Kalksteine sind; auch würden dieselben wesentlich andere
Kontaktprodukte, jedenfalls keine Kalksilikatfelse, geliefert haben.
— Dagegen begegnen wir in der Nachbarschaft unserer Kalksilikatfelse da und dort namentlich am Hangenden des Kalksilikatlagers am
Schloßberg bei Ullersdorf einem reinen blaugrauen Kalkstein;
ferner auf dem Zuge der Kalksilikatfelse dem Vorkommen von
Marmor, beziehungsweise kristallinen Kalksteins oberhalb Engelstal.

---

[1]) Studien im Gneisgebiete des Schwarzwaldes. VI. Die Kalksilikatfelse im
Rench- und Kinzigtgneis. Mitt. d. Badischen geol. Landesanstalt. IV. Bd. 1901,
pag. 381.

[2]) Rosenbusch, Elemente der Gesteinslehre, 3. Aufl., pag. 510, Analyse 19.

Wenn auch von den genannten Kalksteinen aus Mangel an Mitteln keine chemischen Analysen vorliegen, so geht doch aus dem Umstand, daß letzterer Kalkstein als Baukalk Verwendung fand, zweifellos hervor, daß er hinreichend rein ist. Diese Kalksteine, beziehungsweise Marmore, wurden von der Kontaktmetamorphose in solch geringem Grade getroffen, daß ihr ursprünglicher Chemismus noch fast vollständig erhalten ist. Wir können daher die Annahme zugrunde legen, ohne von den Tatsachen abzuweichen, daß die Kalksteine im Dache des Kepernikgneismassivs, dieselbe reine Beschaffenheit besaßen wie alle übrigen Kalksteine in der Schieferumwallung unserer großen Granitgneiskuppel, insofern sie von der Kontaktmetamorphose im weit geringeren Grade oder gar nicht berührt wurden. Nichts berechtigt uns zu der Annahme, daß Zementmergel oder gar grauwackenähnliche Gesteine in der Schieferhülle unserer Gneiskuppel eingeschaltet waren. Übrigens würden derlei Gesteine keine Kalksilikatfelse, sondern Biotithornfels, Quarzbiotithornfels oder Quarzmuskovithornfels geliefert haben, wie solche aus dem Schiefermantel der erzgebirgischen Gneiskuppeln, beziehungsweise aus dem Altpaläozoikum am Nordschwarzwälder Granitmassiv seither bekannt geworden sind. —

Es bleibt somit nichts anderes übrig als die Tatsachen so anzuerkennen, wie sie bereits durch die geologische Feldaufnahme sowie durch die mikroskopische Untersuchung festgestellt und damit durch hinreichende Beweise gestützt wurden. Die Kontaktmetamorphose unserer Kalksilikatfelse hat sich unter bedeutender magmatischer Stoffwanderung vollzogen, und zwar wurden zweifellos zugeführt:

Alkalien der Kali- und Kalknatronfeldspate sowie im speziellen Falle der Alkalipyroxene und Alkaliamphibole.

Titansäure als Ilmenit und Titanit, davon die Kalksilikatfelse lokal geradezu eine Unmasse enthalten und schließlich eine übergroße Menge von

Kieselsäure als Quarz infolge Differenzierung des granitischen Magmas.

Gedachte Stoffe waren jedenfalls in diesem Mengenverhältnis in den Ursprungsgesteinen nicht vorhanden, wie wir beispielsweise an dem Blaudaer Granatwollastonitfels sehen, der gänzlich alkalienfrei ist, wie es meistenteils reine Kalksteine sind. Die Stoffwanderung ist längs jener Spalten und Kluftsysteme vor sich gegangen, wie wir sie an den Kalksilikatmassen der zahlreichen großen Steinbrüche zu Blauda[1]), ferner in dem großen Steinbruche zu Reigersdorf[2]) und am Rothenberg (siehe pag. 434) näher kennen gelernt haben, ferner auf jener großartigen Zerklüftung der Reitendorf-Ullersdorfer Kalksilikatmassen, auf denen Turmalinpegmatite emporgedrungen sind (siehe Fig. 2, Taf. XVIII), darauf die Agentien der Feldspat- und Quarzbildung sowie der Biotit- und Titanitbildung vermittels der Diffusion ungehindert zirkulieren konnten und welche nicht nur die Alkalien, sondern auch die Kiesel- und Titänsäure mitbrachten. Die Gesamtheit dieser Erscheinungen der exomorphen Kontaktmetamorphose ent-

---

[1]) L. c. pag. 546 u. 547.
[2]) L. c. pag. 530.

hält einen entschiedenen Hinweis auf die Absorption eines kalifeldspatreichen sowie eines quarzreichen Magmas durch
die Kalksteinmassen, also eine hochgradige Beeinflussung der
letzteren durch das erstere in der pneumatolytischen Periode unseres
Granitgneisstockes.

Entgegengesetzt hat eine Stoffübertragung aus dem Sediment
nach dem Magma, beziehungsweise Resorption von Kalk durch
den Granitgneis und seine Spaltungsgesteine also endogene Kontaktmetamorphose, nur im weit geringeren Maße stattgefunden und beschränkte
sich auf die Ausbildung von Pyroxen und Hornblendeapliten, die unter
den Nebengesteinen der Kalksilikatfelse zu Blauda[1]) und Reigersdorf[2])
geschildert wurden. Eine umfangreichere Beeinflussung durch den
Kalk haben wir oben pag. 420 an den skapolithreichen Aplitgneisen
zu Neudorf konstatiert. —

Gegen die Auffassung, daß bei der Kontaktmetamorphose das
Eruptivgestein nicht durch Stoffabgabe chemisch, sondern physikalisch
dergestalt einwirke, daß nur eine Molekularumlagerung Platz greife,
sind schon früher von Michel-Levy und Lacroix sowie R. Beck
gewichtige Gründe ins Feld geführt worden. Es wird doch allgemein
anerkannt, daß die Ausbildung von Topas-, Turmalin-, Axinit- und
Datolithhornfelsen auf der Abgabe größerer Mengen von Fluor und
Bor seitens der Tiefengesteine beruht, welche an die durchbrochenen
Sedimente, und zwar teils an Tonschiefer, teils an Kalksteine erfolgte,
wobei die Abhängigkeit der Hornfelsbildung von den Gesteinsspalten
und Klüften sinnfällig erscheint, wie wir dies schon früher an unseren
Kontaktgesteinen und später Prof. Bergeat an der Wollastonit-
bildung der Portlandschichten und des Kimmeridge zu Concepcion
erkannt hat. Wenn in diesem Falle die Imprägnierung mit Fluor-
und Borsilikaten sowie Kassiteritbildung möglich war, so ist es unverständlich, warum nicht auch die leicht beweglichen Alkalien in Form
von Alkalisilikaten, dann die großen Mengen an Titansäure in Form
von Titanit, beziehungsweise Ilmenit zugeführt sein sollten? Es ist
klar, daß die chemischen Einwirkungen des Magmas dort der Turma-
linisierung und Topasierung, hier der Feldspatisierung und Sili-
zifikation günstig war. Wenn auch die Exhalationen von Fluor
und Bor sowie von Zinnsäure in die pneumatolytische Periode verlegt
werden, so muß doch dagegen der Einwand erhoben werden, daß auch
die Produkte der sogenannten normalen Kontaktmetamorphose wohl
auch auf dem Wege der Diffusion, also dem Wesen nach durch
pneumatolytische Prozesse zustande kamen. —

Prof. Bergeat hat an den Kontaktgesteinen am Granodiorit
von Concepcion del Oro durch treffliche Beobachtungen im Felde und
in der Grube den wohlbegründeten Nachweis dafür erbracht, daß den
dortigen Kontakterzlagern seitens des Granodiorit vor allem Eisen
nebst Mangan, Tonerde, Kieselsäure, Magnesia, Schwefel und Kupfer
zugeführt wurden, untergeordnet Alkalien, Titan, Zink, Kobalt und
Arsen; es ist dies, wie man sieht, eine ansehnliche Reihe. Dabei

---

[1]) L. c. pag. 555.
[2]) L. c. pag. 539.

gelangt auch dieser Forscher zu der Überzeugung, daß die Kontakt-
erzlagerstätten ihrem Wesen nach dasselbe sind wie die Kontaktgesteine, daher die für die Erzlager behauptete pneumatolytische Entstehungsweise auch für die Kontaktgesteine angenommen werden muß. Zu einem ähnlichen
Forschungsergebnis ist der Verf. bereits früher bezüglich der Kontaktgesteine und der Kontakterzlager in der Umgebung von Mähr.-Schön-
berg gekommen [1]).

Inhaltsverzeichnis.

---

[1]) L. c. pag. 566 u. 570.

Nachtrag: Pag. 380, Zeile 12 von oben bei Blauda wäre noch anzufügen:
L. c. pag. 537 und 553.

Die marine Fauna der Ostrauer Schichten.

Von **R. v. Klebelsberg** in München.

Mit 1 Textfigur und 5 Tafeln (Nr. XIX [I]—XXIII [V]).

Seit S t u r's Zeiten, anfangs der 1870 er Jahre, sammelte sich in dem Museum der k. k. Geologischen Reichsanstalt in Wien marines Fossilmaterial aus dem Ostrauer Steinkohlengebirge (Mähren, Schlesien) an. S t u r hatte die Bergleute auf das wissenschaftliche Interesse und den eventuellen praktischen Wert solcher Funde aufmerksam gemacht und sie zum Sammeln angeregt. Neue größere Kollektionen kamen im Laufe der letzten Jahre dank der Initiative Dr. W. P e t r a- s c h e c k's zustande. Nunmehr schien es an der Zeit, das ziemlich umfangreich gewordene Material einer paläontologischen Bearbeitung zu unterziehen. Durch die freundliche Vermittlung des Herrn Doktor W. P e t r a s c h e c k wurde die Sammlung dem paläontologischen Institut der Universität München zur Bestimmung übergeben und hier von Herrn Professor R o t h p l e t z der Verfasser damit betraut. Beiden Herren sei hierfür wie auch für alle andere, stets freundlichst ge- währte Unterstützung bestens gedankt, in letzterer Richtung auch den Herren Professoren B r o i l i und S t r o m e r v o n R e i c h e n b a c h.

Die nachfolgende Bearbeitung gliedert sich:

I. in einen p a l ä o n t o l o g i s c h e n Teil, der die spezielle Systematik sowie die Alters- und allgemein faunistischen Beziehungen der Fauna behandelt;

II. in einen g e o l o g i s c h e n Teil, das fazielle, stratigraphische, paläogeographische und praktisch-geologische Interesse des Vor- kommens betreffend.

Jahrbuch d. k. k. geol. Reichsanstalt, 1912, 62. Band, 3. Heft. (R. v. Klebelsberg.)

I. Paläontologischer Teil.

Die Fossilien sind eingeschlossen in einen dunkel-, seltener lichtgrauen bis schwarzen tonigen Schiefer von stark splitterigem Bruch; sie kommen darin bald einzeln und zerstreut, bald in Menge vor, mitunter auch ganze Schichtflächen bedeckend. Der äußere Erhaltungszustand ist sehr verschieden; einzelnen vorzüglich, sogar mit Schalenepidermis erhaltenen Exemplaren stehen zahlreiche schlechte, verdrückte und strukturell unkenntliche gegenüber. Ganz allgemein bietet der splitternde Charakter des Gesteins eine Schwierigkeit, indem er einerseits zur Folge hatte, daß die große Menge der Fossilien überhaupt nur fragmentarisch vorliegt, anderseits ihr Herauspräparieren sehr erschwert. Das Schaleninnere der Brachiopoden und Bivalven ist günstigenfalls nur in bezug auf die Schloßapparate erhalten, im übrigen durch die Schlammfüllung zerstört worden. Seltener kommt verkiester Erhaltungszustand vor oder sind die Hohlräume mit Kalkspatkristallen ausgekleidet.

Der Stammanteil des beschriebenen Fossilmaterials befindet sich im Museum der k. k. Geologischen Reichsanstalt in Wien und erliegen die Originalien dort, wenn nichts anderes angegeben ist. Eine Serie Dubletten wurde der Königl. bayrischen paläontologischen Staatssammlung in München überlassen. Eine kleine Kollektion ist im Besitze der k. k. Bergakademie in Leoben, wenige Stücke stammen aus Privatsammlungen.

1. Spezielle Systematik[1]).

Bryozoa.

Fenestellidae King.

Fenestella cf. plebeia M'Coy.

Taf. XIX (I), Fig. 1.

Fenestella plebeia M'Coy 1844, pag. 203, Taf. XXIX, Fig. 3.
       „   „   *M'Coy*, De Koninck 1873, pag. 11, Taf. I, Fig. 3 [2]).

Einige mangels genauerer Kenntnis der anatomischen Details nicht vollkommen sicher bestimmbare, dem äußeren Habitus nach hierhergehörige *Fenestella*-Reste.

Fundort[3]): Unmittelbarer Liegendschiefer einer Kohlenschmitze der Sofienzeche in Poremba bei 135 *m* Tiefe (Querschlag).

---

[1]) Anordnung nach Zittel, Grundzüge, III. Aufl., 1910, die Arten nach der Spezialliteratur.
[2]) Literaturverzeichnis am Schluß.
[3]) Klassifikation der Fundorte und Marinhorizonte im geologischen Teil, pag. 537.

Fenestella plebeia M'Coy ist aus der kalkarmen (Kulm-) Fazies des schottischen (Calciferous Sandstone), französischen (Zentralplateau) und rechtsrheinischen (Königsberg b. Gießen, Hagen i. W.) Unterkarbons bekannt, wurde ferner von R o e m e r (1870) auch aus dem schlesischen Kohlenkalk angegeben, von K o n i n c k (1873) aus den Nötscher Schichten (Karnische Alpen) beschrieben.

Brachiopoda.
Lingulidae King.
Lingula cf. squamiformis Phillips.

Taf. XIX (I), Fig. 2.

Lingula squamiformis Phillips 1836, pag. 221, Taf. XI, Fig. 14.
     „   „   *Phill.*, D a v i d s o n 1861, pag. 205, Taf. XLIX, Fig. 1—10.

Ein durch Deformation unsymmetrisch gewordenes *Lingula-*Exemplar erinnert durch seine große relative Breite bei stumpfgerundetem, verbreitertem Stirn- und wenig verschmälertem Schloßrand mit ziemlicher Bestimmtheit an *L. squamiformis Phill.*; nach der Andeutung der drei schwachen vom Wirbel gegen den Frontalrand hin divergierenden Rücken zu urteilen liegt eine Dorsalschale vor.

F u n d o r t : Unterste, bereits flözleere Schichten des Ostrauer Reviers (Mariner Horizont des rückwärtigen Teiles des Reicheflöz-Erbstollens.

L. squamiformis ist im britischen Unter- und unteren Ober-(Yoredale series, Millstone grit) Karbon verbreitet und wurde dort auch aus den Lower Coal Measures angegeben (E t h e r i d g e 1888).

Lingula mytiloides Sowerby.

Taf. XIX (I), Fig. 3—5.

Lingula mytiloides Sowerby 1813, pag. 55, Taf. XIX, Fig. 1, 2.
     „   „   *Sow.*, D a v i d s o n 1861, pag. 207, Taf. XLVIII, Fig. 29—36.
  „   „   *Sow.*, R o e m e r 1863, pag. 592, Taf. XVI, Fig. 6; 1870, pag. 91.
     „   „   *Sow.*, S t u r 1875, pag. 153; 1877, pag. 326 (432).

Die Art, die hinsichtlich ihrer systematischen Beschaffenheit nach D a v i d s o n (1863, pag. 268) spezifisch übereinstimmt mit der permischen *L. Credneri Gein.*, ist in dem vorliegenden Material in wenigen Stücken vertreten. Ein intaktes, im Umriß elliptisches Exemplar (Taf. XIX, Fig. 5) paßt zwar mit zur Beschreibung D a v i d s o n's, während es in Übereinstimmung mit der bei R o e m e r abgebildeten Form von D a v i d s o n's Figuren durch den relativ spitzen und sich deutlich abhebenden Wirbel abweicht.

F u n d o r t e : Hangendes des Franziskaflözes (Idaschacht bei Hruschau, 129 *m* Teufe; Mariner Horizont V; rückwärtiger flözleerer Teil im Reicheflöz-Erbstollen bei Petřkowitz (Preuß.-Schlesien).

Im oberschlesischen Revier ist *L. mytiloides* nach den Erwähnungen verschiedener bergmännischer Autoren (E b e r t, M i c h a e l) viel verbreiteter und häufiger. Ebenso gilt dies für die Coal Measures Großbritanniens; auch dort tritt *L. mytiloides* ähnlich wie in Oberschlesien oft (vgl. S t o b b s, 1905, pag. 515) in besonderen, rein mariner Formen entbehrenden „Lingula beds" auf, die außerdem nur eventuell noch *Discina nitida Phill.* führen. In solchen Fällen kann man jedenfalls nicht mit Sicherheit von marinen Horizonten sprechen. In anderen Fällen kommt *L. mytiloides* jedoch auch in England mit typisch mariner Fauna' vergesellschaftet im Verbande der Coal Measures vor. Die Art ist ferner angegeben aus dem produktiven linksrheinischen Karbon. Im Donetzrevier wurde die Gattung *Lingula* namentlich aus der mittleren Abteilung des dortigen flözführenden Schichtkomplexes bekannt. Ihre übrige europäische Verbreitung hat *L. mytiloides* vorwiegend in der Kalkfazies des Unterkarbons, ohne sich jedoch, namentlich in England, an dessen Obergrenze zu halten, wie ja schon aus der D a v i d s o n'schen Identifizierung mit *L. Credneri Gein.* hervorgeht.

In den Coal Measures (Lower—Upper) Nordamerikas sind sehr ähnliche, systematisch vielleicht großenteils überhaupt nicht im Range einer Spezies zu trennende *Lingulae* verbreitet. *L. carbonaria Shumard* (S h u m a r d u. S w a l l o w 1858, pag. 215) wurde schon von M e e k und W o r t h e n (1873, pag. 572, Taf. XXV, Fig 2), später auch von G i r t y (1899, Mc. Alester-Coalfield, pag. 575) der *L. mytiloides Sow.* zugesprochen, *L. umbonata* H e r r i c k (1887, pag. 144, Taf. XIV, Fig. 2; vgl. a. W h i t e 1883 Ind., pag. 120, Taf. XXV, Fig. 14) hingegen einerseits mit *L. carbonaria* synonym erklärt (G i r t y 1903, pag. 342; K e y e s 1894, pag. 38, Taf. XXXV, Fig. 4), während anderseits schon R o e m e r (1870, pag. 99) die Wahrscheinlichkeit ihrer Identität mit *L. mytiloides Sow.* betonte. Auch *L. Tighti* H e r r i c k (1887, pag. 43, Taf. IV, Fig. 5) und *L. Melie* H a l l (1864, pag. 24; 1867, pag. 14, Taf. I, Fig. 3, 4; vgl. a. M e e k 1875, pag. 276, Taf. XIV, Fig. 3) stehen sehr nahe. Man ersieht, daß jedenfalls der Formenkreis der *L. mytiloides* auch in der nordamerikanischen produktiven Karbonfazies eine große Rolle spielt.

Discinidae Gray.

Discina (Orbiculoidea d'Orb.) nitida Phillips.

Taf. XIX (I), Fig. 6.

Orbicula nitida Phillips 1836, pag. 221, Taf. IX, Fig. 10—13.
Discina nitida Phill., D a v i d s o n 1861, pag. 197, Taf. XLVIII, Fig. 18—25.
    „   „   *Phill.*, R o e m e r 1863, pag. 592, Taf. XVI, Fig. 7; 1870, pag. 91.
    „   „   *Phill.*, S t u r 1877, pag. 326 (432).

Ein mittelgroßes, schönes, breitovales Exemplar mit fast terminalem Wirbel vertritt den Formtypus der Art, wie ihn Davidson auf Taf. XLVIII, Fig. 22, R o e m e r auf Taf. XVI, Fig. 7 abbildet.

F u n d o r t: Hangendes des Franziskaflözes (Theresienschacht bei Polnisch-Ostrau; Mariner Horizont V).

Von dem durch R o e m e r (l. c.) beschriebenen Vorkommen im oberschlesischen Steinkohlengebirge abgesehen, ist ·*D. nitida* aus der·

produktiven Fazies des linksrheinischen (Aachen) und britannischen (Lower, selten auch Middle Coal Measures) Karbons sowie der unteren Abteilung des Donetzreviers bekannt. Ihre sonstige europäische Verbreitung hat die Art hauptsächlich im unterkarbonen Kohlenkalke, weniger in der Kulmfazies Nordwest- (England z. B.) und Mittel- (Schlesien z. B.) Europas.

Von zahlreichen Autoren wird *D. nitida* ferner aus den nordamerikanischen Coal Measures angegeben (vgl. z. B. Meek und Worthen 1873, pag. 572, Taf. XXV, Fig. 1; White, 1883 Ind., pag. 121, Taf. XXV, Fig. 10; Keyes 1894; Drake 1898), wo sie mit anderen, sehr nahestehenden Spezies (z. B. *D. Missouriensis* Shumard, 1860, pag. 221; von Meek und Worthen a. a. O. mit *D. nitida Phill.* identifiziert) eine weite Verbreitung zu haben scheint.

Aus der Häufigkeit und dem universellen Auftreten von *Lingula mytiloides* und *Discina nitida* in der produktiven Karbonfazies sowie besonders aus dem Umstande, daß sich die beiden Formen in den „Lingula beds" mitunter zu einer ausschließlichen Faunengesellschaft vereinen, für die rein mariner Charakter nicht mehr sichersteht, darf man den Schluß ziehen, daß hier zwei spezifische Organismentypen mariner Einschaltungen des produktiven Karbons vorliegen, wie ja die *Lingulidae* und *Discinidae* überhaupt als Seichtwasserformen gelten.

Craniidae Forbes.

Crania quadrata M'Coy.

Crania quadrata M'Coy 1844, pag. 104, Taf. XX, Fig. 1.
„ „ *M'Coy*, Davidson 1861, pag. 194, Taf. XLVIII, Fig. 1—13.

Zwei kleine Exemplare, deren Erhaltungszustand zu schlecht ist, als daß sie hätten abgebildet werden können.

Fundorte: Poremba II. Flöz (Mariner Horizont II); Hangendes des Franziskaflözes (Idaschacht bei Hruschau, 130 *m* Teufe; Mariner Horizont V).

Die Gattung *Crania* scheint im Verbande der produktiven Karbonschichten selten zu sein. Aus den Coal Measures von Ohio beschrieb Whitfield (1882, pag. 239; 1890, pag. 599, Taf. XV, Fig. 11, 12) eine *C. carbonaria*; ihre Darstellung, besonders die Abbildung, läßt die Frage offen, ob die Ostrauer Form vielleicht damit indentifiziert werden könnte. Eine andere Spezies, *C. modesta*, führen White und St. John (1868) aus den Coal Measures von Jowa an. Im übrigen ist *C. quadrata* ein Fossil des unterkarbonen Kohlenkalkes.

Strophomenidae King.

Orthis (Schizophoria Hall & Clarke) resupinata Martin.

Taf. XIX (I), Fig. 14.

Conchyliolithus anomites resupinatus Martin 1809, Taf. XLIX, Fig. 13, 14.
Orthis resupinata Mart., Davidson 1861, pag. 130, Taf. XXIX, Fig. 1—6; Taf. XXX, Fig. 1—5.

Orthis resupinata Mart., R o e m e r 1863, pag. 591, Taf. XVI, Fig. 4; 1870, pag. 90.
  „   „   *Mart.*, S t u r 1877, pag. 326 (432).

Ein zwar kleines, aber typisches Exemplar aus dem Hangenden des Franziskaflözes (Theresienschacht bei Polnisch-Ostrau; Mariner Horizont V).

O. resupinata hat ihre Hauptverbreitung im Unterkarbon, und zwar vorwiegend im Kohlenkalk (Viséen, Tournaisien; Schlesien), daneben aber auch in den Leña-Schichten, der Calciferous Series und im Kulm (Königsberg bei Gießen, Hagen i. W. z. B.); alpine Fundorte: Nötscher Schichten (Karnische Alpen), Veitsch; selten steigt sie ins untere Oberkarbon auf (Millstone grit, Upper limestone shales). Ihr Vorkommen im Verbande produktiver Schichten ist bekannt aus dem Donetzrevier (untere, mittlere und obere Abteilung), aus Oberschlesien (R o e m e r l. c.), Großbritannien (Lower Coal Measures) und Nordamerika. Aus den Middle und Upper Coal Measures Nordamerikas wird außerdem häufig *O. carbonaria Swallow* (S h u m a r d & S w a l l o w 1858, pag. 218; vgl a. M e e k 1872, pag. 173, Taf. I, Fig. 8; M e e k & W o r t h e n 1873, pag. 569, Taf. XXV, Fig. 4) erwähnt, eine Form, die sich im wesentlichen lediglich durch geringere absolute Größe von der normalen europäischen *O. resupinata* unterscheidet, während die anderen, feineren Differenzen, in der Ausbildung der Wirbel, mehr sekundär sind im Verhältnis zu jener einen. — Von Ostrau führte bereits S t u r (l. c.) die Form an.

Orthothetes (s. str. Schellw.) crenistria Phillips.

Spirifera crenistria Phillips 1836, pag. 316, Taf. IX, Fig. 6.
Streptorhynchus crenistria Phill., D a v i d s o n 1861, pag. 124, Taf. XXVI, Fig. 1;
    Taf. XXVII, Fig. 1—5; Taf. XXX, Fig. 14—16.
Streptorhynchus (Orthis) crenistria Phill., R o e m e r 1863, pag. 592, Taf XVI,
    Fig. 5; 1870, pag. 90, Taf. VIII, Fig. 4, 5.
Orthothetes crenistria Phill., S t u r 1875, pag. 153; 1877, pag. 326 (432).
   „   „   *Phill.*, C r a m e r 1910, pag. 137.

Einige sehr wahrscheinlich hierhergehörige Abdrücke.

F u n d o r t e : Poremba II. Flöz (Sofienschacht; Mariner Horizont II); Hangendes des Franziskaflözes (Idaschacht bei Hruschau, 128—129 *m* Teufe; Mariner Horizont V).

O. crenistria ist bekannt als weitverbreitetes, auch ins untere Oberkarbon aufsteigendes Fossil der Kalk- wie Kulmfazies. Von Kohle führenden Ablagerungen kennt man es aus dem Donetzrevier (mittlere und obere Abteilung), aus den Golonoger Schichten (Russisch-Polen; vgl. R o e m e r 1866, pag. 665, und C r a m e r l. c.), Oberschlesien (R o e m e r l. c.), dem linksrheinischen Gebiete (Aachen), Großbritannien (Lower Coal Measures) und Nordamerika; von Ostrau erwähnte bereits S t u r (l. c.) *O. crenistria*.

Von der marinen Fauna der nordamerikanischen Coal Measures figuriert überdies unter dem Namen *Hemipronites (Derbya, Orthisina) crassus* (die übrige Synonymik vgl. bei G i r t y, Colorado, pag. 347) manches, was von *Orthothetes crenistria*, soweit sich jene Bestimmungen wie in der Mehrzahl der Fälle auf das Exterieur gründeten, nicht zu trennen ist. Schon M e e k (1872, pag. 174, *Hemipronites crassus*, Taf. V, Fig. 10; Taf. VIII, Fig. 1) betonte, daß er die Form ursprünglich nur als eine Varietät von *Hemipronites (Orthothetes) crenistria* aufgefaßt habe, bis ihn D a v i d s o n belehrte, daß sich die nordamerikanischen Formen durch das stark ausgeprägte Medianseptum in der Ventralschale von *Orthothetes crenistria* unterscheiden.

Bei der Bestimmung ähnlicher schlechter Skulpturfragmente ist übrigens Vorsicht geboten von wegen der Ähnlichkeit mit einzelnen *Aviculopecten*-Spezies, insbesondere dem aus kohleführenden Schichten längst bekannten *A. (Pterinopecten) papyraceus Sow.*

Productidae Gray.

Chonetes Buchiana De Koninck.

Taf. XIX (I), Fig. 16, 17.

Chonetes Buchiana De Koninck 1843, pag. 218, Taf. XIII, Fig. 1.
„   „   *Kon.*, D a v i d s o n 1861, pag. 184, Taf. XLVII, Fig. 1—7, 28; Taf. LV, Fig. 12.

Diese charakteristische Form liegt in mehreren typischen, wenngleich sehr kleinen Exemplaren vor.

F u n d o r t e : Liegendes des Prokopflözes (Sofienzeche, Poremba; Mariner Horizont I); Hangendes des Franziskaflözes (Salomonschacht bei Mährisch-Ostrau; Mariner Horizont V); rückwärtiger, flözleerer Teil im Reicheflöz-Erbstollen bei Petřkowitz (Preußisch-Schlesien).

Ch. Buchiana ist im belgischen (Viséen) und englischen Kohlenkalk zu Hause. wurde ferner gefunden im Kulm von Königsberg bei Gießen und Hagen i. W. und in den Nötscher Schichten der Karnischen Alpen, nicht aber erscheint die Art bisher angegeben aus dem produktiven Karbon. Daten über ihr Aufsteigen ins Oberkarbon sind selten, eine Form „cf. *Chonetes Buchiana*" erwähnt z. B. L o c z y aus oberkarbonen Schichten Chinas.

Chonetes Hardrensis Phil'ips.

Taf. XIX (I), Fig. 18—20.

Chonetes Hardrensis Phillips 1841, pag. 138, Taf. LX, Fig. 104.
„   „   *Phill*, D a v i d s o n 1861, pag. 186, Taf. XLVII, Fig. 12—25; vgl. auch 1880, pag. 312, Taf. XXXIV, Fig. 18.
Chonetes Hardrensis Phill., R o e m e r 1870, pag. 90, Taf. VII, Fig. 8, Taf. VIII, Fig. 6, 7.
Chonetes Hardrensis Phill, S t u r 1875, pag. 153; 1877, pag. 326 (432).
„   „   *Phill.*, C r a m e r 1910, pag. 134.

Die vorliegenden Formen entsprechen in den Relationen dem Typus der Art im Sinne D a v i d s o n's (1861), wie ihn etwa am besten dessen Figuren 12 und 13 und bei geringerer absoluter Größe Fig. 22 vorstellen; nur sind die Ostrauer Exemplare ausnehmend klein. Die Menge mehr weniger ähnlicher Formen, die D a v i d s o n (1861) als Varietäten *Ch. Hardrensis* unterordnet, wurden bekanntlich

vielfach, später (1880) z. T. auch von D a v i d s o n selbst, als selbständige Spezies aufgefaßt. Die davon besonders häufig zitierte
Ch. Laguessiana De Koninck (1847, pag. 198, Taf. XX, Fig.
6) ist vorwiegend nur durch die Querverlängerung der Form charakterisiert[1])
und liegen derlei Formen aus Ostrau nicht vor. An die Form
Ch. variolata (*D'Orbigny*) *De Koninck* (1843, pag. 206, Taf. XIX,
Fig. 5, Taf. XX, Fig. 2), die spezifisch wohl sicher mit *Ch. Hardrensis*
zusammengehört, erinnert bei den Ostrauer Exemplaren die bisweilen etwas vorgewölbte Wirbelpartie.

F u n d o r t: Zahlreiche, durchaus sehr kleine Exemplare aus dem
Hangenden des Franziskaflözes (Idaschacht bei Hruschau, 120—121
und 128—129 *m* Teufe; Mariner Horizont V).

Ch. Hardrensis (sensu amplo) ist im europäischen Unterkarbon,
Kohlenkalk wie Kulm, allgemein verbreitet und wurde auch aus dem
unteren Oberkarbon (Millstone grit, Yoredale series z. B.) bekannt.
Im Verbande produktiver Fazies tritt die Art außer Ostrau, von wo
sie schon S t u r (l. ·c.) erwähnte, auf im Donetzrevier (untere und
obere Abteilung), in Russisch-Polen (Golonog; vgl. R o e m e r 1866,
pag. 665, und C r a m e r l. c.) und Oberschlesien (R o e m e r l. c.),
in Belgien (Mons z.. B.) und Großbritannien (Lower Coal Measures).
Sie gehört zu den wenigen einigermaßen häufig auftretenden Brachiopoden
flözführender Ablagerungen. — Die in den nordamerikanischen Coal
Measures (Lower und Upper) weitverbreitete Art *Ch. Flemingii
Norwood & Pratten* (1855, pag. 26, Taf. II, Fig 5; G i r t y,
Colorado, pag. 352, Taf. I, Fig. 17, 18) ist — namentlich schlecht
erhaltenen — *Hardrensis*-Exemplaren sehr ähnlich, unterscheidet
sich aber immerhin durch die starke Wölbung und leichte mediane
Einmuldung der Ventralschale, womit Hand in Hand ein starkes
Hervortreten der Wirbelregion geht; im übrigen fehlen *Ch. Flemingii*
die Stacheln des Schloßrandes.

Productus Sowerby.

Die Gattung *Productus* ist in dem vorliegenden Fossilmaterial
durch eine Reihe von Spezies vertreten, jede derselben aber nur durch
sehr wenige (1 bis ein paar) und meist kleine, schlecht erhaltene Stücke
repräsentiert, wobei Dorsal- und Ventralschalen immer isoliert
vorkommen. Im Sinne der K o n i n c k'schen Klassifikation ordnen sich
die Ostrauer Spezies in die Sektionen der *Semireticulati* (*P. semireticulatus
Mart.*, *P. longispinus Sow.*, *P. cf. costatus Sow.*), *Spinosi* (*P. scabriculus
Mart.*, *P. spinulosus Sow.*), *Fimbriati* (*P. cf. punctatus Mart.*, *P.
pustulosus Phill.*) und *Caperati* (*P: aculeatus Mart.*). Keiner der
vertretenen Arten kommt nach den neueren Kenntnissen eine engere
stratigraphische, etwa ausschließlich unterkarbonische Kompetenz oder
irgendwelche Fazieskonstanz zu. — Nur wenige der Exemplare
gestatteten ihre Abbildung.

---

[1]) Die ursprüngliche Auffassung (1861) D a v i d s o n's scheint daher der
späteren (1880) vorzuziehen zu sein.

Productus semireticulatus Martin.

Taf. XIX (J), Fig. 7.

Anomites semireticulatus Martin 1809, Taf. XXXII, Fig. 1, 2, Taf. XXXIII, Fig. 4.
Productus   „   Mart., Davidson 1861, pag. 149, Taf. XLIII, Fig. 1—11;
    Taf. XLIV, Fig. 1—4.
Productus semireticulatus Mart. var. (?), Roemer 1863, pag. 590, Taf. XVI, Fig. 2;
    1870, pag. 90.
Productus semireticulatus Mart., Stur 1877, pag. 326 (432).
    „   „   *Mart.,* Cramer 1910, pag. 138.

Es liegt die gut erhaltene retikulierte Wirbelpartie einer kleinen Ventralschale vor.

Fundort: Hangendes des Franziskaflözes (Idaschacht bei Hruschau, 128·5 m Teufe; Mariner Horizont V).

Die Art findet zahlreiche Erwähnung aus den britischen (Lower) und nordamerikanischen (Lower—Upper, z. B. Indiana, White 1883, pag. 125, Taf. XXIV, Fig. 1—3; White County, Smith 1896; M'Alester Coalfield, Girty 1899) Coal Measures. Dem Vorkommen im mährischen und oberschlesischen (Roemer l. c.) Revier am nächsten liegen jene im schlesischen Kohlenkalk (Semenow), in Oberungarn (Frech 1906), in den Golonoger Schichten Russisch-Polens (Cramer l. c.) und in dem flözführenden Schichtkomplex am Donetz (untere, mittlere und obere Abteilung).

Productus cf. costatus Sowerby.

Producta costata Sowerby 1827, pag. 115, Taf. DLX, Fig. 1.
Productus costatus Sow., Davidson 1861, pag. 152, Taf. XXXII, Fig. 2—9.

Ein schlecht erhaltenes Exemplar einer Ventralschale vom äußeren Formtypus des *P. costatus Sow.* zeigt auf dem weitaus größeren Teile der Klappe die charakteristische grobe Längsberippung der Art und läßt auch die gegen den Wirbel hin durch Auftreten konzentrischer Wülste vorherrschend werdende retikulierte Skulptur noch erkennen; dann aber folgen in der unmittelbaren Wirbelpartie, ähnlich wie etwa bei *P. plicatilis J. Sow.,* mehrere einfach erscheinende konzentrische Wülste, die gegen die Bestimmung als *P. costatus* sprechen würden, wenn der Erhaltungszustand ein verläßlicher wäre. Auch die sichere Unterscheidung von oberkarbonischen Angehörigen der *P. costatus*-Gruppe ist nicht möglich.

Fundort: Hangendes des Franziskaflözes (Theresienschacht bei Polnisch-Ostrau; Mariner Horizont V).

P. costatus oder wenigstens Vertreter seines engeren Formenkreises werden verschiedentlich aus den nordamerikanischen Coal Measures (Lower—Upper) erwähnt, z. B. von White (1883, pag. 124, Taf. XXIV, Fig. 4—6; Taf. XXV, Fig. 3—5) für Indiana.

Productus longispinus Sowerby.

Taf. XIX (I), Fig. 10—12.

Productus longispinus Sowerby 1814, pag. 154, Taf. LXVIII, Fig. 1.
    „   „   *. Sow.,* Davidson 1861, pag. 154, Taf. XXXV, Fig. 5—17.

Productus longispinus Sow., R o e m e r 1863, pag. 589, Taf. XVI, Fig. 1; 1870,
    pag. 89, Taf. VIII, Fig. 2, 3.
Productus longispinus Sow., S t u r 1875, pag. 154; 1877, pag. 326 (432).

Es liegen mehrere fragmentarische Stücke vor, die außerdem
an sich meist noch schlecht erhalten sind, immerhin aber die grobe
Bestimmung als *P. longispinus* gestatten. Dadurch, daß bei den
Ventralschalenresten die Skulptur mitunter *P. scabriculus*-ähnlich wird,
ergeben sich zum Teil Anklänge an Formen wie F r e c h's *P. Rad-
deanus* (F r e c h und A r t h a b e r 1900, pag. 199, Taf. XVI, Fig. 2).

F u n d o r t e : Hangendes des Franziskaflözes (Idaschacht bei
Hruschau, 128—129 *m* Teufe; Mariner Horizont V). Poremba II. Flöz
(Sofienschacht; Mariner Horizont II). Peterswald.

P. longispinus, von Ostrau und Oberschlesien schon durch S t u r
(l. c.), bzw. R o e m e r (l. c.) angegeben, ist auch bekannt aus der
unteren und mittleren Abteilung am Donetz, ferner aus den nordamerikanischen Steinkohlenrevieren, z. B. den Lower und Upper
Coal Measures von Illinois (M e e k und W o r t h e n 18*l*3, pag. 569,
Taf. XXV, Fig. 10), Indiana (W h i t e 1883, pag. 127, Taf. XXIV,
Fig. 10, 11; D r a k e 1898, pag 392) und Ohio (H e r r i c k 1887,
pag. 48, Taf. II, Fig. 25—28).

Productus aculeatus Martin.

Taf. XIX (I), Fig. 8, 9.

Anomites aculeatus Martin 1809, pag. 8, Taf. XXXVII, Fig. 9, 10.
Productus aculeatus Mart., D a v i d s o n 1861, pag. 166, Taf. XXXIII, Fig. 16—20.

Diese durch die ontogenetische Skulpturentwicklung und die
mäßige Wölbung der Ventralschale charakterisierte Form ist in vier
ventralen Resten vertreten. Die Skulptur der Schale besteht anfangs
aus konzentrischen Anwachslinien, -streifen oder -rippen, in einiger
Entfernung vom Wirbel, bald früher, bald später, treten unregelmäßig
verteilte, in der Radialrichtung meist etwas verlängerte Höcker auf,
die sich dann rasch zu dichtgedrängten, jedoch ziemlich groben
Rippen schließen, wobei ab und zu konzentrische Wülste oder
Wellungen wiederkehren.

F u n d o r t : Hangendes des Franziskaflözes (Theresienschacht
bei Polnisch-Ostrau; Mariner Horizont V).

P. aculeatus wurde auch in der oberen Abteilung des Donetzreviers gefunden.

Productus pustulosus Phillips.

Producta pustulosa Phillips 1836, pag. 216, Taf. VII, Fig. 15.
Productus pustulosus Phill., D a v i d s o n 1861, pag. 168, Taf. XLI, Fig. 1—6;
    Taf. XLII, Fig. 1—4.
Productus pustulosus Phill., R o e m e r 1863, pag. 591, Taf. XVI, Fig. 3; 1870,
    pag. 90, Taf. VIII, Fig. 1.
Productus pustulosus Phill., S t u r 1877, pag. 326 (432).

Ein zwar sehr schlechter, aber doch die charakteristische Skulptur
mit Sicherheit erkennen lassender Abdruck und ein ebensolches
Bruchstück.

Fundorte: Hangendes des Franziskaflözes (Idaschacht bei Hruschau, 128—129 *m* Teufe; Mariner Horizont V). Poremba, II. Flöz (Sofienschacht; Mariner Horizont II).

P. pustulosus, aus Oberschlesien schon von Roemer (l. c.) und Stur (l. c.) erwähnt, wird auch für die untere Abteilung am Donetz angegeben.

Productus scabriculus Martin.

Taf. XIX (1), Fig. 13.

Anomites scabriculus Martin 1809, pag. 8, Taf. XXXVI, Fig. 5.
Productus scobriculus Mart., Davidson 1861, pag. 169, Taf. XLII, Fig. 5—8.

Eine typische Ventralschale aus dem Hangenden des Franziskaflözes (Idaschacht bei Hruschau, 129 *m* Teufe; Mariner Horizont V).

P. scabriculus ist im Donetzschichtenkomplex vertikal sehr verbreitet (untere, mittlere und obere Abteilung), ferner auch aus den britischen Lower bis Middle Coal Measures bekannt. Frech gibt die Art aus dem marinen Unterkarbon der Dobschau (innerer Gürtel der Karpathen, Oberungarn) an.

Productus cf. punctatus Martin.

Anomites punctatus Martin 1809, Taf. XXXVII, Fig. 6.
Productus punctatus Mart., Davidson 1861, pag. 172, Taf. XLIV, Fig. 9—16.

Daran erinnert eine schlecht erhaltene Dorsalklappe aus dem rückwärtigen, flözleeren Teil des Reicheflöz-Erbstollens.

P. punctatus ist eine häufige Form des Donetzreviers (untere, mittlere und obere Abteilung), ferner weitverbreitet in den nordamerikanischen Coal Measures (Lower und Upper; vgl. z. B. Meek & Worthen 1873, pag. 569, Taf. XXV, Fig. 13, Illinois; White 1883, pag. 124, Taf. XXVII, Fig. 1—3, und Drake 1898, pag. 394, Indiana; Herrick 1887, pag. 48, Taf. II, Fig. 29, Ohio). Frech gibt sie aus dem marinen Karbon Oberungarns an.

Productus spinulosus Sowerby.

Productus spinulosus Sowerby 1814, pag. 155, Taf. LXVIII, Fig. 3.
„   „   *Sow.*, Davidson 1861, pag. 175, Taf. XXXIV, Fig. 18—21.
(Non *Productus spinulosus De Koninck* 1847, pag. 103, Taf. XI, Fig. 2.)

Davidson unterscheidet im Genaueren zwei Formen, *P. spinulosus s. str.* (Tuberkeln im Quincunx) und *P. granulosus* (Phillips; Tuberkeln weniger regelmäßig angeordnet), wovon die letztere in einem Bruchstück vertreten ist.

Fundort: Hangendes des Franziskaflözes (Idaschacht bei Hruschau, 120—121 *m* Teufe; Mariner Horizont V).

P. spinulosus kommt auch in der mittleren Abteilung am Donetz vor.

Spiriferidae King.

„Spirifer glaber Martin."

Conchyliolithus anomites glaber Martin 1809, Taf. XLVIII, Fig. 9, 10.

Spirifera glabra Mart., Davidson 1859, pag. 59, Taf. XI, Fig. 1—9; Taf. XII, Fig. 1—5, 11, 12.

Spirifer glaber Mart., Stur 1875, pag. 154; 1877, pag. 326 (432).

Eine Reihe schlecht oder fragmentarisch erhaltener, unbestimmbarer Spiriferiden, die man gewohnheitsgemäß „Sp. glaber" benennen könnte. Daß indes dieser Name überhaupt nur eine sehr vage Begriffsbestimmung ist, hat Buckman (1908) dargetan, indem er zeigte, daß die mehr weniger glatte Schalenoberfläche vielfach nur einem mangelhaften Erhaltungszustand entspricht und als solcher bei sehr verschiedenartigen, berippten Spiriferiden vorkommen kann.

Fundorte: Liegendes des Prokopflözes (Sofienzeche bei Poremba; Mariner Horizont I). Hangendes des Barbaraflözes (Dreifaltigkeitsschacht bei Polnisch-Ostrau; Mariner Horizont III). Liegendes des Ferdinandflözes (Eugenschacht bei Peterswald; Mariner Horizont III.) Hangendes des Franziskaflözes (Idaschacht bei Hruschau, 120—121, 130 m Teufe; Mariner Horizont V).

Hierunter befinden sich die Spiriferidenreste, die Stur (l. c.) unter „Sp. glaber" verstand.

Rhynchonellidae Gray.

Rhynchonella pugnus Martin.

Conchyliolithus Anomites Pugnus Martin 1809, Taf. XXII, Fig. 4, 5.

Rhynchonella pugnus Mart., Davidson 1861, pag. 97, Taf. XXII, Fig 1—15.

Diese charakteristische Art liegt in einem Exemplar vor aus dem Liegenden des Prokopflözes (Sofienzeche bei Poremba; Mariner Horizont I).

Rh. pugnus ist ein bekannter Vertreter des europäischen Kohlenkalks (u. a. auch Schlesiens), weniger häufig hingegen im Kulm (Hagen i. W. z. B.). Im Donetzrevier kommt sie in der unteren Abteilung des kohleführenden Schichtkomplexes vor. In den nordamerikanischen Coal Measures (Lower und Upper) besitzt eine verwandte Spezies große Verbreitung, Rh. (Pugnax) Utah Marcou (1858, pag. 51, Taf. VI, Fig. 12); dieselbe unterscheidet sich nach der Fassung einzelner Autoren (z. B. Girty 1903, pag. 412, Taf. VII, Fig. 14) nur wenig durch etwas prononziertere Sinuosität der Ventralschale neben flacherer und kleinerer Form, während in der Darstellung anderer (z. B. Keyes 1894, pag. 103, Taf. XLI, Fig. 7; White 1883 Ind., pag. 132, Taf. XXV, Fig. 6) vor allem der spitze und sich stark abhebende Wirbel der Ventralschale auffällt und die ganze Form sichtlich stärker abweicht.

Rhynchonella (Terebratuloidea Waag.) pleurodon Phillips.

Taf. XIX (I), Fig. 21, 22.

Rhynchonella pleurodon Phillips 1836, pag. 222, Taf. XII, Fig. 25—30.

„   „   *Phill.*, Davidson 1861, pag. 101, Taf. XXIII, Fig. 1—22.

„   „   *Phill.*, Stur 1875, pag. 154; 1877, pag. 326 (432).

Diese im Sinne Davidson's wie Koninck's (1887, pag. 51,
Taf. XV, Fig. 1—23) sehr vielgestaltige Art 'liegt in zwei Formen
vor, deren eine häufigere (Taf. XIX, Fig. 21 u. 22) dem Typus der Art
entspricht (Dav., Taf. XXIII, Fig. 10), während die andere, nur in
einem Exemplar vertretene Form·zur kleinen, globosen var. *Davreuxiana
Koninck* (Dav., pag. 104, Taf. XXIII, Fig. 18—20) stimmt.
Koninck (l. c.) versuchte noch weiterhin, die Kollektivtype
Rh. pleurodon aufzuteilen und zwei Formen davon abzutrennen; allein
die Unterschiede zwischen seiner *Rh. pleurodon s. str.* einerseits,
Rh. laeta und *Rh. multirugata* anderseits sind sehr unsicher (vgl. z. B.
die Maßverhältnisse $1 : b : d = 100 : 144 : 81$ bei *Rh. pleurodon*,
$100 : 131 : 61$ bei *Rh. multirugata* mit den Abbildungen Taf. XV,
Fig. 15 und 76!). *Rh. laeta* läßt sich noch am ehesten als schmälere
und dickere Form absondern.

Fundorte: Poremba, II. Flöz (Mariner Horizont II). First des
Barbaraflözes (Hermengildeschacht bei Polnisch-Ostrau; Mariner
Horizont III). Hangendes des Franziskaflözes (Idaschacht bei Hruschau,
120—121, 128—130 m Teufe; Mariner Horizont V). Rückwärtiger,
flözleerer Teil im Reicheflöz-Erbstollen bei Petřkowitz (Preußisch-
Schlesien). Scharfschacht in Schönbrunn. Römergraben bei Rybnik.

Nach Koninck sollte *Rh. pleurodon* ausschließlich auf die Ober-
stufe (Viséen) des unterkarbonen Kohlenkalks beschränkt sein. Hatte
schon früher namentlich Davidson angenommen, daß die Form bereits im Oberdevon auftrete und auch im tieferen Unterkarbon nicht
fehle, so darf man heute Koninck's Grenze auch nach oben hin
kaum mehr gelten lassen. Ein besonderer stratigraphischer Wert
dürfte *Rh. pleurodon* überhaupt nicht zukommen; denn bei ihrer
Variationsweite werden ihre einzelne· aus oberkarbonischen und
permischen Schichten beschriebene Spezies so ähnlich, daß eine entschiedene systematische Auseinanderhaltung in einzelnen Fällen sehr
schwierig ist; z. B. gegenüber *Rh. Sosiensis Gemmellaro* (1899,
pag. 253, Taf. XXVI, Fig. 26—31) aus dem sizilischen Fusulinenkalk
oder *Rh. Wynnei Waagen* (1887, pag. 432, Taf. XXXIV, Fig 4) aus
dem Productuskalk der Salt-Range, welche Arten Schellwien
(1900, Trogkofel, pag. 94, 95, Taf. XIV, Fig. 11—15) auch dementsprechend mit *Rh. pleurodon* in eine Gruppe stellte. Anderweitige
Vorkommen von *Rh. pleurodon* im Verbande der produktiven Fazies
sind aus dem Donetzrevier (untere Abteilung) und Großbritannien
(Lower Coal Measures) bekannt. Die Ostrauer Funde erwähnte schon
Stur (l. c.).

Terebratulidae King.

Terebratula spec.

Wegen schlechten Erhaltungszustandes nicht näher bestimmbar, der schmalovalen Gestalt nach am ehesten mit *T. hastata Sow.* vergleichbar.

F u n d o r t: Hangendes des Franziskaflözes (Theresienschacht bei Polnisch-Ostrau; Mariner Horizont V).

Lamellibranchiata.

Aviculidae Lamarck.

Actinopteria fluctuosa Etheridge.

Pteronites fluctuosus Etheridge 1873, pag. 345, Taf. XII, Fig. 1.
Actinopteria fluctuosa Eth., H i n d 1901, pag. 25, Taf. V, Fig. 8—12.

Von dieser charakteristischen Art liegt ein Exemplar vor, das völlig zur H i n d'schen Beschreibung und Abbildung paßt. Die ausgesprochen nicht terminale Lage des Wirbels sowie die deutliche Ausbildung konzentrischer Rippen liefern verläßliche Unterscheidungsmerkmale gegenüber *A. persulcata M'Coy*, während bei der skulpturell ähnlichen *Leiopteria obtusa M'Coy* abgesehen von der geringeren absoluten Größe sogleich die kürzere Schloßlinie, geringere Querverlängerung und die Lage des Wirbels zwischen Mitte und Ende des Oberrandes als abweichend auffallen.

F u n d o r t: Poremba, II. Flöz (Mariner Horizont II); ein schlechteres Exemplar stammt aus Peterswald.

A. fluctuosa ist bislang nur aus dem britischen Kohlenkalk bekannt gewesen.

Posidonomya Bronn.

Zusammen mit *Posidoniellen* oder ähnlich wie diese erfüllen oft kleine *Posidonomya*-Individuen in großer Zahl das Gestein. Bei dem schlechten, verdrückten Erhaltungszustand sind sie mitunter oft schon generisch schwierig von ersteren zu trennen, wie dies H i n d (1901, pag. 31) ganz übereinstimmend von englischen Vorkommnissen bemerkt. Dementsprechend ist eine sichere Artbestimmung erst recht schwierig, in vielen Fällen unmöglich, und nur dem äußeren Habitus nach läßt sich das Gros der kleinen Exemplare kollektivisch dem Typus *P. corrugita Eth.* zuweisen. Vereinzelte andere Stücke zeigen Anklänge an *P. membranacea M'Coy*, eines steht *P. Becheri Bronn* am nächsten. Vertreten ist ferner, was H i n d unter seiner *P. radiata* verstand.

Posidonomya cf. Becheri Bronn.

Posidonomya Becheri Bronn 1828, pag. 262, Taf. II, Fig. 1—4.

    „   „   *Bronn,* Hind 1901, pag. 27, Taf. VI, Fig. 11—15.

    „   „   *Bronn s. str.,* Frech 1905 Centralbl., pag. 193; Z. D. G. G.,
pag. 272.

Zum Vergleich mit dem vorliegenden, mangelhaft erhaltenen
Exemplar kommt die typische, relativ große und grobrippige Form,
Frech's *P. Becheri s. str.,* in Betracht.

Fundort: Polnisch-Ostrau, 100 *m* unter dem Adolfflöz (Mariner
Horizont IV).

Nachdem der Nachweis des Vorkommens auch der typischen
P. Becheri im Verbande produktiver Karbonschichten für Oberschlesien,
Polen, Westfalen und Irland, auch angesichts der Einwände Michael's
(1905), durch Frech (1905 l. c.), Holzapfel (1899) und Koenen
(1865, 1905) als erbracht angesehen werden kann — unabhängig
davon erscheint *P. Becheri s. str.* schon bei Etheridge 1888 für die
britischen Lower Coal Measures angegeben — hat der Fund dieser
Muschel in den Ostrauer Schichten weder etwas Überraschendes an
sich noch für die Altersbestimmung eine besondere Bedeutung. Er ist
nur insofern bemerkenswert, als er gewissermaßen ein Postulat
Michael's (1905, pag. 227) erfüllt, indem das Exemplar aus einem
der tieferen Marinhorizonte der Ostrauer Schichten stammt, also
stratigraphisch zwischen dem Vorkommen von *P. Becheri* in den
liegenden mährisch-schlesischen Kulmschiefern und jenem in der
Sattelflözregion von Königshütte vermittelt.

Posidonomya corrugata Etheridge.

Taf. XIX (I), Fig. 23—27.

Posidonomya corrugata Etheridge 1874, pag. 304, Taf. XIII, Fig. 4—6.

    „   „   *Eth.,* Hind 1901, pag. 30, Taf. VI, Fig. 1—5.

Die vorliegenden Exemplare stimmen, soviel sie überhaupt
erkennen lassen, gut zur Hind'schen Darstellung, welche derjenigen
Etheridge's im wesentlichen folgt, nur auffallend kleinere Individuen zur Vorlage nimmt. Das charakteristische kleine Vorderohr
ist allerdings nur ganz vereinzelt wahrzunehmen, was indes bei dem
mangelhaften Erhaltungszustand nicht befremden kann. Der Umriß
ist unregelmäßig gerundet oder subquadratisch, die Skulptur besteht
aus ungleichmäßigen, konzentrischen Runzeln und Rippen, die bisweilen
von einer leicht angedeuteten radialen Streifung gekreuzt werden.
Diese Beschaffenheit erinnert stark an die Daten, welche Frech (1905)
von seiner „*P. Becheri Bronn. mut.*" aus der oberschlesischen Sattel-
flözzone gibt. Frech identifiziert letztere Form mit *P. membranacea*
M'Coy (1844, pag. 78, Taf .XIII, Fig. 14) = *P. constricta De Koninck*
(1885, pag. 182, Taf. XXXI, Fig. 19, 20) und betrachtet *P. membranacea*
als „feinrippige Varietät" von *P. Becheri Bronn.* (Baily 1875 setzte
beide Arten überhaupt synonym). Unbeschadet dieser Auffassung entspricht die Mehrzahl der aus den Ostrauer Schichten vorliegenden

kleinen Posidonien im Sinne der Hind'schen Klassifikation jedenfalls
am besten der (von Frech nicht in Erwägung gezogenen) *P. corrugata*. An *P. membranacea M'Coy* (vgl. Hind 1901, pag. 33, Taf. V,
Fig. 18—23) hingegen zeigen nur vereinzelte Stücke Anklang, ohne
daß darauf bei der Mangelhaftigkeit des Materials eine fixe Bestimmung begründet werden könnte.

Fundorte: Hangendes des Franziskaflözes (Idaschacht bei
Hruschau, 110, 117—121, 129 *m* Teufe; Theresienschacht bei Polnisch-
Ostrau; Mariner Horizont V).

Die Etheridge'schen und Hind'schen Originale stammen aus
dem britischen Kohlenkalk; im übrigen wurde der Name *P. corrugata*
auch angewandt für Funde im Kulm von Hagen i. W.

Posidonomya radiata Hind.

Taf. XIX (I), Fig. 28, 29.

Posidonomya radiata Hind 1901, pag. 31, Taf. VI, Fig. 6—9.

Die Übereinstimmung mit den Angaben Hind's ist eine vollständige: Schale schief gerundet, sanft gewölbt, mit flachen stumpfen
Wirbeln, rückwärts rasch zu einem schmalen Saum verflacht, Skulptur
aus undeutlichen konzentrischen Elementen und von vorn nach hinten
an Schärfe gewinnenden Radialrippen bestehend. Die generische Zugehörigkeit zu *Posidonomya* freilich konnte Hind selbst nicht mit voller
Sicherheit behaupten.

Fundort: Peterswald.

Hind's Exemplare stammen aus dem britischen Unterkarbon.

Aviculopecten spec. aus der Gruppe des *A. Knockonniensis M'Coy*.

Taf. XX (II), Fig. 4.

Aviculopecten Knockonniensis M'Coy 1844, pag. 95, Taf. XVII, Fig 4.
         „   „   *M'Coy*, Hind 1903 Monogr., pag. 84, Taf. XIV, Fig. 8—13.

Eine Anzahl fragmentarischer *Aviculopecten*-Exemplare vertritt,
nach Gestalt und Skulptur beurteilt, den Formenkreis obiger Art; eine
sichere Bestimmung ist mangels vollständig erhaltener Wirbelpartien
nicht möglich. Einzelne Stücke erinnern durch etwas stärkere Schiefe
vielleicht mehr an Formen wie *A. subconoideus Eth.* (vgl. Hind 1903
Monogr., pag. 76, Taf. XVII, Fig. 1—5). Auch *Crenipecten tenuiden-
tatus*, den Cramer (1910, pag. 145, Taf. VI, Fig. 8) aus den Golonoger
Schichten beschrieb, kommt sehr für den Vergleich in Betracht.

Fundorte: Hangendes des Franziskaflözes (Idaschacht bei
Hruschau, 129 *m* Teufe; Theresienschacht bei Polnisch-Ostrau; Mariner
Horizont V).

A. Knockonniensis ist im britischen Kohlenkalk verbreitet und
wurde auch in dem der Vogesen (Tornquist 1896) gefunden.

Limidae D'Orbigny.

Limatulina alternata M'Coy.

Taf. XX (II), Fig. 2.

Lima alternata M'Coy 1844, pag. 87, Taf. XV, Fig. 4.
Limatulina alternata M'Coy, H i n d 1903 Monogr., pag. 37, Taf. XIX, Fig. 7—10, 12.

Die schmale, in der Richtung von oben nach unten verlängerte, stark gewölbte Form mit wenig gebogenen Seitenrändern und sehr feiner radialstreifiger Skulptur steht unter den karbonischen Limiden ziemlich vereinzelt.

F u n d o r t: Polnisch-Ostrau, 100 *m* unter Adolfflöz (1 Exemplar ; Mariner Horizont IV).

L. alternata ist aus dem britischen Kohlenkalk und dem Roslin Sandstone des unteren Oberkarbon Schottlands bekannt.

Ein paar weitere cf. Limatulinen-Reste sind wegen schlechter Erhaltung nicht näher bestimmbar; sie erinnern z. T. an *L. Scotica Hind* (1903 Monogr., pag. 36, Taf. IX, Fig. 1), z. T. an *L. desquamata M'Coy* (H i n d 1903 Monogr., pag. 37, Taf. XIX, Fig. 11, 20—23).

Palaeolima cf. simplex Phillips.

Taf. XX (II), Fig. 1.

Pecten simplex Phillips 1836, pag. 212, Taf. VI, Fig. 27.
Palaeolima simplex Phill., H i n d 1903 Monogr., pag. 39, Taf. XIX, Fig. 24—27.

Ein nicht ganz sicher bestimmbares, mangelhaft erhaltenes Exem · plar zeigt die Form und Berippung dieser in der H i n d'schen Wiedergabe ziemlich charakteristischen Art.

F u n d o r t: Peterswald.

P. simplex wurde aus dem britischen Kohlenkalk beschrieben.

Myalinidae Frech.

Myalina ampliata Koninck var. Pannonica Frech.

Taf. XIX (I), Fig. 15.

Myalina ampliata De Koninck 1885, pag. 170, Taf. XXIX, Fig. 6.
     „   „   *Kon. var. Pannonica,* F r e c h 1906, pag. 121, Taf. I, Fig. 5.

Ein mangelhaft erhaltenes Stück zeigt in groben Zügen auffallende Übereinstimmung mit der F r e c h'schen Form; das Verhältnis der letzteren zur K o n i n c k'schen *M. ampliata,* die H i n d mit seiner *Posidoniella pyriformis* vergleicht (H i n d 1897, pag. 88), bleibt dabei unsicher. *M. lamellosa Koninck* (1885, pag. 169, Taf. XXIX, Fig. 11; H i n d 1897, pag. 124, Taf. IV, Fig. 13, 14) scheint der F r e c h'schen Form näher zu stehen als *M. ampliata.* Das Ostrauer Exemplar gestattet diesbezüglich mangels intakter Erhaltung des Schloß- und Dorsalrandes keine sicheren Schlüsse.

F u n d o r t: Polnisch-Ostrau, 100 *m* unter Adolfflöz (Mariner Horizont IV).

F r e c h's Form stammt aus dem marinen Unterkarbon der Dobschau (Innerer Gürtel der Karpathen, Oberungarn), *M. ampliata Kon.* und *M. lamellosa Kon.* sind im belgischen und britischen Kohlenkalk verbreitet. Sehr ähnliche Myalinen, *M. Wyomingensis Lea* (1853, pag. 205, Taf. XX, Fig. 1) zum Beispiel, sind aus den Coal Measures Nordamerikas bekannt (vgl. C l a y p o l e 1886, pag. 247).

Posidoniella Koninck.

Kleine Schälchen und Abdrücke vom äußeren Habitus der Gattung *Posidoniella* bedecken vielfach in Massen, mitunter vermengt mit verkohlten Holzstücken, die Schichtflächen der schwarzen Schiefertone; sie sind dabei meist so dicht gehäuft und ineinander verdrückt, daß eine nähere Bestimmung in der Regel nur bei den weniger häufigen einzeln abgelagerten Individuen möglich ist. Danach liegen im wesentlichen Formen vor aus der Gruppe der

Posidoniella laevis Brown.

Taf. XIX (I), Fig. 30.

Catillus laevis Brown 1841, pag. 226, Taf. VII, Fig. 66.
Posidoniella laevis Brown, H i n d 1897, pag. 94, Taf. VI, Fig. 12—14, 24.

Neben *P. laevis* selbst mögen dabei auch *P. minor Brown* (H i n d pag. 98) und *P. variabilis Hind* (pag. 100) vertreten sein. Die Auseinanderhaltung dieser drei Spezies ist schon nach H i n d eine äußerst schwierige und unsichere, da er einerseits für *P. laevis s. str.* eine beträchtliche Variationsweite annimmt, anderseits für *P. minor* und *P. variabilis* lediglich graduelle Verschiedenheiten in der Wölbung und Form der Schale als trennend angibt, die praktisch geringe Kompetenz besitzen. Um so weniger ist es bei den vorliegenden, meist verdrückten oder mangelhaft erhaltenen kleinen Exemplaren möglich, mit Sicherheit diese drei vielleicht überhaupt nicht allgemein systematisch zu trennenden Spezies auseinanderzuhalten. Für die kollektivische Bestimmung als *P. laevis* fällt — ceteris paribus — ein äußeres, wenn auch gewiß nur konvergenzhaftes Merkmal mit in die Wagschale, das ist das „herdenweise" Auftreten, das H i n d auch für die englische *P. laevis* hervorhebt.

Spärlicher sind kleine, mehr längsgestreckte Individuen, in denen man eher Jugendstadien von *P. elongata Phill.* (H i n d 1897, pag. 88) sehen könnte. Einzelne Exemplare stehen nahe *P. pyriformis Hind* (pag. 86); in solchen Fällen ist dann auch die Unterscheidung gegenüber manchen *Myalina*-Spezies, wie zum Beispiel *M. sublamellosa Etheridge* (1878, Qu. J., pag. 14, Taf. I, Fig. 15; Taf. II, Fig. 16, 17; H i n d pag. 121), schwierig.

. F u n d o r t e : Poremba, II. Flöz (Mariner Horizont II), Hangendes des Koksflözes (Eugenschacht bei Peterswald; Mariner Horizont II). Polnisch-Ostrau, 100 *m* unter Adolfflöz (Mariner Horizont IV). Hangendes des Franziskaflözes (Idaschacht bei Hruschau, 110, 119—121, 129—130 *m* Teufe; Theresien- und Salomonschacht bei Polnisch-; beziehungsweise Mährisch-Ostrau; Mariner Horizont V).

P. laevis im besagten Sinne tritt ganz ähnlich und unter gleichen Verhältnissen in den britischen Lower Coal Measures auf. *Posidoniella*-Spezies sind auch in den nordamerikanischen Coal Measures verbreitet (z. B. *P. pertenuis Beede* 1899, 1900).

Mytilidae Lamarck.

Modiola Meeki De Koninck.

Taf. XX (II), Fig. 3.

Modiola Meeki De Koninck 1885, pag. 177, Taf. XXVIII, Fig. 22.
?syn. Modiola impressa De Koninck 1885, pag. 176, Taf. XXVIII, Fig. 26, 27.
„   „   emaciata De Koninck 1885, pag. 177, Taf. XXVIII, Fig. 23, 24.
vgl. Modiola Carlotae Roemer (1865, pag. 276, Taf. VI, Fig. 6); 1870, pag. 76 Anm.

Schale klein, quer und schief verlängert-suboval, ungefähr doppelt so lang als hoch, vom Wirbel gegen den schmalgerundeten Hinterunterrand stark angeschwollen, mit größter Dicke im vorderen Drittel, oberwärts rasch zu einem flachen breiten Saum komprimiert, dessen konvexer Rand an die gerade, kurze Schloßlinie anschließt. Unterrand fast geradlinig, bisweilen leicht konkav, mit Byssusspalte. Schalenoberfläche mit feinem, konzentrischem Linienornament.

Dimensionen:

Länge . . . . 10 *mm* = 1·00
Höhe . . . . 5 *mm* = 0·50 und mehr
Dicke zirka . 5 *mm* = 0·50

K o n i n c k gliedert die durch schmale, kleine Gestalt und ungleichmäßige Wölbung ausgezeichneten Modiolen des belgischen Kohlenkalks (Stufe von Visé) auf Grund verschiedener Dimensionsverhältnisse in die drei Arten:

	Größte Länge	Höhe (Breite)	Dicke
M. impressa . . .	15 *mm* = 1·00	5 *mm* = 0·33	5 *mm* ≐ 0·33
M. Meeki	16 *mm* = 1·00	8 *mm* = 0·50	7 *mm* = 0·43
M. emaciata . . .	12 *mm* = 1·00	9 *mm* = 0·75	5 *mm* = 0·33

Verschieden erscheint demnach hauptsächlich die Breite des Gehäuses und würde im Sinne K o n i n c k's *M. impressa* die schmälste, *M. emaciata* die breiteste Art sein, die aus Ostrau vorliegende, mittlere Form am besten zu *M. Meeki* stimmen. Doch haben diese Unterschiede wenig Bestimmtheit, indem sich, gerade eben im Ostrauer Material, Übergänge finden. Das Höhenmaß ist abhängig von der Breite des flachen Obersaumes und letztere hinwiederum von dem Betrage der randlichen Kompression, woraus wohl nur geringfügige graduelle Variationen entstehen, nicht aber systematische Unterschiede vom Range einer Spezies hergeleitet werden können. Im übrigen ist auch die Beschreibung und Abbildung der Formen bei K o n i n c k mangelhaft.

F u n d o r t: Eine Gruppe verkiester Exemplare aus Polnisch-Ostrau (Salmschacht, IV. Flöz).

Hind führt keine *Modiola*-Art an, mit der die vorliegende identifizierbar wäre. Stur bezeichnete letztere (in coll.) als *M. Carlotae Roemer* (l. c.), welche Spezies Axel Schmidt (1909, pag. 746) in *Najadites Carlotae* umbestimmt hat. Die Ostrauer Spiezies ist nun einerseits wohl sicher eine *Modiola*, anderseits von jener *Carlotae*-Form Roemer's durch größere Länge und ungleichmäßigere Wölbung verschieden, wenigstens soviel Roemer's Abbildung erkennen läßt. Immerhin aber darf unserer Ostrauer *M. Meeki* und ihrer Fundschicht vorderhand noch nicht bestimmt mariner Charakter zugesprochen werden, solange in jenem Horizont nicht weitere, sicher marine Fossilien gefunden sind.

Nuculidae Gray.

Die Nuculiden bilden die am arten- und individuenreichsten vertretene Lamellibranchiatenfamilie der Ostrauer Marinfauna, so daß sie fast als leitend genommen werden könnten. Auch zeichnen sich die Angehörigen dieser Familie vielfach durch guten Erhaltungszustand vorteilhaft gegenüber den anderen Bivalvenvertretern aus, was insbesondere in der Erhaltung der feinen taxodonten Schloßapparate und der zarten, intensiv glänzenden Schalenepidermis vieler Formen zum Ausdruck kommt. Freilich steht dem der Übelstand gegenüber, daß infolge des ungemein splitternden Gesteinscharakters die zur feineren Herauspräparierung gewählten Exemplare . häufig geopfert werden mußten. .

Bei der hervorragenden Stellung, welche die *Nuculidae* unter der Ostrauer Marinfauna einnehmen, ist es bedauerlich, daß die Kenntnis ihrer sonstigen Verbreitung in vergleichbaren europäischen Ablagerungen noch recht lückenhaft ist und daher die Anhaltspunkte für den faunistischen Vergleich in dieser Beziehung spärlich sind. Immerhin sind Nuculiden auch aus den Marinhorizonten der britischen Lower Coal Measures als die häufigsten Lamellibranchiaten bekannt und werden sie, wenn schon nur unter unzulänglichen, bloß generischen Bestimmungen, auch aus dem Donetzsystem als vorwiegende Bivalvenvertreter angeführt. Sehr verbreitet sind sie in den nordamerikanischen Coal Measures (Lower—Upper), und zwar ergibt der paläontologische Vergleich, daß die dortige Nuculidenfauna generisch und spezifisch der Ostrauer ähnlich ist, daß insbesondere den beiden am zahlreichsten vertretenen Ostrauer Formen, *Nucula gibbosa Flem.* und *Nuculana attenuata Flem.*, sehr nahestehende stellvertretende Arten, wenn nicht gar spezifische Äquivalente entsprechen.

Eigen ist den Ostrauer Schichten eine Gruppe charakteristischer *Palaeoneilo*-Formen.

Nuculidenreste von nicht näher bestimmbarer systematischer Stellung liegen von folgenden Fundorten vor:

Peterswald: Koksflöz im Eugenschacht. Poremba: Hangendes des zweiten Flözes, Sofienzeche (Mariner Horizont II).

Polnisch-Ostrau: Hangendes vom Barbaraflöz; Dreifaltigkeitsschacht. Peterswald: Ferdinand- oder Mächtiges Flöz im Eugenschacht (Mariner Horizont III).

Mährisch- und Polnisch-Ostrau: Hangendes des Franziskaflözes im Salomon-, beziehungsweise Theresienschacht (Mariner Horizont V).

Ctenodonta Salter inkl. *Palaeoneilo Hall.*

Tellinomya Hall 1847, pag. 151, Taf. XXXIV, Fig. 3—7.
Ctenodonta Salter 1851, pag. 63; 1859, pag. 34, Taf. VIII, Fig. 1, 2.
Palaeoneilo Hall 1870, pag. 6; 1885, pag. 27.
      „   *Whitfield* 1882 Ohio, pag. 217.
      „   *Fischer* 1887, pag. 984.
      „   *Oehlert* 1888, pag. 653.
      „   *Ulrich* 1893, pag. 42.˙
Ctenodonta Beushausen 1895, pag. 65.
      „   *Whidborne* 1896, pag. 98.
Palaeoneilo Hind 1900 Qu. J., pag. 46; 1904 Monogr., pag. 140. Vgl. a. W ö h r m a n n, Jahrb. d. k. k. geol. R.-A. Bd. XLIII, 1893, pag. 18.

Die etwas verwickelte Geschichte der Gattungsbezeichnung *Ctenodonta* hat B e u s h a u s e n (l. c.) ausführlich behandelt. In Kürze zusammengefaßt verhält es sich damit folgendermaßen.˙ H a l l beschrieb 1847 unter dem Gattungsnamen *Tellinomya* einige Bivalven-arten mit *T. nasuta* als Haupttypus. H a l l nahm dabei eine — in Wirklichkeit nicht bestehende — Verwandtschaft mit *Tellina* an, da er die Formen fälschlich für zahnlos hielt, außerdem war der Name *Tellinomya* präokkupiert. Für H a l l's Formentypus führte deswegen S a l t e r (1851, 1859) den neuen Gattungsnamen *Ctenodonta* ein. *Tellinomya Hall* und *Ctenodonta Salter* sind also zweifellose Synonyma. Generisch davon nun nicht zu trennende Formen beschrieb H a l l 1869 und 1885 unter dem Gattungsnamen *Palaeoneilo*, wobei er selbst schon die Wahrscheinlichkeit der Zusammengehörigkeit mit *Ctenodonta* betonte. Alles in allem läßt sich für *Palaeoneilo* nur eventuell der Rang eines Subgenus von *Ctenodonta* in Anspruch nehmen, das durch starke Ausbildung der vom Wirbel schräg gegen den Unterhinterrand ziehenden Mulde und der dadurch bisweilen bewirkten leichten Sinuosität des Unterhinterrandes charakterisiert ist. Diese Wellung des hinteren Schalenteiles ist keineswegs als fixer Gattungsunterschied gegenüber *Ctenodonta* zu verwerten, da sie auch bei den erstbeschriebenen *Ctenodonta*-Arten, besonders *C. (Tellinomya) nasuta (Hall) Salter* schon angedeutet ist; auch die Unterschiede in Form und Bezahnung, die H i n d (1900, 1904) annimmt, sind kaum von genereller Bedeutung. Den Standpunkt B e u s h a u s e n's, der demnach *Palaeoneilo* nur als Subgenus von *Ctenodonta* gelten läßt, teilt W h i d b o r n e.

Die Gattung *Ctenodonta* im angenommenen Sinne ist in der Ostrauer Marinfauna durch eine Reihe von Individuen vertreten, wovon der kleinere Teil *Ctenodonta s. str. Beush.*, die Mehrzahl hingegen zweien verschiedenen Formen des Subgenus *Palaeoneilo* angehört, was deshalb Interesse besitzt, weil *Palaeoneilo* vorwiegend als altpaläozoischer Typus anzusprechen ist. B i t t n e r (Verh. d. k. k. geol. R.-A. 1894, pag. 186) hat zwar auch Formen der alpinen Trias (St. Cassian) zu *Palaeoneilo* gestellt, doch ist diese Vereinigung eine sehr subjektive. Im übrigen war bisher *Palaeoneilo* vorwiegend aus dem Devon bekannt und nur in wenigen Spezies auch aus dem Karbon (*P. carbonifera Hind* 1904, *P. sera Girty* 1910, *P. Bedfordensis Meek* 1875).

Ctenodonta (s. str.) laevirostris Portlock.

Taf. XX (II), Fig. 24—27.

Nucula laevirostrum Portlock 1843, pag. 439, Taf. XXXVI, Fig. 12.
„ „ *Portl.*, Hind 1897, pag. 183, Taf. XV, Fig. 32, 34—38.
Ctenodonta laevirostris Portl., Hind 1904, pag 164.
Tellinomya M'Coyana (De Koninck), Stur p. p. 1875, pag. 154; 1877, pag. 325 (431).

Die Art ist gut charakterisiert durch den wohlentwickelten, dabei ziemlich schmal gerundeten Vorder- und den verschmälerten, längeren Hinterteil. Die Wirbel liegen zwischen den vorderen zwei Dritteln. Der Unterrand ist breit gerundet, die Wölbung der Schale mäßig, wobei im Hinterteil eine leichte, vom Wirbel schräg nach hinten und unten ziehende Einmuldung charakteristisch hervortritt. Die Oberfläche der vorliegenden Exemplare ist stark glänzend und mit sehr feinen konzentrischen Linien verziert.

Fundorte: In Mehrzahl vertreten aus dem Hangenden des Franziskaflözes (Salomon- und Theresienschacht bei Mährisch-, beziehungsweise Polnisch-Ostrau; Idaschacht bei Hruschau, 120—121, 128—129 m Teufe; Mariner Horizont V). Dreifaltigkeitsschacht (Polnisch-Ostrau; vermutlich Mariner Horizont III; die Stücke dieser Lokalität in der Sammlung der k. k. Bergakademie zu Leoben). Rückwärtiger flözleerer Teil im Reicheflöz-Erbstollen bei Petřkowitz (Preußisch-Schlesien [1]). Peterswald.

Einige der hierhergestellten Exemplare waren von Stur laut Etiketten mit *Tellinomya M'Coyana De Koninck* (1873, pag. 81, Taf. III, Fig. 17) identifiziert worden, welch letztere Form jedoch ganz abweichend ist. Ihre bisher bekannte Hauptverbreitung hat *C. laevirostris* im britischen Unterkarbon; sie wurde ferner angegeben für die Kulmschichten von Magdeburg (Wolterstorff) und steigt im britischen Gebiete auch in die Lower Coal Measures und die Pendleside series auf.

Ctenodonta (s. str.) undulata Phillips.

Taf. XX (II), Fig. 42.

Nucula undulata Phillips 1836, pag. 210, Taf. V, Fig. 16.
„ „ *Phill.*, Hind 1897, pag. 181, Taf. XIV, Fig. 28—31; Taf. XV, Fig. 33.
Ctenodonta undulata Phill., Hind 1905, Qu. J., pag. 543.

Diese schon von Phillips ganz treffend abgebildete Art weicht von den übrigen karbonischen *Nucula*-Spezies ab durch ihre querovale Gestalt mit breitgerundetem, kürzerem Vorder- und längerem, wenig verschmälertem, dann abgestumpftem Hinterteil, unter den Wirbeln leicht gebogenem Ober- und breitgerundetem Unterrand. Die Wirbel liegen an der Grenze der vorderen zwei Längendrittel (Hind's Abbildungen zeigen sie etwas weiter zurückliegend).

---

[1] Exemplare dieser Provenienz, z. T. in sehr schlechter Erhaltung, haben Geisenheimer (1906, pag. 302) vorgelegen und wurden von ihm laut Etikette seiner „spec. nova" *Leda Wysogorskii* zugezählt, für die bis heute Beschreibung und Abbildung fehlt.

F u n d o r t: Rückwärtiger, flözleerer Teil im Reicheflöz-Erbstollen bei Petřkowitz. Vereinzelt.

C. *undulata* wurde zuerst aus dem britischen Kohlenkalk beschrieben, erscheint jedoch auch aus dem unteren Oberkarbon
(Yoredale series, Millstone grit) und den Lower Coal Measures angegeben. S t u r (in coll.) hat die vorliegende Form zu *Nucula gibbosa*
gestellt.

Ctenodonta (Palaeoneilo) Ostraviensis sp. n.

Taf. XX (II), Fig. 5—10.

Tellinomya cf. rectangularis (M'Coy), S t u r p. p. 1875, pag. 154; 1877, pag. 325
(431).

Form klein, ungleichseitig, rundlich oder kurz quer- bis schiefoval
im Umriß, mäßig gewölbt, rückwärts mehr weniger verschmälert, vorn
breitgerundet, mit stumpfen, ins vordere Drittel gerückten, über den
Schloßrand kaum vorragenden Wirbeln, von denen eine verwischte
flache Mulde unter allmählicher Verbreiterung zum Unterhinterrand verläuft, wo die dadurch bedingte Wellung der Schalenoberfläche am
meisten ausgeprägt ist und häufig eine schwache Einziehung der
Randlinie zur Folge hat. Schloßrand im ganzen kurz, in seinem
hinteren längeren Teil annähernd gerade, vorn herabgebogen. Größter
Durchmesser ungefähr gleich der Länge, größte Höhe median und
senkrecht dazu, größte Dicke in der Wirbelgegend. Schalenoberfläche
mit feiner konzentrischer Anwachsstreifung und — nach einem in
dieser Richtung gut erhaltenen, sonst aber nicht ganz sicher identifizier-
baren Exemplar — mit stark glänzender Epidermisschicht.

Maßverhältnisse:

Länge	. . .	7 *mm* = 1·00		9 *mm* = 1·00
Höhe	. . .	6 *mm* = 0·86		7 *mm* = 0·78

F u n d o r t e: Mehrere, meist mit beiden Klappen erhaltene
Exemplare. Zwischen Kronprinz- und Barbaraflöz (Dreifaltigkeitsschacht
bei Polnisch-Ostrau; Mariner Horizont III). Hangendes des Franziskaflözes (Idaschacht bei Hruschau, 110—112, 129—130 *m* Teufe;
Mariner Horizont V).

Die wenigen aus der Literatur bekannten karbonischen *Palaeoneilo*-
Formen, *P. carbonifera Hind* (1904, pag. 142, Taf. XXII, Fig. 8) aus
dem Kohlenkalk von Yorkshire, *P. Bedfordensis Meek* (1875, pag. 298,
Taf. XV, Fig. 3) aus der Waverly Group von Ohio, *P. sera Girty*
(1910, pag. 227, ohne Abbildung!) haben keine spezifische Ähnlichkeit
mit der vorliegenden. S t u r verglich die letztere (l. c. et in coll.),
wie sich vermuten läßt, an der Hand der Darstellung D e K o n i n c k's
(1873, pag. 82, Taf. III, Fig. 10) mit *Tellinomya rectangularis M'Coy*
(1844, pag. 71, Taf. XI, Fig. 20), wovon jedoch nicht die Rede sein
kann. Auch zu devonischen Arten, wie sie besonders zahlreich bei
B e u s h a u s e n (1895) vertreten sind, ergeben sich keinerlei nähere
Beziehungen.

Ctenodonta (Palaeoneilo) transversalis sp. n.

Taf. XX (II), Fig. 11—23.

Tellinomya cf. rectangularis (M'Coy), S t u r p. p. 1875, pag. 154; 1877, pag. 325 (431).

" *cf. M'Coyana (De Koninck)*, S t u r p. p. 1875, pag. 154; 1877, pag. 325 (431).

Form klein, ungleichseitig, quer bis schief nach unten verlängert, oval im Umriß, mäßig gewölbt, mit sehr kurzem, schmal gerundetem Vorder- und ungleich längerem Hinterteil, dessen größte Höhe (Breite) in oder hinter die Schalenmitte zu liegen kommt; besonders ältere Entwicklungsstadien zeigen schief nach unten und hinten gerichtete Verbreiterung. Hinter e n d e jedoch verschmälert, schmal gerundet oder fast eckig durch nahezu winkeliges Zusammenstoßen und geradlinigen Verlauf der oben und unten zunächst anschließenden Teile der Hinterrandlinie. Wirbel im vorderen Viertel, stumpf, über den Schloßrand nicht vorragend. Vom Wirbel in die Hinterecke verläuft eine mehr weniger deutlich ausgeprägte stumpfe Kante, eine zweite mehr weniger verwischte zieht gegen den Unterhinterrand; die beiden Kanten begrenzen ein flaches oder konkaves, allmählich verbreitertes Feld der Schalenoberfläche. Die obere Kante fällt jäh, meist fast winkelig, zu einem komprimierten Schalensaum am hinteren Oberrand ab, welch letzterer ohne deutliche Sonderung in den Schloßrand überführt. Dieser ist zu seinem hinter dem Wirbel gelegenen Abschnitt lang und gerade und biegt sich unter dem Wirbel ohne Unterbrechung der Zahnreihe in einem kurzen gekrümmten Vorderteil stark herab. Größte Länge schief vom Vorder- zum Hinterende, größte Höhe median oder etwas weiter rückwärts, senkrecht dazu, stärkste Wölbung in der Wirbelgegend. Schalenoberfläche mit starkglänzender, lackartiger Epidermis und feinen konzentrischen Anwachsstreifen oder -linien.

Maßverhältnisse:

Länge	. . .	9·0 *mm* = 1·00	8·5 *mm* = 1·00
Höhe	. . .	5·5 *mm* = 0·61	6·0 *mm* = 0·70

Die Abbildungen (Taf. XX, bzw. II, Fig. 11—23) scheinen beim ersten Überblick spezifisch Verschiedenes darzustellen. Nimmt man jedoch die kleineren, vorwiegend nur quer verlängerten Formen Fig. 11 und 12 als den Typus der Art (sie liegen am häufigsten vor), so leiten solche (seltenere) wie Fig. 13, 21, 22 ungezwungen zu Formen von extremer Betonung sowohl der Schalenwellung als auch der schräg nach hinten unten gerichteten Verbreiterung über, wie Fig. 23 (Unikum) eine vorstellt. Die Verschiedenheit liegt nur in gradueller Steigerung der Ausbildung der einzelnen Merkmale, nicht aber treten irgendwelche neue hinzu.

Von *Ctenodonta (Palaeoneilo) Ostraviensis* unterscheidet sich *C. (P.) transversalis* vor allem durch die mehr in die Quere gezogene Gestalt; ferner durch noch weiter nach vorn liegende Wirbel, daher kürzeren, außerdem auch schmäleren Vorderteil. Besonders charakteristisch ist endlich bei *C. (P.) transversalis* die viel schärfere Aus-

prägung der Umbonalmulde, namentlich der sie begleitenden Kanten
oder Rücken, welche bei *C.* (*P.*) *Ostraviensis* für sich gar nicht hervortreten; im Zusammenhang damit steht der rasche Abfall der oberen
Kante zu dem komprimierten Obersaume bei *C.* (*P.*) *transversalis*.
Nur wenige Exemplare erinnern durch schwächere Ausprägung
dieser Eigentümlichkeiten an *C.* (*P.*) *Ostraviensis* (vgl. z. B. Fig. 14).
Ein mit Schloß erhaltenes anderes Stück hingegen nähert sich
morphologisch der Hind'schen Form *P. carbonifera* (Hind 1904,
pag. 124, Taf. XXII, Fig. 8) und zeigt dabei die Umbonalmulde so
schwach entwickelt, daß man an der Zugehörigkeit zu *Palaeoneilo*
überhaupt zweifeln möchte; dennoch aber steht dasselbe keiner anderen
Nuculidenspezies so nahe wie *C.* (*P.*) *transversalis*.

Fundorte: Hangendes des Barbaraflözes (Dreifaltigkeitsschacht
bei Polnisch-Ostrau; Mariner Horizont III). Hangendes des Franzika-
flözes (Idaschacht bei Hruschau, 110, 116, 120—121, 128—130 *m*
Teufe; Theresienschacht bei Polnisch-Ostrau; Mariner Horizont V).

Stur hat (l. c. et in coll.) die in Rede stehende Form größeren-
teils ebenso wie die ihm vorgelegenen Exemplare von *C.* (*P.*) *Ostraviensis* als *Tellinomya rectangularis M'Coy* (1844, pag. 71, Taf. XI,
Fig. 20) bezeichnet, was durchaus unzutreffend ist. Mehr hätte der
Vergleich für sich, den Stur (in coll.) für eines der Stücke mit
Tellinomya M'Coyana De Koninck (1873, pag. 81, Taf. III, Fig. 17)
anstellte; nur ist Koninck's Beschreibung dieser Art so unzureichend,
daß man lediglich aus der Abbildung, welche eine deutliche Umbonal-
kante erkennen läßt, einige Ähnlichkeit mit *C.* (*P.*) *transversalis* heraus-
finden kann.

Im übrigen stellen die beiden *Palaeoneilo*-Formen bei ihrer
relativen Häufigkeit ein den Marinhorizonten der Ostrauer Schichten
eigenartiges Faunenelement vor.

Nucula gibbosa Fleming.

Taf. XX (II), Fig. 37—40.

Nucula gibbosa Fleming 1828, pag. 403.
  „   „   *Flem.*, Hind 1897, pag. 178, Taf. XIV, Fig. 4—15.
  „   „   *Flem.*, Roemer 1863, pag. 587, Taf. XV, Fig. 10; 1870, pag. 88.
Tellinomya gibbosa Flem., Stur 1875, pag. 153; 1877, pag. 325 (431).

Diese leicht kenntliche und im allgemeinen sehr konstante Form
ist wie an den meisten Lokalitäten, wo sie überhaupt vorkommt, so
auch in den Ostrauer Schichten in reicher Menge und großer Verbreitung vorhanden; sie ist mit *Nuculana attenuata Flem.* das häufigste
Fossil der Ostrauer Marinhorizonte und gehört zu den ersten daraus
bekannt gewordenen Organismen (Helmhacker 1872, Stur l. c.).

Fundorte: Poremba, II. Flöz (Sofienzeche; Mariner Horizont II).
First und Hangendes des Barbaraflözes (Hermengilde- und Dreifaltigkeitsschacht bei Polnisch-Ostrau; Mariner Horizont III). Hangendes
des Franziskaflözes (Theresien- und Salomonschacht bei Polnisch-,
bzw. Mährisch-Ostrau; Idaschacht bei Hruschau, 110—114, 120—121,
128—130 *m* Teufe; Mariner Horizont V).

Im allgemeinen hat *N. gibbosa* ihre Hauptverbreitung im westeuropäischen Unterkarbon, besonders dem britischen, wo sie auch ins
untere Oberkarbon (Yoredale und Pendleside series, Millstone grit)
aufsteigt; seltener kommt sie im rechtsrheinischen Kulm (Königsberg
bei Gießen) vor; ein alpiner Fundort sind die Nötscher Schichten
(Kärnten). Ihr Auftreten in der produktiven Karbonfazies ist bekannt
aus Oberschlesien (R o e m e r l. c.) und England (Lower Coal Measures).
    In den nordamerikanischen Coal Measures (Lower—Upper) stellt,
weit veabreitet, *N. ventricosa Hall* (1858, pag. 716, Taf. XXIV,
Fig. 4, 5) eine stellvertretende Art vor. In der Fassung H a l l's,
sowie einzelner späterer amerikanischer Autoren steht dieselbe der
N. gibbosa so nahe, daß ihre systematische Sonderung gegenüber
letzterer zweifelhaft begründet erscheint; vgl. zum Beispiel die Beschreibung und Abbildung bei K e y e s (1894, pag. 121, Taf. XLV,
Fig. 3) und M e e k (1872, pag. 204, Taf. X, Fig. 17), der dementsprechend beide synonym stellte. Dem entgegen spricht H i n d (1897,
pag. 180, Taf. XIV, Fig. 16) von einer Gruppe ihm aus Illinois vor-
gelegener „*N. ventricosa*"-Formen, die durch breit gerundeten (nicht
wie bei *N. gibbosa* steil abfallenden) Vorderrand, verschmälertes Hinterende und randliche Komprimierung von *N. gibbosa* entschieden abweichen und näher der europäischen *N. luciniformis Phill.* (s. u.)
stehen; diesem zweiten Typus entsprechen unter anderen auch die
„*N. ventricosa*"-Exemplare W h i t e's (1881, pag. 371, Taf. XLII, Fig 9,
10; 1883 Ind., pag. 146, Taf. XXVII, Fig. 9, 10) aus den Coal Measures
von Indiana. — Die permische *N. Beyrichi Schauroth* (1854, pag. 551,
Taf. XXI, Fig. 4), mit der *N. gibbosa*-ähnliche karbonische Formen
auch verglichen wurden, ist sehr viel weniger gibbos und ganz anders
geformt, vorn gerundet, hinten verschmälert.

Nucula luciniformis Phillips.

Taf. XX (II), Fig 28—33.

Nucula luciniformis Phillips 1836, pag. 210, Taf. V, Fig 11.
    „   „   *Phill.,* H i n d 1897, pag. 186, Taf. XIV, Fig. 17—22.

    Eine durch gerundet- bis schiefovalen Umriß charakterisierte Form
mit kurzem Vorder- und verbreitertem, nach oben zu komprimiertem
Hinterende und stumpfen, schief vorwärts gerichteten Wirbeln, die im
vorderen Viertel der Schale liegen. Von den Wirbeln ziehen schwach
angedeutete Kanten gegen den Hinterunterrand, ein flaches, schief und
allmählich verbreitertes, mehr weniger verwischtes Feld der Schalenoberfläche begrenzend, woraus mitunter eine äußere Ähnlichkeit mit
Palaeoneilo resultiert; doch kommt es nicht vollends zu der typischen
Einmuldung und Schalenwellung wie dort.
    Die in Mehrzahl vorliegenden Exemplare lassen zwar bezüglich
der Übereinstimmung mit der H i n d'schen Beschreibung und Abbildung
manches zu wünschen übrig, sind aber wohl am besten mit *N. luciniformis* zu vereinigen.
    F u n d o r t : Hangendes des Franziskaflözes (Theresienschacht
bei Polnisch-Ostrau; Mariner Horizont V). Einige Exemplare aus der

Sammlung der k. k. Bergakademie in Leoben tragen keine nähere Fundortsbezeichnung.

N. luciniformis wurde bisher nur aus dem britischen Unterkarbon bekannt; bezüglich der Ähnlichkeit mit *N. ventricosa* (*Hall*) *aut. p.* aus den nordamerikanischen Coal Measures s. bei *N. gibbosa.*

Nucula oblonga M'Coy.

Taf. XX (II), Fig. 34—36.

Nucula oblonga M'Coy 1844, pag. 70, Taf. XI, Fig. 24.

    „   „   *M'Coy,* Hind 1897, pag. 188, Taf. XIV, Fig. 23—27.

Die kleinen Schälchen von elliptischem Umriß, mit fast parallelen Längsseiten und in der vorderen Hälfte gelegenen Wirbeln, wie sie in dem vorliegenden Material mehrfach vertreten sind, lassen mit ziemlicher Sicherheit auf die Zugehörigkeit zu obiger Art schließen, wenn schon immerhin insofern ein Vorbehalt geboten ist, als das Nuculidenschloß in keinem Falle nachgewiesen werden konnte, welcher Mangel ja auch die generische Stellung der M'Coy'schen und Hind'schen Originale noch in Frage zieht.

Fundorte: Hangendes und First des Koks- und V. Flözes (Eugen-, beziehungsweise Albrechtschacht bei Peterswald; Mariner Horizont II). Peterswald, Mächtiges Flöz (Eugenschacht; Mariner Horizont III). Häufig verkiester Erhaltungszustand.

N. oblonga wird auch aus den englischen Lower Coal Measures angegeben und ist im übrigen aus dem britischen Unterkarbon bekannt.

Nuculana attenuata Fleming.

Taf. XX (II), Fig. 43—47.

Nucula attenuata Fleming 1828, pag. 403.

Nuculana attenuata Flem., Hind 1897, pag. 197, Taf. XV, Fig. 1—16.

Leda attenuata Flem., Roemer 1863, pag. 586, Taf. XV, Fig. 9; 1870, pag. 88.

    „   „   *Flem.,* Stur 1875, pag. 153; 1877, pag. 325 (431).

Von dieser im ausgewachsenen Zustande nicht zu verkennenden Spezies gilt dasselbe wie von ihrer Gesellschafterin *Nucula gibbosa:* sie ist im Verbande der Ostrauer Schichten eines der häufigsten und längst bekannten marinen Fossilien. Jugendliche Entwicklungsstadien sind mitunter schwierig von anderen kleineren Nuculanen gleichen geologischen Alters zu unterscheiden, wie *N. Sharmani Eth.* (s. u.) und *N. stilla M'Coy* (s. u.). Die meisten der vorliegenden Exemplare jedoch sind typisch und auch gut erhalten; sie zeigen vielfach noch die stark glänzende Epidermisschicht.

Fundorte: Poremba, II. Flöz (Mariner Horizont II). First des V. Flözes (Albrechtschacht bei Peterswald; Mariner Horizont II). First und Hangendes des Barbaraflözes (Hermengilde- und Dreifaltigkeitsschacht bei Polnisch-Ostrau; Mariner Horizont III). Hangendes des Franziskaflözes (Theresien- und Salomonschacht bei Polnisch-, bzw. Mährisch-Ostrau; Idaschacht bei Hruschau, 128—130 *m* Teufe; Mariner Horizont V).

Die allgemeine Verbreitung von *N. attenuata* ist der von *Nucula gibbosa* ähnlich. Wie diese ist sie auch schon lange aus dem Verbande produktiver Schichten bekannt, insbesondere den oberschlesischen (R o e m e r l. c.) und britischen (Lower Coal Measures); bemerkenswert ist ferner die Angabe (T s c h e r n y s c h e w u. L o u t o u g u i n 1897) über das Vorkommen der Gattung *Leda* im Donetz-System (mittlere Abteilung), während im übrigen dessen Lamellibranchiatenfauna bis jetzt ganz vernachlässigt wurde; *Leda*, i. e. *Nuculana* scheint also auch dort eine dominierende Rolle zu spielen. Endlich findet auch *N. attenuata* ähnlich wie *Nucula gibbosa* in den nordamerikanischen Coal Measures (Lower—Upper) ein stellvertretendes Analogon, wenn nicht systematisches Äquivalent, das ist *Nuculana (Leda) bellistriata*, von S t e v e n s 1858 (pag. 261) ohne Bezugnahme auf die europäische Form beschrieben. S t e v e n s' Angaben sind unzureichend, ermangeln namentlich einer Abbildung, aber auch aus späteren Darstellungen (zum Beispiel H a l l 1858, pag. 717, Taf. XXIX, Fig. 6; W h i t e 1883 Ind., pag. 146, Taf. XXXI, Fig. 8, 9; H e r r i c k 1887, pag. 40, Taf. IV, Fig. 26; K e y e s 1894, pag. 122, Taf. XLV, Fig. 4) läßt sich nicht mit Sicherheit erkennen, wodurch *N. bellistriata* von *N. attenuata* spezifisch verschieden wäre. Unbewußt der europäischen Art, wie es scheint, beschrieb M e e k (1872, pag. 206, Taf. X, Fig. 11) eine *N. bellistriata var. attenuata*, die ebenfalls sehr gut zur *N. attenuata Flem.* stimmt; wieso H i n d (1897, pag. 199) zum Schlusse kommt, dies zu negieren, ist unverständlich. Ähnlich, jedoch schon eher ab-weichend, ist ferner auch die *Nucula*, beziehungsweise *Leda Kazanensis* (D e V e r n e u i l 1845, pag. 312, Taf. XIX, Fig. 14), die von G e i n i t z (1866, pag. 20, Taf. I, Fig. 33, 34) und S w a l l o w (1858, pag. 190) aus den nordamerikanischen Coal Measures beschrieben und von M e e k (1872, a. a. O.) mit seiner *N. bellistriata var. attenuata* identifiziert wurde. Eine größere, dabei etwas flachere Form mit stärker kon-kavem Verlauf des Hinter-Oberrandes (aus dem obersten Karbon von Arizona) trennte W h i t e (1879, pag. 216, ohne Abbildung!) unter dem Namen *Nuculana obesa* von *N. bellistriata* ab.

Nuculana Sharmani Etheridge.

Nuculana Sharmani Etheridge 1878, Qu. J., pag. 15, Taf. II, Fig. 18.
     „   „   *Eth.*, H i n d 1897, pag. 199, Taf. XV, Fig. 17—2?.

Die komprimierte, schwach gewölbte und rückwärts bloß all-mählich verschmälerte, nicht lang und spitz geschnäbelte Form unter-scheidet sich im allgemeinen unschwierig von *N. attenuata*; nur sind Jugendstadien der letzeren bisweilen *N. Sharmani* sehr ähnlich.

F u n d o r t e : First des V. Flötzes (Albrechtschacht bei Peters-wald; Mariner Horizont II). Rückwärtiger, flözleerer Teil im Reiche-flöz-Erbstollen bei Petřkowitz (Preußisch-Schlesien [1]). Mehrere minder gut erhaltene Stücke.

---

[1] Schlecht erhaltene, am wahrscheinlichsten noch mit *N. Sharmani* zu identifizierende Exemplare letzteren Vorkommens haben G e i s e n h e i m e r (vgl. 1906, pag. 302) vorgelegen und wurden von ihm laut Etikette seiner „spec. nova" *Leda Gräffi* zugezählt, für die bis heute Beschreibung und Abbildung fehlt.

Diese aus dem britischen Unterkarbon beschriebene Spezies wird auch für die englischen Lower Coal Measures und die marinen Schichten des Aachener Oberkarbons (Semper) angegeben. Durch noch weniger zugespitztes Hinterende und fast median gelegene Wirbel unterscheidet sich *N. laevistriata Meek & Worthen* im Sinne Hind's (1897, pag. 205). In den nordamerikanischen Coal Measures werden *Leda subscitula Meek & Hayden* (1858; vgl. Meek 1872, pag. 205, Taf. X, Fig. 10) und *Yoldia Stevensoni Meek* (1870; 1875 pag. 335, Taf. XIX, Fig. 4) der *Nuculana Sharmani* recht ähnlich.

Nuculana cf. stilla M'Coy.

Nucula stilla M'Coy 1844, pag. 71, Taf. XI, Fig. 18.
Nuculana stilla M'Coy, Hind 1897, pag. 201, Taf. XV, Fig. 23—25, 44—46.

Die durch ihr kurz ausgezogenes und dann rasch abgestumpftes Hinterende charakterisierte Form mit leichter Sinuosität des Unterhinterrandes an der Stelle, wo vom Wirbel schräg nach unten gerichtet eine leichte Einmuldung herabzieht, ist annähernd in einem Exemplar vertreten; jedoch läßt sich nicht ausschließen, daß vielleicht nur ein Jugendstadium von *N. attenuata* vorliegt. Schale mit stark glänzender Oberfläche und sehr feinem, konzentrischem Linienornament.

Fundort: Dreifaltigkeitsschacht bei Polnisch-Ostrau (vermutlich Mariner Horizont III).

N. stilla kommt im britischen Unter- und unteren Oberkarbon vor.

Arcidae Lamarck.

Parallelodon semicostatus M'Coy.

Taf. XX (II), Fig. 49.

Byssoarca semicostata M'Coy 1844, pag. 73, Taf. XI, Fig. 35.
Parallelodon semicostatus M'Coy, Hind 1897, pag. 157, Taf. XI, Fig. 5—10.

Ein sehr gut erhaltenes, kleines Exemplar, das deutlich die feine Radialrippung zeigt, wodurch sich die Form leicht von dem morphologisch recht ähnlichen *P. Geinitzi Koninck* unterscheidet.

Fundort: Hangendes des Franziskaflözes (Salomonschacht bei Mährisch-Ostrau; Mariner Horizont V).

P. semicostatus, im übrigen im britischen und belgischen (Viséen) Unterkarbon, in der Pendleside series, im Kohlenkalk der Vogesen (Tornquist) vorkommend, wird von Hind auch für die englischen Lower Coal Measures vergesellschaftet mit *Nucula gibbosa, Nuculana attenuata, Ctenodonta laevirostrum* angegeben, geradeso wie die Form in den Ostrauer Schichten auftritt. In offenkundiger Weise mit *P. semicostatus* spezifisch ident ist *Macrodon tenuistriata Meek & Worthen* (1866 Descr., pag. 17; Meek, 1872. pag. 207, Taf. X, Fig. 20; Meek & Worthen 1873, pag. 576, Taf. XXVI, Fig. 4), der in den nordamerikanischen Coal Measures (Lower-Upper) weite Verbreitung besitzt.

Parallelodon theciformis Koninck.

Taf. XX (II), Fig. 41.

Parallelodon theciformis De Koninck 1885, pag. 158, Taf. XXIV, Fig. 26, 27.
    „   „   Kon., Hind 1897, pag. 171, Taf. XI, Fig. 11—16.

Die kleine Form ist charakterisiert durch das Dimensionsverhältnis vorn breiter als hinten und den Mangel jeglicher Radialskulptur.
Sie liegt in einem Exemplar vor aus dem Hangenden des Franziskaflözes (Idaschacht bei Hruschau, 130 m Teufe; Mariner Horizont V).
Die aus dem britischen und belgischen (Viséen) Unterkarbon
bekannte Art wird bemerkenswerterweise auch aus der unteren Abteilung des kohleführenden Schichtkomplexes am Donetz angegeben.

Anthracosiidae Amalitzky.

Unter dem vorliegenden Material finden sich mehrfach Stücke
mit Abdrücken und schlecht erhaltenen Individuen, die zwar die Zugehörigkeit zur großen Gruppe dieser Süß- und Brackwassermuscheln
erkennen, nicht aber eine nähere Bestimmung vornehmen lassen. Auf
ein ursprüngliches Zusammenvorkommen ¡von Anthracosiiden mit
typisch marinen Formen kann aber weder aus einzelnen Handstücken
noch aus den Aufsammlungsdaten geschlossen werden, sowie dies auch
nicht aus den Literaturangaben (vgl. Petrascheck 1910, pag. 793,
802, 803) mit Sicherheit hervorgeht [1]). Ein entsprechendes Verhalten,
streng stratigraphische Sonderung mariner und brakkisch-limnischer
Faunen gibt Stobbs (1905, pag. 515) für das von ihm auf diesen
Gesichtspunkt hin genau untersuchte Nord-Staffordshire-Kohlenfeld an,
entgegen früheren Annahmen von Hull, Jukes, Salter; es bedarf
eben bei Behandlung dieser Frage genauer Beobachtung der Vor-
kommensverhältnisse in situ. Bezüglich anderer britischer Kohlen-
reviere haben bereits früher verschiedene Autoren die Ansicht Stobbs'
(s. d.) vertreten und auch Hind bemerkt ausdrücklich (1905 Qu. J.,
pag. 527), daß sich beiderlei Molluskenfaunen, die brakkisch-limnische
und die marine, niemals verwischen.

Die Anthracosiidae des Ostrauer Gebietes sind im übrigen
von Axel Schmidt (1909) bearbeitet worden.

Trigoniidae Lamarck.

Schizodus King vel Protoschizodus Koninck.

Eine kleine Anzahl vorliegender Schizodonten läßt bei der Unkenntnis des Schloßapparates eine generische Trennung und mithin eine
entschiedene Bestimmung nicht zu. Den morphologischen Eigenschaften
nach handelt es sich um Angehörige des Formenkreises Protoschizodus
axiniformis Portlock (s. Hind 1898, pag. 228) — P. impressus Koninck
(s. Hind 1898, pag. 233), wohin vielleicht auch der ebenfalls ohne
Kenntnis des Schlosses beschriebene „Schizodus? sulcatus Bronn"
Roemer's (1863, pag. 585, Taf. XV, Fig. 8; 1870, pag. 88) gehört.

---

[1]) Kosmann's (1830) gegenteilige Angaben sind unsicher.

Fundorte: Polnisch-Ostrau (Dreifaltigkeitsschacht; vermutlich Mariner Horizont III). Hangendes des Franziskaflözes (Theresienschacht bei Polnisch-Ostrau; Idaschacht bei Hruschau, 129 *m* Teufe; Mariner Horizont V).

Das Vorkommen von Schizodonten im allgemeinen ist bemerkenswert, weil selbe auch sonst im Verbande produktiver Karbonschichten eine häufige marine Erscheinung sind, zum Beispiel im Donetz-Reviere (obere Abteilung), in den Lower Coal Measures Englands, in den Sama-Schichten Spaniens und besonders — dabei der Form nach den Ostrauer Exemplaren sehr ähnliche Arten — in den Coal Measures (Lower und Upper) Nordamerikas, aus denen sie zahlreich und in weiter Verbreitung beschrieben wurden; zum Vergleich mit den vorliegenden Stücken kommen davon zum Beispiel in Betracht *Schizodus cuneatus Meek* (1875, pag. 336, Taf. XX, Fig. 7), *Sch. curtus Meek & Worthen* (1866, Proc. Chic. Ac., pag. 18; M e e k, 1872, pag. 208, Taf. X, Fig. 13), *Sch. Wheeleri Swall.* (M e e k 1872, pag. 209, Taf. X, Fig. 1), *Sch. Rossicus* (Vern.) G e i n i t z (1866; pag. 18, Taf. I, Fig. 28, 29; vgl. M e e k 1872, pag. 208).

Protoschizodus ?fragilis M'Coy.

Taf. XXI (III), Fig. 1.

Leptodomus fragilis M'Coy 1844. pag. 67, Taf. X, Fig. 11.
Protoschizodus fragilis M'Coy, H i n d 1898, pag. 250, Taf. XX, Fig. 6, 8 (?9).

Das Charakteristische dieser Art gegenüber anderen karbonischen Schizodonten besteht in der starken Entwicklung des vor dem Wirbel gelegenen Schalenteiles, der zufolge die Wirbel selbst an die Grenze zwischen dem vorderen und mittleren Längendrittel des Gehäuses zu liegen kommen; ferner in dem Mangel einer ausgesprochenen Schiefe, weswegen der Umriß regelmäßig queroval erscheint, sowie dem Fehlen einer vom Wirbel zum Hinterunterrande verlaufenden Kielbildung. Der Hinterteil ist, etwas verflachend, nach rückwärts ausgezogen.

Es liegt ein aufgeklapptes Exemplar im Steinkern vor, der durch die Eindrücke der Schloßzähne die Zugehörigkeit zur Gattung *Protoschizodus* erkennen läßt. Die Identität der H i n d'schen Form Fig. 9 mit *P. fragilis* erscheint angesichts des Mangels der angeführten, bezeichnenden Eigenschaften fraglich.

Fundort: Poremba, II. Flöz (Mariner Horizont II).

P. fragilis wurde aus dem britischen Kohlenkalk beschrieben.

Astartidae Gray.

Cypricardella spec. aus der Gruppe der *C. parallela Phillips.*

Taf. XX (II), Fig. 48.

Venus parallela Phillips 1836, pag. 209, Taf. V, Fig. 8.
Cypricardella parallela Phill., H i n d 1899 Monogr., pag. 348, Taf. XXXIX, Fig. 1—7.

Ein kleines, schlecht erhaltenes Individuum gehört nach der Form und Skulptur der Schale hierher, doch kann die Bestimmung, zumal die Schloßverhältnisse unbekannt sind, nur vergleichsweise erfolgen. Die Gruppe der *C. parallela* umfaßt auch die sehr ähnliche *C. concentrica Hind* (1899, pag. 350). S t u r hatte (in coll.) das vorliegende Exemplar als „*cf. Cardiomorpha concentrica Koninck*" (1873, Taf. III, Fig. 6) bezeichnet, wozu aber der stumpfe Wirbel des Ostrauer Stückes nicht paßt.

F u n d o r t: Hangendes des Franziskaflözes (Idaschacht bei Hruschau, 128—129 *m* Teufe; Mariner Horizont V).

Lunulicardiidae Fischer.

? Chaenocardiola Footii Baily.

Lunulicardium Footii Baily 1860, pag. 19, Fig. 9.
Chaenocardiola Footii Baily, H i n d 1900 Monogr., pag. 475, Taf. LII, Fig. 5—7.

Ein schlechter Bivalvenrest zeigt seiner äußeren Erscheinungsform nach auffallende Ähnlichkeit mit der Abbildung eines kleinen *Ch. Footii*-Exemplares bei H i n d (Taf. LII, Fig. 5 *c*). Inwieweit dies wirklich auf systematischer Verwandtschaft, beziehungsweise Identität oder nur auf unmaßgeblicher Konvergenz des Erhaltungszustandes beruht, entzieht sich der Prüfung. Jedenfalls ist die Bestimmung eine unsichere und bleibt abzuwarten, bis eventuell besseres Material zur Verfügung steht.

F u n d o r t: Rückwärtiger, flözleerer Teil im Reicheflöz-Erbstollen bei Petřkowitz (Preußisch-Schlesien).

Ch. Footii kommt in den britischen Lower Coal Measures und der Pendleside series vor. *Ch. haliotoidea (Roemer) Holzapfel* (1889, pag. 62, Taf. VII, Fig. 5, 6) aus den Kalken von Erdbach-Breitscheid ist ähnlich, jedoch am Vordersaume abweichend skulpturiert und unten schärfer zugespitzt.

Solenopsidae Neumayr.

Sanguinolites tricostatus Portlock.

Taf. XX (II), Fig. 50—52.

Cypricardia ? tricostata Portlock 1843, pag. 441, Taf. XXXIV, Fig. 17.
Sanguinolites tricostatus Portl., H i n d 1900 Monogr., pag. 391, Taf. XLII, Fig. 11—15.
Solen Ostraviensis Stur 1875, pag. 154; 1877, pag. 325 (431).

Eine Reihe kleiner, relativ gut erhaltener Exemplare stimmt hinlänglich zur H i n d'schen Fassung des *S. tricostatus*. Es hat zwar bei einzelnen Stücken den Anschein, daß der Unterrand einer Klappe zum Unterschied von der H i n d'schen Darstellung völlig gerade wäre, jedoch erweist sich dies teils als Täuschung, indem die Schale nicht ganz freiliegt, teils, wenn schon es vielleicht zutrifft, zeigt die andere der beiden Klappen deutlich die schwache Konvexität des Unterrandes und bildet also die geringe Spielweite dieser Eigenschaft keine spezifisch ausreichende Abweichung. S t u r hatte (l. c. et in coll.) die vorliegenden Formen als neue Spezies „*Solen Ostraviensis*" betrachtet, was darauf zurückzuführen ist, daß sich seine paläontologischen Bestimmungen allem Anschein nach lediglich an die älteren Arbeiten von K o n i n c k (1842—44, besonders aber 1873) und jene R o e m e r's (1863, 1870) hielten, die eine vergleichbare Form nicht behandeln.

F u n d o r t e: Hangendes des Franziskaflözes (Salomon- und Theresienschacht bei Mährisch-, bzw. Polnisch-Ostrau; Idaschacht bei Hruschau, 114, 129—130 *m* Teufe; Mariner Horizont V).

S. tricostatus ist aus dem Unterkarbon des britischen und belgischen (Viséen) Gebietes, der Vogesen (T o r n q u i s t) und des französischen Zentralplateaus bekannt.

Grammysiidae Fischer.

Edmondia Koninck.

Neben wenigen spezifisch wenigstens einigermaßen sicher bestimmbaren Exemplaren liegt eine Anzahl von fragmentarisch oder sonst mangelhaft erhaltenen Stücken vor, die eine nähere Bestimmung nicht zulassen. Es sind teils Typen mit sehr feiner konzentrischer Rippenskulptur, der Form nach an *E. laminata Phill.* (s. u.) oder durch mehr subquadratischen bis rundlichen Umriß an *E. rudis M'Coy* (s. H i n d 1899 Monogr., pag. 302, Taf. XXVIII, z. B. Fig. 9) erinnernd; bei queroval verlängerten Schalen mit gleicher Ornamentik ist auch die Unterscheidung gegenüber einzelnen *Sanguinolites*-Arten, wie *S. abdenensis Eth.* (vgl. H i n d 1900 Monogr., pag. 408, z. B. Taf. XLVI, Fig. 8. u. 9), schwierig; teils Formen von Skulptur- und Figurtypus der *E. arcuata Phill.* (s. u.), teils endlich auch solche mit feinem konzentrischen Linienornament bei verschiedener, mitunter auch gar nicht mehr erkennbarer Gestalt.

Edmondien im allgemeinen sind in den Lower Coal Measures, namentlich denen Englands und Nordamerikas, keine seltene Erscheinung.

Edmondia arcuata Phillips em. Hind.

Taf. XXI (III), Fig. 3.

Sanguinolaria? arcuata Phillips 1836, pag. 209, Taf. V.
Edmondia arcuata Phill., H i n d 1899 Monogr., pag. 310, Taf. XXXV, Fig. 1—4, 6—10.

Die elliptische, gleichmäßig gewölbte Gestalt mit den weit vorn gelegenen, wenig vorragenden stumpfen Wirbeln, welche nach vorn eine ausgeprägte Höhlung bilden, und die aus feinen Linien und gröberen stumpfen Rippen bestehende konzentrische Skulptur liefern eine Reihe äußerer Anhaltspunkte zur Identifizierung der vorliegenden Form. Abweichend von der Mehrzahl der H i n d abgebildeten Exemplare ist der weniger gerade als in flacher Kurve verlaufende Unterrand, der jedoch auch bei einzelnen H i n d'schen Figuren derart beschaffen ist.

F u n d o r t: Hangendes des Franziskaflözes (Theresienschacht bei Polnisch-Ostrau; Mariner Horizont V). Zwei Exemplare.

E. arcuata ist aus dem britischen Kohlenkalk bekannt.

Edmondia laminata Phillips.

Taf. XXI (III), Fig. 4.

Lucina? laminata Phillips 1836, pag. 209, Taf. V, Fig. 12.
Edmondia laminata Phill., Hind 1899 Monogr., pag. 324. Taf. XXXVI, Fig. 1—7,
10—12.

Die quer rechteckige Form der Schale mit wenig gebogenem,
fast geradem und nach hinten verlängertem Schloßrand, verbunden mit
der feinen, gleichmäßigen konzentrischen Rippenskulptur lassen diese
Spezies in wenigen vorliegenden Exemplaren erkennen.

Fundort: Hangendes des Franziskaflözes (Theresienschacht
bei Polnisch-Ostrau; Mariner Horizont V).

E. laminata kommt im britischen und belgischen (Tournaisien)
Unterkarbon vor und wurde auch in den englischen Lower Coal
Measures gefunden.

Edmondia sulcata Phillips.

Taf. XXI (III), Fig. 2.

Sanguinolaria? sulcata Phillips 1836, pag. 209, Taf. V, Fig. 5.
Edmondia sulcata Phill., Hind 1899 Monogr., pag. 318, Taf. XXXIII, Fig. 15;
Taf. XXXIV, Fig. 3, 5, 6; Taf. XXXV, Fig. 5, 11.

Die charakteristische, von scharf hervortretenden Rippen gebildete Skulptur dieser Art zeigen einige fragmentarische Exemplare
des vorliegenden Materials, die auch der Gestalt nach gut hierher passen.

Fundort: Hangendes des Franziskaflözes (Theresienschacht
bei Polnisch-Ostrau; Mariner Horizont V).

E. sulcata ist in ziemlich weiter Verbreitung, vorwiegend unterkarbonisch, bekannt (Großbritannien, Belgien, und zwar Tornaisien,
Vogesen, Karnische Alpen i. e. Nötscher Schichten); sie steigt aber
auch ins untere Oberkarbon auf, in die Pendleside series sowie in
die britischen Lower Coal Measures.

Solenomya (Janeia King-Beush.) primaeva Phillips.

Taf. XXI (III), Fig. 5—6 [1]).

Solenomya primaeva Phillips 1836, pag. 209, 247, Taf. V, Fig. 6.
    ; *Puzosiana De Koninck* 1843 Descr., pag. 60, Taf. V, Fig. 2; 1885, pag. 120,
Taf. XXIII, Fig. 29, 33, 34, 41.
Solenomya primaeva Phill., Hind 1900 Monogr., pag. 438, Taf. L, Fig. 1—6
Janeia Puzosiana Kon., Wolterstorff 1898, pag. 39, Taf. III, Fig. 1—5.
Solenomya Böhmi Stur 1877, pag. 325 (431).
    „   *Stur*, Axel Schmidt 1909, pag. 748, Taf. XXIII, Fig. 3, 4.
    „   *n. sp. Stur.* 1875, pag. 154.
Über *Janeia* vgl. a. Tornquist 1896, pag. 155.

Diese charakteristische Form liegt in einer größeren Anzahl leicht
kenntlicher, wenn auch kleiner und zum Teil nur fragmentarischer Exemplare vor. Stur hat dieselben für Vertreter einer neuen Spezies angesehen, *Solenomya Böhmi*, und Axel Schmidt, der im Anschluß an die

---

[1]) Fig. 6 auf Taf. XXI läßt infolge ungünstiger Orientierung den *Solenomya*-
Charakter anscheinend vermissen.

Anthracosiiden einige Solenomyen aus den Ostrauer Schichten behandelte, gab dieser Ansicht Folge, Beschreibung und Abbildung nachtragend. Wenn beiderlei Formen, *S. primaeva* und *S. Böhmi*, hier trotzdem als spezifisch zusammengehörig betrachtet werden, so gründet sich dies darauf, daß auch A x e l S c h m i d t keine prinzipiellen Unterschiede zwischen beiden konstatieren konnte. „*S. Böhmi*“ ist wohl kleiner und zierlicher und im Zusammenhang damit auch feiner ornamentiert, die Formrelationen und das Prinzip der Skulptur aber sind ganz übereinstimmend, namentlich beginnen auch bei *S. primaeva* (*S. Puzosiana* im Sinne A x e l S c h m i d t s) die Streifen zum Hinterrande nicht immer am Wirbel, wie zum Beispiel gerade das von A x e l S c h m i d t abgebildete Exemplar erkennen läßt.   A x e l S c h m i d t hält übrigens auch *S. Puzosiana Kon.* und *S. (Janeia Beush.) primaeva Phill.* getrennt. Was diese Frage und das Subgenus *Janeia (King) Beush.* betrifft, scheint einerseits die spezifische Identität von *S. Puzosiana Kon.* und *S. primaeva Phill.* doch sicherzustehen, während anderseits B e u s - h a u s e n ja alle paläozoischen Solenomyen, einschließlich *S. primaeva Phill.* und *S. Puzosiana Kon.*, zum Typus *Janeia* gehörig betrachtet; die dafür charakteristische Ungleichklappigkeit ist bei ihrem nicht sehr beträchtlichen Ausmaß eine zu schwer nachweisbare Eigenschaft, als daß man auf Grund eines doch immerhin beschränkten und nicht tadellos erhaltenen Materials für *S. primaeva*, beziehungsweise *Puzosiana* eine Ausnahme machen könnte, wie A x e l S c h m i d t, der letztere Spezies zu *Solenomya s. str.* (Schale gleichklappig) stellt; diese Ansicht bedarf jedenfalls noch der Bestätigung.

F u n d o r t e : Hangendes und First des Koks- = V. Flözes (Eugen-, beziehungsweise Albrechtschacht bei Peterswald ; Mariner Horizont II). Hangendes des Franziskaflözes (Salomon- und Theresienschacht bei Mährisch-, bzw. Polnisch-Ostrau ; Idaschacht bei Hruschau, 128—129 *m* Teufe ; Mariner Horizont V).

Im Unterkarbon Nordwest-, Mittel- (Kulm von Magdeburg) und Ost- (Moskauer Becken, D e V e r n e u i l) Europas verbreitet, wurde *S. primaeva* auch aus den englischen Lower Coal Measures bekannt. Eine sehr ähnliche, spezifisch vielleicht idente Form, *S. subradiata*, beschrieb H e r r i c k (1887, pag. 30, Taf. III, Fig. 8) aus den Coal Measures von Ohio ; Abbildung und Beschreibung lassen bestimmte Unterschiede gegenüber *S. primaeva* nicht erkennen, immerhin gestattet beides doch auch keine sichere Identifizierung. Dasselbe gilt von *Solenomya radiata Meek & Worthen* (1860, pag. 457) aus den Coal Measures von Illinois, soviel den einer Abbildung ermangelnden Angaben zu entnehmen ist. *Solenomya parallela Beede & Rogers* (B e e d e 1899, pag. 131, Taf. XXXIV, Fig. 1) aus den Coal Measures von Kansas folgt zwar auch noch dem Grundtypus von *S. primaeva*, weicht aber doch durch ihre langgestreckte Form mit völlig parallelem Ober- und Unterrand schon charakteristisch ab. — Die permische *S. (Janeia) Phillipsiana King* (1849, pag. 179, Taf. XVI, Fig. 8) ist äußerlich von *S. primaeva* kaum verschieden, nur Differenzen in der Form der Muskeleindrücke begründeten nach K i n g ihre spezifische Sonderung.

Scaphopoda.

Entalis cf. ornata Koninck.

Taf. XXI (III), Fig. 7.

Entalis ornata De Koninck 1883, pag. 218, Taf. XLIX, Fig. 4—9.

Kleines pfriemliches apikales Gehäusestück mit aus der Längsachse gedrehter, feiner Spitze und fast kreisrundem Querschnitt. Schale dick, ihre Oberfläche ringsum von annähernd gleichmäßig verteilten, sehr dicht stehenden, äußerst feinen, gegen die Spitze hin konvergierenden, geraden, bei starker Vergrößerung etwas gewellt erscheinenden Längsrippchen bedeckt, die von undeutlich hervortretenden, in Abständen von zirka 1 *mm* stehenden horizontalen Anwachsringen gequert werden. An der konkaven Gehäuseseite verläuft, den Längsrippen parallel, eine glatte, feine Furche, deren Breite etwa zwei Rippenintervallen entspricht.

Die dicke Schale und die deutlich ausgebildete Fissuralfurche weisen mit Bestimmtheit auf *Entalis*; von den beschriebenen karbonischen Spezies dieser Gattung hinwiederum zeigt *E. ornata* hinsichtlich der Skulptur solche Ähnlichkeit, daß das vorliegende Stück trotz seines fragmentarischen Charakters mit ziemlicher Wahrscheinlichkeit darauf bezogen werden kann. In geringerem Grade gilt dies für ein zweites schlechter erhaltenes Exemplar.

F u n d o r t : Hangendes des Franziskaflözes (Idaschacht bei Hruschau, 128—129 *m* Teufe; Mariner Horizont V). Das zweite schlechtere Stück stammt aus dem Hangenden des Barbaraflözes bei Polnisch-Ostrau (Mariner Horizont III).

E. ornata war bisher vorwiegend nur aus dem britischen und belgischen (Viséen) Kohlenkalk bekannt.

Entalis cf. cyrtoceratoides Koninck

Taf. XXI (III), Fig. 8.

Entalis cyrtoceratoides De Koninck 1883, pag. 216, Taf. XLIX, Fig. 13—15.

Wenige fragmentarische Stücke passen nach Skulptur, Krümmung und Querschnitt am besten hierher. Einige weitere, schlechter erhaltene Exemplare, darunter eines (Taf. III, Fig. 9) mit eigenartiger, verwischt-faserförmiger Skulptur mußten spezifisch unbestimmt gelassen werden.

F u n d o r t e : Hangendes des V. Flözes (Peterswald; Mariner Horizont II). Polnisch-Ostrau (Dreifaltigkeitsschacht; vermutlich Mariner Horizont III).

C. cyrtoceratoides fand sich bisher nur aus dem belgischen Kohlenkalk (Viséen) angegeben. Nach ähnlichen Prinzipien geformte und ornamentierte Spezies sind aus den nordamerikanischen Coal Measures bekannt; so *Dentalium Meekianum* Geinitz (1866, pag. 13, Taf. I, Fig. 20; vgl. M e e k 1872, pag. 224, Taf. XI, Fig. 16) und *Dentalium? annulostriatum Meek & Worthen* (1870, pag. 45; 1873, pag. 589, Taf. XXIX, Fig. 7).

Gastropoda.

Bellerophontidae M'Coy.

Die *Bellerophontidae* bilden ähnlich wie unter den Bivalven die Nuculiden eines der wichtigsten und charakteristischesten Faunenelemente der Ostrauer Marinhorizonte. Sie sind ebensowohl in einer Reihe von gut bestimmbaren Arten wie noch mehr in einer großen Menge von Individuen vertreten und dementsprechend von der Lokalität auch schon lange bekannt. Sie liefern ein wertvolles faunistisches Vergleichsobjekt, indem Bellerophonten spezifisch gleicher oder sehr naher Stellung nicht nur im benachbarten Oberschlesien, sondern weiterhin im Donetzrevier (namentlich dessen mittlerer und oberer Abteilung), in den Marine bands der britischen Lower Coal Measures und in den Coal Measures (Lower, Middle und Upper) Nordamerikas große und überall reiche Verbreitung haben.

Bellerophon (Bucania Kon.) Moravicus sp. n.

Taf. XXI (III), Fig. 10—21.

Bellerophon decussatus Flem., S t u r 1875, pag. 153; 1877, pag. 325, bzw. 431.

Vgl. *Bellerophon decussatus Fleming* 1828, pag. 338.
Bellerophon decussatus Flem., P h i l l i p s 1836, pag. 231, Taf. XVII, Fig. 13.
   „   „   *Flem.,* D e V e r n e u i l & d'A r c h i a c 1841, pag. 354, Taf. XXIX, Fig. 2.
Bellerophon decussatus Flem., D e K o n i n c k 1843, pag. 339, Taf. XXIX, Fig. 2, 3; Taf. XXX, Fig. 3.
Bellerophon decussatus Flem., P o r t l o c k 1843, pag. 399, Taf. XIX, Fig. 6.
   „   „   *Flem.,* B r o w n 1849, pag. 38, Taf. XXVI, Fig. 21.
   „   „   *Flem.,* d'O r b i g n y 1850, pag. 126.
   „   „   *Flem.,* S a n d b e r g e r 1850, pag. 180, Taf. XXII, Fig. 7.
   „   „   *Flem.?,* M'C o y 1855, pag 552.
   „   „   *Flem.,* P i k t o r s k y 1857, pag. 506, Taf. X, Fig. 8.
   „   „   *Fér.,* E i c h w a l d 1860, pag. 1090.
   „   „   *Flem.,* D e K o n i n c k 1873, pag. 97, Taf. IV, Fig. 1.
   „   „   *Flem.,* E t h e r i d g e 1876, Geol. Mag., pag. 154, Taf. VI, Fig. 8.
Bellerophon decussatus Flem., var. undatus Etheridge 1876, Geol. Mag., pag. 155, Taf. VI, Fig. 9, 10.
Bellerophon decussatus Flem., var. undatus Etheridge 1878, Qu. J., pag. 19, Taf. II, Fig. 30.
Bellerophon decussatus Flem., B a r r o i s 1882, pag. 357.
   „   *cf.*   „   *Flem.,* T s c h e r n y s c h e w 1885, S. A. pag. 8, Taf. XV, Fig. 3.
Bellerophon decussatus Flem.??, H e r r i c k 1887, pag. 19, Taf. II, Fig. 12.
Bucania angustifasciata Waagen 1887, pag. 152, Taf. XIII, Fig. 6.
Bellerophon cancellatus Hall 1856, Trans. Alb. Inst., pag. 31 (= *textilis Hall* 1877; non *B. cancellatus Hall* 1847, pag. 307, Taf. LXXXIII, Fig. 10).
Bellerophon clathratus d'Orbigny 1840, pag. 204, Taf. V, Fig. 24—27; Taf. VII, Fig. 12—14.
Bellerophon depressus Eichwald 1860, pag. 1085, Taf. XL, Fig. 32.
   „   *elegans d'Orbigny* 1840, pag. 203, Taf. VII, Fig. 15—18.
   „   „   *Orb.,* D e K o n i n c k 1883, pag. 151, Taf. XLI, Fig. 18—21.
Bellerophon (Bucania) elegans Orb., W h i d b o r n e 1896, pag. 62, Taf. VII, Fig. 1.
   „   *Hyalinus De Ryckholt* 1847, pag. 88, Taf. III, Fig. 26, 27.

Bucania integra Waagen 1887, pag. 153, Taf. XIV, Fig. 5.
Bellerophon interlineatus Portlock 1843, pag. 402, Taf. XIX, Fig. 11.
„   „   *Portl.*, G e i n i t z 1866, pag. 8, Taf. I, Fig. 14.
Bucania Kattaensis Waagen 1887, pag. 151. Taf. XIV, Fig. 6.
Euphemus Kükenthali Frech 1906, pag. 124, Taf. III, Fig. 3.
Bellerophon Leda Hall 1879, pag. 110, Taf. XXIII, Fig. 2—16.
„   *Lyra Hall* 1879, pag. 113, Taf. XXIII, Fig. 1, 17—20.
„   *Marcouianus Geinitz* 1866, pag. 7, Taf. I, Fig. 12.
„   „   *Gein.*, M e e k 1872, pag. 226, Taf. IV, Fig. 17; Taf. XI,
   Fig. 13.
Bellerophon Marcouianus Gein., H e r r i c k 1887, pag. 20, Taf. V, Fig. 7.
„   „   *Gein.*, K e y e s 1894, pag. 148, Taf. LI, Fig. 3.
„   *Meekianus Swallow*, S h u m a r d & S w a l l o w 1858, pag. 204.
„   *Montfortianus Norwood & Pratten* 1855, pag. 74, Taf. IX, Fig. 5.
„   „   *N. & P.*, G e i n i t z 1866, pag. 8, Taf. I, Fig. 13.
„   „   *N. & P.*, M e e k 1872, pag. 225, Taf. XI, Fig. 15.
„   „   *N. & P.*, H e r r i c k 1887, pag. 19, Taf. II, Fig. 1;
   Taf. V, Fig. 8.
Patellostium Montfortianum N. & P., G i r t y 1903, pag. 473.
Bucania ornatissima Waagen 1887, pag. 155, Taf. XIV, Fig. 7.
Bellerophon Phalena De Ryckholt 1847, pag. 86, Taf. III, Fig. 20--22.
„   *reticulatus M'Coy* 1844, pag. 25, Taf. II, Fig. 5.
„   *striatus Fleming* 1828, pag. 338.
„   „   *Flem*, P o r t l o c k 1843, pag. 400, Taf. XXIX, Fig. 7.
„   *textilis Hall* 1877, pag. 243; 1883 Ind., pag. 371, Taf. XXXI, Fig. 4, 5.
„   „   *Hall*, W h i t f i e l d 1882, Spergen Hill, pag. 90, Taf. VIII,
   Fig. 4, 5.
Bucania textilis De Koninck 1883, pag. 150, Taf. XLI, Fig. 22—25.
Bellerophon textilis Hall, W a l c o t t 1884, pag. 257, Taf. XVIII, Fig. 18.
„   *Wytrianus De Koninck* 1843, pag. 341, Taf. XXVIII, Fig. 9; Taf. XXX,
   Fig. 2.
Bucania Wytriana De Koninck 1883, pag. 153, Taf. XLI, Fig. 26—31.

Form von mittlerer Größe mit rasch vergrößerter, flach ausge-
breiteter, trompetenförmiger Mündung. Schlitz schmal und tief, die
Zipfel der durch ihn getrennten Mundrandflügel mehr weniger gerundet. Kielband am Mündungstrichter sehr deutlich ausgebildet, mäßig
breit, erhaben und beiderseits von je einer schmalen, feinen Furche
eingefaßt, auf inneren Umgängen meist sehr rasch an Deutlichkeit
verlierend. Nabelung eng. Querschnitt innerer Umgänge annähernd
gleich hoch wie breit.

Skulptur des Mündungstrichters makroskopisch nur aus feinen
gleichmäßigen, dicht stehenden, bis unmittelbar an den Mundrand
reichenden Spiralrippen (Linien erster Ordnung) bestehend, zwischen
denen bei schwacher Vergrößerung Systeme noch feinerer Spirallinien.
erscheinen, die sich, an Zahl gegen den Mundrand hin zunehmend,
zwischen je zwei Hauptrippen symmetrisch um eine etwas hervorragende Mittellinie, seltener um 2—3 solcher Linien zweiter Ordnung
gruppieren. Bloß unmittelbar am Mundrand treten häufig einige
schmale, runzelartige senile Anwachswülste (vgl. z. B. Taf. III,
Fig. 19, 20) auf, welche die Spiralornamentik kreuzen, sonst sind
am Mündungstrichter auch bei Vergrößerung höchstens hie und da
undeutliche Spuren einer Querskulptur erkennbar. Dieselbe ausschließlich spirale Ornamentik zeigt in diesem Stadium auch das Kielband,
nur sind hier Hauptrippen (bis zu sechs beobachtet) und Zwischenlinien
noch feiner und dichter (auf den Abbildungen daher nicht mit der

natürlichen Deutlichkeit wahrzunehmen). Erst am anschließenden Um-
gangsstück kommen deutliche, äußerst feine, prokonvexe Anwachs-
bogenlinien hinzu, welche mit der auch hier noch durchaus domin'ie-
renden Spiralskulptur auf Flanken wie Kielband die sehr feine Reti-
kulierung jüngerer, innerer Umgangspartien bewirken (vgl. Taf. III,
Fig. 10, 11, 13, 17, 21).

Fundorte: Poremba, II. Flöz (Mariner Horizont II). 100 *m*
unter Adolfflöz (Polnisch-Ostrau; Mariner Horizont IV). Hangendes
des Franziskaflözes (Idaschacht bei Hruschau, 120—121 *m* Teufe;
Mariner Horizont V). Rückwärtiger, flözleerer Teil im Reicheflöz-
Erbstollen bei Petřkowitz (Preußisch-Schlesien). Peterswald.

B. (*Bucania*) *Moravicus* begreift jene zahlreich vorliegende Form
in sich, die Stur (l. c. et in coll.), offenbar nach Koninck's (1873)
Darstellung, als *B. decussatus Flem.* bezeichnet hatte. Ihre vergleichs-
weisen Charakteristika sind die starke, typisch *Bucania*-artige Ausbreitung des Mündungstrichters, die Form des Schlitzes und anschließenden Kielbandes, das Alleinvorhandensein, beziehungsweise
das entschiedene Vorherrschen des spiralen Skulpturelements, sein
Auftreten. auf dem Kielbande und sein Persistieren bis zum Mundrande. Nach einzelnen dieser Gesichtspunkte, meist sogar nach allen,
unterscheidet sich *B. Moravicus* von der großen Menge ähnlicher,
beschriebener Bellerophonten, wenn schon nicht in jedem einzelnen
Falle festgestellt werden kann, ob die Verschiedenheit eine wirkliche
oder nur eine scheinbare, d. h. in Mängeln der Darstellung begründete
ist. Insbesondere muß die Frage durchaus offen gelassen — ja sie
kann sogar mit einiger Wahrscheinlichkeit positiv beantwortet —
werden, ob nicht einzelne Autoren unter der Bezeichnung *B. decussatus*
spezifisch Identes verstanden haben; allein so wie die Überlieferung
lautet, läßt sich die Ostrauer Form weder mit einer der verglichenen
anderen identifizieren, noch überhaupt eine eindeutige Vorstellung
von *B. decussatus* gewinnen. Der systematische Begriff dieses alten
Fleming'schen Namens hat seither nicht die nötige einheitliche
Präzisierung erfahren. Namentlich hat Koninck denselben sehr verschieden angewandt; zuerst (1843) vereinigte er unter „*B. decussatus*"
zwei morphologisch und skulpturell völlig. verschiedene Formen
(Taf. XXIX, Fig. 3, und Taf. XXX, Fig. 3 einerseits, Taf. XXIX, Fig. 2
anderseits), von denen erstere durch die retikulierte Ornamentik des
Mündungstrichters und das Fehlen eines eigentlichen Schlitzes,
letztere durch die geringe Verbreiterung der Mündung und die ebenfalls nur ganz seichte Schlitzausnehmung von *B. Moravicus* abweicht;
abermals verschiedene Dinge stellte Koninck später (1873; Bleiberg) als „*B. decussatus*" zusammen, einmal eine Form (Taf. IV,
Fig. 1 *d* und 1 *e*) mit wenig verbreiterter Mündung und durchaus reti-
kulierter Schalenoberfläche, fürs zweite (Taf. IV, Fig. 1 *a* und 1 *b*;
danach. richtete sich offenbar Stur's Bestimmung) eine solche von
großer oberflächlicher Ähnlichkeit mit *B. Moravicus*, jedoch ganz un-
zulänglicher Darstellung. In der Neubearbeitung der belgischen
Kohlenkalkfauna steigerte Koninck (1883) die Verwirrung noch
dadurch, daß er beiderlei Formen von Bleiberg mit jener der Fig. 2
auf Taf. XXIX vom Jahre 1843 identifizierte und alle drei zusammen

ohne Rücksichtnahme auf Hall's älteren, sehr ähnlichen *Bell. textilis* (1877 [1]) neu benannte als *Bucania textilis Kon.*; die Form der Figuren 3 auf Taf. XXIX und XXX vom Jahre 1843 hingegen vereinigt Koninck 1883 mit *B. (Bucania) elegans Orbigny* (1840), wozu sie nur der Skulptur nach stimmt, während der Verlauf der Mundränder verschieden ist. Aber auch von seiten der übrigen älteren Autoren ist keine Klarstellung des „*B. decussatus*" erfolgt; Orbigny's (1850) Identifizierung mit *B. elegans* sowie Phillips' (1836), Portlock's (1843) und Brown's (1849) Darstellungen lassen die Frage nach der genaueren Beschaffenheit offen und auf die späteren Autoren überging mit dem Namen auch dessen Unbestimmtheit. Im Sinne Etheridge's (1876), der der Systematik dieses interessanten Formenkreises eine ausführliche Behandlung widmete, stellt *B. decussatus* eine Form vor, die von *B. Moravicus* außer durch geringere absolute Größe durch schwächere Ausbreitung des Mündungstrichters, seichteren Schlitz und vorherrschend retikuliertes Ornament verschieden ist.

Von den sonstigen zitierten Formen scheiden *B. elegans Orb.* und *B. textilis Kon.* bereits nach dem Gesagten vom näheren Vergleich mit *B. Moravicus* aus. Die Ryckholt'schen Namen *B. Hyalinus* und *B. Phalena* sind wohl, wie schon Koninck angenommen hat, gleichbedeutend mit *B. elegans Orb.*, dem auch *B. clathratus Orb.* sehr ähnlich ist. Die vier Waagen'schen Spezies aus dem Productus limestone (*B. angustifasciata, integra, Kattaensis* und *ornatissima*) unterscheiden sich sämtlich leicht durch die geringe Ausbreitung der Mündung und das Fehlen eines Schlitzes, neben Skulpturdifferenzen im einzelnen.

In derselben Richtung weicht auch *B. striatus Portlock* ab, dessen wenig erweiterte Mündung schon fast *Euphemus*-artig aussieht.

Näher kommt *B. Moravicus* die Koninck'sche Spezies *Bucania Witryana*; hier bestehen vorwiegend nur Verschiedenheiten in der Skulptur; die Spiralrippen verlieren sich bei *B. Witryana* (den Textangaben nach) in einiger Entfernung vom Mundrand nahezu vollständig, während umgekehrt das quere Skulpturelement merklich weiter vorreicht als bei *B. Moravicus*; ferner ist das Kielband lediglich prokonvex gestreift. — *B. depressus Eichwald*, aus unterkarbonen Schichten des Bistritza-Reviers, gleicht namentlich in dem akzessorischen Merkmal der Kielabgrenzung sehr der Ostrauer Spezies, hat im übrigen aber setikulierten Mündungstrichter und an Stelle des Schlitzes nur eine reichte Ausrandung. — *B. Moravicus* sehr ähnlich ist die *Bucania*, welche Frech unter dem Namen *Euphemus Kükenthali* aus kalkigen Schiefern des oberen Unterkarbons von Altwasser bei Waldenburg (Niederschlesien) beschrieb; soviel die Abbildung und Beschreibung erkennen läßt, fehlt jedoch der tiefe, schmale Schlitz; immerhin muß die Möglichkeit im Auge behalten werden, daß hier etwas spezifisch Identes vorliegt. Die charakteristische Schlitzausbildung des *B. Moravicus* trennt diesen auch von dem sonst sehr ähnlichen *B. interlineatus Portlock*.

---

[1] Walcotts (1884) Fassung desselben nähert sich durch spirale Kielskulptur dem *B. Moravicus* etwas mehr als Hall's Form, zeigt jedoch ebenso wie diese nur eine sehr geringe Mündungsausweitung.

Wenn schon somit nach dem Stande der Kenntnisse keine der zitierten europäischen Arten mit der Ostrauer Form ident erscheint, so ist bei ihrer immerhin großen Ähnlichkeit doch bemerkenswert, daß einzelne davon, namentlich *B. decussatus aut.*, bereits mehrfach aus dem Verbande produktiver Karbonfazies, den britischen Lower Coal Measures sowohl wie dem Donetzsystem (obere Abteilung), angegeben wurden. Weit verbreiteter und häufiger aber treten mit *B. Moravicus* vergleichbare Formen in den nordamerikanischen Coal Measures auf. Schon im mittleren Devon Nordamerikas erscheint ein Typus von überraschender Ähnlichkeit, vertreten in den beiden Hall'schen Spezies aus den Hamilton Beds, *B. Leda* und *B. Lyra*, die sich nur durch den Mangel des spiralen Skulpturelements auf dem lediglich prokonkav gestreiften Kielbande von *B. Moravicus* unterscheiden. In den Coal Measures (Lower—Upper) weit verbreitet ist vor allem *B. (Patellostium) Montfortianus Norw. & Pratt.*, womit Meek (1872) und Girty (1903) auch den Geinitz'schen *B. interlineatus Portl.* identifizieren; die Ähnlichkeit mit *B. Moravicus* ist je nach der Fassung der einzelnen Autoren verschieden groß; im Sinne von Meek's und Herrick's Darstellung bestehen vorwiegend nur Skulpturdifferenzen (Kielband bei *B. Montfortianus* bloß prokonkav gestreift, die Spiralrippen der übrigen Schalenoberfläche schon makroskopisch in Systeme erster und zweiter Ordnung geschieden), die genannte Geinitz'sche Form „*B. interlineatus Portl.*" hingegen ist eigenartig durch ihren von Spiralrippen freien, quer ornamentierten Saum des Mündungstrichters; außerdem fehlt ihr der charakteristische tiefe und schmale Schlitz des *B. Moravicus.* — Eine andere verwandte und viel aus den Coal Measures erwähnte Spezies Nordamerikas ist *B. Marcouianus Geinitz*; nach Geinitz selbst weicht dieselbe zwar beträchtlich, namentlich durch Besonderheiten der Kielausbildung, von *B. Moravicus* ab, in der Darstellung anderer Autoren aber, Herrick, Keyes, Meek, nähert sie sich bis auf ihren sehr kurzen Schlitz und den ungestreiften Kiel *B. Montfortianus* und damit auch *B. Moravicus.* — *B. Montfortianus* im Sinne Geinitz' kommt für den Vergleich mit letzterem ob allgemeiner augenfälliger Verschiedenheiten nicht in Betracht. — In die Gruppe dieser Bellerophonten gehört jedenfalls auch *B. Meekianus Swall.* aus den Middle und Lower Coal Measures von Missouri; die Autoren Shumard & Swallow gaben keine Abbildung, dem Text nach ist die Form charakterisiert durch die bloß nahe der Mündung deutliche Ausbildung des Kiels. — Auch ein „*B. decussatus??*", seiner Natur nach ebenso unsicher wie die europäischen, erscheint aus den nordamerikanischen Coal Measures angegeben (Herrick).

Bellerophon (s. str.) tenuifascia Sowerby.

Taf. XXI (III), Fig. 25—29.

Bellerophon tenuifascia Sowerby 1825, pag. 109, Taf. CCCCLXX, Fig. 2. 3
    „   „   *Sow.,* De Koninck 1883, pag. 133, Taf. XXXVIII,
Fig. 8—10; Taf. XLII*b*, Fig. 1—3.

Eine Anzahl von Exemplaren zeigt das charakteristische feine, kaum erhabene Kielband in Verbindung mit den übrigen für die Gruppe des *B. hiulcus Mart.* bezeichnenden Eigenschaften in Form und Skulptur.

Fundorte: Hangendes des Franziskaflözes (Theresienschacht bei Polnisch-Ostrau; Idaschacht bei Hruschau, 129—130 *m* Teufe; Mariner Horizont V).

B. tenuifascia ist aus der unterkarbonen Kalkfazies Englands, Schottlands und Belgiens wohlbekannt, wird ferner auch aus dem Karbon des Fichtelgebirges (Leyh), der Karnischen Alpen (Nötscher Schichten) und Spaniens (Leñaschichten) angegeben. In den britischen Lower Coal Measures kommt der ähnliche *B. hiulcus Mart.* vor.

Bellerophon (s. str.) anthracophilus Frech.

Taf. XXI (III), Fig. 22—24.

Bellerophon anthracophilus Frech 1906, pag. 125, Taf. II, Fig. 6.

Die vorliegende Form ist ausgezeichnet durch größere Höhe als Breite der Schale (im Sinne der Koninck'schen Orientierung), durch das vorspringende konvexe Kielband und die Unregelmäßigkeit der transversalen Anwachsstreifen, die bald, auf jüngeren inneren Umgangspartien ständig, feiner, seichter und dichter, bald gröber und tiefer und dann serienweise, besonders eben am Mündungsstücke, zu schwach wulstartigen Falten der Schalenoberfläche gruppiert sind. Diese Eigenschaften kehren in auffallender Übereinstimmung in der Abbildung und Beschreibung von Frech's *B. anthracophilus* wieder.

Fundort: Hangendes des Franziskaflözes (Theresienschacht bei Polnisch-Ostrau; Mariner Horizont V). Mehrere Exemplare.

B. anthracophilus wurde von Frech aus dem marinen Unterkarbon Oberungarns beschrieben und auch aus dem oberschlesischen Steinkohlengebirge angegeben. Unter den zahlreichen, bei den minutiös angenommenen Differenzen (bezüglich äußerer Form, Nabelweite und Ausbildung des Kielbandes) zum Teil kaum auseinanderzuhaltenden Arten, in welche Koninck die Gruppe des *B. hiulcus Mart.* gliedert — synonym sind zum Beispiel wohl, wie Orbigny selbst angibt, *B. Münsteri Orb.* und *B. hiulcus Mart.* — kommt *B. sublaevis Pot. et Mich.* (Koninck, pag. 126, Taf. XLII, Fig. 4—6, non cet.) am nächsten. In der Ausbildung des transversalen Ornaments zeigt der in den nordamerikanischen Coal Measures häufige, im übrigen durch extreme Skulptur gekennzeichnete *B. percarinatus Conrad* (1842; vgl. z. B. die Abbildung und Beschreibung bei Herrick 1887, pag. 17, Taf. II, Fig. 14) einige Ähnlichkeit.

Bellerophon (Euphemus Kon.) Urei Fleming.

Taf. XXII (IV), Fig. 1—4 (5—7).

Bellerophon Urii Fleming 1828, pag. 338.
Euphemus Urei Flem., De Koninck 1883, pag. 157, Taf. XLII*b*, Fig. 40—43.
„   *Sudeticus Frech* 1906, pag. 123, Taf. II, Fig. 3—4.
Bellerophon Urii Flem., Roemer 1863, pag. 582, Taf. XV, Fig. 3—4; 1870, pag. 86, Taf. VIII, Fig. 10, 11.

Bellerophon Urii Flem., S t u r 1875, pag. 153; 1877, pag. 325 (431).
Euphemus Urii Flem., C r a m e r 1910, pag. 146.

In zahlreichen, mehr weniger typischen Exemplaren vorliegend.
F u n d o r t e: Poremba, II. Flöz (Mariner Horizont II). Hangendes
des I. Flözes (Alpine Schacht bei Orlau; Mariner Horizont II). First
und Hangendes des Koks- = V. Flözes (Eugen-, bezw. Albrechtschacht
bei Peterswald; Mariner Horizont II). Flözleere Partie zwischen
Philipp- und Emilflöz (Sofienzeche bei Orlau ; Mariner Horizont III).
Hangendes des Franziskaflözes (Theresienschacht bei Polnisch-Ostrau;
Mariner Horizont V). Eduardflöz (Franzschacht bei Přivoz).

B. *Urei* ist demnach eines der häufigsten und verbreitetsten
Fossilien der Ostrauer Marinhorizonte; schon S t u r (l. c.) gab die
Art daraus an, wie sie auch aus dem benachbarten oberschlesischen
Steinkohlengebirge bereits durch R o e m e r (l. c.) bekannt wurde; in
der gleichen Häufigkeit kommt sie in den Golonoger Schichten Russisch-
Polens (R o e m e r 1866, pag. 665; C r a m e r l. c.) vor, ferner im
Donetzrevier (mittlere und obere Abteilung), im marinen Oberkarbon
von Aachen (S e m p e r) und den Marine bands der britischen Lower
Coal Measures. Seine übrige europäische Verbreitung hat B. *Urei* im
britischen und belgischen (Viséen, Tournaisien) Unter- und unteren
Oberkarbon (Millstone grit, Yoredale series), in den spanischen Leña-
Schichten, den Nötscher Schichten der Karnischen Alpen, dem Unter-
karbon Oberungarns und dem marinen Oberkarbon Dalmatiens.

Für Nordamerika unterliegt die spezifische Identität des B. *carbonarius Cox* (1857, pag. 562) mit B. *Urei* wohl keinem Zweifel ; die
kleinlichen Differenzen in der Zahl der Rippen, auf die von einzelnen
Autoren (C o x, C h e s n e y, 1860, pag. 60, Taf. II, Fig. 5) Wert
gelegt wurde, vermögen um so weniger eine systematische Trennung zu
begründen, als ja auch der echte europäische B. *Urei* individuell
solche belanglose Inkonstanzen zeigt. B. *carbonarius* stellt dabei auch
faunistisch-stratigraphisch den nordamerikanischen B. *Urei* dar; er ist
eines der häufigsten und weitest verbreiteten Marinfossilien der dortigen
Coal Measures (Lower—Upper) und wurde von zahlreichen Autoren
beschrieben oder erwähnt (z. B. G e i n i t z 1866, pag. 6, Taf. I,
Fig. 8; M e e k 1872, pag. 224, Taf. IV, Fig. 16, Taf. XI, Fig. 11,
setzt bereits beide Namen gleichbedeutend; W h i t e 1883 Ind., pag.
158, Taf. XXXIII, Fig. 6—8; H e r r i c k 1887, pag. 19, Taf. II, Fig. 20),
während andere die nordamerikanische Form ohne weiteres schon als
B. *Urei Flem.* bestimmten (z. B. N o r w o o d & P r a t t e n 1855, pag. 75,
Taf. IX, Fig. 6; K e y e s 1894, pag. 149, Taf. L, Fig. 5). Keinerlei
entschiedene spezifische Differenzen trennen auch die Form B. *sub-
papillosus* von B. *Urei*, die W h i t e (1879, pag. 218) ohne Abbildung
beschrieb und selbst schon in die nächste Nähe von B. *carbonarius*
(= *Urei*) stellte.

Die von F r e c h (l. c.) vorgeschlagene Umbenennung der
schlesischen Form, mit der die Ostrauer jedenfalls ident ist, in
B. (*Euphemus*) *sudeticus* erscheint nicht genügend begründet; zuverlässige Unterschiede gegenüber dem originalen B. *Urei Flem.* sind
nicht festzustellen und gehen insbesondere auch nicht aus dem Ver-

gleich der von F r e c h einander gegenüber gestellten Abbildungen
hervor. (F r e c h 1906, Taf. II, Fig. 5 einerseits, Fig. 3—4 anderseits.)
Die Abtrennung der flacheren, etwas gröber berippten spanischen
Form *B. sub-Urii* M a l l a d a (1875, pag. 105, Taf. IV, Fig. 5; s. a.
B a r r o i s 1882, pag. 355, Taf. XVII, Fig. 24) hinwiederum darf
zum wenigsten nicht spezifischen Rang für sich in Anspruch
nehmen. Schon die Schwierigkeiten, welche der K o n i n c k'schen
(1883) Aufteilung des gewiß etwas variablen und kollektivischen, aber
doch, wenigstens spezifisch, kaum weiter zu sondernden *B. Urei*
begegnen, mahnen, von diesem Versuche abzusehen, solange nicht
die Überprüfung eines universellen Materials dazu berechtigt.

Einen ausgesprochen grobrippigen, aber auch kaum spezifisch
selbständigen Typus stellt die Form

Bellerophon (Euphemus Kon.) Orbignyi Portlock
Taf. XXII (IV), Fig. 5—7
(P o r t l o c k 1843, pag. 401, Taf. XXIX, Fig. 12)

vor. Außer der gröberen Berippung wird dafür auch noch bedeutendere
absolute Größe geltend gemacht. Doch sind dies alles nur graduelle,
schwankende Differenzen. Auch bei *B. Urei* wird die Berippung vor
ihrem Abflauen nahe der Mündung sehr viel gröber als auf früheren
Umgangsstadien und für die absolute Größe fällt es schwer, eine auch
nur beiläufige Grenze zu ziehen; es handelt sich demnach wohl nur
um Verschiedenheiten im Ausmaße einer Varietät; schon E t h e r i d g e
(1888) hat die beiden Namen *B. Urei* und *B. Orbignyi* gleichgestellt.

B. Orbignyi im besagten Sinne ist unter dem Ostrauer Material
in wenigen Stücken vertreten. F u n d o r t e: Koksflöz (Eugenschacht
bei Peterswald; Mariner Horizont II). Hangendes des Franziskaflözes
(Theresienschacht bei Polnisch-Ostrau; Mariner Horizont V).

Auch *B. Orbignyi* wird aus den britischen Coal Measures (Lower
und Middle) angegeben.

Pleurotomariidae Orbigny.

Neben den Bellerophonten ist die Familie der Pleurotomariiden
unter den Gastropoden der Ostrauer Marinhorizonte am häufigsten
und verbreitetsten vertreten.

Über ihr sonstiges Vorkommen in den europäischen Steinkohlen-
gebirgen ist bisher leider sehr wenig bekannt. Auch im oberschlesischen
Reviere haben kleine Pleurotomarien weite Verbreitung (E b e r t 1889)
und in den irischen und nordamerikanischen Coal Measures kehren
verschiedene, z. T. sehr ähnliche Spezies wieder.

Rhaphistoma radians Koninck.
Taf. XXII (IV), Fig. 14, 15.

Euomphalus radians De Koninck 1843, pag. 442, Taf. XXIII, Fig. 5.
Rhaphistoma radians De Koninck 1881, pag. 135, Taf. XII, Fig. 12—14.
Euomphalus cf. radians Kon., S t u r 1875, pag. 154; 1877, pag. 325 (431).

Die wenigen, meist schlecht und fragmentarisch erhaltenen vorliegenden Exemplare zeigen die charakteristische Form und Skulptur

dieser Art und können mit genügender Sicherheit damit identifiziert werden, wenn schon die Erhebung der Spirale z. T. vielleicht etwas bedeutender ist, als aus der K o n i n c k'schen Abbildung ersichtlich wird.

F u n d o r t e: Hangendes des Franziskaflözes (Salomonschacht bei Mährisch-Ostrau; Idaschacht bei Hruschau, 120—121, 128—129 *m* Teufe; Mariner Horizont V).

Rh. radians Kon. hat ihre Hauptverbreitung im britischen und belgischen Kohlenkalk (einschließlich Herborn), wurde aber auch aus den britischen Lower Coal Measures angegeben. Aus den Ostrauer Schichten ist die Art seit S t u r (1. c.) bekannt.

Pleurotomaria (Ptychomphalus Kon.) perstriata Koninck.

Taf. XXII (IV), Fig. 12.

Ptychomphalus perstriatus De Koninck 1883, pag. 35, Taf. XXXIII *b*, Fig. 24—26.
? syn. *Ptychomphalus Agassizi De Koninck* 1883, pag. 36, Taf. XXIX, Fig. 42—45.

Einige gut stimmende Exemplare. Die von K o n i n c k angegebenen Unterschiede von *P. perstriata* und *P. Agassizi* sind wohl so minutiös, daß sie eine spezifische Trennung nicht begründen. Sehr ähnlich, vielleicht ident, ist auch *P. Morrisiana M'Coy* (1847, pag. 306, Taf. XVII, Fig. 5) aus karbonen Kalken Australiens und *P. pisum De Koninck* (1883, pag. 41, Taf. XXXI, Fig. 57—61) in der Fassung H i n d's (1905, Ireland, pag. 110, Taf. V, Fig. 19).

F u n d o r t: Hangendes des V. Koksflözes (Peterswald; Mariner Horizont II).

Die K o n i n c k'schen Formen stammen aus der Etage Waulsortien des belgischen Kohlenkalks, die erwähnte *P. pisum Kon.* H i n d's aus einem Marine band von Millstone grit-Alter Westirlands.

Pleurotomaria (Ptychomphalus Kon.) tornatilis Phillips.

Taf. XXII (IV), Fig. 13.

Pleurotomaria tornatilis Phillips 1836, pag. 228, Taf. XV, Fig. 25.
Ptychomphalus tornatilis Phill., D e K o n i n c k 1883, pag. 45, Taf. XXXII *b*, Fig. 25—27.

Ein paar nach Skulptur und Windungsform hierher passende, jedoch schlecht erhaltene Exemplare. Die Skulptur läßt auch Spuren der von K o n i n c k erwähnten Transversalstreifung erkennen, welche die, im übrigen weitaus vorherrschenden, Spiralrippen quert.

F u n d o r t e: Hangendes des Franziskaflözes (Salomonschacht bei Mährisch-Ostrau; Idaschacht bei Hruschau, 130 *m* Teufe; Mariner Horizont V).

P. tornatilis erscheint bisher nur aus dem Kohlenkalk Nordwesteuropas angegeben.

Pleurotomaria (cf. Ptychomphalus Kon.) Ostraviensis sp. n.

Taf. XXII (IV), Fig. 8—11.

Pleurotomaria atomaria (Phill.) Stur 1877, pag. 325 (431).
„   *spec. Stur* 1875, pag. 154 et in coll.

Vgl. *Pleurotomaria atomaria Phillips* 1836, pag. 227, Taf. XV, Fig. 11.
   Ptychomphalus atomarius Phill., De Koninck 1883, pag. 60, Taf. XXX, Fig. 10—13.
Pleurotomaria carbonaria Norwood & Pratten 1855, pag. 75, Taf. IX, Fig. 8.
    „   *Georgiana Toula* 1875, Barentsins., pag 8, Taf. J, Fig. 8.
    „   *granulostriata Meek & Worthen* 1860, pag. 459.
    „   *humerosa Meek & Hayden* 1858, pag. 264; 1865, pag. 46, Taf. I, Fig. 14.
Pleurotomaria interstrialis Phillips 1836, pag. 227, Taf. XV, Fig. 10.
    „   „   *? Phill.,* Hind 1905, Ireland, pag. 111, Taf. V, Fig. 18.
    „   *nodulostriata Hall* 1856, Trans. Alb. Inst., pag. 21.
    „   „   *Hall,* Whitfield 1882, pag. 80, Taf. IX, Fig. 5.
Ptychomphalus Phillipsianus De Koninck 1883, pag. 63, Taf. XXV, Fig. 27, 28.
    „   *praestans De Koninck* 1883, pag. 60, Taf. XXX, Fig. 10—13.
Pleurotomaria subturbinata Meek & Hayden 1858, pag. 264; 1865, pag. 47, Taf. I, Fig. 13.

Gehäuse klein, breitkonisch, mit ca. 5 Windungen, deren letzte mehr als die halbe Höhe des ganzen Gehäuses einnimmt. An der Kante der schmalen, ungewölbten, schief abfallenden Oberseite mit der am letzten Umgang hohen und fast ganz flachen Externwand verläuft ein schmales, glattes, von zwei feinen scharfen Spiralleisten eingefaßtes Schlitzband; von diesem nach unten bleibt ein ebenso breiter, häufig auch noch breiterer Streifen glatt, wodurch mitunter der Anschein eines doppelten Schlitzbandes erweckt wird; darunter folgen dann feine Spiralleisten, wie sie, allmählich dichter gestellt, auch die ganze Unterseite des letzten Umgangs bedecken. Vom Schlitzband nach oben bleibt meist ein schmaler Streifen glatt — seltener setzt sogleich die Spiralskulptur ein —, worauf einige feine spirale Höckerreihen folgen, welche bald aus einer Serie von Querrippen mit in Spiralreihen geordneten Höckern, bald aus tuberkulierten Spiralleisten, minder häufig auch aus einem System von sich kreuzenden Spiralleisten und Querrippen hervorgegangen zu sein scheinen. F u n d o r t e : Flözleere Partie zwischen Philipp- und Emilflöz (Sofienzeche bei Orlau; Mariner Horizont III). Mächtiges Flöz (Eugenschacht bei Peterswald; Mariner Horizont III). Hangendes des Barbaraflözes (Polnisch-Ostrau; Mariner Horizont III). Hangendes des Franziskaflözes (Salomon- und Theresienschacht bei Mährisch-, bezw. Polnisch-Ostrau; Idaschacht bei Hruschau, 120—121, 128—130 *m* Teufe; Mariner Horizont V).

Diese von allen angegebenen Fundorten in großer Menge vorliegende kleine *Pleurotomaria*-Spezies — ihre Zugehörigkeit zum Subgenus *Ptychomphalus* (Nabel bedeckt) ließ sich bei dem meist schlechten Erhaltungszustand nicht sicherstellen — ist durch ihre sehr charakteristische Skulptur bei konischer Gehäuseform und wenig oder (äußerlich) gar nicht gewölbten Umgängen gekennzeichnet. Nach einzelnen dieser Gesichtspunkte kommen eine Reihe beschriebener Arten recht nahe; so die von Toula aus dem Kohlenkalk von Nowaja Semlia beschriebene *P.* (*Mourlonia Kon.*) *Georgiana*, bei der das Skulpturprinzip fast dasselbe, die Externseite des letzten Umgangs jedoch ausgesprochen gewölbt ist. Ähnlich verhält es sich mit *P.* (*Ptych.*) *interstrialis? Phill.* im Sinne Hind's, aus einem Marinhorizont von Millstone grit - Alter der westirischen Coal Measures; auch hier ist bei übereinstimmender Skulptur, ähnlich wie bei *P. interstrialis Phillips* selbst, der Umgangsquerschnitt gerundeter, die Form daher minder konisch.

Von den Pleurotomarien des belgischen und englischen Kohlenkalks sind am ehesten vergleichbar *P. (Ptych.) Phillipsiana Kon., P. (Ptych.) praestans Kon. u. P. (Ptych.) atomaria Phill.* Mit ersterer zeigt besonders die Ausbildung eines scheinbar zweifachen Schlitzbandes Ähnlichkeit, hingegen ist die übrige Ornamentik verschieden, indem bei *P. Phillipsiana* die Unterseite des letzten Umganges glatt bleibt oder nur Anwachsstreifung trägt und über dem Schlitzband nur eine einfache spirale Höckerreihe folgt. *P. praestans* hat nicht nur ober-, sondern auch außen- und unterseitig tuberkulierte Skulptur. *P. atomaria* endlich, womit S t u r (l. c. et in Coll.) die vorliegende Form verglich, ist ebenfalls außen- und unterseitig tuberkuliert, während die Oberseite der Umgänge eine einfache Querrippenreihe besitzt.

Ähnlichkeit mit *P. Ostraviensis* weisen auch einige Pleurotomarien der nordamerikanischen Coal Measures (Lower—Upper) auf. Bei *P. nodulostriata Hall* beschränkt sich dieselbe zunächst noch auf die großen Züge, ohne ins Detail zu gehen. *P. humerosa M. & H.* und *P. subturbinata M. & H.* lassen, wenigstens den Abbildungen nach, die partielle Granulierung der Skulptur vermissen; dasselbe ist bei *P. carbonaria N. & P.* der Fall, auch besitzen alle diese Formen mehr weniger deutlich gerundete Umgänge. Sehr ähnlich hingegen scheint *P. granulostriata M. & W.* aus den Coal Measures von Illinois, so viel der Originalbeschreibung zu entnehmen ist, die leider einer Abbildung ermangelt[1]).

Euomphalidae De Koninck.

Euomphalus (Schizostoma Kon.) catillus Martin.

Taf. XXII (IV), Fig. 18—20.

Conchyliolithus Helicites catillus Martin 1809, pag. 18, Taf. XVII, Fig. 1, 2.
Schizostoma catillus Mart., D e K o n i n c k 1881, pag. 154, Taf. XVII, Fig. 1—3;   Taf. XXI, Fig. 1—3.
Euomphalus catillus Mart., S t u r 1875, pag. 154; 1877, pag. 325 (431).

Zahlreiche gut stimmende, meist kleine Exemplare. F u n d o r t e: Dreifaltigkeitsschacht (Polnisch-Ostrau; vermutlich Mariner Horizont III). 100 *m* unter dem Adolfflötz (Polnisch-Ostrau; Mariner Horizont IV): Hangendes des Franziskaflözes (Theresienschacht bei Polnisch-Ostrau; Idaschacht bei Hruschau 110—112, 120—121, 129—130 *m* Teufe; Mariner Horizont V).

E. catillus ist eine bekannte und weitverbreitete Form des europäischen Unterkarbons (britischer und belgischer Kohlenkalk, Calciferous Sandstone, Nötscher und Leña-Schichten), die auch ins untere Oberkarbon aufsteigt (Yoredale Series). Aus kohleführenden Ablagerungen erscheint sie, abgesehen von S t u r s (l. c.) alter Angabe,

---

[1]) Die kleinen Pleurotomarien, welche E b e r t (1889, pag. 564) unter den B r a n c a's chen Namen *P. Weissi*, *P. Roemeri*, *P. Sattigi* als im oberschlesischen Reviere häufig anführt, scheinen, nach der knappen Beschreibung (ohne Abbildung) wenigstens, von der vorliegenden Spezies verschieden zu sein.

noch nicht erwähnt. Andere *Euomphalus*-Spezies sind in den nordamerikanischen Coal Measures häufig, zum Beispiel *E. catilloides Conrad*
(vgl. H a l l 1858, pag. 722, Taf. XXIX, Fig. 14; M e e k 1872,
pag. 230, Taf. VI, Fig. 5).

Euomphalus (s. str. Kon.) catilliformis Koninck.

Euomphalus catilliformis De Koninck 1881, pag. 146, Taf. X, Fig. 89—41; Taf. XII,
Fig. 7; Taf. XIX, Fig. 4—6.

Ein kleines, gut stimmendes Exemplar. Die Art unterscheidet
sich von *E.* (*Schizostoma*) *catillus* spezifisch durch die fast gleichmäßig
konvexe Oberseite (im Sinne K o n i n c k's, i. e. bei nach links und
abwärts gerichteter Mündung), der eine kielartig ausgeprägte Kante
völlig fehlt, weshalb der Umgangsquerschnitt gerundeter ist; nur eine
leichte Winkelbildung kann vorkommen. Darin besteht zugleich auch
die Verschiedenheit von *Euomphalus s. str.* gegenüber *Schizostoma Kon.*

F u n d o r t e : Hangendes des Franziskaflözes (Idaschacht bei
Hruschau, 110 *m* Teufe; Mariner Horizont V).

K o n i n c k beschrieb die Art aus dem Viséen; anderweitig scheint
sie nicht bekannt geworden zu sein.

Euomphalus straparolliformis sp. n.

Taf. XXII (IV), Fig. 16*a* und *b*, 17*a* und *b*.

Schale klein, diskoidal, ungleich bikonkav, mäßig weit genabelt.
Umgänge nahezu in einer Ebene eingerollt, nur die letzte Windungs-
partie mit der Mündung etwas nach unten (Mündung nach rechts und
abwärts gerichtet; K o n i n c k orientiert entgegengesetzt!) herausgedreht; Umgänge rasch anwachsend, einander bloß externseitig umfassend, daher sämtliche sichtbar, unterseits (im obigen Sinne) deutlich gewölbt, nach innen ohne Kante zum Nabel abfallend, nach außen
durch eine deutlich ausgeprägte Marginalkante scharf gegen die senkrechte oder etwas auswärts geneigte, median etwas vorgewölbte
Externseite abgegrenzt. Die letztere geht in allmählicher Rundung
unmerklich in die Oberseite über, auf der dem Externrand genähert
eine sehr ausgeprägte Kielkante verläuft; der von letzterer nach
innen zu gelegene Teil der (faßt man die Kante als marginal auf,
die ganze) Oberseite fällt, an sich flach oder konkav rasch zum
Nabelrand ab.

Die Schalenoberfläche zeigt verwischte, nach außen stark vor-
gezogene, mehr oder minder feine Anwachsstreifen und -Linien.

F u n d o r t : 4 Exemplare aus dem Hangenden des Franziskaflözes (Theresienschacht bei Polnisch-Ostrau; Idaschacht bei Hruschau,
110 *m* Teufe; Mariner Horizont V).

Die Form erinnert durch die Konvexität der Umgangsunterseite und den daher etwas gerundeten Umgangsquerschnitt an
Straparollus. Von beschriebenen Spezies kommt ihr am nächsten
E. catilliformis Kon., womit die Ausbildung der Oberseite große Ähnlichkeit, beinahe Übereinstimmung zeigt, während die gleichmäßig
gewölbte Umgangsunterseite und deren scharfe externe Abgrenzung

durch eine ausgesprochen marginale Kante — dieselbe läßt nicht die
Auffassung als mediane Kielkante zu — für *E. straparolliformis* entschiedene Unterschiede liefert. Entsprechend sind auch die Differenzen
gegenüber den oberflächlich betrachtet ähnlichen kleinen *E. catillus*-
Exemplaren des vorliegenden Ostrauer Materials.

Einige kleine *Straparollus*-Arten, die bei flüchtiger Ansicht nahe
zu kommen scheinen, unterscheiden sich immerhin leicht durch den
generisch charakteristischen runden Umgangsquerschnitt und den
Mangel jeglicher Kanten (*St. pileopsideus Phill.* bei K o n i n c k 1881
zum Beispiel). An *Palaeorbis Ben. & Coem.*, em. *Reis* (vgl. R e i s
1904, Geogn. Jahreshefte, Jahrg. XVI) kann man nicht wohl denken.

Hyolithidae Nicholson.

Vgl. B a r r a n d e 1867, H a l l 1879, W a l c o t t 1886, N o v a k 1891, H o l m 1893.

Von den *Hyolithidae* und ähnlichen problematischen Gehäusen
sind aus dem Karbon nur sehr wenige Vertreter bekannt. Für Europa
war es, von dem ganz fraglichen *Hyolithus sicula Koninck* (1883,
pag. 224, Taf. LIV, Fig. 12—15) abgesehen, lange Zeit der einzige
H. Roemeri Koenen (1879, pag. 321, Taf. VII, Fig. 1). Erst im Jahre
1898 berichtete W o l t e r s t o r f f über das Auffinden zahlreicher zu
den Hyolithiden gehöriger Reste im Unterkarbon (Kulm) von Magdeburg; leider waren dieselben meist so mangelhaft erhalten, daß nur
für ein paar Individuen die Identität mit *H. Roemeri Koen.* wahrscheinlich gemacht werden konnte. Aus den Ostrauer Schichten liegen
nun auch von verschiedenen Fundorten eine Reihe hyolithenartiger
Formen vor in meist ebenfalls sehr mangelhafter Erhaltung. Ihre Zugehörigkeit zur Gattung *Hyolithus* im weiteren Sinne kann als sicher
angenommen werden; nicht mit Bestimmtheit möglich aber ist ihre
Zuteilung zu einem Subgenus. Sie gestatten nicht die Identifizierung
mit *H. Roemeri Koen.* und sind demnach wohl am besten provisorisch
unter einem neuen Speziesnamen zu beschreiben.

Hyolithus Sturi sp. n.

Taf. XXII (IV), Fig. 21—26.

Vgl. *Hyolithus*[1]) *Roemeri v. Koenen* 1879, pag. 321, Taf. VII, Fig. 1.
      „   „   *Koen.*, W o l t e r s t o r f f 1898, pag. 37, Taf. II, Fig. 16.
      „   „   *carbonarius*, W a l c o t t 1884, pag. 264, Taf. XXII, Fig. 3.

Gehäuse konisch, bis zu 60 *mm* lang und 15 *mm* breit. Schale
sehr dünn, lichtbräunlich chitinartig oder schwärzlich-kohlig erscheinend
mit feiner querer Streifung oder Anwachswellung, im übrigen glatter
Oberfläche; selten treten auch Spuren lokaler Längsstreifung hinzu.

F u n d o r t e : Poremba (Sophienzeche). 100 *m* unter dem Adolfflöz (Polnisch-Ostrau; Mariner Horizont IV). Hangendes des Franziskaflözes (Idaschacht bei Hruschau 120—121, 130 *m* Teufe; Mariner
Horizont V).

---

¹) Bezüglich der Schreibweise *Hyolithus* statt -*thes* vgl. R e m e l é, Z. D. G. G.
Bd. 41 (1889), pag. 763.

Die gegebene Beschreibung beschränkt sich auf das, was an den vorliegenden Exemplaren sicher wahrgenommen werden kann; dieselben sind sämtlich ganz flachgedrückt, die Schale ist zertrümmert, wobei — wie das auch viele Abbildungen Novak's (1891) zeigen — der Hohlkegelform entsprechend einige gegen die Spitze konvergierende Längsrisse vorherrschen. Vom Mundrand läßt sich nicht mit Bestimmtheit sagen, ob er für *Hyolithus s. str.* oder für *Orthotheca Novak* spricht.

Mit dem O p e r c u l u m eines Hyolithen, beispielsweise dem von *H. acilis Hall* (1879, pag. 197, Taf. XXXII, Fig. 27, 28), weist ein sonst problematisches Gebilde einige Ähnlichkeit auf, das sich unter dem vorliegenden Material fand; insbesondere erinnert die Schalenstruktur daran; es muß jedoch auch diese Frage offen bleiben, bis vielleicht weitere Fossilfunde Sicherheit gewähren.

H. Sturi ist — soviel eben geurteilt werden kann — ähnlich dem *H. Roemeri Koen.*, insbesondere in der Fassung W o l t e r s t o r f f's, jedoch unvergleichlich größer als derselbe (*H. Roemeri* l = 19, b = 4·5 *mm* maximal) und viel weniger deutlich ornamentiert, ja eher glatt; auch erscheint bei *H. Roemeri* die Spitze länger und feiner ausgezogen. *H. carbonarius*, eine andere karbonische Hyolithenspezies, die W a l c o t t aus dem Lower Carboniferous Limestone des Eureka Distrikts (Nevada) beschrieb, gestattet ebenfalls nicht wohl einen näheren Vergleich mit *H. Sturi* wegen ihrer außerordentlichen Kleinheit. Von älteren devonischen Arten kommt am nächsten etwa die *Orthotheca fragilis, Novak.*

Cephalopoda.

Gegenüber den Brachiopoden, Lamellibranchiaten und Gastropoden sind in dem vorliegenden Fossilmaterial die Cephalopoden von untergeordnetem Werte; weniger infolge absoluter Armut ihrer Arten- und Individuenvertretung — Reste davon sind in großer Zahl vorhanden — als vielmehr wegen ihrer besonders schlechten, für eine nähere Bestimmung nur in wenigen vereinzelten Fällen hinlänglichen Erhaltung. Vieles mußte da als unbestimmbar zurückgestellt werden, bis vielleicht durch weitere Vervollständigung des Materials die Möglichkeit zur genaueren Identifizierung geboten wird.

Orthoceratidae M'Coy.
Orthoceras undatum Fleming.
Taf. XXIII (V), Fig. 1.

Orthocera undata Fleming, 1815, pag. 203, Taf. XXXI, Fig. 7.
Orthoceras undatum Flem., R o e m e r 1863, pag. 571, Taf. XIV, Fig. 2; 1870, pag. 80, Taf. VIII, Fig. 17, 18.
Orthoceras undatum Flem., S t u r 1875, pag. 153; 1877, pag. 325 (431).
„   „   *Flem.*, C r a m e r 1910, pag. 149.

Unter den vielen Orthocerenresten des Ostrauer Materials (verschiedene Stücke sind unbestimmbar, vgl. o.) herrscht eine charakteristische Form vor, die in ausgesprochener Weise auf *O. undatum Flem.* im Sinne der Auffassung M'C o y's (1855, pag. 574) und

Roemer's (l. c.) paßt. Mit 1 : 4 ist die Wachstumszunahme dieser Form bei Foord (1897, pag. 15) wohl zu rapid angenommen, immerhin aber ist sie sehr rasch, 1 : 8—10 dürfte ungefähr das richtige Maß sein. Die feinen Ringlinien zwischen und auf den starken Ringrippen sind deutlich wahrzunehmen. Diese feine Anwachsskulptur tritt zwar auch bei *O. laevigatum M'Coy* (vgl. Foord 1897, pag. 14, Taf. V, Fig. 1) ganz ähnlich auf, doch ist bei letzterer Spezies, wie Foord indirekt hervorhebt, die Wachstumszunahme der Schale ebenso wie bei *O. cyclophorum Waag.* eine ungleich langsamere (1 : 26) und stehen dort die Querrippen weiter auseinander; deren größere Stärke und weitere Distanz sowie noch raschere Dickenzunahme unterscheiden auch *O. annuloso-lineatum Koninck* von dem vorliegenden *O. undatum.* Ungefähr die Mitte (1 : 18) zwischen *O. undatum* und *laevigatum* hält, was Wachstumszunahme betrifft, der sonst ebenfalls ähnliche *V. oblique-annulatum Waag.*

Im Jahre 1888 war Foord (pag. 108) aus guten Gründen geneigt, *O. undatum* mit *O sulcatum (Ure) Flem.* zu vereinigen; es steht dem lediglich die unsichere Angabe M'Coy's gegenüber, daß *O. sulcatum* minder rasch in die Dicke wachse als *O. undatum.* Später scheint Foord diesen angeblichen Unterschied als spezifisch ausreichend akzeptiert zu haben, da er in der Monographie (1897) von *O. undatum* spricht.

Fundorte: 100 *m* unter dem Adolfflöz (Polnisch-Ostrau; Mariner Horizont IV). Hangendes des Franziskaflözes (Idaschacht bei Hruschau 118—121 *m*, 128 *m* Teufe; Theresienschacht bei Polnisch-Ostrau; Mariner Horizont V). Rückwärtiger flözleerer Teil im Reicheflöz-Erbstollen. Tiefbauschacht bei Witkowiz.

O. undatum gehört zu den erstgenannten Marinfossilien des mährisch-schlesischen Steinkohlengebirges und wurde daraus schon von Roemer (l. c.) und Stur (l. c.) erwähnt, neuerdings auch für die Golonoger Schichten angegeben (Cramer l. c.). Dabei ist *O. undatum* auch aus den britischen Lower und Middle Coal Measures bekannt. *Orthoceras*-Spezies ohne nähere Bestimmung sind aus der mittleren Abteilung des Donetz-Systems angeführt worden. Die übrige Hauptverbreitung hat *O. undatum* ebenso wie der jedenfalls sehr nahestehende *O. sulcatum* im britischen Kohlenkalk.

Orthoceras cf. acre Foord.

Taf. XXIII (V), Fig. 2, 3.

Orthoceras acre Foord 1896, pag. 12; 1897, pag. 6, Taf. II, Fig. 2.

Glatte Form mit etwas schiefgestellten Septen und sehr schlankem Gehäuse mit lang ausgezogener bis fast zylindrisch werdender Spitze und exzentrischem näher der Mitte als dem Rand gelegenem Sipho. Bei der geringen Kompetenz dieser Merkmale kann die Bestimmung der wenigen Ostrauer Stücke immerhin nur vergleichsweise erfolgen.

Fundorte: 100 *m* unter dem Adolfflöz (Polnisch-Ostrau; Mariner Horizont IV). Hangendes des Franziskaflözes (Idaschacht bei Hruschau 120—121 *m* Teufe; Theresienschacht bei Polnisch-Ostrau; Mariner Horizont V).

O. acre wurde von Foord aus dem irischen Kohlenkalk beschrieben.

Cyrtoceras rugosum Fleming.

Taf. XXIII (V), Fig. 4.

Orthocera rugosa Fleming 1815, Ann. Phil., pag. 203; 1828, Brit. anim. pag. 239.
Cyrtoceras rugosum Flem., De Koninck 1880, pag. 31, Taf. XXXIII, Fig. 8.
 „   „   *Flem.*, Stur 1875, pag. 155; 1877, pag. 325, (431).

Ein schon Stur vorgelegenes Exemplar und ein schlechterer Abdruck, beide aus dem Hangenden des Franziskaflözes (Idaschacht bei
Hruschau 128—130 *m* Teufe; Mariner Horizont V), zeigen die charakteristischen Eigenschaften dieser leicht kenntlichen *Cyrtoceras*-Spezies
des nordwesteuropäischen Kohlenkalks.

Die Gattung *Cyrtoceras* ist im vorliegenden Ostrauer Material
außerdem vertreten durch eine Reihe von Bruchstücken, die wegen
ihrer Unzulänglichkeit und schlechten Erhaltung nicht näher bestimmbar
sind, sämtlich aber glatten, mäßig gekrümmten Formen angehören.

Nautilidae Owen.

Von den *Nautilidae* des vorliegenden Materials gilt im besonderen
Grade, was oben von den Cephalopoden im allgemeinen gesagt wurde:
es sind eine Menge fragmentarischer oder sonst schlecht erhaltener
Stücke vorhanden, nur ganz vereinzelt aber gelingt es, dieselben irgend-
wie näher mit beschriebenen Spezies zu vergleichen oder gar zu identifi-
zieren. Im folgenden sind nur jene Vorkommnisse angeführt, die ent-
weder eine solche Vergleichung gestatten oder durch bestimmte
Charaktere von bereits beschriebenen Arten abweichen. — *Nautilus*-
Spezies ohne genauere Bestimmung werden auch aus dem produktiven
Karbon des Donetzreviers (mittlere Abteilung) angegeben.

Phacoceras spec. aff. oxystomum Phillips.

Taf. XXIII (V), Fig. 6*a* und *b*.

Nautilus oxystomus Phillips 1836, pag. 233, Taf. XXII, Fig. 35, 36.
Phacoceras oxystomum Phill., Foord 1900, pag. 108, Taf. XXVIII, Fig 3.

Es liegt ein Exemplar aus Polnisch-Ostrau (100 *m* unter Adolfflöz; Mariner Horizont IV) vor, dessen Zugehörigkeit zu *Phacoceras*
als sicher angenommen werden kann. Einige Merkmale, Skulptur,
Sutur, sprechen für *Ph. oxystomum*, doch erscheinen die Maßverhältnisse verschieden, insbesondere die Nabelung enger; dabei ist aber
der Erhaltungszustand infolge Verdrückung so mangelhaft, daß eine
sichere Bewertung dieser Differenzen nicht möglich erscheint.

Temnocheilus coronatus M'Coy.

Nautilus (Temnocheilus) coronatus M'Coy 1844, pag. 20, Taf. IV, Fig. 15.
Temnocheilus coronatus M'Coy, Foord 1900, pag, 49, Taf. XVIII, Fig. 1, 2.

Ein schlecht erhaltenes, verdrücktes Exemplar aus dem Idaschacht
(130 *m* Teufe, Hangendes des Franziskaflözes; Mariner Horizont V), das
jedoch zur Genüge die typischen Eigenschaften dieser Spezies zeigt.
Temnocheilus wird auch für die mittlere Abteilung des kohleführenden Donetzsystems angegeben.

Coelonautilus Frechi spec. n. Geisenheimer.

Taf. XXIII (V), Fig. 5.

Coelonautilus Frechi Geisenheimer 1906, pag. 302 et in coll. p. p. (pars altera =
C. cf. subsulcatus Phill. s. u.).

Diesen Namen gab Geisenheimer ohne Beschreibung und
Abbildung einer kleinen Anzahl schlecht erhaltener Coelonautilus-
Formen, die, soweit es sich nicht in einem Falle um eine Annäherung
an C. subsulcatus Phill. handelt (s. u.), wirklich von allen verglichenen
karbonischen Coelonautilus-Spezies durch ihre morphologischen Eigenschaften abweichen. Der letzte Umgang zeigt — insbesondere zum
Unterschiede von dem sonst äußerlich ähnlichen C. gradus Foord
(1900, pag. 57, Taf. XX, Fig. 1—9) — eine gleichmäßig gewölbte
Externseite, die wenigstens oberhalb ihrer Medianlinie (die Stücke
sind nur einseitig erhalten), keinerlei Kiel- oder Kantenbildungen aufweist. Die breite, schwachkonkave Flanke hingegen ist von zwei
stumpfen, einfachen Kanten eingefaßt, wovon die innere, umbonale
höher aufragt als die äußere, marginale und steil gegen den ziemlich
weiten Nabel abfällt. Suturen einfach. Die Skulptur der Schalenoberfläche besteht aus feinen, unscheinbaren transversalen Anwachsstreifen,
die auf den Flanken etwas prokonkav, an der Externseite prokonvex
verlaufen. Mehr ist an den vorliegenden Exemplaren nicht zu sehen.

Fundort: Rückwärtiger, flözleerer Teil im Reicheflöz-Erbstollen
bei Petřkowitz (Preußisch-Schlesien).

Coelonautilus cf. subsulcatus Phillips.

Nautilus subsulcatus Phillips 1836, pag. 233, Taf. XVII, Fig. 18 u. 25.
Coelonautilus subsulcatus Phill., Foord 1891, pag. 121.
Nautilus subsulcatus Phill., Roemer 1863, pag. 575, Taf. XIV, Fig. 6; 1870,
   pag. 82.
Nautilus subsulcatus Phill., Stur p. p. 1875, pag. 153; 1877, pag. 325 (431).
   „   cf.   „   Phill., Cramer 1910, pag. 151.
Coelonautilus Frechi Geisenheimer p. p. 1906, pag. 302.

Diese Spezies lag Roemer (l. c.) ziemlich zahlreich aus dem
oberschlesischen Steinkohlengebirge vor, während sich unter dem Ostrauer
Material nur ein einziges schlecht erhaltenes Stück fand, das, schon von
Stur (l. c.) hierhergestellt, vermutlich zu C. subsulcatus gehört.

Fundort: Rückwärtiger, flözreicher Teil im Reicheflöz-Erbstollen
bei Petřkowitz (Preußisch-Schlesien).

Ein anderes Bruchstück derselben Herkunft, das Stur (l. c. et
in coll.) gleichfalls auf Nautilus subsulcatus Phill. bezogen hatte, weicht
durch deutliche Wölbung der Umgangsflanken ab, bleibt im übrigen
jedoch unbestimmbar. — Ein N. cf. subsulcatus wird auch aus den
Golonoger Schichten erwähnt (Cramer l. c.).

C. subsulcatus wurde relativ häufig in den britischen Lower Coal
Measures und auch im belgischen produktiven Karbon gefunden und
ist im übrigen Unterkarbon Europas verbreitet.

Goniatitidae Buch.

Anthracoceras discus Frech.

Taf. XXIII (V), Fig. 7 *a*, *b*.

Nomismoceras (Anthracoceras) discus Frech 1899, Leth. pal. II Bd. pag. 337, 349, Taf. XLVI *b*, Fig. 6.

syn. *Goniatites diadema (Goldf.) Roemer* 1863, pag. 578, Taf. XV, Fig. 1; 1870, pag. 84, Taf. VIII, Fig. 14.

Goniatites diadema Kon., Stur 1875, pag. 154; 1877, pag. 325 (431).

Vgl. *Ammonites diadema Goldfuß* in der Sammlung d. Bonner Museums; Beyrich 1837, pag. 15, bzw. 41, Taf. II, Fig. 8—10.

Ammonites diadema Goldf., De Koninck 1844, pag. 574.

Glyphioceras (Beyrichoceras) diadema Beyr., Foord 1903, pag. 179, Taf. XLVII, Fig. 4—6; Taf. XLIX, Fig. 8.

Eine Anzahl verdrückter, fragmentarischer, unter sich aber übereinstimmender Goniatitenreste trägt die Stur'ches Bezeichnung „*Goniatites diadema Kon.*" Diese Bestimmung richtete sich sehr wahrscheinlich nach der Darstellung ungefähr gleichartiger oberschlesischer Formen als *G. diadema* durch Roemer. Dabei bemerkte schon Roemer, daß seine Exemplare auf den ersten Blick durch die Flachheit des Gehäuses von jenem ursprünglichen *G. diadema* aus den schwarzen Kalknieren von Chokier verschieden sind, der Goldfuß und Beyrich vorgelegen hatte. Diese Bemerkung trifft auch für die Ostrauer Form vollkommen zu, sie unterscheidet sich morphologisch sofort von dem globosen *G. diadema Goldf.-Beyr.*, wobei ihre relative Flachheit nicht etwa bloß durch sekundäre mechanische Zusammendrückung bedingt wird; nur die Skulptur ist bei beiderlei Formen ähnlich. Wenn Roemer die schlesischen Exemplare trotzdem als *G. diadema* beschrieb, so mag dies mit den damaligen Auffassungen vereinbar gewesen sein, heute muß man sie jedenfalls davon trennen. Frech nannte dementsprechend die schlesische Form in *Anthracoceras discus* um, wobei er *Anthracoceras* als Subgenus zu *Nomismoceras*, also in die Verwandtschaft von *Gephyroceras* bezog. Nach Frech weicht auch die Suturlinie — an den Ostrauer Exemplaren ist dieselbe nicht erkennbar — von *Glyphioceras diadema* merklich ab durch minder starke Schwingung, insbesondere einen flacheren, seichten Laterallobus.

Eine genauere systematische Darstellung als sie Roemer und Frech gaben, lassen auch die Ostrauer Exemplare nicht zu; sie schwanken etwas in der Nabelweite und wäre namentlich diesbezüglich eine Präzisierung wünschenswert.

Der Speziesname *discus* ist insofern ungünstig gewählt, als schon viel früher M'Coy (1844, pag. 13, Taf. XI, Fig. 6) und nach ihm Roemer (1852, pag. 95, Taf. XIII, Fig. 35) einen „*Goniatites discus*" beschrieb, der bei Einführung des *Anthracoceras discus* anscheinend unberücksichtigt blieb und etwas ganz anderes vorstellt (vgl. Foord 1903, *Prolecanites compressus J. Sow.*, pag. 205, Taf. XLVIII, Fig. 6). Auf den Roemer'schen bezieht Nebe seinen *Glyphioceras discus* (1911, pag. 470, Taf. XVI, Fig. 4—6).

Fundorte: Poremba, II. Flöz (Mariner Horizont II). Dreifaltigkeitsschacht bei Polnisch-Ostrau (vermutlich Mariner Horizont III).

Hangendes des Franziskaflözes (Theresienschacht bei Polnisch-Ostrau; Idaschacht bei Hruschau, 120—121, 128—129 *m* Teufe; Mariner Horizont V).

cf. Nomismoceras spec. aff. rotiforme Phillips.

Taf. XXIII (V), Fig. 8.

Goniatites rotiformis Phillips 1836, pag. 237, Taf. XX, Fig. 56—58.
Nomismoceras rotiforme Phill., F o o r d & C r i c k 1897, pag. 215.
    „   „   *Phill*, F r e c h 1899, Leth. pal., Bd. II., Taf. XLVI, Fig. 8.

Ein verdrücktes und auch sonst schlecht erhaltenes Exemplar aus Polnisch-Ostrau (100 *m* unter Adolfflöz; Mariner Horizont IV) zeigt die charakteristische Aufwindungsform und Schalenskulptur, wie sie F r e c h für *N. rotiforme* abbildet. Suturlinie jedoch nicht sichtbar.

cf. Nomismoceras spec. aff. spiratissimum Holzapfel.

Taf. XXIII (V), Fig. 9.

Nomismoceras spiratissimum Holzapfel 1889, pag. 32, Taf. IV, Fig. 5, 8.

Ein kleines scheibenförmig aufgewundenes, schlecht erhaltenes Gehäuse mit deutlichen Spuren von Kammerung zeigt äußerlich den Habitus der von H o l z a p f e l aus dem Kulm von Herborn beschriebenen Spezies *N. spiratissimum*. Aus dieser rein äußerlichen Ähnlichkeit auf wirkliche spezifische Identität zu schließen, ist natürlich ganz unmöglich, um so mehr, als schon die generische Stellung zweifelhaft ist. Nur zum Vergleich mit eventuellen weiteren Funden sei das Stück hier erwähnt und abgebildet.

F u n d o r t : Hangendes des Franziskaflözes (Salomonschacht bei Mährisch-Ostrau; Mariner Horizont V).

Crustacea. Trilobitae.
Proetidae Barrande.
Phillipsia Eichwaldi Fischer.

Taf. XXIII (V), Fig. 13.

Asaphus Eichwaldi Fischer in E i c h w a l d 1825, pag. 54, Taf. IV, Fig. 4.
Phillipsia Eichwaldi Fisch., W o o d w a r d 1883, pag. 22, Taf. IV, Fig. 2, 4--11, 13, 14.

Es liegt ein Kopfschild vor, das fast alle Details erkennen läßt und nach denselben vorzüglich zu *Ph. Eichwaldi* im Sinne der Beschreibung W o o d w a r d's paßt. Der halbkreisförmige Umriß, die nach vorn zu etwas angeschwollene und dadurch an *Griffithides* erinnernde Glabella, die jedoch den Vorderrand frei läßt, die fast dreieckigen Basallappen mit ihren zwei kurzen Seitenfurchen, der Okzipitalring mit seinem Zentralhöcker, der gestreifte Randsaum, die Hörner in den Hinterecken und die feine Granulierung, kurz die meisten für *Ph. Eichwaldi* charakteristischen Eigenschaften sind gegeben.

Fundort: Hangendes des Franziskaflözes (Theresiènschacht bei Polnisch-Ostrau; Mariner Horizont V). Eine vielleicht ebenfalls hierher-gehörige Trilobitenglabella fand sich im Liegenden des Prokopflözes (Sofienzeche bei Poremba; Mariner Horizont I).

Ph. Eichwaldi hat im europäischen Unterkarbon (Kalk- wie Kulmfazies) weite Verbreitung; aus dem Verbande produktiver Schichten scheint sie noch nicht bekannt geworden zu sein. Phillipsien ohne nähere Bestimmung werden für die mittlere Abteilung des Donetzsystems angegeben; eine *Ph. cf. Eichwaldi* figuriert auch aus dem Oberkarbon der Karnischen Alpen (Geyer Verhandl. d. k. k. geol. R.-A. 1891).

Ähnliche Pygidien, wie sie *Ph. Eichwaldi* besitzt, wurden aus den nordamerikanischen Coal Measures mehrfach beschrieben unter dem Namen *Ph. major Shumard* (1858, pag. 225; vgl. Meek 1872, pag. 238, Taf. III, Fig. 2; Vogdes 1887, pag. 85, Taf. III, Fig. 14; Herrick 1887, pag. 60 u. A.). Eine auch dem Kopfschild nach be-kannte und der *Ph. Eichwaldi* vergleichbare Art der nordamerikanischen Coal Measures ist *Ph. (Griffithides) scitula Meek & Worthen* (1865, pag. 270; 1873, pag. 612, Taf. XXXII, Fig. 3; vgl. a. Vogdes 1887, pag. 97, Taf. III, Fig. 11—13).

Phillipsia (? Griffithides) mucronata M'Coy.

Taf. XXIII (V), Fig. 14.

Phillipsia mucronata M'Coy 1844, pag. 162, Taf. IV, Fig. 5.
Syn. *Phillipsia Eichwaldi Fisch. var. mucronata M'Coy*, Woodward 1883, pag. 23, Taf. IV, Fig. 1, 3, 12, 15.
Phillipsia mucronata Roem., Stur p. p. 1875, pag. 153; 1877, pag. 325 (431).
Griffithides mucronatus M'Coy, Cramer 1910, pag. 151, Taf. VI, Fig. 13—17 (Literaturverzeichnis).
Non *Phillipsia mucronata Roemer* 1870, pag. 79, Taf. VIII. Fig. 26, 27 ⎫
(= *Phillipsia spec. Roemer* 1863, pag. 570, Taf. XIV, Fig. 1a, b). ⎬ s. u.
Phillipsia acuminata Roemer 1876, Atlas, Taf. XLVII, Fig. 11. ⎭

Ein völlig mit der Woodward'schen Beschreibung überein-stimmendes Pygidium, das von Stur mit anderen, für die diese Deutung zutrifft, zu *Ph. mucronata Roemer (Griffithides acuminatus Roemer* s. u.) gestellt wurde, wovon es sich jedoch durch den Mangel jeglicher Granulierung auf den ersten Blick unterscheidet.

Cramer glaubt die Frage der generischen Zugehörigkeit auf Grund seines Beobachtungsmaterials, wenn schon sich darunter die charakteristischen Pygidien in keinem Stück mit dem Kopfschild zu-sammen vorfinden, entgegen Woodward dahin entscheiden zu können, daß die mukronaten Pygidien im Sinne M'Coy's zu *Griffithides*-Kopfschildern gehören.

Fundort: Hangendes des Franziskaflözes (Idaschacht bei Hruschau, 120—121 m Teufe; Mariner Horizont V).

Außer den oberschlesischen, polnischen (Cramer) und Ostrauer Vorkommnissen scheint die Form aus produktiver Karbonfazies nicht bekannt zu sein; im übrigen ist sie namentlich im britischen Kohlen-kalk verbreitet. Phillipsien ohne nähere Bestimmung werden aus der mittleren Abteilung des Donetz-Systems angegeben.

Griffithides (? Phillipsia) acuminatus Roemer.

Taf. XXIII (V), Fig. 10—12.

Phillipsia acuminata Roemer 1876, Atlas, Taf. XLVII, Fig. 11.

Syn.   „   spec. Roemer 1863, pag. 570, Taf. XIV, Fig. 1a, b.
        „   mucronata Roemer 1870, pag. 79, Taf. VIII, Fig. 26, 27.
        „   „   Roem., Stur p. p. 1875. pag. 153; 1877, pag. 325 (431).
Non   „   „   M'Coy 1844, pag. 162, Taf. IV, Fig. 5, s. o.

Mehrere zur Roemer'schen Darstellung völlig stimmende Pygidien, von denen der Phillipsia mucronata M'Coy durch die Granulierung (Granulationen länglich, „tränenförmig") deutlich verschieden. Diese Differenz ist nur insofern mitunter etwas unsicher, als die Granulierung oft bloß am Spindelteile gegeben ist, die Pleurenteile hingegen glatt erscheinen. Hier wurde auch in diesem Falle für G. acuminatus entschieden und bloß die gänzlich glatten Pygidien zu Ph. mucronata M'Coy gestellt.

Roemer hatte die ihm aus den Golonoger Schichten vorliegende Form ursprünglich (1870) Phillipsia mucronata genannt und bezog auf diesen Namen auch nach allen übrigen Rücksichten übereinstimmende, nur ungestachelte Pygidien aus den Schiefertonen von Rosdzin. Später dürfte Roemer bemerkt haben, daß der Name mucronata bereits von M'Coy (1844) für jene Form verwendet worden war, die Woodward als var. mucronata M'Coy zu Ph. Eichwaldi Fischer stellte (s. o.), und er benannte das Pygidium, das im Atlas zur Lethaea palaeozoica (1876) aus den Kohlenschiefern von Rosdzin abgebildet ist und, soviel der schlechten Abbildung entnommen werden kann, mit der Figur für Ph. mucronata Roem. vom Jahre 1870 übereinstimmt, neu als Ph. acuminata. In der Geologie von Oberschlesien (1870) erscheint zu dem Pygidium gehörig ein Kopfschild, das bei verkehrt birnförmiger Gestalt der Glabella und deren glatter Oberfläche auf Griffithides paßt (vgl. Scupin 1900, pag. 16).

Fundorte: Hangendes des Franziskaflözes (Idaschacht bei Hruschau, 120—121, 130 m Teufe; Mariner Horizont V). Rückwärtiger flözleerer Teil des Reicheflöz-Erbstollens bei Petřkowitz (Preußisch-Schlesien). Unbestimmbare Phillipsia- oder Griffithides-Reste liegen auch aus dem Dreifaltigkeitsschacht bei Polnisch-Ostrau (vermutlich Mariner Horizont III) und vom Koks-Flöz (Eugenschacht) bei Peterswald (Mariner Horizont II) vor.

Pisces.

Rhizodontidae Traquair.

Rhizodus spec. aff. Hibberti (Ag. et Hibb.) Owen.

Taf. XXIII (V), Fig. 15.

Megalichthys Hibberti Agassiz 1833—43, tome II, pag. 87; Hibbert 1858, pag. 202, Taf. VIII, IX.

Rhizodus Hibberti Ag. & Hibb., Owen 1840, pag. 75.
    „   „   Ag. & Hibb., Roemer 1865, pag. 272, Taf. VI.

Syn. *Holoptychius Portlocki Ag.*, Geinitz 1865, pag. 339, Taf. II, Fig. 8—19.
　　　"　　　"　　　*Ag.*, Stur 1875, pag. 154; 1877, pag. 325 (431).

Eine große subtrianguläre Schuppe mit im allgemeinen konzentrischer Skulptur, im breiteren Abschnitt außerdem sehr feiner radialer Streifung; einzelne der von Geinitz (z. B. Fig. 16, 17) und Roemer (z. B. Fig. 3) abgebildeten Stücke vertreten denselben Typus. Beide Autoren hatten gleichzeitig und unabhängig voneinander gleichartiges Originalmaterial von der Rudolfgrube bei Volpersdorf in der Grafschaft Glatz (also aus dem niederschlesischen Steinkohlenbecken) beschrieben, woraus sich die verschiedene Benennung erklärt. Dem entspricht auch die alte Stur'sche Etikette, die dem Ostrauer Exemplar beiliegt:

　　　„Rhizodus Hibberti Owen teste Roemer
　　　Holoptychius Portlocki Ag. teste Geinitz."

Es sind eben wohl auch die Stücke Fig. 1—4 bei Portlock (1843, pag. 463, Taf. XIII), auf welche Geinitz seine Bestimmung bezog, ident mit *Rhizodus Hibberti*, während Portlock's Fig. 5—11 schon von M'Coy (1855, pag. 612) *Rh. Hibberti* synonym gestellt wurden.

Fundort: Hangendes des Franziskaflözes (Idaschacht bei Hruschau, 110 *m* Teufe; Mariner Horizont V).

2. Die Altersbeziehungen der Fauna.

Die Frage nach der Altersstellung der beschriebenen Fauna ist angesichts des langjährigen Streites über das Alter der Ostrauer Schichten, ob unter- oder oberkarbonisch, von besonderem Interesse. Die nunmehrige Kenntnis einer verhältnismäßig reichen Fauna aus denselben ist von diesem Gesichtspunkt aus um so wertvoller, als sie die Untersuchung des Schichtenalters unabhängig von der weiteren Streitfrage gestattet, ob im oberschlesisch-mährischen Kohlenrevier Konkordanz oder Diskordanz zwischen der liegenden Kulmgrauwacke und dem hangenden produktiven Steinkohlengebirge besteht.

Stur hatte bekanntlich seine Annahme vom Kulmalter der Ostrauer Schichten, soweit dieselbe überhaupt auf paläontologischer Basis erfolgte, in erster Linie auf ihre Flora begründet, ohne indes diesen paläobotanischen Nachweis völlig eindeutig führen zu können. Stur versuchte aber auch schon, die damals noch sehr spärlichen Funde mariner Fossilien zu deuten; bei der Methode, die er anwandte — er verglich die Fauna der Ostrauer Schichten vorwiegend nur mit der des örtlich benachbarten Kulmdachschiefers — schien das Ergebnis eher gegen seine Annahme als für sie zu sprechen; lediglich die teilweise Gemeinsamkeit seiner Arten mit der Fauna des Kohlenkalkes von Bleiberg (Nötscher Schichten Frech's) bestärkte Stur im Glauben an ihren unterkarbonischen Rang.

Den gegnerischen Standpunkt, daß die Ostrauer Schichten nicht mehr zum Kulm zu rechnen seien, hat namentlich Tietze (1893) mit Nachdruck vertreten, wobei er, von den tektonischen Gesichtspunkten abgesehen, die Schwächen der paläontologischen Argumentation Stur's hervorkehrte. Zuverlässige Beweismittel für eine positive andere Altersbestimmung jedoch konnte Tietze nicht beibringen und er ließ folgerichtig die Frage nach der Altersstellung der Ostrauer Schichten, ob mittel- oder oberkarbonisch, offen. Die faunistische Untersuchung des Problems blieb so ein Postulat bis heute.

Über das Alter der im vorstehenden beschriebenen Fauna läßt sich nun folgendes sagen: Fast sämtliche der Arten sind aus dem europäischen Unterkarbon bekannt oder haben — soweit sie für neu gehalten wurden — darin ihre nächsten Verwandten; Arten hingegen, die bisher für ausschließlich oberkarbonisch angesehen wurden, fehlen vollständig.

Man kann daraus wohl einen vorwiegend unterkarbonischen Charakter der Fauna ableiten, darf sie jedoch nicht als eindeutig unterkarbon bezeichnen. Denn beim derzeitigen Stande der Kenntnisse läßt sich durchaus nicht behaupten, daß die Arten, wenn schon sie fast alle aus dem Unterkarbon bekannt sind, auch auf dasselbe beschränkt wären; im Gegenteil, von vielen weiß man heute schon, daß sie auch ins Mittel- und Oberkarbon aufsteigen und für den Rest hindert die Lückenhaftigkeit der Kenntnisse überhaupt das Urteil über ihre vertikalen Verbreitungsgrenzen. Ersteres gilt insbesondere von den *Brachiopoden*. So bestimmt die stratigraphische Kompetenz der Kohlenkalkbrachiopoden ursprünglich angenommen wurde, so sehr ist sie allmählich zusammen geschwunden, und haben namentlich die angeführten *Productus*-Spezies keine engere Wertigkeit, indem sie sämtlich ins Oberkarbon aufsteigen. Ähnliches gilt von den beiden *Lingula*-Spezies, der *Discina*, von *Orthothetes crenistria*, *Chonetes Buchiana* und *Rhynchonella pleurodon*. Am ehesten noch könnte Wert gelegt werden auf *Orthis resupinata*, *Chonetes Hardrensis* und *Rhynchonella pugnus*, doch auch diese sind noch aus dem Mittel- und selbst Oberkarbon bekannt, beispielsweise dem Millstone grit und der Yoredale series. Die Verbreitung der *Crania quadrata* hinwiederum ist überhaupt so wenig bekannt, daß man kaum gut tun wird, auf ihr Vorkommen große Schlüsse zu bauen.

Der andere Mangel, die Lückenhaftigkeit der Kenntnisse, tritt besonders stark ins Gewicht bei den *Lamellibranchiaten*, die unter der Marinfauna der Ostrauer Schichten gerade eben eine dominierende Rolle spielen. Man kennt bislang die oberkarbone Bivalvenfauna viel zu wenig, um irgendwie eine verläßliche Grundlage zur Altersbewertung der einzelnen Arten zu haben. Es sind namentlich für Eurasien vorwiegend immer wieder nur Fusulinen-, Brachiopoden- und Ammonitenfaunen, die aus sicher ober- und permokarbonen Schichten beschrieben wurden, eher auch noch Gastropoden, während die marinen Lamellibranchiaten ganz im Hintergrunde stehen; gewiß nur ein Mangel der Forschung, wenn man an die reiche unterkarbone Bivalvenfauna denkt. Dieser Übelstand wird auch bei der Bestimmung sehr unangenehm fühlbar, indem man, für Eurasien wenigstens, weitaus vorwiegend auf die paläontologische Literatur des westeuropäischen Kohlenkalks angewiesen ist (Hind, Koninck). Indes schon nach den beschränkten gegebenen Anhaltspunkten zu urteilen, gehen fast die Hälfte der aus Ostrau beschriebenen Bivalvenarten über die obere Grenze des Unterkarbons hinaus, und zwar soweit, als es eben die europäischen Faziesverhältnisse außerhalb des Gebietes der Thetys nur zulassen.

Desgleichen bieten die *Gastropoden* kaum die Möglichkeit irgendeiner näheren positiven Altersbestimmung. Man kennt auch die oberkarbone Gastropodenfauna noch zu wenig, um die unterkarbone davon sicher trennen zu können.

Die wenigen bestimmbaren *Cephalopoden* scheinen zwar ebenfalls nicht danach angetan zu sein, ausschließend für unterkarbones Alter zu sprechen, immerhin aber ist es doch auch gerade hier bezeichnend, daß jegliche streng oberkarbone Typen — ebenso wie bei den *Brachiopoden* — fehlen.

Die *Fenestella* sowie die paar *Scaphopoden* und *Pteropoden* sind weder systematisch genügend sichergestellt, noch in irgendwie engerer stratigraphischer Konstanz bekannt. Letzteres gilt auch für die angeführten *Trilobiten.* Jene Klasse aber, der für die Steinkohlenperiode in neuerer Zeit von einzelnen Autoren die engste und verläßlichste stratigraphische Gliederung zugesprochen wird, die Korallen, fehlt unter dem vorliegenden Fossilmaterial, der Fazies entsprechend, ganz.

Es muß sich also das Urteil darauf beschränken, den p a l ä o n t o l o g i s c h e n C h a r a k t e r der beschriebenen Fauna aus den Ostrauer Schichten als e h e r u n t e r k a r b o n i s c h zu bezeichnen. Gleichsinnig verhält sich die Fauna der westeuropäischen Marine bands im Verbande produktiver Fazies. Inwieweit die faunistischen Verhältnisse sonst für die Altersschätzung der Ostrauer Schichten bestimmend sind, wird im geologischen Teile zu behandeln sein (vgl. pag. 534).

---

3. Faunistische Vergleiche.

Was den faunistischen Charakter der beschriebenen Fauna betrifft, kommen für den Vergleich als systematisch einigermaßen ähnlich zunächst die unterkarbone Kohlenkalk- und die Kulmfauna in Betracht. Der Fazies entsprechend kann die Ostrauer Fauna keiner von beiden gleichgestellt werden. Sie ist charakterisiert durch das s t a r k e V o r h e r r s c h e n d e r L a m e l l i b r a n c h i a t e n u n d — angesichts der Individuenarmut der Brachiopoden — G a s t r o p o d e n. Bezüglich dieser beiden dominierenden Klassen ist die Fauna a r t e n a r m u n d i n d i v i d u e n r e i c h zu nennen. Entgegengesetzt verhalten sich im allgemeinen die Brachiopoden. Die Cephalopoden sind zwar nur in wenigen Fällen näher bestimmbar, in Bruchstücken aber immerhin zahlreich vertreten. Ein weiterer auffallender Charakterzug ist die d u r c h s c h n i t t l i c h e K l e i n h e i t d e r F o r m e n.

Rein nach der Zahl der Arten ist die klassenweise Verteilung folgende: unter 79 Spezies, wenn man die ungenau bestimmten wegläßt, 60 (vgl. das Verzeichnis pag. 525) befinden sich 30, bzw. 24

Lamellibranchiaten (ca. $40^0/_0$), 20, bzw. 16 Brachiopoden (ca. $25^0/_0$), 14, bzw. 12 Gastropoden und Scaphopoden (ca. $20^0/_0$) und 10, bzw. 5 Cephalopoden (10, bzw. $8^0/_0$). Die genannten Klassen verhalten sich also nach ihrer Vertretung in der angenommenen Reihenfolge wie $4:2\cdot5:2:1$. Für die unterkarbone Kohlenkalkfauna, und zwar die am besten bekannte belgische lautet das entsprechende Verhältnis etwas vereinfacht (nach den Listen Koninck's) $3\cdot5:1\cdot5:4:1$. Darin kommt nun zwar die Artenarmut der Gastropoden in den Ostrauer Schichten zum Ausdruck, im übrigen aber geht aus den Proportionen kein wesentlicher Unterschied hervor; diese scheinbare Übereinstimmung wächst bei Berücksichtigung der schon erwähnten Tatsache, daß weitaus die Mehrzahl der Ostrauer Spezies der westeuropäischen Kohlenkalkfauna gemeinsam sind. Indes die versuchten zahlenmäßigen Relationen hinken an der Inäquivalenz der Materialien und Bestimmungen. Maßgebend für die prinzipielle Verschiedenheit der verglichenen Faunen ist abgesehen von dem Mangel an Korallen und Crinoiden in Ostrau (von letzteren liegen nur spärliche, unbestimmbare Fragmente vor) der Umstand, daß im Kohlenkalk die Brachiopoden nach Individuenreichtum eine führende Rolle spielen, ganz entgegengesetzt zu Ostrau, und daß die Kohlenkalkfauna im absoluten Maße ungleich artenreicher ist. Auf der Faziesverschiedenheit begründet würden diese Differenzen an sich immerhin direkte Beziehungen der Ostrauer zur Kohlenkalkfauna noch nicht unwahrscheinlich machen; gegen die Annahme solcher spricht aber außer bestimmten geologischen Gründen (s. d. pag. 534), daß die spezifische Zusammensetzung der Ostrauer Fauna doch auch eine gewisse Selbständigkeit zeigt gegenüber der des westeuropäischen Kohlenkalks durch das individuenreiche Auftreten fast völlig fremder Typen nämlich wie *Palaeoneilo;* für einen etwaigen Endemismus dieser Formen in Ostrau kann die fazielle Eigenart kaum verantwortlich gemacht werden, nachdem andere *Palaeoneilo*-Spezies das nordamerikanische Karbonmeer frequentierten und der einzige früher bekannte, spezifisch aber abweichende *Palaeoneilo* aus dem europäischen Karbon im Kohlenkalk von Yorkshire gefunden wurde; mit anderen Worten, wenn die Ostrauer Fauna wirklich der westeuropäischen Kohlenkalkfauna unterzuordnen wäre, müßten sich doch auch hier Spuren jener eigenartigen Formen häufiger gefunden haben. Auch sollte man dann erwarten, daß sich die Beziehungen steigern, wenn man die Fauna Ostrau näher gelegener Kohlenkalkbildungen, also besonders der schlesischen damit vergleicht; dies ist nicht der Fall.

Ähnlich wenig positiv sind die Beziehungen der Ostrauer Fauna zu der des Kulmmeeres. Soweit dessen Ablagerungsfazies kalkig ist (Plattenkalke und deren Äquivalente, Kalklinsen), kann sein paläontologischer Inhalt ja im allgemeinen ohne Schwierigkeit mit dem des Kohlenkalkes parallelisiert werden oder es liegen besondere eigenartige Entwicklungstypen vor, wie die Cephalopodenkalke von Herborn. Die Fauna der eigentlichen, d. h. kalkarmen Kulmfazies ist im Vergleich zur Ostrauer, wenn man vom lokal massenhaften Auftreten der *Posidonia Becheri* und mancher anderen Aviculiden absieht, im allgemeinen nicht nur arten-, sondern auch individuenarm. Bivalven,

Brachiopoden und Cephalopoden halten sich ungefähr die Wage, am
ehesten dominieren letztere, die Gastropoden hingegen treten in
Übereinstimmung der Autoren (Kayser, v. Koenen, Roemer,
Wolterstorff; auch in den Plattenkalken, vgl. Nebe) außeror-
dentlich zurück. Die Speziesgemeinschaft zwischen Kulm- und Ostrauer
Fauna ist sehr gering.

Es ergibt sich so auf paläontologischem Wege für den
faunistischen Charakter der Ostrauer Marinfauna, daß, wenn schon sie
weitaus die Mehrzahl der Arten mit der westeuropäischen Kohlenkalkfauna gemeinsam hat, sie wahrscheinlich doch weder zu
dieser noch zu der des Kulmmeeres irgendwie direkt
in Beziehung stand.

Es gibt aber noch einen dritten mittel- und westeuropäischen
Karbonfaunentypus, bisher zwar vorwiegend nur aus dem britischen
Gebiete bekannt, doch auch am Kontinent vertreten, nämlich den
mariner Einschaltungen im produktiven Steinkohlengebirge.
Weist die Gleichartigkeit des geologischen Vorkommens die Ostrauer
Fauna von vornherein diesem Typus zu, so erübrigt es doch, die
prinzipielle Übereinstimmung auch paläontologisch zu erweisen. Was
die Eigenschaften einer solchen Fauna betrifft, gewähren zunächst die
geologischen Beziehungen einige Anhaltspunkte. Es kommen vor allem
zwei prinzipiell verschiedene Komponenten dieser „Marine bands"-Fauna
in Frage, einmal, was den Transgressionsbereich aktiv besiedelte
(autochthone Komponente), zweitens, was nur passiv bei der
Transgression dahin verschleppt wurde und dort selbst nicht weiter
kolonisationsfähig war, sei es nun lebend oder schon abgestorben
(nur in Skeletteilen) dahingelangt (allochthone Komponente).
Für die erste Gruppe ist aus den Faziesverhältnissen auf den Charakter
einer lokalen Seichtwasser- oder Strandfauna zu schließen, welche
allmählich ästuarisch oder binnenseeartig ward und dann massentod-
weise zugrunde ging; die zweite Gruppe hingegen kann regellos
zusammengewürfelte Elemente umfassen, deren Vorkommen in keiner
näheren Beziehung zur Fazies steht.

Diesen Erwägungen entspricht der Charakter der beschriebenen
Ostrauer Fauna: einerseits der Individuenreichtum einzelner
Bivalven- und Gastropodenfamilien, anderseits das außerordentlich vereinzelte, oft überhaupt nur solitäre Auftreten der Brachiopodenarten (mit Ausnahme von *Lingula*,
Discina, Chonetes Hardrensis und *Rhynchonella pleurodon*), die in Rücksicht auf die Fazies gewissermaßen fremd erscheinen. Die Cephalopoden waren zwar nur in wenigen Fällen näher bestimmbar, nach der
Häufigkeit bruchstückweiser Vertretung aber zu urteilen, verhalten sie
sich den Bivalven und Gastropoden entsprechend. Dazu die durch-
schnittliche Kleinheit der Form bei den häufigeren Elementen, ferner
der auffallende Gegensatz im Erhaltungszustand zwischen
Bivalven und *Gastropoden* einerseits, *Brachiopoden* (exkl. *Lingula*,
Discina, Chonetes Hardrensis und *Rhynchonella pleurodon*) anderseits,
für den nicht in verschiedener mechanischer Festigkeit der Skelette
eine Begründung zu finden ist; namentlich die Bivalven lassen oft
noch die feinsten epidermalen Details erkennen und ihre beiden

Schalen liegen sehr häufig ungetrennt und unversehrt nebeneinander; die Brachiopodenreste hingegen sind fast durchaus (ausgenommen die genannten) sehr schlecht erhalten, meist nur in einer der beiden Schalen oder auch nur in einem Schalenstück vorhanden. Wenn schon sich mitunter doch auch Brachiopoden in der für sie ungünstigen Fazies eine Zeitlang gehalten zu haben scheinen, so verkümmerten sie und wurden zwerghaft, wie dies in auffallender Übereinstimmung seitens verschiedener Autoren für englische Vorkommnisse angegeben wird. Die schlechte Erhaltung vieler Cephalopodenschalen wohl kann man auf deren mindere mechanische Festigkeit zurückführen. Für den Untergang der kolonosierenden marinen Elemente infolge zunehmender Aussüßung des Wassers ist charakteristisch, daß die marinen Horizonte nach oben bisweilen in solche mit *Anthracosien* übergehen, in die dann höchstens noch einzelne *Lingulae* aufsteigen, Beobachtungen, wie sie aus Oberschlesien sowohl als auch aus England mehrfach mitgeteilt wurden.

Die Anzeichen sprechen demnach mit Wahrscheinlichkeit für einen gemischt auto- und allochthonen Charakter der Fauna im besagten Sinne.

Versuchen wir daraufhin, die Ostrauer Fauna nach ihrer systematischen Zusammensetzung mit der britischen und den anderen bekannten Marine bands-Faunen zu vergleichen, so dürfen wir in erster Linie hinsichtlich der „autochthonen", dem Charakter der Fazies angepaßten Komponente einigermaßen Übereinstimmung erwarten. Es wird sich dabei weniger darum handeln, ob gerade die Arten vielfach dieselben sind; bei der weiten räumlichen Trennung und der großen topischen Selbständigkeit der Kohlenflözreviere, die für unsere Fauna isolierte Weiterentwicklungsbereiche vorstellen, kommt hauptsächlich prinzipielle Übereinstimmung in den tonangebenden systematischen, in diesem Falle zugleich biologischen Gruppen in Frage. Dies ist nun in eklatanter Weise der Fall. Überall, wo marine Coal Measures-Faunen bekannt sind, also insbesondere in England und Nordamerika — hier sind sie bereits einigermaßen studiert —, dann aber auch, soweit sich eben aus den mangelhaften Kenntnissen ein Urteil gewinnen läßt, im belgisch-rheinisch-westfälischen Revier und im Donetzbecken spielen *Nuculiden* und *Bellerophonten* eine Hauptrolle; nach ihnen sind *Posidonien* und *Posidoniellen*, *Aviculopecten, Schizodonten, Edmondien, Pleurotomarien, Euomphalus, Phillipsien* sowie die auch ausgenommenen Brachiopoden *Lingula, Discina, Chonetes Hardrensis* (inklusive *Ch. Laguessiana*, in Belgien nach Koninck auf die produktive Fazies beschränkt) und *Rhynchonella pleurodon*, ferner *Orthoceren, Nautiliden* und *Goniatiten* am häufigsten. Im Ostrauer Material ragen die Cephalopoden zwar, wie gesagt, nach der Individuenzahl der spezifisch bestimmten Arten nicht hervor, ungleich zahlreichere unbestimmbare Bruchstücke aber weisen doch darauf hin, daß sie auch hier sehr stark vertreten waren, ähnlich wie besonders in den britischen Marine bands, aus denen Hind (1905 Qu. J., pag. 543) an 30 Spezies, davon manche in größerer Individuenzahl, erwähnt.

Doch auch für das „allochthone" Element liegt insofern eine Übereinstimmung sehr wohl im Bereiche der Wahrscheinlichkeit, als in einer geologisch immerhin beschränkten, zusammengehörigen Region, wie im gegebenen Falle Nordwest- und Mitteleuropa, die Einschwemmung in die verschiedenen produktiven Reviere aus einer und derselben Richtung, von einem einheitlichen großen Ozean aus erfolgt sein konnte. Auf solche indirekte Weise kann dann auch diese faunistische Komponente zum Teil, besonders was allgemein sehr verbreitete Formen betrifft, verschiedenen Vorkommnissen gemeinsam sein, indem sie gewissermaßen aus einer und derselben Bezugsquelle stammt. Für den europäischen Bereich ist dies tatsächlich der Fall. Von den ja fast ubikolen Brachiopoden der Ostrauer Schichten finden sich manche auch in den britischen Marine bands, wenn schon in diesen die Brachiopoden sonst noch wesentlich spärlicher vertreten sind, und besonders bemerkenswert ist, daß sie fast sämtlich im Verbande der produktiven Schichten des Donetzbassins wiederkehren. Die „allochthonen" Faunenelemente liefern auf diese Weise geradezu eine wichtige Handhabe zur Rekonstruktion der großen geologischen Zusammenhänge, während für die Eigenart der Coal Measures-Fauna, wie wir gesehen haben, die „autochthonen" bezeichnend sind.

In Nordamerika ist die marine Fauna des produktiven Karbons eine unvergleichlich arten- und individuenreichere (mehrere Hundert Spezies) und fällt es dort viel schwieriger, ihre Besonderheit auf Grund der Fazies nachzuweisen. Geologische Gründe sind dafür maßgebend (s. d. pag. 532). Der Vergleich mit Nordamerika hat daher für uns vorwiegend nur hinsichtlich schon im europäischen Gebiete konstatierter Eigentümlichkeiten Interesse, insofern zum Beispiel, als er Übereinstimmung in bereits positiv erkannten Merkmalen ergäbe, oder auch in dem negativen Sinne, als es bemerkenswert wäre, wenn Typen, welche die europäische Coal Measures-Fauna charakterisieren, dort fehlen würden. Daß das erstere — namentlich betreffs *Nuculiden* und *Bellerophonten* — und nicht das letztere zutrifft, wurde schon betont.

Im genaueren geben die auf pag. 525—528 befindlichen Tabellen die Beziehungen der systematischen Zusammensetzung der Ostrauer Fauna zu der ähnlicher Vorkommnisse an; die wichtigeren, in Ostrau individuenreich vertretenen und im Verbande produktiver Schichten allgemeiner verbreiteten Einheiten sind im Druck hervorgehoben. Es spiegeln sich die gewonnenen Eindrücke wider, daß der eigene Typus einer Coal Measures-Marinfauna vorliegt und derselbe, von dem morphologischen Merkmale der Formenkleinheit abgesehen, gegeben ist in individuenreicher Vertretung einzelner charakteristischer Formenkreise namentlich von Lamellibranchiaten, Gastropoden und Cephalopoden (autochthone Komponente), zu denen verschiedene andere Arten hinzukommen, die — in erster Linie gilt dies von den Brachiopoden — nur vereinzelt auftreten, anscheinend bloß eingeschwemmt sind und an der individuellen Zusammensetzung der Fauna sehr geringen Anteil nehmen (allochthone Komponente).

Übersichtstabelle 1:

Die Marinfauna der Ostrauer Schichten und ihre Verbreitung im Verbande produktiver Karbonfazies.

Ostrauer Revier	Ober-schlesien	Golonog	Donetz-bassin	Belgisch-Westfälisches Revier	Britisches Gebiet	Nord-amerika
Fenestella						
(1.) *Fenestella* cf. *plebeja* M'Coy		+				+
Lingula						
2. *Lingula squamiformis* Phill.	+		+	+	+	+
3. „ *mytiloides* Sow.						
Discina	+		+	+	+	+
4. *Discina nitida* Phill.	+		+	+	+	+
Crania						+
5. *Crania quadrata* M'Coy						
Orthis						+
6. *Orthis resupinata* Mart.	+		+	+	+	+
7. *Orthothetes crenistria* Phill.	+		+	+	+	+
8. „ *es Buchiana* Kon.	+	+	+	+	+	+
9. „ *Hardrensis* Phill.						
10. *Productus*	+		+	+	+	+
(11.) „ cf. ... Sow.	+	+	+	+	+	+
12. „ *longispinus* Sow.						
13. „ *aculeatus* Mart.	+		+			+
14. „ *pustulosus* Phill.			+			+
15. „ *scabriculus* Mart.	+		+		+	+
(16.) „ cf. *punctatus* Mart.			+			
17. „ *spinulosus* Sow.	+		+		+	+
(18.) „*Spirifera glabra* Mart.“			+			+
19. *Rhynchonella pugnus* Mart.			+		+	
20. „ *pleurodon* Phill.			+		+	+

Ostrauer Revier	Oberschlesien	Golonog	Donetzbassin	Belgisch-Westfälisches Revier	Britisches Gebiet	Nordamerika
(21.) Terebratula						+
22. Actinopteria fluctuosa Eth.						
Posidonomya			+	+	++	++
(23.) Posidonomya? Becheri Bronn.	+	+				
24. „ corrugata Eth.						
25. „ radiata Hind.		+		+	++	+
Aviculopecten	+					+
(26.) Aviculopecten aff. Knockonniensis M'Coy.						
27. Limatulina alternata M'Coy						+
(28.) Ma cf. simplex Phil.						
(29.) Mya ampliata Kon. var. pannonica Frech						+
Posidoniella						+
30. Posidoniella laevis Brown					+++	+
Modiola	+			+		+
31. Modiola Meeki Kon.			+		+++	++
Nuculidae						
32. Ct ... laevirostris Portl.						
33. „ ... (Palaeoneilo) Ostra-						
34. Ct ... sis sp. n. (Palaeoneilo) transver- salis sp. n.	+				+++	++
35. ... ... lata Phil.	+					
36. Bula gibbosa Flem.						
37. „ luciniformis Phill.	++				+++	++
38. „ oblonga M'Coy						

Ostrauer Revier	Ober-schlesien	Golonog	Donetz-bassin	Belgisch-Westfälisches Revier	Britisches Gebiet	Nord-amerika
39. Nucula (Leda)	+	−	+	+	+	+
40. Nuculana attenuata Flem.	+	−	−	−	+	+
(41.) „ Sharmani Eth.	−	−	−	+	+	+
„ cf. stilla M'Coy	−	−	−	−	−	−
42. Paralllodon (Macrodon) semicostatus M'Coy	+	−	+	−	+	+
43. „ thesiformis Kon.	−	−	+	−	+	+
Schizodontinae						
44. Protoschizodus fragilis M'Coy	−	−	+	−	+	+
(45.) Cypricardella off. parallela Phill.	+	−	+	−	+	+
(46.) Chaenocardiola Footii Baily (?)	−	−	−	−	−	−
47. Sanguinolites tricostatus Portl.	−	−	−	−	+	+
Edmondia						
48. Edmondia ...a Phill.	−	−	−	−	−	−
49. „ laminata Phill.	−	−	−	−	+	−
50. „ sulcata Phill.	+	−	−	−	+	+
Solenomya						
51. Solenomya primaeva Phill.	−	−	−	−	+	+
Entalis (Dentalium)						
(52.) Entalis cf. ornata Kon.	−	−	−	−	+	−
(53.) „ cf. cyrtoceratoides Kon.	−	−	−	−	+	+
Bellerophon s. a.						
54. Bellerophon Moravicus sp. n.	+	+	+ { „Bell. decussatus" }	−	{ „Bell. decussatus" } { „B. hiulcus" }	+
55. „ tenuifascia Sow.	−	−	−	−	−	−
56. „ anthracophilus Frech.	−	−	−	−	−	−
57. „ Urei Flem. (inkl. Orbignyi Portl.)	+	+	+	+	+ +	+
58. Rhaphistoma radians Kon.	−	−	−	−	−	−

Ostrauer Revier	Oberschlesien	Golonog	Donetzbassin	Belgisch-Westfälisches Revier	Britisches Gebiet	Nordamerika
Pleurotomaria						
59. Pleurotomaria perstriata Kon.	+	+			+	+
60. „ tornatilis Phill.						
61. „ Ostraviensis sp. n.						
Euomphalus						
62. Euomphalus catilliformis Kon.		+			+	+
63. „ Catillus Mart.						
64. „ straparolliformis sp. n.						
65. Hyolithus Sturi sp. n.						
Orthoceras						
66. Orthoceras undatum Flem.	+	+	+	+	+	+
(67.) „ cf. acre Foord	+	+			+	
68. Cyrtoceras rugosum Flem.						
Nautilidae						
(69.) Phacoceras aff. oxystomum Phill.	+	+	+	+	+	+
Temnocheilus						
70. Temnocheilus coronatus M'Coy			+			+
71. Coelonautilus Frechi Geish.					+	+
(72.) „ cf. subsulcatus Phill.						
Goniatites						
73. Anthracoceras discus Frech.	+	+		+	+	+
(74.) cf. Nomismoceras rotiforme Phill.	+	+		+		
(75.) „ „ spiratissimum Holzapfel						
Phillipsia (inkl. *Griffithides*)						
76. Phillipsia Eichwaldi Fischer	+	+	+			+
77. „ mucronata M'Coy						
78. Griffithides acuminatus Roem.	+	+				
(79.) Rhizodus aff. Hibberti Ag.	+					

II. Geologischer Teil.

1. Die Kenntnis der horizontalen Verbreitung mariner Fauna im Verbande produktiver Karbonfazies im allgemeinen und dem oberschlesisch-mährischen Gebiete im besonderen.

Es sind bald 100 Jahre, daß die ersten zuverlässigen Angaben mariner Fossilfunde im Verbande flözführender Schichten bekannt wurden; sie stammen von Sowerby und Phillips, aus dem nordenglischen Kohlenrevier von Yorkshire. Sowerby (Min. Conch.) beschrieb aus einer Coal Series nördlich Halifax *Orthocera Steinhaueri* (Bd. I, 1812, pag. 132, Taf. 60, Fig. 4). *Pecten papyraceus* (Bd. IV, 1823, pag. 75, Taf. 354) und *Ammonites Listeri* (Bd. V, 1825, pag. 163, Taf. 501, Fig. 1). Phillips (1832, pag. 349 ff.) erwähnte weitere Funde und beschrieb eine Anzahl Arten in der „Geology of Yorkshire". Zum erstenmal unter allgemein faunistisch-stratigraphischen Gesichtspunkten behandelte Prestwich das Thema in seiner „Geology of Coalbrookdale" (1840, pag. 440). Von Phillips stammt auch schon die im allgemeinen grundsätzlich zutreffende Erklärung des Vorkommens als Anzeichen zeitweisen Wiedereindringens des Meeres in abgeschnürte Becken, die früher schon marin waren, dann aber ausgesüßt wurden. Prestwich hingegen sprach umgekehrt von einer Unterbrechung der marinen Sedimentation durch fluviatile flözliefernde Einschwemmungen, wie dies in Fällen, wo Allochthonie der Flöze nachgewiesen wäre, zutreffen könnte.

De la Bêche (-Dechen 1832, pag. 489), der gleichfalls schon frühzeitig die „Mitwirkung des Meeres" an der Ablagerung des englischen Steinkohlensystems hervorgehoben hatte, erwähnte marine Einschaltungen auch bereits aus dem belgisch-westfälischen Gebiete und Goldfuß lieferte dafür aus dem Ruhrrevier zwei Bestimmungen *Goniatites carbonarius, Pecten papyraceus.* Die Angaben mariner Fossilien aus dem „Système houiller", welche bald darauf Koninck gab (1843), sind zwar nicht vollkommen einschlägig, da sie sich zum Teil auf den Chokier-Horizont beziehen, der wohl zum System des belgischen produktiven Karbons gezählt wird, im Verhältnis zur eigentlichen kohleführenden Fazies jedoch nur basal liegt; immerhin aber waren auch Koninck marine Zwischenschaltungen schon wohlbekannt.

Für Nordamerika dürften Morton (1836) und Conrad (1842) die ersten gewesen sein, welche dem Vorkommen mariner Fossilien im produktiven Steinkohlengebirge Beachtung schenkten, solche erwähnten und beschrieben.

Später sind die „Marine bands" namentlich im britischen Gebiete rasch eine allgemein bekannte Erscheinung geworden, die für alle großen Kohlenfelder Englands und Schottlands in großer Horizontalverbreitung nachgewiesen und reichlich mit geologischen und paläontologischen Detailangaben belegt wurde. In Nordamerika vollends,

den großen Kohlenbecken von Jowa, Illinois und Missouri, stellten
sich marine Einschaltungen in den Coal Measures, ähnlich wie im
Donetzbassin, als normale Abwechslung heraus. Minder vergleichbar hingegen sind die marinen Horizonte des Bowen River-Coalfield in Neu-
Süd-Wales.

Verhältnismäßig spät nahm man im mährisch-schlesischen
Gebiete Kenntnis von den auch dort dem Flözgebirge eingeschalteten
Horizonten mit mariner Fauna. Deren wissenschaftliche Entdeckung
erfolgte hier erst 1862 auf oberschlesischem Boden (Karolinengrube
bei Hohenlohehütte, Königsgrube bei Königshütte), worüber Roemer
in der Sitzung der naturwissenschaftlichen Sektion der „Schlesischen
Gesellschaft für Vaterlandskunde“ vom 19. November 1862 berichtete
und gleichzeitig v. Albert eine Notiz veröffentlichte. Bald darauf
(1863) lieferte Roemer die paläontologische Bearbeitung der ersten
bekanntgewordenen Fossilserie, die 32 Nummern umfaßte, wovon 5
(2 Anthracosien, 3 pflanzlicher Natur) als nichtmarin ausscheiden.
Wenig später (1866) konnte Roemer bereits einige weitere Fundorte
mitteilen (Grube Guter Traugott bei Rosdzin, Königin Luise-Grube
bei Zabrze) und auch die Liste der Fossilien vermehren. Im wesentlichen dieselbe Fauna fand sich zutage bei Beuthen (Koslowagora) und
in Russisch-Polen (Golonog).

Anfang der 1870er Jahre wurde man dann auch österreichischer-
seits auf die „Muschelbänke“ aufmerksam. Vorläufige Mitteilungen
darüber stammen von Helmhacker (1872), die ersten genaueren
von Stur (1875). Stur kannte bereits zwei der wichtigsten Fund-
horizonte, den einen im Hangenden des Franziskaflözes bei Hruschau
(Idaschacht), den anderen im rückwärtigen, flözleeren Teile des Reicheflöz-Erbstollens bei Petrikau (Petřkowitz, Preußisch-Schlesien); zwei
weitere (im Franzschacht zu Přivoz und im flözreichen Teile des
Reicheflöz-Erbstollens) erwähnte er als minder ergiebig. Stur bestimmte die Fossilien großenteils zutreffend, wobei er sich vorwiegend
an Roemer's Bearbeitung der oberschlesischen Funde und an
Koninck's eben damals erschienene Abhandlung über die Fauna des
Bleiberger Kohlenkalks (Nötscher Schichten Frech's) hielt.

Paläontologisch blieben für das schlesisch-mährische Gebiet die
Angaben Roemer's (1863, 1866, 1870) und Stur's (1875, 1877)
bisher die wichtigsten. Frech (Lethaea und 1906) gab einige Korrekturen und (1905) Ergänzungen, Geisenheimer's Listen brachten
manche Um- und Neubenennungen ohne Darstellung. Zahlreiche weitere
Erwähnungen stammen von Ebert (1889—1898), Gaebler (1909),
Junghann (1878), Kosmann (1880), Lobe (Stur 1885), Michael
(1902, 1905), Weiß (1885). Im selben Maße wuchs auch die Kenntnis
des Vorkommens mariner Horizonte im oberschlesisch-mährischen
Steinkohlengebirge. Dieselben konnten durch neue Funde beim Berg-
baubetriebe und die Ergebnisse der zahlreich vorgenommenen Tiefbohrungen (vgl. besonders Ebert 1895) in horizontaler Ausdehnung
fast für das ganze Verbreitungsgebiet der Ostrauer Schichten und
ihrer Äquivalente in Oberschlesien, der Rybniker Schichten, nachgewiesen werden, von Ostrau bis über Gleiwitz hinaus. Eine Übersicht der wichtigsten Fundpunkte gibt nebenstehende Kartenskizze.

Übersichtsskizze

der

Fundpunkte mariner Fauna im oberschlesisch - mährischen Steinkohlenreviere.

Maßstab: ca. 1:600.000
unter Zugrundelegung der Karte von
Ebert 1895.

Fundpunkte unterstrichen.

preussisch-russische Grenze

preussisch-österreichische Grenze

Goloneg

Tarnowitz

Koslowagora
Radzionkau

Laura-
hütte

Rosdzin

Nantowitz
Myslowitz

Preiskretscham

Beuthen

Ruda
Königshütte

Hohenlohehütte

Oheim

Nikolai

Schechowitz
Pschyschowka

Zabrze

Oehringen

Gleiwitz

ChorinsKowitz

Deutsch-Zernitz

Neu-Schönwald

Knurow

Lassocki

Stein

Paruschowitz VI VII VIII

Sohrau

Jeikowitz

Paruschowitz IX

Paruschowitz V

Rybnik

Polom

Mschanna

Loslau

Oderberg

Oder

Oder

Hruschau

Mährisch-
Ostrau

Polausch-
Ostrau

Orlau

Karwin

Porenbla

Peterswald

Bobrownik

PetřKowitz

Schönbrunn

2. Fazielles und stratigraphisches Auftreten.

Die Marine bands der westeuropäischen Steinkohlenreviere treten in zirka 10 verschiedenen Hauptniveaus auf. In Nord-Staffordshire, wo sie für England wohl am besten studiert sind (Stobbs 1905), zählt man ihrer 11, im französisch-belgischen Gebiete und in Westfalen 10. Der schichtenmäßigen Entwicklung nach handelt es sich um sehr dünne, wenige Fuß mächtige, doch für weite Areale konstante Einschaltungen, die oft zu mehreren nahe übereinander folgen, nur durch geringmächtige fossilleere Zwischenlagen getrennt, und dann zusammen eines der genannten Hauptniveaus repräsentieren. Letztere selbst hingegen liegen vertikal sehr beträchtlich voneinander entfernt und schalten sich zwischen sie Hunderte von Metern mächtige Mittel ohne marine Fossilien ein, so daß ohne Zweifel zeitlich und genetisch getrennte Niveauschwankungen höherer Ordnung und größerer Ausdehnung vorliegen.

Der lithologischen Fazies nach knüpfen sich die marinen Horizonte in der Regel an schiefrige Medien, dunkle oder graue Schiefer und sandige Schiefertone ganz der Art wie die gewöhnlichen flözführenden, häufig auch an Sphärosideritlagen, nur ausnahmsweise hingegen an stärker psammitische oder an kalkige Mittel, welch letztere den westeuropäischen Kohlenkomplexen im allgemeinen fehlen. Im unmittelbaren Verbande der fossilführenden Schieferpartien treten häufig zerstreute kohlige Pflanzenreste, mitunter auch kleinere geringmächtige Kohlenschmitzen auf, für die dann in einzelnen Fällen vielleicht Allochthonie in Frage kommt. Die Trennungsmittel engbenachbarter, nur untergeordnet selbständiger Marinhorizonte zeigen meist keine Heteropie der Fazies, die größeren Schichtenmächtigkeiten hingegen, welche die verschiedenen Hauptniveaus trennen, bestehen aus dem bekannten bunten Wechsel von Sandsteinen, Arkosen, Konglomeraten, Schiefern und Flözzügen.

Wesentlich verschieden ist das Verhalten im Donetzbassin und den nordamerikanischen Revieren Jowa, Illinois und Missouri. Hier spielen die marinen Einschaltungen nicht nur nach Zahl und Fossilreichtum — auch ihre Mächtigkeit ist häufig bedeutender — eine so ungleich größere Rolle, daß man geradezu von gemischt mariner und produktiver Fazies sprechen kann, sondern die Fossilführung knüpft sich vielmehr auch häufig an besondere kalkige Bänke, welche mit den kohleführenden Schichtabteilungen sehr viel lebhafter kontrastieren als jene indifferenten schwarzen Schieferzonen der westeuropäischen Marine bands. Es gibt sich darin klar die engere Nachbarschaft des großen Meeres zu erkennen, dessen normalem Ablagerungstypus jene kalkigen Bänke entsprechen; im einen Falle ist es das große zentralrussische Meer, das vom Unterkarbon bis in die Permzeit fortdauerte, im anderen der äquivalente große Ozean des amerikanischen Westens.

Die Vorkommnisse des oberschlesisch-mährischen Gebietes nun entsprechen faziell dem erstgenannten, westeuropäischen Typus mariner Einschaltungen im Verbande produktiver Schichten:

es sind in dunklen, nur schwach sandigen, seltener auch grauen
Schiefertonen, nur ausnahmsweise in Kalkbänken (Oberschlesien) ausgebildete „Marine bands", die, nach den bisherigen Kenntnissen auf
eine annähernd ähnliche Zahl von Haupthorizonten beschränkt, im
Verhältnis zur Gesamtmächtigkeit der teils isopisch, teils stärker
psammitisch und psephitisch ausgebildeten flözführenden Mittel eine
ganz untergeordnete Rolle spielen und auch im Reichtum der Fauna
nicht annähernd an jene vielfachen, kalkigen Einschaltungen des
Donetzbassins oder Nordamerikas herankommen. Nur insofern gibt
sich für die oberschlesisch-mährischen Vorkommnisse gegenüber den
westeuropäischen Marine bands bereits die größere örtliche Nähe am
Donetzbassin zu erkennen, als in ihrer Fauna schon merklich häufiger
Elemente des großen Karbonmeeres auftreten, Brachiopoden nämlich.

Was nun die stratigraphische Zugehörigkeit betrifft,
sind die oberschlesisch-mährischen Marine bands nach den bisherigen
Kenntnissen ausschließlich auf die untere Abteilung des
dortigen produktiven Schichtkomplexes beschränkt,
das sind die Ostrauer oder Rybniker Schichten (bis hinauf zum
liegendsten Sattel- = Pochhammerflöz), also im gebräuchlichen Sinne
das Äquivalent der Waldenburger Stufe. Sie fehlen hingegen in den
darüberfolgenden Sattelflöz-, Rudaer- und Nikolaier Schichten, die zusammen als Vertretung der Schatzlarer Schichten (Saarbrückner Stufe)
angenommen werden. Die einzige Erwähnung (Kosmann 1880,
pag. 307) einer angeblich etwas über dem Sattel- (Pochhammer-) Flöz
gefundenen marinen Fauna ist bereits von anderen (Ebert 1895)
aus guten sonstigen Gründen bezweifelt worden; aber selbst wenn sie
zuträfe, jedenfalls ist das Gros aller marinen Einschaltungen auf die
untere („Rand-") Flözgruppe, Rybniker oder Ostrauer Schichten,
beschränkt.

Auch in den westeuropäischen Revieren treten die
Marine bands vorwiegend in den unteren Lagen (Lower Coal
Measures, Ganister series, Zonen von Andenne und Chatelet, Mager-
und Fettkohlenpartie Westfalens), in England vereinzelt noch in
mittleren auf (Middle Coal Measures; Bolton 1897, Stobbs 1905);
die von Lapparent (1906, pag. 925) übernommene Angabe Kid-
ston's (vgl. Zeiller in Bull. Soc. Geol. de France XVII, 1888/89,
pag. 559), wonach in Nord-Staffordshire auch in den Upper Coal
Measures ein mariner Horizont vorkäme, erscheint hingegen sehr
fragwürdig, nachdem spätere Arbeiten (vgl. Gibson Qu. J. 1901,
Stobbs 1905) nichts davon erwähnen. Im Sinne der üblichen Annahme würden also die Marine bands der westeuropäischen Steinkohlengebiete der unteren bis mittleren Saarbrückner Stufe angehören
(vgl. Punkt 3).

Ganz anders im Donetzbassin und in den großen nordamerikanischen Kohlenrevieren Jowa, Missouri, Illinois. Hier
sind die marinen Zwischenlagen im Verbande der Coal Measures fast
für deren ganze vertikale Mächtigkeit eine gewöhnliche Erscheinung,
also bis mindestens an die Obergrenze des Oberkarbons im europäischen Sinne, und führen die oberen der Marinhorizonte eine
typisch oberkarbone Fauna mit *Fusulinen, Derbyen, Meekellen, Ente-*

letes etc., während, im Donetzbassin, in den unteren bis mittleren
ebenso ein vorwiegend unterkarboner Faunentypus herrscht wie in
den Marine bands Westeuropas und Oberschlesien-Mährens. Auch die
marinen Einschaltungen des appalachischen Kohlenfeldes sind
mehr nach Art jener des Donetzbassins und des zentralen bis südwestlichen Nordamerika. Diese größere vertikale Verbreitung der
Marinhorizonte am Donetz und in Nordamerika steht im Einklang mit
der stärker marinen Ausprägung der lithologischen und auch paläontologischen Fazies jedes einzelnen — es sind, wie schon betont,
vielfach Kalkbänke — und das häufige Vorkommen typisch ober-
karboner Faunenelemente in den oberen von ihnen läßt indirekt erkennen, daß der Mangel solcher in den westeuropäischen und oberschlesisch-mährischen Marine bands, wenn schon nur auf negative
Weise, so doch nicht ohne Belang für deren Altersbeurteilung ist.

3. Ergebnisse für die Paläogeographie und Stratigraphie. Das Alter der Ostrauer Schichten.

Die geschilderten faunistischen und geologischen Verhältnisse
machen es sehr wahrscheinlich, daß die marinen Einschaltungen
des oberschlesisch-mährischen Gebietes eine zusammengehörige Erscheinung mit denen Westeuropas
sind. Nach allen Vorstellungen über die Karbongeographie müssen
die westeuropäischen Marine bands ebenso von Osten her, aus derselben Quelle bezogen werden wie die oberschlesisch-mährischen; es
wäre ganz unmotiviert, die entsprechenden Erscheinungen für in beiden
Gebieten voneinander unabhängige, etwa „lokale" Bildungen zu halten.
Die marinen Einschaltungen in den produktiven Schichtkomplexen
Mittel- und Westeuropas repräsentieren aller Wahrscheinlichkeit nach
zusammengehörige, wiederholte, vorübergehende Transgressionen
des großen zentralrussischen Karbonmeeres nach
Westen, in die langgestreckte schmale Mulde, aus der sich das
mitteleuropäische Unterkarbonmeer eben zurückgezogen hatte. Den
oralen Anfang dieses großen paralischen Golfes bildete das Donetzbassin; es lag dem offenen Meere am nächsten; hier sind die Überflutungen darum viel zahlreicher und ihre Absätze nach Fauna wie
Fazies stärker marin entwickelt. Weiter nach Westen hingegen drangen
nur vereinzelte größere Transgressionen vor, die sich gewissermaßen
als Rückzugsschwankungen des europäischen Unterkarbonmeeres auf
ein älteres Stadium beschränken. Mit zunehmender Entfernung von
der Stammsee klingt der marine Typus des Transgressionssediments
lithologisch rasch aus, während die Fauna bis weit nach Westen verschleppt wird und hier — nachdem sich die anpassungsfähigen Elemente
in kolonisatorischer Weiterentwicklung noch eine Zeitlang gehalten
haben — in authigenen Sedimenten zum Absatz kommt.

In ähnlichem Verhältnis zum offenen Meer, wie das Donetzbassin, standen die großen Kohlenbecken des zentralen bis südwestlichen Nordamerika (Jowa, Illinois, Missouri), in denen gleichfalls die

marinen Einschaltungen bis ins obere Oberkarbon sehr viel zahlreicher und faziell wie faunistisch reiner marin ausgeprägt sind als in Mittel- und Westeuropa; auch das appalachische (ostamerikanische) Kohlenfeld unterhielt zum Meere des Westens innigere Beziehungen als die unseren ostwärts.

Der einheitliche Ozean, der die Transgressionen nährte, war die Thetys und das damit zusammenhängende russische Meer. Der Umstand, daß marine Einflüsse von Westen bis Nordwesten her für Mittel- und Westeuropa anscheinend fehlen, die von Osten kommenden hingegen westwärts abflauen, bestätigt die Annahme des großen Nordkontinents an Stelle nördlicher Teile der Atlantis.

Die Ursachen der Transgressionen selbst sind wohl in den großen tektonischen Bewegungen jener Zeit zu suchen, die ebenso am Ural wie den appalachischen Ketten Nordamerikas beteiligt sind, in beiden Fällen also den transgredierten Gebieten besonders entsprechenden Regionen. Gleichartigen Ursachen entspricht es, daß anderseits die Überflutungen in Mitteleuropa gegen Ende der Karbonzeit an Ausdehnung verloren, indem bis dahin eben auch hier die Gebirgsbildung fortschritt, deren erstes Einsetzen den Rückzug des mitteleuropäischen Unterkarbonmeeres mit verursacht hat.

Auf dem eingeschlagenen paläogeographischen Wege gelangt man zu dem Schlusse, daß den marinen Einschaltungen in den Kohlenkomplexen Mittel- und Westeuropas der Wert eines stratigraphischen Leithorizontes zukommt, auf den hin die gebräuchliche Vertikalgliederung der mittel- und westeuropäischen Karbonsedimente zu prüfen ist. Und der Widerspruch, der sich da vorhin (vgl. pag. 533) ergeben hat, daß nach der bisher üblichen Einteilung die Marine bands in Oberschlesien-Mähren auf die Waldenburger, in Westfalen, Belgien und England auf die untere bis mittlere Saarbrückner Stufe beschränkt erscheinen, ist kaum ohne eine kleine Korrektur der gebräuchlichen Annahme zu lösen. Die Ostrauer (Rybniker) Schichten und der untere Teil der englisch-belgisch-westfälischen produktiven Kohlenformation können kaum Dinge sein, die sich zeitlich gegenseitig ausschließen, sondern dürften, wenigstens teilweise, gleichzeitige Ablagerungen repräsentieren; entweder umfaßt dann die westeuropäische Steinkohle nach unten hin noch Äquivalente der Waldenburger Stufe oder die Ostrauer Schichten nach oben hin solche der Saarbrückner Stufe oder es sind vielleicht Waldenburger und (untere) Saarbrückner Stufe überhaupt keine so scharf getrennten Einheiten, wie man dies anzunehmen beliebt. Gerade die Flora spielt in dieser Frage eine unentschiedene Rolle; die Flora der Waldenburger (Ostrauer) Schichten enthält zwar gewiß einige altertümliche Typen, *Lepidodendron Veltheimianum,* anderseits aber ist der Zusammenhang nach unten durchaus kein größerer als nach oben; Stur selbst hat schon betont, daß die Floren des Kulmdachschiefers, der Ostrauer (Waldenburger) und Schatzlarer (Saarbrückner) Schichten in „innigem Verband" stünden. Die Ostrauer (Waldenburger) Flora ist kurzweg eine Mischflora, die den Schluß nicht genügend begründet, der westeuropäische Kohlenkomplex, als zur Saarbrückner Stufe gehörig, wäre

zur Gänze jünger wie die Ostrauer Schichten; faunistisch fehlen ihm
ebenso wie diesem oberkarbone Elemente in den Marine bands.

Im Zusammenhange damit führt die versuchte paläogeographische Methode zu einer näheren Bestimmung des Alters der
Ostrauer Schichten, von der Basis der produktiven Fazies bis
hinauf zum Prokopflöze der Sofienzeche von Poremba (= Pochhammer-
oder liegendstes Sattelflöz von Oberschlesien): sie sind jünger
als der west- und mitteleuropäische Kohlenkalk und
Kulm, älter als der oberkarbone Fusulinenkalk; sie entsprechen den unteren bis höchstens mittleren Lagen des
westeuropäischen kohleführenden Schichtkomplexes,
also besonders der Magerkohlenpartie des Ruhrreviers, den Zonen von
Andenne und Chatelet in Belgien, den Lower Coal Measures (Gannister
Series) Englands und repräsentieren also je nach Auffassung und Einteilung mittleres Karbon oder unteres Oberkarbon, eine
Bestimmung, der weder die faunistische noch die floristische Beurteilung widerspricht.

Von der Gesamtmächtigkeit der Ostrauer Schichten umfaßt die
Ostrauer Mulde den größeren unteren Teil, während, wie Petrascheck (1910) gezeigt hat, die jüngeren höheren Schichten in der
Mulde von Peterswald längs der „Michalkowitzer Störungszone"
östlich an den älteren abgesunken sind; östlich an der Mulde von
Peterswald hinwiederum setzen längs der „Orlauer Störung" die noch
jüngeren Flöze von Karwin (Schatzlarer Schichten) in die Tiefe,
wobei in der Störungszone, einer Flexur, noch die jüngsten Ostrauer
und die über ihnen folgenden Sattelflözschichten anstehen.

---

4. Die oberschlesisch-mährischen Marinhorizonte vom lokal-geologischen und praktischen Standpunkt aus.

Im horizontalen Sinn ist das Vorkommen der Marine bands in
Oberschlesien-Mähren, wie erwähnt, fast für das ganze Verbreitungsgebiet der Ostrauer (Rybniker) Schichten nachgewiesen worden. Ebenso
ist bereits bekannt, daß die marinen Einschaltungen auch hier in
einer ganzen Anzahl verschiedener Niveaus auftreten. Die genauere
Kenntnis ihrer vertikalen Verteilung aber hat seit Stur und Roemer
wenig Fortschritte gemacht. Man muß sich darüber um so mehr wundern,
als die praktische Verwendbarkeit dieser leicht wahrnehmbaren
Zwischenschaltungen für die bergmännische Flözidentifizierung offenbar
ist und sie in anderen Betrieben, namentlich in England, auch schon
längst dafür ausgiebig benützt werden. Die Schwierigkeit besteht
lediglich darin, daß die Fossilien nicht bloß auf der Abraumhalde aufgesammelt werden dürfen, sondern ihr Vorkommen in situ genau festgestellt werden muß; nur dann kann man namentlich auch entscheiden,
ob verschiedene Hauptniveaus mariner Fossilführung vorliegen oder
bloß Unterabteilungen eines zusammengehörigen Schichtpakets.

Der praktische Wert der Marine bands wächst natürlich
sehr bedeutend mit der Erkenntnis, daß es sich dabei nicht um rein

„lokale" Bildungen handeln kann; sie verhalten sich infolge ihrer.genetischen Einheitlichkeit, wenigstens was die Hauptniveaus betrifft, konstanter als irgendein anderes Flözidentifizierungsmittel, und zwar besonders eben auch auf große Entfernungen hin, wo die gewöhnlichen bergmännischen Anhaltspunkte (der petrographische Habitus und die Schichtenmächtigkeit) naturgemäß häufig versagen.

Für das mährische Gebiet hat zuerst Stur diese große praktische Bedeutung der marinen Einschaltungen prinzipiell in Anwendung gebracht. In neuerer Zeit benützte sie Petrascheck (1910) mit Erfolg für die Altersvergleichung der Flöze in den Mulden von Ostrau und Peterswald; hauptsächlich auf seine Angaben stützt sich im folgenden der Versuch einer Klassifikation der Marinhorizonte des mährischen Gebietes.

Man kann hier nach den bisherigen Funden zunächst fünf verschiedene Hauptniveaus unterscheiden, deren gegenseitige Lagerung und Parallelisierung mit genügender Sicherheit bekannt, beziehungsweise durchführbar ist. Entsprechend dem durch Petrascheck geklärten Altersverhältnis der Ostrauer und Peterswalder Mulde (s. o.) sind die höheren dieser Fundniveaus auf den Osten (Peterswalder Mulde und Orlauer Störungszone), die tieferen auf den Westen (Ostrauer Mulde) beschränkt und nur das mittlere wurde beiderseits angetroffen; es liefert dadurch einen wichtigen Vergleichshorizont zwischen beiderlei Regionen.

Diese fünf gut bekannten Hauptniveaus mit ihren Fundpunkten sind von oben nach unten folgende (vgl. die Kartenskizze pag. 531).

I. Oberstes; bisher nachgewiesen nur im Osten (Mulde von Peterswald-Poremba, Orlauer Störungszone), knapp (20 m) unter dem Prokopflöz (Sofienzeche zu Poremba und Bohrung Obersuchau).

II. Oberes; zirka 450 m tiefer, an der Basis des oberen Viertels der „Birtultauer Schichten" (jüngere Abteilung der Ostrauer Schichten); bisher nachgewiesen nur im Osten (Mulde von Peterswald-Poremba), nahe dem Koks- (Eugenschacht), beziehungsweise I. (Alpine Schacht), II. (Sofienzeche) oder V. (Albrechtschacht) und Eugen- (Eugenschacht), Hermann- (Sophienzeche) oder IV. Flöz (Albrechtschacht).

III. Mittleres; über der Mitte der Birtultauer Schichten, im Osten (Mulde Peterswald-Poremba) zirka 600 m unter dem Niveau I., im Westen (Ostrauer Mulde) als oberstes nachgewiesen; unter dem Filipp- (O., Sofienzeche), beziehungsweise Ferdinand (O., Eugenschacht), IX. (O., Albrechtschacht) oder Kronprinzflöz (W., Dreifaltigkeits- und Hermengildeschacht; über dem Barbaraflöz).

IV. Unteres; im flözarmen (-leeren) Mittel zwischen Birtultauer und Hruschauer (untere Abteilung der Ostrauer) Schichten; zirka 500 m unter Niveau III; bisher nachgewiesen nur im Westen (Mulde von Ostrau) unter dem Adolf- (Schacht II, Salm), beziehungsweise Leopoldflöz (Karoline- und Salomonschacht).

V. Unterstes; etwas über der Mitte der Hruschauer Schichten; bisher nachgewiesen nur im Westen, über dem F r a n z i s k a flöz (Ida-, Theresien- und Salomonschacht).

Ein weiterer ziemlich ergiebiger Marinhorizont war schon S t u r bekannt im rückwärtigen f l ö z l e e r e n Teile des R e i c h e f l ö z - E r b - s t o l l e n s bei Petřkowitz (Preußisch-Schlesien); nach der allgemeinen Annahme gehört derselbe ins Liegendste der Ostrauer Schichten, also noch unter das Niveau V; doch ist die Region dieses Stollens tek- tonisch stark gestört und das Verhältnis des genannten Marinehori- zontes zu einem zweiten fossilärmeren im f l ö z r e i c h e n Teil des gleichen Stollens nicht soweit sichergestellt, daß man diese beiden Horizonte mit genügender Bestimmtheit dem versuchten Schema ein- ordnen könnte; bei der Annahme basaler Diskordanz für das pro- duktive Karbon beweist auch die unmittelbare Nachbarschaft des Kulms von Bobrownik nichts für die stratigraphische Stellung dieser Petřkowitzer Horizonte innerhalb der Ostrauer Schichten.

Einige weitere Angaben mariner Funde („Umgebung des Eduard- flözes im Franzschacht bei Přívoz", S t u r 1875, pag. 153; „Schurfschacht in Schönbrunn", „Witkowitzer Tiefbauschacht") sind einerseits ungenau, andererseits so vereinzelt, daß vorderhand daraus noch nicht mit Sicher- heit auf weitere Marinhorizonte geschlossen werden kann; die als *Modiola Meeki* bestimmte Form vom „Salmschacht, IV. Flöz", darf außerdem an sich noch nicht als beweiskräftiger Anzeiger einer marinen Schicht genommen werden.

Es ist nun ebensowohl wissenschaftlich als praktisch von Interesse, zu untersuchen, ob die genannten, sicher verschiedenen Marinniveaus im einzelnen irgendwie durch faunistische Sonderheiten gekennzeichnet sind, zumal man diese Frage anderen Orts (England, Oberschlesien) bereits mehrfach positiv beantworten zu können glaubte. Wie dies aus der nachfolgenden Zusammenstellung (Tabelle 2) ergibt, sind solche Sonderheiten auf Grund der vorläufigen Kenntnisse im vorliegenden Falle nicht nachweisbar, und zwar hat es den Anschein, als ob dies nicht nur eine Folge der ungleichen Vertretung der Faunen aus den einzelnen Horizonten wäre, sondern die meisten Formen der anderen Niveaus finden sich auch im Niveau V, dessen Fauna derzeit weitaus als die reichste figuriert. Die faunistische Spezialisierung, wie sie zum Beispiel aus dem Revier von Königshütte (Oberschlesien) mehrfach angegeben wurde (vgl. pag. 542), scheint mehr untergeordneten Rang zu besitzen, nämlich auf Teilhorizonte beschränkt und auch da nicht für größere Horizontalausdehnung konstant zu sein.

Wenn schon also, vorderhand wenigstens, von einer faunistischen Spezialisierung der einzelnen Hauptmarinhorizonte im Ostrauer Revier nicht die Rede sein kann, so ließen sich dieselben hier doch bereits einigermaßen parallelisieren und in ein System bringen. Schwieriger wird dieser Versuch, sobald wir ihn auf O b e r s c h l e s i e n ausdehnen. Immerhin aber gibt die Äquivalentsetzung (vgl. G a e b l e r 1909, P e t r a s c h e c k 1910) des Prokopflözes mit dem Pochhammerflöz, das in Oberschlesien allgemein als Leitflöz fungiert, einen sehr wichtigen An- haltspunkt. Im Liegenden des Pochhammerflözes ist nämlich weiter

Übersichtstabelle 2:

Die Verteilung der marinen Fauna der Ostrauer Schichten auf die einzelnen marinen Hauptniveaus.

	Mariner Horizont des Ostrauer Reviers					Nichteingereihte oder fragliche Niveaus
	I.	II.	III.	IV.	V.	
Fenestella cf. plebeja M'Coy						Peterswald.
Lingula squamiformis Phill.						Vermutlich Niveau des rückw. flözleeren Teiles des Reicheflözerbstollens.
„ mytiloides Sow.					+	Reicheflözerbstollen.
Discina nitida Phill.					+	— | |
Crania quadrata M'Coy					+	— | |
Orthis resupinata Mart.					+	
Orthotheties crenistria Phill.					+	
Chonetes Buchiana Kon.	+				+	Reicheflözerbstollen.
„ Hardrensis Phill.		+			+	| | |
Productus semireticulatus Mart.		+			+	
„ cf. costatus Sow.					+	
„ longispinus Sow.		+			+	
„ aculeatus Mart.		+			+	Peterswald.
„ pustulosus Phill.					+	| | |
„ scabriculus Mart.					+	
„ cf. punctatus Mart.					+	
„ spinulosus Sow.			+		+	Reicheflözerbstollen.
„Spirifera glabra Mart.“	+	+	+		+	| | |
Rhynchonella pugnus Mart.	+		+		+	
„ pleurodon Phill.		+			+	{ Reicheflözerbstollen, Scharfschacht in Schönbrunn.
Terebratula sp. ind.					+	
Actinopteria fluctuosa Eth.		+				{ Poremba, Sofienzeche; Peterswald.

	Mariner Horizont des Ostrauer Reviers					Nichteingereihte oder fragliche Niveaus
	I.	II.	III.	IV.	V.	
Posidonomya? Becheri Bronn.				+		—
„ corrugata Eth.					+	—
„ radiata Hind.						Peterswald.
Aviculopecten aff. Knockonniensis M'Coy					+	—
Limatulina alternata M'Coy				+		Peterswald.
Palaeolima cf. simplex Phill.						—
Myalina ampliata Kon. var. pannonica Frech				+		—
Posidoniella laevis Brown		+			+	Salmschacht, IV. Flöz.
Modiola Meeki Kon.			+			Peterswald.
Ctenodonta laevirostris Portl.			+		+	—
„ (Palaeoneilo) Ostraviensis sp. n.			+		+	—
„ transversalis sp. n.					+	Reicheflözerbstollen.
„ undulata Phill.			+			Reicheflözerbstollen.
Nucula gibbosa Flem.		+			+	—
„ luciniformis Phill.			+		+	Peterswald.
„ oblonga M'Coy		+	+			Peterswald.
Nuculana attenuata Flem.		+			+	Reicheflözerbstollen.
„ Sharmani Eth.		+	+			—
„ cf. stilla M'Coy						—
Parallelodon semicostatus M'Coy			+		+	—
„ theciformis Kon.					+	—
Schizodontinae		+			+	—
Protoschizodus fragilis M'Coy						—
Cypricardella aff. parallela Phill.					+	Reicheflözerbstollen.
Chaenocardiola Footii Baily (?)						Peterswald.
Sanguinolites tricostatus Portl.					+	—
Edmondia arcuata Phill.					+	—
„ laminata Phill.					+	Peterswald.
„ sulcata Phill.					+	—
Solenomya primaeva Phill.		+			+	Peterswald.

	Mariner Horizont des Ostrauer Reviers					Nichteingereihte oder fragliche Niveaus
	I.	II.	III.	IV.	V.	
Entalis cf. ornata Kon.	–	–	+	–	+	
„ cf. cyrtocerato des Kon.	–	+	+	–	–	
Bellerophon Moravicus sp. n.	–	+	–	+	+	
„ tenuifascia Sow.	–	–	–	–	+	⎰ Peterswald.
„ anthracophilus Frech.	–	–	–	–	+	⎱ Reicheflözerbstollen.
„ Urei Flem. (inkl. Orbignyi-Portl.)	–	+	+	–	+	⎰ Eduardflöz im Franzschacht ⎱ bei Přívoz; Peterswald.
Rhaphistoma radians Kon.	–	+	–	–	–	
Pleurotomaria perstriata Kon.	–	–	–	–	+	
„ tornatilis Phill.	–	+	–	–	+	
„ Ostraviensis sp. n.	–	–	+	–	+	
Euomphalus catilliformis Kon.	–	–	–	–	+	
„ Catillus Mart.	–	–	+	–	+	
„ straparolliformis sp. n.	–	–	–	–	+	
Hyolithus Sturi sp. n.	–	–	–	–	+	
Orthoceras undatum Flem.	–	–	–	+	+	⎰ Poremba, Sofienzeche.
„ cf. acre Foord	–	–	–	+	–	Tiefbauschacht Witkowitz;
Cyrtoceras rugosum Flem.	–	–	–	+	+	⎱ Reicheflözerbstollen.
Phacoceras aff. oxystomum Phill.	–	–	–	–	+	Reicheflözerbstollen.
Temnocheilus coronatus M'Coy.	–	–	–	+	+	Reicheflözerbstollen.
Coelonautilus Frechi Geinh.	–	+	+	–	–	
„ cf. subculcatus Phill.	–	–	–	–	+	Reicheflözerbstollen.
Ant hacoceras discus Frech	–	–	–	–	+	
cf. Nomismoceras rotiforme Phill.	–	–	–	–	+	
„ spiratissimum Holzapfel	–	–	–	–	+	
Phillipsia Eichwaldi Fischer	–	–	–	–	+	
„ monata M'Coy	–	–	–	–	+	
Griffithides acuminatus Roemer	–	–	–	–	+	Reicheflözerbstollen.
Rhizodus aff. Hibberti Ag.	–	–	–	–	+	

nördlich, im Revier Gleiwitz-Kattowitz, allenthalben der altbekannte fossilreiche Marinhorizont angefahren worden, dessen Fauna von R o e m e r im Jahre 1863 beschrieben wurde. Dieser sogenannte „R o e m e r horizont" entspricht also seiner relativen und selbst absoluten Lage nach sehr gut dem Ostrauer Horizont I; dabei zeigt er sich hier im Norden nicht nur viel fossilreicher als vom Ostrauer Niveau I bis jetzt bekannt ist, sondern auch stratigraphisch wesentlich besser entwickelt; er ist nicht einfach ausgebildet, sondern durch Zwischenschaltung geringmächtiger fossilleerer Schichtpakete in 4—5 Unterniveaus gegliedert; für das oberste davon hat sich der Name „Gaeblerhorizont" eingebürgert. Insoweit diese Unterteilung später nicht auch für die Peterswalder Mulde erkannt werden sollte, wäre sie eine durch die größere Nähe am Donetzbassin erklärliche Verschiedenheit.

Die wichtigsten Punkte, wo der Roemerhorizont (im genannten kollektivischen Sinne) nachgewiesen wurde, sind im Revier Gleiwitz-Kattowitz (vgl. die Kartenskizze pag. 531):

F l o r e n t i n e g r u b e b e i B e u t h e n (E b e r t 1889, pag. 564); vier Teilniveaus, deren oberstes 14 m unter dem Pochhammerflöz liegt, während die anderen in kurzen Abständen darunter folgen; E b e r t glaubte sie paläontologisch differenzieren zu können und bezeichnete sie von oben nach unten als Phillipsien-, Crinoiden-, Produkten-(kalkig), Bellerophonschicht (Sphärosiderit). Die Angabe von K o r a l l e n für die drei oberen und die teilweise kalkige Gesteinsfazies bilden gegenüber Ostrau interessante Abweichungen wegen der größeren Nähe des Vorkommnisses am Einbruchsgebiete der Transgression (Donetzgolf); auch Chitonen kommen vor. Im übrigen stimmt die Fauna gut mit der Ostrauer überein.

G i e s c h e g r u b e b e i S c h o p p i n i t z (Rosdzin), Kronprinzschacht (E b e r t 1890, pag. 178); zirka 15 m unter dem Pochhammerflöz. Fauna übereinstimmend mit Ostrau.

G r u b e R a d z i o n k a u (M i c h a e l 1902); 3 Teilniveaus (den 3 unteren der Florentinegrube entsprechend), deren oberstes 72 m unter dem Pochhammerflöz liegt, während die beiden anderen 18, beziehungsweise 64 m tiefer folgen; die Fauna stimmt mit der Ostrauer überein, ihre Verteilung auf die einzelnen Teilniveaus ist abweichend von den Verhältnissen in der Florentinegrube bei Beuthen.

G r u b e G u t e r T r a u g o t t b e i R o s d z i n (R o e m e r 1866, 1870, E b e r t 1889); zirka 12 m unter dem Pochhammerflöz (oberstes Teilniveau).

B o h r l o c h b e i S o s n i t z a (westlich bis südwestlich von Zabrze; E b e r t 1895, G a e b l e r 1909); 2 Teilniveaus, 22, beziehungsweise 92 m unter dem Pochhammerflöz

K ö n i g i n L u i s e - G r u b e b e i Z a b r z e, Skalleyschacht (R o e m e r 1866, 1870; K o s m a n n 1880).

K a r o l i n e n g r u b e b e i H o h e n l o h e h ü t t e und K ö n i g s g r u b e b e i K ö n i g s h ü t t e (R o e m e r 1863, 1870), zirka 12 m unter dem Pochhammerflöz; K o s m a n n (1880) beobachtete im Bahnschacht bei Königshütte drei tiefere Teilniveaus bei 62, 84 und 123 m unter dem Pochhammerflöz.

Gräfin Lauragrube bei Königshütte (Jungbann 1878, Kosmann 1880).

Bohrloch Oehringen (Ebert 1895); 2 Teilniveaus, 20, beziehungsweise 90 m unter dem Pochhammerflöz.

Bohrloch Schechowitz I (Ebert 1895); 4 Teilniveaus auf zusammen 85 m Schichtenmächtigkeit verteilt.

Bohrloch Pschyschowka (Ebert 1895) 1 Teilniveau, 8 m Schichtenmächtigkeit umfassend.

Bohrloch Chorinskowitz III (Ebert 1895), 8 verschiedene Einzelhorizonte, von denen die 5 oberen annähernd gleichmäßig auf eine zusammenhängende, 100 m mächtige Schieferfolge ohne Sandsteinzwischenlagerung verteilt sind, während die drei unteren in größeren Abständen (je zirka 40 m) liegen mit Zwischenschaltung geringmächtiger Sandsteinzonen.

Bohrloch Deutsch-Zernitz III (Ebert 1895); mehrere auf 180 m Schichtmächtigkeit verteilte marine Horizonte, die vermutlich in ähnlichem Verhältnis stehen wie im benachbarten Bohrloch Chorinskowitz III.

Bohrloch Neuschönwald (Ebert 1895); 1 Teilniveau erbohrt.

Die zahlreichen Bohrungen, über welche Ebert (1895) berichtet, lassen den Roemerhorizont aber auch an einer Reihe von Zwischenpunkten südwärts verfolgen bis nahe an die Peterswalder Mulde heran. Soweit die relative Lage des erbohrten Marinniveaus unter dem Pochhammerflöz bekannt ist, kann die Annahme als Roemerhorizont sicher gelten, hingegen nur mit Vorbehalt, wenn der angetroffene Marinhorizont lediglich absolut der oberste ist; diese Fälle sind im folgenden mit einem Fragezeichen versehen. Wenn wir zunächst östlich der Orlauer Störung von Königshütte gegen Ostrau gehen, vermitteln die Fundpunkte:

Knurow; 3 Teilniveaus zirka 95—150 m unter dem Pochhammerflöz;

Paruschowitz V; marine Fauna 157—192 m unter dem Pochhammerflöz.

Polom (Gaebler 1909, pag. 179) Grube Adolf Wilhelm I; marine Fauna 50 m unter dem Pochhammerflöz.

? Mschanna; drei Bohrungen ergaben bei verschiedener Tiefe unter der Karbonoberfläche marine Fauna in 1—3 Teilniveaus, welche auf maximal 150 m Schichtenmächtigkeit verteilt sind.

Westlich der Orlauer Störung sind marine Einschaltungen, die vermutlich den Roemerhorizont repräsentieren, erbohrt worden (Ebert 1895) in:

? Lassocki I, ein Teilniveau;

? Stein I, drei Teilniveaus in 30—40 m Abstand;

? Paruschowitz VI, drei Teilniveaus auf eine zusammenhängende Schieferfolge von 83 m Mächtigkeit entfallend.

? Paruschowitz XIII, zwei um zirka 13 m voneinander abstehende Teilniveaus;

? Jeykowiz I, zwei Teilniveaus in 15 m Abstand, zirka 130 m unter dem vermutlichen Äquivalent des Pochhammerflözes;

? P a r u s c h o w i t z XV, zwei um zirka 60 *m* voneinander abstehende Teilniveaus;

? P a r u s c h o w i t z XXII (bei Rybnik; vgl. M i c h a e l 1908, pag. 10), zwei Teilniveaus in zirka 30 *m* Entfernung.

Sehr lückenhaft dagegen sind die Kenntnisse tieferer Marinhorizonte in Oberschlesien, die also für eine Parallelisierung mit den Ostrauer Niveaus II—V in Frage kämen. Aber schon konnte P e t r a - s c h e c k (1910) mit Sicherheit Äquivalente von II und III im Rybniker Revier (Charlotte-, Emma- und Roemergrube) nachweisen. Wichtige Vergleichspunkte liefern ferner die Loslauer Bohrungen (W e i ß 1885, L o b e - S t u r 1895, E b e r t 1895), die das Auftreten mariner Horizonte im Verbande von G a e b l e r's „Radliner" und „Loslauer Flözgruppe", das ist tieferen Teilen der Rybniker (Ostrauer) Schichten ergeben haben. Die Bohrungen Loslau I, II und V trafen marine Niveaus im flözleeren Mittel zwischen Radliner und Loslauer Gruppe, die vermutlich dem Ostrauer Hauptniveau V entsprechen (nach G a e b l e r's sonstiger Flözidentifizierung), Bohrung II außerdem noch ein 200 *m* tieferes innerhalb der Loslauer Gruppe (? Niveau des Reicheflöz-Erbstollens). Der Marinhorizont hingegen, der im Bohrloch Loslau IV in der oberen Partie der Radliner Gruppe angetroffen wurde (vier annähernd gleichmäßig auf fast 100 *m* Schichtenmächtigkeit verteilte Teilniveaus) dürfte vielleicht dem Hauptniveau IV von Ostrau entsprechen. Doch müssen alle diese Versuche um so mehr mit Vorsicht genommen werden, als die Region von Loslau etwas gestört ist.

Andere, vorläufig jedoch noch nicht rangierbare Marinhorizonte unterhalb des Roemerniveaus sind zum Beispiel erbohrt worden in Paruschowitz VI (zirka 160 *m* unter dem tiefsten Teilniveau des oben als Roemer- angenommenen Horizontes), Mschanna 1887 (zirka 100 *m* unter dem ? Roemerhorizont), Paruschowitz V (im Bereiche der Orlauer Störung; 430 *m* — ? II von Ostrau — und 645 bis 799 *m* — ? III von Ostrau — unter dem Pochhammerflöz).

Schon aus dem wenigen geht die Bedeutung des Marinniveaus für die Lokalgeologie und bergmännische Praxis zur Genüge hervor; neben den anderen üblichen Flözidentifizierungsmitteln gewähren sie, auch wenn sie faunistisch, vorläufig wenigstens, nicht unterscheidbar zu sein scheinen, sehr konstante und zuverlässige Leithorizonte, insbesondere eben auch für große Distanzen, und als solche die Möglichkeit einer klaren, einheitlichen Gliederung des ganzen älteren flözführenden Schichtkomplexes. Es ist daher nicht nur ein wissenschaftliches Bedürfnis, sondern auch eine Forderung für den Bergbaubetrieb, die horizontale Verbreitung und vertikale Verteilung dieser Marinhorizonte künftighin genauer zu studieren und auf ihre Kenntnis mehr Wert zu legen als bisher.

Schluß.

Zusammenfassung und weitere Aufgaben.

Die Ostrauer Schichten enthalten in einer Anzahl mariner Niveaus eine Fauna, deren paläontologischer Charakter vorwiegend unterkarbonisch ist. Sie setzt sich zusammen aus zweierlei Elementen, einmal solchen, die es durch endemische Weiterentwicklung in den transgredierten Gebieten zu einem ansehnlichen Individuenreichtum brachten (autochthone Komponente, besonders Lamellibranchiaten und Gastropoden), zweitens solchen, die — angesichts ihres spärlichen Vorkommens — nur eingeschwemmt wurden und nicht durch weitere Entwicklung irgendeine größere Rolle erlangten (allochthone Komponente, besonders Brachiopoden). Dieser Faunentypus ist, auch dem Alter nach, zugleich der mariner Einschaltungen im produktiven Steinkohlengebirge Mittel- und Westeuropas überhaupt.

Die marinen Einschaltungen selbst stimmen für das Ostrauer Revier nach ihrem faziellen und stratigraphischen Auftreten mit den Marine bands des westeuropäischen Steinkohlenkomplexes annähernd überein. Sie sind aller Wahrscheinlichkeit nach eine zusammengehörige Erscheinung mit diesen und stammen gemeinsam von Osten, aus dem großen zentralrussischen Karbonmeer; die Wechsellagerung mariner und produktiver Fazies im Donetzbassin vermittelt dazwischen. Die Ostrauer Schichten entsprechen in der Folge tieferen Teilen des westeuropäischen Steinkohlenkomplexes und sind mit denselben mittelkarbonischen oder unter-oberkarbonen Alters. Den oberen Teilen der produktiven Kohlenformation fehlen nach den bisherigen Kenntnissen marine Einschaltungen ebensowohl in Schlesien-Mähren wie in Westeuropa.

Die Kenntnis der Fauna und ihres Auftretens ist noch recht lückenhaft, die versuchten Schlüsse bedürfen der Überprüfung an einem größeren paläontologischen und geologischen Tatsachenmaterial. Zunächst für das im engeren behandelte Gebiet. Da ist vor allem ein dringendes Gebot die paläontologische Bearbeitung der großen Aufsammlungen aus Oberschlesien, die sich seit einem halben Jahrhundert in den Museen namentlich Berlin's und Breslau's angehäuft haben; verbunden damit die genaue Aufnahme der Vorkommen in situ und ihre Parallelisierung, insbesondere was die für Oberschlesien noch ganz ungenügend bekannten tieferen Marinhorizonte betrifft; eine Aufgabe, deren Lösung auch für den Bergbaubetrieb von großer Wichtigkeit ist.

So wie in dem oberschlesisch-mährischen Revier bedarf es auch in den anderen, dem westfälischen, belgisch-französischen und den britischen noch vieler klärender und zusammenfassender Arbeit. Sieht man erst in jedem einzelnen Gebiete einmal klar, dann wird es im Bereiche der Möglichkeit liegen, die Parallelisierung der marinen Horizonte auch vom einen zum anderen auszudehnen. Denn soviel steht wohl sicher, daß die marinen Einschaltungen im produktiven Karbon Mittel- und Westeuropas ihren Hauptniveaus nach nicht bloße Lokalerscheinungen sind, sondern die Dokumente großer, wenn auch nur kurz dauernder Transgressionen.

Literaturverzeichnis.

A. Paläontologische Literatur.

Abich, Eine Bergkalkfauna aus der Araxesenge bei Djoulfa in Hocharmenien. Wien 1878.

Agassiz, Recherches sur les poissons fossils. tome II, 1833—1843.

Andrée, Über das Vorkommen eines Nautilus in der Kulmgrauwacke des Oberharzes bei Wildemann. N. Jb. 1908. I.

Austin, The Millstone Grit, its Fossils and the Relation it bears to other Groups of Rocks etc. London und Bristol 1865.

Baily 1860, Explanation of Sheet 143, Ireland, illustrating parts of the Counties of Clare, Kerry and Limerick. Mem. Geol. Surv. Ireland 1860.

— 1875, Figures of characteristic Fossils with descriptive Remarks. 1875.

Barrande, Système Silurien du Centre de la Bohême. vol. III, Prag und Paris 1867.

Barrois 1879, Le marbre griotte des Pyrénées. Ann. Soc. géol. du Nord. VI., 1879.

— 1882, Recherches sur les terrains anciens des Asturies et de la Galice. Mém. Soc. Géol. du Nord. tome II, Nr. 1, 1882.

Beede 1899, New Fossils from the Kansas Coal Measures. Kansas Univ. Quart. vol. VIII, Nr. 3, 1899.

— 1900, Rept. Univ. Geol. Surv. Kansas, vol. 6. 1900.

Beede & Rogers, New and little known Pelecypods from the Coal Measures. Kansas Univ. Quart. vol. VIII, Nr. 3, 1899.

Beushausen, Die Lamellibranchiaten des rheinischen Devons mit Ausschluß der Aviculiden. Abh. Preuß. Land.-Anst. N. F. Heft 17, 1895.

Beyrich 1837, Beiträge zur Kenntnis der Versteinerungen des rheinischen Übergangsgebirges. Berlin 1837.

— 1864, Über eine Kohlenkalkfauna von Timor. Abh. Ak. Wiss. Berlin 1864.

Bigsby, The Flora and Fauna of the Devonian and Carboniferous Periods (Thesaurus Devonico-carboniferous). London 1875.

Bolton 1897, Descriptions of New Species of Brachiopoda and Mollusca from the Millstone grit and Lower Coal Measures of Lancashire. Mem. & Proc. Manchester Lit. & Phil. Soc. vol. XLI, part III, 1897.

— 1897, The Lancashire Coal Field. Trans. New York Ac. Sc. vol. XVI, Sig. 15, 1897.

— 1907, On a Marine Fauna in the Basement-Beds of the Bristol Coal-field. Quart. Journ. LXIII, 1907.

Bronn 1828, *Posidonia Becheri*, eine neue fossile Muschel aus der Übergangsperiode. Zeitschr. f. Min. 1828, I.

— 1837, Lethaea geognostica. I. u. II. Ausg., I. Bd., Stuttgart 1837.

Bronn-Roemer, Lethaea geognostica. (III. Ausg.), II. Bd., Stuttgart 1851—52.

Brown 1841, Description of some New Species of Fossil Shells found chiefly in the Vale of Todmorden, Yorkshire. Trans. Manchester Geol. Soc. vol. I. 1841.

— 1849, Illustrations of the Fossil Conchology of Great Britain and Ireland with Descriptions and Localities of all the Species. London 1849.

— 1860, Notes on the Mountain Limestone and Lower Carboniferous Rocks of the Fifeshire Coast from Burntisland to St. Andrews. Trans. Roy. Soc. Edinburgh, vol. XXII, 1860.

Buckman, Brachiopoda Homoeomorphy: „Spirifer glaber." Quart. Journ. LXIV, 1908.

Chesney, Descriptions of New Species of Fossils from the Palaeozoic Rocks of the Western States. Trans. Chicago Ac. Sc. vol. I, 1859 (1860).

Clarke, Die Fauna des Iberger Kalkes. N. Jb. Beil.-Bd. III, 1884.

Claypole, Proc. and Coll. Wyoming Hist. and Geol. Soc., vol. 2, part 2, 1886.

Conrad, Journ. Acad. Nat. Sc. Philadelphia. vol. VIII, 1842.

Cox, The paleontological Report of S. S. Lyon, E. T. Cox and Leo Lesquereux. Third Rept. Geol. Surv. Kentucky, 1857.

M'Coy 1844, A Synopsis of the Characters of the Carboniferous Limestone Fossils of Ireland, 1844.
— 1847, On the Fossil Botany and Zoology of the Rocks associated with the Coal of Australia. Ann. & Mag. Nat. Hist. New York, ser. 1, vol. XX, 1847.
— 1854, Contributions to British Palaeontology. Cambridge 1854.
— 1855, Systematic Descriptions of the British Palaeozoic Fossils in the Geological Museum of the University of Cambridge (angeschlossen an Sedgwick: A Synopsis of the Classification of the British Palaeozoic Rocks). London & Cambridge 1855.
Cramer, Die Fauna von Golonog. Jb. Preuß. Land.-Anst. Bd. XXXI, Teil II, Heft 1, 1910.
Dantz' Der Kohlenkalk in der Umgebung von Aachen. Z. D. G. G. 1893.
Davidson 1858—1863, A Monograph of the British Fossil Brachiopoda. Part. V: The Carboniferous Brachiopoda. Pal. Soc. London 1858—1863.
— 1880, A Monograph of the British Fossil Brachiopoda. vol. IV, Supplements. Pal. Soc. London 1874—1882 (Carboniferous 1880).
v. Dechen, Erläuterungen zur geologischen Karte der Rheinprovinz und der Provinz Westfalen. II. Bd. Bonn 1884.
Denckmann, Über neue Goniatitenfunde im Devon und Karbon des Sauerlandes. Z. D. G. G. Bd. LIV, 1902.
Diener, Himálayan Fossils. vol. I, part 2—4.
Drake, A Geological Reconnaissance of the Coal Fields of the Indian Territory. Proc. Am. Phil. Soc. vol. XXXVI, 1897 (ersch. 1898).
Ebert, s. Geologische Literatur.
Eichwald 1825, Geognostico-zoologicae per Ingriam marisque Baltici Pronvincias nec non de Trilobitis observationes. Kasan 1825.
— 1840, Die Urwelt Rußlands. St. Petersburg 1840.
— 1860, Lethaea Rossica. vol. I, sect. 2. Stuttgart 1860.
Enderle, Über eine anthracolithische Fauna von Balia Maaden in Kleinasien. Beitr. z. Pal. u. Geol. Öst.-Ung. u. d. Or. Bd. XIII, 1901.
Etheridge 1872, Description of the palaeozoic and mesozoic fossils of Queensland. Quart. Journ. vol. XXVIII, 1872.
— 1873, On some undescribed Spezies of Lamellibranchiata from the Carboniferous Series of Scotland. Geol. Mag. vol. X. 1873.
— 1873, On some further undescribed Species of Lamellibranchiata from the Carboniferous Series of Scotland. Geol. Mag. vol. X, 1873.
— 1874, Notes on Carboniferous Lamellibranchiata (Monomyaria). Geol. Mag. dec. 2, vol. I, 1874.
— 1875, On some undescribed Carboniferous Fossils. Geol. Mag. dec. 2, vol. II, 1875.
— 1876, Notes on Carboniferous Mollusca. Geol. Mag. dec. 2, vol. III, 1876.
— 1877, Further Contributions to British Carboniferous Palaeontology. Geol. Mag. dec. 2, vol. IV. 1877.
— 1878, On our Present Knowledge of the Invertebrate Fauna of the Lower Carboniferous or Calciferous Sandstone Series of the Edinburgh Neighbourhood etc. Quart. Journ. vol. XXXIV, 1878.
— 1888. Fossils of the British Island, vol. I Palaeozoic. Oxford 1888.
Fischer, Manual de Conchyliologie. Paris 1887.
Fleming, History of British Animals. (1815—) 1828.
Fliegel, Über oberkarbonische Faunen aus Ost- und Südasien. Polaeontogr., vol. XLVIII, 1901.
Foerste, Coal Measures Bryozoa from Flint Ridge. Bull. Sc. Lab. Den. Un. vol. 2, 1887.
Foord 1890, Notes on the Palaeontology of Western Australia. Geol. Mag. dec. 3, vol. VII, 1890.
— 1888—1891, Catalogue of the Fossil Cephalopoda in The British Museum. Part I—II (Nautiloidea), London 1888—1891.
— 1896, Über die Orthoceren des Kohlenkalkes (Carboniferous Limestone) von Irland. München 1896.
— 1897—1903, Monograph of the Carboniferous Cephalopoda of Ireland. Pal. Soc. London 1897—1903.

Foord & Crick, Catalogue of the Fossil Cephalopoda in the British Museum. Part III (Bactritidae and Ammonoidea), London 1897.

Frech 1894, Die Karnischen Alpen. Halle 1894.
— 1895, Über paläozoische Faunen aus Asien und Nordafrika. N. Jb. 1895. II.
— 1899, Die Steinkohlenformation. Lethaea palaeozoica II. Bd., 2. Lief. Stuttgart 1899.
— 1902, Über devonische Ammoneen. Beitr. z. Pal. u. Geol. Öst.-Ung. u. d. Or. Bd. XIV, 1902.
— 1905, Über das Hinaufgehen von *Posidonia Becheri* in das produktive Karbon. Zentrbl. Bd. VI. 1905.
— 1905, Das zweifellose Vorkommen der *Posidonia Becheri* im Oberkarbon. Z. D. G. G. 1905.
— 1906, Das marine Karbon in Ungarn. Földtani Közlöny 1906, Suppl.

Frech & Arthaber, Über das Paläozoikum in Hocharmenien und Persien mit einem Anhang über die Kreide von Sirab in Persien. Beitr. z. Pal. u. Geol. Öst.-Ung. u. d. Or. Bd. XII, 1900.

Geinitz 1865, Über einige seltene Versteinerungen aus der unteren Dyas und der Steinkohlenformation. N. Jb. 1865.
— 1866, Karbonformation und Dyas in Nebraska. Abh. Leop. Carol. Ak., Bd. XXXIII, 1866.

Gemmellaro, La fauna dei calcari con Fusulina della valle del fiume Sosio. Palermo 1887—1899.

Girty 1899, Preliminary Report on Paleozoic Invertebrate Fossils from the Region of the M'Alester Coal Field, Indian Territory. 19th Ann. Rep. U. S. Geol. Surv. for 1897—98, part 3, ersch. 1899.
— 1899, Devonian and Carboniferous Fossils in: Geology of the Yellowstone National-Park. U. S. Geol. Surv. Mon. vol. XXXII, part 2, 1899.
— 1903, The Carboniferous Formations and Faunas of Colorado. U. S. Geol. Surv. Prof. Pap. Nr. 16, 1903.
— 1908, The Guadalupian Fauna. U. S. Geol. Surv. Prof. Pap. Nr. 58, 1908.
— 1909, The Fauna of the Caney shale of Oklahoma. U. S. Geol. Surv. Bull. Nr. 377, 1909.
— 1910, New Genera and Species of Carboniferous Fossils from the Fayetteville shale of Arkansas. Ann. New York Ac. Sc., vol. XX, part 2' 1910.
— 1911, The Fauna of the Moorefield shale of Arkansas. U. S. Geol. Surv. Bull. Nr. 439, 1911.

Goodchild 1892, Notes on Carboniferous Lamellibranchs (Ctenodonta and Nucula). Proc. Roy. Phys. Soc. Edinburgh, vol. XI, 1892.
— 1894, Notes on Carboniferous Lamellibranchs (Venus parallela Phill. and its Allied). Proc. Roy. Phys. Soc. Edinburgh, vol XII., 1894.

Gröber 1908, Über die Faunen des unterkarbonischen Transgressionsmeerés des zentralen Tian-schan etc. N. Jb. Beil.-Bd. XXVI, 1908.
— 1909, Karbon und Karbonfossilien des nördlichen und zentralen Tian-schan. Abh. bayr. Ak. Wiss. Bd. XXIV, Abt. 2, 1909.

Hall 1817, Descriptions of the Organic Remains of the Lower Division of the New York system. Nat. Hist. of New York, Part 6, Palaeontology, vol. I, 1847.
— 1853, Geology and Palaeontology in: Stansbury: Exploration and Survey of the Valley of the Great Salt Lake of Utah, Appendix E. Washington 1853.
— 1856, Trans. Alb. Inst. vol. IV., 1856.
— 1858, Report on the Geological Survey of the State of Jowa. vol. I, part 2
— (Palaeontology), 1858.
— 1864, 16th Rept. of the Regents on the State Cab. Nat. Hist. New York 1864.
— 1867, Nat. Hist. of New York, Palaeontology, vol. IV, 1867.
— 1870, Preliminary Notice of the Lamellibranchiate Shells of the Upper Helderberg, Hamilton and Chemung Groups. Geol. Surv. of the State of New York 1870.
— 1877, Addenda to Miller's: The American Palaeozoic Fossils. Cincinnati 1877.
— 1879, Gasteropoda, Pteropoda and Cephalopoda of the Upper Helderberg, Hamilton, Portage and Chemung Groups. Nat. Hist. of New York, Palaeontology, vol. V, part 2, 1879.
— 1882, Anhang zu Van Cleve's-Fossil Corals: Collections from Spergen Hill (Indiana), 12th Ann. Rep. State Geol. Indiana 1882 (ersch. 1883).

Hall 1885, Lamellibranchiata of the Upper Helderberg, Hamilton and Chemung Groups. Nat. Hist. of New York, Palaeontology, vol. V, part 1, 1885.

Hall & Clarke, An Introduction to the Study of the Brachiopoda (from Report of the State Geologist for) 1891—1893.

Hall & Whitfield, Fossils of the Lower Carboniferous, the Coal Measures and Permo-Carboniferous. Report 40. Parallel, vol. IV., part 2, 1877.

Haug, Études sur les Goniatites. Mém. soc. geol. France Nr. 18. 1898.

Herrick, A Sketch of the Geological History of Licking County, accompanying an Illustrated Catalogue of Carboniferous Fossils from Flint Ridge, Ohio. Bull. Sc. Lab. Den. Univ. Vol. II, 1887.

Hibbert, Trans. Roy. Soc. Edinbourgh, vol. XIII, 1858.

Hind 1895, Carbonicola, Anthracomya and Najadites. Pal. Soc. London 1895.

— 1896—1905, A Monograph of the British Carboniferous Lamellibranchiata. Pal. Soc. London 1896—1905.

— 1899, On three New Species of Lamellibranchiata from the Carboniferous Rocks of Great Britain. Quart. Journ. vol. LV., 1899.

— 1900, On the Occurrence in British Carboniferous Rocks of the Devonian Genus *Palaeoneilo* with a Description of the New Species *P. carbonifera*. Quart. Journ., vol. LVI, 1900.

— 1903, Quart. Journ. vol. LIX.

— 1905, Notes on the Palaeontology (of the Marine Bands in the North-Stafford-shire Coal Measures). Quart. Journ. vol. LXI., 1905.

— 1905, Notes on the Homotaxial Equivalents of the Beds, which immediately succeed the Carboniferous Limestone in the West of Ireland. Proc. Roy. J. Ac. XXV. Sect. B. 1905.

Holm, Sveriges Kambrisk—Siluriska Hyolithidae och Conulariidae. Afh. Sver. Geol. Und. 1893. Ser. C, Nr. 112.

Holzapfel, Die cephalopodenführenden Kalke des unteren Karbons von Erd-bach-Breitscheid bei Herborn. Pal. Abh. V. 1889.

Hyatt 1884, Genera of fossil Cephalopods. Proc. Boston Soc. Nat. Hist. vol. XXII, 1884.

— 1890—1892, Carboniferous Cephalopods. Sec. Ann. Rep. Geol. Surv. Texas for 1890 (ersch. 1891) and 4th, for 1892 (ersch. 1893).

Jakowlew 1899, Die Fauna einiger oberpaläozoischer Ablagerungen Rußlands. I. Die Cephalop. den und Gastropoden. Mém. Com. Géol. vol. XV, Nr. 3, 1899.

— 1903, Die Fauna der oberen Abteilung der paläozoischen Ablagerungen im Donetz-Bassin. I. Die Lamellibranchiaten. Mém. Com. Géol. n. s. livr. 4. 1903.

Julien, Le terrain Carbonifère marin de la France Centrale. Pal. Franc. Paris 1896.

Kayser 1881, Beiträge zur Kenntnis von Oberdevon und Kulm am Nordrande des rheinischen Schiefergebirges. Jb. preuß. L.-A. 1881.

— Die oberkarbonische Fauna von Loping, in: Richthofen, China, Bd. IV.

Keyes 1888, On the Fauna of the Lower Coal Measures of Central Jowa. Proc. Ac. Nat. Sc. Philadelphia 1888.

— 1891, Fossil Faunas in Central Jowa. Proc. Ac. Nat. Sc. Philadelphia 1891.

— 1894, Paleontology of Missouri part 2. Rep. Missouri Geol. Surv. vol. V, part 2, 1894.

King, A Monograph of Permian Fossils. Pal. Soc. 1849.

Kirkby 1880, On the Zones of Marine Fossils in the Calciferous Sandstone Series of Fife. Quart. Journ. vol. XXXVI. 1880.

— 1888, On the Occurrence of Marine Fossils in the Coal Measures of Fife. Quart. Journ. vol. XLIV, 1888.

v. Koenen 1879, Die Kulmfauna von Herborn. N. Jb. 1879.

— 1905, Über *Posidonia Becheri* im produktiven Karbon und die Stellung von *Anthracosia*. Zentrbl. 1905, Bd. VI.

Kolbe, Über problematische Fossilien aus dem Kulm von Steinkunzendorf in Schlesien. Jb. preuß. L.-A. XXIV, 1903.

De Koninck 1842—1844, Description des animaux fossiles, qui se trouvent dans le terrain Carbonifère de Belgique. 1842—1844.

— 1847, Recherches sur les animaux fossiles. I. Monographie des genres Productus et Chonetes. Liège 1847.

— 1848, Nouvelles notices sur les fossiles du Spitzberge. Bull. Ac. Roy. Belg. vol. XVI, part 2, 1848.

De Koninck 1873, Monographie des fossiles carbonifères de Bleiberg en Carinthie Bruxelles 1873.
— 1876—1877, Recherches sur les fossiles paléozoiques de la Nouvelle Galles du Sud. Mém. Soc. Roy. Sc. Liège, vol. VI, VII. 1876—77 (engl. Übersetzung Mem. Geol. Surv. N. S. Wales, Pal. Nr. 6, 1898).
— 1878—1887, Faune du Calcaire Carbonifère de la Belgique. Ann. Mus. Roy. Hist. Nat. Belg. 1878—1887.
— 1882, Notice sur la famille des Bellerophontidae etc. Ann. Soc. géol. Belg. IX. 1882.
De Koninck & Davidson, Memoires sur les Fossiles paléozoiques recueilles dans l'Inde par Fleming. 1863.
Lea, On some New Molluscs in the Carboniferous Slates of the Anthracite Seams of the Wilkesbarre Coal Formation. Journ. Ac. Nat. Sc. Philadelphia. vol. II, 1850—1854.
Leyh, Beiträge zur Kenntnis des Paläozoikums der Umgegend von Hof a. S. Berlin 1897.
Ludwig 1863, Meerkonchylien aus der produktiven Steinkohlenformation an der Ruhr. .Palaeontogr. X, 1863.
— 1864, Pteropoden aus dem Devon in Hessen und Nassau etc. Palaeontogr. XI, 1864.
Mallada, Synopsis de las especies fosiles que se han encontrado en España. Bol. com. map. geol. España. Tomes 2 à 8, 1875—1881.
Marcou, Geology of North America. 1858.
Martin, Petrificata Derbiensia etc. Wigan 1809.
Meek 1864, Palaeontology of California: Description of the Carboniferous Fossils. Geol. Surv. California, Pal., vol. I, sect. 1, 1864.
— 1867, Remarks on Prof. Geinitz's views respecting the Upper Palaeozoic rocks and fossils of Southeastern Nebraska. Am. Journ. Sc. & Art, 2. ser., vol. XLIV, Nr. 31, 1867.
— 1870, List of Carboniferous Fossils from West Virginia. Third Ann. Rept. of the Regents of the Univ. of West Virginia. 1870.
— 1871, Description of New Species of Invertebrate Fossils from the Carboniferous and Devonian Rocks of Ohio. Proc. Ac. Nat. Sc. Philadelphia 1871.
— 1871, Description of New Species of Fossils from Ohio and other Western States and Territories. Proc. Ac. Nat. Sc. Philadelphia 1871.
— 1872, Report on the Paleontology of Eastern Nebraska etc. in Hayden's Final Report. 1872.
— 1875, Descriptions of Invertebrate Fossils from the Carboniferous System. Rep. Geol. Surv. Ohio vol. II, part 2 Pal., 1875.
— 1877, Description of fossils. Carboniferous Species. Rep. U. S. Geol. Expl. 40th Parallel, vol. IV, part 1, 1877. .
Meek & Hayden 1858, Remarks on the Lower Cretaceous Beds of Kansas and Nebraska, together with some New Species of Carboniferous Fossils from the Valley of the Kansas River. Proc. Ac. Nat. Sc. Philadelphia 1858.
— 1865, Palaeontology of the Upper Missouri. Invertebrates. Smiths. Contrib. vol. XIV, 1865.
Meek & Worthen 1860, Descriptions of New Carboniferous Fossils from Illinois and other Western States. Proc. Ac. Nat. Sc. Piladelphia 1860.
— 1865, Contributions to the Palaeontology of Illinois and other Western States. Proc. Ac. Nat. Sc. Philadelphia 1865 u. 1866.
— 1866, Descriptions of Palaeozoic Fossils from the Silurian, Devonian and Carboniferous Rocks of Illinois and other Western States. Proc. Chicago Ac. Sc. vol. I. 1866.
— 1866—1868, Descriptions of Invertebrates from the Carboniferous System. Geol. Surv. Illinois vol. II, III, 1866, 1868.
— 1869, Descriptions of New Carboniferous Fossils from the Western States. Proc. Nat. Ac. Sc. Philadelphia 1869.
— 1870, Descriptions of New Species and Genera of Fossils from the Palaeozoic Rocks of the Western States. Proc. Ac. Nat. Sc. Philadelphia 1870.
— 1873, Descriptions of Invertebrates from Carboniferous System. (Pal. of Illinois.) Geol. Surv. Illinois vol. V, part 2, 1873.

Michael, Über das Auftreten von *Posidonia Becheri* in der Oberschlesischen Steinkohlenformation. Z. D. G. G. 1905.

Miller, The American Palaeozoic Fossils. 1877.

Möller v., Über die Trilobiten der Steinkohlenformation des Ural. Bull. Soc. Imp. Nat. Moscou vol. XI. 1867.

Morris, Catalogue of British Fossils. II ed. London 1854.

Morton, Notice and description of the Organic Remains (sc. of the Bituminous Coal-Depots of the Valley of the Ohio). Am. Journ. vol. XXIX (ser. 1). Nr. 1, 1836.

Murchison, Verneuil & Keyserling, The Geology of Russia in Europe and the Ural Mountains. vol. II Palaeontology. London u. Paris 1845.

Nebe, Die Kulmfauna von Hagen i. W., ein Beitrag zur Kenntnis des westfälischen Unterkarbons. N. Jb. Beil.-Bd. XXXI, 1911.

Nikitin, Depôts carbonifères et puits Artésiens dans la région de Moscou. Mém. Com. Géol. V, Nr. 5, 1890.

Norwood & Pratten 1855, Notice of Fossils from the Carboniferous Series of the Western States belonging to the Genera Spirifer, Bellerophon, Pleurotomaria etc. Journ. Ac. Sc. Philadelphia. 2ᵈ ser., vol. III, 1855.

— 1855, Notice of the genus *Chonetes*, as found in the Western States and Territories with Descriptions of eleven new Species. Journ. Ac. Nat. Sc. Philadelphia, vol. III, part 1, 1855.

Novák, Revision der paläozoischen Hyolithiden Böhmens. Abh. böhm. Ges. Wiss. Folge 7, Bd. IV.

Oehlert, Note sur quelques Pélécypodes devoniens. Bull. Soc. Géol. France, 3. sér., tome XVI. 1888.

D'Orbigny, Prodrome de paléontologie. 1850.

D'Orbigny (& Férussac) 1840, Histoire naturelle générale et particulière des Céphalopodes acétabulifères vivants et fossiles. 1833—1843 (zitiert unter „Orbigny 1840").

Parkinson, Über eine neue Kulmfauna von Königsberg unweit Gießen und ihre Bedeutung für die Gliederung des rheinischen Kulm. Z. D. G. G. 1903.

Petrascheck, s. Geologische Literatur.

Phillips 1832, On the Lower or Ganister Coal Series in Yorkshire. Phil. Mag. New ser. vol. I, 1832.

— 1836. Illustrations of the Geology of Yorkshire. Part 2: The Mountain Limestone District. London 1836.

— 1841, Figures and Descriptions of the Palaeozoic Fossils of Cornwall, Devon and West-Somerset. London 1841.

— 1845, Encyclopaedia Metropolitana, vol. VI, 1845, Art on Geology.

Piktorsky, Bull. Soc. Imp. Nat. Moscou Nr. 4, 1857.

Portlock, Report on the Geology of the County of Londonderry etc. Dublin & London 1843.

Prestwich, On the Geology of Coalbrook-Dale. Trans. Geol. Soc. London. 2ᵈ ser., vol. V, part 3. 1840.

Romanowski, Materialien zur Geologie von Turkestan. 1 Liefg. St. Petersburg 1880.

Römer 1843, Die Versteinerungen des Harzgebirges. Hannover 1843.

— 1844, Das Rheinische Übergangsgebirge. Hannover 1844.

— 1852, Beiträge zur geologischen Kenntnis des nordwestlichen Harzgebirges II—.V. 1852—1866.

— 1862, Jahresber. Schles. Ges. f. vaterländ. Cultur für 1861, Breslau 1863.

— 1863, Über eine marine Konchylienfauna im produktiven Steinkohlengebirge Oberschlesiens. Z. D. G. G. 1863.

— 1865, Über das Vorkommen von *Rhizodus Hibberti* in den Schieferthonen des Steinkohlengebirges von Volpersdorf in der Grafschaft Glatz. Z. D. G. G. 1865.

— 1866, Neuere Beobachtungen über das Vorkommen mariner Konchylien in dem oberschlesich-polnischen Steinkohlengebirge. Z. D. G. G. 1866.

— 1870, Geologie von Oberschlesien. Breslau 1870.

— 1876, Lethaea geognostica I. Teil, Lethaea palaeozoica (fortges. von Frech). Stuttgart 1876.

— 1880, Über eine Kohlenkalkfauna der Westküste von Sumatra. Palaeontogr. XXVII. 1880.

Rothpletz, Die Perm-, Trias- und Juraformation auf Timor und Rotti im indischen Archipel. Palaeontogr. XXXIX. 1892.

De Ryckholt, Melanges paléontologiques 1847.
Salter 1851, Rept. Brit. Association, Trans. Sect., for 1851.
— 1859, Figures and Descriptions of Canadian Organic Remains. Rep. Geol. Surv.
      Canada. 1859.
Sandberger, Die Versteinerungen des rheinischen Schichtensystems in Nassau.
      1850—1856.
Sarres, De petrefactis, quae in schisto posidonico prope Elberfeldam urbem
      inveniuntur. Berlin 1857.
Schauroth, Ein Beitrag zur Paläontologie des deutschen Zechsteingebirges.
      Z. D. G. G., Bd. VI, 1854.
Schellwien 1892, Die Fauna des karnischen Fusulinenkalkes. I. Brachiopoden.
      Palaeontogr. XXXIX, 1892.
— 1894, Über eine angebliche Kohlenkalkfauna aus der ägyptisch-arabischen
      Wüste. Z. D. G. G. XLVI, 1894.
— 1900, Die Fauna der Trogkofelschichten in den Karnischen Alpen und Kara-
      wanken. Abh. K. K. R. A. Bd. XVI, Heft 1, 1900.
— 1900, Beiträge zur Systematik der Strophomeniden des oberen Paläozoikums.
      N. Jb. 1900, I.
Schmidt, Axel, Einige Anthracosiiden aus den Ostrauer Schichten. Jb. K. K. R. A.1909.
Schumacher, Über Trilobitenreste aus dem Unterkarbon im östlichen Teil des
      Roßbergmassivs in den Südvogesen. Z. D. G. G. LV, 1903.
Scupin, Die Trilobiten des niederschlesischen Unterkarbon. Z. D. G. G. LII, 1900.
Semenow, Über die Fossilien des schlesischen Kohlenkalkes. Z. D. G. G. VI, 1854.
Semper, Die marinen Schichten im Aachener Oberkarbon. Verh. Nathist. Ver.
      Rheinl. u. Westfal. LXV, 1908.
Shumard 1858, Notice of Fossils from the Perunian strata of Texas and New
      Mexico . . . ., with Descriptions of new species from these strata and the
      Coal Measures of that Region. Trans. Ac. Sc. St. Louis vol. I, 1856—1860
— 1860, Descriptions of five new Species of Gasteropoda from the Coal Measures
      . . . . of Texas. Trans. Ac. Sc. St. Louis, vol. I, 1856—1860.
Shumard & Swallow 1858, Descriptions of New Fossils from the Coal Measures
      of Missouri and Kansas. Trans. Ac. Sc. St. Louis vol. I, 1856—1860.
Sibly, On the Carboniferous Limestone (Avonian) of the Mendip Area (Somerset),
      with especial reference to the Palaeontological Sequence. Quart. Journ.
      LXII. 1906.
Smith 1894, The Arkansas Coal Measures in their Relation to the Pacific Car-
      boniferous Province. Journ. of Geol., vol. II, Nr. 2, 1894.
— 1896, Marine Fossils from the Coal Measures of Arkansas. Leland Stanf. Jun.
      Univ., Publ. Cont. Biol. Hopkins Seaside Lab. Nr. 9, 1896 (= Proc. Amer.
      Phil. Soc. vol. XXXV, Nr. 152, 1897).
— 1903, The carboniferous Ammonoids of America. Monogr. U. S. Geol. Surv.
      XLII. 1903.
Sommer, Die Fauna des Kulms von Königsberg bei Gießen. N. Jb. Beil.-
      Bd. XXVIII. 1909.
Sowerby 1812—1829, The Mineral Conchology of Great Britain I—VI. 1812—1829.
— 1840, Descriptions and Figures of the Marine Mollusca from the Penneystone
      Ironstone of Coalbrook-Dale, in Prestwich's memoir. Trans. Geol. Soc. ser. 2,
      vol. V, 1840.
Stache, Fragmente einer afrikanischen Kohlenkalkfauna aus dem Gebiete der
      Westsahara. Denkschr. Ak. Wiss. Wien, math.-natw. Kl., vol. XLVI, 1883.
Stainier, Materiaux pour la Faune du Houillier de Belgique. Mém. Soc. Géol.
      Belge. Bruxelles tome VII, 1893; Ann. Soc. Géol. Belge-Liège tome XX, Mém., 1893.
Stevens, Description of New Carboniferous Fossils from the Appalachian, Illinois
      and Michigan Coal-Fields. Amer. Journ. of Sc. 2ᵈ ser., vol. XXV, Nr. 74. 1858.
Struve, Über die Schichtenfolge in den Karbonablagerungen im südlichen Teile
      des Moskauer Kohlenbeckens. Mém. Acad. St. Petersbourg 1886.
Stur, s. Geologische Literatur.
Swallow 1858, s. Shumard & Swallow 1858.
Swallow & Hawn 1858, The Rocks of Kansas. Trans. Ac. Sc. St. Louis. vol. I,
      1856—1860.
Tornquist, Das fossilführende Unterkarbon am östlichen Roßbergmassiv in den
      Südvogesen. Abh. z. Geol. Spez.-K. von Els.-Lothr. Bd. V, Heft 4, 5, 1895, 1896.

Toula 1869, Über einige Fossilien des Kohlenkalkes von Bolivia. Sitzb. Ak. Wiss. Wien LIX, 1869.

— 1873, Kohlenkalkfossilien von der Südspitze von Spitzbergen. Sitzb. Ak. Wiss. Wien LXVIII, 1873.

— 1874, Kohlenkalk- und Zechsteinfossilien aus dem Hornsund an der Südwestküste von Spitzbergen. Sitzb. Ak. Wiss. Wien LXX, 1874.

— 1875, Permokarbon-Fossilien von der Westküste von Spitzbergen. N. Jb. 1875.

— 1875, Eine Kohlenkalkfauna von den Barentsinseln (Nowaja-Semlia NW). Sitzb. Ak. Wiss. Wien LXXI, 1875.

Trautschold, Die Kalkbrüche von Mjatschkowo. Moskau 1874—1879.

Tschernyschew 1884, Der permische Kalkstein im Gouvernement Kostroma. Verh. kais. russ. Min. Ges. St. Petersbg., 2. ser., Bd. XX, 1884 (ersch. 1885).

— 1902, Die oberkarbonischen Brachiopoden des Ural und des Timan. Mém. Com. Geol. vol. XVI, Nr. 2, 1902.

Tschernyschew & Loutouguin, Le bassin du Donetz. Führer Int. Geol. Kongr. St. Petersbg. 1897, Nr. 16.

Tzwetaev, Nautiloidea et Ammonoidea de la section inférieure du calcaire carbonifère de la Russie Centrale. Mém. Com. Géol. vol. VIII, Nr. 4, 1898.

Ulrich, Paläozoische Versteinerungen aus Bolivien. N. Jb. Beil.-Bd. VIII, 1893.

De Verneuil & d'Archiac, On the Fossils of the older Deposits of the Renish Provinces etc. Trans. Geol. Soc. ser. 2, vol. VI, 1841.

Vogdes 1887, The Genera and Species of North American Carboniferous Trilobites. Ann. New York Ac. Sc. vol. IV, 1887—89.

Waagen, Productus Limestone Fossils. Pal. Indica (Mem. Geol. Surv. India) ser. 13, Salt Range Fossils, vol. I, 1887.

Walcott, Paleontology of the Eureka District. Monogr. U. S. Geol. Surv. vol. VIII, 1884.

— 1886, Second Contribution to the Studies on the Cambrian Faunas of North America. Bull. U. S. Geol. Surv. vol. IV (Nr. 30), 1886.

Walther, Über eine Kohlenkalkfauna aus der ägyptisch-arabischen Wüste. Z. D. G. G. XLII, 1890.

Whidborne, A Monograph of the Devonian Fauna of the South of England. vol. III, part 1. Pal. Soc. London 1896.

White 1875. Report upon the Invertebrate Fossils collected in portions of Nevada, Utah, Colorado, New Mexiko and Arizona etc. Rep. U. S. Geograph. Surv. West of the 100th Mer. vol. IV, part 1, 1875 (ersch. 1877).

— 1878, Descriptions of New Species of Invertebrate Fossils from the Carboniferous and Upper Silurian Rocks of Illinois and Indiana. Proc. Ac. Nat. Sc. Philadelphia 1878.

— 1879, Remarks on certain Carboniferous Fossils from Colorado, Arizona, Idaho, Utah and Wyoming. Bull. U. S. Geol. & Geogr. Surv. of the Territories vol. V, Nr. 2, 1879.

— 1881—1883, Fossils of the Indiana Rocks. 11th & 13th. Ann. Rep. of the State Geologist of Indiana 1881, 1883.

— 1883, Contributions to Invertebrate Paleontology Nr. 8: Fossils from the Carboniferous Rocks of the Interior States. 12th Ann. Rep. U. S. Geol. & Geogr. Surv. of the Territories for 1878. part 1, sect. 1. Washington 1883.

White & St. John, Description of new subcarboniferous and Coal-Measure Fossils etc. Trans. Chic. Ac. Sc. vol. I, 1867—69.

Whitfield 1882, On the Fauna of the Lower carboniferous Limestone of Spergen Hill (Indiana). Bull. Amer. Mus. Nat. Hist. vol. I, 1882.

— 1882, Descriptions of New Species of Fossils from Ohio etc. Ann. New York Ac. Sc. vol. II, 1880—1882.

— 1890, Contributions to Invertebrate Palaeontology: 1. Descriptions of Fossils from the Palaeozoic Rocks of Ohio. Ann. New York Ac. Sc. vol. V, 1889—1891.

— 1893, Palaeontology of Ohio. Rep. Geol. Surv. Ohio 1893.

Wild, The Lower Coal Measures of Lancashire. Trans. Manchester Geol. Soc. vol. XXI, 1892.

Winchell 1863, Description of Fossils from the Yellow Sandstone lying beneath the Burlington Limestone at Burlington, Jowa. Proc. Ac. Nat. Sc. Philadelphia 1863.

W i n c h e l l 1870, Notices and Descriptions of Fossils from the Marshall Group of the Western States, with Notes on Fossils from other Formations. Proc. Am. Phil. Soc. held at Philadelphia. vol. XI, Nr. 83, 1870.

W o l t e r s t o r f f, Das Unterkarbon von Magdeburg-Neustadt und seine Fauna. Jb. preuß. L.-A. Bd. XIX. 1898 (vgl. auch Festschrift des Natw. Ver. Magdeburg, Teil 2).

W o o d w a r d, A Monograph of the British Carboniferous Trilobites. Pal. Soc. London 1883—1884.

W o r t h e n 1884, Descriptions of two New Species of Crustacea, fifty-one Species of Mollusca and three Species of Crinoids from the Carboniferous Formation of Illinois and adjacent States. Bull. Illinois State Mus. Nat. Hist. Nr. 2, 1884.

— 1890, Palaeontology of Illinois: Description of Fossil Invertebrates. Geol. Surv. Illinois vol. VIII, part 2, sect. 1. 1890.

W o r t h e n & M e e k 1875, Palaeontology of Illinois: Descriptions of Invertebrates. Geol. Surv. Illinois, vol. VI, part 2, sect. 2, 1875 (vgl. a. W o r t h e n & M i l l e r, Geol. Surv. Illinois, vol. VII, part 2, sect. 2, 1883).

B. Geologische Literatur [1]).

v. A l b e r t, Vorkommen von Kohlenkalkpetrefakten in Oberschlesien. Z. D. G. G. XIV, 1862.

de la B e c h e, Handbuch der Geognosie. Deutsche Übersetzg. von v. D e c h e n. Berlin 1832.

E b e r t 1889, Über ein neues Vorkommen mariner Versteinerungen in der Steinkohlenformation von Oberschlesien. Z. D. G. G. Bd. XLI, 1889.

— 1889, Reste von Chitonen aus der Steinkohlenformation Oberschlesiens. Z. D. G. G. XLI, 1889.

— 1890, Über einen neuen Aufschluß in der Steinkohlenformation Oberschlesiens. Z. D. G. G. XLII, 1890.

— 1891, Über einen neuen marinen Horizont in der Steinkohlenformation Oberschlesiens. Z. D. G. G. XLIII, 1891.

— 1891, Über die Lagerungsverhältnisse der oberschlesischen Steinkohlenformation. Z. D. G. G. XLIII, 1891.

— 1895, Ergebnisse der neueren Tiefbohrungen. Abh. preuß. L.-A., N. F. Heft 19, 1895.

— 1898, Über neuere Aufschlüsse im oberschlesischen Steinkohlengebirge. Z. D. G. G. L. 1898.

F e i s t m a n t e l, Beiträge zur Paläontologie des Kohlengebirges in Oberschlesien. Verh. k. k. R.-A. 1874.

F i l l u n g e r, B e r g e r, S u e s s, Die geologischen Verhältnisse des Steinkohlenbeckens von Ostrau-Karwin.

F r e c h, s. Paläontologische Literatur.

G a e b l e r 1891—1895, Zur Frage der Schichtenidentifizierung im oberschlesischen und Mährisch-Ostrauer Kohlenrevier I, II, III. Kattowitz 1891—1895.

— 1892, Über Schichtenverjüngung im oberschlesischen Steinkohlengebirge. Kattowitz 1892.

— 1909, Das oberschlesische Steinkohlenbecken. Kattowitz 1909.

G e i s e n h e i m e r, Das Steinkohlengebirge an der Grenze von Oberschlesien und Mähren. Zeitschr. Oberschl. Berg- & Hüttenmänn. Ver. 1906 (August).

H e l m h a c k e r, Über neue Petrefakten im Kulm an der schlesisch-polnischen Grenze. Sitzber. böhm. Ges. Wiss. 1873 (Juli-Dezemberheft).

H u l l 1877, On the Upper limit of the essentially Marine Beds of the Carboniferous group of the British Isles and adjoining continental Districts. Quart. Journ. 1877.

— 1881, Coal-fields of Great Britain. III. Aufl. 1881.

---

[1]) Es findet hier nur eine beschränkte Auswahl Erwähnung; weitere Literaturangaben bei T i e t z e 1893, S t o b b s 1905, G e i s e n h e i m e r 1906, G a e b l e r 1909, P e t r a s c h e c k 1910 und im „S a m m e l w e r k“. Da eine scharfe Trennung nicht durchführbar ist, vgl. stets auch „Paläontologische Literatur“.

Jicinsky 1865, Das Mährisch-schlesische Steinkohlenrevier bei Mährisch-Ostrau. 1865.
— 1877, Der Zusammenhang der mährisch-schlesischen und preußisch-schlesischen Kohlenformation. Öst. Zeitschr. f. B. u. Hüttenwesen 1877.
— 1880, Der Zusammenhang der einzelnen Flöze und Flözgruppen im Ostrau-Karwiner Steinkohlenrevier. Öst. Zeitschr. f. B. & Hüttenwesen 1880.
— 1885, Monographie des Ostrau-Karwiner Steinkohlenrevieres. Teschen 1885.
— 1894, Die neuesten geologischen Aufschlüsse im Ostrau-Karwiner Steinkohlenrevier. Öst. Zeitschr. f. B. & Hüttenwesen 1894.
Junghann, Neuere Untersuchungen über die geologischen Verhältnisse der Gräfin Lauragrube im Königshüttener Sattel in Oberschlesien, Verh. k. k. R. A. 1878.
Kayser, Lehrbuch der Geologie II. Teil. 4. Aufl. Stuttgart 1911.
Kosmann 1880, Die neueren geognostischen und paläontologischen Aufschlüsse auf der Königsgrube bei Königshütte. Verh. k. k. R.-A. 1878; Zeitschr. Obschl. B. u. H.-Ver. 1878; Zeitschr. f. d. Berg-, Hütten- und Salinenwesen 1880.
— 1880, Z. D. G. G. 1880.
Kuntzel, Beiträge zur Identifizierung der oberschlesischen Steinkohlenflöze. Zeitschr. Oberschles. Berg- u. Hüttenmänn. Ver. 1895.
de Lapparent, Traité de Géologie, II. Teil. 5. Aufl., Paris 1906.
Lobe-Stur, Kontrollbohrungen im Steinkohlengebiete bei Loslau in Oberschlesien. Verh. k. k. R.-A. 1885.
Matthias, Ein weiterer Beitrag zur Klärung der Lagerungs- und Altersverhältnisse der Flöze in der Österreichisch-Oberschlesisch-Russischen Steinkohlenmulde. Zeitschr. Obschl. Berg- u. Hüttenmänn. Ver. 1891.
Michael 1901, Die Gliederung der oberschlesischen Steinkohlenformation. Jb. Preuß. L.-A. Bd. XXII, Heft 3, 1901.
— 1902, Über einen neuen Fundpunkt von mariner Fauna im Oberschlesischen Steinkohlengebirge. Z. D. G. G. LIV, 1902.
— 1908, Die Lagerungsverhältnisse und Verbreitung der Karbonschichten im südlichen Teile des oberschlesischen Steinkohlenbeckens. Z. D. G. G. 1908.
Petrascheck 1909, Ergebnisse neuer Aufschlüsse im Randgebiete des galizischen Karbons. Verh. k. k. R.-A. 1909.
— 1910, Das Alter der Flöze in der Peterswalder Mulde und die Natur der Orlauer und der Michalkowitzer Störung im Mährisch-Ostrauer Steinkohlenrevier. Jb. k. k. R.-A. 1910.
Phillips, s. Paläontologische Literatur.
Prestwich, s. Paläontologische Literatur.
Roemer, s. Paläontologische Literatur.
Schwackhöfer (-Koch), Die Kohlen Österreich-Ungarns und Preußisch-Schlesiens. Wien 1901.
Siemiradzki, Geologia ziem Polskich. 1903.
Stobbs, The Marine Beds in the Coal Measures of North Staffordshire. Quart. Journ. LXI, 1905.
Stur 1875, Vorkommnisse mariner Petrefakte in den Ostrauer Schichten in der Umgegend von Mährisch-Ostrau. Verh. k. k. R.-A. 1875.
— 1877, Die Kulmflora der Ostrauer und Waldenburger Schichten. Abh. k. k. R.-A. VIII, Heft 2, 1877.
— 1878, Reiseskizzen aus Oberschlesien über die oberschlesische Steinkohlenformation. Verh. k. k. R.-A. 1878.
Tietze 1887, Geognostische Verhältnisse der Umgegend von Krakau. Jb. k. k. R.-A. 1887.
— 1893, Zur Geologie der Umgegend von Ostrau. Jb. k. k. R.-A. XLIII. 1893.
Weiß, Studien im Rybniker Steinkohlengebiete Oberschlesiens. Jb. Preuß. L.-A. 1885.
Zimmermann, Kohlenkalk und Kulm des Velberter Sattels im Süden des westfälischen Karbons. Jb. Preuß. L.-A. XXX, 2. Teil, Heft 2.

Inhaltsverzeichnis.

Gesellschafts-Buchdruckerei Brüder Hollinek, Wien III. Steingasse 25.

Tafel XIX (I).

Die marine Fauna der Ostrauer Schichten.

Erklärung zu Tafel XIX (I).

Alle Abbildungen in natürlicher Größe, soweit nichts anderes angegeben.

Tafel XX (II).

Die marine Fauna der Ostrauer Schichten.

––––––––

Erklärung zu Tafel XX (II).

Alle Abbildungen in natürlicher Größe, soweit nichts anderes angegeben.

Tafel **XXI** (III).

Die marine Fauna der Ostrauer Schichten.

―――――

Erklärung zu Tafel XXI (III).

Alle Abbildungen in natürlicher Größe, soweit nichts anderes angegeben.

Tafel XXII (IV).

Die marine Fauna der Ostrauer Schichten.

Erklärung zu Tafel XXII (IV).

Alle Abbildungen in natürlicher Größe, soweit nichts anderes angegeben.

Tafel XXIII (V).

Die marine Fauna der Ostrauer Schichten.

Erklärung zu Tafel XXIII (V).

Alle Abbildungen in natürlicher Größe, soweit nichts anderes angegeben.

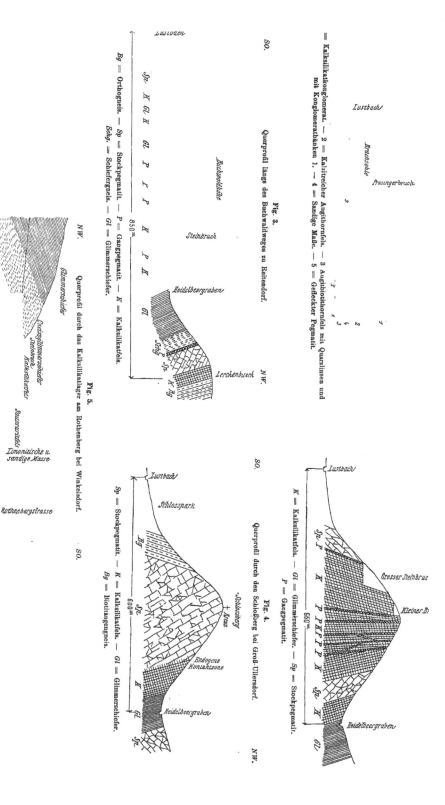

= Kalksilikationglomerat. — 2 = Kalzitreicher Augithornfels. — 3 Augitbiothornfels mit Quarzlinsen und mit Konglomeratbänken 1. — 4 = Sandige Maße. — 5 = Gefleckter Pegmatit.

Fig. 3.
Querprofil längs des Buchwaldweges zu Reitendorf.

Bg = Orthogneis. — Sp = Stockpegmatit. — P = Ganggegmatit. — K = Kalksilikatfels.
Schg. = Schiefergneis. — Gl = Glimmerschiefer.

Fig. 4.
Querprofil durch den Schloßberg bei Groß-Ullersdorf.

K = Kalksilikatfels. — Gl = Glimmerschiefer. — Sp = Stockpegmatit.
P = Ganggegmatit.

Fig. 5.
Querprofil durch das Kalksilikatlager am Rothenberg bei Winkelsdorf.

Sp = Stockpegmatit. — K = Kalksilikatfels. — Gl = Glimmerschiefer.
Bg = Biotitaugengneis.

A. Birkmaier del.   Kunstanstalt Max Jaffé, Wien.

Jahrbuch der k. k. geologischen Reichsanstalt, Bd. LXII, 1912.
Verlag der k. k. geologischen Reichsanstalt, Wien, III., Rasumoffskygasse 23.

A. Birkmaier del.   Kunstanstalt Max Jaffé, Wien.

Jahrbuch der k. k. geologischen Reichsanstalt, Bd. LXII. 1912.
Verlag der k. k. geologischen Reichsanstalt, Wien, III., Rasumoffskygasse 23.

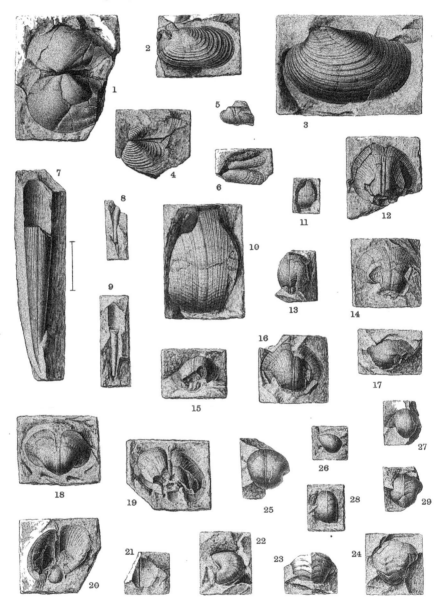

A. Birkmaier del.   Kunstanstalt Max Jaffé, Wien.

Jahrbuch der k. k. geologischen Reichsanstalt, Bd. LXII, 1912.
Verlag der k. k. geologischen Reichsanstalt, Wien, .III., Rasumoffskygasse 23.

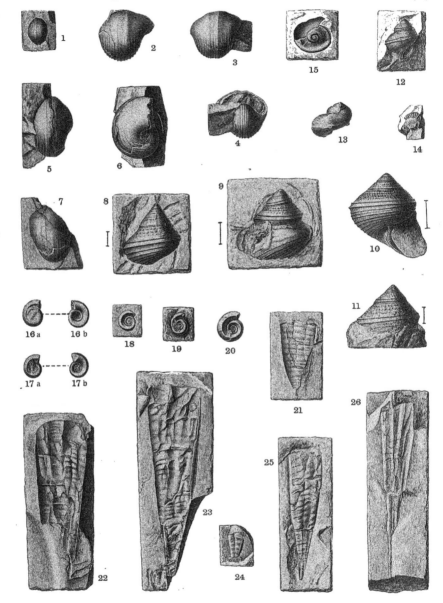

A. Birkmaier del.

Kunstanstalt Max Jaffé, Wien.

Jahrbuch der k. k. geologischen Reichsanstalt, Bd. LXII, 1912.
Verlag der k. k. geologischen Reichsanstalt, Wien, III., Rasumoffskygasse 23.

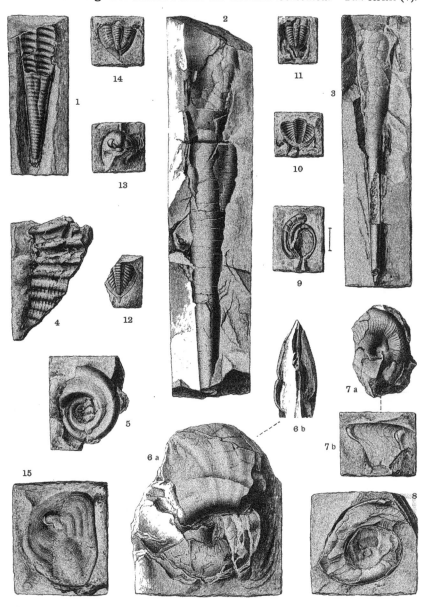

A. Birkmaier del. Kunstanstalt Max Jaffé, Wien.

Jahrbuch der k. k. geologischen Reichsanstalt, Bd. LXII, 1912.
Verlag der k. k. geologischen Reichsanstalt, Wien, III., Rasumoffskygasse 23.

Inhalt.

3. Heft.

✳

NB. Die Autoren allein sind für den Inhalt und die Form
ihrer Aufsätze verantwortlich.

Gesellschafts-Buchdruckerei Brüder Hollinek, Wien III. Steingasse 25.

Ausgegeben im März 1913.

JAHRBUCH

DER

KAISERLICH-KÖNIGLICHEN

EOLOGISCHEN REICHSANSTALT

JAHRGANG 1912. LXII. BAND.

4. Heft.

Wien, 1913.

Verlag der k. k. Geologischen Reichsanstalt.

Kommission bei R. Lechner (Wilh. Müller), k. u. k. Hofbuchhandlung
I. Graben 31.

Geologische Studien im Höllengebirge und seinen nördlichen Vorlagen.

Von Julius v. Pia.

Mit einer Karte in Farbendruck (Taf. Nr. XXIV), einer Gebirgsansicht (Taf. Nr. XXV) und 14 Zinkotypien im Text.

Die Begehungen zu der vorliegenden Studie erfolgten in den Jahren 1908—11 und nahmen gut vier Monate effektiver Arbeitszeit in Anspruch. Meinem verstorbenen Lehrer Prof. V. Uhlig bin ich für die wirksame Unterstützung, die er mir auch bei dieser Gelegenheit gewährt hat, zu bleibendem Danke verpflichtet.

Einleitung.

1. Begrenzung des Gebietes.

Das in der vorliegenden Arbeit behandelte Gebiet fällt nicht genau mit dem Höllengebirge zusammen, es greift vielmehr im NO und SW über dasselbe hinaus. Die gesamte Form ist annähernd die eines unregelmäßigen Dreieckes, mit der längsten Seite im N und der kürzesten im SO.

Die Nordgrenze ist in ihrem westlichsten Teile durch den Attersee gegeben. Ihr ganzer weiterer Verlauf folgt dem Nordrande der ostalpinen Kalke und Dolomite, während die Mergel und Sandsteine nördlich davon, die man zu der vermutlich sehr komplexen Einheit der Flyschzone zusammenzufassen pflegt, prinzipiell nicht mehr in den Bereich meiner Studien gezogen wurden.

Die Ostgrenze bildet der Traunsee und weiterhin das Trauntal.

Was die Südgrenze betrifft, so hatte ich mir vorgesetzt, überall mindestens bis an den dem Wettersteinkalk des Höllengebirges aufgelagerten Hauptdolomit zu gehen. Stellenweise erwies es sich als opportun, über denselben noch ein weniges hinauszugreifen, um den Anschluß an Spenglers Karte des Schafberggebietes herzustellen.

2. Geographische Einteilung und morphologischer Charakter.

a) Das Höllengebirge. Den weitaus größten Teil meines Aufnahmsgebietes nimmt das Höllengebirge im geographischen Sinne ein. Es erscheint als ein Gebirgsstock von schief viereckiger Form

und läßt sich umgrenzen wie folgt: Von Weißenbach am Attersee
nordöstlich bis zur Aurachklause. Von hier über den Sattel zwischen
Hohem und Niederem Spielberg zum hinteren Langbatsee. Dann dem
Langbatbach entlang bis Ebensee. Weiter längs der Traun bis Mitterweißenbach. Von dort schließlich durch das Mittere und Äußere Weißenbachtal zurück zum Attersee. Die Ecken des Trapezoides sind also
durch folgende Punkte bezeichnet: Madlschneid, Hoher Spielberg,
Wimmersberg. Goffeck.

Gegen N kehrt das Höllengebirge eine mehrere hundert Meter
hohe Wand, gegen S ist der Abfall, der hier den Schichten folgt,
im ganzen sanfter. Die Oberfläche des Plateaus zeigt typischen Karst-
charakter. Sie ist mit Karrenfeldern und Dolinen bedeckt und nur
teilweise mit Krummholz bewachsen. Das Landschaftsbild ist trotz der
geringen absoluten Höhe ein durchaus alpines. Die Begehung ist bei
dem weitgehenden Mangel an gebahnten Wegen und der außerordentlich wirren orographischen Detailgliederung, wenn auch ungefährlich,
so doch ziemlich mühsam. Der höchste Punkt ist der annähernd zentral
gelegene Höllenkogel (1862 m).

Den Nordwänden des Höllengebirges sind (besonders im mittleren Teile) eine Reihe durch Gräben getrennter, bewaldeter Berg-
nasen vorgelagert, so der Brentenberg (den wir wieder in einen
Hinteren, Mittleren und Vorderen gliedern können) und das Schwarzeck. Von den Tälern sind die wichtigsten die Hirschlucke (südlich
vom hinteren Langbatsee) und die Schiffau, zwei von steilen Wänden
umrahmte Kessel von ungewöhnlicher, düsterer Schönheit.

b) Die Berge südlich des Weißenbachtales. Am Süd-
ufer des Attersees liegt zunächst eine niedrigere Kulisse von Vorbergen,
der Klausberg und Quaderberg. Dahinter erhebt sich der Breitenberg,
der sich in den Staudingkogel, Elsenkogel, Leonsberg (= Ziemitz),
Gspranggupf etc. fortsetzt. Diese Berggruppe ist größtenteils bewaldet,
nur stellenweise felsig, im oberen Teil vielfach von Almwiesen bedeckt.

c) Die Berge nördlich des Langbattales. Hier haben
wir es mit durchweg bewaldeten Rücken und Kuppen von wenig mehr
als tausend Meter Höhe zu tun. Nur die südöstlichen Glieder der
Gruppe weisen beträchtlichere Wände auf. Wir zählen hierher von W
gegen O: den Niederen Spielberg, den kleinen Klammbühel westlich
der Großalm, das Lueg, den Rotenstein, den Loskogel westlich der
Kreh, den Hohenaugupf, den Falmbachgupf, den Rabenstein, den
Fahrnaugupf, den Sulzberg bei Steinwinkl, den Hochlacken, den
Brentenkogel und das Jägereck, den Sonnsteinauspitz, den Sonnsteinspitz.

3. Geologische Gliederung.

Der von uns betrachtete Teil der nördlichen Kalkalpen zerfällt
vom geologischen Standpunkte aus in zwei stratigraphisch und tektonisch deutlich verschiedene Stücke, die ich als die Langbatscholle
und die Höllengebirgsscholle bezeichne (vgl. Fig. 2). Zur ersteren
gehören die soeben aufgezählten Berge nördlich des Langbattales mit
Ausschluß des Brentenkogels, Jägerecks, Sonnsteinau- und Sonnstein-

spitz. Zu ihr ist ferner der bewaldete Abhang unterhalb der Nordwände des mittleren Höllengebirges zu rechnen und endlich ein schmaler Streifen von Neokom und etwas Jura, der sich von der Gegend der Aurachklause bis gegen Forstamt Weißenbach erstreckt und bei Unter-Burgau nochmals hervortaucht, übrigens außerhalb meines Gebietes noch weit nach W zu verfolgen ist. Nicht hierher gehören dagegen, wie wir noch ausführlich sehen werden, der Gipfel des Loskogel und vielleicht des niederen Spielberges, endlich möglicherweise der Obertriaszug, den ich als den Hauptdolomit am Flyschrande bezeichne.

Zur Höllengebirgsscholle gehört der ganze Rest des Gebietes, also außer dem eigentlichen Höllengebirge auch die Berge südlich des Weißenbachtales und die oben von der Zurechnung zur Langbatscholle ausgenommenen Partien im NO. Die Höllengebirgsscholle breitet sich im S außerhalb der von uns betrachteten Region weithin aus.

Die Trennung der beiden Schollen geschieht, wie noch eingehend zu zeigen sein wird, durch eine Überschiebungsfläche, die Höllengebirgsüberschiebung. Es sei jedoch schon hier hervorgehoben, daß es sich dabei nicht um eine Fernüberschiebung im Sinne der Deckentheorie handeln muß; die sicher nachgewiesene Überdeckung beträgt nur etwa 4 *km*. (Vgl. Fig. 1.)

4. Bemerkungen zur Spezialkarte.

Ich sehe mich gezwungen, hier einige der auffallendsten Unrichtigkeiten der topographischen Grundlage meiner Karte anzumerken, insofern sie die geologische Darstellung tangieren.

1. Der Hintere Brentenberg wendet gegen die Hirschlucke keine Wände, höchstens kleine Wandeln im Walde, wie sie auch sonst überall vorkommen. Die Steilabstürze beginnen erst mit dem Wettersteinkalk.

2. P. 1116 der Karte 1 : 25.000 am Mittleren Brentenberg soll nach meiner barometrischen Messung wahrscheinlich richtig 1216 heißen, wodurch die Höhenlinien einen anderen Verlauf erhalten.

3. Der Loskogel (die kleine Hauptdolomitpartie nordwestlich der Kreh) scheint auf der Karte mit dem höheren Kamm im N durch einen ununterbrochenen Rücken verbunden. In Wirklichkeit liegt hier eine etwa 80 *m* tiefe Einsenkung, so daß die Hauptdolomitdeckscholle ihre Umgebung allseits überragt.

5. Verzeichnis der im Text erwähnten, in der Spezialkarte nicht enthaltenen geographischen Namen.

Angerl. Die flache Einsenkung, über die der Weg vom „Weidlinger" recte Windlinger gegen S führt.

Brentenberg. Der bewaldete Abhang nördlich des Eiblgupf, östlich vom Hinteren Langbatsee. Ich unterscheide von W gegen O einen Hinteren, Mittleren und Vorderen Brentenberg.

Brentenkogel. Die felsige westliche Fortsetzung des Jägerecks.

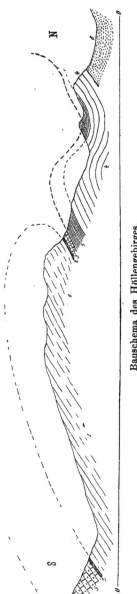

Bauschema des Höllengebirges.

Maßstab: 1:75.000.

1 = Wettersteinkalk ⎫
2 = Carditaschichten ⎬ Höllengebirgsscholle.
3 = Obertrias ⎭

4 = Obertrias ⎫
5 = Jura und Kreide ⎬ Langbatscholle.
6 = Flysch ⎭

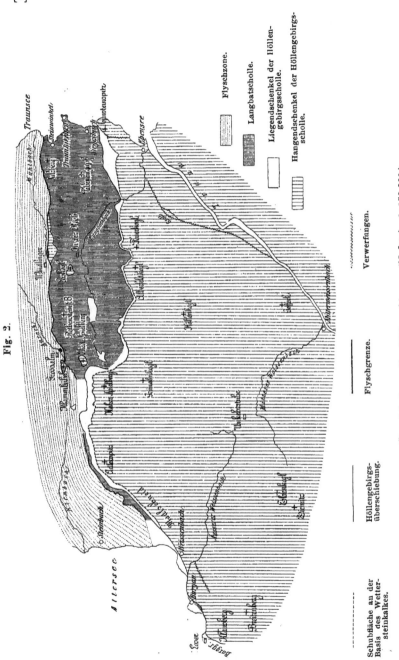

Fig. 2.

Tektonische Übersichtskarte des Höllengebirges. (Maßstab: 1 : 150.000.)

Flyschzone.

Langbatscholle.

Liegendschenkel der Höllengebirgsscholle.

Hangendschenkel der Höllengebirgsscholle.

Verwerfungen.

Flyschgrenze.

Höllengebirgs-
überschiebung.

Schubfläche an der
Basis des Wetter-
steinkalkes.

Brunnkogel. Gipfel zwischen Hohem Spielberg und Hochlecken-berg. Zu unterscheiden von dem Brunnkogel südlich des Höllenkogels.

Fahrnau. Talboden und Übergang zwischen Fahrnaugupf und Hochlacken.

Falmbachgupf. Der niedere Gipfel südsüdwestlich des Rabensteins.

Goffeckschneid. Der vom Goffeck aus gegen NO verlaufende Kamm.

Gspranggupf. Südlich außerhalb der Karte, in der SO-Fortsetzung des Leonsberges.

Hirschlucke. Der Kessel südlich des Hinteren Langbatsees.

Hochstein. Almboden und Gehöft südwestlich des Rabensteins.

Hohenaugupf. Der erste Gipfel nordöstlich der˙Kreh.

Klammbühel. Der Hügel westlich der Großalm. Hauptdolomit in den Flysch vorspringend.

Klausgraben. Der Graben südlich der Klause (Aurachtal,˙ unter-halb der Großalm) gegen den Rotensteinberg.

Kreideck. Der niedrige Vorberg südlich des Wimmersberges.

Loskogel. Der kleine Gipfel nordwestlich der Kreh. Hauptdolomit-deckscholle.

Mitterweißenbach. Ortschaft südlich außerhalb˙der Karte an der Mündung des Mitteren Weißenbaches in die Traun.

Quaderberg. P. 862 südwestlich von Weißenbach am Attersee.

Runitzgraben. Der Graben zwischen Hochlacken und Jägereck.

Salbergraben. Der Graben nördlich des Feuerkogels, westlich der Pledialm.

Schiffau. Der Kessel südlich vom O-Ende des Vorderen Lang-batsees.

Seeleiten. Die Berglehne nördlich des Vorderen Langbatsees.

Sonnsteinauspitz. Der höhere Gipfel in der westsüdwestlichen Fortsetzung des Sonnsteinspitzes.

Stehrerwald. Der nordöstliche Abhang des Stehrergupfes gegen das Weißenbachtal.

Sulzberg. Die kleine Erhebung nördlich des Fahrnaugupfs, bei Winkl am Traunsee.

Teufelmoos. Flache Einsattlung in dem Kamm südwestlich des Lockkogles (Mitterweißenbachtal). Raibler Schichten.

Windlinger. Auf der Karte fälschlich Weidlinger.

Winkl. Ortschaft links der Traun, gegenüber von Lahnstein. Zu unterscheiden von Winkl am Traunsee.

Ziemitz = Leonsberg.

Literatur.

1. Geologische Literatur.

1877. H. Wolf, „Die geologischen Aufschlüsse längs der Salzkammergutbahn." Verhandl. d. k. k. geol. R.-A. 1877, pag. 259.

1878. C. J. Wagner, „Der Sonnsteintunnel am Traunsee." Jahrb. d. k. k. geol. R.-A. 28, pag. 205—212.

1883. Fr. v. Hauer berichtet über die Aufnahmen E. v. Mojsisovics. Verhandl. d. k. k. geol. R.-A. 1883, pag. 3.

1883. E. v. Mojsisovics, „Über die geologischen Detailaufnahmen im Salz-
kammergute." Ebendort pag. 290.
1884. C. J. Wagner, „Die Beziehungen der Geologie zu den Ingenieur-Wissenschaften", pag. 71.
1898. G. A. Koch in F. Krakowitzer, „Geschichte der Stadt Gmunden in
Oberösterreich", pag. 31—55.
1900. H. Commenda, „Materialien zur Geognosie Oberösterreichs." Landeskunde
in Einzeldarstellungen, Heft 2. Jahresber. d. Museum Francisco-Carolinum
in Linz, 58.
1903. E. Kittl, „Geologische Exkursionen im Salzkammergut." IX. internationaler
Geologenkongreß, Führer für die Exkursionen in Österreich, Nr. IV.
1905. E. v. Mojsisovics, „Erläuterungen zur geologischen Karte etc. SW-Gruppe
Nr. 19, Ischl und Hallstatt."
1911. E. Spengler, „Die Schafberggruppe." Mitteilungen d. geolog. Ges. in
Wien, 4, pag. 181.
1911. E. Spengler, „Zur Tektonik von Sparberhorn und Katergebirge im Salzkammergut." Zentralbl. f. Min., Geol. u. Paläont. 1911, pag. 701.

Der Direktion der k. k. geologischen Reichsanstalt bin ich für die mit ge-
wohnter Zuvorkommenheit erteilte Erlaubnis, die nicht publizierte Originalkarte
von Mojsisovics (Blatt Gmunden—Schafberg) für meine Arbeit zu benützen,
zu aufrichtigem Danke verpflichtet.
Die zitierten Arbeiten beschäftigen sich vielfach nur episodisch mit dem betrachteten Gebiete. Die Karte von Mojsisovics bot nur im südlichen Teile wertvolle Anhaltspunkte, in der komplizierten nördlichen Randzone erwies sie sich als
unbrauchbar.

2. Hauptsächlich benützte paläontologische Literatur.

a) Für die Carditaschichten.

1889. S. Freih. v. Wöhrmann, „Die Fauna der sogenannten Cardita- und Raibler
Schichten in den nordtiroler und bayrischen Alpen." Jahrb. d. k. k. geol.
R.-A. 39, pag. 181.
1890. A. Bittner, „Brachiopoden der alpinen Trias." Abhandl. d. k. k. geol.
R.-A. 14.

b) Für die Kössener Schichten.

1862. A. Schlönbach, „Beiträge zur genauen Niveaubestimmung des auf der
Grenze zwischen Keuper und Lias im Hannoverschen und Braunschweigischen
auftretenden Sandsteines." Neues Jahrb. f. Min., Geol. u. Paläont. 1862,
pag. 146.
1864. E. Dumortier, „Études paléontologiques sur les dépots Jurassiques du
bassin du Rhône. I. Infralias."
1864. A. v. Dittmar, „Die *Contorta*-Zone."
1860—65. A. Stoppani, „Paléontologie Lombarde. III. Couches à *Avicula contorta*."

c) Für den Lias.

1861. F. Stoliczka, „Die Gastropoden und Acephalen der Hierlatzschichten."
Sitzungsber. d. k. Akad. d. Wiss., math.-nat. Kl., 43, pag. 157.
1886. G. Geyer, „Über die liasischen Cephalopoden des Hierlatz bei Hallstatt."
Abhandl. d. k. k. geol. R.-A. 12, pag. 213.
1889. G. Geyer, „Über die liasischen Brachiopoden des Hierlatz bei Hallstatt."
Ebendort 15, pag. 1.
1897. E. Böse, „Die mittelliasische Brachiopodenfauna der östlichen Nordalpen."
Palaeontographica 44, pag. 145.

d) Für das Neokom.

1840/41. A. d'Orbigny, „Paléontologie Française. Terrains Crétacé. I. Céphalopodes."
1851. M. J.-E. Astier, „Catalogue descriptif des Ancyloceras appartenant a
l'étage Néocomien d'Escragnolles et des Basses-alpes."

1852. A. d'Orbigny, „Notice sur le genre Hamulina." Journal de Conchyliologie (Paris, par Petit de la Saussaye) 3, pag. 207.

1858. F.-J. Pictet et P. de Loriol, „Description des fossiles contenus dans le terrain Néocomien des Voirons." Matériaux pour la Paléontologie Suisse.

1858—64. F.-J. Pictet et G. Campiche, „Description des fossiles du terrain crétacé des environs de Sainte-Croix." I. und II. Matériaux pour la Paléontologie Suisse, II. série.

1868. G. Winkler, „Versteinerungen aus dem bayrischen Alpengebiet mit geognostischen Erläuterungen. I. Die Neokomformation des Urschlauerachentales bei Traunstein mit Rücksicht auf ihre Grenzschichten.

1877—79. P. de Loriol, „Monographie des Crinoides fossiles de la Suisse." Abhandl. d. schweiz. paläont. Ges. 4—6.

1882. V. Uhlig, „Zur Kenntnis der Cephalopoden der Roßfeldschichten." Jahrb. d. k. k. geol. R.-A. 32, pag. 373.

1883. V. Uhlig, „Die Cephalopodenfauna der Wernsdorfer Schichten." Denkschr. d. k. Akad. d. Wiss., math.-nat. Kl. 46.

1891. O. Jaekel, „Über Holopocriniden mit besonderer Berücksichtigung der Stramberger Formen." Zeitschr. d. deutsch. geol. Ges. 43, pag. 555.

1894. M. H. Nolan, „Note sur les *Crioceras Duvali*." Bull. soc. géol. d. France, III. sér., 22, pag. 183.

1901/02. Ch. Sarasin et Ch. Schöndelmayer, „Étude monographique des Ammonites du Crétacique inférieur de Châtel-Saint Denis." Abhandl. d. schweiz. paläont. Ges. 28 und 29.

1905. V. Uhlig, „Einige Bemerkungen über die Ammonitengattungen *Hoplites* Neumayr." Sitzungsber. d. k. Akad. d. Wiss., math.-nat. Kl. 104, Abt. 1.

1905/06. E. Baumberger, „Fauna der unteren Kreide im westschweizerischen Jura. II und III: Die Ammonitiden der unteren Kreide im westschweizerischen Jura." Abhandl. d. schweiz. paläont. Ges. 32 und 33.

Es versteht sich von selbst, daß hier nur die wichtigsten paläontologischen Arbeiten erwähnt wurden. Ich habe natürlich noch zahlreiche andere eingesehen, ohne jedoch für den gegebenen Zweck wesentliches aus ihnen zu entnehmen.

I. Stratigraphie.

A. Die Trias.

1. Der Wettersteinkalk.

Der typische Wettersteinkalk des Höllengebirges ist ein feinkörniger bis dichter, lichtgelber, bald geschichteter, bald ungeschichteter Kalk. Die verwitterte Oberfläche körnigerer Teile erinnert oft auffallend an Schlerndolomit. Brecciöse Partien sind häufig. Nicht selten findet man kleine Erzkonkretionen. Ziemlich oft kommen mehr oder weniger tiefrote Schmitzen vor. Es gibt auch größere lichtrote Partien, wie in der Haselwaldgasse östlich des Höllenkogels. Im südwestlichen Teil der Madlschneid ist das Gestein ziemlich dunkelbraun. An zwei Stellen — Madlschneid und Aufstieg vom Goffeck zum südlichen Brunnkogel — sammelte ich lose Stücke eines schichtig oder schalig zusammengesetzten, stengelig struierten Aragonits, allem Anschein nach einer Spaltenausfüllung.

Ich fand im Wettersteinkalk folgende Fossilien:

a) Diplopora annulata Schafh., in losen Stücken im ganzen Langbattal häufig. Anstehend in großen Massen auf dem nördlichen Brunnkogel.

b) Teutloporella gigantea Pia. Lose Stücke auf dem Niederen Spielberg.

c) Zwei dickschalige, turmförmige Gastropoden, angewittert auf einem losen Stück auf dem Niederen Spielberg.

d) In etwa 1570 *m* Höhe am Nordhang des Grünalmkogels finden sich auf bräunlichem Wettersteinkalk ausgewittert:

Stielglieder von *Encrinus? spec.* (nach einem Dünnschliff bestimmt).
Eine kleine *Rhynchonella spec.*
Nautilus spec.

In seinem obersten Teile entwickelt sich aus dem Wettersteinkalk ein echter, zu scharfkantigem Grus zerfallender, weißer Dolomit. Der Mangel an Bitumen unterscheidet ihn meist ziemlich deutlich vom Hauptdolomit, mit dem er sonst eine recht große Ähnlichkeit hat. Er ist am schönsten aufgeschlossen an der Brücke nächst der Steinbachalm und von hier im Mitterweißenbachtal aufwärts.

Die ursprüngliche Dicke des Wettersteinkalkes beträgt im Höllengebirge sicher mehrere hundert Meter, wenn auch die gegenwärtige Mächtigkeit durch Schuppenbildung, vielleicht teilweise auch durch Auftreten eines nicht ganz zerriebenen inversen Schenkels sekundär erhöht sein mag. Die Verschmälerung der Wettersteinkalkmasse gegen SW und NO beruht meiner Überzeugung nach wenigstens teilweise auf einer realen Abnahme der Mächtigkeit, nicht nur auf tektonischen Umständen (Senkung der Antiklinale, Brüche). Zwischen dem Neokom der Burgau und dem Lunzer Sandstein der Strasseralm ist die ganze Mächtigkeit des Wettersteinkalkes enthalten. Dasselbe Auftreten in Form großer Linsen hat beispielsweise auch G. Geyer in einem etwas östlicheren Gebiete beschrieben [1]).

Der Wettersteinkalk ist zweifellos ein echter Riffkalk, und zwar wesentlich ein Diploporenriff. Es sollen übrigens auch Korallen auf dem Höllengebirge gefunden werden. Ich selbst habe keine zu Gesicht bekommen.

2. Die Carditaschichten.

Der weiße Dolomit des obersten Wettersteinkalkes zeigt sich in seiner hangendsten Partie stellenweise rot geädert und geht an manchen Punkten in eine Rauchwacke über (nördlich des Vorberges, südlich des Klausberges). Dann folgen die eigentlichen Carditaschichten. Sie sind durch zwei Schichtglieder charakterisiert, eine Lumachelle und den Lunzer Sandstein.

a) Für die Lumachelle ist, wenigstens in vielen Fällen, der Reichtum an Seeigelstacheln bezeichnend. Von den Kössener Schichten unterscheidet sie sich auch durch die lichtere Farbe des Gesteins. Ich konnte sie an folgenden Punkten nachweisen:

1. Südlich des Klausberges mit *Cidaris conf. parastadifera Schafh.*
2. Am Teufelmoos mit (?) *Ostrea montis caprilis Klipst.*
3. Im Stehrerwald.
4. Im Graben nordwestlich des Grasberggupfs, in 800 *m* Höhe. Hier lag ein kleiner Block, der ausschließlich aus *Halorella pedata*

---

[1]) „Kalkalpen im unteren Enns- und Ybbstal." Jahrb. d. k. k. geol. R.-A. 59, pag. 39.

Bronn spcc. besteht. Das Auftreten dieser im allgemeinen norischen Art „im Weißenbachgraben des Höllengebirges", also offenbar in der Streichungsfortsetzung meines Fundpunktes, und zwar „teilweise im dolomitischen Gestein", wird schon von Bittner[1]) erwähnt. Seite 181 bemerkt derselbe Autor, daß die Fundpunkte „westlich des Trauntales . . . . . in ihrer Beschaffenheit und Lagerung wohl eher den Wettersteinkalken . . . . . . entsprechen dürften". Dies läßt darauf schließen, daß nach Bittners Meinung *Halorella pedata* auch in tieferen als norischen Schichten auftreten kann. Die norische Stufe ist, wie wir gleich sehen werden, im ganzen Gebiete des Höllengebirges nur durch Hauptdolomit vertreten. Das Vorkommen einer Muschelbreccie in diesem Gestein ist sicher sehr unwahrscheinlich. Ich halte also die Lumachelle aller genannten Fundpunkte für karnisch.

b) Der Lunzer Sandstein ist mittel- bis feinkörnig, braun oder dunkelgrau, in feuchtem Zustande fast schwarz. Er wird oft von dunklen, weichen Mergeln begleitet. Auf den Bruchflächen sieht man gelegentlich die bekannten, konzentrisch-schaligen Zeichnungen, die auf ungleicher Verfärbung bei der Verwitterung beruhen. Die Mächtigkeit ist relativ gering und äußerst wechselnd. An zwei Stellen (südlich des Klausberges und am Hinteren Brentenberg) fand ich im Lunzer Sandstein unbestimmbare, aber unzweifelhafte Pflanzenreste. Gute Aufschlüsse dieses Schichtgliedes trifft man südlich des Klausberges, dann an der Straße von Weißenbach nach Mitterweißenbach und gegenüber an der Nebenstraße rechts des Mitterweißenbaches. Die Überlagerung durch den Hauptdolomit ist besonders schön auf der rechten Seite des Sulzgrabens, nahe seinem Ausgange, zu sehen.

Was nun das Lagerungsverhältnis zwischen den beiden beschriebenen Schichtgliedern betrifft, so ist dasselbe nirgends direkt wahrzunehmen. Es scheint mir jedoch, daß die Lumachelle zwischen dem weißen Wettersteindolomit und dem Lunzer Sandstein eingeschaltet ist. Wer an der Beschränkung der *Halorella pedata* auf die norische Stufe festhält, der wird allerdings geneigt sein zu vermuten, daß die Muschelbreccie über dem Sandstein, an der Basis des Hauptdolomits liegt. Die Lunzer Schichten dürften übrigens nicht überall eine einheitliche Lage bilden, sondern an manchen Stellen mehrfach mit Dolomit wechsellagern.

Die Carditaschichten begleiten als ein mehr oder weniger zusammenhängender Streifen den Wettersteinkalk im N und S.

3. Der Hauptdolomit.

Der Hauptdolomit zeigt sowohl in der Langbatscholle wie in der Höllengebirgsscholle die allgemein bekannte, normale Beschaffenheit, auf die hier nicht eingegangen zu werden braucht. In einem Aufschluß an einer Seitenstraße, die von rechts in das Mitterweißenbachtal nahe seinem Südausgange einmündet, sieht man schwarze, schiefrige Zwischenlagen im liegendsten Teil des Dolomits. Gelegentlich treten in der norischen Stufe untergeordnete Mengen eines röt-

---

[1]) Brachiopoden der alpinen Trias pag. 176

lichen, mehr kalkigen Gesteins auf. Ich fand solche am Goffeck und am nördlichen Teile des Wimmersberges. Am Südhang des Äußeren Weißenbachtales zeigt eine wohlgeschichtete, rote Gesteinspartie auf der Oberfläche eigentümliche, mäandrische Zeichnungen. Sie werden, wie man auf dem Querbruch sieht, durch unregelmäßig verkrümmte, 1—2 *mm* dicke, abwechselnde Lagen lichtgrauen und rötlichen Gesteins-materials hervorgebracht, die von der Schichtfläche angeschnitten werden. Ich vermag diese auffallende Erscheinung nicht zu erklären.

Auf der Goffeckschneid, wo die Carditaschichten scheinbar fehlen, besteht der tiefste Hauptdolomit aus einem Wechsel von kalkigeren und dolomitischeren Schichten, die sich im Terrain durch eine ganze Reihe von quer über den Bergkamm verlaufenden Buckeln und Gräben zu erkennen geben.

Am SW-Rand des Angerlschlages tritt im Hauptdolomit ein ziemlich fester, dunkelbrauner, wohlgeschichteter Kalkmergel mit ganz dünnen Kohlenblättern auf. Die Ausdehnung dieser Einschaltung scheint sehr beschränkt zu sein. Im Hauptdolomit südlich der Burgau sieht man den Eingang eines verfallenen Stollens. Hier wurde vor einigen Jahren ein Kohlenbergbau versucht und man erzählt sich noch mit Stolz in der Gegend, daß der Attersee-Dampfer einen Tag mit Burgauer Kohle fuhr. Der Versuch mußte aber bald wieder aufgegeben werden.

Gegen oben erfolgt in der Regel, d. h. wo die Schichtfolge vollständig ist, ein ganz allmählicher Übergang in den Plattenkalk. Typisch für diese Übergangszone ist bekanntlich das Auftreten von gitterförmig einander durchkreuzenden, tiefen Furchen auf den Verwitterungsflächen. Der allmähliche Übergang ist an zahlreichen Stellen schön zu beobachten, so z. B. nördlich des Schwarzecks, am Südhang des Lueg, am Ostende des Breitenberges, oberhalb der Oberen Fachbergalm gegen die Ziemitz zu etc. etc.

4. Das Rhät.

Die rhätische Stufe erscheint in zwei verschiedenen Entwicklungen, als Plattenkalk und als typische Kössener Schichten der Bivalvenfazies.

a) Der Plattenkalk, dessen liegender Teil übrigens wohl noch zur norischen Stufe gehören mag, ist in der ganzen Region die vorherrschende Ausbildungsweise. Wir haben es in ihm mit einem lichtgelbbraunen bis dunkelgrauen, meist — aber nicht immer — wohlgebankten Kalk zu tun. Lokal ist das Gestein bituminös, so auf dem Kamm, der vom Schwarzeck nach N zieht. Frische Bruchflächen der lichteren Sorte zeigen sich oft durch feine, schwarze Körnchen gesprenkelt. Die verschiedenen Ausbildungen des Plattenkalkes lassen sich besonders schön studieren beim Aufstieg von der Schiffau auf die Schwarzeckalm. Das Gestein zerfällt hier in etwa $1/_4$ m mächtige Bänke. Am Südkamm des Wimmersberges findet man im Rhät einen graubraunen Kalk, der bei der Verwitterung in ziemlich dünne, unter dem Hammer klingende Platten zerfällt.

An mehreren Stellen konnte ich im Rhät Lithodendren beobachten, so zwischen den beiden Gipfeln des Breitenberges (an der Einsattlung

östlich von P. 1405) und am Kamm südlich des Windlinger. Noch
viel häufiger sind Lumachellen. Es ist wohl zwecklos, hier Fundstellen
anzuführen: Dagegen sei hervorgehoben, daß auf dem Nordostkamm
des Hohen Spielberges, im Plattenkalk des rückläufigen Schenkels der
Höllengebirgsscholle vollkommen deutliche Megalodontenquerschnitte
beobachtet wurden.

b) Auf dem Plattenkalk, zum Teil aber auch direkt auf dem
Hauptdolomit, liegen **d i e K ö s s e n e r S c h i c h t e n.** Sie bestehen aus
einer Wechsellagerung von grauen Mergeln und graubraunen, meist
dünnplattigen Kalken. Diese sind vielfach mit Fossilien, und zwar
ganz überwiegend mit Bivalven, erfüllt, die auf den Schichtflächen oft
in günstiger Erhaltung zu sehen sind. Sie wenden mit wenigen Ausnahmen alle die konvexe Außenfläche nach derselben Seite.

Diese Ausbildung des Rhät ist auf zwei kleine Stellen nordwestlich und südöstlich des Lueg beschränkt, die unter Tag zweifellos
zusammenhängen. Aus dem südlicheren der beiden Aufschlüsse (an
der Seeleiten) konnte ich folgende Fossilien bestimmen:

> *Avicula contorta Portl.*
> *Gervillia inflata Schafh.*
> *Cardita austriaca Hauer*
> „ *munita Stopp.*
> *Taeniodon praecursor Schlönb.*
> *Anomia alpina Winkl.*

In einer mächtigeren Kalkbank (910 *m* Meereshöhe) fand ich
angewitterte Querschnitte von nicht näher bestimmbaren Gastropoden,
die in der Form etwa an eine kleine *Natica* erinnern.

Außerdem erhielt ich aus dem nördlicheren der beiden Vorkommen eine dicke, rhombische Ganoidschuppe.

B. Der Jura.

Mit Ausnahme einer ganz kleinen Partie am Gsoll (vgl. pag. 597)
gehört aller Jura der betrachteten Region der Langbatscholle an.
Die Faziesverhältnisse dieser Formation sind ungemein charakteristisch,
sehr einheitlich und erschweren zusammen mit den vielen Detail-
störungen eine nähere Gliederung fast bis zur Unmöglichkeit. Als
gemeinsame Merkmale aller Juraschichten stellen sich folgende heraus:
1. Sie enthalten — mit alleiniger Ausnahme der Region unmittelbar unter der Höllengebirgsüberschiebung (vgl. unten pag. 573) —,
wenn auch in verschiedener Menge, stets Crinoidenstielglieder.
2. In allen Teilen des Jura treten rote Partien auf, die bald
die ganze Masse ausmachen, bald nur untergeordnet in braunen oder
grauen Gesteinen vorkommen.
3. Wo überhaupt Fossilien vorhanden sind, finden sich stets
Belemniten.

Da Versteinerungen im allgemeinen selten sind und in Anbetracht
der oben erwähnten übrigen Schwierigkeiten, die es unmöglich machen,
die an einer Stelle durchgeführte Gliederung über längere Strecken

zu verfolgen, schließlich auch wegen der geringen Mächtigkeit der
ganzen Formation, habe ich mich entschlossen, bei der Kartierung
nur zwei Niveaus festzuhalten: Als Lias wurden diejenigen Partien
ausgeschieden, deren liasisches Alter durch Fossilien oder durch
andere Argumente sichergestellt, resp. wenigstens wahrscheinlich gemacht
ist. Der ganze Rest wurde als Jura s. s. zusammengefaßt.

1. Der Lias.

Die erste und zugleich weitaus ergiebigste Fundstelle von Lias-
fossilien, die ich ausbeuten konnte, wurde mir durch einen glücklichen Zufall erschlossen. Es wird nämlich gegenwärtig am N-Ufer
des Vorderen Langbatsees eine Straße gebaut. Bei dieser Gelegenheit
wurde ein großer Gesteinsblock gesprengt. Derselbe erwies sich als
äußerst fossilreich. Es handelt sich um einen weißen bis lichtvioletten
Kalk mit einzelnen Crinoidengliedern. An vielen Stellen zeigt er eine
eigentümliche Struktur. Das Gestein besteht nämlich aus feinen, radiär
gestellten, meist von einem Fossil ausgehenden Prismen, die in
mehreren Schichten übereinander liegen können. In den röhrenförmigen Zwischenräumen der so gebildeten Knollen findet man öfter
tonreicheres Material. Einzelne diesem Gestein sehr ähnliche Partien
mit derselben stengeligen Struktur konnte ich an der Seeleiten anstehend nachweisen. Die von mir aufgesammelte Fauna setzt sich
zusammen wie folgt:

		Stückzahl
a) Cephalopoda		39
1. *Aegoceras bispinatum Geyer*		5
2. *Arietites Hierlatzicus (v. Hauer)*		18
3. „ *conf. semilaevis (v. Hauer)* . . .		2
4. *Rhaccophyllites stella (Sow.)*		1
5. „ *spec. aff. lariensi Men.* . .		4
6. *Phylloceras Partschi (Stur)*		2
7. *Oxynoticeras spec.*		1
8. *Ammonoïdea indet.*		5
9. *Belemnites spec.*		1
b) Lamellibranchiata		8
1. *Pecten Rollei Stol.*		1
2. *Carpenteria pectiniformis Deslg.?*		1
3. *Avicula inaequivalvis Sow.*		3
4. *Cypricardia Partschi Stol.*		1
5. *Opis clathrata Stol.*		1
6. *Arca conf. aviculina Schafh.*		1
c) Gastropoda		5
1. *Trochus cupido Orb.*		4
2. *Pleurotomaria Buchi Deslg.*		1

Stückzahl

    d) Brachiopoda 66

1. *Waldheimia mutabilis Opp.* 11
2.   „   *alpina Geyer* 5
3.   „   *conf. Apenninica Zitt.* . . . 1
4.   „   *spec. 1* 2
5.   „   *spec. 2* 5
6. *Terebratula punctata Sow. typ.* 1
7.   „   *punctata Sow. var. Andleri*
    Opp. 1
8. *Terebratula punctata Sow.* zwischen *var.*
    Andleri Opp. und *ovatissima Quenst.* . . 3
9. *Terebratula punctata Sow,* Übergang zu
    var. ovatissima Quenst. 1
10. *Terebratula Bittneri Geyer.* 1
11.   „   *nov. spec. ind. Geyer* . . . 2
12.   „   *spec.* 1
13. *Rhynchonella variabilis Schl.* 16
14.   „   *aff. variabilis Schl.* 1
15.   „   *conf. Alberti Opp.* 2
16.   „   *Greppini Opp.* 2
17.   „   *nov. spec.?* 1
18. *Spiriferina angulata Opp.* 2
19.   „   *oblusa Opp.* 1
20.   „   *conf. obtusa Opp.* 4
21.   „   *aff. pinguis Ziet. et costata Schl.* 1
22.   „   *conf. rostrata (Schloth.)* . . . 1
23.   „   *spec.* 1

    e) Echinodermata.

1. *Cidaris spec.* 1
2. *Crinoidea indet* . . . . mult.

Die Fauna stimmt bis auf ein einziges Exemplar (*Rhynchonella nov. spec.?*) mit der der typischen Hierlatzschichten überein, so daß über die vollständige Gleichwertigkeit der geschilderten Bildungen mit den Hierlatzschichten des oberen Unterlias kein Zweifel bestehen kann. Auffallend ist nur das relativ starke Hervortreten der Cephalopoden, die auch eine nicht unbeträchtliche Größe erreichen, denn ein Bruchstück von *Arietites Hierlatzicus* ergibt rekonstruiert einen Durchmesser von mindestens 15 *cm.*

Dieses Gestein ist durch sehr schöne Übergänge mit den grobspatigen, roten, seltener hellen Crinoidenkalken verbunden, die das verbreitetste liasische Gebilde der Region sind. Sie treten bald für sich allein, bald als mehr oder weniger ausgedehnte Einschaltungen in dichten, gelbbraunen Kalken auf, die wir in diesem Falle auch zum Lias stellen müssen, die aber an sich häufig vom Plattenkalk nicht zu unterscheiden sind. Auch dichte rote Kalke mögen im Lias vorkommen.

Am Ostende des Fahrnaugupfes, wo die elektrische Kraftleitung den Rücken überschreitet, scheint der Crinoidenkalk durch allmählich vermehrte Einlagerungen aus dem Rhätkalk hervorzugehen.

Die roten Crinoidenkalke haben ebenfalls eine, wenn auch spärliche Fossilausbeute geliefert. Ein von Prof. Uhlig am Loskogel gefundener kleiner Block enthält:

> Spiriferina obtusa Opp.
> Rhynchonella plicatissima Quenst.
> „ aff. sublatifrons Böse
> Waldheimia conf. subnumismalis Dav.

Am N-Hang des Fahrnaugupfes südlich von Steinwinkl fand ich ein Gesteinsstück, das mehrere Exemplare von *Rhynchonella variabilis Schl.* enthält. Die grobspatigen Kalke dürften auch hier dem Lias, nicht, wie C. J. Wagner will, dem Dogger angehören. Große Pentacrinen findet man zahlreich an vielen Stellen.

2. Der Jura s. s.

Ich vereinige hier folgende Gesteine:

1. Rote Crinoidenkalke. Die Stielglieder sind, was im Lias nicht in diesem Maße der Fall zu sein pflegt, oft durchwegs zu kleinen Fragmenten zerbrochen. Auf der N-Seite des Rabensteins treten in einem lichtroten Kalk mit Crinoiden Spuren eines Erzes auf. Wahrscheinlich ist es dasselbe, das auf Hochstein vor Zeiten abgebaut wurde.

2. Dichte, rote Kalke mit splittrigem bis muscheligem Bruch. Sie enthalten:

> Perisphinctes (Aulacosphinctes) spec. Graben nördlich des Lueg
> „ (Kossmatia) spec. Graben nördlich des Lueg
> Haploceras (?) spec. Graben nördlich des Lueg
> Belemnites spec. Graben nördlich des Lueg und an anderen Stellen,

besonders massenhaft aber in einem nördlichen Seitengraben des Jägeralmtales (südlich P. 971 der Karte 1:25.000). An derselben Stelle fand sich auch ein unbestimmbarer Gastropode.

Aptychen scheinen in diesem Kalke sehr selten zu sein. Alle Fossilien sprechen für oberjurassisches Alter.

An manchen Punkten führen die roten Kalke Hornsteinbänder.

3. Rote Knollenkalke. Sie sind durch höheren Tongehalt und knollige Beschaffenheit von den vorigen unterschieden und führen neben Belemniten hauptsächlich Aptychen, und zwar vorwiegend solche aus der Gruppe der *Lamellosi*. Eine nähere Bestimmung glaube ich bei der gleich mangelhaften Beschaffenheit meines Materials und der Literatur über alpine Aptychen unterlassen zu sollen. Die roten Knollenkalke gehen — besonders deutlich in der Schiffau — gegen oben allmählich in die grauen Kalkmergel des Neokom über. An der Grenze findet man häufig grau- und rotgefleckte Stücke.

4. Gleichfalls der Oberkante des Jura dürften lichtgraue, licht-
violette oder gelblichweiße Kalke mit dünnen Hornsteinbändern und
Aptychen angehören. Sie weisen schon große Ähnlichkeit mit den
unten zu erwähnenden Schrambachschichten auf. Ich fand sie besonders
in der Gegend nördlich der Deckscholle des Loskogels.

5. Rettenbachkalk. Nach der Beschreibung in den „Erläuterungen
zum Kartenblatt Ischl-Hallstatt" und einer mir von meinem Freunde
Dr. Spengler mitgeteilten Gesteinsprobe aus dem Rettenbachtal zu
urteilen verstand v. Mojsisovics unter diesem Namen einen sub-
kristallinen, roten, lichtroten, lichtbraunen bis weißlichen, oft auch
gelb-, braun- und rotgefleckten, wohlgebankten Kalk. Er gab ihm auf
seiner Originalkarte unseres Gebietes eine sehr große Ausdehnung.
In Wirklichkeit spielt er nur bei Siegesbach eine größere Rolle.
Untergeordnet findet er sich vielleicht an der Seeleiten.

6. Bunte Kalke. An mehreren Stellen, wie südlich vom Windlinger und an der Seeleiten, findet man rot- und braungefleckte, dichte,
gebankte Kaike mit vereinzelten Crinoiden (*Pentacrinus* und andere).
Sie sind meist durch Manganreichtum ausgezeichnet.

7. Korallenkalke. Die Lithodendronkalke des Oberjura unterscheiden sich von denen des Rhät hauptsächlich durch die bunte
Färbung. So zeigt ein Stück von einer Stelle südlich des hinteren
Endes des Jägeralmtales gelbe Korallen auf violettem Grund, ein
anderes östlich vom Salbergraben in einem ganz lichtrosa Gestein
Korallen, die teils von weißen Kalzitkristallen, teils von einem dunkel-
roten, tonreichen Kalk erfüllt sind. Ein weiteres Stück fand ich nördlich
vom Vorderen See. Meine Versuche, über die Art der Korallen etwas
herauszubringen, schlugen leider fehl.

8. Lumachellen. Bevor ich noch die wahre Natur des inversen
Höllengebirgsschenkels erkannt hatte, rechnete ich mehrere Lumachellen-
vorkommen zum Oberjura. Die meisten derselben haben sich später
als rhätisch erwiesen. Es bleibt aber doch wahrscheinlich, daß einzelne,
die durch eine mehr bunte Farbe auffallen (Seeleiten), wirklich dem
Jura zugehören.

9. Im Graben nördlich des Lueg fand ich ein Rollstück von
dichtem, braunviolettem Kalk, der ganz erfüllt ist von gekrümmten,
1—2 *mm* dicken Röhrchen. Die Innenfläche derselben ist meist glatt
und scharf, die Außenfläche oft unregelmäßig. Eine Struktur der Wände
ist auch im Dünnschliff nicht wahrzunehmen. Das ganze erinnert am
ehesten an eine kleine *Serpula.*

Durch die aufgezählten Typen ist die Mannigfaltigkeit der Jura-
gesteine noch durchaus nicht erschöpft. Wir finden noch eine große
Menge von Abänderungen und Übergangsbildungen. Die ganze Gesteins-
serie zeichnet sich ebenso durch verwirrende Verschiedenheit im
einzelnen wie durch eine gewisse Einheitlichkeit des Gesamt-
charakters aus.

Ein Umstand verdient noch hervorgehoben zu werden: Fast
überall treten im Jura neben den oben beschriebenen Gesteinstypen
auch braune Kaike ähnlich den Plattenkalken auf. Vielfach bilden sie
sogar den größeren Teil der betreffenden Schichten, nur sind die
bunten Partien auffallender und charakteristischer. Im westlichen Teile

der Schiffau, in 1050 *m* Höhe, sieht man Platten von braunem Kalk regelmäßig mit roten, mergeligen Knollenkalken wechsellagern. Die Mächtigkeit der knolligen Zwischenlagen ändert sich rasch im Streichen. Gegen oben werden diese Zwischenlagen allmählich grau; die Kalkbänke verschwinden.

Sehr merkwürdig sind die Verbreitungsverhältnisse der Crinoidenkalke. Während sie im allgemeinen das charakteristischeste Glied des Lias und Jura der Langbatscholle sind, fehlen sie mit Ausnahme eines einzigen, in mehrfacher Hinsicht eigenartigen Vorkommens (vgl. unten) vollständig in der Region unmittelbar unter der Höllengebirgsüberschiebung. Der Jura ist hier vielfach überhaupt sehr schlecht entwickelt. So besteht er auf dem Schwarzeck nur aus einigen roten Gesteinspartien im obersten Teil des Plattenkalkes. Aber auch dort,

Fig. 3.

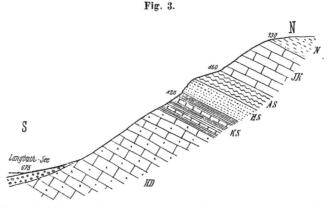

Profil der Seeleiten, im Graben nördlich des Westendes des Vorderen Sees.

N = Graue Neokommergel. — *JK* = Bunter, massiger Oberjurakalk. — *AS* = Oberjura-Aptychenkalk. — *HS* = Lias-Krinoidenkalk. — *KS* = Kössener Schichten mit einzelnen mächtigeren Kalkbänken. — *HD* = Hauptdolomit.

wo er mächtiger ist, wie in der Schiffau, finden sich nur Knollenkalke und rote Hornsteine, in denen ich nicht einen einzigen Crinoiden entdecken konnte. Schon wenig nördlich von der Überschiebungsregion, im Salbergraben, treten die Echinodermenbreccien wieder auf. Es ist natürlich möglich, daß der Crinoidenwuchs ursprünglich auf diese nördliche Zone des Gebietes beschränkt war. Man hat aber unwillkürlich den Eindruck, ob nicht von der gewaltigen liegenden Falte von Wettersteinkalk eine mechanische Zerstörung des Gesteins ausging, der speziell die Crinoidenkalke infolge ihrer besonderen Beschaffenheit zum Opfer fielen. Gegen eine solche Vorstellung spricht freilich außer allgemeinen physikalischen Schwierigkeiten die einzige Ausnahme, die die eben formulierte Verbreitungsregel erfährt. Der Jura südöstlich von Steinbach nämlich, der sicher sehr stark gestört ist (vgl. pag. 591 und Fig. 8), enthält trotzdem zahlreiche Crinoidenstücke.

Er liegt allerdings nicht, wie sonst in der Langbatscholle, auf hartem
Plattenkalk oder Hauptdolomit, sondern auf dem weichen Flysch.

Eine höchst sonderbare Abänderung der Jurafazies zeigt sich
am N-Hang des Rabensteins. Sie ist durch einen besonderen Hornsteinreichtum und durch das Vorwalten der grauen Farbe ausgezeichnet.
Neben grauen, gelben oder rötlichen, sehr reinen Hornsteinen, die
ganze Bänke bilden, finden sich besonders dichte, graue Kalke und
graue Crinoidenkalke, zum Teil mit deutlichen Pentacrinen, auch weiße
Kalke. Rote Partien fehlen zwar nicht über größere Strecken, treten
aber unverhältnismäßig zurück. In der Geländebeschaffenheit fällt die
geringe Gliederung der Hänge, der gänzliche Mangel von Wassergräben
auf, der wohl mit dem Hornsteinreichtum zusammenhängt.

Fig. 3 gibt ein Beispiel der lokalen Gliederung der Juraformation, wie sie sich an einzelnen besonders gut aufgeschlossenen
Profilen feststellen läßt. Die Mannigfaltigkeit der vertikal übereinanderfolgenden Bildungen ist an dieser Stelle schon eine große
zu nennen.

Dr. A. Spitz teilt mir mit, daß er vor mehreren Jahren von
E. v. Mojsisovics einen Ammoniten aus der Gegend von Traunkirchen zur Bestimmung erhielt, der sich als eine *Oppelia* aus der
Gruppe der *O. Adolphi* erwies. Das Stück war gegenwärtig leider
nicht auffindbar, so daß ich nicht feststellen konnte, welchem der
oben aufgezählten Gesteinstypen des Jura es entstammt.

C. Die Kreide.

1. Das Neokom.

Die Grenze der Kreide gegen den Jura ist nicht scharf. Bei der
Kartierung wurde sie dort angenommen, wo die Farbe des Gesteins
sich von Rot in Grau verändert. Doch kommen, z. B. in der Schiffau,
im unteren Teil der grauen Mergel noch mehrfache rote Lagen vor.
An der Basis des Neokom zeigen sich an mehreren Stellen (nördlich
der Kreh, wo der markierte Weg nach Traunkirchen und der zum
Windlinger sich trennen; nordwestlich vom Hinteren See; in der
Schiffau) dichte, graugelbe, etwas mergelige, knollig zusammengesetzte
Kalke von muscheligem Bruch. Man kann sie als Schrambachschichten
bezeichnen. Fossilien wurden mir aus ihnen nicht bekannt. Die darüber
folgende Hauptmasse des Neokom besteht aus ziemlich weichen, grauen
bis etwas grünlichen, dünnschichtigen Mergeln, aus Fleckenmergeln
und aus dunklen bis schwarzen Sandsteinen. Ob auch graue Crinoidenkalke und Hornsteine in das Neokom reichen, ist nicht gewiß. Die
Verteilung dieser Gesteine ist folgende: Die grauen Mergel sind die
häufigste Vertretung des Neokom in der Langbatscholle. Im Klausgraben enthalten sie die als *Zoophycus* bekannten Hieroglyphen. Die
Sandsteine halten sich in auffallender Weise an den N-Rand des
Gebietes. Sie herrschen in dem randlichen Neokomzug nördlich des
Fahrnaugupfes, zwischen Windlinger und Steinwinkel. In der Mulde
der Fahrnau und von Siegesbach vollzieht sich der Übergang in die
Mergel. Eine größere Rolle spielen Sandsteine auch in dem Neokom

oberhalb des Hauptdolomitsplitters südöstlich von Steinbach. Nördlich des Hohenaugupfes ˙kann man in dem dunklen Sandstein einzelne Crinoiden und eckige Kohlenstückchen beobachten. Bei Steinbach fand ich darin einen langen, dünnen Seeigelstachel. Der Neokomsandstein unterscheidet sich von dem ihm benachbarten Flyschsandstein besonders durch folgende Merkmale: Er ist nicht plattig, zeigt keinen Glimmerbelag auf den Schichtflächen und bildet keine gelbe Verwitterungsrinde.

Die Fleckenmergel spielen quantitativ nur eine geringe Rolle, sind für den Geologen jedoch durch ihren Fossilreichtum von besonderer Wichtigkeit. Sie treten nicht selbständig, sondern in Verbindung teils mit den grauen Mergeln, teils mit den Sandsteinen auf.. Vielfach enthalten sie Kieselsäure, die aber meist fein verteilt, nicht. wie im Jura, zu einzelnen fast reinen Hornsteinbändern und -knollen verdichtet ist. Größere ˙Mengen von Fleckenmergeln finden sich: an der Seeleiten, im Salbergraben, nördlich des Rabensteins und Hohenaugupfes, im Klausgraben. Bezeichnend für alle Neokomgesteine ist das Vorkommen von mit Limonit erfüllten, rundlichen oder röhrenförmigen Hohlräumen.

Das Neokom der Langbatscholle erwies sich als ziemlich versteinerungsreich. Ich habe die folgenden Fossilfundstellen, soweit es meine Zeit erlaubte, ausgebeutet:

1. Klausgraben (= K der Fossilliste). Das Gestein ist ein harter, kieselreicher Kalkmergel mit oder ohne Flecken. Die mit ihm zusammen auftretenden weicheren Mergel enthalten weniger Fossilien, die sich außerdem wegen ihrer Zerbrechlichkeit nicht gewinnen lassen. Diese Fundstelle ist weitaus die reichste.

2. Salbergraben (= S der Fossilliste). Das Gestein gleicht dem vorigen.

3. Jägeralmtal an mehreren Stellen (= J der Fossilliste). Hier treten die Versteinerungen in weichen, grauen Mergeln auf, sind aber meist sehr schlecht erhalten. Das Gestein enthält auch eckige Kohlenstückchen. Dazu kommen noch einige vereinzelte Funde.

Folgende Formen ließen sich mit genügender Sicherheit bestimmen:

Stückzahl

1. *Hoplites* (*Acanthodiscus*) *angulicostatus* (*Orb.*) K und S 5
2. *Leopoldia spec.* K 1
3. *Lytoceras aff. subfimbriatum* (*Orb.*) K . . . 2
4. *Crioceras Quenstedti Ost.* S 1
5. „   *aff. Duvali Lev.* K 6
6. „   *nov. spec.?* S 1
7. *Hamulina conf. fumisuginum Hohen.* K . . 1
8. „   *aff. subundulata Orb.* K 1
9. *Aptychus angulocostatus Pet.* J 4
10. *Belemnites spec.* J . . . . 1 ˙
11. *Phyllocrinus cf. granulatus Orb.* J 4
12. „   *cf. helveticus Oost.* J 1
13. Haifischzahn J 1

Außer diesen Arten finden sich noch mehrere andere, die zwar nicht mit Sicherheit bestimmbar sind, die ich aber doch nicht alle übergehen möchte, da das Bild der Fauna sonst ein gar zu unvollständiges wäre. Die besseren dieser Stücke könnte man unter Vorbehalt mit folgenden Formen vergleichen:

Stückzahl

1a. Hoplites (*Acanthodiscus*) *angulicostatus* (*Orb.*)
K und S 6
14. *Silesites Seranonis* (*Orb.*) K 1
15. *Phylloceras Thetis* (*Orb.*) J 1
16. „ *Winkleri Uhl* J 1
17. *Lytoceras quadrisulcatum* (*Orb.*) Schiffau
W-Seite in 1100 *m* Höhe 1
18. *Lytoceras* (*Coscidiscus*) *recticostatum* (*Orb.*) J 2
19. „ (*Coscidiscus*) *Rakusi Uhl.* K . . 1
20. *Crioceras* oder *Hamulina?* Seeleiten . . 1

Für eine Anzahl weiterer Stücke konnte ich überhaupt keine Vergleichspunkte gewinnen.

Die Zusammensetzung der Fauna ist die für Roßfeldschichten typische. Die häufigsten Formen sind solche des Hauterivien. Arten wie *Lytoceras subfimbriatum, Hamulina fumisuginum* und die allerdings unsicheren Coscidiscen sprechen jedoch dafür, daß auch das Barrêmien vorhanden ist.

Zu den oben aufgezählten Fossilfunden kommen noch einige andere, die C. J. Wagner gelegentlich des Eisenbahnbaues ausgebeutet hat[1]). So erwähnt er Ammoniten, Crioceren, Belemniten und Echinodermen von dem Bahneinschnitt bei *km* 85, wenig südlich vom S-Ausgang des Steintunnels bei Winkl am Traunsee. Aus dem Neokommergel nächst dem N-Portal desselben Tunnels führt er an:

> *Lytoceras Juilleti* (*Orb.*)
> „ *quadrisulcatum* (*Orb.*)
> *Olcostephanus cf. Milletianus* (*Orb.*)
> „ *Astierianus* (*Orb.*)
> *Phylloceras Rouganum* (*Orb.*)
> *Plicatula spec.*

2. Die Gosau.

Die Gosauformation tritt innerhalb meines Aufnahmsgebietes an zwei Stellen auf, von denen die eine der Höllengebirgsscholle, die andere der Langbatscholle angehört. Das Alter des ersteren Vorkommens kann auf Grund der Gesteinsbeschaffenheit wohl als gesichert gelten. Für das letztere, der Langbatscholle angehörige, muß die Möglichkeit zugegeben werden, daß es auch Zenoman sein könnte. An beiden Stellen handelt es sich um grobkonglomeratische Bildungen. Sonst

---

[1]) Vgl.: C. J. Wagner, „Die Beziehungen der Geologie zu den Ingenieur-Wissenschaften", pag. 74.

sind die zwei Ablagerungen aber so verschieden, daß sie am besten jede für sich betrachtet werden.

a) Die Gosau des Gsoll. Die auffälligste Komponente dieses Vorkommens, dessen interessante Lagerungsverhältnisse noch ausführlich zu erörtern sein werden, ist ein Konglomerat, das fast nur aus Porphyr-geröllen besteht. Diese sind von reiskorngroß bis doppelt faustgroß, rot, violett, grau oder schwarz gefärbt. Außerdem treten graue, braune und rote Sandsteine auf. Die verschiedenen Gesteinsarten scheinen tektonisch miteinander verknetet zu sein. Auch die Gerölle zeigen deutliche Spuren der mechanischen Beeinflussung: sie sind vielfach zerbrochen; die einzelnen Stücke sind gegen einander verschoben und dann wieder verkittet.

b) Die Gosau am N-Hang des Rotenstein-Berges steht in gewissem Belang der soeben besprochenen diametral gegenüber. Während diese ausschließlich aus kryptogenem Material besteht, schließt sich jene in ihrer Zusammensetzung auf das engste dem Untergrunde an. Wir haben es mit einer ausgesprochenen Transgressionsbreccie zu tun, die allein von der Denudation verschont blieb, während alle höheren, küstenferneren Bildungen, die darüber zum Absatz gekommen sein mögen, wieder entfernt wurden.

Die östliche, weitaus größere Partie dieses Vorkommens liegt zu ihrer Gänze auf Hauptdolomit. Aus der eigentümlichen Art, wie der Hauptdolomit bei der Verwitterung zerfällt, erklärt sich die Beschaffenheit der Breccie. Sie besteht aus erbsen- bis haselnußgroßen, eckigen, nur wenig kantengerundeten Dolomitstückchen, die durch ein hochrotes, kalkig-toniges Bindemittel zusammengehalten sind. Das Verhältnis zwischen dem Zement und dem Grus ist ein sehr wechselndes; man findet auch Partien, von denen sich große, nur aus dem roten Zement bestehende Handstücke abschlagen lassen. Nur an einer Stelle fand ich (unmittelbar an der Flyschgrenze) ein Konglomerat, das wohlgerundete Gerölle von Quarz und feinkornigem Sandstein enthält.

Das westlichere, kleinere Gosauvorkommen im Klausgraben zeigt etwas abweichende Beschaffenheit. Seine unmittelbare Begrenzung bildet zwar heute auch der Hauptdolomit, doch finden sich in geringer Entfernung jüngere Schichten. Dementsprechend besteht die Breccie neben Dolomitgrus vorwiegend aus braunen Kalken (Rhät), Crinoidenkalken, roten und gelben Jurakalken und -hornsteinen und grauen Mergeln des Neokom. Die Stücke sind meist eckig, von zentimeter- bis metergroß; besonders die Crinoidenkalke bilden mächtige Blöcke. Die Zwischenräume sind mit verkittetem Gesteins-zerreibsel, teilweise auch mit eingekneteten Mergeln ausgefüllt. Das ganze Gestein ist, wenigstens in dem in einem Wassergraben gelegenen Aufschlusse, von poröser, lückiger Beschaffenheit. Die zuletzt geschilderte Abänderung der Gosaubreccie zeigt große Ähnlichkeit mit einzelnen Teilen des Vorkommens am Hochlindach südlich vom Traunstein, dessen Alter durch zahlreiche Fossilien belegt ist.

D. Jüngere klastische Bildungen.

1. Konglomerate unsicherer Natur.

a) Der Niedere Spielberg trägt, wie wir noch sehen werden, über Neokom und Jura eine Kappe von Wettersteinkalk, deren Deutung nicht sicher ist (siehe pag. 592). In Verbindung mit dieser steht eine Breccie, die durchwegs aus — meist kantengerundeten — Stücken des weißen Kalkes, zusammengehalten durch eine zerreibliche, poröse Kalkmasse besteht. Soviel man in dem schlecht aufgeschlossenen Waldterrain aus den losen Gesteinsstücken urteilen kann, bildet sie am Osthang des Berges ein schmales, horizontales Band an der Stelle des Kontakts zwischen Jura und Wettersteinkalk. Gestein und Art des Auftretens erinnern offenbar an eine tertiäre Strandbildung, 'wobei allerdings die bedeutende Meereshöhe (über 900 *m*) Bedenken erregen muß. Erklären wir den Wettersteinkalk des Niederen Spielberges durch einen Bergsturz, so bietet sich die Möglichkeit, die Bildung der Breccie mit diesem Vorgang in kausalen Zusammenhang zu bringen, wogegen freilich wieder die einigermaßen gerundete Beschaffenheit der meisten Fragmente spricht.

b) Südlich vom Sulzberg, am N-Rand des Neokom gegen das kleine Juravorkommen, findet sich eine ganz kleine Partie eines Konglomerats mit Kalk- und Jurahornsteingeröllen, übergehend in einen graubraunen, eigentümlich glitzernden Sandstein aus Kalkstückchen.

c) Ein weiteres, ziemlich kleinkörniges Konglomerat trifft man südöstlich von Steinbach an einer im tektonischen Teil noch näher zu besprechenden Stelle (vgl. pag. 591). Es enthält, eingeschlossen in eine Masse von eckigen Kalk- und Neokommergelstücken und viel kristallinem Kalzit, einzelne wohlgerundete, glatte Kalkgerölle. Das ganze scheint noch stark gequetscht zu sein[1]).

d) Auch unter den Gebilden, die mit dem Hauptdolomit am Flyschrand (vgl. pag. 602) in Verbinduug stehen, befinden sich vielleicht jüngere klastische Sedimente, die nicht der Flyschzone angehören.

Ich verdanke Herrn Dr. F. X. S c h a f f e r den Hinweis, daß zur jüngeren Tertiärzeit möglicherweise, wie zwischen Zentralzone und Kalkzone, auch zwischen Kalkzone und Flyschzone ein großes Längstal mit einer Reihe von Seebecken bestand. Vielleicht wird sich von diesem Gesichtspunkt aus einmal ein Verständnis einiger der geschilderten Konglomerate und Breccien gewinnen lassen. Die Deutung für andere mag sich bei einer genauen Analyse der Flyschzone ergeben.

---

[1]) Ich möchte nicht unerwähnt lassen, daß unweit nördlich der besprochenen Stelle im „Flysch“ Bildungen (bes. ein feinkörniges Kalkkonglomerat mit wenig Quarzstücken) auftreten, die stark an Cenoman gemahnen. Etwas weiter östlich, an dem Jagdsteig, der von Weißenbach zur Aurachklause führt, und zwar in einem durch Abrutschung entstandenen Aufschluß in dem großen Schlag nächst der östlicheren der beiden Jägerstuben, finden sich auch Inoceramenfragmente. Sie sind in den gröberen Partien eines bankigen Sandsteines enthalten, der mit dunklen Mergeln wechsellagert.

2. Diluvium etc.

a) Die Schotter von Mühlbach, die nördlich des östlichsten Teiles unseres Gebietes einen großen Raum einnehmen, sind nach G. A. Koch für diluvial zu halten.

b) Im Diluvium des Mitterweißenbachtales, in der Nähe der Umkehrstube, findet sich an mehreren Stellen ein feiner, lichter Schlick. Er wird unter dem Namen Bergkreide gewonnen, zu Ziegeln geformt, getrocknet, gemahlen und dient hauptsächlich als Farbstoff für Anstriche. Ähnliche Bildungen sind im Salzkammergut weit verbreitet. Sie gelten allgemein und wohl mit Recht als Grundmoränen.

c) In der Nähe des B von „Äußerer Weißen B." der Spezialkarte liegt ein kleiner Hügel, bestehend aus Blöcken von Wettersteinkalk, Crinoidenkalk, verschiedenen Jurakalken etc. Er dürfte wohl auch diluvialen Alters, vielleicht eine Moräne sein.

d) Zwischen der Kreh und der Einengung des Tales südlich der Bachschüttenalm wird der Lauf des Langbatbaches von Diluvium begleitet, dessen obere Grenze annähernd im Niveau der Kreh liegen dürfte. Die Bildung besteht aus lockeren oder leicht verkitteten Sanden, Schottern und groben Blöcken, die bald Schichtung zeigen, bald regellos gemischt sind. Ich möchte glauben, daß wir es mit einer diluvialen Seeausfüllung zu tun haben, die nach Durchsägung der Wettersteinkalkmasse zwischen Feuerkogel und Brentenkogel wieder größtenteils entfernt wurde, so daß sie heute nur mehr einen dünnen Schleier an den Talwänden bildet. Das Diluvium wurde, da es den Untergrund überall durchblicken läßt, auf der Karte nicht ausgeschieden. Der ebene Waldboden südwestlich der Kreh ist wohl ein erhalten gebliebener Teil dieser Beckenausfüllung.

e) An der Soolenleitung nächst Steinkogel, ganz wenig nordöstlich der Stelle, wo die Straße zum Gsoll abzweigt, ist ein diluviales Konglomerat mit (wohl primär) schräg geneigten Schichten aufgeschlossen.

f) Westlich von Siegesbach, in der Neokommulde, findet sich eine schon in der alten Karte von Mojsisovics richtig eingetragene Anhäufung von Sanden und Geröllen. Auch sie dürfte diluvial sein. Merkwürdig ist ihre Lage auf einem schrägen Grund mehr als 200 *m* über dem Traunsee.

g) Nördlich des Rabenstein, im Bette des Mühlbaches, liegen die Trümmer eines bedeutenden, älteren, aber wohl postdiluvialen Bergsturzes. Er ist augenscheinlich von der Wand des Rabenstein in etwa 900 *m* Höhe abgebrochen. Die Bruchstücke sind bis in die Flyschzone hinausgerollt; der Mühlbach windet sich eine Strecke weit zwischen ihnen durch.

E. Zusammenfassung der stratigraphischen Ergebnisse.

Wir versuchen zuletzt, aus den angeführten stratigraphischen Daten die geologische Geschichte der Höllengebirgsregion zu rekonstruieren. Sie läßt sich nicht weiter als bis in die ladinische Stufe

zurück verfolgen. Zu dieser Zeit treffen wir ein mächtiges Riff, das
seine größte Entwicklung in der Gegend des nachmaligen Höllengebirges [1]) besaß, jedoch noch weit über dasselbe hinausreichte. Sein
Aufbau wurde vorwiegend durch Dasykladazeen bewirkt. Die k a r n i s c h e
Stufe brachte eine Invasion von grobem, terrigenem Sediment, welches
dem Wachstum des Riffes vorläufig ein Ende machte. Über einer
Lumachelle kam eine Bank von Lunzer Sandstein zum Absatz, freilich nur ein reduzierter Ausläufer der Sandsteinmassen weiter im O.
Eine wirkliche Trockenlegung ist nicht nachgewiesen, doch scheint
eine solche mindestens in nicht zu großer Entfernung bestanden zu
haben. Oder sollte sich die Sandsteinbildung durch bloße Belebung
der Erosion auf schon früher existierenden Festlandsmassen erklären
lassen? Auch eine solche ist übrigens ohne Entblößung ehemaligen
Meeresgrundes schwer denkbar. In der n o r i s c h e n Stufe nahm die
Riffbildung ihren Fortgang, jedoch unter den eigentümlichen und un-
geklärten veränderten Bedingungen, die die Entstehung des Hauptdolomits zur Folge hatten. Daß das Riff bis nahe an die Meeresober-
fläche heranreichte, wird durch die gelegentliche Einlagerung von
Kohlenschmitzen dargetan. Allmählich ließ die Wirkung der dolo-
mitisierenden Faktoren nach und auf den Hauptdolomit folgte der
P l a t t e n k a l k. Hier scheinen Kalkalgen zurückzutreten, dagegen
stockbildende Korallen eine größere Rolle zu spielen. Trotzdem kann
man eine so wohlgeschichtete Bildung kaum als ein Korallriff bezeichnen. Am ehesten scheinen mir solche Verhältnisse den damaligen
analog zu sein, wie sie E. S u e s s aus der Bucht von Florida und der
Key Biscayne-Bucht schildert [2]). Jedenfalls würde dadurch die Schichtung,
die einem echten Riff fehlt, und das sporadische Auftreten der Lithodendronkalke auf das beste erklärt. Über dem Plattenkalk folgte ein
zweiter, aber schwächerer terrigener Einschlag, der überhaupt nur
stellenweise gewirkt zu haben scheint. Er hatte die Bildung der
K ö s s e n e r Schichten zur Folge. Es ist angesichts ihres wiederholten
zeitlichen Zusammentreffens sehr wahrscheinlich, daß die Zufuhr detri-
togenen Materials und die Bildung von Lumachellen in einem Zusammenhang stehen, doch bleibt es ungewiß, ob die betreffenden Meeres-
bewohner durch die Trübung des Wassers plötzlich massenhaft getötet
wurden, oder ob nur ihre fossile Erhaltung durch die rasche Einbettung in ein mit den Kalkschalen stark kontrastierendes Sediment
ermöglicht wurde.

Mit Beginn der J u r a f o r m a t i o n — und wahrscheinlich noch
während derselben fortschreitend — dürfte die Meerestiefe etwas
zugenommen haben. Im Lias erreichte der Crinoidenwuchs in einem
großen Teil der Langbatscholle, auf die sich unsere Kenntnisse von
nun an fast vollständig beschränken, seine größte Üppigkeit. Daß die
Meerestiefe auch im Jura keine allzu große war, scheint mir durch
das Auftreten einzelner Korallenstöcke fast sicher bewiesen zu sein. Zu

---

[1]) Ich verstehe hier und in anderen Fällen unter Ausdrücken wie „die Gegend des nachmaligen Höllengebirges" den Teil der obersten Lithosphäre, aus dem
das betreffende Gebirgsglied gebildet wurde, ohne Rücksicht darauf, ob derselbe
einen horizontalen Transport erfahren hat.
[2]) Antlitz der Erde, II, pag. 393 u. 394.

einer wirklichen Riffbildung kam es allerdings nicht. Es hat auch den
Anschein, daß die Lithodendren stets an größere Partien reinen Kalkes
(öfter auch mit Lumachellen), die wohl auf Konchylienbänke und also
vermutlich auch auf eine Erhöbung des Meeresbodens hinweisen, gebunden sind.

Ich halte es für wahrscheinlich, daß der „Tiefseecharakter" vieler
Jurasedimente nicht so sehr auf die bathymetrische Lage ihres Ent-
stehungsortes, als auf die fast absolute, schon seit dem Perm anhaltende Erdruhe in Europa zurückzuführen ist. Vermutlich waren
im Jura weit und breit keine höheren Gebirge vorhanden, so daß die
Abtragung und dementsprechend die Zufuhr terrigenen Sediments
in etwas küstenfernere Regionen eine ganz minimale war. Daneben
mögen auch Meeresströmungen zur Fernhaltung des Detritus gerade
von bestimmten Teilen der alpinen Region beigetragen haben. Bei
einer solchen Auffassung ist es nicht mehr so unverständlich, wenn
rote Cephalopodenkalke und Riffkalke (wie weißer Rhätkalk oder
Plassenkalk) vielfach in direkter Berührung getroffen werden. Es
genügt, daß ein Gebiet unter die Wachstumszone der stockbildenden
Korallen und anderen Riffbildner gelangt, um die Sedimentation fast
vollständig zum Stillstand zu bringen und so in gewissem Belang tief-
seeähnliche Verhältnisse zu erzeugen. Die teilweise Auflösung tierischer
Kalkschalen dürfte, wie einzelne Beobachtungen wahrscheinlich machen,
auch in seichterem Wasser erfolgen, wenn nur Zeit genug dafür zur
Verfügung steht.

Im Neokom zeigt sich eine starke Zunahme des terrigenen
Sediments. Eine Verringerung der Meerestiefe in unserer Region
scheint mir durch nichts erwiesen, aber offenbar hatte eine erste Spur
der Gebirgsbildung irgendwo im alpinen Gebiete bereits begonnen,
was eine kräftige Belebung der Erosion zur Folge hatte. Die Fauna
ist, wie schon im Jura, eine fast reine Cephalopodenfauna. Natürlich
wird niemand daran denken, daß auf den Schlickgründen des Neokom-
meeres der Langbatscholle wirklich nur Cephalopoden, die ja durchwegs echte Raubtiere sind, gelebt haben. Wir werden als Nahrung
für sie eine größere Menge weichhäutiger Tiere annehmen müssen.
Immerhin ist das Fehlen anderer beschalter Mollusken recht auffällig
und für die selbständige ethologische Stellung der Ammoniten recht
bezeichnend.

Nach der Unterkreide weist die Sedimentreihe die erste große
Lücke auf. Sie zeugt von der vorgosauischen Faltung, die in den
Ostalpen ja sicher sehr bedeutend war. Die nach dieser Unterbrechung
folgende Gosauformation traf schon ein sehr unebenes Relief
an. Sie ist in unserem Gebiet nur durch typische Strandbildungen
vertreten, von denen das Porphyrkonglomerat des Gsoll auf intensive,
wohl von S gegen N gerichtete Transportkräfte hinweist.

Die Spuren einer tertiären Meeres- oder wohl eher Süßwasser-
Bedeckung müssen wir wegen ihrer äußerst zweifelhaften Natur hier
beiseite lassen. Die größeren Schottermassen des Gebietes sind wohl
durchwegs als diluviale Süßwasserbildungen zu deuten.

II. Tektonik.

A. Die Langbatscholle.

1. Allgemeiner Charakter.

Die Langbatscholle umfaßt im wesentlichen die Schichten vom
Hauptdolomit bis zum Neokom. Ältere Triasgesteine kommen nirgends
zutage und es ist auf Grund der tektonischen Verhältnisse sehr zweifelhaft, ob sie überhaupt im Untergrund vorhanden sind. Jüngere Bildungen (Gosau etc.) spielen nur eine untergeordnete Rolle. Die für
diese Region charakteristischen Eigentümlichkeiten treten am deutlichsten im nördlichen Abschnitt derselben hervor, auf den sich die
folgenden Ausführungen daher vorwiegend gründen, während die südlichen Partien im Zusammenhang mit der Höllengebirgsüberschiebung
später besprochen werden. Bezeichnend ist die durchgängige — wie
es scheint schon primär — sehr geringe Mächtigkeit der Schichten
(mit Ausnahme des Hauptdolomits, bei dem eine genaue Feststellung
aber nicht möglich ist). Vorkommen wie an der Seeleiten, wo der
Jura etwa 100 m mißt, sind Ausnahmen, die sich vielleicht zum Teil
auch durch tektonische Zusammenschiebung erklären. Wo sonst einzelne Schichtgruppen größere Flächen bedecken, beruht dies meist
darauf, daß sie dem Hang annähernd parallel verlaufen. Das relativ
häufige Eintreten dieses Falles eines beiläufigen Parallelismus zwischen
den Schichtflächen und dem orographischen Relief rührt wohl daher,
daß die Widerstandsfähigkeit der Gesteine von oben gegen unten fast
kontinuierlich zunimmt. Das Jägeralmtal und der Fahrnaugupf können
als gute Beispiele dieser Erscheinung gelten.

Die Lückenhaftigkeit der Schichtfolge, die zweifellos vorwiegend
tektonisch zu erklären ist, tritt in der Langbatscholle in allerhöchstem
Maße hervor. Besonders Lias und Jura bilden in dem Gebiet nördlich des Langbattales vielfach nur flache Linsen, die allseitig wieder
auskeilen. Auch der Rhät fehlt an vielen Stellen, so daß der Jura
auf den Hauptdolomit zu liegen kommt. Ein einfaches und übersichtliches Beispiel für das Auskeilen einer Formation bildet der Mittlere
Brentenberg (vgl. das Profil Fig. 4, das sich auf den Anblick vom Vorderen Brentenberg aus gründet). Die ganze Komplikation der Schichtverdünnungen und -ausquetschungen finden wir im Jägeralmtal und
seiner Umrahmung. Am Lueg stößt das Neokom direkt an den Plattenkalk mit Kössener Lumachellen. Nordwestlich und südöstlich von
dieser Stelle komplettiert sich die Schichtfolge sehr rasch und wir
treffen hier die vollständigsten Juraprofile der ganzen Gegend (vgl.
Fig. 3). Im ganzen N- und O-Teil der Umrahmung des Jägeralmtales
dagegen ist die Serie sehr lückenhaft, zwischen Neokom und Hauptdolomit schalten sich nur dünne Bänder von Rhätkalk und Lias oder
Jura ein.

Dieselbe wirre Komplikation, die das Auftreten der Formationen
beherrscht, zeigt sich auch sonst in der Detailtektonik der Langbatscholle. Es wäre ganz vergeblich, ja direkt irreleitend, an diese Verhältnisse mit unseren bergebrachten Begriffen von Mulden und Sätteln,

von Verwerfungen und Flexuren heranzutreten. Wir gewinnen vielmehr den Eindruck, daß wir es mit einer hochgradig plastischen Masse zu tun haben, die eine intensive Quetschung und Knetung erfuhr, wobei eine S—-N-Richtung des Schubes nur ganz beiläufig und im allgemeinen zu konstatieren ist.

Ein Verständnis aller wesentlichen Eigentümlichkeiten der Langbatscholle ist nach meiner Meinung zu gewinnen, wenn wir uns stets ihr Verhältnis zur Höllengebirgsscholle vor Augen halten. Ich hoffe im folgenden den Beweis mit ziemlicher Wahrscheinlichkeit führen zu können, daß die ganze Langbatscholle unter dem Hauptdolomitanteil der liegenden Falte des Höllengebirges begraben war und nur

Fig. 4.

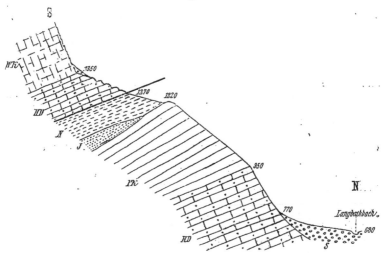

Profil des Mittleren Brentenberges.

S = Schutt. — N = Neokom. — J = Jura. — PK = Plattenkalk.
HD = Hauptdolomit. — WK = Wettersteinkalk.

durch Denudation bloßgelegt ist. Beim Hinweggehen dieser schweren Masse über ihre Unterlage, das wir uns vielleicht mehr als ein „Sichwälzen", denn als ein „Gleiten" zu denken haben, wurden die jüngeren Teile der Langbatscholle vielfach von ihrer Basis abgeschoben. Bald wurden sie auf das äußerste verdünnt und vollständig ausgequetscht, bald zu größerer Mächtigkeit angehäuft und in die Hauptdolomitunterlage in Form kurzer, tiefer Synklinalen hineingepreßt. Bald bohrte sich ein in seinem Fortgang gehemmtes Stück der Decke heftig in die Langbatscholle ein, bald eilte eine leichter bewegliche Partie ihrer Umgebung voraus. Durch solche Ungleichmäßigkeiten entstand vielleicht auch jene Art Sigmoide, wie wir sie südöstlich des Windlinger sehen.

2. Detailbeschreibung.

Unter den eben geschilderten Verhältnissen war es nicht
möglich, die Langbatscholle in ein System von Antiklinalen und
Synklinalen zu zerlegen. Ich werde daher in der folgenden Beschreibung zunächst, von W gegen O fortschreitend, die Region
nördlich des Langbattales besprechen, um dann auf das Gebiet südlich
davon, das wesentlich einfacher gebaut ist, zu kommen. Verschiedene
Vorkommnisse, die hier scheinbar ausgelassen wurden, finden ihren
Platz bei der Erörterung der Höllengebirgsüberschiebung und der
Flyschgrenze.

Das Langbattal selbst verläuft vom Hinteren See bis in die
Gegend der Bachschüttenalm, wo es in die Überschiebungsregion
eintritt, durchwegs im Hauptdolomit. Dieser scheint nicht nur durch
Erosion bloßgelegt zu sein, sondern eine schwache Antiklinale zu
bilden.

Der Niedere Spielberg wird später besprochen werden. Östlich
von ihm, am Übergang von der Großalm zum Hinteren Langbatsee,
folgt ein Streifen Plattenkalk; darauf liegt die Synklinale des Jägeralmtales. An ihrem W-Ende ist die Schichtfolge sehr vollständig:
Kössener Schichten, Lias-Crinoidenkalk, rote Ammoniten- und Aptychenkalke des Jura, cephalopodenreiches Neokom. Aus diesem tauchen
nördlich vom Lueg mit einer auffallenden Wand nochmals Crinoidenkalke hervor, unterlagert von Kössener Schichten, überlagert von
Oberjura, offenbar an einer untergeordneten Störung. Der Jura ist
einerseits gegen das Lueg, anderseits gegen O, wo er zuletzt nur
mehr ein dünnes, rotes Band im Neokom bildet, ein Stück weit zu
verfolgen. Scheinbar handelt es sich um eine ganz lokale Schuppenbildung, eine „Aufschmierung", wie ich es beinahe nennen möchte.
Kössener Schichten, Lias und Jura verschwinden nun gegen SO von
der Oberfläche, so daß Neokom an Rhät stößt. Unterirdisch ziehen
sie aber offenbar ostwärts unter dem Lueg durch und kommen an
der Seeleiten im wesentlichen ähnlich, wenn auch im einzelnen etwas
verändert, wieder zum Vorschein. Der Plattenkalk fehlt hier, so daß
die Kössener Schichten auf dem Hauptdolomit liegen. Im Jura tritt
lokal ein bankiger bis massiger Kalk auf, die westlichste Spur der
Rettenbachkalke in unserer Region (vgl. Fig. 3). Auf die große
Schichtverdünnung in der Umrahmung des unteren Jägeralmtales
wurde schon hingewiesen. So besteht auf einem Schlag an der südlichen Lehne desselben der ganze Jura aus einer Zone von roten
Crinoidenkalken, die, trotzdem das Einfallen dem Hang fast parallel
ist, nur wenige Meter Breite aufweist und direkt auf dem Hauptdolomit liegt.

Östlich vom Ausgange des Jägeralmtales sehen wir die Deckscholle des Loskogels, mit der wir uns hier noch nicht zu beschäftigen
haben. Nördlich von ihr, gegen den Windlinger zu, liegt eine Region
von höchst eigentümlichem Bau (vgl. Fig. 5). Hier streicht eine ganz
schmale Neokommulde nordnordöstlich über den Bergkamm. Sie legt
sich gegen O auf Jura und ist in dieser Richtung überkippt, so daß
das Neokom von W her der Reihe nach von roten Hornsteinkalken

des Jura, Lias (?)-Crinoidenkalken und Plattenkalk, allerdings mit
ziemlich steiler Schichtstellung überlagert wird. Alle diese Schichten
streichen gegen die Flyschzone in die Luft aus, während das Neokom
gegen O umbiegt und in einen Streifen von Unterkreide übergeht,
der nun mit zunehmender Breite bis Steinwinkl am Traunsee zu
verfolgen ist.

Nördlich von Steinwinkl erhebt sich aus dem Neokom die
kleine Anhöhe des Sulzberges. Sie besteht ihrer Hauptmasse nach
aus Plattenkalk. Im N — nahe östlich vom Ausgang des Steintunnels —
und etwa in der Mitte des S-Randes — westlich unterhalb eines
Bauernhofes — liegen kleine Partien von rotem Jurakalk[1]). Außerdem
aber treten am S-Rand im W und O sehr dolomitische Gesteinsteile
auf, die besonders an dem Weg bei der „Elisabeth-Ruhe" teilweise

Fig. 5.

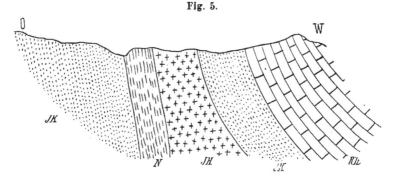

Profil über den Kamm südlich des Windlinger, parallel dem Hauptstreichen.
Hauptsächlich auf Grund der Ansicht von Norden.

N = Neokom. — JH = Jura-Hornstein. — JK = Roter Jurakalk mit Crinoiden.
Rh = Plattenkalk.

in echten Dolomit übergehen. Am Rand des südlichen Juravorkommens
gegen das Neokom findet sich das schon pag. 578 sub b erwähnte
eigentümliche Konglomerat unbekannten Alters. Der Plattenkalk ist
großenteils sehr brecciös, förmlich zermalmt. Er führt Spuren von
Lumachelle. Das Streichen der Schichten im Rhätkalk ist vorwiegend
WNW bis rein W (im Jura am Tunnelausgang lokal ONO), die
Schichtstellung saiger. Über die Lagerung und das gegenseitige
Verhältnis der südlichen Jura- und Dolomitpartien war nichts zu
ermitteln, sie sind auch auf der Karte nur schematisch angedeutet.

In betreff der tektonischen Deutung des Sulzberges konnte ich
zu einem sicheren Ergebnis nicht kommen. Mojsisovics hat die
ganze Gesteinsmasse als Rettenbachkalk aufgefaßt. Ich glaube, daß
diese Meinung durch die absolute Beschränkung roter Partien auf

---

[1]) In dem ersteren Vorkommen hat C. J. Wagner lamellose Aptychen
gefunden.

die erwähnten randlichen Stellen, besonders aber durch den Übergang
in Dolomit, widerlegt wird. Mehrfach erwog ich die Möglichkeit, ob
vielleicht das ganze Vorkommen, oder der Hauptdolomit allein von
oben hergeleitet und mit der Höllengebirgsscholle verbunden werden
könnte, wie wir dies weiter unten in bezug auf den Hauptdolomit
östlich des Windlinger versuchen werden. Eine Trennung des
Dolomits am Sulzberg vom Plattenkalk scheint jedoch durch den
allmählichen Übergang, der sie verbindet, ausgeschlossen. Zuletzt
habe ich mich doch entschlossen, das ganze Objekt vorläufig als
eine ungemein gestörte und gequetschte Antiklinale in der Langbatscholle anzusehen, da bei dem Mangel an zwingenden Beobachtungen
die am wenigsten gewagte Hypothese die beste sein dürfte.

Südlich wird das Neokom von Steinwinkl durch die Antiklinale
des Fahrnaugupfes begrenzt. Dieselbe besteht am Rabenstein und
nördlich des Hohenaugupfes nur aus Jura. Am Fahrnaugupf tritt der
Plattenkalk in beträchtlicher Ausdehnung zutage. Mit großer Deutlichkeit
sieht man an den Wänden südlich von Steinwinkl den Crinoidenkalk
in mächtigen Bänken nach N von ihm abfallen und unter das Neokom
tauchen. Im südlichsten Teil der Rhätregion des Fahrnaugupfes,
unmittelbar an der Grenze gegen den Jura, tritt eine kleine Partie
von kalkigem Dolomit auf. Ich vermag nicht zu entscheiden, ob hier
Hauptdolomit durch eine untergeordnete Verquetschung zutage gebracht
ist oder ob einfach der Plattenkalk lokal dolomitisiert ist. Das
Dolomitvorkommen zeigt in seiner Lage eine auffallende, aber vielleicht
nur zufällige Ähnlichkeit mit dem am Sulzberg.

Westlich vom Rabenstein senkt sich der Jura südwärts unter
das Neokom von Hochstein. Der Südrand dieser Mulde ist wieder
sehr lückenhaft entwickelt.

Südlich vom Fahrnaugupf liegt die Neokomregion des Hochlacken, die im S schon durch die Höllengebirgsüberschiebung begrenzt
wird. Gegen O kommt unter der Kreide der Rettenbachkalk hervor,
doch reichen einzelne Neokomzüge bis an den Traunsee bei Siegesbach. Offenbar senkt sich die ganze Mulde gegen den See zu. An
der Begrenzung der Unterkreidebänder, besonders des mittleren,
dürften Brüche beteiligt sein (vgl. Profil Fig. 6). Übrigens bildet das
Neokom, vor allem der nördlichste Zug, nur eine dünne Auflagerung,
unter der der Oberjura vielfach zum Vorschein kommt. Der südlichste
Unterkreidezug, der der Überschiebungsregion angehört, kommt
hier noch nicht in Betracht. Daß zwischen den beiden anderen und
dem Neokom des Hochlacken ein direkter Zusammenhang besteht,
wäre möglich; ich konnte einen solchen nicht auffinden. Übrigens ist
der Umstand von ganz untergeordneter Bedeutung.

Jenseits des Fahrnaugrabens findet die Mulde des Hochlacken
eine Fortsetzung in einer kleinen Neokom- und Jurapartie am S-Kamm
des Fahrnaugupfes. Dieselbe Synklinale übersetzt nun den Langbatbach und bildet die stark gequetschte und nach N überkippte Mulde
des Salbergrabens (vgl. Fig. 12). Hier zeigen sich wieder in der
auffallendsten Weise die schon mehrfach betonten Schichtverdünnungen
und Ausquetschungen. Gegen W verliert sich die Synklinale in der
Erosionsrinne des Langbattales.

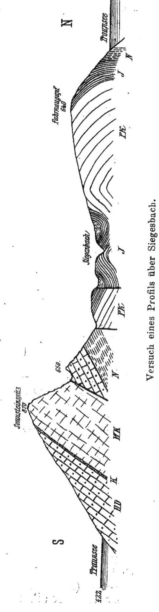

Fig. 6.

Versuch eines Profils über Siegesbach.

Mit teilweiser Benützung des Eisenbahnprofils von C. J. Wagner.

N = Neokom.
J = Jura.
PK = Plattenkalk.

HD = Hauptdolomit.
K = Carditaschichten.
WK = Wettersteinkalk.

Westlich vom Dürrgraben bis zur Hirschlucke wird die Unterlage der Höllengebirgsscholle durch eine sehr einfach und regelmäßig gebaute Schichtfolge vom Hauptdolomit bis zum Neokom gebildet, die nur in ihrem obersten Teil einzelne, in ersichtlichem Zusammenhang mit der Überschiebung stehende Ausquetschungen und Störungen aufweist. (Vgl. Fig. 4.)

B. Die Höllengebirgsscholle.

1. Allgemeiner Charakter.

Innerhalb des von mir bearbeiteten Gebietes treten in der Höllengebirgsscholle folgende Schichtglieder auf:

6. Gosau.
5. Ein jurassischer Crinoidenkalk nicht näher bekannten Alters (Lias?).
4. Plattenkalk mit Lumachelle.
3. Hauptdolomit.
2. Carditaschichten.
1. Wettersteinkalk.

Die Höllengebirgsscholle hat den Bau einer liegenden Falte, ja sie kann fast als Typus einer solchen mit ihren charakteristischen Eigentümlichkeiten bezeichnet werden (vgl. das schematische Profil Fig. 1). Die Stirnwölbung des Wettersteinkalkes ist besonders an der Adlerspitze, auch nordöstlich vom Alberfeldkogel, noch deutlich erhalten (vgl. Taf. XXV); die Erosion hat den N-Rand des Diploporenriffkalkes also offenbar noch nicht stark zurückgedrängt. Die senkrecht stehenden Schichten der Stirn streichen, soweit ich es feststellen konnte, überall annähernd westöstlich. Die nachgewiesene Überdeckung beträgt, wie schon in der Einleitung erwähnt, mindestens 4 *km*. Dieses Minimum ergibt sich bei der Annahme eines Streichens des Muldenschlusses unterhalb der Decke nach O 10⁰ N, vom Neokom der Burgau zu dem nördlich des Sonnsteinspitz. Bei Annahme eines rein westöstlichen Streichens bekommen wir 6 *km* Überdeckung. Der normale oder Hangendschenkel der· Falte hat weitaus die größere Mächtigkeit und Flächenentwicklung, während der inverse Liegendschenkel nur am N-Rand einen Saum von Raibler Schichten, Hauptdolomit und Rhätkalk mit Lumachelle bildet. Wir wenden uns zunächst zur Betrachtung der Grenzregion zwischen Höllengebirgs- und Langbatscholle.

2. Die Höllengebirgsüberschiebung und der inverse Schenkel.

Vom Liegendschenkel des Höllengebirges ist nur die Obertrias erhalten. Der weiche Lunzer Sandstein ist begreiflicherweise oft ausgepreßt. Dennoch konnte ich ihn an verschiedenen Stellen nachweisen, so südöstlich der Aurachklause (Rollstücke von Lunzer Sandstein, vielleicht auch Rauchwacken), am Hinteren Brentenberg (schwarze, erdige Schichten und Sandsteinrollstücke mit Pflanzenresten), in der

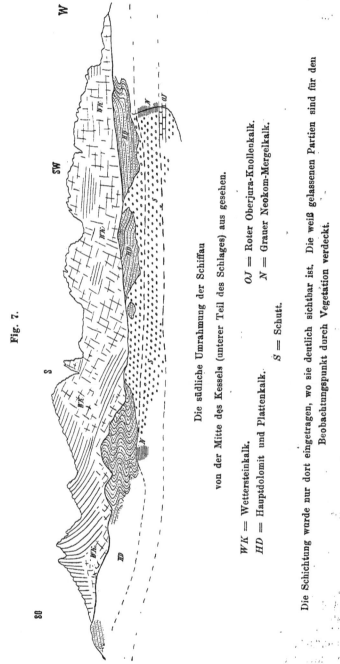

Fig. 7.

Die südliche Umrahmung der Schiffau

von der Mitte des Kessels (unterer Teil des Schlages) aus gesehen.

WK = Wettersteinkalk.   OJ = Roter Oberjura-Knollenkalk.

HD = Hauptdolomit und Plattenkalk.   N = Grauer Neokom-Mergelkalk.

S = Schutt.

Die Schichtung wurde nur dort eingetragen, wo sie deutlich sichtbar ist. Die weiß gelassenen Partien sind für den
Beobachtungspunkt durch Vegetation verdeckt.

Schiffau (schwarze Schichten und gelbliche Dolomitstücke), im oberen. Dürrgraben (schwarze, erdige Schiefer) und endlich eine größere Partie von schwarzen Mergelschiefern nördlich vom Brentenkogel und Jägereck.

Der Hauptdolomit ist von sehr wechselnder Mächtigkeit, aber, so weit die Aufschlüsse reichen, überall von Weißenbach bis Siegesbach nachweisbar. Nur bei Burgau fehlt er; hier wird das Neokom der Langbatscholle direkt vom Wettersteinkalk überschoben. Unter dem Hauptdolomit liegt der Plattenkalk, der sich durch ganz allmähliche Übergänge entwickelt. Er ist jedoch nicht mehr überall nachweishar, sondern vielfach der zermalmenden Wirkung der Überschiebung vollständig zum Opfer gefallen. Er findet sich hauptsächlich an folgenden Stellen entwickelt:

1. Südlich vom Aurachkar bis zum Hohen Spielberg (mit Megalodonten).

2. Am Brentenberg.

3. Nördlich vom Brentenkogel.

Rhätische Lumachellen erwähnt mein Tagebuch von folgenden Punkten:

1. Südlich der Aurachklause. Hier sind sie am schönsten und mächtigsten entwickelt.

2. Im Graben zwischen Vorderem und Mittlerem Brentenberg (zusammen mit Lithodendronkalk).

3. An der S-Seite des Hochlacken.

Der inverse Höllengebirgsschenkel ruht in der Regel auf dem Neokom der Langbatscholle. Stellenweise ist dieses vollständig verquetscht, so daß der Jura die liegende Falte trägt (z. B. im oberen Salbergraben). Manchmal fehlt auch dieser und das Rhät bildet die Unterlage der Höllengebirgsscholle, wie in der Gegend der Bach-schüttenalm. Westlich vom Niederen Spielberg schließlich hat die Decke ihre Unterlage bis auf den Hauptdolomit durchgescheuert.

Die Schubfläche selbst ist meist nicht einheitlich, sondern es zeigen sich mehrere einander in spitzem Winkel durchschneidende Harnische. Sie ist sehr gut zu sehen in der südwestlichen Schiffau und besonders im Graben zwischen Vorderem und Mittlerem Brentenberg.

An mehreren Stellen, wie in der Schiffau und westlich vom Hinteren See, auch südöstlich Steinbach, treten unmittelbar unter der Schubfläche über dem Neokom rote Partien auf. Entweder werden hier dünne Fetzen von Oberjura-Mergelkalken emporgebracht, oder die rote Farbe hängt mit der mechanischen Beeinflussung des Neokom zusammen.

Neben dieser Hauptüberschiebungsfläche findet sich fast überall noch ein zweiter abnormaler Kontakt zwischen dem Wettersteinkalk und dem inversen Schenkel des Höllengebirges, an dem ein Teil des ersteren zerrieben ist. Infolgedessen fallen in der Stirnregion die Schichten des Wettersteinkalkes wesentlich steiler südwärts als die Schubfläche und werden von dieser unter einem gewissen Winkel abgeschnitten (vgl. Fig. 10 und 12 und Taf. XXV).

Nach diesen allgemeinen Darlegungen wenden wir uns dazu, einige Details von der Überschiebungsregion zu erörtern. Wir beginnen im W. Hier nähert sich die Höllengebirgsscholle am stärksten der Flyschzone. Sie ist von ihr nur durch ein schmales Neokomband getrennt, an dessen Basis mindestens an einer Stelle noch roter Jurakalk mit Crinoiden auftritt (vgl. Fig. 8). Es ist übrigens nicht ausgeschlossen, daß ähnliche Jurapartien auch anderwärts vorkommen, doch sind meine diesbezüglichen Beobachtungen nicht bestimmt genug. Offenbar haben wir es in diesem Band von jüngerem Mesozoikum mit den hangendsten Partien der Langbatscholle zu tun, die vermutlich von der Höllengebirgsscholle an ihrer Basis mitgeschleppt wurden.

Fig. 8.

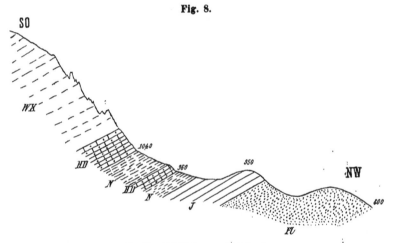

Profil südöstlich von Steinbach.

Fl = Flysch. -- N = Neokom. — J = Jura. — HD = Hauptdolomit.

WK = Wettersteinkalk.

Das Profil Fig. 8 zeigt noch eine weitere Komplikation, nämlich einen Splitter von Hauptdolomit, der vom inversen Schenkel losgelöst und in das Neokom eingepreßt wurde. Seine stark zerdrückte Beschaffenheit zeugt von der großen mechanischen Beanspruchung. Auch die Hauptmasse des inversen Schenkels ist mit ihrer Neokomunterlage deutlich verknetet. Zwischen dem Hauptdolomitsplitter und dem ihn überlagernden Neokom ließ sich an einer Stelle (etwas oberhalb des Jagdsteiges von Weißenbach zur Aurachklause, nahe dem N-Ende des großen Schlages über dem Forstamt) eine dünne Bank von Konglomerat nachweisen (vgl. pag. 578). Über die Natur desselben konnte ich, wie erwähnt, leider keine Aufklärung gewinnen.

Südlich von der Aurachklause scheint der rhätische Anteil des inversen Schenkels vom Hauptdolomit durch eine kleine (südwestlich verlaufende?) Verwerfung abgesetzt zu sein.

Reich an ungelösten Fragen ist die Gegend des Niederen Spiel-
berges, der wir uns nunmehr zuwenden. Das Studium wird zum guten
Teil durch dichten Jungwald noch besonders erschwert. Auf dem
Plattenkalk, zum Teil auch direkt auf dem Hauptdolomit, der den
Sockel des Niederen Spielberges bildet, liegt ein ziemlich dünner
Jura, der aber durch rote Kalke mit Aptychen und Crinoiden deut-
lich charakterisiert ist, darüber im westlichen Teile das Neokom.
Teils über dem Jura, teils über dem Neokom folgt nun aber, den
Gipfel des Berges einnehmend, eine Region, in der nur Wetterstein-
kalk zu finden ist. Allerdings hat man es fast ausschließlich mit losen
Stücken zu tun und an keiner Stelle ist das Anstehende zweifellos
nachzuweisen. Am Rand dieser Wettersteinkalkpartie trifft man die
pag. 578 erwähnte Breccie, die wegen ihrer ganz problematischen
Natur in der weiteren Erörterung jedoch beiseite gelassen werden
muß. Zwei Deutungsmöglichkeiten kommen für die geschilderten Verhältnisse in Betracht. Beide haben ihre Schwierigkeiten und ich
möchte es vermeiden, mich für die eine oder andere endgültig zu
entscheiden.

Entweder wir haben es mit einem älteren — etwa diluvialen
— Bergsturz zu tun. Wir müssen dann annehmen, daß die Wetter-
steinkalktrümmer gerade am Niederen Spielberg zu besonderer Mächtigkeit aufgehäuft wurden, während sie weiter gegen die Abbruch-
stelle (den Hohen Spielberg) zu durch Denudation schon wieder entfernt sind. Ich muß gestehen, daß diese Auffassung bei unmittelbarer
Betrachtung der Verhältnisse in der Natur nicht gerade einleuchtend
erscheint.

Eine zweite Deutung würde dahin gehen, daß wir es mit einem
durch Denudation abgetrennten Zeugen der Höllengebirgsdeckfalte zu
tun haben, ähnlich der viel deutlicheren und besser aufgeschlossenen
Deckscholle am Loskogel, die uns gleich beschäftigen wird. Es fehlt
jedoch an der Basis des Wettersteinkalkes am Niederen Spielberg
jede Spur von Hauptdolomit. Wir müßten also annehmen, daß der
am Hohen Spielberg gerade besonders mächtige inverse Schenkel
auf eine Entfernung von wenigen hundert Metern vollständig durch-
geschliffen wurde, wobei sich der Wettersteinkalk in seine Unterlage
förmlich eingebohrt haben müßte.

Als einen Hinweis auf diesen gewaltsamen Vorgang könnte man,
wenn man will, die äußerst heftigen Störungen betrachten, von denen
die Langbatscholle gerade in dieser Gegend betroffen wurde. Westlich
vom Niederen Spielberg sehen wir kleine Schollen von Jura und
Plattenkalk scheinbar ganz gesetzlos im Neokom auftauchen. Im
NW-Teil derselben Erhebung schaltet sich zwischen Hauptdolomit
einerseits, Plattenkalk und Jura anderseits ein Mergelband ein, das
an Neokom erinnert, dessen wahre Natur aber nicht festzustellen war.

Im Hintergrund der Hirschlucke, südlich vom Hinteren Langbatsee, ist die Überschiebungsregion ein Stück weit durch Schutt vollständig verdeckt. Dies ist insofern zu bedauern, als das eigentümliche
Einschwenken der tieferen Glieder gegen den Wettersteinkalk, wie
wir es am Hinteren Brentenberg beobachten, vielleicht das Anzeichen
einer untergeordneten Störung ist.

Fig. 9 zeigt eine hübsche Detailfaltung im inversen Schenkel am Vorderen Brentenberg. Dasselbe Phänomen ist, wenn auch etwas weniger schön, zu beiden Seiten des Schiffauer Kessels zu beobachten (vgl. Fig. 7). Wir sehen, wie sich an der Basis der liegenden Falte während ihres Vorschubes, offenbar infolge einer lokalen Stauung, eine sekundäre Stirn bildete, über die sich die Hauptmasse der Höllengebirgsscholle jedoch bald hinwegwälzte. Gleichzeitig haben wir hier ein überzeugendes Beispiel vor uns, wie plastisch sich selbst scheinbar spröde Gesteine, wie Plattenkalk und Hauptdolomit, der Gebirgsbildung gegenüber verhalten.

Fig. 9.

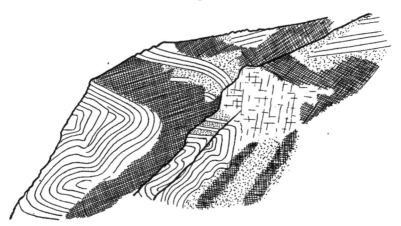

Detailfaltung im inversen Flügel der Höllengebirgsscholle (Hauptdolomit und Plattenkalk) am Vorderen Brentenberg,

gesehen vom Mittleren Brentenberg aus ca. 1250 *m* Höhe.

Liniert = geschichtetes Gestein. — Gestrichelt = ungeschichtetes Gestein. — Punktiert = Schutt. — Doppelt schraffiert = Vegetation.

Im Fortgang unserer Beschreibung gelangen wir nun zu einer Stelle, die ein besonderes Interesse beansprucht, weil sie einen der deutlichsten Beweise für die Natur der Trennungsfläche zwischen Höllengebirgs- und Langbatscholle als einer flachen Überschiebung liefert (siehe Profil Fig. 10). Nordwestlich oberhalb des Wirtshauses „In der Kreh“ erhebt sich der Loskogel (vgl. die Bemerkungen zur Spezialkarte pag. 559, sub 3). Seine Basis besteht aus Hauptdolomit. Rhät scheint nicht vertreten. Der Jura ist durch Funde von lamellosen Aptychen und Belemniten nachgewiesen. Über ihm liegt, wahrscheinlich nur stellenweise, ein dünner Streifen von Neokom. Das Ganze aber krönt — mit schon von unten auffallend hervortretenden Felsen — eine im allgemeinen flachgelagerte Scholle von Hauptdolomit. Weniger deutlich sind diese Verhältnisse nur im O, wo der Hauptdolomit des

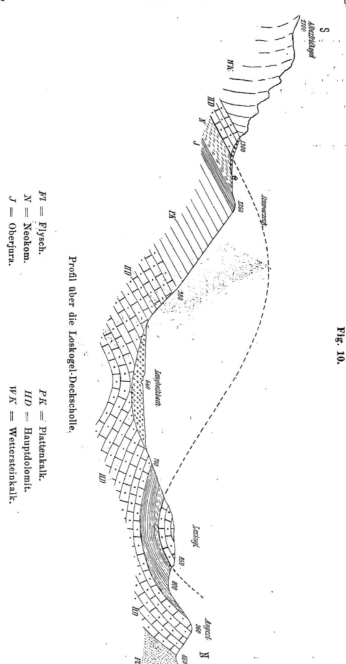

Fig. 10.

Profil über die Loskogel-Deckscholle.

Fl = Flysch.   PK = Plattenkalk.
N = Neokom.   HD = Hauptdolomit.
J = Oberjura.   WK = Wettersteinkalk.

Gipfels sich dem der Basis (im Bereiche eines dichten Jungwaldes)
sehr zu nähern scheint. Es fällt in die Augen, daß die geologische
Situation des oberen Dolomits genau dieselbe ist wie die des invers
gelagerten Hauptdolomits an der Höllengebirgsüberschiebung und die
Identität beider unterliegt wohl keinem Zweifel, so daß wir am Loskogel eine echte Deckscholle vor uns haben. Die Überschiebungsfläche
derselben liegt mehrere hundert Meter weniger hoch als südlich davon
am Schwarzeck. Wir haben es hier mit einer Erscheinung zu tun,
auf die auch Prof. Uhlig in dem letzten Vortrag, den er in der
Wiener geologischen Gesellschaft gehalten hat, sehr nachdrücklich
und mit großem Recht hingewiesen hat: daß nämlich die Überschiebungs-
flächen in den Ostalpen nicht eben, sondern in sich oft beträchtlich
gefaltet sind.

Gegen die Stelle hin, wo der Langbatbach in die Höllengebirgsscholle eintritt, verschwinden die jüngeren Teile der Langbatscholle,
so daß bei der Bachschüttenalm der inverse Hauptdolomit auf dem
Rhät liegt. Da östlich davon auch in der Höllengebirgsscholle Plattenkalk auftritt, wird die Grenze hier ganz unbestimmt. Am Hochlacken
vervollständigt sich die Schichtfolge wieder. Östlich davon tauchen
teils unmittelbar an der Überschiebungsfläche, teils im Neokom
mehrere schmale und auch nicht lange Jurapartien auf, die offenbar
mechanisch emporgepreßt sind und auf der Karte nur ganz schematisch
dargestellt werden konnten.

Am O-Ende des Gebietes, nördlich vom Sonnsteinspitz, ist die
Überschiebungsfläche durch den Sonnsteintunnel aufgeschlossen und
ihr schräges Einfallen gegen S dadurch deutlich nachgewiesen (vgl.
das Profil bei C. J. Wagner und mein Profil Fig. 6).

3. Tektonische Details in der Höllengebirgsscholle.

Über der soeben geschilderten Überschiebungsregion erhebt sich
die Wettersteinkalkmasse des Höllengebirges. Daß in derselben zahlreiche untergeordnete Verwerfungen vorhanden sind, zeigen sowohl
die vielen Harnische als auch der direkte Anblick vom Attersee aus.
Sie erlangen jedoch nur an wenigen Stellen eine größere Bedeutung.

Ich halte es für sehr wahrscheinlich, daß die Haselwaldgasse
östlich des Höllenkogels, eine geradlinige Terrainfurche mit zahlreichen
kleinen Dolinen, ihre Entstehung der Zerrüttung des Gesteins längs
einer Verwerfung verdankt.

Nach der Lagerung der Schichten zu urteilen, die auf ein
Abstoßen des Hauptdolomits gegen den Wettersteinkalk hinweisen,
vermutete ich einen senkrechten Bruch im östlichen Teil des Quader-
berges. Da es mir jedoch später gelang, Lunzer Sandstein noch auf
der Höhe des Kammes der Unteren Fachbergalm nachzuweisen, kann
dieser Bruch höchstens ein untergeordneter sein. Aus derselben
Beobachtung geht auch hervor, daß er vermutlich nicht zwischen
Wettersteinkalk und Hauptdolomit verläuft, sondern die obere,
dolomitische Partie des ersteren Gesteins von der tieferen, kalkigen
trennt. Ich hätte diese Gegend sehr gern noch einmal begangen,
was mir jedoch durch eine Verletzung am Fuß unmöglich gemacht

wurde. Der Verlauf des karnischen Gesteinsbandes ist hier deshalb nur beiläufig eingetragen.

Vom W wenden wir uns nun in den äußersten O unseres Gebietes. Hier treffen wir zwischen Sonnstein- und Sonnsteinauspitz insofern besondere Verhältnisse, als der Hauptdolomit des liegenden und hangenden Schenkels über eine kurze Strecke in Berührung miteinander treten, so daß der Wettersteinkalk ganz von der Oberfläche verschwindet. Diese Verhältnisse könnten mehrfach gedeutet werden. Es ist dabei aber jedenfalls daran festzuhalten, daß in dem Sonnsteintunnel-Profil von C. J. Wagner der Kontakt zwischen dem Wettersteinkalk und dem hangenden Hauptdolomit ein normaler ist. (Die schwarzen Kalkmergel des Profils entsprechen wohl zweifellos den Raibler Schichten.) Unter diesen Umständen bleiben drei Voraussetzungen möglich:

1. Kann es sich um ein einfaches Untertauchen der Antiklinale ganz ohne abnormalen Kontakt handeln. Dies würde eine ziemlich intensive Querfaltung, in den allgemeinsten Zügen vergleichbar der beim Windlinger, voraussetzen. Ich halte diese Auffassung aber nicht für wahrscheinlich.

2. Können wir einen gegen NNO verlaufenden, etwas geknickten oder wohl eher etwas schrägen, gegen OSO einfallenden Senkungsbruch vor uns haben. Der östliche Flügel wäre der gesunkene.

3. Könnte der sub 2 vermutete abnormale Kontakt auch eine Blattverschiebung sein, an der der Sonnsteinspitz gegen N gerückt wurde. Das wäre dann offenbar ein erster Vorbote der viel stärkeren Vorschiebung des Traunsteins, was dieser Vermutung eine gewisse Wahrscheinlichkeit verleiht. Durch die Hypothesen 2 oder 3 würde auch der ungemein steile Kontakt zwischen dem Wettersteinkalk des Sonnsteinspitz und dem Hauptdolomit nördlich davon erklärt (vgl. Fig. 6), der mit dem sonst überall herrschenden Überlagerungsverhältnis dieser beiden Schichtglieder so auffallend kontrastiert. Allerdings müßten wir annehmen, daß die Eintragung der nördlichen Raibler Schichten in Wagners Profil irrig ist, was insofern leicht möglich wäre, als der Tunnel nur die Carditaschichten im S angefahren hat.

Eine bedeutend wichtigere Störung treffen wir südwestlich von Ebensee. Sie ist von Kohlstatt über das Gsoll bis zur Mündung des Mühlleitengrabens zu verfolgen. Von einer zweifelhaften südlichen Fortsetzung, die bis gegen die Haltestelle Langwies reichen würde, sehen wir vorläufig ab. Westlich von der genannten Linie, die wir als den Gsollbruch bezeichnen wollen, treffen wir ausschließlich Wettersteinkalk, und zwar ein tieferes, kalkiges, nicht das oberste, dolomitische Niveau. Er fällt, wie man vom Kreideck aus deutlich sieht, von der Ofenhöhe unter den Hauptdolomit des Grasberggupfes, also gegen S ein. Der Wimmersberg im O dagegen besteht aus einem Sockel von Hauptdolomit mit einer Kappe von Plattenkalk. Das Einfallen seiner Schichten ist, nach der allgemeinen Verteilung der Gesteine zu urteilen, im ganzen flach südlich. Es zeigen sich aber im Plattenkalk zahlreiche untergeordnete Störungen, entlang deren sich das Fallen und Streichen plötzlich ändert. So sieht man in etwa

920 *m* Höhe dem S-Kamm entlang · eine Verwerfung verlaufen. Die Schichten fallen westlich von ihr steil SSW, östlich flach NNO. Auch sonst ist in meinem Tagebuch mehrfach der plötzliche und gesetzlose Wechsel in der Orientierung der Schichten vermerkt.

Eine wesentliche Komplikation erfahren die geschilderten Verhältnisse nun im obersten Mühlleitengraben und am Gsoll. Steigt man auf dem markierten Weg durch den Mühlleitengraben empor, so trifft man in etwa 720 *m* einen rötlichen, gelblichen, braunen oder weißen Kalk mit zahlreichen Crinoiden anstehend; Er enthält auch Brachiopoden, die sich jedoch nicht herauspräparieren lassen, so daß ich sein näheres Alter innerhalb der Juraformation nicht bestimmen konnte. In der Schafberggruppe, die ja auch zu unserer Höllengebirgsscholle gehört, treten Crinoidenkalke nur im Lias auf. Der Jura bildet eine Art Rippe, die den Einschnitt zwischen Wimmersberg und Schüttingeck in zwei Gräben teilt. Die Breite des Jurastreifens beträgt in 800 *m* Höhe zirka 100 *m*. Der rechte der beiden Bäche ist der stärkere. Er führt von etwa 815 *m* Höhe an zahlreiche Porphyrgerölle. Sie stammen aus der Gosauformation, die zwischen *m* 900 und 1000 (die Höhe ist nicht genauer festzustellen, weil die weichen Gosauschichten im Wasserlauf wesentlich tiefer hinabreichen, als sie anstehen) im westlichen Teil des Einschnittes ganz schmal beginnt und gegen oben allmählich an Breite zunimmt. Gleichzeitig verschmälert sich der Jura, um unmittelbar unter der Paßhöhe des Gsoll im linken Teil des Einschnittes auszukeilen, so daß auf dem Sattel selbst zwischen Wettersteinkalk und Plattenkalk nur Gosau vorhanden ist. Östlich oberhalb der Quelle am Gsoll sieht man eine Wand aus einem dichten, rötlichen bis bläulichen, augenscheinlich sehr stark mechanisch beeinflußten Kalk. Einzelne Bänke desselben erinnern · an Neokom. Da dieses der Schafbergregion aber vollständig fehlt, ist sein Auftreten auch in diesem Teile der Höllengebirgsscholle nicht wahrscheinlich. Der Kalk steht saiger und streicht O 10° N. Die nächste größere Wand südlich davon besteht schon aus sicherem Plattenkalk. Er fällt gegen das Gsoll mit gegen NW bis zur Überkippung zunehmender Neigung. Nördlich der Gosau, die jenseits des Sattels bis etwa 1075 *m* herabreichen dürfte, kommt der Jura nicht wieder zum Vorschein. Zwischen Wettersteinkalk und Hauptdolomit schaltet sich hier nur eine Rauchwacke — wahrscheinlich mechanischer Entstehung — ein.

Wenn wir die hier aufgezählten Beobachtungen zusammenfassen, ergibt sich folgendes (siehe Fig. 11): Der Wimmersberg ist gegenüber der Hauptmasse des Höllengebirges längs des Gsollbruches um etwas mehr als die Mächtigkeit des Hauptdolomits gesenkt. Die Ränder des Bruches, die sonst dicht aneinanderschließen, klaffen im obersten Mühlleitengraben. In diese Spalte ist von oben ein Schichtpaket, bestehend aus Jura-Crinoidenkalk und Gosau-Konglomerat, grabenförmig eingesenkt. Der Plattenkalk des Wimmersberges wurde dabei stark gegen unten geschleppt. Die Grenzfläche zwischen Jura und Gosau fällt gegen NW. Starke Quetschungen und Schichtstörungen betrafen sowohl die Gesteine des Grabens als den Plattenkalk.

Ich gestehe, daß es mir nicht leicht fällt, mir die Bildung eines solchen Grabenbruches mechanisch zu erklären. Die geneigte Lage

der Berührungsfläche zwischen Jura und Gosau könnte möglicherweise nur eine Folge von Schleppung und Pressung sein. Wahrscheinlicher ist vielleicht, daß sie schon vor Eintritt der Verwerfung bestand,
sei es infolge diskordanter Anlagerung, sei es infolge Faltung.
Schließlich wäre, es sogar denkbar, daß auch die Berührung zwischen
Jura und Kreide durch einen Bruch vermittelt ist. Die spärlichen
Aufschlüsse sagen darüber nichts aus. Das Klaffen der Hauptbruch-
spalte in ihrem obersten Teil könnte damit zusammenhängen, daß
die Senkung im SO des Wimmersberges am stärksten war, wie das
dem heutigen Einfallen der Schichten entspricht.

Die erwähnten physikalischen Schwierigkeiten führten mich zu
wiederholten Malen dazu, eine zweite Erklärung des Gsollbruches in

Fig. 11.

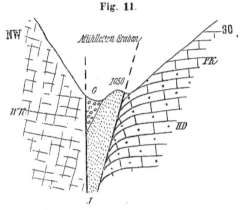

Profil quer über den obersten Mühlleitengraben,
zirka 80 *m* unterhalb des Gsoll.

G = Gosau. — *J* = Jura, — *PK* = Plattenkalk. — *HD* = Hauptdolomit.
WK = Wettersteinkalk.

Erwägung zu ziehen. Wie wäre es, wenn wir nicht den Wimmersberg,
sondern das Höllengebirge als den gesenkten Flügel betrachten und
dementsprechend den Wimmersberg nicht mit der Höllengebirgsscholle verbinden, sondern als einen wieder auftauchenden Teil der
Langbatscholle deuten? Die kleine Jura-Gosaupartie des Gsoll würde
dann als eine in die Verwerfung geschleppte und eingeklemmte
Scholle von dem seither durch Denudation entfernten Dach des
Wimmersberges eine äußerst einleuchtende Deutung finden. Dennoch
glaube ich diese Auffassung ablehnen zu sollen. Die Gründe dafür
sind, nach zunehmender Wichtigkeit geordnet, die folgenden:

1. Wir haben keinen Beweis dafür, daß das Höllengebirge in
der Gegend des Wimmersberges noch auf der Langbatscholle schwimmt.

2. Der Plattenkalk des Wimmersberges gleicht faziell und durch
seine große Mächtigkeit nicht vollkommen dem der Langbatscholle.

3. Die Gosau des Gsoll ist von der des Rotensteinberges vollständig verschieden.

4. Die gegenwärtig geprüfte Auffassung würde besagen, daß die Traun auf einem mehrere hundert Meter hohen Horst fließt, während die von mir angenommene Deutung das Trauntal zu einem — mindestens einseitigen — Graben macht.

5. Die Gebirge rechts der Traun stehen, wenn eine Neuaufnahme dieser Gegend nicht geradezu verblüffende Resultate zutage fördern sollte, zweifellos in direktem Zusammenhang mit der zur Höllengebirgsscholle gehörigen Region des Goffeck, der Ziemitz etc. Nach der alten Karte von Mojsisovics bestehen sie vorwiegend aus Hauptdolomit und Plattenkalk, ganz wie der Wimmersberg, dem sie ja auch habituell vollständig gleichen. Dennoch müßten wir annehmen, daß sie von diesem durch eine Hauptverwerfung von vielen hundert Metern Sprunghöhe getrennt sind, von der aber keine Spur zu sehen ist und für deren südliche Fortsetzung auch nirgends Platz ist. Ich halte dieses letzte Argument für so gut wie absolut entscheidend.

Zweifelhafte Spuren des Gsollbruches lassen sich, wie schon erwähnt, noch ein Stück weit das Trauntal aufwärts verfolgen. Etwa südsüdöstlich vom Vorberg ragt an der Soolenleitung ein kleiner Rücken eines lichtbraunen Kalkes aus den Alluvien auf, der durch einen Steinbruch aufgeschlossen ist. Dasselbe Gestein tritt auch am O-Fuß des Grasberggupfes bis gegen Winkl hin auf. Wenn wir dieses Gestein nicht für eine kalkige Einschaltung im Hauptdolomit halten wollen, müssen wir es wohl als Plattenkalk deuten, der durch die Fortsetzung des Gsollbruches in diese tiefe Lage gelangt ist.

Wer die Störung am Sonnsteinspitz als einen Senkungsbruch betrachtet, könnte auch sie als Verlängerung des Gsollbruches auffassen.

Im S des Höllengebirges versinkt der Wettersteinkalk unter dem Hauptdolomit. Die Schichten fallen dementsprechend im ganzen vom Gebirge ab, doch zeigen sich im einzelnen zahlreiche Unregelmäßigkeiten des Streichens. Das Raibler Niveau zwischen dem ladinischen und dem norischen Dolomit ist meist sehr deutlich zu verfolgen. Nur an wenigen Stellen, wie am N-Ende der Goffeckschneid und nördlich des Grasberggupf sind die Carditaschichten, wohl durch tektonische Ausquetschung, anscheinend nicht vorhanden.

C. Die Flyschgrenze.

Das von uns betrachtete Gebiet grenzt im N seiner ganzen Länge nach an die Flyschzone. Es versteht sich von selbst, daß dem Studium der theoretisch so wichtigen und für die Erforschung wegen ihrer Komplikation und der schlechten Aufschlüsse so schwierigen Grenzregion ein besonderes Interesse zukommt. Wenn trotzdem mehrere Fragen offengelassen werden mußten, liegt dies zum Teil an der ebenerwähnten Schwierigkeit, zum Teil an dem Umstand, daß der endgültigen Lösung dieser Probleme nach meiner Überzeugung ein detailliertes Studium nicht nur der gesamten Flyschzone zwischen Attersee und Traunsee, sondern auch ihrer östlichen Fortsetzung in der Gegend des Gschliefgrabens vorausgehen müßte; Untersuchungen, die den Rahmen meiner Arbeit weitaus überschreiten.

Die Flyschgrenze zwischen Attersee und Traunsee zerfällt ganz naturgemäß in drei Abschnitte von verschiedenem Bau. Der erste reicht vom Attersee bis zur Aurachklause, der zweite von hier bis zum Windlinger, der dritte von da bis an den Traunsee.

1. Der westlichste Abschnitt charakterisiert sich dadurch, daß die Höllengebirgsscholle bis in die nächste Nähe der Sandsteinzone gelangt. Flyschgrenze und Höllengebirgsüberschiebung fallen hier tektonisch, wenn auch nicht geometrisch, zusammen, denn die dünnen Lamellen von Gesteinen der Langbatscholle, die sich zwischen den inversen Schenkel des Höllengebirges und den Flysch einschalten, deuten wir mit großer Wahrscheinlichkeit als nur passiv mitgezogene Schubfetzen (vgl. pag. 606 folg.). Daß die Flyschgrenze hier eine Überschiebungslinie ist, ergibt sich unter diesen Umständen von selbst, hat aber eben deshalb keine allgemeinere Bedeutung. Für alle Details sei auf die Besprechung der Höllengebirgsüberschiebung (pag. 591) verwiesen. Das O-Ende dieses Abschnittes und sein Übergang in den nächsten ist durch die großen Schuttmassen des Aurachkares bedauerlicherweise dem Einblick entzogen.

2. Der mittlere Abschnitt der Flyschgrenze — zwischen Aurachklause und Windlinger — zeichnet sich dadurch aus, daß der Hauptdolomit, welcher die regelrechte Basis der Langbatscholle bildet, mit der Sandsteinzone in Berührung tritt, offenbar als einfache Folge der selbständigen Bedeutung, die das tiefste tektonische Element der Kalkzone hier im Gegensatz zum W gewinnt.

Die Flyschgrenze ist auch hier eine Überschiebung, wie sich am deutlichsten am Klammbühel nächst der Großalm zeigt. Er besteht aus Hauptdolomit, während südlich von seinem westlichen Teil, zwischen ihm und dem Niederen Spielberg, im Einschnitt der Aurach graue Mergel der Flyschzone aufgeschlossen sind. Im östlichen Teil wird der Zusammenhang mit der Hauptmasse der Kalkzone durch einen braunen (rhätischen?) Kalk aufrechterhalten, der den Hauptdolomit scheinbar unterlagert und auch nördlich wieder unter ihm hervorkommt. Wir werden gleich noch eine weitere Spur einer solchen jüngeren Unterlage des Hauptdolomits kennen lernen. Deutlicher als eine Beschreibung mit Worten weist das Kartenbild darauf hin, daß wir es im Klammbühel mit einer Deckscholle zu tun haben, die nur mehr durch einen relativ schmalen Stiel mit ihrem Hinterland zuzammenhängt.

Dort, wo der markierte Weg von der Großalm zum Hinteren Langbatsee die Aurach übersetzt, sieht man unterhalb der Brücke am rechten Bachufer eine kleine Masse von geschichtetem, gelbem Crinoidenkalk. Er fällt flach gegen die Kalkzone und ist rings von Flysch umschlossen, wohl mechanisch in denselben eingepreßt. Wir sehen also in der Gegend der Großalm an zwei Stellen Spuren einer Einschaltung jüngeren Mesozoikums zwischen Hauptdolomit und Flysch. Über ihre nähere Natur ist nichts auszumachen. Möglicherweise handelt es sich um lokal entwickelte Partikeln eines rückläufigen Schenkels der Langbatscholle, die vielleicht nur dadurch entstanden sind, daß einzelne hangende Partien beim Vorschub durch eine Art wälzender Bewegung, ähnlich der eines Lavastromes, nach unten gelangten und an der Überschiebungsfläche eingeklemmt wurden (sogenannte Einschleppung).

Begehen wir uns wieder ein Stück weiter nach O, so können wir im Klausgraben südlich der Klause zum erstenmal eine Erscheinung beobachten, die der Flyschgrenze nunmehr über ein ganzes Stück ihren besonderen Charakter verleiht. Das Profil im unteren Teil dieses Grabens ist das folgende:

5. Jüngeres Mesozoikum.
4. Hauptdolomit, in seinem tieferen Teil noch stark zerrüttet.
3. Zirka 10 *m* Gosaubreccie.
2. Ein dünner Splitter sehr stark gepreßten Hauptdolomits.
1. Dunkelgraue Flyschmergel.

Dies ist die Lagerung der kleineren westlichen Partie von Gosau am Rotensteinberg (vgl. pag. 577). Nach einer Unterbrechung folgt im O die a. a. O. beschriebene Hauptmasse der Breccie. Nach ihrer großen Breite zu urteilen dürfte ihre Auflagerungsfläche mit dem Gehänge einen ziemlich spitzen Winkel bilden, was nicht ausschließt, daß sie sich gegen unten, wie die kleinere westliche Partie, unter den Hauptdolomit hineinbiegt. Die Erklärung dieses Einfallens unter die Kalkzone mag in einer drehenden Bewegung zu suchen sein, zu deren Annahme wir ja schon oben geführt wurden. Die Breccie zerteilt sich gegen den Windlinger zu in einzelne, durch unversehrte Gesteinspartien getrennte Streifen, die ganz allmählich, durch Verschwinden des roten Bindemittels, in den Hauptdolomit übergehen. Spuren einer Auflösung des Hauptdolomits in Breccie, die möglicherweise noch hierhergehören, trifft man auch auf dem Weg vom Angerl zum Windlinger.

Was ich am Beginne dieses Kapitels von ungelösten Fragen an der Flyschgrenze gesagt habe, bezog sich in erster Linie auf die eben geschilderte Gegend der Entwicklung der Gosau. Es treten hier nördlich der Kalkzone neben den gewöhnlichen grauen, braun verwitternden Sandsteinen große Mengen dunkelgrauer und hochroter Mergel auf. Es ist die Frage nicht ganz von der Hand zu weisen, ob diese Gesteine, die vom Typus des Wiener Sandsteins jedenfalls beträchtlich abweichen, nicht in irgendeiner näheren Beziehung zur Gosaubreccie stehen.

3. Der östliche Teil der Flyschgrenze zeichnet sich dadurch aus, daß die Langbatscholle mit ihrem hangendsten Teil, dem Neokom, in dem hier schwarze Sandsteine eine große Rolle spielen, an den Wiener Sandstein grenzt. Die Schichten stehen in der Grenzregion durchwegs annähernd saiger, so daß von einer Überlagerung des einen tektonischen Elements durch das andere nicht gesprochen werden kann. Gegen den Traunsee zu verhindern junge Schotter den Einblick. Die eigentümliche Sigmoide, durch deren Vermittlung sich dieser Typus aus dem des mittleren Abschnittes entwickelt, wurde schon auf pag. 584 beschrieben.

Es bleibt uns nun noch eines der rätselhaftesten Objekte der ganzen von mir studierten Region zu besprechen. Ich bezeichne dasselbe als den Hauptdolomit am Flyschrand oder den Hauptdolomit östlich vom Windlinger. Es ist eine Gesteinsmasse, die sich zwischen das Neokom und die Sandsteinzone einschaltet. Sie beginnt nächst dem Windlinger (nach einzelnen Gesteinsbrocken zu urteilen etwa im S des östlich von diesem Gehöft gelegenen Bauernhauses), nimmt rasch an Mächtigkeit zu, um sich dann mit allmählich wieder abnehmender Breite bis nördlich des Rabenstein zu erstrecken, wo sie auskeilt. Die Hauptmasse dieser Gesteinspartie besteht aus Hauptdolomit, der jedoch nur noch in wenigen Teilen gut erhalten ist. Meist zeigt er die Merkmale stärkster mechanischer Beeinflussung. Stellenweise geht er in ein mürbes Konglomerat über. Besonders im westlichsten Teil des Zuges ist er ganz zu einem weichen, sandigen Gebilde zerrieben. Neben dem Dolomit kommen in geringerer Menge auch andere Gesteine vor. So besteht unmittelbar westlich des Bergsturzes am Rabenstein die ganze Breite des Zuges aus einem braunen und grauen, teilweise brecciösen Kalk (Rhät?). Nördlich des Hohenaugupfes treten am N-Rand des Dolomits braune Kalke und graue Mergel unbekannter Natur auf. Nicht weit vom W-Ende sind zwischen dem Dolomit und dem Flysch in einem Graben rote und graue Knollenkalke des Tithon-Neokom aufgeschlossen. Unweit östlich davon zeigen sich braungraue uud rote Kalke. Schließlich kommen aber auch Gesteinspartien vor, die so sehr zerrieben und zerquetscht sind, daß ihre ursprüngliche Beschaffenheit überhaupt nicht mehr zu erkennen ist. Wie schon im stratigraphischen Teil (pag. 578) erwähnt wurde, halte ich es nicht für erwiesen, aber für möglich, daß sich unter den brecciösen Partien auch solche sedimentärer Herkunft befinden.

Die Stellung der Schichten ist überall, wo sie beobachtet wurde, annähernd saiger. Im einzelnen ist die Lagerung sehr wirr. An mehreren Stellen sind die Gesteine des Hauptdolomitzuges mit dem Flysch in mechanische Wechsellagerung gebracht. Auch von einer Verknetung des Hauptdolomits mit dem Neokom südlich von ihm zeigen sich Anzeichen.

Für die Deutung des Hauptdolomitzuges am Flyschrand ist die Frage von prinzipieller Wichtigkeit, ob wir ihn gegen oben oder gegen unten abzuschließen haben. Eine direkte Entscheidung durch Beobachtungen war leider nicht möglich und dürfte unter den geschilderten Verhältnissen auch schwerlich zu erwarten sein. Wurzelt der Hauptdolomit im Untergrund, so gehört er zur Langbatscholle. Er ist dann der zertrümmerte Rest einer Antiklinale, analog, nur noch stärker reduziert, wie die des Sulzberges. Schließen wir ihn dagegen nach unten ab, dann müssen wir ihn mit der Höllengebirgsscholle vereinigen. Das Bild, das unter dieser Voraussetzung entsteht, gibt Fig. 12 wieder. Wir hätten es mit einem losgelösten Span von der Basis der hier wahrscheinlich nur mehr Hauptdolomit und Jüngeres enthaltenden Deckfalte zu tun, der zwischen Langbatscholle und Flyschzone eingeklemmt wurde. Das würde wieder voraussetzen, daß der Flyschrand hier kein Denudationsrand ist, was sich aus dem Schutz durch die ehemals darüberliegende Höllengebirgsscholle und aus der senkrechten

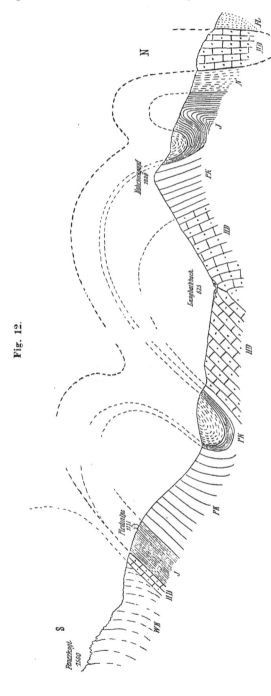

Fig. 12.

Profil über die Mulde des Salbergrabens und den Hauptdolomit am Flyschrand.

Fl = Flysch.
N = Neokom.
J = Jura.

PK = Plattenkalk.
HD = Hauptdolomit.
WK = Wettersteinkalk.

Schichtstellung wohl allenfalls erklären ließe. Die kleinen Jurapartien nördlich des Hauptdolomits könnten ebenso gut beim Vorschub mitgerissene Fetzen der Langbatscholle wie Teile der Höllengebirgsscholle sein. Im ganzen vermag ich leider auch hier, wie an so manchem anderen interessanten Punkt, nur auf das ungelöste Problem hinzuweisen.

Als wesentlichster allgemeiner Charakter der ganzen Flyschgrenze erscheinen mir die Anzeichen einer intensiven, gegen N gerichteten Bewegung. Dieselbe äußert sich im W in einer Überschiebung der Flyschzone durch die Kalkzone, im O in einer Anpressung der Langbatscholle gegen die Sandsteinzone. Wir könnten uns im Sinne unserer allgemeinen Vorstellungen von Überschiebungen denken, daß die Langbatscholle sich in diesem östlichen Teil in die Flyschzone eingebohrt hat und dadurch in ihrem Fortschreiten gehindert wurde. Damit würde übereinstimmen, daß die Faltung innerhalb der Langbatscholle im O dem Anschein nach etwas intensiver als im W war. Wenn wir den Hauptdolomit östlich des Windlinger mit der Höllengebirgsscholle verbinden, gelangen wir noch zu der weiteren Vermutung, daß die gegen unten bohrende Bewegung sich auch auf diese Komponente der Kalkzone erstreckte, ja vielleicht überhaupt von ihr ausging.

Allgemeine Schlußbemerkungen.

1. Grundzüge der Stratigraphie.

Die Gesteinsfolge der Höllengebirgsscholle, soweit sie in unserem Gebiet entwickelt ist, zeigt die größte Übereinstimmung mit der nordtiroler Fazies. Dieselbe spricht sich besonders in der mächtigen Entwicklung des Wettersteinkalkes und in dem Fehlen des Opponitzer Kalkes aus.

In der Langbatscholle hat der Jura große Ähnlichkeit mit der subpieninischen Fazies, wie sie U h l i g in letzter Zeit auch in den bayrischen Alpen nachgewiesen hat. Würde diese Formation allein, ohne Trias und Neokom auftreten, so würde wohl niemand Bedenken tragen, die Langbatscholle der Klippenzone zuzuzählen. Wir entnehmen daraus ein neues Argument für die ja schon öfter betonte Tatsache, daß zwischen Klippenzone und ostalpiner Zone eine recht innige Verwandtschaft besteht.

2. Grundzüge der Tektonik.

Für die Langbatscholle bezeichnend ist die große Rolle, welche Ausquetschungen von Schichten spielen. Auch diese wenig zusammenhängende Entwicklung der einzelnen Schichtglieder gemahnt an die Klippenzone.

Das Höllengebirge selbst ist, wie schon einmal gesagt, eine wohlentwickelte liegende Falte. Es verdient betont zu werden, daß es bisher unter den typischen Plateaubergen aufgezählt wurde. Da eine Deckscholle von Hauptdolomit noch zirka $2^1/_2$ km nördlich der Stirn des Wettersteinkalkes auftritt und in Analogie mit zahlreichen anderen Deckfalten stellen wir uns vor, daß die jüngeren Teile der Höllengebirgsdecke, zunächst also der Hauptdolomit, weiter gegen N gedrungen waren als der ladinische Riffkalk. Diese wahrscheinlich vorwiegend aus Obertrias bestehende Zone, die die Langbatscholle vermutlich ganz bedeckte, wurde erst später durch Denudation entfernt. Von Wichtigkeit für unsere Vorstellung vom Vorgang der Gebirgsbildung ist die erneuerte Konstatierung, daß alle Gesteine, wenn auch mit gewissen graduellen Unterschieden, sich den tektonischen Kräften gegenüber plastisch verhalten.

3. Zusammenhang des Höllengebirges mit seiner Umgebung.

Wie schon in der Einleitung erwähnt, gewinnt die Höllengebirgsscholle noch südlich außerhalb meines Aufnahmsgebietes eine große Flächenentwicklung. Sie umfaßt hier die Gegend des Schafberges, des Leonsberges etc. Die S-Grenze, die durch die Aufschiebung weiterer Schollen zustande kommt, wurde in der Gegend südlich vom Wolfgangsee durch die letzten Arbeiten E. Spenglers festgelegt (vgl. Literaturliste). Im W konnte derselbe Autor die Höllengebirgs- überschiebung noch an der Drachenwand nachweisen[1]. Östlich vom Traunsee wiederholt der Traunstein in typischester und deutlichster Weise den Bau des Höllengebirges und ist zweifellos als dessen Fortsetzung anzusehen. Es wurde schon des öfteren, so auch von G. A. Koch[2] auf den merkwürdigen Umstand hingewiesen, daß diese Fortsetzung gegenüber dem Sonnsteinspitz um zirka $5^1/_2$ km nach N verschoben ist. In welcher Art diese Verschiebung aufzufassen ist, könnte wohl nur eine genaue Aufnahme der ganzen Gegend östlich des Traunsees ergeben. Übrigens ist auch dann ein Resultat durchaus nicht sicher zu erwarten, denn allem Anschein nach ist der Traunstein von seinem Hinterland durch einen Bruch abgeschnitten.

4. Das stufenförmige Vortreten der Kalkzone gegen die Flyschzone im Höllengebirge.

Die ganze nördliche Kalkzone zeigt in der Gegend der Salzkammergutseen (sowie auch an mehreren anderen Stellen) ein mehrmaliges stufenförmiges Vortreten ihres N-Randes gegen den Flysch. Zwei dieser Stufen fallen annähernd mit dem Attersee und dem Traunsee zusammen. Ich halte es aber nicht für wahrscheinlich, daß diese beiden Vorschübe gleichartig sind. Wir haben uns hier nur mit dem westlichen

---

[1] Das zur Langbatscholle gehörige Neokom war in der Gegend des Mondsees bisher noch nicht durch Fossilien belegt. Im Sommer 1912 zeigte mir jedoch Herr M. Rößle in Kreuzstein ein Stück Fleckenmergel mit dem wohlerhaltenen Abdruck eines Ammoniten, welcher vollständig mit der oben (pag. 575) als *Lytoceras aff. subfimbriatum* bezeichneten Form übereinstimmt. Das lose Stück wurde in einem Wassergraben ganz nahe östlich des Hotels gefunden. Da diese Gräben einen sehr kurzen Lauf haben, außerdem aber das Neokom der Schafbergregion selbst vollständig fehlt, stammt das Stück wohl zweifellos von einem bisher unbekannten Aufschluß in der Unterkreide der Langbatscholle.

[2] Krakowitzer, „Geschichte der Stadt Gmunden" pag. 49.

naher zu befassen; das Vortreten des Traunsteins ist wohl eine davon
verschiedene Erscheinung und dürfte nur durch eine tatsächliche
lokale Intensitätszunahme der wirksamen, gegen N gerichteten Tan-
gentialkraft zu erklären sein.

Der gegenwärtige Verlauf des W-Randes des Höllengebirges,
längs dessen sich die Überschiebungslinie, indem sie gegen S zurück-
weicht, gleichzeitig bis fast zum Spiegel des Attersees senkt, ist wohl
zweifellos teilweise durch Denudation beeinflußt. Daß aber der Vorstoß des Wettersteinkalkes gegen O im wesentlichen tektonisch zu
erklären ist, beweisen die Verhältnisse bei Scharfling, die ich in
Übereinstimmung mit E Spengler als eine Stirnbildung auffasse [1]).
Es scheint ein innerer Zusammenhang zwischen dem Vortreten der
Höllengebirgsdecke und der Tektonik der Schafberggruppe zu bestehen,
denn es springt in die Augen, daß dort, wo jene sich mächtiger entwickelt, die Falten des Schafberggebietes ausflachen und von einer
einheitlichen Hauptdolomitregion abgelöst werden. Die Grenze zwischen
dem gefalteten und dem flachgelagerten Gebiet scheint ziemlich
scharf zu sein. Sie wurde von Spengler als Leonsbergbruch bezeichnet [2]). Wahrscheinlich ist der Wechsel im tektonischen Bautypus,
der Übergang von einem vorwiegenden Faltenbau zu einem vorwiegenden Deckenbau, durch das beträchtliche Anschwellen des Wettersteinkalkes gegen O ursächlich bedingt. Dieser Umstand mahnt zur
Vorsicht, wenn man aus dem konstanten Zusammentreffen der Dachstein-
kalkfazies mit ihren mächtigen Kalkmassen und einer deckenförmigen
Lagerung auf die Existenz einer einheitlichen Dachsteinkalkdecke
schließt. Sofern dieser Schluß nicht durch Detailbeobachtungen
gestützt ist, wird er offenbar hinfällig, so bald die Fazies als Ursache
der Lagerung aufgefaßt werden kann.

5. Gründe für die Entblößung der Langbatscholle im Gebiet der Langbatseen.

Über die möglichen Gründe der eigentümlichen Erscheinung,
daß die Langbatscholle gerade im Gebiet der Langbatseen vom Wetter-
steinkalkanteil der Höllengebirgsscholle nicht bedeckt wurde, so daß
sie nach Entfernung der jüngeren Deckenteile durch die Denudation
unserem Einblick hier in größerer Ausdehnung entblößt ist, während
sie westlich davon nur in Gestalt eines schmalen Neokomstreifens mit
etwas Jura auftritt, will ich nur wenige Erwägungen andeuten. Zunächst müssen wir uns die prinzipielle Frage vorlegen, ob wir die
westliche Fortsetzung der Langbatscholle unter der Höllengebirgsscholle oder aber über der Flyschzone in der Luft zu suchen haben.
Wir ziehen zuerst die zweite Alternative, die manchem freilich etwas
sonderbar scheinen mag, in Betracht. Sie würde voraussetzen, daß
die Langbatscholle von der Flyschzone durch eine Überschiebungsfläche getrennt ist, die von N gegen S allmählich (stratigraphisch gesprochen) ansteigt, so daß sie aus dem Hauptdolomit schließlich in

---

[1]) „Die Schafberggruppe" pag. 216.
[2]) Ebendort pag. 219.

das Neokom gelangt (vgl. Fig. 13). Dies würde in der Tat zur
Folge haben, daß an dem gegen S zurückweichenden Rand der Kalkzone im W des Höllengebirges eine Stelle kommen müßte, wo zwischen
Flysch und Höllengebirgsscholle nur das Neokom der Langbatscholle
eingeschaltet ist. Ich kann diese Auffassung trotzdem nicht für
richtig halten. Das Neokomband liegt in seinem östlichsten Teil
(westlich der Aurachklause) beträchtlich weiter im N als ein guter
Teil der Trias der Langbatscholle. Vor allem aber ist die gegenwärtig geprüfte Hypothese ohne gezwungene Hilfsannahmen nicht imstande, die große nordsüdliche Erstreckung des Neokomstreifens zu
erklären. Wir könnten nach ihr nur einen im Verhältnis zur Breite
der Region der Langbatseen kurzen Neokomkeil erwarten.

Wir werden also annehmen, daß die westliche Fortsetzung der
Langbatscholle unter dem Höllengebirge zu suchen ist. Unter

Fig. 13.

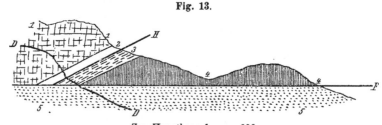

Zur Hypothese 1, pag. 606.

1 = Wettersteinkalk } der Höllengebirgsscholle.
2 = Inverser Schenkel }
3 = Neokom   } der Langbatscholle.
4 = Jura und Trias   }
5 = Flysch.
H = Höllengebirgsüberschiebung.
F = Flyschgrenze.
D—D = Lage der Denutationsfläche im Westen.

dieser Voraussetzung läßt sich die Entblößung derselben im Gebiet
der Langbatseen nun offenbar auch so beschreiben, daß wir sagen: Das stufenförmige Vortreten der Kalkzone gegen N erfolgt
an den einzelnen nordsüdlichen Querlinien für die höhere und tiefere
Komponente derselben. nicht gleich stark. Die Höllengebirgsscholle
rückt in der Gegend des Attersees und dann wieder in der des Traunsees nach N, während die Langbatscholle an einer dazwischen gelegenen Stelle östlich des Aurachkars einen selbständigen Vorstoß zeigt.
Für die Erklärung dieses Verhältnisses sind zahlreiche Varianten
denkbar, unter denen eine definitive Entscheidung zu treffen schwer
möglich ist. Ich möchte die Aufmerksamkeit des Lesers zunächst
auf zwei Punkte lenken:

1. Zwischen dem Neokomstreifen im W und der Region der
Langbatseen besteht möglicherweise kein prinzipieller Unterschied. Beide
mögen unter dem Druck der vorrückenden Höllengebirgsdecke passiv

82*

von ihrer Unterlage ab- und der Flyschzone aufgeschoben sein. Das Verhältnis zwischen dem Ausmaß der Bewegung längs der Gleitfläche an der Basis des Neokom und längs der an der Basis des Hauptdolomits hangt dabei vielleicht von ganz untergeordneten Zufälligkeiten ab.

2. Fassen wir einmal die Gegend der Großalm und des Hinteren Sees näher ins Auge (vgl. dazu besonders die tektonische Übersichtskarte Fig. 2). Die Flyschgrenze rückt auch hier ziemlich entschieden gegen N vor. Dagegen zeigt die Höllengebirgsüberschiebung eine Einbiegung in entgegengesetztem Sinn und offenbar ist es das Zusammentreffen dieser beiden Umstände, durch das die große Oberflächenausdehnung der Langbatscholle hervorgerufen wird. Wir müssen dabei im Auge behalten, daß wir sowohl am Adlerspitz als am Alberfeldkogel die Stirnwölbung der Höllengebirgsdeckfalte zweifellos erkannt haben. Ich erinnere auch daran, daß wir schon bei der Besprechung der Höllengebirgsüberschiebung dazu geführt wurden, in der Gegend der Hirschlucke eine Störung zu vermuten (vgl. pag. 592). Es macht also ganz den Eindruck, als ob im östlichen Teil des Höllengebirges eine geringere Überdeckung der Langbatscholle seitens der Höllengebirgsscholle durch eine stärkere Aufschiebung der ersteren auf den Flysch teilweise kompensiert wäre, als ob die östliche Hälfte der Höllengebirgsdecke von einem gewissen Moment an, statt auf dem Neokom weiterzugleiten, darauf haften geblieben wäre und die ganze tiefere Serie von der Kreide bis zum Hauptdolomit unter und vor sich hergeschoben hätte. Es scheint mir kaum zweifelhaft, daß dieser Vorgang wenigstens eine Teilursache der Entblößung der Langbatscholle ist. Der Umstand, daß die tieferen Teile dieser Scholle bei Weißenbach und Unterach nicht wieder zum Vorschein kommen, scheint mir entschieden darauf hinzuweisen, daß der Betrag dieser passiven Verschleppung kein ganz geringer ist. Er muß mindestens 7—8 *km* erreichen.

Fassen wir die bisherigen Ergebnisse unserer abschließenden Überlegungen zu einem hypothetischen Bild zusammen, so gestaltet sich dasselbe etwa wie folgt: Der eigentliche Träger der gebirgsbildenden Kräfte innerhalb der betrachteten Region war die Höllengebirgs-Schafbergscholle. Diese Kräfte äußerten sich teils als Faltung, teils in einer Überschiebung der ganzen Scholle gegen N. Das Intensitätsverhältnis dieser beiden Vorgänge scheint von der Mächtigkeit und Festigkeit der Gesteine abzuhängen. Bei ihrem Vorschub gegen den Flysch führte die Höllengebirgsscholle an der Basis Gesteine einer Serie mit, die sich faziell von den Bildungen des Schafberges unterscheidet und teilweise der Klippenzone nähert. Wir bezeichnen dieses Schichtpaket als die Langbatscholle. Wir sehen bei dieser Vorschiebung eine ganze Anzahl von Bewegungsflächen in Tätigkeit. Die hauptsächlichsten derselben liegen von oben gegen unten (vgl. Fig. 14)

I. an der Basis des Wettersteinkalkes der Höllengebirgsscholle,

II. unter dem inversen Schenkel der Höllengebirgsscholle [1]),

III. an der Basis des Neokom der Langbatscholle,

IV. an der Basis des Hauptdolomits der Langbatscholle.

---

[1]) Wir haben pag. 590 gesehen, daß diese Fläche (und wahrscheinlich auch die anderen) wieder in ein Bündel einzelner Harnische zerfällt.

Das Verhältnis der Intensität der Bewegungen längs dieser verschiedenen Flächen war im größten Teil der bisher untersuchten Region — von der Drachenwand bis zum Sonnsteinspitz — ein solches, daß der N-Rand der Langbatscholle, mit Ausnahme des Neokom, südlich von der Wettersteinkalkstirn der Höllengebirgsscholle blieb.

Fig. 14.

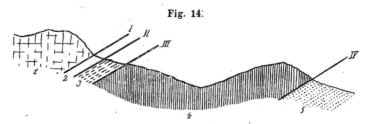

Schema der Bewegungsflächen am Nordrande des Höllengebirges.

I—IV = Gleitflächen (vgl. pag. 608).

$$\left.\begin{array}{l} 1 = \text{Wettersteinkalk} \\ 2 = \text{Inverser Schenkel} \end{array}\right\} \text{der Höllengebirgsscholle.}$$

$$\left.\begin{array}{l} 3 = \text{Neokom} \\ 4 = \text{Jura und Trias} \end{array}\right\} \text{der Langbatscholle.}$$

$$5 = \text{Flysch.}$$

Nur im Gebiete der Langbatseen war die Tätigkeit der Flächen I und II eine schwächere, die von IV dagegen (vielleicht als Kompensation) eine stärkere. Infolgedessen wurde die Langbatscholle hier bei der nachfolgenden Entfernung der Hauptdolomitzone der Höllengebirgsscholle in größerer Breite bloßgelegt.

6. Alter der Gebirgsbildung.

Wir haben im vorigen Abschnitt erkannt, daß wir im ganzen Gebiet des Höllengebirges nur eine einzige autonome Tangentialbewegung — die Höllengebirgsüberschiebung — anzunehmen brauchen. Alle anderen horizontalen Verschiebungen (und ebenso wohl auch die Faltungen in der Langbatscholle) können wir als bloße Folgeerscheinungen betrachten. Dadurch wird die Frage nach dem Alter der Gebirgsbildung sehr vereinfacht, denn offenbar ist die gesamte Tektonik der Region gleichaltrig. Da sowohl Langbatscholle als Höllengebirgsscholle auf den Flysch aufgeschoben sind, muß der ganze Vorgang in das Tertiär fallen. Man könnte dagegen vielleicht einwenden, daß dann unter der Höllengebirgsüberschiebung Gosau vorhanden sein müßte. Allein der fazielle Charakter dieser Formation macht die Annahme durchaus plausibel, daß sie nur stellenweise abgesetzt, vielleicht auch zum guten Teil gleich nach der Ablagerung wieder denudiert wurde[1]).

---

[1]) Ich sehe dabei wegen der Ungeklärtheit der dortigen Verhältnisse von der Möglichkeit ganz ab, daß das pag. 578 und 591 erwähnte Konglomerat, das scheinbar älter als die Gebirgsbildung ist, ein Gosaurest ist.

In bezug auf das jugendliche Alter der Flyschgrenze und der Höllengebirgsüberschiebung stimmen meine Resultate mit denen Spenglers vollständig überein. Nur in einem Punkt ergibt sich ein höchst auffallender Widerspruch, den aufzuklären ich vollständig außerstande bin: Spengler hält die Falten des Schafberges für wesentlich älter als die Höllengebirgsüberschiebung, nämlich für vorgosauisch. Wie schon pag. 581 erwähnt, bin auch ich von der Existenz einer vorgosauischen Gebirgsbildung auf Grund der Fazies- und Lagerungsverhältnisse der Oberkreide vollständig überzeugt. Was ich mit meinen Beobachtungen nicht vereinbaren kann, ist nur die Ansicht, daß der heute bestehende Faltenbau der Schafbergregion kretazischen Alters sei. Dazu erscheint mir das oben (pag. 606) auseinandergesetzte Kompensationsverhältnis zwischen Faltung und Überschiebung gar zu einleuchtend. Mein Freund Spengler ist mir als gewissenhafter Beobachter viel zu wohl bekannt, als daß ich mir einbildete, das Resultat seiner mehrjährigen Untersuchungen durch bloße „Umdeutung" beseitigen zu können. Ich halte mich aber doch für verpflichtet, im Interesse der endlichen Klärung des Problems einige seine Beweisführung betreffende Bedenken, die mir bei der Lektüre seiner Arbeit gekommen sind, anzuführen: Der Verschiedenheit im Streichen der weichen Gosauschichten und der älteren Gesteine würde ich (auf Grund meiner. Erfahrungen im Neokom) keine zu große Bedeutung beimessen. Dagegen wäre das Argument aus dem Mangel einer Überlagerung der Gosau durch die Plassenkalkschubmassen allerdings ein zwingendes. Ich möchte deshalb die Frage anregen, ob sich die Erscheinungen nicht auch erklären lassen, wenn wir annehmen, daß die Oberkreide sowohl über Plassenkalk als über ältere Bildungen transgrediert. Bei der nachfolgenden Gebirgsbildung wäre dann die dem Oberjura aufgelagerte Gosau mit diesem verfrachtet worden — so die Gosau des Schwarzenbachtales — während die Masse der „Drei Brüder" immer noch auf Kreide schwimmen könnte.

Die Senkungsbrüche des Höllengebirges sind, wie der Gsollgraben lehrt, postkretazisch.

Inhaltsübersicht.

Erklärung zu Tafel XXV.

Die Stirnwölbung im Wettersteinkalk der Höllengebirgs-scholle.

Nach einer Federzeichnung von G. Th. v. Kempf.

Der Standpunkt des Beobachters befindet sich auf einem Schlag in der Flyschzone (Punkt 811 der Sektionskopie 1:25.000). Der frei vor der Hauptwand stehende Felskopf in der Mitte des Bildes ist der Adlerspitz. Er liegt in der Richtung O 10° S vom Beobachter. Die Hauptmasse der Wände besteht aus Wettersteinkalk. Er ist größtenteils geschichtet, nur ganz rechts teilweise ungeschichtet. Die dunkler gehaltene Felspartie in der Mitte unten ist Hauptdolomit. Er wird im Liegenden und im Hangenden durch eine Schubfläche begrenzt. Die Blöße links unten liegt schon im Flysch. Das Neokomband tritt in der Landschaft nicht hervor.

Über die Anwendung der Ionentheorie in der analytischen Chemie.

Eine prinzipielle Untersuchung.

Von Dr. O. Hackl.

Motto: Die chemische Analyse ist eine Wissenschaft von Thatsachen; sie beruht ausschließlich auf Erfahrungen und ihr Wesen ist
daher durchaus praktischer Natur und von rein
wissenschaftlichen Theorien unabhängig.
    De Koninck - Meineke, Lehrbuch der
chemischen Analyse, 1. Band, pag. 269.

Zwischen den physikalischen Chemikern, welche ihr Fach gern
als Grundlage der gesamten Chemie proklamieren, und den Anor-
ganikern, Analytikern und technologischen Chemikern tobt schon des
längeren ein heißer Kampf um neuere chemische Theorien und Hypothesen, die sich manchmal als fruchtbringend erwiesen haben und
deshalb von ihren Vertretern auf die gesamte Chemie angewendet
wurden; mit welchem Erfolg, das ist eben noch strittig, und es kann nur
konstatiert werden, daß in der neueren Fachliteratur die physikalischen
Chemiker sich bereits eine dominierende Stellung zu erringen gewußt
haben.

Ich will es nun versuchen, speziell die Ionentheorie auf
ihre Anwendbarkeit in der analytischen Chemie zu prüfen, da von
vielen Seiten behauptet wurde, erstere habe bei dieser Übertragung
von neuem glänzende Triumphe gefeiert, wovon ich mich nicht recht
überzeugen konnte. Der Umstand, daß diese Anwendungsversuche,
besonders derjenige von Ostwald („Die wissenschaftlichen Grundlagen der analytischen Chemie"), von manchen hervorragenden Analytikern, zum Beispiel Jannasch, als gelungen bezeichnet wurde, hat
mich vorsichtig gemacht und ich kann wohl sagen, daß ich nicht ohne
reifliche Überlegung geurteilt habe; aber auch, daß die Forschungsmethode so mancher dieser Lobredner prinzipiell entgegengesetzt der
von ihnen befürworteten ist, so zum Beispiel eben auch bei Jannasch,
der seine großen analytischen Erfolge nur dadurch errungen hat, daß
er empirisch vorging und sich nicht von ionentheoretischen Erwägungen leiten ließ, wie aus seinen Arbeiten und dem Werk
„Praktischer Leitfaden der Gewichtsanalyse" hinreichend ersichtlich
ist. Wenn es ihm nicht erspart blieb, von mancher Seite auf Grund von
physikalisch-chemischen Infinitesimalrechnungen seine ausgearbeiteten

Methoden angegriffen zu sehen, so daß er als gewissenhafter Forscher sich gezwungen sah, dieselben neuerdings auf ihre Verläßlichkeit zu untersuchen — was freilich leider nicht die A r t der Polemik solcher Gegner zum Aussterben bringt —, so zeigt sich darin nur wieder, wohin gar manche Seitenäste neuer Theorien führen; hat es ja doch noch fast jeder, der auch nur ein Wort des Zweifels diesbezüglich äußerte, gleich mit überaus ergrimmten Feinden zu tun gehabt.

Ostwald sagt selbst, daß sein oben angeführtes Werk hauptsächlich von „nichtzünftigen Analytikern" gelobt wurde. Dies ist nur zu begreiflich, denn Laien auf diesem Gebiete muß die Einfachheit, mit der hier anscheinend das Wesen der ganzen analytischen Chemie vorgebracht und erschöpft wird, bestechen. So zum Beispiel schreibt H. St. C h a m b e r l a i n. in „Immanuel Kant" (2. Auflage, pag. 385): „Jeder Freund der Wissenschaft ehrt den Namen O s t w a l d. Aus dem Chaos der Chemie hat O s t w a l d es verstanden ein übersichtliches Gebäude zu gestalten und sein kleines Buch W i s s e n s c h a f t l i c h e G r u n d l a g e n d e r a n a l y t i s c h e n C h e m i e ist das Entzücken aller, die — wie ich selber — ihr chemisches Wissen im Laboratorium aus tausend unzusammenhängenden Bruchstücken, ohne Spur eines ,geistigen Bandes' aufbauen mußten." Das Gebäude ist freilich sehr einfach, aber eben deshalb entspricht es nicht dem Tatsachenmaterial, das sehr kompliziert ist; daß ein Chaos nicht ein logisches System ist, daß die Materie kein geistiges Band hat und daß es verschiedene Elemente und Verbindungen mit sehr verschiedenen Eigenschaften gibt, dafür können wir nichts, das ist nicht unsere Schuld; unzulässig aber ist es, diese Tatsachen zwecks „einfacher" Zusammenstellung zu vergewaltigen, denn die Wissenschaft hat nicht vor allem Einfachheit, sondern W a h r h e i t anzustreben.

Ich habe regelmäßig die Erfahrung gemacht, daß in sonst ausgezeichneten Werken der verdienstvollsten Autoren, sobald das Kapitel Ionentheorie an die Reihe kommt, entweder Verdrehungen der Tatsachen einsetzen oder anscheinend zwingend logische Ableitungen, die in Wirklichkeit sehr zweideutig sind; und deshalb sehe ich mich gezwungen, diese Methodik als für die Ionentheorie wesentlich anzusehen, nicht bloß als Ausschreitung einzelner Anhänger derselben.

In der Maßanalyse ist die Ionentheorie deshalb nicht brauchbar, weil schon die von ihr gegebene Theorie der Indikatoren, wie ich weiter unten deutlich zeigen werde, nicht eindeutig ist, also der Stolz, mit welchem diese vorgebracht wurde, ganz überflüssig und unberechtigt ist. Und was die Brauchbarkeit in der Gewichtsanalyse betrifft, so genügt es fürs erste, M e i n e k e zu zitieren, welcher schreibt: „Im speciellen Theile hätte von der Ionentheorie nur ein sehr beschränkter Gebrauch gemacht werden können. Gern will ich zugeben, daß eine Anzahl von Reactionen eine einfache Erklärung durch die Vorstellung finden, daß es Ionen sind, welche in Wechselwirkung treten . . . In den weitaus meisten Fällen fehlt aber der experimentelle Nachweis über den Umfang der Dissociation der Verbindungen, welche, nach der älteren Auffassung, an der Reaction theilnehmen, und an Stelle concreter Zahlen und Verhältnisse würde immer wieder ein allgemeiner, durch seine Wiederholung schematisch wirkender Hinweis auf die

Theorie treten müsssen." (De Koninck-Meineke, Lehrb. d. chem.
Analyse pag. XI/XII.) Deshalb kann auch ein solcher spezieller,
praktischer Teil für die quantitative Analyse nicht geschrieben
werden, das sieht man aus Ostwalds Werk, wo derselbe äußerst
klein zusammengeschrumpft ist; derartig, daß einem Analytiker, wenn
er nur dieses Hilfsmittel hätte, nicht damit gedient wäre. Das, was
eben noch weiter nötig ist, hat aber mit der Ionentheorie nichts
zu tun und diese kann gar nicht darauf angewendet werden; wäre
dem anders, so hätten wir schon längst derartige Werke mehr als
genug; aber der Theoretiker kann sie nicht schreiben, weil ihm
meistens die Erfahrungen fehlen, und der Praktiker schreibt sie nicht,
weil er meistens von der Theorie nicht viel versteht und überdies
sieht, daß es keinen Zweck hätte. Ich will, weil damit zusammen-
hängend, De Koninck zitieren (pag. XX/XXI): „Hüten muß man
sich jedoch vor Verfahren, welche man sich durch Deduction er-
sonnen hat [1]); denn Reactionen, welche in ihrer Anwendung auf reine,
von anderen geschiedene Stoffe genau sind, sind das häufig nicht
mehr, wenn Stoffgemische vorliegen. So wird zum Beispiel Zinkoxyd
nicht im geringsten verändert, wenn man es für sich in einem Wasser-
stoffstrome erhitzt; dagegen wird es theilweise reducirt, wenn es mit
Nickeloxyd gemischt ist." Daran anschließend wird dann noch das
lehrreiche Beispiel jener Trennungsmethode von Rose für Baryum
und Strontium mittelst Ammonkarbonat angeführt, welche man lange
Zeit für verläßlich und genau hielt, die jedoch, wie Fresenius experimentell gezeigt hat, diese zwei Bezeichnungen keineswegs verdient.
Von den Tatsachen ausgehend, daß Baryumsulfat durch gelöstes Ammonkarbonat nicht angegriffen wird, Strontiumsulfat aber durch Ammonkarbonatlösung in Strontiumkarbonat umgewandelt wird, zog man die
„einfache" Schlußfolgerung, daß man ein Gemisch von Baryum- und
Strontiumsulfat durch Behandlung mit Ammonkarbonatlösung leicht
müsse trennen können, weil dabei Baryumsulfat, welches in verdünnten
Säuren praktisch unlöslich ist, unverändert bleibe, das ganze Strontiumsulfat aber in Karbonat übergeführt werde, welches zum Beispiel in
verdünnter Salzsäure leicht löslich ist. Fresenius hat nun gefunden,
daß das nicht richtig ist, sondern daß einerseits auch vom Baryumsulfat mehr oder weniger im Karbonat übergeführt wird, während anderseits ein Teil Strontiumsulfat auch unverändert bleibt, so daß man arge
Fehler begehen kann, die manchmal durch Kompensation nur nicht ersichtlich werden; welche Kompensation meistens aber nicht genügend weitgehend eintritt, denn sonst wäre ja die Methode praktisch ganz
brauchbar.

Gerade diese wichtigsten Erfahrungen, welche die empirische
Forschungsweise gezeitigt hat, und deren Folgerungen zu einer gründlichen Warnung vor dem Spekulieren, zu Vorsicht und Mißtrauen
gegenüber einer rationalistisch-deduktiven Forschungsweise geführt
haben, soweit es sich um Naturwissenschaft, Beobachtung und Erfah-

---

[1]) Damit ist das gemeint, was die Ionenlehre „Kombination aus den Eigenschaften der einzelnen Ionen" nennt und womit sie Giltiges über das Verhalten
von Gemischen im voraus erschließen zu können glaubt. O. H.

rung handelt, beachtet die Ionentheorie nicht, und fällt damit in eine
Scholastik zurück, über deren endliche Beseitigung aus den Erfah-
rungswissenschaften noch vor wenigen Jahren alles frohlockt hat. Ist
auch ohne weiteres zuzugeben, daß in der Analyse das denkende
Überlegen — sofern es sich um ein Gegenwärtighalten und Vergleichen von Erfahrungsresultaten handelt — besonders auch bei
Zusammenstellung und Ausarbeitung von „Analysengängen" für spezielle
Fälle, eine große Rolle spielt, die nicht ausgeschaltet werden kann
und auch ihr gutes Recht hat, so muß doch auch bemerkt werden,
daß hierbei ein gewisses anorganisch-analytisches Gefühl, so wenig
es sich auch rechtfertigen läßt, einfach unentbehrlich ist, das in-
stinktiv die nicht immer klar bewußten Erfahrungen gegenwärtig hält
und den Schlußfolgerungen gegenüber zur Vorsicht rät in Fällen, welche
einer experimentellen Untersuchung oder Nachprüfung bedürftig sind.
Es ist ja sichergestellt, daß in sehr vielen Fällen die Eigenschaften
von Substanzen durch bloße Mischung nicht beeinflußt werden — und
in solchen Fällen wäre ein kombinationsmäßiges Schließen über das
Verhalten nach dem Mischen zu gestatten — aber auch, daß in anderen
Fällen eine gründliche Änderung einiger oder mehrerer Eigenschaften
eintritt; wo dies der Fall ist und wo nicht, darüber läßt sich derzeit
auch nicht annähernd eine allgemeinere Formel finden. Es ist jedoch
wahrscheinlich, daß ein solcher Einfluß viel öfter vorhanden ist, als
man bisher annahm; daß er in vielen Fällen praktisch nur nicht ins
Gewicht fällt. Als Beispiel hierzu aus der Gesteinsanalyse seien die
Resultate H i l l e b r a n d s erwähnt, welcher fand, daß Titansäure nicht
nur beim Kochen mit Ätznatron, sondern auch bei der Ätznatron-
schmelze praktisch nicht unlöslich ist und daß im letzteren Falle
zirka 7⁰/₀ Titansäure gelöst werden; ist jedoch gleichzeitig eine größere
Menge Eisenoxyd (mit oder ohne Tonerde) vorhanden, so geht praktisch
kein Titan in Lösung. Auch hier wieder durch eine bloße Beimengung
ein geändertes Verhalten und ein Einfluß, der nicht von „Nebenreaktionen"
im gewöhnlichen Sinne herrührt. Aber auch die Tatsache, daß es
Nebenreaktionen im gewöhnlichen Sinn gibt, genügt schon, um die Brauchbarkeit des deduktiven Verfahrens ins Wanken zu bringen; sonst wäre
man ja nicht gezwungen, bei jeder einzelnen Reaktion Listen derjenigen Substanzen aufzustellen, welche e r f a h r u n g s g e m ä ß auf die
Reaktion und ihren Verlauf, respektive das quantitative Resultat von
Einfluß sind, und derjenigen, bei welchen das nicht der Fall ist, was
ja besonders auch in der Titrieranalyse von größter Wichtigkeit ist.
So hat eben jedes Gebiet der Chemie seine eigenen Anforderungen,
die sich nicht summa summarum durch eine einzige Theorie erschöpfen
lassen. Ein Gemeinsames haben jedoch alle diese Zweiggebiete: sie
beruhen durchweg auf Beobachtung und Erfahrung, ihre Grundlagen
sind T a t s a c h e n.

O s t w a l d s Buch verrät schon im Titel den Irrtum; um die wissenschaftlichen Grundlagen der analytischen Chemie handelt es sich angeblich,
der Inhalt aber dreht sich größtenteils um Hypothesen, besonders die
Ionentheorie, und demgegenüber muß man nachdrücklichst darauf hinweisen, daß diese n i c h t die Grundlagen der analytischen Chemie
sind, sondern luftige Ausläufer der allgemeinen und theoretischen Chemie;

daß vielmehr r e i n e T a t s a c h e n die Grundlage der chemischen
Analytik bilden; darauf beruht ihr Stolz und ihre Sicherheit und nur
soweit sie es mit Tatsachen zu tun hat, ist sie wissenschaftlich und
verläßlich. Aber auch angenommen, daß all die in Frage stehenden
Hypothesen richtig seien, so wären und blieben immer Tatsachen die
Grundlage dazu, sowohl als historischer Ausgangspunkt wie auch als
wissenschaftliche Begründung; außer es wären diese Hypothesen rein
aus der Luft gegriffen, in welchem Falle sie überhaupt nicht ernstlich
zu beachten wären. Der angeführte Titel des O s t w a l d schen Werkes
ist aber nur die Folge der in dem ganzen Buch eingehaltenen Darstellungsart, die ebenso verfehlt ist und aus derselben Wurzel entspringt: es wird nämlich immer so getan, als wären die Tatsachen
nichts anderes als aus Theorien abgeleitete Schlußfolgerungen, fast nie
wird von den Tatsachen ausgegangen, sondern umgekehrt von den
Theorien, die aber doch, falls sie überhaupt Berechtigung haben, nur
auf Grund von Tatsachen aufgestellt werden konnten. In Wirklichkeit
liegt ein Versuch vor uns, der sich zu zeigen bemüht, daß die Folgerungen aus der Ionentheorie mit den Tatsachen übereinstimmen (was
oft gar nicht der Fall ist), während die ganze Darstellungsart sich
stellt, als wüßte sie nichts von den Tatsachen und als wäre das letzte
wissenschaftliche Kriterium der Vergleich mit der Folgerung aus der
Ionentheorie; und dabei wird, trotz der verkehrten Darstellung, zwischen
den Zeilen auf das Erfahrungsresultat geschielt, um nur ja mit diesem
nicht in Konflikt zu kommen und dadurch die Verdrehung kenntlich
zu machen, sondern die Theorie als unfehlbar verläßlich hinzustellen.
    Die ganze Art und Weise beruht auf doppelten und dreifachen
Umkehrungen; weder die Theorie ist rein, weil durch Verwendung von
Erfahrungsresultaten gefunden, welche dann wieder als verachtenswert
hingestellt werden, noch auch das Praktische, weil dieses quasi bloß
als eine Konsequenz aus der Theorie dargestellt wird, die nicht nötig
hätte, an der Erfahrung geprüft zu werden. So kommt also jeder Teil
zu kurz und das Ganze ist ein Wirrwarr, in dem sich kein Mensch
auskennen kann, der das Gebiet nicht selbst schon genau kennt; am aller-
wenigsten der Laie, für welchen das Buch als „elementare“ Darstellung bestimmt zu sein scheint und der dadurch leider eine ganz
falsche Vorstellung von der Sache bekommen muß; so daß, wenn ihm
diese Verkehrtheiten auffallen und er nicht selbst schon in prak-
tisch-wissenschaftlichen Arbeiten und besonders im Lesen von theoretischen Abhandlungen sehr versiert und gewitzigt ist, er V e r -
a c h t u ng der analytischen Chemie gegenüber empfinden müßte, welche
diese gar nicht verdient. Das Ganze ist, kurz gesagt, H e g e l scher
Rationalismus, angewendet bei der Tatsachenerforschung, in Verbindung
mit dem Bemühen, in der Theorie wieder praktische Rücksichten
gelten zu lassen. So sind nicht nur zwei entgegengesetzte und
gänzlich verkehrte Methoden zusammengekoppelt, sondern es sind
auch beide Verstellung; und es ist hochmerkwürdig, zu sehen, daß
gerade diejenigen, welche in ihrer „Naturphilosophie“ einem radikalen
Empirismus huldigen, in der Praxis des wissenschaftlichen Theoreti-
sierens einem ganz ungeheuerlichen Rationalismus verfallen, der durch
seine Ausschweifungen fortwährend Theorie und Praxis, Denken und

Erfahrung verwechselt und durcheinandermengt, anstatt reinliche
Scheidung vorzunehmen. Ich will weder die Praxis noch auch die
Theorie einseitig verteidigen, aber alles wo es hingehört; man soll
nicht in der Praxis herumtheoretisieren und Tatsachen aus dem Denken
ableiten wollen, aber auch nicht in der Theorie praktische Rücksichten
gelten lassen, um nicht schließlich, wie es dem in Frage stehenden
Werk passiert ist, gezwungen zu sein, die Erfahrungserkenntnisse
verschämt einschmuggeln zu müssen.

Es handelt sich mir hier weniger um die Bekämpfung der Ionentheorie überhaupt — obwohl sich aus dieser Arbeit zeigt, daß gewichtige Gründe gegen sie sprechen — als vor allem um ihre Verallgemeinerungen auf einem Gebiete, wo sie bestenfalls nur teilweise
hingehört.

Um alle meine Behauptungen zu rechtfertigen, müßte ich das
ganze Buch Ostwalds Seite für Seite durchgehen, werde mich jedoch
begnügen, einzelne besonders typische Beispiele herauszugreifen und
zu beleuchten; liest man dann das Buch noch einmal, so werden
einem die Verwechslungen und Unklarheiten auf Schritt und Tritt
auffallen. Auch ich war, wie so viele andere, von der Ionentheorie
anfangs, nachdem einige meiner ersten Einwände durch billige Redensarten hinwegerklärt worden waren, entzückt; als ich aber anfing, mir
beim praktischen Arbeiten von jeder Operation, jedem Vorgang und
Verhalten vom Standpunkt dieser Theorie aus Rechenschaft zu geben,
kam eine große Zahl von Zweifeln, die durch größere Werke darüber
meistens nicht behoben wurden; und ich begann diese Theorie selbst
zu untersuchen, wobei sich herausstellte, daß die „Erklärungen", welche
sie Einwänden gegenüber gibt, gar nicht von Tatsachen ausgehen,
sondern aus dieser Theorie selbst wieder gefolgert wurden, also unter
der Annahme, daß sie richtig sei, was eine Zirkelbewegung ist.

Ich will nur noch bemerken, daß es mir nicht darum zu tun
war, ein so berühmtes Werk in wichtigsten Punkten zu mißverstehen,
denn damit wäre sachlich gar nichts getan, und füge bei, daß ich mich
im Folgenden auf die Seitenzahlen der 4. Auflage von Ostwalds
Buch „Die wissenschaftlichen Grundlagen der analytischen Chemie"
beziehe.

Auf pag. 50 lesen wir über den Angelpunkt der Ionenlehre,
soweit es sich um deren Anwendung auf die analytische Chemie
handelt, Folgendes:

„In wässerigen Lösungen der Elektrolyte sind im allgemeinen
die Ionen zum Teil verbunden, zum Teil bestehen sie unverbunden
nebeneinander. Bei den Neutralsalzen ist der unverbundene Teil bei
weitem der größere, und zwar wird er um so beträchtlicher, je ver-
verdünnter die Lösung ist. Infolgedessen sind die Eigenschaften verdünnter Salzlösungen nicht sowohl durch die Eigenschaften des gelösten
Salzes als solchen bedingt, sondern vielmehr durch die Eigenschaften
der aus dem Salz entstandenen Ionen. Durch diesen Satz erlangt die
analytische Chemie der salzartigen Stoffe alsbald eine ungeheure Vereinfachung: es sind nicht die analytischen Eigenschaften sämtlicher
Salze, sondern nur die ihrer Ionen festzustellen. Nimmt man an, daß
je 50 Anionen und Kationen gegeben sind, so würden diese miteinander

2500 Salze bilden können, und es müßte, falls die Salze individuelle Reaktionen besäßen, das Verhalten von 2500 Stoffen einzeln ermittelt werden. Da aber die Eigenschaften der gelösten Salze einfach die Summe der Eigenschaften ihrer Ionen sind, so folgt, daß die Kenntnis von 50 + 50 = 100 Fällen genügt, um sämtliche 2500 möglichen Fälle zu beherrschen. Tatsächlich hat die analytische Chemie von dieser Vereinfachung längst Gebrauch gemacht; man weiß beispielsweise längst, daß die Reaktionen der Kupfersalze in bezug auf Kupfer die gleichen sind, ob man das Sulfat, Nitrat oder sonst ein beliebiges Kupfersalz untersucht. Die wissenschaftliche Formulierung dieses Verhältnisses und seiner Ursache ist aber der Dissoziationstheorie vorbehalten geblieben."

Von dieser Vereinfachung hat man erstens nicht schon längst Gebrauch gemacht; in praxi der Forschung nicht, denn man hat möglichst alle Fälle und Kombinationen detailliert empirisch durchforscht; erst dadurch fand man, daß es sich in den meisten Fällen so verhält, und dadurch erhielt man erst das Recht zu solcher Vereinfachung. Und wäre das auch noch nicht geschehen, und wären die Eigenschaften auch deduktiv ableitbar, so müßte die empirische Untersuchung trotzdem nachgeholt werden, wenn man die praktische Verwendbarkeit und Verläßlichkeit feststellen will; dann ist aber die Theorie überflüssig. Das bricht einer Theorie, die sich aufs Deduzieren verlegt bei Problemen, welche empirisch entscheidbar sind, das Genick. Das angeführte Beispiel vom Kupfer konnte ja auch nur auf Grund empirischer Beobachtungen und Erfahrungsresultate herbeigezogen werden! Diese Erfahrungsresultate zeigen aber auch, was diese Theorie immer wieder übersieht, daß solche Behauptungen nur „im allgemeinen" richtig sind, keineswegs aber Allgemeingiltigkeit im strengen Sinn, in welchem sie von der Ionentheorie vorgebracht werden, beanspruchen dürfen. Fast jedes in Lösung befindliche und nach der älteren Auffassung gebundene Element und Radikal (Ion) hat mindestens eine solche gesetzmäßige Ausnahme qualitativ abweichenden Verhaltens. Zum Beispiel wird das Eisen der Ferrisalzlösungen im allgemeinen durch Ammoniak als Hydroxyd gefällt, nicht aber aus Ferritartrat- (weinsaures Eisenoxyd), Ferrizitrat- (zitronensaures Eisenoxyd) und noch einigen anderen seiner Salzlösungen; ebensowenig tritt diese Fällung ein, wenn man diejenigen Ferri- (Eisenoxyd-) Salzlösungen, aus welchen das Eisen sonst durch Ammoniak gefällt werden kann, mit Weinsäure, resp. Zitronensäure etc. versetzt; was darauf hindeutet, daß dies im letzteren Fall auf dieselbe Ursache wie im ersten zurückzuführen ist, nämlich die Entstehung von weinsaurem (zitronensaurem) Eisenoxyd, resp. nach der ionentheoretischen Auffassung auf die Bildung derselben komplexen Ionen wie diejenigen, welche beim Lösen von weinsaurem (zitronensaurem) Eisenoxyd in Wasser entstehen. Die Fällbarkeit des Eisens aus seinen alkalischen Salzlösungen durch Schwefelammonium als Sulfür wird jedoch durch Weinsäure nicht verhindert. Aluminium aber, welches durch Ammoniak ebenso wie durch Schwefelammonium aus seinen Salzlösungen gewöhnlich als Hydroxyd gefällt wird, wird bei Gegenwart von Weinsäure weder durch ersteres noch auch durch das zweite

Reagens gefällt; seine Fällung als P h o s p h a t wird aber durch Weinsäure nicht verhindert. Und während die Fällung des Eisens aus
ammoniakalischen, mit Weinsäure versetzten Eisenoxydsalzlösungen
durch Ferrocyankalium nicht gelingt, geht die des Mangans unter denselben Umständen ebenso vor sich wie aus einer reinen Manganosalz-
lösung. Und ähnlich auch gerade beim Kupfer, welches aus seinen
Salzlösungen durch Schwefelwasserstoff als Sulfür ausfällt, nicht aber,
wenn sich in diesen Lösungen Cyankalium befindet. Solche Beispiele,
von welchen eine Menge angeführt werden könnte und die jedem
tüchtigen Analytiker bekannt sind, beweisen klar, daß es nicht richtig
ist, wenn die Ionentheorie behauptet, daß es bei Reaktionen auf
Kationen gleichgiltig sei, welche Anionen vorhanden seien, denn nicht
einmal q u a l i t a t i v sind da die Reaktionen immer gleich, auch dann
nicht, wenn keine „störenden Nebenreaktionen" im gewöhnlichen Sinne
vor sich gehen. Bei q u a n t i t a t i v e n Bestimmungen von Kationen
(resp. Anionen) ist es aber noch viel weniger gleichgiltig welche
Anionen (resp. Kationen) vorhanden sind, sondern hier spielen diese
Verschiedenheiten noch viel öfter eine große Rolle als in der qualitativen Analyse; ist es ja doch die Aufgabe der allgemeinen quantitativen Analyse, experimentell diejenigen Bedingungen zu ermitteln,
welche bei den einzelnen Bestimmungen und Trennungen das günstigste
Resultat herbeiführen; dazu gehört es eben auch, diejenigen S u b-
s t a n z e n zu ermitteln, welche schädlich wirken, diejenigen, welche
am günstigsten und welche praktisch ohne Einfluß sind. Gerade auf
diesem abweichenden Verhalten beruht also das W e s e n der quantitativen und auch qualitativen Analyse! Von den demgemäß unzählig
vielen hierhergehörigen Fällen möchte ich einige wenige anführen,
die jedem Analytiker bekannt sind: so muß man die Schwefelsäure
(das Sulfat-Ion) aus schwach s a l z saurer, nicht aber aus salpeter-
oder gar schwefelsaurer Lösung fällen, und zwar durch Baryum-
c h l o r i d, nicht aber durch Baryumnitrat oder ein anderes lösliches
Baryumsalz, was nach der Ionentheorie alles gleichgiltig wäre; so
fällt man Silber als Chlorid aus s a l p e t e r saurer Lösung etc. Die
Bedingungen, welche zu den besten Resultaten führen, sind sehr
mannigfaltig, aber in jedem Einzelfall eng umgrenzt und die Auswahl
der Reagenzien ist nicht so leicht und gleichgiltig, wie die Ionentheorie meint, sondern das Ideal und Ziel der allgemeinen chemischen
Analytik ist: für jeden analytischen Einzelfall an Kombinationen diejenigen ganz bestimmten Bedingungen herauszufinden, welche, wenn
man nicht Einbuße an der Güte des Resultates erleiden will, kein
Abweichen dulden, sondern genau eingehalten werden müssen und
keine freie Wahl mehr übrig lassen. Die Ionentheoretiker scheinen
wie geflissentlich zu übersehen, daß es nicht nur darauf ankommt,
als welche Verbindung man den zu bestimmenden Bestandteil am
besten abscheidet, sondern auch durch welches Reagens von den hiernach noch zur Auswahl freien mit gleichem Kation (resp. Anion),
und aus welcher Lösung. Damit ist erwiesen, daß sich die Ionentheorie nicht nur in einzelnen Fällen, sondern p r i n z i p i e l l auf einem
Holzweg befindet, weil die Umstände, welche diese Theorie für gleichgiltig hält, immer von Bedeutung sind, so daß man nicht kombinations-

mäßig aus wenigen Einzelfällen alles andere erschließen und vorhersehen kann; sondern das Ideal muß im Gegenteil sein und ist es auch seitens der Analytiker: j e d e n Einzelfall, a l l e Kombinationen und Ausnahmen erfahrungsgemäß zu kennen, was eben nur durch empirische Forschung annähernd erreicht werden kann. Es ist aber mit Obigem auch bündig gezeigt, daß es „individuelle" Reaktionen und Eigenschaften der „Ionen-Kombinationen" (gelösten Salze und Verbindungen) gibt[1]), und daß es in der analytischen Chemie gerade auf diese individuellen Reaktionen ankommt, und zwar dort wo sie vorhanden sind sogar hauptsächlich; was alles von der Ionentheorie teils verschwiegen, teils geleugnet wird. Und es genügt nicht nur nicht, die Eigenschaften nur der einfachen, zusammengesetzten und komplexen Ionen einzeln festzustellen, sondern es genügt auch noch nicht, die Eigenschaften sämtlicher Salze einzeln festzustellen; vielmehr müssen auch die Eigenschaften sämtlicher möglichen Salzkombinationen und Kombinationen aller analytisch wichtigen Verbindungen überhaupt einzeln direkt erfahrungsgemäß festgestellt werden. Jeder erfahrene Analytiker weiß, daß all diese Unterschiede, welche die Ionentheorie für unwesentlich erklärt, fast nie bedeutungslos sind und daß es nicht wahr ist, daß man mit der Kenntnis so weniger Fälle, wie O s t w a l d meint, ausreicht; und das darf nicht zugunsten dieser Theorie verschwiegen werden, da man gerade von einem physikalischen Chemiker erwarten sollte, daß er derlei weiß. Soweit die obenerwähnte Vereinfachung berechtigt ist, wurde sie in der D a r s t e l l u n g auch von der älteren Schule durchgeführt, aber eben nur soweit als sie berechtigt war. Die Ausnahmen wurden sorgfältig verzeichnet, weil sie von größter Wichtigkeit sind, und es wurde nicht voreilig oder falsch verallgemeinert, was neben dem Verschweigen und Leugnen von Fällen, die ihr nicht in den Kram passen, eine Hauptmethode der physikalischen Chemie bei deren Anwendung auf die Analytik ist; wodurch nur erreicht wird, daß die Praxis zu Irrtümern geführt wird, wenn sie sich auf solche Theorie verläßt.

In der analytischen Chemie hat man also auch die Eigenschaften und das chemische Verhalten der einzelnen „Ionen-K o m b i n a t i o n e n" zu kennen; mit einer Deduktion aus den Eigenschaften der einzelnen Komponenten-Ionen kommt man sehr oft zu Irrtümern, nicht aber, wie O s t w a l d glaubt, zur Wahrheit. Ist ja doch in der quantitativen und besonders auch der Gewichtsanalyse schon eine viel w e n i g e r deduktive Auffassung und Methodik als die, welche die Ionentheorie befürwortet, verwerflich, weil nur in m a n c h e n Fällen zu richtigem Resultat führend, also nicht verläßlich; man denke nur an die angeführten Beispiele vom Zinkoxyd und Nickeloxyd und der R o s e schen Trennungsmethode. Also gerade nur die „mühselige Empirie", welche N e r n s t in seiner „Theoretischen Chemie" so verächtlich beurteilt, führt hier zum Ziel und die ganze ionentheoretische Auffassung

---

[1]) Zum Beispiel der Fall vom weinsauren Eisenoxyd, das gegenüber Schwefelammonium sich ebenso verhält wie die große Mehrzahl der übrigen Eisenoxydsalze, nicht aber gegen Ammoniak, worin es wieder mit einigen anderen, zum Beispiel dem zitronen- und äpfelsauren Eisenoxyd übereinstimmt.

ist in der analytischen Chemie im Prinzip verfehlt, nicht aber, wie
Ostwald meint, deren „wesentlicher Fortschritt".

Ausnahmsfälle, wie die obigen vom Kupfer und Eisen, sucht die
Ionentheorie durch Annahme der Bildung „komplexer Ionen" zu erklären und demgegenüber muß betont werden, daß diese Annahme
ja besonders durch solche Fälle erst hervorgetrieben wurde, daß sie
also eine Ausflucht ist, nicht aber eine Erklärung; daß, um diese
„Ergänzung" anbringen zu können, Erfahrung und Beobachtung notwendig war (wenn auch von anderer Seite betrieben), so daß der
Kern der Ionentheorie damit nicht gerettet werden kann; um so
weniger, als die Annahme komplexer Ionen-Ausnahmsfälle, welche ein
bestimmter Chemiker noch nicht aus Erfahrung weiß, demselben auch
nicht vorhersehen läßt, weil er dazu schon wissen müßte, in welchen
Fällen solche Bildung eintritt und welches Komplex-Ion dabei entstehe; dies läßt sich aber aus der Ionentheorie nicht ableiten. Hierzu
schreibt Ostwald im Anschluß an das oben Zitierte weiter: „Erklärt
auf diese Weise die Dissoziationstheorie die große Einfachheit[1]) des
analytischen Schemas, so erklärt sie auch andererseits die Verwicklungen, welche erfahrungsmäßig in einzelnen[2]) Fällen auftreten." Das
Wort „erfahrungsmäßig" verrät schon, daß hier auf einmal, weil es
gar nicht mehr anders geht, zugegeben wird, daß vieles gefunden
wurde, das nicht aus der Ionentheorie abgeleitet wurde. Hinterher,
nachdem die Verwicklungen schon festgestellt wurden, kann man
leicht „erklären"; es handelt sich aber darum, ob die Ionentheorie,
wie sie von sich selbst versichert, auch vor der Erfahrung die entsprechenden Tatsachen hätte durch Ableitung finden können; und
das ist deshalb sehr unwahrscheinlich, weil sie uns bisher noch gar
nichts an analytischen Methoden gelehrt hat, das erst nachher durch
Erfahrung bestätigt worden wäre; sondern sie bringt meistens nur
Behauptungen über Ursachen vor, welche empirisch gar nicht nach-
prüfbar sind. Damit hat sie zwar ein leichtes Spiel, muß es sich aber
auch gefallen lassen, wenn man ihr vorhält, daß sie die Tatsachen
nicht voraussehen könne. Ostwald führt wieder nur einige wenige
Beispiele zu dem oben Zitierten an, gemischt mit ionentheoretischen
Redensarten, und es wird wieder kein Hilfsmittel gegeben, um für
alle Fälle gerüstet zu sein, was uns doch vorher versprochen wurde.
Der Satz, welcher so aussieht, als wäre er ein Hilfsmittel für alle
Fälle, soll gleich besprochen werden.

Hauptausflucht bei der Erklärung von abnormalen Reaktionen,
welche durch gewöhnliche einfache und zusammengesetzte Ionen
nicht erklärt werden können, ist die Annahme der Bildung
komplexer Ionen. Daß dies ein sehr schwacher Punkt ist, weil
die Ionentheorie damit annehmen müßte, daß von vielen Elementen
und Radikalen Verbindungen existieren, welche sich in anderer Art
spalten als die übrigen Verbindungen des betreffenden Elements
oder Radikals, und daß man nicht vorhersehen kann, bei welchen
Verbindungen und unter welchen Bedingungen dies der Fall ist

---

[1]) Die eben nur vorgetäuscht wird. O. H.
[2]) Daß diese Fälle sehr zahlreich sind, habe ich schon ausgeführt.

und in welcher Weise, das habe ich schon weiter oben an den Beispielen des Einflusses der Weinsäure auf manche Reaktionen ausgeführt; und damit ist auch die angebliche Einheitlichkeit und Einfachheit als nicht vorhanden nachgewiesen. Gerade das eine Beispiel aus der anorganischen Chemie, welches Ostwald an dieser Stelle gibt, zeigt den Irrtum, an welchem auch die anderen leiden. Er schreibt im Anschluß an das obige: „Während die zahlreichen Metallchloride sämtlich die Reaktion des Chlors mit Silber geben, läßt diese sich mit anderen Chlorverbindungen, wie Kaliumchlorat, den Salzen der Chloressigsäuren, Chloroform usw. nicht erhalten. Den letzten Fall können wir alsbald erledigen: Chloroform ist kein Salz und kann deshalb keine Ionenreaktionen zeigen. Daß die genannten Salze aber keine Reaktion auf Chlor zeigen, obwohl sie Salze sind und Chlor enthalten, liegt daran, daß sie kein Chlorion enthalten. Die Ionen des Kaliumchlorats sind K und ClO_3; man erhält mit dem Salze die Reaktionen des Kaliumions und die des ClO_3 oder des Chlorations, und andere Reaktionen sind nicht zu erwarten. Jedesmal also, wo ein Stoff Bestandteil eines zusammengesetzteren Ions ist, verliert er seine gewöhnlichen Reaktionen, und es treten neue Reaktionen auf, welche dem vorhandenen zusammengesetzten Ion angehören." Im Falle des Kaliumchlorats würde aber erst aus den erfahrungsgemäß erhaltenen Reaktionen festgestellt, daß hierbei keine Chlorreaktion erhalten wird und daß viele Reaktionen anders sind als bei den Chloriden; und bei gleichem Aussehen eines Niederschlages ist wieder Empirie, Analyse der Niederschläge, notwendig, um zu entscheiden, ob derselbe Niederschlag erhalten wurde wie bei Chloriden oder nicht. Daraus wurde ja erst geschlossen, daß kein Chlor-Ion vorhanden sei. „Erwarten" kann man also ohne Erfahrungsresultate überhaupt nichts; weder das Eintreten einer bestimmten Reaktion, noch auch das einer geänderten oder gar keiner. Man weiß entweder schon aus der Erfahrung, welche Reaktionen eintreten und dann braucht man diese nicht erst überflüssigerweise und durch Zirkel in die Theorie umzusetzen und daraus wieder abzuleiten; oder man weiß es noch nicht; dann kann man aber auch noch nicht wissen, welche Ionen das betreffende Salz gibt, und deshalb auch die Reaktionen nicht vorhersehen.

Und ebenso wie demnach der vorletzte obenzitierte Satz Ostwalds eine Umdrehung ist, so ist es auch der letzte. Denn ob ein Stoff in einem bestimmten Fall Bestandteil eines zusammengesetzteren Ions (und welchen Ions) ist oder nicht, wird erst daraus geschlossen, ob er erfahrungsgemäß seine gewöhnlichen Reaktionen gibt oder nicht und welche Resultate die qualitative und quantitative Analyse der bei diesen Reaktionen erhaltenen Niederschläge gegeben hat. Hat man aber diese oder ähnliche notwendigen Erfahrungen, so hat man damit auch schon das, was man wissen wollte und worauf auch die Ionentheorie lossteuert, das analytische Verhalten, und braucht nicht erst Folgerungen darüber durchzuführen, welche Ionen als vorhanden anzunehmen sind, um hieraus die Erfahrung abzuleiten, denn man hat sie ja schon; und würde man sich noch einbilden, daß solche Ableitung ohne Erfahrung über diesen Fall erfolgt sei, so wäre dies nur eine Oberflächlichkeit, nicht aber Erkenntnis. Die zusammengesetzten und besonders die „komplexen" Ionen sind also etwas ganz anderes, als die Ionentheoretiker glauben, nämlich Komplexe von Zirkelschlüssen; so daß ihre Anwendung zur Erklärung der abnormalen Reaktionen keineswegs wissenschaftlich oder überhaupt eine Erklärung, sondern nur eine Ausrede ist.

Pag. 67/8. „13. Heterogenes Gleichgewicht. Das Verteilungsgesetz.

Ist das Gebilde, in welchem Gleichgewicht herrscht, durch physische Unstetigkeitsflächen in mehrere Teile getrennt, so gilt der Satz, daß in zwei angrenzenden Gebieten oder Phasen die Konzentrationen jedes Stoffes, der in beiden Gebieten vorkommt, in einem konstanten Verhältnis stehen. Bezeichnet man daher die Konzentration eines Stoffes A im ersten Gebiet mit α', im zweiten Gebiet mit α'', so gilt

$$\alpha' = k\,\alpha'',$$

wo k ein Koeffizient ist, welcher von der Natur der Stoffe und der Temperatur abhängt.

Solche Gleichungen sind für jeden vorhandenen Stoff aufzustellen. Hier gilt wiederum die Bemerkung, daß Ionen wie selbständige Stoffe zu behandeln sind; ebenso sind verschiedene Modifikationen eines Stoffes als verschiedene Stoffe zu betrachten."

Darauf ist aber auch zu bemerken, daß, wenn solche Gleichungen für jeden vorhandenen Stoff aufzustellen sind, die obige Formel ja gar kein allgemeines Gesetz ist, aus dem man in seiner allgemeinen Form alles Spezielle ablesen könnte; dann ist es eben überflüssig, unbestimmt und vieldeutig. Lesen wir die Fortsetzung:

„Auch für dieses Gesetz gilt ähnliches, wie es beim vorigen bemerkt worden ist; es ist ein Grenzgesetz für verdünnte Lösungen oder Gase, während für konzentrierte Lösungen die Konzentrationsfunktion unbekannt ist."

Es soll eben heißen: „ein Gesetz für unendlich verdünnte Lösungen", für alle anderen gilt es nicht, und zwar werden die Abweichungen um so größer, je konzentrierter die Lösung ist; also gerade für diejenigen gilt es nicht, mit welchen man es praktisch zu tun hat, sondern nur für ideelle, eingebildete, gar nicht herstellbare, also metaphysische Lösungen; was ist das aber für eine „Natur"-Wissenschaft, welche Gesetze über bloße Vorstellungen aufstellt und dann dem empirischen Einzelfall ratlos gegenübersteht, wenn sie nicht Empirie betreibt? Aus dem letzten Satz Ostwalds und der Bemerkung über die Abhängigkeit von der Natur der Stoffe und der Temperatur muß man annehmen, daß k überhaupt variabel ist; da kann man aber dann nicht mehr von „Gesetzen" reden, denn sonst könnte man mathematisch allgemein und daher nichtssagend gehaltene Gleichungen mit unbekannten Koeffizienten und „Gesetze" für je zwei und auch mehr beliebigste Beziehungen auf ähnliche Art aufstellen; und dann hätte der Begriff „Gesetz" seinen Sinn verloren; und es wäre damit auch gar nichts getan, weil gerade dasjenige, was zur Anwendung das Wichtigste ist, nämlich die „Konstante", unbekannt ist und sogar nicht konstant. Aus solchen Fällen aber soll man eben nicht „Gesetze" gewaltsam herausquetschen wollen, denn wo die Erfahrung zeigt, daß keine Konstanz innerhalb der größeren Gruppe, welche man ins Auge faßte, vorhanden ist, da ist auch für diese größere Gruppe keine Gesetzlichkeit vorhanden.

Auf pag. 75/6 lesen wir: „Besteht der Elektrolyt aus mehrwertigen Ionen in der Zusammensetzung $A_m\,B_n$, so nimmt das Löslichkeitsprodukt die Gestalt an

$$a^m\,b^n = \text{konst.}$$

Jedesmal, wenn in einer Flüssigkeit das Löslichkeitsprodukt eines festen Salzes überschritten ist, ist die Flüssigkeit in bezug auf das feste Salz übersättigt; jedesmal, wenn in der Flüssigkeit das Löslichkeitsprodukt noch nicht erreicht ist, wirkt diese lösend auf den festen Stoff. In diesen einfachen Sätzen steckt die ganze Theorie der Niederschläge, und alle Erscheinungen, sowohl die der Löslichkeitsverminderung, wie die der sogenannten abnormen Löslichkeitsvermehrung, finden durch sie ihre Erklärung und lassen sich gegebenenfalls voraussehen.

Was zunächst die Anwendung des Satzes auf die Vollständigkeit der Abscheidung eines gegebenen Stoffes anlangt, so ist zu beachten, daß die analytische Aufgabe stets darin besteht, ein bestimmtes Ion abzuscheiden. So wird der Niederschlag von Baryumsulfat entweder erzeugt, um das vorhandene Sulfation SO_4'' oder das Baryumion $Ba^{\cdot\cdot}$ zu bestimmen, und man bringt die Abscheidung im ersten Falle durch den Zusatz eines Baryumsalzes, im zweiten Falle durch den eines Sulfates hervor." Hierbei ist es aber, wie jedem Analytiker bekannt ist, nicht, wie die Ionentheorie behauptet, gleichgiltig, welches Baryumsalz man im ersten Fall nimmt, resp. welches Sulfat im zweiten Fall; und die Ionentheorie könnte auch gar nicht aus Eigenem feststellen, welches Baryumsalz, resp. welches Sulfat ein schlechtes Resultat bewirkt und welches am besten ist; daß man im ersten Fall Baryumchlorid, im zweiten Fall verdünnte Schwefelsäure, nicht aber ein Alkali- oder anderes Sulfat zu nehmen hat, was eben Resultate systematisch angestellter Versuche sind. Ostwald schreibt weiter: „Denken wir uns, es handle sich um den ersten Fall. Setzen wir genau die dem SO_4'' äquivalente Menge Baryumsalz hinzu, so bleibt etwas SO_4'' gelöst, nämlich so viel, daß die Menge mit dem gleichfalls noch vorhandenen Ion $Ba^{\cdot\cdot}$ das Löslichkeitsprodukt des Baryumsulfats ergibt. Setzen wir nun noch etwas Baryumsalz hinzu, so wird der entsprechende Faktor des Produkts vermehrt, der andere muß daher kleiner werden, und es schlägt sich noch etwas Baryumsulfat nieder. Durch weitere Vermehrung des Baryumsalzes wird eine weitere Wirkung in demselben Sinne hervorgebracht, doch kann die Menge des Sulfations nie gleich Null werden, da man die Konzentration des Baryumions nie unendlich machen kann.

Daraus ergibt sich die Bedeutung der altbekannten Regel, die Fällung stets mit einem Überschuß des Fällungsmittels zu bewirken."

Gerade dieses Beispiel paßt aber nicht hierher, denn gerade bei der Fällung von SO_4'' mit Chlorbaryum muß, wie jedem erfahrenen

Analytiker bekannt ist, wohl ein Überschuß vorhanden sein, aber so
k l e i n als möglich, nicht wie die Ionentheorie glaubt, so g r o ß als möglich,
weil je größer der Überschuß, desto mehr Chlorbaryum „mitgerissen"
wird. Die altbekannten Regeln gelten freilich, aber nur so wie sie
sich ausgeben, in den meisten Fällen, die man mit den Ausnahmen
detailliert kennen und wissen muß; nicht aber, wie es die Ionentheorie immer herausbringen will, die sie bloß drapiert, frisch appre-
tiert und dann als g e s e t z m ä ß i g ausgibt und so tut, als wäre es
ihr eigenes Werk. Damit zeigt sich auch, daß es nicht richtig ist,
daß sich mit der Ionentheorie „alle Erscheinungen" „gegebenenfalls
voraussehen" lassen, sonst hätte nicht hier gerade das unpassendste
Beispiel gewählt werden können.

Man könnte mir sagen, ich solle nicht das Kind mit dem Bad
ausschütten; man dürfe nicht Irrtümer und übereifrige Verallgemeinerungen einer Lehre von seiten e i n z e l n e r ihrer Vertreter —
und wären es auch deren bedeutendste — mit der Lehre selbst ver-
wechseln. Das ist richtig; wenn aber die Betreffenden gerade auf
diese ihre eigenen Verallgemeinerungen den Hauptwert legen und das
erst als die Vollendung der Lehre ausgeben, und von den übrigen noch
behauptet wird, erstere hätten die Sache k l a s s i s c h dargestellt (wie es
über O s t w a l d s Werk heißt), und alle Anhänger mit diesen Vertretern
in der Bezeichnung des Hauptpunktes der ganzen Lehre übereinstimmen: dann hat man wohl das Recht zu sagen, man habe die S a c h e
widerlegt und nicht bloß Einzelirrtümer, wenn, wie sich hier heraus-
stellt, der Angelpunkt — die Behauptung, daß es bloß auf die bei
der Reaktion wichtigsten Einzel-Ionen ankomme — falsch und prinzipiell verkehrt ist.

Pag. 79. „22. Auflösung der Niederschläge.

Die Sätze vom Löslichkeitsprodukt gestatten uns, auch über die
Frage, durch welche Ursachen Niederschläge wieder löslich werden,
vollständige Auskunft zu erhalten. Wir werden erwarten, daß alle
Ursachen, welche einen der Bestandteile des Niederschlages in der
Lösung (nämlich eines der Ionen, oder auch den nicht dissoziierten
Teil) vermindern oder zum Verschwinden bringen, die Löslichkeit des
Niederschlages vermehren müssen. Und zwar wird auf Zusatz eines
derartigen Stoffes so viel vom Niederschlag in Lösung gehen. bis sich
der bestimmte Wert des Produktes wiederhergestellt hat."

Solche Umwege! Womit erst recht nichts getan ist, die Praxis
nicht erleichtert und vereinfacht wurde und der Theorie auch nicht
geholfen ist, weil die Frage nach der Ursache eines speziellen tatsächlichen Verhaltens, warum es so sei und gerade s o wie es ist,
nicht beantwortet, sondern nur um eine Frage weiter hinausgeschoben
wird, und zwar in einer Weise, wodurch die Erkenntnis nicht auch
nur um einen Schritt weitergebracht wurde, weil der prinzipiellen
Frage ausgewichen wurde. Auf die Frage, warum ein bestimmter Niederschlag löslich sei, wird gesagt: weil die Menge eines gelösten Bestandteiles des Niederschlages vermindert wurde; das mag ja richtig sein
und die zeitlich nächstliegende Ursache treffen, aber es erklärt nichts,
weil man nun wieder fragen kann (und in der Theorie auch fragen
muß), warum denn durch den Zusatz des bestimmten, in diesem Fall

eben lösend wirkenden Stoffes die Menge des betreffenden Bestandteiles vermindert werde; darauf wird auf das „Gesetz" hingewiesen, wobei aber wieder die Frage offen bleibt, warum sich 'die Sache so verhält, wie das Gesetz es angibt. Mit der Warum-Frage kommt man ins Unendliche, deshalb soll man gar nicht anfangen damit, sondern die erste entsprechende Frage korrigieren in diejenige, woher man denn wisse, daß es so sei; worauf der Hinweis auf die Erfahrung und Tatsachen zu erfolgen hat.

Auf pag. 117/18 lesen wir: „Wiewohl die verschiedenen Säuren und Basen in sehr verschiedenem Maß in ihre Ionen dissoziiert sind, erhält man doch beim Vergleich äquivalenter Lösungen unabhängig hiervon die gleichen Ergebnisse. So verbraucht beispielsweise eine Lösung von 36·46 g oder einem Äquivalent Chlorwasserstoff ebensoviel von einer gegebenen Barytlösung, wie eine verdünnte Essigsäure, in welcher 60·04 g oder ein Äquivalent dieses Stoffes vorhanden ist. Da früher (pag. 55) mitgeteilt worden war, daß die Essigsäure zu weniger als 10% dissoziiert ist, so sollte man erwarten, daß für die Neutralisation ihres Wasserstoffions weniger als ein Zehntel des Barytwassers genügen sollte. Man braucht aber gleich viel Baryt, und daraus folgt, daß durch die Titration mit Baryt oder einer ähnlichen basischen Flüssigkeit nicht das f r e i e Wasserstoffion allein angezeigt wird, sondern alles Wasserstoffion, welches aus der vorhandenen Säure frei werden kann, wenn diese vollständig in ihre Ionen zerfällt. Die Ursache hiervon liegt in der Massenwirkung . . ."

. „So sollte man erwarten, daß . . . ein Zehntel . . . genügen sollte"; keine Spur, das soll man eben nicht erwarten; das tut nur jemand, der über der Theorie die Praxis und Erfahrung schon fast vollständig vergessen hat, denn unter „äquivalenten Mengen" versteht man bei Säuren und Basen eben solche, welche erfahrungsgemäß einander neutralisieren; das ist doch schon lange Grundlage aller Chemie gewesen! Dieses „sollte", wo es sich darum handelt, T a t s a c h e n zu erforschen! Will man denn diesen Moralvorschriften geben und eine Ethik in die Naturwissenschaft einführen, damit sich die Elemente danach richten „sollen"? Dann wieder das „muß", als hätte man die Macht, ihnen zu befehlen und sie zur Folgsamkeit zu zwingen, während man sich umgekehrt nach ihrem Verhalten richten muß; das drehen diese Theoretiker aber um und sagen, der Naturforscher habe die Macht, die Elemente und Verbindungen zu beherrschen, während er ja bloß die Bedingungen herstellen kann, von welchen er schon aus Erfahrung weiß, daß unter diesen Umständen die betreffenden sich so verhalten; ob gern oder ungern, das können wir ja nicht wissen. Man sollte vielmehr erwarten, daß ein berühmter Autor die Anfangsgründe des Gebietes kennt, über das er in der Absicht, es zu reformieren, schreibt; man sollte ferner erwarten, daß ein solches System von Forderungen, Korrekturen, Folgerungen und Unstimmigkeiten, mit allen möglichen Schlichen und Kniffen, um nur halbwegs wieder auf das Tatsächliche hinauszukommen, kurz die Ionentheorie, welche behauptet, alles verständlich zu machen und oft gerade zum Gegenteil der Tatsachen führt, dann wieder Hilfshypothesen aufstellt, um den Anschein von verstandesgemäßer Klarlegung zu erwecken und so

Hypothese auf Hypothese häuft, immer nur, weil es nicht stimmt und der Fehler im Kardinalpunkt immer weitergeschleppt wird: man sollte erwarten, daß eine solche „wissenschaftliche Theorie" keinen Anhang findet. Leider wurde aber auch hier das Denken in seinen Erwartungen getäuscht.

Pag. 122. „3. Gegenwart von Kohlensäure.

Einige Schwierigkeiten bietet bei der Azidimetrie der Umstand, daß durch die Berührung mit der atmosphärischen Luft die in ihr vorhandene Kohlensäure die Möglichkeit hat, auf basische Flüssigkeiten einzuwirken und ihren Titre zu ändern. Solange es sich um die Messung schwacher Säuren handelt, ist diese Fehlerquelle streng auszuschließen; man muß in solchem Falle für einen vollständigen Abschluß der alkalischen Titrierflüssigkeit gegen die atmosphärische Kohlensäure sorgen (zum Beispiel durch Natronkalkröhren) und verwendet am besten Barytwasser, da dieses nicht kohlensäurehaltig werden kann und zudem das Glas der Flaschen sehr viel weniger angreift, als Kali oder Natron."

Als Gegenbeweis bezüglich der Verwendung von Barytwasser kann ich einfach die sehr treffende Bemerkung von Lunge (Chem.-techn. Untersuchungsmethoden, 4. Aufl., 1. Bd., pag. 57, Anmerkung) anführen; und es zeigt sich wieder, wie schädlich es ist, wenn man durch zu vieles Theoretisieren die empirischen Umstände vergißt oder außer acht läßt, die in der Praxis der analytischen Chemie die Hauptrolle spielen. Lunge schreibt über die maßanalytische Bestimmung schwacher Säuren, wobei Kohlensäure auszuschließen ist, folgendes:

„Ostwald empfiehlt für diesen Fall als am besten Barytwasser, das Andere sogar auch für die Titration starker Säuren allgemein anwenden, aber nach meiner Ansicht aus einem ganz unstichhaltigen Grunde, nämlich weil das Barytwasser nicht kohlensäurehaltig werden könne (indem das entstehende $Ba\,CO_3$ sich unlöslich ausscheidet). Wenn es darauf ankommt, die Kohlensäure auszuschließen, wie in dem im Text erwähnten Fall, so kann man dies bei Natronlauge genau ebensogut und durch dieselben Mittel wie bei Barytwasser tun; und wo es nicht darauf ankommt, wie bei der Titration starker Säuren mit entsprechenden Indikatoren, sind Ätznatron oder Ätzkali dem Barytwasser weit vorzuziehen, gerade weil durch Kohlensäure in den ersteren nicht wie in dem letzteren eine den Titer ändernde Ausscheidung entsteht."

Wer nur eine Ahnung vom Wesen der Maßanalyse und besonders der Azidimetrie hat, der sieht sofort, wer da recht hat; aber auch, daß Ostwald die Grunderfahrung der Azidimetrie und Alkalimetrie nicht innehat und ihren Hauptgedanken nicht erfaßt hat, sonst hätte er doch einsehen müssen, daß es in den Fällen, wo Kohlensäure nicht schadet, ganz gleichgültig ist, ob man mit reinem Hydroxyd oder karbonathaltigem titriert, weil erfahrungsgemäß letztere Alkalität von der Säure ebenso verbraucht wird wie erstere, daß es aber zu Fehlern führt, wenn ein wirksamer Teil der Titerflüssigkeit ausgeschaltet wird und dadurch der Gehalt der Lösung an dieser wirksamen Substanz geändert wird. Gegenüber solchen krassen Irrtümern sind die ionentheoretischen Haar- und Molekelspaltereien wirklich belanglos, und muß man doch verlangen, daß wer anderen Fehler vorwirft, vor allem selbst von viel gröberen frei zu sein hat.

Pag. 151. Über die Fällung des Schwefelzinks: „Je schwächer also die Säure dissoziiert, und je konzentrierter die Lösung des Zinksalzes ist, um so weniger Zink entgeht der Fällung."

Dies ist nicht richtig, besonders was die Konzentration betrifft; siehe darüber die Arbeiten zum Beispiel von Weiß und von Schneider, welche zeigten, daß die Konzentration innerhalb gewisser enger Grenzen gehalten werden muß. Und wenn auch die zahlenmäßigen Angaben hierüber untereinander abweichen, so stimmen sie doch soweit überein, daß sie alle starke Verdünnung verlangen, eine Maximalkonzentration angeben, die noch immer als v e r d ü n n t e Lösung bezeichnet werden muß [1]), und unter die man nicht heruntergehen darf; und was die Säure betrifft, so hat sich gerade eine sehr s t a r k dissoziierte — nämlich Schwefelsäure — aus verschiedenen Gründen und Ursachen als am besten erwiesen. Daraus ist auch ersichtlich, wie antinomisch die Ionentheorie ist; man kann mit ihr alles herausbringen, was man will und wie man's braucht. Naturgemäß kommt dadurch aber auch, wenn man einige Tatsachen nicht weiß und sie mit „also", „daher" und „darum" und der übrigen Schaumschlägerei ableiten will, das Falsche heraus, das man für richtig hielt.

Und nun, nachdem wir über die Anwendung der Ionentheorie in der analytischen Chemie hinreichend orientiert sind, wollen wir O s t w a l d s Vorwort zur ersten Auflage seines Werkes lesen; es heißt dort:

„Die analytische Chemie, oder die Kunst, die Stoffe und ihre Bestandteile zu erkennen, nimmt unter den Anwendungen der wissenschaftlichen Chemie eine hervorragende Stellung ein, da die Fragen, die sie zu beantworten lehrt, überall auftreten, wo chemische Vorgänge zu wissenschaftlichen oder zu technischen Zwecken hervorgebracht werden. Ihrer Bedeutung gemäß hat sie von jeher eine tätige Pflege gefunden, und in ihr ist ein guter Anteil von dem aufgespeichert, was an quantitativen Arbeiten im Gesamtgebiete der Chemie geleistet ist. In auffallendem Gegensatze zu der Ausbildung, welche die Technik der analytischen Chemie erfahren hat, steht aber ihre wissenschaft· liche Bearbeitung. Diese beschränkt sich auch bei den besseren Werken fast völlig auf die Darlegungen der Formelgleichungen, nach denen die beabsichtigten chemischen Reaktionen i m i d e a l e n G r e n z f a l l erfolgen sollen; daß tatsächlich überall statt der gedachten vollständigen Vorgänge unvollständige stattfinden, die zu chemischen Gleichgewichtszuständen führen, daß es keine absolut unlöslichen Körper und keine absolut genauen Trennungs- und Bestimmungsmethoden gibt, bleibt nicht nur dem Schüler meist vorenthalten, sondern tritt auch dem ausgebildeten Analytiker, wie ich fürchte, nicht immer so lebhaft in das Bewußtsein, als es im Interesse einer sachgemäßen Beurteilung analytischer Methoden und Ergebnisse zu wünschen wäre. Dementsprechend nimmt neben den andern Gebieten unserer Wissenschaft die analytische Chemie die untergeordnete Stelle einer

---

[1]) Zum Beispiel höchstens 1 *g* Zink in 500 *cm³*; 100 *mg* in 100 *cm³*.

— allerdings unentbehrlichen — Dienstmagd ein. Während sonst
überall die lebhafteste Tätigkeit um die theoretische Gestaltung des
wissenschaftlichen Materials zu erkennen ist, und die hierher gehörigen
Fragen die Gemüter stets weit stärker erhitzen, als die rein experimentellen Probleme, nimmt die analytische Chemie mit den ältesten,
überall sonst abgelegten theoretischen Wendungen und Gewändern vorlieb
und sieht kein Arg darin, ihre Ergebnisse in einer Form darzustellen, deren
Modus oder Mode seit fünfzig Jahren als abgetan gegolten hat. Denn
noch heute findet man es zulässig, nach dem Schema des elektroche-
mischen Dualismus von 1820 beispielsweise als Bestandteile des Kalium-
sulfats K_2O und SO_3 anzuführen; und die Sache wird nicht besser
dadurch, daß man daneben Chlor als solches in Rechnung bringt, und
sein „Sauerstoffäquivalent" von der Gesamtmenge in Abzug bringen muß.
    Wenn eine derartige ausgeprägte und auffallende Erscheinung
sich geltend macht, so hat sie immer ihren guten Grund. Und es
ist nötig, ohne Umschweife auszusprechen, daß eine wissenschaftliche
Begründung und Darstellung der analytischen Chemie bisher deshalb
nicht bewerkstelligt worden ist, weil die wissenschaftliche
Chemie selbst noch nicht über die dazu erforderlichen
allgemeinen Anschauungen und Gesetze verfügte. Erst
seit wenigen Jahren ist es, dank der schnellen Entwicklung der allgemeinen Chemie, möglich geworden, an die Ausbildung einer Theorie
der analytischen Reaktionen zu gehen, nachdem die allgemeine Theorie
der chemischen Vorgänge und Gleichgewichtszustände entwickelt
worden war, und auf den nachfolgenden Seiten soll versucht werden,
zu zeigen, in welch hohem Maße von dieser Seite neues Licht auf
täglich geübte und altvertraute Erscheinungen fällt."
    Bezüglich des „neuen Lichtes" kennen wir uns bereits aus. Was
den „idealen Grenzfall" betrifft, so vergißt Ostwald anscheinend,
daß gerade jede theoretische Gestaltung einer Wissenschaft mit
einem solchen arbeitet und daß die Vorgänge, wie sie tatsächlich
erfolgen, ja der Praxis bekannt sind; es sieht so aus, als käme die
Ionentheorie näher an die Praxis und deren Ergebnisse heran und
als würde sie sich diesen besser anschmiegen als andere Auffassungen,
was, wie wir gesehen haben, nicht der Fall ist. Gerade die Ionentheorie arbeitet noch viel mehr mit solchen idealen Grenzfällen und
fällt dabei selbst in den Fehler, welchen sie bei anderen rügt, daß
sie die Resultate dieser an typischen Ideen gewonnenen theoretischen
Untersuchungen unverändert auf die praktischen Einzelfälle anwenden
will, und sogar, obwohl sie manchmal vor solchem Vorgehen warnt,
selbst bei ihren Erklärungen diese praktischen Einzelfälle für identisch
mit den begrifflichen Typen hält. So sagt sie zum Beispiel wohl, nur
unendlich verdünnte Lösungen seien vollständig ionisiert, in praxi
aber, bei ihren Anwendungen geht sie oft so vor, als hätten wir es
bei den entsprechenden Lösungen mit vollständiger Dissoziation zu
tun, als handle es sich dabei nur um die Ionen, spricht das auch aus
und vernachlässigt alles übrige; hat daher keine Berechtigung, sich über
die anderen Auffassungen erhaben zu dünken. Daß es gar keine absolut quantitativ verlaufenden Vorgänge, keinen absolut unlöslichen
Niederschlag und keine absolut genauen Bestimmungen gibt, das bleibt

freilich, wie so vieles andere, dem Schüler auch heute noch meist vorenthalten, aber die bedeutenderen Analytiker der älteren Schule haben
nie an absolut vollständige Reaktionen etc. geglaubt, sondern sie selbst
haben begonnen, die Löslichkeit der einzelnen Niederschläge empirisch
zu bestimmen und sie haben vieles erforscht, das die Ionentheorie
dann übernommen hat und für ihr alleiniges geistiges Eigentum ausgibt; wozu sie köstlicherweise, in der Geschichte der Chemie anscheinend nicht sehr bewandert, behauptet, nur durch sie seien solche
Ergebnisse möglich und auffindbar. Aus den Vorworten und Einleitungen
der Werke von R. F r e s e n i u s ist ganz klar zu ersehen, daß sich
dieser Meister keinen Illusionen hingegeben hat und daß er sogar
andere davor warnte; er hat gewiß nicht den Aberglauben gestriger
und heutiger populärer Aufklärer von der „absoluten Genauigkeit der
naturwissenschaftlichen Resultate" gehabt, aber auch nicht denjenigen
der modernen Ionentheoretiker; das geht aus seinen Bemerkungen
über die „Gebäude auf hohlem Grund" und das „Halbwissen", das „ganz
besonders hier" „schlimmer als ein Nichtwissen" deutlich hervor. Und
man sehe nur sein Kapitel über die Mineralwasseranalyse, wo er empfiehlt,
die d i r e k t e n Ergebnisse der Analyse anzuführen, da diese dann
stets ihren Wert behalten werden, weil u n a b h ä n g i g von den sich
im Laufe der Zeiten stark ändernden Theorien. Da zeigt sich der ver-
baltene Stolz des Analytikers der weiß, daß Theorien etwas Vergäng-
liches sind und deshalb darauf besteht, die Tatsachen festzustellen
und einfach zu berichten; der darauf hinweist, daß erst seine t h e o -
r i e f r e i e n Ergebnisse die Aufstellung von halbwegs berechtigten
Theorien, die immer von diesen Resultaten auszugehen haben, ermöglichen, und daß die von ihm festgestellten Tatsachen ein Kriterium
aller chemischen Theorien sind. F r e s e n i u s führt aber auch an,
daß die Stöchiometrie, durch welche die Chemie erst zur Wissenschaft wurde, auf die Resultate der quantitativen Analytik gegründet
ist; und daraus ergibt sich, daß der Vergleich mit der Dienstmagd
eher diejenigen verurteilt, welche ihn aussprechen als das Gebiet, auf
das er gemünzt wurde. Freilich ist leider auch heute noch bei manchen
Vertretern anderer Wissenschaften, die von der analytischen Chemie
sehr wenig oder gar nichts verstehen, dieses verächtliche Herabblicken
üblich, von dem man ebenfalls sagen kann, daß „dessen Modus
oder Mode seit fünfzig Jahren als abgetan" zu gelten hat und das
oft nur daher kommt, daß die Betreffenden eben „Analytiker" kennen
gelernt haben, die selbst von ihrem Fach nicht viel wußten. Meist
aber kommt es von einer Verachtung gegenüber Tatsachen überhaupt,
welche bei Theoretikern, die in ihrem Hypothesentaumel den Boden
unter den Füßen verlieren, nur allzuoft Platz greift; gewöhnlich ist
es auch diese Sorte von Gelehrten, bei welchen Streitereien über Hypothesen die Gemüter stets weit stärker erhitzen als die rein experimentellen Probleme, welch letztere das Hauptinteresse schon deshalb
beanspruchen dürfen, weil sie den Ausgangspunkt einer jeden Theorie
zu bilden haben, die überhaupt Beachtung verdient.

Daß die Analytiker, wenn sie nicht die direkten Analysenresultate
angeben, größtenteils einer veralteten Theorie folgen, kann man ihnen
nur zum kleineren Teil vorwerfen, denn das kommt daher, daß die

analytische Chemie durch ihre Verwendung zu wissenschaftlichen wie
auch praktischen Zwecken sich in einer mißlichen Lage befindet, einerseits den Forderungen reiner Praktiker zu genügen hat, die nur zu
oft nicht wissen, was man von einer Wissenschaft verlangen kann,
und anderseits auch den Ansprüchen, welche rein wissenschaftliche
Rücksichten stellen, je nach dem Zweck und demjenigen, der die
Analyse braucht; und diese Forderungen sind eben einander diametral
entgegengesetzt: der Wissenschaftler will, wenn es gut geht, die Wahrheit in einer wissenschaftlichen Form dargestellt, der Praktiker will
vor allem, daß seiner Probe ein N a m e gegeben werde, was oft
wissenschaftlich gar nicht möglich ist, und mit einer Neutaufe ist er
in solchen Fällen nicht zufrieden; er will seine Probe einordnen in
die bekannten Namen, damit er denjenigen, an welche er sein Material
liefern will, ein Zeugnis, das auch sie verstehen, vorweisen kann, und
damit in juristischen Streitfällen durch den Namen einfach entschieden
werden könne; dazu will er unter jeder Bedingung eine Darstellung
in der gewohnten Form, auch deshalb, um sie mit älteren Analysen
selbst vergleichen zu können.

Als hierhergehörig möchte ich auch einen Teil dessen anführen,
was O s t w a l d auf pag. 199 ff. in dem Kapitel über die Berechnung
der Analysen schreibt:

„In Bezug auf die Angabe der letzten Bestandteile herrscht in
den verschiedenen Gebieten der Chemie keine Übereinstimmung. Am
rationellsten pflegt man in der organischen Chemie zu verfahren; denn
da ist es ausschließlich üblich, die Rechnung auf die Elemente selbst
zu führen, und alle Ansichten über die Konstitution der analysierten
Verbindung aus der Angabe der Ergebnisse der Zerlegung fernzu-
halten. In der anorganischen Chemie herrscht hingegen in dieser
Beziehung die größte Mannigfaltigkeit. Während bei Verbindungen von
ganz unbekannter Konstitution und bei Gemischen häufig die Analyse
auf die Prozentgehalte an den verschiedenen Elementen berechnet
wird, pflegt man bei Verbindungen, deren Konstitution man kennt
oder zu kennen glaubt, die Elemente zu „näheren Bestandteilen" in
der Verbindung zusammenzufassen. Hierbei machen sich Anschauungen
und praktische Rücksichten der verschiedensten Art geltend und es
sind hier zum Teil noch Formen im Gebrauch, die in den übrigen
Gebieten der Wissenschaft längst verlassen sind.

Ein auffälliges Beispiel dazu bietet das Gebiet der Mineral-
analyse. Bei der Angabe der Zusammensetzung eines komplizierten
Silikats ist es noch immer üblich, die Formeln des B e r z e l i u s schen
Dualismus zu benutzen und die Metalle als Oxyde, die Säuren als
Anhydride anzuführen. Die Ursache dieses ultrakonservativen Verfahrens
liegt offenbar darin, daß man auf diese Weise die rechnerische Kontrolle der Ergebnisse auf die leichteste Weise erzielt, da die Summe
der so berechneten Bestandteile gleich der ursprünglichen Substanz-
menge, oder bei prozentischer Berechnung gleich 100 sein muß. Indessen verschwindet dieser Vorteil alsbald, sowie Halogene in der
Verbindung vorkommen, da man deren Säuren, die keinen Sauerstoff
enthalten, nicht als Anhydride formulieren kann. Man hilft sich dann
oft, indem man das vorhandene Halogen an eines der vorhandenen

Metalle gebunden denkt und berechnet, doch ist ein solches Verfahren notwendig willkürlich."

Daß in der Gesteinsanalyse noch immer die althergebrachte Darstellungsweise angewendet wird, kommt wohl hauptsächlich daher, daß der Petrograph diese Darstellung verlangt, weil sie sich in der Gesteinslehre anscheinend als sehr brauchbar erwiesen hat und zur Klassifizierung von Gesteinen mit Hilfe der Osannschen Formeln und graphischen Darstellungsarten notwendig ist. Das kann man also nicht dem Analytiker vorwerfen, der sich immer in mißlichen Zwischenstellungen befindet und nicht dafür verantwortlich gemacht werden darf, daß Vertreter anderer Wissenschaften eine bestimmte Darstellung von ihm verlangen und sich nicht darum kümmern, ob diese Art vom Standpunkt der Chemie zulässig ist oder nicht. Ostwald schreibt weiter:

„Noch willkürlicher wird die Rechnung bei der Analyse von gelösten Salzgemischen, wie sie in den natürlichen Gewässern vorliegen: Hier hat die Wissenschaft lange vergeblich nach Anhaltspunkten dafür gesucht, wie die verschiedenen Säuren und Basen ‚aneinander gebunden' seien; die schließliche Antwort, zu der die Dissoziationstheorie der Elektrolyte geführt hat, lautet dahin, daß sie vorwiegend überhaupt nicht aneinander gebunden sind, sondern daß die Ionen der Salze zum allergrößten Teil eine gesonderte Existenz führen, die nur durch das eine Gesetz beschränkt ist, daß die Gesamtmenge der positiven Ionen der der negativen äquivalent sein muß."

Bei Wasseranalysen kann man freilich die Ionen berechnen und anführen, da die meisten der zu bestimmenden Substanzen nach der Ionenlehre hauptsächlich in Ionenform vorhanden sind. Merkwürdig aber ist es, daß gerade dort, wo die Mineralwasseranalysen auf Ionen berechnet werden, erst recht schließlich wieder eine Zusammenstellung zu Salzen vorgenommen wird [1]), so daß gerade das, was die Ionentheorie vermeiden wollte, mit ihr wieder durchgeführt wird. Ostwald setzt fort:

„Hieraus ergibt sich, daß die einfachste und beste Art, die Ergebnisse der Analyse darzustellen, die Aufführung der einzelnen Elemente mit den Mengen, in denen sie vorhanden sind, sein würde, und ich stehe nicht an, ein solches Verfahren als das prinzipiell richtigste zu empfehlen. Allerdings kann man dann nicht in der Darstellung der analytischen Ergebnisse zum Ausdruck bringen, in welcher Form die verschiedenen Elemente in der Verbindung enthalten sind, doch scheint es mir zweckmäßiger, die hierauf bezüglichen Angaben besonders zu geben, um den analytischen Ergebnissen ihren hypothesenfreien Charakter zu wahren. In manchen Fällen läßt sich allerdings über diese ‚Form' noch eine rein experimentelle Angabe beibringen, zum Beispiel wenn in einer Verbindung Eisen sowohl als Ferro- wie als Ferrisalz vorhanden ist; doch ist es in solchen Fällen leicht, dies durch ein passendes Zeichen anzudeuten, wie in dem erwähnten Falle durch $Fe^{..}$ und $Fe^{...}$."

---

[1]) Zum Beispiel im „deutschen Bäderbuch".

Vor allem ist da zu bedenken, daß die Analysen sehr oft für Laien bestimmt sind und die wollen eine ihnen verständliche Angabe des Resultats, glauben bei der Darstellung in Elementen, die betreffenden Elemente seien als solche g e m i s c h t in der Probe enthalten, verstehen die Unterscheidung von Fe, $Fe^{..}$ und $Fe^{...}$ nicht, sondern glauben auch bei letzteren beiden, es sei metallisches Eisen als solches in der Probe vorhanden. Ferner, was geschieht mit dem Sauerstoff, der in oxydischen Proben enthalten ist, wenn man im Resultat die einzelnen Elemente aufführt? Der Sauerstoff ist ja in den meisten solchen Fällen weder direkt noch auch indirekt b e - s t i m m b a r, und man kann ihn nur aus der Differenz berechnen, dadurch, daß man ihn an Elemente gebunden denkt; führt man ihn aber dann a l l e i n an, so hat man bloß verschwiegen, daß dieses Ergebnis auch von einer Hypothese durchtränkt ist. O s t w a l d schreibt dann, bei der Analyse von natürlichen Wässern sei es am besten die I o n e n der Menge nach anzugeben, ohne sich die Mühe zu machen, diese aneinander zu binden, wie dies unbegreiflicherweise bis auf den heutigen Tag zu geschehen pflege, obwohl in den Lehrbüchern der Hinweis nicht unterlassen werde, daß man über die bestimmenden Ursachen, von welchen diese Bindung abhängt, nichts Sicheres wisse; ferner:

„Eine gewisse Schwierigkeit macht in diesem Falle die Kohlensäure, wenn sie im Überschuß vorhanden ist, wie bei den meisten Quell- und Brunnenwässern. Hier wird man am einfachsten aus der Menge der Metallionen nach Abzug der anderen Anionen die ‚gebundene‘ Kohlensäure als CO_3'' berechnen, welches das Ion der normalen Karbonate ist; die übrige Kohlensäure ist als freies Kohlensäureanhydrid, CO_2, anzusetzen. Zwar ist dies nicht vollkommen richtig, denn in solchen Lösungen, die überschüssige Kohlensäure enthalten, ist ganz sicher nicht vorwiegend das Ion CO_3'' enthalten, sondern praktisch nur das einwertige Ion HCO_3' der sauern Karbonate. Doch da diese sich beim Abdampfen mehr oder weniger vollständig in normale Karbonate verwandeln, so erscheint es immerhin zulässig, von dieser kleinen Komplikation abzusehen und die Karbonate als normal zu berechnen.“

Das ist eine sonderbare Begründung; es handelt sich ja nicht darum, die Zusammensetzung der Probe für den Zustand zu ermitteln, welchen sie beim Abdampfen hat, sondern in dem ursprünglichen, d e s s e n Zusammensetzung soll ja ermittelt werden! In einer krasseren und dadurch verdeutlichten Anwendung solchen Grundsatzes, wie ihn O s t w a l d da gezeigt hat, könnte man auch sagen: weil beim Behandeln der Silikate mit Flußsäure und Schwefelsäure die Kieselsäure als Siliziumfluorid verflüchtigt wird und dieser Vorgang bei manchen Bestimmungen in den Silikaten angewendet wird und eintritt, „so erscheint es immerhin zulässig“, bei der Angabe der Zusammensetzung der Silikate die Kieselsäure unberücksichtigt zu lassen! Die Ionentheorie geht angeblich nur auf die Wahrheit und das Richtigere aus, wirft anderen Anschauungen teilweise mit Recht vor, daß sie falsch seien, und dann, in manchen Fällen, die sich ihr nicht so einfach anschmiegen, wie sie anfangs glaubte, bleibt auch ihr nichts übrig als gewaltsam zu vereinfachen, was ebenfalls nicht als streng richtiges

Vorgehen bezeichnet werden kann und auch nicht als gerecht; sie wirft der älteren Darstellungsart die Halogensäuren vor und bauscht das gewaltig auf, sie selbst hat aber auch ihre Nachteile, die aber von ihren Anhängern als „immerhin zulässig" bezeichnet werden. Entweder man geht auf das Richtige aus, dann darf man nicht parteiisch bei der einen Theorie Haarspalterei betreiben und bei der anderen ein Auge zudrücken; oder man geht auf das praktisch Brauchbare aus, dann hat man das Einfachere zu wählen mit den wenigeren Nachteilen, die seltener ins Gewicht fallen.

Bei der Analyse von Salzen und festen Gemischen hat man das Resultat schon deshalb nicht in Ionenform anzugeben, weil man nicht Ionen (verdünnte Lösungen), sondern ein Gemisch fester Verbindungen bekommen hat; man wurde ja nicht gefragt, was man mit der Probe getan hat und was dabei entstanden ist (erst beim Auflösen entstehen nach der Ionenlehre Ionen), sondern was in der Probe, so wie man sie zur Analyse bekommen hat, enthalten ist und wie. Nur wenn man verdünnte Elektrolytlösungen als Probe bekommt, hat man schon Ionen zur Analyse erhalten und könnte dann die Ergebnisse in Ionenform darstellen, obwohl dies auch dann noch eine Willkür einschließt, weil nicht alles dissoziiert ist. Bei Silikatgesteinen hat es aber gar keinen Sinn, Ionen anzugeben oder auf Elemente zu rechnen, weil es sich dabei um Mischungen von Silikaten handelt, die wir als solche in den meisten Fällen ihrer Menge nach nicht bestimmen können; daher ist die Angabe von Elementen in diesem Fall auch nur ein praktischer Ausweg.

Und bezüglich der Wasseranalysen muß hervorgehoben werden, daß die Darstellung der Resultate in einfachen und zusammengesetzten Ionen eine noch viel größere Willkür ist als irgendeine andere Darstellungsart, weil gerade nach dem Ergänzungen der Ionentheorie neben diesen Ionen auch deren sämtliche mögliche Kombinationen zu ungespaltenen Salzen in der Lösung vorhanden sind, wenn auch in weit geringerer Menge. Werden diese vernachlässigt — wie es tatsächlich geschieht — so hat man doch kein Recht, mit weit größerer Genauigkeit zu prahlen; und wird darauf gesagt, daß man diese Kombinationen beim derzeitigen Stand unserer Wissenschaft nicht bestimmen und berücksichtigen kann, so ist das keine giltige Entschuldigung, sondern wieder eine praktische Rücksicht, die zeigt, daß die Ionentheorie die Sache nur komplizierter gemacht hat, ohne einem die Hilfsmittel zu geben, diesen verschärften Anforderungen nachkommen zu können. Praktisch aber hat die Angabe und Zusammenstellung einer Salztabelle in der Wasseranalyse ihre Berechtigung, denn löst man die angegebenen Mengen dieser Salze, so müssen gerade nach der Ionenlehre dieselben Ionen entstehen, womit auch dieselbe Lösung hergestellt wäre. Bloß einen Vorteil hat die Ionentheorie auf diesem Gebiete mit sich gebracht; von jedem sogenannten Mineralwasser, das pro 1 kg kaum 0·1 g gelöste feste Substanzen enthält, werden diejenigen, welche damit ein Geschäft machen wollen, sagen, es sei den stärkeren weit vorzuziehen, weil es vollständiger ionisiert sei und die Wirkung nur davon abhänge; diese Begriffsverwechslungen und das Verschweigen des Umstandes, daß es auf

die absolute Menge der Ionen auch ankäme, werden sie weidlich aus-
nützen. Ob das ein Vorteil der Ionentheorie in anderem Sinne ist,
will ich dahingestellt sein lassen.

Das „Deutsche Bäderbuch" (Verlag Weber, 1907), welches bei
den Wasseranalysen ebenfalls die ionentheoretische Umrechnung und
Darstellung gewählt hat, ist aber doch noch so vorsichtig gewesen,
auch die Angabe der Wägungsformen und direkten Analysenresultate
zu verlangen, mit der Begründung, daß eine gründliche Umwälzung
„unserer Anschauungen" (der Ionentheorie) für die Zukunft zwar nicht
vorauszusehen, aber auch nicht unmöglich sei, und gerade aus diesem
Werk sieht man die Schwächen dieser Theorie, um so klarer wenn
man sich selbst mit solchen Umrechnungen befaßt hat, weil dabei
nicht mehr mit allgemeinen Redensarten gearbeitet werden kann,
sondern eine wirklich praktische Anwendung zu machen ist, bei der
in den Fällen, wo die schwachen Punkte hervortreten, gewaltsam
irgendwie entschieden werden muß; so werden nicht nur, wie schon
erwähnt, die ganzen Kombinationen zu ungespaltenen Salzen einfach
weggelassen, sondern in Fällen, wo die Aufteilung in $H\cdot$- und $HSO_4{}'$-
Ionen nicht bindend durchführbar ist, wird „einfach" halbiert, was
man gewöhnlich Knoten zerhauen, nicht aber lösen nennt. Wenn eine
Theorie etwas nicht richtiger und ohne Gewalt einfacher durchführen
kann als eine andere, so hat sie kein Recht, sich über die Fehler
und Komplikationen der letzteren lustig zu machen, ohne die eigenen
zu erwähnen; und man sieht daraus nicht nur, daß die neue Be-
rechnungsart auch ihre Nachteile hat, sondern daß sie gleichfalls nicht
weniger hypothetisch und willkürlich ist als die ältere.

Es ist das Angeführte lange nicht alles, was man auszustellen
hätte[1]), aber es würde zu weit führen, all die Denkfehler und
Schlaumeiereien ins Licht zu ziehen, die da im Namen der Wissenschaft ihr Spiel treiben; es sei bloß noch erwähnt, daß die Ausreden
sehr oft nur auf das abgedroschene Pseudo-Argument „die Andern
machen's ja auch ähnlich" hinauslaufen. Ist das eine Begründung?
Gibt das ein Recht, sich an anderen Stellen über die ältere Methode
lustig zu machen, wenn man später zugeben muß, daß man selbst
nicht viel besser dran ist?

Wir haben gesehen, wie die Ionentheorie eine Menge von „Gesetzen" einfach hinschreibt ohne Rechtfertigung; meistens fehlt sogar
vollständig jede Auskunft darüber, ob das Behauptete für eine Erfahrungstatsache aus der Beobachtung, durch Experiment oder Rechnung,
oder als durch Spekulation gefunden gehalten wird; manchmal sieht
es so aus, als ginge etwas aus einer früheren Formel hervor, man
findet jedoch nichts Derartiges und kommt endlich auf die Vermutung,
daß es vielleicht Erfahrungstatsache sei; d a r a n zu denken, treiben
einem ja diese Theoretiker aus, weil man durch die pseudodeduktive
Darstellung ganz davon abgelenkt wird. Bezeichnend für diese Methodik

---

[1]) Davon sei bezüglich der Mineralwasseranalyse nur noch auf die Schwierigkeiten hingewiesen, die der Schwefelwasserstoff der kohlensaurehaltigen Schwefel-
wässer der ionentheoretischen Darstellung bereitet; sie sind noch viel größer als
die von Ostwald über die Kohlensäure erwähnten.

ist ein Satz auf pag. 66: „Ein Beispiel hierfür ist Cyankalium; Blausäure hat eine äußerst kleine Dissoziationskoustante, deshalb enthält eine wässerige Lösung von ˙Cyankalium eine meßbare Menge nicht dissoziierten Cyanwasserstoffs, welchen man durch den Geruch wahrnehmen kann." „Deshalb"? Nein, das ist kein Syllogismus, sondern bloß eine vorgetäuschte Schlußfolgerung, es ist dasselbe gesagt, nur mit anderen Worten; ein Spaltungsverhältnis wie in diesem Fall, bezeichnet man eben als kleine Dissoziationskonstante! Und so ist's mit all diesen „Schlüssen"; sie sind entweder verkappte Identitäten oder Zirkel oder unberechtigte Übergriffe und Verallgemeinerungen. Merkwürdig ist es, daß bei jedem Autor, wenn er sich mit diesem Kapitel freundschaftlich beschäftigt, Unredlichkeiten beginnen, die demnach nicht auf alleinige Rechnung des Autors zu setzen sind, sondern vielmehr auf die der Sache; es handelt sich dabei um eine Mode, mit welcher viele mitgehen, nur deshalb, um nicht „veraltet" genannt zu werden.

Der Forderung, welche einem Widerlegungsversuch wie dem vorliegenden gegenüber gewöhnlich gestellt wird, nämlich möglichst viele Gegenbeispiele zu bringen, kann ich leider nicht entsprechen, aber nur deshalb nicht, weil ich sonst die ganzen praktisch-analytischen Werke, Seite für Seite, abschreiben könnte und müßte; denn wo man diese auch aufschlägt, fast jeder der darin behandelten Fälle spricht, wenn man auch nur ein wenig darüber nachdenkt, in deutlichster Weise gegen die Ionentheorie, so daß ich mich darauf beschränken kann, auf diese Werke zu verweisen. Daß dies den Theoretikern und auch vielen Praktikern so ganz entgangen ist, kann nur wenige Ursachen haben: entweder sie wollten es nicht sehen oder sie konnten es in der Verblendung durch die fixe Idee nicht bemerken;˙ eine dritte Gruppe, welche genügend Erfahrung und Wissen hätte, um den Trug zu durchschauen, ist leider zu wenig unterrichtet über den Inhalt der modernen Theorie, um es zu wagen, öffentlich ein ungünstiges Urteil darüber abzugeben. Übrigens ist es auch ganz unberechtigt, sich in diesem Fall mit wenigen Beispielen nicht zu begnügen, denn um eine sich allgemeingiltig gebärdende Lehre zu widerlegen, dazu genügt auch schon ein einziges Beispiel, wenn es nur stichhaltig ist; während aus dem Umstand, daß die Ionentheoretiker ihre paar Beispiele einer vom anderen abschreiben und immer die selben wie die Statisten aufmarschieren lassen, sich zeigt, daß sie wahrscheinlich nicht sehr viel mehr Beispiele anführen können, was für sie sehr schlimm ist, weil sie doch die Allgemeingiltigkeit ihrer Theorie zu erweisen hätten.

Ich glaube hiermit gezeigt zu haben, daß gerade das, was die Ionentheorie als unwesentlich beiseite läßt, für die Anwendung der analytischen Chemie von größter Wichtigkeit ist. Dann darf erstere aber auch nicht behaupten, daß sie die chemische Analytik wesentlich vereinfacht habe und hat sich deshalb auch nicht auf analytisches Gebiet ˙mit dem Anspruch auf Vorherrschaft zu begeben; denn bestenfalls begnügt sie sich hierbei mit der Andeutung, daß auch noch anderes eine praktische Rolle spielt, womit aber keinem Analytiker in einzelnen Fällen gedient ist, da es bloßes Gerede ist, das durch seine nichtssagenden, allgemein gehaltenen, dem Nichteingeweihten nicht verständlichen Ausdrücke einen möglichst „gelehrten" Anschein zu erwecken sucht.

Nun noch ein herrliches Beispiel, das zeigt, wie mit der Ionentheorie echt rabulistisch und kasuistisch alles gedreht und gewendet werden kann, wie man's braucht, um dadurch alles zu rekonstruieren, was gerade nötig ist, um auf die Erfahrungsresultate hinauszukommen, wonach dann so getan wird, als seien diese schon aus der Theorie ersichtlich gewesen; aus welchem aber auch hervorgeht, daß dies oft trotz des theoretisch unsaubersten Benehmens nicht gelingt, respektive nur scheinbar das Erfahrungsresultat erlangt wird; und daß man hierbei auch immer auf z w e i Arten „drehen" kann, und je nachdem das Resultat verschieden ausfällt, was in einseitigster Weise ausgenützt wird. Es ist dies die Indikatorentheorie, welche die Ionenlehre gibt. T r e a d w e l l, der sonst so verdienstvolle analytische Forscher, verfällt (in seiner „Analytischen Chemie", Qualitative Analyse, 3. Aufl., pa. 16/7) auf einmal in genau dieselbe Methode, sobald es sich um die Verteidigung dieser modernen Sache handelt und schreibt:

„Als Indikator auf freie Wasserstoffionen (Säuren) wendet man das Methylorange an, welches sich wie eine s e h r s c h w a c h e Säure verhält[1]). Wir wollen sie der Einfachheit halber mit MH bezeichnen. Das nicht dissoziierte Molekel MH ist r o s a, während das Anion M i n t e n s i v g e l b gefärbt ist. Lösen wir daher Methylorange in Wasser, so zerfällt es in geringer Menge nach der Gleichung:

$$MH \rightleftarrows \overline{M} + \overset{+}{H}$$

und da die Anionen M intensiv gelb gefärbt sind so wird die Lösung, obgleich nur sehr wenige freie M-Ionen vorhanden sind, deutlich gelb gefärbt erscheinen ...

Als Indikator auf freie Hydroxylionen (Basen) dient das Phenolphtaleïn, welches ebenfalls eine sehr schwache Säure ist, die wir mit PH bezeichnen wollen. Das nicht dissoziierte Molekel PH ist f a r b l o s, während die Anionen P intensiv rot gefärbt sind. Löst man Phenolphtaleïn in wäßrigem Alkohol, so zerfällt es in sehr geringer Menge nach dem Schema:

$$PH \rightleftarrows \overline{P} + \overset{+}{H}$$

und die Lösung erscheint "— hier muß ich das Zitat einstweilen abbrechen, um einmal zu zeigen, was mit dem unbeeinflußten redlichen Denken wirklich resultiert, womit hier bewiesen wird, daß in manchen Fällen das G e g e n t e i l von dem, was in der Erfahrung vorgefunden und von der Ionentheorie behauptet wird, herauskommt. Man müßte nun doch, entsprechend dem ersten Fall über das Methylorange, annehmen, daß die Lösung wie im ersten Fall die Farbe des Anions,

---

[1]) Daß hierüber die Meinungen sehr geteilt sind, will ich nicht näher ausführen; es geht daraus zum mindesten hervor, daß die Ionenlehre oft von Prämissen ausgeht, die noch keineswegs sichergestellt sind; was das dann für Schlußfolgerungen ergibt, zeigt sich oben. O. H.

dort gelb, hier aber r o t zeige, denn wenn auch hier die Substanz
nur wenig dissoziiert ist, so war das ja im ersten Fall ebenso; aber
um die Eskamotage durchzuführen und nicht ganz leicht bemerkbar
zu machen, ließ der Autor im zweiten Fall die Bezeichnung der Farbe
des Anions „intensiv rot" n i c h t gesperrt drucken. Wenn es aber, wie
da mit solchen Schlichen vorgetäuscht wird, nach dem Denken ginge,
so müßte im zweiten Falle die Lösung um so eher rot sein, als die
große Mehrzahl nichtdissoziierter Moleküle im zweiten Fall farblos
ist, also den Hervortritt einer wenn auch schwachen Farbe gar nicht
stört, während im ersten Fall, beim Methylorange, eher eine Beeinflussung durch die nichtdissoziierten Moleküle zu erwarten wäre, da
diese letzteren dort rosa gefärbt sind. Nun wollen wir das Zitat fort-
setzen: „und die Lösung erscheint f a r b l o s, weil sie nicht genügend
P-Anionen enthält, um sich rot zu färben." Dies ist, wie ich soeben
gezeigt habe, bloß scheinbar eine Begründung; nun sieht man auch,
warum ich diesen pseudologischen Ableitungen so scharf auf die
Finger schaue. Bei allen diesen Talmi-Deduktionen muß man sich
immer einlernen, nach welcher Richtung man zu denken habe, um
den Schwindel durchzuführen und worauf das Hauptgewicht zu legen
sei, um auf das Erfahrungsresultat hinauszukommen; dadurch wird
nicht nur die Logik mißbraucht und die Theorie verunstaltet, sondern
es müssen auch die Erfahrungen überdies noch durchgeschmuggelt
werden und es war weder ein einfacher Bericht über die Tatsachen
noch auch ein einfaches Denken, sondern beides ist verfälscht worden;
man ist einen Umweg gegangen, denn anstatt sich zu merken, welche
Schlauheiten man anwenden müsse, um den Schein von logisch zwingender Ableitung zu erwecken, ist es doch viel einfacher, redlicher
und sicherer, sich lieber gleich das Erfahrungsresultat zu merken,
um so mehr, als dieses durch s o l c h e „Theorie", wie gezeigt ist,
nicht verständlich, sondern nur noch unverständlicher wird; denn nach
dieser Theorie handelt es sich in beiden Fällen um dieselbe Sache
(eine schwache Säure mit beiläufig gleichem Dissoziationsgrad) und
doch verkehrte Wirkungen, im zweiten Fall entgegengesetzt zum
ersten und dem, was das Denken erwartet, und das n i c h t deshalb,
weil im ersten Fall nur Wasser, im zweiten auch noch Alkohol vorhanden ist, sondern weil beide Fälle a n d e r s b e h a n d e l t w u r d e n.
Schließlich muß man sich doch wieder an die Tatsachen halten, von
welchen ja auch die Theoretiker ausgingen, die aber trotz ihres Bemühens nur selten ohne Begriffsverwirrung oder geistige Taschen-
spielerei zu denselben wieder zurückkommen. Vage Ausdrücke, wie
„intensiv", „gering", „sehr wenig" etc. kann man in jedem Einzelfall deuten, wie es gerade paßt, deshalb beweisen sie aber auch gar
nichts und stehen der Naturwissenschaft, die Zahlen anzugeben hat
nicht wohl an. Aus den Bezeichnungen MH und PH sieht man
schon, wie vor der ganzen Ableitung die Erfahrung sehr wohl angesehen und nicht verachtet wurde, um etwas zu konstruieren, das wieder
zu ihr hinführt, denn wer die Erfahrungsresultate über das Verhalten
der Indikatoren noch nicht kennt, der kann doch nicht auf die Idee
kommen, gerade die Bezeichnungsweise zu wählen, welche die Sache
angeblich am ehesten verständlich machen würde, sondern könnte

nur durch Zufall dieselbe erraten, und dann wäre es schon wieder
vorbei mit der zwingenden Logik und „Wissenschaftlichkeit"!

Auch in H o l l e m a n s „Unorganischer Chemie" (3. Aufl.,
pag. 95—97) finde ich eine Stelle, die unvorteilhaft von der diesem
bedeutenden Forscher sonst eigenen Klarheit und historischen Treue
der Darstellung absticht; auch hier befindet sie sich im Kapitel über
die elektrolytische Dissoziation; es heißt da:

„D i e R e a k t i o n e n z w i s c h e n S ä u r e n, B a s e n u n d
S a l z e n i n w ä ß r i g e r L ö s u n g s i n d f a s t s t e t s R e a k t i o n e n
z w i s c h e n i h r e n I o n e n. Wir werden dies später an vielen Beispielen dartun; hier vorläufig nur an folgendem: Wenn man die verdünnte Lösung einer Base und einer Säure mischt, erhält man eine
Salzlösung. Um zu verstehen, welche Reaktion dabei stattfindet, ist
es notwendig zu wissen, daß in verdünnter Lösung die meisten Salze
fast ganz in Ionen gespalten sind. Das Wasser selbst jedoch ist nur
für einen äußerst geringen Betrag ionisiert. Im Gleichgewicht

$$H_2O \rightleftarrows HO' + H\cdot$$

ist also nur sehr wenig vom rechtsstehenden System anwesend. Wenn
man nun verdünnte Lösungen einer Säure und einer Basis miteinander
mischt, so haben wir in einer Lösung zusammen $M\cdot + OH'$ und $Z' + H\cdot$.
Von diesen vier Ionen können $M\cdot$ und Z' frei nebeneinander existieren; nicht aber $H\cdot + OH'$, denn diese müssen sich, nach dem eben
Gesagten, fast völlig zu Wasser vereinigen.

Es ist nun auch leicht zu verstehen, wie es kommt, daß eine
starke (das heißt fast ganz ionisierte) Säure eine schwache (das heißt
wenig ionisierte) aus ihren Salzen austreiben kann. Versetzen wir zum
Beispiel eine Lösung von Fluornatrium mit Salzsäure, von beiden
1 Liter enthaltend 1 Mol, so haben wir zusammen:

$$H\cdot + Cl' + Na\cdot + Fl'.$$

Da jedoch das Gleichgewicht

$$H\cdot + Fl' \rightleftarrows HFl$$

weit nach rechts verschoben liegt, so enthält die Lösung viel mehr
dieser Ionen als im Gleichgewichtszustand möglich ist; während die
Ionen Cl' und $Na\cdot$ nebeneinander existenzfähig sind, müssen jene
sich also vereinigen. Das heißt in anderen Worten: es hat sich Kochsalz und Flußsäure gebildet."

Hieraus sieht man wieder deutlich, wie neuere Theoretiker hin
und her springen zwischen der alten und neuen Terminologie. Gerade
nach der Ionenlehre hat sich n i c h t Kochsalz gebildet, eben weil
die Ionen Cl' und $Na\cdot$ unverbunden nebeneinander in der Lösung
existenzfähig sind, sondern Kochsalz bildet sich nach ihr in größerer
und schließlich überwiegender Menge erst beim Eindampfen. H o l l e
m a n schreibt weiter:

„Wir können jetzt noch einen Schritt weiter gehen. Oben wurde
erwähnt, daß Wasser selbst, sei es auch nur für einen äußerst geringen
Betrag, ionisiert ist. Gesetzt, man löse in Wasser ein Salz von einer

starken Basis, aber von einer sehr schwachen Säure. Ein solches Salz ist Cyankalium; es ist in wäßriger Lösung ·weitgehend ionisiert, wie zum Beispiel auf kryoskopischem Weg bewiesen werden kann. Man hat also in der wäßrigen· Lösung die Ionen des Cyankaliums neben denjenigen· des Wassers:

$$K\cdot + Cy' + H\cdot + OH'.$$

Weil Cyanwasserstoffsäure eine äußerst schwache Säure ist, werden sich zuviel Cyanionen in der Lösung vorfinden als mit dem Gleichgewicht

$$H\cdot + Cy' \rightleftharpoons H\,Cy\,{}^1)$$

verträglich ist; es müssen sich daher Wasserstoff- mit Cyanionen vereinigen zu ungespaltenen Molekülen $H\,Cy$. Die Folge davon ist jedoch, daß dadurch ein Überschuß von OH'-Ionen in der Flüssigkeit anwesend ist; denn da KOH eine starke Basis ist, vereinigen sich die Ionen K und OH nicht. Das Wasser, welches selbst neutral reagiert, weil es ebensoviel $H\cdot$- als OH'-Ionen enthält, welche ihre Wirkung auf Lackmus gegenseitig kompensieren, muß daher, wenn es Cyankalium aufgelöst enthält, alkalische Reaktion zeigen, wie auch wirklich wahrgenommen wird. Hieraus folgt, daß Wasser derartige Salze teilweise in freie Basis $K\cdot + OH'$ und freie Säure (ungespaltenes $H\,Cy$) spaltet."

     ͵ Ungespaltener Cyanwasserstoff ($H\,Cy$) ist aber nach der Ionenlehre ͵gar keine „Säure" im modernen Sinn! Schon wieder die Begriffsverwechslungen; zuerst, bei „freier Basis" ist das „frei" im modernen Sinn von gespalten, so daß freie OH'-Ionen vorhanden sind, gebraucht; bei „freie Säure" aber im alten. Da muß ja jeder Mensch, der nicht schon sattelfest ist, völlig verwirrt werden, denn es führt schließlich zu dem scheinbaren Widerspruch von freier Säure und alkalischer Reaktion!

     Aber auch wir können jetzt noch einen Schritt weitergehen und sagen: Weil nach obiger Umwandlung doch noch Cy'- und $H\cdot$-Ionen vorhanden sind, so müßten nun weiter, da das Wasser (respektive ein Teil davon) durch den Vorgang stark gespalten wurde, mehr als ihm für sich allein entspricht, die obigen $H\cdot$-Ionen mit einem Teil der vielen OH'-Ionen, die nun frei sind und aus dem Wasser stammen, sich zu Wasser vereinigen, denn die $H\cdot$-Ionen sind zwar im Gleichgewicht zu den Cy'-Ionen, nicht aber zu den OH'-Ionen; dadurch würden wieder mehr Cy'-Ionen entstehen und die vorhin entstandenen ungespaltenen $Cy\,H$-Molekel müßten sich weiter spalten, um weitere $H\cdot$-Ionen zu liefern, die mit den noch vorhandenen vielen OH'-Ionen Wasser bilden können, so lange, bis der dem Dissoziationsgleichgewicht des Wassers entsprechende Zustand und damit auch die frühere große Menge von Cy'- und $K\cdot$-Ionen erreicht ist; und damit wäre der ganze Vorgang wieder umgekehrt verlaufen und wir beim Anfangsstadium angelangt. Wahrlich, viel Lärm um nichts! Und ein Beweis, daß es auf das „muß" und „müßte" nicht ankommt. Dabei ist diese ganze Gegenerwägung ebenso durchgeführt wie die der

---

¹) Das „$H\,Cy$" des Originals ist ein Versehen. O. H.

Ionentheorie, in genau derselben Art, nur umgekehrt; das „zwar" auf
ein anderes Ionenpaar und dessen Gleichgewichtszustand bezogen,
bloß die anderen Kombinationen, welche die Ionentheorie außer acht
ließ, wurden allein betrachtet, und die haben doch vom Standpunkt
des theoretischen Denkens nicht weniger Anspruch darauf! Aber eben
weil etwas vernachlässigt wurde (nämlich das, was die Ionentheorie
im ersten Teil ausführte), deshalb ist diese Methode nicht beweiskräftig und bündig und eben deshalb ist es auch die der Ionentheorie
nicht, weil sie genau so vorgeht, nur das a n d e r e Ionenpaar (welches
ich im zweiten Teil ins Auge faßte) nicht beachtet hat, was ich mit
dieser Ergänzung eben zu zeigen versuchte.

Man wird mir von mancher Seite vorwerfen, daß ich selbst
Haare spalte und Mücken seihe. Darauf habe ich erstens zu ant-
worten, daß ich dies nur deshalb tat, um zu zeigen, wohin solche
Methodik wirklich führt, und zweitens, daß man ja nicht durchaus
theoretisieren müsse; wenn man aber schon einmal damit anfängt,
Probleme aufrollt und sich mit ihnen einläßt, dann darf man sie nicht
oberflächlich und ungenügend abtun, sondern hat sie eingehend zu
untersuchen und dann gebührt demjenigen der Vorzug, der dies am
gründlichsten tut; kann oder will man das nicht, so wolle man sich's
vorher besser überlegen, anstatt anderen den Vorwurf der Ungenauigkeit zu machen und dabei selbst mit der alten und neuen Terminologie nie ins „Gleichgewicht" zu kommen. Zyankalium ist bekanntlich
gefährlich; und wenn man es der älteren Anschauung vorhielt, um
sie zu vergiften, so hätte man besser darauf bedacht sein müssen,
sich damit nicht so lange herumzuspielen bis es einem selbst nicht
mehr gut tut; sonst kommt man in den Ruf eines unvorsichtigen
Chemikers.

Was K o p p in seiner Geschichte der Chemie (2. Teil, pag. 326)
über die dynamischen Theorien sagt, das paßt auch vorzüglich auf
die Ionentheorie:

„Hervorzuheben ist aber, daß im Allgemeinen unter Denen, die
dem dynamischen Systeme beitraten und sich hauptsächlich durch lautes
Geschrei bemerklich machten, viele waren, welche von der Wissenschaft, die sie auf dynamische Grundlehren zurückführen wollten,
Nichts verstanden, sondern deren Thätigkeit sich darauf beschränkte,
mit leeren Namen und allgemeinen, nichtssagenden und deshalb kaum
zu widerlegenden Behauptungen großen Mißbrauch zu treiben."

Die Anwendung der Ionentheorie in der analytischen Chemie ist
ähnlich, wie wenn jemand das Gewicht- zum Beispiel eines bestimmten Platintiegels wissen wollte, mit Hilfe analytischer Geometrie des
Raumes und Integralen zu rechnen anfangen würde, endlich darauf
käme, daß er das spezifische Gewicht des Platins bestimmen müsse,
wenn er aus dem Volumen das Gewicht rechnen wolle und daß er
dazu den Tiegel auch messen muß, dann wieder drauf losrechnen,
Gewicht und Temperatur des vom Tiegel verdrängten Wassers bestimmen würde etc. und sich dann noch einbilden würde, er sei o h n e
„mühselige Empirie" und viel einfacher als andere zum Ziele gelangt; anstatt einfach den Tiegel selbst zu wägen, da er doch auch bei
seiner Methode Versuche und Erfahrungen nicht umgehen konnte.

Genau so sieht es aus, wenn physikalisch-chemische Messungen angestellt werden, darauf pseudologische Erwägungen und Infinitesimalrechnungen, um über irgendeinen Spezialfall etwas zu entscheiden,
was in analytischen Fragen durch direkte Untersuchung viel einfacher erhalten werden kann.

Als Schluß ergibt sich, daß die Ionentheorie in ihrer Anwendung
auf die analytische Chemie weder praktische noch auch theoretische
Vorteile gebracht hat und daß ihr Anspruch auf Zuerkennung größerer
Genauigkeit, Sicherheit, Einfachheit und Richtigkeit unberechtigt ist.

Wem darum zu tun ist, zu sehen, was wirkliche Fortschritte in
der analytischen Chemie sind, dem empfehle ich, um nur zwei Beispiele zu nennen, von neueren Werken Jannasch' „Praktischen
Leitfaden der Gewichtsanalyse" und Hillebrands Buch „Analyse
der Silikat- und Karbonatgesteine".

Nachtrag.

Leider habe ich erst nach Abschluß dieser Arbeit zwei hochwichtige und äußerst interessante Abhandlungen von Hensgen („Zur
Dissociation der Elektrolyte", Journal f. prakt. Chemie, 1901, Bd. 63,
pag. 554—562; 1905, Bd. 72, pag. 345 – 477) gefunden, welche sich
ebenfalls gegen die moderne Theorie wenden, und zwar auf Grund
eines enormen Analysenmaterials. Wer diese beiden sehr bedeutenden
Arbeiten — die anscheinend gar nicht beachtet wurden —. liest, der
weiß nicht mehr, ob er sich über die physikalische Chemie ärgern
oder nur mehr dazu lachen soll, denn so arge Irrtümer und Nach-
lässigkeiten, wie sie da auch den größten Größen dieser „Wissenschaft"
nachgewiesen wurden, hätte selbst ich ihr nicht zugetraut. Ich kann
es mir nicht versagen, mehrere bezeichnende Stellen zu zitieren, um
so weniger, als von einer Wirkung dieser Untersuchungen in der Literatur bisher noch nichts zu bemerken ist; im Gegenteil, die neuen
„Anwendungen" immer weiter ausgedehnt werden.

Bd. 63, pag. 560: „Für alle Neutralsalze, bei denen eine chemische
Dissociation durch Wasser nachweisbar ist, entsprechen daher die
Formeln, welche den aus physikalisch-chemischen Untersuchungen
gewonnenen Zahlenwerten zu Grunde liegen, nicht den thatsächlichen
Verhältnissen".

Bd. 72, pag. 346/8: „7. Die Mitteilungen von C. Ludwig über
die von ihm zuerst gemachten und an und für sich auch gewiß
interessanten Beobachtungen sind sehr dürftig und lassen über die
Art der Herstellung der Lösungen, Feststellung der Gehalte . . . . .
nichts erkennen und feststellen.

Ebensowenig enthalten die Originalmitteilungen von C. Soret
irgendwelche Angaben über die Gehaltsbestimmungen vor und nach
den Versuchen . . .

8. Svante Arrhenius hat später Untersuchungen in gleicher
Richtung angestellt, aber auch in dieser Arbeit ist keine einzige
Analyse angegeben.

9. R. Abegg kam auf diese Versuche zurück, gibt in der Veröffentlichung seiner Arbeiten jedoch gleich selbst an, daß quanti-

tative Bestimmungen überhaupt nicht ausgeführt wurden[1]).
Die von Abegg auf Grund seiner und der Ergebnisse von Arrhenius
gezogene Schlußfolgerung, daß die einfache van't Hoffsche Theorie
nicht ausreiche, und die Annahme, daß kaltes und warmes Wasser
hierbei auch noch als Stoffe von verschiedener physikalischer Natur
fungieren, bietet eines der vielen Beispiele, wo Erklärungen und Annahmen über die Salzlösungen sich zu einem immer mehr kompli-
zierenden Bilde von der Konstitution der sogenannten Salzlösungen
verdichtet haben, statt umgekehrt Einfachheit und Klarheit zu schaffen.
    Es zieht sich diese Methode von Erklärungen ohne genügende
materielle Unterlagen mittelst Analysen durch fast alle physikalisch-
chemischen Arbeiten, welche die Salzlösungen betreffen, hin, und sie
entspringt eben der Annahme, unter Vernachlässigung genauer gewichts-
analytischer Bestimmungen, alle Ergebnisse nunmehr immer auf Vorgänge innerhalb angenommener Mengen von Neutralsalzen in Lösung zurückzuführen und hiernach passende und entsprechende Erklärungen zu schaffen, während die tatsächlich zum
Experiment verwandten Stoffmengen andere waren."
    Pag. 351: „Je früher hier Klarheit geschaffen wird, desto besser
für die Entwicklung der theoretischen Chemie [2]) und desto früher ist
zu erhoffen, daß zu den altbewährten gewissenhaften Untersuchungs-
weisen früherer Zeit zurückgekehrt wird."
    Pag. 359/60: „Dabei ist es interessant zu sehen, wie Abegg
bei seinen Arbeiten die deutlich sichtbare Trübung infolge der
Gleichgewichtsänderung durch die Wärme, nach seinen eigenen Angaben — durch einen Zusatz von freier Säure aufzuheben
sucht — in Wirklichkeit also die Versuchsbedingungen dabei
auch noch ändert, während die Schlußfolgerungen aus
den Experimentalergebnissen wieder auf Neutralsalzlösung
bezogen werden." Köstlich, wie sie ihre chemische Ahnungslosig-
keit selbst verraten! Das ist nicht diejenige Naivität, welche zur
Forschung nötig ist; und diese Leute wollen den Analytikern von
oben herab Ratschläge erteilen, als hätte man sie gefragt!
    „Wir werden aber derartige Beobachtungen, die einfach über-
gangen werden — um nach einer bestimmten Richtung hin beweisendes
Material zu sammeln — noch vielfach vorfinden, namentlich bei der
Deutung der so vielfach nach den Berechnungen sich ergebenden
Unstimmigkeiten, wie sie, auf Grund einer falschen Voraussetzung,
sich als im Widerspruch mit den zu beweisenden Theorien stehend,
ergeben mußten, so daß mir ein derartiges Verfahren nach Durchsicht
eines großen Litteraturmaterials später nichts mehr überraschendes bot."
    Pag. 370, Anmerkung: „Auf den auch aus anderen Gründen be-
dingten Wert aller solcher ‚durch Interpolationen' erhaltenen Werte
ist ja auch andererseits genügend schon hingewiesen. Dies gilt denn

---

[1]) Und so etwas will die Analytiker belehren! O. H. .

[2]) Und auch der praktischen sowie der Pharmakologie, die — hoffentlich noch nicht zum Schaden der leidenden Menschheit — schon große Dosen von
physikalischer Chemie eingenommen hat, ebenso der chemischen Mineralogie,
Hydrologie etc., die sich alle schon stark in demselben ionisierten Fahrwasser
befinden. O. H.

auch für die vielfachen, aus Kurvenkonstruktionen abgeleiteten Werte und Betrachtungen . . ."

Pag. 371: „Was die Untersuchungsmethode der Volumbestimmungen an sich anbetrifft, so ist dieselbe bei Gerlach eine für die damalige Zeit sehr genaue, die Gehaltsbestimmungen sind dagegen, auch schon für die damaligen Zeitverhältnisse und die zu jener Zeit schon erworbenen chemischen Kenntnisse sehr primitive zu nennen. Es ist doch ersichtlich, daß, wenn man die Gehalte immer aus den abgewogenen Mengen zu lösenden Salzes ableitet, niemals partielle Zersetzungen gefunden werden können, sobald immer das Gelöste mit dem zu Lösenden quantitativ als gleichwertig betrachtet wird. Einem solchem schroffen Unterschiede zwischen einerseits größter Genauigkeit im physikalischen Teile und ungenügender Kontrolle im chemischen Teile andererseits begegnet man in fast allen physikalischen Untersuchungen von Salzlösungen. Auf der einen Seite die genaueste Feststellung, Eliminierung und Berücksichtigung etwaiger Fehlerquellen im physikalischen Teil, auf der andern Seite fast vollständige Vernachlässigung der zu Gebote stehenden Hilfsmittel der quantitativen Analyse."

Und das kommt daher, weil die Betreffenden von diesem zweiten, chemischen Teil nichts verstehen, ihn nicht ausführen können; dann sollen sie sich aber nicht für Chemiker, und gar die größten, halten und solche, die es wirklich sind, belehren wollen, sondern bei diesen selbst in die Schule gehen, um erst etwas Ordentliches zu lernen, bevor sie darüber urteilen und „reformieren"!

Pag. 388/9: „Erfreulich war es mir, daß Arndt (Charlottenburg) in der Diskussion über den Vortrag Buchners betreffend die Katalyse Gelegenheit genommen hat, offen zu erklären , . . . so muß man auf das allergenaueste präparativ und analytisch arbeiten und leider existieren heute nicht selten Arbeiten auf physikalisch-chemischem Gebiete, bei denen auf die Grundbedingungen nicht genügend Wert gelegt ist, bei denen man sagen muß,. ihre Ergebnisse sind sehr zweifelhaft, weil in ihnen zu viel gerechnet und zu wenig analysiert wird.' Auf Grund der vielen Tausende von mir nachgesehenen Bestimmungen ist das von Arndt Gesagte nur zutreffend, vielleicht sogar zu gelinde gesagt. So beherzigenswert denn auch die Worte von Bredig im Anschluß an die Ausführungen von Arndt sind, wenn er auf eine reinliche Scheidung dringt ,zwischen physikalischen Chemikern, die wirklich physikalische Chemie anwenden auf die Erscheinungen, und Leuten, welche nur irrtümlich glauben, physikalische Chemie anzuwenden', so wird mir doch Herr Bredig aus dem Gebiet physikalisch-chemischer Untersuchungen (einschließlich der Gleichgewichtsbestimmungen, Isothermenbestimmungen usw.), bei welchen Salzlösungen in irgend einer Form mit das Versuchsmaterial bilden, keine Analyse in den Veröffentlichungen angeben können, welche, auch entsprechend der berechtigten Forderung von Arndt, befriedigende Bestimmungen beider Komponenten enthält, nach welchen sich die Äquivalenz von Basis und Säure im ,Gelösten' unanfechtbar ergibt. Ich selbst habe eifrig nach solchen Analysen gesucht, ich habe keine finden können."

Pag. 396/7: „Es sind von mir bis jetzt über 20.000 (Zwanzigtausend) Einzelbestimmungen physikalisch-chemischer Untersuchungen an Salzlösungen in den Originalmitteilungen nachgesehen und zwar, außer den physikalischen Eigenschaftsbestimmungen an Neutralsalzlösungen selbst, eine größere Zahl von Gleichgewichtsuntersuchungen, die ja auch zum Teil recht merkwürdige Schlußfolgerungen ergeben haben, ferner kamen dazu solche Arbeiten physikalischen Inhalts, bei welchen gleichfalls eine genaue Kontrolle der Zusammensetzung vorausgesetzt werden mußte; hierher gehören die Untersuchungen über die Schmelzung, Dehydratation und Hydratation der Salze, Überführungsbestimmungen, Herstellung von Kolloïden usw. In dieser großen Zahl von Untersuchungen sind nun nach den Originalmitteilungen nachweisbar die allermeisten Lösungen ohne jede vorhergehende chemische Analyse derselben benutzt worden ... Der Zeitabstand, auf welchen sich diese große Zahl durchgesehener Bestimmungen verteilt, umfaßt die Zeit der 50er Jahre bis heute ..."

Pag. 424/6. „Dazu möchte ich bemerken, daß mit vielen deutschen auch eine große Zahl anderer Chemiker die Ehre teilen, gegenüber einer Anzahl von mathematischen Ergebnissen diese gerechtfertigte Zurückhaltung zu bewahren, eine Zurückhaltung, die durchaus nicht der Unterschätzung mathematischer Beweisführung überhaupt entspringt, sondern in dem Mißtrauen besteht gegenüber den Voraussetzungen, auf welche sich manche dieser Beweisführungen aufbauen ..." „Welchen Endzweck also so geistreiche mathematische Deduktionen haben sollen, wie dieselben einer Nutzanwendung fähig sein sollen, wenn von Realitäten ausgegangen wird, die tatsächlich nicht bestanden, sondern nur stetig sich verändernde Bruchteile davon vorhanden sind, ist mir nicht verständlich. Sind die gegeben angenommenen Größen in den Formeln falsch, so ist es die Formel selbst auch."

Pag. 432: „Alle diese Folgerungen und Behauptungen ... sind nun unzutreffend und haben eine Anzahl von Unstimmigkeiten bei der Feststellung und Vergleichung physikalischer Eigenschaften verschiedene Erklärungen gefunden — die selbstverständlich nicht auf Abweichungen in der Zusammensetzung sondern auf Wirkung verschiedener Kräfte innerhalb des Gelösten zurückgeführt wurden, Erklärungen mit Nebenhypothesen, Einfügung von Faktoren oder Koëffizienten, die statt zu klären, ein immer mehr sich trübendes und zusammengesetztes Bild über den Zustand in Lösung hinterlassen haben."

Pag. 466/7: „Bei der Zunahme der Verfeinerung physikalisch-chemischer Methoden hätte die Notwendigkeit genauer analytischer Bestimmungen eigentlich ganz selbstverständlich sein müssen, da für jede Untersuchung eine gewisse gegenseitige Genauigkeit in allen Teilen derselben selbstverständlich ist. Dies hätte dann, wenn wir die große Zahl beteiligter Arbeitskräfte in Betracht ziehen, vielleicht sogar dahin geführt, auch den analytischen Methoden von Fall zu Fall eine gesteigerte Aufmerksamkeit zuzuwenden, so daß diese Methoden, ebenso wie die so schön bis jetzt ausgebildeten physikalischen Methoden, nur Vorteil davon ziehen konnten. Bunsen war ja auch hier nach beiden Richtungen hin vorbildlich.

Warum dies nicht geschehen und den analytischen Bestimmungsmethoden eine so große Vernachlässigung zuteil wurde, das wird aus der ganzen Art der Behandlung der Beweisführungen ersichtlich.

Eine eigentümliche Wahrnehmung drängt sich nämlich beim Studium aller Untersuchungen über Eigenschaftsbestimmungen an Salzlösungen dem Leser auf, das ist das methodische Anpassungsvermögen an alle erhaltenen Unstimmigkeiten, für welche schnell in einem oder anderen Sinne eine Erklärung geschaffen wird, die aber niemals das Konzentrationszeichen tangieren darf.

Während man sonst gewohnt war, sobald das Experiment Zahlenwerte lieferte, die nicht der Theorie entsprachen, die Theorie für fehlerhaft zu erklären, sind die bei. physikalisch-chemischen Untersuchungen auftretenden Unstimmigkeiten sogar mit als Beweismaterial herangezogen und das Auftreten derselben Unstimmigkeiten bei den Bestimmungen nach verschiedener Richtung hin als ganz besonders bestätigend für die zu beweisende Hypothese oder Theorie betrachtet worden. Auf Grund dieser Unstimmigkeiten hat man Feinheiten innerhalb des Gelösten zu entdecken geglaubt, die sehr geistreich erdacht, allerdings alles erklären, wenn eine Abweichung der Versuchszahlen von dem zu Beweisenden, Berechneten — beobachtet wird. Dahin gehören die verschiedenen Formen der Kondensationen im Gelösten als Hydratationen, deren Größe sogar bestimmt wurde, Kondensationen von Ionen (*Ba*) und die neben den freien Ionen wiederum geschlossenen Molekularkomplexe usw."

Verweisen möchte ich auch auf das Nachwort von Jordis zu einer seiner Arbeiten (Bd. 77, pag. 260/1), das für Lehrende wie auch Lernende sehr beachtenswert wäre.

So sehen also die „wissenschaftlichen Grundlagen" der Chemie aus, mit welchen man uns beglücken wollte! Das Mißtrauen, welches die praktischen Chemiker aus instinktivem Gefühl der physikalischen Chemie entgegenbrachten, die noch immer breit und aufgebläht auf der Oberfläche schwimmt, als wäre gar nichts geschehen, ist als vollständig gerechtfertigt erwiesen worden; und es zeigte sich, daß nichts getan ist, wenn immer von „voraussetzungsloser Wissenschaft" geredet wird und dabei die ärgsten Versündigungen gegen die allerersten Erfordernisse wahrhaft wissenschaftlicher Forschung begangen werden, weil gerade diejenigen Theoretiker, welche uns am meisten über diese unerläßlichen Vorbedingungen belehren wollen, selbst am ärgsten dagegen verstoßen. Ostwald ist dafür ein typisches Beispiel. Manche seiner Aussprüche, welche, ohne daß er selbst es weiß, die physikalische Chemie vollständig verurteilen, sind sehr treffend (siehe die Zitate bei Hensgen); aber bei seinen eigenen Untersuchungen und seiner Beurteilung der Ionentheorie hat er sich nicht danach gerichtet.

Man kann endlich wieder frei aufatmen darüber, daß dieser Alp, der so lange auf der Chemie und teilweise auch Technologie lastete und durch seine dogmatischen Hypothesen sie gänzlich zu erdrücken

drohte, wenigstens 'sachlich von ihr genommen ist und daß dieser
ganze dürre Seitenast, der sich für den blühenden Baum selbst hielt,
gründlich abgesägt wurde.

Aus obigem ist aber auch ersichtlich, daß wenn die Ionentheorie
auch alle Fälle, die man ihr entgegenhält erklären könnte, dies gar nichts
für ihre Richtigkeit beweisen würde, denn „erklären" kann man immer
alles wie man will, auf sehr verschiedene Arten, wenn man entsprechende Hilfshypothesen und Ausreden herbeizieht, es handelt sich
aber darum, ob man b e w e i s e n kann, daß eine bestimmte Erklärung
r i c h t i g sei; dem hat sich die Ionentheorie aber stets entzogen, und
daß auf die so bedeutenden Arbeiten von H e n s g e n nichts erwidert
wurde von ihrer Seite, beweist nicht Erhabenheit, wie manche glauben,
sondern Unfähigkeit. In der Chemie hat man, im Gegensatz zur
Physik nichts Bestimmtes zu „erwarten", auch nicht das Denken als
Ersatz empirischer Forschungsmethoden zu verwenden und sich in
acht zu nehmen, nicht der Mathematik, besonders der höheren, zu
verfallen mit dem Aberglauben, ·daß eine mathematische Ableitung
schon bloß deshalb, weil sie mathematisch ist, auch s a c h l i c h richtig
sein müsse, denn damit kommt man zu gröbsten Irrtümern; sondern
man hat zu u n t e r s u c h e n, sonst zeigt man nur, daß man von der
Eigenartigkeit, welche im Wesen aller Chemie liegt — daß Vorgänge
anders eintreten als das Denken es erwartet — nichts versteht. Im
Interesse der Chemie wäre es sehr zu wünschen, daß der Schreib-
tisch-Analytiker und chemischen Spekulanten wieder weniger würden,
und daß ihre „Lust zu fabulieren" sich in Interesse am chemischen
Experiment verwandeln würde; wenn nicht, so mögen sie sich für
ihre oratorischen Übungen ein anderes Publikum suchen, wir Analytiker haben es schon längst satt unter dem Titel höherer neuer Wissenschaft mit mitleidsvoll herablassender· Miene entweder Unrichtiges
oder Altbekanntes vorgesetzt zu bekommen.

Eolithe in der Nordoststeiermark?

Von Dr. Hans Mohr.

Mit sieben Textillustrationen.

Agrogeologe P. Treitz, Budapest, befaßt sich gegenwärtig mit dem Studium der mächtigen und ausgedehnten Schotterdecke, welche sich vom Zentralsporn der Nordostalpen gegen den Raabbug zu abböscht. Seine Begehung der Herkunftsregion führten uns zusammen. Es ergaben sich daraus eine Reihe von gemeinsamen Exkursionen einerseits im Bereiche der kristallinen Schiefer des Wechsels, anderseits in dessen südöstlicher, tertiärer Sockelverkleidung. Über diesen jugendlichen Rahmen sei hier einiges angeführt.

Auf der Strecke Mönichkirchen—Friedberg—Dechantskirchen—Rohrbach—Vorau lassen sich zweierlei Ablagerungsarten mit hinreichender Sicherheit voneinander scheiden: erstens eine abwechslungsreiche Serie von typischen Süßwasserschichten, welche — einen stark gestörten Streifen bildend — sich östlich Mönichkirchen—Friedberg gegen Sinnersdorf zu verfolgen läßt; zweitens mehr isohyptische Ablagerungen von scheinbarem Strandcharakter, deren Rand von Friedberg gegen Vorau zieht.

Ältere Aufnahmen brachten auf letzterer Strecke noch feinere Unterschiede zum Ausdruck. Hoffmann[1] nahm zwischen Sinnersdorf, Pinkafeld, Wiesfleck und Schreibersdorf eine ziemlich beträchtliche Vertretung der jüngeren Mediterranstufe an, welche sich auch über Hochstraß gegen Friedberg hin erstrecken sollte. Gegen West schloß sich das sarmatische Verbreitungsgebiet an (Ehrenschachen—Neustift a. d. Lafnitz), welches auf das kristalline Grundgebirge im Norden übergriff.

Durch Hilber[2] erfuhr diese Stufenverteilung vorzüglich insofern eine Veränderung als das Verbreitungsgebiet des II. Mediterran erheblich eingeschränkt wurde; der sarmatische Streifen zwischen Friedberg und Rohrbach scheint ungefähr[3] sein Verbreitungsgebiet bewahrt zu haben.

---

[1] K. Hoffmann, Geolog. Aufnahmsbericht. Verhandl. d. k. k. geol. R.-A. 1877, pag. 20.

[2] V. Hilber, Das Tertiärgebiet um Hartberg in Steiermark und Pinkafeld in Ungarn. Jahrb. d. k. k. geol. R.-A., Wien 1894, pag. 394.

[3] Eine genauere Orientierung diesbezüglich war dem Verfasser mangels einer Kartenpublikation nicht möglich.

Jahrbuch d. k. k. geol. Reichsanstalt, 1912, 62. Band, 4. Heft. (Dr. H. Mohr.)

Erwähnenswert ist, daß für die Auskleidung der Vorauer Bucht ein pontisches Alter in Anspruch genommen wird.

Der Verfasser vermochte diese feineren Unterscheidungen auf der Randstrecke Friedberg—Vorau nicht aufrechtzuerhalten.

Die Ablagerungen sind ihrer Natur und Höhenverbreitung nach auf der ganzen Linie übereinstimmend. Weder Lagerungsbeziehungen noch petrographische Unterschiede haben eine Stufenteilung möglich gemacht; und Versteinerungsfunde haben sich auch bis heute noch nicht eingestellt [1]). Dies läßt eine Interimsbezeichnung billig erscheinen: wir werden von der Stufe von Friedberg sprechen, wenn wir den randlichen Ablagerungsstreifen zwischen Friedberg und Vorau ins Auge fassen wollen.

Die Stufe von Sinnersdorf bildet deutlich den älteren Komplex. Einen langgestreckten Lappen bildend zieht sie sich vom Gr. Hartberg östlich Mönichkirchen in südsüdöstlicher Richtung über Sinnersdorf [2]). Riesenkonglomerate aus kristallinen Schiefergeröllen — der nächsten Umgebung entstammend — bilden ein mächtiges basales Glied.

In den höheren Etagen stellen sich Schotter- und Kiesbänke ein, welche mit glimmerigen Sandlagen, auch mit ebensolchen Letten wechsellagern. Die Konglomerate sind fluviatiler Herkunft; Senkholz, Kohlenschmitze und an Blattabdrücken reiche Lettenmittel lassen die Süßwassernatur deutlich erkennen.

Wichtig ist ihre starke Störung, welche bereits Hilber erkannte. Manche Anschnitte haben die Schichten saiger erschlossen.

Etwas anderer Natur sind die Ablagerungen der Stufe von Friedberg. Erstlich ist ihnen ein etwas höherer Aufbereitungszustand eigen: die Glimmerschiefer, die Albitgneise des Wechsels, die Albitchlorit- und Hornblendeschiefer wie die meisten Porphyrgneise fehlen in der Regel. Es erscheinen also die dunkelfarbigen Bestandmassen zum Vorteile der lichten quarzreicheren zurückgedrängt. Von echten Schotterbänken ist meist schwer zu reden, die quarzigen Gerölle (auch lichte Aplitgneise und widerstandsfähigere Semmeringquarzite liefern neben vielem derben Gangquarz Material hierzu) bilden meist schlecht sortierte schichtweise Anhäufungen in lichtgelbem bis gelbbraunem glimmerreichen Lehm. Wo sich leichter zerstörbares Material (die dunkleren Gneise und Schiefer) darinnen vorfindet, dort ist es sicher der einige Meter zur Seite oder nach der Tiefe zu entfernte Fels, der durch das Wasser aufgearbeitet wurde.

Um 650 *m* herum bilden diese Ablagerungen eine sanft nach Südsüdost abgeböschte Stufenbedeckung eines alten Ufers.

Die Bucht von Vorau gehört der gleichen Stufe an.

---

[1]) Dieser Mangel mag wohl weniger ein primärer sein. Viel eher läßt die außergewöhnliche Kalkarmut des Grundgebirges den Verdacht zu, daß die Karbonate der tierischen Schalen der gesteigerten Lösungsfähigkeit des durchsitzenden Wassers zum Opfer gefallen sind.

[2]) H. Mohr, III. Bericht über geologische Untersuchungen längs der neuen Wechselbahn. Anzeiger d. kais. Akad. d. Wiss. in Wien 1911, Nr. XX.

Ein prächtiger Gipfelring[1]), der sich von der Kote 834 (Vorau SO, Förster) über 875, 883, 1147, 1272 (den Gräzer Kogel) 1109, 976, 925, 862, dann von 832 über Rechberg zum Tommer (1059) und von hier zurück über Kote 923, 795, 768 zieht, engt den flachbodigen Kessel von Vorau ein und steht nur in nordöstlicher Richtung zwischen Kote 768 und 834 mit der Stufe von Friedberg—St. Lorenzen in Verbindung. Wenn auch an der Basis der Buchtauskleidung fluviatile Schotteranhäufungen eine größere Bedeutung gewinnen, so geben doch Niveaugemeinschaft und Gleichartigkeit der Hangendschichten eine sichere Gewähr, daß die Stufe von Friedberg über Dechantskirchen—Schlag—Kottingsdorf in die Bucht von Vorau einmündet.

Im Bereiche aller dieser Ablagerungen, über deren Art und Verbreitung der Verf. ein kurz umrissenes Bild zu geben versuchte, von Tauchen bei Mönichkirchen bis Vorau findet P. T r e i t z Artefakte. Ihre Zahl ist ganz außergewöhnlich groß, doch scheint dem Skeptiker deren Hauptmenge derart roh und unverdächtig, daß sie gegenüber schlecht gerundeten Kieseln keinerlei Unterschiede zeigen. Eine kleine Zahl aber vermochte des Verf. Verdacht ihrer artefiziellen Verwendung derart zu wecken, daß er sie — von diesen Zeilen geleitet — abzubilden wagte.

Sie sind mit T r e i t z zusammen vom Verfasser selbst gesammelt worden und wir wollen nun ihre Lagerstätten kennen lernen.

Im Gebiete der Stufe von Sinnersdorf.

Wenn man von der Höhe des Rückens, dort, wo ihn der Wiesenhöfer Tunnel (H o c h f e l d nördlich Friedberg) unterfährt, gegen Osten in das Tal des Tauchenbaches absteigt, verfolgt man einen kurzen Graben, der aber ein beträchtliches Gefälle zeigt. In seinem unteren Lauf überquert er die bergwärts, das heißt nach Westen einfallenden Sinnersdorfer Schichten, welche reichlich fluviatile Schotterbänke enthalten. Schon in diesem Graben trifft man neben den schön gerundeten Kieseln, welche den Konglomeratbänken entstammen, Geröllbruchstücke aus milchigem Gangquarz oder Quarzit, welche an den scharfen Kanten retuschenähnliche Absplitterungen oder Abnützungsspuren zu zeigen scheinen. Diese Kiesel weisen aber alle ganz frische Bruchflächen auf. Und ich erkläre mir ihre Entstehung derart, daß bei stärkeren Niederschlägen das kleine Grabenwasser die spröden Kiesel aus den Sinnersdorfer Schichten (und auch solche der Friedberger Stufe, welche in Denudationsresten auf der Rückenhöhe noch erhalten zu sein scheint) auf den größeren Geröllblöcken zerschlägt, wobei zuerst Frost und andere Zerstörungsvorgänge (Volumvermehrung infolge Hydratisierung auf Spalten, Kapillarwirkung etc.) dem Zerfall vorgearbeitet haben mögen.

Diese Silexsprengstücke unterscheiden sich sehr wohl von denen, welchen wir nunmehr unser Augenmerk zuwenden wollen.

---

[1]) Siehe Spezialkarte 1 : 75.000, Blatt Hartberg und Pinkafeld.

Etliche hundert Schritte unterhalb des östlichen Tunnelportals ist die rechte Lehne des Grabens gut angeschnitten und wir beobachten hier die Kiesbänke der Sinnersdorfer Stufe, wie sie unter etwa 50⁰ gegen S 40⁰ W einfallen. Die fluviatile Natur dieser Schotter ist sehr ausgeprägt. In diesen Bänken suchen wir vergebens nach

Fig 1.

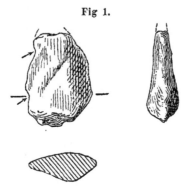

Silex vom Geländeanschnitt nahe dem Ostportal des Wiesenhöfer Tunnels.

kantigen Stücken. Gegen die bedeckende Humusschicht zu aber, wo die Bankung aufhört und eine gewisse Auflösung des Verbandes Platz greift — vielleicht 0·5 *m* unter dem Boden —, da finden sich Quarze und Quarzite von verschiedenen Formen, vielleicht ohne erkennbare

Fig. 2.

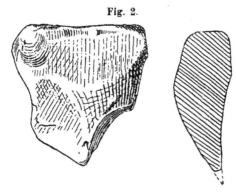

Silex vom Tauchenbachtal östlich vom Wiesenhöfer Tunnel bei Friedberg.

Verwendungstendenz, manche aber wie Bruchstücke von Messern, Schabern oder Spitzen. Ein von P. T r e i t z aufgesammelter Silex (Fig. 1) zeigt Ähnlichkeit mit einer rohen Schaberform; die Einkerbungen an den bezeichneten Stellen (s. die Pfeile) könnten als Benützungsscharten gedeutet werden. Das Material ist ein schwach rostig verfärbter Gangquarz. Allen diesen Silices ist gemeinsam, daß ihre Bruchflächen alt, verwischt und die Kanten stark abgeschliffen sind. Es ist kein Exemplar darunter, dessen Artefaktnatur aufdringlich wäre. Hier muß es uns auffallen, daß die Stücke im Bereiche der Verwitterung liegen.

Im Tale des Tauchenbaches angelangt, fand ich in der Wiese nahe den jungen Bachschottern den Silex Fig. 2 (sehr dichter Quarzit). Es ist wieder keine einzige frische Sprengfläche daran zu erkennen. Die Kanten des Silex, der rostig verfärbt ist, sind ziemlich gut abgeschliffen. Sehr bemerkenswert an diesem recht gefälligen Exemplar ist die elegante Spitzenkrümmung.

Im Bereiche der Friedberger Stufe.

Wenn man will, kann man zwischen diesem Silex und der Fig. 3 eine große Formenverwandtschaft erblicken. Dieses Stück wurde aber aus Material aufgelesen, welches Fundamentierungsarbeiten in dem über sechs Meter tiefen Bahneinschnitt zwischen Station Pinggau und Friedberg geliefert haben. Der ausgehobene lichte, glimmerige Lehm mit Kiesel untermischt wurde beim Stadtgrabenviadukt in den

Fig. 3.

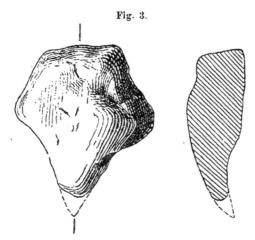

Silex von der Fundierungshalde beim Stadtgrabenviadukt, Friedberg.

Graben gestürzt. Eine Menge von auffällig geformten Kieseln, oft von noch deutlich kennbaren, aber stark verwischten Sprengflächen begrenzt, konnte hier aufgelesen werden. Einmal die obenerwähnte Spitze (Fig. 3). Ihre Konkavitäten sind von großer Raffiniertheit — ich verweise auch wieder auf die Spitzenkrümmung — und ich stehe nicht an zu erklären, daß die Vorstellung, die atmosphärilen Agentien könnten allein solche Formen erzielen, viel Schwieriges an sich hat. Material: derber Milchquarz.

Aus dem gleichen Stoff bestehen die zwei Spitzen (Fig. 4 und 5) und auch der Silex Fig. 6.

An Fig. 4 mag weiter nichts auffallen als die symmetrisch angelegten Achseln (s. die Pfeile); sie könnten unter Umständen der Befestigungsabsicht ihr Dasein verdanken. Solche Achseln wurden vielfach gefunden; bei ihrer primitiven Form steht aber ihrer natürlichen Entstehungsweise gar nichts im Wege.

Fig. 4.

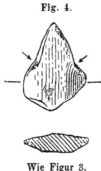

Wie Figur 3.

Hingegen droht die elegante Einschnürung der zweiten — mehr flachen — Spitze (Fig. 5) alle Skepsis über den Haufen zu werfen. Wie — frage ich — sollen diese symmetrischen und gleichtiefen Einbuchtungen an dem soliden Kiesel auf natürlichem Wege zustande gekommen sein?

Fig. 5.

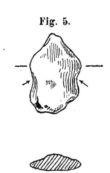

Wie Figur 3.

Ein etwas sichelförmig gekrümmtes Stück (Fig. 6) schließe ich an. Diese Form kehrt, von geringen Variationen abgesehen, oftmals wieder.

Von Oberflächenfunden kann also hier nicht die Rede sein. Diese Silices bilden einen integrierenden Bestandteil jener schotterigen

Fig. 6.

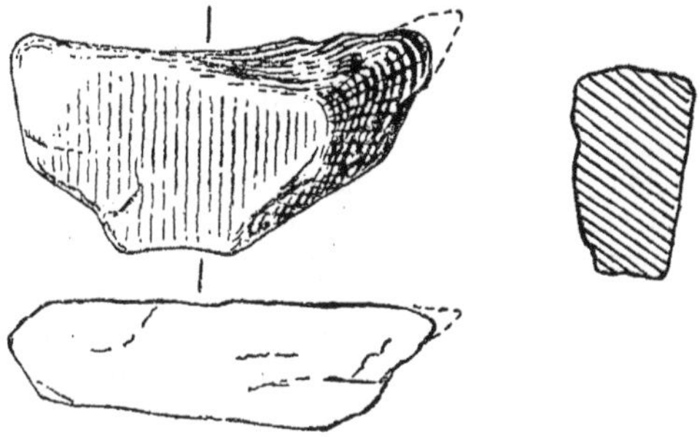

Wie Figur 3.

Fig. 7.

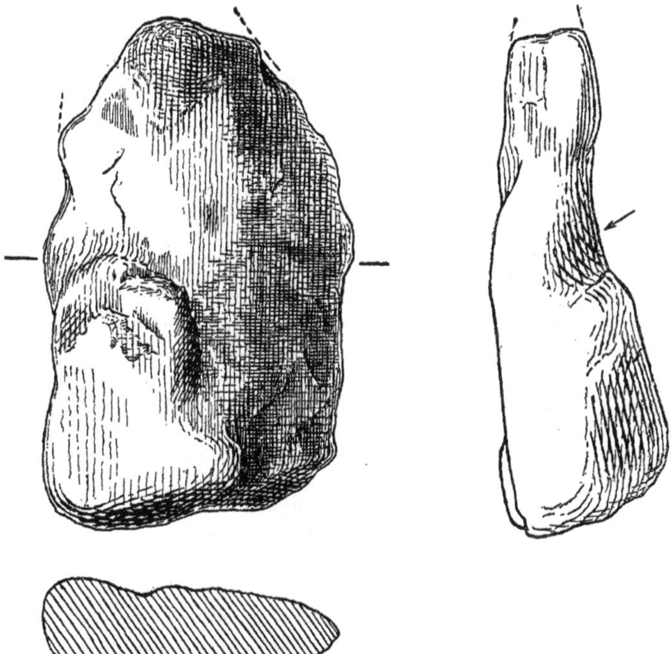

Silex aus der Ziegelgrube nördlich Kote 578 am Hochstraß.

Ablagerungen, welche sich vom Pinggauer Bahnhof über Hochstraß
(K. 601) nach Süden erstrecken.

Auf diesem sanften Höhenrücken ist bei der Häusergruppe
nördlich Kote 578, östlich vom Fahrweg eine Ziegelei. Ein bis zwei
Meter mächtiger mit Kiesel vermengter Lehm überdeckt eine graublaue, kiesfreie Lage. Der Hang ist infolge des nassen Sommers des
Jahres 1912 schon stark verrutscht. Aus den abgerutschten Massen
wurden neben vielen mehr unscheinbaren Silices auch Fig. 7 gesammelt.
An diesem Kiesel steht einem breiten massigen Rücken eine stumpfe
Schneide gegenüber. Für den Gebrauch in der bloßen Faust würde
es sich ganz vortrefflich eignen. Eine stark ausgescheuerte Furche
(s. Pfeil) könnte intentionell gedeutet werden.

Es sei noch vermerkt, daß den gleichen Reichtum an verschieden,
wenn auch meistens nicht charakteristisch geformten Kieseln auch die
Umgebung von S t e g e r s b a c h (Friedberg SW) und V o r a u (auf der
Höhe des Stiftes oder dem Plateau von Hl. Kreuz zum Beispiel)
aufwies.

Kritik der Funde.

Die Silices zeigen wohl sämtlich keinerlei sichtbare Merkmale
einer intentionellen Bearbeitung (Retuschen etc.). Immerhin erwecken
manche Formen sehr den Anschein, als wären Manufakte die Aus-
gangsprodukte eines späteren Abrollungs- und Abschleifungsprozesses
gewesen. Als verdächtig bezeichne ich insbesondere jene Silices mit
einspringenden Winkeln und Konkavitäten, deren natürliches Zustandekommen aus der petrographischen Struktur nur gezwungen erklärt
werden könnte.

Jedenfalls muß man T r e i t z vollkommen beipflichten, wenn er
die Eolithenfrage nicht lediglich aus dem Gesichtspunkte der Feuer-
steintechnik betrachtet wissen will. Es sollte als selbstverständlich
gelten, daß in Gegenden, die das ganz besonders gut verwertbare
Material des Feuersteins nicht liefern konnten, der Bedarf zuerst nach
dem gewöhnlichen Kiesel langte. Mit der Existenz kieseliger Artefakte
muß also gerechnet werden, geradeso wie einige Überlegung auch
anderes widerstandsfähiges und formbares Material (Obsidian, Felsit,
Amphibolit, Serpentin etc.) nicht ausschließen wird wollen.

Mehr Bedenken muß hingegen Art und Ort des Vorkommens
unserer Silices erwecken. Die überwiegend fluviatilen Ablagerungen
der Sinnersdorfer Stufe scheinen solche nicht zu beherbergen, gegen
die Tagesoberfläche, in der Verwitterungszone stellen sich die Sprengstücke und „Artefakte" ein. Temperaturunterschiede, Kapillarwirkung,
Hydratisierung des spurenhaft im Kiesel verteilten Eisens können im
Ausgehenden der Sinnersdorfer Kiesbänke die Gerölle zersplittern.
Hinderlich bleibt dieser Auffassung, daß die Sprengstücke selbst sich
bereits wieder gut abgeschliffen zeigen und frische Bruchflächen zu
den Seltenheiten gehören. Eine oberflächliche Umlagerung durch die

über die Schichtköpfe der Sinnersdorfer Ablagerungen hinweggehende Transgression der Friedberger Stufe könnte auch dieser Schwierigkeit begegnen. Die sechs Meter und mehr mächtigen Ablagerungen an der Bahn südlich Station Pinggau, welche aus beträchtlicher Tiefe solche neuerlich abgeschliffene Sprengstücke geliefert haben, entziehen sich natürlich in ihrer unteren Zone dem Einflusse der Atmosphärilien. Hier ergibt sich aber — vorausgesetzt der Verfasser befindet sich mit seiner Annahme, die Friedberger Stufe entspreche einer Strandbildung, nicht im Irrtum — die gleiche Erklärungsmöglichkeit, die auch bei vielen anderen Eolithenfundorten als näherliegend erkannt wurde: die Pseudoëolithe formende Kraft des bewegten Meeres, besonders in der Strandregion [1]). B o u l e berichtet über das Entstehen von Eolithen am Strande zwischen Sheringham und Cromer (England), H a h n e und D e e c k e über ähnliche Funde auf Rügen und Bornholm, P. S a r a s i n über die Bildung von Pseudoeolithen aus Glasscherben am Strande von Nizza.

Die Friedberger Stufe scheint mir nun, sowohl was ihre petrographische Zusammensetzung (Aufarbeitung des Festlandsrandes) anbetrifft als ihren isohyptischen Verlauf, einer Strandregion am besten zu entsprechen,

Denn jene Erklärungsweise für die Abschleifung der alten Sprengkanten, welche P. T r e i t z gibt, scheint mir für solche Tiefen, wie sie der Einschnitt zwischen Station Pinggau und Friedberg erschließt, nicht mehr zutreffend. Seine Erklärung basiert auf der experimentell nachweisbaren abätzenden Wirkung der Bodensäuren, welche er auf die seiner Ansicht nach artefiziell entstandenen Sprengstücke einwirken läßt.

Nun wäre noch eine Möglichkeit ins Auge zu fassen. Wie eingangs erwähnt, vermissen wir in den Ablagerungen der Friedberger Stufe die einzig entscheidenden Fossilfunde; über ihre genauere Eingliederung in die tertiäre Stufeneinteilung kann also heute noch nicht entschieden werden. Meine Auffassung ginge dahin, daß sie sarmatisch oder lakustrisch-pontisch ist, vielleicht auch beides zugleich, wenn sich das Ufer in beiden Zeitstufen am Rande des Wechsels nicht sonderlich geändert haben sollte. Funde artefizieller Silices würden natürlich der Auffassung einer noch jüngeren Entstehung der Friedberger Stufenbedeckung günstiger sein (etwa vom Alter des Belvederschotters oder altdiluvial).

Dieser Auffassung muß aber entgegengetreten werden. Denn weder die Ablagerungsart dieser Bildungen noch Form des Geröllinhalts zeigt fluviatilen Charakter. Sie haben keine Beziehung zu einem alten Flußsystem, noch würden sie mit der gegenwärtigen Wasserabfuhr in Parallele gebracht werden können.

---

[1]) R. R. S c h m i d t, E. K o k e n und A. S c h l i t z, Die diluviale Vorzeit Deutschlands. Stuttgart 1912. (Das Kapitel „Über die Existenz des vorpaläolithischen Menschen" enthält pag. 10, 11 eine diesbezügliche Zusammenfassung und Literaturzusammenstellung.)

Die Stufe von Friedberg hat einen recht alten Charakter, und wenn sich die Manufaktnatur unserer Silices bei genauerem Studium ergeben sollte, so würden sie als ältere Eolithe (Archäolithe der Technik nach im Sinne Verworns und Pfeiffers[1])) bezeichnet werden müssen, als Industrie einer prädiluvialen Bevölkerung.

Bemerkung zu den Abbildungen.

Von den Abbildungen sind die Figuren 1 bis 6 in drei Viertel, Figur 7 in zwei Drittel der wahren Größe wiedergegeben.

---

[1]) L. Pfeiffer, Die steinzeitliche Technik. Jena 1912, pag. 20.

Über Rhipidionina St. und Rhapydionina St.

Zwei neubenannte Miliolidentypen der unteren Grenzstufe des küstenländischen Paläogens und die Keramosphärinen der oberen Karstkreide.

Von G. Stache.

Mit zwei Lichtdrucktafeln (Nr. XXVI [I] und XXVII [II]).

Innerhalb der in Kalkfazies entwickelten Schichtenreihe der oberkretazischen und unterpaläogenen Randgebirgszone des Karstes haben die drei genannten Foraminiferentypen als regionale Leitformen Bedeutung gewonnen. Überdies hat der günstigere Erhaltungszustand neuerer Funde die genauere Untersuchung und Darstellung des inneren Baues und der Schalenstruktur dieser Gehäuseformen ermöglicht. Es war somit ausreichender Anlaß zur Richtigstellung und Ergänzung der über diese eigenartigen Foraminiferentypen bisher gemachten Publikationen schon seit längerer Zeit vorhanden.

Die in älteren Mitteilungen bereits erwähnten und in der Erklärung der Abbildungen auf Taf. V *a* zur Abhandlung „Die liburnische Stufe und ihre Grenzhorizonte" etc. (1899) als *Pavonina*- und *Peneroplis*-Arten bezeichneten Foraminiferenformen müssen als neue selbständige Genera von diesen Gattungen getrennt gehalten werden.

Die Gattung *Bradya St.* ist als nächstverwandter Stammtypus von *Keramosphaera Brady* mit dieser Gattung als *Keramosphaerina* vereint unter die Subfamilie *Keramosphaerinae Brady* zu stellen.

Begründung der Selbständigkeit der Gattungen Rhipidionina St. und Rhapydionina St.

Taf. XXVI (I), Fig. 1—7.

Die Absonderung und Neubenennung des Rhipidioninentypus ist notwendig geworden durch die von Brady festgestellte Entwicklung des Baues der Gattung *Pavonina d'Orb.* nach dem Textularientypus[1]).

Durch die Beschränkung des Gattungsbegriffes und Namens *Peneroplis Montf.* auf eine in sieben Variationsformen mit Artnamen verschiedener Autoren bekanntgewordene Gruppe von nur durch e i n-

---

[1]) H. B. Brady, Notes on some of the Reticulariae Rhizopoda of the „Challenger" Expedition (Plate VIII) II. Additions to the knowledge of the Porcellanous and Hyalinetypus. *Pavonina* pag. 68—69, Pl. VIII, fig. 20—30,

f a c h e (Sekundärkammern ausschließende) K a m m e r z o n e n charakterisierten Miliolidengehäusen hat H. B. B r a d y auch den Ausschluß
der jetzt neubenannten beiden Gattungen vom P e n e r o p l i d e n t y p u s
zum Ausdruck gebracht.

Daß mir die Auffindung von solchen Fundstellen der als neu
erkannten beiden Gehäusetypen, wo die Schichten ein auch für die
Herstellung von guten Dünnschliffen geeignetes Miliolidinenkalkmaterial
enthalten, die Möglichkeit geboten hat, wesentliche Merkmale der von
diesem enger begrenzten *Peneroplis*-Typus abweichenden inneren Bauart in photographischer Vergrößerung kennen zu lernen und darzustellen, hat den geeigneten Anlaß und eine entsprechende Grundlage
für die vorliegende Mitteilung geliefert.

Zu einer vollständig befriedigenden Klarstellung der Schalenstruktur im Bilde wurden die bisher gewonnenen Dünnschliffe selbst
der nach Härte und Dichte günstigsten und zugleich an *Rhipidionina*-
und *Rhapydionina*-Exemplaren reichsten Gesteinstype immerhin noch
nicht ausreichend befunden. Die Möglichkeit, einen genau medianen
Vertikalschnitt und gute Horizontalschnitte im Dünnschliff zu erhalten,
wäre bei diesem Gesteine gegeben. Solche Muster jedoch tatsächlich
zu gewinnen, hängt selbst bei Anfertigung einer größeren Anzahl von
Gesteinsschliffen und Dünnschliffen zu sehr vom Zufall ab. Auslösbare
einzelne Exemplare für Herstellung solcher Dünnschliffe zu gewinnen,
ist noch nicht geglückt. Der Erhaltungszustand auf Schicht- oder
Spaltungsflächen (Fig. 1) ist meist hinreichend geeignet, um die Größe,
äußere Form, den Erhaltungszustand und die mit der Lupe wahrnehmbaren Merkmale der Oberflächenbeschaffenheit, der Aufeinanderfolge
und Abgrenzung der Primärkammern und das Vorhandensein einer
Sekundärkammerung zu erkennen und zu photographischer oder
schematischer Darstellung zu benützen. Zur Beurteilung der strukturellen Schalenbeschaffenheit in bezug auf die Zwischenräume der
zentralen siebförmig durchbohrten Mündungsflächen der Hauptkammern
sowie in betreff der Ausbildung von Sekundärwänden hat sich nur
der für die Dünnschliffe (Fig. 2, 3 und 4) benützte, an kleineren
Milioliden (Milioloculinen) reiche Kalkstein als geeignet erwiesen.

Unter Vorbehalt einer ergänzenden Feststellung[1]) über einige
noch nicht klargelegte Merkmale der Struktur und Anordnung der
innenseitigen Schalenwände auf Basis einer größeren Anzahl von
Dünnschliffen, kann die hier vorausgeschickte B e g r ü n d u n g n e u e r
G a t t u n g s n a m e n jedoch für die charakteristischen beiden Hauptformen der Miliolidenschichten des Grenzhorizonts zwischen oberster
Karstkreide und dem Hauptcharaceenkalk der liburnischen Paläogenstufe als ausreichend bezeichnet werden. Jedenfalls wird sie genügen,
um den provisorischen früheren Anschluß des Rhipidionentypus an
Pavonina sowie auch eine Unterordnung von *Rhipidionina St.* und von
Rhapydionina St. unter die jetzt nur durch die als gleichwertig mit

---

[1]) Die Beschreibung und Abbildung der für bestimmte Horizonte der Schichtenreihe der Karstkreide und des Palaogens im Gebiete der Blätter Görz-Gradiska
und Triest wichtigsten Leitformen sowie einiger seltenen, neuartigen Faunen- und
Florenreste wird dem der Stratigraphie gewidmeten Teil einer Arbeit über diesen
Teil des Küstenlandes angeschlossen werden.

Peneroplis Montfort betrachtete *Peneroplis pertusus Forskâl spec.* =
(*Nautilus pertusus Forskâl* 1775) repräsentierte Miliolidensubfamilie
„*Peneroplidae Brady*" [1]) als ebenso unhaltbar zu erweisen, wie die
weitere Einreihung in die veraltete, zu viel umfassende Familie der
Peneroplidae S c h w a g e r s. Unter den 7 von B r a d y innerhalb der
Gattung und Subfamilie als Variationstypen unterschiedenen Arten (*Peneroplis planatus Ficht u. Moll sp.*, *P. pertusus Foskâl sp.*, *P. arietinus
Batsch sp.*, *P. cylindraceus Lamarck sp.*, *P. lituus Gmelin sp.*, *P. cari-
natus d'Orb.* und *P. laevigatus Karrer*) würde keine einzige der ausgebreitet flachen und schmalen und noch weniger eine der beiden nau-
tiloiden Formen mit *Rhipidionina* und keine der beiden *lituola*-stabartig
langgestreckten, im Durchschnitt oval bis kreisrunden Typen mit
Rhapydionina in engere Beziehung auch dann gebracht werden können,
wenn diese beiden Typen nur aus einfachen Kammern aufgebaut
wären. Rhapydioninen ohne Sekundärabteilungen ebenso wie Rhipidioninen mit einfach ungeteilten Kammerzonen müßten, im Falle sie aufgefunden werden sollten, mit besonderem Artnamen den 7 Arten
(Variationstypen) der *Peneroplidae* B r a d y angeschlossen werden.

Für *Rhipidionina* ist somit, abgesehen von der Entwicklung der
symmetrisch gleichseitigen, breiten, flach und dünnschalig lamellaren
Fächerform aus einer vertikal stielförmig, nicht spiral eingerollt aufgebauten Reihe von Jugendkammern, als H a u p t m e r k m a l im Gegensatz zu dem flachspiral ausgebreiteten Peneroplidentypus (*P. planatus
Montfort* [2]) *Fichtel sp.*) die deutliche Teilung der niedrigen Hauptkammern in enge (Logen) N e b e n k ä m m e r c h e n durch zahlreiche
Querwände (S e p t a) hervorzuheben, denn das Fehlen derselben gehört
zu den vor und nach der von B r a d y (l. c.) veröffentlichten Charakterisierung und Begrenzung seiner als Subfamilie der formenreichen,
großen Familie der *Miliolinidae* unterordneten Gattung *Peneroplis Montf.*
auch von anderen Rhizopodenforschern hervorgehobenen Hauptmerk-
malen.

Bei d'O r b i g n y (Foraminifères foss. du Bassin. tertiär de Vienne
1846; pag. 171, XIIIe genre *Peneroplis Montf.*) heißt es ausdrücklich:
„C o q u i l l e... f o r m é e d e l o g e s à u n e s e u l e c a v i t é, a r q u é e s,
c o m p r i m é e s etc.) und bei F. C h a p m a n n (The F o r a m i n i f e r a etc.
1902, pag. 18) beginnt die Charakterisierung von *Peneroplis Montf.*:
„C h a m b e r s u n d i v i d e d".

C. S c h w a g e r s in v. Z i t t e l s G r u n d z ü g e d e r P a l ä o n t o-
l o g i e (Paläozoologie) 1895 übernommene systematische Gliederung
der Foraminiferen überträgt· der Gattung *Peneroplis Montf.* eine besondere Stellung und Bedeutung.

Obgleich diese (pag. 24—25 dieses Werkes) zur allgemeinen
Kenntnis gebrachte Gliederung und die der Familie „*Peneroplidae*

[1]) H. B. B r a d y, Challenger-Foraminifera pag. 130 u. 203, Plate VIII, und
F. D r e y e r, *Peneroplis*. Eine Studie zur biologischen Morphologie und zur Spezies-
frage. Leipzig 1898.
[2]) Denys de M o n t f o r t, Conchyliologie Systématique. Bd. 1. Paris 1808,
pag. 258, LXV. Pénérople; en latin, *Peneroplis*; pag. 259. Charactères generiques
und „Espèce servant de type au genre. *Peneroplis planatus* = *Nautilus planatus*.
Testac. microsc. a Leo von F i c h t e l etc. pag. 93, tab. 16, fig. *d*, *f*.

Jahrbuch d. k. k. geol. Reichsanstalt, 1912, 62. Band, 4. Heft. (G. Stache.)   89

Schwager" [1]) zugewiesene große Rolle durch B r a d y s Kritik und Be-
fürwortung des Systems der Aufstellung und Umgrenzung von kleineren
natürlichen Familien unhaltbar geworden ist, hat es doch Interesse,
hier die bezüglich der Auffassung der Familie „*Peneroplidae*" in Umfang und Charakterisierung sich am stärksten voneinander unter-
scheidenden Veröflentlichungen gegenüberzustellen.

Bei S c h w a g e r und Z i t t e l (l. c. nach S c h w a g e r) erscheint
die Familie: *Peneroplidae Schwager* (innerhalb der großen dritten
Unterordnung der Rhizopodenordnung I. *Foraminifera d'Orb.*) C. *Porcel-
lanea Schwager* als zweite Hauptfamilie zwischen die *Nubecularidae
Brady* und die *Miliolidae Carpenter* gestellt.

Sie umfaßt hier G e n e r a, „deren Schale s p i r a l oder z y k l i s c h,
symmetrisch, m e i s t v i e l kammerig, seltener e i n kammerig gebaut ist."

Speziell genannt und abgebildet sind: *Cornuspira Schultze*, *Penc-
roplis Montf.*, *Orbiculina Lamarck*, *Orbitulites Lamk.* und *Alveolina Bosc.*

Der Unterschied dieser Auffassung des systematischen Familien-
begriffes gegenüber der engbegrenzten (natürlichen) Unterfamilie:
Pineroplidae Brady einerseits und der diese mit in sich schließenden
Hauptfamilie der *Miliolidae Brady* anderseits zeigt, wie schwierig es
ist, zu einer einwandfreien systematischen Gliederung der an typischen,
in Gestalt und Bau, Gehäuseformen überreichen, in bezug auf Variationsfähigkeit innerhalb eines jeden Normaltypus jedoch sehr ungleich
ausgestatteten Ordnung der *Foraminifera d'Orb.* (*Thalamophora Hert-
wig*) zu gelangen.

Es kommt dies besonders auffällig für den vorliegenden Fall in
der bereits (pag. 661 [3]) zitierten Studie D r e y e r s (Abschnitt I) zum
Ausdruck.

Die Wiedergabe und Besprechung von B r a d y s Einteilung wird
hier durch folgende Sätze eingeleitet: „*Peneroplis* g e h ö r t a l s k a l k-
s c h a l i g e, i m p e r f o r a t e, p o r z e l l a n s c h a l i g e T h a l a m o p h o r e
i n d i e F a m i l i e *Miliolidae Brady*. Die Spezies *Peneroplis pertusus
Forskâl* repräsentiert als e i n z i g e S p e z i e s die Gattung *Peneroplis
Montf.*"

Das Material, welches dem Verfasser zu seiner umfangreichen
„biologisch-morphologischen Studie" anregte, wurde von ihm selbst
gesammelt. Es stammt durchaus von ein und derselben Fundregion,
aus dem Sande des Meeresstrandes bei R a s M u h a m e d a m S i n a i.
Weder unter den in 254 Figuren vorgeführten Typen und Varianten
seiner in bezug auf die äußere Abänderungsfähigkeit bis ins Detail
verfolgten Auswahl von *Peneroplis*-Gehäusen für die Abbildungen, noch
auch in dem minutiösen Text ist eine Bezugnahme auf die spezielle
innere Ausbildung der Kammerzonen zu finden.

Es scheint somit das für *Peneroplis* von anderen Autoren besonders hervorgehobene Gattungsmerkmal der e i n f a c h e n u n g e t e i l t e n
Kammerbildung hier als sicher vorausgesetzt, einer besonderen Prüfung

---

[1]) C. S c h w a g e r, Saggio di una classificazione dei Foraminiferi. Bollet.
Comitato geologico 1876.

durch Herstellung von Dünnschliffen jedoch nicht unterzogen worden zu sein.

Das von D r e y e r in so genauer Weise untersuchte und dargestellte regionale Vorkommen der Gattung *Peneroplis* in durch Übergänge verbundenen, äußerlich sehr ungleich gebauten Variationsformen entspricht der lokalen oder begrenzt regionalen biologischen Entwicklung, die von Theodor F u c h s als „C h a o t i s c h e r P o l y m o r p h i s m u s" bezeichnet wurde und in neogenen Schichten in besonders auffallender Weise bei den Gastropodengattungen *Melanopsis* und *Valvata* in Erscheinung tritt.

Die von F. K a r r e r [1]) aus den Tertiärschichten von K o s t e j als neu beschriebenen und abgebildeten drei *Peneroplis*-Arten *P. (planatus var.) laevigatus Karr.*, *P. aspergilla Karrer* und *P. Laubei Karrer* entsprechen innerhalb der siebengliedrigen Typenreihe (B r a d y) von *Peneroplis Montf.* drei voneinander getrennt gehaltenen Typen und *P. laevigatus* ist dabei sogar nur wegen des Mangels einer Oberflächenstreifung ungeachtet ihrer analogen dünnschaligen, ausgebreitet flachen Form vom Typus *P. planatus Ficht.* u. *Moll sp.* als besonderer Typus (Nr. 7) getrennt.

Im Gegensatz zu der rezenten Fundregion D r e y e r s bei R a s M u h a m e d sind hier die drei Variationstypen durch Übergänge nicht verbunden.

In dieser Publikation K a r r e r s finden wir als Gruppe *b* die *Peneroplidea* von Gruppe *a Miliolidea* der Abteilung II. Foraminiferen mit kalkig porenloser Schale getrennt. Die *Miliolidea* umfassen hier nur α) *Cornuspiridea* und β) *Miliolidea genuina*, das ist nur die Bi-, Tri-, Quinque- und Spiroloculinen, also die wichtige natürliche Familie, für welche ich die Bezeichnung „*Miliololoculinae*" in Vorschlag bringe.

Die *Peneroplidea* sind nach K a r r e r in der Fauna von Kostej außer den drei in Abbildung präsentierten Formen *P. planatus Ficht.* und *Moll. var. laevigata Karrer*, *P. Laubei Karr.* und *aspergilla Karr.* überdies vertreten: *P. Haueri d'Orb.*, *Juleana d'Orb.*, *austriaca d'Orb.* Überdies sind *Peneroplis prisca Reuss* aus Oberburg und *P. lituus Karr.* erwähnt. Von einer Gliederung der Kammern in Sekundärabteile findet sich keine Andeutung.

Eine noch weit schärfere Trennung ohne Anzeichen des Erscheinens von Zwischenformen besteht zwischen unserem fächerförmig ausgebreiteten Typus der tiefsten Paläogenstufe *Rhipidionina* und den schmalen, langgestreckt rübchenartigen Gehäusen von *Rhapydionina*. Das gemeinsame, oft reichliche Auftreten beider Typen innerhalb derselben Handstücke der gleichen Schichtenlage (Taf. XXVI [I], Fig. 1) wiederholt sich in den verschiedenen Verbreitungsregionen der unteren Milioloculinen-Fauna des Blattgebietes von Görz-Gradiska und Triest.

Diesen Gattungen kann nun die besondere Eignung zuerkannt werden, als Vertreter einer natürlichen älteren Gruppe oder Subfamilie

---

[1]) Die miocäne Foraminiferenfauna von Kostej im Banat. (Jahrgang 1868 d. Sitzungsber. d. mat.-naturw. Kl. d. kais. Akad. d. Wiss.) Taf. III, Fig, 7, 8, 9, pag. 33—35.

·von beschränkter Variationsfähigkeit ihrer Stammformen, der jüngeren, ungeachtet ihres einfacheren Gehäusebaues variationsreichen·Familie „*Peneroplidae*" B r a d y s gegenühergestellt zu werden.

Die Selbständigkeit und geringe Variationsanlage der beiden paläogenen Typen steht im Zusammhang mit der Abgeschlossenheit und Beschränktheit ihres regionalen Verbreitungsgebietes in horizontaler, und vertikaler Richtung und in der physischen Beschaffenheit ihres brackisch-marinen Entwicklungsmediums.

Die Möglichkeit, daß eine Stammform schon in solchen oberkretazischen Schichten des engeren Karstrandgebietes, die nicht, wie die Strandgruskalke mit K e r a m o s p h ä r i n e n einer Brandungszone entsprechen, aufgefunden werden könnte, ist nicht vollkommen ausgeschlossen. Dagegen dürfte die Lebensdauer der Rhipidioninen und Rhapydioninen auf die Absatzperiode der unteren Milioliden (Milioloculinen-) schichten beschränkt geblieben sein.

Die längere Aussüßungsperiode, während welcher die Bänke des Hauptcharaceenkalkes über dieser tieferen marin-brackischen Schichtenstufe zum Absatz gelangten, hat die Bedingungen zur Fortentwicklung dieser Leitformen zu vollständig verändert und aufgehoben, als daß ein Wiedererscheinen derselben in der nächsten durch Küstensenkung angebahnten marin-brackischen litoralen Absatzperiode zugleich mit der Wiederkehr einer zweiten Milioloculinen-Fauna möglich gewesen wäre.

Das Vorherrschen von M i l i o l o c u l i n e n gleicher·oder nahe verwandter Arten ist zwar auch dieser dritten Abteilung der halotropischen Schichtenreihe der liburnischen Hauptstufe eigen, speziell charakterisiert wird die obere Abteilung jedoch durch das Erscheinen neuer Foraminiferentypen.

Unter diesen hat das Auftreten einer ersten A l v e o l i n e n f a u n a und das, wenn auch sparsame Vorkommen der Gattung *Coskinolina* als Vertreter der „*Dictyoconinae*"-Gruppe S c h u b e r t s besondere Bedeutung.

Bei Erwähnung dieser natürlichen kleinen Gruppe oder Familie, für welche der Autor seine Auffassung der Abstammung vier stufenweise vollkommener entwickelten Typen — *Lituonella, Coskinolina, Chapmannia* und *Dictyoconus* — (l. c. pag. 13 [207]) von dem schon im Karbon auftretenden *Lituola*-Typus schematisch zum Ausdruck bringt, drängt sich die Frage auf, ob sich für die so isoliert erscheinende, nur durch zwei Typen vertretene natürliche Gruppe des untersten Paläogen in irgendeiner Richtung Anhaltspunkte für phylogenetische Beziehungen oder hypothetische Stammesverwandtschaft finden lassen. In dieser Hinsicht kommt in·erster Linie nur die Gruppe oder Familie der *Peneroplidae Brady* in Betracht sowie·die hypothetische Annahme, daß die durch *Rhipidionina* und *Rhapydionina* vertretene vollkommener entwickelte Gruppe einer früher erloschenen·Zweiglinie derselben älteren, jedoch noch unbekannten Stammform angehöre, wie die Zweiglinie der erst aus der Tertiärzeit bekannten und bis in die Jetztzeit in starker Entwicklung erhalten gebliebenen *Peneroplidae.*

. Eine direkte Ableitung der zartschaligeren kleinen und einfachkammerigen *Peneroplidae* von einem der großen durch enge Sekundärkammerung charakterisierten beiden Typen, für die sich als

Gruppen- oder Familienbezeichnung der Name „*Peneroploideae*" eignen würde, ist höchst unwahrscheinlich. Durch einen stichhaltigen Nachweis müßte eine Ausnahme von jener Regel erbracht sein, die ein Fortschreiten der Entwicklung vom einfacheren zum mehrfach gegliederten Bau als Vervollkommnung schätzt. Man würde dann vielleicht von einer rückläufigen Entwicklung sprechen können.

Im Falle man innerhalb der eocänen Schichtenreihe des Küstenlandes oder Dalmatiens solche Exemplare von irgendeiner Variations-type *Peneroplis* auffinden würde, bei denen die von den Autoren erwähnte vertikale Streifung oder Berippung sich als Reduktions- oder Verkümmerungsform von nicht der äußeren Wandung angehörenden, sondern mit der inneren Wandlamelle verbundenen gegen die Zentralregion der Hauptkammern radial vorspringenden Septalwänden durch mikroskopische Untersuchung feststellen ließe, könnte man auch die neogenen und rezenten Peneropliden in dieser Richtung einer Prüfung unterziehen [1]).

Mikroskopische Untersuchungen und Darstellungen von medianen und Querschnittflächen anscheinend berippter *Peneroplis*-Arten in ausreichender Vergrößerung sind natürlich schwieriger auszuführen als solche von großen Exemplaren des Rhapydioninen- und des Rhipidionentypus. Eine Prüfung der angedeuteten Möglichkeit war für mich selbst auch deshalb ausgeschlossen, weil mir erst bei Abschluß der vorliegenden Publikation eine Berührung der Abstammungsverhältnisse als wünschenswerte Ergänzung der Beobachtungsresultate erschien.

Den Vorzug vor der ein Abweichen von dem normalen Entwicklungsgange voraussetzenden Hypothese würde die (pag. 664 [6]) bereits angedeutete Annahme verdienen. Die Voraussetzung, daß eine gemeinsame Stammform beider Gruppen in nächstälteren marinen Schichten der Karstkreide gelebt habe, findet eine Stütze in dem Erscheinen von dem *Peneroplis*-Typus entsprechenden Durchschnitten in einem tieferen, der Kreidegrenze näherliegenden Foraminiferenkalkniveau.

Für eine Erklärung des Erscheinens der wahrscheinlich schon ausgestorbenen Gruppe „*Peneroploideae*" in dem höheren Grenzniveau des Milioloculinenkalkes und der Characeenschichten wäre diese Annahme fast unentbehrlich.

Nicht minder bedarf die Ergänzung der m a r i n e n Entwicklungsreihe der im M i o c ä n und in rezenten Strandzonen zu ihrer an Arten und schließlich an Varietäten so reichen Entwicklung gelangten Familie „*Peneroplidae*" B r a d y s der Auffindung von älteren Verbindungsgliedern mit einem gemeinsamen Stammtypus.

Als eine solche noch nicht entdeckte Stammform würde eine mit dem von B r a d y als Mittelform seiner sieben Variationstypen (oder Arten) näher übereinstimmende *Peneroplis*, somit ein mit *Peneroplis pertusus Forskâl sp.* näher übereinstimmender n a u t i l o i d e r Gehäusetypus gedeutet werden können oder eine dem Litúolatypus der älteren

---

Kreide näher verwandte Form wie *P. cylindraceus Lam sp.* und *P. lituus Gmelin sp.*

Die siebartig poröse Ausbildung der Mündungsfläche und eine als Berippung der Außenwände der einfachen Kammern deutbare Parallelstreifung würde die Eignung einer solchen Stammform der „*Peneroplidae*" zur Bildung eines durch Sekundärkammerung charakterisierten Zweiges wahrscheinlich machen.

Um die eine oder die andere Hypothese begründen zu können, müssen speziellere Untersuchungen des inneren Baues und der Schalenstruktur verschiedener Gehäusetypen der Hauptgruppe noch abgewartet werden. Die Feststellung eines Zusammenhanges von Berippung oder durchscheinender feiner Streifung mit der Ausbildung radial nach einwärts gerichteter Septa würde für die Entscheidung der Frage von besonderer Wichtigkeit sein.

Der oberkretazische Keramosphärinentypus und der Tiefseetypus Keramosphaera Murrayi Brady [1]).

Übereinstimmung und Verschiedenheit im Gehäusebau und phylogenetische Beziehungen.

Wie ich erst nach Veröffentlichung der unten zitierten Publikation über *Bradya tergestina* [2]) vom Jahre 1905 in Erfahrung gebracht habe, wurde der Gattungsname „*Bradya*" im Jahre 1872 von A. B o e k [3]) bereits für ein Copepoden-Genus eingeführt. Die Ersetzung der für die meinerseits dem Rhizopodenforscher H. B. B r a d y gewidmete Foraminiferentype gewählten, gleichlautenden generischen Bezeichnung durch einen die Stammesverwandtschaft mit der Gattung *Keramosphaera Brady* zum Ausdruck bringenden Namen ist daher ebenso naheliegend als zweckmäßig.

Der innere Bau der kretazischen Keramosphärinengehäuse (*K. tergestina Stache* — Taf. II, Fig. 2 *b* u. 3 *d* — Fig. 5 u. 5 *a*) weicht durch ein Vorherrschen der radialen Anordnung der Kammerung sehr deutlich von der durch die peripherische Anordnung der in Kämmerchen (Logen) geteilten konzentrisch parallelen Hauptkammerzonen beherrschten Bauart der Tiefsee-*Keramosphaera* (Taf. XXVII [II], Fig. 1 *a, b, c, d*) ab. Überdies ist ein bemerkenswerter Unterschied in der Umgrenzung der einzelnen Kämmerchen sowie in der Oberflächenmodellierung der sphärischen äußeren Schalenwandungen der Hauptkammerzonen ersichtlich.

---

[1]) H. B. B r a d y, Annales and Magazine of Natural History 1882, pag. 242—245.
[2]) Verh. d. k. k. geol. R.-A. 1873, pag. 147—148. — Abh. d. k. k. geol. R.-A. „Die liburnische Stufe und ihre Grenzhorizonte" etc. Taf. VI, Fig. 24—28 (1889). — Ältere und neuere Beobachtungen über die Gattung *Bradya St.* Verh. d. k. k. geol. R.-A. 1905, Nr. 5, pag. 100—113.
[3]) A. B o e k, widmete 1872 in Vidensk Selsk. Forhandl. dem Verfasser G. S. B r a d y der Abhandlung „A monograph of the free and semiparasitic Copepoda" in der Publikation: Nye Slaegter or Arter of Saltvands C o p e p o d e r. ein neues Genus „*Bradya*" aus der Bucht von Christiania.

Diese Verschiedenheiten lassen die schärfere Trennung der großen kretazischen Strandform von der kleinen Tiefseeform durch einen besonderen Gattungsnamen zweckmäßig erscheinen.

Andere Fragen über das gegenseitige Verhältnis der beiden Vertreter der so merkwürdigen Milioliniden-Subfamilie „*Keramosphaerinae*" *Brady* können hier zwar andeutungsweise besprochen, jedoch nicht entschieden beantwortet werden.

In erster Linie drängt sich die Frage vor, ob die von B r a d y untersuchten und wie die Darstellung ihres inneren Baues in sehr klaren und genauen Abbildungen zeigt, sehr gut erhaltenen Gehäuse von *Keramosphaera Murrayi* einer rezenten und noch lebenden Gattung von Tiefseeforaminiferen angehören könne oder ob die Annahme ausreichende Berechtigung habe, daß diese Kalkgehäuse aus einer rezenten, wenn nicht älteren Strandablagerung der südwestlichen Litoralzone Australiens in die jüngsten Absatzregionen des k i e s e l i g e n D i a s t o m a c e e n s c h l a m m e s einer ausgedehnten nahen Tiefenzone und innerhalb derselben durch Strömungsverhältnisse soweit südlich gelangt sein dürften. In jeder Richtung fehlen Verbindungsglieder zwischen den nach Zeit und Raum so weit auseinanderliegenden Fundregionen der beiden so nahe verwandten Gehäusetypen.

Aus älteren kretazischen Schichten sind Keramosphärinen oder nächstverwandte Typen, die als Stammformen betrachtet werden könnten, bisher nicht bekannt. Jeder Anhaltspunkt dafür, daß eine Litoralform wie die oberkretazische *K. tergestina* von einem in noch älteren Tiefseeablagerungen erhaltenen Stammtypus in phylogenetische Verbindung gebracht werden könne, fehlt. Ebenso fehlen Fundstellen in gleichaltrigen Kreideschichten sowie in Schichten jüngeren geologischen Alters, doch wurden von J. G r z y b o w s k i und J. R y c h l i c k i aus obersenonen und alttertiären Gesteinen Galiziens vorläufig noch fragliche Formen als *Keramosphaera irregularis* beschrieben.

Es ist daher auch keinerlei Vermutung in der gegensätzlichen Richtung begründet. Die Anpassungsfähigkeit von Foraminiferentypen an verschiedene Tiefenzonen ist nicht unbedeutend und für Gehäuseformen mit glasigporöser Schale, welche Tiefseeschlammablagerungen von großer Ausdehnung bilden (wie *Globigerina* etc.) nachgewiesen. Die Lebensbedingungen der so häufig unter Massenanhäufung ihrer Kalkgehäuse während einer längeren Entwicklungsperiode die Fauna von Strand- und Litoralzonen verschiedener Tiefe beherrschenden Typen von dichtkalkschaligen Foraminiferen schließen jedoch eine Anpassung an Tiefseeregionen ohne wesentliche Formveränderung nicht nur innerhalb der gleichen Entwicklungsperiode, sondern auch im Verlauf aufeinanderfolgender geologischer Zeitperioden gleichfalls nicht aus.

Die in erster Richtung erzielten Ergebnisse der Forschungsreise des „Pengum", welche C h a p m a n 1910 im Linnean Society Journal Zoólogie XXX, pag. 388 ff., veröffentlicht hat, erscheinen besonders beweiskräftig.

B i l o c u l i n e n und andere Miliolinen stammen aus Tiefen von 2398 bis 2728 Faden. O r b i t o l i t e n aus 1570, P o l y s t o m e l l e n und A m p h i s t e g i n e n aus 2715 und 2741 Faden Tiefe.

Zwei bemerkenswerte Beobachtungen über Anpassung einzelner
Foraminiferentypen an verschiedene Tiefen in geologischer Zeit hat
Dr. S c h u b e r t bei Gelegenheit seiner Untersuchung von pliocänen
G l o b i g e r i n e n - Sedimenten gemacht:

Das Erscheinen letzter Nachzügler der miocänen Seichtwasser-
gattung *Miogypsina* in abyssischen G l o b i g e r i n e n - Sedimenten des
Pliocän sowie das Vorkommen von kleinen verkümmerten Überresten,
der Gattung *Lepidocyclina* (einer Küstenform wie alle Orbitoiden) in
jungmiocänen oder pliocänen G l o b i g e r i n e n k a l k e n Neu-Mecklen-
burgs (nordöstliche Insel des Bismarck-Archipels, Deutsch-Neu-Guinea).

Die in dieser Richtung vor Veröffentlichung meiner Mitteilung
Ä l t e r e u n d n e u e B e o b a c h t u n g e n ü b e r d i e G a t t u n g
„*Bradya*" gewonnenen Resultate sollen hier Erwähnung finden. Eine
Ergänzung derselben durch die in photographischer Vergößerung ab-
gebildeten Dünnschliffe (Taf. XXVII [II]) ist dabei jedoch um so
wünschenswerter geworden.

H. B. B r a d y s Bemerkung über die Analogie in der Anordnung
der Kämmerchen seiner Gattung *Keramosphaera* mit Durchschnitts-
ansichten von *Orbitolites* sowie die Übereinstimmung dieses Hinweises
mit der ersten Charakterisierung des (1873) von mir entdeckten
und als „n e u e s G e n u s" bezeichneten Foraminiferentypus (Verh. d.
k. k. geol. R.-A. 1873, pag. 147—148 u. 1905, pag. 101—102) deuten
auf eine verwandtschaftliche Beziehung hin. Auf pag. 106 (7) der
zitierten Nr. 5 der Verhandlungen 1905 wurde auch bereits die Bedeutung hervorgehoben, die sich aus M. M. D o u v i l l é s, „Essai d'une
revision des Orbitolites" 1902 [1]) in bezug auf einen Vergleich des
Schalengerüstes von *Keramosphaera* mit dem der Gattungen *Margino-
pora Quoy & Gaymard* und *Orbitolites Lamk. s. str.* ableiten läßt.

Ebenso hat das Verhältnis des inneren Baues und der äußeren
Umgrenzung der zu den Hydractinien gehörenden Gattung *Porosphaera
Steinmann* (l. c.) bereits Anhaltspunkte geboten, die schon von
C a r t e r zur Sprache gebrachte Hypothese einer phylogenetischen
Verbindung zwischen den Rhizopoden und den Hydrocorallinen in Be-
tracht zu ziehen. Es wurde zunächst C a r p e n t e r s Gattung *Parkeria*
als Vertreter einer ausgestorbenen Familie für diese Hypothese in
Erwägung genommen. Während jedoch *Parkeria* von S t e i n m a n n
nebst den von P a r k e r und J o n e s gleich dieser Kugeltype zu den
Foraminiferen gestellten Gattungen *Loftusia Brady* und *Millepora
globularis Philipps* (1829) = *Porosphaera Steinmann* 1878 in die
Gruppe *Hydractinia* mit kalkigem Gerüst eingereiht wurde, hatte derselbe die provisorische Zustellung von *Bradya tergestina St.* zu dieser
Gruppe durch C a r t e r als nicht berechtigt erkannt.

Die allgemeine Charakterisierung der von B r a d y [2]) unter die
Miliolinidae gestellten „Sub-Family 6. *Keramosphaerinae*" ist auch für

---

[1]) M. M. D o u v i l l é, Essai d'une revision des Orbitolites. Bull. de la Soc.
géol. de France 4. Ser., tom. II. 1902. Nr. 83, pag. 289—313, pl. IX u. X. —
(pag. 294—297.)

[2]) Note on *Keramosphaera*, a new Type of Porcellanous Foraminifera (Annals
and Magazine of Natural History. London 1882, Vol. X, pag. 242—245, Taf. XIII,
Fig. 1—4).

unseren kretazischen Typus dieser natürlichen Familie vollkommen zutreffend. Steinmann hatte in der Bekanntgabe der Resultate seiner Untersuchung (l. c. 1878) des ihm zu Gebote gestellten Materials von *Bradya tergestina St.* bemerkt: „Ob eine Embryonalkammer vorhanden sei oder nicht, ließ sich nicht entscheiden. Ebenso war keine Kommunikation zwischen den einzelnen Kammern zu entdecken."

Dagegen hat H. B. Brady (1882 l. c.) in seiner durch sehr scharfe und klare Abbildungen erläuterten ersten Beschreibung der zwei kleinen, weißen sphärischen Gehäuse aus dem Material der Tiefseeproben der Challenger-Expedition (seiner *Keramosphaera Murrayi*) die Kommunikation zwischen den einzelnen Kammern deutlich zur Darstellung gebracht, ohne jedoch auch den Nachweis einer Embryonalkammer liefern zu können.

Mir selbst gelang es in guten Dünnschliffen von Exemplaren meines Kreidetypus aus verschiedenen Fundorten deutliche Embryonalkammern sowie die Tendenz zu einer anfänglich spiralen, jedoch sehr bald in radialperipherische Anordnung der Kämmerchen übergehenden Entwicklung des Gehäusebaues festzustellen. (Taf. XXVII [II], Fig. 5.)

Kanalförmige Verbindungen oder porenförmige Öffnungen in den Grenzwandungen der ungleich großen, von Brady als Kämmerchen oder Logen bezeichneten Abteilungen der übereinanderfolgenden konzentrischen Lagen lassen Dünnschliffe von Medianschnittflächen durch die Embryonalkammer (wie Fig. 5) selbst bei starker Vergrößerung (wie Fig. 5 a) nicht sicher erkennen.

Darin ist ein Hauptunterschied der küstenländischen Kreidetype von der Tiefseetype *K. Murrayi Brady* gelegen. Die photographische Reproduktion Fig. 1 c und 1 d der Abbildungen Bradys (l. c. Fig. 3 u. 4) zeigt den vollkommeneren inneren Bau. Die Annahme, daß das Vorhandensein einer Embryonalkammer auch für die kleinen Keramosphärengehäuse Bradys nachweisbar gewesen wäre, wenn für die Herstellung von medianen Anschliffs- und Dünnschliffsflächen eine größere Anzahl von Exemplaren dem Autor zur Verfügung gestanden wäre, hat bei Berücksichtigung der Schärfe, mit welcher der Kreisausschnitt (Fig. 1 c) bis nahe zu der fehlenden Embryonalregion das Detail der Kammerbildnng zum Ausdrucke bringt, Berechtigung. Dagegen ist wenig Aussicht vorhanden, daß sich unter den zahlreichen Exemplaren von *K. tergestina St.*, die zur Untersuchung noch zu Gebote stehen oder in verschiedenen Fundregionen noch gesammelt werden können, in bezug auf die Ausbildung von durch Wandungen scharf begrenzten Kämmerchen (Chamberlets Brady) und auf deren Kommunikationsformen übereinstimmende Gehäuse werden nachweisen lassen. Der Ausschnitt (Fig. 5 a), der in 25 facher Vergrößerung die photographisch aufgenommene Zentralregion desselben Dünnschliffexemplars, welches in 5 facher Vergrößerung (Taf. XXVII [II], Fig. 5) ein ausgezeichnet scharfes Bild der Embryonalentwicklung und Radialstruktur vermittelt, bringt die Verschiedenheit der inneren Schalenstruktur des großen *Tergestina*-Typus von dem kleinen *Murrayi*-Typus deutlich zum Ausdruck.

Es ist wirklich eine bewundernswerte Leistung, daß von *Keramo-sphaera Murrayi* Präparate von solcher Schärfe und Feinheit erzielt werden konnten, welche es dem Zeichner und Lithographen des Autors (Hollik) ermöglichten, so gute Abbildungen von Vergrößerungen in verschiedenem Maßstabe zu liefern, wie die Tafel (Pl. XIII, Anna. Mag. Nat. Hist. Serie 5, Vol. 10) zu B r a d y s „Note on *Keramosphaera*, — a new Type of Porcellanous Foraminifera" zeigt.

Von den Reproduktionen, die den wichtigsten Figuren dieser Tafel entsprechen, ist die 100 fache Vergrößerung eines kleinen Abschnittes von 5 Kammerlagen der Randzone (Fig. 1 *d*) und die 50 fache Vergrößerung eines etwa 30- bis 35-Kammerlagenausschnittes der kreisförmigen Medianschnittfläche des kleinen Kugelgehäuses von nur 2 *mm* Durchschnitt (Fig. 1 *c*) von besonderer Wichtigkeit für den Vergleich mit dem nur in 25 facher Vergrößerung dargestellten Ausschnitt aus der Medianfläche eines Dünnschliffes von *Keramosphaerina tergestina St.* (Taf. XXVII [II], Fig. 5 *a*). Der vorangehend hervorgehobene Unterschied des kretazischen Stammtypus von dem anscheinend rezenten, isolierten Tiefseetypus erscheint hier so wesentlich und augenfällig, daß eine Trennung durch Bezeichnung mit besonderen Gattungsnamen als begründet angesehen werden kann. Die in der Umgrenzung und der Kommunikationsform der Kammerräume gelegenen, einer Vervollkommnung im Baustil entsprechenden Unterscheidungsmerkmale haben nicht geringere Bedeutung als analoge Trennungsmerkmale von Gattungen anderer natürlicher Familien oder Gattungsgruppen von dicht- oder feinsandigen Kalkgehäusen des formenreichen Miliolidenstammes.

Um in dieser Richtung Naheliegendes in Vergleich zu ziehen, kann die Gruppe der *Dictyoconinae Schubert* dienen, in welcher nach Auffassung des Autors die Gattung *Coskinolina Stache* innerhalb der die Abstammungsverhältnisse andeutenden Reihenfolge zwischen die Gattung *Lituonella Schlumberger* und die höher entwickelten Gattungen *Chapmannia Silvestri* und *Dictyoconus Blankenhorn* eingestellt wird.

Bei einem Vergleich der zur Darstellung des inneren Gehäusebaues von *Coskinolina* und *Lituonella* auf der Tafel zu S c h u b e r t s Publikation vorliegenden Abbildungen von Median- und Querschnitten mit den Medianschnittsproben der beiden K e r a m o s p h ä r i n e n t y p e n lassen sich ungeachtet des großen Abstandes in Wachstumstendenz, Gehäuseform und Feinheit der Netzstruktur der kegelförmigen von der kugelförmig entwickelten Gruppe von netzartig strukturierten Milioliden (*Dictyoconinae* und *Dictyosphaerinae*) analoge Merkmale erkennen.

S c h u b e r t [1]) fand in dem selbstgesammelten Untersuchungsmaterial von *Coskinolina liburnica St.* außer Exemplaren einer mikrosphärischen Generation (Fig. 1, 2 u. 3) und Mediandurchschnitten Fig. 4 u. 5, Vergrößerungen 24/1 auch solche einer makrosphärischen Generation (Fig. 7, 8, 9). Der Medianschnitt Fig. 7 (Vergrößerung 35/1) zeigt nach des Autors Erklärung eine anscheinend durch Verschmel-

---

[1]) S c h u b e r t, l. c. Erklärung zu Tafel (I).

zung mehrerer u n g e s c h l e c h t l i c h e r K e i m e entstandene abnorm
große M e g a s p h ä r e. Im Vergleich zum relativen Verhältnis der
Größe der Anfangskammer (Embryonalzelle) dieses M e g a s p h ä r e n-
typus von $^1/_{10}$ bis $^1/_{15}$ des Hauptdurchmessers der Mediandurchschnitte
ist der Mikrosphärentypus' von *Keramosphaerina* hier bei Medianschnitt
Fig. 5 u. 5 *a* sowie überhaupt nicht höher als mit $^1/_{80}$ zu bemessen
und dabei ist bei der Vergrößernng 5 *a* eine zarte Teilung in drei
bis vier Keimbläschen noch bemerkbar.

Daß der bei *Biloculina* und anderen Milioloculinen sowie bei
Alveoliniden verschiedener Schichtenstufen des küstenländischen Paläo-
gens ziemlich häufig vorkommende Dimorphismus sich bei den kretazischen K e r a m o s p h ä r i n e n nicht ausgebildet findet, ist ziemlich
sicher. Nicht nur die großen, sondern auch die kleinen Exemplare
zeigen eine mehr m i k r o s p h ä r i s c h e Embryonalentwicklung. Eine
solche kann auch für die Tiefseetype *K. Murrayi Brady* angenommen
werden.

Eine gewisse Analogie der in den Mediandurchschnitten von
Coskinolina und *Keramosphaerina* zum Ausdruck gelangenden Netzstruktur
ist sowohl in den Anfangsstadien als in der mittleren und abschließenden
Wachstumsperiode der Gehäuse zu bemerken. In dem an das ungleich
deutliche und selten regelmäßige Entwicklungsstadium der Spiralanlage anschließenden Abschnitt von ringförmigen, beziehungsweise
sphärischen, durch mehr oder minder ungleiche Hohlräume markierten
Parallelzonen ist die Netzstruktur noch unregelmäßig. Größere Klarheit und Regelmäßigkeit in der Absonderung der niedrigen, kammer-
förmig oder maschenartig abgeteilten, parallelen Lagen sowie im
Hervortreten der Radialstruktur gewinnt das gröbere Kalknetz der
Coskinolinen sowie das feinere der Keramosphärinen zumeist stetig
bis zum Wachstumsabschluß.

Das hervorragend feinste und vollkommenst ausgeprägte Maschen-
netz ist nach Abbildungen B r a d y s der Gattung *Keramosphaera Brady*
eigen. Die photographische Reproduktion (Taf. XXVII [II], Fig. 1 *d*)
von B r a d y s Darstellung eines kleinen Abschnittes aus der peripherischen Zone der Medianschnittfläche in 100 facher Vergrößerung
zeigt nicht nur die scharfen Umgrenzungswände der maschenförmigen
Kämmerchen (loges oder chamberlets), sondern auch die Form der
dieselben untereinander verbindenden Kommunikationswege in zwei
Richtungen (*a* und *b*).

Für den Vergleich der Oberfläche der sphärischen inneren Kammer-
lagen der beiden K e r a m o s p h ä r i n e n formen und der äußersten
Abschlußzone dienen die beiden Reproduktionen (Taf. XXVII [II],
Fig. 1 *a* u. *b*) von hemisphärischen Abschnitten der Abbildungen
(Pl. XIII, Fig. 2 *a* u. *b*) B r a d y s (magnified 20 diameters) mit den
Figuren 2 u. 3, 3 *a* u. 3 *b* unserer Taf. XXVII [II]. Diese sind kleinere
Abteile von Reproduktionen nach den Abbildungen von *Bradya ter-*
gestina St. auf Taf. VI, 1. c. 1889. Ebenso wie die Abbildungen von
Keramosphaera Brady Pl. XIII (1 *b*, 2, 3 u. 4 magnified 25, 50 u. 100
diameters) von A. J. H o l l i k nach der Natur gezeichnet und
lithographiert wurden, sind die alten Abbildungen von *Bradya* jetzt

Keramosphaerina Stache (l. c. Taf. VI, Fig. 24 bis Fig. 27) von F.
S w o b o d a nach der Natur gezeichnet und lithographiert, jedoch nur
in schwacher Vergrößerung (bei Fig. 2, *b*, *d*) und in stärkerer 10:1
bis 20:1 bei Fig. 3 u. 3*a*, *b*, *c*, *d*.
Die Modellierung der Oberfläche (Pl. XIII, 1*a*) des kleinen
Originalexemplars von *K. Murrayi Brady* in 25 facher Vergrößerung
stimmt ganz überein mit dem ebenda Fig. 2*a* bloßgelegten Teil
der Oberfläche einer inneren, durch etwa 8—9 äußere Kammerlagen
umhüllten Kammerlage von nur 20 facher Vergrößerung.

Der Oberflächentypus oft gut erhaltener und leichter freizu-
legender innerer Kammerzonen der *K. tergestina* weicht, wie Fig. 3
zeigt, davon merklich ab. Der tangentiale Anschliff einer solchen
eigenartig modellierten Oberfläche von gewölbten Außenwänden des
durch Vertiefungen getrennten Kammergruppennetzes (Fig. 3*a*) läßt
die unregelmäßig verstrickte Anlage der Kammermaschen sowie innerhalb der dunklen Bodenräume hellere Punkte erkennen, deren Deutung als etwa solchen Kommunikationswegen, wie Fig. 1*d* zeigt, entsprechende Poren zulässig ist.
Eine nähere Übereinstimmung mit dem Oberflächennetz der (in
Fig. 1*b*) dargestellten inneren Kammerlage von *K. Murrayi* läßt der
in Fig. 3*b* markierte Oberflächentypus von *K. tergestina* erkennen.
Auch bei dem in doppelter Größe abgebildeten ausgelösten Exemplar
(Fig. 2) kommt ein analoges Netzwerk zum Vorschein.

Die verschiedenen Exemplaren entnommenen medianen Anschliff-
flächen 2*a*, 2*b*, 2*c* und 2*d* bringen individuelle Verschiedenheit bei
gestörtem und ungestörtem Wachstum zur Anschauung.
In den Durchschnittflächen 2*a* u. 2*d* kommt ein periodischer Wechsel durch dunklere deutliche Wachstumsringe in verschiedener Weise
zum Ausdruck. Bei Fig. 2*a* zeigen die regelrecht kreisförmigen Parallel-
ringe durch einen Wechsel der radialen Entfernung ungleich lange
Wachstumsperioden an. In den breiteren helleren Ringzonen tritt die
Radialstruktur deutlich und gleichförmig hervor. Die dunklen Parallel-
ringe entsprechen der Aufeinanderfolge von engeren Kammerlagen
zwischen einer größeren Anzahl von weiteren Kammerlagen. Der ver-
größerte kleine Ausschnitt der Reproduktion einer breiteren peripherischen Kammerlagenzone eines anderen Individuums (Fig. 3*c*)
dient zur Erklärung dieser Deutung. Der schmale Radialausschnitt
(3*d*) aus dem Reproduktionsbild einer Vergrößerung der medianen
Schnittfläche (l. c. Taf. VI, Fig. 25*a*) eines an periodischen Wachs-
tumsringen reichen Exemplars dient zur Erklärung dafür, wie die
dunkleren Wachstumsringe bei Vergrößerungen abgeschwächt erscheinen
und gegen die schärfer ausgeprägte Radialanordnung zurücktreten.
Fig. 2*b*, ein der Photovergrößerung 2/1 der Anschlifffläche eines
K e r a m o s p h ä r i n e n k u g e l n in größerer Anzahl einschließenden,
dichten Gesteins entnommener Ausschnitt zeigt nur eine einzige
zyklische Wachstumslinie. Diese zitterige Kreislinie trennt eine (etwa
ein Fünftel des Radialwachstums betragende) peripherische Zone von
5—6 weiteren Lagen von Kämmerchen (Maschen des Gehäusenetzes)

von dem durch sehr gleichförmiges radial-zyklisches Wachstum ausgezeichneten Zentralteil der Medianfläche. Die Radialstruktur des
Netzbaues ist in diesem Exemplar besonders scharf durchgeführt.
In auffallendem Gegensatz zu der normalen ungestörten Entwicklung dieses Gehäuses steht das durch den Medianschliff Fig. 2 *d*
vorgestellte Exemplar.

Es ist zwar von nahezu gleichem Durchmesser und mit einer
gleichbreiten, 5—6 normale Kammerlagen umfassenden, peripherischen
Hüllzone der zentralen Kreisfläche des Medianschnittes wie Fig. 2 *b*
ausgestattet, jedoch innerhalb dieses den früheren Wachstumsperioden
des Kugelgehäuses entsprechenden Zentralteiles durch anormale Entwicklung auffallend. Durch sechs dichtere weiße Schalenringe, zwischen
denen nur undeutliche und radial strukturierte Kammermaschenlagen
als dunkelpunktierte Ringe erscheinen, wird eine wiederholte Unterbrechung der normalen radio-zyklischen Wachstumstendenz zugunsten
zyklischer Verdickung der Kammerwände markiert. Dieser Vorgang
scheint in Verbindung zu stehen mit dem Einschluß von dem scharf-
kantigen großen und den (10—12) kleinen fremdartigen Einschlüssen,
welche auf dieses zentrale Gebiet der periodischen Wachstumsringe beschränkt blieben. Ohne Zweifel wirken stärkere einseitige Behinderungen
der spezifischen Wachstumstendenz besonders nachhaltig, wenn das
davon betroffene Individuum sich noch in den ersten Entwicklungsstadien befindet und dabei durch Verlust der Bewegungsfreiheit an
die ungünstige Lage der Strandstelle, in die es geworfen wurde, gebunden bleibt, ohne dabei wesentliche Lebensbedingungen entbehren
zu müssen.

Wie läßt sich nun die Lebensgeschichte dieser *Keramosphaerina*, deren Jugend und Mittelstadien etwa in dieser Art aus
dem Medianschnitt erkennen und ableiten lassen, bis zum Ende führen,
da das letzte Wachstumsstadium die Fortentwicklung unter gleich-
günstigen normalen Verhältnissen erkennen läßt, wie solche das *Keramosphaerina*-Exemplar der Fig. 2 *b* gehabt haben muß. Die Schwierigkeit eine annehmbare Erklärung ausfindig zu machen, ist weniger in
bezug auf die notwendige Ortsveränderung gelegen als hinsichtlich der
zuletzt unmittelbar erlangten größeren Bewegungsfähigkeit und Aus-
bildungsfähigkeit von radiosphärischen normalen Kammerlagen.

Unter Ortsveränderung innerhalb einer Küste mit Strandgrus-
vorlage läßt sich für den vorliegenden Fall nicht leicht eine Fort-
schwemmung auf weite Distanz längs der Küste annehmen. Bei Annahme einer Höhendifferenz zwischen der Position der ungünstigen
längeren ersten Wachstumsperiode und dem Aufenthalt der letzten
kürzeren Lebensperiode der *Keramosphaerina* (2 *d*), wo eine ungestörte
so normale Entwicklung wie *Keramosphaerina* (2 *b*) zeigt, möglich
wurde, ist ein Umstand speziell in Betracht zu nehmen.

Die beiden Keramosphärinenexemplare sind nämlich als nahe
Nachbarn in demselben Gesteinshandstück eingeschlossen, daher gleichzeitig von feinerem Kalkschlamm in tieferem ruhigeren Absatzniveau
bedeckt worden. In diesem Litoralniveau hatte sich das von Strand-
gruspartikeln freie Exemplar normal entwickelt, während das durch
eine Brandungswelle im frühesten Entwicklungsstadium in eine zeit-

weise von der normalen Flutwelle nicht erreichte Mulde des sandigen
Strandgries geschwemmte Exemplar erst in einem späten Stadium
seines peripherischen Wachstums in das seiner normalen Entwicklung
günstige Litoralniveau der Keramosphärinen von einer stärkeren Brandungswelle zurückbefördert wurde. Als Ursache derartigen anormalen
Wachstums dürfte somit der größere Salz- und Kalkgehalt des Wassers
in seichten Tümpeln der höheren Strandgrieszone und die mit diesem
Medium verbundene Beschränkung der wirbelnden Bewegungsfähigkeit
der Pseudopodien der Sarkode zu betrachten sein. Verdickung der
Wandung der maschenförmigen Kämmerchen der peripherischen Lage,
leichteres Anhaften von Kalkgrieskörnchen, Bildung von dichteren
Wachstumszonen, Verengung und zeitweise Verschließung der äußeren
Kommunikationsporen können oder müssen Folgen einer Versetzung
in ungünstige Lebensverhältnisse bei Foraminiferentypen mit dem
diktyosphärischen Bau der Keramosphärinen gewesen sein.

Die Rückversetzung in eine gleichbleibend ruhigere litorale
Tiefenzone hatte bei dem Exemplar der Medianschnittfläche 2 d einen
fast unmittelbaren Übergang in das normalradiale Wachstum (2 b)
zur Folge. Die Beseitigung der den Austritt der Pseudopodien aus
den Mündungsporen der letzten Kammermaschensphäre und somit
die Bewegungsfreiheit störenden Hindernisse brachte die lösende
Beschaffenheit des reineren, an Kalk und Salzgehalt ärmeren Meer-
wassers der vom Strand entfernteren tieferen litoralen Lebenszone
mit sich.

Ein anderes Verhältnis zeigt der mediane Anschliff (2 c) eines
ausgelösten Exemplares. Hier blieb die normalradiale Struktur ungestört, ungeachtet eines größeren ovalen, dunklen Fleckes in der Nähe
der zentralen Embryonalkammern, dessen Herkunft und Beschaffenheit
schwer zu deuten ist.

In auffallend eigenartiger Weise zeigt sich die Störung des
normalen Wachstums bei einer *Keramosphaerina*, von der eine etwa
7 bis 8 fache Vergrößerung der Medianschnittfläche als Dünnschliff
hergestellt wurde. Figur 4 entspricht dem Quadranten dieser Schnittfläche, in dem die Unregelmäßigkeit deutlich entwickelt ist. Die
Grenzlinie der Netzstruktur gegen die dunkle, weißlich gekörnte
Gesteinshülle und der bedeutende Unterschied der Radienlänge der
sich kreuzenden Durchmesser des Kreisquadranten beweist, daß das
Keramospärinengehäuse bereits im Zustand einer durch Loslösung
einer größeren Partie der peripherischen Kammerzonen bewirkten
Beschädigung von dem Kalkgries des Schichtungsmaterials bedeckt
wurde und daß überdies der von dieser Loslösung nicht betroffene
(diktyosphärische) Teil des Gehäuses eine andersgeartete Störung
der normalen Wachstumstendenz vor Abschluß des Wachstums zeigt.
Die normale Wachstumstendenz kommt in der Medianschnittfläche
durch die dunkleren Linien der in regulär radialer Richtung einander
fortsetzenden seitlichen Kammergrenzwandungen sowie die regelmäßig
sphäroidale Übereinanderfolge der Kammermaschenlagen zum Ausdruck.

Die letzte, etwa 12 bis 15 Kammerungslagen umfassende peripherische Wachstumszone zeigt nun gegenüber dem normal entwickelten langen rechtsseitigen Radialabschnitt innerhalb des gegen

die Hüllgesteinsgrenze der Störungsbuchtung verkürzten linksseitigen Abschnittes der Medianfläche (Fig. 4) eine zunehmend stärkere Umbiegung der Radialstrichenden in die Horizontale zugleich mit einer Abwärtswendung der Kammerlagen aus der leicht wellig horizontalen in eine vertikale Lage mit zum Teil stärkeren Biegungen. Für diese Abweichung — der an der Ablösungsfläche von dem mindestens dreimal so lagenreichen Kugelgehäuse der längeren ersten Wachstumsperiode endigenden Kammerlagenzone — von der normalen Wachstumstendenz ist es schwer, eine Erklärung zu finden. Die Grenzlinie zwischen der normalen und der abgelenkten Anordnung ist zwar etwas unregelmäßig, jedoch an keiner Stelle durch irgendwelche fremdartige Zwischenlage schärfer markiert.

In der Mitteilung „Ältere und neue Beobachtungen über die Gattung *Bradya St.*" (Verhandl. d. k. k. geol. R.-A. Nr. 5, 1905, pag. 13—14) wurde auf die bei verschiedenartigem Erhaltungszustand herbeigeführten Unregelmäßigkeiten des Wachstums besonders der äußeren peripherischen Kammerzonen küstenländischer K e r a m o s p h ä r i n e n (*Bradya*-Typen) bereits hingewiesen.

Die vorangehenden, zu den Abbildungen (Taf. II, Fig. 2 d, 4 u. 5) gegebenen Erläuterungen sollen als Ergänzung dieser Mitteilung dienen.

Überdies würde diese Ergänzung auch für die Beurteilung der (pag. 667 [9]) aufgeworfenen Frage über Anpassungsfähigkeit oder Fortführung aus Litoralzonen in entfernte Tiefseegründe in Betracht zu ziehen sein.

Wenn man auch von der Annahme ausgehen wollte, daß Keramosphärinen in Gesellschaft mit anderen kalkschaligen Foraminiferen aus einer nahen Litoralzone oder aus leichtlöslichen Schichten der Südwest- oder Südküste A u s t r a l i e n s in eine rezente Strandablagerung eingeschwemmt wurden und tatsächlich aufgefunden werden könnten, würde ein Nachweis ihrer Fortführung durch Strömungsverhältnisse aus einer solchen Fundregion bis auf den beiläufig 25 Grade südlich gelegenen Schlammboden der Tiefseestufe der C h a l l e n g e r-F u n d s t a t i o n kaum möglich sein.

In verschiedener Richtung liegen Daten vor, die den Versuch einer solchen Erklärung auch für den Fall des vorläufig noch nicht gemachten, aber immerhin möglichen Fundes fast ausschließen.

Einerseits ist die Beschaffenheit der Schlammprobe nach dem in H. B. B r a d y s (l. c. 1882, pag. 245) veröffentlichten Untersuchungsresultat an sich nicht in diesem Sinne verwertbar und anderseits sind die in geographischen Karten eingezeichneten Angaben über Tiefseemessungen, Strömungsrichtungen sowie einige zur Fundregion von *Keramosphaerina* in Beziehung zu bringende Verhältnisse damit nicht vereinbar. Der Originaltext der Beschreibung der Schlammprobe besagt: „The material brought up was nearly white, feathery looking d i a t o m - o o z e, composed chiefly of *Diatomaceae, Radiolaria, spongespicula,* and other s i l i c e o u s o r g a n i s m s; and the first point to be determined with reference to the specimens under consideration was, that they were really calcareous. Foraminifera were not very numerous, about s e v e n t e e n species in all; and the general aspect of the

Rhizopod-fauna was distinctly arctic, except that the calcareous forms were, as a rule, some what thin-shelled."

Diesem antarktischen Typus von kieseligem Tiefseeschlamm mit untergeordneter Beimischung von (für diesen Typus) mäßig dünnschaligen Kalkgehäusen zunächst steht ein vorwiegend aus Radiolarien gebildeter und nur kleine Menge kohlensauren Kalkes enthaltender Radiolarienschlamm, der in tropischen Meereszonen in Tiefen von 2000—4000 Faden ausgedehnte Ablagerungen gebildet hat.

Andere, in ihrer vorzugsweise zoogenen Zusammensetzung und chemischen Beschaffenheit eigenartige Typen von Tiefseeschlamm bestehen vorwiegend aus Kalkschalen bestimmter Foraminiferengattungen oder aus einem Gemisch von zerriebenen und zersetzten Kalkfragmenten größerer Schaltiergehäuse und Foraminiferen mit Kieselskeletten, Schwammnadeln und Mineralpartikeln verschiedener Art. Die im pazifischen Ozean und im Atlantischen Ozean die ausgedehnteste Verbreitung und Mächtigkeit erreichende Tiefseeablagerung, der Globigerinenschlamm und der Biloculinenschlamm der Nordsee, dessen Hauptverbreitungszone sich in der Nähe der Küste Norwegens erstreckt, sind die bekanntesten Typen der gleichförmiger zusammengesetzten Kalkschlammlager. Die sehr ungleichartig zusammengesetzten, der weißen Kreide analog ausgebildeten Ablagerungen bilden den kreideartigen Schlamm verschiedener Tiefseegebiete.

Das Gemeinsame der Bildungsweise aller dieser Schlammanhäufungen der Tiefseeböden besteht darin, daß nicht die unmittelbar auf und über dem Bodenniveau der Tiefe lebenden Rhizopodenformen, sondern die in großen Massen nahe der Oberfläche und in verschiedenen mittleren und größeren Tiefenzonen lebenden und absterbenden Generationen den zoogenen Hauptbestandteil dieser Ablagerungen geliefert haben. Das Ungleichartige ist in der Verschiedenheit des von nahen oder entfernten Küstenstrichen her aus Flußläufen und durch mechanische oder chemische Ablösung und Auswaschung von Strand- und Küstenablagerungen gelieferten feineren und feinsten Schlammproduktes gelegen, das durch Strömungsverhältnisse in Tiefseezonen getragen, in Vermischung mit dem zoogenen kieseligen und kalkigen Hauptmaterial auf Tiefseeboden zum Absatz gelangte. Auf diesem Wege können auch fossile Foraminiferengehäuse sowie Schalenfragmente von Schaltieren höherer Klassen aus litoralen Verbreitungszonen in Tiefseeschlamm gelangt sein. Mineralfragmente dürften zum Teil von Niederschlägen vulkanischer Staubmengen auf der Oberfläche des Meeres stammen.

Bei Bezugnahme auf die Verhältnisse der stratigraphischen Schichtenreihe der Karstkreide und des in Kalkfazies entwickelten Paläogen kommt nur der Biloculinenschlamm der Nordsee und der Globigerinenschlamm, und zwar als gegensätzliche Bildung in Betracht. Sowohl der Milioloculinenkalk mit *Rhipidionina* als der des oberen Foraminiferenkalkes der halotropischen Küstenzone enthalten eine sehr dicht gedrängte Fauna von typischen Gattungen der Gruppe, jedoch meist sparsam auch Biloculinen. Diese Gattung hat demnach bereits eine Anpassung an größere Tiefen, in mäßiger Entfernung von einer Küstenzone, da die der Westküste Norwegens vorliegende Meeresgrundzone nur Tiefen von 250—400 *m* aufweist.

Im Gegensatz zu dieser Biloculinenschicht in nur verhältnismäßig großer Tiefe entspricht die Ablagerung des unteren und des oberen Milioloculinenkalkes der Kreidekarstküste seichteren Litoralstufen. Ebenso bestätigt ein politurfähiger Kalkstein aus R a d i o l i t e n enthaltender Karstkreide, der in Dünnschliffen sich mäßig reich an G l o b i - g e r i n e n erweist, daß diese rezenten Tiefseeschlamm aufhäufende Gattung auch in Litoralzonen mäßiger Tiefe gelebt hat.

Aus Angaben über Maximaltiefen, Strömungsrichtungen und Treibeisgrenzen im Norden und die Wilkeslandküsten südwärts von der Challenger-Schlammstation (53⁰ 50′ SB—108⁰ 35′ OL) kann man eine allgemeine Orientierung über die Aussicht auf Klarstellung der Herkunft von *Keramosphaera Murrayi* ableiten.

Von Maximaltiefen kommen Lotungsdaten in Betracht, welche eine der SW- und Südküste Australiens nahe, westöstliche, dem 40. Breitegrad parallelstreichende Richtung einer höchsten Tiefenzone anzeigen, die mit der an die West- und NW-Küste nahe heranreichenden Tiefseeregion des Indischen Ozeans in unmittelbarer Verbindung steht. Die Daten 5488 *m* SW von F l i n d e r s B a i und 5640 *m* in Süd von W a t t l e C a m p zwischen dem 35. und 39. Breitegrad zeigen eine um nahezu 2000 *m* höhere Lage der Meeresgrundstufe der Fundstation an.

Die Strömungen, deren Richtungen und Stärke man gewöhnlich innerhalb dieser ganzen Tiefseeregion kartographisch eingezeichnet und benannt findet, sind Westwindtrift, Westaustralströmung, Südaustralströmung und antarktische Strömung sowie überdies auch die nördliche Treibeisgrenze.

Der wichtigste Anhaltspunkt dafür, daß *Keramosphaera* in Gesellschaft von kalkschaligen Foraminiferen rezenter Generation aus seichter Litoralzone der Großen Australbucht oder der Süd- und Westküste mit der R a d i o l a r i e n - Fauna des Tiefseeschlammes bis über die Meeresbodenplatte des 53. Breitegrades gewandert sei, liegt eben in der Nähe der größten Tiefenzone des austral-antarktischen Tiefseegebietes zwischen dem 35. und 55. Breitegrade. In dieser talförmigen Bodensenke des gegen Süd wellig oder stufig ansteigenden Meeresgrundes ist Gelegenheit zu Anpassung und fortschreitender Verbreitung in verschiedenen Tiefenhorizonten und zu generationsweiser Massenwanderung von Rhizopoden und besonders Radiolarien-Faunen gegeben.

Man darf dabei zunächst nur an kontinuierlich massenhafte Verbreitung in mittleren und unteren Tiefenzonen denken. Eine Entwicklung und ein Schwimmen im Bereiche der Oberfläche und naher Tiefenstufen bis etwa 200 *m* muß in Betracht der Starkströmungs- und Treibeisverhältnisse innerhalb der Westwindtrift mit der antarktischen westöstlich gerichteten Hauptströmung und Südaustralströmung hierin als ausgeschlossen gelten.

Auch in anderen ozeanischen Regionen sind es vorwiegend mittlere und tiefste Meereshorizonte, welche von Radiolariengenerationen erfüllt sind, deren absinkende Kieselskelette und Schälchen für kalkarme Schlammabsätze den größten Beitrag liefern.

Um jedoch die Herkunft der 2 Exemplare von *Keramosphaera Murrayi* und der dem arktischen Habitus angepaßten kleinen Foraminiferenfauna der Schlammstation aus einer Australstrandzone von geringer Tiefe und deren fortschreitende Entwicklung und Fortwanderung aus den näheren Tiefenzonen in die höheren Horizonte bis zum endlichen gemeinsamen Niederschlag und Absatz mit Skelet- und Schalenresten der gesamten mikroskopischen Begleitfauna als radiolarienreichen Kieselorganismenschlamm tatsächlich begründen zu können, müßten erst Funde von *Keramosphaera* in zwei verschieden gelegenen Regionen gemacht werden. Gleiche Wichtigkeit wäre in erster Linie den Strandstrecken mit ihrer näher liegenden seichten Litoralregion sowie dem Schlammboden zwischen der Challengerfundstation und der größten Tiefenzone im Süden der Großen Australbucht beizumessen.

Dabei würde ein Fund aus der Schlammdecke des Tiefseebodens der mittleren Entfernung zwischen der Station und der küstennahen tiefsten Meeresgrundzone somit die Kieselschlammregion (53° 50′ SB bis 43° SB, 100° bis 140° OL) noch eine weitere größere Bedeutung gewinnen in dem Fall, daß Vorkommen von *Keramosphaera* als leicht auslösbare Kugelform in älteren als jüngsten Strandablagerungen der Küstenlinie noch entdeckt werden sollten. Die Auffindung von derartigen Schichtenlagen in der ausgedehnten Küstenstrecke des weit landeinwärts reichenden Tertiärgebietes der Großen Australbucht sowie in der beschränkten kleinen Tertiärablagerung der Küste nordöstlich von A l b a n y oder auch in dem langen schmalen Tertiärstreifen der Westküste zwischen F l i n d e r s - B a i, P e r t h und D e n i s o n wäre natürlich von größtem Wert für die Stammesgeschichte des Keramosphärinentypus, würde jedoch eine direkte Verbindung mit der Tiefseetype nicht sicherstellen lassen, weil die Strömungsrichtung der Westwindtrift (sowie ihre antarktische Hauptströmung) hier aus SW nach NO streichend in einem der Südaustralküste fast parallelen Bogen nach SO die Südküste Tasmaniens streifend verläuft. Auch durch unbekannte Tiefseeströmungen kann die Beförderung eines von der Küste aus ins Meer geschwemmten und in die größte nächste Tiefe bis zum Schlammboden gesunkenen kleinen Kalkgehäuses durch etwa 17 Breitengrade südaufwärts nicht erfolgt sein. Nur lebende Rhizopodentypen können bei Wanderungen von kontinuierlich sich erneuernden Generationen mit Auswahl von der Massenentwicklung günstigen Tiefenzonen eine so ausgedehnte Verbreitung erreichen.

Den Nachweis der Zugehörigkeit der Tiefsee-*Keramosphaera* und ihrer kalkschaligen Begleitfauna zu einer rezenten aus einer Litoralzone stammenden Fauna können daher nur glückliche Funde in rezenten Strandablagerungen oder im Seichtwasserschlamm der Küstenregion liefern sowie anderseits auch Schlammproben des Tiefseegrundes nordwärts von der Challengerstation in der Richtung gegen NW bis NO zur küstennahen größten Tiefenzone.

Eine andere Möglichkeit der Herkunft der Foraminiferenbeimischung der Rhizopodistenfauna des Tiefseeschlammes der Challengerstation soll nicht unberücksichtigt belassen werden. Die Richtung des Äquatorialstromes im Indischen Ozean streift in seiner ersten Hauptablenkung gegen Süd die Ost-Südostküste von Madagaskar und streicht von K e r g u e l e n bis südwärts über den 55. Breitegrad weiter. Daß auf diesem Wege kalkschalige Foraminiferen im Verein mit Radiolarienschwärmen bis in die kalte Westwindtrift und von da gegen Ost in die Tiefenzone über dem Kieselschlammboden des Gebietes (55° bis 50° SB, 80° bis 110° OL) gelangt sein könnte, ist nicht unbedingt ausgeschlossen. Die Anpassungsfähigkeit des Keramosphärinentypus bewährt sich in gegensätzlicher Richtung.

Die K e r a m o s p h ä r i n e n der Küsten und Strandregionen des Meeres der jüngsten Kreideepochen lebten mit Bewahrung ihrer typischen Wachstumtendenz auch in nur periodisch überfluteten Salzwassermulden der Strandgruszone in Kolonien oder vereinzelt, nachdem sie eine Flutwelle dahingetragen und zurückgelassen hatte.

Bei der längeren Zeit, welche solchen K e r a m o s p h ä r i n e n und anderen Foraminiferen gegönnt war, Anpassung an ungewohnte Temperatur- und Tiefenverhältnisse zu erzielen, die sich aus Seichtwasserregionen einer Küstenzone A u s t r a l i e n s oder M a d a g a s k a r s in die antarktische Tiefseeregion der Challenger Diatom und Radiolarienschlammstation mitführen ließen, kommt die Entfernung von dem festgestellten Fundort nicht in Betracht. Spezielleres Interesse würden hypothetische Keramosphärinenfundregionen gewinnen, wenn sie sicher rezente Exemplare liefern sollten, die dem küstenländischen Kreidetypus näher stehen als dem rezenten Tiefseetypus.

Die Feststellung eines Vorkommens rezenter K e r a m o s p h ä - r i n e n in den in Betracht gezogenen Regionen würde unsere Annahme bestätigen. Für die Verfolgung der Wanderung und Verbreitung der kretazischen K e r a m o s p h ä r i n e n in der Oberkreide und durch die ganze Schichtenreihe des känozoischen Zeitalters von der adriatischen Karstkreide her bis SW-Australien sind Erfolg versprechende Beobachtungen und Funde bisher nicht gemachtworden.

Innerhalb der großen Abteilung der durch Kämmerchen netzartig bis gitterförmig strukturierten Milioliniden mit poröser Mündungsfläche nehmen die *Keramosphaerinae* und die *Peneroploideae* gegenüber den anderen natürlich begrenzten Familien eine morphologisch schärfer markierte Grenzstellung ein. Der K u g e l f o r m mit auf der peripherischen Gesamtfläche verteilten Mündungsporen der kretazischen und rezenten Keramosphärinentypen (*K. tergestina* und *K. Murrayi*) steht auf der Gegenseite die v e r t i k a l aufgebaute Gehäuseform mit die Endkammer abschließender siebförmig durchbohrter M ü n d u n g s - f l ä c h e am entferntesten gegenüber.

Bei den beiden neubenannten Gattungen des unteren Paläogen tritt die vertikale Wachstumtendenz im Verein mit zentralbegrenzter siebförmiger Mündungsfläche am schärfsten bei der schmalen langgestreckt rübchenförmigen *Rhapydionina St.* (ῥάπυς, Rübe) hervor. Der fächerförmig ausgestaltete, auffälligere Typus der *Peneroploideae Rhipidionina St.* (τὸ ῥιπίδιον, kleiner Fächer) verliert in den letzten Wachstumstadien durch Überhandnehmen der Ausdehnung in die Breite die Vorherrschaft des vertikalen Wachstums. Eine äußerlich analog

gebaute Gehäuseform kommt auch bei den einfach gekammerten
Peneroplidae Brady nicht vor. Dagegen findet sich in D o f l e i n s Proto-
zoenkunde (1911, pag. 643, Fig. 579 c) ein Habitusbild der Fächerform
von *Stannophyllum zonarium Hkl.* (nach F. E. S c h u l z e), welches lebhaft an *Rhipidionina* erinnert, obgleich die Möglichkeit einer näheren
Beziehung zu dieser (2—7 cm) großen unter die *Xenophyophora Schulze*
gestellten Tiefseeform schon dadurch in Zweifel gestellt erscheint, daß
dort die Verwandtschaft der zu *Xenophyophora* gestellten Organismen
mit den Foraminiferen als durchaus hypothetisch erklärt wird.

Wenn man die Bedeutung der Bewegungsorganellen (Pseudopodien)
und die instruktiven Abbildungen (D o f l e i n l. c. pag. 30—33) in
Betracht nimmt, gewinnt die Berücksichtigung des Mündungstypus für
systematische Gruppierung gerade bei fossilen Gehäuseformen besonderen Wert. Man erwägt die Möglichkeit, aus der Mündungsform auf
die Verschiedenartigkeit der davon einst abhängigen P s e u d o p o d i e n
(Lobopodien, Filopodien, Rhizopodien) und deren Einfluß auf die Be-
wegungsart ungleichartiger Gattungen schließen zu dürfen. Ein Vergleich freischwimmender lebender Keramosphärinen mit dem als Type
vollkommenster Rhizopodienbildung (nach V e r w o r n) wiedergegebenen
Abbildung von *Orbitolites complanatus* aus dem Roten Meere sowie mit
lebenden A l v e o l i n e n würde besonderes Interesse gewähren.

Die systematische Abgrenzung der beiden Hauptgruppen der
„*Porzellanea*" nach dem Mündungstypus ist ebenso deutlich innerhalb
der Entwicklungsperiode der kretazisch - paläogenen Foraminiferen-
faunen als in der jüngeren Periode · der unter- und mitteleocänen
Fauna ersichtlich gemacht. Während jedoch die „*Milioloculinae*" in
beiden durch die Characeenschichten getrennten Verbreitungsregionen
eine ziemlich gleichartige Mischfauna von Gattungen aufweisen,
zeigt die durch porös durchbohrte Mündungsflächen charakterisierte
Gruppe einen starken Wechsel in den als regionale Leitformen stratigraphischer Hauptstufen entwickelten Gattungen. Im Gegensatz zu
Keramosphaerina, *Rhipidionina* und *Rhapydionina*, die neben dem
allgemein verbreiteten scheibenförmigen Orbitolitentypus als eigenartige Typen der älteren Foraminiferenfauna hervorstechen, hat auch
die jüngere Foraminiferenkalkfauna der Karstrandschichten eine eigenartige vorherrschend und augenfällig entwickelte Leitform. Es ist dies
der *Flosculina*-Typus der *Alveolinidae*. Derselbe übertrifft in bezug
auf allgemeine Verbreitung, regionale Anhäufung und relative Größe
alle anderen hier zu einer ersten Entwicklung gelangten Alveolinen-
formen.

Die in beschränkterer Fassung durch M u n i e r - C h a l m a s und
S c h l u m b e r g e r (1882—1905) sowie A. S i l v e s t r i (1906—1908)
angewendete Bezeichnung „*Miliolidi trematoforate*" könnte für die ganze
große Abteilung, der auch die *Dictyoconinae* angehören, in einer vollständig entsprechenden Form den „*Milioloculinae*" gegenübergestellt
werden.

Chalicotherienreste aus dem Tertiär Steiermarks.

Von Dr. Franz Bach.

Mit einer Lichtdrucktafel Nr. XXVIII.

Reste von Chalicotherien sind aus österreichischen Tertiärablagerungen nur in geringer Zahl bekannt. Über den ersten Fund berichtet Th. Fuchs[1]). Ihm lag von Siebenhirten bei Mistelbach ein linker Oberkiefermolar vor, welcher aber eine nähere Bestimmung nicht gestattete, so daß der Rest nur unter der Bezeichnung *Chalicotherium sp.* angeführt wird. Auf die Vermutung Fuchs', daß der Zahn einer neuen Art angehört, wird später einzugehen sein. Ein vereinzelter Unterkiefermolar von Thomasroith in Oberösterreich[2]) ließ ebenfalls keine spezifische Bestimmung zu. Ein aus derselben Schicht stammender Molar von *Hipparion gracile* lehrt nur, daß das *Chalicotherium* der zweiten Säugetierfauna (E. Suess) angehört. Von weiteren Funden ist mir nur noch einer bekannt. Er besteht aus einem ziemlich vollständigen linken Unterkiefer, welcher zuerst zu *Rhinoceros incisivus Kaup* gestellt wurde[3]). Erst spät wurde die Zugehörigkeit dieses von Eggersdorf (Graz S) stammenden Restes zum Genus *Chalicotherium* erkannt[4]). Aus Ungarn sind meines Wissens auch nur zwei Reste, und zwar von Baltavár beschrieben worden. Sie sind in der Literatur unter der Bezeichnung *Chal. baltavarense Pethö* bekannt[5]). Zu diesen wenigen Funden gesellen sich nun einige leider schlecht erhaltene Reste aus dem steirischen Obermiocän, welche dem steiermärkischen Landesmuseum Joanneum in Graz angehören und mir von Herrn Prof. Dr. V. Hilber in zuvorkommendster Weise zur Bearbeitung übergeben wurden, wofür ich auch an dieser Stelle meinen besten Dank ausspreche.

[1]) Th. Fuchs, *Chalicotherium sp.* von Siebenhirten bei Mistelbach. Verh. d. k. k. geol. R.-A. 1881, pag. 77.

[2]) L. Tausch, Über Funde von Säugetierresten in den lignitführenden Ablagerungen des Hausruckgebirges in Oberösterreich. Verh. d. k. k. geol. R.-A. 1883, pag. 147.

[3]) Jahresbericht des Joanneums 1858, pag. 3, und Jahrb. d. k. k. geol. R.-A. 1857, pag. 364, Nr. 13.

[4]) Jahresbericht des Joanneums 1895, pag. 35, Anmerkung.

[5]) J. Pethö, Über die fossilen Säugetierüberreste von Baltavár. Földtani Közlöny 1885, pag. 461.

Bei der Wichtigkeit der Maße für die Bestimmung von Chali-
cotherienzähnen erscheint es, um später Wiederholungen zu vermeiden,
angezeigt, diese hier für jene Formen anzuführen, auf welche im
folgenden verwiesen werden soll. Wo es die Autoren unterlassen
haben, Maße anzugeben, habe ich sie den Abbildungen entnommen.

Schlosser[1]) führt aus dem dichten miocänen Sußwasserkalk
von Eggingen einige Chalicotherienzähne an, welche er nach ihren
Maßen mit *Chal. modicum Gaudry*[2]) aus den Phosphoriten des Quercy
vereinigen möchte. Die Dimensionen sind in Millimetern:

Chalicotherium modicum Gaudry		P_1	P_2	P_3	M_1	M_2	M_3
Oberkiefer	Filhol[3]), pag. 158	12	14	15	22	27·5	27 5
	Filhol, l. c. Taf. XX, Fig. 343[4])	12·5	13·5	14·5	22	27	—
	Schlosser, l. c. pag. 166 . .	—	—	—	—	29	31
Unterkiefer	Filhol, l. c. pag. 158	—	17 5	20·5	22	28	36
	Schlosser, l. c. pag. 166 . .	—	19·5	21	26	32	36

Mit *Macrotherium grande Lartet*[5]) (= *Chalicotherium magnum
Lart.*) aus Sansan ist jedenfalls die von Fraas[6]) aus Steinheim unter
der Bezeichnung *Chalic. antiquum Kaup* beschriebene Form und das
Macrotherium grande race Rhodanicum Depéret[7]) aus Grive-Saint-Alban
zu identifizieren.

Macrotherium grande Lart.			P_1	P_2	P_3	M_1	M_2	M_3
Oberkiefer: Depéret, l. c. pag. 74 .			15	20	22	33	43	45
Unterkiefer	Depéret, l. c. pag. 74		13	17	25	34	43	48
	Filhol[8]), Taf. 44, Fig. 3	Länge	11·5	17	21·3	28	—	—
		Breite	7	9	12	16	—	—
	Filhol[8]), Taf. 45, Fig. 2	Länge	—	—	—	36	39·4	—
		Breite	—	—	—	23	24	—
	Fraas, l. c. Taf. V, Fig. 10	Länge	—	—	—	—	41	—
		Breite	—	—	—	—	23	—

---

[1]) M. Schlosser, Über *Chalicotherium*-Arten. Neues Jahrb. f. Min. 1883,
II, pag. 164.

[2]) Gaudry, Journal de zoologie 1875, pag. 523, Taf. XVIII, Fig. 13. Zitiert
nach Schlosser, l. c.

[3]) H. Filhol, Recherches sur les phosphorites du Quercy. Ann. Sc. Géol.
VIII, 1877.

[4]) Die Maße nach Schlosser, l. c. pag. 166.

[5]) Bezüglich der Bezeichnung vergl. Depéret[7]) pag. 63, Anmerkung 1.

[6]) O. Fraas, Fauna von Steinheim, pag. 21, Taf. V, Fig. 8, 10—13.

[7]) Ch. Depéret, La faune de mammifères miocènes de la Grive-Saint-Alban.
Arch. Mus. Lyon V, 1892, pag. 63, Taf. II, Fig. 1 und Taf. III, IV.

[8]) H. Filhol, Études sur les mammifères fossiles de Sansan. Ann. Sc. Géol.
XXI, 1891, pag, 294.

Von *Chalicotherium Goldfußi Kaup*, mit dem das *Chalic. anti-quum Kaup* von Eppelsheim zu identifizieren ist, stehen mir nur die Maße zur Verfügung, welche K a u p angibt. Sie betragen hier in Millimetern:

	Chalicotherium Goldfußi Kaup		P_1	P_2	P_3	M_1	M_2	M_3
Oberkiefer	Kaup [1]), pag. 7 . . .	Länge	—	—	—	—	—	44
		Breite	—	—	—	—	—	v. 51, h. 41
	Kaup [2]), pag. 2	Länge	16	16·5	20	29	42	45—49
		Breite	18	23	28	35	45	50
	„*Ch. antiquum*" [1]) l. c. .	Länge	—	—	—	—	—	40
		Breite	—	—	—	—	—	v. 44, h. 39
	„*Ch. antiquum*" [2]) l. c. .	Länge	—	—	—	—	—	39
		Breite	—	—	—	—	—	42
Unter-kiefer	Kaup [1]) l. c.	Länge	—	—	—	—	—	61
		Breite	—	—	—	—	—	v. 31, h. 27
	„*Ch. antiquum*" [1]) l. c. .	Länge	—	—	—	—	—	52
		Breite	—	—	—	—	—	v. 23, h. 21

Diese von K a u p angegebenen Maße stimmen mit den Dimen-sionen der Zähne nach den Abbildungen nicht überein. Darauf soll später eingegangen werden.

Von *Chalicotherium baltavarense Pethö* liegt nur die kurze Be-schreibung von P e t h ö (Földtani Közlöny 1885, pag. 461) vor, ohne Abbildung und ohne Maßangaben. Durch die freundliche Vermittlung des Herrn Oberbergrates H a l a v á t s erhielt ich von Herrn Dr. K a d i ć die Maße, wofür ich hier nochmals danke. Die Dimensionen für *Chalicotherium baltavarense Pethö* sind:

Millimeter

Länge des P_3 24
Breite des P_3 vorn 12
Breite des P_3 hinten 14
Höhe des Kiefers unter P_3 48

Von einigen Autoren wird an der Selbständigkeit dieser Form gezweifelt.

Zunächst will ich einige schlecht erhaltene Reste besprechen, von denen mir nur soviel sicher scheint, daß sie zum Genus *Chalico-therium* gehören, bei denen aber selbst an der Hand der leider an Zahl nur geringen besser erhaltenen Stücke eine spezifische Bestim-mung ausgeschlossen erscheint.

Von Voitsberg liegt der Abdruck eines Unterkiefers mit drei Zähnen vor, die zusammen eine Länge von 75 *mm* erreichen. Das nach diesem natürlichen Abguß mit Wachs hergestellte Positiv läßt

---

[1]) J. J. K a u p, Description d'ossements fossiles II.
[2]) J. J. K a u p, Beiträge zur näheren Kenntnis der urweltlichen Säugetiere. Heft IV.

erkennen, daß es sich nicht um ein *Anchitherium* handeln kann, wie die ursprüngliche Bestimmung lautete. Ich zitiere hier Kowalewsky[1]), welcher die Unterschiede im Zahnbau der beiden genannten Formen deutlich hervorhebt: „Bei *Calicotherium* finden wir die Unterkiefer-molaren aus zwei ganz einfachen Halbmonden bestehend, welche die Krone des Zahnes vollständig unter sich teilen, so daß der erste Halbmond die vordere, der hintere die Hinterhälfte des Zahnes ein-nimmt. Ein solcher Zahn ist somit dem eines *Anchitherium* oder *Palaeotherium* nicht unähnlich, nur hat das hintere Innenhorn des v o r d e r e n Halbmondes nicht die doppelte Innenspitze, sondern endigt einfach in eine einzige, etwas erhöhte Warze, während das vordere Innenhorn des h i n t e r e n Halbmondes auch etwas ange-schwollen ist und eine Warze darstellt; auf diese Weise gehört hier jede von den zwei Innenspitzen seinem eigenen Halbmonde, während bei allen Unpaarhufern die doppelte innere Warze immer dem v o r-d e r e n Halbmond angehörte. Es kann noch nebenbei bemerkt werden, daß der hintere Teil des v o r d e r e n Halbmondes etwas stärker um-gebogen ist und steiler zur inneren Spitze aufsteigt, während die Biegung des hinteren Halbmondes eine mehr weitere, offenere ist . . .‟

Nach diesen Ausführungen und nach dem Vergleiche mit sicheren *Anchitherium*-Zähnen — es liegen mir die schönen, durch Zdarsky[2]) beschriebenen Unterkiefer von Leoben vor — haben wir es bei dem in Rede stehenden Rest wohl mit einem *Chalicotherium* zu tun. Die Breite der Zähne läßt sich leider nicht abmessen und wegen der schlechten Erhaltung verzichte ich auch auf eine Abbildung.

Ein weiterer problematischer Rest liegt vom gleichen Fundort ebenfalls im Joanneum. Der beiligende Zettel besagt: „Ein Teil jenes Nashorn- (*Rhinoceros sp.*) Unterkiefer-Abdruckes, welches Se. kais. Hoheit Kronprinz Rudolf beim Besuche der Kohlenwerke in Voitsberg am 2. Juli 1873 erhielt. Vidi Grazer Tagespost vom 4. Juli 1873. J. Rumpf.‟ Die zitierte Zeitungsnotiz sagt nicht weiter über den Fund, es heißt nur: „Dem Verlangen des Kronprinzen nach Petrefakten dieses Kohlenwerkes konnte durch Überreichung des vor ganz kurzem im Grubenfelde der I. Voitsberger Kohlenwerks-Aktiengesellschaft durch den dortigen Bergverwalter aufgefundenen, für diese Lokalität sehr wohlerhaltenen Kiefers eines vorweltlichen Nashorns entsprochen werden.‟ Nach den Aufzeichnungen von J. Rumpf, welcher damals Adjunkt am Joanneum und mit dem Kronprinzen in Voitsberg war, besteht auch das zweite, jetzt wohl in einer Wiener Sammlung auf-bewahrte Stück nur aus einem Abdruck. Es würde sich aber doch verlohnen, den Rest herauszusuchen und einer genauen Besichtigung zu unterziehen.

Das nach dem Abdruck in der Kohle hergestellte Positiv zeigt 5 Zähne, aber nur in ihren Außenhälften. Um ein Rhinoceros handelt es sich jedenfalls nicht, das zeigt die Gestalt der Außenteile, die ganz an die Ausbildung bei *Chalicotherium* erinnert. Ich hätte auf diese Ähnlichkeit nichts gegeben, wenn nicht die Zähne in ihren

---

[1]) W. Kowalewsky, Monographie der Gattung *Anthracotherium*. Palaeonto-graphica XXII, pag. 237.

[2]) A. Zdarsky, Die miocäne Säugetierfauna von Leoben. Jahrb. d. k. k. geol. R.-A. 1909, pag. 248, Taf. VI, Fig. 1, 2.

leider nur annähernd zu bestimmenden Längenmaßen so gut mit dem
vorhin erwähnten, im Wachsabguß vorliegenden Kieferrest (I.) von
Voitsberg übereingestimmt hätten. Die Längen betragen in · Millimetern für den

	P_2	P_3	M_1	M_2	M_3
Rest I	—	—	22	27	33
Rest II	13	15	22	27	30—32

Das letztgenannte Maß ist deshalb so ungenau, weil das Hinterende des Zahns nicht erhalten ist. Da nun beim Rest I besonders
am zweiten Molar die für *Chalicotherium* bezeichnende doppelte Innenspitze ganz deutlich erkennbar ist und die Zähne, die mit ziemlicher
Sicherheit den angegebenen Platz im Kiefer einnahmen, gleiche Größe
besitzen, so möchte ich den Rest II ebenfalls zu *Chalicotherium* stellen.
Jedenfalls ist es unmöglich, ihn einer der anderen vom Köflach-
Voitsberger Revier bekannten Sängerformen zuzurechnen. In Betracht
käme überhaupt nur *Rhinoceros sansaniensis Lart.*, doch können, abgesehen von allem anderen, die Zähne schon wegen ihrer Kleinheit nicht
zu der genannten Form gezählt werden.

Endlich soll hier noch, bevor auf die besseren Reste eingegangen
wird, ein Unterkieferfragment besprochen werden, welches zwar besser
als die genannten über den Zahnbau Aufschluß gibt, aber zu einer
vollkommen ausreichenden Bestimmung doch noch zu schlecht erhalten
ist. Peters erwähnt diesen Rest in den Verhandlungen der k. k.
geologischen Reichsanstalt 1871, pag. 253, mit folgenden Worten:
„Herrn Verwalter Lindl in Voitsberg verdanke ich neuerlich die
Zusendung einer nicht ganz übel erhaltenen Unterkieferhälfte und
eines plattgedrückten Schädelrestes von einem *rhinoceros*artigen,
aber (im Unterkiefer) mit Schneidezähnen vom Wiederkäuertypus versehenen Dickhäuters. Der Unterkiefer mißt vom hinteren Winkelrand
bis zu den Schneidezähnen 0·255 *m*, der Schädel mag vom Hinter-
hauptskamm bis zur Stirn-Nasenbeinnaht 0·46 *m* lang gewesen sein. Ich
hoffe, daß das Exemplar sich einer genauen Untersuchung wird unterziehen lassen."

Herrn Prof. Dr. R. Hoernes verdanke ich die Möglichkeit,
mich mit diesem Rest, der im geol.-paläont. Institut der Universität
Graz aufbewahrt wird, zu beschäftigen. Ein beiliegender Zettel trägt
die Angabe: „Voitsberg, Tagbau der I. Kohlenwerksgesellschaft 1871.
Rhinoceros sp.??", ein weiterer den folgenden Vermerk: „Ein zweites
Exemplar dieses noch nicht bearbeiteten Dickhäuters ist 1874 dem
Kronprinzen Rudolf überreicht und in einem Wiener Museum aufbewahrt worden." Dieses „zweite Exemplar" ist jedenfalls der Schädel-
rest, nur fragt es sich, in welchem Museum es sich befindet. Hoffentlich ist dieses interessante Stück, welches einen neuen Beitrag zur
Fauna des Köflacher Reviers zu geben geeignet sein dürfte, nicht
verloren gegangen. In der Literatur ist das Fragment, soviel ich sah,
nirgends mehr erwähnt.

Im Laufe der Zeit hat der Kiefer infolge ungeeigneter Konser-
vierung stark gelitten. Er mißt jetzt nur mehr 24 *cm* Länge, ist also
nachträglich um 1·5 *cm* verkürzt worden. Dabei scheinen auch ein

oder mehrere Schneidezähne verloren gegangen zu sein, denn jetzt
liegt nur mehr ein solcher vor.

Über den Kieferknochen ist nichts zu sagen, da er zu stark
gelitten hat, ich verzichte auch auf die Angabe seiner Höhe, da sie
wegen des Fehlens des ursprünglichen Unterrandes nur ganz ungenau
wäre. Im Kiefer stecken noch zwei Zähne, der hintere steht ganz
rückwärts, dem aufsteigenden Bogen nahe. Erhalten sind von beiden
nur die Außenhälften. Ein dritter Backenzahn liegt losgebrochen vom
Kiefer vor. In seinem Bau stimmt er, wenn auch nicht vollkommen,
doch immer gut genug mit den Unterkieferzähnen von der Lehmbachmühle, die später unter *Chalicotherium styriacum n. f.* beschrieben
werden sollen, überein. Die Art der Abnützung ist bei beiden Resten
ebenfalls dieselbe. Die Schmelzstreifung besteht bei allen drei Zähnen
aus sehr feinen horizontal verlaufenden Linien, die der Hauptsache
nach einander parallel gehen und nur hie und da miteinander anasto-
mosieren. (Taf. XXVIII, Fig. 2 a, b.)

So ungenügend der Rest zu einer Bestimmung auch erscheinen
mag, so glaube ich doch ihn einem *Chalicotherium* zurechnen zu
können. Das Vorkommen dieses Genus im Köflach-Voitsberger Revier
ist durch die zwei früher besprochenen Abdrücke schon wahrscheinlich,
zur Gewißheit wird es durch die noch zu beschreibenden Oberkiefer-
zähne, die zwar auch eine spezifische Bestimmung nicht zulassen, aber
mit voller Sicherheit zu *Chalicotherium* gestellt werden können. Wie
schon früher erwähnt wurde, ist aus dem genannten Gebiete keine
Form bekannt, der diese Reste zugewiesen werden könnten, sowohl
von *Rhinoceros* wie von *Anchitherium* unterscheiden sich die Zähne
zur Genüge. Über die Stellung, welche die drei Zähne im Kiefer
einnahmen, wage ich nichts zu sagen. Ich erwähne nur, daß sie nicht
unmittelbar aufeinander folgten. Schon aus den Maßen ergibt sich,
daß ein Zahn fehlen muß, denn der Längenunterschied zwischen dem
losen und dem vorderen im Kiefer steckenden Zahn ist zu groß. Die
Maße sind in Millimetern:

	I.	II.	III.
Länge	21·4	31·5	34
Breite	12—13	—	—

Mit den früher angegebenen Dimensionen der Reste I und II
stimmen diese Zahlen gar nicht. Allerdings muß dabei hervorgehoben
werden, daß die ersten nach den Abdrücken in der Kohle und den
Abgüssen gegebenen Längenangaben durchaus keinen Anspruch auf
völlkommene Genauigkeit machen können. Die Unterschiede sind aber
doch zu beträchtlich, um sie allein auf diese Ungenauigkeit zurückführen zu können.

Außer den genannten liegen noch zwei Zahnfragmente dem Kiefer
bei. Das eine zeigt nur die Krone eines einwurzeligen Zahnes und
stellt jedenfalls einen Inzisiv vor. Die Außenwand ist stark konvex,
die Innenseite ungefähr in ihrer Mitte mit einer gegen die Basis
laufenden breiten Schmelzleiste versehen, seitwärts ist sie eingedrückt,
so daß die Seitenränder verdickt erscheinen. Das Fragment besitzt
eine Breite von 9 *mm* und eine Höhe von 8 *mm*.

Das zweite noch erhaltene Stück ist ebenfalls ein einwurzeliger

Zahn, der aber seinen Schmelzüberzug verloren hat und auch sonst schlecht erhalten ist. In seiner Form hat er mit dem Inzisiv nichts gemein. Dem Erhaltungszustand nach wäre es möglich, daß er überhaupt nicht zu dem Kiefer gehört.

Chalicotherium sp.

Im Jahresbericht des steiermärkisch-landschaftlichen Joanneums in Graz 1872 sind als Geschenk des Herrn Bergverwalters Lindl in Voitsberg „6 Zahnstücke von *Rhinoceros sp.*" (Nr. 1573—1578) ausgewiesen. Die Fragmente wurden wegen ihrer eigentümlichen Form wohl für nicht vollständig ausgebildete und abnorm gestaltete Keime angesehen und nicht weiter beachtet. In meiner Faunenzusammenstellung sind sie pag. 68 sub 6 unter der ursprünglichen Bezeichnung angeführt.

Von den sechs Resten sind nur zwei einigermaßen gut erhalten, die übrigen zeigen nur einzelne Kronenteile, ohne daß es möglich wäre, dieselben zusammenzufügen. Aber auch bei den zwei besser erhaltenen Stücken stehen die einzelnen Partien nicht mehr in ihrem natürlichen Verbande, übrigens ist bei keinem die Zahnkrone vollständig erhalten.

Das Taf. XXVIII, Fig. 4, abgebildete Fragment stellt jedenfalls einen Molar vor. Die Abbildung zeigt eine aus zwei stark gekrümmten Kämmen bestehende Außenwand. An den rückwärtigen kleineren Teil schließt sich nach innen zu ein weiterer Schmelzkamm an, dessen Ursprungsstelle von der Außenwand aber nicht mehr genau zu erkennen ist. Der vordere innere Teil der Krone wird der Hauptsache nach von einem kräftigen, wie es scheint vollständig isolierten Hügel eingenommen, an den sich vorn ein kleiner, sehr spitzer Höcker anschließt. Der Schmelzüberzug zeigt namentlich an der Außenwand eine sehr feine Streifung. Sie besteht aus untereinander parallel verlaufenden V-förmig gebogenen Linien. Die Umbiegungsstelle liegt an einer schwachen Falte, die von der höchsten Erhebung jedes der Außenhalbmonde gegen die Basis hin zieht.

Genaue Maße gestattet der schlechte Erhaltungszustand nicht anzugeben. Die hauptsächlichsten Dimensionen sind der Abbildung zu entnehmen.

Das zweite der besser erhaltenen Stücke stellt einen Prämolar vor. Erhalten ist nur die fast ganz gerade Außenwand und an diese gepreßt der kräftige Innenhöcker. Das Fragment hat eine ungefähre Länge von 20 *mm.*

Zwei der übrigen Stücke stellen Teile der Außenwand dar, die zwei anderen zeigen nur den starken Innenhöcker. Weiteren Aufschluß über den Zahnbau geben sie uns nicht.

Mit dem zuerst beschriebenen, auf Taf. XXVIII, Fig. 4, abgebildeten Zahn stimmt am besten der erste obere Molar von *Macrotherium grande Lart. race Rhodanicum Dep.* überein, welchen D e p é r e t [1] auf Taf. III, Fig. 2, abbildet. Auch dieser Zahn besitzt neben dem vorderen Innenhöcker einen akzessorischen Hügel, zum Unterschiede von dem vorliegenden ist er aber der Außenwand näher und nicht so stark individualisiert. Wenn dieses Verhalten auch individuell etwas

---

[1] La faune de mamm. mioc. Grive-Saint-Alban. Arch. Mus. Lyon V, 1892.

verschieden sein mag, so glaube ich doch nicht, unseren Rest mit
der Form von Grive - Saint - Alban identifizieren zu können. Bei
dieser ist der vordere Außenhalbmond viel weniger geschwungen und
endet vorn in einem viel deutlicheren Höcker, als es bei unserem
Zahn der Fall ist. Auch scheinen Unterschiede darin zu bestehen,
wie der hintere Querkamm an die Außenwand sich anlegt. Sicheres
läßt sich darüber freilich nicht sagen, da beim vorliegenden Rest
gerade diese Partie durch Druck gelitten hat. Ein genauer Vergleich
der Abbildungen wird den Unterschied in der Gesamtform der Zähne
zeigen. Der Molar von Voitsberg zeigt einen viel zierlicheren Bau.
Der schlechten Erhaltung wegen verzichte ich aber darauf, die
Paläontologie um einen neuen Namen zu bereichern. Genaue Maße
anzugeben ist bei der Verdrückung der Zahnkrone nicht möglich.
Erwähnt sei aber, daß die Größendifferenzen ganz unbedeutend sind
und nicht gegen eine Zuteilung unseres Restes zu der genannten
Form von Grive-Saint-Alban sprechen würden.

Auch jenes Bruchstück, welches oben als Prämolar angesprochen
wurde, stimmt in seiner Länge (20 *mm*) mit dem von Depéret l. c.
Taf. III, Fig. 1, abgebildeten Rest überein. Die Verdrückung ist aber
beim vorliegenden Zahn eine so weitgehende, daß sich ein Vergleich
beider Reste mit Sicherheit nicht durchführen läßt. Eine Abbildung
dieses Stückes halte ich für überflüssig.

Ob der früher erwähnte, im Wachsabdruck vorliegende Unter
kieferrest von Voitsberg mit den beschriebenen oberen Backenzähnen
einer Form angehört, ist wahrscheinlich, aber nicht sicher, denn die
unteren Zähne erscheinen mir zu wenig groß. Freilich läßt sich über
die Stellung, welche die drei Zähne im Kiefer einnahmen, nichts
Bestimmtes sagen. Volle Sicherheit über das Unterkieferfragment ist
erst von neuen Funden zu erwarten.

Trotz der fragmentären Beschaffenheit aller dieser Reste, welche
mir eine spezifische Bestimmung nicht gestattete, glaubte ich doch
auf sie hinweisen zu müssen, weil das Vorkommen von *Chalicotherium*
überhaupt in den steirischen Braunkohlenlagern noch nicht bekannt
ist. Weitere Reste konnte ich weder in den Grazer Sammlungen,
noch in Leoben, wo mir Herr Prof. Dr. K. Redlich in bekannt
zuvorkommender Weise die Durchsicht gestattete, auffinden. Eine
Durchsicht der Wiener Sammlungen nach den vorhin erwähnten Resten
aus dem Voitsberger Kohlenbecken war mir nicht möglich.

Chalicotherium styriacum n. f.

Taf. XXVIII, Fig. 1, *a*, *b*.

Das Fragment des linken Unterkiefers von der Lehmbachmühle bei
Eggersdorf (Graz S), wurde, wie schon in der Einleitung erwähnt ist,
zuerst zu *Aceratherium incisivum Kaup* gezogen, jedenfalls deshalb, weil
dieser Fundort zu gleicher Zeit auch Oberkiefermolare der genannten
Form lieferte und man alle Reste einem Individuum zurechnete.

Das Stück (Nr. 1404) zeigt die drei echten Molaren und den
letzten Prämolar in ziemlich tief abgekautem Zustande, so daß es
für den Prämolar unmöglich ist, die genaue Form anzugeben. Von
der Gestalt der Molaren will ich nur erwähnen, daß der vordere

Halbmond beträchtlich kleiner als der rückwärtige ist und daß die
Zahnbasis von einem schwachen, feingekörnelten Schmelzwulst ein-
gesäumt wird. Die Schmelzstreifung besteht aus überaus feinen mit
einander anastomosierenden Linien.

Die Maße für die Zähne sind in Millimetern:

	P_3	M_1	M_2	M_3
Länge	18·0	26·0	35·0	37·0
Breite vorn	12·5	16·2	21·5	22·0
„ rückwärts	12·8	16·6	21·0	21·0

Bei der Bestimmung kommen zunächst die Eppelsheimer Formen
in Betracht, welche Kaup[1]) auf zwei Arten, *Chalic. Goldfußi* und
Chalic. antiquum verteilte. Jetzt werden wohl mit Recht beide Formen
unter der ersten Bezeichnung zusammengezogen. Einer Zuteilung
unseres Restes zu *Chalic. Goldfußi Kaup* widersprechen aber die
Maße. Freilich ist dabei in Betracht zu ziehen, daß diese Form ganz
ungenügend bekannt, wenigstens in der Literatur sehr selten genannt
ist. Zudem haben es die Autoren vielfach unterlassen, Maße anzugeben,
so daß mir eigentlich nur diejenigen Zahlen zur Verfügung stehen,
welche Kaup l. c. angibt. Diese vorn schon angeführten Maße lassen
eine Identifizierung unserer Form mit der von Eppelsheim nicht
zu. Vergleicht man dazu noch die Zahlen, welche Depéret für
Macrotherium grande gibt, so sieht man, daß unsere Zähne denen
dieser Form an Größe bedeutend nachstehen.

Die geringe Größe unserer Zähne legt die Vermutung nahe,
daß es sich um *Chal. baltavarense Pethö* handelt. Die Stärke des
Kiefers ist bei beiden annähernd dieselbe. Sie beträgt für die Form
von Baltavár (unter P_3) 48 *mm*, bei der vorliegenden 44 *mm*. Die
Breite der beiden P_3 ist fast die gleiche, das Verhältnis der Länge
zur Breite ist aber zu verschieden, um für die Gleichheit beider zu
sprechen. Das Verhältnis beträgt für *Chal. baltavarense* 4:2, für den
Rest von der Lehmbachmühe aber 3:2.

Über *Chal. baltavarense* bemerkt Schlosser[2]): „Mit diesem
Colodus pachygnathus (= *Chal. Wagneri*) ist jedenfalls *baltavarense Pethö*
identisch. Vermutlich handelt es sich nur um das Milchgebiß von
Wagneri.“ Depéret[3]) scheint diese Ansicht zu teilen, während
Roger in seinem „Verzeichnis der bisher bekannten fossilen Säugetiere“ die Form von Baltavár gesondert anführt, was mir trotz der
sonst großen Ähnlichkeit der Fauna von Baltavár und Pikermi mehr
berechtigt erscheint. Ist die Ansicht Schlossers die richtige, so
kann wegen der Maße noch weniger wie im anderen Falle von einer
Zuteilung unseres Unterkiefers zu der Form von Baltavár die Rede
sein. Als ein freilich nicht ausschlaggebender Grund gegen eine solche
Bestimmung könnte noch angeführt werden, daß von der ganzen in
Baltavár aufgefundenen Tiergesellschaft meines Wissens bis jetzt
nur drei Formen, *Dinotherium giganteum*, *Tragocerus amaltheus* und

---

[1]) J. Kaup, Ossements fossiles II, pag. 4 ff.
[2]) Die Affen, Lemuren etc. des europäischen Tertiärs. Beitr. z. Pal. u. Geol.
Österr.-Ung. VIII, pag. 87, Anmerkung 16.
[3]) L. c. pag. 82.

Hipparion gracile, auch in Steiermark aufgefunden wurden, während die übrigen bezeichnenden Formen fehlen.

Ebensowenig wie zu dem *Chalicotherium* von Baltavár glaube ich den Kiefer von der Lehmbachmühle zu *Chal. Goldfußi* stellen zu dürfen. Allerdings finden sich, wie schon erwähnt, nur dürftige Maßangaben für diese Form und die Zahlen, welche K a u p l. c. gibt, scheinen mir unrichtig, schon deshalb, weil sie mit den Dimensionen, die die Abbildungen zeigen, nicht übereinstimmen. Aus den „ossements fossiles" Taf. VII, Fig. 5 und 7, und aus den „Beiträgen" Taf. I, Fig. 3 und 6, ergibt sich für den Unterkiefermolar des *Chal. Goldfußi* ungefähr 50, für *Chal.* „*antiquum*" etwa 43 *mm* Länge. Daß die von Kaup angegebenen Maße von 61 und 52 *mm* zu groß sind, glaube ich auch aus den Angaben S c h l o s s e r s über die Dimensionen der g r ö ß t e n *Chalicotherium*-Art, des „*Colodus pachygnathus*" aus Pikermi, zu entnehmen, denn er gibt die Länge des unteren M_3 mit 57 *mm* an [1]). Diese Form könnte nur dann als die „größte" angesprochen werden, wenn die K a u p schen Maße zu hoch gegriffen sind. Aber auch unter dieser Annahme und der Voraussetzung, daß die zitierten Abbildungen bei K a u p die Reste so ziemlich in Naturgröße wiedergeben, ist unser M_3 noch immer zu klein, um ihn den *Chal. Goldfußi* zurechnen zu können. Bei dem Mangel weiterer Maßangaben, welche möglicherweise doch für die Identität beider Formen sprechen könnten, sehe ich mich demnach veranlaßt, die Form von der Lehmbachmühle mit einem neuen Namen, *Chalicotherium styriacum,* zu belegen.

Über den schon eingangs erwähnten Fund von Siebenhirten bei Mistelbach schreibt Th. F u c h s folgendes: „Vergleicht man den vorliegenden Zahn mit den beiden Arten von Eppelsheim, so zeigt sich eine größere Übereinstimmung mit *Chal. antiquum* (der kleineren Form), doch findet man immerhin im Detail einige kleinere Unterschiede, welche es mir wahrscheinlich machen, daß wir hier eine neue Art vor uns haben."

„Der wichtigste Unterschied besteht darin, daß bei unserem Zahn das vordere Querjoch kontinuierlich verläuft, während dasselbe bei *Chal. antiquum* durch eine rinnenartige Depression unterbrochen ist und nach außen zu einen kleinen Nebenhöcker trägt, welcher bei dem vorliegenden Zahn fehlt."

Unterschiede im Bau unserer Unterkiefermolare und der von Eppelsheim konnte ich nicht ersehen. Maße anzugeben hat Th. F u c h s leider unterlassen und es bleibt fraglich, ob der Oberkiefermolar von Siebenhirten zu *Chal. styriacum* gehört. Die Möglichkeit, daß dies der Fall ist, ist nicht ausgeschlossen, mir scheint es sogar wahrscheinlich.

Von dem Unterkiefermolar von Thomasroith, den T a u s c h l. c. erwähnt, liegt mir ein Gipsabguß vor. Die Größe des Zahnes (Länge 28 *mm*, Breite vorn 15·8, rückwärts 16·4 *mm*) sowie seine Form würden nicht dagegen sprechen, ihn dem *Chal. styriacum* als M_1 zuzurechnen. Mit Sicherheit läßt sich natürlich über den vereinzelten Zahn nichts sagen. Der Zahn ist nach dem Abguß Taf. XXVIII, Fig. 3 *a, b,* abgebildet.

---

[1]) M. S c h l o s s e r, Über *Chalicotherium*-Arten, l. c. pag. 167.

Verlag der k. k. geolog. Reichsanstalt, Wien III. Rasumofskygasse 23.

Gesellschafts-Buchdruckerei Brüder Hollinek, Wien III. Steingasse 25.

Tafel XXVI (I).

G. Stache: Rhipidionina St. und Rhapydionina St.
zwei neubenannte Miliolidentypen etc.

Erklärung zu Tafel XXVI (I).

Fig. 1. Natürliche Spaltungsfläche eines größeren Handstückes aus dem unteren Miliolidenkalk der mittleren Verbreitungszone von Dutovlje-Kreple (Blatt Görz). Eine größere Anzahl von Exemplaren der *Rhipidionina liburnica St.* zwischen vorherrschenden Resten von *Rhapydionina St.*

Fig. 1 a. Ausschnitt einer photographisch aufgenommenen Gesteinsfläche mit drei Exemplaren von *Rhipidionina* in verschiedenen Wachstumsstadien.

Fig. 1 b. Ebensolcher Ausschnitt mit zwei besonders großen Exemplaren von *Rhipidionina liburnica St.* aus dem unteren Miliolidenkalk der (südlichen) Verbreitungszone (Blatt Triest) Opčina-Banne.

Fig. 1 c. Ausschnitt mit guterhaltenem Exemplar mittleren Alters.

Fig. 1 d. Dasselbe Exemplar nach Handzeichnung 5fach linear.

Fig. 2, 3 u. 4. Dünnschliffabschnitte (Mikrophotoaufnahmen von Prof. Hinterberger) von dichtem, politurfähigem Kalkstein aus den unteren Miliolidenschichten der nördlichen Verbreitungszone (Blatt Görz) Železna Vrata—Ml. Vouznjak. Vergrößerung 5—6fach linear.

Fig. 2 a. Verschiedene Durchschnitte von *Rhipidionina St.* 2 b. von *Rhapydionina St.*

Fig. 3 a—a. Durchschnitt von *Rhipidionina St.* fast parallel zur schwach konvexen Fächerfläche.

Fig. 4 a. Durchschnitte von *Rhapydionina St.* horizontal durch Kammer- und zentrale Siebzonen. Fig. 4 b. Verschieden diagonal-vertikal durch mehrere Kammerzonen.

Fig. 5. Ausschnitt aus der Photographie einer polierten Gesteinsfläche des Miliolidenkalkes derselben Region mit Gruppen von *Rhapydionina liburnica St.*

Fig. 5 a. Schematische Handzeichnung nach einem aus 28 bis 30 Kammern aufgebauten Exemplar (6fach linear) mit Ergänzung der teilweise erhaltenen Oberfläche.

Fig. 6. *Rhapydionina St.* Exemplar mit stärkerer Markierung der den Sekundärkammerwänden entsprechenden Vertikalstreifung der Außenfläche der Hauptkammern.

Fig. 6 a. Seitenansicht der letzten Kammer eines Exemplars mit guterhaltener glatter Oberfläche und siebförmig durchbohrtem Mündungsbuckel.

Fig. 6 b. Ansicht der siebförmigen zentralen Mündungszone eines anderen Individuums von oben.

Fig. 6 c. Ansicht einer Hauptkammer nach Entfernung der nächstfolgenden mit stellenweise freigelegter Teilung durch radiale Septa in Sekundärkämmerchen (siehe Dünnschliff 4 a) und siebförmiger Zentralschale.

Fig. 7. *Rhipidionina liburnica St.* Varietät mit Einbuchtungen der bandförmigen Kammerwände der letzten Wachstumsperiode.

Fig. 7 a. *Rhipidionina liburnica St.* Mittlerer Teil (11 Kammerzonen) eines Exemplars von etwa 30 Hauptkammern mit durch Abwitterung der äußeren Schale freigelegter enger Sekundärkammerung (siehe Dünnschliff 3).

Fig. 7 b. *Rhipidionina liburnica St.* Kleiner Abschnitt der oberen Bogenwand einer letzten Kammer mit Andeutung der siebförmigen mittleren Mündungszone.

Anmerkung: Die Abbildungen Figur 6 und 7a bis c sind photographische Reproduktionen der entsprechenden lithographischen Darstellung einzelner, Tafel V a und VI der Abhandlung „Die liburnische Stufe etc." 1889 zu *Pavonina* und *Peneroplis* gestellten Formen. (Siehe Text pag. 659—60, Separatabdruck pag. 1—2.)

Tafel XXVII (II).

G. Staçhe: Die Keramosphaerinae der oberen Karstkreide.

———

Keramosphaera Brady und *Keramosphaerina (Bradya) Stache.*

Fig. 1 und 1*a, b, c, d.* — Natürliche Größe und Vergrößerungen einzelner Durchschnittsflächen der *Keramosphaera Murayi Brady* nach Reproduktion der Abbildungen Pl. XIII zu B r a d y s Note on Keramosphaera a new Type of Porcellanous Foraminifera in Ann. & Mag. Nat. Hist. 5. Vol. 10.

Fig. 1. Natürliche Größe, Fig. 1*a* u. *b.* Abschnitte der Fig. 2*a* u. *b* Pl. XIII. B r a d y s Darstellung der Oberflächenbeschaffenheit innerer Entwicklungsstadien innerhalb einer peripherischen Bruchzone von Ringkammerlagen 20/1.

Fig. 1*c.* Fig. 3, Pl. XIII. Abschnitt einer Medianschnittfläche in 50 facher Vergrößerung, etwa 30 bis 35 Kammerzonen entsprechend o h n e Embryonalkammer und Andeutung einer Spiralanlage — nach photographischer Reproduktion der Darstellung B r a d y s in gleicher Größe.

Fig. 1*d.* Hauptabschnitt der Fig. 4, Pl. XIII, B r a d y s. Darstellung eines kleinen Ausschnittes aus der peripherischen Zone der Kammerlagen in 100 facher Vergrößerung mit Bezeichnung (*a* und *b*) der Kommunikationswege (Kanäle und Poren) zwischen den Kämmerchen (chamberlets).

Fig. 2 und 2*a, b, c, d.* — *Keramosphaerina (Bradya) tergestina Stache* (photographische Reproduktion nach lithographischen Abbildungen).

Fig. 2. Aus dem Gestein gelöstes Exemplar.

Fig. 2*a.* Medianfläche eines Exemplars mit stärkerer Entwicklung von Altersringen (Anschliff). Vergrößerung 2/1.

Fig. 2*b.* Medianfläche eines Exemplars mit schärferem Hervortreten der radialen Wachstumstendenz der Kämmerchen bei fast völligem Zurücktreten der in Durchschnitten ringförmigen Abgrenzung der Kammerzonen. (Aus einem Gesteinsanschliff.) Vergrößerung 3/1.

Fig. 2*c.* Medianfläche eines mittelgroßen Exemplars mit Vorherrschen der radialstrahligen Anordnung und Einschluß eines größeren eiförmig begrenzten Fremdkörpers. (Anschliff.) Natürliche Größe.

Fig. 2*d.* Ausschnitt aus dem gleichen Photobilde eines Gesteinsanschliffes (wie Fig. 2*b*) mit der Medianfläche eines abnorm während der ersten ganzen Hauptentwicklungsperiode gestörten, in der Schlußperiode jedoch ringsum wieder ungestört radial strukturierten Individuums.

Fig. 3 und 3*a, b, c.* — Fig. 3. Partie der O b e r f l ä c h e einer äußeren Schalenschicht.

Fig. 3*a* und 3*b.* Partien verschieden tiefer Tangentialanschliffe der äußeren Kugelfläche.

Fig. 3*c.* Kleine Partie eines Anschliffs der Medianfläche eines Exemplars mit konzentrischen Altersringen (wie Fig. 2*a*).

Fig. 3*d.* Kleiner Ausschnitt der (etwa 15 fachen) Vergrößerung der Medianfläche von Fig. 2*a.*

Fig. 4. Quadrantabschnitt der photographischen Reproduktion eines (etwa 10 bis 12 fach linear) vergrößerten Mediandünnschliffes einer *Keramosphaerina* aus der Oberkreide des Mte. Sabotino bei Görz mit stellenweiser Erosion der äußeren Kammerzonen der Gehäusekugel und Ablenkung des normalen Wachstums.

Fig. 5. Reproduktion der photographischen Originalaufnahme des Mediandünnschliffes eines der größten Exemplare aus der Oberkreide Dalmatiens (G o d u č a t a l südlich von Ponti di Bribir) in 5 facher Vergrößerung. Außer dem klaren Vorherrschen der Radialstruktur kommt in diesem Dünnschliff auch das Vorhandensein einer Embryonalkammer und einer embryonalen Spiralanlage zum Ausdruck.

Fig. 5*a.* Ausschnitt aus einer Reproduktion der Originalaufnahme des mittleren Teiles desselben Dünnschliffes in 25—30 facher Vergrößerung.

Tafel XXVIII.

Dr. Franz Bach:
Chalicotherienreste aus dem Tertiär Steiermarks.

Erklärung zu Tafel XXVIII.

Fig. 1 a, b. *Chalicotherium styriacum n. f.* Linker Unterkiefer mit $P_3 - M_3$. Lehmbachmühle bei Eggersdorf. Original: Joanneum, Graz.

Fig. 2 a, b. *Chalicotherium sp.* Unterkiefermolar. Voitsberg. Original: Universität Graz.

Fig. 3 a, b. *Chalicotherium sp.* Unterkiefermolar. Natürliche Größe. Thomasroith. Nach einem in der Grazer Universitätssammlung befindlichen Gipsabguß.

Fig. 4. *Chalicotherium sp.* (? I.) oberer Molar. Natürliche Größe. Voitsberg Original: Joanneum, Graz.

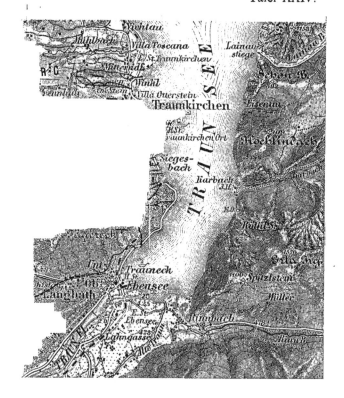

Erklärung zu Tafel XXVIII.

Fig. 1 *a, b.* *Chalicotherium styriacum n. f.* Linker Unterkiefer mit $P_2—M_3$. Lehmbachmühle bei Eggersdorf. Original: Joanneum, Graz.

Fig. 2 *a, b.* *Chalicotherium sp.* Unterkiefermolar. Voitsberg. Original: Universität Gráz.

Fig. 3 *a, b.* *Chalicotherium sp.* Unterkiefermolar. Natürliche Größe. Thomasroith. Nach einem in der Grazer Universitätssammlung befindlichen Gipsabguß.

Fig. 4. *Chalicotherium sp.* (? I.) oberer Molar. Natürliche Größe. Voitsberg Original: Joanneum, Graz.

Druck des k. u. k. Militärgeographischen Institutes in Wien.

J. v. Pia: Geologische Studien im Höllengebirge.

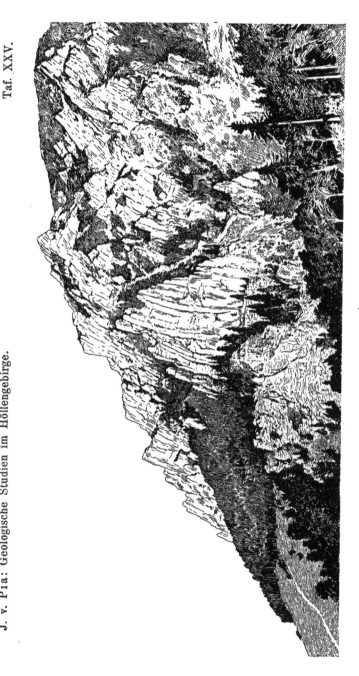

Jahrbuch der k. k. geologischen Reichsanstalt, Bd. LXII, 1912.

Verlag der k. k. geologischen Reichsanstalt, Wien III. Rasumofskygasse 23.

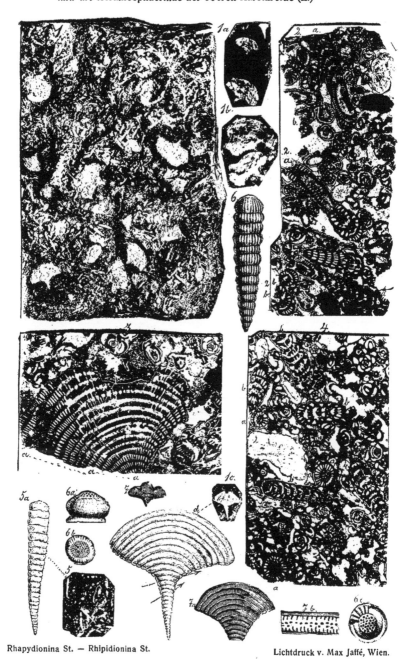

Rhapydionina St. — Rhipidionina St.

Lichtdruck v. Max Jaffé, Wien.

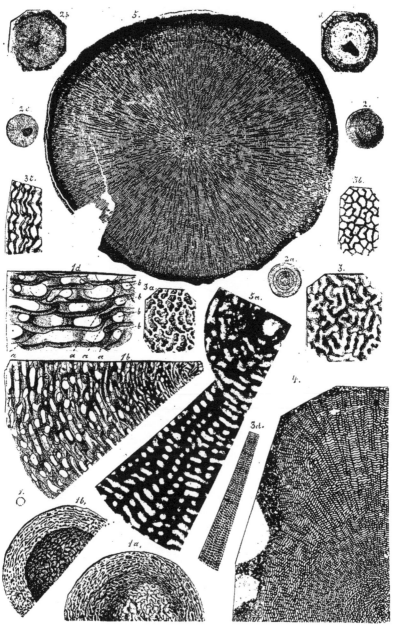

I Keramosphaera Brady.   Keramosphaerinae.   2 bis 5: Bradya—Stache.

Jahrbuch der k. k. geologischen Reichsanstalt, Bd. LXII, 1912.
Verlag der k. k. geologischen Reichsanstalt, Wien, III., Rasumoffskygasse 23.

Lichtdruck v. Max Jaffé, Wien.

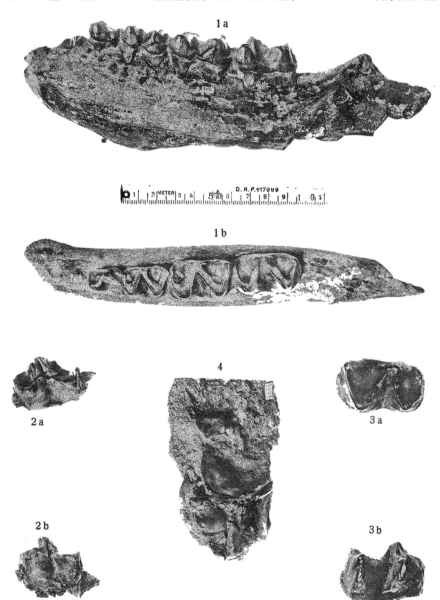

1 a

1 b

2 a

4

3 a

2 b

3 b

Lichtdruck v. Max Jaffé, Wien.

Inhalt.

4. Heft.

———— ❖ ————

Gesellschafts-Buchdruckerei Brüder Hollinek, Wien III. Steingasse 25

Lightning Source UK Ltd.
Milton Keynes UK
UKHW02f0638130918
328823UK00014B/1210/P